Physiologie

des

Menschen und der Säugethiere

von

Dr. **René du Bois-Reymond,**

a. o. Professor, Abtheilungs-Vorsteher am Physiologischen Institut der Universität zu Berlin.

Dritte Auflage.

Mit 139 Textfiguren.

Springer-Verlag Berlin Heidelberg GmbH

1913

ISBN 978-3-662-34236-7
DOI 10.1007/978-3-662-34507-8

ISBN 978-3-662-34507-8 (eBook)

Physiologie

des

Menschen und der Säugethiere.

Dritte Auflage.

Vorwort zur ersten Auflage.
(Widmung an Hermann Munk.)

Verehrter Herr Geheimrath!

„Für die vergriffene letzte Auflage des Lehrbuches von Immanuel Munk einen Ersatz zu schaffen, und zwar nicht nur in Form einer Bearbeitung, sondern als ein neues Ganzes", ist die Aufgabe, die mir die Hirschwald'sche Buchhandlung gestellt hat. Wie die erste Aufgabe des alten, so sollte auch das neue Buch den Inhalt eines Collegs über die gesammte Physiologie darstellen, und als Muster wurde mir Ihre Vorlesung bezeichnet. Wenn ich an Kürze und Einheitlichkeit weder dies Muster noch die ursprüngliche Form des alten Werkes habe erreichen können, so möge mir als Entschuldigung dienen, dass zwischen einem Buch und einer Vorlesung ein sehr grosser Unterschied ist, und dass sich Gedankengang und Anschauungsweise einem gegebenen Vorbilde nicht immer völlig anpassen. Ich habe mich vor allem bemüht, der Weisung so treu wie möglich zu folgen, die Sie mir beim Beginn der Arbeit ertheilten. „An Büchern", so sagten Sie, „aus denen der angehende Physiologe sich über die Thatsachen seiner Wissenschaft unterrichten kann, ist heutzutage kein Mangel. Versuchen Sie aber eins zu schreiben, das den Leser in den Anschauungskreis der physiologischen Wissenschaft einführt und ihn auf den Zusammenhang der physiologischen Vorgänge hinweist. Gelingt Ihnen das, so brauchen Sie sich nicht zu grämen, wenn in Ihrem Buche Angaben fehlen sollten, die in anderen enthalten sind". Der alte Brauch der Widmung ist also in diesem Fall keine leere Form, und es wird mir zur grössten Freude gereichen, wenn meine Arbeit zu Ihrer Zufriedenheit ausgefallen ist.

Ausser den Angaben aus Ihrer Vorlesung und aus dem Lehrbuche von Immanuel Munk hat mir als Hülfsmittel vor allem Ellenberger's Vergleichende Physiologie gedient. Ich darf auch nicht unerwähnt lassen, dass mehrere Fachgenossen mich mit grösster Zuvorkommenheit bei der Bearbeitung einzelner Abschnitte unterstützt haben, und dass ich ihnen, sowie dem Herrn Verleger zu grösstem Danke verpflichtet bin.

Berlin, im October 1907.

René du Bois-Reymond.

Vorwort zur zweiten Auflage.

Da schon nach so kurzer Zeit eine neue Auflage meines Lehrbuches erforderlich geworden ist, habe ich nur wenige Aenderungen daran vorgenommen. Hauptsächlich bin ich bestrebt gewesen, durch Einschalten von Absätzen, und dadurch, dass ein Theil des Textes in kleinerer Schrift gesetzt worden ist, die Uebersicht zu erleichtern.

Denen, die sich mit freundlicher Anerkennung über die erste Auflage geäussert haben, und nicht weniger denen, die daran etwas auszusetzen hatten, spreche ich meinen Dank aus, und werde auch weiterhin für jede kritische Bemerkung, namentlich aus dem Kreise der Studirenden selbst, von Herzen dankbar sein. Ferner habe ich mehreren Freunden für gütige Mithülfe und dem Herrn Verleger für bereitwilliges Entgegenkommen bei der Ausstattung der vorliegenden Auflage Dank zu sagen.

Berlin, im Septemher 1909.

René du Bois-Reymond.

Vorwort zur dritten Auflage.

Beim Erscheinen der dritten Auflage möchte ich auf die Vorrede zur ersten zurückverweisen. Es schien mir nicht angezeigt, den ursprünglich gebotenen Stoff zu vermehren, dagegen habe ich mich bemüht, soweit es mir möglich war, veraltete Angaben durch neue zu ersetzen, und Fehler, die ich früher übersehen hatte, zu berichtigen. Allen, die mich auf solche Mängel aufmerksam gemacht haben, sowie dem Herrn Verleger sage ich Dank.

Berlin, im März 1913.

René du Bois-Reymond.

Inhaltsverzeichniss.

Seite

5. Mechanik der Athmung.

6. Die Verdauung.

7. Die Resorption.

8. Interstitielle Resorption. Lymphbildung.

2. Physiologie der Bewegung.

3. Physiologie des Nervensystems.

4. Die Lehre von den Sinnen.

5. Die Fortpflanzung.

Erster Theil.

Der Stoffwechsel.

——

Die Bedeutung des Stoffwechsels im Allgemeinen. Die Physiologie ist die Lehre von den Lebenserscheinungen, den Vorgängen im Körper der lebenden Organismen. So deutlich die Grenze zwischen der lebendigen organischen Welt und der todten anorganischen gezogen zu sein scheint, so schwer ist es, in wenigen Worten eine strenge Definition zu geben, die genau den Begriff des Lebens einschliesst, und alle ähnlichen Vorgänge in der anorganischen Welt mit Sicherheit ausschliesst. Im Ganzen aber ist der Zustand des Lebens dadurch gekennzeichnet, dass die lebenden Wesen bei mehr oder minder festem Bestande ihrer Körperform und allgemeinen Erscheinung einem fortwährenden Wechsel der sie aufbauenden Stoffe unterliegen. Der Organismus vermag anorganische oder fremde organische Materie in sich aufzunehmen und so umzuwandeln, dass sie sich seinem Körperbestande einfügt. Zugleich giebt er von seinem Körperbestande oder auch unmittelbar von der aufgenommenen Materie Stoffe an seine Umgebung ab. Diesen Vorgang bezeichnet man als den *„Stoffwechsel"* der Organismen.

Der Stoffwechsel vollzieht sich nicht etwa unter dem Einfluss äusserer Kräfte oder durch eine besondere „Lebenskraft" des Organismus, sondern er wird durch dieselben Kräfte hervorgebracht, die auch ausserhalb der Organismen herrschen und geht nach den allgemeinen Gesetzen vor sich, die auch für die Vorgänge in der unbelebten Welt gültig sind. Dies lässt sich zwar im Einzelnen nicht überall nachweisen, im Gegentheil stösst die Untersuchung des Stoffwechsels oft auf Vorgänge, die nicht auf bisher bekannte physikalische und chemische Ursachen zurückgeführt werden können. Trotzdem darf man nicht annehmen, dass in diesen Fällen besondere, von den allgemeinen physikalischen und chemischen Kräften verschiedene Kräfte wirksam sind. Denn es ist mit genügender Sicherheit nachgewiesen, dass *das Gesetz von der Erhaltung der Energie für die Gesammterscheinung des organischen Stoffwechsels gültig ist.* Mithin bleibt kein Raum für Einführung einzelner Kräfte, die nicht den bekannten allgemeinen Energiequellen entspringen sollten. Um eine bestimmte Menge Energie, sei es in Gestalt äusserer Arbeit, oder in Gestalt von Wärme, abgeben zu können, muss vielmehr der Organismus vorher eine gleiche Energiemenge der Aussenwelt entzogen haben.

Von diesem Gesichtspunkt aus erscheint der Stoffwechsel also nicht als ein blosser Austausch gleichwerthigen Materiales, sondern als eine Reihe von Umsetzungen, bei denen Energie frei wird. Die Summe der aufgenommenen und ausgeschiedenen Stoffe ist der Menge nach im Allgemeinen gleich, der Art nach durchaus verschieden. Die aufgenommenen Stoffe sind solche, durch deren Umsetzung die gesammte Menge von Energie in Gestalt von Wärme und Arbeit hervorgebracht werden kann, die für die Lebensthätigkeiten des Organismus erforderlich ist. Die abgeschiedenen Stoffe sind solcher Umsetzung garnicht mehr oder nur in viel geringerem Grade fähig.

Wäre der Stoffwechsel des Organismus nur das, was das Wort ausdrückt, also ein blosser Austausch von Bestandtheilen, so könnte man den Organismus mit einem Sandhaufen vergleichen, auf den auf einer Seite beständig Sand aufgeschüttet und von dem zugleich auf der anderen Seite beständig Sand abgekarrt wird. Der zugeführte und abgeführte Sand sind dabei gleichwerthig, und es bedarf eines steten Aufwandes von äusserer Arbeitskraft, um den Stoffaustausch zu unterhalten. Der Sandhaufen, soviel auch daran gearbeitet wird, ist und bleibt eine todte Masse, deren Umwälzung kein richtiges Bild von dem Stoffwechsel eines lebenden Wesens giebt. Eher lässt sich der Stoffwechsel vergleichen mit dem Wechsel des Wassers in einem Teich, in den von oben her ein Bach einfliesst, während unten das Wasser abzieht. Hier unterscheidet sich der zugeführte und abgeführte Stoff durch eine wesentliche Bedingung: das höher gelegene Wasser stellt einen Vorrath potentieller Energie dar, der das Abfliessen selbstthätig unterhält. Die langsame Strömung im Teich ist eine Arbeitsleistung und die abfliessende Wassermenge hat soviel von ihrer potentiellen Energie verloren wie der geleisteten Arbeit entspricht. Noch viel besser, ja geradezu vollkommen genau, entspricht dem Wesen des thierischen Stoffwechsels der Vergleich mit der Verbrennung in der Flamme einer Kerze oder eines Herdfeuers. Um das Feuer zu unterhalten, müssen bestimmte Stoffe als Brennmaterial zugeführt werden, und es muss für Luftzutritt gesorgt sein. Die Hitze des Feuers führt die Zersetzung der Brennstoffe herbei und ermöglicht ihre Verbindung mit dem Sauerstoff der Luft. Bei dieser Verbindung wird Wärme frei, die weiteres Brennmaterial entzünden kann, so dass sich das Feuer, soweit Brennmaterial vorhanden ist, selbstthätig unterhält. Ausserdem bleibt eine grosse Menge Wärme übrig, die auch, wie es etwa in der Dampfmaschine geschieht, in mechanische Arbeit umgesetzt werden kann. Das Feuer scheidet bei vollkommener Verbrennung nur Asche, Wasserdampf und Kohlensäure ab und zwar in einer Menge, die der Summe des zugeführten Brennmateriales und des verbrauchten Luftsauerstoffs genau gleich ist. Aber die Verbrennungsprodukte unterscheiden sich von dem ursprünglichen Brennmaterial dadurch, dass sie keiner Verbrennung mehr fähig sind.

Die Stoffwechselvorgänge im thierischen Körper sind, wie weiter unten gezeigt werden soll, thatsächlich im Wesentlichen Oxydationen, also gewissermaassen langsame Verbrennungen der Nährstoffe. Der Vergleich des Lebens mit einer Flamme ist also mehr als ein blosses dichterisches Bild.

Noch in einer ganzen Reihe von Einzelheiten lässt sich das Gleichniss durchführen, so in Bezug auf das Erloschen der Flamme bei mangelnder Zufuhr, ihr Ersticken bei verhindertem Luftzutritt, bei übermässiger Anhäufung von Brennstoff oder Asche und so fort.

Blutkreislauf. Auf der niedrigsten Stufe der Organisation kommen die Verrichtungen, durch die sich der Stoffwechsel vollzieht, allen Theilen des Organismus in gleichem Maasse zu. Die Amoebe, die auch bei sorgfältigster Untersuchung ein durchaus gleichförmiges Klümpchen. lebender Materie darstellt, kann mit ihrer ganzen Oberfläche oder mit jedem beliebigen Theile Stoffe aufnehmen und ebenso abgeben. Bei den höheren Entwicklungsstufen wird, wie alle anderen Lebensthätigkeiten, auch der Stoffwechsel durch besonders ausgebildete Organe vermittelt. Als ein Hauptmerkmal alles Lebens ist und bleibt der Stoffwechsel die erste Bedingung für die Erhaltung jeder einzelnen Zelle, gleichviel, ob sie als Elementarorganismus frei lebt oder sich im „Zellenstaat" des Thierkörpers befindet. Aber da die Zellen im Inneren eines grösseren Körpers mit der Aussenwelt nicht un-

Fig. 1.

Amoebe (Amoeba lucida). In der Mitte feinkörniges Protoplasma, ringsum hyaline Pseudopodien. Vergrösserung 150 : 1.

Fig. 2.

Wasserfloh (Daphnia). Nah der Mitte der Rückenlinie das aus einzelnen Muskelzellen zusammengesetzte Herz. Vergrösserung 30 : 1.

mittelbar in Berührung treten, ist für sie ein Stoffwechsel nur möglich, wenn ihnen die Stoffe, die sie aufnehmen sollen, zugeführt werden, und die Stoffe, die sie abgeben, fortgeführt werden. Bei vielen niederen Thieren geschieht dies einfach dadurch, dass die den ganzen Körper durchtränkende Flüssigkeit bei den Bewegungen des Thieres die inneren Organe und deren einzelne Zellen umspült. Auf einer höheren Entwicklungsstufe, wie sie zum Beispiel sehr schön unter dem Mikroskop bei dem bekannten „Wasserfloh" (Daphnia pulex) zu beobachten ist, wird die Strömung der Körperflüssigkeit durch ein contractiles Organ, das „Herz", unterhalten, das durch abwechselnde Erschlaffung und Zusammenziehung die Flüssigkeit aufnimmt und forttreibt (Fig. 2).

Bei noch höherer Ausbildung, wie sie bei den Wirbelthieren erreicht ist, sind an das Herz besondere Zuleitungs- und Ableitungsbahnen, die Blutgefässe, angefügt, die der Flüssigkeit ihren

Weg vorschreiben und dadurch deren Vertheilung bestimmen. Indem im Gefässsystem der Wirbelthiere die Spülflüssigkeit vollständig eingeschlossen ist, so dass Aufnahme und Abscheidung nur an besonderen Stellen stattfinden kann, ist Menge und Zusammensetzung der Flüssigkeit innerhalb gewisser Grenzen bestimmt. Die in den Gefässen kreisende Flüssigkeit, das Blut, erlangt dadurch die Bedeutung eines besonderen Organs im Thierkörper.

Die Gewebsflüssigkeit. Als Vermittler der allgemeinsten Lebensthätigkeit, des Stoffwechsels, erscheint das Blut besonders geeignet, die Reihe der verschiedenen Organe zu eröffnen, deren Thätigkeit den Gegenstand der Physiologie ausmacht. Es mag indessen gleich hier erwähnt werden, dass das Blut nicht als ausschliesslicher Träger des Stoffwechsels betrachtet werden darf, eben weil es, in den Gefässen eingeschlossen, mit den Zellen der Körpergewebe nicht unmittelbar in Berührung kommt. Der Stoffaustausch findet vielmehr zwischen dem Blute und der sogenannten Gewebsflüssigkeit statt, die alle Intercellularräume und Gewebslücken erfüllt. Ein System feiner Canäle und Röhren, der sogenannten Lymphgefässe, das alle Körpertheile in reichlicher Vertheilung durchsetzt, führt dauernd den Ueberschuss dieser Gewebsflüssigkeit als sogenannte Lymphe aus den Geweben fort und in das Blutgefässsystem ein. Für den Stoffwechsel der Gewebe ist in erster Linie Menge, Zufluss und Abfluss der Gewebsflüssigkeit maassgebend, da diese aber aus dem Blute herrührt und auch wieder in das Blut zurückkehrt, umfasst die Betrachtung des Blutes vom Standpunkt des Stoffwechsels auch den Wechsel der Gewebsflüssigkeit.

1.

Das Blut.

Eigenschaften des Blutes.

Das Blut, wie es beim Anschneiden eines grösseren Gefässes hervorquillt, ist eine ganz wenig dickflüssige, leicht Schaum bildende Flüssigkeit von hellscharlachrother bis dunkelkirschrother Farbe. Zwischen den Fingern fühlt es sich klebrig an. Es schmeckt salzig und im Nachgeschmack wie Eisengallustinte. An grösseren Mengen kann man einen besonderen Geruch wahrnehmen. Unter gewöhnlichen Verhältnissen gerinnt das Blut, nachdem es aus der Ader gelassen ist, in einigen Minuten zu einer festweichen zähen rothen Masse. Alle diese Eigenschaften, die ohne Weiteres an dem bei irgend einer Verwundung fliessenden Blute beobachtet werden können, deuten auf die Eigenthümlichkeiten bestimmter Bestandtheile hin, die bei der weiteren Beschreibung einzeln zu erwähnen sein werden.

Die Farbe des Blutes. Die auffälligste Eigenschaft des Blutes ist sicherlich seine strahlend rothe Farbe. Wenn man es in eine flache Schale giesst, findet man, dass es auch in ganz dünner Schicht die gleiche satte Färbung zeigt, und selbst wenn es verstrichen wird, deckt es den darunter befindlichen Grund ab. Die Maler unterscheiden bekanntlich solche Farben, die den Untergrund decken, als „Deckfarben" von solchen, die wohl färben, dabei aber durchsichtig bleiben, die „Lasurfarben" genannt werden. Der Unterschied dieser beiden Arten Farben besteht darin, dass in den Deckfarben die Farbe in Pulverform, also in Form fester Körnchen verrieben ist, während in den Lasurfarben der Farbstoff in der Farbflüssigkeit gelöst ist. Die Eigenschaft des Blutes, auch in dünnster Schicht als Deckfarbe zu wirken, ist also ein Anzeichen, dass das Blut keine einfache Flüssigkeit ist, sondern seine Färbung von darin enthaltenen Körperchen erhält. Die mikroskopische Untersuchung zeigt, dass dies thatsächlich der Fall ist.

Zwar sind die Körperchen nicht eigentlich undurchsichtig, aber sie haben ein von dem der Flüssigkeit verschiedenes Lichtbrechungsvermögen, und die Folge davon ist, dass das von aussen auf das Blut auffallende Licht von der Grenzfläche jedes Blutkörperchens zum Theil reflectirt wird und zum Theil gebrochen hindurchgeht, aber nur, um an dem nächsten Körperchen wieder zum Theil reflectirt zu werden. Dadurch erscheint das Blut im Ganzen undurchsichtig und glänzend roth.

Man kann sich den Vorgang, dass eine grosse Zahl an sich durchsichtiger Körper in einer gleichfalls durchsichtigen Flüssigkeit zusammen ein undurchsichtiges Material bilden, veranschaulichen, wenn man an klares Wasser denkt, in das durch Schütteln unzählige kleine Luftbläschen hineingebracht sind. Die Luftbläschen sind durchsichtig wie das Wasser, das schäumende Wasser aber verhält sich wie eine weisse Deckfarbe.

Aufhellung des Blutes. Dass die Eigenschaft des Blutes, als Deckfarbe zu wirken, auf die angegebene Art zu Stande kommt, davon kann man sich leicht durch einen einfachen Versuch überzeugen. Setzt man nämlich einer Blutprobe reichlich destillirtes Wasser zu, so erhält man an Stelle der vorher vorhandenen undurchsichtigen, strahlend rothen Deckfarbe eine durchsichtige gleichmässige Lösung, deren Farbe, eben wegen der Durchsichtigkeit, je nachdem man sie gegen das Licht oder gegen dunkeln Hintergrund sieht, heller oder dunkler erscheint als die des unveränderten Blutes. Diese Veränderung entsteht dadurch, dass sich der vorher nur in den Blutkörperchen befindliche Farbstoff in der verdünnten Blutflüssigkeit auflöst. Aus der Deckfarbe wird eine Lasurfarbe. Man bezeichnet diesen Vorgang als „Aufhellung" des Blutes, was soviel heissen soll als „Durchsichtigmachung". Man könnte ebenso gut von einer Auflösung des Blutes, oder genauer gesprochen, des Blutfarbstoffs reden.

Man braucht, um diese Auflösung der Körperchen herbeizuführen, nicht gerade das Blut mit Wasser zu verdünnen. Verdünnte Säuren und Alkalien, mechanische Zertrümmerung der Körperchen, Gefrieren und Wiederaufthauen, wodurch ebenfalls die Körperchen zersprengt werden, Erwärmung, Einwirkung von Aether oder Chloroform, Durchleiten elektrischer Schläge haben alle diesen Einfluss. Besonders interessant ist der Vorgang der Auflosung des Blutfarbstoffs in der Blutflüssigkeit bei Zusatz von Blut einer anderen Thierart, wovon weiter unten zu sprechen sein wird.

Die rothen Blutkörperchen.

Form und Grösse. Unter dem Mikroskop kann man die Zusammensetzung des Blutes aus Körperchen und Flüssigkeit deutlich erkennen. Die Körperchen erscheinen bei der erforderlichen Beleuchtung und Vergrösserung gelb, die Flüssigkeit viel heller gelblich durchscheinend. In frischen Präparaten zeigen die Körperchen die Form von runden Scheiben. Im lebenden Körper sollen sie dagegen napfförmig gehöhlte Gestalt haben. Da sie aus fest weichem Stoffe bestehen, können sie sich auch in andere beliebige Formen drücken und biegen. Die Scheibchen sind im Allgemeinen von auffällig gleicher Grösse, die für Menschenblut

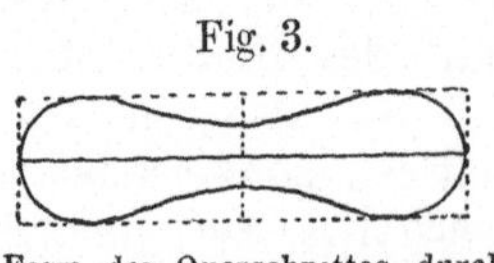

Fig. 3.

Form des Querschnittes durch ein rothes Blutkörperchen.

zu 7 Tausendstel Millimeter Durchmesser angegeben wird. Bei genauer Messung zahlreicher Körperchen ergeben sich Grössenunterschiede, die sich zwischen 4 und 10 Tausendstel Millimeter halten. Die Scheibchen erscheinen in der Regel in der Mitte etwas heller, und mitunter, wenn etwa ein Scheibchen von einem

Flüssigkeitswirbel umgekippt wird, kann man deutlich wahrnehmen, dass der hellere Fleck in der Mitte durch eine leichte Aushöhlung der beiden Oberflächen hervorgebracht ist, so dass, genau gesprochen, die Form der Körperchen nicht die einfacher Scheiben, sondern biconcaver Linsen mit abgerundetem Rande ist.

Die Blutkörperchen der verschiedenen Thiere unterscheiden sich von einander ganz wesentlich durch Form und Grösse. Solche Unterschiede haben einerseits die praktische Bedeutung, dass man daran das Blut verschiedener Thiere unter dem Mikroskop unterscheiden kann, andererseits lassen sie den Zusammenhang zwischen den Eigenthümlichkeiten der Blutkörperchen und der Lebensweise verschiedener Thierarten erkennen. Im Allgemeinen lässt sich über die Grösse der Blutkörperchen der verschiedenen Säugethierfamilien keine einheitliche Regel aufstellen, innerhalb derselben Familie aber ist die Grösse der Blutkörperchen ungefähr proportional der Grösse der betreffenden Art.

So haben die Wiederkäuer, obgleich sie zum Theil beträchtliche Grösse erreichen, kleinere Blutkörperchen als der Mensch. Innerhalb der Gruppe zeigt sich folgende Abstufung:

$$
\begin{array}{ll}
\text{Rind} & 5{,}9\ \mu \\
\text{Ziege} & 5{,}2\ \mu \\
\text{Schaf} & 3{,}9\ \mu \\
\text{Zwerg Moschusthier} & 2{,}5\ \mu
\end{array}
$$

Das letztgenannte Thierchen, das am Widerrist nur etwa 20 cm Höhe misst, hat die kleinsten überhaupt bekannten Blutkörperchen.

Bei den Vielhufern kann man zum Vergleich aufstellen:

$$
\begin{array}{ll}
\text{Schwein} & 6\ \mu \\
\text{Elephant} & 9{,}2\ \mu
\end{array}
$$

von denen der letztere von allen Säugethieren die grössten Blutkörperchen hat. Die Walthiere, die zum Theil den Elephanten an Grösse weit übertreffen, haben kleinere Blutkörperchen.

Die Einhufer zeichnen sich durch verhältnissmässig kleine Blutkörperchen aus, so dass man beispielsweise Pferdeblut von Menschenblut unter dem Mikroskop an der Kleinheit der Körperchen unterscheiden kann.

Eine merkwürdige Ausnahme bildet unter den Säugethieren die Gruppe der kameelartigen Thiere (Schwielenfüsser, Tylopoda), zu denen in der Alten Welt Kameel und Dromedar, in der Neuen die verschiedenen Arten Lama gehören. Bei diesen sind die Blutkörperchen nicht wie bei den übrigen Säugethieren rund, sondern elliptisch.

Die Blutkörperchen der Vögel unterscheiden sich wesentlich von denen der Säugethiere dadurch, dass sie einen Kern enthalten, der durch Färbung nachgewiesen werden kann. Ihr Umriss ist elliptisch, die Fläche zeigt in der Mitte eine die Lage des Kerns andeutende Erhöhung. In Bezug auf die Grösse gilt annähernd die obige Regel.

Die kaltblütigen Wirbelthiere: Reptilien, Amphibien und Fische haben ebenfalls kernhaltige elliptische Blutkörperchen, von denen sich die der Amphibien durch ihre Grösse auszeichnen. Das Blut von Eidechsen und Schlangen würde demnach im mikroskopischen Bilde von Vogelblut nicht zu unterscheiden sein. Die Blutkörperchen des Frosches dagegen übertreffen mit 21 μ im grossen, 15 μ im kleinen Durchmesser selbst die grössten Vogelblutkörperchen merklich an Grösse. Der Grössenunterschied bedeutet hier, wie weiter unten gezeigt werden wird, offenbar mehr als ein blosses Artmerkmal. Im Uebrigen dürfte für die verschiedenen Arten der Amphibien das Grössenverhältniss der Blutkörperchen nach denselben Gesichtspunkten zu beurtheilen sein wie bei den Säugern und Vögeln. Der Olm, Proteus anguineus, ein 15—20 cm langer, augenloser Molch ohne hintere Extremitäten, der in den unterirdischen Gewässern der Krainer Höhlen gefunden wird, hat mehr als doppelt so grosse Blutkörperchen, als der Frosch; die grössten Arten der Molche aber, der japanische Riesensalamander und mehrere in Amerika einheimische, bis meterlang werdende, schlangenähnliche Molche haben die grössten überhaupt bekannten Blutkörperchen, die mit 70 μ im grossen, 40 μ im kleinen Durchmesser bei 10 μ Dicke an der Grenze der Grösse stehen, die mit blossem Auge unterscheidbar ist.

Unter den Fischen finden sich wiederum vereinzelte Arten, die besondere Eigenthümlichkeiten im Bau ihrer rothen Blutkörperchen zeigen. So haben die des Hechtes (Esox lucius) eine zweispitzige Form, die mit der von Kürbissamen zu vergleichen ist. Die der Rundmäuler oder Neunaugen (Petromyzon) haben runde concav-convexe Scheibenform, so dass sie napf- oder mützenförmig erscheinen, mit randständigem, sehr kleinem Kern. Das Lancettfischchen hat gleich den Wirbellosen überhaupt keine rothen Blutkörperchen.

Folgende Zahlenreihe giebt eine vergleichende Uebersicht über die besprochenen Verhältnisse:

Mensch	7,9 μ	Kameel	7,8 μ 4,3 μ
Orang	7,6 μ	Walfisch	8,2 μ
Kaninchen	7,0 μ	Casuar	17,0 μ 9,1 μ
Meerschweinchen	7,2 μ	Strauss	15,0 μ 8,5 μ
Maus	6,7 μ	Taube	14,7 μ 6,5 μ
		Huhn	12,0 μ 7,3 μ
Löwe	5,9 μ	Colibri	9,5 μ 6,3 μ
Katze	5,7 μ		
Hund	7,2 μ	Aalmolch	70,0 μ 41,0 μ
		Proteus	58,0 μ 34,0 μ
Elephant	9,2 μ		
Schwein	6,0 μ	Frosch	21,4 μ 15,6 μ
Pferd	5,5 μ		
		Krokodil	20,0 μ 10,1 μ
Ochs	5,9 μ	Eidechse	16,4 μ 9,3 μ
Ziege	5,2 μ		
Moschusthier	2,1 μ	Petromyzon	10—12 μ

Grösse der Oberfläche. Die Grösse der rothen Blutkörperchen hat nun zu ihrer Leistung im Körperhaushalt eine wichtige Beziehung. Die Blutkörperchen vermitteln durch Eigenschaften, von denen weiter unten die Rede sein wird, den Sauerstoffaustausch zwischen Luft und Körperzellen. Sie dienen als Sauerstoffträger. Der Sauerstoff, der aufgenommen oder abgegeben werden soll, muss durch die Oberfläche des Körperchens ein- oder austreten, und er wird um so rascher oder in gleicher Zeit um so massenhafter übertreten können, je grösser die freie Oberfläche des Blutkörperchens ist. Ein Blutkörperchen von gegebener Grösse vermag eine bestimmte Menge Sauerstoff aufzunehmen. Hierzu bedarf es aber, damit der Sauerstoff durch die vorhandene Oberfläche eindringen kann, einer bestimmten Zeit. Denkt man sich das eine Blutkörperchen in mehrere Stücke zerschnitten, so ist es klar, dass dadurch dem Sauerstoff eine vergrösserte Eintrittsfläche gewährt wird, da zu der ursprünglichen Oberfläche nun noch die Schnittflächen hinzukommen.

Diese Betrachtung ist nur eine Veranschaulichung des allgemeinen Grundsatzes, dass, je kleiner ein Körper bei sonst gleichen Verhältnissen ist, desto grösser seine Oberfläche im Verhältniss zu seinem Rauminhalt wird. Man kann sich diesen Satz auch leicht an dem Beispiel eines würfelförmigen Körpers deutlich machen, der bei 3 cm Kantenlänge 27 ccm Inhalt und 54 qcm Oberfläche hat, während, wenn derselbe Körper in 27 einzelne Würfel von je 1 cm Kantenlänge getheilt ist, 27 . 6 = 162 qcm Oberfläche vorhanden sind.

Von dem Gesichtspunkt aus, dass die Blutkörperchen ihre Aufgabe als Sauerstoffüberträger um so besser erfüllen können, je grösser ihre Oberfläche im Verhältniss zu ihrem Rauminhalt ist, erscheint nun auch die Gestalt der Blutkörperchen besonders zweckmässig. Die Kugel ist dasjenige räumliche Gebilde, dessen Oberfläche im Verhältniss zum Rauminhalt am kleinsten ist. Wird eine Kugel auf beiden Seiten stark abgeplattet, so wird offenbar die Oberfläche in geringem, der Rauminhalt in viel stärkerem Maasse vermindert. Wird vollends die so entstandene Scheibe auf beiden Seiten ausgehöhlt, so dass sie die Form eines Säugerblutkörperchens erhält, so wird dadurch die Oberfläche wiederum vermehrt, der Rauminhalt dagegen weiter vermindert, und so ein besonders günstiges Verhältniss hervorgerufen.

Zahl der Blutkörperchen. Mit der Grösse der Blutkörperchen steht ihre relative Zahl im Zusammenhang, da natürlich in der gleichen Menge Blut eine desto grössere Zahl einzelner Körperchen vorhanden sein kann, je kleiner die einzelnen Blutkörperchen sind. Die Anzahl der rothen Blutkörperchen, die auf einen Cubikmillimeter Blut entfallen, lässt ebenfalls einen Schluss auf die Grösse der für den Sauerstoffwechsel verfügbaren Oberfläche zu. Die Zahl ist für normales Blut annähernd constant, kann sich aber unter besonderen Bedingungen ändern, da zum Beispiel bei Verdünnung des Blutes durch reichliche Wasseraufnahme die Anzahl der Körperchen in dem gleichen Raumtheil vermindert erscheinen muss, während umgekehrt, nach Flüssigkeitsentziehung, im Zustande der sogenannten Eindickung des Blutes, die Zahl der Körperchen im gleichen Raumtheil vermehrt gefunden wird. Ausserdem ist die Blutkörperchenzahl bei manchen Krankheiten dauernd vermindert. Daher hat die Bestimmung der Zahl, abgesehen von ihrem physiologischen Interesse, auch klinische Bedeutung.

Thoma-Zeiss'scher Zählapparat. Im unverdünnten Blut liegen die Körperchen so dicht an- und aufeinander, dass es nicht gut möglich sein würde, eine gemessene Raummenge Blut durchzuzählen. Man muss also eine Blutprobe erst sehr stark und in genau bestimmtem Maasse verdünnen, um die in einem gemessenen Quantum enthaltenen Körperchen abzählen zu können. Zu diesem Zweck ist der Thoma-Zeiss'sche Zählapparat (Fig. 4) erfunden worden. Die Blutprobe entnimmt man einer nicht zu kleinen Stichwunde auf einer vorher gesäuberten Hautstelle. Beim Menschen pflegt man die Fingerspitze oder das Ohrläppchen zum Einstich zu wählen, bei Thieren empfiehlt sich ein Einschnitt in den Rand der Ohrmuschel. In den vorquellenden Blutstropfen taucht man dann die Messpipette, eine spitz zugeschliffene Capillarröhre, die mit einem Gummischlauch (G) in Verbindung steht, an dem man saugt, bis das Blut an eine auf der Röhre angebrachte Marke gestiegen ist. Der Inhalt der Röhre bis zu dieser Marke muss genau bestimmt sein und ist zu $\frac{1}{2}$ oder 1 Cmm bemessen. Oberhalb der

Marke befindet sich eine Erweiterung *(E)* und darüber abermals eine Marke, bis zu
der der gesammte Inhalt der Röhre gerade 100 cmm beträgt. Sobald man das
Blut bis zur ersten Marke angesogen hat, so dass also die Capillare genau
1 cmm Blut enthält, nimmt man sie aus dem Blutstropfen fort, wischt, wenn
es nöthig ist, das etwa aussen anhaftende Blut ab, taucht die Röhre in 3 bis
5 proc. Kochsalzlösung und saugt nun bis zur oberen Marke voll. In der Erweiterung der Pipette liegt eine Glasperle *(P)*, die man dann etwas umherschüttelt,
um eine gleichförmige Mischung des Inhalts zu erzielen, der nun eine im Verhältniss 1 : 100 verdünnte Blutprobe darstellt. Ein Tröpfchen dieser Blutmischung wird nun in die sogenannte „Zählkammer" gebracht, das heisst, es
wird auf einen Objectträger *(O)*, uber den in genau 0,1 mm Höhe von einem Glas-
ring *(R)* unterstutzt ein ebengeschliffenes Deckglas *(D)* gelegt wird, gebracht. Auf
dem Objectträger ist ein Quadratnetz *(B)* gravirt, dessen Striche je $^1/_{20}$ mm Abstand
haben. Es befindet sich also uber jedem Quadrate von $^1/_{400}$ qmm Bodenfläche
eine Flüssigkeitsschicht von $^1/_{10}$ mm Höhe. Wären die Körperchen in der

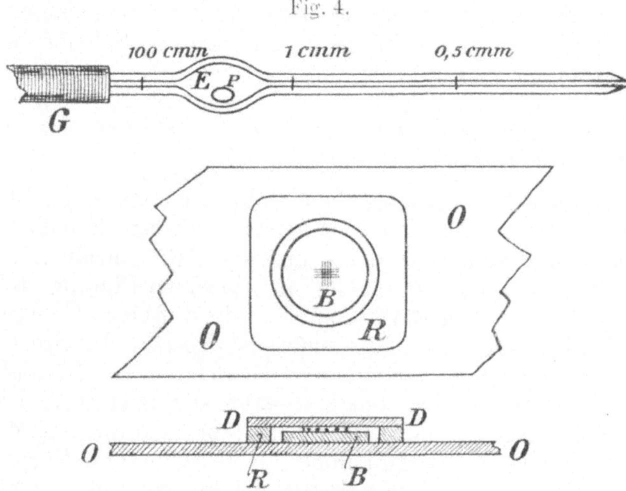

Thoma-Zeiss'scher Zahlapparat.

Flüssigkeit ganz gleichmässig vertheilt, so brauchte man nur im Mikroskop zu
zählen, wie viele Körperchen auf einem Quadrate liegen, um zu wissen, wie
viel Körperchen in $^1/_{4000}$ cmm der Blutmischung enthalten waren. In ebensoviel
unverdünntem Blute würden naturlich genau 100 mal soviel enthalten sein,
und demnach in einem Cubikmillimeter unverdünnten Blutes 400 000 mal soviel
wie über einem Quadrate der Mischung. Da aber in Wirklichkeit die Körperchen
sich ungleich über den Boden der Zählkammer verstreuen, so muss man die
Anzahl der Körperchen auf einer ganzen Menge einzelner Quadrate abzählen
und daraus die Durchschnittszahl nehmen. Durch wiederholte Zählungen dieser Art
kann man die Zahl der Blutkörperchen im Cubikmillimeter der untersuchten
Probemenge feststellen, es ist aber zu bedenken, dass die etwa aus dem
Finger oder dem Ohr entnommene Probe keinen sicheren Schluss auf den
Durchschnittswerth in der Gesammtmenge des Blutes zulässt. Statt der Zählung
der Blutkörperchen kann auch die Bestimmung der im Blute enthaltenen Farbstoffmenge dienen, von der unten die Rede sein wird.

Die Zahl der Blutkörperchen im Cubikmillimeter Blut ist nach
dem Geschlecht, dem Lebensalter und der Lebensweise verschieden.
Für den Menschen wird 5 Millionen beim Manne, 4,5 Millionen

beim Weibe als Durchschnittszahl angegeben, doch kann dieser Unterschied durch den Einfluss der Lebensweise überwogen werden, sodass zum Beispiel eine Feldarbeiterin eine höhere Zahl aufweisen wird, als ein Schreiber. Dass aber, auch abgesehen von der Lebensweise, das Geschlecht einen Einfluss auf die Blutkörperchenzahl hat, folgt schon daraus, dass man bei verschiedenen Hausthieren denselben Unterschied gefunden hat, wie beim Menschen, und dass auch die Castration einen deutlichen Unterschied in der Blutkörperchenzahl hervorbringt.

Dies zeigt folgende Zahlenübersicht:

Rothe Blutkörperchen im Cubikmillimeter:

Rind männlich	8 101 000
weiblich	6 890 000
männlich castrirt	6 910 000
Schwein männlich castrirt . . .	9 400 000
weiblich castrirt	8 307 000
Ziege männlich	15 300 000
weiblich	13 839 000
Pferd männlich	8 205 000
weiblich	7 119 000
männlich castrirt	7 595 000
Hund	5—6 000 000

Zählt man zum Vergleich etwa die Blutkörperchen des Frosches, so findet man nicht ganz eine halbe Million, durchschnittlich 440 000. Hieraus kann man weiter auf den Unterschied der für den Sauerstoffübertritt in einem Cubikmillimeter Blut dargebotenen Oberfläche schliessen. Aus den oben angegebenen Zahlen lässt sich berechnen, dass der Rauminhalt der in einem Cubikmillimeter Blut enthaltenen Körperchen beim Frosch und beim Menschen nahezu gleich ist. Die Summe der Oberflächen aber beträgt für den Menschen 640 qmm, für den Frosch nur 220 qmm. In diesem grossen Zahlenunterschied spricht sich die Thatsache aus, dass der Stoffwechsel bei den kaltblütigen Thieren langsamer verläuft als bei den Warmblütern.

Menge des Blutes. Ein anderer Punkt, der mit dieser Betrachtung in Zusammenhang steht, und für die Entscheidung vieler Fragen Bedeutung hat, ist die Grösse der gesammten Blutmenge im Thierkörper. Die Untersuchung dieser Frage kann hier noch nicht besprochen werden, da sie auf der Kenntniss eines bestimmten Bestandtheiles des Blutes beruht, dessen Eigenschaften erst weiter unten angegeben werden sollen.

Ihr Ergebniss ist, dass das Blut bei allen Säugethieren nahezu denselben Bruchtheil des Gesammtgewichts, nämlich etwa $1/13$ bis $1/16$ ausmacht. Man kann also, wenn man das Gewicht des Thieres kennt, mit grosser Wahrscheinlichkeit die Gesammtblutmenge schätzen.

Die weissen Blutkörperchen.

Betrachtet man Blut unter dem Mikroskop, so wird man ausser den zahllosen ganz gleichen gelben Scheibchen vereinzelte etwas grössere knollige Körper gewahr, die farblos, oder durch Contrast gegen die gelbe Farbe der rothen Blutkörperchen bläulich erscheinen. Dies sind die sogenannten weissen Blutkörperchen oder Leukocyten.

Da sie ausser im Blut auch noch in anderen Körperflüssigkeiten vorkommen, beispielsweise im Eiter, dem sie die weisse Farbe geben, und da ihnen zahlreiche verschiedene Functionen zugeschrieben werden, so haben sie ausser dieser Benennung noch eine grosse Zahl anderer Bezeichnungen erhalten, die auf jeden besonderen Fall Beziehung haben. Nach ihrem Vorkommen nennt man sie auch Lymphkörperchen, Speichelkörperchen, Eiterkörperchen, nach ihren Functionen Wanderzellen, Fresszellen (Phagocyten) u. a. m. Dieser Vielseitigkeit entsprechend ist auch der Bau der Leukocyten nicht gleichartig. Schon bei oberflächlicher Betrachtung erkennt man, dass sie theils kleiner, theils erheblich grösser sind als die rothen Blutkörperchen, und dass die einen gröber, die anderen feiner gekörnt erscheinen.

Bei genauerer Untersuchung, besonders wenn man Blutpräparate färbt, zeigt sich, dass sie in eine Anzahl verschiedener Arten eingetheilt werden können, die sich durch ihr Verhalten gegen die Farbstoffe, und durch Zahl, Grösse und Gestalt der Zellkerne unterscheiden.

Im Gegensatz zu den rothen Blutkörperchen erscheinen die weissen, da sie aus Protoplasma und Kern bestehen, als ganz

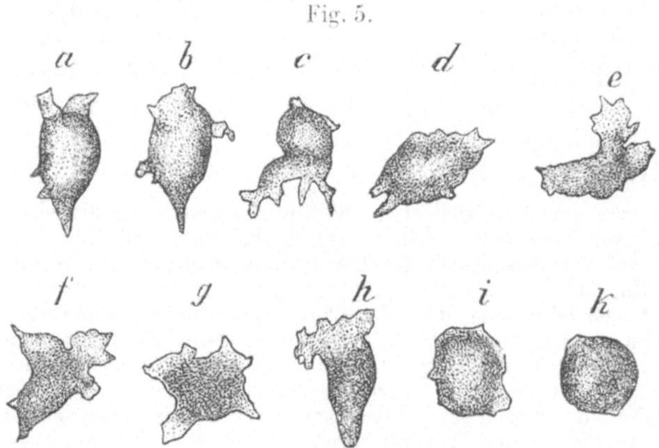

Ein und derselbe Leukocyt vom Frosch in je 5 Minuten Zeitabstand gezeichnet.
(Nach Engelmann.)

selbstständige Organismen. Insbesondere besitzen sie die Fähigkeit, gerade so wie die freilebenden einzelligen Protozoen, ihre Gestalt beliebig zu ändern, durch selbstständige Bewegungen von einem Ort zum andern zu kriechen, und durch Umfassen und Umschliessen Fremdkörper in sich aufzunehmen.

An den Leukocyten von Warmblütern lässt sich dies nur unter besonders günstigen Bedingungen beobachten, da sie meist sehr schnell absterben. Die Lymphkörperchen vom Frosch dagegen halten sich im mikroskopischen Präparat stundenlang. Zwischen Haut und Muskulatur des Frosches finden sich fast auf der ganzen Körperoberfläche freie Räume, die mit einer klaren Flüssigkeit, der Lymphe, gefüllt sind, in der Leukocyten schwimmen. Durch Vergiftung mit Curare kann man eine Schwellung des Frosches hervorrufen, sodass man nur eine Pravaz'sche Spritze durch die Haut einzustechen und vollzuziehen braucht, um eine Anzahl Objectträger mit Lymphe zu beschicken. Die Bewegung der Lymphkörperchen ist eine so langsame, dass sie bei kurzdauernder Beobachtung nicht gut zu erkennen ist. Erst nach einigen Minuten wird man gewahr, dass die Form des beobachteten Körperchens sich allmählich verändert hat. Wenn man sich also von einem hestimmten Körperchen eine Skizze macht, und dies etwa alle fünf Minuten wiederholt, erhält man eine Reihe Bilder, die die Bewegung darstellen. Man kann auf diese Weise die ausserordentlich ausgiebigen Formveränderungen nachweisen, die in jeder Hinsicht denen der freilebenden einzelligen Protozoen (Amöben) gleichen. (Vgl. Fig. 5.)

Die Befähigung der Leukocyten, sich selbstständig zu bewegen, zusammengehalten mit der Thatsache, dass man sie an allen möglichen verschiedenen Stellen des Körpers antrifft, legt die Vorstellung nahe, dass sie durch die Intercellularräume der Gewebe hindurchzuschlüpfen vermögen. Insbesondere ist durch Cohnheim nachgewiesen worden, dass in entzündetem Gewebe die weissen Blutkörperchen aus den Gefässen durch deren Wand hindurch in das Gewebe auswandern. Man nennt diesen Vorgang „Diapedese". Ferner hat man gesehen, wie Leukocyten nahrhafte oder andere Substanzen, und selbst lebende Mikroben mit ihren Protoplasmafortsätzen umspannten und in sich aufnahmen, und hat darauf die Anschauung gegründet, dass auf diese Weise die Leukocyten den Körper gegen eingedrungene Krankheitskeime schützen können.

Die weissen Blutkörperchen sind also nicht wie die rothen als ein blosser Bestandtheil des Blutes anzusehen. Sie sind zwar stets darin enthalten, aber in wechselnder Menge, da sie sich ja selbststandig etwa an bestimmten Stellen anhäufen oder gar ganz aus dem Gefässsystem entfernen können. Als normale Zahl der weissen Körperchen wird angegeben, dass auf je 500 bis 1000 rothe Körperchen ein weisses entfällt.

Die Zahl der weissen Körperchen ermittelt man auf ganz dieselbe Weise wie die der rothen, mit Hülfe der Thoma-Zeiss'schen Zählkammer, nur wird das Blut nicht so stark verdünnt, sondern nur auf das zwanzigfache, und als Verdünnungsflüssigkeit wird Essigsäurelösung angewendet, die die rothen Blutkörperchen durchsichtig macht, so dass die weissen deutlicher hervortreten.

Blutplättchen.

Endlich ist im Blute noch eine dritte Art Körperchen enthalten, die sogenannten Blutplättchen. Sie sind nur etwa 2 bis 3 Tausendstel Millimeter gross und zerfallen leicht in noch kleinere Körnchen. Ueber ihre Bedeutung hat sich bisher nichts ermitteln lassen, vielleicht sind sie nur Zerfallsprodukte.

Zusammensetzung der rothen Blutkörperchen.

Es ist schon oben mit Bezug auf die Farbe des Blutes erwähnt worden, dass sich die rothen Blutkörperchen bei reichlichem Zusatz von Wasser auflösen. Wenn man diesen Vorgang unter dem Mikroskop verfolgt, so bemerkt man, dass von jedem Körperchen, dessen Substanz in dem umgebenden Wasser verschwindet, ein zarter, schattenartiger Rest zurückbleibt, der ein unlösliches Gerüst,

„Stroma" des Körperchens, darstellt. Dies Stroma ist nur ein verschwindend kleiner Theil des Blutkörperchens.

Woraus es besteht, ob es im Blutkörperchen vorgebildet ist oder erst beim Entweichen der ubrigen Bestandtheile entsteht, ist streitig. Die Hauptmasse des Blutkörperchens ist jedenfalls der Blutfarbstoff, der in Lösung geht, denn der Blutfarbstoff allein macht etwas über 40 pCt., alle festen Bestandteile zusammen nur gegen 42 pCt. des Gewichtes der Blutkörperchen aus.

Das Haemoglobin. Der Blutfarbstoff oder das Haemoglobin ist der Hauptbestandtheil der rothen Blutkörperchen.

Ist er durch irgend eines der oben (s. S. 6) erwähnten Verfahren aus den Körperchen heraus in Lösung gegangen, so kann er durch geeignete Behandlung dazu gebracht werden, sich aus der Lösung in Krystallen abzuscheiden. Dies

Fig. 6.

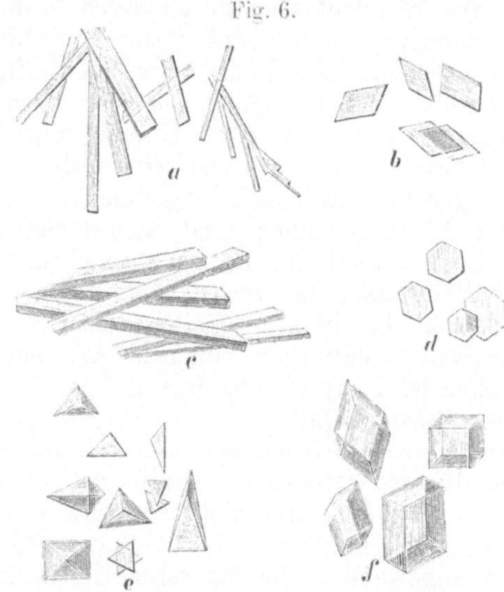

Haemoglobinkrystalle, *a* und *b* vom Menschen, *c* von Katze und Hund, *d* vom Eichhörnchen, *e* vom Meerschweinchen, *f* vom Hamster (vergrössert).

ist um so wichtiger, weil er seinen übrigen Eigenschaften nach zu den Eiweisskorpern gehort, deren chemische Constitution unbekannt ist, und von denen nur wenige sich in Krystallform darstellen lassen.

Da sich nun das Haemoglobin verhältnissmässig leicht in Form von einigermaassen beständigen Krystallen gewinnen lässt, und da man annehmen muss, dass einem Stoff, der in bestimmter Form krystallisirt, auch eine ganz bestimmte chemische Constitution zukommt, erscheint es besonders geeignet, zur Erforschung des Baues der Eiweissstoffe im Allgemeinen zu dienen. Dagegen ist einzuwenden, dass man aus der Beschaffenheit der Krystalle, die sich unter gewissen Bedingungen bilden, nicht ohne Weiteres auf die Beschaffenheit des natürlichen Haemoglobins schliessen dürfe. Das Haemoglobin verschiedener Thierarten, obgleich es im Allgemeinen durchaus gleiche Eigenschaften hat, krystallisirt in ganz verschiedenen Formen, und man muss daher auch gewisse Abstufungen in der Art der Zusammensetzung annehmen. Aber auch das Haemoglobin einer und derselben Art krystallisirt bei verschiedener Behandlungsweise in verschiedenen Formen.

So ist die gewöhnliche Form krystallisirten menschlichen Haemoglobins die mikroskopisch feiner rhombischer Nadeln, es kann aber auch in Plattenform auftreten (Fig. 6 a u. b). Bei Ratte, Hund und Pferd kann man bis mehrere Centimeter lange vierseitige Prismen erhalten. Das Haemoglobin des Meerschweinchens krystallisirt in feinen rhombischen Tetraëdern, das des Eichhörnchens in sechsseitigen Tafeln.

Globin und Haematin. Seiner chemischen Beschaffenheit nach muss das Haemoglobin zu den Proteïden gerechnet werden, das heisst, es ist kein einfacher Eiweisskörper, sondern die Ver-

Fig. 7.

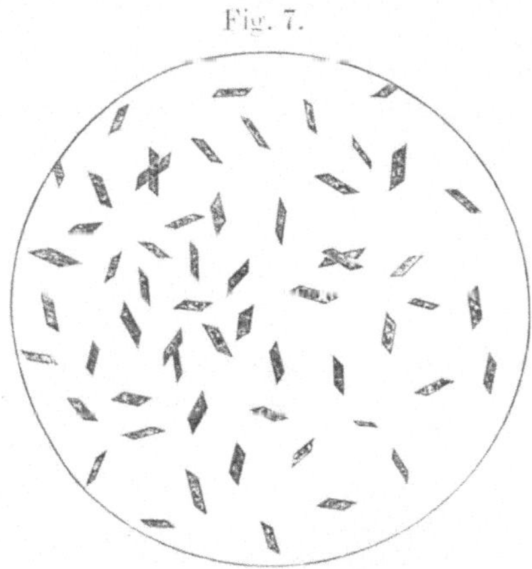

Haeminkrystalle (Vergrösserung 150).

bindung eines Eiweissstoffes mit einem anderen Stoff. Dies zeigt sich schon daran, dass es ausser den die Eiweissstoffe aufbauenden Elementen C, O, N, H, S, auch Eisen, Fe, enthält. Beim Erwärmen, bei Zusatz von Alkohol, Säuren, Alkalien, Metallsalzen, zerfällt es in seine beiden Bestandtheile, einen Eiweissstoff, *Globin*, der coagulirt wird, und einen Farbstoff *Haematin*, der in der Gestalt eines dunkelbraunen Pulvers ausfällt. Das Globin macht weitaus den grössten Theil des Haemoglobins aus. In dem Haematin ist das gesammte Eisen enthalten, das von dem Haemoglobin gegen 0,4 pCt., vom Haematin 10 pCt. ausmacht. Durch Ausglühen kann man das Eisen aus dem Haematin als reines Eisenoxyd darstellen.

Haemin. Das Haematin lässt sich leicht in eine salzsaure Verbindung, Haemin genannt, überführen, die an ihrer Krystallform mit Sicherheit zu erkennen ist. Da sich dies auch mit ganz geringen Mengen des in eingetrockneten Blutspuren enthaltenen Haematins ausführen lässt, wird dies Verfahren zum Nachweis von Blut zu gerichtlichen Zwecken allgemein angewendet.

Einige Bröckel des Untersuchungsmaterials, etwa abgeschabter Staub von einem blutbefleckten Fussboden, oder Fäden eines blutgetränkten Gewebes, werden zusammen mit einigen Körnchen Kochsalz auf einem Objectträger in einem Tropfen Eisessig zum Sieden erhitzt und dann unter dem Mikroskop bei starker Vergrösserung untersucht. War Blut vorhanden, so hat sich aus dem Haematin die salzsaure Verbindung Haemin gebildet, die in Form ganz feiner rhombischer Krystalle auftritt (vergl. Fig. 7). Man nennt diese Probe nach dem Entdecker des Haemins die Teichmann'sche Blutprobe.

Oxyhaemoglobin, Haemoglobin, Methaemoglobin. Das Haemoglobin, gleichviel ob in Lösung oder in seinem natürlichen Zustande innerhalb der rothen Blutkörperchen, hat die wichtige Eigenschaft, sich mit Sauerstoff zu Oxyhaemoglobin zu verbinden. *Diese Verbindung bleibt aber nur bestehen, so lange sich freier Sauerstoff in der Umgebung befindet.* Stellt man mit der Luftpumpe über einer oxyhaemoglobinhaltigen Lösung oder über Blut ein Vacuum her, so entweicht der Sauerstoff aus der Verbindung, und es bleibt reducirte Haemoglobinlösung zurück. Schüttelt man diese Lösung mit Luft, so nimmt das Haemoglobin wieder Sauerstoff auf, und verwandelt sich in Oxyhaemoglobin. Diese Ver-

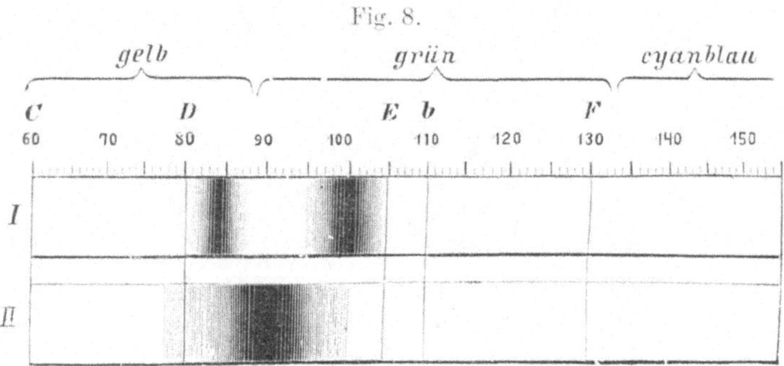

Absorptionsstreifen des Oxyhaemoglobins (I) und des reducirten Haemoglobins (II).

änderung giebt sich schon bei flüchtiger Betrachtung durch eine Aenderung der Farbe zu erkennen, denn das Oxyhaemoglobin verleiht dem Blute oder der Lösung eine hellscharlachrothe Färbung, während bei der Reduction eine dunklere kirschrothe Farbe entsteht. Viel deutlicher lässt sich der Unterschied durch das Spectroskop wahrnehmen.

Lässt man Licht durch Haemoglobinlösung gehen, so werden Strahlen von bestimmten Wellenlängen absorbirt, und wenn das Licht dann durch ein Prisma in sein Spectrum aufgelöst wird, so erscheinen in dem Spectrum dunkle Lücken an den Stellen, wo die betreffenden Strahlen sichtbar werden würden, wenn sie nicht vorher absorbirt worden wären.

Je nachdem diese Lücken einen grösseren oder geringeren Theil des Spectrums einnehmen, erscheinen sie als breitere oder schmälere schwarze Bänder zwischen den Spectralfarben. Sie werden deshalb auch kurzweg als „Absorptionsstreifen“ oder „Absorptionsbänder“ bezeichnet.

Zwischen dem Oxyhaemoglobin und dem reducirten Haemoglobin besteht der Unterschied, dass das reducirte Haemoglobin Strahlen von den Wellenlängen 540—575 $\mu\mu$ absorbirt, sodass es einen breiten Absorptionsstreifen zwischen Gelb und Grün hervorruft, während das Oxyhaemoglobin zwei kleinere Gruppen von Strahlen absorbirt, und in Folge dessen zwei schmälere Absorptionsstreifen erzeugt, von denen der eine auf der Grenze von Gelb zu Grün, der andere im Grün gelegen ist.

In der Regel zeigt eine Lösung von Blut immer mehr oder weniger deutlich die beiden Absorptionsstreifen des Oxyhaemoglobins, nur wenn man etwa durch Zusatz von Ammoniumsulfat künstlich reducirtes Haemoglobin hervorruft, bekommt man den einfachen breiten Streifen zu sehen. Auch dann pflegt er aber beim Schütteln oder nach längerem Stehen alsbald wieder zu verschwinden, und es treten, da sich das Haemoglobin von Neuem mit Sauerstoff verbunden hat, wiederum die beiden Oxyhaemoglobinstreifen auf. Erst wenn das Blut in Fäulniss überzugehen beginnt, nimmt es ein für allemal die dunkelkirschrothe Farbe an, die das reducirte Haemoglobin kennzeichnet, und zeigt dann auch dauernd dessen Absorptionsstreifen.

Auch mit einigen anderen Gasen geht das Haemoglobin, ähnlich wie mit Sauerstoff, Verbindungen ein, die sich aber nicht so leicht wieder lösen. Dies gilt insbesondere von dem *Kohlenoxydgas*, dessen Verbindung mit Haemoglobin dem Blute eine carmoisinrothe Farbe giebt. Das Spectrum des Kohlenoxydhaemoglobins ist dem des Oxyhaemoglobins sehr ähnlich.

Methaemoglobin. Endlich ist das Oxyhaemoglobin noch einer Veränderung fähig, durch die es den Sauerstoff viel fester gebunden hält, als in seinem ursprünglichen Zustand. Man nennt das so transformirte Haemoglobin Methaemoglobin. Die Umwandlung tritt gleichsam als eine Vorstufe der Zersetzung beim Erhitzen, bei Zusatz von Säuren oder Alkalien zum Blut und einer Reihe von anderen Einwirkungen auf. Da das Methaemoglobin den Sauerstoff festhält, wird das Blut in dem Maasse, in dem das Oxyhaemoglobin in Methaemoglobin übergeht, unfähig, als Sauerstoffüberträger zu dienen.

Das Haemometer. Da das Haemoglobin den grössten und in Bezug auf die Function wichtigsten Bestandtheil der Blutkörperchen bildet, ist es praktisch wichtig, die Menge des Haemoglobins im Blute bestimmen zu können.

Die hierzu angewendete Methode beruht darauf, dass das Haemoglobin, der Blutfarbstoff, wenn er aufgelöst wird, der Lösung eine um so tiefer rothe Färbung ertheilt, in je grösserer Menge er darin enthalten ist. Vergleicht man also die Färbung der Lösung einer bestimmten Menge Blut in einer bestimmten Menge Wasser mit der Färbung einer Lösung von bekanntem Haemoglobingehalt, so kann man sogleich sagen, ob in dem Blut mehr, weniger oder ebensoviel Haemoglobin enthalten ist, als in der Lösung von bekanntem Gehalt. Stellt man eine ganze Reihe von solchen Probelösungen mit bekanntem Haemoglobingehalt her, so kann man auf diese Weise durch Vergleichung der Farbe den Haemoglobingehalt beliebiger Blutproben ermitteln. Anstatt einer solchen Reihe von Probelösungen mit steigendem Haemoglobingehalt, die wegen ihrer Unbeständigkeit zu dauerndem Gebrauch nicht geeignet sein würden, kann man natürlich ebensogut eine entsprechende Reihe von Farbenstufen aus beliebigem anderen Material verwenden. In dem von Fleischl angegebenen, von Miescher modificirten „Haemometer" (Fig. 9) ist dazu rothes Glas gewählt, dessen Farbe, über einem weissen, mit Lampenlicht beleuchteten Grunde betrachtet, ganz genau mit der Farbe von dünnen Blutlösungen übereinstimmt. Die Abstufung des Färbungsgrades, die dem grösseren oder geringeren Haemoglobingehalt der Probelösungen entsprechen soll, wird dadurch erreicht, dass das rothe Glas keilförmig zugeschliffen ist (*KK*). Die Färbung ist am dünnen Ende des Keils nur schwach, und wird mit zunehmender Dicke des Keils gleichförmig immer stärker. Die Dicke des Glaskeils ist so bemessen, dass der Färbungsgrad in der Mitte des Keils einer 1 cm dicken Schicht hundertfach verdünnten Blutes von normalem Haemoglobingehalt entspricht. Um nun die Färbung an jeder Stelle des Keils mit der der Blutlösung, die man untersuchen will, unter möglichst gleichen Bedingungen vergleichen zu können, ist über dem Keil ein 1 cm hohes Gefäss mit Glasboden und Glasdeckel angebracht, das durch eine senkrechte Scheidewand in zwei Behälter (*a* u. *a'*) getheilt ist. Der eine Behälter, mit reinem Wasser gefüllt, befindet sich über dem Keil, in den anderen wird eine hundertfach verdünnte Probe des zu untersuchenden Blutes eingefüllt. **Man** blickt durch das Gefäss hindurch von oben auf eine darunter befindliche beleuchtete Gipsplatte (*S*), und sieht in der mit Wasser gefüllten Hälfte des Gefässes denjenigen Grad der Rothfärbung, der durch die darunter befindliche Stelle des Keils bedingt ist, in der anderen Hälfte die Färbung der verdünnten Blutprobe. Ist die Probe normalem Blut entnommen, und befindet sich gerade die Mitte des Keiles unter dem Gefäss, so werden nach dem, was oben über

Fig. 9.

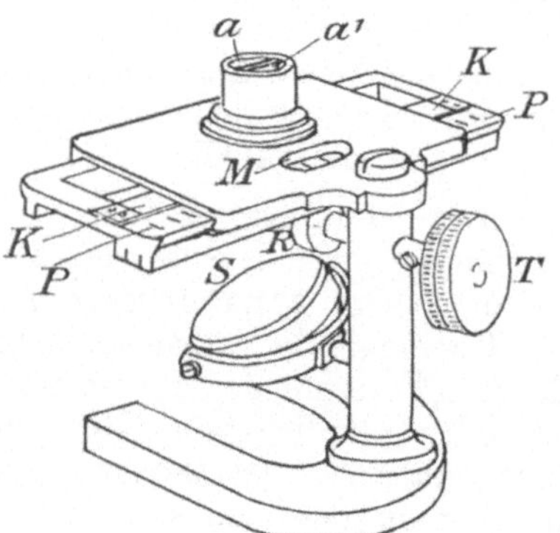

Haemometer. *K* Glaskeil, *T R* Trieb, *S* Gipsplatte, *P P* Theilung, *M* Marke, *a a'* Behälter für Blutlösung und Wasser.

die Färbung des Keiles gesagt ist, beide Hälften des Gefässes gleiche Färbung zeigen. Hat das Blut, dem die Probe entnommen war, höheren oder niedrigeren Haemoglobingehalt als normales Blut, so wird Gleichheit der Färbung dadurch hergestellt werden können, dass man eine dickere oder dünnere Stelle des Keiles unter das Gefäss bringt. Zu diesem Zwecke ist der Keil in einen mit Zahnrädgetriebe (*TR*) verstellbaren Rahmen gefasst, an dem sich zugleich eine Scala (*PP*) befindet, die die Einstellung des Keiles abzulesen gestattet. Durch Bestimmungen an Lösungen von bekanntem Haemoglobingehalt ist nun, in der Regel schon bei der Anfertigung des Apparates, eine Tabelle aufgesetzt worden, die für jede Stelle der Scala den Haemoglobingehalt einer Lösung von genau demselben Färbungsgrad angiebt.

Um mit dem Haemometer eine Haemoglobinbestimmung auszuführen, braucht man also nur eine Blutprobe, die aufs Hundertfache verdünnt ist, in das Vergleichsgefäss einzufüllen und auszuprobiren, bei welcher Einstellung des Keiles Färbungsgleichheit besteht. Neben der Zahl, die auf der Scala die Einstellung des Keiles angiebt, findet man dann unmittelbar den Haemoglobingehalt der untersuchten Probe angegeben. Um den Gehalt des unverdünnten Blutes zu erhalten, muss man natürlich noch mit der Verdünnungszahl multipliciren.

Die Verdünnung wird ganz ebenso wie bei der Zählung der Blutkörperchen in der Mischpipette hergestellt, nur dass statt der Salzlösung, die die Blutkörperchen erhält, destillirtes Wasser genommen wird, das die Blutkörperchen auflöst.

Bei solchen Bestimmungen findet man für normales Menschenblut einen Haemoglobingehalt von 12—15 pCt.

Messung der Blutmenge. Die Bestimmung der Gesammtmenge des Blutes im Thierkörper, von der oben (S. 11) die Rede war, wird ebenfalls mit Hülfe der Färbungsvergleichung ausgeführt, und kann auch ohne weiteres auf Bestimmung des Haemoglobingehaltes zurückgeführt werden.

Diejenige Menge Blut, die von selbst aus dem Gefässsystem abläuft, kann zunächst unmittelbar gemessen werden. Um dann die Menge des zurückgebliebenen Blutes zu erhalten, wird der ganze Körper fein zerhackt, und mit gemessenen Mengen Wasser so lange ausgezogen, bis das Wasser sich nicht mehr färbt. Stellt man nun fest, wieviel Wasser man zu einer gegebenen Menge des zuerst abgelaufenen Blutes zusetzen muss, um denselben Färbungsgrad, das heisst die gleiche Verdünnung zu erhalten, der in der gesammten Spülwassermenge herrscht, so hat man dadurch den Verdünnungsgrad bestimmt und kann daraus die Menge des vom Spülwasser aufgenommenen Blutes berechnen.

Man kann auch mit dem Haemometer den Haemoglobingehalt einer Probe des zuerst erhaltenen Blutes, und den Haemoglobingehalt der Spülflüssigkeit bestimmen, und danach den Verdünnungsgrad der Spülflüssigkeit berechnen.

Weitere Bestandtheile der rothen Körperchen.

Neben dem Haemoglobin lassen sich, wie oben bemerkt, nur wenig andere feste Stoffe in den Blutkörperchen nachweisen, nämlich etwas Lecithin und Cholesterin und geringe Mengen verschiedener Salze.

Lecithin sowie Cholesterin sind Substanzen, die sich in Bezug auf Löslichkeit ähnlich wie Fett verhalten, so dass man das Auflösen der Körperchen durch Aether und Chloroform auf die Lösung dieser Bestandtheile zurückführen kann.

Was die Salze betrifft, so enthalten alle Bestandtheile des Organismus Salze in grösseren oder kleineren Mengen, sodass deren Gegenwart in den Blutkörperchen nicht besonders auffallen darf. Sehr auffällig ist aber, dass gerade dasjenige Salz, das in den übrigen Körpergeweben am meisten verbreitet ist, das Kochsalz, in den Blutkörperchen der meisten Thiere fehlt. Bei Mensch, Hund und Rind ist es spurweise vorhanden, vorwiegend ist aber Kalium als Phosphat und Chlorid.

Das Blutplasma.

Gewinnung und Eigenschaften. Die Blutflüssigkeit, in der die Körperchen schwimmen, wird Plasma genannt. Unter gewöhnlichen Bedingungen lässt sie sich von den Körperchen getrennt nicht gewinnen, weil bei der Gerinnung die gesammte Masse des Blutes fest wird. Unter solchen Umständen aber, in denen die Gerinnung nicht oder nur sehr langsam eintritt, sinken die Blutkörperchen in dem stehenden Blute allmählich zu Boden, während an der Oberfläche reines Plasma als klare gelbe Flüssigkeit stehen bleibt. Dieser Vorgang beruht einfach darauf, dass das specifische Gewicht der Blutkörperchen bei ihrem grösseren Gehalt an festen Stoffen etwas grösser ist, als das des Plasmas.

Für Wasser = 1000 kann das specifische Gewicht der Blutflüssigkeit zu etwa 1030, das der Blutkörperchen zu 1090 angenommen werden. Beim Pferdeblut, in dem die Gerinnung besonders langsam vor sich zu gehen pflegt, lässt sich am besten auf diese Weise das Plasma rein darstellen, indem man die obenstehende klare Flüssigkeit mit einer Pipette absaugt.

Zusammensetzung. Ueber die chemische Zusammensetzung des Plasmas lässt sich nun ohne weiteres sagen, dass es *alle Stoffe, die für den Aufbau des Körpers von Bedeutung sind,* enthalten muss. Denn das Blut dient eben der Ernährung der einzelnen Körpertheile, die nur auf diesem Wege Stoff aufnehmen oder abgeben können.

Da sich die Körperchen, wie oben angegeben, nur beim Gaswechsel betheiligen, so sind thatsächlich, wenn auch nicht alle einzelnen Verbindungen doch alle Stoffgruppen, die uberhaupt im Körper vorkommen, im Plasma vertreten. Freilich sind die meisten dieser Substanzen nur in sehr geringer Menge im Blute selbst enthalten, weil sie eben nur beim Uebergang zu und von den Geweben ins Blut eintreten. Dabei bleibt die Zusammensetzung des Blutes sich im Allgemeinen völlig gleich, indem die Stoffe, die an einer Stelle in den Kreislauf eintreten, an anderen Stellen ebenso schnell aus dem Kreislauf ausgeschieden werden. Da also der Blutstrom mit stets nahezu gleichen Stoffmengen beladen unablässig die Gewebe durchfliesst, vermag er auf die Dauer sehr beträchtliche Substanzmengen, nämlich thatsächlich das ganze beim Stoffwechsel des Gesammtkörpers betheiligte Aufbau- und Abbaumaterial zu- und abzuführen, obschon in jedem Augenblick nur geringe Mengen von jeder einzelnen Substanz im Blut enthalten sind. In diesem Zusammenhange ist auf die Angaben hinzuweisen, die weiter unten über die Geschwindigkeit des Blutstromes gemacht werden sollen.

Schon aus der Zähflüssigkeit des Plasmas und dem Stehenbleiben von Schaum könnte man entnehmen, dass das Plasma Eiweissstoffe enthält. Diese Eiweissstoffe machen ungefähr 7 pCt. des Gesammtgewichts aus, wozu noch etwa 1,5 pCt. andere feste Stoffe kommen, sodass etwas über 90 pCt. des Plasmas Wasser sind.

Eiweissstoffe. Die Eiweissstoffe des Plasmas sind verschiedener Art und in den verschiedenen Blutarten in verschiedenen Mengen enthalten. Nach ihrem chemischen Verhalten, insbesondere nach der Gerinnungstemperatur, können sie eingetheilt werden in Albumine und Globuline. Der wesentliche Unterschied zwischen diesen ist, dass die Albumine in Wasser löslich sind, während die Globuline nur bei einem gewissen Salzgehalt in Lösung bleiben.

Setzt man also dem Plasma grössere Mengen Salz zu, so fallen die Globuline als ein flockiger Niederschlag aus. Man kann dann die Flüssigkeit von dem Niederschlage abfiltriren und erhält in dem salzhaltigen Filtrat das Albumin des Plasmas, das durch Zusatz von Säuren gefallt, durch Dialyse vom Salz getrennt und rein dargestellt werden kann. Beide Arten Eiweissstoffe sind wahrscheinlich nicht einheitliche Substanzen, sondern Gemenge aus verschiedenen Eiweissarten von sehr complicirter Zusammensetzung, die bei verschiedenen Thierarten und auch bei demselben Thiere unter verschiedenen Bedingungen verschieden sein muss, da die Blutflussigkeit eine Reihe specifischer Eigenthümlichkeiten aufweist, die auf Verschiedenheiten in der Zusammensetzung des Bluteiweisses zuruckgefuhrt werden. Hiervon soll noch weiter unten die Rede sein.

Fermente. Um weitere Eigenthümlichkeiten der Blutflüssigkeit, wie die Erscheinungen der Gerinnung und die chemischen Wirkungen von Blut auf verschiedene Substanzen zu erklären, ist man genöthigt, noch eine Anzahl besonderer eiweissähnlicher Substanzen in der Blutflüssigkeit anzunehmen, die man als die Fermente des Blutes zusammenfassen kann. Von diesen Stoffen sind einzelne nachweisbar, auf das Vorhandensein der übrigen schliesst man nur aus ihren Wirkungen.

Stoffwechselproducte. Ausser den Albuminen und Globulinen, die mit dem Eiweiss der lebenden Gewebe identisch oder doch nahe verwandt sind, und also als Aufbaumaterial für die Gewebe betrachtet werden können, enthält das Plasma in geringen Mengen eine Reihe Verbindungen, die bei der Zersetzung des Eiweisses entstehen, zum Theil Oxydationsproducte darstellen, und deshalb als Ergebnisse des Stoffverbrauchs in den Geweben anzusehen sind, nämlich Harnstoff, Harnsäure, Kreatinin u. a. m. Diese Anschauung wird dadurch bestätigt, dass sich die betreffenden Substanzen in viel grösserer Concentration in den Ausscheidungen des Körpers, vor Allem im Harn finden, wohin sie aus der Blutbahn gelangen.

Kohlehydrat und Fett. Ferner enthält das Plasma spurweise verschiedene Nährstoffe, nämlich Fette und fettartige Substanzen, wie Lecithin und Cholesterin, und Zucker.

Die gelbe Farbe des Plasmas rührt von einem besonderen Farbstoff, Lutein, her.

Salze. Selbstverständlich fehlen auch die anorganischen Salze nicht. Im Gegensatz zu den Blutkörperchen finden sich im Plasma überwiegend Natriumsalze; vor Allem Kochsalz, aber auch Natriumcarbonat, bei Fleischfressern auch Natriumphosphat, ferner phosphorsaures Magnesium. Von besonderer Bedeutung sind die Kalksalze, namentlich Calciumphosphat.

Gase. Endlich sind als Bestandtheile des Plasmas auch die Gase anzuführen, die es absorbirt enthält. Normaler Weise findet man geringe Mengen Stickstoff, reichlicher Sauerstoff und namentlich Kohlensäure. Sauerstoff ist ausserdem, wie oben angegeben, in viel grösserer Menge an das Haemoglobin der Blutkörperchen gebunden, aber die Lockerheit dieser Bindung bedingt, dass auch die umgebende Blutflüssigkeit Sauerstoff enthält. Die Körperzellen entnehmen den Sauerstoff nicht unmittelbar aus den rothen Blutkörperchen, da sie ja mit ihnen nicht in Berührung kommen, sondern sie erhalten ihn von der Blutflüssigkeit. Da ferner in den Geweben fortwährend Oxydationen stattfinden, durch die Kohlensäure gebildet wird, enthält das Plasma reichlich Kohlensäure, von der ein kleiner Theil einfach absorbirt, eine viel grössere Menge an die Alkalien gebunden ist.

Die Reaction des Blutes.

Wenn man die Reaction des Blutes mit Lakmuspapier prüft, findet man sie schwach alkalisch, und es wird daher auch allgemein von der Alkalescenz des Blutes gesprochen.

Damit man trotz der rothen Farbe des Blutes deutlich sehen könne, ob das Papier blau wird oder nicht, bedient man sich eigens hergestellten blanken Lakmuspapiers, von dem man das Blut, nachdem es eingewirkt hat, rein wegwischen kann. Es bleibt dann eine blaue Spur zurück, die die alkalische Reaction anzeigt.

Der Grad der Alkalescenz kann gemessen werden, indem man dem Blute eine schwache Weinsäurelösung von bekannter Acidität zusetzt, bis die alkalische Reaction eben verschwindet.

Durch diese Art der Bestimmung wird indessen nur die Menge der basischen Substanzen bestimmt, die eine etwa hinzutretende Säure binden können, die sogenannte „potentielle“ oder „Titrations-Alkalescenz“. Nun sind im Blut eine Anzahl schwach basische und schwach saure Stoffe vorhanden, deren gegenseitiges Verhalten schon durch den Zusatz der Titrirflüssigkeit geändert wird. Will man also wissen, welche Reaction eigentlich im kreisenden Blut herrscht, so muss man eine Untersuchungsmethode anwenden, bei der die Zusammensetzung des Blutes unbeeinflusst bleibt. Eine solche Methode ist die Bestimmung der Ionenconcentration auf elektrischem Wege, die die sogenannte Ionenreaction oder „actuelle“ Reaction, d. h. die Menge der vorhandenen Wasserstoff- oder Hydroxyl-Ionen, anzeigt. Bei dieser Art der Untersuchung erweist sich das Blut als genau neutral.

Derselbe Unterschied zwischen potentieller und actueller Reaction besteht auch für die meisten in den thierischen Geweben enthaltenen Flüssigkeiten. Diese Thatsache ist von Bedeutung, wo es gilt die Lebensbedingungen der thierischen Zelle im Grossen und Ganzen aufzufassen.

Gesammtconcentration.

Aus demselben Gesichtspunkt ist es von Interesse, die Gesammtconcentration der Blutflüssigkeit kennen zu lernen. Nach den allgemeinen Gesetzen der Diffusion gelöster Stoffe gehen diese aus Lösungen höherer Concentration von selbst in Lösungen niedrigerer Concentration über. Die Bedingungen für den Austritt von Nährstoffen aus dem Blut ins Gewebe oder von verbrauchter Substanz aus dem Gewebe ins Blut werden also wesentlich verschieden sein, je nachdem die Concentration im Blute oder in den Geweben grösser ist. Da die Gefriertemperatur einer Lösung um so tiefer liegt, je höher ihre Concentration, so kann man die Concentration an der Erniedrigung des Gefrierpunktes unter den des reinen Wassers ermessen. Man bezeichnet die Gefriertemperatur mit $\triangle$, und findet für Menschenblut $\triangle = -0,526^0$, für Säugethierblut noch etwas tiefer.

Die Gerinnung des Blutes.

Der Vorgang. Nachdem im Vorhergehenden eine Uebersicht über die Bestandtheile des normalen Blutes gegeben worden ist, mögen nun die Veränderungen besprochen werden, die in den Beziehungen der einzelnen Bestandtheile zu einander bei dem mehrfach erwähnten Vorgang der Gerinnung eintreten. In normalem Zustand ist und bleibt das Blut flüssig, so dass die Gerinnung selbst ins Gebiet der pathologischen Erscheinungen gehört. Die Fähigkeit zu gerinnen ist aber eine physiólogische Eigenschaft des normalen Blutes. Diese Eigenschaft hat für den Gesammtkörper die grosse Bedeutung, bei Verletzungen der Gefässe den Blutverlust einzuschränken. Sobald nämlich das Blut aus den verletzten Geweben austritt, wird es vermöge der Gerinnung fest, und verklebt auf diese Weise, falls die Wunde nicht zu gross war, sich selbst den Ausweg.

Die Erscheinung der Gerinnung kann man unter dem Mikroskop an einem Tröpfchen frischen Blutes beobachten. Man sieht dann, wie sich die Blutkörperchen, die anfänglich im Plasma gleichmässig vertheilt waren, zu Häufchen zusammenballen und sich endlich geldrollenartig dicht übereinander schieben. Zugleich scheiden sich in der Flüssigkeit faserartige Stränge festweicher Substanz ab, die als Faserstoff, Fibrin, bezeichnet werden.

An grösseren, aus der Ader in ein Gefäss abgelassenen Blutmengen stellt sich der Vorgang so dar, dass etwa drei bis vier Minuten nach dem Aderlass die bis dahin flüssige Blutmenge zäh und gallertartig wird.

Die Gerinnung tritt nicht in allen Blutarten gleich schnell ein, am schnellsten beim Vogelblut, das fast unmittelbar nach dem Ausfliessen erstarrt, besonders langsam beim Pferdeblut. Hier zeigt sich dann, wie oben erwähnt, dass vor dem Eintritt der Gerinnung die Blutkörperchen in der Flüssigkeit absinken, und man kann in dem oben befindlichen klaren Plasma die Abscheidung des Fibrins wahrnehmen, die über der zur Gallerte erstarrenden rothen Körperchenmasse eine weissliche Schicht bildet. Diese Schicht enthält auch zahlreiche weisse Blutkörperchen, weil diese sich langsamer zu Boden senken als die rothen. Ebenso verhält sich das Blut von fieberkranken Menschen, und man hat daher in früheren Zeiten, als sehr häufig zur Ader gelassen wurde, die Entstehung der Fibrinschicht, die man „Speckhaut" nannte, als diagnostisches Merkmal betrachtet.

Lässt man die geronnene Blutmasse längere Zeit stehen, so zieht sie sich immer mehr zusammen, indem aus dem Innern immer mehr von der ursprünglich darin enthaltenen Blutflüssigkeit nach aussen tritt. Man kann dann an dem geronnenen Blute, je nachdem sich eine Speckhaut gebildet hat oder nicht, zwei oder drei Bestandtheile unterscheiden: Erstens die geronnene Gallerte, die die rothen Blutkörperchen enthält, die als Blutkuchen, Placenta sanguinis oder Crassamentum bezeichnet wird, zweitens die darüber stehende Flüssigkeit und drittens die Speckhaut, die im Wesentlichen aus weissen Blutkörperchen und Fibrin besteht.

Das Serum. Die Flüssigkeit ist nun nicht etwa identisch mit der normalen Blutflüssigkeit, dem Plasma, denn es hat sich bei der Gerinnung aus dem Plasma der Faserstoff abgeschieden. Die Flüssigkeit ist also *Plasma ohne die vorher darin enthaltene*

Fibrinsubstanz, und wird deshalb zum Unterschiede vom Plasma als Blutserum bezeichnet.

Diese Unterscheidung ist für die Lehre von der Gerinnung wichtig, und sollte stets sorgfältig beachtet werden, es wird aber im Sprachgebrauche nicht selten dagegen verstossen, indem man die normale Blutflüssigkeit statt als Plasma als Serum bezeichnet.

Der wesentliche Vorgang bei der Gerinnung besteht also darin, dass sich aus dem Plasma des normalen Blutes das Fibrin als festweiche Masse ausscheidet, und mehr oder weniger die ganze Blutmasse in Blutkuchen verwandelt, neben und in dem ein Theil der Flüssigkeit als Serum bestehen bleibt.

Einfluss verschiedener Bedingungen. Dieser Vorgang kann durch verschiedene Bedingungen in mannigfacher Weise verändert werden. Die Gerinnung wird verzögert durch Abkühlung, beschleunigt durch Erwärmen. Die Gerinnung tritt nicht oder nur spät ein, wenn das Blut innerhalb der Gefässe belassen wird. Wenn man also etwa ein mit Blut gefülltes Stück einer grossen Vene an beiden Seiten abbindet und senkrecht aufhängt, so sammeln sich, weil das Blut flüssig bleibt, die Körperchen alle in der unteren Hälfte des Gefässstückes, und oben bleibt reines Plasma stehen. Wenn dagegen irgend ein Fremdkörper, etwa eine Nadel, in ein normales Gefäss eingeführt wird, so bilden sich sogleich um den Fremdkörper Gerinnsel. Man hat hieraus auf eine besondere gerinnungshemmende Eigenschaft der normalen Gefässwand schliessen wollen, es lässt sich aber zeigen, dass das Blut auch in Berührung mit Fremdkörpern oft lange flüssig bleibt, wenn nur die Oberfläche recht glatt und frei von Rauhigkeiten oder Verunreinigungen ist. Insbesondere kann die Gerinnung vermieden werden, indem man das Blut nur mit eingefetteten, also nicht benetzbaren Flächen in Berührung kommen lässt, und es auch vor der Einwirkung der Luft und etwa darin schwebender Staubtheilchen durch Ueberschichten mit Oel schützt.

Defibriniren. Die Gerinnung kann ferner dadurch vollständig verhindert werden, dass man dem Blut den Faserstoff entzieht. Dies lässt sich erreichen, indem man das frische Blut mit einem Bündelchen aus Ruthen, einem Federwisch oder auch nur mit einem Glasstab eine Zeit lang heftig umrührt und zu Schaum schlägt. Dabei findet durch die Berührung mit dem schaumschlagenden Instrument eine lebhafte Ausscheidung des Fibrins statt, das sich in Gestalt flockiger Stränge zu einem losen Bündel um den schlagenden Stab formt, und in dieser Form ohne Weiteres aus dem Blute entfernt oder durch Filtration beseitigt werden kann. Man behält so eine Blutmenge von anscheinend unveränderter Beschaffenheit, die ungerinnbar ist, weil sie an Stelle des Plasmas nur noch Serum enthält.

Entkalkung. Aehnlich wie die Entziehung des Faserstoffs wirkt auch die Entziehung oder, was dasselbe bedeutet, die feste Bindung der im Blut enthaltenen Kalksalze. Man sieht hieraus, dass die Kalksalze im Blut bei der Gerinnung eine wesentliche Rolle spielen müssen. Setzt man zum Blut etwa ein Tausendstel des Gewichts Natriumoxalat zu, das die Eigenschaft hat, sich mit Kalksalzen zu oxalsaurem Kalk umzusetzen, so wird dadurch die Gerinnung verhindert. Setzt man zu dem so behandelten Blut wieder eine ganz geringe Menge Calciumsalzlösung hinzu, so wird es sogleich wieder gerinnungsfähig. Dass es wirklich auf die Bindung der Kalksalze ankommt, lässt sich daraus erkennen, dass Fluornatrium und Seifen, die ebenfalls Kalk zu binden vermögen, die gleiche Wirkung zeigen wie das Oxalat. Die specifische Bedeutung der Kalksalze zeigt sich auch darin, dass, wenn man dem mit Oxalat behandelten Blut nur eine Spur zuviel Kalklösung zusetzt, die Gerinnungsfähigkeit nicht wiederkehrt, sondern dauernd aufgehoben ist.

Salzen verhindert Gerinnung. Von anderen Salzen muss man, um die Gerinnung zu verhindern, dem Blut viel grössere Mengen zusetzen. So gerinnt Blut nicht, wenn es mit dem gleichen Volum zehnprocentiger Kochsalzlösung oder dem dritten Theil seines Volums gesättigter Magnesiumsulfatlösung versetzt wird.

In so behandeltem Blute setzen sich die Körperchen wie in jedem nicht gerinnenden Blute allmählich ab, und man kann dann das mit der Salzlösung vermischte Plasma absaugen. Dass es nur der Ueberschuss an Salz ist, der in diesem Falle die Gerinnung hindert, ist daraus zu erkennen, dass die Plasmasalzlösung gerinnt, sobald man sie durch reichlichen Wasserzusatz hinreichend verdünnt.

Andere gerinnungswidrige Mittel. Es giebt nun noch eine ganze Reihe von Substanzen, die, wenn sie dem Blute zugesetzt werden, die Gerinnung aufhalten oder verhindern. Auf dem Gehalt an derartigen Substanzen dürften die Unterschiede in der Gerinnungsfähigkeit des Blutes beruhen, das verschiedenen Körperstellen entnommen ist. So hat man gefunden, dass Pepton, Zuckerlösung, Malzdiastase und einige andere Stoffe die Gerinnbarkeit des Blutes aufheben, dass das Blut, wenn die Leber aus dem Kreislauf ausgeschaltet wird, seine Gerinnungsfähigkeit verliert, u. a. m. Besonders interessant ist es, dass die Blutegel eine mit Alkohol extrahierbare Substanz, Hirudin, enthalten, die schon in ausserordentlich geringen Mengen die Gerinnungsfähigkeit des Blutes völlig aufhebt.

Hiervon wird in der Laboratoriumstechnik mitunter Gebrauch gemacht. Der Nutzen, den die Absonderung dieses Stoffes für den Blutegel hat, liegt auf der Hand, denn wenn das von ihm aufgesogene Blut in seinem Darm zu einem festen Klumpen geronne, würde er sich kaum mehr bewegen und die zähe Masse schwerlich verdauen können.

Ursache der Gerinnung. Aus allen diesen Beobachtungen geht hervor, dass, damit das Blut gerinnen könne, mehrere Bedingungen erfüllt sein müssen, die offenbar nicht alle zusammentreffen, so lange das Blut unter normalen Verhältnissen im Körper kreist.

Erstens muss das Material vorhanden sein, aus dem die festwerdende Masse, das Fibrin, entsteht. Das Fibrin ist ein Eiweisskörper in coagulirtem Zustand. Nun sind im Plasma, wie oben angegeben, eine ganze Reihe verschiedener Eiweisskörper enthalten, von denen insbesondere ein Globulin in seinen Eigenschaften so nahe mit dem Fibrin übereinstimmt, dass es als die Muttersubstanz des Fibrins angesprochen und als „Fibrinogen“ bezeichnet wird. Das Fibrinogen vermag aber natürlich nicht ohne weiteres zu gerinnen und in Fibrin überzugehen, sonst würde dies jederzeit ebenso wohl im normalen Blute, als auch in anderen sogenannten serösen Flüssigkeiten eintreten müssen, die ebenso wie das Blutplasma Fibrinogen enthalten. *Solche Flüssigkeiten gerinnen aber nur, wenn ihnen Blut oder Serum aus geronnenem Blut zugesetzt wird.* Man kann sogar aus geronnenem Blut eine Substanz ausziehen, die die Eigenschaft hat, fibrinogenhaltige Lösungen zur Fibringerinnung zu bringen. Diese Substanz bezeichnet man als Fibrinferment oder Thrombin. Da aber die Gerinnung, wie oben angegeben, nur bei Gegenwart von Kalksalzen möglich ist und nach deren Fällung durch Oxalsäure ausbleibt, nimmt man an, dass sich zur Entstehung des Fibrinferments erst noch eine andere Substanz, die man als Prothrombin bezeichnet, mit Kalksalz verbinden müsse. Dies Prothrombin hat man aus dem Blute abscheiden und als einen Eiweissstoff von der Gruppe der Nucleoproteïde bestimmen können.

Die Bedingungen für das Zustandekommen der Gerinnung würden demnach sein, dass *durch Zusammentreten von Prothrombin und Kalksalzen Fibrinferment entsteht, das dann das vorhandene Fibrinogen in Fibrin umwandelt.*

Im normalen Blute sind lösliche Kalksalze und Fibrinogen stets reichlich vorhanden, offenbar ist es also die Entstehung des Prothrombins, die zur Gerinnung führt. Nun zeigt sich, dass, um in fibrinogenhaltigen aber fibrinfermentfreien Lösungen Gerinnung herbeizuführen, von allen Bestandtheilen des geronnenen Blutes die Speckhaut am wirksamsten ist. Die Speckhaut zeichnet sich aber von den übrigen Bestandtheilen des geronnenen Blutes durch ihren Reichthum an weissen Blutkörperchen aus. Ferner hat man gefunden, dass in geronnenem Blute die Anzahl der weissen Blutkörperchen sehr erheblich, etwa um die Hälfte, kleiner ist als in der Norm. Dies deutet darauf hin, dass die weissen Blutkörperchen, bei der Gerinnung zu Grunde gehen. Dieser Befund, zusammen mit der erwähnten besonders stark gerinnungserzeugenden Wirkung der Speckhaut, führt zu dem Schluss, dass es die weissen Blutkörperchen sein müssen, deren Zerfall das Prothrombin liefert.

Thrombus: Diese Auffassung erhält eine Stütze durch das Bild der Gerinnung innerhalb der Gefässe, wie es die pathologische Untersuchung darstellt. Es trete beispielsweise in einer Arterienwand Verkalkung ein, durch die eine Rauhigkeit, eine abnorme Stelle an der Intima entsteht. Sogleich sammeln sich an dieser Stelle Leukocyten an, ballen sich zusammen, zerfallen und werden von einer Schicht gerinnenden Blutes umhüllt. Das Gerinnsel nimmt zu, bis es als Thrombus das Gefäss verschliesst, und auf dem Schnitt durch den

Thrombus ist an seinem geschichteten Bau deutlich die Stelle der ersten Leuko-
cytenansammlung als Herd des Gerinnungsvorganges zu erkennen.

Auch von anderen Zellarten lässt sich zeigen, dass sie ge-
rinnungsfördernde Bestandtheile abzugeben vermögen. So gerinnt
unmittelbar aus der Ader unter Oel aufgefangenes Blut nicht, wohl
aber, wenn es beim Ausfliessen mit der Wundfläche in Berührung
getreten ist. Auch hat man aus Drüsen Extracte hergestellt, die
auf den Gerinnungsvorgang wie Fibrinferment wirkten.

Damit wäre der Gerinnungsvorgang im Grossen und Ganzen
darauf zurückgeführt, dass die weissen Blutkörperchen unter dem
Einfluss derjenigen Umstände, bei denen Gerinnung beobachtet wird,
zerfallen und dass dabei Stoffe frei werden, die in Verbindung mit
den löslichen Kalksalzen eine fermentartige Wirkung auf gewisse
Eiweisskörper des Blutes ausüben, wodurch sich diese in Fibrin
verwandeln. Im Einzelnen freilich ist bei diesem Vorgange noch
vieles dunkel. Insbesondere ist die Natur des Fibrinfermentes und
die Art und Weise, wie es auf das Fibrinogen wirkt, gänzlich unbekannt.

Menge des Fibrins. In dieser Beziehung ist die Thatsache
wichtig, dass die Gesammtmenge des entstehenden Fibrins ausserordentlich gering und jedenfalls viel kleiner ist als die Menge des
im Plasma vorhandenen fibrinähnlichen Globulins. Das Fibrin, das
sich aus einem Liter Blut beim Schlagen abscheidet, bildet zwar
recht ansehnliche Klumpen, wenn man es aber trocknen lässt,
schrumpft es zu ganz dünnen Häutchen zusammen, deren Gesammtgewicht für 1000 g Blut höchstens 3—4 g erreicht, meist aber nur
1—2 g ausmacht. Es ist überraschend, dass das Festwerden einer
so geringen Stoffmenge das Gesammtblut so steif machen kann, wie
es tatsächlich geschieht.

Die biologischen Blutreactionen.

Noch verwickeltere Verhältnisse als die bei der Gerinnung
kommen für eine Reihe von Erscheinungen im Blute in Betracht,
die unter dem Namen der biologischen Blutreactionen zusammengefasst werden können. Diese Reactionen treten theils an den
Blutkörperchen, theils am Plasma zu Tage, wenn dem Blute Bestandtheile des Blutes oder der Körpersäfte anderer Tierarten, sogenannte „artfremde" Stoffe, zugesetzt werden.

Quellung und Schrumpfung der rothen Blutkörperchen. Es ist sorgfältig zu unterscheiden zwischen solchen Veränderungen der Blutkörperchen, die einfach durch grob physikalische
Eingriffe hervorgerufen sind, und solchen, die auf den ganz besonderen Eigenthümlichkeiten der Blutbestandtheile beruhen. Es
ist oben beschrieben worden, dass bei starker Verdünnung des
Blutes mit Wasser die rothen Blutkörperchen sich auflösen und
ihren Farbstoff an die Flüssigkeit abgeben. Umgekehrt schrumpfen
die rothen Blutkörperchen ein, wenn durch reichlichen Salzzusatz

die Concentration der Blutflüssigkeit erhöht wird. Sie erscheinen
dann mitunter ganz regelmässig gefältelt oder gezackt, sodass man
ihre Gestalt mit der einer Maulbeere oder eines Stechapfels verglichen hat. Diese Veränderungen sind als rein physikalische
Diffusionserscheinungen anzusehen, die in ganz ähnlicher Weise an
tödtem Material, z. B. an Körnchen von Tischlerleim oder ge-
kochtem Hühnereiweiss auftreten können.

Sie beruhen einfach darauf, dass, wenn sich ausserhalb der Blutkörperchen
nur ganz wässrige Lösung, im Innern die oben angegebene Menge von Salzen
befindet, Wasser in das Innere eintritt, während umgekehrt, wenn die Concentration in der Umgebungsflussigkeit höher ist, das Wasser nach aussen diffundirt.

Cytolyse. Nun hat sich gezeigt, dass auch dann Zu-
sammenballung, Zerfall und Auflösung der rothen Blutkörperchen
auftritt, wenn man einem Versuchsthier Blut einer anderen Thierart in die Gefässe einspritzt, oder auch, wenn man Blut einer
Thierart in Plasma oder Serum einer anderen Thierart einträufelt.
Hier kann die Verschiedenheit der Concentration als Erklärungs-
grund nicht in Betracht kommen, denn die Concentrationsunterschiede im Blute der verschiedenen Thiere sind viel zu schwach,
um eine solche Wirkung zu erklären. Es handelt sich vielmehr
um eine ganz specifische Empfindlichkeit der Blutkörperchen gegen
fremdes Serum, oder umgekehrt gesprochen, eine specifische Giftwirkung des Serums einer Thierart gegen die Blutkörperchen einer
anderen Thierart.

Diese Thatsache hat zunächst die praktische Bedeutung, dass
man Blutverluste beim Menschen nicht etwa einfach durch Einspritzung des Blutes eines beliebigen Thieres ausgleichen kann. Im
Gegentheil wirken schon verhältnissmässig geringe Mengen fremden
Blutes durch ihre Zersetzung schädlich und sogar tödtlich.

Ausserdem gewährt dies Verhalten des Blutes ein Mittel, die
Beziehungen der verschiedenen Thierarten unter einander, das heisst
geradezu ihre Verwandtschaft im Sinne der Descendenzlehre zu
untersuchen. Denn es zeigt sich, dass die blutkörperlösende Kraft
des Serums irgend einer Thierart nicht für alle anderen Thierarten
gleich ist, sondern desto grösser, je grösser der Abstand der Arten
nach dem natürlichen System der Zoologie. Blutserum vom Hunde
beispielsweise löst Blutkörperchen vom Kaninchen auf, aber nicht
Blutkörperchen vom Fuchs. Kaninchenserum löst Blutkörperchen
vom Hunde, aber nicht die vom Hasen. Menschenblutkörperchen
werden vom Serum der meisten Thiere gelöst, nicht aber vom
Serum der anthropoïden Affen. Dementsprechend lösen sich die
Blutkörperchen der anthropoïden Affen im Serum der übrigen
Thiere, nicht aber im menschlichen Serum. Man bezeichnet die
Lösung der Blutkörperchen durch das Serum als Cytolyse, die
Eigenschaft des Serums Blutkörperchen zur Auflösung zu bringen
als cytolytische Kraft.

Aehnlich wie auf fremde Blutkörperchen wirkt Protoplasma
oder Blutserum auf Bakterien, die sich darin ebenfalls zusammen-

ballen oder auflösen. Man nennt diese Eigenschaften der Flüssigkeit ihre agglutinirende oder baktericide Wirkung.

Praecipitinreaction. Noch viel deutlicher tritt die eigenthümliche, scharf begrenzte Unterscheidung zwischen körperfremden und eigenen Blutbestandteilen bei den sogenannten Fällungsreactionen der Blutflüssigkeit hervor. Man findet nämlich, dass sich die Eigenschaft des Blutes, auf Beimengung fremder Stoffe zu reagiren, durch längere Behandlung mit den betreffenden Stoffen steigern lässt. Spritzt man einem Kaninchen wiederholt längere Zeit hindurch Menschenblut ein, so entsteht in dem Plasma des Kaninchenblutes eine Substanz, die die Eigenschaft hat, auf Zusatz von Menschenblut einen Niederschlag zu bilden. Um den Niederschlag erkennen zu können, stellt man die Probe nicht mit dem Gesammtblut, sondern mit dem nach der Gerinnung gewonnenen klaren Serum an. Das klare Serum des wiederholt mit Injection von Menschenblut behandelten Kaninchens, mit klarem Menschenserum versetzt, giebt sogleich eine trübe Fällung, ein Praecipitat. Man nennt daher den Stoff, der durch die Injectionen im Kaninchenblut entstanden ist, ein Praecipitin, und bezeichnet diese Art der Blutprobe als Praecipitinprobe. Das Merkwürdigste an diesem Vorgang ist, dass nach Einspritzung von Menschenblut die Fällung im Serum eben nur auf Zusatz von Serum vom Menschen, aber von keiner anderen Thierart auftritt. Hat man dem Kaninchen Hundeblut eingespritzt, so tritt die Fällung im Serum nur auf Zusatz von Serum vom Hunde und keiner anderen Thierart auf. Man hat also in dieser Reaction ein Mittel, das Blut jeder beliebigen Thierart mit Sicherheit von dem Blute aller anderen Thierarten zu unterscheiden.

Die praktische Bedeutung dieser Entdeckung, insbesondere für gerichtliche Untersuchungen, liegt auf der Hand, und wird dadurch noch erhoht, dass die Reaction sich mit sehr geringen Mengen auch von altem, eingetrocknetem Blute ausführen lässt.

Immunität. Auch wenn man einem Thiere Culturen von Mikroben oder Extract von abgetödteten Culturen ins Blut einführt, so erlangt unter günstigen Bedingungen das Thier die Fähigkeit, den Schädigungen, die solche Stoffe hervorzurufen pflegen, stärker als bisher zu widerstehen. Man nimmt an, dass analog der Bildung der Praecipitine, auch hier besondere Stoffe im Blute gebildet werden, die man als Schutzstoffe, Alexine, bezeichnet. Auf das Vorhandensein dieser Stoffe führt man die Unempfänglichkeit gegen Ansteckungen oder Giftwirkungen zurück, die bekanntlich in vielen Fällen nach der Einwirkung von Krankheitskeimen oder Giften besteht, und die als „Immunität" bezeichnet wird.

2.

Der Blutkreislauf.

Einfacher und doppelter Kreislauf.

Das Blut muss, um seine Aufgabe als Vermittler des Stoffwechsels zu erfüllen, den Geweben zufliessen und auch von ihnen
fortfliessen.

Diese Bewegung des Blutes findet innerhalb des vollständig
geschlossenen Gefässsystems statt, so dass das Blut mit den Geweben nur mittelbar in Berührung kommen kann. Die Wandung
der Capillaren ist aber so dünn und ihre Gesammtoberfläche so
gross, dass durch die Wand hindurch ein hinreichender Stoffaustausch zwischen Blut und Gewebsflüssigkeit möglich ist.

Die Bedingungen für diesen Stoffwechsel werden dadurch annähernd gleichförmig unterhalten, dass das Blut im Gefässsystem
fortwährend in derselben Richtung fortgetrieben wird, und innerhalb der geschlossenen Gefässbahn immer wieder von Neuem denselben Weg macht. Diese in sich selbst zurücklaufende Bewegung
des Blutes wird der Kreislauf des Blutes genannt.

Fig. 10.

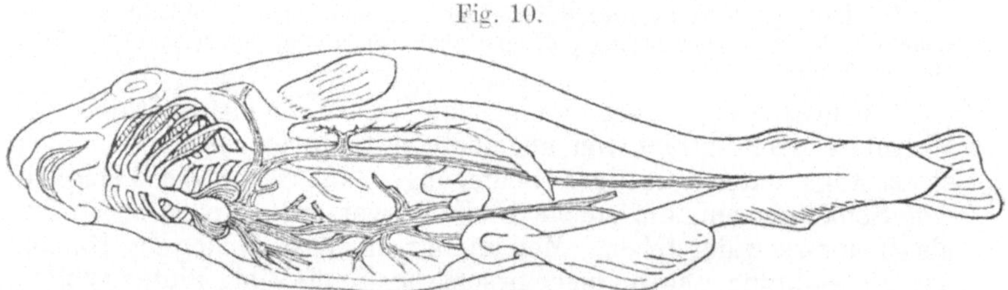

Kreislauf des Fisches, halbschematisch. Venen längsgestrichelt, Arterien weiss. Aus den Venen
der langgestreckten Leber und der Bauchhöhle sammelt sich das Blut im Herzen, von wo es durch
die gemeinsame Kiemenarterie in die Kiemenbogengefässe vertheilt wird, aus denen wiederum die
längs der Wirbelsäule laufende Hauptarterie hervorgeht.

Die Blutbahn stellt bei den niedrigsten Wirbelthieren, den Fischen, thatsächlich ein einziges, in Gestalt der Capillaren unendlich verzweigtes Röhrensystem vor, das in sich selbst zurückläuft. Um in einem solchen Röhrensystem
eine dauernde Strömung zu unterhalten, braucht nur an einer einzigen Stelle
ein Triebwerk, eine Druckpumpe, eingeschaltet zu sein, die das Blut in einer
Richtung fortschiebt, so dass es ihr von der anderen Seite her wieder zuströmen
muss. Diese Triebkraft wird durch das Herz dargestellt, das genau wie eine
Druckpumpe arbeitet. So treibt denn auch das Herz der Fische das Blut durch
ein einziges Hauptgefäss zunächst in die Kiemen, wo sich die Blutbahn in

Capillaren auflöst, und durch diese Capillaren hindurch in die aus ihrer Vereinigung entstehenden Körperarterien, die sich wiederum in Capillaren theilen, aus denen dann die Körpervenen das Blut dem Herzen wieder zuführen. Auf diese Weise gelangt das Blut, erst nachdem es die Kiemencapillaren durchströmt hat, zu den Geweben des Fischkörpers. Die Durchströmung der Gewebe kann daher nur ziemlich langsam und träge vor sich gehen, weil von der Triebkraft des Herzens ein grosser Theil schon für die Durchblutung der Kiemen verbraucht worden ist.

Bei den Amphibien und Reptilien steht die Entwickelung des Kreislaufes auf einer mittleren Stufe. Das Blut erhält auf seiner Bahn zwar auch nur an einer einzigen Stelle seinen Antrieb, fliesst aber von da zum Theil in die Lungen und zum Theil in den übrigen Körper, den es daher mit der vollen Geschwindigkeit durchströmt, die ihm die Triebkraft des Herzens ertheilt. Weil aber nur ein Theil des Blutes bei dem Umlaufe in die Lungen gelangt, ist das in den Körper eintretende Blut immer nur zum Theil mit frischem Sauerstoff versehen, wodurch seine wesentliche Leistung für den Stoffwechsel beeinträchtigt ist.

Bei den höher entwickelten Wirbelthieren, den Vögeln und Säugern, bei denen der Stoffwechsel lebhafter ist, werden an den Kreislauf höhere Anforderungen gestellt, und ihr Herz ist zu einem doppelten Triebwerk ausgebildet. Die Strömung, die in einer in sich selbst zurückkehrenden Leitung durch eine Pumpe hervorgerufen wird, kann nämlich offenbar dadurch beliebig beschleunigt werden, dass man irgendwo im Verlauf der Leitung weitere Pumpwerke einschaltet, die in gleichem Sinne wie das erste arbeiten und so den Antrieb verstärken. Bei den Warmblütern ist die Kreislaufpumpe auf eben diese Weise verdoppelt.

Die Bahn des Kreislaufs fuhrt erstens durch das Capillarsystem der Lunge und zweitens durch das Capillarsystem des Körpers. Anstatt dass, wie bei den Fischen, für den ganzen Umlauf nur ein Triebwerk vorhanden wäre, ist für jedes der beiden Capillarsysteme ein besonderes Triebwerk ausgebildet. Oertlich sind diese beiden Triebwerke im Herzen vereinigt, indem das Triebwerk für die Körpercapillaren von der linken, das für die Lungencapillaren von der rechten Herzhälfte gebildet wird. Die Blutbahn stellt also, was ihren örtlichen Verlauf betrifft, zwei Kreisbahnen dar, indem das Blut erst von der rechten Herzhälfte aus durch die Lungenarterie in die Lungen und von da durch die Lungenvenen zum Herzen zurück und dann wieder von der linken Herzhälfte durch die Aorta, die Körpercapillaren und die Körpervenen wieder zum Herzen zurückgetrieben wird. Um von irgend einer Stelle des Körpers aus den Kreislauf durchzumachen und wieder an dieselbe Stelle zu gelangen, muss also das Blut zweimal durch das Herz hindurchgehen und erhält einmal von der rechten und das andere Mal von der linken Hälfte neuen Antrieb.

Der gesammte Blutumlauf lässt sich also als ein einziger, in sich selbst zurückführender Kreislauf auffassen, der an zwei Stellen Triebwerke enthält; man kann aber auch, da die Triebwerke beide im Herzen gelegen sind, den Weg des Blutes als eine doppelte Kreisbahn auffassen, die vom Herzen weg durch die Lungen und wieder zurück führt. Beide Auffassungen bestehen gleichwerthig nebeneinander. Der ersten folgend spricht man schlechtweg von Umlauf, Kreislauf oder Circulation des Blutes im Allgemeinen, und daneben bezeichnet man die Bahn des Blutes vom Herzen durch die Lungen und zurück als den kleinen Kreislauf, die Bahn vom Herzen durch die Körpergefässe und zuruck als den grossen Kreislauf.

Im Herzen findet der Uebergang aus dem kleinen in den grossen Kreislauf dadurch statt, dass die Hohlvenen das von der linken Herzhälfte herkommende Blut des Körperkreislaufs der rechten

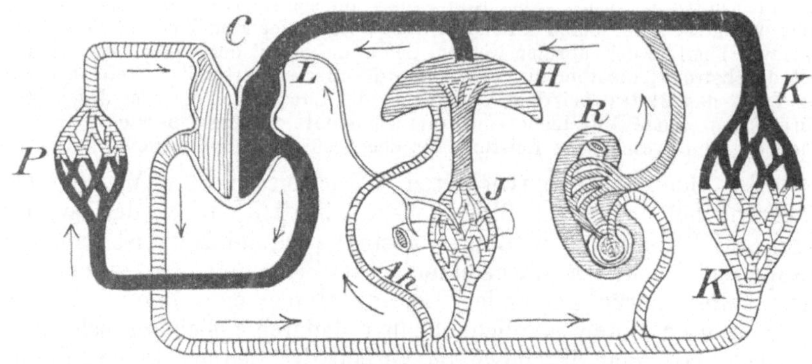

Schema des Kreislaufs. Das arterielle Blut ist durch Strichelung, das venöse schwarz angegeben. *C* Herz, *P* Lunge, *J* Darm, *H* Leber, *R* Niere, *K* Körpercapillaren, *L* Lymphgefässe, *Ah* Leberarterie.

Herzhälfte zuleiten, die es in den kleinen oder Lungenkreislauf treibt. Eben dadurch werden kleiner und grosser Kreislauf zu dem Ringe des Gesammtkreislaufs aneinander geschlossen. Das Blut, das den Körperkreislauf durchgemacht hat, wird durch die Lungen getrieben und kehrt dann in den Kreislauf zurück, so dass die Gewebe des Körpers stets mit solchem Blut versorgt werden, das eben durch die Lungen hindurchgegangen ist.

Das Herz.

Das Herz als Pumpwerk.

Zweitheilung des Herzens. Die Thätigkeit des Herzens ist im Vorhergehenden als die eines Pumpwerkes bezeichnet worden. Genauer betrachtet besteht das Herz, wie oben ausgeführt, aus zwei einzelnen, durch die Längsscheidewand voneinander getrennten Pumpwerken. Jedes dieser Pumpwerke besteht im Wesentlichen aus einem von einer starken Wand aus Muskelgewebe gebildeten Hohlorgan, der Herzkammer (Ventriculus). Indem sich die Muskelfasern der Kammerwand zusammenziehen, verkleinert sich der Binnenraum der Kammer, und das in ihr enthaltene Blut wird in die aus der Kammer entspringende Arterie gepresst. Lässt die Zusammenziehung der Muskelfasern nach, so kann sich die Kammer von neuem füllen. Dies geschieht, indem sich eine ebenfalls aus Muskelgewebe bestehende Höhlung des Herzens, die Vorkammer (Atrium), in die Herzkammer entleert. In die Vorkammer münden

die Venen, die das aus den Capillaren abfliessende Blut sammeln
und dem Herzen zuführen.

Jede Herzhälfte, die ein Pumpwerk für sich darstellt, besteht also aus
Vorkammer oder Vorhof, Atrium, und Herzkammer oder Ventrikel. Der Vorhof
nimmt das aus den Venen zuströmende Blut auf und treibt es in die Herzkammer, die Herzkammer treibt es weiter in die Arterien, von wo es durch die
Capillaren wieder in die Venen abfliesst, und so zum Herzen zurückkehrt. Das
ganze Herz besteht, wie gesagt, aus zwei solchen Pumpwerken, es enthält also
vier Höhlen, nämlich zwei Vorhöfe und zwei Kammern.

Beide Pumpen arbeiten gleichzeitig, das heisst, beide Vorhöfe
ziehen sich gleichzeitig zusammen, und beide Kammern ziehen sich
gleichzeitig zusammen. Dagegen wechselt die Thätigkeit der beiden
Vorhöfe mit der der beiden Kammern ab, so dass die Vorhöfe sich
zusammenziehen, während die Herzkammern erschlafft sind.

Auf welche Weise diese rhythmische Thätigkeit des Herzens zu Stande
kommt und auf welche Weise überhaupt die Zusammensetzung des Muskelgewebes in der Herzwand vor sich geht, sind Fragen, die erst weiter unten erörtert werden sollen, wo von den Eigenschaften des Muskelgewebes und der
Nerven die Rede sein wird. Um die mechanische Wirkungsweise der Herzthätigkeit zu verstehen, reicht es vorläufig hin, als Thatsache anzunehmen, dass die
Muskelfasern die Fähigkeit haben, sich mit erheblicher Kraft um einen grossen
Bruchtheil ihrer Länge zu verkürzen, und dass die Muskelfasern des Herzens
in der angegebenen Ordnung rhythmisch oder periodisch thätig sind.

Faserverlauf. Indessen mag doch darauf hingewiesen werden,
dass die Muskelfasern des Herzens eine besondere, sowohl von den
quergestreiften Muskelfasern der Skelettmuskeln, wie von den
glatten Muskeln der inneren Organe, verschiedene Abart für sich
bilden, die gewissermaassen einen Uebergang von der einen zur
anderen Art darstellt, indem sie einerseits deutlich den Bau der
quergestreiften Muskeln zeigt, andererseits dadurch an die glatten
Muskeln erinnert, dass die einzelnen Fasern vielfach ineinander
übergehen. Beide Eigenthümlichkeiten stehen zu der Funktion in
gewisser Beziehung, indem offenbar die schnelle und kraftvolle
Zusammenziehung, die man bei den quergestreiften Muskeln findet,
der andauernden harten Arbeit angemessen ist, die das Herz als
Pumpe zu leisten hat, während die dichte Verfilzung der verzweigten
Fasern die Widerstandskraft der Wandung gegen den Druck des
eingeschlossenen Blutes erhöhen muss. Diesem Zwecke entspricht
auch offenbar die Anordnung der gröberen Bündel, Stränge und
Schichten von Muskelfasern, aus denen sich die Wand des Herzens
zusammensetzt. Eine genaue Beschreibung des Verlaufes der Fasern
lässt sich nicht geben, weil die erwähnten Fasergruppen überall
ineinander übergehen, so dass jede Unterscheidung bestimmter
Bündel u. s. w. mehr oder weniger willkürlich ist. Doch lässt sich
im Allgemeinen sagen, dass die Faserzüge in einfachen oder
doppelten Schlingen die Hohlräume des Herzens umwinden, und
dabei in der Weise verflochten sind, dass diejenigen Bündel, die
an einer Stelle die äusseren Schichten der Herzwand bilden, an
anderen Stellen der innersten Schicht angehören.

An jeder einzelnen Stelle ist die Richtung der Fasern in jeder der Schichten verschieden, so dass man, wenn etwa an einer Stelle auf der Aussenfläche des Herzens längsverlaufende Fasern liegen, in der Mitte der Wand eine Schicht querlaufende, in der Tiefe wieder längslaufende Fasern, und dazwischen einen allmählichen Uebergang in der Richtung der Fasern findet.

An der Herzspitze bilden die in steter Folge von aussen nach innen übergehenden Faserschlingen eine Art strahliger Figur, den sogenannten Wirbel der Herzmuskelfasern.

Durch diese Anordnung der Faserschichten ist die Möglichkeit ausgeschlossen, dass durch blosses Auseinanderdrängen der Fasern in irgend einer Richtung eine spaltförmige Oeffnung in der Wand entstehen könne. Damit die Wand irgendwo nachgeben kann, muss offenbar, da überall gekreuzte Fasern ubereinander liegen, mindestens ein Theil der Muskelfasern geradezu durchrissen werden. Thatsächlich kommt eine solche Sprengung der Herzwand durch inneren Druck nie vor.

Dicke der Wand. Ein grosser Theil der Fasern umspannt nur die linke Kammer, ein kleinerer beide zugleich, so dass die Wand der linken Kammer erheblich dicker ist als die der rechten. Dies spricht sich schon in der Form des Herzens aus, da die linke Kammer ein beinah starres kegelförmiges Gebilde mit gleichfalls kegelförmigem Hohlraum darstellt, während die viel schwächere Wandung der rechten Kammer schwalbennestartig an die linke angesetzt erscheint. Auf dem Querschnitt zeigt daher auch die linke Kammer die Form eines dickwandigen runden Ringes, die rechte die eines Halbmondes, der den Kreisring zur Hälfte umfasst. Dieser Unterschied zwischen beiden Kammern steht wiederum in leicht erkennbarem Zusammenhang mit ihrer Function, da die rechte Kammer das Blut nur durch die kurze Bahn des Lungenkreislaufes zu treiben hat, während die linke den Antrieb für den gesammten Körperkreislauf geben muss.

Vorhöfe. Die Muskulatur der Vorhöfe ist viel schwächer als die der Kammern, und hauptsächlich in ringförmig laufenden Zügen angeordnet. Während an den beiden Kammern, wie erwähnt, ein Theil der Fasern geradezu gemeinsam ist, und die übrigen in enger Verbindung stehen, ist die Musculatur der Vorhöfe von denen der Kammern fast gänzlich getrennt. Die Verbindung ist durch Bindegewebsmassen und Faserknorpel hergestellt, die unter dem Namen der Faserringe (Annuli fibrosi) als einheitliche anatomische Gebilde, gewissermaassen als die Sehnen des Herzmuskels, beschrieben worden sind. Bei grossen Thieren, beim Stier, Pferd und Elephant treten in den Faserringen Verknöcherungen auf.

Blockfasern. Nur an einer einzigen Stelle, an der Hinterseite der Längsscheidewand, geht ein Muskelbündel, das als das His'sche Bündel bezeichnet wird, aus der Musculatur der Vorhöfe in die der Kammer über. Dies Bündel nennt man auch wohl die Blockfasern, weil an dieser Stelle der Uebergang der Zusammenziehung vom Vorhof auf die Kammer blockirt werden kann.

Die Formänderung des Herzens. Wenn sich die Gesammtheit der Muskelfasern, die die Wand der Herzhöhlen bilden, zusammenzieht, verkleinert sich der Binnenraum bis fast zum Verschwinden. Dabei wird das im Zustande der Ruhe verhältnissmässig weiche und schlaffe Herz prall und hart, und verändert seine Form und Lage.

Man kann die Gestalt des Herzens im erschlafften Zustande annähernd der eines abgeplatteten Kegels vergleichen, der mit einer seiner platteren Flächen der Zwerchfellkuppe aufliegt, während die Spitze nach bauchwärts und fusswärts gerichtet ist. Die Basis des Herzens ist also einer Ellipse mit transversal gerichtetem grössten Durchmesser zu vergleichen. Die Längsaxe des Herzens steht, wegen der Richtung der Herzspitze nach fusswärts, nicht senkrecht, sondern geneigt gegen die Basis. Bei der Zusammenziehung verkleinert sich vornehmlich der Durchmesser der Herzbasis in transversaler Richtung, sodass die Herzbasis annähernd kreisförmig wird. Zugleich nähert sich die Richtung der Längsaxe gegen die Basis, die im erschlafften Zustand gegen die Basis geneigt ist, der senkrechten Stellung. An Stelle des schiefen Kegels mit elliptischer Basis, mit dem die Gestalt des erschlafften Herzens verglichen wurde, darf also zur Beschreibung des zusammengezogenen Herzens annähernd der Vergleich mit einem regulären Kegel treten. Diese Aenderung der Gestalt entspricht dem allgemeinen Gesetze, dass ein elastischer Hohlkörper bei Verkleinerung seiner Oberfläche diejenige Gestalt anzunehmen strebt, die bei kleinster Oberfläche den grössten Inhalt hat, denn für gleichen Inhalt hat der reguläre Kegel eine kleinere Oberfläche als jeder schiefe oder abgeplattete Kegel. Ausserdem aber ergiebt sich aus dieser Gestaltänderung eine einfache Erklärung für die Erscheinung des Herzstosses, von der weiter unten die Rede sein wird.

Ausser dieser Gestaltveränderung windet sich das Herz bei der Zusammenziehung, das heisst: es dreht sich ein wenig um seine Längsachse. Dies kommt davon her, dass sich die grossen Gefässe bei der Austreibung des Blutes in schräger Richtung her anspannen. Am blossgelegten Herzen wird der Eindruck, dass das Herz sich bei jedem Schlage rechtsum windet, durch die Verschiebung der äussersten Muskelfaserschichten des Wirbels an der Herzspitze verstärkt.

Im Gegensatz zu der Muskelthätigkeit der Herzkammern, die man als eine gleichzeitige Verkürzung aller Fasern bezeichnen darf, lässt sich an den Vorhöfen deutlich wahrnehmen, dass die Verengung an der Einmündungsstelle der Venen beginnt, und gegen die Herzkammer hin fortschreitet. Die Zusammenziehung der Vorhöfe stellt sich also geradezu als ein Auspressen des Inhalts in der Richtung nach der Herzkammer dar.

Die Herzklappen. Damit durch die angegebenen Bewegungen des Herzmuskels das Blut thatsächlich in der beschriebenen Weise stets in derselben Richtung fortgetrieben werde, bedarf es noch einer besonderen Einrichtung, durch die die Aehnlichkeit zwischen dem Herzen und einer Druckpumpe vervollständigt wird.

Ebenso wie der hin und her gehende Kolben im Stiefel einer Pumpe ertheilt auch die periodische Zusammenziehung und Erschlaffung des Herzens der darin enthaltenen Flüssigkeit unmittelbar nur eine abwechselnd ein- und ausströmende Bewegung. Bei der Erschlaffung würde demnach das Blut aus Arterien und Venen zugleich ins Herz eintreten, bei der Zusammenziehung nach beiden Richtungen zugleich ausgetrieben werden, und es würde überhaupt keine Kreislaufbewegung zu Stande kommen.

Jede periodisch arbeitende Pumpe bedarf der Ventile, die den Wechsel der Stromrichtung verhindern, indem sie die Flüssigkeit nur nach einer Seite durchlassen und sich gegen die Rückströmung schliessen. Solcher Ventile sind nun an jedem Pumpwerk des Herzens, also in jeder Herzhälfte, zwei vorhanden, in Gestalt häutiger Klappen, die in der Oeffnung zwischen Vorhof und Kammer (Atrioventricularklappen) und in der Oeffnung der Herzkammer in den ausführenden Arterienstamm (Semilunarklappen) angeheftet sind.

Die Atrioventricularklappen. Die Atrioventricularklappe der linken Seite besteht aus zwei, die der rechten Seite aus drei Lappen oder Zipfeln, die in die Herzkammer hinabhängen. Die linke wird mit einer zweizipfligen Bischofsmütze, Mitra, verglichen, und heisst deshalb Valvula mitralis, die rechte heisst die dreizipflige, Valvula tricuspidalis. Wenn sich der Vorhof zusammenzieht und das Blut gegen die Herzkammer zu treibt, legen sich

Fig. 12.   Fig. 13.

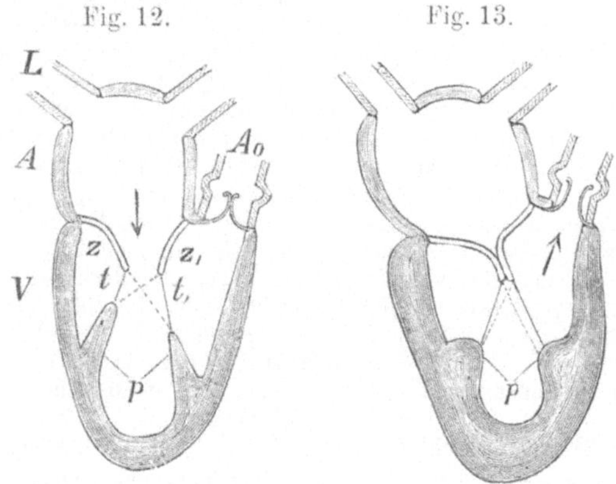

Schematische Darstellung der Klappen der linken Herzhälfte in Diastole (Fig. 12) und Systole (Fig. 13): A Vorhof, L Lungenvene, Ao Aorta, V Ventrikel, zz, Klappenzipfel, tt, Sehnenfäden, P Papillarmuskel.

die Klappen flach an die Wand der Herzkammer und lassen dem Blutstrom freie Bahn, wenn sich nun aber die Herzkammer zusammenzieht und das Blut aus ihr in den Vorhof zurückzuströmen strebt, hebt der Andrang des Blutes die Zipfel der Klappen und treibt sie gegen die Oeffnung zusammen, sodass er sich selbst den Weg versperrt. Die Klappen an sich würden freilich keinen sicheren Verschluss bewirken, da sie aus ganz dünnen nachgiebigen Häuten bestehen, die ebenso leicht, wie sie dem Blutstrom in der Richtung vom Vorhof zur Kammer nachgeben, in der entgegengesetzten Richtung nach dem Vorhof zu umgeschlagen werden könnten. Aber die Ränder und überhaupt die ganze Fläche der Klappen sind mit der Kammerwand durch feine Sehnenfäden, Chordae tendineae, verbunden, die ihnen nicht gestatten weiter als bis zum völligen Verschluss der Atrioventricularöffnung emporzusteigen. Die Klappenhaut wird also in der Schlussstellung durch die Sehnenfäden längs des Randes und auf ihrer Fläche in ähnlicher Weise gegen den Blutdruck der Kammer gehalten, wie die

Segel eines Schiffes durch Seile gegen den Winddruck. Daher bezeichnet man diese Art Ventil als Segelventil und nennt die beiden Atrioventricularklappen auch kurzweg die Segelklappen.

Die Länge der Sehnenfäden ist genau so bemessen, dass die Klappen sich zu einer die Oeffnung quer schliessenden Wand zusammenschliessen können, während sich ihre Ränder noch in solcher Breite aneinander legen, dass sie selbst bei etwa eintretenden Unregelmässigkeiten in der Ausbreitung der Klappen sicher schliessen.

Die ganze Vorrichtung arbeitet selbst am todten ausgeschnittenen Herzen so sicher, dass, wenn man Wasser unter Druck in die Herzkammer treibt, nur wenige Tropfen entweichen, ehe sich die Klappe schliesst, und dass man dauernd einen hohen Druck auf der Klappe stehen lassen kann, ohne dass die Flüssigkeit durchdringt. Vollends im lebendigen Zustande hat man durch Untersuchungsmethoden, die unten zu besprechen sein werden, festgestellt, dass die Klappen sich augenblicklich schliessen oder, wie der technische Ausdruck heisst, sich augenblicklich „stellen", wenn die Zusammenziehung der Kammer beginnt, sodass sich keine Spur von Rückströmung nachweisen lässt. Hierzu trägt noch eine besondere Einrichtung bei, die von der wunderbar zweckmässigen Ausbildung des Herzens als Pumpwerk das erstaunlichste Beispiel gewährt.

Die „Stellung" der Klappen hängt, wie oben angegeben, von der Länge der Sehnenfäden ab. Die Sehnenfäden sind an der Kammerwand befestigt. Bei der Zusammenziehung bleibt aber offenbar die Kammerwand nicht in Ruhe, sondern durch die Verengung der Kammer müssen die Ursprungspunkte der Sehnenfäden sich den Anheftungsstellen an den Klappen nähern. Wäre also die Länge der Sehnenfäden unveränderlich, so würden mit zunehmender Verengung der Kammern die Klappen immer weiter nachgeben können. Nun sind aber die Sehnenfäden, statt einfach an beliebigen Stellen der Kammerwand selbst zu entspringen, an ihr durch mehr oder weniger lange Muskelstränge, die Papillarmuskeln, befestigt. Die Fasern dieser Muskeln gehen aus der Musculatur der Herzwand hervor, und stellen sozusagen blosse Ausläufer der Kammermusculatur dar. Sie ziehen sich infolgedessen natürlich auch gleichzeitig mit der Kammerwandung zusammen und verkleinern dadurch die Gesammtlänge der Klappenfäden genau in dem Maasse, als sie durch die Zusammenziehung der Kammerwand vergrössert werden würde. Auf diese Weise ist die Einstellung der Klappen unabhängig von der Grössenveränderung des Herzens. Uebrigens sind auch in den Klappen selbst, längs ihrer Anheftungsstelle an der Wand, Muskelfasern vorhanden, die zur zweckmässigen Bewegung der Klappen beitragen können.

Die Arterienklappen, die nur viel kleinere Oeffnungen zu verschliessen haben, sind von viel einfacherem Bau. Jede besteht aus drei halbkreisförmigen Häuten, die längs ihres Umfangs an der Arterienwand festsitzen, während ihr freier Rand in die Lichtung des Arterienrohres vorragt. Jede dieser Häute bildet also eine Tasche an der Arterienwand, deren geschlossener Boden nach dem

Herzen zu gerichtet ist, während die Oeffnung nach der Arterie
zu liegt.

Diese sogenannten Taschenklappen arbeiten ganz ähnlich wie
die Segelklappen, nur dass sie, da sie kleiner und auf eine verhältnissmässig viel grössere Strecke hin an der Arterienwand angeheftet sind, keiner besonderen Versteifung durch Sehnenfäden bedürfen. Wenn bei der Zusammenziehung der Herzkammer das Blut
durch das Arterienrohr ausgetrieben wird, legen sich die Taschen
gefaltet an die Arterienwand an und lassen die Bahn frei.   Wird

Fig. 14.

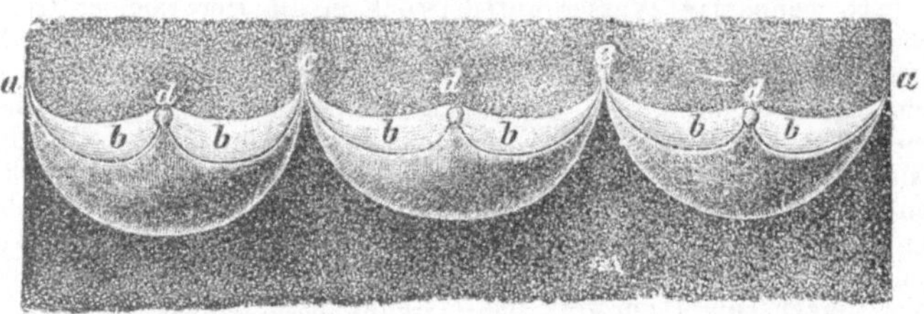

Semilunaiklappen beim Menschen.   *b* häutiger Theil, *d* Noduli Arantii.   Die Arterienwand ist aufgeschnitten und flach ausgebreitet.   Die Buchstaben *a*, *c*, *c*, *d*, entsprechen denen der Fig. 15, um
die natürliche Lage der Klappen anzudeuten.

dagegen das Blut aus der Arterie in die Herzkammer zurückgetrieben,
so erfüllt es sogleich die drei Taschen und wölbt sie alle drei gegen
die Mitte hin vor, sodass sie aneinanderstossen und mit ihren breit
aneinanderschliessenden Rändern einen vollständig dichten Quer-
abschluss bilden.

Fig. 15.

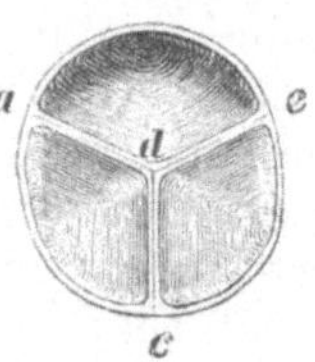

Semilunarklappen ge-
schlossen, in natür-
licher Lage, von der
Arterie aus gesehen.
Die Buchstaben *a,c,c,d*
entsprechen denen der
Fig. 14.

In der Mitte des freien Randes jeder der
Klappenhäute befindet sich ein kleines Knötchen,
Nodulus Arantii. Diese Knötchen greifen beim
Schluss der Klappen mit besonderen Vorsprüngen
so in einander, dass die Klappenränder nicht von
einander abgleiten können.

Es bedarf hier vielleicht noch einer Antwort auf die
Frage, warum nicht ein einziges Ventil für jede Herzhälfte
hinreicht, da doch offenbar schon ein einziges Ventil der
Strömung in einem geschlossenen Röhrensystem ihre bestimmte Richtung giebt. Dieser Punkt wird weiter unten, wo
von der Bewegung des Blutes die Rede ist, ausführlicher
erörtert werden. Vorläufig sei hier angegeben, dass wegen
der Nachgiebigkeit der Gefässwände das Gefässsystem sich
nicht durchaus wie ein geschlossenes Röhrensystem verhält.
Wenn die Herzkammer ihren Inhalt in die Arterie entleert,
schiebt sie nicht unmittelbar die gesammte Blutmenge im Kreislauf ein Stück
weiter, sondern sie dehnt zunächst nur die Wand des unmittelbar benachbarten
Arterienstückes. In Folge der Elasticität der Arterienwand würde daher in
dem Augenblick, in dem die Herzkammer erschlafft, der grösste Theil des
eben ausgetriebenen Blutes wieder zurücklaufen, wenn die Arterienklappen dies
nicht verhinderten.

Umgekehrt könnte man nun fragen, warum, wenn bei der Zusammenziehung der Kammer ein Ventil erforderlich ist, um zu verhindern, dass das
Blut in den Vorhof zurückströmt, und bei der Erschlaffung der Kammer ein

zweites Ventil da sein muss, um zu verhindern, dass das Blut aus den Arterien
in die Herzkammer zurückströmt, warum es dann keines Ventiles bedarf, um zu
hindern, dass bei der Zusammenziehung der Vorhöfe das Blut statt vorwärts
in die Herzkammern, vielmehr rückläufig in die Venen getrieben werde? Der
Grund dieser Verschiedenheit ist im Wesentlichen in dem Unterschiede der
Druckkräfte zu suchen, die in beiden Fällen im Spiele sind, und wird weiter
unten bei der Erörterung des Blutdruckes verständlich werden. Inzwischen sei
darauf hingewiesen, dass, wie oben angegeben, die Zusammenziehung der Vorhöfe von den Venen nach der Kammer zu fortschreitet, und dadurch der Ruck-
strömung entgegen arbeitet.

Aeussere Zeichen der Herzthätigkeit.

Von der Thätigkeit der ganzen, eben beschriebenen Pump-
maschine, die unablässig im Körper arbeitet, ist äusserlich überraschend wenig wahrzunehmen. Nur wenn bei äusserster Anstrengung oder krankhafter Verstärkung der Herzarbeit das sogenannte „Herzklopfen" auftritt, verspürt man die heftigen Bewegungen des eigenen Herzens, und kann sie an anderen Menschen
oder an Thieren an den Erschütterungen der Brustwand erkennen.
Bei mässigen oder mittleren Graden der Thätigkeit ist dagegen
ohne besondere Untersuchung so wenig von der Bewegung des
Herzens zu bemerken, dass der Anblick des lebenden Herzens am
Versuchsthier mit eröffneter Brusthöhle, oder am Menschen mit
Hülfe der Röntgendurchleuchtung, immer von Neuem überrascht.

Für den Arzt, der diese Thätigkeit des Herzens untersucht,
bieten sich ausser der mittelbaren Wirkung auf den Puls vornehmlich zwei äussere Zeichen dar: der Spitzenstoss des Herzens und
die Herztöne. Zu diesen gesellt sich als dritte die elektromotorische
Wirkung des Herzmuskels, die aber nur mit besonders empfindlichen galvanometrischen Apparaten beobachtet werden kann.

Den Herzstoss oder das Pochen des Herzens kann man mit
der aufgelegten Hand an der linken Brustseite, meistens am deutlichsten im fünften Intercostalraum etwas medianwärts von der
Mammillarlinie, fühlen. Dies ist die Stelle, wo die Herzspitze unmittelbar der inneren Fläche der Brustwand anliegt.

Obgleich man im Sprachgebrauch vom „Pochen" oder „Schlagen" des
Herzens redet, und auch bei der Palpation die Empfindung hat, als schlage
etwas von innen gegen die Brustwand, ist es doch unzweifelhaft, dass ein eigentliches Anschlagen der Herzspitze nicht stattfindet, sondern dass die Herzspitze
dauernd gegen die Brustwand angedrückt ist. Der Eindruck, als schlage das
Herz gegen die Brustwand, entsteht nur dadurch, dass die Herzspitze, wie oben
angegeben, bei der Zusammenziehung der Herzkammer plötzlich hart wird und
sich emporhebt, sodass sie die Brustwand vortreibt.

Beim Untersuchen mit der aufgelegten Hand kann man am
Herzstoss die mehr oder minder rasche Folge und die Stärke der
Herzthätigkeit beurtheilen, oder die Verlagerungen des Herzens, die
in pathologischen Fällen vorkommen, an der Ortsveränderung des
Spitzenstosses erkennen. Auch beim Gesunden ändert sich die
Lage des Herzens, und damit die Stelle des Spitzenstosses, indem
sie merklich nach rechts oder links rückt, wenn der Körper auf

der rechten oder linken Seite liegt, und auch im Stehen ein wenig
weiter fusswärts gefunden wird als beim Liegen. Um den Verlauf
des Herzstosses und seine Beziehung zur Zusammenziehung des
Herzens genauer erforschen zu können, hat man Vorrichtungen gebaut, die die Bewegung der Brustwand in vergrössertem Maassstabe aufzeichnen.

Registrirapparate. Dieses Verfahren wird zur Untersuchung von Be-
wegungsvorgängen in der Physiologie allgemein angewendet und kurzweg als
„die graphische Methode‘‘ bezeichnet. Es beruht darauf, dass die Bewegung
auf ein Hebelwerk übertragen wird, das dann einen Schreibstift mit der gleichen
Bewegungsform in beliebigem Maasse in senkrechter oder wagerechter Richtung
in Bewegung setzt. Lässt man den Schreibstift seine Bewegung auf einer
ruhenden Tafel verzeichnen, so wird er also einen senkrechten oder wagerechten
Strich zeichnen, dessen Länge der Grösse der Bewegung in dem durch die
Hebelübertragung gegebenen Maassstab entspricht. Weiter lässt sich aus dieser
Aufzeichnung aber nichts erkennen, da man wohl während der Bewegung des
Stiftes sieht, ob er beispielsweise am Anfang schnell und dann langsamer bewegt worden ist, oder umgekehrt, dem Strich selbst aber natürlich nicht an-
merkt, welche Stelle bei schneller und welche bei langsamer Bewegung entstanden ist. Lässt man dagegen, während der Stift etwa in senkrechter Richtung
bewegt wird, die Tafel, auf der er schreibt, mit bestimmter gleichförmiger Geschwindigkeit in wagerechter Richtung an dem Stift vorbeirücken, so verzeichnet
der Stift eine Curve, von der jeder Punkt einer ganz bestimmten Stellung der
Tafel und des Stiftes entspricht. Da die Stellung, die die Tafel in jedem
Augenblicke gehabt hat, genau bestimmt werden kann, ist durch die Curve
auch die Stellung, die der Stift in jedem Augenblicke während der Bewegung
gehabt hat, genau bestimmt.

Soll zum Beispiel die Bewegung eines Punktes aufgezeichnet werden, der
sich aus seiner Anfangsstellung auf einer beliebigen geraden Bahn erst in einer
Secunde um 3 mm vorwärts, dann in den nächsten zwei Secunden um 1 mm
zuruckbewegt und so fort, so kann man etwa den Punkt zunächst mit einem
geeigneten Hebelwerk verbinden, das für jeden Millimeter, den der Punkt sich
verschiebt, einen Schreibstift um 1 cm in senkrechter Richtung hebt. Der
Schreibstift moge auf einer Tafel zeichnen, die mit einer gleichmässigen Geschwindigkeit von 1 cm in der Secunde in wagerechter Richtung verschoben
wird. Solange der Punkt in Ruhe bleibt, wird der Stift auf der Tafel eine
wagerechte Linie ziehen, die in Folge der Bewegung der Tafel in jeder Secunde
um 1 cm länger wird. Beginnt nun der Punkt seine Bewegung, so beginnt zugleich der Schreibstift sich zu heben, und zeichnet eine aufsteigende Linie, die,
da der Punkt sich in einer Secunde um 3 mm bewegen sollte, in Folge der
Vergrösserung der Bewegung durch das Hebelwerk im Laufe der nächsten
Secunde 3 cm über die anfänglich gezeichnete Wagerechte ansteigt. Diese
Steigung nimmt, in wagerechter Richtung gemessen, da die Tafel in einer
Secunde um 1 cm fortrückt, gerade 1 cm ein. Nun beginnt der Punkt, nach
der obigen Annahme, zurückzugehen, und zwar um 1 mm in zwei Secunden,
der Stift wird sich also zu senken beginnen und eine absteigende Linie zeichnen,
die auf eine Länge von 2 cm, entsprechend zwei Secunden, um 1 cm tiefer
sinkt als der höchste erreichte Punkt, oder 2 cm höher bleibt, als die zuerst
gezeichnete wagerechte Linie. Es ist leicht einzusehen, dass, wenn nun der
untersuchte Punkt weitere beliebige Bewegungen auf derselben Bahn ausführt,
Richtung, Grösse und Geschwindigkeit der Bewegung an der Form der verzeichneten Linie erkannt werden können.

An Stelle der mit gleichförmiger Geschwindigkeit vorrückenden Tafel wird
aus technischen Gründen gewöhnlich eine durch ein Uhrwerk mit gleichförmiger
Geschwindigkeit gedrehte Walze, eine sogenannte Schreibtrommel angewendet,
die man mit berusstem Papier überzieht R (Fig. 16). Als Schreibstift dient
dann eine feine Spitze aus Draht, Federkiel, Borste, Glasfaden, Papierstreifchen,
die den Russ abwischt und eine feine weisse Linie auf den schwarzen Grund

aber, wie oben angegeben, ein eigentliches Anschlagen gar nicht stattfindet, da überdies der Ton auch am blossgelegten und sogar am ausgeschnittenen Herzen gehört wird, muss dieser Gedanke zurückgewiesen werden. Der Augenblick des Spitzenstosses ist aber zugleich der Augenblick der Kammercontraction, also derjenige Augenblick, in dem sich die Atrioventricularklappen schliessen. An jedem zwischen den Händen schlaff gehaltenen und plötzlich ausgespannten Tuch kann man sich überzeugen, dass die plötzliche Spannung einer Membran sehr geeignet ist, Schallwellen entstehen zu machen. Man darf also die plötzliche Spannung der Klappen als Ursache des Herztones ansehen.

Nun hat sich aber gezeigt, dass der erste Herzton auch hörbar bleibt, wenn das Herz blutleer gemacht ist, sodass sich die Klappen nicht spannen können, oder wenn durch eine in das Herz eingeführte Sperrvorrichtung das Spiel der Klappen verhindert ist. Auch die verhältnissmässig lange Dauer des ersten Herztones spricht dagegen, dass er durch den blossen Ruck der Klappensperrung zu Stande kommt.

Es muss also noch eine andere Ursache im Spiele sein, und diese findet sich in der allgemeinen Erscheinung, dass bei der Zusammenziehung eines jeden Muskels ein Ton, der sogenannte Muskelton, entsteht. Am ausgeschnittenen Herzen hat man nachgewiesen, dass bei der Zusammenziehung der Kammerwände ein Muskelton entsteht, der dem ersten Herzton entspricht. Dieser Ton setzt jedoch nicht so scharf ein, und ist auch viel leiser als der Ton, der unter normalen Bedingungen an der Brustwand gehört wird. Es ist also anzunehmen, dass der Anfang des ersten Tones durch die Anspannung der Klappen hervorgerufen wird, und dass sich zu diesem erst der Muskelton gesellt. Uebrigens sind für den Klang des normalen Herztones auch die Schwingungen, die sich der Blutsäule in den Gefässen mittheilen, sowie die Resonanz des Brustkorbes und die Erschütterung der Brustwand durch den Spitzenstoss maassgebend. Diese Umstände genügen vollauf, den Unterschied zwischen den Tönen des blossgelegten und des im normalen Körper schlagenden Herzens zu erklären.

Einfacher ist die Erklärung des zweiten Herztones, der in dem Augenblick erklingt, wenn die Herzkammer erschlafft, und die Semilunarklappen sich schliessen. Wird der Schluss dieser Klappen verhindert, so fällt der zweite Herzton fort. Der zweite Herzton entsteht also ausschliesslich durch die Erschütterungen, die mit dem Schluss der Semilunarklappen verbunden sind. Damit stimmt der scharfe kurze Klang des zweiten Tones, sowie der Umstand, dass er etwas höher ist als der erste, gut überein, denn die Semilunarklappen müssen infolge ihrer geringeren Grösse kürzere Schwingungen machen und daher einen höheren Ton geben als die Atrioventricularklappen.

Es versteht sich von selbst, dass, da beide Herzhälften gleichzeitig arbeiten, die beiden Semilunarklappen und die beiden Atrioventricularklappen sich gleichzeitig schliessen, und dass also jeder Herzton aus dem gemeinsamen Schall zweier Klappen hervorgeht.

Der angegebenen Entstehungsweise der Herztöne entspricht die Thatsache, dass der erste Ton am stärksten über der Herzspitze gehört wird, also da, wo die Kammern der Brustwand anliegen, während der zweite Ton an den Stellen am deutlichsten zu vernehmen ist, die über den Ursprungsstellen der grossen Gefässe liegen. Man kann also auch den Ton jeder einzelnen Klappe für sich untersuchen, indem man das Ohr an diejenigen Stellen links und rechts vom Brustbein bringt, die der betreffenden Klappe am nächsten sind, sodass die von ihr ausgehenden Töne die der übrigen Klappen überschallen.

Das Behorchen der Herztöne, Auscultation, lehrt einerseits, ob das Herz und insbesondere die Klappen in normalem Zustand sind, zweitens bietet sie ein Mittel dar, die einzelnen Phasen der Herzthätigkeit bei der Untersuchung zu unterscheiden. Der erste Herzton beginnt mit der Zusammenziehung der Kammer. Der zweite Ton bezeichnet den Beginn der Erschlaffung des Herzens. Die Herzpause folgt unmittelbar auf den zweiten Ton. Diese Verhältnisse sind wiederholt genau festgestellt worden, nachdem es gelungen ist, mit Hülfe des Mikrophons und photographischer Schreibvorrichtungen die Herztöne in das gleichzeitig aufgenommene Cardiogramm einzuzeichnen.

Rhythmus der Herzthätigkeit.

Mit Hülfe der graphischen Methoden kann man nun die Vorgänge bei der Herzbewegung im Einzelnen genauer untersuchen. Zu diesem Zwecke werden bei Versuchsthieren am blossgelegten Herzen Vorrichtungen angebracht, die die Bewegung bestimmter Theile des Herzens auf Schreibstifte übertragen, oder es werden in die Herzhöhlen selbst Röhren eingeführt, an deren Enden sich aufgeblasene Gummibeutel befinden (sondes enrégistrateurs), die bei der Verengung der Herzhöhlen in ähnlicher Weise wie Marey'sche Trommeln die Schreibvorrichtungen in Bewegung setzen. Insbesondere für die Untersuchungen am Froschherzen wird ferner ein von Gaskell eingeführtes, aber hier zu Lande meist als Engelmann'sche Suspensionsmethode bezeichnetes Verfahren angewendet. Dies besteht darin, das Herz durch ganz feine Klemmen an Fäden

Fig. 17.

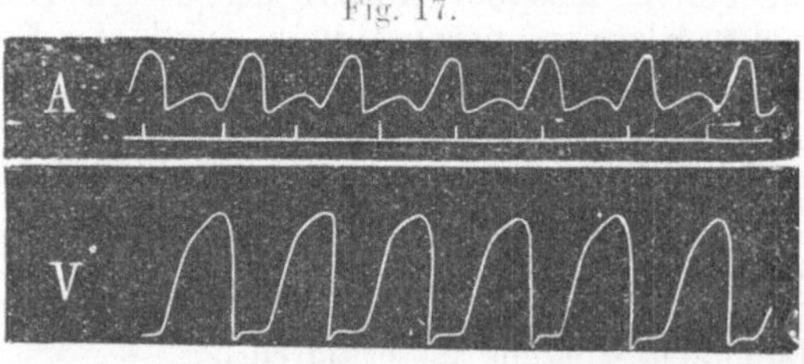

Thätigkeit des Froschherzens, mit der Suspensionsmethode aufgenommen. *A* Vorhof. Der Maassstab giebt Secunden an. *V* Ventrikel. Aufsteigen der Curven bedeutet Contraction.

unmittelbar mit einem zweiarmigen Schreibhebel zu verbinden. Der Hebel wird so belastet, dass er das Herz aus der Brusthöhle hervorzieht. Jede Zusammenziehung der Herzwand thut sich dann durch einen deutlichen Ausschlag des Hebels kund.

Man erhält durch diese Verfahren Aufzeichnungen der Herzthätigkeit in Form von Curven, an denen namentlich der zeitliche Verlauf der einzelnen Vorgänge genau verfolgt werden kann.

Man bezeichnet die einzelnen Abschnitte, die in der Bewegung zu unterscheiden sind, als Phasen der Herzthätigkeit, die Zeitdauer, die von einer Phase an verstreicht, bis sich dieselbe Phase wiederholt, als die Periode des Herzschlages oder eine Herzrevolution. In der Bewegung jedes Herztheiles sind zwei Hauptphasen

zu unterscheiden, die der Zusammenziehung und die der Erschlaffung.
Die Phasen der Vorhofsbewegungen fallen, wie oben schon angegeben worden ist, mit denen der Kammerbewegung nicht zusammen,
sind ihnen vielmehr gerade entgegengesetzt, indem der Vorhof sich
zusammenzieht, wenn die Kammer erschlafft ist, und erschlafft ist,
während die Kammer sich zusammenzieht. Die Phase der Zusammenziehung der Kammer wird als Systole, die der Erschlaffung
der Kammer als Diastole des Herzens bezeichnet. Diese Ausdrücke werden auch auf die Thätigkeit der Vorhöfe übertragen, so
dass man statt Zusammenziehung des Vorhofs auch Vorhofssystole
sagt. Wo aber von Systole oder Diastole schlechtweg die Rede ist,
wird immer die Zusammenziehung oder Erschlaffung der Herzkammer gemeint. Den Zeitraum der Systole theilt man wiederum
in zwei Abschnitte, nämlich erstens die Anspannungszeit,
während der die Muskelfasern der Herzwand sich zu spannen beginnen, aber noch nicht so viel Druck auf den Inhalt ausüben,
dass das Blut ausgetrieben wird, und die Austreibungszeit.

Die Herzpause. Bei genauerer Untersuchung des Zeitverhält-
nisses zwischen Systole und Diastole stellt sich nun ein Umstand
heraus, der für die mechanische Wirkung der Herzthätigkeit von
der allergrössten Bedeutung ist. Systole und Diastole der Herzkammer währen gleich lang, und theilen also die Herzperiode in
gleiche Theile. Die Zusammenziehung der Vorhöfe währt aber nur
etwa halb so lange wie ihre Erschlaffung. Wenn man die Herzperiode in 6 Zeittheile zerlegt, nimmt die Vorhofssystole etwa zwei
von diesen ein und während der nächsten vier sind die Vorhöfe
erschlafft. Die Systole der Kammer folgt unmittelbar auf die der
Vorhöfe, und dauert während der halben Periode, also nur durch
drei der angenommenen Zeitabschnitte. Dann tritt Erschlaffung der
Kammer ein, während auch der Vorhof, dessen Diastole ja vier
Zeittheile einnimmt, noch erschlafft ist. *Es giebt also eine Phase
von etwa* $^1/_6$ *der Herzperiode Dauer, während der sowohl Vorhof
wie Herzkammer beide erschlafft sind. Diese Phase ist die sogenannte Herzpause.*

So unbedeutend diese ganz kurze Lücke in der Herzbewegung
erscheint, ist sie in Wirklichkeit für die Arbeitsleistung des
Herzens so wichtig, dass sie zu der oben angegebenen einfachen
Darstellung des Herzens als Pumpe wesentliche Erweiterungen nöthig
macht.

Wenn nämlich, wie oben bei der Schilderung der Herzbewegung kurzweg
gesagt worden ist, Vorhöfe und Kammern in ihrer Thätigkeit thatsächlich genau
mit einander abwechselten, so würden durch jede Zusammenziehung der Kammern
diese entleert, und durch die nächstfolgende Zusammenziehung der Vorhöfe
wiederum gefüllt, um sich abermals zu entleeren. Jede Kammersystole würde
also nur diejenige Blutmenge austreiben, die dem Binnenraum der Kammern
allein entspricht. Dadurch, dass die Erschlaffung des Vorhofes über die Dauer
der Kammersystole hindurch fortbesteht, die Kammer also schon erschlafft ist,
ehe der Vorhof sich zusammenzuziehen beginnt, ist der wirkliche Vorgang ein
ganz anderer.

Es füllen sich nämlich während der Diastole der Vorhöfe nicht nur diese allein wieder, sondern, sobald die Herzkammer zu erschlaffen beginnt, also in der Herzpause, rückt auch schon das Blut aus dem Vorhof in die Herzkammer ein, während zugleich das aus den Venen zufliessende Blut den Vorhof gefüllt hält. Am Schlusse der Herzpause, also in dem Augenblick, in dem die Zusammenziehung der Vorhöfe beginnt, sind daher alle vier Herzhöhlen mit Blut gefüllt. *Die Zusammenziehung der Vorhöfe treibt das in ihnen enthaltene Blut nicht in entleerte, sondern in inzwischen schon voll gewordene Kammern*, die sich, da sie im Zustande der Erschlaffung sind, ausdehnen, um die vermehrte Blutmenge zu fassen. Tritt nun die Kammersystole ein, so wird das schon während der Herzpause in ihr enthaltene Blut zugleich mit dem durch die Vorhofssystole hineingetriebenen entleert. Jede einzelne Kammerzusammenziehung fördert also so viel Blut, wie in *Vorhöfen und Kammern zusammengenommen* enthalten war.

Die Leistung des Herzens.

Schlagvolum. Die Leistung des Herzens als Pumpe wird angegeben durch die Gesammtmenge der in der Zeiteinheit, beispielsweise in der Minute geförderten Blutmenge. Diese hängt ab von der Grösse der bei jedem einzelnen Schlage geförderten Menge, dem sogenannten „Schlagvolumen“ und der Zahl der Schläge in der Minute, der sogenannten „Herzfrequenz“. Die Blutmenge, die von der rechten Herzhälfte gefördert wird, muss auf die Dauer genau gleich derjenigen sein, die von der linken gefördert wird, denn da beide Herzhälften im Gesammtkreislauf hintereinander geschaltet sind, erhält jede Herzhälfte nur soviel Blut, wie ihr die andere zuführt. Man pflegt deshalb als „Schlagvolumen des Herzens“ die von einer Kammer allein geförderte Blutmenge anzugeben, aus der sich die vom ganzen Herzen geförderte Menge durch Verdoppelung ergiebt. In Folge der eben erwähnten Dehnbarkeit der Herzwände kann die Blutmenge, die sie fassen und austreiben, in sehr weiten Grenzen schwanken. Als Schlagvolum werden für den ruhenden Menschen 60—100 ccm, für das ruhende Pferd 450 ccm angegeben. Man darf annehmen, dass bei verstärkter Herzthätigkeit das Schlagvolum auf das Drei- bis Vierfache vermehrt wird. Bei angestrengter Muskelarbeit dehnt sich nämlich das Herz so stark aus, dass schon im Röntgenbild des lebenden Menschen die Zunahme des Herzdurchmessers in die Augen fällt. Bedenkt man, dass bei Verdoppelung des Herzdurchmessers unter sonst gleichbleibenden Bedingungen der Rauminhalt des Herzens auf das Achtfache wachsen würde, so wird man einsehen, dass eine Vermehrung des Schlagvolums auf das Doppelte schon ohne bedeutende Vergrösserung des Herzdurchmessers zu Stande kommen kann.

Herzfrequenz. Die Zahl der Herzschläge auf 1 Minute gerechnet heisst die Herzfrequenz, oder, da man sie am Pulsstoss der Gefässe abzählen kann, die Pulszahl. Die Herzfrequenz ist nicht allein bei verschiedenen Thierarten, sondern auch bei verschiedenen Individuen derselben Art einigermaassen verschieden und unterliegt auch an einem und demselben Individuum, abgesehen von äusseren Umständen, gewissen Schwankungen. Als normale Mittelzahl pflegt man für den Menschen 70 anzunehmen, die grösseren Thiere haben geringere, die kleineren höhere Frequenz:

Elephant	25—28	Hund	70—120
Pferd	25—46	Kaninchen	150—180
Rind	40—50	Katze	180—200
Schwein, Schaf, Ziege	70—80	Maus	670

Die Herzthätigkeit der Vögel, Reptilien, Amphibien und Fische darf mit der der Säuger in dieser Beziehung nicht verglichen werden, da bei diesen Thierarten der Stoffwechsel und mithin die Grundbedingungen für den Blutkreislauf zu grosse Verschiedenheit gegenüber dem der Säuger zeigt. Dies spricht sich darin aus, dass die Vögel hohe, die kaltblütigen Thiere sehr niedrige Herzfrequenz haben.

Der Zusammenhang zwischen Körpergrösse und Herzfrequenz gilt auch innerhalb derselben Art. Grössere Menschen haben in der Regel langsameren Herzschlag als kleinere. Das Geschlecht macht ebenfalls hier einen Unterschied. Weiber haben, auch abgesehen vom Unterschied in der Körpergrösse, rascheren Herzschlag als Männer, Stuten und Wallache fast 10 Herzschläge mehr in der Minute als Hengste. Uebrigens ist der Einfluss individueller Unterschiede mächtiger als der der Körpergrösse. Es giebt kleine Individuen mit niedriger, grosse Individuen mit hoher Pulszahl.

Altersschwankung. Bei demselben Individuum ändert sich die Herzfrequenz in bestimmter Weise mit dem Lebensalter, indem sie anfänglich sehr hoch ist, dann ziemlich rasch abnimmt, während der Reifezeit gleich bleibt und im Alter wieder etwas ansteigt. So findet man beim neugeborenen Menschen 120 bis 140 Herzschläge, im zehnten Lebensjahre noch über 80, vom zwanzigsten bis sechzigsten 70 und später einige, höchstens 5, Schläge mehr.

Tagescurve. Von praktischer Bedeutung ist eine zweite regelmässige Schwankung der Herzfrequenz, die man als die Tagesschwankung bezeichnet, weil sie sich in bestimmter Abhängigkeit von der Tageszeit wiederholt. Diese Aenderung beruht auf entsprechender Veränderung der gesammten Stoffwechselvorgänge im Körper, denn sie betrifft in ungefähr gleicher Weise die Körpertemperatur, die Athmung und andere mit dem Stoffwechsel zusammenhängende Funktionen. Die Herzfrequenz schwankt im Laufe der täglichen Periode um 10 bis 20 Schläge, sie ist Nachts bei tiefem Schlaf am kleinsten, steigt nach dem Erwachen an und erreicht alsbald ein relatives Maximum, von dem sie langsam absinkt. Nach der Mittagsmahlzeit erreicht sie ihren höchsten Werth, um von da an wieder abzusinken.

Muskelarbeit. Viel grössere Aenderungen der Herzfrequenz können durch Einwirkung äusserer Bedingungen, insbesondere durch angestrengte Muskelarbeit hervorgerufen werden. Hunger und Kälte verlangsamen, Wärme beschleunigt die Herzthätigkeit. Schon der geringfügige Unterschied in der Anstrengung der Muskeln, der eintritt, wenn der Körper aus dem Liegen zum Sitzen oder gar zum Stehen aufgerichtet wird, erhöht die Pulsfrequenz um etwa 5 und 10 Schläge. Vollends bei schnellem Lauf oder irgend welcher gewaltsamen Anstrengung kann die Herzfrequenz bis auf mehr als das Dreifache der normalen Zahl gesteigert werden.

Beziehung der Frequenz zur Arbeit. Die Steigerung der Frequenz darf nicht mit Steigerung der Leistung verwechselt werden. Die Leistung des Herzens, die, wie oben angegeben, durch die Menge des in der Zeiteinheit geförderten Blutes zu messen ist, hängt eben nicht allein von der Frequenz des Herzschlages, sondern auch von der Grösse des Schlagvolums ab. In der Regel ist nun das Schlagvolum dann am grössten, wenn die Frequenz gering ist, weil bei hoher Schlagzahl das Herz nicht lange genug erschlafft bleibt, um sich vollständig zu füllen. Man darf also nicht berechnen wollen, dass, weil das Schlagvolum auf das Vierfache, die Frequenz auf das Dreifache des Ruhewerthes steigen kann, die Leistung des Herzens sich verzwölffachen könne.

Immerhin ist am mässig arbeitenden Pferde gemessen worden, dass, während die Frequenz von 40 auf 55 stieg, das Schlagvolum von etwa 700 ccm auf gegen 1 l zunahm, so dass die in einer Minute geförderte Blutmenge von 29 l auf 53 l, also fast auf das Doppelte stieg.

3.

Die Bewegung des Blutes.

Das Gefässsystem als Strombahn. Die Strömung des
Blutes in den Gefässen richtet sich nach den allgemeinen Gesetzen, die auch für die Strömung in Flüssen oder in Wasser-
leitungen gelten. Im Einzelnen ist aber die Blutbewegung wegen
der besonderen Bedingungen, die das Gefässsystem darbietet, in
vielen Beziehungen von der Strömung in einer künstlichen Röhrenleitung verschieden. Die wesentlichsten dieser Unterschiede sind
folgende:

Das Blut wird nicht unter gleichförmigen Druck, sondern
stossweise durch die Gefässe getrieben, die Gefässe sind elastisch,
die Spannung ihrer Wand veränderlich, sie verlaufen vielfach gekrümmt und sind unter verschiedenen Winkeln verzweigt, ihr Querschnitt ist wechselnd und im Falle der Capillaren so eng, dass die
Gesetze für Flüssigkeitsbewegung in weiteren Röhren auf diesen
Fall nicht passen, endlich ist das Blut keine eigentliche Flüssigkeit, sondern, wie oben angegeben, etwas zähflüssig und von den
festweichen Blutkörperchen erfüllt. Alle diese Einzelheiten sind zu
berücksichtigen, wenn man die Bewegung des Blutes physikalisch
erklären will.

Hydromechanische Vorbemerkungen.

Die physikalische Lehre von der Bewegung von Flüssigkeiten,
die Hydromechanik, zerfällt in zwei Theile, die Hydrostatik, die
die in ruhenden Flüssigkeiten bestehenden Kräfte untersucht, und
die Hydrodynamik, die die Wirkung dieser Kräfte auf die Bewegung von Flüssigkeiten und die Wirkung noch anderer bei der
Bewegung entstehender Kräfte behandelt.

Hydrostatik. Der erste wichtigste Grundsatz der Hydrostatik ist der,
dass der Druck innerhalb einer Flüssigkeit nach allen Richtungen gleichmässig
wirkt. Versenkt man also beispielsweise eine hohle Kugel auf den Meeresgrund,
wo die Last der darüber stehenden Wassermassen einen erheblichen Druck auf
die unteren Schichten übt, so wird die Wand der Kugel, wenn sie etwa eine
schwächere Stelle hat, ebenso leicht eingedrückt, wenn sich die Stelle unten,
als wenn sie sich oben befindet. Der Druck wirkt eben in einer Flüssigkeit
nicht bloss von oben nach unten, wie der Druck eines festen Körpers, sondern
vermöge der Verschieblichkeit der Flüssigkeitsmassen auch seitlich und, gewissermaassen um die Ecke, von unten. Dies lässt sich durch zahlreiche Experimente
erweisen, die in den physikalischen Lehrbüchern beschrieben sind und erscheint

ganz selbstverständlich, sobald man bedenkt, dass das Wasser durch den Druck
in gewissem, wenn auch sehr geringem Maasse zusammengepresst wird, und sich
daher nach allen Seiten gleichmässig auszudehnen strebt.

Hydrodynamik. Von der Hydrostatik, die nur ruhende Flüssigkeiten
betrachtet, ist die Hydrodynamik streng zu unterscheiden, da bei der Bewegung
durch die Schwungkraft der Flüssigkeitsmassen und verschiedene andere Umstände neue besondere Kräfte auftreten. Erster Grundsatz der Hydrodynamik
ist, dass die Flüssigkeit stets nach der Richtung abfliesst, wo der
Druck niedriger ist.

Torricelli'sches Theorem. Wird ein hohes Gefäss bis zum Rande mit
Wasser gefüllt gehalten und plötzlich am unteren Rande dicht über dem Boden
eine Oeffnung gemacht, so findet der Druck an dieser Stelle keinen Widerstand,
und das Wasser springt im Strahl hervor. Die potentielle Energie der Druckkraft ist in kinetische Energie der Bewegung umgesetzt. Berechnet man die
Grosse der Druckkraft und die Trägheit der in Bewegung gesetzten Wassermasse, so findet man, wie das sogenannte Torricelli'sche Theorem lehrt, dass
die Geschwindigkeit, mit der der Strahl hervorspringt, genau dieselbe sein muss,
die das Wasser erlangt haben würde, wenn es von der Höhe des Wasserspiegels
in dem Gefass bis zur Höhe der Oeffnung frei gefallen wäre. Daraus ist abzuleiten, dass der Strahl, wenn die Ausflussöffnung senkrecht nach oben sieht,
bis gerade zur Höhe des oberen Wasserspiegels aufspringen müsste. In Wirklichkeit geschieht dies nicht, weil nicht die ganze Druckkraft rein in Bewegung
umgesetzt werden kann, vielmehr durch die Reibung am Rande der Oeffnung
und die innere Reibung des Wassers Arbeit verloren geht.

Hier tritt der Unterschied zwischen der hydrodynamischen und der
hydrostatischen Betrachtung deutlich hervor, und es ist, um den Irrthümern
vorzubeugen, die aus Verwechselung dieser beiden Gegenstände entstehen können,
vielleicht von Nutzen, hierauf ausfuhrlich hinzuweisen. Wird an der Ausflussöffnung eine senkrechte Rohre angebracht, in der das Wasser aufsteigen kann,
bis es zur Ruhe kommt, so steigt es, der Grösse der Druckkraft entsprechend, thatsächlich bis zur Höhe des Wasserspiegels im Gefäss auf. Die
eben erwähnten Reibungswiderstände in der Oeffnung verzogern nämlich nur
die Bewegung des Wassers, und kommen deshalb wohl für den hydrodynamischen Vorgang des Aufwärtsspritzens, nicht aber fur das Endergebniss der
hydrostatischen Druckwirkung in Betracht.

Strömung in gleichförmiger Rohre. Wird der ausfliessende Strahl
in eine wagerechte Röhre gefasst, die am Ende offen ist, so durchströmt das
Wasser die Röhre und springt am offenen Ende hervor. Die Geschwindigkeit,
mit der es herausspringt, ist aber merklich geringer als beim Hervorspringen
unmittelbar aus der Gefässwand. Dies liegt daran, dass auf der ganzen Länge
der Röhrenstrecke die Reibung der Röhrenwände die Strömung aufhält. Ein
grosser Theil der durch den Druck ursprünglich gelieferten Energie geht auf
diese Weise fur die Bewegung verloren. Man kann die Grosse dieses Antheils
dadurch messen, dass man untersucht, wieviel von dem ursprünglichen Druck
an jeder Stelle der Rohrleitung noch ubrig ist. Dies geschieht am einfachsten,
indem man auf die Leitung an beliebigen Stellen gläserne Steigröhren aufsetzt,
in denen das Wasser bis zu derjenigen Höhe hinaufgetrieben wird, die dem an
der betreffenden Stelle der Leitung herrschenden Drucke entspricht.

Stellt man diesen Versuch an einer wagerechten, gleichformigen, geraden
Rohre an, durch die Wasser aus einem unter gleichförmigem Druck stehenden
Behälter fliesst, so sieht man Folgendes: An der Ursprungsstelle der Leitung
steigt das Wasser in der Steigröhre bis fast zum Spiegel des Druckgefässes, am
Ende der Leitung steigt es gar nicht mehr, denn wäre hier noch Druck übrig,
so würde, da ja keine Widerstände mehr vorhanden sind, einfach der ausströmende Strahl eine grössere Geschwindigkeit annehmen. Zwischen dem Anfang und dem Ende der Röhre zeigt der Druck gleichmässig abnehmende Höhen.
Eine gerade, vom Spiegel des Druckgefässes nach dem Ausflussende der Leitungsröhre absteigende Linie giebt also die Druckhohen an, zu denen das Wasser
aus der Leitung an jeder Stelle steigt, wenn man eine Steigröhre auf die Leitung
aufsetzt.

Hieraus kann man einen zweiten wichtigen Satz der Hydrodynamik ableiten, der lautet: Der Druck an jeder Stelle einer dauernd gleichförmig durchströmten Leitung ist genau so gross, wie die Summe der Widerstände der Leitung abwärts von der betreffenden Stelle. Wäre nämlich der Druck an irgend einer Stelle grösser, so würde die Strömungsgeschwindigkeit sich erhöhen, wäre er kleiner, verlangsamen müssen, bis wieder Gleichgewicht bestünde. Da die gleiche Strecke der Leitung bei grösserer Stromgeschwindigkeit einen grösseren Widerstand bietet, hat man an der Grosse des Druckunterschiedes zwischen zwei bestimmten Stellen einer Leitung ein Maass für die Stromgeschwindigkeit.

Ungleichförmige Leitung. Da bei dem angenommenen Versuch die Röhre gerade und gleichmässig war, bot jedes einzelne Stück der Strömung gleich grossen Widerstand, und der Druck musste deshalb einfach geradlinig proportional der Länge der noch zu durchströmenden Leitung abnehmen. Daher ändert sich die Erscheinung, wenn etwa in die Leitung ein Stuck Röhre von grösserem Querschnitt eingeschaltet wird. In diesem weniger engen Stück der Leitung bewegt sich das Wasser leichter, denn erstens wird es von der Reibung an den Wänden weniger behindert, zweitens geht die gleiche Wassermenge bei langsamerer Bewegung durch. Mithin sind in diesem Stuck die Widerstände geringer. Aus dem obigen Satz lässt sich demnach folgern, dass der Druck oberhalb des weiten Leitungsstückes etwas niedriger sein wird, als vorher, dass er innerhalb dieser Strecke fast gar nicht abnimmt, weil nämlich auf dieser Strecke die gesamten Widerstände so klein sind, dass sie sich erst auf viel grössere Strecken bemerkbar machen würden, und dass er dann in dem engen Ausflusstheil schneller wie im vorigen Falle sinkt, weil nämlich die Ausflussgeschwindigkeit und mithin die Reibung grösser ist.

Doppelte Leitung. Aehnlich wirkt die Verdoppelung der Leitung in einem Theil ihrer Länge, doch ist hier die Veränderung weniger ausgesprochen, weil in der doppelten Bahn der Einfluss der Wandung ungeschwächt fortbesteht.

In beiden Fällen treten ubrigens an der Uebergangsstelle aus der engen oder einfachen Leitung in die weitere oder doppelte Strecke und umgekehrt, Störungen des gesetzmässigen Druckverlaufes auf, die auf Wirbelbildungen in dem die weitere Röhre erfüllenden Wasser zurückzuführen sind. Wird unmittelbar an der Eintrittsstelle der engen Röhre in die weitere auf dieser eine Steigröhre angebracht, so sieht man, dass in dieser das Wasser weniger hoch steigt als in einer weiter unterhalb angebrachten Steigröhre. Es ist eben an dieser Stelle ein Theil der Druckkraft statt in Strömungsbewegung in Wirbelbewegung des Wassers umgesetzt.

Verzweigte Leitung. Auch die Ablenkung des Stromes aus seiner Richtung bedingt einen besonderen Widerstand. Wenn daher eine Zweigröhre aus einer gerade durchströmten Röhre abgeht, nimmt sie einen um so kleineren Theil des Stromes auf, je mehr ihre Richtung von der geraden Richtung des Stromes abweicht.

Es sei hier nochmals ausdrücklich auf den Gegensatz aufmerksam gemacht, in den der hydrodynamische Vorgang zu dem hydrostatischen tritt: In einer ruhenden Flüssigkeit wirkt der auf sie an einer Stelle ausgeübte Druck nach allen Richtungen vollkommen gleichmässig, in der bewegten Flüssigkeit bedingt jede Aenderung der Stromrichtung ein schnelleres Abnehmen des Druckes. Den Strom aus seiner Richtung abzulenken, erfordert Arbeit, und indem diese Arbeit vom Druck geleistet wird, vermindert er sich schneller, als bei geradeaus fliessender Strömung.

Innere Ungleichmässigkeit der Strömung. Der eben erwähnte Fall der Wirbelbildung innerhalb der Leitung weist darauf hin, dass die fliessende Wassermasse nicht als eine einheitliche Masse betrachtet werden darf, die sich wie ein fester Körper in den Röhren vorwärts schiebt, sondern dass sie in sich selbst beliebiger innerer Verschiebungen und Strömungen fähig ist. Schon in einer ganz gleichförmigen geraden Röhre rückt das Wasser nicht überall gleichmässig vor, sondern es fliesst in der Mitte am schnellsten, an den Wänden bedeutend langsamer. Der Uebergang zwischen den mittleren, schnell strömenden und den äusseren, träge strömenden Schichten ist nicht gleichmässig abgestuft,

sondern ziemlich unvermittelt, so dass man den annähernd gleichförmig und
schnell fliessenden mittleren Theil als sogenannten „Axenfaden" von der übrigen
wandständigen Wassermasse unterscheidet.   Der Axenfaden bewegt sich unter
Umständen mehr als doppelt so schnell wie die Randschichten.

Capillaren. Daher treten ganz besondere Bedingungen ein, wenn die
Leitung so beschaffen ist, dass der grösste Theil der Flüssigkeit sich längs der
Wandung bewegen muss. Nimmt die Leitung an einer Stelle die Form zahlreicher sehr enger Röhren, Capillarröhren, an, so wird die Strömung ausserordentlich stark behindert, selbst wenn die Querschnittsfläche des Spaltes oder
der gesammten Capillarröhren ebenso gross oder auch noch grösser ist, als die
der ursprünglichen Leitung. Während für die Strömungsgeschwindigkeit in
gewöhnlichen weiten Röhren an erster Stelle die vorhandene Druckkraft maassgebend ist, wird, sobald der Durchmesser der Röhren eine gewisse untere Grenze
erreicht, die Enge der Röhren ausschlaggebend. Durch Capillaren lässt sich
das Wasser selbst bei sehr hohem Druck nur mit mässiger Geschwindigkeit
treiben. Umgekehrt ist selbst bei langsamer Strömung in Capillaren der Druck-
verlust sehr gross. Vergegenwärtigt man sich den Einfluss, den die Einschaltung
einer Anzahl Capillaren, deren gemeinsame Querschnittsfläche der der übrigen
Leitung gleich ist, auf die Druckverhältnisse bei der Durchströmung ausübt, so
ergiebt sich Folgendes: Im ersten Theil der Leitung, oberhalb der Capillaren,
nimmt der Druck nur ganz wenig ab, denn die Widerstände dieses Theils
kommen gegenuber dem der Capillaren kaum in Betracht, und die Summe der
noch zu uberwindenden Widerstände bleibt also für diesen Abschnitt der Leitung
nahezu gleich. In die Capillaren tritt daher das Wasser unter fast dem vollen
Anfangsdruck ein. Von hier an sinkt der Druck sehr schnell, denn die zu
uberwindenden Widerstände nehmen mit jedem Theil der zuruckgelegten Strecke
merklich ab. Im letzten Abschnitt der Leitung ist wiederum nur der Widerstand der weiten Röhre vorhanden, der Druck ist also gering und fällt bei der
langsamen Strömung bis zur Ausströmungsstelle ganz allmählich auf Null.

Beziehungen zwischen Druck, Widerstand und Stromgeschwindigkeit in starren Röhren. Aus den Druck- und Widerstandsverhältnissen
in der Leitung kann man nach dem Obigen auf die Geschwindigkeit der Strömung
schliessen. Hier sind fur die dauernde gleichmässige Strömung durch eine feste
Leitung zwei einfache Sätze maassgebend:

Durch jeden Abschnitt der Leitung muss in der gleichen Zeit
die gleiche Menge fliessen. Wäre das nicht der Fall, so müsste sich das
Wasser innerhalb der Leitung stauen oder verdünnen können. Hat die Leitung
überall gleichen Querschnitt, so muss daher das Wasser überall die gleiche
Geschwindigkeit haben. Ist ein Theil der Leitung enger oder weiter, so muss
sich darin das Wasser entsprechend schneller oder langsamer bewegen, denn es
kann eben nur soviel durch den weitesten Theil der Leitung fliessen, wie in
der gleichen Zeit durch den engsten Theil der Leitung fliesst.

Im Uebrigen ist für ein gegebenes Röhrensystem die Strömungsgeschwindigkeit um so grösser, je grösser der Anfangsdruck.

Die Strömung des Blutes.

Diese allgemeinen Gesetze, die die Beziehungen zwischen Druck,
Widerstand oder, was dasselbe ist, Querschnitt und Stromgeschwindigkeit ausdrücken, gelten auch für die Strömungsverhältnisse
beim Blutkreislauf im Grossen und Ganzen.

Die beiden Hauptunterschiede, die zwischen dem natürlichen
Kreislaufsystem und dem beschriebenen Versuchsapparat bestehen,
sind die, dass die Bewegung des Blutes nicht durch gleichförmigen
Druck, sondern durch die einzelnen Stösse der Herzpumpe hervor-
gerufen wird, und dass die Gefässe nicht starre Röhren, sondern
Schläuche mit elastischer Wand sind.

Wirkung von Stössen. Wenn einzelne Stösse auf die Flüssigkeit in einer starren Leitung wirken, so muss die gesammte Flüssigkeit bei jedem Stoss in der Leitung ein Stück vorwärts rücken. Der Druck wird in allen Theilen der Leitung proportional dem Widerstande, der zu überwinden ist, gleichzeitig ansteigen und in den Pausen zwischen den Stössen auf Null abfallen.

Um unter diesen Umständen eine gegebene Menge Flüssigkeit durch die Leitung zu treiben, ist ein unverhältnissmässig hoher Arbeitsaufwand erforderlich. Denn bei jedem Stosse muss nicht nur der Druck aufgewendet werden, der hinreicht, die Strömung der Flüssigkeit zu unterhalten, sondern es muss die ganze ruhende Flüssigkeitsmenge erst in Bewegung gesetzt werden, da sie nach jedem Stoss sogleich stillsteht.

Windkessel. Seit alter Zeit hat man daher an allen Druckpumpen, insbesondere an den Feuerspritzen, statt der vollständig starren Leitung unmittelbar hinter die Pumpe ein elastisches Stück eingeschaltet. Dies wird in Form eines Luftbehälters, „Windkessel" genannt, gebaut, der mit dem Anfangstheil des Leitungsrohres in offener Verbindung steht. Die im Windkessel enthaltene Luft dient dann gewissermaassen als ein elastisches Kissen, das den Stoss des Wassers aufnimmt, und auf das in der weiteren Leitung befindliche Wasser überträgt. Das Wasser in der Leitung braucht nun nicht mehr bei jedem Pumpenstoss plötzlich vorzurücken, sondern es tritt zunächst Wasser in den Windkessel ein und drückt die darin enthaltene Luft zusammen. Die Elasticität der zusammengepressten Luft wirkt nun als ein dauernder Druck auf das in der Leitung enthaltene Wasser, setzt es allmählich in Bewegung und unterhält auch diese Bewegung beständig, wenn durch Wiederholung der Pumpenstösse dafür gesorgt wird, dass die Luft im Windkessel stets hinreichend stark zusammengepresst bleibt. Die Stösse der Pumpe werden also durch den Windkessel zu einer dauernden Druckwirkung ausgeglichen.

Elastische Dehnung der Arterienwände. Ganz ähnlich wie die Leitung mit Windkessel verhält sich nun eine Leitung aus elastischen Schläuchen, wie sie das natürliche Gefässsystem darstellt. Statt dass jede Systole des Herzens das Blut im ganzen Kreislauf erst in Bewegung setzte und dann während jeder Diastole eine vollständige Stockung einträte, dehnt sich bei jedem Herzstoss die Wand der Arterien und nimmt die aus dem Herzen ausgetriebene Blutmenge auf. Die elastische Spannung der Arterienwände wirkt nun, gerade wie die Elasticität der Luft im Windkessel, als ein dauernder Druck auf das in ihnen enthaltene Blut, und treibt es durch den einzigen Ausweg, nämlich das Capillarsystem. Da nun die Herzstösse so schnell aufeinander folgen, dass sich in der Zwischenzeit die Arterien des eingetriebenen Blutes nicht völlig entledigen können, so bleiben auch in der Diastole die Arterienwände stark genug gedehnt, um eine dauernde Strömung des Blutes durch das Capillarsystem zu unterhalten. Indem jeder folgende Herzschlag die Arterienwände von Neuem dehnt, erhöht er auch für den Augenblick den Druck in der Arterie und beschleunigt die Strömungsgeschwindigkeit des Blutes. Da die Arterien ihrer ganzen Länge nach elastisch sind, kann die Strömung an einer Stelle beschleunigt werden, ohne dass dies auf der ganzen

Bahn geschieht. Das Blut strömt im Anfangstheile seiner Bahn in einzelnen Stössen, je weiter es vorrückt, desto gleichförmiger, doch sind die Stösse noch in den letzten Verzweigungen der Arterien bemerkbar und verschwinden erst, wenn sich die Blutbahn in Capillaren auflöst.

Kreislaufmodell. Diese Erscheinungen veranschaulicht sehr deutlich das sogenannte Weber'sche Kreislaufmodell. Es besteht aus einem mit Ein- und Auslassventilen (*b* Fig. 18) versehenen starken Gummibeutel (*H*), der, abwechselnd zusammengedrückt und wieder losgelassen, die Thätigkeit des Herzens nachahmt. An der Ausflussöffnung (*K'*) ist ein weiter, dehnbarer Gummischlauch (*AA*) von einigen Metern Länge angeschlossen, der in eine Röhre übergeht, die von einem Schwamm (*C*) lose erfüllt wird. Diese Röhre ist durch einen etwas weiteren Schlauch mit dünnen Wänden (*VV*) wieder mit der Einströmungsöffnung des Herzmodells verbunden. Das Ganze ist mit Wasser vollständig erfüllt. Der erste Schlauch stellt die Arterien, die Röhre mit dem Schwamm die

Fig. 18.

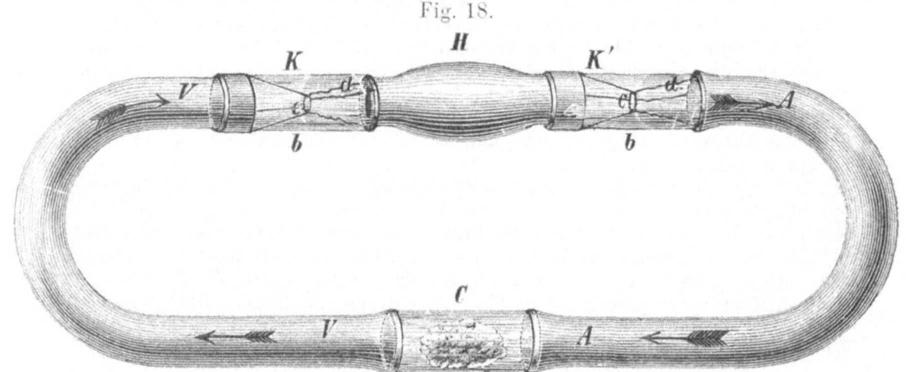

Schema des Kreislaufs nach E. H. Weber.

Capillaren, der zweite Schlauch die Venen vor. Pumpt das Herz mit längeren Pausen, so kann man jedesmal deutlich sehen, wie der Anfangstheil des Schlauches sich dehnt, wie dann die Bewegung des Wassers sich ausgleicht, und der eingepumpte Ueberschuss aus dem Arterienschlauch durch den Schwamm allmählich abzieht. Wird das Herzmodell in schnellerem Tacte getrieben und folgt jeder Schlag auf den vorhergehenden, ehe sich der Ausgleich durch die capillaren Poren des Schwammes vollzogen hat, so stellen sich am Modell die oben beschriebenen Bedingungen des wirklichen Kreislaufs her: Der Arterienschlauch wird anfänglich immer mehr gedehnt, bis darin ein solcher Druck erreicht ist, dass er hinreicht, das Wasser so schnell durch den Schwamm zu treiben, dass ebensoviel durch den Venenschlauch zurückkehrt, wie vom Herzen aus eingepumpt wird. In diesem dauernd gespannten Zustand verbleibt der Arterienschlauch, solange die Herzpumpe in gleicher Weise fortarbeitet, und unterhält auf diese Weise eine gleichmässige Strömung durch den Schwamm und den Venenschlauch. Ausserdem veranschaulicht das Modell sehr schön die Entstehung von Schlauchwellen, die der Erscheinung des Arterienpulses zu Grunde liegt, von der weiter unten die Rede sein soll.

Die undulatorische Bewegung. Die Herzschläge ertheilen dem Blute in den Gefässen ausser der bisher allein erwähnten periodischen Strömungsbeschleunigung noch eine andere Bewegung, die mit der Forttreibung des Blutes in den Gefässen nichts zu thun hat. Im Gegensatz zu der Strömungsbewegung des Blutes, die man als die „translatorische Bewegung“ bezeichnet, weil dabei die einzelnen Massentheilchen des Blutes weitergeführt werden, nennt man die jetzt zu besprechende Bewegungsform die „undulatorische“ oder wellenförmige Bewegung. Die gespannte Arterienwand, die die Oberfläche des Gefässstammes bildet, hat nämlich, wie jedes elastische Gebilde, die Eigenschaft, wenn sie an einer Stelle aus ihrer Lage gebracht ist, in Schwingungen zu gerathen, oder, wie man es in diesem Falle nennt, Wellen zu bilden.

Diese Wellenbewegung ist derjenigen durchaus vergleichbar, die auf einer freien, ruhenden Wasserfläche etwa durch Hineinwerfen eines Steines entsteht. Dadurch, dass die Flüssigkeit im Falle der Blutgefässe von einer gespannten Haut überzogen ist, wird der Vorgang nur seiner Form, nicht seinem Wesen nach geändert. Um die Entstehung dieser Art Wasserwellen genauer beobachten zu können, bedient man sich zweckmässig eines langen und schmalen Troges, dessen eine Seite aus einer Glasscheibe gemacht ist, so dass man die Bewegung der Wasserfläche von der Seite her betrachten kann (Fig. 19). Schiebt man nun plötzlich einen Theil der Wassermasse vom einen Ende dieses Troges

Fig. 19.

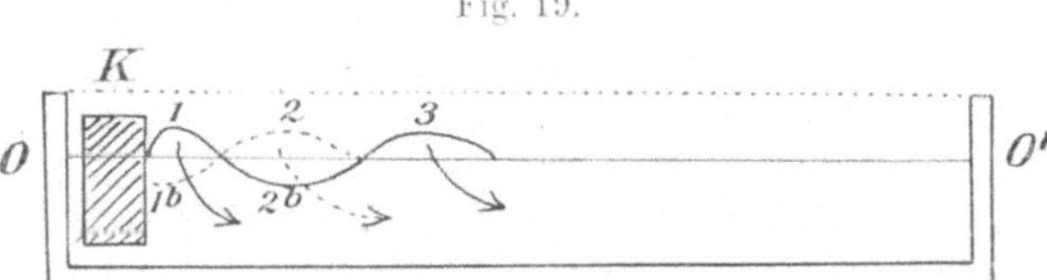

Schematische Darstellung der Wasserwellen in einem Troge. *OO'* Wasseroberfläche, *K* Klotz.

nach dem anderen zu, indem man von oben einen Klotz (*K*) hineindrückt, der das Ende des Troges ausfüllt, so erhält man ein Bild von der Thätigkeit des Herzens bei der Systole, das ja auch seinen Inhalt in die Blutbahn hineinpresst. In dem Troge kann man nun sehen, wie sich die verdrängte Wassermasse gegen das ruhende Wasser staut und den Wasserspiegel unmittelbar neben dem Klotz emportreibt (*1*). Dadurch, dass die Tiefe des Wassers an dieser Stelle vermehrt wird, entsteht natürlich in den unteren Schichten eine Vermehrung des Druckes. Diesem Druck weicht die benachbarte Wassermasse aus, indem sie sich ihrerseits gegen das noch ruhende Wasser anstaut und über ihren anfänglichen Stand in die Höhe getrieben wird (*2*). Derselbe Vorgang wiederholt sich dann an der nächst benachbarten Stelle (*3*) und durchläuft so die ganze Länge des Troges. Inzwischen hat, sobald die zweite Wassermenge sich in Bewegung setzte, das Wasser unmittelbar am Klotz sinken können (*1b*). Sowohl die an der Oberfläche des sinkenden Wasserspiegels befindliche, als auch die ganze durch ihren Druck in Bewegung gesetzte Wassermasse beharrt nun nach dem Trägheitsgesetz in der einmal angenommenen Bewegung, und in Folge dessen senkt sich der Spiegel tiefer als bis zu seinem ursprünglichen Stand (*2b*). Auch dieser Vorgang setzt sich, auf den ersten unmittelbar folgend, durch die Länge des Troges fort. Es entsteht also beim Eindrücken des Klotzes zuerst durch die Anstauung des Wassers ein Wellenberg, der dem Trog entlang läuft, und unmittelbar darauf ein Wellenthal, das dem Wellenberge folgt. Der Entstehung des Wellenthals müsste durch den entgegengesetzten Vorgang alsbald wieder die Bildung eines neuen Wellenbergs zweiter Ordnung folgen. Da aber die Bewegung der Wassermassen in Folge ihrer Reibung aneinander fortwährend Energie verbraucht, werden die Wellen sehr schnell kleiner, und man nimmt von dem weiteren Verlaufe nur wahr, dass sich die Oberfläche ausglättet.

Die sich in jeder neuen Wassermasse wiederholende Bewegung hat, wie man an ins Wasser gestreuten Staubkörnchen wahrnehmen kann, die Form einer kreisförmigen Bewegung jedes einzelnen Wassertheilchens, durch die es erst in der Richtung der fortschreitenden Welle und nach oben geführt wird, und dann im Bogen zu seiner Anfangslage zurückkehrt (Fig. 20). Indem die benachbarten Theilchen eines nach dem andern je eine kurze Zeit später in die gleiche Kreisbewegung eintreten, bilden die, die gerade oben auf dem Kreise sind, den Gipfel der Welle, und indem sie absteigen, während die nächsten aufsteigen, schreitet die Welle fort.

Der ganze Vorgang der Wellenbewegung ist von einer eigentlichen Fortbewegung des Wassers unabhängig, wie aus der obigen Darstellung deutlich hervorgeht. Denn die Wassermasse, die zuerst in Bewegung gekommen ist, rückt selbst nicht weiter vor, sondern sie überträgt nur ihre Bewegung auf eine benachbarte Masse. Von der Gesammtmenge des Wassers im Troge ist nur ein Bruchtheil, gleich derjenigen Menge, die durch den Klotz selbst verdrängt wird, um eine kleine Strecke, gleich der Dicke des Klotzes, vorgeschoben worden, die Wellenbewegung aber setzt sich durch die ganze Länge des Troges fort. Um diesen Unterschied recht deutlich hervorzuheben, hat man eben die Wörter *translatorische* und *undulatorische* Bewegung eingeführt.

Eine neue Nebenerscheinung tritt ein, wenn die Welle das Ende des Troges erreicht. Hier wird sie durch die Endwand gehemmt und prallt von ihr zurück,

Fig. 20.

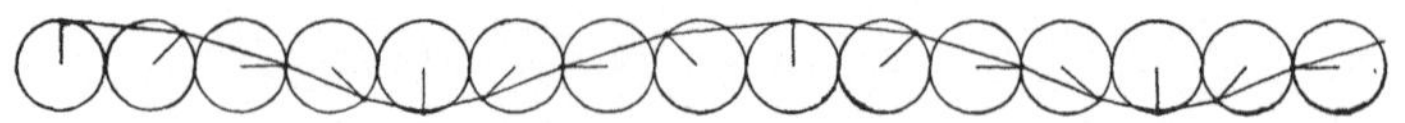

Entstehung einer fortlaufenden Welle durch kreisende Bewegung relativ stillstehender Massentheilchen.

so dass eine rückläufige Wellenbewegung entsteht, die sich zu der ursprünglichen addirt. Die Einzelheiten dieses Vorganges können sich je nach den besonderen Bedingungen des Versuchs ziemlich mannigfach gestalten. Es genügt hier, im Allgemeinen auf den Vorgang der Zurückwerfung oder Reflection der Wellen hinzuweisen.

Die undulatorische Bewegung des Blutes. In ganz ähnlicher Weise, wie an der offenen Wasserfläche des Troges kann eine Wellenbewegung zu Stande kommen, wenn die Oberfläche von einer elastischen Haut überzogen ist. Bei der Stauung der Flüssigkeit zum Wellenberg muss dann ausser der Schwere der Flüssigkeit auch die zunehmende Spannung der bedeckenden Haut überwunden werden. Ist die Flüssigkeit in einen elastischen Schlauch gefüllt, so nimmt die Wellenbildung die Form an, dass die Schlauchwand nicht bloss nach oben, sondern nach allen Seiten zugleich ausgedehnt wird. In der Form einer solchen sogenannten Schlauchwelle, nämlich einer allseitigen Erweiterung, die am Schlauche hinläuft, tritt die undulatorische Bewegung des Blutes in den Gefässen auf.

Das Blut wird aus dem Herzen mit so grosser Geschwindigkeit ausgetrieben, dass es einer ungeheuren Kraft bedurfen würde, die ganze Blutsäule im Gefässsystem in derselben Zeit um ein entsprechend grosses Stück vorwärts zu treiben. Die translatorische Bewegung des Blutes kann deshalb erst durch allmähliche Beschleunigung zu Stande kommen. Indem also das aus dem Herzen kommende Blut sich gegen die träge Masse des in den Gefässen vorhandenen Blutes anstaut, dehnt es die Arterienwand zunächst dem Herzen stark aus. Unter dem Einfluss der dadurch erhöhten Wandspannung setzt sich nun die benachbarte Blutmenge in Bewegung, staut sich aber ebenfalls noch an den weiterhin stehenden Blutmengen und dehnt in Folge dessen den nächstfolgenden Theil des Gefässstammes. So entsteht die am Gefässstamm entlang laufende Schlauchwelle, die man als den Puls der Gefässe bezeichnet.

Die Gefässe werden nicht nur im Querdurchmesser, sondern zugleich auch in der Längsrichtung ausgedehnt, was sich an freigelegten Gefässen, zum Beispiel an den Mesenterialarterien, dadurch zu erkennen giebt, dass sich die Gefässe bei jedem Pulsstoss schlangenförmig krümmen.

Der Arterienpuls. Der Pulsschlag, der an sämmtlichen Arterien des Körpers abläuft und ihnen ihren deutschen Namen Schlagadern gegeben hat, ist eine so auffällige Erscheinung, dass sie von der ältesten Zeit her bei medicinischen und physiologischen Untersuchungen beachtet worden ist. Einzelne Stellen des Körpers bieten besonders günstige Bedingungen für die Wahrnehmung des Pulses, vor Allem die Stelle, wo die Radialis am Handgelenk unmittelbar unter die Haut tritt. Aber auch die Carotis am Halse, die Maxillaris am Unterkieferrand, die Femoralis am Schenkel werden zum Pulsfühlen benutzt, letztere vornehmlich an Versuchsthieren im Laboratorium.

Die Pulswelle. Nach dem Vorausgehenden ist klar, dass die Fortpflanzung der Pulswelle längs des Gefässstammes ein rein undulatorischer Vorgang ist, der zu der translatorischen Bewegung des Blutes nur mittelbar in Beziehung steht. Da das Herz bei jeder Systole nur etwa 80 ccm Blut in die Aorta treibt, fassen schon die ersten 10—15 cm der Blutbahn die ganze neu eintretende Blutmenge, während die Pulsbewegung bei jedem Herzschlage bis zu den entferntesten Arterienästen hinabläuft.

Die Geschwindigkeit, mit der sich die Pulswelle fortpflanzt, ist demnach auch viel grösser, als die Strömungsgeschwindigkeit des Blutes.

Die Geschwindigkeit, mit der sich die Wellen auf einer offenen Flüssigkeitsoberfläche fortpflanzen, ist für jede Art Flüssigkeit eine Constante, die von dem specifischen Gewicht und der inneren Reibung abhängt. Die Geschwindigkeit einer Schlauchwelle hängt zum Theil ganz ebenso von der im Schlauch enthaltenen Flüssigkeit, ausserdem aber sehr wesentlich von der Spannung des Schlauches ab. Es ist ja ohne Weiteres klar, dass bei starker Spannung grössere Kräfte dazu gehören, eine Welle im Schlauch zu erzeugen. Diese grösseren Kräfte setzen auch die Flüssigkeitsmassen schneller in Bewegung, sodass die ganze Wellenbewegung bei stärker gespannter Schlauchwand schneller abläuft als bei schlaffer Wand.

Bei gleichzeitiger Untersuchung des Pulses an verschiedenen Stellen, etwa an Carotis und Radialis oder durch gleichzeitiges Fehlen des Spitzenstosses und des Pulses der Radialis oder Femoralis ist unmittelbar wahrzunehmen, dass die Pulswelle nicht gleichzeitig mit dem Herzstoss, und nicht an allen Stellen der Blutbahn gleichzeitig auftritt, sondern dass sie eines merklichen Zeitraums bedarf, sich vom Herzen aus längs der Gefässe fortzupflanzen. In der Art. dorsalis pedis erscheint die Pulswelle um 1 1/17 Sekunde später als in der Art. maxillaris. Da der Fuss gegen

125 cm weiter vom Herzen entfernt ist als der Unterkiefer, berechnet sich aus diesem Zeitunterschied die Geschwindigkeit der Pulswelle zu etwa 9 m. Für die Arterien des Hundes wird ein nur halb so grosser Werth angegeben, was sich aus dem Unterschiede des Blutdrucks erklären lässt, da der Blutdruck die Wandspannung der Arterien bestimmt.

Pulslehre. Die Frequenz des Pulses bietet das nächstliegende Mittel, sich über die Frequenz des Herzschlages zu unterrichten. Pathologische Unregelmässigkeiten in der Folge der Herzschläge sind ebenfalls am Puls deutlich zu erkennen. Daneben aber belehrt der Puls den erfahrenen Untersucher zugleich über den Zustand der Arterienwand. Gleiche Herzthätigkeit vorausgesetzt, wird die Pulswelle um so länger und grösser sein, je schlaffer die Arterienwand, um so kleiner und kürzer, je stärker sie gespannt ist. Die Spannung der Arterienwand ist unmittelbar aus der Härte der Arterie zu erkennen. Wenn bei praller Spannung trotzdem eine hohe Welle fühlbar ist, darf man auf gewaltsame Herzthätigkeit schliessen, umgekehrt, wenn trotz massig gespannter Arterie der Puls

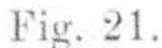

Fig. 21.

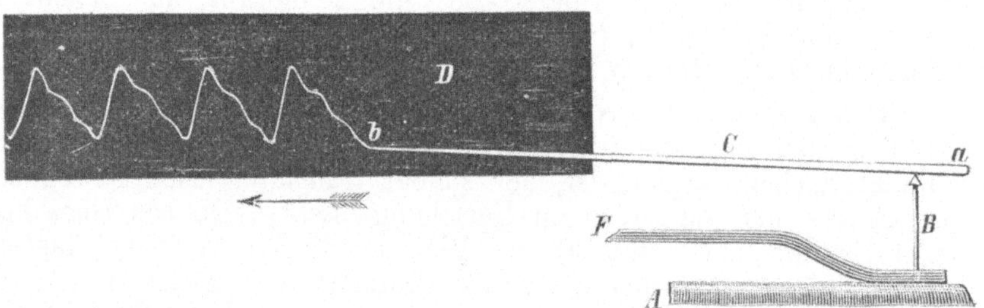

Schema des Sphygmographen von Marey. *A* Arterie, *F* federnde Pelotte, *B* Uebertragungsstift, *C* Schreibhebel, *a* Drehpunkt, *b* Spitze, *D* durch Uhrwerk bewegte berusste Tafel.

klein ist, auf Herzschwäche. Die Lehre von den Eigenschaften der Pulswelle, deren jeder ihre besondere Benennung zukommt und von ihrer Bedeutung in pathologischen Fällen ist zu einer formlichen Disciplin der diagnostischen Wissenschaft ausgebildet.

Sphygmographie. Bei dieser grossen Bedeutung des Pulses hat man natürlich auch die graphische Methode, deren Werth oben bei der Besprechung des Herzstosses hervorgehoben worden ist, zur Untersuchung des Pulses angewendet. Man kann den Puls in genau derselben Weise wie den Herzstoss mit Hülfe von Mareyschen Kapseln aufnehmen, indessen ist diese Uebertragungsweise wenigstens für die Untersuchung des Radialispulses unnöthig, denn es ist einfacher, das Hebelwerk der Schreibvorrichtung mit einem passend geformten Knöpfchen unmittelbar auf die pulsirende Stelle aufzulegen. Es sind verschiedene Apparate dieser Art, sogenannte Sphygmographen, gebaut worden, die meist durch Anschnallen am Handgelenk selbst befestigt werden, und das die Schreibtafel treibende Uhrwerk, die Schreibtafel selbst, in Form eines berussten Papierstreifchens, und das die Bewegung vergrössert aufschreibende Hebelwerk in einem einzigen kleinen Mechanismus vereinigt enthalten. Die vom Sphygmographen geschriebene Curve, Sphygmogramm oder kurzweg Pulscurve, stellt ein stark vergrössertes Abbild des Verlaufes des Pulsstosses vor, da man annehmen darf, dass die zwischen dem Knopf des Sphygmographen und der Arterie gelegene Haut die Form der Pulswelle nicht verändert. Man kann daran mit Sicherheit gewisse Einzelheiten erkennen, die man mit dem aufgelegten Finger nicht so leicht oder doch nur unter besonderen Bedingungen wahrnimmt. So sieht man, dass der Puls schnell ansteigt und viel langsamer abfällt, und dass auf die erste Erhebung stets mindestens eine mehr oder weniger deutliche zweite Hebung folgt.

Dicrotie. Bei weiten und schlaffen Gefässen, namentlich bei Fiebernden, fühlt man auch mit dem Finger deutlich, dass jeder Puls aus einem Doppelschlage besteht. Man nennt diese Erscheinung die „Dicrotie“ des Pulses. Ueber die Ursache der Dicrotie ist viel verhandelt worden. Am einfachsten scheint die

Fig. 22.

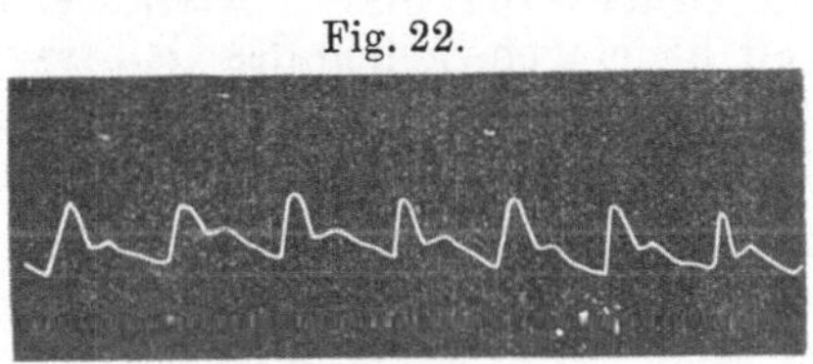

Sphygmogramm.

Erklärung, dass die zweite Erhebung von einer Erschütterung stammt, die die Gefässwand in dem Augenblicke erfährt, in dem die Semilunarklappen sich schliessen, und die ebenso wie die eigentliche Pulswelle undulatorisch in der Gefässwand fortläuft.

Ausser diesen gröbsten Zügen kann das Sphygmogramm natürlich auch andere Eigenthümlichkeiten des Pulses, wie die Höhe, die Steilheit und, wenn die Kraft, mit der der Apparat auf die Haut drückt, bekannt ist, auch die Härte des Pulses wiedergeben. In allen diesen Punkten ist jedoch die Deutung der Curve eine recht unsichere. Die geringste Verschiebung des Apparates genügt, um die Form der Curve wesentlich zu ändern. Wird der Sphygmograph zu fest aufgedrückt, so schreibt er eine zu hohe, oder wenn er den Pulsstoss geradezu unterdrückt, eine zu niedrige Curve. Liegt er nur ganz leicht an, so kann das Hebelwerk, namentlich bei der ältesten Form des Sphygmographen, emporgeschleudert werden, so dass die Wellen der Curve die Form ganz spitzer Zacken erhalten. Oft zeigt auch der absteigende Theil jeder Curvenwelle statt des einfachen Dicrotismus eine ganze Reihe kleiner Zacken. Man hat auch diese auf bestimmte Vorgänge im Gefässsystem zurückführen wollen, doch liegt es näher, sie als Zitterbewegungen des Schreibhebels zu erklären. Das Sphygmogramm darf eben nur dann als getreues Abbild der Pulswelle angenommen werden, wenn man die Bedingungen genau kennt, unter denen es entstanden ist.

Venenpuls. Mit der zunehmenden Verzweigung und der gleichzeitigen Verengung der einzelnen Gefässstämme sind für die Fortpflanzung der Pulswelle Hindernisse gegeben, die sie zum Verschwinden bringen. An Capillaren und Venen ist daher im Allgemeinen kein Pulsstoss mehr zu bemerken. Dagegen lässt sich bei jedem Herzschlage an den grossen Venenstämmen nahe am Herzen eine periodische, wellenförmig fortlaufende Erweiterung wahrnehmen, die man als Venenpuls bezeichnet. Venenpuls und Arterienpuls sind aber ihrer Ursache nach durchaus verschieden und vollkommen unabhängig von einander. Der Venenpuls ist nicht etwa ein fortgeleiteter Arterienpuls, sondern er entsteht für sich, durch eine andere Triebkraft und zu einer anderen Zeit wie der Arterienpuls. Bei der Zusammenziehung der Vorhöfe wird nämlich der zuführende Blutstrom in den Venen plötzlich aufgehalten, und es tritt deshalb eine Stauung ein, deren Druck die Venen ausdehnt. Diese Dehnung nimmt dann die Form einer längs der Venenstämme hinlaufenden Welle an, die sich ganz wie der Arterienpuls verhält, nur dass sie viel kleiner ist.

Der Blutdruck.

Für die translatorische Bewegung des Blutes in den Gefässen sind vor Allem die Druckverhältnisse maassgebend. Am Versuchsthier kann man an beliebigen Stellen des Gefässsystems den Druck messen, indem man das Gefäss eröffnet, und die Blutsäule unmittelbar auf einen Druckmessapparat, ein sogenanntes Manometer, wirken lässt.

Man pflegt die Grösse von Drucken auf die Weise anzugeben, dass man sie mit der Grösse des Druckes vergleicht, den Flüssigkeitssäulen von bestimmter Höhe ausüben, und spricht daher von einem Druck von so und soviel Millimetern oder Centimetern Wasser oder Quecksilber. Deshalb wäre auch die einfachste Art, die Druckhöhe im Gefässsystem zu ermitteln, dass man das Blut selbst in einer senkrechten Steigröhre bis zur Höhe des vorhandenen Druckes aufsteigen liesse. Statt dessen ist es bequemer, die Höhe des Blutdrucks durch die einer Quecksilbersäule zu messen.

Manometer oder Blutdruckmesser. Das Quecksilbermanometer ist eine U-förmig gebogene Röhre, die mit Quecksilber gefüllt ist, das unter gewöhnlichen Bedingungen in beiden Schenkeln der Röhre gleich hoch steht. Verbindet man nun den einen Schenkel mit der Arterie eines Versuchsthieres, so dass der Blutdruck von oben her auf das Quecksilber wirkt, so wird das Quecksilber im anderen Schenkel um soviel Millimeter über seinen Stand im ersten hinaufgetrieben, wie der Blutdruck in Millimetern Quecksilbersäule beträgt. Man kann also die Höhe des Blutdrucks einfach mit einem Maassstab abmessen, oder man setzt auf die Quecksilberoberfläche einen kleinen Schwimmer, dessen Hebungen mit Hülfe eines Registrirapparates als Curve verzeichnet werden.

Das Quecksilbermanometer hat indessen den Mangel, dass bei schnellen Aenderungen des Druckes die Quecksilbermasse in Schwung kommt, und über oder unter die eigentlich vorhandenen Druckwerthe hinausschiesst. Man bedient sich deshalb mit Vortheil der sogenannten Federmanometer, in denen der Blutdruck auf eine elastische Membran aus Gummi oder dünnem Stahlblech wirkt, deren Durchbiegung durch einen vergrössernden Schreibhebel in Curvenform aufgezeichnet wird. Um die Grösse des Blutdrucks in Millimetern Quecksilber angeben zu können, muss man dann freilich erst das Manometer aichen, das heisst ausprobiren, wie hoch die Quecksilbersäule sein muss, deren Druck am Manometer Ausschläge von der Höhe der erhaltenen Curven hervorruft. Die

Federmanometer werden so gebaut, dass sie bei möglichst geringer Bewegung möglichst leichter Bestandtheile eben hinreichend grosse Curven schreiben. Auf diese Weise wird der Einfluss der Schwingungen des Apparates selbst möglichst gering gemacht, und man erhält eine treue Wiedergabe der wirklichen Druckschwankungen.

Um die Gerinnung des Blutes bei der Berührung mit dem Apparat oder der Zuleitungsröhre zu hindern, lässt man das Blut nicht selbst in den Apparat eintreten, sondern füllt dessen Hohlraum mit gesättigter Salzlösung, die gerinnungshemmend wirkt.

Blutdruckcurve. Mittlerer Druck. Mit Hülfe dieser Vorrichtungen findet man nun zunächst, dass der Blutdruck in den Arterien fortwährend im Takte der Herzbewegung schwankt. Die Kuppe der Quecksilbersäule im Quecksilbermanometer tanzt auf und ab, der Schreibhebel des Federmanometers schreibt eine Zackenlinie, die der Pulscurve sehr ähnlich ist. Diese Schwankungen des Blutdrucks entsprechen also offenbar der undulatorischen Bewegung des Blutes, man kann sie als den Ausdruck der wechselnden Spannung der Gefässwand ansehen, und sie kommen für die Untersuchung der translatorischen Bewegung nur in zweiter Linie in Betracht. Denn es ist klar, dass die translatorische Bewegung der gesammten Blutmenge schon wegen ihres Beharrungsvermögens und der Verzögerung durch Reibung ein viel gleichmässigerer Vorgang sein muss. Will man die Blutbewegung oder die Leistung des Herzens während eines längeren Zeitraumes erforschen, so muss man suchen den mittleren Druck zu bestimmen, der während dieser Zeit geherrscht hat. Hierfür genügt es nicht, einfach die Mitte zwischen dem Maximum der Druckerhöhung während des Pulsstosses und dem Minimum zwischen je zwei Stössen zu nehmen, weil der höchste Werth immer nur auf sehr kurze Zeit innegehalten wird, während die niedrigeren Werthe für längere Zeiträume gelten. Der mittlere Druck liegt also näher am Minimum als am Maximum der gefundenen Druckwerthe, er würde daher richtiger als der „durchschnittliche" Druck zu bezeichnen sein. Die Aufgabe, an einer gegebenen Druckcurve die Höhe des mittleren Druckes zu bestimmen, läuft darauf hinaus, die Curve durch eine Grade zu ersetzen, die den gleichen Flächeninhalt einschliesst wie die Curve. Man kann auch experimentell den mittleren Druck finden, indem man die Röhren, die zum Manometer führen, so verengt, dass die Flüssigkeit sich darin nicht mehr schnell bewegen kann. Die Zacken der Curve werden dann so klein, dass die Curve als eine glatte Linie in der Höhe des mittleren Blutdrucks erscheint.

Ebensowenig wie die den einzelnen Pulsen entsprechenden Zacken der Blutdruckcurve kommt eine zweite Art grösserer und flacherer Wellen dieser Curve für die allgemeine Erörterung der Blutbewegung in Betracht. Sie entstehen nämlich durch die Athembewegungen, heissen deshalb Athemschwankungen und sollen weiter unten im Zusammenhang mit der Athmungsmechanik besprochen werden. Endlich sind noch mehrere Arten längerer und flacherer Wellen, die sogenannten Traube-Hering'schen Wellen an der Blutdruckcurve bemerkbar, die ebenfalls erst weiter unten in ihrem besonderen Zusammenhang erörtert werden sollen.

Der mittlere Blutdruck ist bei grösseren Thieren höher als bei kleineren. In der Carotis des Pferdes beträgt er 150—190, beim Hunde je nach der Grösse 120—170, bei Schaf und Kalb etwa 170, bei der Katze etwa 150, beim Kaninchen 90—110 mm Quecksilber. Um den Blutdruck beim Menschen ohne Eröffnung der Arterien messen zu können, sind verschiedene Verfahren angegeben worden, die alle darauf beruhen, dass von aussen her ein Druck auf die Arterie ausgeübt wird, dessen Grösse gemessen werden kann. Indem man diesen Druck steigert, bis die Arterienwand nachzugeben beginnt, erhält man das Maass des innerhalb der Arterie herrschenden Druckes. Den Augenblick, in dem der

Fig. 23.

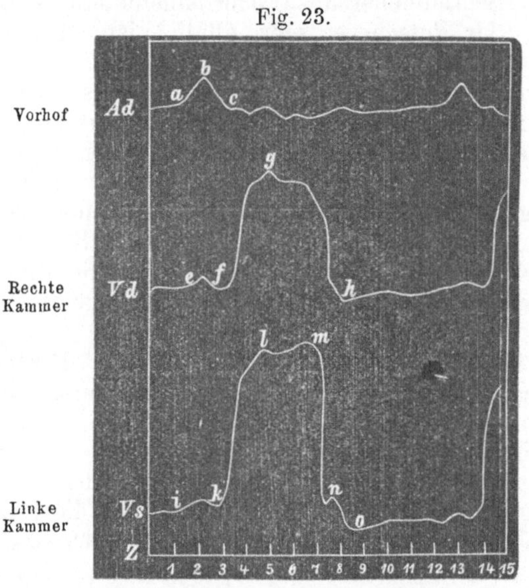

Curven des Blutdrucks in den einzelnen Herzhöhlen des Pferdes   Nach Chauveau.

äussere Druck dem inneren gleich wird, kann man mit ziemlicher Sicherheit an dem Verhalten der Pulswelle unterhalb der dem Druck ausgesetzten Stelle erkennen. Es bedarf indessen einiger Erfahrung und Vorsicht, um auf diese Weise zuverlässige Angaben über den Blutdruck machen zu können.

Der mittlere Blutdruck in der Aorta des Menschen kann zu gegen 180 mm veranschlagt werden.

Maximum und Minimum der Druckcurve liegen ungefähr um je ein Sechstel des Werthes über und unter dem Mittelwerth.

Blutdruck an verschiedenen Stellen des Gefässsystems. Aus den Werthen, die man an verschiedenen Stellen des Arterienverlaufs findet, geht deutlich hervor, dass die Triebkraft der Blutbewegung, die den Druck liefert, im Herzen gelegen ist.

Man kann den Druck im Innern des Herzens selbst unmittelbar messen, wenn man in die Vena jugularis eine Röhre einführt, die durch die obere Hohlvene in den linken Vorhof oder noch weiter in die rechte Kammer vorgeschoben wird, und diese Röhre mit einem Manometer verbindet. Ebenso kann man von der Carotis aus eine Röhre in die linke Herzkammer einführen. Auf diese Weise sind die obenstehenden Curven gewonnen worden (Fig. 23). Man sieht, dass die Zusammenziehung des Vorhofs nur einen sehr kleinen Ausschlag $a\,b$ an der Druckcurve des Vorhofs Ad hervorbringt, und dass die Zusammenziehung der Kammer, die bei c der obersten Curve stattfindet, den Vorhofsdruck nicht wesentlich beeinflusst. Dies ist ein Beweis, dass kein Zurückströmen von Blut durch die Atrioventricularklappen stattfindet. Die vorhandene Drucksteigerung im Vorhof während der Kammersystole ist durch den Zufluss des Venenblutes bei geschlossener Atrioventricularklappe bedingt. Die Drucksteigerung in der rechten Kammer $f\,g$ ist lange nicht so gross, wie die in der linken $k\,l$. Ferner bemerkt man, dass die Ausdehnung der Kammer durch die Thätigkeit des Vorhofs sich durch eine geringe Drucksteigerung in der Kammer, bei e und i auf Curve Vd und Vs zu erkennen giebt. Endlich ist die Herzpause auf allen drei Curven zu erkennen.

Vom Herzen an sinkt der Druck entsprechend den oben für die Strömung in Röhren im Allgemeinen angegebenen Grundsätzen in dem Maasse ab, als die Widerstände der Strombahn überwunden werden. In der Radialis des Menschen beträgt er nur noch 100—120 mm. An Carotis und Cruralis von Thieren ist ebenfalls ein der Entfernung vom Herzen entsprechender Unterschied des Druckes nachgewiesen. In den kleinsten Arterien, in denen sich die Messung noch vornehmen liess, hat man den Druck im Vergleich zum Aortendruck um ungefähr ein Viertel vermindert gefunden. Da der Druck an jeder Stelle dem Widerstande des unterhalb gelegenen Theiles der Leitung gleich sein muss, ergiebt sich hieraus, dass drei volle Viertel des Gesammtwiderstandes der Blutbahn auf derjenigen Strecke gelegen sind, die noch unterhalb der Messungsstellen liegt, also in den kleinen Arterienästen, dem Capillar- und Venensystem. Messungen des Druckes im Venensystem ergeben sehr niedrige Werthe, die nur etwa $^{1}/_{10}$—$^{1}/_{15}$ des Aortendrucks betragen. Demnach werden fast drei Viertel des Gesammtdrucks in den kleinsten Arterien und den Capillaren verbraucht. Es entspricht dies ganz dem, was oben über die Einschaltung von Capillaren in die Versuchsleitung gesagt worden ist.

Kleiner Kreislauf. Alles oben über die Druckverhältnisse in den Arterien Gesagte gilt ebensowohl für den Kreislauf in den Lungen, wie für den Körperkreislauf. Da indessen die Widerstände des Lungenkreislaufs bedeutend kleiner sind als die im Körperkreislauf, so ist natürlich auch der Druck wesentlich geringer. Nach Schätzung und durch directe Messung an Röhren, die durch die Brustwand in die Lungenarterie eingestossen worden sind, ergiebt sich der Druck zu etwa $^{1}/_{3}$ des Aortendrucks.

Einfluss der Arterienwand auf den Blutdruck. Hier ist einzuschalten, dass die obigen Angaben über die Höhe des Blutdruckes als Mittelwerthe für den Ruhezustand aufzufassen sind. Der Druck in den Arterien hängt nicht allein davon ab, wieviel

Blut das Herz in sie hineintreibt und wieviel Blut gleichzeitig aus ihnen abfliesst. Diese beiden Umstände bestimmen, wie man zu sagen pflegt, den „Füllungsgrad" der Arterien. Vom Füllungsgrad ist die *elastische* Spannung der Wände und von dieser der Druck abhängig. Nun ist aber die Arterienwand nicht nur passiv dehnbar, sondern sie kann sich vermöge der in ihr enthaltenen Musculatur je nach dem *Verkürzungszustand der Muskelfasern* in verschiedenem Maass spannen. *Daher kann die Wandspannung bei starker Füllung gering und umgekehrt bei geringer Füllung noch beträchtlich hoch sein.* Man kann also aus dem „Füllungsgrade" nicht auf die Höhe des Druckes schliessen. Dagegen hängt es eben von der Erschlaffung oder dem Zusammenziehungsgrade der Gefässmusculatur ab, wieviel Blut durch die Arterien in das Capillarsystem abfliessen kann.

Der Blutdruck hängt also bei gleichbleibender Herzthätigkeit im Wesentlichen vom Spannungszustand der Gefässwände ab.

Bei gleichbleibendem Zustande der Gefässe ist dagegen der Druck abhängig von der Herzthätigkeit, und da diese, wie oben angegeben, sehr grosser Verstärkung fähig ist, kann auch der Blutdruck unter Umständen sehr hoch über den Ruhewerth steigen.

Blutdruck in den Capillaren. Man hat nun auch den Druck in den Capillaren unmittelbar gemessen, indem man Glasplättchen von bekannter Grösse auf die Haut aufdrückte und feststellte, bei welchem Druck sich eben eine Farbenänderung in der gedrückten Hautstelle einstellte. Hierbei wird angenommen, dass die Hautstelle in dem Augenblick erblassen muss, wenn der Druck gross genug geworden ist, die oberste Schicht von Capillaren zusammenzupressen. Aus diesen Versuchen ergab sich, dass der Capillardruck nur etwa $^1/_3$ des Aortendrucks beträgt, was mit den obigen Angaben gut vereinbar ist, wenn man bedenkt, dass die Methode nicht den Anfangsdruck, sondern etwa denjenigen Druck ergeben muss, der in der Mitte der capillaren Kreislaufstrecke herrscht, wo schon ein grosser Theil des anfänglichen Druckes durch die Widerstände vernichtet worden ist.

Blutdruck in den Venen. Bei den sehr geringen Druckkräften, die auf diese Weise für die Strömung des Blutes in den Venen übrig bleiben, ist leicht zu verstehen, dass die Schwere der in den Venen befindlichen Blutsäulen auf ihre Strömung einen merklichen Einfluss hat.

Lässt man einen Arm oder ein Bein einige Zeit lang bewegungslos nach unten hangen, so findet man die Hautvenen dick angeschwollen, hält man die Extremitäten bewegungslos nach oben gerichtet, so verschwindet das Blut aus den Venen, und die ganze Haut wird blass. In ähnlicher Weise folgt das Blut im ganzen Venensystem des Körpers dem Einfluss der Schwere, so dass sich bei andauerndem Stillstehen ein erheblicher Bruchtheil der gesammten Blutmenge des Körpers in der unteren Körperhälfte ansammelt. Selbst bei kräftigen Menschen kann dies unter Umständen zu Ohnmachtsanfällen in Folge von Blutleere im Gehirn führen.

Venenklappen. Wenn die Extremität oder der ganze Körper in lebhafter Bewegung ist, treten die erwähnten Stauungserscheinungen nicht ein, weil durch die Bewegung die Strömung des Blutes in den Venen befördert wird. Die grösseren Venenstämme enthalten bekanntlich zahlreiche Klappen, die ähnlich wie die Semilunarklappen des Herzens arbeiten und den Blutstrom nur in der Richtung nach dem Herzen zu durchlassen. Diese Klappen verhüten die allzu starke Rückstauung des Blutes in Folge der Schwere und tragen dazu bei, die Strömung in der normalen Richtung zu befördern. Jedesmal nämlich, wenn bei irgendwelcher Bewegung die Stauung nachlässt, oder durch einen äusseren Druck die Vene leergedrückt wird, kann das Blut immer nur nach dem Herzen zu entweichen. Bei fortgesetzter Bewegung entleeren sich also die Venen mit Hülfe ihrer Klappen von selbst in der Richtung nach dem Herzen zu.

Noch ein anderer Umstand ist für die Druck- und Strömungsverhältnisse der Venen von ausschlaggebender Bedeutung. Bei jeder Einathmung wird die Brusthöhle erweitert, um die Athemluft einzusaugen. Die Saugwirkung betrifft aber zugleich auch das Blut in allen Gefässen die von aussen in die Brusthöhle führen, und bringt an den grossen Venen eine merkliche Verstärkung des Blutstromes bei jeder Einathmung hervor. Der Blutdruck in den Venen innerhalb der Brusthöhle sinkt dabei unter den Atmosphärendruck, sodass der aussen wirkende Luftdruck die Blutsäule vorwärts treibt, Auf diese Weise wirkt *die Athembewegung* wesentlich als *Hülfskraft für den Kreislauf* mit. In etwas geringerem Grade besteht, wie aus den weiter unten folgenden Angaben über die Mechanik der Athmung verständlich werden wird, diese Saugwirkung von Seiten der Lungen auf den Venenstrom andauernd fort. Nur bei angestrengter Ausathmung fällt sie· fort und es macht sich dann, wie aus dem täglichen Leben bekannt ist, alsbald eine Stauung in den Venen bemerkbar, die sich im Roth- oder gar Blauwerden des Gesichts äussert.

Stromgeschwindigkeit des Blutes im Gefässsystem. Die Geschwindigkeit der translatorischen Bewegung hängt *erstens von der Grösse der Triebkraft,* und weil bei dauernder Strömung durch jeden Abschnitt der Leitung gleich viel Flüssigkeit hindurchgehen muss, *zweitens vom Querschnitt der Strombahn* ab. Der Querschnitt der grösseren Gefässe kann ohne Weiteres gemessen werden. Dabei zeigt sich, dass jedes Mal, wenn sich ein Gefäss verzweigt, der Gesammtquerschnitt der aus der Verzweigung hervorgehenden Gefässe grösser ist als der des Stammes vor der Verzweigung. Daraus folgt, dass sich die Bahn, die das Blut bei seiner Vertheilung durch den Gefässbaum durchläuft, fortwährend erweitert. Dieselbe Blutmenge, die im Anfangstheil der Aorta eingepresst fortschoss, beginnt, indem sie sich auf die vielen mittelgrossen Arterien vertheilt, minder schnell zu fliessen, und indem sie alle Körpergewebe in der unendlichen Zahl der Capillaren erfüllt, rückt sie ganz langsam vor. Bei dem Zusammentreten der Venenstämme gilt das Gegentheil von dem, was oben von den Arterien gesagt ist, die Blutbahn verengt sich also hier immer mehr. Die wenigen Tröpfchen Blut, die in einer Sekunde jede Capillare durchsickern, sammeln sich, indem die Capillaren zu den Venen zusammentreten, zu Blutmengen, für die die Gesammtheit der kleineren Venen eine verhältnissmässig enge Bahn bildet. Das Venenblut nimmt daher auf der immer enger werdenden Bahn immer grössere Geschwindigkeit an, und strömt schliesslich mit einer Geschwindigkeit in das Herz ein, die sich zu der, mit der das Blut durch die Aorta das Herz verlässt, umgekehrt wie der Gesammtquerschnitt der beiden grossen Hohlvenen zu dem der Aorta verhält.

Die geschilderte Abhängigkeit der Stromgeschwindigkeit vom Querschnitt der Strombahn ist eine absolute physikalische Nothwendigkeit. Denn die Stromgeschwindigkeit und der Querschnitt an jeder Stelle der Blutbahn bestimmen zusammen die Blutmenge, die in einem gegebenen Zeitraum die betreffende Stelle durchläuft. An keiner einzigen Stelle kann mehr oder weniger Blut durchfliessen, als an allen anderen Stellen in derselben Zeit durchfliesst, wenn es nicht zur Stauung oder Entleerung einzelner Abschnitte der Blutbahn kommen soll. Solche Unregelmässigkeiten können aber nur vorübergehend bestehen, so dass dadurch die allgemeine Geltung des ausgesprochenen Gesetzes nicht beeinträchtigt wird.

Messung der Schnelligkeit des Blutstroms. Während die Geschwindigkeitsverhältnisse im Allgemeinen sich aus dem angewendeten Grundsatz und den Angaben der Anatomie mit völliger Sicherheit ableiten lassen, ist man bei der Frage nach dem Maasse der Geschwindigkeit auf die Beobachtung angewiesen. Die durch Beobachtung und Versuch gewonnenen Ergebnisse bestätigen durchaus die obige Darstellung.

Es sind zur Messung der Blutgeschwindigkeit eine grosse Anzahl Untersuchungen angestellt worden, die im Grossen und Ganzen auf drei verschiedene Arten vorgegangen sind. Erstens hat man versucht, die Menge des Blutes zu bestimmen, die in gegebener Zeit ein Blutgefäss von gemessenem Querschnitt durchfliesst. Man kann hierher auch Volkmann's Hämodromometer rechnen, obschon damit die Messung in einer langen Röhre vorgenommen wird, so dass die Mengenbestimmung auf die Messung der Zeit hinausläuft, die zum Zurücklegen der Röhrenstrecke gebraucht wird. Zweckmässiger ist der Gebrauch der sogenannten Stromuhren, der von Ludwig eingeführt wurde (Fig. 24). Hier wird in die Blutbahn ein doppeltes Messgefäss KK', eingeschaltet, dessen einer Hohlraum vorher mit Oel, der andere mit Blut angefüllt ist. Das einströmende Blut verdrängt das Oel aus dem ersten Raum in den zweiten, der das in ihm enthaltene Blut in die Blutbahn entleert. In dem Augenblick, in dem das erste Gefäss gefüllt ist, wird es durch eine Umdrehung des Gestelles an die Stelle des zweiten gebracht, das zugleich an die Stelle des ersten tritt. Der Blutstrom verdrängt nun wiederum, diesmal in der umgekehrten Richtung, das Oel aus dem zweiten Gefäss in das erste, wobei die vorher in das erste Gefäss eingetretene Blutmenge wieder in die Blutbahn weiter befordert wird. So kann die Messung längere Zeit fortgesetzt werden, ohne dass der normale Strömungsvorgang unterbrochen wird. Da bei diesem Verfahren die Blutmengen gemessen werden, die in längeren Zeiträumen das Gefäss durchfliessen, so erhält man nur die mittlere Geschwindigkeit der Strömung.

Ein anderes Verfahren, das auch die Schwankungen der Geschwindigkeit bei jedem Pulsstoss festzustellen erlaubt, besteht darin, in den Blutstrom ein bewegliches Hinderniss einzuführen, das aus seiner Ruhelage um so stärker abgelenkt wird, je schneller die Strömung. Auf diese Weise arbeitet der Hamodromograph von Chauveau und Lortet: Ein kurzes Metallrohr wird in den Lauf des zu untersuchenden Gefässes eingefügt. Ins Innere dieser Röhre ragt, durch eine Gummiplatte zugleich dicht abgeschlossen und elastisch beweglich, ein Metallstift vor, der aussen mit einer Schreibvorrichtung verbunden ist. Je schneller der Strom, um so mehr wird der Stift stromabgeneigt, und desto grössere Ausschläge verzeichnet er.

Hierher kann man endlich auch die Methode der Pitot'schen Röhren rechnen. Diese beruht auf dem oben (S. 51) angeführten Satz, dass der Druck in einer Röhrenströmung von dem zu überwindenden Widerstande abhängig ist. Bei schnellerer Strömung ist der Widerstand derselben Röhre grösser als bei langsamer. Man braucht also nur oberhalb und unterhalb eines unveränderlichen Röhrenabschnittes den Druck etwa durch eine Steigröhre zu messen, so findet man einen mit der Geschwindigkeit der Strömung wechselnden Unterschied beider Drucke.

Die beiden zuletzt erwähnten Vorrichtungen muss man an Strömungen von bekannter Geschwindigkeit erproben, um aus ihren Ausschlägen beim Versuch die Blutgeschwindigkeit ermitteln zu können.

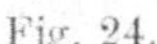

Fig. 24.

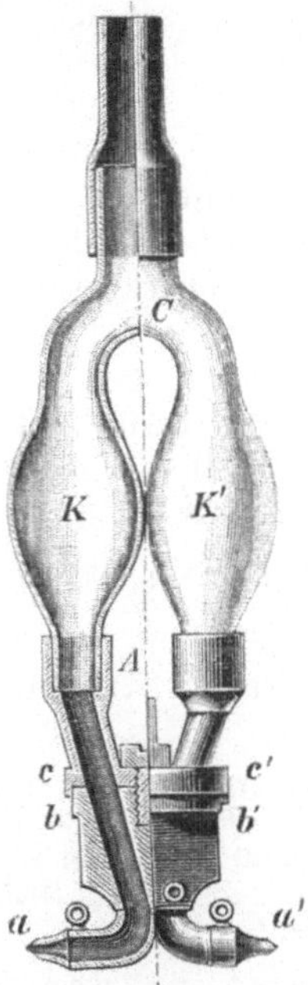

Ludwig's Stromuhr. Die linke Hälfte der Stromuhr ist im Durchschnitt gezeichnet. Der Gummischlauch oberhalb von C dient zum Füllen, und wird beim Versuch verschlossen. aa' Canülen, die in das Gefäss eingeführt werden. bb' und cc' drehbar aufeinander aufgeschliffene Messingplatten. Die punktirte Linie AC deutet die Axe an, um die die Gefässe KK' beim Auswechseln gedreht werden.

Die dritte Gruppe der Methoden besteht endlich darin, aus der Zusammensetzung des Blutes an verschiedenen Stellen des Kreislaufs auf die Menge des in der Zeit umlaufenden Blutes zu schliessen. Insbesondere lässt sich aus dem Gehalt von Blutproben an Sauerstoff und Kohlensäure, wenn der Gesammtgasaustausch des Körpers bekannt ist, die Menge des Blutes berechnen, die durch die Lungen getrieben worden ist. Auf diese Methoden kann hier nicht näher eingegangen werden, weil das zu viele Angaben aus anderen Gebieten der Physiologie erfordern würde. Diese Methoden haben den Vorzug, dass die normalen Kreislaufbedingungen verhältnissmässig wenig gestört werden, und können auch am lebenden Menschen angewendet werden.

Die Ergebnisse, die mit allen diesen Methoden gewonnen worden sind, stimmen untereinander in befriedigender Weise überein, und zeigen zunächst, dass die Blutströmung in den grösseren Arterien noch sehr ungleichförmig ist, da das Blut bei jeder Systole schneller fortgetrieben wird, als in der Diastole. In der Carotis des Hundes ist die maximale gemessene Geschwindigkeit fast 0,3 m in der Sekunde, die Minimalgeschwindigkeit in der Diastole etwa 0,2 m. Da bei grösseren Thieren der Druck höher und die Gefässe weiter sind, ist hier eine grössere Geschwindigkeit anzunehmen. So ist beim Pferde thatsächlich die systolische Stromgeschwindigkeit in der Carotis zu 0,52 m gefunden worden. Beim Menschen nimmt man auf Grund von verschiedenen Messungen und Berechnungen 0,5 m als systolische Geschwindigkeit des Blutes in der Aorta an. Die mittlere Geschwindigkeit ist erheblich niedriger als die systolische, sie wird beim Menschen in der Aorta zu 0,3 m angenommen.

Uebrigens entsprechen die angeführten Zahlen dem Zustande der Körperruhe, und sind also jedenfalls von der oberen Grenze der in Wirklichkeit vorkommenden Werthe sehr weit entfernt. Man schliesst aus Beobachtungen am Pferde, dass bei äusserster Anstrengung des Herzens die Anfangsgeschwindigkeit des Blutstroms auf das Fünffache des angegebenen Ruhewerthes steigt.

Entsprechend der Abnahme des Druckes und der Zunahme des Querschnittes der Blutbahn findet man in den vom Herzen entfernteren Gefässen eine merklich geringere Geschwindigkeit:

<pre>
                             Syst.   Diast.
Carotis des Hundes. . .   297   215 cm in der Secunde.
Cruralis „   „   . . . 203   127   „   „   „   „
</pre>

Die Strömungsgeschwindigkeit in den Venen ist im Allgemeinen geringer als die mittlere Strömungsgeschwindigkeit in den Arterien.

Da jeder Arterie gewohnlich zwei ungefähr ebenso grosse Venen entsprechen, fliesst in diesen das Blut nur ungefähr halb so schnell. Eine Ausnahme hiervon findet beim Lungenkreislauf statt, denn der Gesammtquerschnitt der Lungenvenen ist kleiner als der der Lungenarterie. Mithin muss hier der Venenstrom schneller fliessen als der arterielle.

Stromgeschwindigkeit in den Capillaren. Was die Strömung in den Capillaren betrifft, so kann man diese unmittelbar unter dem Mikroskop beobachten und messen. Geeignete Objecte hierzu sind die Schwimmhaut, das Mesenterium und die Lunge des Frosches und das Mesenterium der Warmblüter.

Dieses Untersuchungsverfahren veranschaulicht überhaupt auf die einfachste Weise sämmtliche wichtige Eigenthümlichkeiten des Kreislaufs. Man sieht das Blut, in dem man die einzelnen Körperchen erkennt, in den kleinen Arterien stossweise mit grosser Geschwindigkeit strömen, sieht wie es sich in die Capillaren vertheilt und in langsamem Strom durch sie hindurchwindet, um dann in den Venen mit beschleunigter gleichmässiger Geschwindigkeit abzufliessen.

Wenn man im Gesichtsfeld einen Maassstab anbringt, kann man die Geschwindigkeit der Strömung mit dem Auge abschätzen, und mit Berücksichtigung der Vergrösserung durch das Mikroskop ihren wirklichen Werth berechnen. Man findet die Stromgeschwindig--

keit in der Schwimmhaut des Frosches bis zu 0,5 mm, im Mesenterium des Hundes zu 0,8 mm in der Sekunde. Die Geschwindigkeit des Blutstroms in den Capillaren ist also wohl 500 Mal geringer als die in der Aorta, woraus man schliessen kann, dass der Gesammtquerschnitt der gleichzeitig durchströmten Capillaren 500 Mal grösser sei als der der Aorta.

Axenfaden. Uebrigens tritt an dem Blutstrom der kleinen Gefässe unter dem Mikroskop der Unterschied zwischen der Geschwindigkeit des mittleren „Axenfadens" und der an der Wand fliessenden Schicht des Blutes sehr schön hervor. Es zeigt sich zugleich eine Eigenthümlichkeit der Blutkörperchen, die allen kleinen in Flüssigkeiten vertheilten Körpern zukommt. nämlich die, sich in den am schnellsten strömenden Schichten zu halten, und von den langsamer fliessenden Schichten gewissermaassen abgestossen zu werden. Die Blutkörperchen lassen die Randschichten in dem Gefässe frei und treiben innerhalb des Axenfadens in dichtgedrängtem Zuge hin. Die weissen Blutkörperchen machen hiervon eine auffallende Ausnahme, indem sie vermöge ihrer Eigenbewegung an der Gefässwand hier und da haften oder langsam hinkriechen, und nur selten mitten im Strome mitschwimmen.

Kreislaufzeit. Fasst man die Betrachtung der Blutgeschwindigkeit im Ganzen ins Auge, so liegt die Frage nah, wie gross wohl die mittlere Geschwindigkeit des Blutes im ganzen Kreislauf zu veranschlagen ist, oder, wenn man für die Kreislaufbahn eine gewisse mittlere Länge annimmt, wie lange Zeit jedes bestimmte Bluttheilchen braucht, um die ganze Bahn zurückzulegen.

Obschon der Begriff des Kreislaufs, wie er dieser Frage zu Grunde liegt, auf die thatsächlichen Verhältnisse nur in der allgemeinen Theorie anwendbar ist, lässt sie sich doch in bestimmtem Sinne durch den praktischen Versuch beantworten. Spritzt man nämlich einem Versuchsthier irgend eine unschädliche Flüssigkeit, die chemisch leicht nachzuweisen ist, in die eine Jugularis in der Richtung nach dem Herzen zu ein, so muss die Flüssigkeit durch die rechte Herzhälfte zuerst in die Lungen, dann in die linke Herzhälfte und von da in die Aorta gelangen, und es wird dann ein Theil von ihr durch die Carotis in den Kopf getrieben werden, und von da durch die Jugularis zurückkommen müssen. Man braucht also nur vom Augenblicke der Einspritzung an in möglichst kleinen Zeitabständen aus dem peripherischen Stück der Jugularis Proben zu nehmen, und diese auf die eingespritzte Flüssigkeit zu untersuchen, um festzustellen, wie lange die Flüssigkeit gebraucht hat, um den angegebenen Weg zurückzulegen.

Diese sogenannte „Kreislaufzeit" ist durch Versuche an Thieren zu weniger als einer halben Minute bestimmt worden. Bei weitem der grösste Theil des Blutes muss aber auf anderen und zum Theil viel umständlicheren Wegen den Kreislauf ausführen, und es wird daher die durchschnittliche Kreislaufzeit erheblich länger anzunehmen sein.

Eine andere Art, die Geschwindigkeit des Gesammtkreislaufs zu schätzen, ist folgende: Die gesammte Blutmenge des Körpers beträgt für den Menschen etwa 5 Liter. Jede Herzkammer fördert bei jedem Schlage etwa 100 ccm. Folglich muss durch je 50 Herzschläge eine Blutmenge gleich dem gesammten Blutvorrath des Körpers durch die Gefässe getrieben worden sein. Sieht man von den Ungleichformigkeiten des Blutstroms in verschiedenen Gebieten ab, so darf man sagen, die gesammte Blutmenge, also auch jedes einzelne Theilchen, hat in der Zeit von 50 Herzperioden einmal die ganze Blutbahn durchlaufen. 50 Herzperioden dauern etwa 40 Secunden.

Bei diesen Betrachtungen könnte es fast scheinen, als sei die Strömung des Blutes allzu schnell, als dass es seine Function, mit den Geweben in Stoffaustausch zu treten, in zweckmässiger Weise erfüllen könnte. Zwar wird der Austausch um so lebhafter sein, je schneller sich das Blut an jeder Stelle des Gewebes erneut, es erscheint aber als eine Arbeitsverschwendung, dass dieser Wechsel mit so ausserordentlicher Gründlichkeit durchgeführt wird. In dieser Beziehung ist jedoch an das zu erinnern, was oben über die Stromgeschwindigkeit in den Capillaren gesagt worden ist. Der grösste Theil der Kreislaufzeit ist eben auf die Durchströmung der Capillaren zu rechnen, in denen das Blut langsam fliessend mit der Gewebsflüssigkeit in ausgiebige Berührung kommt. Erwägt man dies, so findet man im Gegentheil eine äusserst zweckmässige Arbeitsersparung darin, dass das Blut vermöge des immer zunehmenden Querschnittes seiner Bahn mit verhältnissmässig geringem Widerstand sehr schnell in grösster Menge den Capillaren zugeführt wird und nach beendetem Austausch wiederum mit geringem Widerstand und in schnellem Strome zurückkehren kann.

Herzarbeit. Die Unterhaltung des Kreislaufs erfordert einen beträchtlichen Aufwand an Arbeit, den das Herz von den frühesten Entwicklungsstadien an bis zum Tode ohne die geringste Ruhepause bestreiten muss. Die Grösse dieser Arbeit lässt sich berechnen, indem man von der Anschauung ausgeht, dass das Herz sich in die Arterien entleeren muss, die mit Blut erfüllt sind, das schon unter gewissem Druck steht. Dazu muss offenbar die gleiche Arbeit aufgewendet werden, die erforderlich ist, eine Blutsäule, deren Querschnitt und Druckhöhe den in der Aorta herrschenden gleich ist, um diejenige Strecke emporzutreiben, die die vom Herzen ausgetriebene Blutmenge in der Länge der Aorta einnimmt. Die betreffende Blutsäule würde bei 5 qcm Querschnitt und 2 m Höhe etwa 1 kg wiegen, und durch Austreibung von 80 ccm um 16 cm gehoben werden. Als Maasseinheit der Arbeit gilt das Meterkilogramm, das heisst die Arbeit, die 1 kg um 1 m hebt. Die Arbeit der linken Kammer allein beträgt nach obiger Rechnung 0,16 Meterkilogramm. Die Arbeit der rechten Herzkammer beträgt nur etwa $^1/_3$ so viel, weil der Druck in der Lungenarterie um so viel niedriger ist. Dazu kommt noch die Arbeit der Vorhöfe, die mit $^1/_{10}$ der Arbeit der linken Kammer veranschlagt wird. Danach stellt sich die Gesammtarbeit des Herzens bei jedem Schlage auf $0,16 \cdot (1 + ^1/_3 + ^1/_{10}) = 0,16 + 0,053 + 0,016 = 0,214$ oder rund 0,2 Meterkilogramm. Da alle die Werthe, auf die sich diese Berechnung gründet, sehr grossen Schwankungen unterliegen, weichen auch die Werthe für die Herzarbeit, die von verschiedenen Forschern angegeben werden, erheblich voneinander ab. Es genügt daher, als runde Zahl anzunehmen, dass sich die Arbeit des menschlichen Herzens, wie auch aus obiger Rechnung hervorgeht, in der Stunde auf nahezu 1000 Meterkilogramm beläuft.

Für das ruhende Pferd ist nach der oben erwähnten Methode der Blutgasuntersuchung als Werth der Herzarbeit in der Minute 82,5 Meterkilogramm, also in der Stunde 4950 Meterkilogramm berechnet worden. Die Werthe für mässige und angestrengte Arbeit, die nach derselben Methode gefunden wurden, betrugen 149,3 und 498 Meterkilogramm in der Minute. Man sieht hieraus, wie gross die Steigerung der Herzarbeit im äussersten Falle sein kann.

Die Arbeitsleistung des Herzens bedingt einen Stoffverbrauch, der einen merklichen Posten im Gesammtstoffwechsel ausmacht und zu etwa 5 pCt. des Gesammtverbrauchs veranschlagt werden darf.

Einfluss der vasomotorischen Nerven auf die Gefässweite. Es ist oben schon angedeutet worden, dass der Blutdruck im Gefässsystem nicht wie der Druck in einer todten Leitung einfach von der Triebkraft und den Reibungswiderständen abhängig ist. Vielmehr ist die Weite der Gefässe selbst veränderlich. Dies beruht darauf, dass in der Arterienwand eine Schicht von ringförmig angeordneten Muskelfasern liegt, die durch ihre Zusammenziehung oder Erschlaffung die Weite des Gefässes vermindern oder vergrössern können. Es war oben schon davon die Rede, dass je nach dem Erweiterungszustand der Gefässe die gleiche in ihnen enthaltene Blutmenge unter hohem oder niedrigem Druck stehen könne. Die Zusammenziehung der Gefässe verlangsamt, die Erweiterung beschleunigt die Strömung des Blutes. Nun kann aber Verengerung und Erweiterung in jedem einzelnen Gefässgebiet für sich auftreten und demnach der Blutstrom in jedem einzelnen Gefässgebiet verstärkt oder eingeschränkt werden. Auf diese Weise ist die Zufuhr und Abfuhr zu den einzelnen Körpertheilen geregelt, ganz wie die Wasserführung in einer Bewässerungsanlage durch Schleusen geregelt wird. Die Muskelfasern der Gefässwand stehen nämlich unter dem Einfluss des Nervensystems, dessen Thätigkeit sich inneren und äusseren Bedingungen anpasst und den Blutstrom in jedem Gefässgebiet in jedem Augenblick nach dem Bedarf der betreffenden Körpertheile einstellt.

Es ist klar, dass durch diese Einrichtung die Strömung des Blutes unabhängig von den oben aufgestellten allgemeinen hydromechanischen Gesetzen verändert wird.

Der Satz, dass bei Erhöhung der Triebkraft die Strömungsgeschwindigkeit zunimmt, ist für physikalische Vorgänge allgemein gültig und wird im Allgemeinen auch auf die Verhältnisse des Blutkreislaufs angewendet werden dürfen. Treten aber Bedingungen ein, die das Nervensystem veranlassen, die Gefässmusculatur in Thätigkeit zu setzen, so kann der Blutstrom trotz erhöhter Triebkraft des Herzens verlangsamt sein. Die durch die Gefässmusculatur bedingten Veränderungen des Kreislaufs gehören also streng genommen nicht in das in diesem Abschnitte behandelte Gebiet der Hydromechanik des Kreislaufs, sondern sie greifen auf die Gebiete der Muskel- und Nervenphysiologie über. Sie müssen jedoch auch an dieser Stelle betrachtet werden, weil sie zugleich eine sehr wichtige rein mechanische Wirkung auf den Kreislauf im Allgemeinen haben. Wenn sich nämlich ein Gefässgebiet verengt, muss das aus ihm verdrängte Blut in den übrigen Abschnitten der Blutbahn Platz finden. Verengt sich ein grosser Theil der Gefässe, so wird ein so grosser Theil des Gesammtblutes in die übrigen Gefässe getrieben, dass in diesen eine merkliche Drucksteigerung eintritt. Nun sind in der *Bauchhöhle* so grosse Venenstämme und so blutreiche Organe, Leber und Milz, enthalten, dass in ihnen *ein erheblicher Bruchtheil des Gesammtblutes* Platz hat. Sie dienen gewissermassen als Vorrathsteich und zugleich als Nothauslass für die Bewässerungsanlage des Körpers. Die Zusammenziehung der Gefässmuskeln dieses Gebietes wird vom Nervus splanchnicus beherrscht, und man nennt es daher kurzweg das Splanchnicusgebiet. *Der Zusammenziehungszustand der Gefässe des Splanchnicusgebietes regelt den Blutdruck im ganzen Gefässsystem.* Erschlaffen sie, so sinkt der Druck, weil so viel Blut in das Splanchnicusgebiet eintritt, dass die übrigen Gefässe nicht mehr prall gefullt sind. Verengt sich das Splanchnicusgebiet, so wird umgekehrt soviel Blut in die übrigen Gefässe gedrängt, dass ihre Wandung stark gedehnt wird und der Blutdruck steigt.

Die Schwankungen der Blutzufuhr zu jeder einzelnen Körperstelle können sehr beträchtlich sein. Man hat beispielsweise gemessen, dass einem Muskel, während er arbeitete, fünfmal soviel Blut zugeführt wurde als im Ruhezustand. Wenn irgend eine grössere Muskelgruppe, beispielsweise die Muskeln eines Armes oder Beines, lebhaft thätig ist, nimmt die Blutfülle in den Gefässen des betreffenden Gebietes stark zu. Dasselbe gilt von den inneren Organen. Die wechselnde Blutfülle der Haut, namentlich unter dem Einfluss verschiedener Temperaturen, ist schon äusserlich an der Röthung und Schwellung zu erkennen.

Plethysmograph. Um die Blutvertheilung messend zu bestimmen, sind vor allem zwei Wege eingeschlagen worden, der der Wägung und der der Volumbestimmung. Zu dem ersten Verfahren dient die Mosso'sche Waage. Legt man einen Menschen oder ein

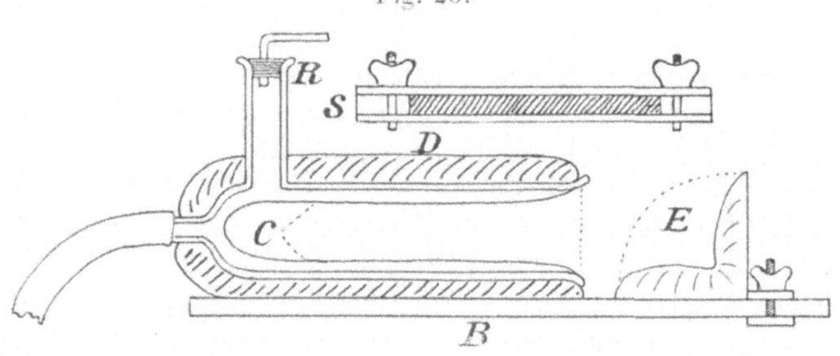

Plethysmograph neuerer Form. Schematisch. B Bodenbrett. C Gummibeutel im Innern des Glasgefasses, das zum Schutz gegen Temperaturschwankungen mit einer Hülle D umgeben ist. Die gepolsterte Stütze E, die in der bei S angegebenen Weise am Bodenbrett festgeschraubt werden kann, nimmt den Ellenbogen der Versuchsperson auf. R Ansatzröhre.

Versuchsthier auf ein Brett, das nach Art eines Waagebalkens nur in der Mitte leicht beweglich unterstützt ist, so wird sich das Brett nach einer oder der anderen Seite senken, je nachdem sich die Körpermasse dem einen oder anderen Ende des Brettes nähert. Bleibt der Körper äusserlich in vollkommener Ruhe, so kann man etwa eintretende Veränderungen in der Vertheilung des Blutes, das ja einen Theil der Körpermasse ausmacht, an dem veränderten Stand der Waage erkennen.

Viel empfindlicher ist das zweite Verfahren, die Messung des Volums, mit Hülfe des sogenannten Plethysmographen von Mosso, oder dem Onkometer von Roy. Der Plethysmograph (Fig. 25) besteht aus einem Gefäss, das mit einem schlaffen Sack aus dünnem Gummistoff ausgekleidet ist. In den Sack wird ein Körpertheil des Versuchsthieres oder der Unterarm eines Menschen eingeführt. Dann wird durch eine Ansatzröhre am Gefäss der Raum zwischen Gummisack und Gefässwand völlig mit Wasser gefüllt und auf das Ansatz- ein Steigrohr gesetzt, in dem der Stand des Wassers abgelesen oder durch eine Schreibvorrichtung als Curve verzeichnet werden kann. Jede Volumzunahme des eingeschlossenen Armes verdrängt einen Theil des Wassers aus dem Gefäss in die Steigröhre, und man kann die Grösse der Volumänderung an der Höhe der Steigung genau messen.

In ganz derselben Weise werden die Volumschwankungen innerer Organe, insbesondere der Niere, mit Hülfe des Onkometers gemessen. Das Gefäss hat hier die Form einer in zwei Hälften getheilten Kapsel, die über dem Organ geschlossen wird, und nur an einer Stelle den zuführenden Gefässen Zutritt lässt. Diese Stelle wird durch einen ölgetränkten Wattebausch wasserdicht geschlossen, die Kapsel mit Wasser gefüllt und ganz wie der Plethysmograph mit einer Schreibvorrichtung verbunden.

Diese Vorrichtungen arbeiten so genau, dass sie nicht bloss grobe Aenderungen des Volums, sondern alle Einzelheiten des Pulsstosses wiedergeben. Durch diese grosse Empfindlichkeit ist die plethysmographische Methode auch zu Untersuchungen geeignet, die nur mittelbar das Volum betreffen. Da nämlich das Volum eines Gefässes bestimmt wird durch Zufluss und Abfluss, so kann man, da der Abfluss im Allgemeinen gleich bleibt, aus der Volumcurve auf die Grösse des Zuflusses und mithin auf die Blutgeschwindigkeit schliessen.

Kreislauf in einzelnen Organen.

An mehreren Stellen des Körpers treten ausser den bisher erwähnten noch besondere Bedingungen für den Kreislauf ein. Zu diesen Stellen ist schon die Brusthöhle selbst zu rechnen, indem, wie oben mehrfach erwähnt wurde, die Athembewegungen des Brustkorbes auf den Druck im Gefässsystem einwirken. Der Kreislauf innerhalb der Schädelkapsel und innerhalb des Augapfels unterliegt besonderen Bedingungen, weil die feste Wandung dieser Theile nicht zulässt, dass sich die in ihnen enthaltenen Gefässe frei ausdehnen. Erweiterung der Arterien, wie sie schon der Pulsstoss mit sich bringt, muss hier eine entsprechende Zusammendrückung und Entleerung der Venen zur Folge haben, da der ganze übrige Hohlraum von Gewebe und Flüssigkeit erfüllt ist, deren Masse sich nicht so schnell ändern kann.

Wundernetze. Eine weitere Eigenthümlichkeit des Kreislaufs an gewissen Stellen ist die, dass sich die Blutbahn nicht nur an einer Stelle in Capillaren theilt, sondern dass sich die aus einem Capillarengebiet hervorgehenden Venen zum zweiten Mal in ein Capillarnetz auflösen, und erst die aus diesem sich sammelnde Blutmenge zum Herzen zurückfliesst. Die Alten nannten diese auffällige Erscheinung „Rete mirabile" „Wundernetz" weil es wunderbar erscheint, dass der geringe Druck, der nach Ueberwindung eines Capillarnetzes übrig bleibt, zur Durchströmung eines zweiten ausreicht, und dass die Zuführung von Venenblut zu irgend einem Körpertheile für diesen von Nutzen sein kann. Das grösste Wundernetz im Körper bildet die Pfortader, die aus den Venen der Milz und des Darmcanals hervorgeht und sich in der Leber von neuem in Capillaren auflöst. Dieselbe Erscheinung im Kleinen findet sich in der Niere. Der Grund für diese Ausnahmen vom gewöhnlichen Gefässverlauf ist in den besonderen Verrichtungen der betreffenden Organe zu suchen, die weiter unten beschrieben werden sollen. Thatsächlich bestehen an dieser Stelle im Kreislauf der Wirbelthiere dieselben Verhältnisse, die oben für den Gesamtkreislauf der Fische beschrieben worden sind. Es kommt daher in pathologischen Fällen gerade an diesen Stellen besonders leicht zu Stauungserscheinungen.

4.

Die Athmung.

Die chemischen Vorgänge bei der Athmung.

Der Gaswechsel. Der Gesammtkreislauf besteht, wie oben ausführlich dargestellt ist, aus dem grossen und kleinen Kreislauf. Um seine ganze Bahn zu durchmessen und an dieselbe Stelle zurückzukehren, muss das Blut, das von der linken Herzhälfte ausgeht, den grossen Kreislauf durchmachen, der es in die rechte Herzhälfte bringt, und dann den kleinen, der es wieder in die linke führt. Das Blut durchläuft also in steter Abwechslung einmal den grossen und dann den kleinen Kreislauf.

Da das Gebiet des grossen Kreislaufs sämmtliche Körpergewebe mit Ausnahme der Lungen umfasst, der kleine aber ausschliesslich durch die Lungen geht, muss das gesammte Blut, das nach Vollendung des grossen Kreislaufs aus den Körpergeweben zum Herzen zurückkehrt, erst durch die Lungen fliessen, ehe es von neuem in die Körpergewebe getrieben wird. Umgekehrt tritt in den Körperkreislauf nur solches Blut ein, das eben die Lungen verlassen hat.

Unter allen Organen des Körpers nehmen also die Lungen in Bezug auf den Blutkreislauf eine ganz besondere Stellung ein. Es wird ihnen allein genau die gleiche Blutmenge zugeführt, wie dem gesammten übrigen Körper, und zur Bewältigung dieser grossen Blutzufuhr ist für sie allein ein besonderes Pumpwerk in Gestalt der rechten Herzhälfte ausgebildet.

Wenn man schon daraus schliessen kann, dass die Thätigkeit der Lungen für den Organismus von besonderer Bedeutung sein muss, so zeigt sich dies auch unzweifelhaft schon bei der oberflächlichsten Betrachtung jedes lebenden Säugethieres. Eben das allbekannte Zeichen, woran man am einfachsten unterscheidet, ob ein Thier lebt oder nicht, ist ja die Verrichtung der Lungen, die Athmung. Schon im allgemeinen Sprachgebrauch ist in zahlreichen Wendungen Leben und Athmung zu einem Begriffe verknüpft. So wesentlich ist die Athmung für das Leben, dass keine der höher entwickelten Thierformen die Athmung auch nur auf wenige Minuten entbehren kann, ohne zum mindesten in ernste Lebensgefahr zu gerathen.

Die Athmung giebt sich zu erkennen durch periodische Bewegungen der Brust- und Bauchwand, die ein Ein- und Ausströmen von Luft durch die Luftröhre in die Lungen und aus den Lungen hervorrufen. Dadurch findet ein fortwährender Austausch zwischen Lungenluft und Aussenluft statt. Man bezeichnet den Vorgang der Lungeneinsaugung als Einathmung, Inspiration oder Inspirium, den der Austreibung als Ausathmung, Exspiration oder Exspirium.

Das Wesen der Athmung liegt aber nicht in diesen Bewegungen, oder dem dadurch verursachten Luftstrom, sondern darin, dass mit jeder Inspiration den Lungen neue, frische Luft zugeführt wird. Lässt man ein Thier in einem luftdicht geschlossenen Raum athmen, etwa unter einer Glasglocke, die auf eine Glastafel aufgeschliffen ist oder in eine Schale mit Flüssigkeit eintaucht, so geht anfänglich die Athmung unverändert vor sich und das Thier befindet sich ganz wohl. Das dauert aber nur so lange, als noch frische Luft in der Glocke vorhanden ist. Nach einiger Zeit ist der grösste Theil der Luft in der Glocke schon einmal in den Lungen des Thieres gewesen, und man sieht nun, dass die Athembewegungen des Thieres erst sehr heftig, dann plötzlich schwächer werden, und endlich, dass das Thier unter Zuckungen zusammenbricht und, wenn es nicht bald in frische Luft gebracht· wird, stirbt. Ganz ähnlich würde sich das Thier verhalten, wenn man es an der Athmung überhaupt verhinderte, indem man ihm die Luftröhre verschlösse. Die Athembewegungen in geschlossenem Raume genügen also nicht, das Leben zu unterhalten, nur geht die Erstickung etwas langsamer vor sich als bei gewaltsamer Erstickung durch Verschluss der Luftwege, weil die Glasglocke einen gewissen Vorrath an frischer Luft enthält. Als das Wesentliche beim Vorgang der Athmung muss deshalb die Einführung frischer Luft, die Erneuerung der Luft in den Lungen betrachtet werden. Nach längerem Aufenthalte in dem geschlossenen Raume bedeutet eben die Einathmung keine Erneuerung der Lungenluft mehr, weil durch die vorhergegangenen Athemzüge Aussenluft und Lungenluft gleichförmig gemischt sind.

Wenn aber für die wirksame Athmung immerfort neue Luft nöthig ist, so ist es klar, dass *die Luft durch die Athmung verändert* wird.

Die Veränderung betrifft, wie unten ausführlicher gezeigt werden soll, die Zusammensetzung der Luft, und besteht im wesentlichen darin, dass ihr Sauerstoff entzogen und Kohlensäure zugefügt wird. Da das Blut, wie im ersten Abschnitt angegeben, gerade zu diesen beiden Gasen ein ganz besonderes Verhalten zeigt, und sie in grossen Mengen aufzunehmen vermag, leuchtet sogleich ein, dass der bei der Athmung aus der Luft verschwindende Sauerstoff in das die Lungen durchfliessende Blut übergegangen sein muss, und dass die von den Lungen abgegebene Kohlensäure ebenfalls aus dem Blute stammt. Es findet in den Lungen zwischen den im Blute enthaltenen Gasen und der eingeathmeten Luft ein Austausch statt, indem die Luft sauerstoffärmer und kohlensäurereicher, das Blut sauerstoffreicher und kohlensäureärmer wird. Dadurch müsste in kurzer Zeit das Blut mit Sauerstoff überladen und völlig kohlensäurefrei werden, wenn nicht an irgend einer anderen Stelle fortwährend der entgegengesetzte Tausch vor sich ginge. Die Veränderung der Athemluft geht unter gleichen allgemeinen Bedingungen dauernd in ungefähr gleichförmigem Maasse vor sich. Mithin muss auch das Blut, das in die Lungen eintritt, stets ungefähr die gleiche Aufnahmefähigkeit für Sauerstoff und den gleichen Vorrath abzugebender Kohlensäure haben. Das aus den Lungen abfliessende Blut hat aber Sauerstoff aufgenommen und Kohlensäure abgegeben, und es muss also, ehe es auf der Kreislaufbahn zu den Lungen zurückkehrt, den eben aufgenommenen Sauerstoff losgeworden sein, und an Kohlensäuregehalt zugenommen haben. Diese dem Gasaustausch in den Lungen entgegengesetzte Veränderung vollzieht sich thatsächlich während das Blut den grossen Kreislauf durchströmt, denn das Blut in den Körpervenen ist kohlensäurereicher und sauerstoffärmer als in den Arterien.

Das Körpervenenblut unterscheidet sich deshalb auch vom Körperarterienblut durch dunklere Farbe, weil das sauerstoffreichere Blut die hellrothe Oxyhaemoglobinfarbe annimmt. Da das Blut aus den Körpervenen durch die rechte Herzhälfte unmittelbar in die Lungenarterie übergeht, ist in der Lungenarterie venöses, und da das Blut in den Lungen sauerstoffreicher wird, in den Lungenvenen arterielles Blut vorhanden. Die Alten nannten denn auch die Lungenarterie Vena arteriosa.

Man könnte daran denken, dass in dem Blute selbst, während es den grossen Kreislauf durchströmt, ein Vorgang stattfände, bei dem der Sauerstoff aufgezehrt und dafür Kohlensäure gebildet würde. Ein solcher Vorgang wurde als eine Oxydation, eine Verbrennung zu bezeichnen sein. Er könnte im einfachsten Fall darin bestehen, dass reine Kohle durch Verbindung mit dem Sauerstoff zu Kohlensäure oxydirt würde. Solche Oxydationen sind aber im Blute nicht nachzuweisen. Der Ort, an dem der Sauerstoff verschwindet, die Kohlensäure entsteht, muss also ausserhalb der Blutbahn, in den umgebenden Geweben gelegen sein. Zwischen den Geweben, oder genauer gesprochen, der Gewebsflüssigkeit und dem Blute muss ein Gasaustausch stattfinden, gerade so wie in den Lungen, nur im entgegengesetzten Sinne. So ist es denn auch thatsächlich: Das Blut giebt beim Durchströmen der Körpercapillaren Sauerstoff an die Gewebsflüssigkeit ab und nimmt aus ihr Kohlensäure auf. Dieser Austausch kann dauernd vor sich gehen und geht auch thatsächlich dauernd vor sich, weil zwar nicht in der Gewebsflüssigkeit, wohl aber in den Geweben selbst nachweisbar fortwährend Oxydationen stattfinden, die Sauerstoff binden und freie Kohlensäure entwickeln.

Auf diese Weise wird das stete Bedürfniss nach frischer Luft, die Bedeutung der Lungenthätigkeit für das Leben und zugleich die besondere Stellung der Lungen im Kreislauf verständlich. Nur durch Vermittlung des Blutes können die Gewebszellen den für die in ihnen ablaufenden Oxydationen nöthigen Sauerstoff erhalten, nur in den Lungen kann das Blut neuen Sauerstoff aufnehmen, und auch in diesen nur, wenn ein fortwährender Austausch mit der freien Aussenluft unterhalten wird. Zugleich erzeugen die Gewebszellen fortwährend Kohlensäure, die ebenfalls nur durch Vermittlung des Blutes fortgeschafft und nur in den Lungen bei steter Lufterneuerung aus dem Blute abgeschieden werden kann.

Die Lungen bilden also die Sauerstoffquelle und den Kohlensäureauslass für den ganzen Körper, und deshalb muss ihnen das gesammte Körperblut zugeführt werden, um, nachdem es beim Durchströmen der Gewebe Sauerstoff verloren und Kohlensäure aufgenommen hat, seinen Gasgehalt gegen den der Lungenluft auszugleichen. Um immerfort zum Gasaustausch mit der Gewebsflüssigkeit tauglich zu sein, muss das Blut dauernd durch die Lungen hindurch und von da zu den Geweben strömen. Damit das gesammte Blut, das dem Körper zufliesst, vorher durch die Lungen gehen könne, ist die Trennung des Lungenkreislaufs vom Körperkreislauf, die Theilung des Gesammtkreislaufs in grossen und kleinen Kreislauf nothwendig.

Nachweis des Gaswechsels. Um den Austausch, der in den Lungen zwischen der eingeathmeten Luft und den Blutgasen stattfindet, nachzuweisen und genauer messend zu verfolgen, sind der Natur der Sache nach zwei Wege gegeben. Man kann einerseits die Veränderungen der Luft, anderseits die des Blutes untersuchen.

Beide Arten der Untersuchung müssen mit einander vereinbare Ergebnisse liefern und einander gegenseitig ergänzen und bestätigen. Der erste Weg ist der bei Weitem einfachere. Man braucht nur Einathmungsluft und Ausathmungsluft zu analysiren und die Ergebnisse zu vergleichen.

Zusammensetzung der Luft. Die Einathmungsluft ist, da sie der freien atmosphärischen Luft entnommen wird, natürlich dieser gleich zusammengesetzt. Obschon betreffend die Zusammensetzung der atmosphärischen Luft und ihre physikalischen Eigenschaften auf die Lehrbücher der Physik verwiesen werden könnte, mögen zum Zweck leichterer Vergleichbarkeit und besseren Zusammenhangs die erforderlichen Angaben hier mit angeführt werden.

Die atmosphärische Luft zeigt in ihren Hauptbestandtheilen eine fast überall und jederzeit gleichmässige Mischung.

Aero-Diffusion. Dies erklärt sich aus dem allgemeinen Gesetz der Diffusion der Gase, das besagt, dass zwei oder mehr Gase, neben einander in denselben Raum gebracht, jedes für sich den ganzen Raum zu erfüllen, oder mit anderen Worten sich vollständig gleichmässig zu mischen streben. Es sei an den lehrreichen Schulversuch erinnert, der dieses Gesetz zur Anschauung bringt: Ein Gefäss mit Wasserstoffgas wird auf ein Gefäss mit Kohlensäure gestülpt, und gleichzeitig werden zwischen beiden Gefässen die Deckel weggezogen, so dass die beiden Gase frei übereinander stehen. Einige Zeit später werden aus dem untersten Theile des Kohlensäuregefässes und dem obersten des Wasserstoffgefässes Gasproben abgezogen und untersucht. Es zeigt sich, dass jede der Proben eine Mischung von gleichen Theilen Wasserstoff und Kohlensäure darstellt, dass also die Kohlensäure von unten aufgestiegen, der Wasserstoff von oben nach unten gezogen ist, bis eine gleichmässige Mischung vorhanden war. Dies ist um so auffälliger, wenn man in Erwägung zieht, dass Kohlensäure 22 mal schwerer ist als Wasserstoff: ein grösserer Gewichtsunterschied als der zwischen Schwefeläther und Quecksilber.

Es kann also nicht Wunder nehmen, dass die Hauptbestandtheile der Luft, Stickstoff und Sauerstoff, deren Gewichte sich verhalten wie 14 : 16, in der Atmosphäre gleichförmig gemischt sind, und dass auch die schwere Kohlensäure, deren Gewicht zu den anderen wie 14 : 16 : 22 steht, überall in nahezu gleicher Menge gefunden wird. In geschlossenen Räumen freilich oder bei stetigem Zufluss eines der Bestandtheile zu bestimmten Stellen der Atmosphäre kann sich das Mischungsverhältniss ändern. Letzteres gilt namentlich von der Kohlensäure, die in vulkanischen Gegenden, wie in der Hundsgrotte bei Neapel und im Upasthal auf Java, aus Erdspalten entströmend sich in einer Schicht über dem Boden anhäuft, in der Thiere oder auch Menschen ersticken müssen.

Im Allgemeinen ist die Zusammensetzung der atmosphärischen Luft nach Volumprocenten in runden Zahlen folgende: Stickstoff und Argon 79, Sauerstoff 21, Kohlensäure im Mittel 0,03. Dazu kommt als beständige, aber der Menge nach wechselnde, Beimengung Wasserdampf. Ferner sind meistens in der Luft spurweise als zufällige Verunreinigungen enthalten: Ammoniak, Kohlenoxyd und Kohlenwasserstoffgase, ferner mitunter in beträchtlicher Menge: Staub und Russ.

Wassergehalt der Luft. Unter diesen Bestandtheilen mag vor Allem auf den Wasserdampfgehalt noch näher eingegangen werden, weil er mannigfache Verrichtungen des Körpers beeinflusst.

Wenn hier vom Wasserdampf in der Luft die Rede ist, muss darunter nur das wirklich im gasförmigen Zustande befindliche, völlig unsichtbare Wasser verstanden werden. Die mit dem Worte „Dampf" im gewöhnlichen Sprachgebrauch bezeichneten Dampfwolken bestehen aus feinen Tröpfchen flüssigen Wassers, die sich mit der Zeit zu Boden setzen und daher nicht als Bestandtheil, sondern nur als zufällige Beimengung zu der Luft anzusehen sind. Die Gewebe des Körpers sind alle von Wasser durchtränkt und daher sind alle Oberflächen des Körpers mehr oder weniger feucht. Daher findet von allen Oberflächen, insbesondere von der inneren Oberfläche der Lunge, nach rein physikalischen Gesetzen dauernd eine beträchtliche Wasserabgabe statt.

Das flüssige Wasser ist gewissermaassen als ein condensirtes Gas anzusehen, das andauernd bestrebt ist, sich von seiner Oberfläche aus zu verflüchtigen, zu verdunsten. Die Verdunstung erreicht aber eine Grenze, wenn der Wasserdampf über dem Wasser eine bestimmte Dichtigkeit erlangt. Man hat dies früher so aufgefasst, als könnte die Luft nur eine bestimmte Menge Wasserdampf fassen und hat von der „Sättigung der Luft mit Wasserdampf" gesprochen. Thatsächlich steht aber die Luft zu dem in ihr enthaltenen Dampf garnicht in Beziehung, und es kommt für den Verdunstungsvorgang allein auf die Menge des Dampfes, der in der Luft ist, oder, was dasselbe ist, auf dessen Druck an. Um den Druck des Dampfes für sich von dem der gleichzeitig in demselben Raum enthaltenen Luft zu unterscheiden, spricht man von dem Partialdruck des Dampfes und dem Partialdruck der Luft. Sobald der Partialdruck des Dampfes, der auch die Dampfspannung genannt wird, eine gewisse Höhe erreicht, verhindert er die weitere Verflüchtigung von Dampf aus dem Wasser, und die Verdunstung ist aufgehoben. Das Wasser verflüchtigt sich um so leichter, je höher die Temperatur. Daher ist bei höherer Temperatur eine grössere Dichtigkeit, ein höherer Partialdruck des Dampfes, eine höhere Dampfspannung erforderlich, um die Verdunstung aufzuheben.

Absolute Luftfeuchtigkeit. Man kann nun die Dichtigkeit des Dampfes nach der Gewichtsmenge messen, die in einem Cubikmeter Luft enthalten ist. Man nennt das die Bestimmung der absoluten Luftfeuchtigkeit. Da das Wasser bei höherer Temperatur leichter verdunstet als bei niedriger, ist die gleiche absolute Menge Dampf, die bei niedriger Temperatur die Verdunstung aufhebt, nicht ausreichend, die Verdunstung bei höherer Temperatur aufzuheben. Dies bestätigen folgende Zahlen:

Wenn in 1 cbm vorhanden sind	so ist die Verdunstung aufgehoben bei
4,8 g Wasserdampf	0°
9,3 g „	10°
17,1 g „	20°
29,1 g „	30°
42,2 g „	37°

Diese Zahlen geben zugleich die grössten Dampfmengen an, die uberhaupt bei den angegebenen Temperaturen vorhanden sein können. Erlangt der Dampf eine grössere Dichtigkeit, so verflüssigt sich, condensirt sich der Ueberschuss zu Wasser. Dasselbe geschieht, wenn die Temperatur bei den angegebenen Dampfmengen unter die angegebenen Gradzahlen sinkt. Man bezeichnet daher die obigen Gradzahlen als „Thaupunkte".

Relative Feuchtigkeit. Ueber den Einfluss der Luftfeuchtigkeit auf die Verdunstung ist aus der blossen Angabe der absoluten Menge des Wasserdampfes nichts zu ersehen, weil die Verdunstung zugleich von der Temperatur abhängt. Deshalb pflegt man die Luftfeuchtigkeit nicht ihrem absoluten Gewichte nach, sondern in Procenten der maximalen Menge für die herrschende Temperatur anzugeben. Diese Procentzahl nennt man die „relative Luftfeuchtigkeit". Die relative Luftfeuchtigkeit kann also bei gleicher absoluter Luftfeuchtigkeit je nach der Temperatur ganz verschiedene Werthe annehmen. Ist beispielsweise die absolute Luftfeuchtigkeit 17,1 g, so ist die relative Feuchtigkeit bei 20° 100, das heisst 100 pCt. der in obiger Zahlenreihe angegebenen Maximalmenge, bei 30° ist sie aber nur 71, weil 17,1 g nur 71 pCt. von 29,1 g, der Maximalmenge für 30°, sind. Die beiden Bedingungen, von denen die Verdunstung abhängt, nämlich erstens die Menge des vorhandenen Wasserdampfes und zweitens die Temperatur, werden auf diese Weise in eine einzige Zahl zusammengefasst, und man kann einfach sagen, die Stärke der Verdunstung hängt von der relativen Luftfeuchtigkeit ab.

Die relative Feuchtigkeit ist es also auch, die auf die Wasserabgabe des Körpers einwirkt, und die im gewohnlichen Sprachgebrauch gemeint ist, wenn man von trockener oder feuchter Luft spricht. Bei 10°, im Winter, bedeutet ein Wassergehalt von 8 g auf den Cubikmeter Luft schon eine relative Feuchtigkeit von gegen 90 pCt., also recht feuchte Luft. Der nämliche Wassergehalt würde im Sommer, bei 20°, nur etwa die relative Feuchtigkeit 50 darstellen und unerträglich trocken erscheinen. Im Allgemeinen schwankt nämlich hier zu Lande der relative Feuchtigkeitsgrad zwischen 60 und 100. Luft, die man im täglichen Leben trocken nennt, enthält also noch ziemlich viel Wasserdampf. Demnach mussten eigentlich, um die Zusammensetzung der Einathmungsluft einschliesslich ihres Wassergehaltes anzugeben, die oben angeführten Volumprocente der übrigen Bestandtheile der Luft entsprechend herabgesetzt werden. Da aber der in der Luft bei mittlerer Temperatur und mittlerem relativen Feuchtigkeitsgrad enthaltene Wasserdampf nur etwa 1 Volumprocent ausmacht, und da die Betrachtung der Athmung sich vereinfacht, wenn man die chemischen Bestandtheile der trockenen Luft und den Wasserdampfgehalt getrennt untersucht, kann hiervon abgesehen werden.

Veränderung der Luft durch die Athmung. An der so beschaffenen Einathmungsluft sind nun, nachdem sie in die Lungen aufgenommen und wieder ausgeathmet ist, eine Reihe von Veränderungen wahrzunehmen. Die chemische Zusammensetzung betreffend, zeigt sich die Menge des Stickstoffs und Argons völlig unverändert, dagegen, wie oben schon angeführt worden ist, der Sauerstoff vermindert. Dafür findet sich, statt der verschwindend kleinen Menge Kohlensäure, die in der Einathmungsluft enthalten war, eine Kohlensäuremenge, die die Grösse des Sauerstoffverlustes nahezu ausgleicht.

Zahlenmässig ist also die Aenderung etwa folgendermaassen anzugeben:

	Insp. Luft Vol.-pCt.	Exsp. Luft Vol.-pCt.
Stickstoff	79	79
Sauerstoff	21	16
Kohlensäure . . .	0,03	4

Das Gesammtvolum der Ausathmungsluft ist mithin dem der Einathmungsluft nahezu gleich. Im Augenblick der Ausathmung erscheint es grösser, weil es im Innern der Lunge erwärmt worden ist. Die Ausathmungsluft hat stets die Temperatur des Körpers, 37^0, angenommen und sich dabei entsprechend ausgedehnt.

Nach den allgemeinen Gasgesetzen beträgt die Ausdehnung für jeden Grad, um den die Einathmungsluft erwärmt wird, $1/273$ ihrer Raummenge, so dass die Ausdehnung, wenn die Einathmungsluft 15^0 warm ist, noch nicht 10 pCt., und selbst bei der grössten Kälte, wenn Luft von $— 30^0$ geathmet wird, wenig uber 20 pCt. ausmacht.

Mit der Erwärmung der Einathmungsluft steht die Veränderung, die den Wasserdampf betrifft, in engem Zusammenhang. In den Lungen wird die Luft, wie aus den anatomischen Verhältnissen hervorgeht, in eine unendliche Menge kleiner Hohlräume vertheilt, deren Wand aus feuchtem, 37^0 warmem, Gewebe gebildet ist. Die Luft kommt dadurch unter genau die gleichen Bedingungen, als würde sie mit einer sehr grossen Oberfläche von Wasser bei 37^0 Wärme in Berührung gebracht. Das Wasser im Lungengewebe strebt bei der Körperwärme von 37^0 sehr lebhaft zu verdunsten und bringt dadurch, so kurze Zeit auch die Luft in der Lunge verweilt, die Dampfmenge in der eingeathmeten Luft auf den höchsten bei 37^0 möglichen Werth, nämlich 42,2 g im Cubikmeter. Die Ausathmungsluft hat also constant den relativen Feuchtigkeitsgrad 100, was, da sie auf 37^0 erwärmt ist, den absoluten Feuchtigkeitsgrad von 42,2 g auf den Cubikmeter erfordert. Je grössere Dampfmengen in der Einathmungsluft enthalten waren, um so weniger Wasser braucht sie aus den Lungen aufzunehmen, um diesen constanten Gehalt der Ausathmungsluft zu erreichen. Da aber der mittlere Wassergehalt der Einathmungsluft nur etwa 10 g auf den Cubikmeter gleichkommt, wird im Durchschnitt auf jeden Cubikmeter ausgeathmete Luft eine Wasserabgabe von 30 g zu rechnen sein.

Es ist oben gesagt worden, dass, sobald der Partialdruck des Dampfes in der Luft einen gewissen Grad übersteigt, Wasserdampf in Wasser zurückverwandelt werden, sich condensiren muss. Dieser Fall tritt ein, wenn die Ausathmungsluft, die in den Lungen mit der Dampfmenge, die der Temperatur von 37^0 entspricht, gemischt worden ist, sich nach der Ausathmung in eine kalte Umgebung abzukühlen beginnt. Denn in der kalten Umgebungsluft hat sie eine viel höhere relative Feuchtigkeit. Der überschüssige Dampf verdichtet sich und bildet die sichtbaren Wolken des Hauches in kalter Luft.

Weitere Veränderungen der Luft durch die Athmung betreffen die zufälligen Beimengungen. Die verschiedenen Gase, von denen die Luft gewöhnlich geringe Mengen enthält, verhalten sich zum Theil indifferent, zum Theil gehen sie in den Körper über. Hiervon soll weiter unten ausführlicher die Rede sein.

Die festen Bestandtheile, der Staub und der Russ, bleiben, wenn die Luft in die Lungen gesogen wird, an den Schleimhäuten der Luftwege, insbesondere der Nasenhöhle hängen, gelangen aber zum Theil in die Lungen selbst. Wenn man in staubiger Luft oder, wie etwa bei Eisenbahnfahrten, in Luft, die viel Kohlenruss enthält, geathmet hat, bemerkt man nicht selten, dass der Nasenschleim durch Staub oder Russ gefärbt ist. In der Auskleidung der Luftwege mit Flimmerepithel, das durch die ihm eigene Bewegung Flüssigkeit und kleinere feste Körperchen nach aussen zu fördern vermag, ist eine Art Schutzvorrichtung gegen das Eindringen dieser Stoffe zu erkennen. Trotzdem ist bekanntlich die Lunge bei erwachsenen Menschen und bei älteren Thieren durch feinvertheilte Russmengen grauschwarz gefärbt. Die durch das Hängenbleiben des Staubes staubfrei gewordene Luft lässt sich unter anderem auch dadurch von staubiger Luft unterscheiden, dass man in dieser bei örtlicher heller Beleuchtung, beispielsweise in der Strahlenbahn einer Projectionslampe, die einzelnen Staubkörnchen als „Sonnenstäubchen" leuchten sieht. Die staubfreie Luft bleibt dagegen auch bei Durchstrahlung dunkel.

Verfahren zur Untersuchung der Athmungsluft.

Um die chemischen Veränderungen der Luft genau verfolgen zu können, sind eine Reihe besonderer Untersuchungsmethoden ausgearbeitet worden.

Man kann die Vermehrung der Kohlensäure in der Ausathmungsluft einfach nachweisen, indem man die Ausathmungsluft durch Barytwasser oder Kalkwasser streichen lässt, wobei die Kohlensäure mit dem Barium oder Calcium eine unlösliche Verbindung eingeht, die als weisser Niederschlag in der Flüssigkeit sichtbar wird. Um die Veränderung des Sauerstoffgehalts festzustellen, giebt es aber kein so einfaches Mittel, und man muss dazu übergehen, erst einer Probe von der Einathmungsluft den Sauerstoff zu entziehen, und aus der Grösse des Restes dessen Menge zu bestimmen, und dann dasselbe Verfahren auf die Ausathmungsluft anzuwenden, um aus dem Unterschied auf die vorgegangene Aenderung zu schliessen.

Bei einer solchen Probe besteht aber keine Gewähr, dass die Grösse der gefundenen Veränderungen von der Gesammtathmung ein richtiges Bild gebe. Will man das Verhältniss der aufgenommenen zu den abgegebenen Stoffen untersuchen, so muss vielmehr die Beobachtung sich über eine so lange Zeit erstrecken, dass zufällige Schwankungen ausgeschlossen sind, und dass auch die etwa im Körper selbst vorräthigen oder zurückgehaltenen Gasmengen keinen merklichen Einfluss auf das Ergebniss haben können. Um solche Untersuchungen an der Athemluft mehrere Stunden hindurch fortsetzen zu können, haben Regnault und Reiset ein Verfahren ersonnen, das heute noch als das zuverlässigste gilt.

Es beruht darauf, einen Luftraum, in dem das Thier abgeschlossen ist, dauernd soweit wie möglich kohlensäurefrei zu halten, während der Sauerstoff, den das Thier verbraucht, ersetzt wird (Fig. 26). Zu diesem Zweck wird eine

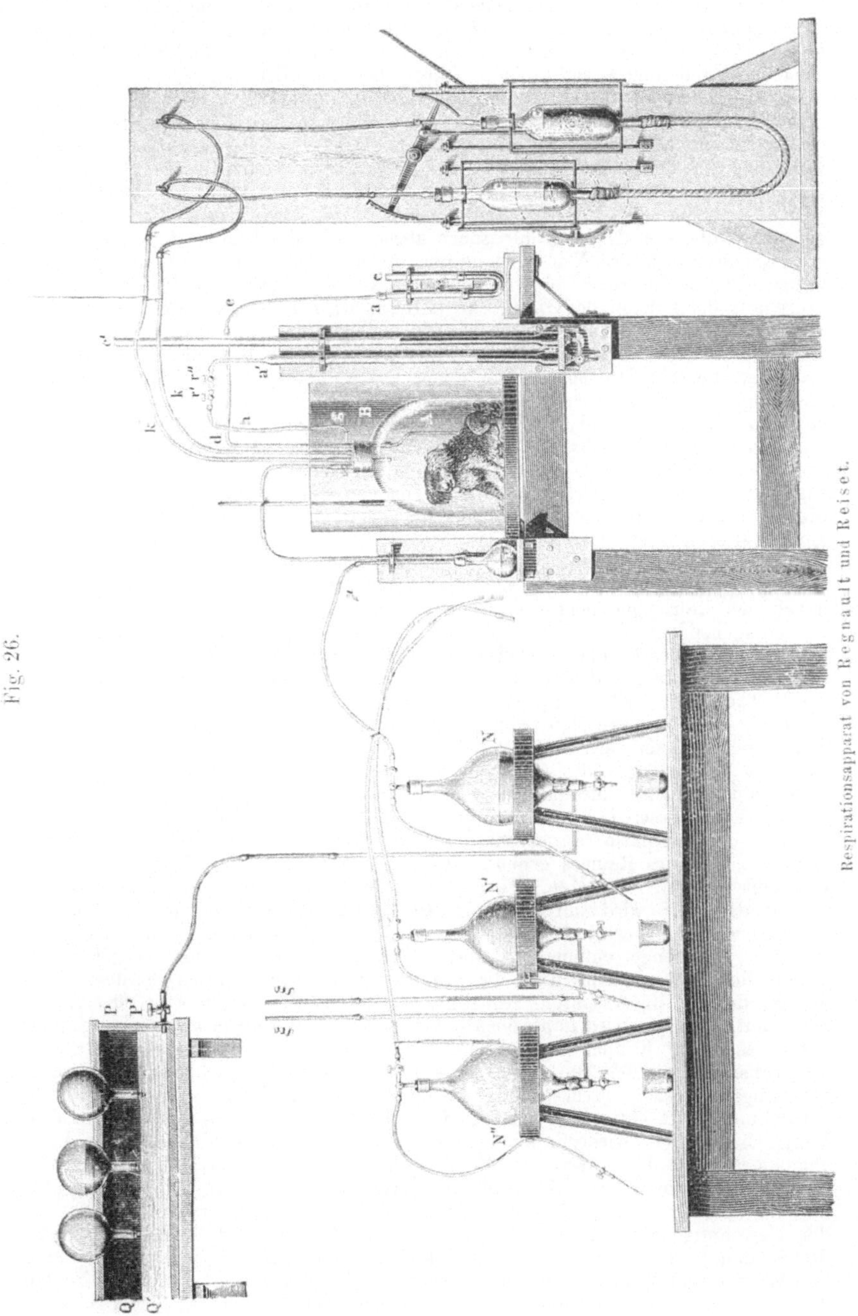

Fig. 26.

Respirationsapparat von Regnault und Reiset.

6*

Glasglocke *A* mit zwei Schläuchen *kk′*, von denen sich einer oben, einer unten
in der Glocke öffnet, an zwei Flaschen *cc′* angeschlossen, die halb mit Kalilauge gefüllt sind und an einer Wippe hängen, die dauernd in Bewegung gehalten wird. Die beiden Flaschen sind durch einen von den Böden der Flaschen
ausgehenden Schlauch verbunden. Durch das Spiel der Wippe wird nun abwechselnd die eine Flasche gesenkt, während die andere sich hebt, und umgekehrt. Senkt sich die eine Flasche, so strömt die Kalilauge aus der anderen
in sie ein und verdrängt die Luft aus der Flasche in die Glasglocke. Zugleich
wird dieselbe Menge Luft aus der Glasglocke in die sich hebende Flasche eingesogen, weil aus dieser ja die Lauge abfliesst. So werden immerzu neue
Mengen der in der Glocke befindlichen Luft mit der Kalilauge in Berührung
gebracht, die daraus die Kohlensäure absorbirt. Gleichzeitig steht die Glocke
mit Sauerstoffbehältern *N* in Verbindung, die den Sauerstoff unter ganz geringem
Ueberdruck in die Glocke eintreten lassen. ·In dem Maasse, in dem die Kohlensäure aus der Luft in der Glasglocke entfernt wird, tritt also Sauerstoff an ihre
Stelle. Auf diese Weise bleibt die Zusammensetzung der Luft in der Glocke
stets dieselbe, soviel Sauerstoff das Thier auch verbrauchen und soviel Kohlensäure es ausscheiden möge. Die Menge der ausgeschiedenen Kohlensäure und
des aufgenommenen Sauerstoffs werden jede für sich bestimmt. Damit auch
die Temperatur während des Versuchs gleichförmig bleibt, wird die Glasglocke
mit einem weiteren Gefäss *B* umgeben und dies mit Wasser gefüllt, das durch
Zufluss und Abfluss auf gleicher Temperatur gehalten wird. Hierdurch wird
zugleich eine sichere Abdichtung der Glocke erreicht. Gegen die Verwendung
dieses Apparates ist der Einwand erhoben worden, dass die Luft in der Glasglocke während der Dauer des Versuchs nicht bloss durch die Athmung, sondern
auch durch die Hautausdünstungen, die Excremente und Darmgase des Versuchsthieres verunreinigt wird, die natürlich nicht, wie der Kohlensäureüberschuss,
durch den Kalilaugenapparat entfernt werden. Deshalb musse sich gegen Ende
der Versuchsdauer das Thier unter abnormen Bedingungen befinden. Allzu gross
darf in Folge dessen die Versuchsdauer nicht bemessen werden.

Diesen Uebelstand sicher auszuschalten, ist ein Hauptvorzug der Anordnung
des Pettenkofer'schen Apparates (Fig. 27). Hier ist der Luftraum *A* so gross,
dass ein oder mehrere Menschen, ja auch ein Pferd oder ein anderes grosses
Thier sich bequem darin aufhalten können. Der Raum ist ferner nach aussen
garnicht luftdicht geschlossen, sondern er wird im Gegentheil durch eine grosse
Luftpumpe ventilirt, die dauernd einen starken Luftstrom aus dem Raume absaugt. Die Luft tritt von allen Seiten durch die zufälligen Fugen der Wände
ein und der Ventilationsstrom muss so stark sein, dass die Zeit, während der
sich die Luft des Raumes erneut, gegenüber der Dauer des Versuchs nicht in
Betracht kommt. Die Menge der auf diese Weise durch die Röhre *E* abströmenden Luft wird durch eine grosse Gasuhr *B* genau bestimmt. Von der
abgesogenen Luft wird ferner durch ein dünnes Zweigrohr *a* dauernd eine
kleinere Luftmenge entnommen und durch Flaschen hindurch getrieben, in
denen der Wasserdampf und die Kohlensaure zurückgehalten werden. Die
Menge der so untersuchten Probeluft wird ebenfalls durch eine Gasuhr (*C*)
bestimmt. Endlich wird ganz ebenso eine gewisse Luftmenge aus der Umgebung
auf Wasser oder Kohlensaure geprüft und in der Gasuhr *D* gemessen. Da dem
Versuchsraum einfach die umgebende Luft zuströmt, wird hierdurch die Einathmungsluft nach ihrem Gehalt an Wasser und Kohlensaure bestimmt. Die
Ausathmungsluft muss sich, mit der Luft des Versuchsraumes gemischt, in dem
Ventilationsstrome wiederfinden. Ueber den Gehalt dieses abgesaugten Luft-
gemisches giebt die untersuchte Probe Aufschluss. Aus dem Mengenverhältniss
der an der grossen Gasuhr abgelesenen Gesammtmenge der abgesaugten Luft
und der an der zweiten Gasuhr abgelesenen Grösse der untersuchten Probe ist
der Gesammtgehalt der abgesaugten Luft an Wasser und Kohlensäure, und
durch den Vergleich mit der Umgebungsluft auch die Gesammtausscheidung
von Wasser und Kohlensäure zu berechnen. Der Sauerstoffverbrauch wird bei
dieser Methode nicht bestimmt, kann aber aus dem Gewicht des Thieres, wenn
der Stoffwechsel im Uebrigen bekannt ist, auch noch berechnet werden. Dadurch und durch den Umstand, dass die Bestimmung an einem verhältnissmässig

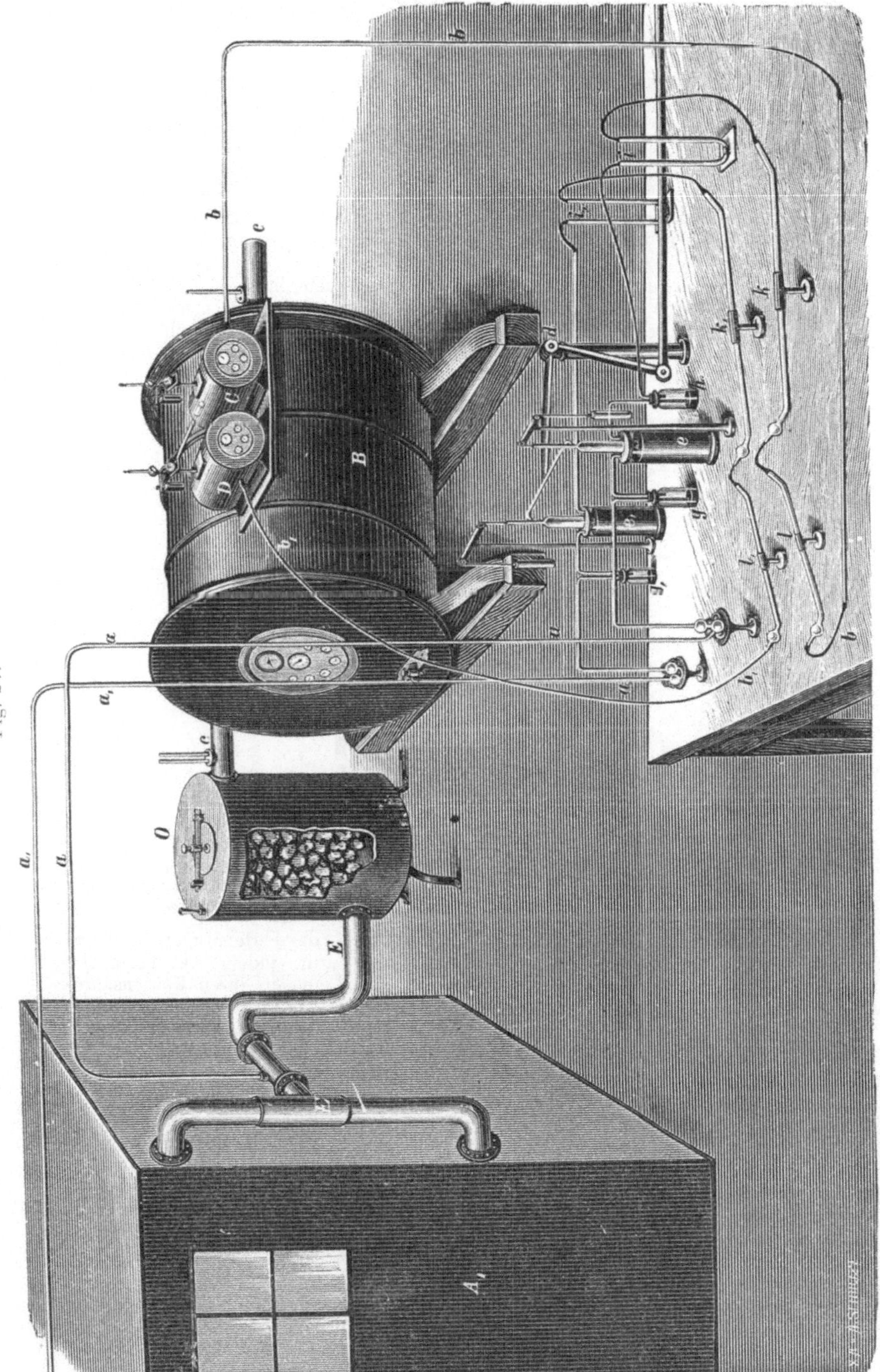

Fig. 27.
Respirationsapparat von Pettenkofer.

kleinen Bruchtheil der Gesammtausscheidung gemacht wird, sind beim Gebrauch
der Pettenkofer'schen Methode, wenn nicht sehr sorgfältig gearbeitet wird,
Ungenauigkeiten zu befürchten. Haldane hat dieses Verfahren in einer für
kleine Versuchsthiere geeigneten Anordnung zu grösserer Genauigkeit gebracht,
indem er die gesammte Luftmenge prüft und das Versuchsthier in der geschlossenen Kammer wägt.

Als eine Vereinigung dieser beiden Methoden kann in gewissem Sinne die
Zuntz-Geppert'sche Methode angesehen werden (Fig. 28). Hier ist die
Versuchsperson oder das Versuchsthier völlig frei und athmet durch einen
Luftschlauch, der entweder durch ein Mundstück (M) oder eine dicht
schliessende Maske oder, was im Fall der Versuchsthiere das Zweckmässigste
ist, durch eine in die Trachea eingeführte Canüle angeschlossen ist. Der
Luftschlauch hat eine Seitenöffnung, die durch ein einwärts schlagendes
Ventil (V) gegen den Ausathmungsstrom geschlossen ist, so dass die Aus-
athmungsluft durch den Schlauch in eine Gasuhr (G) treten muss, die ihre
Menge angiebt. Bei der Einathmung schliesst sich der Schlauch ebenfalls

Fig. 28.

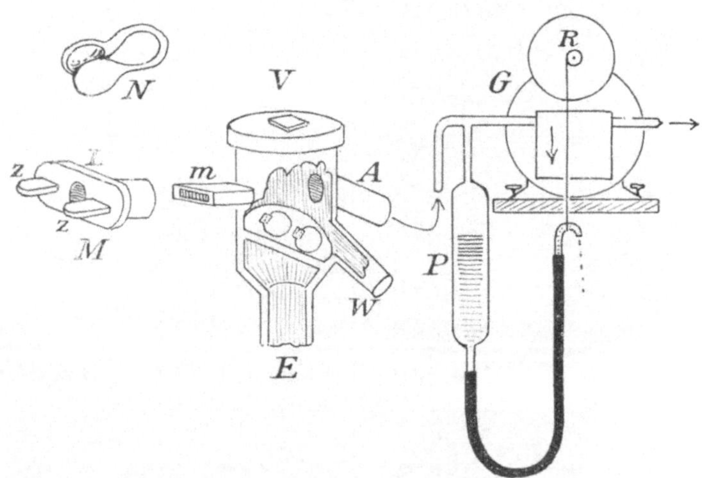

Respirationsapparat von Geppert-Zuntz.   N Nasenklemme.   M Mundstück mit Lippenplatte L
und Zapfen für die Zähne z z   V Ventil.   m Ansatz für das Mundstück   E Einathmungsrohr.
A Ausathmungsrohr.   W Wassersack.   G Gasuhr.   R Rolle.   P Proberöhre.

durch ein Ventil, und die Aussenluft tritt durch die Seitenöffnung und das
erste Ventil ein. Von der Ausathmungsluft wird nun, indem sie durch die
Gasuhr strömt, eine Probemenge abgesogen, die dann auf ihren Kohlensäure-
und Sauerstoffgehalt in einem eigens hergerichteten Apparat untersucht wird.
Da die Einathmungsluft als normale atmosphärische Luft angenommen, oder
nöthigenfalls auch auf ihre Zusammensetzung genau geprüft werden kann, lässt
sich aus diesen Bestimmungen sowohl Sauerstoffverbrauch wie Kohlensäure-
abscheidung ermitteln. Wesentlich für die Anwendbarkeit dieser Methode sind
eine Reihe von Kunstgriffen und Correcturen, durch die die einzelnen Fehler-
möglichkeiten ausgeschlossen oder die Bestimmungen genauer gemacht werden.
Vor Allem ist die Art der Probenahme beachtenswerth, die es ermöglicht, aus
einer einzigen für die Luftanalyse hinreichenden Probemenge die Durchschnitts-
Zusammensetzung der Ausathmungsluft während einer längeren Versuchsperiode
zu ermitteln. Nähme man einfach während des Versuches zu beliebiger Zeit
eine beliebige Probemenge, so könnte man nicht wissen, ob nicht in den
Zwischenzeiten wesentliche Aenderungen stattgefunden hätten. Nähme man
wiederholt in kurzen Abständen Proben, so würde man die Verschiedenheiten
in der Zusammensetzung der Ausathmungsluft während der Versuchsdauer er-

kennen und daraus etwa einen Durchschnitt nehmen können. Dieser Durchschnitt würde aber den wirklichen Verhältnissen offenbar nur dann entsprechen, wenn während jedes Zeitabschnittes, für den eine Probe genommen war, auch die gleichen Luftmengen geathmet worden sind. Damit die Probe nach Menge und Zusammensetzung ein genaues Abbild der während der Versuchsdauer ausgeathmeten Luft giebt, wird folgendermaassen verfahren: Das Gefäss, in das die Probeluft eingesogen werden soll *(P)*, ist eine oben und unten offene Glasröhre, die durch einen oben angesetzten Schlauch mit dem Athmungsschlauch verbunden wird. Die Glasröhre ist mit angesäuertem Wasser gefüllt, das durch die untere Oeffnung abzufliessen strebt. An der unteren Oeffnung ist ebenfalls ein Schlauch angeschlossen, dessen Mündung so hoch liegt, dass das Füllungswasser oder, wie man es nennt, die Sperrflüssigkeit nicht abfliessen kann. In dem Maasse, in dem die Mündung dieses Schlauches unter die obere Oeffnung der Glasröhre gesenkt wird, fliesst nun die Sperrflüssigkeit aus und saugt dadurch Luft aus der Athemleitung ab. Die Mündung des Schlauches wird durch einen Faden hochgehalten, der um die Axe *(R)* der Messtrommel in der Gasuhr geschlungen ist. Je schneller die Gasuhr geht, desto schneller senkt sich die Mündung und desto mehr Luft tritt in die Probenröhre. Athmet das Versuchsthier langsamer, so dreht sich die Gasuhr langsamer und desto weniger Luft gelangt in die Probenröhre. So ergiebt sich eine Probe, die genau den Durchschnitt aus der gesammten geathmeten Luftmenge darstellt. In ähnlicher Weise ist das Verfahren nach jeder Richtung, insbesondere auch in Bezug auf die Methodik der chemischen Analyse der Luftproben aufs Sorgfältigste durchgebildet worden, so dass es zugleich als die handlichste und zuverlässigste Methode bezeichnet werden darf.

Die Grösse des Gaswechsels.

Mit Hülfe der besprochenen Methoden kann die während längerer Zeit 'ein- und ausgeathmete Luft genau untersucht und ihre chemische Veränderung bis auf Bruchtheile eines Procents genau bestimmt werden. Dadurch ist zunächst die Grösse des Sauerstoffverbrauchs im Ganzen gegeben. Dabei zeigt sich, dass die absolute Menge Sauerstoff, deren ein Mensch oder Thier bedarf, vor allem von der Grösse des Thieres abhängt. Der Mensch nimmt in 24 Stunden mindestens 750 g Sauerstoff auf und scheidet etwa 900 g Kohlensäure aus. Der Rauminhalt dieser Gasmengen beträgt etwa je einen halben Cubikmeter.

Von der Bedeutung dieses Austausches für den Gesammtstoffwechsel erhält man einen anschaulichen Begriff, wenn man sich vergegenwärtigt, dass in 900 g Kohlensäure fast 250 g Kohle enthalten sind, die in Form von Holzkohle ein Stück so gross wie ein halber Backstein darstellen würden.

Die Tagesmengen des Gaswechsels beim Pferde sind ungefähr nach dem Verhältniss des Körpergewichts höher, nämlich etwa 6 mal so gross. Wollte man daraus aber ableiten, dass der Gaswechsel überhaupt der Grösse des Thieres proportional wäre, so würde man zu falschen Ergebnissen kommen. Dies zeigt sich am deutlichsten, wenn man den Einfluss des absoluten Körpergewichts ausschaltet, indem man veranschlagt, wieviel Sauerstoffverbrauch und Kohlensäureausscheidung bei verschiedenen Thieren auf jedes Kilogramm Körpergewicht zu rechnen ist. Dabei zeigt sich gleich, dass die kleineren Thiere einen lebhafteren Gaswechsel haben als die grösseren.

Hier mag an die Bemerkung erinnert sein, die oben über die Grösse der Blutkörperchen bei den verschiedenen Thieren gemacht worden ist. Die feinere Vertheilung des Hämoglobins bei den kleineren Thieren entspricht offenbar dem Bedürfniss nach schnellerem Gasaustausch. Worauf dies in letzter Linie beruht, wird unten bei der Betrachtung der thierischen Wärme ersichtlich werden.

Selbstverständlich dürfen in dieser Beziehung nur Thiere von annähernd gleichem Bau und gleicher Lebensdauer verglichen werden. Schon die verschiedenen Ordnungen und gar die Klassen fügen sich nicht in die angegebene Regel. So haben die Wiederkäuer ein unverhältnissmässig stärkeres Athembedürfniss als andere Säugethiere, die kaltblütigen Thiere dagegen ein viel schwächeres.

Diese Angaben werden durch die nachfolgende Zahlenübersicht bestätigt.

In 24 Stunden	Körpergewicht in kg	Sauerstoffaufnahme in g	Kohlensäureausscheidung in g	Sauerstoffaufnahme in l
Ochs	600	7950	10900	5550
Pferd	450	3900	5200	2650
Mensch	75	750	900	525
Schaf	70	840	1010	590
Hund	15	430	460	300
Katze	2,5	60	64	42
Kaninchen	2	44	56	31
Huhn	1	29	31	21
Frosch	0,03	0,05	0,045	0,035

Das Ergebniss des Vergleichs tritt noch viel deutlicher hervor, wenn die geathmeten Luftmengen auf das gleiche Körpergewicht berechnet werden. Dies veranschaulicht die folgende Zahlenreihe:

Es nehmen auf Sauerstoff in g pro kg und Stunde

Ochs	0,55	Katze . , . . .	1,01
Pferd	0,35	Kaninchen . . .	0,92
Mensch	0,42	Huhn	1,19
Schaf	0,49	Frosch	0,07
Hund	1,19		

Einfluss von Muskelarbeit, Verdauung und anderen Bedingungen. Die hier angeführten Zahlen sind Durchschnittszahlen aus Versuchen an ruhenden Thieren.

Ebenso wie der Lauf des Blutes verändert sich nämlich auch die Athmung unter verschiedenen Bedingungen. Insbesondere wirkt jegliche Muskelarbeit stark auf die Athmung ein. Schon beim Stehen ist ebenso wie an der erhöhten Pulszahl auch an der Athmung der Einfluss der Muskelanstrengung nachzuweisen, indem Sauerstoffverbrauch und Kohlensäureausscheidung bis auf 120 pCt. des Ruhewerthes steigen. Ist die Muskelarbeit auch nur mässig anstrengend, so kann man an sich selbst oder an anderen Menschen oder Thieren ohne weitere Hülfsmittel wahrnehmen, wie die Athembewegungen sich verstärken. Der Sprachgebrauch nennt das „ausser Athem kommen". Den stärkeren Athembewegungen entspricht auch ein grösserer Gasaustausch, der im äussersten Fall, bei sehr schwerer Arbeit auf das 8—9fache des Ruhewerthes steigen kann.

Ebenso wirkt die Thätigkeit des Verdauungsapparates verstärkend auf die Athmung ein. Daher zeigt die Athmung ebenso wie die Pulszahl eine Tagescurve, die durch die Zeit der Nahrungsaufnahme beeinflusst wird.

Im Schlafe, als im Zustande der grössten möglichen Ruhe des ganzen Körpers geht auch die Athmung auf ihren kleinsten Umfang zurück.

Dies scheint den Beobachtungen aus dem täglichen Leben zu widersprechen, da Jeder von „den tiefen Athemzügen des Schlafenden" hat sprechen hören. Aber die Grösse des Luftwechsels und noch mehr die Grösse des eigentlichen Sauerstoffumsatzes, den das Wesen der Athmung ausmacht, ist von der Tiefe des einzelnen Athemzuges unabhängig.

Ebenso wie diese wechselnden Bedingungen wirken natürlich auch allgemeine körperliche Verschiedenheiten, wie das Lebensalter, das Geschlecht und die Constitution verschiedener Individuen auf deren Athmung ein. Auch hier tritt die Aehnlichkeit mit den Verhältnissen des Blutkreislaufs hervor. Kinder haben, auch wenn der Unterschied der Körpergrösse abgerechnet wird, infolge ihres lebhafteren Stoffwechsels eine höhere Pulsfrequenz und ein stärkeres Athembedürfniss. Dagegen haben Weiber höhere Pulsfrequenz als Männer, während Manner einen stärkeren Gaswechsel zeigen. Dies ist auf die stärkere Entwicklung der Muskeln beim Manne zurückzuführen, deren Stoffwechsel, wie weiter unten gezeigt werden wird, auch im sogenannten Ruhezustand die Athmung beherrscht. Aus demselben Grunde haben kräftige Individuen eine lebhaftere Athmung als schwächliche.

Aus allem diesem geht deutlich hervor, dass die Grösse des Stoffumsatzes bei der Athmung zu mannigfachen, zum Theil recht feinen Verschiedenheiten der Lebensbedingungen in Beziehungen steht. Die Untersuchung der Athmung kann daher umgekehrt benutzt werden, um auf alle diese Bedingungen im Einzelnen zurückzuschliessen, wenn es gelingt, sie hinreichend zu sondern. Insbesondere kann die Grösse der mechanischen Arbeitsleistung des Körpers aus der Grösse des Sauerstoffverbrauchs und der Kohlensäureausscheidung erschlossen und daraus beispielsweise wiederum abgeleitet werden, wieviel die Futterrationen eines Arbeitspferdes betragen müssen, wenn es bestimmte Lasten bestimmte Zeit hindurch ziehen soll. Auf den Zusammenhang dieser Dinge wird weiter unten bei der Besprechung der chemischen Vorgänge im Muskel zurückzukommen sein.

Respiratorischer Quotient.

Volum der geathmeten Luft. Bei genauerer, längere Zeit hindurch fortgesetzter Untersuchung der Athmungsluft tritt noch ein bisher nur angedeuteter Umstand hervor, der durch kurze Beobachtung nicht mit Sicherheit zu erweisen ist —, dass nämlich das Volum der ein- und ausgeathmeten Luft nicht gleich ist. Die ausgeathmete Luft nimmt, wenn sie ihre Wärme abgegeben hat und auf die gleiche Temperatur wie die Einathmungsluft gekommen ist, etwas weniger Raum ein als die eingeathmete. Die Verschieden-

heit in der Zusammensetzung der Einathmungs- und Ausathmungsluft reicht nicht hin, diesen Umstand zu erklären. In der Einathmungsluft ist der Sauerstoff frei und beträgt gegen 20 pCt. des
Gesammtvolumens, dagegen ist fast gar keine Kohlensäure vorhanden. In der Ausathmungsluft ist zwar nur etwa 16 pCt. freier
Sauerstoff, dafür tritt aber Sauerstoff an Kohle gebunden als Kohlensäure gebunden wieder auf. *Eine gegebene Menge Sauerstoff nimmt
nun bekanntlich den gleichen Raum ein, gleichviel ob sie in Verbindung mit Kohle als Kohlensäure oder frei vorhanden ist.* Wenn
also der eingeathmete Sauerstoff zur Oxydation von Kohlenstoff
verwendet und als Kohlensäure ausgeathmet wird, muss die ausgeathmete Luft genau dassetbe Volum haben wie die eingeathmete
Luft. Bei den Versuchen im Respirationsapparat zeigt sich nun,
dass dies in der Regel nicht der Fall ist, dass vielmehr die ausgeathmete Luft in der Regel ein geringeres Volum hat, als die
eingeathmete, und endlich dass dies darauf beruht, dass *weniger
Kohlensäure ausgeathmet wird, als nach der Menge des aus der
Einathmungsluft entnommenen Sauerstoffs zu erwarten wäre.* Man
findet beispielsweise, dass bei der Athmung eines Menschen während
einer Stunde 22 l gleich 15,5 g Sauerstoff aus der Luft verschwinden, während dafür nur 19 l Kohlensäure erscheinen. Es sind also
3 l gleich 2,1 g Sauerstoff im Körper zurückgeblieben.

Respiratorischer Quotient. Dieser Unterschied in der
Menge des aufgenommenen und ausgeathmeten Sauerstoffs, so klein
er an sich ist und so unbedeutend er im Vergleich zu den Ge-
sammtmengen erscheint, ist für die Lehre von der Athmung von
der grössten Bedeutung. Man pflegt deshalb diejenige Zahl, die
das *Volumverhältniss* zwischen aufgenommenem Sauerstoff und aus-
geathmeter Kohlensäure angiebt, mit einem besonderen Kunstausdruck
den „Respiratorischen Quotienten" zu nennen. Man rechnet diese
Zahl als einen echten Bruch, also die Sauerstoffzahl als Nenner,
die Kohlensäurezahl als Zähler, und bezeichnet den Bruch $\frac{CO_2}{O}$,
den man bei Zahlenangaben als Decimalbruch schreibt, auch mit
den Abkürzungsbuchstaben R. Q. Also R. Q. $= \frac{CO_2}{O}$, heisst: Der
respiratorische Quotient ist gleich der Raumzahl der ausgeathmeten
Kohlensäure, dividirt durch die Raumzahl des aufgenommenen
Sauerstoffs.

Um die Bedeutung dieser Zahl verstehen zu können, muss
man allerdings wissen, dass Kohlensäure aus dem Körper fast ausschliesslich auf dem Wege der Athmung abgeschieden wird. Wenn
also die Menge der ausgeathmeten Kohlensäure geringer ist als die
des aufgenommenen Sauerstoffs, so bedeutet das, dass aus dem
Körper überhaupt nicht so viel Kohlensäure ausgeschieden wird
als dem aufgenommenen Sauerstoff entspricht. Wenn aber bei
gleichbleibendem Körpergewicht dauernd mehr Sauerstoff ein-

geathmet wird als Kohlensäure ausgeathmet wird, so folgt nothwendig, dass der zurückgehaltene Sauerstoff nicht als Kohlensäure, sondern mit anderen Stoffen verbunden in anderer Form ausgeschieden wird. Das Mengenverhältniss zwischen Kohlensäure und Sauerstoff, also der respiratorische Quotient, giebt demnach an, welcher Bruchtheil des aufgenommenen Sauerstoffs sich mit Kohlenstoff verbunden hat. Bände sich aller Sauerstoff an Kohlenstoff, so würde die entstehende Kohlensäure den Rauminhalt des aufgenommenen Sauerstoffs haben und es wäre R. Q. $= \dfrac{CO_2}{O} = \dfrac{1}{1} = 1$.

Wird dagegen R. Q. $= 0{,}75$ gefunden, so ist daraus zu ersehen, dass $\dfrac{CO_2}{O} = \dfrac{0{,}75}{1}$ und dass also nur drei Viertel des Sauerstoffs sich an Kohlenstoff gebunden haben. Daraus, dass immer bei weitem der grösste Theil des Sauerstoffs als Kohlensäure wiedererscheint, folgt, dass der Sauerstoff hauptsächlich zur Oxydation von kohlenstoffreichen Verbindungen verwendet wird. Die organischen Stoffe enthalten an oxydirbarer Substanz ausser dem Kohlenstoff fast nur Wasserstoff. Man kann also sagen, dass sich der eingeathmete Sauerstoff im Körper auf Kohlenstoff und Wasserstoff vertheilt. Wieviel von dem Sauerstoff auf Kohlenstoff kommt, giebt der respiratorische Quotient an. Mithin ist leicht zu berechnen, wieviel Wasserstoff der übrige Sauerstoff oxydiren kann, wenn man berücksichtigt, dass je zwei Atome Wasserstoff ein Atom Sauerstoff binden. Damit wäre dann geradezu das Mengenverhältniss von Kohlenstoff zu Wasserstoff in der oxydirten Substanz gegeben, wenn nicht gewöhnlich in dieser auch schon Sauerstoff enthalten wäre, der zur Oxydation eines Theils oder auch des gesammten Wasserstoffs hinreicht. Zwischen den Hauptgruppen der Stoffe, die im Körper oxydirt werden können, bestehen aber in der Zusammensetzung so grosse Unterschiede, dass man im Allgemeinen doch aus der Grösse des respiratorischen Quotienten ersehen kann, welcher Gruppe die oxydirten Stoffe angehören.

Unterschiede in der Grösse des respiratorischen Quotienten. Der Zusammenhang zwischen der Grösse des respiratorischen Quotienten und der Zusammensetzung der im Körper oxydirten Stoffe zeigt sich sehr deutlich, wenn man den respiratorischen Quotienten bei verschiedenen Thierarten bestimmt, die von möglichst verschiedener Nahrung leben. Da der Körper eines ausgewachsenen Thieres im Allgemeinen ziemlich genau auf seinem Bestande bleibt, können natürlich auf die Dauer nur solche Stoffe der Oxydation und Zersetzung im Thierkörper verfallen, die mittelbar oder unmittelbar aus der Nahrung herstammen.

Die Pflanzenfresser nehmen vorwiegend Kohlehydrate zu sich, das heisst Verbindungen von Kohlenstoff, Wasserstoff und Sauerstoff, in denen Wasserstoff und Sauerstoff in dem Verhältnis vertreten sind, in dem sie Wasser bilden. Es ist also hier sämmt-

licher Sauerstoff, der zur Oxydation des Wasserstoffs erforderlich
ist, schon in der zu oxydirenden Substanz enthalten, und der hinzutretende Sauerstoff kann nur an den Kohlenstoff gebunden werden.
Man findet denn auch bei Pflanzenfressern den respiratorischen
Quotienten zu 0,9—1,0.

Die Nahrung der Fleischfresser, die aus Fleisch und Fett besteht, ist weniger einfach zusammengesetzt. Setzt man aber den
Fall reiner Fettnahrung und nimmt als Vertreter der Fette die Zusammensetzung der Stearinsäure ($C_{18}H_{36}O_2$), so sieht man, dass
hier nur ein kleiner Theil des vorhandenen Wasserstoffs durch den
in der Verbindung enthaltenen Sauerstoff oxydirt werden kann, und
dass also verhältnismässig viel von dem zutretenden Sauerstoff sich
an Wasserstoff wird binden müssen. Man findet bei Fleischfressern,
die ausschliesslich mit Fett genährt werden, thatsächlich den
respiratorischen Quotienten so niedrig, wie es nur sein kann, nämlich
zu 0,71. Aehnlich steht es bei Fleischkost, doch steigt hier der
Quotient auf 0,75—0,8.

Bei gemischter Kost, wie sie der Mensch meist geniesst, hat
auch der respiratorische Quotient einen mittleren Werth, so beim
Menschen durchschnittlich 0,82.

Wird ein Mensch oder ein omnivores Thier ausschliesslich auf
Fleisch- oder Pflanzenkost gesetzt, so ändert sich auch der
respiratorische Quotient. Besonders interessant ist die Thatsache, .
dass selbst ausschliesslich auf pflanzliche Nahrung angewiesene
Thiere, wie, um das ausgeprägteste Beispiel zu wählen, die Wiederkäuer, im Säuglingsalter und im Hungerzustand einen ganz niedri-
gen respiratorischen Quotienten haben. Unter diesen Bedingungen
nämlich sind sie Fleischfresser, das heisst, sie leben von animalischen Stoffen, im einen Fall von der Muttermilch, im andern Fall
von dem Fettbestande ihres eigenen Körpers.

Es sei noch erwähnt, dass der respiratorische Quotient manchmal auch
höher als 1 gefunden werden kann, dass also unter Umständen mehr Kohlensäure ausgeathmet als Sauerstoff eingeatmet wird. Dies ist aber, wie aus dem
Gesagten klar sein wird, immer nur ein vorübergehender Zustand, der darauf
beruht, dass aus Stoffen, die Kohlenstoff und Sauerstoff enthalten, Kohlensäure
abgespalten und ausgeschieden wird, ohne dass genug Sauerstoff aufgenommen
worden ist, die Reste der betreffenden Verbindung zu oxydiren. In diesen
Fällen handelt es sich also um eine Retention unoxydirter Stoffe, vor Allem
von Wasserstoff, die auf die Dauer durch nachfolgende Erhöhung der Sauerstoffaufnahme ausgeglichen wird.

Die Gase im Blute.

Der in den Lungen stattfindende Gasaustausch zwischen Luft
und Blut ist natürlich auch durch Untersuchung des Blutes nachzuweisen. Um dem Gang dieser Untersuchung folgen zu können,
muss man die physikalischen Bedingungen kennen, unter denen die
Gase ins Blut aufgenommen werden, und da in diesen Bedingungen
zugleich die Ursache des Austausches überhaupt, sowie die Erklärung für sehr viele andere physiologische Vorgänge gelegen ist,
sollen sie ausführlich besprochen werden.

Absorption von Gasen in Flüssigkeiten.

Chemische Bindung. Die Aufnahme von Gasen durch feste Körper wie durch Flüssigkeiten wird ganz allgemein als Absorption der Gase bezeichnet. Man hat verschiedene Arten der Absorption zu unterscheiden, je nachdem es sich um feste Körper oder Flüssigkeiten unter verschiedenen Umständen handelt. Die Absorption von Gasen durch Flüssigkeiten, die hier betrachtet werden soll, kommt auf drei verschiedene Arten zu Stande, zwischen denen eine strenge Unterscheidung allerdings nicht möglich ist. Erstens können die chemischen Eigenschaften des Gases und der Flüssigkeit solche sein, dass sie mit einander eine dauernde chemische Verbindung eingehen. Wenn beispielsweise Kohlensäure mit Kalilauge in Berührung kommt, so verbindet sich das Kaliumhydrat mit der Kohlensäure zu Kaliumcarbonat. Dadurch wird die Kohlensäure in der Flüssigkeit dauernd chemisch gebunden, und man wird den Vorgang, wenn man ihn dem Wesen nach beschreiben will, statt als Absorption lieber als chemische Bindung bezeichnen. Immerhin fällt er unter den Gesammtbegriff der Absorption, da ja das Gas in die Flüssigkeit eintritt, und er wird auch im wissenschaftlichen Sprachgebrauch in all' den Fällen Absorption genannt, in denen eben das Eintreten des Gases in die Flüssigkeit hervorgehoben werden soll, wie beispielsweise bei der Verwendung von Kalilauge in den Schüttelflaschen des Regnault-Reiset'schen Apparates.

Da es sich in diesem Fall um einen rein chemischen Vorgang handelt, sind auch die Mengenverhältnisse constant und durch die chemische Formel des Vorganges ausdrückbar.

Lockere Bindung. Die zweite Art der Absorption ist der ersten sehr ähnlich, nur dass neben den chemischen Kräften den physikalischen Bedingungen ein Einfluss zukommt. Man bezeichnet daher diese Vorgänge ihrem Wesen nach als eine lockere chemische Verbindung, womit ausgedrückt wird, dass die Kraft der chemischen Verwandtschaft, die die Bestandtheile des Gases an die der Flüssigkeit bindet, nur unter günstigen physikalischen Bedingungen im Stande ist, die Verbindung zu erhalten. Bei Erwärmung oder Verminderung des Druckes wird sogleich ein Theil des gebundenen Gases wieder frei. Im Allgemeinen kann also bei dieser Art der Absorption von einem bestimmten Mengenverhältniss nicht die Rede sein, es besteht nur für jeden Druck und jede Temperatur eine bestimmte obere Grenze der Bindungsmöglichkeit, die man als Sättigungsgrenze der Flüssigkeit für das betreffende Gas bezeichnet.

Die Zersetzung der lockeren Verbindung, durch die das Gas frei wird, nennt man Dissociation und sagt daher auch statt lockere Bindung dissociable Verbindung. Die Dissociation unterscheidet sich von der Trennung der festen chemischen Verbindungen dadurch, dass ein ganz allmählicher Uebergang von der Sättigungsgrenze an bis zum Zustande vollkommener Dissociation möglich ist. Eine solche lockere Bindung ist die des Sauerstoffs an das Hämoglobin im Oxyhämoglobin.

Physikalische Absorption. Endlich die dritte Art der Absorption wird als physikalische Absorption unterschieden, weil dabei keine chemischen Kräfte mitwirken, sondern Gas und Flüssigkeit sich chemisch völlig indifferent verhalten.

Die Menge eines bestimmten Gases, die die Flüssigkeit zu absorbiren vermag, hängt von Temperatur und Druck ab und hat also für jede Temperatur und jeden Druck einen bestimmten Werth, den man als die zur Sättigung der Flüssigkeit erforderliche Menge bezeichnet.

Bei gleichem Druck und gleicher Temperatur sind zur Sättigung einer Flüssigkeit von verschiedenen Gasen verschiedene Mengen erforderlich. Die physikalische Absorption stellt zugleich den einfachsten und den allgemeinsten Absorptionsvorgang dar und ist etwa folgendermaassen aufzufassen: Alle Gase haben bekanntlich das Bestreben, den ihnen dargebotenen Raum völlig einzunehmen und üben daher auf die Wände des sie begrenzenden Raumes einen gewissen Druck aus. Dieser Druck wird nach der kinetischen Gastheorie aus der Bewegung der Gasmoleküle erklärt. Grenzt ein Gas an eine Flüssigkeitsoberfläche, so treten Moleküle des Gases in die Flüssigkeit ein, und dies geschieht so lange, bis so viel Moleküle in der Flüssigkeit angesammelt sind, dass ihr Druck dem des Gases das Gleichgewicht hält. Aehnlich wie bei der Verdunstung ist also auch hier der Ausdruck „Sättigung" nur ein Bild, das ausschliesslich von der Betrachtung des Mengenverhältnisses hergenommen ist.

Wird der Druck, unter dem Gas steht, erhöht, so muss natürlich eine entsprechend grössere Anzahl Moleküle in die Flüssigkeit eintreten, ehe ihr Druck dem erhohten Druck gleich ist, das heisst, die absorbirte Menge wächst proportional dem Druck. Dies ist nur ein anderer Ausdruck fur das Henry'sche Gesetz, dass eine Flüssigkeitsmenge bei gleicher Temperatur bei jedem Druck das gleiche Volum eines Gases absorbirt, denn bei höherem Druck ist eben im gleichen Volum mehr Gas enthalten.

Wird der Druck des Gases vermindert, so finden die in der Flüssigkeit befindlichen Moleküle an der Oberflache nicht mehr den ihrem Druck entsprechenden Widerstand und treten daher aus der Flüssigkeit aus.

Das Verhalten des absorbirten Gases zu der Flüssigkeit ist also durchaus mit dem oben in der Darstellung der Verdunstung geschilderten Verhalten des Wasserdampfes zu vergleichen. Ebenso wie man das Verdunstungsbestreben des Wassers als dessen Dampfspannung bezeichnet, spricht man von der Gasspannung der Absorptionsflüssigkeit.

Ebenso wie die Dampfspannung des Wassers, nimmt auch die Gasspannung der Flüssigkeit mit der Temperatur nach einem besonderen Gesetze zu. Bei Erhöhung der Temperatur tritt also ebenfalls Gas aus der Flüssigkeit aus. Beim Sieden entweicht sämmtliches absorbirtes Gas, denn es bildet sich auf der Oberfläche des Wassers eine Schicht reinen Wasserdampfes, in der von dem Gase nichts enthalten ist, so dass die absorbirte Menge frei austreten kann.

Partialdruck.

Betrachtet man den Vorgang der Absorption als Ausgleichung des Druckes oder, wie man in diesem Zusammenhange zu sagen pflegt, der Spannung des Gases über der Oberfläche und der Gasspannung der Flussigkeit, die den Druck der in ihr enthaltenen Molekule darstellt, so ist auch fur die Betrachtung der Absorption von *Gasgemischen* eine sichere Grundlage gegeben.

Denke man sich beispielsweise bei bestimmter gleichbleibender Temperatur einen Liter Wasserstoffgas unter bestimmtem Druck über einer gegebenen Menge Wasser stehend, deren Wasserstoffspannung dem Drucke des daruber stehenden Wasserstoffgases gleich ist. Es möge nun zu dem Liter Wasserstoffgas noch ein Liter Sauerstoff in denselben Raum gepumpt werden. Dadurch erhöht sich zwar der Gesammtdruck auf das Doppelte, und es treffen mithin doppelt so viel Moleküle in der gleichen Zeit die Oberfläche der Flussigkeit, aber die hinzugekommenen Molekule sind Sauerstoffmolekule, und es treffen also nicht mehr Wasserstoffmolekule die Oberfläche als vorher. Folglich wird auch die absorbirte Wasserstoffmenge bei Vermehrung des Gesammtdruckes durch den Sauerstoff nicht geändert, sondern es tritt einfach eine dem Drucke des Sauerstoffs für sich entsprechende Absorption des Sauerstoffs auf.

Diese Betrachtung führt auf den schon oben mit Bezug auf den Wasserdampf angewendeten Begriff des Partialdrucks. Es ist eben für die Absorption des Wasserstoffs aus dem Gemisch von Wasserstoff und Sauerstoff nicht der Gesammtdruck, sondern nur der Partialdruck des Wasserstoffs maassgebend, ebenso fur die Absorption des Sauerstoffes nicht der Gesammtdruck des Gemisches, sondern nur der Partialdruck des Sauerstoffs. In dem gewählten Beispiel beträgt der Partialdruck jedes Gases die Hälfte des Gesammtdruckes weil die Gase zu gleichen Mengen gemischt waren. Für jedes andere Mengenverhältniss würde der Partialdruck sich ebenfalls proportional den Gasmengen verhalten. Die Bedeutung des Partialdruckes fur die Absorption wird dadurch am anschaulichsten, dass man sich, wie in dem obigen Beispiel, zuerst nur einen der Bestandtheile des Gasgemisches allein einen Raumtheil uber der Flüssigkeit erfüllend und dann die übrigen Gase in entsprechender Menge in den Raum hineingepumpt denkt. Dabei muss, wenn man genau sein will, der Raum so gross gewählt werden, dass die absorbirten Mengen gegenüber den

Gasmengen in dem Raume nicht in Betracht kommen, damit der Druck nicht durch die Absorption beeinflusst werden kann.

Aus dem eben geschilderten Falle der Absorption von Wasserstoff und Sauerstoff, die zu gleichen Theilen gemischt sind, kann man das allgemeine Dalton-Henry'sche Gesetz für die Absorption von Gasgemischen ableiten: *Aus einem Gasgemisch wird von jeglicher Gasart diejenige Menge absorbirt, die dem Partialdruck des betreffenden Gases entspricht.*

Es ist nun noch des Falles zu gedenken, dass die absorbirende Flüssigkeit nicht reines Wasser ist, sondern schon irgend welche feste Substanz aufgelöst enthält. Dies ist für die chemische Absorption in den meisten Fällen eine Grundbedingung, indem eben die gelöste Substanz es ist, die das Gas bindet und dadurch der Absorption förderlich ist. Dagegen wird die physikalische Absorption durch im Wasser aufgelöste Stoffe behindert. Gesättigte Lösungen absorbiren fast gar kein Gas.

Endlich ist hinzuzufügen, dass die Absorption nicht wesentlich geändert wird, wenn die Oberfläche der Flüssigkeit durch eine mit der Flüssigkeit getränkte Membran bedeckt ist.

Das sind also die Bedingungen, unter denen die Gase von Flüssigkeiten absorbirt werden und unter denen absorbirte Gase aus Flüssigkeiten frei werden.

Bestimmung der Blutgase.

Wenn man die vor und nach dem Durchgang durch die Lungen in dem Blute vorhandenen Gasmengen aus dem Blute freimacht, kann man durch unmittelbaren Augenschein erweisen, dass die an der Athemluft nachgewiesenen Veränderungen auf einem Austausch mit dem Blute beruhen.

Um dies auszuführen, fängt man das Blut unter Luftabschluss in ein Gefass auf, das mit einer Luftpumpe (Fig. 29) verbunden werden kann, in der ein Vacuum hergestellt ist. Zugleich wird das Gefäss *r*, erwärmt, so dass das Blut ins Sieden kommt.

Unter diesen Umständen entweichen die Gase aus dem Blute in das Vacuum und können dann verdichtet und analysirt werden. Im Einzelnen sind hierzu viele technische Kunstgriffe nöthig, weil erstens das Blut, in Folge seines Eiweissgehaltes, so stark schäumt, dass der Schaum die Röhren erfüllen und ins Vacuum eindringen kann, ferner zugleich Wasserdampf aus dem Blute entweicht und Anderes mehr.

Sammelt man so die Blutgase aus Blutproben, die aus Venen und aus Arterien entnommen sind, so erhält man durch Vergleichung eine Anschauung von der in den Lungen vorgegangenen Aenderung des Blutes. Das Ergebniss lässt sich am einfachsten durch Zusammenstellung von Durchschnittszahlen darstellen:

Gasgehalt des Blutes von	Arterien	Venen
N	1,8 Vol.-pCt.	1,8 Vol.-pCt.
O	21 „	12 „
CO_2	37 „	45 „

Dies sind Mittelzahlen bei normalem Ruhezustand. Man sieht aus ihnen, dass unter diesen Umständen die Veränderung des Gasgehaltes verhältnissmässig unbedeutend ist. Man darf nicht etwa meinen, weil ungefähr aller durch die Athmung aufgenommene Sauerstoff zu Kohlensäure oxydirt wird, müsse auch der gesammte Sauerstoff des arteriellen Blutes in den Venen als Kohlensäure auftreten. Im Gegentheil zeigen die Zahlen, dass das Blut in den

Geweben von seinem reichlichen Sauerstoffvorrath nur einen Bruchtheil verliert, und dass es in den Lungen nur um ein Geringes

Fig. 29.

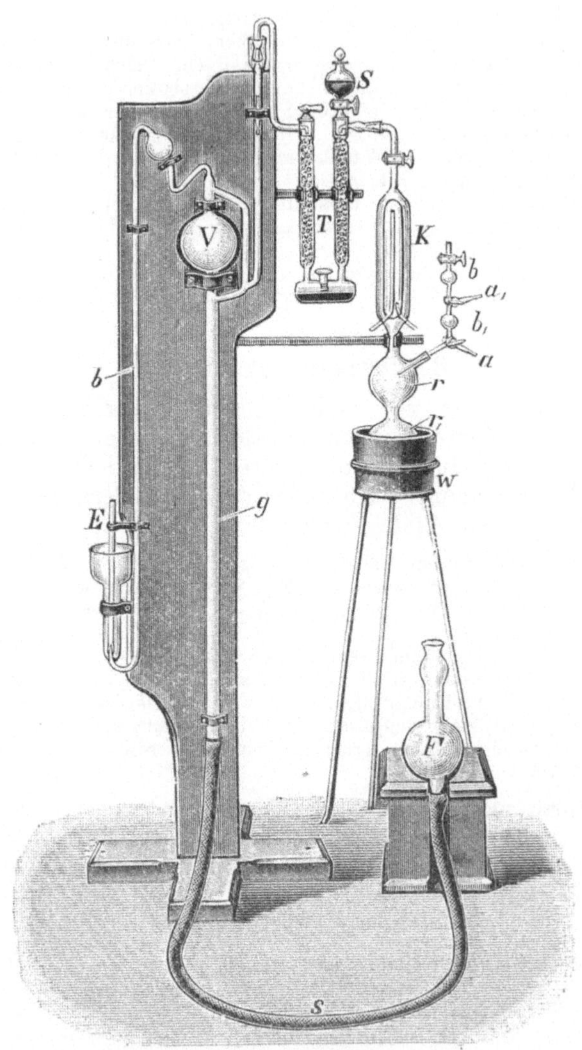

Blutgaspumpe nach Töpler-Hagen, modificirt von Zuntz. F Quecksilberflasche, durch deren
Hebung und Senkung der Recipient V leergepumpt wird. T S Trockenflaschen. K Kühler, r, Ge-
fäss zur Aufnahme der Blutprobe, in den Wassertopf W von 40⁰ gesenkt. aa, bb, Hähne zur
Füllung und Entleerung. r Gefass zur Aufnahme des entstehenden Schaumes.

kohlensäureärmer wird. Dies kann schon deshalb gar nicht anders
sein, weil ja die Zahlen den mittleren Gasgehalt des Blutes angeben und doch kein Zweifel ist, dass das Blut in einzelnen Or-

ganen, zum Beispiel in den Muskeln des immer thätigen Herzens, viel mehr Sauerstoff abzugeben hat als in anderen. Es ist nicht denkbar, dass das Gesammtblut einen viel grösseren Bruchtheil seines Sauerstoffes verlieren könnte, ohne dass in einzelnen Gefässgebieten geradezu Mangel einträte. Nun ist oben bei der Besprechung des Kreislaufs und des Luftwechsels wiederholt erwähnt worden, dass das Sauerstoffbedürfniss unter verschiedenen Bedingungen, namentlich bei Muskelarbeit, sehr stark steigen kann. Dagegen ist festgestellt, dass das Blut, selbst wenn es mit reinem Sauerstoff geschüttelt wird, nicht wesentlich mehr Sauerstoff aufnimmt als 21 Volumprocente. *Das arterielle Blut ist also schon bei ruhiger Athmung mit Sauerstoff fast vollständig gesättigt.* Eine merkliche Steigerung der Sauerstoffaufnahme ins Blut ist also ausgeschlossen. Soll den Geweben mehr Sauerstoff zugeführt werden, so kann dies nur durch Beschleunigung des Kreislaufs geschehen. Die obere Grenze des Sauerstoffgehalts im Arterienblut fällt also annähernd mit dem normalen Ruhewerth zusammen. Die untere Grenze wird wegen der eben angegebenen Unterschiede im Bedarf der verschiedenen Gewebe nur bei völliger Erstickung erreicht, indem aller Sauerstoff verbraucht wird. Der Kohlensäuregehalt steigt bei der Erstickung bis zu 55 Volumprocent und kann bei lebhafter Athmung bis auf 25 Volumprocent sinken.

Endlich zeigt die Zahlenreihe, übereinstimmend mit dem, was oben in Bezug auf die Athemluft gesagt ist, dass der Stickstoff sich gänzlich indifferent verhält.

Art der Bindung. Vergleicht man die Menge der drei verschiedenen Gase, so fällt sogleich auf, dass der Stickstoff eine ganz andere Stelle einnimmt, wie Sauerstoff und Kohlensäure. Es entsteht die Frage nach der Ursache dieses Unterschiedes und nach der Art, wie die verhältnissmässig grossen Mengen der beiden andern Gase an das Blut gebunden sind. Der Unterschied beruht darauf, dass der Stickstoff einfach in der Blutflüssigkeit physikalisch absorbirt ist. Daher ist auch im Blut nicht mehr, sondern weniger Stickstoff enthalten, als in derselben Menge Wasser enthalten sein würde. Dagegen treten in reines Wasser nur 4 Volumprocente Sauerstoff ein, und im Blute finden sich 21 Volumprocente. Hier handelt es sich um Absorption nach der oben an zweiter Stelle beschriebenen Art. Es ist schon bei der Besprechung der Blutkörperchen angegeben worden, dass das Hämoglobin sich mit Sauerstoff in lockerer Bindung zu Oxyhämoglobin vereinigt. Diese Verbindung enthält sicher so viel Sauerstoff, dass dadurch die grosse Absorptionsfähigkeit des Blutes für Sauerstoff erklärt ist.

Dagegen ist die noch stärkere Absorption von Kohlensäure durch das Blut schwerer zu verstehen, weil kein einzelner Stoff im Blut in grösserer Menge vorhanden ist, an den die Kohlensäure gebunden werden könnte. Freilich wird die Kohlensäure schon von Wasser in etwas grösserer Menge absorbirt wie Sauerstoff und wird also auch vom Plasma einfach physikalisch in etwas grösserer Menge absorbirt, doch kann dies nur wenige Volumprocente ausmachen. Ferner ist im Plasma einfach-kohlensaures Natrium enthalten, das durch Aufnahme von Kohlensäure in doppelt-kohlensaures Natrium übergehen kann. Diese Verbindung ist eine lockere, so dass aus ihr die Kohlensäure auch wieder abgeschieden werden kann. Das kohlensaure Natrium könnte also für die Kohlensäure des Blutes dieselbe Rolle spielen, wie das Hämoglobin für den Sauerstoff. Aber die Menge des kohlensauren Natriums ist so gering, dass auch auf diese Weise nur ein kleiner Theil der thatsächlich absorbirten Kohlensäuremenge gebunden sein kann. Endlich hat man gefunden, dass das Gesammtblut mehr Kohlensäure absorbirt, als seinem Gehalt an Plasma entspricht, und dass also die Kohlensäure auch an die Blutkörperchen gebunden sein muss. Ausserdem haben die Blutkörperchen noch einen bemerkenswerthen Einfluss auf die Bindung der Kohlensäure. ˙ Aus Blut, das die Körperchen enthält, lässt sich unter der Luftpumpe alle Kohlensäure absaugen, während beim Auspumpen von reinem Plasma ein ziemlich grosser Antheil als chemisch fest gebunden zurückbleibt, und nur durch Zusatz stärkerer Säuren ausgetrieben werden kann. Es lässt sich also über die Art der Absorption der Kohlensäure im Blut nur im Allgemeinen sagen, dass die Kohlensäure zum kleinsten Theile rein physikalisch im Plasma absorbirt, in grösserer Menge chemisch, theils locker und theils fest gebunden ist und dass bei Gegenwart der Blutkörperchen auch die letzte Art der Bindung sich aus unbekannten Gründen wie eine lockere Bindung verhält.

Der Gasaustausch in den Lungen und im Gewebe.

Verhalten der Blutgase bei verschiedenen Gasspannungen. Die Art der Bindung der Blutgase giebt zugleich die Art und Weise an, wie der Austausch der Gase zu Stande kommt. Es ist hier nur an das zu erinnern, was oben über die Abgabe von Wasserdampf aus Wasser und über die Abgabe absorbirter Gase gesagt worden ist. In Folge seines Gehaltes an absorbirten Gasen hat das Blut eine gewisse Gasspannung, das heisst, die darin befindlichen Gase bedürfen eines gewissen Gegendrucks durch die gleiche Gasart, wenn sie nicht aus dem Blute entweichen sollen. Man kann die Grösse dieser Gasspannung im Blute messen, indem man eine bestimmte Menge Blut mit einer bestimmten Menge Luft von genau bekannter Zusammensetzung schüttelt. Das Blut nimmt dann aus der betreffenden Luftmenge soviel von jedem Bestandtheil auf oder giebt soviel davon ab, dass sich der Unterschied zwischen der Gasspannung des Blutes für die einzelnen Gase und den Partialdrucken der einzelnen Gase ausgleicht. Die Zusammensetzung der gegebenen Luftmenge ändert sich also so, dass die Partialdrucke der betreffenden Gase den Gasspannungen, die im Blute herrschten, gleich werden.

Diese Art der Bestimmung wird allerdings fehlerhaft, wenn bei dem Ausgleich allzu grosse Veränderungen in der Vertheilung der Gase stattfinden. Wenn beispielsweise das Blut bei dieser Prüfung seinen halben Sauerstoff abgeben muss, ehe derjenige Sauerstoffgehalt in der gegebenen Luftmenge erreicht ist, bei dem der Partialdruck der Sauerstoffspannung des Blutes gleich wird, so findet man natürlich die Gasspannung nur halb so gross, als sie ursprünglich war. Diesen Fehler kann man aber dadurch einschränken, dass man möglichst geringe Luftmengen anwendet und ihre Zusammensetzung so ausprobirt, dass sie von Anfang an dem Gasspannungsverhältniss des Blutes möglichst nahe kommt.

Man kann durch dies Verfahren die Gasspannung im Arterien- und Venenblut vergleichen, und findet sie im Arterienblut für Sauerstoff höher und für Kohlensäure niedriger als im Venenblut.

Kommt das Blut irgendwo mit Luft in Berührung, in der ein geringerer Partialdruck für Sauerstoff besteht, als der Sauerstoffspannung des Blutes entspricht, so wird Sauerstoff aus dem Blute entweichen. Ganz ebenso ist es, wenn Blut mit einer anderen Flüssigkeit in Berührung tritt, deren Sauerstoffspannung niedriger ist als die des Blutes. Umgekehrt wird aus Luft oder Flüssigkeit, die einen höheren Partialdruck oder eine höhere Spannung für Sauerstoff als das Blut aufweist, Sauerstoff in das Blut übertreten müssen.

Stufenleiter der Gasspannung. Die Ursache des Austausches der Gase zwischen Blut und Luft in den Lungen und zwischen Blut- und Gewebsflüssigkeit im Capillargebiet ist durch die allgemeinen Gesetze über· die Absorption gegeben. In der Lungenluft ist der Partialdruck von Sauerstoff höher und der von Kohlensäure niedriger als die Sauerstoff- und Kohlensäurespannungen des Venenblutes. Es geht daher in den Lungen Sauerstoff aus der Luft in das Blut über, und es tritt Kohlensäure aus dem Blut in die Luft ein. In der Gewebsflüssigkeit ist die Kohlensäurespannung höher und die Sauerstoffspannung niedriger als im Blut und es findet hier der umgekehrte Vorgang statt.

Dabei ist es, wie gesagt, unwesentlich, dass das Blut nicht unmittelbar, sondern nur durch Vermittlung der Capillarwände mit der Umgebung in Berührung kommt. Dagegen ist hervorzuheben, dass die Blutkörperchen, da sie rings vom Plasma umgeben sind, nur mit dem Plasma, nicht mit der Lungenluft und der Gewebsflüssigkeit selbst in Austausch treten können.

Die Stufen der Sauerstoffspannung, durch die der Sauerstoff genöthigt wird, schrittweise von der Aussenluft bis in die Körpergewebe einzudringen, ordnen sich demnach wie folgt:

Aussenluft $>$ Lungenluft $>$ Blutflüssigkeit $>$ Blutkörperchen $>$ Blutflüssigkeit $>$ Gewebsflüssigkeit $>$ Gewebe.

Aehnlich· stellt sich die umgekehrte Reihenfolge der Kohlensäurespannung dar:

Gewebe $>$ Gewebsflüssigkeit $>$ Blut $>$ Lungenluft $>$ Aussenluft.

Um die Erklärung des Gasaustausches nach den Absorptionsgesetzen streng zu erweisen, müsste man die Grösse der Partialdrucke auf allen diesen Stufen messen und vor allem wenigstens die Partialdrucke der Lungenluft und der Gewebsflüssigkeit mit den Gasspannungen des Blutes vergleichen können.

Alveolarluft. Was die Partialdrucke des Sauerstoffs und der Kohlensäure in den Lungen betrifft, so könnte man meinen, dass sie denen in der Aussenluft gleich sein müssten, da ja durch die Einathmung fortwährend neue Luft in die Lungen eingeführt wird. Das wäre aber eine ganz falsche Vorstellung. Wie im nächsten Abschnitt ausführlicher erörtert werden wird, befördert die Ein- und Ausathmung nur etwa den sechsten Theil der ganzen in der Lunge befindlichen Luft herein und hinaus. Es wird also nach der Einathmung die frisch aufgenommene Luft mit etwa der sechsfachen Menge noch in den Lungen zurückgebliebener Luft gemischt. Diese Mischung ist dadurch erschwert, dass die Lungen nicht einen grossen Hohlraum, sondern ein vielfach verzweigtes Röhrensystem darstellen. Die eingeathmete Luft kann sich also nicht beliebig frei mit der in den Lungen enthaltenen Luft vermengen, sondern sie erfüllt nur die Eingänge der Röhren, in denen die alte Luft steht. Nun ist allerdings mechanisches Vermischen und Durcheinanderrühren nicht nöthig, damit sich verschiedene Gasmischungen gegeneinander ausgleichen. Im Gegentheil vermischen sich die Gase vermöge der oben beschriebenen Gasdiffusion von selbst. Aber diese Bewegung erfordert Zeit, namentlich in so engen Röhren wie die kleinsten Bronchien der Lungen.

Die Luft in den Lungenalveolen kann sich also nur langsam durch Diffusion gegen die frisch in die Bronchien eingetretene Luft, erneuern, dagegen strömt unablässig venöses Blut durch die Lungencapillaren und gleicht seine Gasspannung gegen den Partialdruck der Alveolenluft aus. Zwischen diesen beiden Vorgängen besteht in den Alveolen ein dauernder Wettstreit, durch den beständig eine mittlere Zusammensetzung der Alveolenluft unterhalten wird.

Dieser Zustand lässt sich vielleicht dadurch anschaulicher machen, dass man die beiden Vorgänge einzeln wirkend denkt. Fände kein Blutkreislauf in der Lunge statt, so musste durch die Athmung und die Diffusion die Luft in den Alveolen allmählich der freien Luft ausserhalb des Körpers völlig gleich werden. Umgekehrt, wäre bei dauerndem Lungenkreislauf die Alveolenluft von der Aussenluft gänzlich abgeschlossen, so müsste sie sich gegen die Gasspannungen des Venenblutes vollkommen ausgleichen. Im lebenden Körper besteht nun gleichzeitig der Kreislauf und der durch Athembewegungen unterstützte Luftwechsel. Die Alveolenluft nimmt dadurch eine Zusammensetzung an, die zwischen der des ersten und zweiten angenommenen Falles ungefähr die Mitte hält.

Man hat verschiedene Verfahren ersonnen, um die Zusammensetzung der Alveolenluft durch Beobachtung zu bestimmen, ist aber nicht zu unbestritten sicheren Ergebnissen gelangt. Nur so viel steht sicher fest, dass die Alveolenluft sich von der Aussenluft der Zusammensetzung nach sehr wesentlich unterscheidet, indem sie viel weniger Sauerstoff und viel mehr Kohlensäure enthält als diese. Man schätzt den Sauerstoffgehalt auf 15, den Kohlensäuregehalt auf 6 Volumprocent. Durch verstärkte Athmung kann wohl der Sauerstoffgehalt der Alveolenluft zunehmen und ihr Kohlensäuregehalt sich vermindern, aber es kann niemals auch nur annähernd das Mengenverhältniss der atmosphärischen Luft erreicht werden.

Diese Thatsachen lassen die Bedingungen für den Gaswechsel in den Lungen als verhältnissmässig ungünstige erscheinen, da aber der Partialdruck des Sauerstoffs in der Alveolarluft doch noch grösser, der der Kohlensäure doch noch kleiner ist, als die entsprechenden Gasspannungen des Blutes der Lungenarterie gefunden werden, so ist dieser Unterschied als völlig ausreichender Grund für den Gaswechsel zu betrachten.

Gaswechsel im Gewebe. Was nun den entgegengesetzten Gasaustausch zwischen Blut- und Gewebsflüssigkeit betrifft, so ist es ebenfalls noch nicht gelungen, die Gasspannungen der Gewebsflüssigkeit mit Sicherheit zu ermitteln. Indessen hat man gefunden, dass Luft, die mit thierischen Geweben in Berührung ist, ohne unmittelbar mit dem Blute in Berührung zu kommen, in der Regel ihren Sauerstoff völlig verliert und dagegen reich an Kohlensäure wird. Ferner spricht schon die allgemeine Thatsache, dass in den Geweben stets Oxydationen vorgehen, durch die Sauerstoff gebunden und Kohlensäure entwickelt wird, dafür, dass die Gewebsflüssigkeit eine sehr niedrige Sauerstoffspannung und dagegen eine hohe Kohlensäurespannung haben muss. Man darf also auch diesen Theil des Gaswechsels nach den allgemeinen Gesetzen über das Verhalten absorbirter Gase erklären.

Da in beiden Fällen die Unterschiede zwischen den Gasdrucken und Gasspannungen nicht sehr gross sind, könnte gegen diese Erklärung das Bedenken erhoben werden, dass die Zeiträume, während deren sich der Ausgleich vollziehen muss, bei einer so geringen Triebkraft unzureichend sein würden. Erwägt man, dass nach den im vorigen Abschnitt angestellten Ueberschlägen in weniger als einer Minute das gesammte Blut des Körpers seinen Gasgehalt gegen den der Alveolenluft und in derselben Zeit gegen den des Körpers abgeglichen haben muss, so kann es fraglich erscheinen, ob dies auf rein physikalische Weise zu erklären ist. Diese Zweifel verschwinden, sobald man die übrigen Bedingungen des Gasaustausches näher ins Auge fasst. Die Unterschiede der Gasspannungen sind allerdings klein und die Blutströmung so schnell, dass sich der Gaswechsel so zu sagen im Fluge muss vollziehen können, es ist aber dafür dennoch ausreichende Gelegenheit gegeben, weil das Capillarnetz sowohl in den Lungen wie in den Geweben eine überaus grosse Oberfläche darstellt. Die innere Oberfläche der Lungen des Menschen wird auf 90 qm geschätzt. Da die Menge der in der Minute aufgenommenen und abgegebenen Gase etwa 400 ccm beträgt, brauchen durch jeden Quadratcentimeter Lungenoberfläche in der Minute nicht einmal ganz 0,4 cmm Gas hindurchzugehen. Obschon nun nicht die ganze Lungenoberfläche als Berührungsfläche zwischen Blut und Luft zu betrachten ist, macht diese Rechnung doch klar, dass selbst ein sehr schwacher Gaswechsel an jeder einzelnen Capillare genügt, um den bei der Gesammtathmung beobachteten Gaswechsel zu Stande zu bringen.

Athmung unter besonderen Bedingungen.

Die Kenntniss der Vorgänge bei der normalen Athmung wird vervollständigt und ergänzt durch Untersuchung der Athmung unter besonderen abnormen Bedingungen.

Wenn zum Beispiel gleich zu Beginn der Betrachtung die Erstickung eines Versuchsthieres unter der Glasglocke erwähnt wurde, so entsteht die Frage, ob der Sauerstoffverbrauch oder die Kohlensäureausscheidung die Hauptursache der Erstickung· bildet und bis zu welcher Grenze die Veränderung der Luft vorschreiten kann. Diese Fragen lassen sich beantworten durch Versuche über die Athmung bei vermindertem Sauerstoffgehalt oder bei vermehrtem Kohlensäuregehalt der Luft.

Athmung in verdünnter Luft. Zunächst ist hier zu bemerken, dass in Bezug auf den Sauerstoffgehalt es dasselbe ist, ob man einen Theil des Sauerstoffs aus der Luft entfernt oder ob man die Luft im Ganzen verdünnt. In jedem Liter gewöhnlicher Luft sind 210 ccm Sauerstoff und 790 ccm Stickstoff enthalten. Ist die Luft auf die Hälfte verdünnt, so sind in jedem Liter nur 105 ccm Sauerstoff und 395 ccm Stickstoff. Da sich der Stickstoff bei der Athmung indifferent verhält, ist es offenbar für den Organismus gleichgültig, welche Menge Stickstoff ein- und ausgeathmet wird, und es kommt nur auf die Menge des Sauerstoffs an. Bei der Athmung in einfach verdünnter oder sauerstoffarm gemachter Luft zeigt sich keine wesentliche Veränderung, so lange der Sauerstoffgehalt noch über zwei Drittel der normalen Menge beträgt. Oberhalb dieser Grenze verläuft die Athmung fast ganz wie in gewöhnlichen Verhältnissen, unterhalb der Grenze treten die Erscheinungen des Sauerstoffmangels auf.

Dies erklärt sich folgendermaassen: Ist der Sauerstoffgehalt der Luft vermindert, so wird auch die Sauerstoffspannung der Alveolenluft herabgesetzt und dadurch die Absorption des Sauerstoffs ins Blut verlangsamt. Es ist aber gezeigt worden, dass bei der grossen Ausdehnung der Lungenfläche auch bei sehr langsamer Absorption verhältnissmässig grosse Mengen Sauerstoff in das Blut übertreten konnen. Daher braucht der Sauerstoffgehalt des Blutes nicht abzunehmen, so lange die Sauerstoffspannung der Alveolenluft überhaupt noch merklich über der des Venenblutes liegt, und wird plötzlich sinken, sobald diese Grenze erreicht ist.

Die Folgen des Sauerstoffmangels bestehen darin, dass zuerst die Athemzüge häufiger und tiefer werden, und schliesslich *unter allgemeinen Krämpfen* der Erstickungstod eintritt.

Athmung in abgeschlossenem Raum. Ist ein Versuchsthier in einem beschränkten Raum luftdicht eingeschlossen, so verbraucht es den vorhandenen Sauerstoff und verfällt schliesslich der Erstickung. Da der grösste Theil des aufgenommenen Sauerstoffes an Kohlensäure gebunden als Kohlensäure wieder ausgeathmet wird, nimmt die eingeschlossene Luftmenge beträchtlich an Kohlensäuregehalt zu. Daher wirken unter diesen Umständen auf das Versuchsthier gleichzeitig Sauerstoffmangel und Kohlensäureüberschuss ein. Ueberschuss an Kohlensäure wirkt betäubend, und daher treten bei der Erstickung im abgeschlossenen Raum *keine Krämpfe* ein.

Athmung in kohlensäurereicher Luft. Die reine Wirkung des Kohlensäureüberschusses kann man beobachten, wenn man Luftgemische athmen lässt, die zwar viel Kohlensäure, daneben aber reichlich Sauerstoff enthalten.

Bei Kohlensäureüberschuss wird zunächst, ebenso wie bei Sauerstoffmangel, die Athmung verstärkt. Enthält das Luftgemisch nicht mehr als 5 pCt. Kohlensäure, so tritt keine weitere Folge ein. Bei höherem Kohlensäuregehalt verfällt das Versuchsthier in Betäubung, die Athmung wird schwächer, erlischt, und das Thier stirbt.

Athmung verschiedener Gasarten.

Man pflegt die sämmtlichen Gase in ihrer Beziehung zur Athmung zunächst einzutheilen in nicht athembare und athembare Gase, oder irrespirable und respirable Gase. Zu den nicht athembaren zählen alle die, die bei der Einathmung so heftig reizend auf die Schleimhäute wirken, dass sie Hustenanfälle und krampfhaften Verschluss der Luftwege hervorrufen. Solche sind Ammoniakgas, schweflige Säure, reine Kohlensäure.

Hierbei handelt es sich, streng genommen, nicht um eine eigentliche Beeinflussung des Athemvorganges, wenigstens nicht von der Seite des Stoffaustausches. Dies ist vielmehr der Natur der Sache nach nur bei den athembaren Gasen möglich, das heisst bei solchen, die längere Zeit hindurch geathmet werden können. Diese theilt man wiederum ein in nützliche, indifferente, und differente oder giftige. Als nützlich und zum Leben nothwendig erweist sich einzig und allein der Sauerstoff, der durch kein anderes Gas ersetzt werden kann. Von den indifferenten Gasen ist der Stickstoff wiederholt erwähnt worden. Ebenso verhält sich Wasserstoffgas.

Caissonkrankheit. Es sei hier einer schädlichen Wirkung gedacht, die unter besonderen Verhältnissen das geathmete Stickstoffgas ausüben kann. Unter hohem Drucke treten aus der Luft nach den Gesetzen der physikalischen Absorption grössere Mengen von Stickstoff in das Blut ein, als unter dem gewöhnlichen Druck der Atmosphäre. Wird nun plötzlich der Druck vermindert, so wird der Ueberschuss des absorbirten Stickstoffs aus dem Blute frei und bildet in den Gefässen Gasblasen, die im Blutstrom forttreiben, bis sie sich in den kleinen Verzweigungen der Gefässe fangen und diese verstopfen. Wenn dies in wichtigen Organen, wie dem Gehirn oder den Lungen, geschieht, kann dadurch plötzlicher Tod hervorgerufen werden. Dieser Vorgang ist die Ursache der sogenannten Caissonkrankheit, das heisst der Schädigungen und Todesfälle, die an Tauchern beobachtet werden, wenn sie längere Zeit in Taucherapparaten oder Caissons unter hohem Druck geathmet haben, und allzuschnell wieder unter einfachen Atmosphärendruck zurückkehren.

Kohlenoxydvergiftung. Von der Gruppe der athembaren aber differenten Gase ist vor Allem das Kohlenoxydgas zu nennen, das als ein Bestandtheil des Leuchtgases und der Verbrennungsgase, die sich im Kohlenfeuer entwickeln, schon oben als häufige Verunreinigung der Athemluft genannt worden ist. Das Kohlenoxydgas hat zum Haemoglobin eine noch grössere Affinität wie der Sauerstoff, und bildet mit ihm eine feste Verbindung, Kohlenoxydhaemoglobin, die dem Blute eine prachtvoll carmoisinrothe Farbe giebt. Indem bei andauernder Einathmung von Kohlenoxydgas immer mehr von dem Haemoglobinvorrath des Körpers in die feste Verbindung mit dem Gas eintritt, wird die Sauerstoffaufnahme vermindert, und es tritt eine ganz allmähliche Erstickung ein. Die Verbindung zwischen Kohlenoxydgas und Haemoglobin ist so fest, dass sie auch nach dem Tode bis zur Fäulniss fortbesteht, so dass man noch am Cadaver an der kirschrothen Färbung der Schleimhäute die Todesart erkennen kann. Wenn die Vergiftung noch nicht allzuweit vorgeschritten ist, kann durch lange Zeit fortgesetzte passive Athembewegungen das Leben mit Hülfe des noch freien Haemoglobins erhalten bleiben. In anderen Fällen ist nur durch die sogenannte „Bluttransfusion" zu helfen, nämlich dadurch, dass man dem Vergifteten hinreichende Mengen frischen Blutes einspritzt, das man anderen Individuen entzogen hat.

Schwefelwasserstoff. Eine ähnliche Rolle wie dem Kohlenoxyd könnte man versucht sein dem Schwefelwasserstoffgas zuzuschreiben, das ebenfalls mit Haemoglobin eine besondere Verbindung einzugehen vermag. Wenn indessen ein lebendes Thier Schwefelwasserstoff athmet, so tritt durch die Giftwirkung des Gases der Tod ein, lange ehe merkliche Mengen des Schwefelwasserstoffgases an Haemoglobin gebunden worden sind. Die Vergiftung mit Schwefelwasserstoff hat insofern praktische Bedeutung, weil mitunter in Senkgruben oder Kloakenräumen Ansammlung dieses Gases stattfindet, durch die Menschen oder Thiere vergiftet werden können.

Die genannten Gase, ebenso wie andere irrespirable und respirable Gase sind in kleinen Mengen indifferent. Daher sind die Beimengungen von Ammoniak, Grubengas, schwefliger Säure und andere mehr, die namentlich in der Stadtluft oder in der Luft von Fabrikorten und so weiter vorkommen, im Allgemeinen ohne merkliche Wirkung auf die Athmung.

5.

Mechanik der Athmung.

Wirkungsweise der Athembewegungen.

Zweck der Athembewegungen. Am Anfang des Abschnittes über die chemischen Vorgänge bei der Athmung ist gezeigt worden, dass der Zweck der Athmung in dem Austausch von Sauerstoff und Kohlensäure zwischen Blut und Aussenluft besteht. Da das Blut dauernd durch die Lungen strömt, muss die Luft in den Lungen fortwährend erneuert werden, damit dieser Austausch dauernd stattfinden kann. Dies geschieht durch die Athembewegungen, die das äussere Zeichen des Athmungsvorganges und zugleich eins der Hauptkennzeichen des lebendigen Zustandes sind.

Die Athembewegungen bringen abwechselnd Erweiterung und Verengerung des Luftraumes in den Lungen hervor, so dass abwechselnd die Aussenluft in den Lungenraum *eingesogen* und wieder hinausgedrängt wird. Auf welche Weise die Erweiterung und Verengung hervorgebracht wird, soll gleich unten ausführlich angegeben werden. Zunächst kommt es darauf an, von der Art und Weise eine klare Anschauung zu gewinnen, in der Erweiterung und Verengung des Lungenraumes auf die in den Lungen enthaltene Luft wirkt.

Ursache des Ein- und Ausströmens der Luft. Um die physikalischen Bedingungen dieses Vorganges anschaulich zu machen, möge an Stelle des Brustkorbes mit Lungen und Luftröhre zunächst eine einfache Vorrichtung ins Auge gefasst werden, die dieselben Bedingungen in einfacherer Form verwirklicht. Man denke an den Stiefel einer Luftpumpe, oder an eine gewöhnliche Handspritze, die aus einem an einem Ende offenen Cylinder besteht, in dem ein dicht schliessender Kolben hin und her bewegt werden kann. Die Mündung der Spritze stellt eine Verbindung mit der Aussenluft her. Ist der Kolben bis auf den Boden des Cylinders geschoben, so ist der Innenraum der Spritze gleich Null. Zieht man den Kolben auf, so entsteht ein Zwischenraum zwischen Boden und Kolben. Ist die Mündung der Spritze beim Aufziehen des Kolbens offen, so tritt Luft durch die Mündung in den entstehenden Zwischenraum ein oder, wie man zu sagen pflegt, die Spritze saugt Luft ein. Dies ist ja die gewöhnliche Art, wie man eine Spritze füllt, indem man statt Luft die Flüssigkeit, die man ausspritzen will, in den Binnenraum der Spritze einzieht. Der Vorgang ist so allgemein bekannt, dass schon die Ausdrücke „Einsaugen" oder „Einziehen" als selbstverständlich voraussetzen, dass Luft oder Flüssigkeit dem Kolben folgen. Der eigentliche Grund für die Bewegung der Luft oder Flüssigkeit liegt aber bekanntlich nicht in einer Saugkraft oder Zugkraft des Kolbens oder der Spritze überhaupt, sondern in dem Druck der äusseren Luft.

Hiervon muss man ausgehen, wenn man die mechanischen Bedingungen der Athembewegungen verstehen will.

Die Verhältnisse werden am deutlichsten, wenn man sich zunächst den Fall vorstellt, dass der Kolben einer Spritze vom Boden an ausgezogen wird, während zugleich die Mündung luftdicht verschlossen ist. Es kann dann keine Luft in die Spritze eintreten, und es besteht nach dem Aufziehen des Kolbens in der Spritze ein luftleerer Raum. Auf der Aussenfläche des Kolbens und der Spritze überhaupt lastet dann der Druck der äusseren Luft, also der Druck von 1 Atmosphäre oder 1 kg auf den Quadratcentimeter. Wenn also der Kolben etwa gerade 1 qcm Oberfläche hat, muss man 1 kg Zugkraft anwenden, um ihn auszuziehen, und er strebt mit 1 kg Druckkraft wieder in seine ursprüngliche Stellung am Boden des Cylinders zurückzukehren, das heisst, er wird von dem äusseren Luftdruck mit dessen voller Stärke zurückgedrückt. Oeffnet man unter diesen Umständen die Mündung der Spritze, so wird die vor der Mündung stehende Luft durch den Druck der umgebenden Luft in die Spritze getrieben, sie strömt in den Raum der Spritze ein und hört erst auf einzuströmen, wenn im Innern der Spritze derselbe Druck hergestellt ist wie aussen. Dann drückt zwar von aussen immer noch der volle Atmosphärendruck auf Kolben und Spritze, von innen aber lastet, durch Vermittlung der eingeströmten Luft, genau derselbe Druck.

Der Vorgang des Saugens ist hier in zwei Stufen zerlegt: Erst wird bei geschlossener Spritze ein völlig luftleerer Raum, ein Vacuum, hergestellt, dann strömt die Luft bei geöffneter Spritze in den leeren Raum ein. Während des ersten Vorganges besteht im Inneren der Spritze kein Druck, aussen der volle Luftdruck, während des zweiten gleicht sich der Druck aus, bis innen ebenfalls voller Druck besteht.

Stellt man sich nun den Fall vor, dass der Kolben bei offener Mündung der Spritze aufgezogen wird, so treten beide Vorgänge zugleich ein, das heisst in dem Maasse, wie sich der Innenraum der Spritze erweitert, tritt die Aussenluft nach. Hierbei kann, wenn die Luft schnell genug nachfolgt, der Druck während der ganzen Zeit fast vollständig ausgeglichen sein. Es ist aber klar, dass der Druck im Innern der Spritze stets um so viel niedriger sein muss als der äussere Luftdruck, dass der Unterschied genügt, die Luft zum Eintreten in die Spritze zu veranlassen. Wenn nun die Oeffnung der Spritze sehr eng ist und der Kolben schnell angezogen wird, so kann die Luft nicht schnell genug eindringen, um den Druck annähernd auszugleichen, weil die Enge der Oeffnung ihrer Bewegung einen Widerstand entgegengesetzt. Entsprechend der Grösse dieses Widerstandes entsteht dann während des Ausziehens des Kolbens ein zum Theil luftleerer Raum, ein „relatives Vacuum“, ein Raum, in dem die Luft verdünnt ist. Dies sind die Bedingungen, die beim Athmungsvorgang thatsächlich bestehen.

Aus- und Einströmen der Luft in die Lungen. Die Lungen des Menschen stellen einen Hohlraum von gegen 3 l Inhalt dar, der beim ruhigen Athmen um je etwa $^1/_2$ l erweitert und verengert wird. Die Aussenluft muss durch die Nasen- oder Mundöffnung ein- und ausströmen, und auf ihrem Wege noch durch die Stimmritze hindurchtreten, die unter gewöhnlichen Verhältnissen wohl den grössten Widerstand des Luftweges bildet. Für die Strömungsbewegung von Luft in Röhren gelten im Allgemeinen dieselben Gesetze wie für die Strömung von Wasser in Röhren, die oben besprochen worden sind. Die Erscheinungen werden aber durch den Umstand, dass die Luft sich verdichten und verdünnen kann, in einigen Punkten verändert. Aus dem, was oben über die Wirbelbildung an verzweigten oder gekrümmten Stellen der Strombahn gesagt ist, ist zu ersehen, dass die Widerstände, die die Luft an den engen Stellen der Luftwege findet, nicht im geraden Verhältniss zur Verminderung des Querschnittes stehen, sondern von der Form der Strombahn im Ganzen abhängen. Auf die Grösse des Widerstandes braucht indessen hier nicht eingegangen zu werden, sondern es genügt, die Thatsache festzuhalten, dass ein merklicher Widerstand beim Aus- und Einströmen der Luft besteht.

Verdichtung und Verdünnung der Lungenluft. Damit ist gesagt, dass sich die Lungen bei Erweiterung und Verengerung in Bezug auf den Druck innen und aussen so verhalten müssen, wie es oben für die Spritze mit enger Mündung angegeben worden ist. *Bei der Erweiterung des Lungenraumes*, also beim Einathmen, *muss im Innern Luftverdünnung, also geringerer Druck als aussen, herrschen, bei der Verengerung, also beim Ausathmen, Luftverdichtung*, das heisst innen höherer Druck als aussen.

Das Lungengewebe. In dieser Hinsicht trifft der Vergleich zwischen den Lungen und einer Handspritze oder einem Luftpumpenstiefel zu, obschon die Form der Lungen und die Art, wie sie bewegt werden, eine ganz andere ist. Hierüber ist zunächst zu bemerken, dass der Binnenraum der Lungen zum allergrössten Theil aus den knollenförmig erweiterten Endkammern (Alveoli) besteht, in die die letzten feinsten Verzweigungen der Luftwege übergehen. Die Wände der Alveolen bestehen aus dünnen Bindegewebshäuten, die reichlich elastische Fasern führen und mit sehr dünnem Epithel überzogen sind. Diese Wände sind mit einem sehr reichen Capillarnetz bekleidet, dessen einzelne Capillaren aus den Wänden in die Lichtung der Alveolen vorspringen und nur durch den Epithelüberzug von der Lungenluft getrennt sind. Das Lungengewebe im Ganzen ist durch die in ihm enthaltenen elastischen Fasern durch und durch elastisch wie Gummi und hat, sobald es etwa durch Einblasen von Luft erweitert worden ist, das Bestreben, sich wieder auf eine bestimmte Ruhegrösse zusammenzuziehen.

Elastische Spannung der Lungen. Pleura. Diese Ruhegrösse, die das Lungengewebe annimmt, wenn seine elastischen Fasern von äusserer Spannung befreit sind, ist nun viel kleiner, als der Raum, den die Lunge unter normalen Verhältnissen im Brustraum einnimmt. Die Lunge befindet sich also, wenn sie ihre normale Lage in der Brusthöhle einnimmt, immer *in gespanntem, ausgedehntem Zustand*. Sie wird in diesem Zustande dadurch festgehalten, dass die Brusthöhle rings von dem Rippenfell, Pleura, ausgekleidet ist, das von der Wand her die Lungen und grossen Gefässe überzieht und einen in sich geschlossenen Sack darstellt.

Man pflegt dieses Verhalten so zu beschreiben, dass man sich die Brusthöhle zuerst leer und mit einer einfachen Pleurahaut ausgekleidet vorstellt, und sich dann die Lungen von aussen her in die Brusthöhle hineingeschoben denkt, wobei sie die Pleurahaut vor sich her drängen und einstülpen und schliesslich, wenn sie ganz in die Brusthöhle eingedrungen sind, mit einer

doppelten Pleurahaut überzogen erscheinen, dem eingestülpten Theil, der die
Lungen unmittelbar bekleidet, und dem Wandtheil, der an der Brustwand
haftet. Man nennt diese auch das innere und äussere Pleurablatt, Pleura
visceralis und costalis oder parietalis.

Zwischen diesen beiden Blättern der Pleura besteht nun
normaler Weise kein freier Raum, sondern das innere Blatt liegt
unmittelbar am äusseren, lose beweglich, weil eine feine Schicht
Flüssigkeit zwischen beiden steht. Da diese Flüssigkeit sich nicht
ausdehnen kann und der Spaltraum zwischen den Pleurablättern
allseitig geschlossen ist, können die Pleurablätter nicht von einander entfernt werden, und es ist auf diese Weise das innere
Blatt, das seinerseits an der Oberfläche der Lungen festhaftet, an
das äussere Blatt angeheftet, so gut als ob es daran der ganzen
Fläche nach festklebte. Dabei sind aber die beiden Blätter der
Pleura aufeinander frei verschieblich, so dass die Lunge an der
Brustwand frei gleiten kann, ohne dass sie sich von der Brustwand entfernen kann.

Collabiren der Lunge. Pneumothorax. Da nun, wie
oben bemerkt, in der Ruhestellung das Lungengewebe einen
kleineren Raum einnimmt, als in der normalen Lage innerhalb
der Pleura und da mithin das Lungengewebe in seiner normalen
Lage *dauernd gespannt* ist, übt es am inneren Blatt der Pleura
einen Zug aus, der ständig das innere vom äusseren Blatt zu
trennen, mithin den Spaltraum zwischen beiden Pleuren zu erweitern strebt.

Da aber dieser Raum mit undehnbarer Flüssigkeit gefüllt
und allseitig geschlossen ist, erweitert er sich unter normalen
Verhältnissen nicht, · sondern hält die Spannung des Lungengewebes aus. Dies ändert sich sofort, wenn man den Pleurasack
öffnet und der äusseren Luft Zutritt lässt. Dann tritt Luft in die
Pleura, an Stelle des engen Pleuraspaltes entsteht eine weite
Höhle, und das Lungengewebe zieht sich zusammen, die Lungen
„collabiren". Man nennt diesen Zustand Pneumothorax.

Auf diesen Umständen beruht die Gefahr der sogenannten „penetrirenden"
Brustwunden. Ein Dolchstich oder ein Schuss, der durch die Brustwand geht,
braucht an sich, wenn er nicht das Herz oder die grossen Gefässe verletzt,
nicht lebensgefährlich zu sein. Durch die Eröffnung der Pleura kann aber
eine solche Verwundung Luft in den Pleuraraum einlassen und in Folge dessen
die Lunge collabiren, so dass die Athmung beeinträchtigt oder ganz verhindert
wird. Der Umstand, dass die Lungen sich in einem Zustande dauernder
Spannung befinden, ist dadurch praktisch von höchster Wichtigkeit.

Uebrigens kann die Pleura statt von aussen auch von innen eröffnet
werden, wenn, etwa bei Entzündung und Vereiterung eines Theiles der Lungen,
die Pleura visceralis durchbrochen wird. Dann treibt der äussere Luftdruck
durch die Trachea und die Bronchien Luft in den Pleuraraum und es entsteht
ein sogenannter „innerer Pneumothorax", das heisst ein Pneumothorax mit
Eröffnung des inneren Pleurablattes.

Die Pleurahöhle kann auch durch Erguss von Flüssigkeiten erweitert
werden, wobei ebenfalls die Lunge collabirt. Dies nennt man Hydrothorax.

Den Grad der Spannung der Lungen kann man messen,
indem man in die Luftröhre ein Manometer einbindet und dann

die Pleura eröffnet. Beim Collabiren der Lunge wird die darin enthaltene Luft mit der ganzen Kraft der vorher bestehenden Spannung zusammengedrückt und zeigt durch ihren Druck auf das Manometer den Grad der Spannung an. Man findet, dass der Druck etwa 6 mm Quecksilber gleichkommt. Da nun bei diesem Versuch die Lungen im Vergleich zu ihrer normalen Grösse schon etwas zusammengezogen sein müssen, um überhaupt einen Druck auf die eingeschlossene Luft ausüben zu können, findet man erst den eigentlichen Spannungswerth, wenn man die Lungen wieder bis zu ihrer normalen Grösse aufbläst und dann die Druck-höhe bestimmt, die erforderlich ist, sie bei diesem Spannungsgrade zu erhalten. Man findet dann Werthe von 20—30 mm Quecksilber. Die Elasticität der Lunge übt also auf jeden Quadratcentimeter ihrer Oberfläche einen Zug gleich dem Gewichte einer Quecksilber-säule von etwa 2 ccm Höhe oder rund 30 g aus. Dieser Zug muss überwunden werden, wenn die Lungen weiter ausgedehnt werden sollen, und er hilft mit, wenn der Lungenraum verengt werden soll.

Atelectase. Man könnte nun glauben, bei freiem Collabiren der Lunge werde durch das Zusammenschnellen der elastischen Fasern alle Luft aus der Lunge ausgetrieben werden. Das ist aber durchaus nicht der Fall, sondern das Lungengewebe enthält auch in seiner aufs Aeusserste zusammengezogenen Form noch ziemlich viel Luft. Durch blosses Zusammendrücken von aussen oder durch Saugen an der Luftröhre lässt sich diese Luft auch nicht entfernen, weil die feinen Luftgänge zusammenfallen und sich verschliessen, ehe die zugehörigen Alveoli sich entleert haben. Der Zustand völliger Luftleere des Lungengewebes, der als Atelectase bezeichnet wird, lässt sich daher nur durch besondere Kunstgriffe erreichen, beispielsweise indem man die Lungen mit reinem Sauerstoff füllt, der ohne Rest vom Blute aufgenommen wird. Unter normalen Verhältnissen kommt der atelectatische Zustand der Lungen nur beim Embryo im Mutterleibe vor. Wenn die Lungen durch den ersten Athemzug einmal Luft aufgenommen haben, lässt sich die Luft nur durch künstliche Hülfsmittel wieder aus den Lungen entfernen.

Um festzustellen, ob ein neugeborenes Kind noch nach der Geburt geathmet hat oder schon vor der Geburt erstickt und todt geboren ist, braucht man daher nur die Lungen darauf zu untersuchen, ob sie Luft enthalten oder nicht. Diese Untersuchung wird am einfachsten so angestellt, dass man die Lungen oder abgeschnittene Stücken der Lungen in Wasser wirft. Lufthaltiges Lungengewebe schwimmt, atelectatisches sinkt unter. Diese sogenannte „Schwimmprobe" zeigt den wirklich atelectatischen Zustand der Lungen an. Der Zustand der Zusammenziehung, in dem sich die Lungen nach dem Collabiren befinden, muss hiervon streng unterschieden werden, denn die collabirte Lunge enthält so viel Luft, dass sie hoch auf dem Wasser schwimmt.

Es ist ein arger, aber leider recht verbreiteter Missbrauch, den Zustand der collabirten Lunge als atelectatischen Zustand zu bezeichnen.

Künstliche Athmung.

Wie schon aus den Angaben über die Zusammensetzung des Lungengewebes hervorgeht, verhalten sich die Lungen selber bei der Athmung als vollständig passive Luftbehälter.

Wenn man im Sprachgebrauch von „schwachen Lungen" oder gar von „Stärkung der Lungen durch Uebung" und dergleichen mehr redet, so darf dabei immer nur an die Widerstandsfähigkeit des Gewebes gegen Erkankungen gedacht werden, die übrigens nur mittelbar durch Uebungen erhöht werden kann.

Der Luftwechsel in den Lungen wird nicht durch die Lungen selbst hervorgebracht und kann daher auch gerade ebenso gut, wie er normaler Weise durch die natürlichen Athembewegungen der Brust und des Bauches unterhalten wird, durch künstlich hervorgebrachte Erweiterung und Verengerung des Lungenraumes unterhalten werden. Die sogenannte künstliche Athmung ist ein sehr wichtiges ärztliches Hülfsmittel zur Wiederbelebung in solchen Fällen, wo durch Erstickung, durch gewisse Vergiftungen, vor Allem durch Ertrinken, die normale Athmung aufgehört hat. Auch für viele physiologische Versuche, besonders wo es sich um Eröffnung der Brusthöhle handelt, ist es nothwendig, die Versuchsthiere durch künstliche Athmung am Leben zu erhalten. Beim Menschen sind eine ganze Anzahl verschiedener Handgriffe zum Zwecke künstlicher Athmung angegeben worden, die darauf beruhen, dass auf verschiedene Weise abwechselnd Luft aus den Lungen hinausgedrückt wird und nach Aufhören des Druckes wieder einströmt. Beim Versuchsthier pflegt man eine Canüle in die Luftröhre einzubinden und stossweise Luft in die Lungen einzublasen. Hierfür sind ebenfalls zahlreiche verschiedene Vorrichtungen im Gebrauch. Bei diesem Verfahren ist im Gegensatz zu der natürlichen Athmung der Druck in den Lungen während der Einblasung höher als während der Ausathmung. Die Ausathmung geht unter normalen Bedingungen vor sich, die Einathmung aber statt durch Ansaugen, durch Einpressen der Luft, und *die Druckänderung in der Lunge ist also umgekehrt wie die unter natürlichen Verhältnissen.*

Form der Athembewegungen.

Die Athembewegungen. Der Luftwechsel in den Lungen wird dadurch hervorgebracht, dass die Brusthöhle abwechselnd erweitert und verengt wird. Die Lungen müssen der Erweiterung und Verengerung passiv folgen, weil sie durch die Pleura an die Brustwand angeschlossen sind.

Die Erweiterung und Verengerung der Brusthöhle geschieht durch zwei Bewegungen: Erstens durch Bewegung des Zwerchfells, das die untere Begrenzung der Brusthöhle bildet, zweitens durch Bewegungen der knöchernen Brustwände, die die Brusthöhle seitlich umgeben.

Bewegung des Zwerchfells.

Einathmung. Die wesentlichste Bewegung bei der Athmung ist die Bewegung des Zwerchfells. Das Zwerchfell schliesst bekanntlich die Brusthöhle von unten her gegen die Bauchhöhle ab, indem es kuppelförmig in die Bauchhöhle hineinragt. Die Mitte, der Gipfel der Kuppe, wird durch eine Sehnenhaut, Centrum tendineum, der Rand ringsum durch strahlenförmig angeordnete Muskelfasern gebildet. Die Zusammenziehung dieser Muskeln zieht das Centrum tendineum tiefer und flacht zugleich die Kuppelwölbung ab. Während der musculöse Theil des Zwerchfells, wenn er erschlafft ist, mit seinem Ursprungstheil ganz dicht an der Brustwand anliegt und erst oben nahe dem Centrum tendineum zur Kuppelwölbung abbiegt, spannt sich die Muskelhaut bei der Thätigkeit von ihrem Ursprung an zu einer gleichmässig kugelförmig gewölbten Fläche, deren Gipfel etwas niedriger liegt, als bei der Erschlaffung der Gipfel der Zwerchfellkuppel.

Fig. 30.

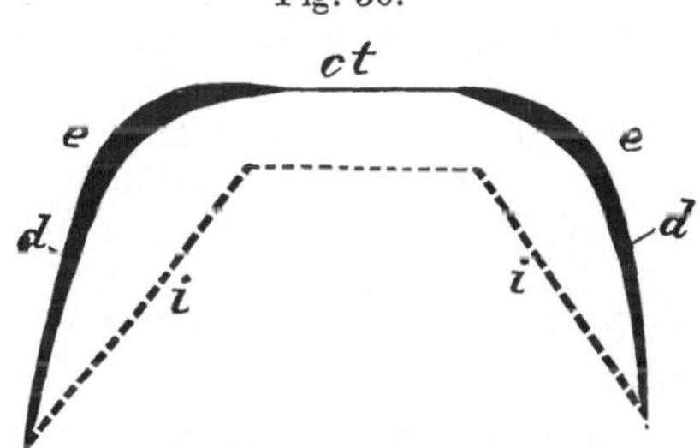

Zwerchfellstellung bei Ex- und Inspiration (schematisch). c t Centrum tendineum. d Muskeln. e Exspiration. i Inspiration.

Durch diese Veränderung wird bei der Thätigkeit der Zwerchfellmuskeln auf zwei verschiedene Weisen der Raum der Brusthöhle erweitert. Erstens tritt die Kuppel selbst etwas tiefer, die Länge des Brusthöhlenraums nimmt also zu. Zweitens werden ringsum, wo vorher die Randtheile des Zwerchfells der Brustwand anlagen, breite Spalträume frei, indem die Randtheile des Zwerchfells sich von ihrem Ursprung aus mehr in gerader Linie nach dem Gipfel zu spannen. Dieser zweite Umstand bedingt bei Weitem die grössere Raumzunahme der Brusthöhle Wenn man beispielsweise beim Kaninchen in den unteren Zwischenrippenräumen die Pleura freilegt, kann man durch die Pleura hindurch die unteren Ränder der Lungen bei jeder Zusammenziehung des Zwerchfells in den sich öffnenden Zwischenraum zwischen Brustwand und Zwerchfellraum hineingleiten sehen.

Dasselbe Verhalten kann man im Röntgenbilde deutlich wahrnehmen oder durch das von den Aerzten geübte Untersuchungsverfahren der „Percussion" nachweisen. Klopft man nämlich während der Ausathmung an der rechten Brustseite dicht oberhalb des Zwerchfells, so erhält man einen stark gedämpften „leeren" Schall, weil der Zwerchfellrand unmittelbar an der Brustwand liegt, und unmittelbar unter dem Zwerchfell die Leber, deren dichtes Gewebe keinen Klang giebt. Klopft man aber nach der Einathmung an derselben Stelle, so hört man hellen „vollen" Lungenschall, weil der Rand der luftgefüllten Lunge an der Brustwand hinabgerückt ist.

Die Zusammenziehung des Zwerchfells, die eine Erweiterung der Brusthöhle hervorruft, ist also eine Inspirationsbewegung.

Da das Zwerchfell zugleich die obere Wand der Bauchhöhle bildet, muss es bei seiner Zusammenziehung auf den Bauchinhalt einen Druck ausüben, und indem die Baucheingeweide diesem Druck nachgeben, treiben sie die vordere Bauchwand vor. Dies kann man als die auffälligste Erscheinung unter den Athembewegungen bei Mensch und Thier leicht beobachten und pflegt das zu benutzen, wenn man den Zeitverhältnissen des Einathmens und Ausathmens folgen will.

Passive Bewegung des Zwerchfells bei der Ausathmung. Wenn nun das Zwerchfell erschlafft, so treiben die durch den Druck des Bauchinhalts gedehnten *Muskeln der Bauchwand* die Baucheingeweide und damit auch das Zwerchfell wieder in die Anfangsstellung zurück.

Uebrigens genügt schon die *elastische Spannung der Lungen* vollauf, um das Zwerchfell in die hochgewölbte Ruhestellung hinaufzuziehen. Bei eröffneter Bauchhöhle, wo der Druck der Baucheingeweide von unten her fortfällt, bleibt die Bewegung des Zwerchfells vermöge der Spannung des Lungengewebes ganz unverändert.

Bei der Ausathmung verhält sich also das Zwerchfell vollständig passiv. Soll eine kräftige Ausathmung, wie etwa beim Husten, ausgeführt werden, so müssen die Muskeln der Bauchwand eine kräftige Zusammenziehung machen, um durch Vermittlung des Bauchinhalts das Zwerchfell kräftig in die Brusthöhle hinaufzutreiben.

Hierbei kann es nicht fehlen, dass mindestens derselbe Druck, der auf die in den Lungen eingeschlossene Luft wirken soll, zugleich auf den gesammten Inhalt der Bauchhöhle ausgeübt wird.

Bei solchen Menschen, bei denen der Leistencanal weit und die Bauchwände schwach sind, bei denen also Anlage zum Leistenbruch besteht, kann man deshalb mit dem auf die äussere Oeffnung des Leistencanals aufgelegten Finger bei jedem Hustenstoss das Andrängen der Baucheingeweide gegen die Leistenöffnung fühlen.

Bauchpresse. Bei der Athmung stehen Zwerchfell und Bauchwand einander als sogenannte Antagonisten gegenüber: Wenn das Zwerchfell sich zusammenzieht, dehnt es die Bauchmuskeln, wenn die Bauchmuskeln sich zusammenziehen, treiben sie das Zwerchfell in die Höhe. Unter Umständen, auf die weiter unten zurückzukommen sein wird, können Zwerchfell und Bauchmuskeln auch gemeinsam thätig sein als sogenannte „Bauchpresse", um von allen Seiten her einen starken Druck auf den gesammten Bauchinhalt auszuüben.

Die Bewegung des Brustkorbes.

Die Bewegung der Rippen. Es bedarf einer ziemlich eingehenden Betrachtung, um in allen Einzelheiten zu erklären, durch welche Bewegungen seiner einzelnen Theile der knöcherne Brustkorb sich erweitert und verengt. Wie man durch blosse Anschauung erkennen kann, heben sich bei jeder tiefen Einathmung die knöchernen Rippen um einen merklichen Winkel. Da gleichzeitig das Brustbein nicht merklich nach kopfwärts bewegt wird, vielmehr nur ventralwärts nach aussen hervortritt, sind die am Brustbein befestigten Enden der Rippenknorpel offenbar an der Hebung der Rippen nicht betheiligt; es heben sich also nur die knöchernen Rippen, der Winkel zwischen knöchernen Rippen und knorpeligen Rippen wird flacher. Dadurch wird offenbar der ganze Umfang jedes einzelnen Ringes aus knöchernem Rippenpaar nebst Knorpeln grösser, der Brustumfang im Ganzen wird allseitig erweitert. Für diese Bewegung ist Vorbedingung, dass die Rippen an der Wirbelsäule so befestigt sind, dass zugleich mit der Anfangs erwähnten Hebung ein Auseinandergehen nach seitwärts stattfindet. Nun sind die knöchernen Rippen bekanntlich erstens durch ihr Köpfchen an den Körpern der Brustwirbel, zweitens durch ihr Tuberculum an den Querfortsätzen befestigt. Wenn sie sich bewegen, müssen diese beiden an der Wirbelsäule angehefteten Stellen in Ruhe bleiben, das heisst, die einzige Bewegung, die die Rippe ausführen kann, ist eine Drehung um die Verbindungslinie dieser beiden Gelenkpunkte. Nun liegt das Köpfchen der Rippe am Wirbelkörper weiter nach ventral- und weiter nach medianwärts als das Tuberculum. Die erwähnte Verbindungslinie liegt in der transversalen Ebene und geht von ventral medianwärts nach dorsal lateralwärts. Wenn die Rippe bei der Einathmung aus ihrer schräg caudalwärts gerichteten Lage etwas kopfwärts gehoben wird, muss das freie Ende, da sich die Rippe um die angegebene schräge Axe dreht, gleichzeitig nach lateralwärts abweichen, und es muss also eine Erweiterung des Querdurchmessers der Brusthöhle zu Stande kommen.

Aus dieser Bewegungsform der Rippen und ihrer Knorpel, die eine allseitige Erweiterung des Brustkorbes bedingt, geht zugleich hervor, dass die Rippen, jede einzeln, ihren unteren Rand bei der Hebung ein klein wenig nach aussen kehren müssen, wodurch eine ganz geringe Verdrehung, Torsion der Rippenknorpel bedingt wird.

Hieraus, wie aus der verschiedenen Länge der Rippen und Knorpel, sowie aus der Art der Verbindung untereinander, folgt ferner, dass das Gestell des Brustkorbes eine einzige bestimmte Gleichgewichtslage hat, aus der es weder im Sinne der Erweiterung noch der Verengerung des Brustkorbes herausgebracht werden kann, ohne dass die erwähnten Verbindungen gedehnt und gespannt werden. Der Brustkorb wird also immer dieser Gleichgewichtslage zustreben und nur unter Ueberwindung der Elasticität seiner Bestandtheile überhaupt bewegt werden können. Daraus folgt, dass auf eine Erweiterung des Brustkorbes durch Muskelthätigkeit im Allgemeinen eine Verengerung schon durch die elastischen Kräfte des Brustkorbes folgen muss. Ausserdem kann, wie gleich gezeigt werden soll, auch active Verengerung durch Muskelwirkungen hervorgerufen werden, die den eben erwähnten entgegengesetzt sind.

Die Untersuchung der angedeuteten Einzelheiten ist aus zwei Gründen wichtig, erstens mit Bezug auf die Muskeln und Nerven, deren Thätigkeit die beschriebene Bewegung hervorbringt, zweitens mit Rücksicht auf die praktische Bedeutung der künstlichen Athmung, bei der man suchen muss, eine möglichst der natürlichen Bewegung des Brustkorbes angenäherte Bewegungsform künstlich hervorzubringen.

Entfaltung der Lungen. Auscultation. Durch die beschriebenen beiden Hauptbewegungen bei der Athmung wird die Brusthöhle allseitig erweitert und verengt. Die Zusammenziehung des Zwerchfells verlängert den Brustraum nach unten, sodass die Lungen der Länge nach gestreckt werden, und erweitert zugleich den Raum für die Lungenränder, sodass diese sich in der beschriebenen Weise verbreitern und längs der Brustwand tiefer treten. Die Bewegung der Rippen erweitert den oberen Theil der Brusthöhle nach allen Seiten, und dehnt dadurch vor allem die kopfwärts gelegenen Theile der Lungen, die sogenannten Lungenspitzen. Bei ruhiger Athmung bleiben manche Theile der Lungen, besonders die Lungenspitzen überhaupt nahezu unbewegt. Hiervon kann man sich durch ein Untersuchungsverfahren überzeugen, das zu ärztlichen Zwecken geübt wird, nämlich das Behorchen der Lungenthätigkeit oder die „Auscultation".

Wenn man das Ohr auf die Wand des athmenden Brustkorbes legt, so hört man erstens bei jedem Athemzuge die Luft durch die grösseren Luftwege streichen, mit einem hauchenden Ton, der wie ein sanft gesprochenes F klingt. Ausserdem aber hört man über den peripherischen Lungentheilen, wo keine grösseren Bronchien sind, ein feines Knistern, das, wie man annimmt, durch die Eröffnung der Luftbläschen bedingt ist.

Jedesmal, wenn nach ruhiger Athmung ein tieferer Athemzug gethan wird, hört man nun dieses Geräusch in solcher Stärke, dass man annehmen muss, es werden ganz grosse Theile der Lunge erst der Luft zugänglich gemacht. Diese Annahme wird bestätigt durch Untersuchungen über den Gasgehalt des Blutes, die ergeben, dass bei ruhiger Athmung das Blut in den Lungen nicht ganz mit Sauerstoff gesättigt ist, dass aber eine einzige tiefe Athmung genügt, eine vollkommene Sättigung herbeizuführen. Diese beiden Ergebnisse zusammengenommen beweisen, dass das Blut, das nur zum Theil gesättigt war, auch nur zum Theil durch Lungengebiete geflossen war, die mit frischer Luft gefüllt waren, während ein anderer Theil durch Lungengebiete geströmt sein muss, die bei der ruhigen Athmung unentfaltet geblieben waren.

Accessorische Athembewegungen.

Ausser den beschriebenen beiden Hauptbewegungen der Rippen und des Zwerchfells, die der Erweiterung und Verengerung des Brustraumes dienen, finden nun bei der Athmung noch eine Anzahl sogenannter accessorischer Athembewegungen statt, die das Athmen erleichtern, indem sie die Bahn für das Aus- oder Einströmen der Luft frei machen. Als solche accessorische Athembewegungen sind zu nennen: Erstens die Erweiterung der Nasenöffnungen durch Hebung der Nasenflügel beim Einathmen.

Diese Bewegung ist beim Menschen unter gewöhnlichen Bedingungen nicht wahrnehmbar, sie tritt aber in Krankheitsfällen bei behinderter Athmung deutlich hervor und kann dann als ein leicht erkennbares diagnostisches Merkmal dienen. Bei manchen Thieren, zum Beispiel beim Pferde, hat die Beweglichkeit der Nüstern eine sehr grosse Bedeutung für den ganzen Athmungsvorgang und dadurch sogar für das Leben.

Zweitens öffnet sich bei jeder Einathmung die Stimmritze des Kehlkopfs und fällt bei der Ausathmung wieder in eine engere Ruhestellung zurück.

Es ist behauptet worden, dass diese Bewegung beim Menschen nur bei angestrengter Athmung stattfindet. Bei kleineren Thieren, wie bei Hund, Katze, Kaninchen, ist sie unter allen Umständen vorhanden.

Drittens endlich wird angegeben, dass die Luftröhre selbst, mit Hülfe glatter Muskelfasern, die in ihrer Wand enthalten sind, bei der Athmung erweitert und verkürzt werden könne.

Abdominaler und costaler Athemtypus.

Alle die genannten Bewegungen werden durch die Thätigkeit des sie beherrschenden Theiles des Nervensystems in ganz bestimmter Stärke und Reihenfolge ausgeführt und dem Bedürfniss des ganzen Körpers angepasst. In dieser Hinsicht besteht merkwürdiger Weise bei Männern und Weibern ein Unterschied: Bei den Männern ist die Bewegung des Brustkorbes unter gewöhnlichen Bedingungen fast unmerklich, und der Brustraum wird ausschliesslich durch die Zwerchfellbewegung erweitert. Bei Weibern ist die Zwerchfellbewegung ebenfalls die wichtigste Athembewegung, aber die Brustathmung spielt daneben eine viel bedeutendere Rolle, denn sie wird schon bei ganz wenig gesteigerter Athemthätigkeit als „Wogen des Busens" bemerkbar. Man bezeichnet die dem männlichen Geschlecht eigenthümliche Form der Athmung als den abdominalen Athemtypus, die dem weiblichen Geschlecht eigenthümliche als den costalen, richtiger costoabdominalen Athemtypus.

Die Ursache dieser Erscheinung ist in der Kleidertracht, insbesondere dem Schnürleib gesucht worden, doch dürfte diese Erklärung nicht ausreichen. Bekanntlich ist die Form des Brustbeins bei Männern und Weibern sehr verschieden, und wenn dies mit der verschiedenen Athmungsform in Zusammenhang gebracht werden darf, muss eine gemeinsame tieferliegende Ursache vorhanden sein.

Uebrigens kann durch besondere Einübung, wie dies beispielsweise bei der Ausbildung von Sängern geschieht, der Athemtypus willkürlich verändert werden.

Die Athemmuskeln.

Die Frage, durch welche Muskelthätigkeit die beschriebenen Bewegungen hervorgebracht wurden, gehört eigentlich ins Gebiet der Bewegungslehre. Da aber diese Bewegung ausschliesslich der Athemthätigkeit dient, ist es üblich geworden, sie bei der Lehre von der Athmung zu besprechen. Es sind hierbei vier Fälle zu unterscheiden, nämlich Einathmung und Ausathmung in der Ruhe, Einathmung und Ausathmung bei angestrengter Athmung.

1. Bei der Einathmung in der Ruhe ist in erster Linie das Zwerchfell thätig. Zugleich werden die Rippen durch die Intercostales externi gehoben, und die Rippenknorpel durch die Musculi intercartilaginei herabgezogen, wodurch, wie oben angegeben, eine allseitige Erweiterung des Brustkorbes zu Stande kommt.

Es ist nicht ohne Weiteres einzusehen, dass die Zusammenziehung der Musculi intercostales externi, deren Fasern schräg von
dorsal oral nach ventral caudal von einer Rippe zur nächsten
ziehen, eine gemeinsame Hebung der Rippen bewirken muss. Um
dies zu verstehen, kann man davon ausgehen, sich je zwei Rippen
als lange Seiten eines verschieblichen Parallelogramms zu denken,
dessen eine Diagonale eine schräg gespannte Muskelfaser darstellt.
Es leuchtet dann sogleich ein, dass mit jeder Verschiebung des
Parallelogramms eine Verlängerung oder Verkürzung der Diagonale
verbunden ist, woraus folgt, dass umgekehrt eine active Verkürzung

Fig. 31.

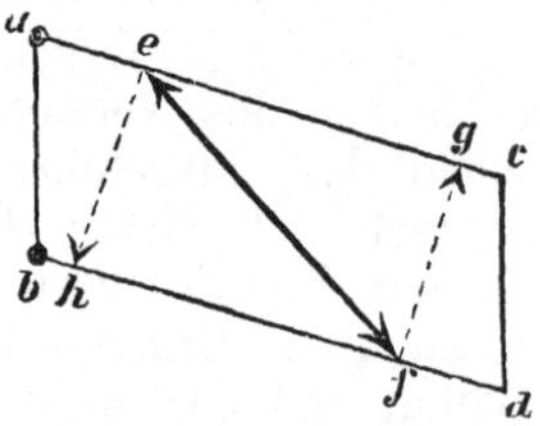

Hamberger'sches Schema der Wirkung der Intercostales externi.

der Diagonale das ganze Parallelogramm schief ziehen wird. Dies
wird durch das Rippenmodell von Hamberger veranschaulicht,
in dem ein bewegliches Gestell von Holzstäben durch eine schräg
gespannte Spiralfeder nach aufwärts geschnellt wird.

Man kann diese Bewegung so erklären, dass man sich den schrägen Zug
zwischen den Punkten e und f in je zwei Kräfte zerlegt denkt, von denen je
eine in die Richtung der Holzstäbe eg und fh fällt, so dass sie durch die Festigkeit der Stäbe und der Gelenke in a und b aufgehoben wird, während die
andere Kraft eh und fg senkrecht auf die Richtung der Stäbe, also rein drehend
wirkt. Diese beiden Kräfte sind zwar gleich gross, aber eh wirkt an dem
kurzen Hebelarm ae, fg dagegen an dem langen Hebelarm bf, und daher ist
die emporhebende Wirkung der Kraft fg viel stärker als die niederdrückende
von eh, und im Ganzen muss eine gemeinsame Hebung der beiden Rippen ac
und bd erfolgen. Diese Betrachtungen gelten nur für den Fall, dass die beiden
Rippen als Seiten eines beweglichen Parallelogramms betrachtet werden dürfen.
In Wirklichkeit sind die freien Enden der Rippen durch die schmiegsamen
Knorpel mit dem Brustbein verbunden, und es besteht also keine eigentliche
Parallelführung. Um die Betrachtung auf den Brustkorb anwenden zu können,
muss daher noch erklärt werden, dass die Vereinigung der Gesammtzahl aller
Rippen untereinander ungefähr dieselbe Wirkung hat, als würden sie durch eine
Querstütze mit festen Gelenken parallel gehalten. Dies ist leicht zu verstehen,
wenn man sich vergegenwärtigt, dass an jeder Rippe, während sie von oben
emporgezogen wird, von unten die nächste Reihe von Intercostalmuskeln abwärts
zieht, dass von diesen wiederum die nächste Rippe emporgezogen wird und so
fort. Man sieht dann deutlich, dass unmöglich an einer einzelnen Stelle zwei
aufeinander folgende Rippen gegen einander gezogen werden können, weil dadurch die benachbarten Intercostalräume verbreitert werden müssten. Daher
ist eben nur eine gleichmässige Parallelbewegung aller Rippen möglich.

2. Bei der Ausathmung in der Ruhe wirken die Musculi
intercostales interni, die von ventral oral nach dorsal caudal verlaufen, auf gleiche Weise, aber entgegengesetzt wie die Externi auf

die Rippen, und müssen daher den ganzen Brustkorb verengen, indem sie die Rippen senken. Die Intercartilaginei, deren Verlauf dem der Interni entspricht, wirken zwar ebenfalls senkend, aber die Senkung der Knorpel bringt, im Gegensatz zu der der Rippen, Abflachung des Rippenknorpelwinkels, also Erweiterung des Brustraumes hervor. Nachweislich arbeiten auch die Intercartilaginei gleichzeitig mit den Externi. Ausserdem sind bei der Ausathmung die Muskeln der Bauchwand thätig, insofern sie die Baucheingeweide in die Exspirationsstellung hinauftreiben. Im Uebrigen wird das Zwerchfell schon durch die Elasticität der Lungen, der Brustkorb durch seine Elasticität und durch den Zug des gespannten Lungengewebes aus der Inspirationsstellung in die Exspirationsstellung gebracht.

3. Bei angestrengter Einathmung arbeitet das Zwerchfell in derselben Weise wie bei ruhiger Athmung, nur in stärkerem Maasse. Die Bewegung der Rippen wird dagegen durch die Thätigkeit einer grossen Anzahl Muskeln verstärkt, die sich in der Ruhe an der Athmung garnicht betheiligen. Ebenso werden, wie erwähnt, bei angestrengter Athmung sämmtliche accessorischen Athembewegungen bemerkbar.

Die Muskeln, die die Rippenathmung verstärken, sind in drei Gruppen zu theilen: Solche, die unmittelbar hebend auf die Rippen wirken, solche, die den Druck des Schultergürtels, der auf dem Brustkorb lastet, vermindern, und solche, die vom Schultergürtel aus auf die Rippen einwirken.

Zur ersten Gruppe gehören die Scaleni, der Sternocleidomastoideus, der Serratus posticus superior.

Man hat früher auch die Levatores costarum irrthümlicher Weise hierher gezählt, nimmt aber jetzt an, dass sie nur der Bewegung der Wirbelsäule dienen.

Zur zweiten Gruppe gehören Trapezius, Levator anguli scapulae, Rhomboidei. Wenn durch die Thätigkeit der zweiten Gruppe der Schultergürtel fixirt ist, ist die dritte Gruppe im Stande unmittelbar die Rippen zu heben. Diese besteht aus Pectoralis major und minor und Serratus magnus. Die Wirkung dieser mächtigen Muskeln kann sich beim Menschen erst dann voll entfalten, wenn der Schultergürtel ausser durch die Muskeln der zweiten Gruppe, auch von den aufgestemmten Armen unterstützt wird. Daher beobachtet man, dass Kranke, die sich in schwerer Athemnoth befinden, aufsitzen und sich mit den Händen aufstützen. Diesen Zustand nennt man Orthopnoe.

Es ist beachtenswerth, dass die vierfüssigen Thiere, bei denen der Vorderkörper dauernd auf den vorderen Extremitäten ruht, und gewissermaassen durch die beiden Serrati am Schultergürtel aufgehängt ist, dadurch jederzeit im Stande sind, ihre Athmung vermittelst der grossen Brustmuskeln zu verstärken.

4. Die angestrengte Ausathmung wird in erster Linie wie die ruhige Athmung durch die Bauchmuskeln bewirkt. Daneben kommen alle diejenigen äusseren Rumpfmuskeln in Betracht, die zur Verengung der Brusthöhle beitragen können, namentlich Serratus

posticus inferior und Latissimus dorsi. Endlich ist hier der Triangularis sterni zu nennen, der bei Thieren zu viel grösserer Stärke entwickelt ist als beim Menschen, und, indem er die Rippenknorpel fusswärts gegen das Brustbein bewegt, exspiratorisch wirkt.

Die einzelnen Muskeln, die den accessorischen Athembewegungen dienen, werden erst bei der Besprechung der Innervation der Athembewegungen erwähnt werden.

Verhalten des Druckes in der Lunge.

Indem sich die Brusthöhle durch die erwähnten Bewegungen erweitert und die Lungenoberfläche den auseinanderweichenden Brustwänden anhaftet, erweitern sich auch die Binnenräume der Lunge und es entsteht dadurch eine Luftverdünnung, die alsbald durch Einströmen der Aussenluft durch die Luftröhre ausgeglichen wird. Da dieser Ausgleich wegen der Widerstände, die die Luft auf ihrer engen Bahn findet, nicht augenblicklich eintreten kann, herrscht während der Einathmung in den Lungen Luftverdünnung und herabgesetzter Luftdruck. Je nachdem die Luftwege weiter oder enger sind und die Lungen langsam oder schneller erweitert werden, muss der Druckunterschied kleiner oder grösser sein. In der Luftröhre hat man bei Thieren gemessen, dass während der Einathmung der Luftdruck um 1 mm Quecksilber vermindert war. In den Lungen selbst dürfte der Unterschied viel grösser sein. Bei der Verengung der Brusthöhle findet umgekehrt ein Zusammenpressen der in den Lungen enthaltenen Luft statt, indem die Lungen sich durch ihre eigene Elasticität um so viel zusammenziehen, als ihnen die Bewegung der Brustwand gestattet. Hierbei erhöht sich also der Druck der Luft im Innern der Lunge, und noch beim Ausströmen der Luft durch die Luftröhre findet man, dass sie um 3 mm höheren Druck aufweist als die umgebende Luft. Je stärker die Athembewegungen ausgeführt werden, desto stärker müssen auch die Druckänderungen in der Lunge sein. Am stärksten müssen sie werden, wenn der Ausweg aus den Lungen vollständig verschlossen wird. Dann wird die ganze Kraft der Athemmuskeln nur zusammenpressend oder ausdehnend auf die in den Lungen enthaltene Luft wirken. Unter diesen Umständen kann man geradezu die Kraft der Inspirationsmuskeln und der Exspirationsmuskeln an der Grösse des Druckes oder der Saugkraft messen, die sie hervorbringen.

Pneumatometer. Das von Waldenburg für diesen Zweck angegebene „Pneumatometer" ist ein gewöhnliches Quecksilbermanometer, das durch einen verzweigten Gummischlauch mit zwei Hartgummi-Oliven an die Nasenlöcher angeschlossen wird. Die Versuchsperson bringt dann den grössten möglichen Ausathmungsdruck oder die grösste mögliche Saugwirkung hervor, und man liest den Betrag, der etwa 12—15 cm Quecksilberhöhe erreicht, unmittelbar ab. Das Pneumatometer muss mit der Nase und nicht mit dem Munde verbunden werden, weil mit Hülfe der Muskeln der Zunge und der Mundhöhlenwände im Munde, der durch das Gaumensegel von den Lungen abgesperrt ist, sehr viel höhere Drucke hervorgerufen werden können, und ungeübte Versuchspersonen es selbst bei bestem Willen nicht vermeiden können, die Thätigkeit der Athemmuskeln im Blasen oder Saugen durch die der Mundhöhle zu ergänzen.

Um beim Thiere dieselben Werthe zu bestimmen, kann man sich des Kunstgriffs bedienen, das Manometer mit der Luftröhre durch eine Canüle mit einem Ventil zu verbinden, das entweder nur Einathmung· oder nur Ausathmung gestattet. Das Thier wird dann, um überhaupt athmen zu können, immer stärker und stärker ein- oder ausathmen und dabei bald den höchsten möglichen Druck erreichen.

Die Wirkung der Athmung auf den Kreislauf.

Aspiration des Venenblutes bei der Einathmung. Die Versuche über den Druck in der Lunge sind vor Allem wichtig durch die Beziehungen, die zwischen dem Druck in den Lungen und dem Druck im Herzen und den grossen Gefässen bestehen. Es ist oben angegeben worden, dass die Lungen vermöge ihrer elastischen Spannung einen Zug an der Pleura ausüben, der der Saugwirkung einer hängenden Quecksilbersäule von 20 bis 30 mm Höhe gleichkommen kann. Die gleiche Zugkraft übt das Lungengewebe natürlich auf seiner ganzen Oberfläche und folglich auch an denjenigen Stellen, an denen sie vom Herzen und von den grösseren Gefässen begrenzt ist. Wenn das Herz sich zusammenzieht, muss es nicht nur den Druck des Blutes in seinen Höhlen überwinden, sondern gleichzeitig den Zug des Lungengewebes, der es auszudehnen strebt. Denn um so viel sich das Herz verkleinert, um so viel müssen die Lungen sich vergrössern, wenn nicht ein leerer Raum in der Brusthöhle entstehen soll. Dabei wird offenbar nicht allein das Lungengewebe ausgedehnt werden, sondern auch die in den Lungen enthaltene Luft. Zwar kann sich die Menge der Luft der Veränderung des Raumes anpassen, indem sie durch die Luftröhre ein- oder ausströmt, aber wie oben gezeigt worden ist, geschieht dies in Folge der vorhandenen Widerstände immer erst dann, wenn im Innern des Lungenraumes eine gewisse Verdichtung oder Verdünnung stattgefunden hat.

Während einer tiefen· Einathmung wird der Lungenraum erheblich vermehrt und, da nicht augenblicklich Luft durch die Luftröhre eintritt, die Luft in den Lungen verdünnt. Dazu ist das Lungengewebe stärker als vorher gespannt. Das Herz, das in der Brusthöhle eingeschlossen ist, nebst dem in ihm enthaltenen Blut befindet sich also während der Inspiration, wie man zu sagen pflegt, unter negativem Druck, das heisst, es lastet auf ihm ein geringerer Druck als der Atmosphärendruck. Auf die gesammte Körperoberfläche und mittelbar auf alle peripherischen Gefässe des Körpers wirkt selbstverständlich der volle äussere Luftdruck ein. Das Blut ist also während der Inspiration innerhalb der Brusthöhle einem geringeren Drucke ausgesetzt als ausserhalb, es muss also in die Brusthöhle hineingedrückt oder, wie man es auszudrücken pflegt, von der Brusthöhle während der Inspiration angesogen, aspirirt werden.

Stauung des Venenblutes bei Ausathmung. Ganz die-selben Verhältnisse kommen für die Zeit während der Exspiration im entgegengesetzten Sinne in Betracht. Bei einer starken Exspiration kann die Luft nicht so schnell aus der Luftröhre entweichen, dass nicht eine bedeutende Stauung in den Lungen auftrete. Es tritt also eine Verdichtung der Lungenluft ein, die mehr als genügend ist, die Spannung des Lungengewebes aufzuheben, und daher übt die Lunge während starken Ausathmens nicht nur keinen Zug mehr auf die Oberfläche des Herzens aus, sondern im Gegentheil einen Druck. Dieser Druck muss auf den flüssigen Inhalt des Herzens wirken und ihn in die peripherischen Gefässe hinauszutreiben streben.

Athemwellen der Blutdruckcurve. Die Druckschwankungen in der Lunge während der Athmung werden also auf das im Herzen befindliche Blut wie abwechselnde Ansaugung und Auspressung wirken. Es entsteht die Frage, wie dadurch der Kreislauf des Blutes beeinflusst wird? Der gegebenen Darstellung nach muss sich sowohl die Ansaugung wie die Auspressung ebenso an den Arterien wie an den Venen äussern. Bei der Inspiration muss der Zufluss des Blutes in den Venen erleichtert, der Abfluss durch die Arterien erschwert sein, bei der Exspiration muss der Blutzufluss erschwert, der Blutabfluss erleichtert sein. Auf die Bewegung des Blutes in den Arterien, in denen die Thätigkeit des Herzens an sich schon einen hohen Druck unterhält, haben indessen die Athemschwankungen verhältnissmässig wenig Einfluss. Dagegen wirken sie sehr merklich auf den Blutstrom der Venen ein, in denen der Druck, wie oben angegeben, sehr niedrig ist. Während der Inspiration wird das Venenblut in die Brusthöhle eingesogen, während der Exspiration kommt es fast zum Stocken. Da nun das Herz nicht mehr Blut fördern kann, als ihm durch die Venen zufliesst, so kommt die Wirkung der Luftdruckschwankungen auf den Venenzufluss auch in der Menge des vom Herzen geförderten Blutes zum Ausdruck. Da während der Inspiration mehr Blut dem Herzen zufliesst, wird auch mehr ausgetrieben und in Folge dessen das Arteriensystem stärker gefüllt. Dies giebt sich dadurch zu erkennen, dass während der Einathmung der Blutdruck steigt. Umgekehrt hemmt die Erhöhung des Luftdruckes in den Lungen während der Ausathmung den Zufluss des Blutes zum Herzen, in Folge dessen wird weniger Blut gefördert und der Blutdruck sinkt. Wenn man eine Blutdruckcurve aufnimmt, so sieht man daher oft, dass sie ausser den Pulsschwankungen, die von der Herzcontraction herrühren, noch regelmässige grössere Wellen aufweist, indem sie mit der Einathmung steigt, mit der Ausathmung fällt. Man bezeichnet diese Schwankungen der Blutdruckcurve kurzweg als die Athemwellen. Gewöhnlich kommen 4—6 Pulswellen auf eine Athemwelle. Ausserdem weist die Blutdruckcurve noch mehrere Arten viel langsamer verlaufender regelmässiger Wellen auf, von denen erst in dem Abschnitt über den Einfluss der Nerven auf das Gefässsystem ausführlicher die Rede sein soll.

Athmung und Lungenkreislauf. Ausser der beschriebenen Wirkung der Druckänderung auf den Kreislauf spielt noch der Umstand eine wichtige Rolle, dass der ganze Lungenkreislauf sich innerhalb der Brusthöhle vollzieht. Der Lungenkreislauf bildet die Verbindung zwischen dem Zuflussstrom in den Körpervenen und dem Abflussstrom in der Aorta. Die gesammten Gefässe des Lungenkreislaufs sind nun den Druckschwankungen im Brustkorb ausgesetzt, und müssen also bei der Einathmung erweitert, bei der Ausathmung verengt werden. Dadurch wird also die Bahn, auf der das Blut aus den Körpervenen in die Körperarterien übergeht, bei der Einathmung weiter, bei der Ausathmung enger, und es muss die angegebene Wirkung auf den arteriellen Blutdruck verstärkt werden. Dass dieser Umstand bei der Entstehung der Athemwellen in der Blutdruckcurve sehr wesentlich mitwirkt, kann man daraus sehen, dass bei einem Thiere, bei dem der Brustkasten eröffnet worden ist, so dass also von einer Aspiration oder vom Druck der Lungen auf das Herz keine Rede sein kann, sehr deutliche Athemwellen in der Blutdruckcurve auftreten, wenn durch Einblasen von Luft in die Lungen künstliche Athmung gemacht wird. Freilich sind hierbei die Druckverhaltnisse umgekehrt wie bei der natürlichen Athmung und es entspricht daher auch der Aufblasung das Herabsteigen, der Ausathmung das Hinaufsteigen der Curve, aber man sieht doch, dass der Druck in den Lungen, abgesehen von der Wirkung auf die Körpervenen auch auf den Widerstand im kleinen Kreislauf Einfluss hat.

Wirkung der Athmung auf den Gesammtkreislauf. Die Aspiration des Venenblutes durch die Athmung liegt noch mehreren wichtigen Erscheinungen zu Grunde. Sie ist für die Blutbewegung in der Leber von ganz wesentlicher Bedeutung. Es ist mehrfach darauf hingewiesen worden, dass die Widerstände, die dem Kreislauf durch die zweite Capillarenbildung der Vena portae in der Leber erwachsen, sehr gross sind. Deshalb ist es an dieser Stelle besonders vortheilhaft, dass der Kreislauf durch die Athembewegungen unterstützt werde, und es sind dafür besonders günstige Bedingungen gegeben, indem bei der Inspiration das Venenblut nicht nur in die Brusthöhle eingesogen, sondern gleichzeitig auch durch das Absteigen des Zwerchfells aus der Bauchhöhle ausgepresst wird.

Luftembolie. Sehr verderblich kann die Aspiration bei Verletzung grösserer Venen in der Nähe des Brustkorbes werden. Es kann dann, zugleich mit dem Blut der Vene auch Luft durch die Verletzung in das Gefässsystem gesogen werden, und indem sie sich in Gestalt feiner Bläschen in den Capillaren verfängt, zu schweren Schädigungen oder gar zum Tode führen.

Venöse Stauung. Die Stauung des Venenblutes durch den erhöhten Lungendruck bei Ausathmung führt dazu, dass bei gewaltsamer Ausathmung, zum Beispiel bei angestrengtem Blasen oder Schreien, an der Halsvene deutlich eine Pulsbewegung wahrgenommen werden kann. Wenn bei verschlossenen Luftwegen anhaltend eine sehr starke Ausathmungsanstrengung gemacht wird, kann dadurch der Blutzufluss zum Herzen soweit behindert werden, dass die Herzthätigkeit unterdrückt wird, und der ganze Kreislauf ins Stocken kommt.

Zahl und Grösse der Athemzüge.

Athemfrequenz und Athemcurve. Da die Athemzüge sich periodisch wiederholen, liegt es nahe, ihre Frequenz feststellen zu wollen. Die Athemmuskeln sind der Herrschaft des Willens unterworfen, und daher kann auch die Athemfrequenz willkürlich verändert werden. Ausserdem ist die Athemfrequenz, ebenso wie die Tiefe der Athemzüge, von der Grösse des Athembedürfnisses abhängig. Um vergleichbare Zahlen zu erhalten, muss man also die Frequenz der Athemzüge in der Ruhe bestimmen. Man pflegt diese für den normalen Menschen zu 20 in der Minute anzunehmen. Sie steht in gewisser Beziehung zur Pulszahl, indem man mit einiger Bestimmtheit einen Athemzug auf je 4 Pulsschläge rechnen kann, und die meisten der Bedingungen, die bei der Besprechung der Pulszahl angeführt worden sind, auch auf die Athemfrequenz in demselben Sinne wirken wie auf die Pulszahl. Vor allem zeigt sich deutlich der Einfluss der Körpergrösse. Grössere Menschen haben langsameren Puls und geringere Athemfrequenz als kleinere. Dasselbe gilt auch allgemein von grossen und kleinen Säugethieren, auch wenn sie nicht von derselben Art sind. Bei jüngeren Thieren ist die Athmung schneller als bei älteren. Diese Vergleiche lassen sich an folgenden Zahlenangaben bestätigen:

Mensch, neugeboren .	44	Athemzüge in der Minute
„ 6 jährig . .	26	„ „ „ „
„ 20 jährig . .	20	„ „ „ „
„ 40 jährig . .	16	„ „ „ „
„ 60 jährig . .	22	„ „ „ „
Pferd	6—10	„ „ „ „
Fohlen	10—13	„ „ „ „
Rind	10—15	„ „ „ „
Kalb	18—20	„ „ „ „
Schaf und Ziege . . .	12—20	„ „ „ „
Hund	15—28	„ „ „ „
Katze	20—30	„ „ „ „
Kaninchen	50—60	„ „ „ „
Meerschwein und Ratte	100—150	„ „ „ „
Walfisch	4—5	„ „ „ „

Die Athembewegungen folgen einander ununterbrochen, so dass immer eine Einathmung beginnt, wenn die Ausathmung beendet ist. Man kann sie aufzeichnen, indem man den Brustkorb mit einem elastischen mit Luft erfüllten Schlauch umgiebt, der mit einer Marey'schen Schreibkapsel in Verbindung steht. Bei jeder Erweiterung der Brust wird Luft aus dem Schlauch in die Kapsel getrieben, und der Schreibhebel verzeichnet so die Athembewegung. Aus der so entstehenden Curve ist zu ersehen, dass die Einathmung ganz langsam beginnt, so dass manche Untersucher eine

Athempause nach beendeter Ausathmung angenommen haben. Die
Ausathmung dauert etwas länger als die Einathmung.

Genauer kann man diese Verhältnisse untersuchen, indem man die Athmung
durch eine Röhre aus einem geschlossenen Raume stattfinden lässt, und dessen
Druckschwankungen, die den Volumänderungen der Lungen proportional sind,
durch den sogenannten Athemvolumschreiber als Curve aufzeichnen lässt.

Fig. 32.

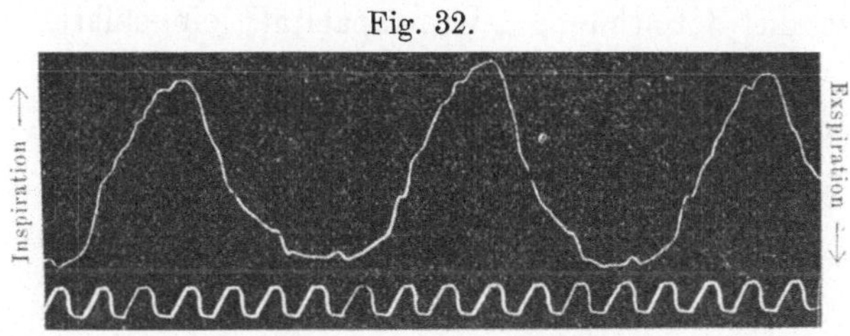

Athembewegungen des Menschen. Registrirt mittels Luftkissen vom Thorax aus und Luftüber-
tragung nach **Marey**. Die kleinen Erhobungen rühren von dem Spitzenstoss des Herzens her.
Die untere, kleine Curve giebt die Zeit an; 1 Stimmgabel-Schwingung = $^1/_2$ Secunde.

Eintheilung der Luftmenge. Die Betrachtung der Mengenverhältnisse der Athemluft führt auf die Fragen, wieviel Luft
überhaupt in die Lungen aufgenommen werden kann, wieviel für
gewöhnlich bei ruhiger Athmung aufgenommen wird und wieviel
bei stärkster Ausathmung in den Lungen zurückbleibt. Zur Beantwortung dieser Fragen kann man davon ausgehen, die gesammte
Luftmenge, die nach tiefster Einathmung in den Lungen enthalten
ist, in vier einzelne Posten einzutheilen. Offenbar ist bei tiefster
Einathmung mehr Luft in den Lungen, als nach einer gewöhnlichen
Einathmung in der Ruhe. Dieser Ueberschuss an Luft bildet den
ersten Posten und wird als Complementärluft oder Ergänzungsluft
bezeichnet. Der zweite Posten ist diejenige Luftmenge, die bei
der gewöhnlichen Athmung in der Ruhe aus- uud eingeht. Man nennt
ihn die Respirationsluft oder Athmungsluft. Als dritter Posten erscheint diejenige Luftmenge, die nun noch ausgeathmet werden kann,
wenn statt der gewöhnlichen Ausathmung mit äusserster Anstrengung
ausgeathmet wird. Dieser Posten heisst Reserveluft oder Vorrathsluft. Endlich ist offenbar mit dieser äussersten Ausathmung noch
nicht alle Luft aus den Lungen ausgetrieben. Es ist ja oben ausgeführt worden, dass die Lungen in ihren normalen Befestigungs-
weise im Brustkorb ausgespannt sind, und dass sie bei Eröffnung
der Pleura collabiren. Sie enthalten also selbst nach äusserster
Ausathmung noch einen vierten Posten Luft, der Residualluft oder
rückständige Luft genannt wird.

In runden Zahlen darf man für den Menschen annehmen, dass
jeder dieser Posten, mit Ausnahme der Athmungsluft, etwa 1500 ccm
ausmacht. Die Athmungsluft wird gewöhnlich zu 500 ccm angegeben. Der Gesammtinhalt nach tiefster Inspiration der Lungen
würde auf diese Weise zu 5 l zu berechnen sein.

Diese Eintheilung der in die Lungen aufgenommenen Luft hat
nach verschiedenen Seiten Bedeutung. Die ersten drei Posten: Die

Ergänzungsluft, die Athmungsluft und die Vorrathsluft zusammen
stellen den Unterschied zwischen der nach stärkster Ausathmung
und nach stärkster Einathmung in den Lungen enthaltenen Luftmenge dar. Die Grösse dieser Gesammtmenge bildet also ein
Maass für die Leistungsfähigkeit oder wenigstens das Aufnahme-
vermögen der Athmungsorgane, und man hat deshalb für diese
Luftmenge die Bezeichnung „Vitalcapacität" eingeführt.

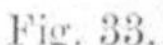

Fig. 33.

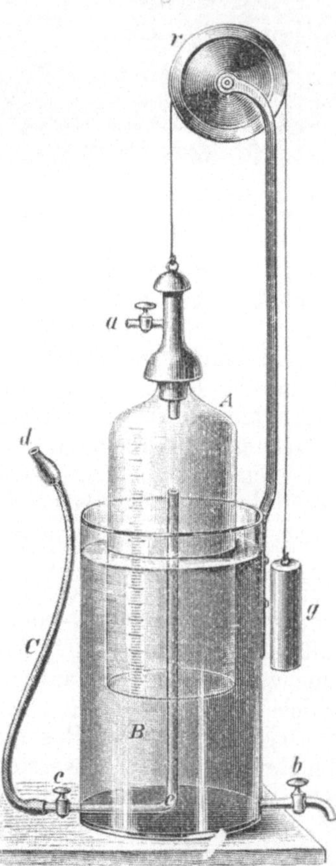

Spirometer. *B* Wassergefäss. *A* Glocke. *C* Zuführungsschlauch. *e* Zuführungsrohr mit Hahn.
d Mundstück. *a* Hahn zum Entleeren der Glocke. *b* Hahn zum Ablassen des Wassers. *r* Rolle.
g Gegengewicht.

In früheren Zeiten, ehe die neueren Untersuchungsmethoden der Auscultation, Percussion und Bakteriologie bekannt waren, diente die Messung der
Vitalcapacität dazu, festzustellen, ob die Lungen in ihrer Leistungsfähigkeit
durch Krankheit geschädigt seien oder nicht. Man hatte zu diesem Zweck die
Vitalcapacität für gesunde Menschen von verschiedener Grösse und Constitution
gemessen und danach Tafeln aufgestellt, mit denen der Befund bei dem untersuchten Individuum verglichen wurde.

Spirometer. Zur Messung der Vitalcapacität bedient man sich noch
heute des sogenannten Spirometers von Hutchinson, das nach Art eines

Gasometers gebaut ist (Fig. 33). In ein mit Wasser gefülltes Gefäss taucht eine möglichst leichte blecherne Glocke, deren Schwere vermittelst über Rollen laufender Fäden mit Gewichten nahezu aufgehoben ist. Eine Röhre führt von aussen durch das Wasser bis dicht unter den Scheitel der Glocke. Wird in die Röhre Luft eingeblasen, so sammelt sie sich in der Glocke und treibt diese aus dem Wasser hervor. An einem Maassstabe, der neben der Glocke angebracht ist, kann man unmittelbar die Grösse der eingeblasenen Luftmengen abmessen.

Die erwähnten Luftmengen verhalten sich zu einander wie es auf folgendem Schema angegeben ist:

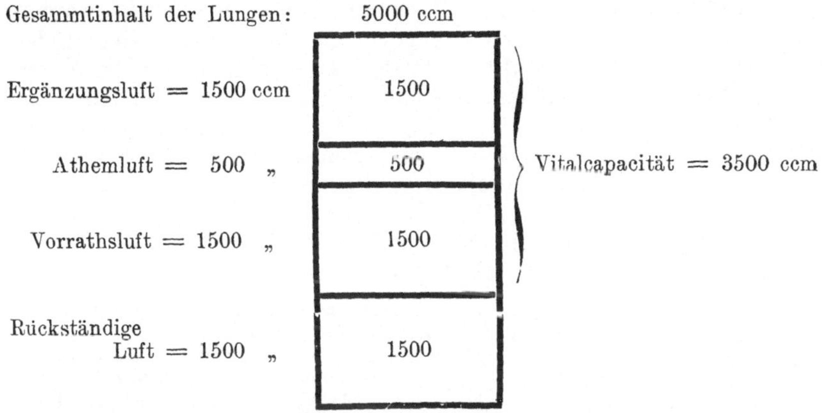

Zu dem letzten Posten ist noch Folgendes zu bemerken: Nach äusserster Exspiration ist in den Lungen nur die rückständige Luft enthalten, deren Menge, wie oben angegeben, auf gegen 1500 ccm geschätzt werden kann. Es sind eine ganze Anzahl verschiedener Verfahren ersonnen worden, um die Menge dieser Luft zu bestimmen, doch sind die Unterschiede in den Ergebnissen so gross, dass sich keine zuverlässigen Schlüsse daraus ziehen lassen. Es ist schon darauf hingewiesen, dass jedenfalls eine ziemlich grosse Menge Luft dauernd in den Lungen enthalten sein muss, weil selbst nach dem Collabiren viel Luft darin bleibt.

Athemgrösse. Mit dem Spirometer kann man immer nur einen oder eine beschränkte Zahl von Athemzügen messen. Wenn man sich aber über die Grösse der Athemthätigkeit im Ganzen unterrichten will, ist es erforderlich, die sogenannte Athemgrösse oder Ventilationsgrösse während längerer Zeiträume zu messen. Dazu dient am besten eine gewöhnliche Gasuhr, die auf die oben bei der Zuntz-Geppert'schen Methode beschriebene Weise mit dem Versuchsthier oder der Versuchsperson verbunden wird. Bei solchen Versuchen zeigt sich, dass die oben angegebene Menge der Athemluft, 500 ccm, · für absolute Körperruhe zu hoch gegriffen ist. Man findet vielmehr, dass ein Mensch bei möglichst vollkommener Ruhe nur gegen 200 ccm bei jedem Athemzuge ein- und ausathmet. Dies macht bei einer Frequenz von 15—20 in der Minute 3—4 l Luft in der Minute. Bei jeder noch so geringen

Thätigkeit wird sogleich die Athmung vertieft, und zwar indem sowohl die Frequenz wie die Tiefe der Athmung zunimmt. Da ganz vollkommene Körperruhe nur selten zu erreichen ist, findet man als Ruhewerth für den Menschen gewöhnlich eine höhere Zahl, nämlich 5—7 l in der Minute. Beim Stehen ist auch diese um 20 pCt. erhöht, bei bequemem Gang um 100 pCt. Bei stärkster Arbeit kann sie auf mehr als das Sechsfache steigen, indem bei gegen 40 Athemzügen in der Minute 35—45 l Luft geathmet werden.

Für das Pferd, dessen Athmung vielfach untersucht worden ist, werden folgende Werthe angegeben: Der Gesammtinhalt der Lungen bei äusserster Füllung beträgt 40—50 l, wovon im Mittel 12 l auf die rückständige Luft kommen, so dass die Vitalcapacität zu 25—30 l anzunehmen ist. In der Ruhe werden in der Minute 30—35 l Luft in etwa 10 Athemzügen geathmet, so dass jeder· Athemzug gegen 3,5 l umfasst. Ganz wie beim Menschen wird auch hier die Athmung bei Bewegung verstärkt. Schon bei ruhigem Schritt steigt die Athemgrösse auf 100 l in der Minute, bei schwerer Arbeit kann sie auf 500 l steigen.

Obschon die angeführten Zahlen zeigen, dass die Grösse der Athmung mit der Grösse der Körperarbeit wächst, darf man nicht glauben, dass die Athmung nur in dem Maasse steigt, in dem thatsächlich der Sauerstoffverbrauch zunimmt. Im Gegentheil geht meist die Steigerung der Athemgrösse weit über das thatsächliche Bedürfniss hinaus, so dass etwa das Doppelte oder Dreifache der Luftmenge den Lungen zugefuhrt wird, die genügen würde, den durch die Arbeitsleistung entstehenden Sauerstoffbedarf zu decken. Auf diesen Punkt wird in dem Abschnitt über die Innervation der Athmung zurückzukommen sein.

6.

Die Verdauung.

Hungerzustand und Stoffersatz.

Begriff und Wesen der Ernährung.

Stoffverluste. Der Gasaustausch durch die Athmung ist
nur ein Theil des Gesammtstoffwechsels, der, wie gleich zuerst
bemerkt worden ist, ein Hauptmerkmal alles Lebens bildet. Aus
der Untersuchung der Athmung selbst geht schon hervor, dass in
der Ausathmungsluft eine grosse Menge Kohlenstoff ausgeschieden
wird, die in der Einathmungsluft nicht vorhanden war, und dass
ferner die Menge des Wasserdampfs in der Ausathmungsluft
grösser ist als in der Einathmungsluft. Ferner ist gezeigt worden,
dass die eingeathmete Luft mehr an Sauerstoff verliert als die ausgeathmete an Kohlensäure gewinnt, dass also ein Theil des Sauerstoffs
nicht durch die Athmung, sondern auf anderem Wege, nämlich im
Harn, Koth und Schweiss, ausgeschieden wird. Endlich weist die Verbindung des Sauerstoffs mit Kohlenstoff zu Kohlensäure darauf hin,
dass kohlenstoffhaltige Verbindungen im Körper zersetzt werden,
und dass die übrigbleibenden Bestandtheile dieser Verbindungen,
wenn sie sich nicht im Körper anhäufen sollen, ebenfalls auf den
erwähnten Wegen ausgeschieden werden müssen.

Durch diese fortwährende Stoffausscheidung müsste der Körper
in kurzer Zeit einen grossen Theil seines Bestandes einbüssen,
wenn er nicht neue Stoffe zum Ersatz der ausgeschiedenen auf-
nähme. Diese Stoffaufnahme ist die Ernährung.

Stoffgleichgewicht. Die Grundthatsache, auf der alle
Betrachtungen über Stoffwechsel und Ernährung beruhen, ist die,
dass der Körper seinen Bestand im Grossen und Ganzen dauernd
unverändert bewahrt. Die Genauigkeit, mit der beispielsweise ein
erwachsener Mensch von 70 kg Gewicht bei annähernd gleichmässiger Lebensweise und Ernährung jahraus jahrein dasselbe
Körpergewicht behält, erscheint geradezu wunderbar, wenn man
bedenkt, wie gross die in dieser Zeit umgesetzten Stoffmengen
sind. Aber auch während des Wachsthums, oder wenn, wie es
meist der Fall ist, periodische Schwankungen des Körpergewichts
bestehen, sind diese Veränderungen des Bestandes im Vergleich
zur Grösse des Umsatzes als sehr gering zu bezeichnen. Man ist

also berechtigt, im Allgemeinen als Grundsatz der Stoffwechselphysiologie festzuhalten, dass die Menge der aufgenommenen der
der ausgeschiedenen Stoffe gleich sein muss.

Nach diesem Grundsatz kann man über die Grösse der nothwendigen Stoffaufnahme im Ganzen dadurch Aufschluss erhalten,
dass man die Grösse der Stoffverluste untersucht, die der Körper
bei fortgesetzter Stoffausfuhr erleidet, wenn keine Ersatzstoffe zugeführt werden.

Die Athmung bleibt von dieser Untersuchung ausgeschlossen, weil sie nur
so kurze Zeit hindurch entbehrt werden kann, dass der Tod schon eintritt,
wenn eben erst an den Blutgasen merkliche Verluste nachweisbar sind. Dies
ist der wesentliche Unterschied zwischen Athmung und Ernährung, der durch
den Sprachgebrauch stärker hervorgehoben wird, als es eigentlich dem Wesen
der Sache nach richtig ist. Man darf im Gegentheil mit vollem Recht die
Athmung als einen Theil der Ernährung und den Sauerstoff der Luft als das
unentbehrlichste Nahrungsmittel bezeichnen. Die praktische Untersuchung muss
aber aus dem angegebenen Grunde zwischen Athmung und Ernährung unterscheiden, und es wird im Folgenden ausschliesslich von dem Nahrungsstoff-
wechsel die Rede sein.

Grenze des Stoffverlustes.

Ein Thier, das verhindert wird, Nahrung aufzunehmen, verliert
durch die fortdauernden Ausscheidungen immer mehr von seinem
Gewichtsbestand und geht schliesslich zu Grunde. Die Ursache
des Todes ist aus den allgemeinen Angaben, die ganz oben über
die Bedeutung des Stoffwechsels gemacht worden sind, leicht zu
errathen: Der Vorrath des Körpers an zersetzungsfähigen Stoffen,
das Brennmaterial der Lebensflamme, ist verbraucht. Es kann
nicht genug Wärme und mechanische Arbeit erzeugt werden, und
das Leben erlischt wie ein ausbrennendes Feuer. So wenig wie
bei einem sich selbst überlassenen Herdfeuer wird in dem ver-
hungernden Organismus aller Vorrathsstoff aufgezehrt, es zeigt sich
vielmehr, dass bei einer Grenze, die sich ziemlich scharf bestimmen lässt, die Lebensthätigkeit aufhört. Diese Grenze liegt
bei Thieren in normalem Ernährungszustand etwa da, wo der Stoffverlust zwei Fünftel des ursprünglichen Körpergewichts ausmacht.
Die einzelnen Körpergewebe betheiligen sich nämlich, wie schon
wiederholt angedeutet wurde, durchaus nicht gleichmässig am Stoffwechsel. Der Stoffverbrauch betrifft daher auch einzelne Bestandtheile des Körpers viel stärker als andere. Ein ziemlich grosser
Theil des Körpers, vor allem das Knochengerüst, das allein etwa
ein Sechstel des Körpergewichts bildet, besteht grossentheils aus
anorganischen Salzen, die als Verbrauchsstoff gar nicht in Betracht
kommen. Der Gewichtsverlust von zwei Fünfteln des Gesammtgewichts stellt also etwa die Grenze vor, wo die entbehrlichen
Mengen brauchbaren Nährmaterials erschöpft sind. Ein wohl-
genährtes Versuchsthier enthält nun in seinem Körper viel grössere
Ueberschüsse von Wasser, Blut, Fleisch und Fett, als ein schon
vor Beginn des Hungerversuchs mageres und abgezehrtes Thier,

und kann also einen grösseren Bruchtheil seines Körpergewichts einbüssen, ehe es zu Grunde geht. Deshalb gilt die obige Regel eben nur für Thiere von mittlerem Körperbestande.

Lebensdauer bei Hunger. Da der Stoffverlust bis zu einer ziemlich genau bestimmten Grenze vorschreitet, kann man umgekehrt aus der Zeit, der es bedarf, bis ein hungerndes Thier an die Grenze der Lebensfähigkeit kommt, auf die Geschwindigkeit schliessen, mit der der Stoffwechsel vor sich geht. Es bestätigt sich hier die Bemerkung, die schon in Bezug auf den Kreislauf und die Athmung gemacht worden ist, dass die kleineren Thiere einen verhältnissmässig grösseren Stoffwechsel haben. Selbstverständlich macht aber auch hier die verschiedene Organisation der verschiedenen Thierklassen einen weit grösseren Unterschied. So können die kaltblütigen Thiere Monate und selbst Jahre lang ohne Nahrung leben, wie beispielsweise die Laboratoriumsfrösche oft mehr als ein Jahr lang unter Bedingungen gehalten werden, bei denen die Nahrungsaufnahme, wenn überhaupt möglich, jedenfalls sehr beschränkt ist. Die kleinsten Säugethiere, wie Ratten und Meerschweinchen, halten nur wenige Tage ohne Nahrung aus, grössere, wie Katze, Hund, Kaninchen, eine bis mehrere Wochen. So werden für Hund und Pferd 6 Wochen, für den Menschen 4 Wochen als die längste Lebensdauer bei gänzlicher Enthaltung von Nahrung angegeben. Da ein sehr grosser Theil der Gesammtausscheidung aus Wasserdampf und Wasser besteht, so kann durch Wasseraufnahme der Gesammtverlust sehr eingeschränkt werden. Menschen und Thiere, die nur Wasser aufnehmen, können dabei zweimal so lange am Leben bleiben, als sie ganz ohne Ernährung aushalten würden.

Energieverluste. Die Lebensdauer hängt aber ausserdem sehr wesentlich von den äusseren Bedingungen ab, unter denen sich die hungernden Thiere befinden. Zieht man dies in Betracht, so tritt recht deutlich hervor, dass aus dem höchst einfachen Experiment, die Lebensvorgänge unter Ausschluss der Ernährung zu beobachten, die Grundzüge der ganzen Lehre vom Stoffwechsel abzuleiten sind. Der Stoffwechsel des lebenden Organismus besteht darin, dass Verbindungen von höherer chemischer Spannkraft in solche von niedrigerer Spannkraft umgesetzt werden, wobei Wärme und mechanische Energie frei wird, die der Organismus für seine Lebensthätigkeiten verwenden kann. Je stärkere Anforderungen nun in dieser Beziehung an den Organismus gestellt werden, desto grösser muss die Leistung des Stoffumsatzes sein. Wenn also ein Thier, das keine Nahrung aufnehmen kann, sondern auf die in seinem eigenen Körper enthaltenen Stoffvorräthe angewiesen ist, fortwährend Wärme nach aussen abgeben oder äussere mechanische Arbeit leisten soll, müssen die Vorräthe schneller erschöpft werden. Am hungernden Thiere zeigt sich nun thatsächlich, dass das Leben viel eher erlischt, wenn das Thier sich in kalter Umgebung befindet, als wenn es in einem auf seine Körper-

temperatur erwärmten Raum gehalten wird. Ebenso kann man
beobachten, dass ein hungerndes Thier, wenn es zu fortwährender
Muskelarbeit gezwungen wird, schneller an Gewicht abnimmt, als
wenn es in vollkommener Ruhe bleibt. Man sieht hieraus deutlich,
dass die Erzeugung von Wärme und Energie im Thierkörper von
der Ernährung abhängt, oder umgekehrt, dass die chemischen
Spannkräfte der Nahrung im Thierkörper als Wärme und mechanische Arbeit zum Vorschein kommen. Diesen Grundvorgang
durch alle seine einzelnen Stufen zu verfolgen, ist die Aufgabe der
Stoffwechselphysiologie.

Die Nahrungsstoffe.

Nahrungsstoffe und Nahrungsmittel. Im Vorhergehenden
sind die Folgen des vollständigen Mangels an Nahrung besprochen
worden. Unter gewöhnlichen Verhältnissen führt der Nahrungs-
mangel im Körper zum Nahrungsbedürfniss, das sich subjectiv als
Hungergefühl äussert und den Organismus zur Nahrungsaufnahme
veranlasst. Die Fragen, wie das Hungergefühl entsteht, und in
welcher Weise es die Thätigkeit der Nahrungsaufnahme verursacht,
werden in den späteren Abschnitten, die das Nervensystem behandeln, zu erörtern sein. Ehe die Nahrungsaufnahme selbst besprochen wird, mögen hier zuerst die Stoffe, die zur Ernährung
dienen, näher bezeichnet werden.

Die Thiere entnehmen die Nahrung aus ihrer Umgebung in
derjenigen Form und Zusammensetzung, in der sie sich ihnen darbietet, der Mensch verändert zwar in vielen Fällen die natürliche
Beschaffenheit der Stoffe, von denen er sich nährt, durch Zubereitung, doch ist die Zusammensetzung der künstlichen Nahrungsmittel meist von der der verwendeten natürlichen Substanz abhängig. Die Nahrungsmittel enthalten daher neben solchen Stoffen,
die zur Ernährung brauchbar sind, zum Theil auch solche, die
keinen Werth für die Ernährung haben. Ausserdem sind diejenigen
Stoffe, die für die Ernährung brauchbar sind, in den Nahrungsmitteln in ganz verschiedenem Mengenverhältniss vorhanden. Man
muss deshalb streng unterscheiden zwischen dem Begriffe „Nahrungsmittel" und „Nahrungstoff".

Diese Unterscheidung wird zwar im gewöhnlichen Sprachgebrauch nicht
gemacht, ist aber für die wissenschaftliche Betrachtung der Lehre von der Ernährung sehr nützlich. Das Wort Nahrungsmittel soll ausschliesslich den concreten Begriff der Stoffe, wie sie thatsächlich aus der Natur oder aus der Küche
hervorgehen, bezeichnen, das Wort Nahrungsstoffe dagegen den abstracten
Begriff der verschiedenen Gruppen von chemischen Verbindungen, die aus den
Nahrungsmitteln in den Körper aufgenommen werden können. Zum Beispiel
eine Birne oder ein Kuchen sind Nahrungsmittel, der Zucker, der in ihnen enthalten ist, ist ein Nahrungsstoff.

Eintheilung der Nahrungsstoffe. Da im Körper eine
grosse Anzahl verschiedener Stoffe verbraucht werden, bedarf es
auch einer Reihe verschiedener Nahrungsstoffe, um den Verlust
auszugleichen. Man darf hier nicht so rechnen, dass einfach die

bestimmten Mengen von jedem chemischen Element, die aus dem Körper ausgeschieden werden, auch in der Nahrung enthalten sein müssen, damit der Körper seine Verluste ergänzen kann, sondern die Nahrungsstoffe müssen die betreffenden Elemente auch in einer für die Aufnahme in den Körper geeigneten Verbindung enthalten. Um diejenigen Verbindungen, die im Körper verbraucht werden, zu ersetzen, müssen dieselben oder wenigstens ähnliche Verbindungen eingeführt werden. Die Gesammtheit der Stoffe, die hierzu dienen können, lässt sich unter 5 oder, wenn man den Begriff der Ernährung im weitesten Sinne fassen und die Athmung mit einschliessen will, unter 6 Gruppen bringen. Dies sind folgende:

1. Sauerstoffgas; 2. Wasser; 3. anorganische Salze; 4. Eiweissstoffe; 5. Kohlehydrate; 6. Fette.

Diese Gruppen lassen sich nach ihrer Bedeutung für den Stoffwechsel in drei Reihen theilen: Das Wasser und die anorganischen Salze sind allerdings für den Aufbau und Bestand des Körpers ebenso unentbehrlich wie die übrigen Nahrungsstoffe, sie tragen aber nicht zu dem Energievorrath des Körpers bei, da sie *in derselben Form den Körper verlassen, in der sie in ihn eintreten.* Sie sind also gewissermaassen nur Ersatz- und Gebrauchsstoffe, nicht eigentliche Verbrauchsstoffe, und werden deshalb auch bei engerer Fassung des Begriffs der Nahrungsstoffe ausgeschlossen. Dasselbe kann man vom Sauerstoff sagen, der an sich dem Körper keine Energie zuführt, sondern nur zur Entwicklung der in den eigentlichen Nahrungsstoffen enthaltenen Spannkraft beiträgt. Es bleiben also als Nahrungstoffe im engsten Sinne nur drei Gruppen übrig: Eiweisse, Fette, Kohlehydrate. Von diesen unterscheiden sich die Eiweisskörper wesentlich von den beiden anderen dadurch, dass sie ausser den Elementen C, O und H auch noch Stickstoff, N, enthalten. Allein aus ihnen kann also der Körper seinen Bedarf an stickstoffhaltigen Verbindungen bestreiten, das heisst, seinen eigenen Bestand an Eiweisskörpern ergänzen. Die Eiweisskörper sind aber, wie oben ausgeführt worden ist, der wesentlichste Bestandtheil aller lebendigen Gewebe. Deshalb bilden unter den Nahrungsstoffen die Eiweisskörper eine Hauptgruppe für sich, die als die der stickstoffhaltigen Nahrungsstoffe, oder der „gewebebildenden" oder „histogenen" Nahrungsstoffe bezeichnet wird. Dagegen kommen Kohlehydrate und Fette als „stickstofffreie Nahrungsstoffe" in eine gemeinsame Hauptgruppe. Nach dieser Eintheilung gestaltet sich die Uebersicht über die gesammten Nahrungsstoffe wie folgt:

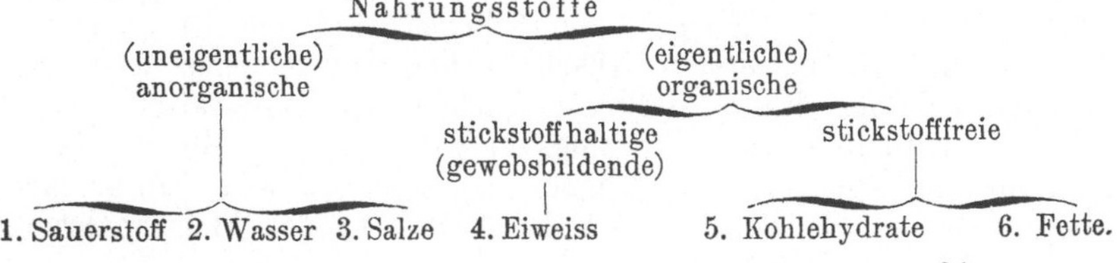

1. Der Sauerstoff.

Die Rolle des Sauerstoffs im Stoffwechsel ist im Abschnitt über die Athmung schon besprochen worden.

2. Das Wasser.

Das Wasser enthält in der Form, wie es gewöhnlich in der Natur als Quellwasser oder Flusswasser vorkommt, eine gewisse Menge fremder Stoffe gelöst. Diese Stoffe verleihen dem Wasser diejenigen Eigenschaften, die als „Frische" und „Wohlgeschmack" an gutem Trinkwasser empfunden werden. Reines Regenwasser, destillirtes Wasser, Schmelzwasser aus Eis oder Schnee „schmeckt fade". In dieser Beziehung ist besonders der Gehalt des Wassers an Kohlensäure zu beachten. In frischem Quellwasser und Brunnenwasser ist reichlich Kohlensäure, daneben übrigens auch Sauerstoff und Stickstoff absorbirt, die sich bei längerem Stehen an der Luft, besonders wenn sich das Wasser zugleich erwärmt, in Form sichtbarer Bläschen ausscheiden. Dies ist die Ursache des bekannten „faden Geschmacks" von „abgestandenem" Trinkwasser.

Der Gehalt des Wassers an Salzen, insbesondere Kalk- und Thonerde-Verbindungen wird als „Härte" des Wassers bezeichnet.

Dieser Unterschied macht sich im praktischen Leben nur bei sehr grosser oder sehr geringer „Härte" durch den „Geschmack" des Trinkwassers bemerkbar, dagegen tritt er beim Gebrauch des Wassers zum Waschen mit Seife sehr deutlich hervor, weil in hartem Wasser die Seife mit dem Kalk als unlösliche Kalkseife ausfällt, so dass das Wasser nicht schäumt und Fett nicht fortnimmt.

Es wird weiter unten bei der Besprechung des Geschmackssinnes gezeigt werden, dass es sich bei der Wahrnehmung der erwähnten Unterschiede im Wasser nicht um eine eigentliche Geschmacksempfindung handelt. Sicher ist aber, dass frisches und abgestandenes, sehr hartes und sehr weiches Wasser beim Trinken verschiedene Empfindungen hervorrufen. In der Lehre von dem Einfluss des Nervensystems auf die Verdauung wird erwähnt werden, welche Bedeutung Empfindungen dieser Art für die Nahrungsaufnahme haben können.

3. Die Mineralstoffe.

Anorganische Salze sind in allen Organismen vorhanden, und es lässt sich zeigen, dass sie zur Erhaltung des Lebens nothwendig sind. Da in den Ausscheidungen, namentlich im Harn, verschiedene Salze in grossen Mengen gefunden werden, bedarf der Körper dauernd der Zufuhr von Salzen. Der Menge nach steht unter ihnen Kochsalz oben an, aber auch Kalium-, Magnesium und Calciumsalze müssen dauernd zugeführt werden. Zu den anorganischen Stoffen, die für den Körper unentbehrlich sind, gehört auch das Eisen, das, wie im ersten Abschnitt angegeben, einen wichtigen Bestandtheil des Blutes bildet. Auch Eisen muss also in der Nahrung enthalten sein, allerdings in ganz geringer Menge, da es auch nur in sehr geringen Mengen ausgeschieden wird. In solchen Mengen ist es als Bestandtheil des Blutes in der Fleischnahrung.

und als Bestandtheil der grünen Blätter und Stengel in der Pflanzennahrung enthalten.

Es sei übrigens gleich hier bemerkt, dass auch der Zusatz von Salz zur
Speise, ebenso wie das Salzlecken der Wiederkäuer, vom Standpunkt des blossen
Stoffbedürfnisses nicht zu erklären ist, denn die Nahrung enthält in der Regel
schon von Natur soviel Salze, wie zur Erhaltung des unentbehrlichen Salz-
bestandes erforderlich ist. Das überschüssige Salz spielt vielmehr für die Speise
ungefähr dieselbe Rolle, wie für das Trinkwasser die darin gelösten Stoffe.

4. Die Gewebsbildner.

Am Aufbau des Körpers sind unter allen organischen Verbindungen die Eiweisskörper in erster Reihe betheiligt. *Es giebt
keine lebenden Wesen, die nicht Eiweissstoffe enthalten.* Umgekehrt bleiben die Eiweissstoffe ausserhalb des lebenden Körpers
nur unter besonderen Bedingungen unzersetzt. Man darf daher
geradezu sagen, dass das Vorhandensein von Eiweiss ein Merkmal
ist, das die lebende Welt streng von der unbelebten scheidet.

Eigenschaften der Eiweisskörper. Die Gruppe der
Eiweissstoffe im weitesten Sinne unterscheidet sich von den übrigen
Verbindungen, die für den Aufbau des Körpers in Betracht kommen,
vor allem dadurch, dass sie neben Kohlenstoff, Wasserstoff und
Sauerstoff auch Stickstoff enthalten. Ausserdem finden sich in
ihnen Schwefel, in einigen neben dem Schwefel auch Phosphor.
Diese Zusammensetzung ist allen Eiweissstoffen gemeinsam, doch
hat man weder das Mengenverhältniss der Elemente, noch die
chemische Constitution bisher mit Sicherheit ermitteln können. In
runden Zahlen lässt sich das Mengenverhältniss etwa wie folgt
angeben:

C	55 Gewichtsprocent
O	21 „
N	16 „
H	7 „
S	1 „

Die Eiweisskörper sind in ihrem natürlichen Zustande immer
in Wasser entweder gelöst, oder sie enthalten Wasser in loser
Bindung oder in ganz freiem Zustande. Die gelösten Eiweissstoffe
stellen mit Ausnahme besonderer Gruppen colloidale oder unvoll-
ständige Lösungen dar. Eine solche Lösung ist opalisirend, und
selbst in hoher Verdünnung merklich zähflüssig. Beim Dialysiren
durch Pergamentpapier oder Blase geht die gelöste Substanz nicht
mit dem Wasser durch die Membran hindurch. Wegen dieser
Eigenschaften nennt man eben solche Lösungen colloidale oder
unvollkommene.

Die eigentlichen Eiweisskörper haben ferner die Eigenschaft
der Gerinnbarkeit, das heisst, sie gehen unter gewissen Bedingungen
aus ihrem natürlichen Zustand in einen gallertigen, festweichen
Zustand über, in dem sie unlöslich sind. Gelöste Eiweisskörper
fallen dabei als flockiger Niederschlag aus der Lösung aus. Die

Gerinnung kann bei allen gerinnenden Eiweissstoffen durch Erhitzen herbeigeführt werden, bei vielen verschiedenen Gruppen durch eine Reihe anderer Einwirkungen.

Die Gerinnung erfolgt bei den verschiedenen Eiweisskörpern bei verschiedener Temperatur, bei allen aber bei unter 100°, so dass man also durch Kochen sicher die Gerinnung oder Fällung etwa vorhandenen Eiweisses bewirken kann. Ferner gerinnt Eiweiss bei Zusatz von anorganischen Säuren und von Lösungen der Schwermetalle, wovon die Aetzwirkung des Sublimates ein Beispiel giebt, ferner bei Zusatz gewisser organischer Substanzen, wie Alkohol, Gerbsäure (Tannin). Einen löslichen Niederschlag bildet das Eiweiss beim sogenannten Aussalzen, nämlich reichlichem Zusatz gewisser Salze, unter denen Ammoniumsulfat alle Eiweissstoffe, Magnesiumsulfat, Kochsalz und andere nur bestimmte Eiweissstoffe aus ihren Lösungen austreiben. Das Auftreten der Fällung bei verschiedenen Temperaturen oder auf Anwendung dieser verschiedenen Substanzen ist eines der Hilfsmittel, durch die man die verschiedenen Eiweisssubstanzen voneinander unterscheiden und trennen kann.

Farbreactionen der Eiweisskörper. Ferner zeigen die Eiweisskörper eine Reihe verschiedener Farbreactionen, die als Erkennungsmittel für alle oder für einzelne Gruppen dienen. Unter diesen Reactionen seien erwähnt:

1. Die sogenannte Xanthoproteinprobe: Eiweisshaltige Flüssigkeit giebt bei Zusatz von concentrirter Salpetersäure einen hellgelben Niederschlag, der bei Uebersättigen mit Ammoniak orangegelbe Farbe annimmt.

2. Die sogenannte Biuretprobe: Man setzt zu der Flüssigkeit Natronlauge und lässt einige Tropfen verdünnter Kupfersulfatlösung hineinfallen. Bei Gegenwart von Eiweiss tritt Violettfärbung auf, die beim Erhitzen in rothe Färbung übergeht.

3. Die Probe mit Millon's Reagens. Das Reagens, das man zum Zwecke dieser Probe vorräthig zu halten pflegt, besteht aus einer Lösung von salpetersaurem Quecksilber mit etwas salpetriger Säure. Zu einer eiweisshaltigen Lösung zugesetzt, erzeugt es eine weisse Fällung, die beim Erwärmen alsbald rosenroth wird.

Aufzählung der Eiweisskörper. Die durch diese Kennzeichen im Allgemeinen bestimmte Gruppe der Eiweisskörper kann man in einfache und zusammengesetzte, in Proteine und Proteide trennen.

Zu den ersten gehören die *Albumine*, von denen die ganze Gruppe den Namen hat, und als deren Beispiel das Albumin des Hühnereiweisses, Ovalbumin, genannt werden kann. Ihnen kommen alle oben erwähnten Eigenschaften zu, insbesondere sind sie in Wasser löslich in unvollkommener Lösung. Zweitens gehören zu den Proteinen die *Globuline*, die den Albuminen in jeder Hinsicht ähnlich, aber in reinem Wasser nicht löslich sind, sondern nur in Salzlösungen. Drittens gehören hierher die *Nucleoalbumine*, Eiweissstoffe der Zellkerne, die sich von den anderen Proteinen dadurch unterscheiden, dass sie Phosphor neben dem Schwefel enthalten.

Von diesen einfachen Eiweisskörpern oder Proteinen trennt man die zusammengesetzten Eiweissstoffe oder Proteide, weil sie aus der Verbindung eines eigentlichen Eiweissbestandtheils mit anderer Substanz bestehen. Eine der Gruppen dieser Art sind die Nucleoproteide, die aus einem Eiweissstoff und Nucleinsäure zusammengesetzt sind. Ein Proteid ist ferner das Haemoglobin, das in einen Eiweissstoff Globin und einen Farbstoff Haematin zerlegt werden kann. Weiter werden zu den Proteiden auch der Schleimstoff, Mucin, und einige andere Substanzen gerechnet, die man als Verbindungen einer Eiweisssubstanz mit einer zuckerartigen Substanz auffasst.

Als in der Zusammensetzung der Eiweisskörper sehr ähnlich, aber in Eigenschaften und Reactionen erheblich von ihnen verschieden, sind nun noch eine Reihe von Stoffen zu nennen, die man als Albuminoide bezeichnet. Diese Stoffe sind vor Allem in den Gerüstsubstanzen des Körpers enthalten. Sie sind voneinander und von den anderen Eiweissstoffen ziemlich verschieden, vor Allem sind sie fast durchweg unlöslich. Es mögen hier genannt werden das Collagen, die leimgebende Substanz, die den Hauptbestandtheil des Bindegewebes ausmacht, das Elastin, das aus den elastischen Fasern stammt, und das Keratin oder die Hornsubstanz.

Transformation. Die eigentlichen Eiweisskörper können, wie oben angedeutet, durch verschiedene Einwirkungen verändert werden, ohne dass geradezu eine neue Verbindung entsteht. Man nennt solche Umwandlung, als deren Typus die Gerinnung der Albumine in der Hitze betrachtet werden kann, eine „Transformation".

Bei der Gerinnung geht beispielsweise das natürliche Eier-Eiweiss, das eine durchsichtige, zähflüssige Masse bildet, die in jedem Verhältniss mit Wasser verdünnt werden kann, in eine glänzend weisse festweiche Substanz über, die in Wasser völlig unlöslich ist. Dabei findet keine nachweisbare Aenderung des absoluten oder specifischen Gewichts, oder der chemischen Zusammensetzung statt. Nichtsdestoweniger muss das so transformirte Eiweiss wegen seiner neuen Eigenschaften unter eine andere Art Eiweisskörper eingereiht werden: die coagulirten Proteine.

Die coagulirten Eiweissstoffe können nun durch starke organische oder verdünnte anorganische Säuren, und ebenfalls durch verdünnte Lauge gelöst werden. Sie stellen dann wiederum eine neue Form der Eiweisssubstanz dar, denn sie sind nicht mehr geronnen und gerinnen auch in der Hitze nicht. Dagegen gerinnen sie beim Neutralisiren. Ganz denselben Zustand kann man herbeiführen, wenn man natürliches Eiweiss mit Säuren oder Alkalien kocht. Diese Art der Transformation nennt man Denaturirung, die so entstehende Gruppe der Eiweisskörper Albuminate, und zwar je nachdem Alkali oder Säure angewendet worden ist, Alkalialbuminate oder Acidalbumine (Syntonine).

Endlich können die Eiweissverbindungen auch dadurch andere Form annehmen, dass sie in einfachere aber immer noch eiweissartige Verbindungen zerfallen. Diese Verbindungen, die als erste Spaltungsproducte oder gröbste Bausteine des Eiweissmoleküls zu betrachten sind, bezeichnet man als Albumosen und Peptone. Die Albumosen stehen den echten Eiweissstoffen in ihren Eigenschaften näher als die Peptone, sie lassen sich mit Ammoniumsulfat aus ihren Lösungen aussalzen, während die Peptone von keinem Fällungsmittel mit Ausnahme von Gerbsäure und Phosphorwolframsäure gefällt werden. Die Peptone gerinnen auch nicht in der Hitze. Sie geben die Biuretreaction mit rother statt mit violetter Farbe.

Spaltungsproducte der Eiweisskörper.

Durch Alkalien und Säuren, durch Fäulniss, vor allem durch die Einwirkung von Fermenten, von denen bei der Lehre von der Verdauung die Rede sein wird, können die Eiweisskörper unter Wasseraufnahme in eine grosse Anzahl einfacherer Verbindungen zerlegt werden. Das Eiweissmolekül ist etwa als eine Kette gleichartiger Atomgruppen zu denken, an deren einzelne Glieder andere in sich geschlossene Atomgruppen durch Dehydratisation angefügt sind. Indem sich entweder die Kette in mehrere Stücke theilt, oder indem die einzelnen angefügten Gruppen Wasser aufnehmen und sich aus der Verbindung trennen, kann das Eiweissmolekül in eine grosse Anzahl zusammengesetzterer oder einfacherer Bruchstücke zerfallen. Die meisten dieser Einzelverbindungen, aus denen das Eiweiss aufgebaut ist, sind Aminosäuren, das heisst Säuren, in die an Stelle eines Wasserstoffatomes die Amingruppe NH_2 eingetreten ist. Viele von ihnen sind als Bestandtheil des Körpers schon lange bekannt gewesen, ehe sie als Bausteine des Eiweissmoleküls nachgewiesen werden konnten. So ist das Glycocoll, das als Bestandtheil der Galle und des Harnes wieder zu erwähnen sein wird, seiner Constitution nach Aminoessigsäure $CH_2(NH_2)COOH$, längst aufgefunden und auch durch Kochen von Leim mit Schwefelsäure dargestellt worden, ehe seine Abspaltung aus dem Eiweiss nachgewiesen werden konnte. Ein anderer Bestandtheil der Galle, das Taurin, ist in einem anderen Baustein des Eiweisses, dem Cystin enthalten. Von weiteren Aminosäuren sei das Leucin genannt, das in dem Eiweiss des Blutplasmas als Hauptbestandtheil erscheint, da es allein ungefähr ein Fünftel der Gesammtmenge ausmacht. Noch stärker herrscht im Protamin, einem aus Lachssperma dargestellten Eiweissstoff, das Arginin vor, das 90 pCt. dieser Eiweissart bildet. In dem Arginin ist als Unterbestandtheil das Guanidin enthalten, dessen Constitution eine Beziehung zum Harnstoff, dem wichtigsten Bestandtheil des Harnes, erkennen lässt. Das Tyrosin, das schwer löslich und leicht krystallisirbar ist, scheidet sich bei langsamer Zersetzung von Eiweissstoffen mitunter von selbst aus. Es ist deswegen besonders erwähnenswerth, weil aus ihm bei der Eiweissfäulniss das Phenol hervorgeht, das in der Zusammensetzung des Harnes eine besondere Rolle spielt. Aus demselben Grunde ist auch das Tryptophan zu nennen, das ebenfalls bei Eiweissfäulniss ein wichtiges Spaltproduct, das Indol, liefert. Weitere im Eiweiss enthaltene Aminosäuren sind: Alanin, Serin, Asparaginsäure, Glutaminsäure, Ornithin, Lysin, Histidin, Prolin.

Die Aminosäuren sind, wie von einigen schon angegeben worden ist, weiter spaltbar, und bilden nur Zwischenstufen, nicht Endproducte des Eiweisszerfalles. Bei der äussersten Spaltung gehen aus dem Eiweiss hervor: Ammoniak, Kohlensäure, Essigsäure, Oxalsäure, Schwefelsäure, Phenol, Indol, Skatol.

Die Eiweisskörper als Nahrungsstoffe.

Die Bedeutung der Eiweisskörper als Nahrungsstoff ist oben dadurch gekennzeichnet worden, dass sie als „Gewebsbildner" in eine besondere Hauptgruppe gesetzt worden sind. Als Grund hierfür ist der Stickstoffgehalt angegeben worden, der sie allein befähigt, im Körper neue stickstoffhaltige Substanz, neues lebendes Gewebe zu bilden. Diese Unterscheidung ist insofern zutreffend, als selbstverständlich aus stickstofffreien Nahrungsstoffen kein stickstoffhaltiges Gewebe aufgebaut werden kann. Aber es genügt auch nicht der blosse Stickstoffgehalt, um einen Nahrungsstoff als Gewebsbildner zu kennzeichnen. Es kommen im Körper eine ganze Reihe von stickstoffhaltigen Verbindungen vor, von denen man annimmt, dass sie aus der Zersetzung von Eiweisskörpern hervorgegangen sind. Man könnte erwarten, dass diese als Gewebsbildner auftreten würden, indem der Körper aus ihnen die ursprünglichen Eiweissstoffe wieder aufbaut. Das ist aber erfahrungsgemäss unmöglich, denn so schnell diese Stoffe dem Körper zugeführt werden, scheidet er sie wieder aus.

Auch die Eiweissstoffe selbst sind als gewebebildende Nahrungsstoffe durchaus nicht gleichwerthig. Die Proteine und ein Theil der Proteide der Nahrung vermögen allein den Bedarf des Körpers an diesen Stoffen zu befriedigen. Dagegen sind schon die Albuminoide hierzu nicht im Stande, obschon sie fast alle dieselben Bestandtheile enthalten wie die Proteine, und anscheinend nur ganz geringer Umformung bedürften, um zu Proteinen zu werden.

Diese Thatsachen sind um so auffälliger, weil, wie in der Lehre von der Verdauung gezeigt werden wird, auch die Proteine der Nahrung nicht als solche unmittelbar in den Thierkörper aufgenommen werden, sondern durch die Verdauung erst verändert und theilweise zersetzt und nachträglich wieder zu Proteinen ergänzt werden.

Dass es dem Thierkörper nicht möglich ist, aus anderen Eiweissstoffen als aus Proteinen seinen Proteinbedarf zu decken, hat ferner eine grosse praktische Bedeutung, weil dadurch die ganze Reihe der übrigen stickstoffhaltigen Verbindungen, insbesondere die Albuminoide, als Nahrungsstoffe nur untergeordneten Werth haben. Als Vertreter der Albuminoide ist in diesem Zusammenhange an erster Stelle die leimgebende Substanz, das Collagen, oder dessen Umwandlungsproduct, das Glutin zu nennen. Das Glutin ist diejenige Substanz, die im täglichen Leben als Tischlerleim bekannt ist, und in reichlicher Menge aus Bindegewebe, Knorpel und Knochen durch Auskochen gewonnen werden kann. Das Glutin zeigt, wenn es von anderen Eiweisssubstanzen freigemacht ist, die Biuret- und Xanthoproteinreaction, dagegen nicht alle die Fällungsreactionen der eigentlichen Eiweisskörper. Es fehlen in seiner Zusammensetzung einige der Stoffgruppen, die in diesem enthalten sind, und daher vermag es dem Körper nicht alle diejenigen Stoffe darzubieten, aus denen eigentliche Eiweisskörper aufgebaut werden. Aus diesem Grunde können die Knochen und das Bindegewebe, die sonst wegen ihres Stickstoffreichthums ein vortrefflich zur Gewebsbildung geeignetes Nahrungsmittel darstellen würden, nur dazu dienen, die Zersetzung von Körpereiweiss zu ersparen, nicht aber neues Eiweiss zuzuführen.

Die stickstofffreien Nährstoffe.

Die stickstofffreien Nahrungsstoffe zerfallen in die beiden Gruppen der Kohlehydrate und der Fette, deren grosse Verschiedenheit in die Augen fällt, wenn man als Beispiele von Fetten etwa Stearinkerzen oder Olivenöl, als Beispiele von Kohlehydraten Rohrzucker oder Holz annimmt. Auf einen physiologisch wichtigen Unterschied ist schon oben bei der Erwähnung des respiratorischen Quotienten hingewiesen worden. In den Kohlehydraten sind, wie schon der Name andeutet, Wasserstoff und Sauerstoff in demselben Verhältniss wie im Wasser enthalten, und können sich, ohne neuen Sauerstoff aufzunehmen, zu Wasser vereinigen. In den Fetten besteht dagegen ein grosser Ueberschuss von Wasserstoff über Sauerstoff.

5. Die Kohlehydrate.

Als Kohlehydrate bezeichnete man früher nur solche Verbindungen, die eine oder mehrere Gruppen von 6 Kohlenstoffatomen enthalten und in denen das Verhältniss von Wasserstoff zu Sauerstoff dasselbe ist wie im Wasser. In neuerer Zeit fasst man den Begriff weiter, indem man die Kohlehydrate ihrer Constitution nach als Abkömmlinge von Alkoholen erklärt. Da die Alkohole eine beliebige Zahl Kohlenstoffatome enthalten können, kommt eine grosse Zahl von Verbindungen zu den der obigen Beschreibung entsprechenden Kohlehydraten hinzu. Durch die Ableitung der Kohlehydrate aus den Alkoholen erklärt sich eine wichtige Eigenschaft einiger Stoffe aus dieser Gruppe, nämlich die, Metalloxyde zu reduciren. Die Kohlehydrate erscheinen nämlich ihrer Constitution nach als Aldehyde oder Ketone, und es ist eine allgemeine Eigenschaft dieser Stoffe, die eine Uebergangsstufe von den Alkoholen zu den Säuren bilden, leicht oxydirbar zu sein. Daher ist es verständlich, dass unter geeigneten Bedingungen Kohlehydrate den Metalloxyden Sauerstoff entziehen.

Die als Nahrungsstoffe in Betracht kommenden Kohlehydrate entsprechen sämmtlich der oben zuerst gegebenen Beschreibung der Kohlehydrate. Man unterscheidet zunächst diejenigen, die sechs Kohlenstoffatome enthalten, als Monosacharide von denen, die zwei und mehr solche Gruppen enthalten, die Disacharide und Polysacharide genannt werden.

Traubenzucker. Von den Monosachariden ist am wichtigsten der Traubenzucker, auch Glykose oder nach seinem Verhalten gegen polarisirtes Licht Dextrose genannt. Traubenzucker kommt in der Natur in Fruchtsäften, aus denen er beim Eintrocknen in Substanz ausscheidet, und im Honig vor. Er ist eine weissliche körnigkrystallinische Substanz, die sich in Wasser leicht löst und in der Lösung durch folgende Proben nachgewiesen werden kann:

1. Mit Bierhefe versetzt, vergähren Traubenzuckerlösungen, indem der Traubenzucker in Alkohol und Kohlensäure zerfällt, nach der Formel:

$$C_6H_{12}O_6 = 2\,C_2H_6O + 2\,CO_2.$$

Aus der Menge der entstandenen Kohlensäure kann man die Menge des Zuckers in der Lösung berechnen. Auf den Gährungsvorgang wird weiter unten bei der Erwähnung der Fermente und der Gährungen im Darm zurückzukommen sein.

Die Spaltung in Alkohol und Kohlensäure ist übrigens nicht die einzige, deren der Traubenzucker fähig ist, vielmehr kann auch eine andere Art Gährung, die Milchsäuregährung, auftreten. Diese wird in ähnlicher Weise wie die Alkoholgährung durch den Hefepilz durch Mikroorganismen hervorgerufen, die man als Milchsäurebacillen bezeichnet, und verläuft nach folgender Formel:

$$C_6H_{12}O_6 = 2(CH_2 - CHOH - COOH)$$
$$\text{Traubenzucker} \qquad \text{Milchsäure.}$$

Die Milchsäure ist eine farblose dickliche Flüssigkeit.

2. Die Lösung von Traubenzucker ist optisch activ, sie wirkt rechtsdrehend auf die Polarisationsebene des durch sie hindurchgehenden polarisirten Lichtes. Dies ist folgendermaassen zu verstehen: Die Strahlung des Lichtes wird als eine Bewegung des Aethers angesehen, die in Schwingungen der einzelnen Theilchen quer zur Richtung des Strahles besteht. In gewöhnlichem Licht finden Querschwingungen nach allen Seiten statt. Bei Reflection des Lichtes unter einem Einfallswinkel von ungefähr 55°, oder beim Hindurchgehen des Lichtes in bestimmter Richtung durch gewisse Krystalle werden die Aetherschwingungen so beeinflusst, dass sie alle in einer Ebene stattfinden. Diese heisst die Schwingungsebene des polarisirten Lichtes. Durch die Polarisation werden also alle Schwingungen nach seitlich von der Polarisationsebene gelegenen Richtungen gleichsam unterdrückt und in die Schwingungsebene abgelenkt. Nimmt man nun mit einem Strahl solchen polarisirten Lichtes eine zweite Polarisation vor, durch die die Schwingungen eben in der Richtung ihrer Ebene unterdrückt und auf die darauf senkrechte Ebene abgelenkt werden, so werden durch diese zweifache Einschränkung die Schwingungen überhaupt unterdrückt und der Strahl ausgelöscht. Dies tritt wie gesagt ein, wenn die Ebene der zweiten Polarisation auf der der ersten senkrecht steht. Lässt man aber den Strahl nach der ersten Polarisation durch die Lösung eines optisch activen Körpers gehen, so findet man, dass nun die Ebene der zweiten Polarisation unter einem anderen Winkel als dem Rechten eingestellt werden muss, um die Schwingungen völlig zu unterdrücken. Man sieht hieraus, dass die optisch active Lösung die ursprüngliche Lage der Schwingungsebene verändert, nämlich offenbar um so viel gedreht hat, wie der Unterschied in der Einstellung der zweiten Polarisationsebene beträgt. Diese Drehung kann nun bei Losungen verschiedener Stoffe entweder nach rechts oder links stattfinden, und man theilt danach die optisch activen Körper in rechts- und linksdrehende. Aus der Grösse der Drehung kann man auf die Stärke der Lösung schliessen. Diese Methode der sogenannten optischen Zuckerbestimmung wird in technischen Betrieben angewendet.

3. Der Traubenzucker reducirt in erwärmter alkalischer Lösung Kupferoxyd zu Kupferoxydul. Dies ist die sogenannte Trommer'sche Zuckerprobe. Man setzt zu einer Probe der Lösung, die auf Zucker untersucht werden soll, Natronlauge und einige Tropfen Kupfersulfatlösung. Erwärmt man die blaue Lösung über der Flamme, so scheidet sich gelbes Kupferoxydulhydrat oder rothes Kupferoxydul ab. Diese Probe wird allgemein zur Untersuchung des Harns auf Zucker angewendet.

Es giebt noch eine ganze Reihe anderer Reactionen auf Zucker, die indessen hier übergangen werden können, indem auf die Lehrbücher der Chemie verwiesen wird.

Die genannten Reactionen kommen übrigens nicht dem Traubenzucker allein, sondern auch den übrigen Monosachariden und Disachariden mit gewissen Ausnahmen zu.

Rohrzucker. Diese Ausnahmen betreffen gerade die Zuckerart, die aus dem täglichen Leben am meisten bekannt ist, und die man deshalb als das naheliegendste Beispiel des Zuckers überhaupt anzusehen geneigt ist, nämlich den Rohrzucker oder Rübenzucker. Der Rohrzucker ist schon deshalb nicht als eigentlicher Vertreter seiner Verwandtschaft zu betrachten, weil er zu den Disachariden, also nicht zu den einfachen, sondern den zusammengesetzten Zuckern gehört. Aber selbst unter diesen hat der Rohrzucker eine Ausnahmestellung. Es fehlt ihm nämlich die Eigenschaft Metalloxyde zu reduciren, und er lässt sich daher durch die Trommersche Probe nicht nachweisen. Ferner ist er auch in seinem ursprünglichen Zustande nicht gährungsfähig. So hat er von den erwähnten Eigenschaften des Traubenzuckers nur die mit ihm gemeinsam, die Schwingungsebene des polarisirten Lichtes zu drehen, und zwar ebenfalls nach rechts. Die Eigenthümlichkeiten des Rohrzuckers verschwinden aber, sobald er durch Kochen mit verdünnter Säure oder durch besondere Fermentstoffe gespalten worden ist. Er zerfällt dann unter Wasseraufnahme in zwei Monosacharide nach der Formel

$$C_{12}H_{22}O_{11} + H_2O = C_6H_{12}O_6 + C_6H_{12}O_6$$

Rohrzucker   Wasser   Dextrose   Lävulose
(Trauben-   (Frucht-
zucker)   zucker).

Fruchtzucker. Das eine der entstehenden Monosacharide ist der vorher besprochene Traubenzucker, das andere eine ähnliche Zuckerart, nach ihrem Vorkommen in Früchten Fruchtzucker genannt, die sich hauptsächlich darin von dem Traubenzucker unterscheidet, dass sie die Schwingungsebene des polarisirten Lichtes nach links statt nach rechts dreht, wovon sie auch den Namen Lävulose hat. Daher erkennt man auch die mit dem Rohrzucker vorgegangene Veränderung daran, dass die Lösung, die, so lange sie bloss Rohrzucker enthält, rechts drehte, in dem Maasse wie die Spaltung vor sich geht, immer schwächer rechtsdrehend und schliesslich stark linksdrehend wird. Obgleich nämlich Dextrose und Lävulose im Rohrzucker zu gleichen Theilen vorhanden sind, wie aus der Formel zu sehen ist, überwiegt die Linksdrehung, weil die Lävulose optisch stärker activ ist. Davon, dass sich bei der Spaltung des Rohrzuckers die Drehungsrichtung umkehrt, hat man dem ganzen Spaltungsvorgang den Namen der Inversion gegeben, man spricht von invertirenden Fermenten, und nennt das durch die Inversion entstehende Gemisch von Dextrose und Lävulose „Invertzucker".

Der Invertzucker hat nun die Fähigkeit Metalloxyde zu reduciren, und er vergährt auch ohne weiteres bei Hefezusatz. Uebrigens kann auch Rohrzucker mit Hefe vergähren, nur geht dann der Gährung die Inversion voraus. Es ist nämlich in der Hefe neben dem Gährungsferment auch ein besonderes invertirendes Ferment vorhanden.

Milchzucker. Von Disachariden ist ferner der Milchzucker, Lactose wichtig, der als ein Bestandtheil der Milch in der Natur vorkommt. Er lässt sich wie der Rohrzucker in zwei Monosachariden, Traubenzucker und Galactose, spalten. Von den anderen Zuckern unterscheidet er sich vor allem dadurch, dass er nicht durch die gewöhnliche Bierhefe, sondern nur mit Hülfe besonderer anderer Hefearten zur alkoholischen Gährung gebracht werden kann. Dagegen verfällt der Milchzucker unter der Einwirkung der Milchsäurebacillen leicht der Milchsäuregährung, indem er Wasser aufnimmt, nach der Formel

$$\underset{\text{Milchzucker}}{C_{12}H_{22}O_{11}} + \underset{\text{Wasser}}{H_2O} = 4\ \underset{\text{Milchsäure.}}{(CH_2{-}CHOH{-}COOH)}$$

Auf diesem Vorgang beruht das bekannte Sauerwerden der Milch. Im Uebrigen verhält sich der Milchzucker ungefähr wie Traubenzucker, er dreht die Schwingungsebene des polarisirten Lichtes nach rechts und giebt die Trommer'sche Probe.

Maltose. Neben dem Milchzucker ist zu nennen Malzzucker, Maltose, der sich von Milchzucker dadurch unterscheidet, dass er gährungsfähig ist und sich nicht wie Milchzucker in Glykose und Galactose, sondern in Glykose und Glykose zerspalten lasst. Dieser Zucker ist deshalb wichtig, weil er bei der Verdauung als ein Spaltungsproduct aus dem Polysacharid Stärke entsteht.

Polysacharide. Unter den Polysachariden sind am wichtigsten die Stärke, Amylum, und die sogenannte thierische Stärke, Glykogen. Die chemische Zusammensetzung der Polysacharide ist nur soweit bekannt, dass man weiss, dass sie aus einer grossen Anzahl von Monosacharidgruppen zusammengesetzt sind; wieviel solche Gruppen aber zu den verschiedenen Polysachariden zusammentreten, hat man noch nicht feststellen können. Man kann deshalb nur die allgemeine Formel $(C_6H_{10}O_5)x$ angeben, in der das x besagt, dass die Zahl der Gruppen unbestimmt ist. Die Polysacharide sind im Gegensatz zu den Zuckerarten unlöslich oder sie bilden unechte opalisirende Lösungen, aus denen sie durch Pergament oder thierische Membranen nicht in Wasser dialysiren können. Diese Lösungen sind wie die Zuckerlösungen optisch activ und drehen die Schwingungsebene des polarisirten Lichtes nach rechts. Im Uebrigen aber geben die Polysacharide keine der Reactionen der Zucker, wie etwa die Trommersche, noch sind sie unmittelbar der Gährung zugänglich. Ihre nahe Verwandtschaft zum Zucker zeigt sich aber darin, dass sie, ebenso wie die Disacharide, beim Kochen mit verdünnter Säure oder unter dem Einfluss von Fermenten Wasser aufnehmen und sich in Traubenzucker verwandeln.

Den Polysachariden kommt eine beachtenswerthe Reaction zu, die benutzt wird, sie nachzuweisen. Ihre Lösungen färben sich auf Zusatz von Jod dunkelblau, braun oder roth, und diese Färbung verschwindet beim Erwärmen, um bei Abkühlung wieder aufzutreten.

Stärke, Amylum. Die Stärke bildet einen sehr grossen Theil fast aller pflanzlichen Nahrungsmittel.

Beispielsweise die Kartoffeln bestehen nur aus einem feinen Gerüstwerk, das ganz und gar mit Stärke angefüllt ist, so dass, wenn man ein Stückchen durchschnittener Kartoffel in einen Tropfen Wasser auf einem Objectträger taucht, unmittelbar eine schon dem blossen Auge sichtbare Wolke von ausgespülten Stärkekörnchen in den Wassertropfen übergeht.

Die natürlichen Stärkekörnchen haben, wie man im Mikroskop erkennt, concentrisch geschichteten Bau. In dieser ihrer natürlichen Form ist die Stärke unlöslich, doch lässt sie sich durch Kochen mit Wasser in eine unechte Lösung, den sogenannten Stärkekleister überführen. Erst in dieser Form, wenn die natürliche Structur der Stärkekörnchen zerstört ist, wird die Stärke der Einwirkung von Fermenten zugänglich. Die Stärke färbt sich mit Jod dunkelschwarzblau.

Die Spaltung der Stärke in Monosacharide lässt sich folgendermaassen zeigen. Man kocht etwas Stärke in Wasser, so dass man einen flüssigen Kleister erhält. Dieser giebt mit Jod nach dem Abkühlen sehr deutlich die blaue Jodstärkefarbe. Setzt man zu dem Kleister verdünnte Schwefelsäure zu und erwärmt einige Zeit lang, so erhält man auf Zusatz von Jod nicht mehr die blaue, sondern allenfalls, wie gleich unten erklärt werden wird, eine rothe Färbung. Setzt man das Erwärmen fort, so geht die Spaltung weiter, so dass keine Reaction auf Jod mehr eintritt. Dagegen kann man nun durch die Trommer'sche Probe die Gegenwart von Zucker nachweisen. Diesem Vorgang entspricht folgende Formel:

$$3\ C_6H_{10}O_5 + H_2O = 2\ C_6H_{12}O_6 + C_6H_{10}O_5$$

Stärke   Traubenzucker   Stärke
(Dextrin)

Beim Erhitzen und bei der Zersetzung in Monosacharide macht die Stärke mannigfache Umwandlungsstufen durch, die als besondere Stoffe unterschieden werden können. Unter diesen ist die oben erwähnte Maltose und das Dextrin zu nennen, das sich durch seine Löslichkeit von der Stärke unterscheidet und mit Jod rothe Farbe annimmt. Dies ist die Ursache der Rothfärbung, die bei dem eben beschriebenen Versuch eintreten kann.

Aehnlich der Stärke verhalten sich noch eine Anzahl anderer Polysacharide aus dem Pflanzen- und Thierreich, von denen als Beispiele das aus dem täglichen Leben bekannte arabische Gummi und die in der Pharmakopöe angewendeten Pflanzenschleime genannt werden mogen.

Glykogen. Als thierische Stärke bezeichnet man das Glykogen, ein Polysacharid, das in der Leber, in den Muskeln und in anderen Geweben des Thierkörpers vorkommt. Es giebt, wie gekochte Stärke, nur eine unechte Lösung, die stark rechtsdrehend ist. Die chemische Aehnlichkeit mit der Stärke wird dadurch vervollständigt, dass es als Polysacharid aus einer grossen Anzahl Monosacharidgruppen zusammengesetzt ist und auf Jod reagirt, und zwar mit rothbrauner Farbe.

Die Bezeichnung thierische Stärke bezieht sich nicht nur auf die chemischen Eigenschaften, sondern ebensowohl auf die Rolle, die das Glykogen im Körperhaushalt spielt, die mit der der eigentlichen Starke in den Pflanzen verglichen wird. Die Starke wird nämlich in den Pflanzen hauptsachlich da angetroffen, wo ein Stoffvorrath fur künftigen Weiterbau der Pflanze angehäuft werden soll. So stellt die Kartoffelknolle mit ihrer grossen Stärkemasse den Vorrath dar, mit dem die „Kartoffelaugen" zur neuen Pflanze auskeimen. Ebenso dient im thierischen Körper das Glykogen als Vorrathsstoff, der nach Bedarf in Traubenzucker umgewandelt und von den Gewebszellen als Nährstoff verwendet wird.

Cellulose. Ein Stoff ganz anderer Art, aber auch ein Polysacharid, ist die Cellulose, der Holzfaserstoff, der einen grossen Theil aller Pflanzenkörper aufbaut und deshalb auch in jeder pflanzlichen Nahrung enthalten ist. Holz, Baumwolle, also auch Watte, Hanf, Papier, insbesondere das aschefreie Filtrirpapier der Chemiker, besteht aus fast reiner Cellulose. Die Cellulose ist vollkommen unlöslich und verhält sich gegen die meisten chemischen Einwirkungen indifferent. Durch starke Schwefelsäure wird sie gelöst, gespalten und theils in Dextrin, theils in Traubenzucker überführt.

Der Holzstoff, den so viele Pflanzen in ungeheuren Mengen enthalten, kann also im Laboratorium in einen so werthvollen Nahrungsstoff, wie der Traubenzucker es ist, umgewandelt werden. Für die praktische Herstellung von Nahrungsmitteln kann dieser Umstand vorläufig nicht benutzt werden, weil das Verfahren viel zu umständlich und kostspielig sein würde. Aehnlich ist es mit der Verwerthung der Cellulose bei der thierischen Verdauung, auf die weiter unten eingegangen werden soll.

Die Cellulose kann auch einen Gährungsvorgang durchmachen, indem sie sich unter dem Einfluss von Mikroben in Grubengas und Kohlensäure spaltet.

Es wird in den Pflanzen, insbesondere in dem Fleisch des Obstes und in Wurzeln und Rüben, noch eine der Cellulose ähnliche Substanz, Pectose, angenommen, die während der Reifung der Gewebe durch Fermente in Losung gebracht wird und in dieser Form als Pectin bezeichnet wird. Das Pectin bildet die Gallerte, die bei der Entstehung der Obstgelées bemerkbar wird.

6. Die Fette.

Die in der Natur vorkommenden Fette sind nicht einheitliche Stoffe, sondern Gemenge aus verschiedenen Fettarten. Jede einzelne Fettart ist eine Verbindung von Glycerin mit einer der zahlreichen Fettsäuren. Von diesen kommen in den natürlichen Fetten vornehmlich drei in grösserer Menge vor. Alle anderen Fettsäuren sind darin in so geringer Menge enthalten, dass sie für die Zusammensetzung im Grossen und Ganzen nicht in Betracht kommen. Die drei wesentlich am Aufbau der Fette betheiligten Fettsäuren sind:

$$\text{die Stearinsäure } C_{18}H_{36}O_2,$$
$$\text{die Palmitinsäure } C_{16}H_{36}O_2 \text{ und}$$
$$\text{die Oelsäure } C_{18}H_{34}O_2,$$

von denen die ersten beiden der normalen Fettsäurereihe von der allgemeinen Form $C_nH_{2n}O_2$ angehören, die letzte der Reihe der Fettsäure mit doppelter Bindung, deren allgemeine Formel $C_nH_{2n-2}O_2$ ist.

Das Glycerin, ein dreiwerthiger Alkohol, hat die Formel $C_3H_5(OH)_3$. Die Verbindung von Glycerin und Fettsäure geschieht so, dass die drei Wasserstoffatome der Hydroxylgruppen des Glycerins durch drei Moleküle der Fettsäure ersetzt werden, die ihrerseits je ein Atom Wasserstoff und ein Atom Sauerstoff abgeben, sodass die drei aus den Hydroxylgruppen frei gewordenen Wasserstoffatome sich mit den von den drei Fettsäuren gelieferten Atomen zu Wasser verbinden können. Die entstehende Verbindung ist, da sie keine freie Fettsäure enthält, ein neutrales Fett.

Die Entstehung der neutralen Fette der oben genannten drei Fettsäuren stellt sich also nach folgenden Formeln dar:

$$1. \quad C_3H_5(OH)_3 + 3(C_{18}H_{36}O_2) = C_3H_5O_3(C_{18}H_{35}O)_3 + 3H_2O$$
Glycerin   Stearinsaure   neutrales Fett der   Wasser
Stearinsäure (Tristearin)

$$2. \quad C_3H_5(OH)_3 + 3(C_{16}H_{32}O_2) = C_3H_5O_3(C_{16}H_{31}O)_3 + 3H_2O$$
Glycerin   Palmitinsaure   neutrales Fett der   Wasser
Palmitinsäure (Tripalmitin)

$$3. \quad C_3H_5(OH)_3 + 3(C_{18}H_{34}O_2) = C_3H_5O_3(C_{18}H_{33}O)_3 + 3H_2O$$
Glycerin   Oelsaure   neutrales Fett der Oel-   Wasser
säure (Triolein)

Wegen der drei Moleküle, die in jedem Neutralfett an das Glycerin gebunden sind, bezeichnet man es mit dem Namen der betreffenden Säure und der Vorsilbe Tri, also Tristearin, Tripalmitin, Triolein. Die natürlichen Fette sind Gemische aus diesen drei Fetten, denen in geringen Mengen die Fette der übrigen Fettsäuren beigesellt sein können. Je nachdem in dem Gemische einer oder der andere Bestandtheil vorwiegt, zeigt das natürliche Fett verschiedene Eigenschaften. Die verschiedenen Fette unterscheiden sich vor Allem durch ihren Schmelzpunkt. Tristearin und Tripalmitin sind bei gewöhnlicher Temperatur fest, Triolein flüssig. Daher ist ein natürliches Fett um so weicher und leichter schmelzbar, je mehr Triolein und je weniger Tristearin oder Tripalmitin es enthält. Die reinen Fette oder Fettgemische sind weiss, geruch- und geschmacklos, in Wasser ganz unlöslich, in heissem Alkohol, und ausserdem in Aether, Benzol, Chloroform, Schwefelkohlenstoff löslich. Ferner können flüssige Fette die festen lösen.

Emulsion. Da die Fette leichter sind als Wasser und sich nicht darin lösen, schwimmen sie, wenn sie in Wasser gethan werden, an der Oberfläche. Schüttelt man aber eine Mischung von flüssigem Fett und Wasser, so wird das Fett in feine Tröpfchen zertheilt, die wegen ihrer verhältnissmässig grossen Oberfläche sich nicht schnell genug im Wasser bewegen können, um sich sogleich an der Oberfläche zu sammeln. Sie bleiben daher eine Zeit lang in ihrem fein vertheilten Zustand in der Flüssigkeit stehen, sie sind, wie man es nennt, in der Flüssigkeit suspendirt. Ist die Flüssigkeit etwa durch Zusatz von Eiweiss, Gummilösung, Stärkekleister oder einen ähnlichen Zusatz zähflüssig, colloid, gemacht, so werden die Widerstände im Vergleich zum Auftrieb der Fetttröpfchen so gross, dass die beim Schütteln entstandene feine Vertheilung dauernd bestehen bleibt. Man nennt den ganzen Vorgang Emulsion eines Fettes, das Schütteln wird als Emulgiren, das fein vertheilte Fett als emulgirtes Fett bezeichnet. Die Flüssigkeit selbst wird eine Fettemulsion genannt, wobei man zwischen momentaner und permanenter Emulsion unterscheidet.

Durch die Emulsion tritt aus den optischen Gründen, die bei der Besprechung der Farbe des Blutes im ersten Abschnitte erörtert worden sind, stets eine weissliche Farbe ein. Klares Wasser und gelbes Olivenöl geben zum Beispiel eine vollkommen undurchsichtige weisse Emulsion, die genau wie Milch aussieht. Dieser Vergleich muss zutreffen, weil die Milch, wie weiter unten auszuführen sein wird, selbst nichts Anderes ist, als eine permanente Emulsion von gelbem Fett in klarer Eiweisslösung.

Verseifung. Von den chemischen Eigenschaften der Fettsäuren muss hier noch die Fähigkeit erwähnt werden, sich mit Alkalien zu Seifen zu verbinden. Ebenso wie nach der oben angegebenen Formel Glycerin und Fettsäure unter Ausscheidung von Wasser zu Fett verbunden werden, kann auch umgekehrt das Fett unter Aufnahme von Wasser in Glycerin und Fettsäure gespalten werden. Dies geschieht, wenn man Fette mit Natron- oder Kalilauge siedet, und die dadurch entstehende freie Fettsäure verbindet sich unter Aufnahme von Wasser mit dem Alkali zu Seife. Die Seifen sind also Alkaliverbindungen der Fettsäuren, ebenso wie die Salze Alkaliverbindungen der Mineralsäuren sind. Seife ist in Wasser colloid löslich, und die Verseifung der Fette gewährt daher ein Mittel, die Fettsäuren in wasserlösliche Form zu bringen.

An Stelle der Alkalien können auch die alkalischen Erden (Kalk, Baryt, Magnesia) oder Metalloxyde sich mit Fettsäuren verbinden, wobei, wie oben bei der Besprechung des Kalkgehaltes im Wasser angedeutet wurde, unlösliche Niederschläge entstehen, die als Kalkseifen bezeichnet werden

Verdünnte Seifenlösung hat alkalische Reaction, weil sich ein Theil der Alkalien durch Dissociation von den Fettsäuren trennt, und wirkt daher wie schwache Lauge.

Die Spaltung der Fette, wie sie bei der Verseifung durch die Alkalien herbeigeführt wird, kann nun auch durch Einwirkung von Fermenten hervorgerufen werden. Dabei zerfällt das Fett in Glycerin und freie Fettsäuren. In jedem Fett, das der Luft und insbesondere dem Lichte ausgesetzt ist, tritt ohne erkennbare Ursache dieselbe Spaltung ein. Man nennt diesen Vorgang im täglichen Leben „Ranzigwerden" der Fette. Bei weitergehender Zersetzung entwickelt das ranzige Fett den bekannten üblen Geruch und Geschmack.

Auch nicht merklich ranziges Fett enthält fast immer wenigstens Spuren freier Fettsäuren, sodass es kaum möglich ist, im Laboratorium Fett in neutralem Zustande aufzubewahren. Bringt man daher Fett mit verdunnter Sodalösung zusammen, so tritt zwischen dem Alkali der Lösung und den freien Fettsäuren des Fettes eine Reaction ein, die zur Vertheilung des die Fettsaure einschliessenden Neutralfettes in der Sodalösung führt. Dieser Vorgang, der der Reinigung mit Fett beschmutzter Gegenstände durch Waschen mit Lauge zu Grunde liegt, spielt auch bei der Verdauung eine Rolle.

Fett als Nährstoff. Für die Bedeutung des Fettes als Nahrungsstoff ist, wie schon mehrfach erwähnt, seine elementare Zusammensetzung maassgebend. Aus der Formel des Tristearins $C_3H_5O_3(C_{18}H_{35}O)_3$ geht hervor, dass es auf 57 Atome Kohlenstoff und 110 Atome Wasserstoff nur 6 Atome Sauerstoff enthält. Der in der Verbindung enthaltene Sauerstoff kann also nur 3 Atome Kohlenstoff oder 12 Atome Wasserstoff oxydiren, während der allergrösste Theil des Kohlenstoffs und Wasserstoffs zur Oxydation

zugeführten Sauerstoffs bedarf. Wegen der grossen Wasserstoff-
mengen, die im Fett enthalten sind, erzeugt es bei der Oxydation
eine besonders grosse Wärmemenge, denn Wasserstoff hat von
allen Stoffen die grösste Verbrennungswärme. Hiervon wird im
Abschnitt über die thierische Wärme weiter die Rede sein.

Fähigkeit der Nahrungsstoffe einander zu ersetzen.

Die angeführten fünf Gruppen von Nahrungsstoffen müssen,
wie oben angedeutet, dem Körper sämmtlich zugeführt werden, um
seine Verluste auf zweckmässige Weise auszugleichen. Es ist von
vornherein klar, dass eine vollkommen trockene Nahrung ohne
Wasser bei den grossen Wasserverlusten des Körpers das Leben
nicht erhalten kann. Ebenso ist einleuchtend, dass eine Nahrung
ohne Eiweissstoffe unzureichend sein muss, weil sie den Stickstoffbedarf des Körpers nicht befriedigt. Auch dass der Körper von
seinem Bestand an Salzen einbüsst, und dass die in ihnen enthaltenen Elemente durch Salzaufnahme ersetzt werden müssen, ist
verständlich. Zweifelhaft bleibt nur, ob Kohlehydrate und Fette
unentbehrlich sein müssen, da doch ihre Elemente auch im Eiweiss
vorhanden sind. Es lässt sich aber nachweisen, dass auch solche
Stoffe, deren Elemente schon in anderen Nahrungsstoffen enthalten
sind, trotzdem nahezu ebenso unentbehrlich sein können wie diejenigen Stoffe, die dem Körper besondere Elemente zuführen.

Um seinen Bedarf an irgend einem Nahrungsstoff, beispielsweise Fett, aus
einem anderen Nahrungsstoff, beispielsweise Eiweiss, zu bestreiten, müsste nämlich der Korper diesen zweiten Stoff so weit zersetzen, dass er daraus den ersten
wieder aufbauen kann. Nun ist schon in den einleitenden Betrachtungen des
ersten Abschnittes darauf hingewiesen worden, dass der Stoffwechsel auf dem
Ersatz zersetzter Verbindungen durch zersetzungsfähige Verbindungen beruht.
Nur dadurch ist es dem Körper moglich, die Lebensthätigkeiten zu unterhalten,
die mit Erzeugung von Warme und Arbeit verbunden sind. Es sind also nur
die zersetzungsfähigen Stoffe eigentliche Nahrungsstoffe. Wenn nun ein Nahrungsstoff, beispielsweise Eiweiss, bis in seine einzelnen Elemente zerlegt werden
muss, um daraus einen anderen Nahrungsstoff, beispielsweise Fett, aufzubauen,
so hat er im Zustande der Zerlegung auch seinen ganzen Nahrungswerth ein-
gebusst. Um den neuen Nahrungsstoff, das Fett, aus den Elementen wieder
aufzubauen, müsste der Körper genau so viel Energie aufwenden, als durch
Wiederzersetzung des gebildeten Fettes in seine Elemente wieder gewonnen
werden konnte.

In Wirklichkeit braucht allerdings zur Herstellung des einen Nahrungsstoffes, beispielsweise des Fettes, der andere, beispielsweise das Eiweiss, nicht
ganz und gar in seine Urbestandtheile zerlegt zu werden, sondern es ist denkbar, dass sich das Fett als ganzes Molekül aus dem Eiweissmolekül abspalten
liesse. Dann könnte das Fett mit seinem vollen Nahrungswerth weiter zersetzt
werden. Offenbar wird aber eine solche Abspaltung wegen der dabei entstehenden
überflüssigen Abfälle fur den Körper unvortheilhafter sein als die unmittelbare
Aufnahme von Fetten und Kohlehydraten. Es ist deshalb unwahrscheinlich, dass
normaler Weise in grösserem Umfange Fett oder Zucker aus Eiweiss gebildet wird.
Dasselbe gilt in gewissem Grade von Fetten und Kohlehydraten unter einander.

Die Gründe, weshalb in einer zweckmässig zusammengesetzten
Nahrung keine der verschiedenen Gruppen von Nahrungsstoffen fehlen
darf, lassen sich also folgendermaassen zusammenfassen: Salze und

Eiweissstoffe sind offenbar unentbehrlich, weil sie die für den Bestand des Körpers unentbehrlichen Elemente einführen. Wasser, Kohlehydrate und Fette sind deshalb unentbehrlich, weil sie Elemente in gewissen Verbindungen einführen, die in dieser Form nicht aus den anderen Nahrungsstoffen abgespalten werden können, ohne dass die Gesammteinfuhr und die Abscheidung der Spaltungsproducte übermässig gross wird.

Wenn damit auch als allgemeiner Satz hingestellt wird, dass die fünf Gruppen Nahrungsstoffe jede einzeln unentbehrlich sind, so bleibt doch die Möglichkeit offen, dass sie einander in gewissem Maasse vertreten können. Es wird weiterhin zu erörtern sein, in welchem Maasse und auf welche Weise dies geschehen kann.

Zweckmässige Mischung der Nahrungsstoffe. Aus denselben Gesichtspunkten, aus denen eben abgeleitet worden ist, dass eine Nahrung, die den Körper dauernd erhalten soll, sämmtliche fünf Nahrungsstoffe enthalten muss, geht ferner hervor, dass die Nahrung, um den Bedürfnissen des Körpers angepasst zu sein, die Nahrungsstoffe in einem ganz bestimmten Mengenverhältniss enthalten muss.

Diese beiden Sätze sind von grosser praktischer Bedeutung. Denn die Wahl der Nahrungsmittel hängt für Mensch und Hausthiere auch von anderen als rein physiologischen Gesichtspunkten ab, und es liegt sogar sehr nahe, sich etwa mit Rücksicht auf den Preis der Nahrungsmittel einer beliebig einseitig zusammengesetzten Kost bedienen zu wollen. In der Lehre von den Nahrungsmitteln wird hierauf näher einzugehen sein. Es genügt hier, darauf hinzuweisen, dass eine zweckmässige Nahrung nothwendig ein Gemisch der verschiedenen Nährstoffe in bestimmten Mengen darstellen muss.

Um von diesem Mengenverhältniss eine Anschauung zu bekommen, kann man sich an die Zusammensetzung der Milch halten, als einer von der Natur selbst zubereiteten Nahrung, die nicht nur hinreicht, den Körper der saugenden Thiere am Leben zu halten, sondern ihn auch zu schnellem Wachsthum und fortgesetzter Entwicklung befähigt. Bei der Zweckmässigkeit und Sparsamkeit, die sich in fast allen die Erhaltung des Individuums betreffenden physiologischen Verhältnissen zeigt, darf man auch annehmen, dass die Zusammensetzung der Milch den Bedürfnissen des Säuglingskörpers aufs Genaueste angepasst ist.

Die Zusammensetzung der Milch ist folgende:

In 100 g	Wasser	Eiweiss	Fett	Zucker	Salze
Kuhmilch . . .	87,9	3,4	3,7	4,95	0,7
Frauenmilch . .	90,2	1,2	3,7	6,3	0,2

Im Mittel würden sich demnach die Mengen von Eiweiss, Fett und Kohlehydrat etwa wie 5 : 6 : 9 verhalten.

Es ist aber zu bedenken, dass dies Verhältniss für das saugende, noch stark wachsende Thier passt, das, um immerfort neues Gewebe zu bilden, einer besonders grossen Eiweisszufuhr bedarf. Man sieht ja auch, dass der Eiweissgehalt der Kuhmilch sehr viel höher ist als der der Frauenmilch, was zu der schnellen Zunahme des Kalbes im Vergleich zum menschlichen Säugling passt. Wie weiter unten gezeigt werden wird, liegt daher das günstigste Verhältniss der Nahrungsstoffe für den Erwachsenen etwas anders.

Die Verdauung.

Begriff der Verdauung.

Die fünf Gruppen von Nahrungsstoffen, ungefähr in dem Verhältniss gemischt, in dem sie in der Milch enthalten sind, können also einen vollkommenen Ersatz für die Stoffverluste des Körpers bieten, wenn sie in den Körper aufgenommen werden und in dessen Bestand übergehen.

Bei den niedrigsten Organismen kann dies durch unmittelbaren Austausch zwischen der umgebenden Flüssigkeit und dem Gewebe geschehen.

Darmcanal. Bei den höher entwickelten Thieren sind besondere Organe für die Nahrungsaufnahme ausgebildet, die, indem sie zugleich zur Abscheidung der überflüssigen oder unbrauchbaren Bestandtheile der Nahrung dienen, die Form einer den Körper durchsetzenden Röhre, des Darmcanals, annehmen, durch deren eines Ende, die Mundöffnung, die Nahrung eingeführt wird, während die Abfallstoffe durch das andere Ende, den After, ausgeschieden werden.

Ein grundsätzlicher Unterschied zwischen beiden Formen der Nahrungsaufnahme besteht nicht, da die innere Fläche des Darmcanals in gewissem Sinne als zur äusseren Fläche des Körpers, das heisst als Abgrenzung des Körpers gegen die Aussenwelt anzusehen ist. Die in den Darmcanal aufgenommene Nahrung kann also im Sinne der Stoffwechselphysiologie als noch ausserhalb des Körpers befindlich angesehen werden. Diese Unterscheidung ist keine blosse Spitzfindigkeit, weil ein grosser Theil der Nahrungsstoffe in der Form, wie er in den Darmcanal eintritt, überhaupt nicht in den Körper übergehen kann.

Verdauung und Resorption. Der grösste Theil der Nahrungsstoffe muss, ehe er in den Körper übergehen kann, im Darm eine Umwandlung erfahren, die ihn erst zum Eintritt in den Körper tauglich macht. Diese Umwandlung bewirkt der Organismus selbst, indem er in den Hohlraum des Darmcanals Stoffe ausscheidet, deren chemische Wirkung die erforderlichen Veränderungen an den im Darmcanal befindlichen Nahrungsstoffen hervorbringt. Diese Aufbereitung der Nahrungsstoffe nennt man die „Verdauung", den eigentlichen Vorgang des Uebergangs durch die Darmwand die „Resorption" der Nahrung.

Die Verdauung wirkt durch vier verschiedene Mittel auf die Nahrung ein,

erstens auf mechanischem Wege, durch Zerkleinern und Zermahlen und durch Fortführen und Vermischen des Darminhalts,

zweitens durch Auflösen in Wasser,

drittens auf chemischem Wege durch Säuren, Alkalien und andere Reagentien,

viertens durch Fermente. Die Lehre von der Verdauung kann danach eingetheilt werden in Mechanik und Chemie der Verdauung.

Verdauungsdrüsen. Die Absonderung der chemisch wirkenden Stoffe, der sogenannten Verdauungssäfte, beruht auf der Thätigkeit der Verdauungsdrüsen, die theils als mikroskopisch kleine Gebilde in ungeheurer Zahl auf der ganzen Darmwand vertheilt sind, theils als besondere grössere Organe, Speicheldrüsen, Leber und

Pankreas, dem Darm angelagert sind. Jede Drüse besteht aus einer Anhäufung von Zellen, die in der Regel in Röhren- oder Bläschenform um einen Hohlraum, den Ausführungsgang, angeordnet sind. Der Ausführungsgang mündet bei den kleinen Darmdrüsen unmittelbar in die Darmhöhle, bei den grossen zusammengesetzten Drüsen schliessen sich die einzelnen Ausführungsgänge zu einer gemeinsamen Ausflussröhre zusammen. Die einzelnen Drüsenzellen haben die Fähigkeit, der Gewebsflüssigkeit oder den sie umgebenden Blutcapillaren Stoffe zu entnehmen, und sie entweder unverändert oder in veränderter Form in den Ausführungsgang abzusondern, zu secerniren. Die in den Verdauungssäften wirksamen Stoffe entstehen also in den Drüsen durch die chemische Thätigkeit der Drüsenzellen. Die meisten von ihnen sind sogenannte Fermente.

Die Fermente.

Merkmale der Fermentwirkung. Von den rein chemischen Umsetzungen unterscheiden sich die Wirkungen der sogenannten Fermente in mehreren Punkten. Während bei der chemischen Umsetzung irgend ein Stoff sich mit andern oder Bestandtheilen von andern in ganz bestimmtem Mengenverhältniss vereinigt, um einen neuen Stoff zu bilden, hat die Fermentwirkung die Eigenthümlichkeit, dass eine ganz kleine Menge des Fermentstoffes genügt, in beliebigen sehr grossen Mengen anderer Stoffe chemische Veränderungen hervorzurufen.

Ein solcher Vorgang ist die oben mehrfach erwähnte Gährung. Eine ganz geringe Menge Hefe in eine sehr grosse Menge Zuckerlösung geworfen, bewirkt die Spaltung in Kohlensäure und Alkohol. Die Gährung ist die am längsten bekannte Fermentwirkung, so dass in vielen Sprachen Fermentation schlechtweg Gährung bedeutet. Nun ist die Hefe, wie man unter dem Mikroskop erkennt, weiter nichts als eine Anhäufung einzelliger Sprosspilze, die sich in den gährungsfähigen Lösungen ansiedeln und durch Sprossung stark vermehren. Man darf also das Mengenverhältniss des Fermentstoffes und der durch ihn gespaltenen Stoffmengen nicht einfach nach der Menge der zuerst hinzugefugten Hefe berechnen wollen. Aber auch wenn man die Vermehrung der Hefe in Rechnung bringt, findet man, dass der Spaltungsvorgang von der Menge der Fermentsubstanz innerhalb weiter Grenzen unabhängig ist. Selbst bei starker Vermehrung der Hefe ist natürlich die Menge der eigentlich wirksamen Fermentsubstanz nur gering, denn man kann nicht annehmen, dass der ganze Leib der Hefezelle ausschliesslich aus Ferment besteht.

Ganz ähnlich wie bei der alkoholischen Gährung des Zuckers mit Hefe verhält es sich bei der ebenfalls schon oben erwähnten Milchsäuregährung. Hier ist es ein weit kleinerer Mikroorganismus, der Milchsäurebacillus, der den Spaltungsvorgang bewirkt. Die wenigen Keime, die aus dem Staube der Luft in etwa offen stehende Milch gelangen, bewirken bei hinreichend hoher Temperatur eine so schnelle Spaltung des Milchzuckers, dass bekanntlich bei warmem Wetter die Milch in beliebigen Mengen innerhalb weniger Stunden sauer wird. Das Missverhältniss zwischen der Gewichtsmenge des Fermentes und der des umgewandelten Milchzuckers ist hier noch viel deutlicher als bei der Hefegährung. In diesen Beispielen hat man also zwei Fälle vor sich, in denen bestimmte Mikroorganismen in sehr geringer Menge eine ihnen eigenthümliche Wirkung auf beliebige Mengen gelöster Substanz hervorbringen. Besonders bemerkenswerth ist, dass die betreffende Wirkung offenbar von der Art des Mikroorganismus abhängt, denn ein und dieselbe Traubenzuckerlösung kann, je nachdem sie mit Hefe oder mit einer Bacillencultur beschickt wird, zu alkoholischer oder zu milchsaurer Gährung gebracht werden.

Enzyme. Die Gährung ist ein ausgeprägtes Beispiel derjenigen Art der Fermentwirkung, die von lebenden Organismen, also von organisirtem, geformtem Material ausgeht. Wenn man die Hefe kocht, oder durch Säuren, Alkalien oder andere starke Gifte abtödtet, so verliert sie ihre gährungserregende Kraft. Man könnte demnach meinen, die Fermentwirkung sei ausschliesslich an lebende Organismen gebunden. Nun ist aber seit langer Zeit ein anderer Vorgang bekannt, der sich in abgetödtetem organischen Material vollzieht und dennoch als eine Fermentwirkung angesehen werden muss. Dies ist die Umwandlung von Stärke in Zucker bei der Bierbrauerei.

Als Malz bezeichnet man Getreidekörner, die durch Befeuchten und Erwärmen zum Keimen gebracht, durch langsame Erhitzung abgetödtet und von ihren Keimen getrennt worden sind.

Die Getreidekörner bestehen zu fast zwei Dritteln aus Stärke, die den Vorrathsstoff zum Aufbau der kunftigen Pflanze darstellt, etwa wie das Eidotter und Eiweiss im Vogelei den Vorrathsstoff zum Aufbau des Vogelleibes bilden. Um in die Pflanzengewebe übergehen zu können, muss die Stärke in lösliche Form ubergeführt werden, und dies geschieht durch Umwandlung in Zucker. Der Keimungsvorgang beginnt damit, dass in dem Getreidekorn ein Ferment, die sogenannte Diastase, gebildet wird, das diese Umwandlung hervorzurufen vermag.

Auf dieser Entwickelungsstufe wird zum Zweck des Brauens der Keim abgetödtet, und wenn dann das Malz beim sogenannten Einmaischen mit Wasser erwärmt wird, wirkt die Diastase auf die Stärke und bildet daraus gährungsfähigen Zucker, der mit Hefe vergohren wird. Die Menge der Diastase in den Malzkörnern ist so gering, dass man sie nicht anders als durch ihre Wirkung nachweisen kann, und es lässt sich schatzen, dass sie mindestens das Zehntausendfache ihres Gewichtes an Stärke muss in Zucker umwandeln können.

Dieser längst bekannte Vorgang ist also das Beispiel einer Fermentwirkung, die ohne Zuthun eines lebendigen Organismus in abgetödtetem Material zu Stande kommt. Man bezeichnet den bei einem solchen Vorgang wirksamen Stoff, also hier die Diastase, im Gegensatz zu den lebendigen, „geformten Fermenten" als ein „ungeformtes Ferment" oder ein „Enzym".

Nun hat sich herausgestellt, dass bei der Wirkung der geformten Fermente, zum Beispiel der Hefe, ebenfalls nur gewisse Bestandtheile der Hefezellen wirksam sind, dass also die Hefezellen nicht als Organismus, sondern nur vermöge der in ihnen enthaltenen ungeformten Fermente wirken. Diese Thatsache ist deshalb sehr lange unbekannt geblieben, weil die gewöhnlichen Mittel, die Hefezellen als solche abzutödten, nämlich Siedehitze oder Gifte, auch die Wirksamkeit des Enzyms aufheben. Wenn man aber die Hefezellen durch Zerreiben mit Sand zertrümmert und unter starkem Druck auspresst, so erhält man einen klaren Saft, den sogenannten Hefepresssaft, der stark gährungserregend wirkt. Dieser Saft enthält also das Enzym, das vorher in den Hefezellen enthalten war. Demnach kann man die gährungserregende Wirkung der Hefezellen auf ihren Gehalt an Enzym zuruckführen, und es zeigt sich, dass zwischen geformten und ungeformten Fermenten kein wesentlicher Unterschied besteht.

Verschiedene Fermente. Als Beispiel von Fermentwirkungen sind eben die alkoholische und milchsaure Gährung und die Zuckerbildung aus

Stärke angeführt worden. Es finden sich aber in der Natur sehr zahlreiche Fermente, die mannigfache Umwandlungen an verschiedenen Stoffen hervorzurufen vermögen. Entsprechend den bei den Kohlehydraten angeführten Benennungen auf — ose, hat man für die dazu gehörigen Fermente die Endigung — ase eingeführt, und sagt nach dieser neuen Ausdrucksweise statt: „Die Stärke wird durch Diastase zum Theil in Zucker übergeführt: „Die Amylose wird durch Amylase zum Theil in Glykose umgewandelt".

In den Verdauungssäften spielen die Enzyme eine grosse Rolle, indem sie die oben als für die Resorbirbarkeit der Nahrungsstoffe erforderlich bezeichneten Veränderungen daran hervorbringen. Die Eiweiss- oder Albuminstoffe werden durch Albumasen, die Stärkearten und Zuckerarten durch Amylasen und Glykasen, die Fette durch Lipasen gespalten und in resorbirbare Form gebracht. Besonders der letztgenannte Fall ist bezeichnend fur den Unterschied zwischen den Reactionen, wie sie die technische Chemie ausführt und wie sie in der Natur durch die Fermente ausgeführt werden. Wenn man Fette lange Zeit in geschlossenen Dampfkesseln der Wirkung überhitzten und hochgespannten Dampfes aussetzt, so findet allmählich Spaltung in Fettsäuren und Glycerin statt. Durch die Einwirkung der Lipasen geht derselbe Vorgang auch bei gewöhnlicher Temperatur und in viel kürzerer Zeit von statten.

Beschaffenheit der Fermente. Die sehr geringe Menge, in der die Enzyme auftreten, macht es unmöglich, selbst aus stark wirksamen natürlichen Fermenten, wie Hefepresssaft oder die Verdauungssäfte von Thieren, die Enzyme in Substanz darzustellen. Man kann aber aus verschiedenen Beobachtungen, unter Anderem daraus, dass die Enzyme aus einer Lösung nicht durch Pergamentpapier oder thierische Membranen dialysirbar sind, darauf schliessen, dass sie eiweissartige Stoffe sind.

Alle durch Fermente hervorgerufenen Vorgänge haben das gemein, dass sie unter Wasseraufnahme vor sich gehen. Man bezeichnet sie deshalb auch mit dem Sammelnamen der „hydrolytischen Processe". Daher können die Fermente auch nur bei Gegenwart von freiem Wasser wirken.

Wird zu einer Flüssigkeit, die der Fermentwirkung unterliegen kann, wie etwa Milch, reichlich Salz zugesetzt, so kann dadurch die Fermentwirkung unterdrückt werden, da das Salz das Wasser festhält. Ebenso kann durch Austrocknen jeder auch noch so zersetzliche Stoff vor der Einwirkung der Fermente geschützt werden.

Eine bemerkenswerthe Eigenschaft der Fermente ist es, in ihrer Wirkung von der Temperatur abhängig zu sein. Erhitzen über eine bestimmte Temperatur, die meist mit der Gerinnungstemperatur des Eiweisses zusammenfällt, zerstört die Wirksamkeit der Enzyme. Unterhalb einer gewissen Temperaturgrenze sind sie, obschon sie nicht unwirksam werden, doch ausser Stande, ihre Wirkung auszuüben. Der Grad der Wirksamkeit steigt dann mit steigenden Temperaturgraden bis zu einem gewissen Höhepunkt, der für die Enzyme der Verdauungssäfte bei den Warmblütern ungefähr bei der Körpertemperatur gelegen ist.

Wirkungsweise der Fermente. Als Hauptunterschied der Fermentwirkungen gegenüber den gewöhnlichen chemischen Umsetzungen ist oben angeführt worden, dass die Menge des Enzyms zu der Menge des dadurch veränderten Stoffes in keinem festen Verhältniss steht.

Dieser Satz ist angefochten worden, indem man darauf hinwies, dass grössere Mengen Enzym sich in gewissem Grade wirksamer zeigen als kleinere, und man hat daraufhin die Wirkung der Enzyme als eine die betreffende Umwandlung bloss beschleunigende hingestellt. Diese Anschauung ist aber unhaltbar gegenüber den Thatsachen, dass grosse Mengen durch Enzyme angreifbarer Stoffe selbst nach langer Zeit keine Umwandlung zeigen, wenn sie vor dem Zutritt der Enzyme bewahrt bleiben, und dass sie sich bei Gegenwart geringer Mengen des Enzyms rasch und vollständig umwandeln.

Alle Eigenschaften der Fermente und Enzyme lassen sich mit einer Erklärung ihrer Wirkungsweise vereinigen, auf die ihre Haupteigenthümlichkeit hinweist, nämlich die, ohne selbst in merklichen Mengen verbraucht zu werden, beliebige Mengen eines anderen Stoffes anzugreifen. Diese Eigenschaft zeigen nämlich auch gewisse anorganische Stoffe, die man als „Katalysatoren“ bezeichnet.

Das bekannteste Beispiel solcher katalytischen Vorgänge ist die Entzündung von Wasserstoffgas durch Platinschwamm, die vor Erfindung der Streichhölzer im Döbereiner'schen Feuerzeug, und heutzutage in den Gasselbstzündern für Auerlampen, praktische Anwendung gefunden hat. Der Platinschwamm ist fein vertheiltes metallisches Platin, das beim Ausgluhen von Platinsalmiak nach Verflüchtigung des Salmiaks als eine ausserordentlich poröse graue Masse zuruckbleibt. Diese Masse hat die Eigenschaft Gase anzuziehen und in stark verdichtetem Zustande festzuhalten. Diese Fähigkeit kommt in gewissem Grade allen Oberflachen zu und wird nur bei den porosen Körpern durch die Vergrösserung der Oberfläche und die Verengerung des darüber befindlichen Raumes auffällig bemerkbar. Im Platinschwamm erreicht die Anziehung der Gase eine solche Höhe, dass, wenn Wasserstoff und Sauerstoff zusammen dieser Anziehung ausgesetzt sind, sie sich durch die gleichzeitige Verdichtung und Erwärmung entzünden und zu Wasser verbinden.

Zur Veranschaulichung dieser sogenannten Adsorption der Gase durch feste Körper, zugleich zum Beweis, dass es sich um eine allgemeine, nicht dem Platinschwamm allein zukommende Eigenschaft fester poröser Körper handelt, dient folgender Versuch: Ein grosses Reagensglas, mit Quecksiber gefüllt, wird über Quecksilber umgestulpt und dann Ammoniakgas hineingeleitet. Das Quecksilber fliesst in dem Maasse aus, als Ammoniak eintritt, und das Ammoniakgas ist über dem Quecksilber abgeschlossen. Nun wird ein Stuck durch Ausglühen gasfrei gemachte Holzkohle durch das Quecksilber in die Oeffnung des Glases gebracht und darin aufsteigen gelassen. Sobald es sich auf dem Quecksilber schwimmend in dem Ammoniakgas befindet, zieht es davon eine so grosse Menge an, dass das Quecksilber in den vorher von Gas erfullten Raum fast wie in ein Vacuum hinaufsteigt.

Es ist sehr wohl denkbar, dass die Fermente, indem sie selbst nur in kleinster Menge vorhanden sind, auf bestimmte in ihrer Umgebung vielleicht in noch viel kleineren Mengen vorhandene Stoffe eine Anziehung ausüben und dadurch die Concentration dieser Stoffe an einzelnen Stellen so hoch emportreiben, dass sie starke chemische Wirkungen entfalten. In dem Maasse, in dem sich dann die betreffenden Stoffe chemisch binden, würden natürlich die Fermentstoffe zu neuer Concentrationsthätigkeit frei.

Profermente und Activirung. Es sei gleich hier noch eine Bemerkung über die Bedingungen angefügt, unter denen die Fermente in den Organismen vorkommen, und die Art und Weise, wie sie in annähernd reiner Form daraus gewonnen werden können. In vielen Geweben, die Fermente liefern, wie zum Beispiel in

Drüsen, die fermenthaltige Säfte absondern, sind die Fermente nicht als solche fertig vorgebildet enthalten, sondern als Vorstufen, sogenannte Profermente oder Zymogene. Ein Zymogen wird erst durch Berührung mit anderen Stoffen, die ebenfalls Fermente sein können, „activirt", das heisst, in ein wirksames Enzym verwandelt.

Die einfachste Art, Fermente aus den Geweben, die sie enthalten, zu gewinnen, ist die, die Gewebe mit Wasser oder anderen geeigneten Flussigkeiten, namentlich Glycerin, auszuziehen. Wendet man dieses Verfahren auf frische Gewebe an, so erhält man in vielen Fällen unwirksame Extracte, die eben nur das Zymogen enthalten, aber durch Zusatz von bestimmten Stoffen wirksam werden. Wenn man zum Beispiel das Ferment der Magenschleimhaut, das Pepsin, mit Glycerin aus der ganz frischen Schleimhaut auszieht, so erweist sich der Extract in der Regel als nahezu unwirksam. Setzt man etwas Salzsäure zu, so gewinnt der Extract in einigen Stunden eine viel stärkere Wirksamkeit. Aehnlich verhalten sich viele andere unter den fermenthaltige Säfte absondernden Drüsen. Man nimmt in allen diesen Fällen an, dass die Drüse nur ein Zymogen erzeugt, das erst unter besonderen Bedingungen in das eigentliche Ferment übergeht.

Verdauungscanal bei Carnivoren und Herbivoren.

Der Vorgang der Verdauung, der die Nahrungsstoffe in resorbirbare Form überführen soll, muss natürlich je nach der Art der Nahrungsstoffe und auch je nach der Zusammensetzung der Nahrungsmittel verschieden sein. In dieser Hinsicht bestehen nun zwischen den verschiedenen Thierarten sehr grosse Verschiedenheiten. Die Raubthiere zum Beispiel, die sich ausschliesslich von Fleisch anderer Thiere nähren, erhalten ihre Nahrung als ein Gemenge von Nahrungsstoffen fast ohne unbrauchbare Bestandtheile, die Pflanzenfresser dagegen, besonders diejenigen, die sich von Gras nähren, führen mit jeder Menge Eiweiss oder Kohlehydrat zugleich eine sehr grosse Menge Cellulose ein, die noch dazu den Nahrungsstoff fest eingeschlossen hält. Die Verdauung erfordert daher beim Pflanzenfresser eine ganz andere und viel nachhaltigere chemische Arbeit als beim Fleischfresser.

Wenn hier und im Folgenden kurzweg von Pflanzenfressern die Rede ist, und diese den Fleischfressern als geschlossene Gruppe gegenübergestellt werden, so ist das nicht etwa so zu verstehen, als ob die blosse Thatsache, dass die Nahrung eines Thieres dem Pflanzenreich entnommen ist, für dessen Verdauungsvorgänge einen wesentlichen Unterschied bedinge. Es giebt im Gegentheil einige Thierarten, die sich ausschliesslich von pflanzlicher Kost nähren, dabei aber in Bezug auf die Verdauungsvorgänge den Fleischfressern oder wenigstens den Allesfressern zuzurechnen sind. Das sind diejenigen Thiere, die sich von Früchten nähren, die eine ebenso leicht verdauliche und nahrhafte Kost darstellen wie das Fleisch. Unter Pflanzenfressern sollen dagegen hier nur diejenigen Thiere verstanden werden, die sich von Gras und Kraut nähren, die Herbivoren im eigentlichen Sinne.

Der Unterschied zwischen diesen eigentlichen Pflanzenfressern und den Fleischfressern spricht sich schon in der Ausbildung der Verdauungsorgane so deutlich aus, dass dadurch selbst die äussere Körperform beeinflusst wird, wie ein Blick auf den hängenden Bauch der Rinder im Vergleich zu den eingezogenen Flanken der Raubthiere lehrt. Innerlich tritt der Unterschied noch viel stärker hervor. Der Darm der Fleischfresser stellt eine verhältnissmässig kurze, im Wesentlichen nur durch den Magen und die weitere Lichtung des Dickdarms gegliederte Röhre dar, während bei den Pflanzenfressern diese beiden Abschnitte, Magen und Dickdarm, zu umfangreichen Behältern ausgebildet sind, in denen die Nahrung verweilen und längere Zeit hindurch dem Verdauungsvorgang unterworfen werden kann. Insbesondere bei den Wiederkäuern wird, wie schon der Name besagt, ein Theil des Verdauungsvorganges geradezu wiederholt, bis die Nahrung hinreichend durchgearbeitet ist, und es sind an ihrem Verdauungscanal hierzu besondere Veränderungen ausgebildet. Der Darm des Menschen und der sogenannten Omnivoren stellt eine mittlere Entwicklungsstufe des Verdauungsapparates dar, wie sie der mittleren Zusammensetzung der Kost entspricht.

Aber selbst beim einfachsten Bau des Darmcanals müssen die Verrichtungen in den verschiedenen Abschnitten grosse Unterschiede zeigen, da den oberen Abschnitten im Wesentlichen die Aufnahme und Vorbereitung der Nahrungsmittel, den unteren die Resorption der Nährstoffe und die Abscheidung der Auswurfsstoffe zukommt. Der Darmcanal der Säuger lässt sich in dieser Beziehung ebenso eintheilen, wie es auch die Anatomie lehrt, in Mundhöhle, Speiseröhre, Magen, Duodenum, Dünndarm, Dickdarm und Mastdarm. In fast allen diesen Abschnitten finden mechanische und chemische Wirkungen der Verdauung statt. Beide Arten der Thätigkeit sind in gewissem Grade von einander abhängig, weil einerseits die Verdauungssäfte ihre volle Wirksamkeit nur entfalten können, wenn die Speisen hinreichend zerkleinert sind, andererseits die Bewegung des Verdauungsapparates nur auf gelöste oder wenigstens halbflüssige gequollene Massen einzuwirken vermag. Beide Arten der Thätigkeit sind daher einander und dem Zustand, in dem sich die Nahrung befindet, angepasst und müssen deshalb für jeden einzelnen Abschnitt des Verdauungscanals der Reihe nach gemeinsam betrachtet werden.

Mundverdauung.

Aufnahme flüssiger Nahrung.

Am einfachsten erscheint der mechanische Vorgang bei flüssiger Nahrung, die ohne Weiteres zur Aufnahme in den Verdauungscanal geeignet ist. Wo die Möglichkeit vorhanden ist, dass die Flüssigkeit in die Mundhöhle hineingegossen wird, wie beim Trinken aus Gefässen oder an Wasserfällen, braucht die Flüssigkeit nur geschluckt zu werden. Unter anderen Bedingungen besteht gerade für das Aufnehmen von Flüssigkeit die beträchtliche mechanische Schwierigkeit, dass sie nicht wie feste Nahrung mit dem Munde ergriffen werden kann. Die verschiedenen Thiere umgehen diese Schwierigkeit auf verschiedene Weise. Der Mensch, wo er kein Gefäss zur Hand hat, die Affen, die grossen Vierfüsser und das

Schwein bringen die Mundöffnung unter die Wasseroberfläche und saugen durch Erweiterung der Mundhöhle Wasser hinein. Die Mundhöhle wird erweitert durch Zurückziehen der Zunge, Herabdrücken des Mundbodens und Vorschieben der Lippen. In den dadurch entstehenden Raum wird dann das Wasser durch den Luftdruck hinaufgetrieben.

Der Hund löffelt sich das Wasser mit der an den Rändern emporgekrümmten Zunge in das Maul. Die Katze, deren obere Zungenfläche fast wie eine Bürste mit langen stachelförmigen Papillen besetzt ist, leckt die Flüssigkeit auf. Der Elephant saugt seinen Rüssel voll und spritzt sich den Inhalt in das Maul.

Eine wesentliche Eigenschaft aller dieser Vorgänge ist die grosse Regelmässigkeit, mit der sie ausgeführt werden. Die beim Trinken auf einmal in den Mund aufgenommene Menge beträgt beim Menschen ungefähr 10—15 ccm und ist für die betreffende Person nahezu constant.

Aufnahme fester Nahrung.

Beissen und Kauen. Die festen Speisen werden mit den Lippen und den Zähnen ergriffen, und während sie von den Zähnen zerkleinert werden, zwischen Zunge und hartem Gaumen gehalten und nach Bedarf umherbewegt.

Die Thätigkeit der Zähne pflegt man in drei Abarten einzutheilen, das (Ab-) Beissen, Zerbeissen oder Zerreissen und das Kauen. Diesen drei Arten des Beissens entsprechen auch die drei Hauptformen der Zähne beim Menschen und den Säugethieren, die Schneidezähne, Eckzähne oder Reisszähne und Backen- oder Mahlzähne. Im Uebrigen ist die Form des Gebisses bei den einzelnen Thierarten so sehr ihren besonderen Lebensbedingungen angepasst, dass sie für die Einordnung ins zoologische System eines der vornehmsten Kennzeichen bildet. Um eine leichtere Uebersicht über die mannigfache Ausbildung des Gebisses bei den Thieren zu gewähren, bedient man sich der sogenannten „Zahnformeln“, das heisst man schreibt die Zahlen der Zahngruppen in einer bestimmten Ordnung, so dass die Stellung der Zahl zugleich die Art der betreffenden Zähne angiebt.

Der Mensch hat im Oberkiefer und Unterkiefer gleiche Vertheilung der Zähne, nämlich von der Mitte an jederseits 2 Schneidezähne, 1 Eckzahn (auch Hundszahn, Augenzahn genannt) und 5 Backzähne, von denen zwei als Prämolar- oder Backzähne kurzweg, drei als Molarzähne (der äusserste als „Weisheitszahn“) bezeichnet werden. Dieser Anordnung entspricht folgende Formel:

$$32 = \frac{3.2}{3.2} \cdot \frac{1}{1} \cdot \frac{2.2}{2.2} \cdot \frac{1}{1} \cdot \frac{2.3}{2.3},$$ statt deren es auch genügt, bloss eine Hälfte

zu setzen: $\left| \frac{2}{2} \cdot \frac{1}{1} \cdot \frac{2.3}{2:3} = 32 \right.$.

Mitunter wird folgende Schreibweise angewendet:

$$\text{i } \frac{2.2}{2.2} \text{ c } \frac{1.1}{1.1} \text{ p } \frac{2.2}{2:2} \text{ m } \frac{3.3}{3.3} = 32.$$

in der die Zahngruppen durch ihre Anfangsbuchstaben bezeichnet sind. Wo es darauf ankommt, die Veränderungen im Bestande des Gebisses durch Zahnwechsel genau zu verfolgen, reicht die einfache Angabe der Zahl nicht aus, sondern es muss jedem einzelnen Zahn sein eigenes Zeichen, aus Anfangsbuchstaben und Reihenzahl bestehend, gegeben werden; beispielsweise: dritter Molarzahn $= m_3$.

Die Funktion der Zähne ist bei den verschiedenen Thieren je nach der Art der Ernährung verschieden. Beim Menschen und den Omnivoren hat das Gebiss eine Mittelform, da die Nahrung abgebissen oder gerissen und zum Theil fein gekaut werden muss. Bei den Raubthieren fällt das Kauen fast ganz fort. Mit den Schneidezähnen und mit den mächtig entwickelten Eckzähnen wird das Fleisch in Stücken zerrissen und diese ohne viel Kauarbeit hinabgeschlungen. Den Backzähnen fällt das Zermalmen der Knochen zu, weil hier die günstigste Stelle für die Kraftentwicklung der Kaumusculatur gelegen ist. Bei den Pflanzenfressern haben im Gegentheil die Zähne hauptsächlich Kauarbeit zu leisten. Nur beim Abrupfen der Pflanzen kommen auch die Schneidezähne in Betracht, die Eckzähne fehlen oft ganz. Das Pferd und in noch höherem Grade die Wiederkäuer erfassen die Nahrung mit Lippen und Zunge und bringen sie so in den Bereich der Backenzähne.

Während das Beissen nur in Oeffnung und Schliessbewegung des Unterkiefers besteht, finden bei der Kaubewegung gleichzeitig Verschiebungen des Unterkiefers von vorn nach hinten (Nagethiere) und in seitlicher Richtung statt. Insbesondere beim Wiederkäuen macht jeder Punkt des Unterkiefers eine Art Kreisbewegung gegen den Oberkiefer. Genau wie zwischen zwei Mühlsteinen wird dabei die Speise zwischen den Höckern und Schmelzleisten der Backzähne zermahlen. Diese Unterschiede in der Mechanik der Nahrungsaufnahme finden ihren Ausdruck zum Theil in den nachstehend zusammengestellten Zahnformeln (nach Owen).

$$\text{Mensch:} \quad \left| \frac{2}{2} \cdot \frac{1}{1} \cdot \frac{2.3}{2.3} = 32 \right.$$

$$\text{Hund:} \quad \left| \frac{3}{3} \cdot \frac{1}{1} \cdot \frac{4.2}{3.3} = 42 \right.$$

$$\text{Katze:} \quad \left| \frac{3}{3} \cdot \frac{1}{1} \cdot \frac{3.1}{2.1} = 30 \right.$$

$$\text{Schwein:} \quad \left| \frac{3}{3} \cdot \frac{1}{1} \cdot \frac{4.3}{4.3} = 34 \right.$$

$$\text{Pferd:} \quad \left| \frac{3}{3} \cdot \frac{1}{1} \cdot \frac{3.3}{3.3} = 40 = \male \quad \right| \frac{3}{3} \cdot \frac{0}{0} \cdot \frac{3.3}{3.3} = 38 = \female$$

$$\text{Rind:} \quad \left| \frac{0}{4} \cdot \frac{0}{0} \cdot \frac{3.3}{3.3} = 32. \right.$$

Ferner aber spricht sich der Unterschied der verschiedenen Arten im Gebrauch der Zähne deutlich aus in der Form des Kiefergelenks, das bei Raubthieren ein scharf ausgeprägtes Scharnier darstellt, während bei den Wiederkäuern der Gelenkkopf des Unterkiefers in einer flachen Pfanne frei verschieblich ist. Die Bewegungen des Unterkiefers, einschliesslich der Oeffnung des Mundes oder Maules, werden durch die Mm. temporalis, masseter und pterygoidei bewirkt, die je nach der betreffenden Form der Bewegung einseitig oder beiderseitig und in verschiedener Coordination thätig sein müssen. Für die Bewegungen der Zunge sind ausser dem von aussen in die Zunge übergehenden M. hypoglossus, genioglossus und styloglossus, und den mittelbar durch Bewegung des Zungenbeins wirkenden Muskeln, die eigenen Längs- und Querfasern der Zunge wesentlich betheiligt: die borstenförmigen, rachenwärts gerichteten Papillen der Zungenoberfläche bei vielen Thieren, beispielsweise Katze und Rind, spielen hierbei eine Rolle.

Wirkung des Speichels.

Während die aufgenommene Nahrung auf die eben beschriebene Weise mechanisch bearbeitet wird, wirkt das in die Mundhöhle ergossene Secret der Mundhöhlendrüsen auf sie ein. Als Mundhöhlendrüsen bezeichnet man zusammenfassend die eigentlichen

Speicheldrüsen und die Gesammtheit der kleinen Schleimdrüsen der ganzen Mundhöhlenschleimhaut.

Daher ist die in der Mundhöhle befindliche Flüssigkeit, als Mund- oder Maulspeichel (auch als Mundsaft bezeichnet), sorgfältig zu unterscheiden vom Speichel im engeren Sinne, nämlich dem reinen Secret der Speicheldrüsen. Im Mundspeichel finden sich stets feste Beimengungen verschiedener Art, die ihn schon makroskopisch trübe erscheinen lassen. Unter dem Mikroskop erkennt man erstens die sogenannten Speichelkörperchen, granulirte Kügelchen, die wie Leukocyten aussehen, und mit ihnen auch identisch sind, zweitens abgestossene Epithelzellen der Mundschleimhaut, und drittens oft allerlei Bröckel von Nahrungsresten, mitunter von Mikroben wimmelnd. Diese Beimengungen von in Zersetzung begriffenen Stoffen beeinflusst die Reaction der Mundflüssigkeit, so dass sie mitunter deutlich sauer gefunden wird, während sie normaler Weise alkalisch ist.

Der eigentliche Speichel ist das Secret der Parotis, Submaxillaris und Sublingualis des Menschen oder der entsprechenden Drüsen bei Thieren. Man kann ihn rein erhalten, indem man in die von der Mundhöhle aus sichtbaren Mündungen der Ausführungsgänge Canülen einführt, oder indem man Fisteln anlegt, die das Secret nach aussen abfliessen lassen. Aus solchen und ähnlichen Versuchen ergiebt sich, dass die verschiedenen Drüsen nicht ganz dieselben Stoffe absondern, sondern dass die Parotis einen wasserklaren, dünnflüssigen, die Submaxillaris dicken, opalisirenden Speichel liefert. Auch im Gehalt an einzelnen Stoffen werden Unterschiede gefunden.

Noch wichtiger ist, dass das Secret beim Verzehren verschiedener Nahrungsmittel verschieden, und zwar den Eigenschaften der Nahrung angepasst ist. Hierauf wird bei der Besprechung der Secretion und der Einwirkung des Nervensystems auf die Secretion näher eingegangen werden.

Bestandtheile des Speichels. Der gemischte Speichel aller Drüsen aus dem Munde auf ein Filter gelassen und dadurch von festen Beimengungen befreit, ist eine leicht opalisirende, fadenziehende, farblose Flüssigkeit, auf der sich bei längerem Stehen ein schillerndes Häutchen abscheidet.

Der Gehalt an gelösten festen Stoffen beträgt $1/2$—1 Procent. An anorganischen Substanzen findet sich etwas Natriumcarbonat, das dem Speichel die normale alkalische Reaction giebt, ferner Kochsalz, Chlorkalium und andere Salze in geringen Mengen. Unter diesen macht sich kohlensaurer Kalk besonders bemerkbar, weil er nur durch die im Speichel absorbirte Kohlensäure in Lösung gehalten wird und daher ausfällt, sobald die Kohlensäure an der Luft abzudiffundiren beginnt. Der in amorpher Form abgeschiedene Kalk bildet dann das oben erwähnte Häutchen, das sich unter dem Mikroskop als aus feinen Kalkconcrementen bestehend zu erkennen giebt. Daraus, dass sich dieser Vorgang bei jedem Oeffnen des Mundes auch in der im Munde befindlichen Speichelmenge vollzieht, erklärt sich die Erscheinung des Speichelsteins auf den Zähnen (auch nach Analogie mit dem Weinstein in Fässern Weinstein genannt) und der Speichelconcremente in den Ausführungsgängen der Drüsen.

Ein eigenthümlicher Bestandtheil des Speichels ist das Schwefel-cyankalium oder Rhodankalium, das beim Menschen constant, beim Hunde mitunter, dagegen bei Pferd, Rind, Ziege, Schaf, Schwein nicht angetroffen wird.

Das Schwefelcyankalium wird nachgewiesen, indem man den Speichel mit stark verdünnter Salzsäure ansäuert und eine ganz geringe Menge Eisenchlorid zusetzt, worauf eine rosenrothe Färbung eintritt, von der der Name Rhodan-kalium genommen ist. Man hat angenommen, dass das Rhodankalium als eine Verbindung, die Stickstoff und Schwefel enthält, aus dem Zerfall von Eiweiss herrühre, und hat daher untersucht, ob die Menge des Rhodankaliums zu der Grösse des Eiweissverbrauches in Beziehung stände, doch hat sich dies nicht sicher nachweisen lassen.

Von organischen Körpern enthält der Speichel Spuren von Albumin, reichlich ein Albuminoid, Mucin, und ein Ferment, das als Speicheldiastase oder Ptyalin bezeichnet wird.

Das Albumin entspricht ebenso wie die Salze des Speichels dem des Blutplasmas, aus dem es herrührt. *Das Mucin ist der wichtigste Bestandtheil des Speichels,* da es ihm die Eigenschaft des Schleimig-Schlüpfrigen verleiht, und ihn befähigt, die gekauten Speisen zu schlüpfrigem Brei zu machen. Bei trockenen harten Nahrungsmitteln ist diese Wirkung des Speichels eine unerlässliche Grundbedingung für die Aufnahme der Nahrung.

Das Mucin ist ein Albuminoid, dem oben schon erwähnten Glutin ähnlich. Es ist in reinem Wasser nicht löslich, bildet aber bei Gegenwart von Alkalien eine unechte Lösung, wie es im Speichel der Fall ist. Wie Glutin fällt auch Mucin nicht beim Sieden aus, dagegen verhält es sich den Eiweisskörpern ähnlich, indem es deren sämmtliche Farbenreactionen giebt, und auch durch die gleichen Mittel ausgefällt werden kann. Von den Eiweissstoffen ist das Mucin dadurch zu trennen, dass es mit Essigsäure als im Ueberschuss unlös-licher Niederschlag ausfällt. Man kann es im Speichel durch Zusatz von Essigsäure als ein feines graues Wölkchen sichtbar machen.

Das Ptyalin. Auf dem Speichelferment, dem Ptyalin, das nach seiner Wirkung auch als Speicheldiastase bezeichnet wird, beruht der wichtigste chemische Vorgang bei der Mundverdauung, nämlich die *Umwandlung der in der Nahrung enthaltenen Stärke in Zucker.*

Dieser Vorgang lasst sich im Reagensglas zeigen, wenn die Stärke vorher durch Kochen in Stärkekleister übergeführt worden ist. Erwärmen bis zu 40° begünstigt, Erhitzen auf 60—70° verhindert die Wirkung des Ferments. Da es einerseits für Stärke eine äusserst empfindliche Reaction giebt, nämlich die tiefblaue Färbung auf Zusatz von Jodlösung, andererseits der Zucker durch die Trommer'sche Probe nachgewiesen werden kann, lässt sich der Vorgang der Umwandlung bequem verfolgen. Man sieht, wenn man eine Probe von Stärkekleister mit fermenthaltigem Speichel versetzt hat, dass sehr bald die Blaufärbung mit Jod nicht mehr gelingt, statt dessen tritt eine rothe Färbung auf, die eine Zwischenstufe des Umwandlungsprocesses bezeichnet, auf der zwar noch kein Zucker aber Dextrin vorhanden ist. Dann erst tritt der Zucker auf, der durch die Trommer'sche Probe nachzuweisen ist. Dieser Uebergang durch Zwischenformen ist deshalb interessant, weil er in ganz derselben Weise auch bei der oben beschriebenen Einwirkung von Schwefelsäure auf Stärke beobachtet wird. Es lässt sich so eine Analogie zwischen der Wirkung der eigentlichen Diastase, die das wirksame Princip des Malzes bildet, der Speicheldiastase und der einfachen Säurewirkung nachweisen. Uebrigens wird diese Fermentwirkung in neuerer Zeit nicht auf ein einziges Ferment, sondern auf zwei zurückgeführt, von denen das eine die Stärke in Dextrin und Maltose, das zweite die Maltose in Traubenzucker verwandeln soll.

Zu beachten ist, dass die Speicheldiastase nur bei alkalischer Reaction wirksam ist. Bei saurer Reaction des Mundsafts oder der Nahrung und ferner, sobald die mit Speichel gemischte Nahrung sich mit dem sauren Magensaft vermischt hat, bleibt die Stärke unverändert. Dafür findet sich, wie weiter unten ausführlich beschrieben werden soll, im Darm noch ein Ferment, das ebenfalls Stärke in Zucker umwandelt und die Wirkung des Ptyalins entbehrlich macht. Man hat gefunden, dass das Ptyalin im Speichel der Raubthiere, die nur Fleisch zu sich nehmen, fehlt, und ebenso auch im Speichel des Menschen und der Pflanzenfresser, so lange sie im Säuglingsalter stehen, also ausschliesslich von Milch leben. Man hat deshalb die stärkehaltigen Pflanzenmehle für ungeeignet gehalten, als Ersatz für Milch zur Ernährung von Säuglingen zu dienen, ist jedoch in neuerer Zeit von dieser Anschauung zurückgekommen.

Menge des Speichels. Um das Ergebniss der Mundverdauung im Ganzen zu untersuchen, hat man bei Thieren die Speiseröhre am Halse eröffnet, und die aus der Mundhöhle hinabgleitenden Bissen durch die Oeffnung nach aussen abgeleitet. Dasselbe Verfahren ist auch bei Menschen angewendet worden, die wegen Verengerung der Speiseröhre operirt worden waren. Aus solchen Beobachtungen ergiebt sich, dass die Menge des Speichels mit der Art und Beschaffenheit der Nahrung wechselt und unter Umständen sehr grosse Beträge erreichen kann. Für den Menschen wird als durchschnittliche Tagesmenge 600—800 ccm angegeben.

Bei Pferden und Rindern, die auf trockenes Rauhfutter angewiesen sind, ist die Speichelmenge ausserordentlich gross. Bei Pferden kann man bei Haferfütterung schon das doppelte Gewicht der Nahrung als Maass der Speichelabsonderung annehmen, bei Heu- und Strohfütterung das vierfache. So kann die Tagesmenge beim Pferd auf 40 l, beim Rinde gar auf 100 l steigen. Aus diesen Zahlen geht ohne Weiteres hervor, dass die Flüssigkeitsmenge, die durch die Speicheldrüsen abgesondert wird, nicht etwa durch den Darmcanal ausgeschieden, sondern wieder in den Körper aufgenommen wird.

Der Schlingact.

Durch die Mundverdauung wird also die Nahrung, gleichviel in welchem Zustande sie eingeführt wurde, in die Form eines schlüpfrigen Breies gebracht, in dem die wasserlöslichen Stoffe gelöst, und die Stärke zum Theil in Zucker umgewandelt ist. Von den ziemlich schwankenden Mengen solchen Breies, die in der Mundhöhle enthalten sein können, wird nun durch den zweiten Act der Verdauungsthätigkeit eine gewisse Menge zwischen Zungenrücken und Gaumen abgetheilt und zu dem Bissen, Bolus, geformt, der durch Bewegungen der Zunge und des Gaumens dem Schlunde zugeschoben und „verschluckt" wird.

Wie jeder aus subjectiver Erfahrung weiss, ist der erste Theil dieses Vorganges eine willkürliche Bewegung, denn man kann einen Bissen beliebig lange im Munde behalten, ohne ihn zu verschlucken, und ihn, sobald man will, freiwillig verschlucken. Sobald aber der Bissen einmal in den Bereich der Schlundmuskeln gelangt ist und der eigentliche Schluckact begonnen hat, läuft er auch ohne Zuthun des Willens und sogar gegen den Willen ab.

Die Fragen, die sich an diese Beobachtung knüpfen, nämlich wodurch eine solche vom Willen unabhängige Bewegung zu Stande kommt, und wie sie im Einzelnen abläuft, werden erst bei der Besprechung des Nervensystems ihre Beantwortung finden.

Der Schluckact beruht auf maschinenmässiger Zusammenwirkung der gesammten Gaumen- und Schlundmuskeln, die den Raum hinter dem Bissen verengen, so dass sie ihn vorwärts in die Speiseröhre hinabtreiben. Man nennt eine solche Bewegung, die sich als eine Art fortlaufender Verengerungswelle längs eines röhrenförmigen Organs fortsetzt, eine peristaltische Bewegung.

Der durch die Schlundmusculatur in das obere Ende der Speiseröhre eingeführte Bissen wird dann durch peristaltische Zusammenziehung der Speiseröhre weiter bis in den Magen befördert. Auch Flüssigkeiten fliessen nicht frei durch Schlund und Speiseröhre hinab, sondern sie werden von dem Muskelapparat ganz wie der Bissen umfasst, hinabgepresst und in den Magen hineingespritzt.

Bei der Erwähnung des Schluckactes muss noch des Umstandes gedacht werden, dass bei den meisten Thieren und dem Menschen die Luftwege durch die obere Oeffnung des Kehlkopfes in den Schlund einmünden. Es besteht deshalb die Möglichkeit, dass der Luftweg durch einen im Schlunde steckenbleibenden Bissen verschlossen wird, oder dass Stucke eines Bissens in die Luftröhre gerathen. Zum Schluckact gehören daher als nothwendige Nebenbewegungen gewisse Bewegungen des Kehlkopfs und Kehldeckels, durch die die Mündung der Luftröhre geschlossen und vor dem Eindringen von Flüssigkeit oder festen Massen geschützt wird. Bei einigen Thieren, wie beim Pferde, ist der Verschluss der Oeffnung des Kehlkopfs in Folge der anatomischen Gestalt der betreffenden Theile sehr viel sicherer als bei anderen, beispielsweise beim Hunde oder beim Menschen.

Magenverdauung.

Verrichtung des Magens. Der Magen ist, nach dem Sprachgebrauch zu urtheilen, der wesentlichste Theil des Darms. Bei vielen Thieren trifft dies schon deshalb zu, weil der Magen den grössten Umfang unter allen Theilen des Darmcanals hat. Aber auch bei den anderen Thieren hat der Magen dadurch eine hervorragende Stelle unter den übrigen Darmabschnitten, dass er als Behälter einer beträchtlichen Menge Nahrung dient, und die Zufuhr des Speisebreis zu den tieferen Darmabschnitten regelt.

Sowohl in dieser Hinsicht wie in Bezug auf die chemische Wirkung der Magenverdauung bestehen zwischen den Thieren mit verschiedener Ernährungsweise so grosse Unterschiede, dass eine allgemeine Beschreibung der Magenverdauung bei den Säugethieren unmöglich ist. Man muss zum Mindesten zwischen dem Magen der Wiederkäuer und dem der übrigen Säuger einen Unterschied machen, und auch der Magen der nicht wiederkauenden Pflanzenfresser unterscheidet sich in wichtigen Punkten von dem der Fleischfresser und Omnivoren. Es sei deshalb mit dem Magen des Menschen der Anfang gemacht, der dem der Fleischfresser und Omnivoren ähnlich ist.

Im Magen sammeln sich die durch die Speiseröhre hinabgeführten einzelnen Bissen und werden der Einwirkung des Secretes der Magendrüsen, des Magensaftes, unterworfen.

Magenfistel. Um die Zusammensetzung und die Eigenschaften des menschlichen Magensaftes kennen zu lernen, hat man versucht, durch Schwämme oder Röhren, die vom Mund aus eingeführt werden, Mageninhalt zu gewinnen, Bessere Gelegenheit bieten Fälle, in denen durch Verletzung oder Operation eine sogenannte Magenfistel entstanden ist, das heisst eine Wunde, die den Magen eröffnet und an deren Rändern die Magenwand mit der äusseren Bauchwand verwachsen ist.

An Thieren werden solche Fisteln zu Versuchszwecken hergestellt, indem man die Bauchwand durchschneidet, den Magen hervorzieht und in die Bauchwunde einnäht, und dann die Magenwand selbst durchschneidet. Man führt durch die Wundöffnung eine Canüle ein, die sich mit einer breiten Platte der inneren Magenwand anlegt, und um deren Ansatzröhre die Magenwand fest vernäht wird. Dann verschraubt man von aussen auf der Ansatzröhre ein zweites Stück einer etwas weiteren Röhre mit einer zweiten Platte, die verhindert, dass die Canüle in den Magen hineinfallen kann. In die Röhre kann man einen Pfropfen einsetzen, der die Oeffnung verschliesst. Das Versuchsthier kann dann ohne jede Beschwerden beliebig lange gehalten werden, und der Magen ist jederzeit der Untersuchung zugänglich.

Auch mit diesem Verfahren gelingt es aber nicht, reinen Magensaft zu erhalten. Im nüchternen Zustande secerniren die Magendrüsen nicht, und während der Nahrungsaufnahme ist der Mageninhalt ein Gemenge von Nahrung, Speichel und Magensaft. Erst in neuester Zeit ist das Verfahren dadurch vervollkommnet worden, dass man den Magen der Länge nach in zwei Theile theilt und daraus gewissermaassen zwei Mägen bildet, von denen nur der eine, der Cardia und Pylorus umfasst, mit dem Darm in Verbindung ist und daher wie ein unverletzter Magen der Ernährung des Thieres dienen kann, während in dem anderen eine Fistelöffnung angelegt wird. Dieser zweite Theil des Magens, der von dem Erfinder dieses Verfahrens, Pawlow, als der „kleine Magen" bezeichnet wird, verhält sich dann, als ein Theil des ursprünglichen Magens, genau so wie dieser und secernirt also während der Fütterung normalen Magensaft. Da aber der kleine Magen von dem eigentlichen Magen völlig getrennt ist, fliesst dieser Magensaft rein und ohne jede Beimischung aus der Fistelöffnung. Eine einfachere Art, denselben Erfolg zu erzielen, besteht darin, bei einem Versuchsthier eine Magenfistel anzulegen und dann, wie bei den oben erwähnten Versuchen über die Menge des Speichels, die Speiseröhre am Halse zu durchtrennen und mit dem oberen Ende in die Halswunde einzuheilen. Wird das Thier nun gefüttert, so fällt die Speise aus der Halswunde heraus. Es hat sich nun gezeigt, dass eine solche „Scheinfütterung" auf die Magenthätigkeit ganz so wie eine wirkliche Fütterung beim unversehrten Thier wirkt, das heisst, der Magen secernirt während der Scheinfütterung denselben Saft, den er secerniren würde, wenn die Speisen in ihn hineingelangten. Da dies bei der Scheinfütterung nicht der Fall ist, bleibt auch der Magensaft rein und ist unvermischt aus der Fistel zu gewinnen. Die Untersuchungen, die mit Hülfe dieser neuen Methoden in Pawlow's Laboratorium ausgeführt worden sind, haben die ganze Lehre von der Verdauung umgestaltet, insbesondere aber den Theil, der vom Einfluss des Nervensystems auf die Verdauung handelt.

Es geht aus ihnen hervor, dass die Menge und Zusammensetzung des Magensaftes, ebenso wie die des Speichels, von der Art der dargereichten

Nahrung abhängt. Man darf also streng genommen nur von dem Magensaft, der bei dieser oder jener Nahrung secernirt wird, reden, oder auch von einer mittleren oder durchschnittlichen Zusammensetzung des Magensaftes.

Magensaft.

Menge. Was zunächst die Menge des Saftes betrifft, so darf man nicht denken, weil es sich um das Secret der mikroskopischen Schleimhautdrüsen handelt, wäre die Menge des Saftes nur gering. Vielmehr ist die oben angeführte Menge des täglich abgesonderten Speichels, 800 g, bedeutend kleiner als die des Magensaftes, die den ganzen Magen erfüllt und von grösseren Fistelhunden literweise gewonnen werden kann.

Eigenschaften. Der reine Magensaft ist eine klare farblose Flüssigkeit von stark saurer Reaction, die zu 97,5 pCt. aus Wasser besteht. Die 2,5 pCt. feste Stoffe sind grösstentheils anorganische Salze, die denen des Blutserums entsprechen, und zwei Fermente, das *Pepsin* und das *Lab*, deren Wirkung gleich besprochen werden soll. Die saure Reaction rührt von freier *Salzsäure* her, die im menschlichen Magensaft bis 0,35 pCt., beim Hunde sogar das Doppelte betragen kann. Die Salzsäure ist als einer der wichtigsten und jedenfalls als der merkwürdigste Bestandtheil des Magensaftes anzusehen, denn an keiner anderen Stelle des Organismus kommt freie Mineralsäure vor, und es ist bekannt, dass im Allgemeinen Organismen und lebende Gewebe durch freie Salzsäure abgetödtet werden.

Pepsin. Die Wirkung der Salzsäure muss mit der des Pepsins gemeinsam besprochen werden, da weder die Salzsäure noch das Pepsinferment an sich verdauend wirkt.

Bei Gegenwart von Salzsäure hat das Pepsinferment die Fähigkeit Eiweissstoffe, auch wenn sie geronnen sind, in Peptone zu verwandeln. Diese Verwandlung vollzieht sich ähnlich wie die Umwandlung der Stärke in Zucker, durch eine Reihe von Uebergangsformen, die als Syntonin, Protalbumose, Deuteroalbumose u. A. unterschieden werden können. Die Peptone zeigen in einigen Punkten ihre Eigenschaft als Eiweissstoffe, beispielsweise geben sie die Biuretreaction. Das wesentliche Unterscheidungsmerkmal ist die vollkommene Löslichkeit, die sich erstens darin ausspricht, dass die Peptone dialysirbar sind, das heisst, dass ihre Lösungen durch Pergamentpapier oder thierische Membranen diffundiren, zweitens dadurch, dass sie auch durch Salzzusatz aus ihren Lösungen viel weniger leicht auszufällen sind als die unveränderten Eiweisskörper.

Diese Eigenschaft benutzt man zur Darstellung der Peptone und auch des Pepsins selbst. Pepsin ausschliesslich wird von den im unteren Theile des Magens gelegenen Drüsen, den sogenannten Pylorusdrüsen, abgesondert und ist also in der Schleimhaut dieses Theils des Magens für sich allein enthalten. Wird diese Schleimhaut fein zerhackt und bei Gegenwart von verdünnter Salzsäure in der Wärme stehen gelassen, so entfaltet das in ihr enthaltene Pepsin seine Wirksamkeit, und verwandelt die in dem Schleimhautgewebe enthaltenen Eiweissstoffe in Peptone. Trägt man in den so entstandenen Brei ein Salz, am besten Ammoniumsulfat, ein, so fallen alle noch vorhandenen unveränderten Eiweissstoffe und Albumosen aus, und es bleibt nur das entstandene Pepton in Lösung, so dass es abfiltrirt werden kann. Das Pepsin verhält sich wie die Eiweisskörper, bleibt also mit ihnen auf dem Filter zurück. Man setzt nun den Rückstand von Neuem mit Salzsäure an und wiederholt das ganze Verfahren so oft, bis alle Eiweissstoffe und Albumosen in Gestalt von Pepton abfiltrirt sind, und man annehmen darf, dass nach dem letzten Aussalzen nur noch das Pepsin selbst auf dem Filter zurückbleibt. Das zugesetzte Salz kann noch durch Dialyse entfernt werden. Dies Verfahren ergiebt zwar kein zuverlässig reines Präparat, aber aus der sehr starken peptonisirenden Wirkung des auf diese Weise erhaltenen Pepsinpulvers kann man entnehmen, dass doch nahezu reines Ferment gewonnen ist.

Da das Pepsinferment in Wasser löslich ist, kann man es auch aus der Magenschleimhaut mit Wasser ausziehen. Um das Wasserextract in wirksamem Zustande aufbewahren zu können, muss man es durch Zusatz von Säure vor Fäulniss schützen. Man kann mit Vortheil auch Glycerin als Extractionsmittel anwenden. Diese Extracte erweisen sich weniger wirksam, wenn sie aus ganz frischem Magen hergestellt sind, als wenn die Magenschleimhaut einige Zeit der Einwirkung des sauren Magensaftes ausgesetzt gewesen ist. Man schliesst daraus, dass das Pepsin nicht als solches fertig vorgebildet in den Magendrüsen enthalten sei, sondern in Form einer Vorstufe, eines Zymogens, das durch Säure in Pepsin verwandelt wird.

Statt des „reinen" Präparates kann man sich zu Versuchen über die Wirkung des Pepsins auch einfach getrockneter Stücken Magenschleimhaut bedienen. Die Wirkung des Magensaftes auf Eiweiss lässt sich damit auf folgende Weise sehr anschaulich nachweisen: Man schneidet gekochtes Hühnereiweiss in gleiche Stückchen und thut davon gleiche Mengen in Gefässe, von denen eines reine 0,2—0,4 proc. Salzsäurelösung, das zweite Wasser mit pepsinhaltiger Schleimhaut, das dritte die gleiche Salzsäurelösung und pepsinhaltige Schleimhaut, das vierte natürlichen Magensaft enthält. Lässt man diese Gefässe bei Körpertemperatur einige Stunden siehen, so findet man, dass in dem ersten die Eiweissstückchen nur ein wenig angequollen sind, im zweiten sind sie unverändert, und durch den Geruch erkennt man, dass die Flüssigkeit zu faulen begonnen hat, im dritten Glase sind die Eiweissstückchen verschwunden und die Flüssigkeit giebt die Biuretreaction, zum Beweis, dass Peptonisirung stattgefunden hat. Im vierten Gefäss endlich ist der Zustand genau derselbe, wie im dritten, zum Zeichen, dass der „künstliche Magensaft", wie man die für das dritte Gefäss angegebene Zusammenstellung von Salzsäure und Pepsin nennt, und der natürliche sich in ihrer Wirkung nicht unterscheiden. Aus dem geschilderten Versuch geht deutlich hervor, dass das Pepsin allein, im zweiten Gefäss, das Eiweiss nicht angreift, dass aber bei Gegenwart selbst so schwacher Salzsäure, dass sie für sich gar keine Wirkung auf das Eiweiss ausübt, das Pepsin seine peptonisirende Wirkung entfaltet. In alkalischer Lösung erweist sich dagegen das Pepsinferment nicht allein unwirksam, sondern es wird sehr schnell zerstört.

Die Fäulniss, die sich in dem zweiten Gefäss über kurz oder lang einstellt, ist deshalb beachtenswerth, weil sie auf die desinficirende Wirkung der Salzsäure hinweist. Das gekochte Eiweiss oder die Magenschleimhaut in den anderen Gefässen könnte naturlich gerade ebenso leicht in Fäulniss übergehen, wenn dies nicht durch die Salzsäure verhindert würde. Man hat in dieser Wirkung der Salzsäure ihre eigentliche Bedeutung für den Verdauungsvorgang finden wollen. Versuche über die fäulnisshemmende Wirkung von Salzsäure

lösungen zeigen, dass gerade etwa bei der Stärke der Lösung, wie sie im natürlichen Magensaft gegeben ist, die Salzsäure die Entwicklung fäulnisserregender
Mikroorganismen zu hindern vermag. Füttert man Hunde mit faulem stinkenden
Fleisch und eröffnet nach einiger Zeit den Magen, so findet man den Inhalt
nahezu geruchlos. Das Fleisch lässt sich in diesem Zustande aufbewahren ohne
weiter zu faulen. Da sich bei der Fäulniss allerhand Stoffe entwickeln, die auf
den Thierkörper als Gifte wirken, leuchtet ein, dass die Unterdrückung der
Fäulniss nützlich sein könnte. Jedenfalls ist diese Wirkung der Magensalzsäure
sehr beachtenswerth auch für alle solchen Fälle, in denen Infection mit irgend
welchen Krankheitserregern aus der Nahrung in Frage kommt. Hier ist zu bemerken, dass die Eier der Darmparasiten, sowie eine grosse Zahl von wider-
standsfähigeren Mikroben durch den Aufenthalt im Magen nicht getödtet werden.
Zu diesen gehören auch die Erreger der Milchsäuregährung, und es findet bei
stärke- oder zuckerhaltiger Nahrung thatsächlich im Magen stets Milchsäuregährung statt, wie an dem Milchsäuregehalt des Mageninhalts zu erkennen ist.

Labferment. Während die Wirkung des Pepsins eine deutliche Beziehung zur Resorptionsthätigkeit hat, da sie die Eiweisskörper in lösliche Form bringt, ist die Wirkung des anderen
Magensaftferments, Lab, anscheinend ganz zwecklos. Das Lab
ruft in dem Eiweiss der Milchflüssigkeit, dem Caseïn, Gerinnung
hervor, wirkt also ähnlich wie starke Säure, ohne jedoch eine
saure Reaction zu haben. Das Lab ist, wie man schon daraus
sieht, dass es in der deutschen Volkssprache einen besonderen
Namen hat, von Urzeiten her bekannt und wird dazu benutzt, um
die Milch zum Zwecke der Käsebereitung gerinnen zu machen.
Zu diesem Zwecke wurde, und wird noch heute, getrockneter
Kälbermagen in kleinen Stücken in die Milch gethan. Durch das
in ihm enthaltene Labferment tritt dann alsbald flockige Gerinnung
der Milch ein, und das geronnene Caseïn kann von der Milchflüssigkeit durch Abfiltriren und Auspressen getrennt werden. Die
Flüssigkeit wird „Molken" genannt.

Man muss den Vorgang der Gerinnung durch Lab von dem Vorgang der
Gerinnung unterscheiden, der an sich selbst überlassener Milch bei warmer
Witterung eintritt, der als „Dickwerden" der Milch bezeichnet wird. Hierbei
ist nämlich die erste Ursache das schon oben erwähnte Sauerwerden der Milch
durch Milchsäuregährung des Milchzuckers. Erst in Folge der Säuerung tritt
nachträglich und zwar ganz allmählich die Gerinnung ein, die dazu führt, dass
die gesammte Menge eine festweiche Gallerte bildet. Presst man aus dieser
Gallerte die Flüssigkeit aus, so erhält man ebenfalls eine Art „Molken", der
sich aber von dem durch Lab gewonnenen durch saure Reaction unterscheidet.
Man nennt deshalb auch den durch die Labgerinnung entstehenden Molken
„süssen Molken" im Gegensatz zu dem „sauren Molken".

Das flockige Gerinnsel, das bei der Labgerinnung entsteht, ist
eine Verbindung des durch das Lab veränderten Caseïns mit den
Kalksalzen der Milch, die hier eine ähnliche Rolle zu spielen
scheinen wie bei der Gerinnung des Blutes. Als eine geronnene
Masse von Eiweissstoff muss das Caseïn, um verdaut zu werden, erst
der Einwirkung des Pepsins und der Salzsäure unterworfen werden,
die es in Pepton verwandeln und dadurch löslich machen. Da dies
ebenso bei Abwesenheit von Lab, etwa in einem Versuche mit künstlichem Magensaft aus Pepsin und Salzsäure geschehen kann, ist der
Zweck der Lab-Absonderung durch die Magendrüsen nicht ersichtlich.

Wirkungen des Magensaftes. Von den chemischen Einwirkungen des Magensaftes auf die eingeführten Nahrungsstoffe wäre demnach am wichtigsten die Peptonisirung der Eiweisskörper.

Da dies aber durch ein zweites Ferment im Darme ebenfalls geleistet wird, scheint auch diese Leistung des Magens entbehrlich zu sein. Man müsste also die Hauptthätigkeit des Magensaftes in seiner Desinfectionswirkung suchen oder die Hauptrolle des Magens in seiner Brauchbarkeit als Vorrathskammer. Versuche an Thieren und Beobachtungen an Menschen, denen wegen Erkrankung der ganze Magen entfernt worden ist, haben aber gezeigt, dass auch in diesen beiden Richtungen der Magen nicht unentbehrlich ist. Insbesondere können die Eiweissstoffe in der Nahrung selbst bei fehlendem Magen noch vollkommen ausgenutzt, das heisst, bis auf geringe Reste resorbirt werden. Dies ist ein Beweis, dass die Pepsinwirkung im Darm nachgeholt werden kann, und dass die Verdauungsorgane, wie viele Vorrichtungen im Thierkörper, so zu sagen mit mehrfacher Sicherheit arbeiten.

Sollen die Wirkungen des Magensaftes auf die eingeführten Nahrungsmittel zusammengefasst werden, so darf man sich nicht auf die angeführten chemischen Wirkungen: Die Peptonisirung der Eiweissstoffe und die Fällung des Milchcaseïns beschränken, denn der Magensaft hat ausserdem noch gewisse Wirkungen allgemeiner Natur. Die schon durch den Speichel breiig gemachten und gelösten Substanzen werden durch die reichliche Flüssigkeitsmenge in der Körperwärme noch weiter verdünnt und gelöst. Hierzu trägt der Säuregehalt der Flüssigkeit bei, denn beispielsweise die unlöslichen thierischen Gewebe, wie Sehnen, Knorpel, Bindegewebe ziehen verdünnte Säure begierig an und quellen damit bis zu völliger Erweichung auf. Ebenso wird die leimgebende Substanz, das Collagen, fast bis zur Lösung gequollen. Dadurch werden die thierischen und pflanzlichen Gewebe zersprengt und aufgelockert und die Lösung der in ihnen enthaltenen Stoffe vorbereitet. Auch auf die Kohlehydrate wirkt der Magensaft aufweichend und lösend ein.

Die Säurebildung im Magen.

Bei der Betrachtung der Verdauungsvorgänge im Magen drängen sich zwei Fragen auf, die miteinander in engem Zusammenhang stehen: Wie ist es möglich, dass die Zellen der Magendrüsen freie Salzsäure entwickeln, und wie kommt es, dass der Magensaft, der alle Eiweisskörper angreift und auflöst, die Wände des Magens selbst nicht zerstört?

Auf die erste Frage lässt sich keine befriedigende Antwort geben. Sie bietet nach zwei Richtungen der Erklärung unüberwindliche Schwierigkeiten, erstens in Bezug auf die chemischen Bedingungen, unter denen es möglich ist, die Salzsäure aus ihren Verbindungen frei zu machen, zweitens in Bezug auf die Giftwirkung der freiwerdenden Salzsäure auf die sie freimachenden Zellen. Diejenigen Mittel, durch die im Laboratorium freie Salzsäure hergestellt wird, nämlich Erhitzen geeigneter Verbindungen, Elektrolyse oder Zersetzung durch stärkere Säuren, können zur Erklärung des Vorgangs in den Magendrüsen nicht herangezogen werden. Auch die Umsetzung zwischen Dinatriumphosphat und Calciumchlorid, bei der Salzsäure frei wird, passt nicht auf den Fall der Drüsenthätigkeit. Man kennt nur eine Erscheinung, die die Möglichkeit einer Erklärung darzubieten scheint, das ist die sogenannte Massenwirkung chemischer Reagentien.

Die Erscheinung der Massenwirkung beruht auf dem allgemeinen Gesetze, dass chemische Umsetzung überall, wo sie möglich ist, auch thatsächlich auftritt, nur je nach den Bedingungen in grösserem oder geringerem Maassstabe. Wenn also eine schwache Säure mit den Salzen stärkerer Säuren zusammenkommt, treibt sie zwar einen Theil der starken Säure aus ihrer Verbindung heraus und substituirt sich selbst, aber in der Regel nur unmerklich langsam und unmerklich wenig. Nur wenn sehr grosse Mengen der schwachen Säure einwirken, kann die Menge der stärkeren Säure, die ausgetrieben wird, einen merklichen Betrag erreichen. In grosser Menge wirkt also auch die schwächste Säure wie eine starke Säure, und daher hat dieser Vorgang den Namen der Massenwirkung.

Im Körper steht den Drüsenzellen im Kochsalz und in anderen Chloriden ein Vorrath von salzsauren Salzen zur Verfügung. Auf diese Salze kann eine allerdings sehr schwache Säure, die Kohlensäure, da sie im Blute jederzeit erneuert wird, mit der Zeit in sehr grosser Masse einwirken, und es ist denkbar, dass sie die erforderlichen Mengen Salzsäure aus den Chloriden freimacht. So lässt sich über den Ursprung der Salzsäure wenigstens eine Vermuthung aussprechen.

Die zweite Schwierigkeit, warum es der Zellinhalt verträgt, mit freier Salzsäure von so hoher Concentration, dass sie die meisten anderen Organismen abtödtet, in Berührung zu kommen, bleibt aber unerklärt, denn die Annahme, dass die Salzsäure schon im Augenblick des Entstehens ausgeschieden wird, dürfte kaum befriedigen.

Selbstverdauung des Magens. Im Gegensatz zu diesen Räthseln ist die Frage, warum der Magensaft die Wände des Magens nicht angreift, leichter zu beantworten. Man nimmt an, dass das Pepsin und die Salzsäure aus verschiedenartigen Zellen des Drüsenepithels hervorgehen, nämlich das Pepsin aus den sogenannten Hauptzellen, die die grössere Masse des Drüsenepithels bilden, die Säure aus den sogenannten Belegzellen, die einzeln zwischen den Hauptzellen verstreut sind. Ausserdem aber ist die Oberfläche der Schleimhaut reichlich mit schleimabsondernden Zellen besetzt. Die Mischung der Secrete der einzelnen Zellen, die allein eigentlich verdauende Kraft hat, findet erst im Innern des Magens, allenfalls in den Mündungen der Drüsen statt. Dass die Wirksamkeit der Säure sich nicht in die Tiefe des Schleimhautgewebes hinab erstreckt, lässt sich nachweisen, indem man von aussen nach innen mit krummer Scheere Schichten der Magenschleimhaut abträgt und mit blauem Lackmuspapier prüft. Nur unmittelbar an der inneren Oberfläche erhält man Röthung des Papiers als Zeichen der Gegenwart freier Säure. Nun ist oben erwähnt worden, dass die Wirkung des Pepsins bei alkalischer Reaction völlig ausbleibt, und es ist nachgewiesen, dass die Oberfläche der Magenschleimhaut durch die Thätigkeit der Schleimdrüsen stets von einer Schicht zähen alkalischen Schleims überzogen ist. Sobald die Absonderung von Magensaft beginnt, verstärkt sich auch die Thätigkeit der Schleimdrüsen und somit der Schutz für die Magenwand gegen die verdauende Ein-wirkung. Die Schleimschicht muss natürlich fortwährend erneut werden, wenn sie einen ausreichenden Schutz gewähren soll.

In der Leiche wird, falls der Tod während der Verdauungsthätigkeit stattgefunden hat, die Magenwand alsbald mürbe und löst sich nach einiger Zeit gänzlich im Magensaft, der dann in die Bauchhöhle eintritt und auch die benachbarten Organe angreift. Auch die Entstehung und langwierige Dauer der Magengeschwüre wird auf den schädigenden Einfluss des Magensaftes zurückgeführt.

Mechanische Thätigkeit des Magens.

Neben der chemischen Wirkung verarbeitet der Magen auch mechanisch den Speisebrei, indem seine Wandung, die mit einer doppelten Schicht von quer- und längsverlaufenden glatten Muskel-fasern überzogen ist, peristaltische Bewegungen und Zusammen-ziehungen ausführt, durch die der Inhalt hin und her gewälzt und durcheinander gemengt wird.

Man unterscheidet Bewegungen des oberen und unteren Magenabschnittes, von denen die ersten in peristaltischen Wellen bestehen, die von der Cardia bis zur Magenmitte verlaufen. Die zweiten sind bedeutend kräftiger, und schnüren den Magen in der Mitte bisweilen vollständig ein, so dass man von einer Abschliessung des Pylorustheils durch einen als „sphincter antri pylorici“ be-zeichneten Theil der Muskelwand des Magens reden darf. Von dieser Stelle aus laufen ebenfalls peristaltische Wellen gegen den Pylorus hin. Diese Bewegungen des Magens stehen unter dem Einfluss des Nervensystems, sind aber der Herrschaft des Willens nicht unterworfen. Der Ausgang des Magens in den Darm ist für gewöhnlich durch die Zusammenziehung der Pylorusfasern ver-schlossen. Der Verschluss lässt, wenn die Magenverdauung hin-reichend vorgeschritten ist, von Zeit zu Zeit nach, so dass ein Theil des Speisebreies nach dem anderen in den Darm übergeführt wird.

Erbrechen. Ebenso wie die normalen Bewegungen des Magens durch Vermittlung des Nervensystems der Beschaffenheit des Inhalts angepasst sind, befähigt die Innervation den Magen auch bei abnormem Zustande des Inhaltes oder bei besonderer Beeinflussung des Nervensystems zu der abnormen Brechbewegung. Die Magenmusculatur hat hierbei allerdings nur eine untergeordnete Rolle zu spielen, indem sie den Pylorus schliesst, die Cardia durch Zusammenziehung in der Längsrichtung erweitert. Die Kraft, die die Entleerung des Magens hervorruft, ist die Druck-wirkung der *Bauchpresse,* das heisst der gleichzeitigen Zusammen-ziehung der Bauchwände und des Zwerchfells, auf den gesammten Inhalt der Bauchhöhle.

Es ist also im Wesentlichen eine von aussen den Magen betreffende Einwirkung, die den Mageninhalt austreibt, und es besteht daher bei den verschiedenen Thieren je nach Lage und Form des Magens ein sehr grosser Unterschied hinsichtlich der Häufigkeit des Erbrechens. Bei den Raubthieren ist die Cardia weit und der Magen geht allmählich in die Speiseröhre über, hier sind die Bedingungen günstig für das Brechen und es ist bekanntlich bei den Raubthieren durchaus keine Seltenheit. Beim Menschen ist ebenfalls die Cardia nicht besonders eng, und es kommt ebenfalls ziemlich leicht zum Erbrechen. Dagegen tritt bei den Nagethieren die Speiseröhre mit ihrer engen Oeffnung förmlich in den Magen vor, und muss sich daher gegen den Mageninhalt verschliessen, wenn dieser unter dem Druck der Bauchwände gegen sie angetrieben wird. Dementsprechend findet man, dass bei Nagern das Erbrechen überhaupt nicht vorkommt. Auch beim Pferde ist Erbrechen selten, kommt aber, insbesondere bei Seekrankheit, vor.

Eine ähnliche abnorme Magenbewegung findet bei dem sogenannten Aufstossen oder Eructiren statt, durch das Luft oder Gas aus dem Magen durch Speiseröhre und Mund entleert wird. Es scheint, dass der Verschluss der Cardia gegen den gasförmigen Mageninhalt nicht völlig dicht hält, so dass die Entleerung von Luft viel leichter vor sich geht als die von Flüssigkeit. Jedenfalls ist aber auch die Bewegung des Magens und der Bauchwände eine viel schwächere, und erscheint also auch in diesem Punkte der Beschaffenheit des Inhalts angepasst.

Magen bei verschiedenen Thieren.

Magen der Fleischfresser. Die vorstehenden Bemerkungen über die Thätigkeit des Magens treffen im Allgemeinen für die Fleischfresser wie für den Menschen zu. Bei den Fleischfressern ist der Magen stets einfach sack- oder hohlkugelförmig, ohne besondere Erweiterung in einen Fundus oberhalb der Cardia. Der Oesophagus ist weit und sein glatter Epithelüberzug setzt sich nicht in den Magen fort. Die Magenschleimhaut ist der des Menschen ähnlich, und legt sich im leeren Magen des Hundes in regelmässige längslaufende Falten. Der Magensaft und seine Wirkung verhält sich wie der des Menschen, nur dass beim Hunde höhere Säuregrade gefunden werden. Dabei ist jedoch der Unterschied zwischen der Vertheilung der Drüsen auf die beiden Hälften des Magens so ausgesprochen, dass man von dem abgetrennt verheilten Pylorustheil einen nur Pepsin, Lab und Schleim enthaltenden alkalischen Saft, von dem Fundustheil dagegen sauren, lab- und pepsinhaltigen Saft erhält.

Man pflegt die Thierarten mit einfachem Magen denen mit mehrfachem Magen gegenüberzustellen, als deren Hauptvertreter die Wiederkäuer anzusehen sind. Man darf aber eigentlich nicht einmal die Pflanzenfresser mit einfachem Magen als eine einheitliche Gruppe betrachten. In diese Gruppe würden nämlich neben den Einhufern Vielhufer, Nager, Beutelthiere, Seesäugethiere und andere einzureihen sein, deren Mägen sämmtlich einfach sind, dabei aber mannigfache Unterschiede in ihrer Verrichtung aufweisen und zum Theil geradezu als Uebergangsformen zum Wiederkäuermagen anzusehen sind. Bei dieser grossen Mannigfaltigkeit können hier nur einzelne Beispiele erwähnt werden.

Magen des Kaninchens. Beim Kaninchen ist der Magen verhältnissmässig gross und wird nur sehr langsam entleert, so dass er unter gewöhnlichen Verhältnissen dauernd gefüllt ist. Der Pylorustheil ist durch stärkere Musculatur und sehnige Seitenwand ausgezeichnet, und kann durch eine Einschnürung vom Fundustheil getrennt werden.

Magen der Einhufer. Obschon die Einhufer und Wiederkäuer unter ganz ähnlichen Bedingungen leben, sind ihre Verdauungswerkzeuge ganz verschieden.

Die Einhufer haben einen einfachen Magen, der im Verhältniss zur Körpergrösse ausserordentlich klein ist. Die Speiseröhre ist eng und tritt unterhalb des sehr ausgedehnten Fundustheils ein. Der Magen ist stark gekrümmt und geht in den Darm mit weiter trichterförmiger Lichtung über, die nahe am Oesophagus gelegen ist. In leerem Zustand kann der Fundustheil gegen den Pylorustheil abgeknickt erscheinen. Der Fundus oder Schlundsack, der nach links gelegen ist, enthält keine Drüsen, sondern ist mit geschichtetem Plattenepithel bekleidet, so dass die Innenfläche glatt erscheint wie die der Speiseröhre. Daher kann dieser Theil des Magens, der sogenannte Schlundsack, in Bezug auf die Verdauungsthätigkeit nicht als ein eigentlicher Magen, sondern nur als eine Art Vorkammer angesehen werden. In der zweiten Magenhälfte ist die Schleimhaut mit Drüsen besetzt, die Magensaft absondern. Beide Gebiete grenzen in einer geschwungenen Linie aneinander, die scharf und deutlich abgesetzt ist. Der eigentliche Verdauungsvorgang findet also nur in der zweiten Hälfte statt. So lange die Nahrung in dem Schlundsack verweilt, geht die Wirkung der Mundverdauung darin fort, und erst wenn sie in den Pylorustheil des Magens übertritt, beginnt die Pepsinverdauung.

Die trockene feste Nahrung, die die Pferde aufnehmen, zusammen mit der verhältnissmässig geringen Wirkung der Magenbewegungen bringt es mit sich, dass sich der Speisebrei im Magen schichtet und nicht durcheinander gemengt wird. Diese Schichtung kann indessen je nach der Folge der aufgenommenen Nahrungsmittel verschieden sein. Die eingespeichelte Masse vertheilt sich von der Cardia aus so, dass die Hauptmenge zuerst in den Schlundsack eintritt. Tritt nun neues Futter nach, so kann zwar ein kleiner Theil an dem erst aufgenommenen vorüber längs der kleinen Curvatur zum Darm gelangen, ehe das vorher aufgenommene Futter den Magen verlassen hat, der grösste Theil staut sich aber in dem Fundus, indem er das vorher aufgenommene Futter gegen den Pylorus vor sich her treibt.

Diese Verhältnisse haben für die Ernährung des Pferdes besondere Bedeutung, weil sein Magen im Verhältniss zu der aufzunehmenden Futtermenge ausserordentlich klein ist. Ein Pferd erhält bei der gebräuchlichen Fütterungsart auf einmal 2,5 kg Heu. Hierzu kommt bei der Einspeichelung, wie oben angegeben, die vierfache Menge Speichel, also 10 l. Dies giebt eine Masse Speisebrei, die den ganzen Rauminhalt des aufs Aeusserste gedehnten Magens in Anspruch nehmen würde. Der Magen des Pferdes wird aber nicht prall gefüllt, sondern entleert sich stets schon bei mittlerem Füllungsgrad. Die Heumenge, die im Magen Platz hat, bildet in Folge ihrer Faserigkeit eine ziemlich fest zusammenhängende Masse. Giebt man nun nach dem Heu noch Hafer, so verdrängt dieser einen Theil des Heues und bleibt dann im Schlundsack liegen, bis die gesammte Heumenge aus dem Magen in den Darm übergeführt worden ist. Auf diese Weise wird eine gründliche Einwirkung des Speichels auf den Hafer erreicht. Gäbe man dagegen erst den Hafer, so würde die grosse darauf folgende Heumasse den Hafer sogleich ganz und gar aus dem Magen austreiben. Diese Betrachtung zeigt zugleich, dass bei den Einhufern der Magen nicht, wie bei den meisten anderen Thieren, als Vorrathskammer dienen kann. Während andere Thiere, insbesondere die Wiederkäuer, im Magen grosse Wasservorräthe aufnehmen, ist dies dem Pferde, wie man aus obiger Rechnung sieht, nur bei leerem Magen möglich, und selbst dann würde die Menge unbedeutend sein. Wenn das Pferd also, wie es thatsächlich geschieht, neben der erwähnten Futtermasse zugleich ungefähr ein halb mal so viel Tränkwasser aufnimmt, ist offenbar, dass das Wasser aus dem Magen unmittelbar in den Darm übergeht.

Angeblich macht die Gestalt und Lage des Pferdemagens das Erbrechen unmöglich. Es sind hierfür eine ganze Reihe von Gründen geltend gemacht worden, von denen jedoch nur einer stichhaltig ist: dass nämlich die Enge der Cardia, sowie die starke Ausbildung des Schliessmuskels das Zurücktreten des Mageninhalts verhindert. Doch ist, wie oben erwähnt, Erbrechen bei seekranken Pferden beobachtet worden.

Wenn schon der Magen des Pferdes, der äusserlich als ein ganz einfacher Sack erscheint, in Vormagen und Drüsenmagen getheilt werden muss, ist eine solche Theilung bei anderen ebenfalls einmagigen Thieren noch viel deutlicher ausgesprochen. Der Magen der Ratte zerfällt äusserlich schon in drei Theile, der Magen des Lemmings, obgleich äusserlich rund, weist innen mehrere Kammern und eine besondere, der Schlundrinne des Wiederkäuermagens ähnliche Vorrichtung auf.

Magen des Schweines. Aehnlich verhält sich auch der Magen des Schweins, der von älteren Anatomen mit dem der Wiederkäuer verglichen worden ist. Es findet sich hier an der trichterförmigen Eintrittsstelle des Oesophagus eine Schleimhautfalte, die den Fundustheil gegen den Schlundtheil abgrenzt. Eine weitere Falte bildet die Grenze zwischen einem rechts gelegenen grösseren und einem links gelegenen kleineren Theil des Magens. Der rechts gelegene Theil, der als primärer Cardiasack bezeichnet wird, ist ein Vormagen, der dem Schlundsack des Pferdes entspricht. An diesen schliesst sich ein kleiner runder Blindsack, der secundäre Cardiasack. Die linke Abtheilung, die Fundusregion, ist der eigentliche Drüsenmagen, in dem Pepsin, Salzsäure und Lab abgesondert werden. Daran schliesst sich dann erst der trichterförmige eigentliche Pylorustheil.

Die Aehnlichkeit zwischen diesem in vier abgegrenzte Gebiete zerfallenden Magen und dem der Wiederkäuer ist aber mehr anatomisch als physiologisch begründet. Denn der Verdauungsvorgang im Schweinemagen beschränkt sich auf die Einwirkung des Verdauungssaftes in dem Fundus- und Pylorustheil, während bei den Wiederkäuern nicht nur der Bau, sondern auch die Verrichtung des Magens eine ganz andere ist als bei den übrigen Thieren.

Wiederkäuermagen.

Die Verdauungsthätigkeit der Wiederkäuer ist, wie schon der Name sagt, verwickelter als die der anderen Pflanzenfresser. An

ihrem Magen werden vier nach Bau und Verrichtung verschiedene
Kammern unterschieden, doch sind diese bald mehr, bald weniger
deutlich ausgebildet, und bei einigen Arten sogar noch mit Neben-
abtheilungen versehen.

Die Gruppe der Wiederkäuer umfasst sämmtliche Zweihufer, nebst den
kameelartigen Thieren, und unter den Vielhufern das Nilpferd. Bei den grossen
Unterschieden in der Lebensweise, die aus dieser Aufzählung hervorgehen, kann
es nicht Wunder nehmen, dass auch der Wiederkäuermagen in seinen Einzelheiten mannigfache Abarten aufweist. Die Mägen von Rind, Ziege und Schaf
sind mehr der Form und Anordnung als der Verrichtung nach verschieden und
können daher vom physiologischen Standpunkt aus gemeinsam besprochen werden.

Die vier Mägen, in die der Wiederkäuermagen eingetheilt ist,
heissen: der Pansen oder Vormagen (Rumen), die Haube oder der
Netzmagen (Reticulum), der Psalter oder Blättermagen (Psalterium)
und der Labmagen (Omasus).

Fig. 34.

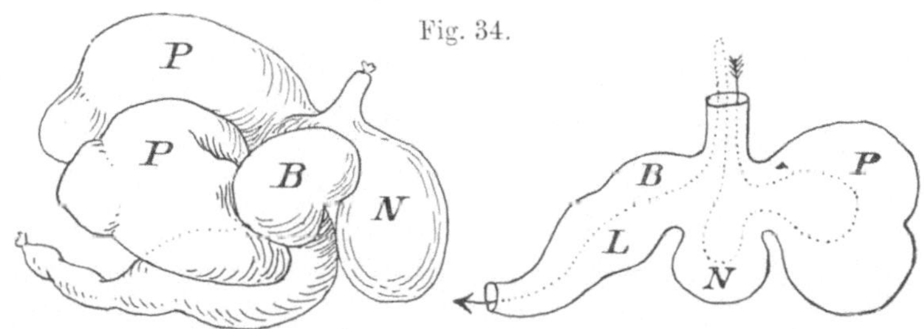

Wiederkäuermagen.   Links Ansicht von links.   Rechts Schema der Bewegung des Speisebreis.
P Pansen, N Netzmagen, B Blattermagen, L Labmagen.

Der Pansen ist bei Weitem die grösste der Abtheilungen, da
er beim Rinde über 100 l zu fassen vermag. Er ist durch eine
äusserlich deutlich erkennbare Einschnürung, der innere musculöse
Vorsprünge entsprechen, der Länge nach in zwei Säcke getheilt,
von denen am hinteren Ende durch eine quer vorspringende Falte
noch je eine besondere Endkammer abgetheilt ist. Der rechte,
kleinere dieser Säcke wird auch als Pansenvorhof bezeichnet. Die
ganze Innenfläche des Pansens ist mit derben, etwa 1 cm hohen
Papillen besetzt, deren Epithelschicht hart und körnig ist, so dass
sich die Fläche fast wie ein Reibeisen oder eine Raspel anfühlt.
Die Speiseröhre mündet in die linke grössere Kammer des
Pansens, an dem sogenannten Pansenschlundkopf oder Magen-
trichter, der mit besonderen spiralig laufenden Muskelzügen ausgestattet ist. Unmittelbar an die Eintrittsstelle der Speiseröhre
schliesst sich die Oeffnung der Haube in den Pansen, so dass die
Mündung der Speiseröhre diesen beiden Abtheilungen des Magens
gemeinsam ist. Die Oeffnung der Speiseröhre gegen den Pansen
ist aber weiter als die gegen die Haube, so dass man rechnen
kann, dass etwa zwei Drittel der Mündung auf den Pansen und
ein Drittel auf die Haube entfällt. Die Haube oder der Netz-

magen ist sehr viel kleiner als der Pansen und zeichnet sich
durch eine besonders starke Muskelschicht aus, die mit der der
Speiseröhre in Zusammenhang steht. Die Schleimhaut der Haube
bildet durch faltenartige Ausstülpung auf der ganzen Oberfläche
regelmässige sechseckige Zellen von etwa Fingerhutgrösse, von
denen der Name „Netzmagen" hergeleitet ist. Die Bezeichnung
„Haube" bezieht sich wohl auf das rundliche Aeussere und die

Fig. 35.

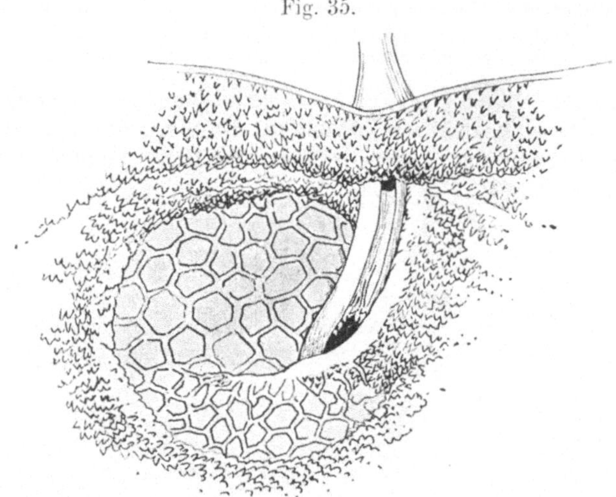

Einmündung der Speiseröhre in den Magen der Ziege, vom eröffneten Pansen aus gesehen. Ueber
der mit Papillen besetzten Pansenwand ist die Speiseröhre sichtbar, die sich auf der Grenze vom
Pansen und Netzmagen öffnet und durch die Schlundrinne bis in den Blättermagen fortgesetzt ist.

Lage gleichsam am Kopfe des Pansens Von der Stelle, wo die
Haube einmündet, bis zu der Stelle, wo die Haube sich in die
dritte Magenabtheilung, den Psalter, öffnet, ziehen auf der Innenseite zwei musculöse Wülste mit vorspringenden Lippen, die eine
Rinne, „die Schlundrinne", zwischen sich lassen. Diese Rinne
kann sich, indem die Lippen durch die Thätigkeit der Muskeln
aneinander gelegt werden, zu einer Röhre schliessen, die eine
Fortsetzung der Speiseröhre bildet. Mit Hülfe dieser Verlängerung
führt dann die Speiseröhre an Pansen und Haube vorüber unmittelbar in den Psalter hinein. (Siehe Fig. 35.)
    Wäre die Verlängerung der Speiseröhre eine wirklich allseitig
geschlossene Röhre, so würde die Oeffnung der Speiseröhre gegen
Pansen und Haube völlig geschlossen sein, und jede durch die
Speiseröhre hinabgleitende Masse müsste graden Weges in den
Psalter gelangen. Die Schlundrinne, die die Verlängerung bildet,
ist aber, wie oben angegeben, nur eine offene Rinne zwischen
zwei vorspringenden Wülsten, die durch ihre Musculatur zwar mit
den Rändern oder Lippen zusammengeschlossen werden können,
für gewöhnlich aber einen Spalt zwischen sich lassen. Dieser

Spalt bildet dann eine Oeffnung, durch die die Speiseröhre und die sie verlängernde Schlundrinne mit dem Pansen, der Haube und dem Psalter in Verbindung steht. Diese Vorrichtung ermöglicht es, dass sich die Speiseröhre je nach Bedarf in Pansen, Haube und Psalter, oder auch nur in Haube und Psalter, oder auch nur in den Psalter öffnet. Steht nämlich die Schlundrinne ganz offen, so tritt der Inhalt der Speiseröhre zum grösseren Theil in den Pansen, zum kleineren Theil zugleich in die Haube ein und kann von dort aus, der Schlundrinne entlang in den Psaltereingang weiter gleiten. Ist der oberste Theil der Schlundrinne, zunächst an der Einmündungsstelle der Speiseröhre, durch festes Aneinanderschliessen der Lippen zu einer allseitig geschlossenen Röhre geformt, so können die aus der Speiseröhre austretenden Massen nicht in den Pansen gelangen, sondern sie müssen der geschlossenen Bahn der Schlundrinne folgen. Wenn diese nun etwas weiter unten nicht schliesst, so können die Massen durch den Spalt, der zwischen den Lippen der Schlundrinne offen ist, frei in die Haube gelangen, oder auch längs der Schlundrinne in den Psalter. Ist die ganze Schlundrinne zur Röhre geschlossen und hält der Spalt zwischen den Lippen überall dicht, so müssen die aus der Speiseröhre hinabkommenden Massen in der Röhre bis in den Psalter hinein gleiten. Es ist der Anschaulichkeit wegen hier angenommen worden, dass sich die Schlundrinne durch Annäherung der Lippen in eine geschlossene Röhre verwandeln kann. In Wirklichkeit dürfte ein vollkommener Schluss nicht eintreten, es ist aber offenbar, dass auch wenn ein Spalt zwischen den Lippen offen bleibt, die Schlundrinne ungefähr die ihr oben zugeschriebene Leistung erfüllen wird, wenn auch in unvollkommenem Grade. Es wird dann eben der grössere Theil der durch die Speiseröhre zugeführten Stoffe der Schlundrinne folgen müssen, während nur ein kleiner Theil durch den Spalt entweicht. Wie sich die Schlundrinne im einzelnen Falle verhält, soll unten im Zusammenhang mit dem Ueberblick über die Thätigkeit des gesammten Wiederkäuermagens noch erwähnt werden. Der vierte Magen, Labmagen, endlich ist mit dem einfachen Magen der nicht wiederkauenden Thiere zu vergleichen. Er besteht aus einer Muskelschicht, die ähnlicher peristaltischer Bewegungen fähig ist, wie die des Fleischfressermagens, und einer Schleimhaut, die Salzsäure, Pepsin und Lab absondernde Drüsen enthält.

Das Wiederkauen. Die Thätigkeit der ersten drei Mägen ist nur mit Berücksichtigung des Wiederkauens zu verstehen, das als eine Wiederholung des gewöhnlichen Kauens an der schon einmal in den Magen aufgenommenen Nahrung beschrieben werden kann. Die Wiederkäuer nehmen im Gegensatz zu den Einhufern, die sehr gründlich und langsam kauen, ihre Nahrung zuerst verhältnissmässig schnell auf, kauen sie ganz kurz und verschlucken sie nebst dem beigemengten Speichel. Beim Schlucken und bei

der Beförderung der Bissen durch die Speiseröhre besteht kein
Unterschied gegenüber den anderen Thierarten. Vermöge der Einmündung der Speiseröhre wie der beschriebenen Vorrichtungen an
der Einmündungsstelle in Pansen und Haube kann nun der Bissen
entweder in den Pansen oder in die Haube gelangen oder in
beide vertheilt werden. Es wird angenommen, dass grössere feste
Massen in den Pansen befördert werden. Ob die Futtermasse in
die Haube und von da in den Pansen gelangt oder unmittelbar in
den Pansen, dürfte bei der verhältnissmässig geringen Grösse der
Haube für den Verlauf der Vorgänge im Allgemeinen wenig Unterschied machen. Im Pansen häuft sich der ganze Bestand der
Mahlzeit zusammen mit den von früheren Mahlzeiten her stets
darin enthaltenen Futtermengen in der ebenfalls stets sehr grossen
Flüssigkeitsmenge an, die aus dem der Nahrung beigemengten
Speichel herstammt. Die Reaction dieses Gemenges ist meist
schwach alkalisch, oder durch Pflanzensäuren und die durch
Gährung entstehenden Säuren schwach sauer. Die frische Nahrung
unterliegt hier der Speichelverdauung und der lösenden und
quellenden Einwirkung der körperwarmen Flüssigkeit.

Beim Schaf etwa eine halbe Stunde, beim Rinde ungefähr
eine ganze Stunde später beginnt dann die Thätigkeit des Wiederkauens, Ruminatio. Diese ist für die Nahrungsaufnahme unentbehrlich, da die im Pansen angehäuften Nahrungsmittel zur
Aufnahme in die anderen Mägen noch nicht geeignet sind. Das
Wiederkauen ist, ähnlich wie das Schlucken, ein zum Theil von
der Willkür des Thieres abhängiger Vorgang, der daher auch nur
eintritt, wenn das Thier dazu Musse und Ruhe hat. Meist liegen
dabei die Thiere in einem halb schlafenden Zustand. Die Nahrung
wird dem Wiederkauen in Gestalt einzelner Bissen unterworfen,
die beim Rinde durchschnittlich gegen 100 g Futter enthalten und
je etwa eine Minute lang gekaut werden. Das Heraufbefördern
jedes dieser Bissen, die Rejection, wird durch eine Inspirationsbewegung und eine Einziehung der Bauchwand eingeleitet. Man
sieht dann eine sehr schnell am Halse hinauflaufende antiperi-
staltische Bewegung der Speiseröhre und man muss annehmen,
dass eine der Schluckbewegung ähnliche, aber entgegengesetzte
Bewegung der Organe des Schlundes stattfindet, durch die der
Bissen in die Mundhöhle befördert wird, obgleich die Einzelheiten
dieses Vorgangs noch unbekannt sind.

Ebenso ist noch nicht sicher, ob der zu rejicirende Bissen vom Pansen
oder von der Haube geliefert wird. Für die Betheiligung der Haube spricht die
Stärke ihrer Musculatur und deren Zusammenhang mit der Speiseröhre, für die
des Pansens die Ausbildung des Pansentrichters und der Umstand, dass pathologische Erscheinungen am Pansen das Wiederkauen unmöglich machen. Jedenfalls befreit sich die Haube durch ihre kräftigen Zusammenziehungen sehr
schnell von jedem festen Inhalt. Sie wird immer nur mit flüssigem Brei gefüllt gefunden.

Während des Wiederkauens wird nur Parotisspeichel abgesondert, der so reichlich fliesst, dass die Flüssigkeit mehrmals

bei jedem Bissen abgeschluckt wird. Da jeder Bissen ungefähr eine Minute lang gekaut wird, bedarf das Rind zum Wiederkauen einer täglichen Ruhezeit von 6—8 Stunden. Der nunmehr fein gekaute Brei wird endlich zum zweiten Mal geschluckt, und nun in die Haube und von da wieder in den Pansen oder, wenigstens zum Theil, durch die Schlundrinne in den Psalter abgeführt.

Chemische Vorgänge im Pansen. Die Thätigkeit des Pansens ist aber mit diesen Angaben, nach denen ihm nur die Rolle eines vorläufigen Behälters für die aufgenommene Nahrung zukäme, nicht ausreichend beschrieben. Vielmehr ist darauf hinzuweisen, dass der Pansen jederzeit reichlich gefüllt ist, und dass er wie der Magen anderer Thiere durch Zusammenziehung seiner Wände seinen Inhalt durcheinander zu mengen im Stande ist. Die rejicirte Masse ist also nicht mit dem frisch eingeführten Futter identisch, sondern setzt sich aus allen den Futterresten zusammen, die gerade den Inhalt des Pansens bilden. Man darf annehmen, dass, indem bei jedem Wiederkauen die gröbsten Massen durchgearbeitet werden, das neu eingeführte Futter in Folge seiner festeren Beschaffenheit zuerst wiedergekaut wird. Offenbar wird aber der Theil der Nahrung, der dadurch nicht hinlänglich aufgeschlossen ist, nach dem zweiten Verschlucken nicht sogleich durch die Schlundrinne in den Psalter hinabbefördert werden, sondern er wird in die Haube und in den Pansen zurückbefördert, um später von Neuem wiedergekaut und dann endlich in den Psalter befördert zu werden. Auf diese Weise bleibt der grössere, widerstandsfähigere Theil des Futters, insbesondere die cellulosereichen und verholzten oder gar verkieselten Pflanzenstengel im Pansen unbestimmte Zeit hindurch den dort stattfindenden Lösungs- und Zersetzungsvorgängen unterworfen.

Mit der Wärme und der alkalischen Reaction, die in der Pansenflüssigkeit herrscht, sind zwei der Gährung und der Fäulniss günstige Bedingungen gegeben. An Keimen, die mit dem Futter eindringen, fehlt es nicht, und es entwickeln sich daher reichlich Milchsäurebacillen und bestimmte, den Bedingungen des Pansens angepasste Fäulnissbacillen. Diese greifen vor Allem die sonst der Verdauung unzugängliche Cellulose an und zersetzen sie in dem Maasse, dass über die Hälfte der eingeführten Cellulose im Laufe der Verdauung verschwindet. Dass hieran die Fäulniss im Pansen Antheil hat, sieht man daraus, dass sich im Pansen reichlich Gase entwickeln, von denen gegen ein Drittel Sumpfgas, Methan, CH_4, ist, das bei der Zersetzung der Cellulose entsteht. Daneben findet auch reichliche Entwicklung von Kohlensäure statt, so dass die Entleerung von Gasen durch den Schlund zu den normalen Erscheinungen bei der Verdauung der Rinder gehört. Auch die Eiweissstoffe faulen im Pansen, so dass in geringem Maasse die Stoffe auftreten, die weiter unten, wo von der Dickdarmverdauung der Fleischfresser die Rede ist, ausführlicher besprochen werden.

Psalter und Labmagen. Der Psalter oder Blättermagen verdankt seinen Namen dem Umstande, dass er bis auf eine ganz geringe Lichtung längs der ventralen Fläche, die in der Verlängerung der Schlundrinne liegt, die sogenannte Psalterbrücke oder Psalterrinne, von hohen parallel laufenden Schleimhautfalten erfüllt ist. Diese Falten, die im Innern eine Muskelschicht enthalten, liegen wie die Seiten eines Buches aufeinander gepackt. Da sie der Länge nach von der ganzen Fläche des Psalters als vom Rücken des Buches entspringen, und ihre freien Ränder nach der Psalterrinne zukehren, ist, um in dem anschaulichen Gleichniss zu bleiben, der Rücken des Buches viel breiter als der Schnitt. Der überschüssige Raum ist dadurch ausgenutzt, dass nur jede zweite Falte bis in die Gegend der Schlundrinne vorragt, während dazwischen je eine weniger hohe Falte liegt, die den Winkel zwischen zwei hohen Falten einnimmt. Der Psalter ist also mit

Fig. 36.

Schematischer Durchschnitt durch den Blättermagen.

einem Buche zu vergleichen, in das zwischen je zwei Seiten ein Falz eingebunden ist. An einem solchen Buche ist ebenfalls der Rücken dicker als der Schnitt.

Die Wand des Psalters enthält eine verhältnissmässig starke Musculatur, die sich, wie erwähnt, ins Innere der Blätter fortsetzt. Die Oberfläche der Schleimhaut auf den Blättern ist mit Papillen besetzt, die im Anfangstheil hoch und spitz, im Endtheil stumpfer sind und durch ihre Richtung nach der Psalterwand und dem Labmagen zu die Bewegung der Futtermassen bestimmen. Die Oeffnung der Haube in den Psalter ist schon ziemlich eng, noch enger die zwischen Psalter und Labmagen. Der Psalter bietet also im Ganzen eine trichterartig verengte Bahn für den Speisebrei dar.

Der Psalter erhält die im Pansen macerirte und mehrfach durchgekaute Masse in Form eines flüssigen Breies von der Haube zugewiesen. Der Wassergehalt dieser Masse wird zu 85 pCt. angegeben. Durch die Muskelbewegung der Haube, insbesondere der Schlundrinne und die der eigenen Musculatur des Psalters wird der Brei zwischen die einzelnen Blätter des Psalters hineingedrängt und allmählich gegen den Labmagen fortgeschoben. Die schon vorher zerkaute und aufgeschwemmte Masse wird hierbei durch die Papillen der Psalterblätter vollends zermahlen und *zugleich wird ihr ein grosser Theil des Wassers entzogen.*

So gelangt in den Labmagen nur ein ganz fein geriebener Brei, der nicht so dünnflüssig ist, dass er den im Labmagen abgesonderten Saft zu sehr verdünnt. Der Verdauungsvorgang im Labmagen, der dem im Magen der fleischfressenden Thiere entspricht, ist nach der vorhergegangenen Durcharbeitung der Nahrungsmittel schnell beendet, und die in den Darm übergehende Masse verhält sich hinsichtlich der Schicksale der in ihr enthaltenen Nahrungsstoffe von dieser Stelle an ähnlich wie die Nahrung der Fleischfresser.

Darmverdauung.

Säfte des Darmcanals. Wenn der Speisebrei in den Darm eintritt, kommt er zugleich mit zwei weiteren Verdauungssäften in Berührung, mit der Galle und dem Pankreassaft oder Bauchspeichel. Ausserdem ergiessen in den Darm die unzähligen kleinen Drüsen der Darmschleimhaut ein drittes Secret, den Darmsaft. Aus der Wirkung aller dieser drei Verdauungssäfte setzt sich die chemische Wirkung der Darmverdauung zusammen. Die mechanische Thätigkeit des Darmes beschränkt sich auf die Fortschiebung des Inhalts.

Absonderung der Galle.

Galle und Bauchspeichel entstammen den sogenannten grossen Drüsen des Verdauungscanals, nämlich die Galle der Leber und der Bauchspeichel dem Pankreas.

Es ist eigentlich nicht richtig, diese beiden Drüsen als Drusen des Verdauungscanales zusammenzufassen, denn die Leber dient ausser der Absonderung der Galle viel wichtigeren Aufgaben, die mit der Verdauung nichts zu thun haben. Schon die Grösse der Leber, die bis zu $^{1}/_{30}$ des Körpergewichts beträgt, noch mehr aber ihre bereits oben erwähnte besondere Stellung im Kreislaufsystem weist auf andere Verrichtungen hin, als die blosse Absonderung eines Verdauungssaftes.

Bau der Leber.

Die Leber besteht, wie jede Drüse, aus einer Anhäufung von Drüsenzellen in einem Gerust von Bindegewebssubstanz. Die Zellen sind zu länglichen Läppchen, Lobuli, zusammengefasst, deren jedes eine in der Mitte verlaufende Vene, · das Centralgefäss, die Vena centralis oder intralobularis enthält. Um diese sind die einzelnen Zellen so aufgereiht, dass sie in polyedrischer Form aneinander schliessen. Von aussen treten an jedes Läppchen die Verzweigungen der Pfortader, als Venae interlobulares, und umspinnen mit einem feinen Capillarnetz die übrigen Wände jeder Zelle. Da die Pfortader das zufuhrende Gefäss darstellt, so geht der Blutstrom in jedem Leberläppchen von der Peripherie nach dem Centrum, von den Venae interlobulares in die Vena intralobularis hinein. Die Venae intralobulares vereinigen sich zu den grösseren Lebervenenstämmen, die in die Hohlvene münden. Die Leberarterie führt im Wesentlichen nur dem Gerüstwerk der Leber Blut zu. In den Spalträumen zwischen den einzelnen Zellen sind rinnenartige Erweiterungen ohne eigene Wand, in denen sich die von den Zellen abgesonderte Gallen-flüssigkeit sammelt und durch etwas grössere gemeinsame Hohlräume abfliessend in feine Röhrchen, Gallencapillaren, gelangt, die sich nach Art eines Venen-systems zu dem Ausführungsgang der Leber, Ductus hepaticus, vereinigen. Dieser mündet bei einzelnen Thieren unmittelbar in den Darm, bei den meisten steht er durch eine Abzweigung mit der Gallenblase in Verbindung.

Die Gallenblase besteht aus einer derben Wand aus glatten Muskelfasern, die innen mit einer vielfach gefältelten Schleimhaut ausgekleidet ist. Die Schleimhaut der Gallenblase und des Gallenganges enthält zahlreiche schleim-absondernde Drusen.

Der Gallengang mündet gemeinsam mit dem Ausführungsgang des Pankreas in das Duodenum. Da er die Darmwand schief durchsetzt, und die Mündung sich auf der Höhe einer längsver-laufenden Schleimhautfalte befindet, ist die Mündung vor dem Ein-treten von Darminhalt geschützt, denn wenn die Flüssigkeit aus dem Innern des Darms gegen die Mündung andrängt, muss sie die Falte zusammendrücken und die Mündung verschliessen. Uebrigens sind auch ringförmig angeordnete Muskelfasern vorhanden, die den Gang zuschnüren und den Austritt der Galle verhindern können.

Diese Vorrichtungen machen es moglich, dass die Galle, trotzdem sie von der Leber dauernd ausgeschieden wird, doch nur oder wenigstens vorwiegend während der Verdauung in den Darm eintritt, doch hat dies offenbar keine grosse Bedeutung, da einige Thiere, beispielsweise die Einhufer, ferner Hirsch, Kameel, Elefant, Ratte und unter den Vögeln die Taube uberhaupt keine Gallenblase haben, und auch beim Menschen die Exstirpation der Gallenblase keinerlei Beschwerden verursacht. Dass die Galle dauernd aus der Leber ab-fliesst, kann man aus Beobachtungen an Menschen und Thieren schliessen, bei denen eine Gallenfistel besteht, so dass die Galle nach aussen abfliesst.

Um bei Versuchsthieren eine Gallenfistel herzustellen, durchschneidet man die Bauchwand, zieht die Gallenblase in die Wunde hinauf, vernäht sie mit den Wundrändern und schneidet sie auf. Es kann dann die Galle aus der Blase durch die Wunde abfliessen, zugleich aber ist ihr der Weg in den Darm durch den Gallengang frei. Will man die ganze abgesonderte Gallenmenge gewinnen, so muss man noch den Gallengang zwischen Blase und Darm unterbinden.

Zwischen der aus Fisteln gewonnenen Galle und der, die man aus der Blase getödteter Thiere entnimmt, besteht der Unterschied, dass die Blasengalle dicker ist als die Fistelgalle. Man muss also annehmen, dass die frisch abgesonderte Galle beim Aufenthalt in der Gallenblase einen Theil ihres Wassergehaltes verliert.

Zusammensetzung der Galle.

Frisch aus der Gallenblase oder aus einer Fistel entnommene Galle ist eine meist klare, etwas zähe Flüssigkeit. Mitunter sind Epithelzellen aus der Gallenblase und weisse Blutkörperchen darin enthalten, so dass sie trübe erscheint. Die Farbe ist schwer zu beschreiben, da sie bei verschiedenen Thieren und auch bei der-selben Galle je nach den Umständen verschieden ist. Frische Galle vom Menschen und von den Fleischfressern ist gelbbraun, in dünneren Schichten hell goldgelb. Bei den Pflanzenfressern geht die Farbe von braun ins Grünliche über, beim Schaf ist die Galle rein grün. Beim Stehen an der Luft wird die Farbe dunkler, bei der Galle der Pflanzenfresser dunkelgrün. Diese Veränderung der

Farbe beruht auf der Oxydation des Gallenfarbstoffs, ist also derselbe Vorgang, der der Gmelin'schen Farbenreaction zu Grunde liegt. Die Farbstoffe und die sogenannten Gallensäuren, organische Säuren von complicirter Zusammensetzung, kommen ausschliesslich in der Galle vor. Zusammen mit dem Cholesterin, einer fettähnlichen Substanz, und denjenigen anorganischen Salzen, die auch im Blutplasma und den meisten anderen thierischen Flüssigkeiten vorkommen, machen sie 3—4 pCt. der frisch abgesonderten Galle des Menschen aus, so dass in der Tagesmenge von etwa 600—1000 ccm, die ein Mensch täglich absondert, etwa 20—30 g feste Stoffe enthalten sind. Ausserdem finden sich in der Galle noch eine Anzahl Stoffe, die als Zersetzungsproducte des Eiweisses und anderer Körperbestandtheile anzusehen sind.

In 100 Theilen Galle	Mensch		Hund		Rind	Schwein
	Blasengalle	frische Galle	Blasengalle	frische Galle	Blasengalle	
Wasser	84,0	97,3	85,2	89,7	90,1	88,8
Feste Stoffe	16,0	2,7	14,8	10,3	9,6	11,2
Gallensaure Salze	8,7	1,0	12,6	8,6		7,3
Lecithin, Cholesterin, Fette, Seifen.	2,4	0,3	1,3	0,9	8,0	2,2
Schleim und Farbstoff . .	4,4	0,6	0,3	0,2	0,3	0,6
Salze	0,5	0,8	0,6	0,6	1,3	1,1

Bei dieser Zusammensetzung der Galle entsteht die Frage, was für eine Bedeutung die Galle für die Verdauung haben kann, und ob sie überhaupt als Verdauungssaft betrachtet werden darf. Um diese Frage zu beantworten, müssen erst die Eigenschaften der betreffenden Körper betrachtet werden.

Die Gallenfarbstoffe.

Die Gallenfarbstoffe sind in reinem Wasser unlöslich und werden in der Galle nur dadurch in Lösung gehalten, dass sie mit Alkalien verbunden sind. Mitunter kommen sie an Kalk gebunden vor und bilden dann zusammen mit einigen anderen Gallenbestandtheilen die sogenannten rothen Gallensteine.

Aus diesen kann man die Farbstoffe nach Entfernung des beigemengten Cholesterins mit Aether und des Kalkes mit Salzsäure als amorphes Pulver gewinnen: Löst man dies mit Chloroform, so krystallisiren die Farbstoffe beim Verdunsten der Lösung aus. Uebrigens kann man auch aus frischer Galle, durch Schütteln mit Chloroform, den Gallenfarbstoff ausziehen, erhält aber dann nur viel geringere Mengen.

Stellt man aus frischer Galle oder einem Gallenstein den Farbstoff dar, so erhält man Bilirubin, das der Galle die gelbbraune Färbung giebt. Lässt man die Lösung an der Luft stehen, so geht damit dieselbe Umwandlung vor, wie in der Galle selbst, es findet Oxydation statt, durch die sich der rothbraune Farbstoff

Bilirubin in den grünen Farbstoff Biliverdin verwandelt. Ausser diesen beiden Farbstoffen finden sich in den Gallensteinen eine Reihe ähnlicher Körper, die als Bilifuscin, Biliprasin, Bilicyanin u.s.w. unterschieden werden.

Die Reaction, durch die Gallenfarbstoffe, etwa im Harn, nachgewiesen werden, ist die Gmelin'sche Reaction auf Gallenfarbstoffe und beruht, wie oben erwähnt, auf den Farbenveränderungen, die durch Oxydation eintreten. Man giesst eine Probe der zu untersuchenden Lösung vorsichtig in ein Reagensglas, das etwa fingerbreit mit starker Salpetersäure, die etwas salpetrige Säure enthält, gefüllt ist. Die specifisch leichtere Lösung schichtet sich über der Säure, und es kann zuerst eine Wechselwirkung nur an der Berührungsfläche eintreten. Die unterste Schicht der Lösung beginnt also sich zu oxydiren und färbt sich zunächst grün. Während nun die Oxydation weiter nach oben fortschreitet, geht in der untersten Schicht in Folge der immer stärkeren Oxydation eine weitere Veränderung der Farbe vor sich, die durch Blau, Violett, Roth endlich bis zu einer hellgelben Farbe führt, die der höchsten Oxydationsstufe des Gallenfarbstoffs entspricht. Inzwischen haben die höheren Schichten jede die der Stärke der Einwirkung entsprechende Farbe der obigen Reihenfolge angenommen. Diese verschiedene Färbung der übereinander liegenden Schichten ist das Kennzeichen der Gallenfarbstoffe.

Ganz dieselbe Reaction kann man von gewissen Umwandlungsproducten des Blutfarbstoffs erhalten. Auch die aus dem täglichen Leben bekannte Farbenänderung nach Blutaustritt ins Unterhautgewebe bei Entstehung der sogenannten „blauen Flecke" beruht auf dem gleichen Vorgang wie die Gmelin'sche Reaction. Die Zusammensetzung von Krystallen aus Blutfarbstoff, die man nach Blutergüssen im Körpergewebe findet, und die als „Haematoidinkrystalle" bezeichnet werden, ist dieselbe wie die des Bilirubins. Aber es stimmen nicht bloss die Formeln und die chemischen Eigenschaften des Bilirubins und des Haematoidins zusammen, sondern es lässt sich geradezu zeigen, dass thatsächlich in der Leber aus Blutfarbstoff Gallenfarbstoff gemacht wird. Wenn man nämlich Thieren reichliche Mengen Blutfarbstofflösung in die Blutbahn einspritzt, so steigt die Menge des abgesonderten Gallenfarbstoffs an.

Die Gallensäuren.

Die zweite Gruppe der der Galle eigenthümlichen Stoffe bilden die Gallensäuren. Diese oder vielmehr ihre Salze kann man aus der Galle rein darstellen, indem man ihre Eigenschaft benutzt, in Alkohol löslich, in Aether unlöslich zu sein. Zerreibt man eingedampfte Galle mit Alkohol, so gehen mit den gallensauren Salzen auch das Cholesterin und ein Theil der Farbstoffe in Lösung. Entfärbt man die Flüssigkeit durch Thierkohle, dampft ein und versetzt mit Aether, so fallen die gallensauren Salze aus, erst in amorpher Form, die allmählich in krystallinische übergeht.

Die reinen Gallensäuren verhalten sich ähnlich wie ihre Salze. Sie lassen sich unter Wasseraufnahme zerlegen in je eine stickstofffreie Säure und einen anderen stickstoffhaltigen Stoff. Da dieses Paar ungleicher Substanzen zusammen eine Säure bildet, nennt man diese eine „gepaarte" Säure und bezeichnet die Bestandtheile als „Paarlinge". Der eine stickstofffreie Paarling ist stets die Cholalsäure, der andere Paarling entweder Glycin oder Taurin. Je nachdem Glycin oder Taurin mit der Cholalsäure gepaart ist, nennt man die betreffende Säure Glykocholsäure oder Taurocholsäure. Es ist also

Glycin + Cholalsäure = Glykocholsäure,
Taurin + Cholalsäure = Taurocholsäure.

Nun hat man gefunden, daß nicht bei allen Thieren genau dieselbe Verbindung die Rolle der Cholalsäure spielt, und dass auch beim Menschen mehrere nahe verwandte Säuren nebeneinander vorhanden sind, und demnach giebt es auch genau genommen eine ganze Anzahl verschiedener gallensaurer Salze. Die Unterschiede sind aber so gering, dass sie die Eigenschaften der gallensauren Salze nicht wesentlich beeinflussen, und man kann daher ohne grosse Ungenauigkeit die Cholalsäure als allgemeinen Bestandtheil der Gallensäuren bezeichnen.

Die Cholalsäure und ebenso ihre gepaarten Verbindungen und deren Salze sind an der Pettenkofer'schen Reaction zu erkennen, die darin besteht, dass ihre Lösungen mit Rohrzuckerlosung und concentrirter Schwefelsäure versetzt, eine rothe Färbung geben. Dieselbe Reaction geben aber auch manche Eiweissstoffe, und die Probe muss daher, wenn sie entscheidend sein soll, durch spectroskopische Untersuchung ergänzt werden.

Die Taurocholsäure und Glykocholsäure finden sich bei verschiedenen Thieren in verschiedenen Mengen, ohne dass sich eine bestimmte Beziehung zur Ernährungsweise angeben liesse. Bei den Fleischfressern soll die Taurocholsäure vorherrschen, doch ist dies auch bei einigen Pflanzenfressern der Fall. In der Galle des Hundes findet sich ausschliesslich Taurocholsäure.

Die Cholalsäure ist ihrer Constitution nach unbekannt, dagegen sind Glycin und Taurin, wie man schon aus ihrem Stickstoffgehalt ersehen kann, als Zersetzungsproducte des Eiweisses, und zwar als Aminosäuren anzusehen, das heisst als Säuren, in denen ein oder mehr Wasserstoffatome durch die Amingruppe NH_2 ersetzt sind. So ist das Glycin oder wie es gewöhnlich genannt wird, das Glycocoll chemisch als Aminoessigsäure zu bezeichnen, es erhält die Constitutionsformel $NH_2—CH_2—COOH = C_2H_5NO_2$. Seinen Namen Glycocoll hat es davon bekommen, dass es beim Kochen von Leim mit Schwefelsäure entsteht und süss schmeckt. Das Taurin enthält von den Elementen der Eiweisskörper neben dem Stickstoff auch noch den Schwefel, es ist als Aminoäthylsulfosäure $NH_2CH_2CH_2SO_2OH = C_2H_7NSO_3$ bekannt.

Weitere Bestandtheile der Galle.

Das Cholesterin, das in der Galle mitunter in reichlichen Mengen, bis zu 5 pCt., auftritt, ist in fast allen thierischen oder pflanzlichen Geweben sehr verbreitet und wird als ein Abkömmling der Eiweissstoffe betrachtet, die ja in allen Geweben vorhanden sein müssen. Es ist in Wasser unlöslich, in Alkohol und Aether löslich und kommt oft in tafelförmigen Krystallen vor. Aehnlich wie Glycerin verbindet sich das Cholesterin mit Fettsäure, und kommt in dieser Verbindung im Hautfett mancher Thiere vor, zum Beispiel als das Wollfett der Schafe, aus dem die bekannte Lanolinsalbe hergestellt wird.

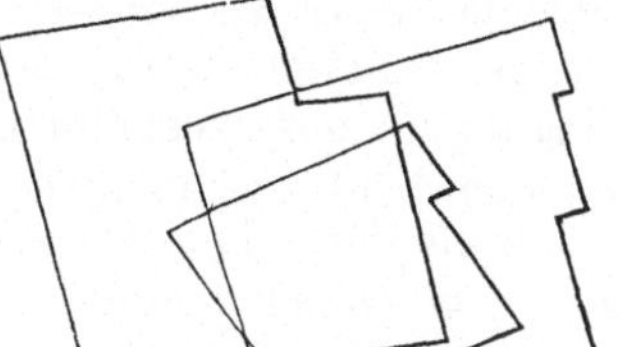

Fig. 37.

Cholesterinkrystalle.

Neben dem Cholesterin findet sich auch Lecithin in der Galle, ein ebenfalls in Organismen häufig vorkommender Körper, der sich durch Phosphorgehalt auszeichnet.

Endlich die anderen, oben erwähnten Stoffe, Harnstoff u.a.m., die in der Galle und ebenfalls im Harn gefunden werden, sind schon dadurch als Zersetzungsproducte kenntlich, dass sie eben im Harn, einer Ausscheidung des Körpers, zu finden sind.

Wirkung der Galle.

Untersucht man die Wirkung der Galle anf die einzelnen Gruppen der Nahrungsstoffe ausserhalb des Körpers, so findet man, dass sie Eiweisskörper durchaus unverändert lässt, Kohlehydrate dagegen wie schwache Diastase, und Fette wie eine schwache Lauge oder Seifenlösung beeinflusst. Verglichen mit der viel stärkeren Wirkung der anderen Verdauungssäfte sind diese Einflüsse der Galle viel zu unbedeutend, als dass man daraufhin die Galle als für die Verdauung förderlich erklären könnte.

Nach alledem liegt es also nahe, die Galle überhaupt nicht als einen Verdauungssaft, sondern als eine Ausscheidungsflüssigkeit anzusehen, die nur in den Darm ergossen wird, um gemeinsam mit den unbrauchbaren Theilen im Kothe ausgestossen zu werden. Dem stehen aber mehrere Gründe entgegen. Es wäre schon sehr auffallend, dass eine nur zur Ausscheidung bestimmte Flüssigkeit unmittelbar unterhalb des Magens, gerade in den Anfangstheil des Darmes eingeführt wurde, anstatt möglichst nahe am unteren Ende in den Mastdarm entleert zu werden. Man muss daher annehmen, dass die Galle im Darm noch irgend einen Zweck zu erfüllen hat. Ausserdem lässt sich zeigen, dass die Galle zum grossen Theil aus dem Darm resorbirt, und wieder in den Körper aufgenommen wird.

Untersucht man nun, wie die Verdauung im Thierkörper vor sich geht, wenn die Wirkung der Galle ausgeschlossen ist, so treten zwei wichtige Thatsachen hervor. Wenn man einem Hunde eine Gallenfistel macht und alle Galle nach aussen ableitet, so ist anfänglich die Secretion lebhaft, wird aber schon nach einigen Tagen schwächer. Dabei leckt das Thier, wenn es nicht daran gehindert ist, begierig die ausfliessende Galle auf, trotz ihres bekanntlich ekelhaft bitteren Geschmackes. Hieraus kann man schliessen, dass der Hund ein Bedürfniss nach Ersatz der ihm entzogenen Galle empfindet. Setzt man der Nahrung Galle oder die Gallenbestandtheile zu, so wird auch die Secretion wieder reichlich. Offenbar scheidet also das unversehrte Thier nicht alle Galle, die in den Darm ergossen wird, aus, denn sonst würde zwischen den Bedingungen des geschilderten Versuchs und denen des normalen Lebens kein Unterschied sein. Im Gegentheil muss im normalen Zustande des Thieres *ein grosser Theil der Gallenbestandtheile aus dem Darm* wieder aufgenommen werden und zu neuer Gallenbereitung dienen, ganz ebenso, wie es oben vom Wasser des Mundspeichels angegeben worden ist. Dies ist schon ein Zeichen, dass die Galle nicht als blosser Auswurfsstoff betrachtet werden kann. Entscheidend aber ist die zweite Beobachtung, die man an Thieren mit Gallenfistel machen kann. Wenn keine Galle in den Darm ergossen wird, erscheint die Verdauung der Fettstoffe gestört. *Es wird kaum die Hälfte der Fettmengen resorbirt,* die unter normalen Bedingungen aufgenommen werden würden, und das überschüssige Fett der Nahrung geht unverdaut in den Koth über. Die Galle ist also ein sehr wesentliches Förderungsmittel für die Fettverdauung, und muss demnach sogar als ein sehr wichtiger Verdauungssaft gelten.

Die Frage, auf welche Weise die Galle diese Wirkung ausübt, kann nicht mit Sicherheit beantwortet werden. Man glaubte fruher, dass die Gallensäuren die Eigenschaft hätten, poröse Körper fur Fett durchdringlich zu machen, und stützte sich auf Versuche an mit Gallenlosung befeuchteten Capillarrohren. Diese Versuche sind aber später als unzuverlässig erkannt worden.

Die eben erwähnte Eigenschaft der Galle, auf Fette wie eine schwache Lauge oder Seife zu wirken, genügt nicht, um den grossen Unterschied in der Menge des resorbirten Fettes zu begründen.

Ebensowenig kann die Angabe herangezogen werden, dass die Galle auf die Darmbewegungen anregend wirke, denn Verminderung der Darmbewegungen kann nicht auf die Fettresorption allein hindernd wirken.

Auf die Wirkung der Galle als Verdauungssaft wird weiter unten noch näher einzugehen sein, wo von den chemischen Umsetzungen die Rede sein wird, die in dem Gemische der Verdauungssäfte und der Nahrungsmittel im Darme vor sich gehen.

Gelbsucht. Es mögen hier kurz noch die pathologischen Erscheinungen erwähnt werden, die bei zufälligem oder künstlichem Verschluss der Gallenwege eintreten. Wie schon vom Gallenfarbstoff erwahnt wurde, kann auch das Cholesterin leicht in Substanz aus der Gallenflussigkeit ausscheiden und zur Bildung sogenannter Gallensteine fuhren, die man nicht selten in der Gallenblase von Menschen und Thieren vorfindet. Solche Concremente können sich nun im Ausführungsgang der Gallenblase einklemmen und ihn vorübergehend verschliessen. Es bestehen dann im Darm dieselben Bedingungen, wie sie oben fur den Versuch mit Ableitung der Galle angegeben sind. Da kcine Galle in den Darm eintreten kann, wird die Fettverdauung herabgesetzt, und das unverdaute Fett erscheint im Koth. Da gleichzeitig die Gallenfarbstoffe im Darminhalt fehlen, zeigt der Koth eine aschgraue oder gar weissliche Farbe. Dafur treten die Gallenfarbstoffe, denen ihr normaler Ausflussweg verschlossen ist, ins Blut über und färben einerseits alle Korpergewebe gelbgrünlich, andererseits gehen sie massenhaft in den Harn uber, den sie dunkelbraun färben. Diese Erscheinungen, die Symptome der sogenannten Gelbsucht oder des Icterus, beweisen so anschaulich wie ein eigens angestellter Versuch die Wichtigkeit der Gallenabscheidung für den Körperhaushalt.

Pankreassaft.

Bedeutung des Pankreassaftes. So unbestimmt die Wirkung der Galle anf die Verdauung nach den obigen Betrachtungen erscheint, um so ausgesprochener ist die Wirkung des an derselben Stelle in den Darm eintretenden Pankreassaftes. Dieser enthält mehrere Fermente, die stark auf sämmtliche drei Gruppen von Nahrungsstoffen wirken und genügt dadurch an sich, um alle nachweislich für die Resorption der Nahrung erforderlichen Bedingungen herbeizuführen. Danach ist der Pankreassaft unzweifelhaft als der wichtigste aller Verdauungssäfte anzusehen.

Pankreasfistel. Da das Pankreas einen Ausführungsgang hat, den Ductus Wirsungianus, kann man durch Einbinden einer

Canüle bei eröffneter Bauchhöhle den Saft gewinnen, doch kann die Untersuchung sich dann immer nur auf kurze Zeiträume erstrecken. Um über Verlauf und Menge der Secretion sichere Auskunft zu erhalten, muss man, ähnlich wie bei der Galle eine Fistel anlegen, indem man entweder das Pankreas selbst mit derjenigen Stelle, an der der Ductus Wirsungianus daraus hervortritt, oder das Stück der Dünndarmschleimhaut, das die Mündung des Ganges enthält, in die Bauchwand einheilt, so dass das Secret nach aussen abfliesst. Dies ist eine schwierige Operation, weil das Pankreas mit der Darmwand durch viele Gefässe verbunden ist und überhaupt das Ausschneiden eines Stückes der Darmwand, selbst beim Thiere immer das Leben gefährdet.

Absonderung: Man beobachtet dann zunächst, dass der Saft nicht wie die Galle fortwährend secernirt wird, sondern erst zu fliessen beginnt, wenn das Versuchsthier gefüttert wird. Dies gilt indessen nur für die Fleischfresser, denn bei den Pflanzenfressern, bei denen sich der Vorgang der Verdauung über viel grössere Zeiträume hinzieht, ist auch die Thätigkeit des Pankreas entsprechend verlängert, so dass sie zu einer dauernden wird. Wegen dieser Abhängigkeit der Secretion von der Nahrungsaufnahme lässt sich auch über die Menge des Saftes keine bestimmte Angabe machen. Man kann aber die durchschnittliche Menge nach den Mengen schätzen, die bei bestimmten Futtermengen abgesondert werden und findet, dass ein Hund bei mittleren Nahrungsmengen für jedes Kilogramm Körpergewicht in 24 Stunden gegen 20 ccm absondern muss. Nach älteren Angaben ist die Secretion beim Pferd und beim Rind verhältnissmässig geringer, da sie im Ganzen nur 200 bis 300 ccm in der Stunde beträgt, und noch geringer beim Schwein, bei dem nur 12—15 ccm in der Stunde gewonnen wurden. Auch für den Menschen wird eine ziemlich niedrige Zahl, nämlich 150 bis 200 ccm, als Tagesmenge angegeben.

Zusammensetzung. Der Pankreassaft ist wasserklar, zähflüssig und von deutlich alkalischer Reaction. Der Gehalt an festen Stoffen ist wechselnd, kann aber bei Fleischfressern bis über 10 pCt. betragen, während bei Pflanzenfressern der Pankreassaft viel dünner ist. Die Zähigkeit des Saftes kommt von Eiweissstoffen her, die beim Erhitzen ausfallen und die den grössten Theil der festen Stoffe ausmachen. Neben diesen echten Eiweissen finden sich geringe Mengen von Verbindungen, die als aus Zersetzung von Eiweiss hervorgehend bekannt sind, ferner Spuren von Seifen und Fetten und etwa 1 pCt. anorganischer Salze. Unter diesen ist Natriumcarbonat hervorzuheben, das dem Pankreassaft seine alkalische Reaction giebt. Es kann bis zu 0,4 pCt. darin enthalten sein.

Die wichtigsten Bestandtheile des Pankreassaftes, die Fermente, entziehen sich der chemischen Bestimmung und geben sich nur durch die Wirkung des Saftes zu erkennen. Hiernach müssen wenigstens drei stark wirkende Fermentstoffe angenommen werden, die auf die drei Gruppen der Nahrungsstoffe einwirken. Diese drei Fermente sind:

1. Die Pankreasdiastase, von der die Bezeichnung Bauchspeichel herrührt, weil sie ähnlich wie das Ptyalin des Speichels Stärke in Zucker umwandelt.

2. Das Trypsin, das, ähnlich aber stärker wie das Pepsin des Magensaftes, Eiweissstoffe zersetzt.

3. Das fettspaltende Ferment, Steapsin, Pankreaslipase, das neutrales Fett in Glycerin und Fettsäuren spaltet.

Die Menge dieser Fermentstoffe lässt sich wie gesagt nicht bestimmen, doch kann man aus dem Grade der Wirksamkeit des Pankreassaftes auf die verschiedenen Nahrungsstoffe sehen, dass sie stark wechselt, da mitunter eine oder die andere Wirkung überhaupt nicht nachzuweisen ist. Nach den neueren Untersuchungen von Pawlow ist die Menge der Fermente der Menge und Art der Nahrung in jedem einzelnen Fall genau angepasst. Hierauf wird in dem Abschnitt über die Einwirkung des Nervensystems auf die Verdauung zurückzukommen sein.

Enterokinase. Um die Wirkung der Pankreasfermente zu untersuchen, kann man sich statt des aus einer Fistel gewonnenen Bauchspeichels bequemer eines Auszuges aus der Drüse selbst bedienen. Hierbei zeigt sich, ebenso wie oben von der Magenschleimhaut angegeben worden ist, dass der Auszug aus der ganz frischen Druse sich unwirksam gegen Eiweisskorper und Fette erweist. Ebenso ist auch der aus dem Ausführungsgang oder aus einer künstlichen Fistel gewonnene Saft oft unwirksam. Man erklärt dies durch die Annahme, dass die Fermente in der Drüse noch nicht fertig vorgebildet, sondern erst als sogenannte Profermente enthalten sind, die erst durch Beruhrung mit anderen Stoffen, „Kinasen", „activirt" werden. Statt Trypsin soll demnach im Pankreas und in wirklich reinem Pankreassaft nur die Vorstufe Trypsinogen enthalten sein, die erst durch ein von den Darmdrusen abgesondertes Ferment „Enterokinase" in Trypsin verwandelt wird. Als Kinase fur die Vorstufe des Steapsins wird die Galle angenommen, wodurch sich der oben besprochene Einfluss der Galle auf die Fettverdauung gut erklären lässt. Ob diese Annahmen im Einzelnen zutreffen, dürfte noch als zweifelhaft erscheinen, sicher ist aber, dass die Fermente in Pankreasextracten wirksamer sind, wenn die Drüse etwa 24 Stunden bei Zimmertemperatur gelegen hat, als wenn ganz frische Druse verwendet worden ist. Als Extractionsflüssigkeit dient am besten Glycerin, da dies die Fäulniss zurückhält, die sich sonst gerade in dem alkalisch reagirenden Pankreasbrei besonders leicht einstellt und die Fermente schädigt. Man muss deshalb auch, wenn man die Drüse mit Wasser extrahiren will, um die Fäulniss zu hindern, Stoffe wie Chloroform oder Thymol zusetzen, da Säuren oder Salze den Zweck des ganzen Verfahrens vereiteln würden.

Pankreasdiastase.

Die Pankreasdiastase ist als mit dem Ptyalin des Speichels identisch anzusehen. Im Allgemeinen wirkt der Pankreassaft zwar stärker als Speichel, doch kann dies einfach von der grösseren Menge des Fermentes herrühren.

Das Ptyalin verwandelt die Polysacharide Stärke und Glykogen in Dextrin, Malzzucker und Traubenzucker. Das Dextrin ist nur eine Vorstufe weiterer Spaltung, die schliesslich Malzzucker und Traubenzucker ergiebt. Da indessen durch die Verdauung mit Pankreassaft aus Stärke Traubenzucker entsteht, nimmt man noch besondere Hilfsfermente an, die den Malzzucker in Trauben-

zucker überführen und auch die Verwandlung des Milchzuckers in Traubenzucker ermöglichen.   Diese Spaltungsvorgänge werden im Darm durch die
anderen gleichzeitig stattfindenden Vorgänge beeinflusst, die weiter unten in
ihrem gemeinsamen Zusammenhang dargestellt werden sollen.

Die Prüfung des Pankreassaftes oder des Auszuges auf das diastatische
Ferment wird genau so angestellt, wie die Untersuchung des Speichels auf
Ptyalın. Man versetzt etwas Stärkekleister mit der ptyalinhaltigen Lösung, erwärmt und überzeugt sich dann durch die Jodreaction, dass die Stärke verschwunden ist, und durch die Trommer'sche Probe, dass Zucker gebildet
worden ist.

Trypsin.

Das eiweisslösende Ferment des Pankreassaftes, das Trypsin,
unterscheidet sich dadurch sehr wesentlich vom Pepsin des
Magensaftes, dass es in dem alkalischen Pankreassaft, also
ohne Mitwirkung freier Säure, die Eiweisskörper angreift.   Die
Umwandlung der Eiweisskörper in Peptone vollzieht sich unter
dem Einfluss des Trypsins ebenso wie bei der des Pepsins über
eine Reihe von Vorstufen, die als Albumosen bezeichnet werden.
Die Albumosen halten in ihren Eigenschaften die Mitte zwischen
Eiweissstoffen und Peptonen.   Ihr Hauptunterschied gegenüber den
Eiweisskörpern ist, dass sie in der Hitze nicht gerinnen.   Die
Lösungen der Eiweisskörper dialysiren nicht, und lassen sich durch
Aussalzen leicht fällen.   Die Lösungen der Peptone dialysiren leicht,
und sie sind durch Aussalzen nicht zu fällen.   Es zeigt sich in
dieser Reihenfolge die zunehmende Löslichkeit der Substanzen mit
der weitergehenden Zerlegung des Eiweissmolecüls.

Mit der Peptonisirung schliesst aber die Einwirkung des
Trypsins nicht ab, sondern auch die Peptone werden weiter zerlegt,
und es entsteht die ganze Reihe von Substanzen, die oben als Aminosäuren und als Spaltungsproducte der Eiweissstoffe angeführt
worden sind.

Diesen Stoffen kommt in der Physiologie eine doppelte Bedeutung zu.
Erstens sind es dieselben Körper, die auch beim Abbau des Eiweisses innerhalb
der Gewebe entstehen, und die deshalb als Bestandtheile der Gewebe, der Gewebsflüssigkeit, des Blutes und der Auswurfstoffe immer wieder in verschiedenem
Zusammenhang zu erwähnen sind.. Zweitens aber bilden sie diejenigen Atomgruppen, die im Gefüge des Eiweissmolecüls festeren Zusammenhang haben und
man hat schon mit Erfolg versucht, aus ihnen die einfacheren eiweissartigen
Stoffe künstlich herzustellen. Die Untersuchung der Eiweisszersetzung geht
also über das Ziel, die Verdauungsvorgänge aufzuklären, hinaus und dient dazu,
die Constitution der Eiweisskörper selbst ans Licht zu bringen.

Der Entstehung aller dieser Stoffe aus dem Eiweiss ist, wie allen Fermentwirkungen, die Aufnahme von Wasser gemeinsam, es sind also Hydratationen
oder hydrolytische Umwandlungen der Eiweisse und Peptone.

Die Wirkung des Trypsins lasst sich ganz wie die Pepsinwirkung dadurch
nachweisen, dass man in den Bauchspeichel oder in den Pankreasauszug einige
Scheibchen gekochten Huhnereiweisses, oder einige Flocken von Fibringerinnsel
wirft, und bei etwa 40° eine Zeit lang stehen lässt. Die Flüssigkeit wird dann
von etwa ubrig gebliebenem ungelösten Eiweiss durch Filtriren getrennt, und
ın ihr durch die Biuretreaction das entstandene Pepton nachgewiesen.

Weder bei dem Versuch im Reagensglas mit künstlıchem Pankreasextract
noch bei der natürlichen Verdauung bleibt die Spaltung der Eiweisskörper auf
dieser Stufe stehen, sondern es treten, unter den gewöhnlichen Bedingungen,

weitere Veränderungen ein, die als Fäulnisserscheinungen zu betrachten sind. Von diesen wird bei der allgemeinen Betrachtung der Vorgänge im Darm weiter unten zu sprechen sein.

Das fettspaltende Ferment.

Das fettspaltende Ferment des Pankreas endlich, das Steapsin, kann insofern als das wichtigste bezeichnet werden, als die Diastase und das Trypsin nur die Wirkungen des Speichels und Magensaftes zu ergänzen haben, während nur Ein Ferment im Verdauungscanal auf Fett wirkt, nämlich eben das Steapsin.

Die Fette sind, wie oben schon ausführlich besprochen worden ist, mit Wasser nicht mischbar, sie können also von den wässerigen Verdauungsflüssigkeiten nur durch ganz besondere Hülfsmittel angegriffen werden. Es können aber thatsächlich aus dem Darme eines Menschen oder eines grossen Hundes 100—200 g Fett in 24 Stunden in den Körper aufgenommen werden.

Selbstemulgirung. Die Wirkung des im Pankreasaft enthaltenen Steapsins lässt sich nicht so augenscheinlich beweisen, wie die der anderen Fermente. Setzt man zu Milch oder zu einer Emulsion von neutralem Fett Pankreasextract, so kann man, nachdem das Ganze einige Zeit in der Wärme gestanden hat, durch Lakmuslösung oder auf andere Weise Säuerung nachweisen, die auf der Spaltung des Fettes in Glycerin und Fettsäuren beruht. Es wird zwar bei diesem Versuch immer nur sehr wenig Fett gespalten, schon die allergeringste Spaltung genügt aber, um eine andere für die Resorbirbarkeit des Fettes möglicherweise sehr wesentliche Erscheinung herbeizuführen, nämlich die Selbstemulgirung.

Es ist oben schon von der künstlichen Emulgirung der Fette die Rede gewesen, die durch Schütteln wässriger Flüssigkeit mit Fett entsteht. Eine sehr feine Emulsion konnte wohl von den Epithelzellen der Darmschleimhaut aufgenommen werden, zumal die Histologie lehrt, dass die freien Ränder dieser Zellen im mikroskopischen Bilde einen eigenthümlichen Saum aufweisen, der eine Reihe feiner Porencanäle zu enthalten scheint. Mit der Möglichkeit, das Nahrungsfett in eine Emulsion zu verwandeln, ist daher auch die Möglichkeit der Resorption gegeben.

Im Allgemeinen muss zur Emulgirung eine recht beträchtliche Schüttelarbeit geleistet werden, und die Darmbewegungen sind viel zu langsam, als dass ihnen eine solche Wirkung zugeschrieben werden könnte. Es zeigt sich aber, dass unter gewissen Umständen auch ohne jede mechanische Vermengung eine sehr vollkommene Emulsion entstehen kann. Lässt man auf eine ganz schwach alkalische Natriumcarbonatlösung einen Tropfen ranzigen Oeles fallen, so breitet er sich im ersten Augenblick kreisförmig aus. Im nächsten Augenblick aber wachsen aus dem Rande des runden Oeltropfens Fortsätze hervor, die immer länger werden, sich in Zweigarme theilen, die sich weiter verästeln und schliesslich ringsum in ganz feine Tröpfchen zerfallen, die der Flüssigkeitsoberfläche ein milchiges Ansehen geben.

Dieser wunderschone Versuch findet seine Erklärung in dem Vorgang der Verseifung des Fettes, der oben schon beschrieben worden ist. Der Fetttropfen muss, damit der Versuch gelingt, ranzig sein, das heisst, er muss freie Fettsäure enthalten. Wo am Rande des Tropfens die Fettsäure mit der alkalischen Lösung in Berührung kommt, verbindet sie sich mit ihm zu Seife. Auf der Seifenlösung breitet sich der Fetttropfen leichter aus als auf der ursprünglichen Oberfläche, daher entstehen die ausgestreckten Arme, die dann immer neue Gelegenheiten zur Verbindung von Säure und Alkali geben. So erreicht unter günstigen Bedingungen der Vorgang erst ein Ende, wenn der Fetttropfen so fein vertheilt ist, dass alle freie Fettsäure hat verseift werden können. Wie man sieht, kann diese sogenannte Selbstemulgirung nur dann stattfinden, wenn ranziges Fett mit alkalischer Lösung zusammentrifft. Neutrales Fett verhält sich gegen alkalische Lösung völlig indifferent.

Da nun aber der Pankreassaft durch ein Steapsinferment im Stande ist, auch von völlig neutralem Fett wenigstens einen kleinen Theil zu spalten, so stellt er diese Bedingung für die Selbstemulgirung her. Denn die freien Fettsäuren sind im Neutralfett löslich und durchdringen daher die ganze Fettmasse. Da zugleich der Pankreassaft alkalisch ist, reicht er allein hin, die Emulgirung herbeizuführen, und löst also die Aufgabe, neutrales Fett in resorbirbaren Zustand zu bringen.

Die Frage, ob nun das Fett in diesem Zustande, nämlich als eine feine Emulsion von neutralem Fett, thatsächlich resorbirt wird, oder ob, wenn einmal die Emulgirung erfolgt ist und das Fett in Gestalt feinster Tröpfchen von allen Seiten der Einwirkung des Pankreassaftes und anderer im Darm vorhandenen Stoffe ausgesetzt ist, die Spaltung und Verseifung weiter geht, sodas das Fett als losliche Seife resorbirt werden kann, muss vorlaufig unentschieden bleiben.

Die obigen Angaben können weiter bestätigt werden, indem man die Störungen beobachtet, die eintreten, wenn der Pankreassaft gehindert ist in den Darm einzutreten. Es zeigt sich dann, dass die Fettverdauung bei Fleischfressern völlig stockt und alles Fett der Nahrung im Koth erscheint. Eine merkwürdige Ausnahme macht in dieser Beziehung das Fett der Milch, das vom Darm auch ohne Pankreassaft aufgenommen wird. Der Ausfall des Trypsins und der Pankreasdiastase ist weniger merklich, weil Eiweiss ja auch im Magen verdaut und Stärke durch die Speicheldiastase verzuckert wird.

Pankreasdiabetes.

Obwohl Thiere, denen durch eine Pankreasfistel der Bauchspeichel entzogen wird, bei guter Ernährung lange Zeit leben können, sterben sie ausnahmslos im Laufe einiger Wochen, wenn das ganze Pankreas entfernt worden ist. Dies hängt aber nicht mit dem Einfluss des Pankreassaftes auf die Verdauung zusammen, sondern es weist darauf hin, dass die Pankreasdrüse ausser der Bereitung des Bauchspeichels noch andere Aufgaben im Körperhaushalt zu erfüllen hat. Es tritt nämlich, wenn die ganze Drüse entfernt wird, eine Störung der Stoffwechselvorgänge ein, die sich darin äussert, dass Zucker im Harn ausgeschieden wird. Dieser Zustand, der auch beim Menschen nicht selten als eine Krankheitsform, Zuckerharnruhr oder Diabetes, auftritt, führt unter allgemeiner Entkräftung zum Tode. Das Pankreas wird in dieser Beziehung weiter unten in dem Abschnitt über die Thätigkeit der Drüsen nochmals zu erwähnen sein.

Der Darmsaft.

Der Darmsaft wird von unzähligen mikroskopischen Drüsen, den Lieberkühn'schen Drüsen, abgesondert, die über die ganze Fläche des Dünn- und Dickdarms vertheilt sind. Hierzu kommt noch das Secret der Brunner'schen Drüsen, die sich nur im oberen Darmabschnitt finden und beim Menschen den Pylorusdrüsen des Magens entsprechen.

Da der Darm stets von dem Gemenge der Nahrung und der aus dem Magen und den grossen Drusen stammenden Verdauungssafte erfüllt ist, muss man, um reinen Darmsaft zu erhalten, denselben Kunstgriff anwenden, den für den Magen Pawlow durch Herstellung des „kleinen Magens" ausgeführt hat. Am Darm ist diese Operation schon lange vorher von Ludwig angegeben worden, daher sie auch als Ludwig-Thiry'sche Fistelanlegung bekannt ist. Man nennt die Operation auch die Thiry-Vella'sche, weil Vella die gebräuchlichste Form der Operation angegeben hat. Sie besteht darin, dass aus dem Verlaufe des Darmrohres ein Stück ganz herausgeschnitten und mit einem oder beiden Enden in die Bauchwand eingeheilt wird, so dass die Höhlung sich nach aussen öffnet. Ist nach Thiry nur ein Ende auf diese Weise nach aussen geführt, so muss das andere Ende unterbunden werden. Nach Vella werden beide Enden in die Hautwunde eingeheilt. Ausserdem muss der oberhalb gelegene Stumpf des Darmes mit dem unterhalb gelegenen durch eine sorgfältig ringsum geführte Naht so vereinigt werden, dass die Thätigkeit des Darmes ungestört fortdauern kann. Da das ausgeschnittene Darmstück mit seinen Gefässen und Nerven im Zusammenhang bleibt, verhält es sich in Bezug auf die Absonderungsthätigkeit wie normaler Darm, und man kann den abgesonderten Saft daraus frei von der Beimischung des übrigen Darminhaltes gewinnen oder auch in der Höhlung des Darmstückes Verdauungsversuche anstellen.

Aehnliche Bedingungen entstehen unter Umständen auch am Darm des Menschen und können zu Beobachtungen über die Darmabsonderung benutzt werden. So ist ein Fall mit zwei Darmfisteln beschrieben worden, bei dem sich der Darminhalt ausschliesslich durch die obere Fistel entleerte, so dass das zwischen beiden Fisteln gelegene Darmstück sich wie ein nach Vella operirtes Darmstück verhielt.

Zusammensetzung. Auf diese Weise lässt sich über die Zusammensetzung und Wirkung des Darmsaftes Folgendes feststellen:

Die Menge des Darmsaftes ist verschieden, weil die Absonderung, ähnlich wie die des Pankreas, von der Nahrungsaufnahme abhängig ist. In den oberen Abschnitten des Darms soll ein etwas reichlicherer dünnflüssiger Saft, in den unteren ein dickerer Saft erzeugt werden. Beim Menschen hat man an einem etwa 10 cm langen Darmstück die durchschnittliche Saftmenge für 24 Stunden zu 27 ccm gefunden. Bei der Länge des Dünndarms von etwa 6 m würde dies einer Gesammtabsonderung von gegen $1\frac{1}{2}$ l am Tage entsprechen. Der Darmsaft enthält nur wenig feste Stoffe, nämlich etwa $2\frac{1}{2}$ pCt., wovon ein Theil, wie beim Pankreassaft, in der Hitze gerinnendes Albumin, ein grosser Theil Mucin, der Rest anorganisches Salz ist. Neben Kochsalz ist unter den Salzen Natriumcarbonat zu 0,4 pCt. vertreten, wodurch der Darmsaft alkalische Reaction erhält. Ferner sollen eine Reihe von Fermenten im Darmsaft nachzuweisen sein, von denen jedoch nur die oben erwähnte Enterokinase und ein Zucker invertirendes Ferment genannt werden mögen.

Wirkung des Darmsaftes. Es ist oben bei der allgemeinen Betrachtung der Nahrungsstoffe angegeben worden, dass der Rohrzucker als solcher sich wesentlich von den anderen Zuckerarten unterscheidet, und erst durch die sogenannte Inversion in Monosacharide zerlegt wird. Es ist ferner hervorgehoben worden, dass als Endergebniss der Verdauung von Kohlehydraten Traubenzucker in dem Verdauungsgemisch erscheint; es ist aber in keinem der Verdauungssäfte, ausser dem Darmsaft, ein invertirendes Ferment vorhanden, das aus Rohrzucker Traubenzucker abspaltet. Diese invertirende Wirkung des Darmsaftes dürfte aber, wie alsbald ersichtlich werden wird, für die Verdauung leicht zu entbehren sein. Gegenüber Fetten und Eiweissstoffen ist der Darmsaft ganz unwirksam. Seine Bedeutung muss also hauptsächlich darin gesehen werden, dass er eine reichliche Menge Alkali und Mucin dem Darminhalt zuführt. Die Gegenwart von Alkali ist, wie oben angegeben, eine Vorbedingung für die Emulgirung des Fettes durch den Pankreassaft und ist auch wohl dadurch nützlich, dass sie die Säure des Magensaftes und die bei der Zersetzung der Nahrung auftretenden Säuren neutralisirt. Das Mucin verleiht dem Darminhalt und der Darmwand die Schlüpfrigkeit, die für die mechanische Fortführung des Darminhalts durch die Darmbewegungen erforderlich ist.

Die mechanische Thätigkeit des Darmes.

Bewegungsweise des Dünndarms. Die mechanische Thätigkeit des Dünndarms wird von der des Magens beherrscht, da dieser immer nur so viel von seinem Inhalt in den Darm übertreten lässt, als auf dem Wege bis zum Dickdarm vollständig ausgenutzt werden kann. Wenigstens gilt dies von den Verhältnissen beim Menschen und beim Fleischfresser, bei denen der Dünndarm nie voll gefunden wird. Bei den Pflanzenfressern, die nicht Wiederkäuer sind und nur einen verhältnissmässig kleinen Magen haben, muss ein Theil der Nahrung schnell in den Dünndarm übergehen, damit eine ausreichende Stoffmenge in den Magen aufgenommen werden kann, und der Dünndarm kann sich also zeitweilig anfüllen. Beim Fleischfresser findet man dagegen die Wände des Dünndarms stets schlaff aneinandergelegt, und im Innern nur einen zähen, gallig gefärbten Belag. Daher hat auch dieser Theil des Darmes den Namen Jejunum, Leerdarm. Die ganz geringe Menge Inhalt, die sich an jeder einzelnen Stelle findet, stellt natürlich im Ganzen eine im Verhältniss zum Rauminhalt des Magens doch ganz bedeutende Flüssigkeitsmasse dar. Offenbar aber wird die Bewegungsweise des Dünndarminhalts, der aus etwas schleimiger zäher Flüssigkeit besteht, anschaulicher mit dem Ausdruck beschrieben, dass er durch die Darmbewegungen im Darm ausgebreitet und vertheilt wird, als dass man von Fortschieben' oder gar Fortdrücken spricht. Die peristaltischen Bewegungen, die man an den blossgelegten Därmen wahrnimmt, gleichen eher einem sanften Ausstreichen des Inhalts als einem Ausdrücken oder Auspressen. Die Bewegung besteht jedenfalls in einer Zusammenziehung der Ringmusculatur, die meist sehr langsam, mitunter aber auch ziemlich schnell, bis zu etwa $1/2$ cm in der Secunde, fortrückt. Die Bewegung ist lebhafter, wenn der Darm nicht ganz leer ist. Insbesondere die Gasblasen, die gewöhnlich reichlich im Darm vorhanden sind und, wo sie sich sammeln, einzelne Stellen ziemlich stark auftreiben können, scheinen die Bewegung anzuregen.

Pendelbewegung. Untersucht man die Bewegungen genauer, indem man eine Gummiblase in den Darm einführt und mit einer Marey'schen Schreibkapsel verbindet, die die Verengerung des Darmes aufschreibt, so findet man, dass etwa 10 bis 20 Mal in der Minute in gleichförmigem Rhythmus Zusammenziehungen stattfinden. Diese Verengerungen schreiten nicht fort, oder wenigstens nicht regelmässig, und bringen daher bei flüssigem Inhalt nur ein Hin- und Herschwanken der Flüssigkeit hervor, wovon sie die Bezeichnung „Pendelbewegungen" erhalten haben. Beobachtet man die Bewegung irgend eines im Darm beweglichen Körpers, so sieht man ihn unter dem Einfluss dieser Pendelbewegung bald nach dem Magen zu hinauf-, bald nach dem Dickdarm zu hinabschwanken. Stellenweise kann dadurch Darminhalt über beträchtliche Strecken des Darms rückläufig hinaufgetrieben werden.

Peristaltik. Im Allgemeinen ist aber die Bewegung abwärts die vorherrschende, weil ausser der Pendelbewegung noch echte peristaltische Bewegung vorhanden ist. Diese geht immer nur in der Richtung von oben nach unten, sodass, wenn ein Stück des Darmes ausgeschnitten und verkehrt wieder eingeheilt wird, an der oberen Vereinigungsstelle unfehlbar eine tödtliche Stauung eintritt. Dieser Versuch beweist zugleich, dass die eigentliche Fortbewegung des Darminhalts von der peristaltischen Bewegung abhängt. Die peristaltische Bewegung ist es, die man bei der Beobachtung des blossgelegten Darmes mit blossem Auge zunächst wahrnimmt, und die bei lebhafterer Bewegung sogar ein Uebereinanderkriechen der Darmschlingen verursacht. Die Geschwindigkeit der peristaltischen Einschnürungswelle ist für die Geschwindigkeit des Inhalts nicht maassgebend, vielmehr bleibt der Inhalt hinter dem Antrieb zurück und wird erst durch immer wiederholtes Darüberhinstreichen der Welle ganz langsam fortbewegt. Ausser diesen Bewegungen werden noch andauernde Zusammenziehungen längerer oder kürzerer Darmstrecken beobachtet, die in längeren Zeiträumen periodisch eintreten.

Die Art und Weise, wie diese Bewegungen hervorgerufen und zweckmässig geordnet werden, wird im Abschnitte über die Thätigkeit des Nervensystems zu besprechen sein.

Durch diese Bewegungen wird jede aus dem Magen kommende Chymusmenge im Darm hin und her getrieben, durchgemischt und längs der Wand ausgebreitet, während sie den mannigfachen chemischen Einflüssen der gemischten Verdauungssäfte, der im Darm vorhandenen Mikroben, und ihrer eigenen Bestandtheile unterliegt. Zugleich wird die Masse durch Resorption von den Darmwänden aus verringert, und so wird schliesslich bloss ein Theil in den Dickdarm weiter befördert, der ungefähr $1/7$ der unsprünglichen Masse beträgt.

Dickdarm.

Hiermit ist bei den Fleischfressern, beim Menschen uud bei den Wiederkäuern der Verdauungsvorgang beendet, nur bei den Einhufern und Nagern finden noch im Dickdarm besondere Einwirkungen statt. Bei den erstgenannten Thiergruppen gehen die in den oberen Darmabschnitten eingeleiteten Umsetzungen weiter fort und die noch vorhandenen nutzbaren Stoffe werden resorbirt. Dadurch geht mit dem Darminhalt noch eine wesentliche Veränderung vor, es wird ihm nämlich ein *grosser Theil seines Wassers entzogen*, sodass er aus dem flüssigen Zustand in den festweichen übergeht und die Form der Kothmasse annimmt. Die Zusammensetzung des Kothes im Vergleich zu der der aufgenommenen Nahrung giebt Aufschluss über die Gesammtwirkung der Verdauung und wird in diesem Zusammenhang unten zu erörtern sein.

Bewegung des Dickdarms. Ueber die mechanische Thätigkeit des Dickdarms ist wenig zu sagen. Anscheinend besteht zwischen der Form seiner Bewegungen und denen des Dünndarms kein besonderer Unterschied, und es ist schwer zu verstehen, wie die oft ziemlich festen Kothmassen durch eine so gelinde Triebkraft fortgeschoben werden können. Dies dürfte dadurch am besten zu erklären sein, dass sich die Darmwände mit Hülfe ihrer Längsmusculatur über die Kothmassen zurückziehen können, sodass die Kothmasse ohne eigentlich vorgeschoben zu werden, in einen tiefer gelegenen Darmabschnitt gelangt, der dann, wenn sich der nächste unterhalb befindliche Theil zusammenzieht, zusammen mit seinem neuen Inhalt seine ursprüngliche tiefere Lage annimmt. Das Zurücktreten des Dickdarminhalts in den Dünndarm wird durch die Ileocoecalklappe verhindert, die sich, wie am ausgeschnittenen Darm leicht nachzuweisen ist, gegen Wasserdruck vom Dickdarm aus fest und sicher schliesst. Wenn also ein Uebertreten von Dickdarminhalt in den Dünndarm beobachtet wird, muss dies die Folge besonderer örtlicher Bewegungen der Darmwände sein, durch die die Klappenränder gegen einander verschoben werden, sodass sie nicht mehr schliessen.

Die Thätigkeit des Mastdarms, die eine rein mechanische ist, soll weiter unten besprochen werden. Es sei nur nochmals bemerkt, dass diese sowie die übrigen mechanischen Verrichtungen des Darmrohres unter dem Einfluss des Nervensystems stehen, und von dessen Erregung abhängen.

Die Vorgänge bei der Darmverdauung im Ganzen.

Wechselwirkung der Verdauungssäfte. Microben. Es muss jetzt noch einmal auf die Verdauungsvorgänge in den oberen Darmabschnitten zurückgegangen werden, um die bisher im Einzelnen betrachteten Wirkungen der Verdauungssäfte in ihren gegenseitigen Beziehungen darzustellen.

Während die Mundverdauung sich durch Untersuchung der Einwirkung des Mundsaftes auf die Nahrung erschöpfend darstellen lässt, und auch bei der Magenverdauung die Beziehungen zwischen dem von der Speiserohre gelieferten Speisebrei und der Einwirkung des Magensaftes noch verhältnissmässig einfach sind, bieten die Vorgänge in den unteren Darmabschnitten ein äusserst verwickeltes Bild. Es kommt die Wirkung der aus den oberen Abschnitten des Darmes mitgeführten Verdauungssäfte, nämlich des Speichels und Magensaftes, und die der neu hinzutretenden Verdauungssäfte auf das Chymusgemisch zusammen. Die verschiedenen Verdauungssäfte wirken überdies aufeinander ein. Hierzu kommt, dass es im Darm an Keimen nicht fehlt, die in der Körperwärme den Darminhalt in Gährung und Fäulniss versetzen. Die hierbei eintretenden Zersetzungen sind zum Theil mit den durch die Verdauungssäfte hervorgebrachten Spaltungen identisch und mithin der Verdauung förderlich, sodass sie als normale Hülfsvorgänge angesehen werden müssen. Eine vierte Veränderung der Bedingungen bringt die Resorption hervor, durch die ein Theil des Darminhalts während seiner Wanderung durch den Darm durch die Wand hindurch ausscheidet. Endlich treten je nach der Art der Nahrung und der Organisation des Thieres alle diese Vorgänge in verschiedenem Maasse auf, sodass eine einheitliche Betrachtung nicht möglich ist.

Nachdem also im Vorhergehenden die Zusammensetzung und die vordauende Wirkung der einzelnen Verdauungssäfte besprochen ist, muss nun erörtert werden, unter welchen Erscheinungen sich diese Wirkungen thatsächlich im Darm mit den oben erwähnten Nebenwirkungen vereinigen.

Es ist schon darauf hingewiesen worden, dass die freie Säure des Magensaftes auf Keime, die mit der Nahrung eingeführt werden, zerstörend wirken kann, dass aber in der Regel ein Theil der Keime dieser Wirkung entgeht. So widerstehen die Erreger der Milchsäuregährung dem Magensaft, obschon er ihre Entwicklung hemmt. Es kommt daher, wenn Kohlehydrate in dem Magen vorhanden sind, regelmässig schon im Magen zur Bildung von Milchsäure. Wenn in pathologischen Fällen der Salzsäuregehalt des Magensaftes vermindert oder aufgehoben ist, so kommt es schon im Magen zu reichlicher Entwicklung von allerhand Gährung uud Fäulniss erregenden Microben. Mitunter herrscht unter diesen der Milchsäurebacillus in solchem Maasse vor, dass der Magensaft durch Milchsäure sogar abnorm hohe Säuregrade erreicht.

Ebenso wie die Gährung und Fäulniss wird, wie oben angegeben, auch die Wirkung der Speicheldiastase durch die Säure des Magens aufgehoben. Bei der verhältnissmässig kurzen Dauer der Speichelwirkung im Munde gelangt infolgedessen aus stärkehaltiger Nahrung immer eine beträchtliche Menge unveränderter Stärke in den Magen, die hier unter der Einwirkung der Säure in Dextrin übergeht.

Von den Eiweisskörpern geht der von dem Pepsin umgewandelte Theil als Albumosen und Peptone, der Rest unverändert zusammen mit dem Pepsin in den Dünndarm über. Insbesondere die Nucleïne werden vom Magensaft nicht angegriffen.

. Mit dem Uebertritt in den Darm wird nun die Reaction des bis dahin stark sauren Chymus geändert und theils dadurch, theils durch die Bestandtheile von Galle und Pankreassaft eine ganze Reihe chemischer Veränderungen hervorgerufen. Die Magensalzsäure treibt aus den gallensauren Salzen die Säuren aus und neutralisirt sich durch die Alkalien. Es werden also die Gallensäuren frei, und zugleich fallen die in der Galle nur durch die Gegenwart der gallensauren Salze löslichen Bestandtheile, das Bilirubin und Cholesterin aus und färben den Darminhalt in der ganzen Länge des Darmes gelbbraun.

Durch die alkalische Reaction fallen ferner die durch die Magensäure in Acidalbuminate übergeführten Eiweissstoffe aus, und mit ihnen das Pepsin. Das Pepsin hat nämlich die Eigenschaft sich an Eiweisskörper, die es wegen alkalischer Reaction nicht angreifen kann, ausserordentlich fest zu binden, sodass es völlig unwirksam wird.

Man kann dies leicht durch einen Versuch beweisen, indem man in einer sauren Pepsinlösung, in der sich coagulirtes Eiweiss befindet, durch Zusatz von Alkali vorubergehend alkalische Reaction herstellt und dann durch Zusetzen von Säure wieder aufhebt. Die verdauende Wirkung des Pepsins wird dadurch nicht nur vorubergehend unterbrochen, sondern dauernd aufgehoben. Dieser Umstand ist deswegen wichtig, weil, wenn das Pepsin in den unteren Darmabschnitten wirksam bliebe, überall, wo saure Reaction besteht, auch das Trypsin des Pankreassaftes, als ein Eiweisskörper, vom Pepsin zerstört werden wurde.

Die Pepsinverdauung hört also von dem Augenblick an auf, wo die alkalische Reaction des Pankreassaftes sich geltend macht, und es beginnt die Trypsinverdauung. Im Dünndarm geht die Zersetzung der Eiweissstoffe durch das Trypsin höchstens bis zur Abspaltung der Aminosäuren. Im Dickdarm, in dem die noch nicht aufgenommenen Eiweissreste längere Zeit verweilen, setzt die weitere Spaltung durch den Fäulnissprocess ein, der im Dünndarm wegen der gleichzeitig stattfindenden Milchsäurebildung nicht aufkommen kann.

Fäulnissvorgänge im Darm.

Als Fäulniss im wissenschaftlichen Sinne bezeichnet man die hydrolytische Zersetzung stickstoffhaltigen organischen Materials unter dem Einfluss von Mikroorganismen.

Der Vorgang lässt sich demnach zu dem der Spaltung der Kohlehydrate durch Gährung in Parallele setzen, und ist auch als „Eiweissgährung" bezeichnet worden. Nur besteht der Unterschied, dass die Gährung der Kohlehydrate viel einheitlicher verläuft und auch nur durch wenige bestimmte Arten von Mikroben erzeugt wird, während bei der verwickelten Zusammensetzung der Eiweisskörper eine viel grössere Mannigfaltigkeit der Spaltungen stattfinden kann, die unter dem Einfluss allerhand verschiedener Mikrobenarten auftreten.

Die die Eiweissfäulniss anregenden Mikroben sind sämmtlich Schizomyceten. Man theilt sie ein in Aeroben und Anaeroben, je nachdem sie zu den Spaltungsprocessen ausser Wasser auch Sauerstoff brauchen oder nicht. Diejenigen, die sich bei Gegenwart von Sauerstoff entwickeln, vermögen mit Hülfe des Sauerstoffes die Eiweisskörper bis in ihre letzten Bestandtheile Wasser, Kohlensäure, Ammoniak und Schwefelsäure zu zerlegen, also ebenso vollständig zu oxydiren, wie es bei der Verbrennung der Fall ist. Man unterscheidet diese Art der Fäulniss, indem man sie mit dem hier im besonderen wissenschaftlichen Sinne gebrauchten Wort „Verwesung" bezeichnet, von der eigentlichen Fäulniss, die nur bei Abschluss des Luftsauerstoffs zu Stande kommt und bei der aus dem Eiweiss eigenthümliche, zum Theil durch ihren Gestank, Fäulnissgestank, gekennzeichnete Verbindungen abgespalten werden.

Die Eiweissfäulniss im Darm geht unter Abschluss des Sauerstoffs vor sich, da alle thierischen Gewebe den Sauerstoff verbrauchen; die Schizomyceten des Darms sind also Anaeroben. Die entstehenden Zersetzungsproducte lassen sich in drei Gruppen theilen: Fettkörper, aromatische Verbindungen der Benzolreihe und anorganische Stoffe. Zu der ersten Gruppe gehören eine Anzahl flüchtiger Fettsäuren von der Formel $C_nH_{2n}O_2$, nämlich Essigsäure, CH_3COOH, Buttersäure, $CH_3—CH_2—CH_2—COOH$ und andere mehr. Ihnen kann auch das oben schon erwähnte Leucin zugezählt werden, das seiner Constitution nach Isobutylaminoessigsäure $(CH_3)_2—CH.CH_2.CH(NH_2).CO_2H$ ist und oben unter den Aminosäuren genannt worden ist. Auch das Tyrosin, $C_6H_4—OH—CH_2.CH(NH_2)CO_2H$, das oben schon als Fäulnissproduct bezeichnet wurde, kann als Aminosäure betrachtet werden, aber auch als Benzolderivat, vom Benzol C_6H_6 abstammend, wie es die obige Constitutionsformel zeigt. Die aromatischen Verbindungen, die die zweite Gruppe der Fäulnissproducte bilden, zeigen alle diese Herleitung. Zu ihnen gehören Phenol $C_6H_5(OH)$, gewöhnlich Carbolsäure genannt, Kresol $C_6H_4(CH_3)OH$, Indol $C_6H_4—CH.CH—NH$ und Skatol $C_6H_4—C.CH_3—CH—NH$. Es ist besonders interessant, dass ein Körper, der schon aus dem täglichen Leben als hervorragend fäulnisswidrig bekannt ist, wie die Carbolsäure, hier unter der Reihe der Fäulnissproducte auftritt.

Dieser Fall ist ein Beispiel davon, dass die meisten Fermentprocesse, die durch organisirte Fermente hervorgerufen werden, sich selbst eine Grenze setzen, indem sie Stoffverbindungen erzeugen, die auf das Ferment selbst schädigend wirken. So geht zum Beispiel die alkoholische Gährung auch unter den günstigsten Umständen höchstens bis zur Entwicklung einer Alkoholconcentration von 15 pCt. Bei diesem Alkoholgehalt hört die Thätigkeit der Hefepilze auf. Destillirt man im Vacuum ohne Erhöhung der Temperatur den erzeugten Alkohol ab, so geht die Gährung wieder an, zum Zeichen, dass nur der durch die Gährung selbst erzeugte Alkohol das Hinderniss für die weitere Gährung gebildet hat.

Die Eiweissfäulniss hemmt sich selbst, sobald soviel Phenol und Kresol entstanden ist, dass ihre fäulnisswidrige Wirkung zur Geltung kommt.

Das Indol ist deswegen beachtenswerth, weil es die Muttersubstanz der Indigokörper darstellt. Das Indigo kommt bekanntlich in Pflanzensäften vor und wird seit uralter Zeit zum Blaufärben benutzt. Erreicht die Fäulniss im Darm grösseren Umfang, so wird Indol im Harn in nachweisbaren Mengen ausgeschieden, es kann dann in Indigo übergeführt und an seiner blauen Farbe

erkannt werden. Das Skatol ist, wie die Formel zeigt, dem Indol
nahe verwandt, beide Stoffe verleihen vornehmlich dem Kothe
seinen üblen Geruch. Die genannten Stoffe zeichnen sich dadurch
aus, dass sie nur bei der Fäulniss der eigentlichen Eiweisskörper,
nämlich der Proteine und Proteide entstehen. Albuminoide, wie
zum Beispiel Leim, geben nur die anderen Zersetzungsproducte,
aber keine aromatischen Verbindungen, ab. Die anorganischen
Fäulnissproducte sind gasförmig: Ammoniak, Kohlensäure, Schwefelwasserstoff und Wasserstoff.

Mit dieser Aufzählung sind die bei der Eiweissfäulniss auftretenden Verbindungen noch lange nicht erschöpft, da jeder der
genannten Stoffe durch eine Reihe von Uebergangsstufen und in
einer Reihe von Nebenformen entstehen und ebenso durch weitere
Zersetzung vervielfacht werden kann.

Bemerkenswerth ist, dass das Mucin des Darmsaftes der
Fäulniss widersteht.

Auch die schon im Dünndarm durch Gährung der Kohlehydrate entstandenen Verbindungen, wie Milchsäure und einige
Fettsäuren werden im Dickdarm durch Fäulnisswirkung weiter
gespalten, wobei insbesondere *Grubengas oder Sumpfgas, Methan,*
CH_4, entsteht, daneben Kohlensäure und Wasserstoffgas. Dies ist
eine der Ursachen, weshalb die Vorgänge im Darm als unter
Ausschluss von Sauerstoff stattfindend angesehen werden dürfen.
Der Wasserstoff „in statu nascendi" bindet nämlich jede Spur von
Sauerstoff, was sich auch dadurch nachweisen lässt, dass im Darm
Sulfate und Oxyde zu Sulfiden und Oxydulen reducirt werden.

Diese Zersetzungen nehmen insbesondere im Darm der Pflanzenfresser grossen Umfang an.

Celluloseverdauung. Besonders wichtig ist die Fäulniss
für die Verdauung derjenigen Pflanzenstoffe, die durch Cellulose-
hüllen geschützt sind, und der Cellulose selbst. Es ist schon bei
der allgemeinen Betrachtung der Kohlehydrate angegeben worden,
dass Cellulose sich in allen gewöhnlichen Lösungsmitteln vollkommen unlöslich erweist. Ebenso wenig ist irgend einer der
Verdauungssäfte im Stande, die Cellulose anzugreifen. Es lässt
sich aber zeigen, dass im Darm, hauptsächlich der Pflanzenfresser,
eine ganz beträchtliche Menge der eingeführten Cellulose zersetzt
wird. Dies ist auf die Thätigkeit der Mikroorganismen des Darms
zurückzuführen, da man auch im Reagensglas die Spaltung der
Cellulose durch Bakterienculturen nachweisen kann. Es entstehen
dabei die unteren Glieder der Fettsäurereihe, Essigsäure, Buttersäure und andere, daneben reichlich Kohlensäure und Grubengas.
Man unterscheidet zwei Arten der Cellulosegährung, je nachdem
vorwiegend Kohlensäure oder vorwiegend Grubengas gebildet wird.

Der Fall der Celluloseverdauung, in dem der Thierkörper geradezu auf
die Mitwirkung der Mikroben bei der Verdauung angewiesen zu sein scheint,
legt die von Pasteur vertretene Anschauung nahe, dass die Darmmikroben
überhaupt als normale Bestandtheile des Verdauungsapparates anzusehen seien.
Nach dieser Auffassung erscheint der Organismus der höheren Thiere zusammen

mit den in ihnen enthaltenen Darmmikroben als eine Art Thierstock, dessen
Mitglieder in Symbiose vereinigt und gegenseitig von einander abhängig sind.
Es ist indessen durch den Versuch bewiesen, dass Meerschweinchen, wenigstens
bei Milchnahrung, vollkommen mikrobenfrei gehalten werden können, ohne dass
Nahrungsaufnahme oder Körperentwicklung leidet.

Spaltung des Glycerins. Von den Bestandtheilen der
durch den Bauchspeichel gespaltenen Fette unterliegen die Fettsäuren keiner weiteren Veränderung, das Glycerin, das aber nur
einen geringen Bruchtheil der Masse des Fettes bildet, nämlich
durchschnittlich etwa 9 pCt., soll in ähnlicher Weise wie die
Kohlehydrate zerfallen.

Reaction des Darminhalts. Bei dieser Mannigfaltigkeit
der im Darm vor sich gehenden Umsetzungen kann es nicht
Wunder nehmen, dass von einer bestimmten Reaction des Darminhalts keine Rede sein kann. Der Chymus des Magens ist beim
Eintritt in den Darm sauer und wird in dem Maasse, in dem er
sich mit Pankreassaft, Galle und Darmsaft mischt, neutralisirt
und wohl auch stellenweise alkalisch gemacht. Da aber namentlich
durch die Milchsäuregährung auch wieder Säure gebildet wird,
kommt es niemals zu einer ausgesprochenen alkalischen Reaction
des ganzen Darminhalts. Diese wiederholt bestätigte Beobachtung
ist deswegen wichtig, weil, wie oben auseinandergesetzt worden
ist, die alkalische Reaction eine Vorbedingung für die Selbst-
emulsion der Fette darstellt. Hierauf wird in der Lehre von der
Resorption zurückzukommen sein.

Zeitdauer der Verdauung.

Der gesammte Vorgang der Verdauung hängt sehr wesentlich
von einem Umstand ab, der bisher nicht erwähnt worden ist, und der
mit der Einwirkung des Nervensystems auf die Verdauungsorgane zusammenhängt. Es ist dies die Zeit, während deren der Darminhalt
in den verschiedenen Abschnitten des Verdauungscanales verbleibt und
deren Einwirkungen unterworfen ist. Wie schon mehrfach angedeutet,
ist grade in diesem Punkte die Verdauungsthätigkeit der Beschaffenheit
der Nahrung angepasst. Die einzelnen Stufen der Zerlegung folgen
einander in dem Zeitmaasse, dass die vorhergehenden jedes Mal
einen gewissen Abschluss erreicht haben, ehe die nächstfolgende
eingeleitet wird. Die Zeitabstände sind demnach für verschiedene
Menge und Art der Nahrung ganz verschieden, und um sie richtig
innezuhalten, muss der Körper gewissermaassen eine ständige
Ueberwachung der Verdauungsvorgänge ausüben. Die Art und
Weise, wie das geschieht, wird in dem Abschnitt über den Einfluss des Nervensystems auf die Verdauungsorgane zu besprechen
sein. Oben ist schon bei der Besprechung der Mundverdauung angegeben worden, dass unter gleichen Bedingungen die betreffenden
Vorgänge in auffallend gleichförmiger Weise geregelt erscheinen.
Beim Kauen und Schlingen, als bei Thätigkeiten, die dem Willen
unterworfen sind, erhält man durch Selbstbeobachtung eine deutliche Anschauung dieser die Verrichtungen des Verdauungscanales

beherrschenden Nervenwirkung. Auf jeden Bissen entfällt eine gewisse Zahl von Kaubewegungen und ein gewisser Grad von Speichelbeimengung, ehe der Antrieb zum Schlucken sich bemerklich macht. Es erfordert eine absichtliche Willensanstrengung, ja eine gewisse Ueberwindung, den Bissen zu verschlucken ehe er gehörig vorbereitet ist, oder ihn im Munde zu behalten, nachdem er genügend durchgearbeitet worden ist. Durch Gewöhnung können allerdings in der Dauer und Gründlichkeit der Kauarbeit erhebliche Unterschiede erreicht werden. Dies gilt aber nicht von den entsprechenden Verhältnissen der tieferen Darmabschnitte, die in ganz derselben Weise geregelt sind, ohne dass ihre Thätigkeit sich dem Bewusstsein kundgiebt. Wie die Mundhöhle der Speiseröhre die Bissen zutheilt, theilt der Magen dem Darme nur den durch Magenverdauung schon hinlänglich vorbereiteten Speisebrei in bestimmter Menge zu. An Duodenalfisteln kann man beobachten, dass bei flüssiger oder breiiger Nahrung schon nach etwa 10 Minuten die ersten Antheile des Mageninhalts in den Darm übertreten, und dass dann in regelmässigen Zwischenräumen weitere kleine Mengen folgen. Mit zunehmender Entleerung des Magens und Füllung des Darms wird der Uebergang des Speisebreis verlangsamt. Im Uebrigen lässt sich über die Dauer des Aufenthalts der Speisen im Magen keine allgemeine Angabe machen, da sie je nach der Art der Speise verschieden ist. Aus dem, was oben über die Mechanik der Dünndarmbewegung gesagt ist, geht hervor, dass auch die Zeit, während der ein bestimmter Theil des Speisebreis der Dünndarmverdauung ausgesetzt ist, nicht genau zu bestimmen ist. Es wird angegeben, dass bei der Katze die Nahrung den Dünndarm in $1^{1}/_{2}$ Stunden durchwandert. Für den Menschen wird dieser Zeitraum auf durchschnittlich 3 Stunden geschätzt. Viel längere Zeit verweilen indessen die Speiserückstände im Dickdarm, denn es dauert durchschnittlich zweimal 24 Stunden, ehe die Rückstände der Nahrung als Koth wieder ausgestossen werden. Man kann also geradezu sagen, dass der Dickdarm nicht als Leitungsröhre, sondern vielmehr als Sammelbehälter dient, in dem der Dünndarminhalt zum Zweck der völligen Spaltung durch Gahrung und Fäulniss und der völligen Aufsaugung der Nahrungsstoffe aufbewahrt wird. Diese Auffassung wird auch durch die vergleichend anatomischen Bemerkungen in dem hierunter folgenden Abschnitt bestätigt.

Darmverdauung bei verschiedenen Thieren.

Grösse des Darmes. Dass die beschriebenen Vorgänge bei den verschiedenen Thierarten in verschiedener Weise verlaufen müssen, geht schon aus den Unterschieden in der Zusammensetzung der Nahrung und der anatomischen Beschaffenheit des Darmes hervor.

Man braucht nur die Länge des Darmcanals bei Thieren von verschiedener Ernährungsweise zu vergleichen, um eine Vorstellung davon zu gewinnen, um wie viel gründlicherer Verarbeitung die Pflanzenkost bedarf als die Fleischkost. Hierbei kommt die Thätigkeit des Wiederkauens nicht einmal in Anschlag. Eine derartige Uebersicht giebt folgende Zahlenreihe:

Die Länge des Darmcanals verhält sich zur graden Entfernung zwischen Mund und After bei

Schaf und Ziege wie	26 : 1	Mensch wie	7 : 1
Rind	„ 20 : 1	Hund „	5 : 1
Schwein	„ 16 : 1	Katze „	4 : 1
Pferd	„ 12 : 1		

Es erscheint jedoch fraglich, inwiefern die blosse Länge des Darmcanals seine verdauende Wirkung ausdrückt. Man hat daher auch das Fassungsvermögen des Darmes bestimmt, da sich annehmen lässt, dass in den grösseren Darmhöhlen der Inhalt weniger schnell bewegt wird. Es zeigt sich, dass bei dieser Betrachtung der nach obiger Angabe vorhandene Unterschied zwischen Rind und Pferd, oder allgemeiner gesagt, zwischen Wiederkäuer und Einhufer, die doch beide ungefähr gleiche Nahrung aufnehmen, ausgeglichen wird. Hierauf wird alsbald ausführlicher einzugehen sein. Das Fassungsvermögen des Darmes vom Magen abwärts beträgt für

Rind	. . . .	80 l	(Magen 200 l)
Pferd	. . . .	200 l	(„ 15 l)
Schwein	. . .	27 l	
Hund	. . . .	8 l	

Hierbei ist indessen zu bemerken, dass die Grösse der Thiere und damit die Menge der aufzunehmenden Speise, auch abgesehen von deren Znsammensetzung, nicht ohne weiteres vergleichbar sind. Ausserdem ist die Ausschliessung des Magens eine ganz willkürliche, und die Zahlen für Rind und Pferd sind offenbar lehrreicher, wenn der in Klammern beigefügte Magenraum zum Darmraum hinzugefügt wird. Es zeigt sich dann aus den drei angegebenen Zahlen, dass dem Pferd nahezu der gleiche Vorrathsraum zur Verfügung steht wie dem Rind, und dass sein Darm zwar um die Hälfte kürzer, aber auch sehr viel weiter ist als der des Rindes, woraus man auf eine langsamere Bewegung des Inhalts schliessen darf. Die Bedeutung dieser Zahlen lässt sich durch eine einzige Ziffer ausdrücken, wenn man die Oberfläche des Darmes berechnet. Da die Darmoberfläche zum grössten Theil aufsaugende Fläche ist, kann ihre Grösse als Maass für die Gründlichkeit der Aufsaugung gelten, und es ergiebt sich dabei folgende Reihe:

Rind	. . .	15,0 qm
Pferd	. . .	15,5 „
Schwein	. .	3,0 „
Hund	. . .	0,5 „

Die Bedeutung der Grösse der Oberfläche geht auch aus der im Dünndarm der Säugethiere allgemein verbreiteten Faltenbildung der Darmschleimhaut hervor. Der Vergleich der Flächen lehrt, dass die Nahrung der Pflanzenfresser auf einer sehr grossen aufsaugenden Fläche, die der Omnivoren auf einer mittleren, die der Fleischfresser nur auf einer verhältnissmässig kleinen aufsaugenden Oberfläche ausgebreitet wird. Fleischnahrung lässt sich eben viel leichter in die Körpergewebe überführen als Pflanzenstoffe.

Darmverdauung bei Carnivoren und Omnivoren.

Vergleicht man nun den Vorgang der Darmverdauung bei den verschiedenen Thierarten, so findet man, dass sie vier Hauptgruppen bilden, die sich in Form und Verrichtung des Darmes unterscheiden und mit denen übereinstimmen, die oben bei der Betrachtung des Magens aufgestellt worden sind. Bei den Fleischfressern ist die Aufgabe der Verdauung am leichtesten, dem entspricht ihr einfacher Magen und kurzer Darmcanal. Bei den Omnivoren, von denen als Beispiele Mensch und Schwein besprochen worden sind, liegen die Verhältnisse ähnlich, und der Verdauungsvorgang hält in jeder Hinsicht die Mitte zwischen dem der Fleischfresser und dem der Pflanzenfresser, die wiederum in zwei Gruppen einzutheilen sind.

Darmverdauung der Herbivoren.

Unter den von pflanzlicher Nahrung lebenden Säugethieren verhalten sich die Früchtefresser, wie schon oben bemerkt, den Fleischfressern und Omnivoren ähnlich. Die eigentlichen Herbivoren, die die cellulosereichen Blätter und Stengel von Pflanzen fressen, zerfallen in zwei Gruppen, von denen eine die Wiederkäuer, die andere die übrigen Herbivoren, vor allem die Einhufer und Nager umfasst. Bei den Wiederkäuern übernimmt der Magen einen sehr grossen Theil der Verdauungsarbeit, und in Folge der gründlichen Vorarbeit des Magens gestaltet sich die Aufgabe des Darms nicht sehr verschieden von der beim Fleischfresser. Dagegen ist bei den Einhufern und Nagern die Leistung des Magens nicht grösser als bei den Fleischfressern, und es fällt daher dem Darm die ganze Aufgabe zu, die schwer verdauliche Pflanzenmasse zu zersetzen. Daher bedürfen die Einhufer und Nager eines besonders ausgebildeten Darms, der sich durch die Grösse und Weite des Blinddarms auszeichnet, und daher bilden sie gegenüber den Wiederkäuern in Bezug auf die Verrichtung des Darms eine besondere Gruppe. *Die für den Herbivoren wichtige Arbeit der Zersetzung der Cellulose wird also in den beiden Thiergruppen in verschiedenen Organen, nämlich bei den Wiederkäuern im Magen, bei den Einhufern und Nagern im Blinddarm ausgeführt.* So weit sind diese beiden Gruppen streng getrennt, doch finden sie in der gesammten Thierreihe eine grosse Zahl von Uebergangsformen, da ja zu den nicht wiederkauenden Pflanzenfressern Thiere von ganz verschiedener Organisation gehören, und selbst das Wiederkauen nicht ausschliesslich bei der einzigen Thiergruppe der eigentlichen Wiederkäuer vorkommt.

Darmverdauung der Wiederkäuer. Aus dem Magen der Wiederkäuer sollen die stickstofffreien Nahrungsstoffe schon um die

Hälfte vermindert hervorgehen, und da die Cellulose überhaupt nur etwa zur Hälfte verdaut werden kann, müssen demnach die leichter spaltbaren Kohlehydrate schon zum grössten Theile resorbirt sein. Da die Galle bei den Wiederkäuern und Einhufern nicht unmittelbar hinter dem Magen in den Darm einfliesst, dauern die im Magen eingeleiteten Vorgänge der Pepsinverdauung noch im Duodenum bei saurer Reaction des Darminhalts an. Erst weiterhin, unterhalb der Einmündungsstelle des Ductus choledochus und Wirsungianus beginnt die eigentliche Darmverdauung mit allmählicher Neutralisirung des Darminhaltes. Die Vorgänge sind beim Wiederkäuer ungefähr dieselben, die oben für Fleischfresser und Omnivoren angegeben worden sind. Auch die Dickdarmverdauung weist keine Besonderheiten auf, es bestehen neben weiterer Verdauungswirkung auch hier Gährung und Fäulniss, die zur Zersetzung der Nahrungsstoffe führen, ohne dass indessen so viel Säuren entstehen, dass die Gesammtreaction dadurch beeinflusst würde. Im Dickdarm findet ferner Wasserresorption statt, durch die der Inhalt eingedickt wird und die Form des Kothes annimmt. Bei den Rindern ist die Wasserresorption nur gering.

Darmverdauung bei Einhufern und Nagern. Anders verhält sich die Darmverdauung bei Nagern und Einhufern. Hier kommt, wie oben erwähnt, dem Dickdarm nebst seinem Anhang, dem Blinddarm, die Rolle zu, die Vormägen der Wiederkäuer zu ersetzen. Geradezu schematisch ist dies in dem Verdauungsschlauch der Hausratte ausgeprägt, bei der der Dickdarm genau die Grösse und Gestalt des eigentlichen Magens wiederholt. Beim Kaninchen, das als Vertreter der Nager gelten kann, obschon sich bei diesen, wie oben erwähnt, grosse Unterschiede im Bau des Darmes zeigen, ist der Blinddarm im Verhältniss zur Körpergrösse mächtig ausgebildet, da er bei 4—5 cm Durchmesser 40 cm Länge haben kann. Die Oberfläche ist durch Faltenbildung vergrössert. Der Blinddarm ist ebenso wie der Magen dauernd mit Futterbrei erfüllt, der hier noch sehr wasserreich ist, während er im Dickdarm seinen Wassergehalt verliert und zu festen trockenen Kothballen eingedickt wird.

Ganz ähnlich in viel grösserem Maassstabe verhält sich der untere Darmabschnitt des Pferdes. Der Blinddarm, der durch eine tiefe Einschnürung gegen den Dickdarm abgesetzt ist, misst gegen $^3/_4$ m an Länge bei 20 cm Durchmesser. Schon aus diesen Maassen kann man schliessen, dass der Darminhalt an dieser Stelle einen langdauernden Aufenthalt nehmen muss. Der Dickdarm hat noch beinah das dreifache Fassungsvermögen. Man rechnet, dass im Durchschnitt die Nahrung etwa 24 Stunden im Blinddarm und 48 Stunden im Dickdarm verweilt. Auch nach längerem Hungern finden sich hier bedeutende Futtermassen in Gestalt wasserreichen Breies vor. Schon vom Dünndarm an herrscht im Darm des Pferdes alkalische Reaction. So sind im Blinddarm des Pferdes annähernd dieselben Bedingungen gegeben wie im Pansen der

Wiederkäuer, und es treten auch ungefähr dieselben Verdauungs-
erscheinungen ein. Besonders beachtenswerth ist der Wasserreichthum des Blinddarminhalts. Wäre, wie bei anderen Thicren, der
Dickdarm vorzugsweise ein Ort für das Aufsaugen der letzten
Nahrungsreste, so wäre zu erwarten, dass vor allem das Wasser
hier resorbirt werden würde. Statt dessen ist im Gegentheil der
Blinddarm für das Pferd, dessen Magen, wie oben ausgeführt
worden ist, für die Aufnahme ausreichender Wassermengen zu klein
ist, der Hauptwasserbehälter. Wasserreichthum ist aber eine der
Hauptbedingungen für die Lösungs- und Spaltungsvorgänge, auf
denen die Verdauung beruht. Man findet dann auch, dass das
Wasser nach der Tränkung sehr schnell den Magen und Darm
durchläuft, um sich im Blinddarm zu sammeln. Es zeigt sich
ferner, dass der Inhalt des Dickdarms an dessen Anfang gegen
90 pCt. Wasser enthält, die beim Austritt aus dem Mastdarm bis
auf 70 pCt. resorbirt worden sind. Endlich hat man gefunden,
dass durch Magen und Dünndarm selbst bei Fütterung mit dem
verhältnissmässig leicht angreifbaren Hafer vom Eiweiss 30 pCt.,
von den Kohlehydraten 48 pCt. unverdaut hindurchgingen, während
im Koth nur 9 pCt. des Eiweisses und 23 pCt. der Kohlehydrate
wiedergefunden wurden, dass also im Blinddarm und Dickdarm
21 pCt. des Eiweisses und 25 pCt der Kohlehydrate verdaut und
resorbirt worden sein mussten. Diese bedeutende Wirkung der
Dickdarmverdauung ist hauptsächlich auf die Zersetzung der Cellu-
losehüllen zurückzuführen, durch die die in der pflanzlichen Nahrung
enthaltenen Nährstoffe vor der Einwirkung der Verdauungssäfte in
den oberen Darmabschnitten geschützt sind. Erst die langdauernde
Einwirkung der Gährung und Fäulniss im Blinddarm und Dickdarm
kann dies Hinderniss zum Theil beseitigen und die Verdauung der
Einhufer zu einer nahezu ebenso vollständigen machen, wie die der
Fleischfresser und Wiederkäuer.

Die Ausscheidung aus dem Darm.

Defäcation. Der im Dickdarm gebildcte Koth sammelt sich
im Endtheil des Dickdärms, in der Flexura sigmoidea an und wird
bis in den Mastdarm vorgeschoben. Das untere Ende des Mastdarms ist mit glatten Ringmuskeln, die den sogenannten Sphincter
ani internus bilden und mit einem aus gestreifter Musculatur bestehenden willkürlichen Schliessmuskel, dem Sphincter externus
versehen. Die Anspannung der Darmwände durch den Inhalt, oder
auch dessen Beschaffenheit, im Falle, dass reizende Stoffe im Koth
vorhanden sind, ruft ebenso wie es für die mechanische Thätigkeit
des Dünndarms angegeben worden ist, Zusammenziehungen der
Darmmusculatur hervor, die den Inhalt abwärts treiben. Da der
Sphincter internus nur einem geringen Druck widerstehen kann
und überdies, wie weiter unten im Abschnitt über die Thätigkeit
des Nervensystems anzugeben sein wird, gleichzeitig mit der Zu-

sammenziehung des oberhalb gelegenen Darmabschnittes erschlafft, kann alsdann die Entleerung nur durch den willkürlichen Schliessmuskel verhindert werden. Dann ist es also dem Willen des Thieres freigestellt, den äusseren Schliessmuskel erschlaffen zu lassen und den Koth zu entleeren. Hierbei fällt, wie oben schon für die Bewegung der Kothmassen im Dickdarm angegeben worden ist, der Längsmusculatur des Mastdarms eine wichtige Rolle zu, indem sie den Darm über der Kothsäule verkürzt und ihn gewissermaassen über den Inhalt zurückzieht. Hierbei betheiligt sich die Musculatur des Beckenbodens, insbesondere der Levator ani, dessen trichterförmig angeordnete Fasern den After, wenn er durch die vordrängenden Kothmassen ausgestülpt ist, wieder einwärts gegen den Beckenboden hinaufziehen. Der ganze Vorgang vollzieht sich je nach der Beschaffenheit des Kothes schneller oder langsamer. Flüssiger oder breiiger Inhalt kann beim ersten Nachlassen des Verschlusses durch die blosse Darmperistaltik entleert werden. Ist der Koth dagegen fest, so reicht die Leistung der Darmmusculatur allein nicht aus, sondern muss durch die der Bauchpresse unterstützt werden, die den Druck in der ganzen Bauchhöhle erhöht und dadurch den Inhalt des Mastdarms, wenn er schon unmittelbar vor dem After angelangt ist, austreibt. Die Bauchpresse kann nur arbeiten, wenn die Athmung unterbrochen wird und sie kann unterstützt werden, indem zugleich bei geschlossenen Luftwegen eine Ausathmungsanstrengung gemacht wird, die die Lungen zusammendrückt und einen Druck auf die obere Fläche des Zwerchfells ausübt. Dadurch entsteht bei dem sogenannten „Pressen" zum Zweck der Kothentleerung Stauung des Blutes in den Venen und eine Steigerung des Blutdrucks in den Gefässen.

Da der Koth sich im Dickdarm ansammeln kann, ist die Häufigkeit der Entleerung zum Theil von Umständen abhängig, die auf das Nervensystem einwirken. Im Allgemeinen steht sie aber in Beziehung zur Menge der aufgenommenen Nahrung und des entstandenen Kothes. Sie ist daher bei den Pflanzenfressern viel grösser als bei Fleischfressern, weil diese, um ihrem Körper die gleiche Menge Nahrungsstoff zuzuführen, viel grössere Massen aufnehmen müssen, von denen nur ein viel kleinerer Bruchtheil ausgenutzt wird. Das Rind entleert 6—8 mal, das Pferd 4—6 mal am Tage Koth, während Fleichfresser mitunter mehrere Tage lang ohne Entleerung sind.

Ausnutzung der Nahrung. Die Untersuchung der Menge und Zusammensetzung des Kothes hat für die Betrachtung der Ernährung im Allgemeinen die Bedeutung, dass der vom Körper nicht aufgenommene Theil der Nahrung dadurch bestimmt wird. Es ist im ersten Abschnitt darauf hingewiesen worden, dass durch die Ernährung im weitesten Sinne dem Körper die gesammte Energie zugeführt wird, die sich in seinen Lebensthätigkeiten äussert. Um die Grösse dieser Energiemenge festzustellen, muss man die Stoffeinnahmen des Körpers genau kennen lernen. Hierzu genügt es

offenbar nicht, einfach die Menge und Zusammensetzung der aufgenommenen Nahrung festzustellen, sondern man muss genau
wissen, wieviel von den verzehrten Nahrungsmitteln auch wirklich
in den Körper übergegangen sind. Es liegt auf der Hand,
dass alle nicht in den Körper übergegangene Nahrung in Gestalt
des Kothes ausgeschieden wird, und dass man also die Menge der
wirklich aufgenommenen Nahrung erhält, wenn man von den
Nahrungsstoffen, die verzehrt worden sind, die Nahrungsstoffe abzieht, die im Koth erscheinen. Die Rechnung ist einfach: Die in
den Darm eingeführten Nährstoffmengen, vermindert um
die aus dem Darm ausscheidenden Nährstoffmengen ergeben die aus dem Darm in den Körper übergetretenen
Nährstoffmengen.

Auch unter den günstigsten Bedingungen werden die eingeführten Nährstoffe vom Körper nicht vollständig aufgenommen.
Man findet, dass der Mensch von Eiweissstoffen mindestens $2^1/_2$ pCt.,
von den Fetten mindestens 2 pCt. unverdaut wieder abgiebt. Selbst
von den löslichen Kohlehydraten bleibt 1 pCt. unresorbirt und geht
in den Koth über. Da auch Salze sich im Koth in geringen Mengen
vorfinden, können auch diese nicht als vollkommen verdaulich
gelten. Demnach ist die Verdaulichkeit der löslichen Kohlehydrate
und Salze am grössten, die der Fette steht in der Mitte, die der
Eiweisskörper ist am kleinsten. Noch erheblich geringer ist freilich
die Verdaulichkeit der Cellulose, die für den Menschen als so gut
wie unverdaulich betrachtet werden kann. Die verschiedenen Arten
Eiweiss zeigen übrigens sehr wesentliche Unterschiede in ihrer Verdaulichkeit, indem sich im Allgemeinen das Pflanzeneiweiss unverdaulicher erweist als das thierische.

Aus der Verdaulichkeit der einzelnen Nahrungsstoffe kann man
aber für ihre Ausnutzung im einzelnen Fall keinen Schluss ziehen.
Giebt man irgend einen Nahrungsstoff im Uebermaass, so wird,
auch ohne dass es geradezu zu einer Störung der Verdauungsvorgänge kommt, die Ausnutzung schlechter. Auch die Wahl der
Nahrungsmittel beeinträchtigt in vielen Fällen die Ausnutzung. So
kann der Mensch, wenn er mit Reis oder Hülsenfrüchten genährt
wird, das in diesen Nahrungsmitteln enthaltene Eiweiss nicht bis
zur Grenze der Verdaulichkeit ausnutzen.

Ebensowenig ist die Verdaulichkeit eines Nahrungsstoffes für
verschiedene Thierarten als gleich anzunehmen. Die Fleischfresser
verdauen Eiweiss, lösliche Kohlehydrate und Fette noch vollständiger
als der Mensch. Die Pflanzenfresser nehmen gewöhnlich von vornherein eine weniger für die Ausnutzung geeignete Kost auf, und
die Verdaulichkeit der Nahrungsstoffe erscheint vielleicht deshalb
bei ihnen gering.

Der Verdaulichkeit der Nahrungsstoffe entspricht ungefähr das
Mengenverhältniss des Kothes und der aufgenommenen Nahrung.
Ein Hund von 35 kg giebt bei täglicher Fütterung mit 1,5 kg
Fleisch nur etwa 35 g Koth täglich ab, ein mit 6 kg Hafer und

15 l Wasser gefüttertes Pferd 10 kg Koth, wovon über die Hälfte Cellulose. Die Ausnutzung ist eben hauptsächlich von der Art der Nahrungsmittel abhängig, weil die viel Pflanzenstoffe enthaltenden Nahrungsmittel viel grössere Mengen unverdaulicher Rückstände geben. Folgende Zahlenübersicht möge das Gesagte veranschaulichen.

Thierart	Gewicht	Nahrung	Gewicht		Koth	
			frisch	trocken	frisch	trocken
Hund . . .	35	Fleisch	1500	375	33	15
Mensch . . .	70	Gemischt	1250	650	130	34
Pferd . . .	400	Hafer u. Wasser	21000	5400	10000	2500

Beschaffenheit des Kothes. Der ausgeschiedene Koth ist nach Menge, Farbe, Wassergehalt, Reaction und anderem je nach der Ernährungsweise und dem Zustande der Verdauung verschieden. Die Farbe hängt theils von der Zusammensetzung, theils von einem besonderen Farbstoff ab, der als Stercobilin bezeichnet wird und mit dem Urobilin identisch sein soll, also von dem Gallenfarbstoff herrührt. Bei den Fleischfressern ist der Koth fast schwarz, weil neben dem Farbstoff des Kothes reichlich Hämatin aus dem Blute des gefressenen Fleisches darin enthalten ist. Auch der Darm des Neugeborenen enthält bekanntlich schwarze Massen, das sogenannte Meconium oder Kindspech, das seine Farbe Gallenfarbstoffen verdankt. Bei Omnivoren ist die Farbe des Kothes je nach der Ernährungsweise dunkelbraun bis gelb, indem der Gehalt an Kohlehydraten und Fetten hellere Farbe bedingt. Bei den Herbivoren hat der Koth eine grünlich-braune Farbe.

Die Festigkeit der Kothmassen, die für die Mechanik der Entleerung einen so wesentlichen Unterschied macht, hängt hauptsächlich vom Wassergehalt ab. Der Koth der Fleischfresser enthält am wenigsten Wasser, nämlich nur etwa die Hälfte des Gewichts, der des Menschen und des Schweins etwa drei Viertel. Ein bemerkenswerther Unterschied besteht in dieser Beziehung zwischen den Rindern und den übrigen Wiederkäuern: Während nämlich das Rind breiigen grünlichbraunen Koth mit 85 pCt. Wasser ausscheidet, entleeren Schafe, Ziegen und die Cerviden trockene ziemlich feste Ballen mit einem Wassergehalt von nur etwa 55 pCt. Die Nager verhalten sich wie die letztgenannte Gruppe der Wiederkäuer. Die Einhufer halten zwischen beiden Gruppen ungefähr die Mitte.

Vom Wassergehalt und von den Bestandtheilen hängt ferner das specifische Gewicht des Kothes ab, das beim Menschen in der Regel höher ist als das des Wassers. Wenn es trotzdem vorkommt, dass Excremente schwimmen, liegt dies entweder daran, dass sie Gasblasen enthalten, oder an einem ungewöhnlich hohen Fettgehalt. Bei dem hohen Fettgehalt, der sich bei Abschluss der Galle vom Verdauungscanal einstellt, kann das specifische Gewicht menschlicher Faeces bis auf 937 sinken.

Ueber die Reaction des Kothes lässt sich nichts Bestimmtes sagen. Oft ist sie an der Aussenfläche alkalisch, im Innern der Masse sauer, seltener in der ganzen Masse alkalisch, noch seltener ganz und gar sauer. Die alkalische Reaction herrscht vor, wenn durch Eiweissfäulniss im Dickdarm viel Ammoniak frei geworden ist, die sauere, wenn freie Fettsäuren oder Milchsäure im Koth vorhanden ist.

Die Bestandtheile des Kothes lassen sich in vier Gruppen scheiden, nämlich

> erstens unverdaute Nährstoffe oder deren Spaltungsproducte,
> zweitens Reste von den Verdauungssäften,
> drittens unverdauliche Bestandtheile der Nahrung und
> viertens abgestossene Darmepithelien.

Von den Eiweissstoffen erscheint nur ein sehr kleiner Bruchtheil unverdaut wieder, von den Spaltungsproducten die oben bei der Besprechung der Fäulniss angegebenen Stoffe, Fettsäuren, Indol, Phenol und Skatol und Ammoniaksalze, ferner Nuclein. Von den Fetten geht, wie mehrfach erwähnt, ziemlich viel unverdaut in den Koth über, ausserdem sind die abgespaltenen Fettsäuren mit dem Kalk und der Magnesia der Darmsäfte zu unlöslichen Seifen verbunden im Koth enthalten. Von den Kohlehydraten ist unverdaute Stärke, Cellulose in erheblichen Mengen und die durch Gährung entstandene Milchsäure zu nennen. Bei alkalischer Reaction enthält der Koth manchmal dieselben Phosphate in fester Form, die sich auch aus dem Urin niederzuschlagen pflegen und in diesem Zusammenhang weiter unten erwähnt werden sollen. Auch von den Salzen, die im Kothe gelöst enthalten sind, die etwa 1 pCt. des Gewichts betragen, haben die Phosphate, namentlich Calciumphosphat, den Hauptantheil.

Von den Verdauungssäften ist, wie schon hervorgehoben, die Galle im Koth mit fast allen ihren Bestandtheilen vertreten. Das Urobilin färbt die ganze Kothmasse, daneben findet sich auch die Cholalsäure und das Cholesterin. Von den übrigen Verdauungssäften erscheint nur Mucin in erheblichen Mengen im Koth.

Die unverdaulichen Bestandtheile sind natürlich je nach der Art der Nahrung verschieden. Hervorzuheben ist, dass der Koth der Pflanzenfresser viel Kieselerde enthält, die zum Theil aus den rauhen Gräsern stammt, zum Theil als Sand der Nahrung beigemengt war. Mit dem Mikroskop lassen sich viele einzelne Nährmittelüberreste im Koth wiedererkennen. So gehen ganze Muskelfasern, deren Hülle der Verdauung widerstanden hat, ebenso Sehnen und elastische Fasern, ferner mit Cellulose umgebene ganze Zellgruppen und unversehrte Spiralgefässe von Pflanzen in erkennbarer Form im Koth ab.

7.

Die Resorption.

Die bei der Resorption wirksamen Kräfte.

Das Endergebniss der im Vorstehenden besprochenen Verdauungsvorgänge ist schon oben bei der allgemeinen Betrachtung über die Nahrungsaufnahme damit bezeichnet worden, dass die Nahrungsstoffe in einen Zustand übergeführt werden, in dem sie zur Aufnahme in die Körpergewebe geeignet sind. Die verdauten, das heisst resorbirbaren Stoffe sind im Darmcanal, vom Standpunkte des Stoffwechsels aus noch ausserhalb des Körpers, und es gehört noch ein besonderer Vorgang, die Resorption, dazu, damit sie durch die Darmwände hindurch in den eigentlichen Bestand des Körpers übergehen können.

Dass ein solcher Uebergang stattfindet, ist schon daraus mit Sicherheit zu schliessen, dass ein grosser Theil der Nahrungsstoffe nachweislich auf dem Wege von der Speiseröhre zum After aus dem Darm verschwindet, und dieser Schluss lässt sich dadurch bestätigen, dass die aufgenommenen Stoffe im Körper oder in Ausscheidungen nachgewiesen werden können, die aus weit vom Darm entfernten Körperstellen herstammen.

Es drängt sich die Frage auf, wohin die aus dem Darm austretenden Stoffmengen zunächst gelangen. Aus verschiedenen Gründen, die sich erst aus der näheren Untersuchung des Vorganges ergeben werden, ist unzweifelhaft, dass sie in die Körperzellen, zunächst also in die Epithelzellen der Darmschleimhaut übergehen. Fragt man weiter, welche Kräfte diesen Uebertritt bewirken, so steht der Antwort die Schwierigkeit im Wege, dass die Eigenschaften und Kräfte der lebenden Zelle nur unvollständig erforscht sind, und dass man daher nicht im Stande ist, die Wechselwirkung zwischen der lebenden Zelle und den benachbarten Flüssigkeiten im Einzelnen zu verfolgen. Es liegt jedoch kein Grund vor anzunehmen, dass ausser den bekannten chemischen und physikalischen Kräften noch andere unbekannte Wirkungen der lebenden Zelle im Spiele sind.

Man kennt vorläufig die Bedingungen noch nicht, unter denen in der lebenden Zelle die bekannten Kräfte wirksam sind. Erst wenn man mit Gewissheit feststellen könnte, dass unter den in der Zelle gegebenen Bedingungen die bekannten Kräfte nicht hinreichen, diejenigen Wirkungen hervorzurufen, die man zum Beispiel bei der Resorption der Nahrungsstoffe beobachtet, wäre die Zeit gekommen, zu erklären, dass der lebenden Zelle noch unbekannte Naturkräfte zu Gebote stehen. Selbst für diesen Fall lässt sich aber, wie oben ausgeführt worden ist, schon heute mit Sicherheit behaupten, dass die betreffenden Kräfte keine eigenartigen, nur den lebenden Geweben eigenthümlichen „Lebenskräfte" sein werden. Das Gesetz der Erhaltung der Energie behérrscht unzweifelhaft die Gesamtvorgänge im Organismus, und es müssen daher auch alle Einzelvorgänge auf Kräfte von rein physikalischer oder rein chemischer Natur zurückzuführen sein, die natürlich unter geeigneten Bedingungen überall, ausserhalb der Organismen so gut wie innerhalb, auftreten müssen.

Vor allen Dingen muss also untersucht werden, welche bekannten chemischen oder physikalischen Kräfte Ursache sein könnten, dass die Nahrungsstoffe in die Epithelzellen übergehen, und ferner, ob die thatsächlichen Verhältnisse für die Wirksamkeit solcher Kräfte sprechen.

Die physikalischen Vorgänge, die für die Resorption in Betracht kommen.

Hydrodiffusion. Zunächst ist an die allgemeine Erscheinung der Diffusion der Flüssigkeiten oder Hydrodiffusion zu denken. Es ist oben schon von der Diffusion der Gase oder Aerodiffusion die Rede gewesen, durch die zwei verschiedene Gase, wenn sie mit einander in Berührung kommen, einander bis zur völlig gleichmässigen Mischung durchdringen. Ganz Aehnliches gilt von Stoffen, die in Wasser gelöst sind. Wo eine Lösung mit einer anderen, oder, um einen einfacheren Fall zu setzen, mit reinem Wasser in Berührung kommt, verbreitet sich der gelöste Stoff alsbald in der gesammten Wassermenge und kommt erst zur Ruhe, wenn überall die gleiche Stärke der Lösung erreicht ist.

Diese Erscheinung pflegt man durch folgenden Grundversuch zu veranschaulichen: Auf den Boden eines grossen Standgefässes wird ein kleines Gefäss gestellt, das bis zum Rande mit einer starken Salzlösung gefüllt und mit einer aufgeschliffenen Glasplatte zugedeckt ist. Alsdann wird das grosse Gefäss mit Wasser angefüllt und die Glasscheibe von dem kleinen Gefäss behutsam abgezogen. Die schwere Salzlösung bleibt zunächst in dem kleinen Gefässe stehen und ist an ihrer ganzen Oberfläche mit dem reinen Wasser des grossen Gefässes in Berührung. Man nimmt gewöhnlich zur Füllung des kleinen Gefässes Kupfersulfatlösung, deren Uebergang in das Wasser des grossen Gefässes wegen ihrer blauen Farbe deutlich sichtbar ist. Man findet nach einiger Zeit, wenn das Gefäss auch völlig unberührt und bei ganz gleichförmiger Temperatur stehen geblieben ist, dass die gelöste Salzmenge, trotz ihres hohen specifischen Gewichtes, statt in dem kleinen Gefässe zu verbleiben, sich in dem grossen Gefässe gleichmässig vertheilt hat.

Der Versuch kann auch in der Weise gemacht werden, dass an Stelle des Wassers eine Gelatinelösung angewendet wird, die zu einem Klumpen Gallerte erstarrt, in dem sich dann das Kupfersulfat vertheilt. In dieser Form des Versuchs ist der Einwand ausgeschlossen, dass die Mischung durch Strömungen in der Wassermasse hervorgerufen worden sein könnte. Zugleich lehrt diese Form des Versuchs, dass die Diffusion auch in festweichen Massen wie in Flüssigkeiten vor sich geht.

Membrandiffusion. Schaltet man zwischen die beiden Flüssigkeiten eine durchlässige Scheidewand, etwa Schweinsblase, ein, so geht die Diffusion auch durch die Membran hindurch. Man bezeichnet diesen Fall, im Gegensatz zu der freien Hydrodiffusion, als „Membrandiffusion" oder „Osmose".

Bei dieser Anordnung, das heisst, wenn das die Lösung enthaltende kleine Gefäss durch übergebundene Schweinsblase von dem umgebenden Wasser des grossen Gefässes getrennt ist, wird man alsbald gewahr, dass mehr Wasser in das kleine Gefäss eintritt, als Lösung austritt, denn die Schweinsblase wird emporgetrieben und kann unter Umständen geradezu gesprengt werden.

Diese Erscheinung lässt sich am besten durch das sogenannte *Endosmometer* veranschaulichen, das aus einem Glasrohr mit stark erweiterter Mündung besteht, über die ein Stück Schweinsblase gespannt ist. Man füllt den erweiterten Theil der Röhre mit einer Lösung und taucht sie, mit der Blase nach unten, in reines Wasser. Alsbald beginnt die Osmose, und das durch die Schweinsblase eindringende Wasser würde diese, wie in dem vorher besprochenen Fall, auftreiben und sprengen können, wenn nicht die Röhre oben offen wäre. So aber wird einfach die Flüssigkeit in der Röhre emporgetrieben und ihre Höhe misst zugleich den Druck, der auf die Schweinsblase ausgeübt wird (Fig. 38).

Eben um dieser Messung willen, von der man Aufschluss über die treibenden Kräfte bei der Diffusion erhoffte, ist die Vorrichtung erdacht und als Endosmometer bezeichnet worden. Diesen Zweck erfüllt sie aber nur höchst unvollkommen, denn je höher der Druck steigt, um desto mehr Flüssigkeit wird in der Zeiteinheit durch die Schweinsblase von oben nach unten hindurchgepresst, so dass, wenn die Diffusionsströmung von unten nach oben mit gleichförmiger Geschwindigkeit fortgeht, die Zunahme der Flüssigkeit im Endosmometer sehr bald eine Grenze erreicht. Diese Grenze hängt obendrein von der Dicke und Dichtigkeit der Membran ab, so dass man, so lange man auf diesem Wege blieb, zu keinen sicheren Maassbestimmungen kommen konnte.

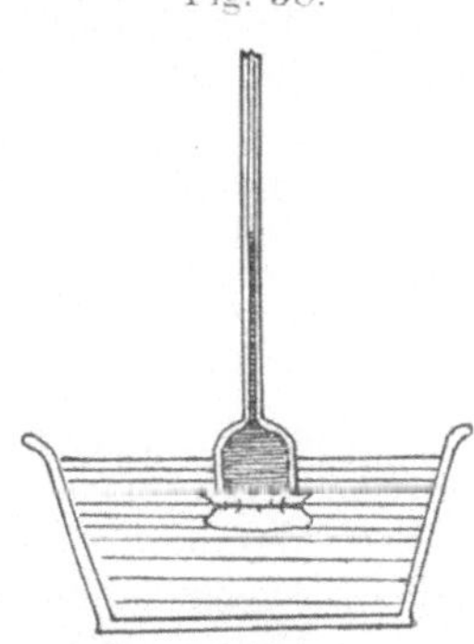

Fig. 38.

Endosmometer.

Die älteren Untersuchungen über die Osmose blieben aus dem Grunde erfolglos, weil sie von der Vermuthung ausgingen, es werde sich ein bestimmtes *Mengen*verhältniss zwischen dem eindringenden Wasser und der austretenden Menge des gelösten Stoffes ergeben. Man hatte sogar schon ein Wort für diejenige Wassermenge geprägt, die der Gewichtseinheit jedes gelösten Stoffes beim Durchtreten durch die Membran entsprechen sollte, nämlich sein „osmotisches Aequivalent". Erst als durch zuverlässige Versuche erwiesen wurde, dass das angebliche „osmotische Aequivalent" für ein und dieselbe Lösung je nach der Vollkommenheit der Versuchsanordnung beliebig gross gefunden werden könne, wendete man sich von der *Mengenbestimmung* zur Untersuchung der *Druckhöhe*, die durch verschiedene Lösungen hervorgebracht wird, die man nunmehr mit vollkommeneren Vorrichtungen als das Endosmometer zu bestimmen suchte.

Halbdurchlässige Membranen. Der Gedanke, der der Erfindung des Endosmometers zu Grunde lag, dass man nämlich die wasseranziehende Kraft der Lösung messen müsse, liess sich deshalb nicht verwirklichen, weil mit zunehmendem Druck ein immer grösserer Theil der Lösung durch die Membran austrat, so dass die Lösung verdünnt, das reine Wasser aber in Lösung verwandelt wurde, ehe die zu messende Druckhöhe erreicht werden konnte.

Nun hatte man gefunden, dass sich beim Zusammentreffen gewisser Lösungen durch die chemische Verbindung der gelösten Stoffe Membranen bilden. Lässt man zum Beispiel alkalische Leimlösung in Tanninlösung eintropfen, so bildet sich um jeden Tropfen eine Schicht unlöslichen Tanninleims. Dann quillt der Tropfen durch Hineindiffundiren von Wasser auf und platzt. Solche Versuche, die ursprünglich in ganz anderem Zusammenhang, nämlich zur Aufklärung des Baues und der Lebensthätigkeiten thierischer Zellen, angestellt worden waren, führten dazu, dass eine für die Versuche über Osmose äusserst wichtige Eigenschaft der dabei entstehenden sogenannten „Niederschlagsmembranen" oder „Haptogenmembranen" entdeckt wurde. Die Niederschlagsmembranen sind nämlich für manche Stoffe, insbesondere aber für die, durch deren Reaction sie erzeugt sind, *völlig undurchlässig, während sie für Wasser durchlässig sind.*

Dies Verhalten der Niederschlagsmembranen wird mit einem, wie man wohl sagen darf, recht unglücklich gewählten Ausdruck, als „Semipermeabilität" oder „Halbdurchlässigkeit" bezeichnet. Dieser Ausdruck ist deswegen ganz unpassend, weil die Durchlässigkeit für Wasser und die Undurchlässigkeit für andere Stoffe ganz verschiedene Eigenschaften der Membran sind, die nicht gegen einander zu dem Ergebniss „halbdurchlässig" verrechnet werden können.

Um eine Niederschlagsmembran zu Versuchen über Osmose im Grossen tauglich zu machen, muss man ihr eine feste Unterlage geben, damit sie den Druckunterschieden Widerstand leisten kann. Dies erreicht man dadurch, dass man die beiden Flüssigkeiten, durch deren Berührung der Niederschlag erzeugt werden soll, durch ein mit Gelatine überzogenes Drahtgitter trennt, so dass der Niederschlag in der Gelatinehaut entsteht, oder indem man die eine Flüssigkeit in ein poröses Thongefäss füllt und dies in die andere taucht, so dass der Niederschlag sich in den Poren des Thones festsetzt. Auf diese Weise ist es gelungen, Membranen herzustellen, die zu osmometrischen Versuchen verwendet werden können, doch ist die Zahl der damit ausgeführten Messungen nur sehr gering, weil sich in den meisten Fällen keine fehlerfreie Membran bildet, und auch eine anfänglich gute Membran bei den Versuchen leicht schadhaft wird. Die wenigen gelungenen Versuche genügen aber zur Bestätigung der Gesetze, die man auf Grund theoretischer Vorstellungen über das Wesen der Osmose aufgestellt und auf mittelbarem Wege durch Versuche über Verdampfung, Gefrieren und Elektrolyse von Lösungen geprüft hat.

Diese mittelbaren Untersuchungsweisen, auf die weiter unten kurz eingegangen werden wird, sind leichter praktisch durchzuführen als die Versuche mit halbdurchlässigen Membranen, dafür haben diese aber den grossen Vorzug der unmittelbaren Anschaulichkeit. Denkt man sich ein Endosmometer, das an Stelle der Schweinsblase eine halbdurchlässige Membran hat, so kann von der gelösten Substanz nichts aus dem Endosmometer heraus, dagegen kann das Wasser frei einströmen. Das eintretende Wasser würde nun die Lösung verdünnen und dadurch die Bedingungen des Versuchs verändern. Ist aber das Endosmometergefäss allseitig geschlossen und nur an einer Stelle mit einem Manometer verbunden, das schon bei unmerklicher Zunahme des Gefässinhalts den Druckzuwachs ergiebt, so kann das äussere Wasser nicht wirklich eindringen, sondern indem es einzudringen strebt, bringt es nur eine Druckänderung in dem allseitig geschlossenen Endosmometergefäss hervor, die man am Manometer ablesen kann. Der abgelesene· höchste Werth giebt offenbar diejenige Druckgrösse an, bei der dem Eindringen von Wasser durch die Membran eben das Gleichgewicht gehalten wird.

Osmotischer Druck. Man findet nun, dass die Grösse dieses Druckes, des sogenannten „osmotischen Druckes" von der Stärke der Lösung abhängig und für Lösungen verschiedener Stoffe dann gleich ist, wenn sich die Gewichtsmengen in der gleichen Wassermenge verhalten wie die Moleculargewichte der betreffenden Stoffe. Ferner findet man, dass der osmotische Druck mit der Temperatur wächst, und zwar im Allgemeinen für alle Stoffe in gleichem Maasse. Endlich zeigt sich, dass die absolute Grösse des Druckes dem Druck gleich ist, den der gelöste Stoff ausüben würde, wenn er in Gasform in demselben Raum enthalten wäre.

Fig. 39.

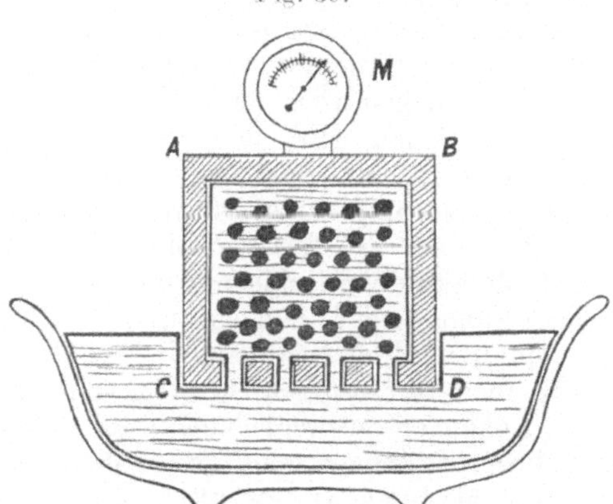

Schema eines Versuches über osmotischen Druck. *CD* eine halbdurchlässige Wand. *M* Manometer.

Alle diese Thatsachen lassen sich in der Anschauung vereinigen, dass die gelösten Stoffe sich innerhalb des Lösungsmittels in einem Zustande befinden, der dem gasförmigen Zustand ähnlich ist.

Um eine deutliche Anschauung von dem osmotischen Verhalten gelöster Stoffe zu erhalten, kann man sie sich auch geradezu als Gas innerhalb des von der Flüssigkeit erfüllten Raums denken. Indem auf diese·Weise der osmotische Druck als ein von dem gelösten Stoff ausgeübter Druck aufgefasst wird, ist·es nicht ganz leicht zu verstehen, warum dieser Druck durch das Bestreben des Wassers gemessen werden kann, in eben den Raum einzudringen, in dem der osmotische Druck herrscht. Man würde auf Grund der Versuche am Endosmometer eher geneigt sein, von einer osmotischen Anziehungskraft, als von einem osmotischen Druck zu sprechen. Um diesen Zusammenhang aufzuklären, empfiehlt es sich, den Vorgang der Osmose nochmals von dem Gesichtspunkte aus ins Auge zu fassen, dass er auf dem Druck der gelösten Substanz beruht. Es sei *ABCD* (Fig. 39) ein Gefäss, dessen eine Wand *CD* durch eine halbdurchlässige Membran gebildet ist, deren Poren durch die Unterbrechungen der Wand angedeutet sind. Bei *M* sei ein Manometer angebracht. Der dicke Strich, der die Innenfläche des Gefässes und der Poren auskleidet, stellt die Wasseroberfläche dar, die der Deutlichkeit wegen so gezeichnet ist, als wenn sie die Innenfläche des Gefässes nicht berührte, was sie in Wirklichkeit natürlich thut. Die runden Flecke im Innern des Gefässes deuten die gelösten Moleküle an, die man sich nach Art der Gasmoleküle nach allen Seiten bewegt und folglich in ihrer Gesammtheit einer Druckwirkung nach aussen fähig denken muss. Nun ist als Hauptpunkt der ganzen Betrachtung festzuhalten, dass die Moleküle mit ihrer Druckwirkung auf den vom Lösungsmittel eingenommenen Raum beschränkt sind. Sie üben also, wenn die Lösung in einem gewöhnlichen Gefäss enthalten ist, keinen Druck auf die Gefässwand aus, sondern ihre Druckwirkung hört an der Oberfläche des Wassers auf. Das Bestreben der Moleküle des gelösten Stoffes, einen grösseren Raum einzunehmen, kann nicht über die Oberfläche des Wassers hinauswirken, wohl aber können sie diese Oberfläche vor sich herschieben, wenn durch die Poren der halbdurchlässigen Membran ein Zufluss von reinem Wasser stattfindet. Mit Hülfe dieser Betrachtung wird leicht einzusehen sein, dass durch die Grösse des osmotischen Druckes eben die Kraft gemessen wird, mit der das Wasser durch die halbdurchlässige Membran in die Lösung einzudringen strebt.

Da der gelöste Stoff, wie oben schon angegeben, sich innerhalb des Lösungsmittels verhält, als ob er in Gasform in demselben Raum enthalten wäre, so ist klar, dass der Druck um so grösser sein muss, je mehr von dem gelösten Stoff in der gleichen Menge des Lösungsmittels enthalten ist, je stärker also die Lösung ist. Der Druck wird doppelt so gross sein, wenn doppelt so viel Moleküle des gelösten Stoffes in dem gleichen Rauminhalt zusammengedrängt sind, dreimal so gross, wenn es dreimal so viel sind und so fort. Nun kann man zwar nicht abzählen, wie viel Moleküle von einem Stoff sich in der Lösung befinden, aber man kann doch Lösungen herstellen, von denen eine doppelt so viel Moleküle in der Raumeinheit enthält wie die andere, man braucht sie eben nur doppelt so stark zu machen. Ferner kann man auch Lösungen verschiedener Stoffe auf die gleiche Anzahl Moleküle bringen, indem man ihre Mengen nach dem Verhältniss ihres Molekulargewichts bemisst. Zu diesem Zwecke pflegt man auf 1 l Wasser stets so viel Gramme des betreffenden Stoffes zu geben, wie das Molekulargewicht anzeigt, also etwa vom Kochsalz 58,8. Man nennt diese Menge ein Grammmolekül des betreffenden Stoffes, manchmal auch kurzweg ein Molekül und schreibt das „1 Mol.“ Lösungen dieser Art werden, weil sie die gleiche Anzahl Moleküle enthalten, aequimolekulare Lösungen genannt oder, weil sie gleichen osmotischen Druck ausüben, auch isosmotische Lösungen. Verglichen mit irgend einer gegebenen Lösung nennt man andere Lösungen, je nachdem sie höheren, gleichen oder geringeren osmotischen Druck aufweisen, hypertonische, isotonische oder hypotonische Lösungen.

Grösse des osmotischen Druckes. Die Grösse des osmotischen Druckes einer Lösung lässt sich im Allgemeinen berechnen, wenn man von dem oben angeführten Satz ausgeht, dass der osmotische Druck gleich ist dem Druck, den die gelöste Stoffmenge in Gasform in dem gleichen Raum ausüben würde. Es handle sich zum Beispiel um einprocentige Zuckerlösung. Zucker kann zwar nicht in Gasform gebracht werden, weil er sich in der

Hitze zersetzt, dies hindert aber nicht, dass man zum Zweck der Rechnung annimmt, der Zucker könne gasförmig sein. Das Zuckergas würde natürlich denselben Gesetzen folgen wie alle anderen Gase. Alle Gase enthalten bei gleichem Druck und gleicher Temperatur in gleichem Raum gleichviel Moleküle. Das Gewicht gleicher Raummengen verschiedener Gase unter gleichen Bedingungen ist also proportional dem Molekulargewicht. Hierauf beruht die Bestimmung des Molekulargewichts aus der Dampfdichte. Folglich muss auch der Raum, den gleiche Gewichtsmengen verschiedener Gase einnehmen, dem Molekulargewicht umgekehrt proportional sein, oder was dasselbe ist: der Raum, den dem Molekulargewicht proportionale Mengen verschiedener Gase einnehmen, ist für alle Gase derselbe.

Bei 0^0 und Atmosphärendruck nimmt 1 g Sauerstoffgas rund 700 ccm Raum ein. Ein Grammmolekül $= 32$ g braucht also $32 \cdot 700$, das ist rund 22 000 ccm. 1 g Zuckergas nimmt, da das Molekulargewicht des Zuckers 342 ist, nur $700 \cdot \dfrac{32}{342}$ ccm ein, da aber ein Grammmolekül Zucker 342 g sind, ist der Raum, den ein Grammmolekül gasförmigen Zuckers einnehmen wurde, wiederum gerade $32 \cdot 700$, das ist rund 22 000 ccm oder 22 l.

Eine Zuckerlösung, die ein Grammmolekül auf den Liter enthält, soll nun den gleichen osmotischen Druck aufweisen, den der gelöste Zucker in Gasform in demselben Raum entwickeln würde. Da die gelöste Zuckermenge von 342 g in Gasform bei einer Atmosphäre Druck 22 l einnimmt, bedarf es, um sie auf den Raum von 1 l zusammenzubringen, des Druckes von 22 Atmosphären. Die Zuckerlösung von 1 Mol. auf den Liter übt also einen osmotischen Druck von 22 Atmosphären aus.

Da äquimolekularen Lösungen verschiedener Stoffe gleicher osmotischer Druck zukommt, haben alle Lösungen, die ein Grammmolekül des gelösten Stoffes auf den Liter enthalten, den gleichen osmotischen Druck von rund 22 Atmosphären.

In der einprocentigen Zuckerlösung sind statt 342 g Zucker in dem Liter nur 10 g Zucker enthalten. Deshalb entspricht ihr osmotischer Druck auch nur dem Druck von 10 g auf 1 l zusammengepressten Zuckergases. Diese würden bei Atmosphärendruck nur $\dfrac{1}{34,2}$ der 22 l einnehmen, die das Grammmolekül von 342 g einnehmen würde und entwickeln daher, wenn sie auf 1 l zusammengedrängt sind, auch nur einen Druck von $\dfrac{1}{34,2}$ der 22 Atmosphären, die für das Grammmolekül gefunden worden sind. $\dfrac{1}{34,2}$ von 22 Atmosphären sind aber rund 0,65 Atmosphären, und dies ist der gesuchte osmotische Druck einer einprocentigen Zuckerlösung.

Durch unmittelbare Messung vermittelst einer halbdurchlässigen Membran, die durch Ferrocyankupferniederschlag in einer Thonzelle hergestellt war, ist der osmotische Druck einer einprocentigen Zuckerlösung bei 7^0 zu 0,664 Atmosphären gefunden worden.

Bestimmung der molekularen Concentration aus der Gefrierpunktserniedrigung. Um den osmotischen Druck einer beliebigen Lösung berechnen zu können, braucht man also nur die sogenannte „molekulare Concentration" der Lösung, das heisst, ihre Stärke in Grammmolekülen zu bestimmen. Nun ist bekannt,

dass, im Gegensatz zu reinem Wasser, solches Wasser, in dem
andere Stoffe gelöst enthalten sind, erst bei Temperaturen über 100°
siedet und erst bei Temperaturen unter 0° gefriert. Man drückt
dies aus, indem man von der Siedepunktserhöhung und der
Gefrierpunktserniedrigung einer Lösung spricht. Die Grösse
des Unterschiedes gegenüber reinem Wasser ist, wie der
osmotische Druck, der Zahl der gelösten Moleküle proportional. Für alle wässerigen Lösungen, die ein Grammmolekül
gelösten Stoffes auf 100 ccm enthalten, beträgt die Siedepunktserhöhung 5,2°, die Gefrierpunktserniedrigung 18,7°.

Die Gefrierpunktserniedrigung ist im Allgemeinen leichter und sicherer zu
bestimmen als die Siedepunktserhöhung, und man pflegt deshalb zur Ermittlung der Concentration in der Regel die Gefrierpunktserniedrigung zu beobachten. Fände man nun beispielsweise in irgend einer Lösung eine Gefrierpunktserniedrigung von 18,7°, so wüsste man, dass sie 1 Molekül gelöste Substanz
auf 100 ccm enthielte, oder wenigstens einer solchen Lösung isosmotisch wäre.
Ist die Gefrierpunktserniedrigung kleiner, so enthält die Lösung nur den entsprechenden Bruchtheil eines Grammmoleküls auf 100 ccm.

Anf diese Weise erhält man durch die Gefrierpunktsbestimmung
Aufschluss über die molekulare Concentration von Lösungen und
damit auch über deren osmotischen Druck.

Es ist klar, dass die angeführten allgemeinen Gesetze über
den osmotischen Druck von Lösungen die Grundgesetze sind, die
auch die freie Diffusion von gelösten Stoffen beherrschen, aber
erst durch die Anwendung der halbdurchlässigen Membranen zur
Anschauung gebracht worden sind. Um nach diesen allgemeinen
Gesetzen die Vorgänge im thierischen Körper prüfen zu können,
müssen aber noch eine Anzahl besonderer Bedingungen berücksichtigt werden, die in sehr vielen Fällen Abweichungen von den
allgemeinen Sätzen hervorrufen.

Dissociation in Lösungen. Alle die über die Beziehung
zwischen osmotischem Druck und Molekularconcentration im Obigen
angeführten Sätze gelten nur für solche Stoffe, deren Moleküle in
der Lösung als solche bestehen bleiben. Nun hat sich aber
gefunden, dass sehr viele Stoffe, insbesondere alle diejenigen Salze,
deren Lösungen elektrische Leiter sind, die sogenannten Elektrolyte,
in ihren Lösungen einen höheren osmotischen Druck, eine grössere
Siedepunktserhöhung und eine grössere Gefrierpunktserniedrigung
zeigen, als nach ihrer molekularen Concentration anzunehmen wäre.
Man führt dies darauf zurück, dass diese Stoffe in ihren
Lösungen nicht als Moleküle enthalten sind, sondern dass
ihre Moleküle zum Theil in kleinere Stofftheilchen,
Ionen, zerfallen sind. Man nennt dies die Dissociation der
gelösten Moleküle. Demnach wären in der Lösung eines Elektrolyten
von bestimmter molekularer Concentration, etwa von 1 Molekül
auf den Liter, eine Anzahl ganzer Moleküle und daneben eine
Anzahl Moleküle enthalten, deren jedes sich in zwei Ionen gespalten
hat. Die Ionen verhalten sich nun in Bezug auf den
osmotischen Druck wie ganze Moleküle, und in Folge dessen

muss der osmotische Druck der Lösung eines Elektrolyten höher sein als der einer Lösung, die die gleiche Zahl Moleküle ohne Dissociation enthält. Der Unterschied zwischen dem aus der molekularen Concentration berechneten und dem in der Lösung von Elektrolyten wirklich vorhandenen osmotischen Druck muss natürlich um so grösser sein, ein je grösserer Theil der Moleküle in Ionen zerlegt ist. Der Zerfall in Ionen betrifft einen um so grösseren Bruchtheil der Moleküle, je schwächer die Lösung ist. Bei stark verdünnten Lösungen von Elektrolyten, die nur etwa $^1/_{100}$ Molekül im Liter enthalten, darf man annehmen, dass alle Moleküle in Ionen zerlegt sind, und der osmotische Druck solcher Lösungen erreicht das Doppelte von dem, der nach der Menge der gelösten Substanz zu erwarten wäre.

Elektrische Leitfähigkeit. Die Lehre von der Spaltung oder Dissociation der Salzmoleküle in ihre Ionen wird bestätigt durch die Uebereinstimmung, die man zwischen dem osmotischen Verhalten der Elektrolyte und ihrer Leitungsfähigkeit für den elektrischen Strom gefunden hat. Die Leitung des elektrischen Stromes durch Salzlösungen, die übrigens mit sichtbarer Zersetzung einhergeht, wird nämlich darauf zurückgeführt, dass die mit Elektricität beladenen Ionen ihre Ladung von einem Pol auf den anderen übertragen. Mithin muss zwischen der Zahl der freien Ionen und der Leitfähigkeit Proportionalität bestehen, die es gestattet, den Dissociationsgrad der Lösung auch durch Ermittlung der Leitfähigkeit zu bestimmen.

Um von dem Dissociationsgrade, der in Lösungen von mässiger Stärke besteht, eine Anschauung zu geben, seien hier noch einige Zahlenwerthe angegeben: In Lösungen, die den zehnten Theil eines Grammmoleküls auf den Liter enthalten, sind von je 100 Molekülen in Ionen zerlegt: NaCl 84, KCl 86, Na_2SO_4 69, $MgSO_4$ 45, $CuSO_4$ 39.

Verhalten der Colloide. Dialyse. Ausser den Elektrolyten verhalten sich auch diejenigen Stoffe in Bezug auf die Osmose unregelmässig, die als Colloide bezeichnet werden, also diejenigen Stoffe, die sogenannte unechte Lösungen bilden. Diese diffundiren schon bei freier Berührung mit Wasser äusserst langsam und unendlich langsam, wenn sie vom Wasser durch Membranen, wie Schweinsblase oder Pergamentpapier getrennt sind. Schweinsblase oder Pergamentpapier bilden also für unechte Lösungen schon semipermeable Membranen. Da sie aber für krystalloide Stoffe, beispielsweise Salze, durchlässig sind, kann man sie benutzen, um Colloide von Salzen freizumachen (Fig. 40). Dies ist die oben mehrfach erwähnte Dialyse, die darin

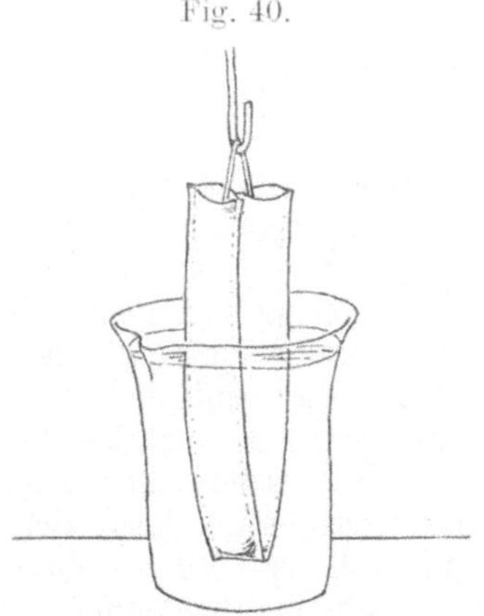

Dialyse. Eine Schlinge von Pergamentschlauch ist mit einer mit Salzen verunreinigten colloiden Lösung gefüllt und in ein grosses Becherglas mit reinem Wasser gehängt. Die Salze gehen durch die Wand des Schlauches ins Wasser über, die colloide Lösung bleibt rein zurück.

besteht, dass man ein Gemenge von gelösten krystalloiden Stoffen und unecht gelösten Colloiden in einen Pergamentschlauch füllt, der von fliessendem Wasser umspült wird. Die krystalloiden Stoffe diffundiren durch die Wand des Schlauches in das Wasser und werden fortgespült, während die colloiden Stoffe in dem Schlauch zurückbleiben.

Die thierischen colloiden Stoffe, wie Stärkekleister, Leim, Mucin, Eiweiss und andere haben meist eine sehr verwickelte Zusammensetzung und dementsprechend ein sehr hohes Molekulargewicht. Aus dem obigen Beispiel für die Berechnung der Höhe des osmotischen Druckes geht hervor, dass der osmotische Druck von Lösungen von gleichem Gewichtsgehalt um so niedriger sein muss, je höher das Molekulargewicht. Man findet denn auch, dass der osmotische Druck von colloiden Lösungen sehr gering ist. Da aber das Molekulargewicht der betreffenden Verbindungen sich noch nicht mit Sicherheit hat feststellen lassen, lässt sich nicht mit Sicherheit angeben, ob ihr osmotischer Druck dem Gesetze entspricht oder nicht.

Quellung und Imbibition. Die Eigenschaft der Colloide, unechte Lösungen zu bilden, lässt sich mit einer weiteren Erscheinung an diesen Stoffen in Verbindung bringen, die jedenfalls im Organismus eine wichtige Rolle spielt und auch zur Erklärung der osmotischen Eigenschaften semipermeabler Membranen herangezogen werden kann. Eine unechte Lösung ist eine Lösung, in der der gelöste Stoff nicht völlig flüssig wird, sondern die Lösungsflüssigkeit zäh, fadenziehend und dick macht. Ist von dem gelösten Stoff sehr viel, vom Lösungsmittel sehr wenig vorhanden, so behält die Lösung fast ganz die Eigenschaften des betreffenden Stoffes, und der Vorgang der Lösung lässt sich am besten beschreiben, indem man sagt, der Stoff habe Wasser aufgenommen. Es ist ja im Grunde genommen dasselbe, ob man eine Kochsalzlösung als Lösung von Salz in Wasser oder als Lösung von Wasser in Salz auffasst. Hat man es mit einem Stoff wie Eiweiss zu thun, das unechte Lösungen bildet, so liegt es schon näher, die Lösung als eine Lösung von Wasser in Eiweiss aufzufassen. Handelt es sich aber etwa um geronnenes Eiweiss, das sich in Wasser ganz unlöslich zeigt, so ist der Vorgang, dass das Eiweiss Wasser aufnimmt, am allereinfachsten als eine Lösung von Wasser in Eiweiss zu beschreiben.

Dieser Vorgang liegt der Erscheinung zu Grunde, die man als „Quellung“ unlöslicher Stoffe in Wasser bezeichnet, und der als solcher schon mehrfach erwähnt worden ist.

Wie schon das Wort „Quellung“ andeutet, hat man früher nur beachtet, dass der quellende Stoff Wasser aufnahm und dadurch an Volum zunahm.

Fände thatsächlich nur ein Eindringen von Wasser in den quellenden Stoff statt, ohne dass das Wasser zu dem Stoff selbst in irgend welche neue chemische oder physikalische Beziehungen träte, so wäre damit der Vorgang auch ausreichend bezeichnet, und es läge kein Grund vor, ihn von der Durchtränkung beliebiger poröser Körper mit Wasser zu unterscheiden. Thatsächlich ist aber zwischen der Quellung und der Durchtränkung oder Imbibition, genauer „Capillarimbibition“, ein sehr grosser Unterschied. Die

Imbibition ist im Wesentlichen auf capillare Anziehung des Wassers in die feinen Hohlräume poröser Stoffe zurückzuführen.

So saugt sich trockener Sand oder unglasirter Thon, oder Bimstein, oder auch ein Haufen aufeinander geschichteter Deckgläschen voll Wasser, und kann dabei sogar beträchtlich aufschwellen. Bei der Imbibition von organischem Material, wie Holz, Fliesspapier, Pressschwamm, dürfte dagegen neben der reinen Imbibition auch eigentliche Quellung mitwirken. Das Aufsaugen von Wasser durch Sand, wobei jede chemische Einwirkung des festen Stoffes auf die Flüssigkeit ausgeschlossen ist, ist ein Beispiel der reinen Capillarimbibition. Das Wasser tritt hier nur in Folge der Capillaranziehung mit verhältnissmässig sehr geringer Kraft in die feinen Räume zwischen den Sandkörnchen ein.

Ganz anders verhält sich das Wasser gegenüber quellungsfähigen Stoffen, wie pflanzliche und thierische Gewebe und deren Bestandtheile, Leim, Eiweiss, und andere mehr. Hier geht das Wasser beim Eintritt in den festen oder festweichen Stoff in einen anderen Zustand über, es löst sich in dem betreffenden Stoff. Dies giebt sich dadurch zu erkennen, dass bei der Quellung eine Volumverminderung, eine sogenannte Lösungscontraction, stattfindet. Der gequollene Körper ist zwar viel grösser als er vor der Quellung war, aber er und die in ihn eingetretene Menge Wasser sind nicht so gross, als sie vor der Quellung waren.

Füllt man in eine Flasche mit engem Halse Wasser und wirft trockene Stücken gekochten Eiweisses hinein, bis der Wasserstand eine bestimmte Marke am Flaschenhals erreicht hat, so findet man, dass nach der Quellung des Eiweisses der Wasserspiegel tiefer steht als vorher. Es ist also nicht bloss Wasser in das Eiweiss übergegangen, sondern das Wasser und das Eiweiss haben die Form einer Lösung angenommen, die weniger Raum einnimmt, als das Wasser und das Eiweiss für sich eingenommen hatten. Die Volumverminderung kann, auf die Raummenge der ins Eiweiss eingedrungenen Gewichtsmenge Wasser bezogen, mehr als 1 auf 100 betragen.

Dieser Umstand allein genügt zum Beweis, dass es sich bei der Quellung um einen der Lösung vergleichbaren Vorgang handelt. Daher dringt denn auch das Wasser in die quellbaren Stoffe mit derselben ausserordentlich grossen Gewalt ein, die der osmotische Druck in Lösungen hervorbringt, die mit halbdurchlässigen Membranen umgeben sind. Ein quellbarer Stoff, der durch seine Unlöslichkeit gehindert ist, sich im Wasser auszubreiten, wohl aber im Stande ist, mit aufgenommenem Wasser eine Lösung zu bilden, ist einer Zelle mit semipermeabler Wand zu vergleichen, in die das Wasser eintritt, aus der aber der gelöste Stoff nicht austreten kann.

Eine solche quellungsfähige Masse schwillt daher an, wenn sie sich in reinem Wasser befindet, kann aber zum Schrumpfen gebracht werden, wenn sie in so starke Lösungen gebracht wird, dass diese ihr das Wasser entziehen. Es besteht also zwischen dem Quellungszustand und der umgebenden Lösung ein bestimmtes Verhältniss, das dem zwischen einer semipermeablen Zelle und einer sie umgebenden Flüssigkeit vollkommen entspricht. Man nennt daher auch geradezu die Lösungen, die den Wassergehalt einer quellungsfähigen Substanz nicht ändern, isotonische, die, die ihn ändern, hypertonische und hypotonische Lösungen. Alle diese Bemerkungen treffen für das im ersten Abschnitt erwähnte Verhalten der *Blutkörperchen* in Salzlösungen zu.

Man kann den Unterschied zwischen Capillarimbibition und Quellung kurz und fasslich in dem Satze ausdrücken, dass bei der

Imbibition das Wasser nur in mikroskopisch sichtbare Poren oder
Gewebsinterstitien aufgenommen wird, während es bei der Quellung
in den Stoff selbst, also in die Molekularinterstitien eintritt.

Natürlich sind in allen Stoffen, die überhaupt Flüssigkeit aufnehmen,
beide Arten Räume vorhanden. Wenn ein Stoff quillt, so pflegt er sich zugleich
zu durchtränken. Durchtränken können sich alle porösen Körper, quellen
können aber nur solche, die in solcher chemischer Beziehung zu der Flüssigkeit stehen, dass diese zwischen ihre Moleküle eintreten kann. So ist zum Beispiel vulcanisirter Gummi gegen Wasser völlig indifferent, aber in Benzol stark
quellbar, obschon er sich nicht darin löst. Man würde hier auch sagen können,
vulcanisirter Gummi ist in Benzol nicht löslich, aber Benzol ist in vulcanisirtem Gummi löslich.

Die meisten quellbaren Körper nehmen nun ausser dem
eigentlichen Quellungswasser, das in die molekularen Zwischenräume eintritt, auch noch in mikroskopisch sichtbare Lücken
Wasser auf. Dies wird durch folgende Beobachtung bestätigt:
Lässt man ein Stück trockener Schweinsblase in Salzlösung
quellen und presst nachher die eingedrungene Flüssigkeit aus, so
erhält man zuerst bei geringem Druck eine Menge derselben
Salzlösung, in der die Schweinsblase gequollen war, dann aber
bei höherem Druck eine dünnere Lösung. Man darf annehmen,
dass die erste Menge nur imbibirt, die zweite als Quellungs-
flüssigkeit in die Molekularzwischenräume aufgenommen war.
Das Verhalten der quellbaren Stoffe kann herangezogen werden,
um die Eigenschaft der semipermeablen Membranen zu erklären,
dass sie für gewisse Stoffe undurchdringlich, für andere durchlässig
sind. Eine Membran von vulcanisirtem Gummi ist in Alkohol nicht
quellbar, wohl aber in Aether und stellt deshalb für Alkoholäther-
lösung eine semipermeable Membran vor. Mit Wasser aufgequollene
Schweinsblase ist für Aether, der sich in Wasser, wenn auch nur
in kleiner Menge, löst, durchdringlich, für Benzol, das sich mit
Wasser nicht mischt, undurchdringlich und bildet also für Aether-
benzollösung eine semipermeable Membran.

Osmotische Arbeit. Ein Grundzug aller der erwähnten
Vorgänge, Diffusion, Osmose, Imbibition, Quellung, ist der, dass
eine Flüssigkeitsmenge mit sehr grosser Kraft in Bewegung gesetzt wird. Die osmotischen Vorgänge sind also solche, bei denen
vorhandene Spannkräfte in Arbeit umgesetzt werden. Bei dem
Grundversuch über Diffusion wird die specifisch schwerere Lösung
von Kupfersulfat bis an den Wasserspiegel des grossen Gefässes
gehoben, im Endosmometer wird das eindringende Wasser in die
Steigröhre hinaufgetrieben. Dies sind Arbeitsleistungen, die die
Spannkraft der gelösten Stoffe in ihrem, dem Zustande eines
comprimirten Gases vergleichbaren Lösungszustand verrichtet. Die
Arbeitsleistung geht stets mit Verdünnung der concentrirten Lösung
einher und hat immer die Richtung auf einen Zustands-
ausgleich. Will man umgekehrt aus einer gleichmässigen Lösung
einerseits reines Wasser, andererseits concentrirtere Lösung her-

stellen, so bedarf das eines Energieaufwandes, der mindestens
der Arbeit gleich ist, die durch den entgegengesetzten Diffusionsvorgang geleistet werden könnte.

Man kann sich diese Verhältnisse an folgendem Schema veranschaulichen:
Man denke sich einen an einem Ende offenen Hohlcylinder, wie einen
Dampfcylinder, zu einem kleinen Theil mit einer beliebigen concentrirten
Lösung gefüllt, über der ein semipermeabler Kolben den Cylinder abschliesst.
Auf den Kolben werde dann Wasser gegossen, bis der Cylinder gefüllt ist. In
Folge des osmotischen Druckes der Lösung wird der Kolben alsbald in die
Höhe getrieben werden, indem das Wasser durch den Kolben zu der Lösung
übertritt. Man kann, da ja. der osmotische Druck sich auf viele Atmosphären
belaufen kann, den aufsteigenden Kolben stark belasten und auf diese Weise
eine bedeutende Menge Arbeit durch den osmotischen Druck verrichten lassen.
Das Endergebniss ist, dass der ganze Cylinder mit einer gleichmässig verdünnten Lösung gefüllt ist, und der Kolben mit seiner Belastung oben steht.
Man kann nun offenbar den ersten Zustand wieder herstellen, wenn man auf
den Kolben einen Druck ausübt, der grösser ist als der osmotische Druck der
Lösung, und ihn also durch die Lösung hindurch wieder in seine Anfangsstellung treibt. Der Kolben verhält sich dabei wie ein Molekülsieb, das nur
das reine Wasser durchlässt und den gelösten Stoff auf den Raum unter sich
beschränkt. Es wird also zuletzt unter dem Kolben wieder eine concentrirte
Lösung, über dem Kolben reines Wasser stehen.

Diese Betrachtung soll eine handgreifliche Anschauung von der Umkehrung
eines osmotischen Vorganges geben, um klar zu machen, dass eine Arbeitsleistung erforderlich ist, wenn dem osmotischen Drucke entgegengewirkt werden soll.

Es ist theoretisch dasselbe, ob die ursprünglich concentrirte Lösung durch
die unmittelbare Druckwirkung des semipermeablen Kolbens wieder hergestellt
wird oder etwa dadurch, dass man die erforderliche Menge Wasser aus der verdünnten Lösung abdestillirt. Die Wärmemenge, die beim Destilliren verbraucht
wird, ist eben nur eine andere Form von Energieaufwand.

Wenn also im Körper solche Vorgänge beobachtet werden, die
im Sinne eines Ausgleichs von concentrirteren Lösungen zu ver-
dünnteren verlaufen, so kann die dafür erforderliche Arbeit stets
auf Rechnung des osmotischen Druckes geschrieben und die Diffusion als Ursache des Vorganges betrachtet werden. Sieht man
aber umgekehrt einen vorher nicht vorhandenen Concentrationsunterschied auftreten oder den Concentrationsunterschied zwischen
zwei einander berührenden Lösungen grösser werden statt kleiner,
so muss mit diesem Vorgang eine Arbeit verbunden sein, die gegen
den osmotischen Druck und von anderen Kräften geleistet wird als
diejenigen, die die Diffusionserscheinungen beherrschen.

Eine solche Arbeitsleistung gegen den osmotischen Druck kommt nun
unter den Verrichtungen des thierischen Körpers nicht selten vor, und wird
nach dem Sprachgebrauch als „osmotische Arbeit" der betreffenden Gewebe
bezeichnet, obschon man eigentlich „osmosewidrige Arbeit" sagen müsste.

Filtration und Transsudation. Wenn in der letzten Betrachtung gezeigt worden ist, dass durch Aufwendung mechanischen
Druckes sogar der osmotische Druck überwunden werden kann,
so braucht kaum erwähnt zu werden, dass in Fällen, wo kein
osmotischer Widerstand vorliegt, wo es sich also um isosmotische
Lösungen oder um reines Wasser handelt, die Bewegung von Flüssigkeiten durch poröse Membranen vom äusseren Druck bestimmt
werden kann. Man nennt diesen Vorgang Filtration, weil das

Filtriren einer Lösung durch ein Sieb oder durch Fliesspapier wohl das bekannteste Beispiel davon bildet. Die treibende Kraft ist in diesem.Fall gewöhnlich einfach die Schwere der oben auf das Filter gegebenen Flüssigkeit. Durch Ansaugen von unten kann auch der Luftdruck zu dem Druck der Schwere hinzugefügt werden. Beim Filtriren pflegen die Lösungen unverändert durch die Poren der Membran hindurchzugehen. Durch quellbare Membranen, wie durch Schweinsblase, filtriren Lösungen sehr langsam und die hindurchdringende Lösung, das Filtrat, ist weniger concentrirt als die ursprünglich auf das Filter gegebene Lösung. Dies stimmt mit dem Ergebniss der Auspressung der in Salzlösung gequollenen Blase überein, indem die in das Gewebe selbst aufgenommene Salzlösung verdünnter gefunden wurde als die ursprüngliche Lösung. Bei sehr hohem Druck sollen auch colloide Lösungen durch thierische Membranen hindurchdringen, wobei dann das Filtrat im Vergleich zur Anfangslösung sehr stark verdünnt ist. Dieser Unterschied soll bei längerdauernder Filtration noch zunehmen, so dass die Membran allmählich für Colloide selbst unter hohem Druck undurchlässig wird.

Man hat den im lebenden Körper sehr häufigen Fall, dass die Flüssigkeit nicht als stillstehende Masse auf die poröse Wand gedruckt wird, sondern im Vorbeifliessen unter Druck durch die Wände der Strombahn hindurchgetrieben wird, als „Transsudation" von dem der einfachen Filtration unterschieden. Was das Verhalten der Flüssigkeit zum Filter und zum Filtrat betrifft, so besteht kein Unterschied zwischen Filtration und Transsudation, denn es ist gleichgültig, ob ein Massentheilchen durch den Druck einer stehenden oder einer fliessenden Wassermasse durch das Filter gepresst wird. Dagegen ist der Begriff der Transsudation von Nutzen, wenn die Veränderung hervorgehoben werden soll, die mit einer Lösung vorgeht, wenn ein Theil der Lösung durch thierische Membranen abfiltrirt wird. Bei der Filtration hat man es nur mit zwei Flüssigkeiten zu thun, derjenigen, die Anfangs auf das Filter gegossen ist, und derjenigen, die unten abfliesst. Der Fall der Transsudation tritt dagegen ein, wenn in einer Röhre mit durchlässiger Wand eine Flüssigkeit unter Druck strömt. Dabei treten drei verschiedene Flüssigkeiten auf, erstens die ursprüngliche oben in die Röhre eintretende, zweitens das nach aussen tretende Filtrat oder hier „Transsudat", drittens die Flüssigkeit, die am unteren Ende aus der Röhre abfliesst. Ist die ursprüngliche Flüssigkeit ein Lösungsgemisch von Colloiden und Crystalloiden, so ist klar, dass das Transsudat fast nur Crystalloide, die ausfliessende Flüssigkeit entsprechend weniger Crystalloide, dagegen fast alle Colloide enthalten wird.

Die Darmresorption.

Verhalten der Darmwand. Es fragt sich nun, wie weit die angeführten physikalischen Vorgänge mit denen übereinstimmen, die im thierischen Körper bei der Resorption von Nahrungsstoffen stattfinden.

Man könnte daran denken, dass die im Darm enthaltenen Lösungen sich einfach durch Membrandiffusion in das Körpergewebe hinein begeben. Dies würde zum Beispiel für Zuckerlösung ohne Weiteres verständlich sein, da in den Epithelzellen, im Blute und in den Geweben nur Spuren von Zucker enthalten sind. Ebenso liesse sich diese Anschauung für Salzlösungen und Lösungen anderer Stoffe durchführen, sofern sie nur gegenüber den Gewebssäften hypertonisch wären. Thatsächlich kann man auch am todten Darm beobachten, dass eingeführte Salz- oder Zuckermengen aus dem Darm in die benachbarten Gewebe ubergehen. Hier ist offenbar nur einfache Membrandiffusion im Spiele, aber der Uebergang ist auch viel langsamer als im lebenden Darm. Dies weist schon darauf hin, dass die Resorption im lebenden Körper nicht durch einfache Diffusion vor sich geht. Wäre das der Fall, müsste, wenn der Darm mit einer der Gewebsflüssigkeit isotonischen Lösung gefüllt wäre, die Resorption stocken, wenn der Darm mit reinem Wasser gefüllt wäre, umgekehrt Stoff aus dem Körper in die Darmhöhle übertreten. Es lässt sich aber leicht zeigen, dass isotonische Lösungen und reines Wasser beide aus dem Darm schnell und leicht resorbirt werden.

Um dies erklären zu können, hat man wiederum angenommen, dass die Zellen der Darmschleimhaut semipermeable Schichten besässen, ohne zu bedenken, dass dieselbe Schicht, die das Kochsalz oder das Gewebseiweiss gegenüber einer Wassermenge im Darm zurückhält, den Salzen und dem Eiweiss der Nahrung den Eintritt aus dem Darm in den Körper gestatten muss. Aus diesem Grunde ist die Annahme einer wirklich semipermeabeln Membran, das heisst einer Membran, die nur Wasser durchlässt, an irgend einer Stelle des Organismus geradezu widersinnig. Es darf, wo von semipermeabelen Membranen im Thierkörper die Rede ist, immer nur verstanden werden, dass es sich um Grenzschichten handelt, die sich unter den gegebenen Verhältnissen gewissen Stoffen gegenüber verhalten wie eine semipermeable Membran.

Zellthätigkeit. Das Verhalten der Darmwand gegenüber den im Darminhalt gelösten Stoffen lässt sich weder durch einfache Membrandiffusion noch durch Annahme halbdurchlässiger Schichten erklären. Es lässt sich überhaupt nicht einheitlich erklären, denn man hat festgestellt, dass die verschiedenen Abschnitte des Darmes sich gegen ein und denselben Stoff verschieden verhalten. Wasser wird zum Beispiel im Magen nicht resorbirt, wohl aber im Darm. Die Resorption ist in den unteren Abschnitten des Darmes lebhafter als in den oberen. Die Darmwand wirkt also jedenfalls nicht wie eine einheitliche Schlauchwand, sondern die Resorption ist eine Verrichtung, die den einzelnen lebenden Zellen zukommt.

Damit soll nicht gesagt sein, dass die Resorption nicht nach den allgemeinen osmotischen Gesetzen vor sich gehe, sondern nur, dass der Zellinhalt, dessen Zusammensetzung und Aufbau noch nicht bekannt ist, sich bei dem Vorgang betheiligt.

Der Umstand, dass die todte Darmwand sich anders wie die lebende verhält, beweist nicht, dass die Gesetze der Osmose, die für die todte Darmwand gelten, für die lebende ungültig sind, sondern er lässt sich mit viel grösserer Wahrscheinlichkeit dadurch erklären, dass die lebende Darmwand andere osmotische Bedingungen darbietet wie die todte. Dies versteht sich von selbst, sobald man bedenkt, dass in der lebenden Zelle ein dauernder Stoffwechsel vor sich geht, durch den beispielsweise ein Ausgleich des osmotischen Druckes, wie er zwischen todten gequollenen Membranen und umgebender Flüssigkeit stattfindet, dauernd verhindert werden kann. Daraus, dass die lebende Zelle Eiweiss, Salze und fettähnliche Stoffe in gewisser Menge enthält, darf man nicht schliessen, dass sie sich in osmotischer Beziehung genau wie eine gleichartige Lösung der betreffenden Stoffe in dem betreffenden Mengenverhältnis verhalten muss, denn sie kann durch die chemischen Vorgänge in ihrem Innern in jedem Augenblick verschiedene osmotische Eigenschaften annehmen.

Welche osmotischen Erscheinungen auftreten, wenn zwei Wassermengen frei oder durch Vermittlung einer porösen Membran in Berührung kommen, deren jede mehrere Stoffe zugleich in Lösung hält, ist eine Frage, die bisher nur unter der Annahme zu lösen ist, dass sich die sämmtlichen in Betracht kommenden Stoffe untereinander in keiner Weise beeinflussen. Diese Annahme trifft aber fur die mannigfaltigen Stoffe, die im Darminhalt einerseits, im Zellinhalt andererseits vorkommen, durchaus nicht zu.

Diese Betrachtungen drängen zu folgender Auffassung des Resorptionsvorganges: Die Zusammensetzung des Inhalts der lebenden Epithelzellen ist entweder zeitweilig oder dauernd so beschaffen, dass die Nahrungsstoffe in sie hineindiffundiren müssen. Im Innern der Zelle unterliegen die Nahrungsstoffe wenigstens zum Theil einer Umwandlung und werden in die benachbarten Zellen oder die Gewebsflüssigkeit ausgeschieden. Bei dem Diffusionsvorgang wirkt entweder die Membran oder die quellungsfähige festweiche Masse des Zellinhalts selbst auf die verschiedenen Stoffe verschieden ein, so dass auch von isosmotischen Lösungen eine leichter als die andere aufgenommen werden kann.

Bei dieser Auffassung ist also die unmittelbare Ursache der Resorptionsbewegung in osmotischen Kräften zu suchen, aber die Bedingungen für die osmotischen Vorgänge werden durch die unbekannte Lebensthätigkeit der Zelle hergestellt. Hierauf wird bei der Lehre von der Secretion zurückzukommen sein.

Uebergang der resorbirten Stoffe in den Körper. In die Zellen des Darmepithels selbst kann natürlich immer nur eine sehr kleine Stoffmenge auf einmal aufgenommen werden. Daher ist mit dem Uebergang in die Zellen der Vorgang der Resorption nicht beendet, sondern es gehört dazu, dass der aufgenommene Stoff weiter in den Körper hinein befördert und dadurch zugleich die Zellen fähig gemacht werden, neue Stoffmengen aufzunehmen.

Während der Dauer der Resorption müssen die von den Zellen aufgenommenen Stoffe fortwährend von den Zellen fortgeschafft und zugleich diejenigen Stoffe herbeigeschafft werden, deren die Zelle bedarf, um die Resorptionsarbeit zu leisten. Es muss also in den Epithelzellen ein Stoffwechsel unterhalten werden, der sich freilich von dem Stoffwechsel anderer Körperzellen dadurch unterscheidet, dass er nicht bloss die Bedürfnisse der betreffenden Zellen selbst, sondern das Bedürfniss des ganzen Körpers zu befriedigen hat.

Der Stoffaustausch des Darmepithels verhält sich zu dem eines beliebigen Schleimhautepithels etwa wie die Ein- und Ausfuhr von Lebensmitteln in einer Markthalle zu der Ein- und Ausfuhr von Lebensmitteln in einem Wohnhaus. In das Wohnhaus werden nur diejenigen Lebensmittel gebracht, die zu unmittelbarem Verbrauch bestimmt sind, und es werden nur verbrauchte Abfallstoffe daraus entfernt, in die Markthalle werden Lebensmittel für einen ganzen Stadttheil eingeführt und als noch unbenutzte Nahrungsmittel daraus ausgeführt. Ebenso wird aus den Zellen des Darmepithels nicht der von ihnen verbrauchte Stoff, sondern der von ihnen aufgenommene werthvolle Nahrungsstoff entfernt.

Resorptionsbahnen. Die Wege, die die Nahrungsstoffe nehmen, sind dieselben, die für den Stoffwechsel im ganzen Körper dienen, nämlich die Blutbahn und die Lymphgefässe.

Aus der Besonderheit des Stoffwechsels der Darmepithelien erklärt sich die besondere Stellung, die der Darm im Schema des Blutkreislaufs einnimmt, auf die schon oben hingewiesen worden ist. Das aus dem Capillarnetz des

Darmes abfliessende Blut gelangt in die Pfortader, die es wiederum dem
Capillarnetz der Leber zuführt. Diese zweimalige Vertheilung des Blutstromes
ins Gewebe bedeutet, wie aus dem oben Gesagten ersichtlich ist, nicht etwa
eine zweimalige Ausnutzung derselben Blutmenge, sondern im Capillarnetz des
Darmes werden Stoffe aufgenommen, die in der Leber verarbeitet und zum
Theil aufgespeichert werden.

Das Blutgefässnetz der Darmschleimhaut ist sehr reich, und
indem man das zufliessende und abfliessende Blut untersucht, kann
man nachweisen, dass es thatsächlich Nährstoffe aufnimmt.

Sehr reich ist auch die Ausstattung der Darmwand mit Lymphgefässen. Da die Lymphe bei Fettverdauung milchweiss ist, fallen
dann die zahlreichen dicken Lymphgefässstränge, die vom Darm
durch das Mesenterium dem Brustlymphstamm zulaufen, ins Auge,
sowie die Bauchhöhle eröffnet wird. Die fetthaltige Lymphe, die
während der Verdauung in den Lymphgefässen des Darmes fliesst,
wird *Chylus* genannt. Mikroskopisch lässt sich der Ursprung dieser
Lymphgefässe bis in die Zotten der Schleimhaut verfolgen, deren
jede in ihrem Innern einen kolbig erweiterten blind endigenden
Lymphgang enthält. In die Lymphgänge der Zotten tritt offenbar
durch Vermittlung des Darmepithels bei der Fettverdauung das Fett
ein, das der Darmlymphe das erwähnte milchweisse Aussehen giebt.
Da die gesammte Lymphe des Darmes sich in den Brustlymphstamm entleert, kann man an dessen Mündung in die Vena jugularis
den Chylus auffangen und auf seinen Gehalt an Nährstoffen untersuchen. Die Untersuchung lehrt, dass durch die Lymphbahn vor
allem das Fett aus der Nahrung in den Körper übergeführt wird.

Selbst nach reichlicher Fütterung mit Eiweiss oder Kohlehydraten weicht nämlich der Gehalt der Darmlymphe an Eiweissstoffen und Kohlehydraten nicht von dem bei nüchternem Zustand
ab. Nach Fettaufnahme ist, wie gesagt, die Lymphe in milch-
weissen Chylus verwandelt, der indessen auch nur einen Theil des
resorbirten Fettes enthält. Das übrige Fett, sowie die resorbirten
Eiweissstoffe und Kohlehydrate findet man im Blute der Pfortader.

Das Endergebniss der Resorption ist demnach, dass die Nährstoffe in die Blutbahn und die Lymphbahn gelangen, und
es ist nun die Frage, wie sich die einzelnen Nahrungsstoffe bei
dem Uebergang aus dem Darm in das Blut oder die Lymphe
verhalten.

Resorption der Kohlehydrate. Was zunächst die Aufnahme der Kohlehydrate betrifft, so werden sie durch die Verdauung, wie oben beschrieben, schliesslich fast vollständig in
wasserlösliche Form, im Wesentlichen in Traubenzucker übergeführt. Der Traubenzucker vermag in seiner Lösung thierische
Membranen zu durchdringen, und es ist kein Zweifel, dass Resorption
des Zuckers im Darm stattfinden würde, wenn auch nur einfache
Membrandiffusion bestände.

Zwar geht die Resorption in der Leiche nur langsam vor sich, aber hier
besteht der sehr grosse Unterschied, dass, wenn beim Lebenden der Zucker bis
an die vom Blut durchströmten Capillarschlingen gelangt ist, der Blutstrom

ihn mit grosser Schnelligkeit fortführt, während neues Blut nachströmt, um neuen Zucker aufzunehmen, während in der Leiche die Ausbreitung des Zuckers, auch nachdem er in die Gewebe aufgenommen ist, nur durch Diffusion weitergehen kann. Die einfache Membrandiffusion würde also zur Erklärung der Resorption von Zuckerlösung genügen.

Daraus, dass die Resorption von Zucker durch blosse Diffusionskräfte erklärt werden kann, darf man aber nicht schliessen, dass in Wirklichkeit nur solche Kräfte im Spiele sind. Die Diffusion nämlich müsste im Magen so gut wie im Darm, bei Salzlösungen so gut wie bei Zuckerlösungen in gesetzmässiger Weise vor sich gehen. Man findet aber, dass im Magen wenig, im Darm viel Zucker resorbirt wird, und dass sich osmotisch gleichwerthige Salzlösungen dem Darmepithel gegenüber verschieden verhalten. Es muss also auch für die Zuckerresorption angenommen werden, dass der Inhalt der Epithelzellen mit seinen unbekannten Eigenschaften die Bewegungen der Zuckerlösung bestimmt.

Resorption der Eiweisskörper. Bei der Resorption der Eiweisskörper spielt die Einwirkung der Epithelzellen eine noch viel grössere Rolle.

Der Umstand, dass die Eiweissstoffe in Peptone, also in eine Form übergeführt werden, in der sie im Stande sind, durch thierische Membranen zu diffundiren, weist allerdings darauf hin, dass vielleicht der erste Theil des Resorptionsvorganges, nämlich der Uebertritt aus der Darmhöhle in die Epithelzellen, als ein blosser Diffusionsvorgang anzusehen ist. Es könnte aber auch sein, dass diese Eigenschaft der Peptone unwesentlich wäre, und dass die Peptonisirung der Eiweissstoffe nur die Bedeutung hat, dem Organismus das fremde Eiweiss fernzuhalten und ihm den Aufbau der eigenen Eiweissarten möglich zu machen.

Die blosse Aufnahme der Eiweissstoffe in die Epithelzellen ist jedenfalls der unwichtigere Theil des gesammten Resorptionsvorganges, weil die Eiweisskörper als Peptone aufgenommen werden, und die Peptone als solche für den Organismus keinen Werth haben. Führt man nämlich Peptonlösungen unmittelbar in die Blutbahn ein, so werden sie sogleich wieder ausgeschieden. Wenn also die Epithelzellen die aufgenommenen Peptone an das Blut abgäben, würden diese nicht als Nahrungsstoff verwerthet, sondern einfach ausgeschieden werden. Thatsächlich geben die Epithelzellen auch kein Pepton ab, sondern sie verwandeln das aufgenommene Pepton in Eiweiss, ehe sie es in das Blut abscheiden. Man findet selbst bei reichlichster Eiweissfütterung in der Pfortader nicht höheren Gehalt an Peptonen als in den anderen Arterien. Auch wenn man Blut durch die Gefässe eines ausgeschnittenen Darmstücks fliessen lässt, das mit Eiweisslösung gefüllt wird, findet man, dass zwar die Eiweisslösung verschwindet, dass aber in dem Blut kein Pepton auftritt. Man muss also annehmen, dass das durch die Verdauung gebildete Pepton bei der Resorption wieder in Eiweiss zurückverwandelt wird und als Eiweiss in das Blut übergeht. In den Chylus gelangt, wie oben erwähnt, von dem aufgenommenen Eiweiss nichts.

Resorption der Fette. Die Resorption der Fette muss auf verschiedene Vorgänge zurückgeführt werden, je nachdem man die oben angegebenen Vorgänge bei der Fettverdauung auffasst. Bei der Fettverdauung werden die Fette in den Zustand der Emulsion gebracht und mindestens zum Theil in Fettsäuren und Glycerin zerlegt. Die Resorption kann also darin bestehen, dass entweder die Fettkörnchen der Emulsion oder die gesonderten Bestandtheile der gespaltenen Fettmengen aufgenommen werden. Für jede dieser beiden Möglichkeiten lassen sich so gute Gründe anführen, dass die Vorstellung nicht von der Hand zu weisen ist, es gingen beide Arten der Resorption nebeneinander her. Dies wäre um so leichter denkbar, als auch in mehreren anderen Punkten die Verdauung so zu sagen mit doppelter Sicherheit arbeitet, da beispielsweise die Verzuckerung der Stärke durch den Speichel und durch den Pankreassaft, die Eiweissspaltung durch Pepsin und Trypsin hervorgerufen wird. Auch aus vielen anderen Verrichtungen des Körpers lässt sich die Anschauung ableiten, dass der Organismus auf überschüssige Leistung eingerichtet ist.

Von der Verseifung ist oben ausführlich gesprochen worden. Der Pankreassaft enthält ein fettspaltendes Ferment, das das Fett in Glycerin und Fettsäure zerlegt. Die Fettsäuren verbinden sich dann mit Alkalien zu Seifen. Seifen sind wasserlöslich, geben aber eine colloide Lösung. Eine einfache Diffusion der Seifenlösung in die Epithelzellen ist also schon aus diesem Grunde nicht anzunehmen. Von den Seifen gilt ferner, ähnlich wie vom Pepton, dass sie als solche nicht in den Körper aufgenommen werden können. Seifenlösungen frei ins Blut eingeführt, wirken vielmehr als heftiges Gift. Ebenso wie bei der Eiweissresorption, muss deshalb für die Resorption des verseiften Fettes angenommen werden, dass schon innerhalb der Epithelzellen die Seife wiederum in Fett zurückverwandelt wird. Dass die Epithelzellen hierzu im Stande sind, geht daraus hervor, dass verfütterte Seife im Chylus als Fett wiedererscheint. Selbst freie Fettsäuren, die verfüttert werden, treten im Chylus als Fette auf, es muss also beim Uebergang aus dem Darm in die Lymphgefässe, das heisst im Darmepithel, unter Zutritt von Glycerin die Synthese bewerkstelligt worden sein.

Auch in vitro soll das abgeschabte Darmepithel ein Gemenge von Fettsäuren und Glycerin zum Theil in Fett überführen. Durch die Versuche über Verfütterung von Seifen und von Fettsäuren ist unzweifelhaft bewiesen, dass das verseifte Fett thatsächlich resorbirt wird. Ob dies aber die Art ist, wie das Nahrungsfett ausschliesslich oder auch nur der Hauptmenge nach resorbirt wird, ist fraglich. Es wird nämlich nicht einmal der fünfte Theil des Fettes im Dünndarm in gespaltenem Zustande gefunden, obschon Fett, wie oben angegeben, bis auf wenige Procente resorbirt wird. Ferner lässt sich zeigen, dass die schwerer schmelzbaren Fette, obgleich sie ebenso gut spaltbar sind wie die anderen, doch viel schlechter ausgenutzt werden. Auch kann nach Ausschaltung des Pankreassaftes und der Galle das Fett durch die Einwirkung von Mikroorganismen fast vollständig gespalten werden, wird aber doch nur zum kleinsten Theil resorbirt. Die blosse Spaltung scheint also nicht auszureichen, um die normale Ausnutzung des Fettes zu ermöglichen. Endlich ist nachgewiesen, dass

Fett resorbirt und sogar im Körper abgelagert werden kann, ohne dass es seine
eigenthümliche Zusammensetzung verliert. Hunde, die mit Hammeltalg ernährt
werden, setzen Hammeltalg an, der durch seinen hohen Schmelzpunkt ohne
weiteres vom Hundefett zu unterscheiden ist. Nimmt man an, dass das Fett
verseift und in den Darmepithelien wieder in Fett umgewandelt worden ist, so
ist es schwer zu verstehen, warum die Fettsäuren gerade wieder in dem für
Hammeltalg geltenden Mengenverhältniss zusammengesetzt werden müssen. Man
sollte erwarten, dass bei diesem Vorgang der Hammeltalg zugleich in Hundefett
verwandelt werden würde. Dagegen leuchtet ein, dass, wenn Hammeltag in
Form emulgirter Tröpfchen in die Epithelzellen anfgenommen wird, er auch unverändert in den Chylus und den Körper übergehen wird.

Obwohl die Fette im Darm zum Theil verseift werden,
kommt ausser der Verseifung auch noch die andere Art der Fettresorption, nämlich die Aufnahme des unveränderten Fettes in Gestalt der Emulsion in Betracht. Dass durch die Verdauung eine
Emulsion entsteht, ist oben schon ausgeführt worden. Die Aufnahme der Fetttröpfchen muss natürlich als eine Verrichtung der
Epithelzellen angesehen werden, die nur durch deren eigene Bewegungskräfte, nicht durch irgend welche den osmotischen Vorgängen vergleichbare Wirkungen hervorgerufen ist. Der sogenannte
Stäbchensaum der Epithelzellen deutet auf die Möglichkeit einer
solchen Erscheinung hin. Wenn thatsächlich die Grenzschicht der
Epithelzellen aus einer dichten Menge feiner Stäbchen gebildet
wird, könnte man sich sehr wohl vorstellen, dass diese Stäbchen
auseinander weichen, um wie die Protoplasmafortsätze einer Amoebe
die Fetttröpfchen zu fassen und in das Zellinnere zu befördern.

Man hat auch daran gedacht, dass die Leukocyten, indem sie aus der
Darmwand in die Darmhöhle auswandern, sich dort mit Fetttröpfchen beladen
und dann wieder durch das Epithel einwandern, die Resorption der Fettemulsion
zu Stande bringen könnten. Thatsächlich kann man auf mikroskopischen
Präparaten der Darmschleimhaut, die im Zustande der Fettverdauung gemacht,
und um das Fett erkennen zu können, mit Osmiumsäure behandelt sind, zahlreiche Leukocyten erkennen, deren schwarze Farbe Fettgehalt anzeigt. Aber die
Mengen Fett, die innerhalb kurzer Zeit resorbirt werden können, sind doch wohl
zu gross, als dass dieser Vorgang ausschliesslich in Betracht kommen könnte.

Dagegen ist die gesammte Oberfläche der mit Stäbchensaum versehenen
Epithelien so gross, dass man die Aufnahme der grössten Fettmengen durch
amoeboide Bewegung des Stäbchensaumes befriedigend erklären kann.

Es sind aber auch gegen diese Vorstellung Bedenken erhoben worden.
Man hat darauf hingewiesen, dass die Emulsion nur in alkalischer Lösung besteht, während der Darminhalt meist sauer reagirt. In saurer Lösung fliessen
die Fetttröpfchen einer Emulsion zu grösseren Massen zusammen. Dieser Einwand
ist nicht stichhaltig, weil gerade in der Nähe der Darmwand alkalische Reaction
vorherrschen kann, selbst wenn der Gesammtinhalt des Darmes sauer reagirt.

Wichtiger ist das Ergebniss von Versuchen, bei denen Gemenge von
Paraffin und thierischem Fett verfüttert wurden, und bei denen das Paraffin
im Darm zurückblieb, während das thierische Fett aufgenommen wurde. Die
Tröpfchen, die bei der Emulsion solcher Gemenge entstehen, enthalten beide
Bestandtheile, und es müsste demnach, wenn die Emulsion als solche aufgenommen würde, auch das Paraffin aus dem Darm verschwinden. Ausserdem
hat sich gezeigt, dass Lanolin, das sich zwar leicht emulgiren aber schwer
spalten lässt, nicht resorbirt werden kann. Da aber die Aufnahme der Emulsion
in jedem Falle als eine Thätigkeit der Zellen aufgefasst werden muss und alle
freilebenden Zellen die Stoffe, die sie aufnehmen, auszuwählen vermögen, gewähren auch diese Versuche keine unbestreitbaren Gegengründe gegen die Resorption emulgirten Fettes.

Endlich ist hervorzuheben, dass von einem einfachen Ueber-gang der im Darm enthaltenen Emulsion durch die Darmwand in die Lymphgefässe auf keinen Fall die Rede sein kann. Der Chylus enthält nämlich das Fett in viel feinerer Vertheilung als selbst in der besten Emulsion jemals der Fall ist. Die einzelnen Fett-theilchen erscheinen selbst unter dem Mikroskop nicht als Tröpfchen, sondern nur als feine Pünktchen. Man muss sich also die Auf-nahme der Fettemulsion jedenfalls so denken, dass die Fetttröpfchen zwar in der Form, in der sie im Darm enthalten sind, in die Zellen über-gehen, dass aber innerhalb der Zellen doch eine Veränderung vor sich geht, durch die aus der gewöhnlichen verhältnissmässig groben Ver-theilung die ganz feine „staubförmige" Emulsion des Chylus entsteht.

Nach alledem lässt sich über die Art und Weise, in der das Fett resorbirt wird, Folgendes sagen: Die Resorption verseiften Fettes ist erwiesen, die Resorption emulgirten Fettes ist wahrscheinlich, und es liegt kein Grund vor, dass man nicht beide Vorgänge als nebeneinander bestehend annehmen sollte.

Resorption der Salze und des Wassers. Die Resorption der Mineralstoffe ist schon oben mehrfach als ein Beispiel dafür erwähnt worden, dass die Resorptionserscheinungen von den Diffu-sionsvorgängen verschieden sind. Zwar hat man im Verhalten der Salze manche Uebereinstimmungen zwischen Resorption und Diffu-sion gefunden, aber auch wieder Ausnahmen, und als Hauptaus-nahme muss die Thatsache gelten, dass die im Körper enthaltenen Mineralstoffe nicht in den Darm hinaus diffundiren. Ferner resorbirt der obere Abschnitt des Dünndarms stärker als der untere, ob-schon die Diffusionsbedingungen im Grossen und Ganzen dieselben sein müssen. Chlorkalium diffundirt schneller als Chlornatrium, und doch wird aus isotonischen Lösungen Chlornatrium schneller resorbirt als Chlorkalium. Man muss also auch die Resorption der Salze als einen Vorgang anerkennen, bei dem nicht die Con-centration des Darminhalts einerseits und der Körpersäfte anderer-seits durch einfache Osmose gegeneinander ausgeglichen werden, sondern bei dem die unbekannten Eigenthümlichkeiten des Baues und der Zusammensetzung der Zellen den Ausschlag geben.

Ganz dasselbe gilt endlich von der Resorption des Wassers. Aus dem Magen wird wenig Wasser aufgenommen, im Darm, namentlich im Dickdarm, geht das Wasser isotonischer Lösungen zusammen mit den gelösten Stoffen in den Körper über.

Allerdings findet man, dass, wenn stärkere Salzlösungen im Darm sind, Wasser aus der Darmwand in die Höhlung abgeschieden wird, was den Gesetzen der Diffusion entspricht. Dass es sich aber hierbei nicht um blosse Diffusion des Wassers handelt, wird dadurch deutlich, dass die entstehende verdünnte Lösung nachher bis auf den letzten Tropfen resorbirt werden kann.

Bei alledem soll, um es nochmals zu wiederholen, durchaus nicht behauptet werden, dass die Kräfte, die die Bewegung der Nahrungsmengen durch die Darmwand hindurch hervorrufen, nicht dieselben seien, die die osmotischen Vorgänge ausserhalb des Körpers bedingen. Es ist vielmehr anzunehmen, dass die osmotischen Bedingungen, die durch die Lebensthätigkeit der Zelle entstehen und zu den Erscheinungen der Resorption führen, andere sind, als die, die bestehen, wenn man sich das Darmrohr durch irgend eine todte einheitliche Membran ersetzt denkt. Der Resorptionsvorgang, so wie er ist, ist eben nur unter den Bedingungen möglich, die im lebenden Körper bestehen; er ist von der Gegenwart lebender Zellen, von ihrem Stoffwechsel, vom Bestehen des Blutkreislaufs abhängig. Diesen Vorgang auf die bekannten allgemeinen Gesetze der Diffusion oder Osmose zurückzuführen, wird also erst möglich sein, wenn die Vorgänge des Stoffwechsels, den der Blutkreislauf in der lebenden Zelle unterhält, genügend bekannt sind.

8.

Interstitielle Resorption.   Lymphbildung.

Darmresorption, Hautresorption, interstitielle Resorption. Die Resorption der Nahrungsstoffe aus dem Darm besteht darin, dass die gelösten und zum Theil umgewandelten Stoffe von den Epithelien aufgenommen und theils in die Blutgefässe, theils in die Lymphgefässe übergeführt werden. Dieser Vorgang der Ueberführung von Stoffen in die Blutbahn und in die Lymphgefässe ist nun durchaus nicht auf die durch den Darm aufgenommenen Nahrungsstoffe beschränkt, sondern die Capillaren und Lymphgefässe *sämmtlicher Gewebe* haben, ebenso wie die des Darms, die Fähigkeit Stoffe aufzunehmen und fortzuführen. Durch diese Fähigkeit allein ist der Blutkreislauf im Stande, die verbrauchten Stoffe aus den Geweben fortzuführen. *Resorption in diesem weiteren Sinne findet also fortwährend in allen Geweben statt.* Sie ist nicht einmal auf das Innere der Gewebe beschränkt, sondern tritt auch auf der Aussenfläche des Körpers überall da auf, wo die Blut- und Lymphgefässe von resorbirbaren Stoffen nur durch dünne Schichten feuchten Gewebes getrennt sind, nämlich an den mit Schleimhaut überzogenen Stellen und pathologisch auch an der äusseren Haut, sobald sie der schützenden Epidermisschicht beraubt ist. Fasst man also den Vorgang der Resorption in seiner ganzen Ausdehnung ins Auge, so ist er einzutheilen in Darmresorption, innere oder interstitielle Resorption und Hautresorption.

Diese drei Arten der Resorption unterscheiden sich hauptsächlich durch die Art der Stoffe, die in den verschiedenen Gebieten aufgenommen werden. Der Unterschied zwischen der Resorption im Darm und der an anderen Stellen des Körpers ist der, dass im ersten Falle Stoffe aufgenommen und fortgeführt werden, die den gesammten Nahrungsbedarf des Körpers umfassen, während die an anderen Stellen vom Kreislauf aufgenommenen Stoffe keine solche allgemeine Bedeutung haben. Auch bei der Hautresorption werden von aussen kommende, also dem Körper fremde Stoffe aufgesogen, dagegen werden bei der inneren Resorption, wie schon der Name sagt, Stoffe aus dem Innern des Körpers resorbirt.

Die Gewebsinterstitien. Mit der Benennung „interstitielle Resorption" wird nämlich ausgedrückt, dass es sich um die Aufsaugung derjenigen Flüssigkeit handelt, die die Interstitien der Gewebe erfüllt und die schon oben als Gewebsflüssigkeit bezeichnet worden ist. Die Räume, die als Interstitien der Gewebe zusammengefasst werden, sind ziemlich verschiedener Art, und auch die sie erfüllende Flüssigkeit kann durchaus nicht als einheitlich gelten. Man fasst zusammen: die Intercellularräume, die Saftlücken mancher Gewebe, die Scheidenräume, von denen mancherlei strangförmige Gebilde des Körpers, insbesondere auch Blutcapillaren umgeben sind, die von losem Bindegewebe durchzogenen Grenzspalten zwischen Fascien, und schliesslich sogar die grossen Spalträume der sogenannten serösen Höhlen, Brustfell, Herzbeutel, Bauchfell u. s. f.

Gewebsflüssigkeit. Lymphe. Die Flüssigkeit, die alle diese Räume erfüllt, zeigt, soweit sie überhaupt in genügenden Mengen zur Untersuchung gewonnen werden kann, annähernd gleiche Zusammensetzung, und zwar dieselbe wie das Blutplasma, nur dass ihr Eiweissgehalt geringer ist. Sie ist schwach gelblich gefärbt, leicht opalisierend und gerinnt wie das Blut, nur langsamer, weil sie weniger fibrinbildende Stoffe enthält. Bei Zusatz von etwas Blut geht daher auch die Gerinnung erheblich schneller vor sich. Diese allgemeinen Angaben dürften für die Gewebsflüssigkeit an allen Körperstellen zutreffen.

Im Einzelnen würde man, wenn man ein Mittel besässe, den Gewebssaft aus den Intercellularräumen der Gewebe rein zu gewinnen, natürlich allerhand Unterschiede finden. Es liegt auf der Hand, dass zum Beispiel die Flüssigkeit in einem Muskel, der andauernd arbeitet und in Folge dessen in sehr lebhaftem Stoffwechsel begriffen ist, Zersetzungsproducte in Mengen enthalten muss, wie sie im ruhenden Muskel nicht vorhanden sind.

Wenn man Durchschnittszahlen aufstellen will, so bietet sich dafür ein einfacher Weg, indem man die Zusammensetzung der Lymphe untersucht, die weiter nichts ist, als in die Lymphgefässe aufgenommene Gewebsflüssigkeit. Da die Lymphgefässe aus allen verschiedenen Geweben zusammenkommen, so ist die Lymphe ein Gemisch aller verschiedenen Gewebsflüssigkeiten. Ueber die Zusammensetzung der Lymphe giebt folgende Zahlenübersicht Auskunft, der zum Vergleich die Zahlen für Blutplasma beigefügt sind:

	100 Theile Lymphe enthalten bei				100 Theile Blutplasma vom Menschen enthalten
	Mensch	Pferd	Esel	Kuh	
Wasser	95,2	95,8	96,5 ·	96,4	90,1
Feste Stoffe . .	4,8	4,2	3,5	3,6	9,9
Fibrin . . .	0,1	0,1	0,1	0,1	0,8
Eiweiss . . .	3,5	2,9	2,7	2,8	7,4
Fett	Spur	Spur	Spur	Spur	0,3
Extractivstoffe	0,3	0,1	0,1	0,1	0,6
Salze . . .	0,9	1,1	0,6	0,6	0,8

Ausserdem treten in die Lymphe, aus den Lymphfollikeln, von denen weiter unten die Rede sein wird, zahlreiche sogenannte

Lymphkörperchen, Lymphocyten, ein, die mit weissen Blutkörperchen identisch sind. Man kann also, bis auf den Unterschied im Eiweissgehalt, die Zusammensetzung der Lymphe mit der kurzen Angabe völlig ausreichend bezeichnen: Lymphe ist Blut ohne die rothen Blutkörperchen.

Hier ist hinzuzufügen, dass auf der Höhe der Fettverdauung die Lymphgefässe des Darms so viel Fett führen, dass ihr Inhalt milchweiss erscheint. Diese fettbeladene Lymphe wird Chylus genannt, und ihre Zusammensetzung ist folgende:

100 Theile Chylus enthalten	Mensch	Hund	Pferd	Esel
Wasser	92,2	91,2	92,8	90,2
Feste Stoffe . . .	7,8	8,8	7,2	9,8
Fibrin.	0,1	1,0	0,1	0,4
Albuminstoffe . .	3,2	2,7	4,0	3,5
Fett etc.. . . .	3,3	4,9	1,5	3,6
Extractivstoffe . .	0,4	0,3	0,8	1,6
Salze	0,8	0,8	0,8	0,7

Der Chylus unterscheidet sich also nur durch seinen höheren Fettgehalt von der Lymphe, deren Eigenschaften er im Uebrigen beibehält. Der Chylus gerinnt daher auch, wenn er aus dem Körper entnommen ist.

Innere Resorption. Die Gewebsflüssigkeit wird nun durch die interstitielle Resorption auf zwei verschiedenen Wegen fort-während aufgesogen, erstens, indem ihre Bestandtheile durch die Capillarwände hindurch in die Blutbahn übergehen, und zweitens, indem die Gesammtflüssigkeit selbst in die Lymphgefässe eintritt, durch die sie dem Blute zugeführt wird. Ganz wie bei der Darm-resorption entsteht nun die Frage, durch welche Kräfte die inter-stitielle Resorption vermittelt wird. Dies soll zunächst in Bezug auf den zweiten der erwähnten Resorptionswege, nämlich die Lymphbahn erörtert werden.

Lymphstrom. Die Thätigkeit des Lymphsystems ist von Bau und Anordnung seiner Theile abhängig.

Die Lymphgefässe entspringen aus den feinsten Zwischen-räumen der Gewebe, indem diese der eigenen Wand entbehrenden Lücken da, wo sie zusammenstossen, etwas weitere Räume bilden, in denen dann, an das überall verbreitete Bindegewebe anschliessend sich Endothelwände ausbilden, die die feinsten Wurzeln der Lymph-gefässe bilden. Die Lymphbahnen, die aus den grösseren serösen Höhlen entspringen, entstehen aus offenen Löchern im Epithel-überzug der serösen Häute, den sogenannten Stomata, die unter dem Mikroskop insbesondere nach Silbernitratbehandlung sichtbar gemacht werden können. (Siehe Fig. 41.)

Die Lymphgefässe der Darmschleimhaut entspringen aus den blind endigenden centralen Lymphschläuchen der einzelnen Zotten.

Diese ersten Wurzeln des Lymphsystems vereinigen sich dann zu etwas festeren Röhrchen, die bei grosser Sorgfalt auch an Injectionspräparaten makroskopisch sichtbar gemacht werden können und als ein überreiches Netz alle Gewebe durchziehen. Alle diese Stämme vereinigen sich zuletzt in dem Brustlymphstamm, Ductus thoracicus (Fig. 42), der in die obere Hohlvene mündet.

Fig. 41.

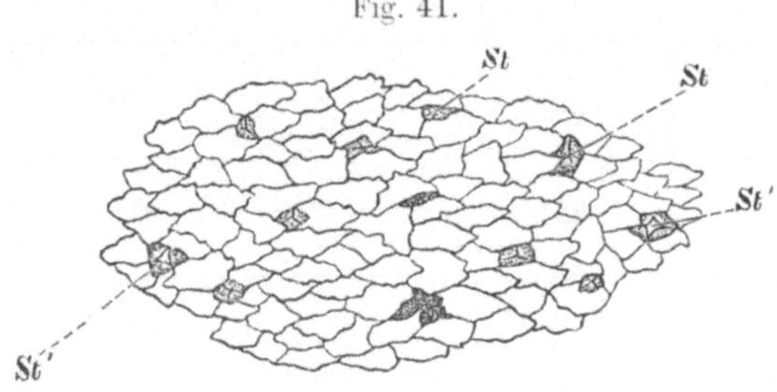

Die Endothelien und Stomata (*St*) des Zwerchfells. Silberbild.

Auf diese Weise stellt das Lymphgefässsystem eine Bahn dar, auf der von jeder Gewebslücke aus die Gewebsflüssigkeit bis in die Hohlvene fortgeführt werden kann. Diese ganze Bahn ist nun sehr reichlich mit Klappen ausgestattet (Fig. 43), die nur in der Richtung von der Peripherie nach dem Brustlymphstamm Strömung zulassen. Die Klappen sind so zahlreich und dicht hintereinander angeordnet, dass die Lymphgefässe als aus lauter kleinen unmittelbar an einander anstossenden Kammern bestehend beschrieben werden können. Rückströmung von Flüssigkeit, auch nur Rückstauung in einem längeren Gefässabschnitt ist durch diese Einrichtung vollständig unmöglich gemacht.

Bei niederen Thieren, wie zum Beispiel bei den Fröschen, sind einzelne Stellen des Lymphgefässsystems mit Muskelfasern ausgestattet, die durch rhythmische Zusammenziehung eine Strömung der Lymphe unterhalten. Man nennt diese Stellen „Lymphherzen", weil sie für die Fortbewegung der Lymphe dieselbe Bedeutung haben wie das eigentliche Herz für die Bewegung des Blutes.

Bei den höher entwickelten Tieren erstreckt sich die Contractilität auf die ganze Ausdehnung der Lymphbahnen. Insbesondere am Mesenterium der Warmblüter ist periodische Zusammenziehung der Lymphgefässe nachgewiesen worden. Auch aus den Centralgefässen der Darmzotten wird die Lymphe durch die Zusammenziehung der Zottenmusculatur ausgetrieben.

Man hat angenommen, dass die darauffolgende elastische Wiederausdehnung der Zotten jedesmal eine Saugwirkung auf den Darminhalt ausübt, durch die sich das Lymphgefäss wieder füllt, doch dürfte dies auch ohne Ansaugung durch die oben geschilderte Resorptionsthätigkeit der Epithelzellen geschehen.

Dieser periodische Antrieb wird durch andere bewegende Ursachen unterstützt, die allerdings keine ganz regelmässige Strömung hervorbringen können. Jeder beliebige Druck, der an irgend einer Stelle auf das die Lymphgefässe umgebende Gewebe ausgeübt wird, presst die Lymphgefässe zusammen und treibt die Lymphe vorwärts, weil die Klappen jeden Rückfluss hindern. Lässt der betreffende Druck nach, so kann dann die Lymphe in die sich erweiternden Gefässe nachströmen und wird bei nächster Gelegenheit durch einen neuen von aussen wirkenden Druck weiter gepresst.

Fig. 42.

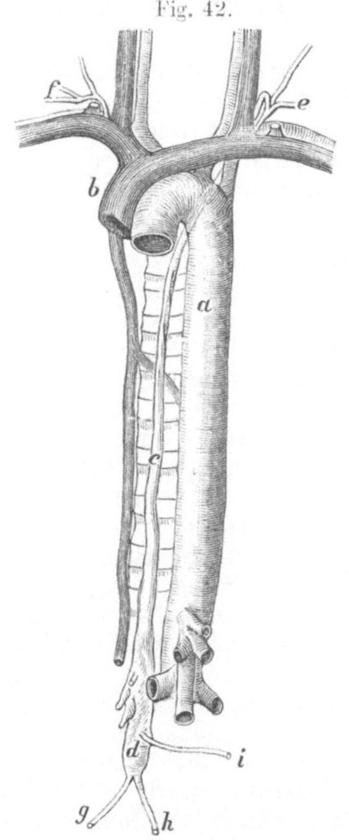

Fig. 43.

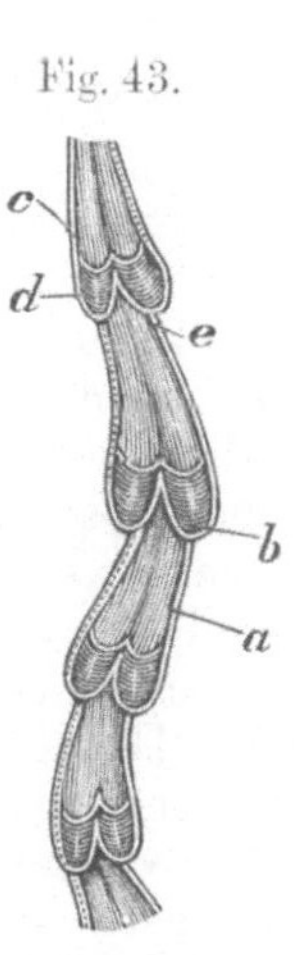

Lymphgefäss. Klappen ge-
schlossen dargestellt. *a*,
e, *c* äussereWand. *b*, *d* Sinus
unterhalb der Klappen.

Ductus thoracicus. *g*, *h*, *i* Lymphgefässe des Darmes.
d Cysterna chyli. *e* Lymphgefässe des Halses. *a* Aorta.
b V. anonyma, in die V. cava sup. einmündend.

Die Veranlassung zu solchem wechselnden Druck in den Geweben wird während des Lebens bei unzähligen Gelegenheiten, vor allem durch die Anspannung und Verdickung thätiger Muskeln gegeben. Man kann die Wirkung der Muskelbewegungen auf den Lymphstrom bei einem Versuchsthier leicht nachweisen, wenn man in das Hauptlymphgefäss eines Gliedes oder auch in den Brustlymphstamm an seiner Einmündungsstelle in die Hohlvene eine Canüle einbindet und nun passive Bewegungen mit den Gliedmaassen ausführt. Bei jeder heftigen Bewegung nimmt die ausfliessende Menge Lymphe zu. Wenn man auf den Bauch des Versuchsthieres drückt, presst man die Lymphe in Mengen aus der Canüle hervor.

Endlich ist noch ein Umstand zu erwähnen, der zur Fortbewegung der Lymphe in ihrer Bahn beiträgt, nämlich der, dass ähnlich wie der Blutstrom der Venen, auch der Lymphstrom nach dem Brustlymphstamm zu durch die Saugwirkung der Lungen bei der Einathmung unterstützt wird. Man kann dies sehr schön wahrnehmen, wenn bei einem mit Fett gefütterten Hunde die Eintrittsstelle des Lymphstamms in die Hohlvene blossgelegt ist. Bei jeder Hebung der Brust tritt dann in die dunkelblaue Vene ein Strom von milchweissem Chylus ein, der durch die dünne Gefässwand deutlich zu erkennen ist.

Durch alle diese verschiedenen geringfügigen Triebkräfte wird im Ganzen eine Flüssigkeitsmenge durch die Lymphgefässe getrieben, die für den Menschen auf etwa 4 l in 24 Stunden geschätzt wird. Im Verhältnis zu den durch den Blutkreislauf in der gleichen Zeit vermittelten Stoffumsätzen erscheint diese Gesammtleistung des Lymphsystems unbedeutend.

Lymphdrüsen. Es bleibt noch zu bemerken, dass in die Lymphbahn überall da, wo die Gefässe eines grösseren Gewebsgebietes zusammentreten, um sich zu Stammgefässen zu vereinigen, sogenannte Lymphdrüsen eingeschaltet sind. Man sollte diese, wie in der Lehre von den Drüsen ausgeführt werden wird, lieber als Lymphfollikel bezeichnen, weil sie das wesentliche Merkmal der Drüsen, nämlich absondernde Zellen, nicht aufweisen. Diese Lymphfollikel bestehen aus einer derben Hülle, die ein Gerüst von Bindegewebe einschliesst, dessen Räume mit einem feinen Netzwerk erfüllt sind, in dessen Maschen Lymphkörperchen, Lymphocyten, angehäuft sind. Die Lymphkörperchen sind zu Haufen geordnet, deren jeder von einem Hohlraum, dem Sinus, umgeben ist, in den sich die Lymphe aus dem in den Follikel eintretenden Gefässe frei ergiesst, um durch das ausführende Gefäss wieder abzufliessen.

Durch die Anordnung der Follikel ist die Lymphe, die aus einem Gewebsgebiet ausströmt, gezwungen, das Maschenwerk des Follikels zu durchsetzen, wodurch die an sich schon langsame Strömung in ähnlicher Weise verlangsamt wird, wie wenn ein schnell fliessender Bach durch einen weiten schilfdurchwachsenen Teich geleitet wird. Aus den Lymphfollikeln stammen die Lymphkörperchen her, die sich in der in den grösseren Stämmen des Systems fliessenden Lymphe stets in grossen Mengen finden.

Resorption durch die Lymphbahnen. Das ganze Lymphgefässsystem stellt einen grossen Aufsaugungsapparat dar, dessen Thätigkeit sich über alle mit Lymphgefässen versehenen Theile des Körpers erstreckt und darin besteht, dass die Gewebsflüssigkeit mit wechselnder Schnelligkeit, im Allgemeinen aber ganz langsam und allmählich den Hauptlymphstämmen zu und endlich in das Venensystem getrieben wird. In diesen Weg sind die Drüsen eingeschaltet, die vermöge ihres eben beschriebenen Baues als eine

Art Filter wirken, indem sie beispielsweise feste Körnchen, die von der Lymphe mitgeführt werden, zurückhalten.

Von dieser Aufsaugungsthätigkeit des Lymphsystems kann man sich leicht durch Thierversuche oder auch durch Beobachtung gewisser pathologischer Vorgänge überzeugen. Spritzt man zum Beispiel einem Versuchsthier eine leicht erkennbare Flüssigkeit, etwa eine Farbstofflösung, in eine der serösen Höhlen, etwa in die Pleura, ein und untersucht die aus dem eröffneten Brustlymphstamm ausfliessende Lymphe, so zeigt sich diese einige Zeit später deutlich gefärbt. Spritzt man einem Thiere Milch oder Blut in die Bauchhöhle ein, so findet man, wenn etwa eine Stunde später die Bauchhöhle geöffnet wird, die Lymphgefässe an der Unterfläche des Zwerchfells mit der Injektionsflüssigkeit angefüllt, so dass sie als weisse oder rothe Stränge grob sichtbar hervortreten.

Eine ähnliche Wahrnehmung kann man am Menschen bei der sogenannten „Blutvergiftung" von Hautwunden aus machen. Wenn an irgend einer Stelle durch die verletzte Haut Giftstoffe in den Körper gelangen, so werden sie von den Lymphgefässen aufgenommen und fortgeführt. Indem sie auf ihrem ganzen Wege Entzündung des benachbarten Gewebes hervorrufen, lässt sich dann der Verlauf der Lymphbahnen äusserlich in Gestalt gerötheter Streifen auf der Haut verfolgen.

Auch die Function der Lymphfollikel lässt sich an diesem pathologischen Vorgang am besten nachweisen, da die Entzündung in der Regel auf das Gebiet unterhalb einer Follikelgruppe beschränkt bleibt. Ist die Infectionsstelle an der Hand gelegen, so beschränkt sich die Entzündung auf den Unterarm, da schon in der Ellenbeuge ein Lymphfollikel vorhanden ist. Geht die Entzündung auch auf den Oberarm über, so wird sie doch durch die in der Achselhöhle liegenden zahlreichen Lymphfollikel aufgehalten. Bei Infektion durch die Geschlechtstheile ist die Thätigkeit der Lymphfollikel in der Leistenbeuge an deren Schwellung erkennbar.

In welcher Weise die Lymphocyten in diesen krankhaften Zuständen und auch bei dem physiologischen Aufsaugungsgeschäft thätig sind, ist unbekannt. Dagegen steht fest, dass die Follikel im Ganzen eine rein mechanische Wirkung ausüben, die vollkommen mit der eines feinen Siebes zu vergleichen ist. Nicht selten findet man nämlich bei Individuen, die sich zum Zweck des Tätowirens feine Farbpulver in Hautwunden eingerieben haben, die oberhalb von der Tätowirung gelegenen Lymphdrüsen von Ablagerungen des Farbpulvers erfüllt, das offenbar von den Lymphgefässen fortgeführt und in den Follikeln abgesetzt worden sein muss. Da in vielen solchen Fällen Jahrzehnte seit der Einführung des Farbstoffs verstrichen sein mögen, so ist offenbar, dass das Follikelgewebe auch die feinsten Stäubchen dauernd zurückzuhalten im Stande ist.

Für diesen Vorgang ist wesentlich, dass der Strom, in dem die Lymphe den Follikel durchsetzt, wegen der grossen Verbreiterung der Bahn sehr stark verlangsamt ist. Es findet hier das oben gebrauchte Gleichniss eine neue Anwendung, indem auch Bäche und Ströme alle mitgeschwemmten Stoffe absetzen, sobald sie in einen Teich oder See eintreten.

Ein noch viel verbreiteteres Beispiel von der Ablagerung pulverförmiger fremder Stoffe in den Lymphfollikeln gewähren die Bronchialfollikel, die bei älteren Individuen stets mit Russ beladen sind, der durch das Einathmen von rauchiger Luft in die Lungen gelangt ist.

Resorption durch die Blutbahn. Die Aufsaugung der Gewebsflüssigkeit durch das Lymphgefässsystem geht wegen der geringfügigen Triebkräfte selbst unter den günstigsten Bedingungen nur sehr langsam vor sich. Viel schneller findet die interstitielle Resorption durch die Blutgefässe statt.

Wird beispielsweise zu dem oben erwähnten Versuch über die Resorption eingespritzter Flüssigkeit aus der Pleura ein Stoff gewählt, von dem man weiss, dass er durch die Nieren ausgeschieden wird, so kann man im Secret der Nieren, im Harn, den Stoff schon wenige Minuten nach der Einspritzung nachweisen, lange ehe er in die grösseren Lymphstämme übergegangen ist. In dieser Form liefert der Versuch zugleich den Beweis, dass ausser der interstitiellen Resorption durch die Lymphbahnen interstitielle Resorption durch die Blutbahn stattfindet und dass diese viel schneller verläuft.

Von der Thatsache, dass durch die interstitielle Resorption Flüssigkeiten, die in beliebige Gewebslücken eingeführt worden sind, alsbald ins Blut übergehen und im ganzen Körper vertheilt werden, macht bekanntlich die moderne Medicin ausgedehnten Gebrauch bei den sogenannten „subcutanen Injectionen".

Da die Haut fast überall nur durch lockeres Bindegewebe mit den tiefer gelegenen Schichten verbunden ist, können in dies lose Unterhautgewebe, wie in eine geräumige Höhle, selbst grössere Mengen Flüssigkeit eingeführt werden, wenn man eine feine nadelförmige Röhre durch die Haut sticht und mit einer Spritze verbindet. Die eingespritzte Flüssigkeit verhält sich dann wie Gewebsflüssigkeit, und unterliegt der interstitiellen Resorption sowohl durch die Lymphgefässe wie durch die Blutgefässe. Diese Art, Heilmittel oder Gifte beizubringen, hat vor der inneren Verabreichung verschiedene Vortheile, und ihre häufige Anwendung ist der beste Beweis, dass die interstitielle Resorption mindestens ebenso schnell und sicher vor sich geht, wie die Darmresorption. Jede subcutane Injection eines beliebigen Mittels, beispielsweise die Morphiumeinspritzung, die ein Versuchshund zur Einleitung der Narkose erhält, ist gewissermaassen ein Experiment über interstitielle Resorption. Je nach der Stärke und Wirkungsweise des Mittels sind die Folgen der eingetretenen Resorption früher oder später wahrzunehmen. Das Morphium ruft bei den Hunden gewöhnlich schon innerhalb von 2—3 Minuten Brechbewegungen hervor, während sich die einschläfernde Wirkung erst etwa eine Viertelstunde später geltend macht. Dass ein unter die Rückenhaut eingespritztes Mittel in so kurzer Zeit auf die Thätigkeit des Magens wirkt, ist natürlich nur dadurch zu erklären, dass es sofort in den Blutstrom übergetreten und dadurch im ganzen Körper verbreitet worden ist.

Der Blutstrom braucht in jedem Augenblick nur ganz geringe Mengen aufzunehmen, um in kurzer Zeit beträchtliche Massen zu resorbiren. Auf diese Weise können sogar so grosse Flüssigkeitsmengen aufgenommen werden, dass man versucht hat, den Nahrungs- oder Flüssigkeitsbedarf Kranker durch subcutane Injection von Nährflüssigkeiten oder dünner Kochsalzlösung zu decken. Der Erfolg dieser Behandlungsweise lehrt, dass die interstitielle Resorption zeitweilig für die Darmresorption eintreten kann.

Aus allen diesen Beobachtungen ist zu schliessen, dass auch die normale Gewebsflüssigkeit jederzeit von den Blutgefässen aufgenommen und fortgeführt werden kann. Dies ist sogar, wie schon oben wiederholt erwähnt worden ist, eine Grundbedingung für die Vermittlung des Stoffwechsels überhaupt.

Ursache der Resorption. Da somit als sicher hingestellt ist, dass die Blutgefässe der interstitiellen Resorption dienen, so entsteht die Frage, wodurch sie in den Stand gesetzt werden, entgegen dem Blutdruck, der in ihrem Innern herrscht, Stoff aufzunehmen? Welche Kräfte sind es, die die Bestandtheile der Gewebsflüssigkeit in das Blut überführen? Bei der Darmresorption ist dieselbe Frage mit Bezug auf die aus dem Darm in die Blutgefässe übergehenden Nahrungsstoffe erörtert worden. Dort ist aber ein offenbar mit besonderen Fähigkeiten ausgestattetes Epithel vorhanden, auf dessen Thätigkeit dann auch der Vorgang zum grossen Theil zurückgeführt werden muss. Bei der Frage nach dem Eintritt der Gewebsflüssigkeit in das Blut kommt aber kein dem Darmepithel vergleichbares Vermittlungsglied in Betracht, denn die Capillaren bestehen aus nur einer einfachen Lage äusserst dünner Endothelzellen und sind aussen unmittelbar von der Gewebsflüssigkeit umgeben.

Die Frage nach den Kräften, die unter diesen Umständen zur Aufnahme von Flüssigkeit in die Capillaren führen können, ist nicht zu trennen von der Frage nach den Kräften, die bei dem Austritt von Flüssigkeit aus den Capillaren thätig sind. Diese zweite Frage ist gleichbedeutend mit der viel umstrittenen Frage nach dem Ursprung der Gewebsflüssigkeit oder, wie man es gewöhnlich ausdrückt, nach der Entstehung der Lymphe. Wenn nämlich, wie oben beschrieben, das Lymphgefässsystem dauernd Gewebsflüssigkeit aufnimmt und wenn, wie oben gezeigt worden ist, auch der Blutstrom der Gewebsflüssigkeit dauernd Bestandtheile entzieht, so wird man sich natürlich fragen, woher denn diese Stoffmenge kommt und auf welche Weise sie dauernd ersetzt wird. Die Gewebsflüssigkeit muss offenbar ursprünglich aus dem Blute herstammen, und sie muss ebenso offenbar aus dem Blute wieder ersetzt werden, wenn sie durch die Lymphgefässe oder das Venensystem abgeflossen ist. Da die Menge der Gewebsflüssigkeit in irgend einem Organ oder in irgend einem Körpertheil sich im Allgemeinen ungefähr gleichbleibt, so muss bei diesem Ersatz ungefähr ebenso viel Stoff aus dem Blutgefässsystem austreten, wie durch Lymphgefässe und Venen fortgeführt wird. Es handelt sich also um einen Austausch zwischen Gewebsflüssigkeit und Blut, und die Frage nach den Kräften, die bei der interstitiellen Resorption der Gewebsflüssigkeit im Blute thätig sind, ist nicht zu trennen von der Frage nach den Kräften, die bei dem Ersatz der Gewebsflüssigkeit, bei der Abgabe von Stoffen aus dem Blute an das Gewebe thätig sind.

Filtrationstheorie der Lymphbildung. Zwischen beiden Vorgängen ist allerdings der Unterschied, dass für die Resorption der Gewebsflüssigkeit ausser den Blutgefässen auch noch die Lymphbahnen vorhanden sind. Man hat deren Thätigkeit mitunter so sehr in den Vordergrund gestellt, dass man die Stoffabfuhr durch die Venen völlig ausser Acht liess, und einfach die Blutbahn als den Weg der Zufuhr, die Lymphbahn als den Weg der Abfuhr von den Geweben betrachtete. Unter dieser Annahme vereinfacht sich allerdings die Betrachtung insofern, als nur der Austritt von Flüssigkeit aus dem Blute zu erklären ist, während die Resorption ausschliesslich dem Lymphgefässsystem zugeschrieben wird. Unter dieser Voraussetzung sind eine Reihe von Untersuchungen angestellt worden um zu entscheiden, ob der Austritt der für die Erhaltung der Gewebe nothwendigen Stoffe aus den Blutgefässen durch einfache Filtration von Blut durch die Capillarwände zu erklären wäre oder nicht. Da in den Capillaren noch ein Theil des arteriellen Blutdruckes besteht, so ist allerdings die Möglichkeit gegeben, dass Blutflüssigkeit durch die sehr dünnen Capillarwände hindurch in die Gewebe hineinsickern könnte. Man hat in Folge dessen zunächst angenommen, dass die Gewebsflüssigkeit einfach dadurch entstände, dass Blutflüssigkeit durch Transsudation die Capillarwände durchsetzte und in die Gewebslücken einträte. Die Gewebszellen sollen aus dieser Flüssigkeit die für ihren Stoffwechsel nöthigen Bestandtheile entnehmen, und die übrige Flüssigkeit durch die Lymphbahnen dem Blutkreislauf wieder zugeführt werden. Indessen ist klar, dass unter den Bedingungen, wie sie der Capillarkreislauf durch die Gewebe darbietet, die Membrandiffusion zwischen Blut und Gewebsflüssigkeit eine viel grössere Rolle spielen muss als die blosse Filtration. Offenbar darf also die Bezeichnung Filtration in diesem Zusammenhang nur so verstanden werden, dass der Blutdruck die Diffusionsvorgänge im Sinne des Flüssigkeitsaustrittes beschleunigt. Da indessen in den Capillaren nur ein geringer Druck herrscht, dem von aussen noch der Gewebsdruck entgegensteht, so kann diese rein mechanische Druckwirkung nur unbedeutend sein. Es hat sich denn auch bei Versuchen gezeigt, dass die Menge der aus einem Gefässbezirk abfliessenden Lymphe, die unter der obigen Voraussetzung als Maassstab für die Menge der aus den Blutgefässen ausgetretenen Flüssigkeit betrachtet werden kann, von der Höhe des arteriellen Blutdruckes unabhängig ist. Wenn die Venen abgesperrt werden, tritt allerdings zugleich mit Erhöhung des Blutdruckes vermehrter Abfluss von Lymphe auf, wenn aber ausschliesslich der arterielle Blutdruck gesteigert wird, findet keine Vermehrung der Lymphe statt. Es muss also die Stauung in den Venen auf andere Weise als durch blosse Druckerhöhung auf die Lymphbildung einwirken.

Wenn demnach die blosse Filtration oder Transsudation von Blutflüssigkeit in die Gewebe nicht als wesentlich für die Entstehung der Gewebsflüssigkeit angesehen werden kann, so spricht das noch nicht gegen die sogenannte „Filtrationstheorie" im weiteren Sinne, weil diese die Wirkungen der Transsudation und die der Diffusion zusammenfasst.

Secretionstheorie. Eine andere Theorie schreibt der Capillarwand bei der Ausscheidung der für die Gewebe nothwendigen Stoffe aus dem Blut eine ähnliche Rolle zu, wie sie das Darmepithel bei der Resorption der Nahrung aus dem Darm spielt. Die „Secretionstheorie" nimmt also an, dass jede der Endothelzellen, die die Capillarwände bilden, durch besondere chemische Kräfte diejenigen Stoffe aus dem Blut aufnimmt, deren das benachbarte Gewebe gerade bedarf, und diese wiederum durch eine besondere Ausscheidungsthätigkeit in die Gewebsflüssigkeit abgiebt. Für diese Ansicht ist geltend gemacht worden, dass die verschiedenen Gewebe verschiedener Stoffe bedürfen, und dass deshalb bei der Ausscheidung von Blutbestandtheilen aus den Gefässen eine bestimmte Auswahl stattfinden muss, damit jedes Gewebe den ihm eigenthümlichen Bedarf zugewiesen bekäme. Diese Aufgabe sollen die Capillarendothelzellen erfüllen, indem sie ebenso wie die Darmepithelien die Nahrungsstoffe aus dem Darminhalt auswählen, die in jedem Falle erforderlichen Bestandtheile aus dem Blute auswählten und in die Gewebsflüssigkeit hineinbeförderten. Hiergegen ist einzuwenden, dass Form und Bau der Capillarwände keine genügenden Anhaltspunkte bieten, ihnen eine so schwierige Verrichtung zuzuschreiben. Ueberdies müssten die Gefässzellen der verschiedenen Gewebe dann auch je nach den Stoffen, deren das betreffende Gewebe bedarf, verschiedene chemische Arbeit leisten.

Es ist kein Zweifel, dass die verschiedenen Gewebe verschiedener Zufuhr bedürfen und dass also eine Regelung der Zufuhr auf irgend eine Weise stattfinden muss. Es ist aber durchaus nicht erwiesen, dass hierzu nicht allein die allgemeinen physikalischen Kräfte der Osmose genügend sein sollten. Gerade die

Auswahl derjenigen Stoffe, für die im Gewebe der grösste Bedarf ist, ist aus den Gesetzen der Diffusion auf's Einleuchtendste zu erklären. Denkt man sich beispielsweise ein unthätiges Gewebe von Blut durchströmt, so ist klar, dass zwischen der Gewebsflüssigkeit und dem in den Capillaren enthaltenen Blute ein Gleichgewichtszustand eintreten wird, nachdem aus dem Blute eine gewisse Menge von seinen Bestandtheilen in die Gewebsflüssigkeit hinüberdiffundirt ist. Sobald nun durch die Thätigkeit des Gewebes ein Theil der in der Gewebsflüssigkeit enthaltenen Stoffe verbraucht worden ist, werden gerade von diesem Stoffe neue Mengen aus dem Blute in die Gewebsflüssigkeit hinüber diffundiren. Der Stoffaustausch zwischen Blut und Geweben wird also, genau so ·gut wie der oben im Abschnitt über die Athmung besprochene Gasaustausch, durch einfache Diffusion vor sich gehen können.

Für diese Auffassung spricht vor allem der Umstand, dass nach Einführung von fremden Stoffen, wie Farblösungen, Nährlösungen und selbst Giften in die Gewebe bei der interstitiellen Resorption niemals eine bestimmte Auswahl unter den in die Blutbahn übergehenden Stoffen stattfindet. Wenn aber die Capillarwände sich bei der Resorption völlig unthätig verhalten, kann wohl nicht angenommen werden, dass die Ausscheidung durch eine besondere Thätigkeit der Capillarwände bedingt ist.

Die Entscheidung, ob der Austausch zwischen Blut und Gewebe ein rein osmotischer Vorgang ist oder nicht, wird erst dann gefällt werden können, wenn man die Zusammensetzung des Blutes und der Gewebsflüssigkeit in der unmittelbaren Umgebung der Gefässe genau kennt. Es ist aber bisher noch kein Verfahren ermittelt worden, durch das es möglich wäre, die Gewebsflüssigkeit des lebenden Körpers auf ihre Bestandtheile zu untersuchen.

Die Zusammensetzung der aus dem Gewebe abströmenden Lymphe, die in vielen Untersuchungen über diese Frage als mit der Gewebsflüssigkeit identisch aufgefasst worden ist, kann für die beim Austausch wirkenden Kräfte deshalb nicht maassgebend sein, weil sie offenbar das Endergebniss des schon vollzogenen Austausches darstellt. Gleichviel ob die Gefässwände mit besonderer Rücksicht auf den Bedarf der Gewebe bestimmte Stoffe ausscheiden, oder ob durch rein physikalische Diffusionskräfte bestimmte Stoffe aus der Blutbahn austreten, werden diese Stoffe zunächst den Gewebszellen zu gute kommen, und die abfliessende Lymphe wird eine andere Zusammensetzung zeigen müssen, als die ursprünglich aus dem Blut austretende neue Gewebsflüssigkeit. Die Zusammensetzung der Lymphe ist also nur maassgebend für die Zusammensetzung der Gewebsflüssigkeit nach dem Austausch mit den Gewebszellen und nicht für die Zusammensetzung derjenigen Gewebsflüssigkeit, die unmittelbar mit dem Blute in Berührung steht. Dieser Unterschied kann, namentlich wenn sich das Gewebe in unthätigem Zustande befindet, sehr gering sein, er darf aber nicht vernachlässigt werden, denn die geringste Verschiedenheit in der Concentration kann für die Bewegung grosser Flüssigkeitsmengen entscheidend sein.

Zusammenfassung. Ohne zwischen „Secretionstheorie" und „Filtrations"- oder besser „Diffusionstheorie" zu entscheiden, kann man demnach den Vorgang der Entstehung der Gewebsflüssigkeit wie folgt auffassen: Zwischen dem Blute und den Geweben findet durch Vermittlung der Gewebsflüssigkeit ein Austausch statt. Die aus dem Blut austretenden Stoffe sind nach Art und Menge dem Bedarf der betreffenden Gewebe angepasst. Ob, nach der Secretionstheorie, die Capillarwände den unmittelbaren Antrieb zur Ausscheidung der betreffenden Stoffe geben, oder ob der Stoffmangel der Gewebszellen durch die Gefässwand hindurch wirkt, indem er das Diffusionsbestreben des Blutes erhöht, entscheidend für den Austritt der Stoffe ist in beiden Fällen der relative Stoffmangel im Gewebe. Die Secretionstheorie nimmt an, dass die Endothelzellen der Capillarwände je nach der Art der Gewebe verschiedene Stoffe aus dem Blute auswählen, dass also die Endothelzellen sich nach der Beschaffenheit der Gewebszellen richteten. Die Diffusionstheorie nimmt an, dass der Zustand der Gewebszellen unmittelbar auf die Diffusion des Blutes einwirkt. Stoffe, die im Blute im Uebermaass vorhanden sind, müssen ins Gewebe übertreten; Stoffe, die durch die Thätigkeit des Gewebes in der Gewebsflüssigkeit entstehen oder künstlich eingeführt werden, gehen in die Blutbahn über. Ausserdem wird beständig durch die Lymphgefässe Gewebsflüssigkeit aufgesogen und dem Blutkreislauf wieder zugeführt. Durch diese Vorgänge wird ein gewisser Gleichgewichtszustand zwischen Zufuhr durch das Blut und Abfuhr durch Blut- und Lymphgefässe aufrecht erhalten.

Hautresorption.

An den mit Schleimhaut bedeckten Stellen der Körperoberfläche bestehen für die Resorption ungefähr dieselben Bedingungen, wie auf den serösen Häuten, die die Körperhöhlen auskleiden. Es lässt sich leicht nachweisen, dass Lösungen, die mit Schleimhäuten in Berührung gebracht werden, in den Körper übergehen. Hiervon wird in der Augenheilkunde bekanntlich häufig Anwendung gemacht, indem man Lösungen von Mitteln, die auf die inneren Theile des Auges wirken sollen, wie Atropin oder Eserin, in den Bindehautsack einträufelt.

Dagegen zeigt sich die normale äussere Haut des Menschen und der Säugethiere im Allgemeinen undurchlässig für äusserlich aufgetragene Lösungen. Dies beruht zunächst darauf, dass durch die Thätigkeit der Talgdrüsen die Epidermis in der Regel leicht eingefettet ist, sodass sie von wässerigen Lösungen anfänglich überhaupt nicht benetzt wird. Bei längerem Eintauchen in Wasser wird der schützende Einfluss der Fettigkeit allmählich überwunden, und die obere, verhornte, trockene Epidermisschicht quillt im Wasser an. Dies macht sich namentlich an den dicken Schwielen der Hand- und Fusssohlen bemerkbar. Selbst dann aber tritt das Wasser nur in die obersten Epidermisschichten ein, und so findet kein Austausch etwa im Wasser gelöster Stoffe mit dem Inhalt der Hautgefässe statt. Es geht also von Mitteln, die etwa dem Wasser eines Bades zugesetzt werden, selbst bei stundenlangem Verweilen im Bade nichts in den Körper über, bis auf diejenige Menge, die etwa von den untergetauchten Schleimhäuten aufgenommen wird.

Für Stoffe, die Fett lösen, scheint dagegen die Haut nicht ganz undurchdringlich zu sein, denn dieselben Mittel, die, in wässeriger Lösung aufgetragen, unwirksam sind, erweisen sich wirksam, wenn sie in ätherischer Lösung, oder in Chloroform oder Terpentinöl aufgetragen werden.

Eine sehr lebhafte Resorption findet, wie oben erwähnt, statt, sobald man Stoffe durch die Haut hindurch in das Unterhautgewebe eingeführt hat. Ebenso werden Stoffe vom Blute und von den Lymphgefässen aufgenommen, wenn sie auf solche Hautstellen gebracht werden, an denen die Epidermis, etwa durch ein Blasenpflaster, entfernt worden ist. Auch durch die unversehrte Haut kann man Stoffe in den Körper überführen, wenn man sie durch Reiben und Drücken in die Ausführungsgänge der Schweissdrüsen und in die Haarbälge hineintreibt. Hierauf beruht die Anwendung von Heilmitteln, die als Salbe zum Einreiben benutzt werden. Die Ausführungsgänge der Schweissdrüsen, sowie die Haarbälge durchsetzen bekanntlich die ganze Epidermisschicht und stellen daher zwar enge, aber doch ganz offene Verbindungswege zwischen der blutführenden Lederhaut und der Aussenfläche dar. Es bedarf nur der mechanischen Einwirkung des Reibens, um Salbenstoffe durch diese engen Bahnen hindurch zu treiben, so verhalten sie sich ebenso, als wenn sie auf eine von der Epidermis entblösste Hautstelle aufgestrichen wären.

Eine eigentliche Resorptionsthätigkeit der unversehrten äusseren Haut ist weder beim Menschen noch beim Säugethier anzunehmen.

9.

Das Blut als Vermittler des inneren Stoffwechsels.

Erneuerung des Blutes. Im Vorhergehenden ist beschrieben worden, wie der Blutstrom durch Darmresorption Nahrungsstoffe und durch interstitielle Resorption die Abfallstoffe aus den Geweben aufnimmt. Die Nahrungsstoffe gehen, wie ebenfalls schon beschrieben worden ist, aus den Capillaren in die Gewebsflüssigkeit über, so dass das Blut davon entlastet wird. Die Abfallstoffe werden durch besondere Organe, die Ausscheidungsdrüsen, von denen erst unten die Rede sein soll, ebenfalls aus dem Kreislauf entfernt. Man könnte durch diese Betrachtung zu der Auffassung geführt werden, als sei die Masse des Blutes in zwei Posten einzutheilen, von denen der eine die wechselnde Einfuhr und Ausfuhr, der andere einen dauernden Bestand darstellt. Das trifft aber nicht zu, denn es giebt überhaupt keinen Bestandtheil, der dauernd dem Blute angehörte.

Erneuerung der Blutkörperchen.

Selbst die Blutkörperchen, die doch lebendige Zellen sind und sich am Stoffwechsel nur als Vermittler betheiligen, haben nur kurze Zeit Bestand und werden dauernd durch neugebildete Blutkörperchen ersetzt. Man kann zwar diesen Wechsel nicht unmittelbar mit dem Auge verfolgen, aber man hat eine ganze Reihe von Beobachtungen gemacht, aus denen klar hervorgeht, dass im Körper fortwährend Blutkörperchen zerstört werden, während gleichzeitig neue entstehen.

Untergang der rothen Körperchen. Was zunächst den Untergang der rothen Blutkörperchen betrifft, so ist oben darauf hingewiesen worden, dass die Gallenfarbstoffe aus dem Blutfarbstoff herstammen. Da nun ein Theil der Gallenfarbstoffe im Koth und eine weitere Farbstoffmenge im Harn dauernd aus dem Körper ausscheidet, und mithin zum Ersatz fortwährend neuer Gallenfarbstoff und Harnfarbstoff gebildet werden muss, so folgt mit Bestimmtheit, dass fortwährend Blutkörperchen zur Erzeugung von Farbstoff verbraucht werden.

Als Anzeichen dieses Verbrauches sieht man die Körnchen und Schollen an, die sich im Blute neben den normalen Körperchen finden, und die als Trümmer oder Ueberreste zerstörter Körperchen aufgefasst werden.

Ferner hat man *in der Milz* Zellen gefunden, die ganze rothe Blutkörperchen oder kleinere blutfarbstoffhaltige Trümmer enthielten, und hat aus diesem Befund darauf geschlossen, dass den Leukocyten des Milzgewebes die Aufgabe zufällt, rothe Blutkörperchen aufzulösen.

Diese Annahme stützt sich auf eine Reihe von Beobachtungen. In der Milz finden sich Zellen, die Blutfarbstoff und daneben Uebergangsstufen zu den Gallenfarbstoffen enthalten. Ferner lässt sich ein besonders hoher Eisengehalt in der Milz nachweisen, ja bei älteren Thieren und Menschen sollen gelbliche Körner von Eisenoxyd vorkommen. Der Blutfarbstoff ist bekanntlich eine eisenhaltige Verbindung, während die übrigen Farbstoffe des Körpers kein Eisen enthalten. Es wäre danach anzunehmen, dass in der Milz aus zerstörten Blutkörperchen die Gallenfarbstoffe zubereitet würden. Thatsächlich soll nach Entfernung der Milz die Gallenabsonderung herabgesetzt sein, doch hat man den Uebergang von Farbstoffen von der Milz zur Leber durch die Milzvene nicht nachweisen können.

Mit dieser Anschauung lässt sich in Zusammenhang bringen, dass die Grösse der Milz sich sehr stark ändert und zwar durch Veränderung ihres Gehaltes an Blut. Während der Verdauung schwillt die Milz an und enthält viel Blut, im nüchternen Zustand ist sie verkleinert und verhältnissmässig blutleer. Ausserdem hat man regelmässige periodische Schwankungen des Rauminhalts der Milz beobachtet, die von den glatten Muskelfasern in dem Gerüste des Milzgewebes ausgehen. Manche Krankheiten, insbesondere das Wechselfieber, das eine Erkrankung der rothen Blutkörperchen darstellt, sind durch die ausserordentlich starke Vergrösserung der Milz gekennzeichnet.

Jedenfalls wird *in der Leber* zur Erzeugung der Galle Blutfarbstoff verbraucht und auch die fettartigen Bestandtheile der Galle, Lecithin und Cholesterin, könnten aus den fettartigen Stoffen, die die Wandschichten der Blutkörperchen bilden, herstammen. Somit ist es sehr wahrscheinlich, dass in der Leber fortwährend rothe Blutkörperchen zerstört werden. Um diese Annahme zu bestätigen, hat man vergleichende Bestimmungen der Zahl der rothen Körperchen in dem zur Leber strömenden Pfortaderblut und dem von der Leber abfliessenden Venenblut ausgeführt. Es zeigt sich, dass die Zahl der Blutkörperchen im Cubikmillimeter Lebervenenblut kleiner ist als im Pfortaderblut. Da nun kein Grund ist, anzunehmen, dass in der Leber eine Vermehrung der Blutflüssigkeit stattfindet, im Gegentheil durch die Absonderung der Galle und den Abfluss von Lymphe eher eine Eindickung des Blutes zu erwarten ist, so kann die Abnahme der Körperchenzahl wohl als ein Beweis gelten, dass thatsächlich ein Theil der rothen Blutkörperchen in der Leber zurückgehalten und zerstört worden ist. Man hat aus den Mengenverhältnissen des Blutfarbstoffs und der daraus hervorgehenden veränderten Farbstoffe geradezu die durchschnittliche „Lebensdauer" der rothen Blutkörperchen berechnet, die sich zu etwa 12 Tagen ergiebt.

Neubildung der rothen Blutkörperchen. Dem Untergang der rothen Blutkörperchen muss ein dauernder Ersatz gegenüberstehen, dessen Grösse den durch den Untergang entstehenden Verlust ausgleicht. Unter normalen Verhältnissen ist sowohl der Untergang als der Ersatz allerdings nicht augenscheinlich nachweisbar. Wenn man aber einem Thiere grosse Blutmengen auf einmal durch Aderlass entzieht und sieht, dass in kurzer Frist wieder die normale Blutmenge vorhanden ist, so ist dies ein handgreiflicher Beweis für die Leistungsfähigkeit der blutbildenden Organe. Thatsächlich beobachtet man häufig auch beim Menschen nach schweren Blutverlusten, dass überraschend schnell die normale Blutmenge wieder ersetzt wird. Der Blutverlust wird zunächst durch Vermehrung der Blutflüssigkeit ausgeglichen, so dass das Blut ärmer an Körperchen ist als normales. Nach kurzer Zeit ist aber auch der Gehalt an Körperchen der normale.

In einem Versuche wurde einem Hunde durch etwa alle 10 Tage wiederholte Aderlässe so viel Blut entzogen, wie der gesammten im Körper enthaltenen Blutmenge entsprach. Der Versuch dauerte 71 Tage, und da die Blutmenge und der Hämoglobingehalt sich nicht wesentlich änderten, muss der Hund während des Versuchs ungefähr ebenso viel Blutkörperchen neu gebildet haben, wie in seiner normalen Blutmenge enthalten waren. In anderen ähnlichen Versuchen an Hunden wurde festgestellt, dass in 7 Tagen $1/7$ des Gesammtblutes ersetzt werden konnte.

Die Neubildung der rothen Blutkörperchen ist ein Vorgang, der offenbar den Wachsthumsvorgängen, die mit Neubildung anderer Gewebszellen einhergehen, an die Seite zu stellen ist. Zur Zeit des lebhaftesten Wachsthums, nämlich während der embryonalen Entwicklung werden zugleich mit den übrigen Geweben auch die ersten Blutzellen gebildet. Sie entstehen innerhalb der Anlagen der Gefässe, die als feste Stränge im Gewebe erkennbar werden und sich später in Wand und beweglichen Inhalt theilen. Die so entstandenen rothen Blutkörperchen sind kernhaltig und vermehren sich zunächst noch durch Theilung. Man nennt die kernhaltigen rothen Blutkörperchen embryonale Blutkörperchen.

Auf den weiteren Entwicklungsstufen entstehen die rothen Blutkörperchen durch die Umwandlung farbloser Körperchen in rothe Blutkörperchen. Es sind hierbei zwei Stufen zu unterscheiden, indem sich zuerst das farblose Körperchen durch Aufnahme von Blutfarbstoff in ein rothes aber noch kernhaltiges Körperchen verwandelt, das dann erst, indem es den Kern verliert, zu einem normalen rothen Blutkörperchen wird. Ob der Kern ausgestossen wird, oder sich im Körperchen selbst auflöst, ist noch streitig. Man findet nun diese Uebergangsstufen vom farblosen Leukocyten zum rothen Blutkörperchen mit Sicherheit jederzeit *im rothen Knochenmark* des Menschen und der Säugethiere, und es muss deshalb das Knochenmark als die einzige mit Bestimmtheit nachweisbare Bildungsstätte der rothen Blutkörperchen angesehen werden. Wenn wie in den erwähnten Fällen in kurzer Zeit grosse Mengen Blut neugebildet werden, nimmt man auch Veränderungen am Knochenmark wahr, aus denen sich auf verstärkte Thätigkeit des Knochenmarkes schliessen lässt.

Bekanntlich unterscheidet man zwei verschiedene Arten Knochenmark, die verschiedene Zustände ein und desselben Gewebes darstellen, nämlich das rothe und das gelbe Knochenmark. Das rothe Mark, das sich während der Entwicklung ausschliesslich vorfindet, wird auch als „lymphoides“ Mark bezeichnet, weil es aus einem Grundgewebe voll kleiner rundlicher farbloser Zellen besteht, ähnlich wie das Innere einer Lymphdrüse. Unter diesen Zellen lassen sich verschiedene Arten unterscheiden, von denen eine als Vorstufe der neu entstehenden rothen Blutkörperchen anzusehen ist. Das gelbe Mark oder Fettmark entsteht aus dem rothen dadurch, dass ein grösserer oder kleinerer Theil dieser Zellen sich in Fettzellen umwandelt. Diese Umwandlung vollzieht sich mit zunehmendem Alter an einem immer grösseren Theile des gesammten Knochenmarks. Im mittleren Alter ist in der Regel ein Theil des Knochenmarks, insbesondere der mittlere Theil im Schaft der Röhrenknochen, gelbes Mark, während in den Enden der Markhöhlen und in der Spongiosa noch rothes lymphoides Mark enthalten ist. Dies weist darauf hin, dass im jugendlichen Organismus die Blutbildung dauernd lebhafter ist als im höheren Alter. Untersucht man nun das Knochenmark zweier gleich alter Thiere, von denen das eine durch Aderlässe zu lebhafter Blutbildung angeregt worden ist, so zeigt sich, dass das rothe Mark bei diesem eine grössere Ausdehnung hat. Die Menge kernhaltiger rother Blutkörperchen, die im Knochenmark gefunden wird, ist ausserdem grösser als unter gewöhnlichen Verhältnissen. Es kann also kein Zweifel sein, dass das Knochenmark die Stätte der Blutkörperchenbildung im erwachsenen Thiere darstellt.

Milz. Ausser dem Knochenmark hat man auch *der Milz* die Fähigkeit zugeschrieben, rothe Blutkörperchen zu erzeugen, weil man bei lebhafter Blutbildung auch in der Milz und im Blute der Milzvene kernhaltige, rothe Blutkörperchen gefunden hat.

Da die Milz keinem Wirbelthiere fehlt, bis auf den Lancettfisch, der auch keine rothen Blutkörperchen hat, und man trotzdem keine eigentlich wichtige Vorrichtung kennt, die ausschliesslich der Milz zugeschrieben werden müsste, hat man schon vor langer Zeit den Versuch gemacht, Thieren die Milz auszuschneiden, und hat gefunden, dass dies ohne merkliche Beeinträchtigung der Lebensthätigkeiten geschehen kann. In neuerer Zeit hat man wahrgenommen, dass bei den entmilzten Thieren an den Lymphfollikeln und im Knochenmark Anzeichen gesteigerter Thätigkeit bemerkbar sind, die darin bestehen, dass ein grösserer Theil des Knochenmarkes roth ist, dass die Lymphfollikel vergrössert sind, und dass in beiden in der Theilung begriffene Zellen, im Knochenmark auch neugebildete rothe Blutkörperchen gefunden werden.

Da nach diesen Erfahrungen die Milz als blutbildendes Organ entbehrlich ist, hat man sie auch als eine Art Blutbehälter für den Blutstrom, der zum Magen und in die Pfortader fliesst, bezeichnet.

Man pflegt die im Vorstehenden als Stätten der Blutbildung bezeichneten Gewebe, nämlich Lymphfollikel, Thymus, Knochenmark, Milz auch als „blutbereitende Organe" oder „haematopoetische Organe" zusammenzufassen. Dies ist um so zutreffender, weil aus obigem hervorgeht, dass die verschiedenen genannten Gewebe gegenseitig für einander eintreten können.

Einwirkung des Höhenklimas. Zu dem, was oben über die Blutbildung gesagt worden ist, ist noch eine höchst merkwürdige Beobachtung hinzuzufügen. Man hat gefunden, dass beim Aufenthalt in hochgelegenen Orten die Zahl der Blutkörperchen im Cubikmillimeter Blut grösser ist als beim Aufenthalt in der Ebene. So lange diese Angabe sich bloss auf Zählungen stützte, die an einzelnen Tropfen Blut vorgenommen waren, konnte ihre Bedeutung bezweifelt werden. Es brauchte beispielsweise nur das Blut der Hautgefässe in Folge der klimatischen Einwirkung der Höhenluft an Plasma ärmer geworden zu sein, und man würde durch die Zählung verleitet werden, eine Vermehrung der Blutkörperchen anzunehmen. Indessen haben Versuche an Thieren gelehrt, dass thatsächlich die Gesammtblutmenge, gemessen am Haemoglobingehalt, beim Aufenthalt in hochgelegenen Orten zunimmt, und überdies hat man nachweisen können. dass das Knochenmark bei Höhenaufenthalt deutliche Zeichen verstärkter Blutbildungsthätigkeit aufweist. Diese eigenthümliche Einwirkung des Höhenklimas auf die Blutbildung ist abhängig von der Verminderung des Partialdruckes des Sauerstoffes und erscheint daher als eine Anpassung des Organismus an die dünnere und mithin sauerstoffärmere Höhenluft. Denn es ist klar, dass ein Blut, das mehr Körperchen im Cubikmillimeter und somit mehr Haemoglobin enthält, auch mehr Sauerstoff auf den Cubikmillimeter binden kann als gewöhnliches Blut. Es wird also das Blut durch die verstärkte Neubildung von rothen Blutkörperchen befähigt, der dünnen Höhenluft ebensoviel Sauerstoff zu entnehmen, wie normales Blut unter dem normalen Luftdruck.

Untergang der weissen Blutkörperchen. Was die farblosen Blutkörperchen betrifft, so ist oben schon angegeben, dass sie die Fähigkeit haben, durch die Wandung der Capillaren hindurch aus dem Blute in die Gewebe hinein auszuwandern. Es ist anzunehmen, dass ein grosser Theil der so in das Gewebe gelangten Körperchen nicht wieder ins Blut zurückkehrt, sondern in dem Gewebe zu Grunde geht. Unzweifelhaft ist dies in den pathologischen Fällen, in denen ein Entzündungszustand des Gewebes diejenige massenhafte Auswanderung der Leukocyten hervorruft, die man als Eiterbildung bezeichnet. Der Eiter ist weiter nichts als eine Ansammlung zahlloser weisser Blutkörperchen, die in der Regel, wenn sie einmal abgesondert sind, entweder aus dem Körper ausgestossen werden oder der Zersetzung anheimfallen und in diesem Zustande resorbirt werden. Aehnlich dürfte sich auch das Schicksal der unter physiologischen Bedingungen aus dem Blute ausscheidenden Leukocyten gestalten, die man vielfach in verschiedenen Geweben antrifft, beispielsweise, wie oben erwähnt, im Darmepithel. Freilich kann auch ein Theil dieser Leukocyten durch die Lymphbahnen wieder ins Blut zurückkehren.

Neben diesen allgemeinen Verlusten an Leukocyten wird die *Milz* als ein Organ angesehen, das bestimmt ist, den Bestand des Blutes an weissen ebenso wie an rothen Körperchen durch Ausschaltung der nicht mehr lebensfähigen Körperchen dauernd frisch zu halten. Man findet nämlich in der Milz ausser den erwähnten Bestandtheilen des Blutfarbstoffs auch solche Verbindungen vor, die auf den Untergang von weissen Blutkörperchen schliessen lassen. Die weissen Blutkörperchen sind kernhaltig, und es sind in der Milz Zerfallsproducte von Nucleinen nachgewiesen, deren Vorhandensein man auf die Zerstörung der Kerne der weissen Blutkörperchen zurückführt.

Ersatz der weissen Blutkörperchen. Diesen Verlusten gegenüber braucht man nach den Stätten des Ursprunges der weissen Blutkörperchen nicht lange zu suchen. Es ist oben angegeben worden, dass mit dem Lymphstrom dauernd eine Menge Lymphkörperchen in die Blutbahn eingeführt werden, die aus den *Lymphfollikeln* stammen. In den Lymphfollikeln vermehren sich die Lymphzellen unmittelbar durch Theilung, so dass für eine dauernde Zufuhr gesorgt ist.

Ausser dieser ziemlich spärlichen Quelle erhält das Blut, wenigstens während der Entwickelung, einen reichlichen Zuschuss an Leukocyten aus der sogenannten *Thymus*druse. Diese im vorderen Mediastinum gelegene Drüse hat während der ersten Lebensjahre eine im Verhältniss zum Körper bedeutende Grösse, und zeigt während dieser Zeit einen dem der Lymphdrüsen ganz ähnlichen Bau. Beim Menschen nimmt sie nach dem zweiten Lebensjahre nicht mehr zu und verfällt in einen verfetteten Zustand, so dass im höheren Alter an Stelle des Thymusgewebes meist nur Fettgewebe zu finden ist. Da grade während der ersten Lebensjahre die grössten Anforderungen an die Blutbildung und somit auch an die Entwickelung weisser Körperchen gestellt werden, so nimmt man an, dass die Thymusdrüse als Ursprungsstätte für die Leukocyten dient.

Ferner muss *die Milz* ebenfalls als eine solche Stätte angesehen werden. Man kann die Milz mit einem sehr grossen Lymphfollikel vergleichen, nur dass hier die Blutbahn statt der Lymphbahn das Gewebe durchsetzt. Die in die Milz eintretenden Arterien verlaufen in den Bindegewebssträngen, die von der Kapsel aus als ein verzweigtes Gerüst die ganze Drüse durchziehen. Die Endäste der Arterien theilen sich pinselförmig auf und gehen frei in die Gewebsspalten über. Sämmtliche Gerüsträume sind mit lymphoiden Zellen erfüllt, die also von dem aus den Arterien kommenden Blute frei umspült werden. Das Blut sammelt sich wieder in den Venen, deren grössere Stämme gemeinsam mit den Arterien in den Bindegewebssträngen verlaufen. Die Milz stellt demnach ein Organ dar, in dem das Blut nicht in Gefässe eingeschlossen, sondern frei in den Gewebsspalten fliesst, und ist deshalb sowohl zur Aufnahme wie zur Abgabe der Blutkörperchen besonders geeignet. Das lymphoide Gewebe muss als eine Art Filter die Blutkörperchen aufhalten, so dass die lymphoiden Zellen die frei mit ihnen in Berührung kommenden Blutkörperchen umfassen und festhalten können, und andererseits können beliebige Mengen von lymphoiden Zellen aus dem Milzgewebe in den Venenstrom übergehen. Der letzte Umstand lässt sich zahlenmässig beweisen, denn es besteht zwischen der Zahl der weissen Blutkörperchen, die in den Blutgefässen im Allgemeinen und mithin auch in der Milzarterie vorhanden sind, und der Zahl, die in der Milzvene gefunden ist, ein solches Missverhältniss, dass man nothwendig schliessen muss, dass in der Milz Leukocyten ins Blut übergehen. Im Allgemeinen zählt man 1 weisses Blutkörperchen auf etwa 700 rothe, im Milzvenenblute 1 weisses auf 70 rothe. Die weissen Blutkörperchen müssen also aus dem Milzgewebe in den Venenstrom eintreten und sie müssen daher in der Milz fortwährend in grosser Menge neu erzeugt werden. Hierfür ist durch die sogenannten Malpighi'schen Körperchen der Milz gesorgt, die als makroskopisch sichtbare Knötchen den Arterien ansitzen. Histologisch erscheinen sie als sogenannte „Keimlager" des adenoiden oder lymphoiden Milzgewebes, die Ausbuchtungen in der Adventitia der Arterien erfüllen. Sie bestehen aus eng aneinander gelagerten Lymphocyten, an denen Theilungserscheinungen beobachtet werden können, die beweisen, dass hier eine Vermehrung der Lymphocyten stattfindet.

Aehnlich wie die Milz verhält sich auch in dieser Beziehung wiederum *das Knochenmark*, dessen Zellen als Leukocyten in das Blut der Knochenvenen eintreten.

Veränderung des Blutes durch Drüsen.

Das in den Gefässen kreisende Blut wird nun noch an einer ganzen Reihe einzelner Stellen seiner Bahn durch die verschiedenen Drüsen des Körpers verändert.

Eine Drüse ist eine Anhäufung von Zellen, die die Fähigkeit haben, bestimmte Stoffe aus dem Blute abzusondern oder aus den Bestandtheilen des Blutes neu zu bilden. Wenn die in der Drüse bereiteten Stoffe im Körper noch eine besondere Rolle spielen, wie beispielsweise die Säfte, die von den Verdauungsdrüsen geliefert werden, so nennt man die Absonderungen Secrete der Drüsen und bezeichnet die Thätigkeit der Drüsen als Secretion. Wenn die betreffenden Stoffe aber Abfallstoffe sind, die der Körper auswirft, nennt man sie Ausscheidungen, Excrete, und bezeichnet die Thätigkeit der Drüse als Excretion.

Dieser Unterschied wird im Sprachgebrauch nicht immer streng beachtet, da zum Beispiel unter Secretion im Allgemeinen die Thätigkeit jeder Drüse, einschliesslich der Excretion, verstanden wird.

Die meisten Drüsen sind so gebaut, dass ihre Zellen eine durch eine sogenannte Membrana propria begrenzte Schicht bilden und eine Höhlung, den Ausführungsgang der Drüse, einschliessen. Während das Blut in Capillarschlingen von aussen an die Zellen herankommt, fliesst das abgesonderte Secret durch den Ausführungsgang ab. Es giebt aber eine Anzahl Drüsen, bei denen kein solcher Ausführungsgang vorhanden ist und deren Secret in Folge dessen nicht als solches bemerkbar wird. Bei diesen Drüsen, die als „Drüsen ohne Ausführungsgang“ zusammengefasst werden können, wird das von den Drüsenzellen gebildete Secret in die Blutgefässe abgegeben oder auf dem Wege der Lymphbahnen dem Blute zugeführt. Im Gegensatz zu der sichtbaren Ausscheidung des Secretes in einen Ausführungsgang nennt man die zweite Art der Secretion, bei der das Secret garnicht zum Vorschein kommt sondern mit der Lymphe oder dem Blute vermischt die Drüse verlässt, die „Innere Secretion“. Diese Bezeichnung wird besonders in solchen Fällen gebraucht, in denen beide Arten der Secretion, die äussere und die innere nebeneinander vorkommen.

Dies trifft bei mehreren echten Drüsen, insbesondere bei Leber und Pankreas zu, die neben der Absonderung der Verdauungssäfte auch noch andere wichtige Leistungen im Körperhaushalt verrichten.

Die Einwirkuug solcher Drüsen ohne Ausführungsgang auf den Körper überhaupt, oder auf die übrigen einzelnen Organe, beruht darauf, dass sie ihr Secret dem Blut mittheilen, und dass auf diesem Wege das Secret an diejenigen Körperstellen gelangt, an denen es seine Wirkung ausüben kann.

Schilddrüse. Die Schilddrüse, Thyreoidea, bietet im jugendlichen Alter das histologische Bild einer Drüse mit Ausführungsgang dar. Ihre Drüsenzellen sind um Hohlräume angeordnet, die mit einer klaren Flüssigkeit erfüllt sind. Diesen Höhlen fehlt aber der Ausführungsgang, und man findet bei älteren Individuen die Epithelzellen geschwunden und die Höhlungen mit einer zähen Masse, dem sogenannten Colloid, erfüllt. In der Schilddrüse findet sich eine ihr eigenthümliche Verbindung, das Jodothyrin, ein Eiweissstoff, der eine beträchtliche Menge, bis zu 9 pCt., Jod enthält. Das Jodothyrin wird als die wirksame Substanz der Schilddrüse angesehen und leistet bei therapeutischer Anwendung dieselben Dienste, wie die in ihrer Gesammtheit verarbeitete Drüse. Bekanntlich besteht beim Menschen, besonders in einigen Bergländern ziemlich häufig eine krankhafte Vergrösserung der Schilddrüse, die Kropf genannt wird. Oft ist die Kropfbildung mit Zwergwuchs und Blödsinn zu einem Krankheitsbilde vereinigt, das man als Cretinismus bezeichnet, weil die betroffenen Individuen in der französischen Schweiz als Cretins bezeichnet werden. Ein ganz ähnlicher Zustand von Schwachsinn, verbunden mit einer eigenthümlichen Hypertrophie und schleimiger Degeneration des Unterhautgewebes im Gesicht, kann bei Erkrankung der Schilddrüse auftreten. Man nennt diese Erkrankung Myxödem. Ebenso hat man gefunden, dass nach vollständiger Ausrottung der Schilddrüse beim Menschen plötzlicher Verfall der körperlichen und geistigen Kräfte eintritt und eine dem Myxödem sehr ähnliche Krankheit entsteht, die man Cachexia strumipriva oder operatives Myxödem nennt. Dass die Entfernung der Schilddrüse wirklich die Ursache der Erkrankung ist, wird dadurch sehr wahrscheinlich, dass man durch Verabreichung von Schilddrüsensubstanz oder Schilddrüsensaft die Krankheitserscheinungen unterdrücken kann. Uebrigens wirkt Schilddrüsenfütterung auch auf Gesunde deutlich ein, indem sie die Eiweisszersetzung erhöht, so dass sie als Mittel gegen Fettsucht empfohlen worden ist.

Bei Thieren, insbesondere bei Katzen, aber auch bei Hunden und Affen, treten nach Entfernung der Schilddrüsen Krampfanfälle auf, und in vielen Fällen gehen die Thiere unter allgemeinem Verfall der Kräfte zu Grunde. Aus diesen Beobachtungen schliesst man, dass die Schilddrüse auf den Stoffwechsel einen wichtigen Einfluss hat. Man hat zur Erklärung zwei Hypothesen aufgestellt: Entweder soll die Schilddrüse einen für den Körper nützlichen Stoff absondern, oder sie soll für den Körper schädliche Stoffe, die an anderer Stelle entstehen, unwirksam machen. Vorläufig lässt sich über diese Vorgänge nichts Bestimmtes angeben.

Organtherapie. Auf die unzweifelhaften Erfolge hin, die mit innerer Darreichung von Schilddrüsensubstanz bei Erkrankungen der Schilddrüse erzielt worden sind, hat man auch in vielen anderen Fällen versucht, den Ausfall von

Drüsen durch Fütterung mit Drüsensubstanz auszugleichen. Den Anfang dieser sogenannten „Organtherapie" bildete der Versuch, die geschlechtliche Potenz beim Mann durch Einspritzung von Hodenextract vom Stier zu heben.

Hypophysis. Ganz ähnlich wie die Schilddrüse verhält sich die als Hypophysis cerebri bezeichnete kleine Drüse an der Hirnbasis, die auch ähnlich der Schilddrüse gebaut ist. Man hat auch dieser kleinen Drüse wichtige Allgemeinwirkungen zugeschrieben und Erkrankungsfälle ·zum Beweis heranziehen wollen, doch kann die Hypophysis ohne Schaden für den Organismus ganz entfernt werden, so dass ihre Verrichtung nicht als sehr wichtig betrachtet werden darf.

Nebennieren. Sehr grosse Bedeutung kommt dagegen unzweifelhaft den Nebennieren zu, obgleich man über die Art und Weise wie sie auf den übrigen Körper einwirken noch nichts Bestimmtes weiss. Der englische Arzt Addison hat entdeckt, dass eine nach ihm benannte, glücklicherweise sehr seltene Krankheit, die sich durch dunkle Pigmentirung der Haut zu erkennen giebt und meist unter völligem Verfall der Kräfte zum Tode führt, stets mit Entartung der Nebennieren verbunden ist. Auch bei Thieren soll die gleichzeitige Entfernung beider Nebennieren stets tödtlich sein. Man hat nun gefunden, dass sich aus dem Mark der Nebennieren ein Stoff darstellen lässt, den man Adrenalin, Suprarenin oder Epinephrin genannt hat und der die Eigenschaft hat, schon in ganz geringen Mengen die glatten Muskeln der Gefässe zur Zusammenziehung zu bringen. Spritzt man einem Versuchsthier ganz geringe Mengen Adrenalinlösung in eine Vene ein, so ziehen sich die Gefässe zusammen, sodass der Blutdruck beträchtlich steigt. Man hat gefunden, dass das Adrenalin auch auf die glatten Muskelfasern der Iris wirkt, und dass das Nebennierenvenenblut, auf ein frisch ausgeschnittenes Froschauge geträufelt, Verengerung der Pupille hervorruft. Dies ist ein Beweis, dass die Nebennieren im lebenden Körper thatsächlich Adrenalin ausscheiden, und dadurch einen dauernden Reiz auf die Gefässmuskelfasern ausüben müssen.

Pankreas. Wie bei der Schilddrüse und den Nebennieren die innere Secretion an sich unmerklich ist und nur aus den Veränderungen erschlossen werden kann, die eintreten, wenn die betreffenden Drüsen erkranken oder zu Versuchszwecken ausgeschaltet werden, so ist es auch mit der inneren Secretion der erwähnten Drüsen mit Ausführungsgang.

Das Pankreas gleicht vollkommen einer gewöhnlichen Drüse mit Ausführungsgang, und da der Gang sich in den Darm öffnet, scheint die Drüse ausschliesslich zur Absonderung des Pankreassaftes bestimmt zu sein. Der Pankreassaft ist zwar für die Verdauung wichtig, aber er ist entbehrlich, denn wenn man eine sogenannte Pankreasfistel anlegt, das heisst, das Pankreas von der Darmwand ablöst und mit der Mündung des Ausführungsganges in die äussere Bauchwand einheilt, so kann das Versuchstier, obgleich der ganze Pankreassaft nach aussen abfliesst, monatelang am Leben gehalten werden. Man sollte daher meinen, dass ein Thier auch den Verlust des Pankreas ohne grossen Schaden müsste ertragen können. Wenn man aber bei Hunden das Pankreas vollständig entfernt, so stellt sich alsbald ein Zustand ein, der mit der als Zuckerharnruhr, Diabetes mellitus, bekannten Krankheit die grösste Aehnlichkeit hat. Das Hauptsymptom dieser Erkrankung ist, dass im Harn beträchtliche Mengen Traubenzucker ausgeschieden werden. Zugleich tritt Abmagerung und allgemeine Schwäche ein, und die Gewebe zeigen eine verminderte Widerstandsfähigkeit, so dass beliebige zufällig eintretende Krankheiten viel schwerer überwunden werden als unter normalen Verhältnissen. Alle diese Umstände treten nach Entfernung des Pankreas ganz ebenso wie bei Erkrankung an Diabetes auf. Man schliesst daraus, dass das Pankreas nicht nur als Verdauungsdrüse mit Ausführungsgang, sondern ausserdem als Drüse mit innerer Secretion ohne Ausführungsgang thätig ist, und dass das innere Secret die Eigenschaft hat, den Stoffwechsel so zu beeinflussen, dass der Zucker nicht ausgeschieden wird.

Diese Anschauung wird dadurch gestützt, dass im Gewebe des Pankreas einzelne Stellen aufgefunden worden sind, deren Bau von dem der übrigen Drüse abweicht und dem der lymphoiden Drüsen entspricht, die Langerhans'schen Inseln. Wird der Ductus Wirsungianus unterbunden und dadurch die Secretion des Pankreassaftes unterbrochen, so gehen die den Saft absondernden Drüsenzellen zu Grunde. Dagegen bleiben die Langerhans'schen Inseln unverändert, und es tritt auch kein Zucker im Harn auf. Man darf hieraus wohl schliessen, dass das Pankreas eigentlich zwei Drüsen umfasst, von denen die eine als reine Drüse mit Ausführungsgang den Pankreassaft absondert, während die andere, die aus der Gesammtheit der Langerhans'schen Inseln besteht, der inneren Secretion dient. Ueber die Beschaffenheit des Secretes dieser zweiten Drüse und über seine Wirkungsweise ist noch nichts bekannt.

Innere Secretion der Geschlechtsdrüsen. Castration. Ganz ähnlich verhält es sich mit der inneren Secretion der Geschlechtsdrüsen. Es ist bekannt, dass nach der Castration, das ist nach Entfernung der Geschlechtsdrüsen, in jugendlichem Alter, diejenigen Veränderungen des Körpers ausbleiben, die den Unterschied zwischen männlichem und weiblichem Körperbau bedingen. Es kommt hierbei nicht nur die Ausbildung derjenigen Körpertheile in Betracht, die als secundäre Geschlechtsabzeichen gelten, wie der Bart des Mannes, das Geweih des Hirsches und andere mehr, sondern auch der Unterschied des ganzen Körperbaues und die Beschaffenheit der Gewebe. Insbesondere zeigt sich nach Castration bei Menschen und Thieren Neigung zum Fettansatz, weshalb sie beim Geflügel und beim Schlachtvieh häufig ausgeführt wird.

Man hat deshalb auch in Hoden und Ovarien zweierlei Arten Zellen angenommen, solche, die sich in die Geschlechtsproducte verwandeln, und solche, die der inneren Secretion dienen. Letztere fasst man beim Hoden unter dem Namen der „Interstitialdrüsenzellen" zusammen. Ob ein solcher Unterschied besteht, ist zweifelhaft, vollends welcher Art das Product dieser Zellen ist und auf welche Weise es die Entstehung der Geschlechtsabzeichen und der ganzen geschlechtlichen Verschiedenheiten im Bau des Körpers beeinflusst, ist gänzlich unbekannt.

Verrichtungen der Leber.

Kreislauf der Leber. Zu den Drüsen mit Ausführungsgang, in denen neben der sichtbaren äusseren Secretion auch noch andere Secretionsvorgänge stattfinden, gehört endlich als wichtigste die Leber.

Das Product der äusseren Secretion der Leber ist die Galle, deren tägliche Menge auf gegen 1 l geschätzt wird. Schon die Grösse der Leber, die etwa $^1/_{35}$—$^1/_{30}$ des Körpergewichts ausmacht, steht ausser Verhältniss zu dieser Verrichtung, wenn man Gewicht und Secretmengen anderer Drüsen zum Maassstab nimmt. Ferner deutet auch die eigenthümliche Stellung der Leber im Kreislauf, von der oben am Schluss der Betrachtung der Blutbewegung die Rede war, darauf hin, dass die Leber nicht wie andere Drüsen mit Ausführungsgang allein zur Erzeugung eines äusseren Secretes bestimmt ist.

Die Leber erhält *zweierlei* Blutzufuhr, erstens durch die *Leberarterie*, einen im Verhältnis zur Grösse der Leber auffällig kleinen Ast der Coeliaca, zweitens durch die *Pfortader*. Die Blutzufuhr durch die Leberarterie, die an sich geringfügig ist im Vergleich zu der durch die Pfortader, kommt für die eigentliche Thätigkeit der Leber nicht in Betracht, da die Leberarterie sich in dem bindegewebigen Gerüst der Leber und in der Kapsel vertheilt, und zu den Leberzellen selbst nicht in Beziehung tritt. Die Pfortader entsteht durch die Vereinigung der als Pfortaderwurzeln bezeichneten Venen des Magens, des Darms, der Pankreasdrüse und der Milz, sie fuhrt also Blut, das schon einmal ein Capillarnetz durchströmt hat, der Leber zu, wo es wiederum in die Lebercapillaren vertheilt wird. Die Pfortader ist also zugleich Vene der genannten Gefässgebiete und zufuhrendes Gefäss für die Leber, sie ist eine Vena arteriosa, wie es die alten Anatomen ausdrückten.

Das gesammte vom Verdauungscanal abströmende Blut wird in der Pfortader gesammelt und in die Leber eingeleitet. Die Leber wird also während der Verdauung von Blut durchflossen, das eben in der Schleimhaut des Darmrohrs mit den resorbirten Nährstoffen beladen worden ist. Es liegt auf der Hand, dass die gesammten aufgenommenen Nahrungsstoffe nicht bloss deswegen in die Leber eingeführt werden, damit diese Galle daraus bereiten könne, sondern damit die Leber auf die im Blute enthaltenen Nährstoffe einwirken kann.

Das Pfortaderblut durchsetzt, wie oben beschrieben, die Leberläppchen von aussen nach innen, und tritt dadurch mit jeder einzelnen Leberzelle in engste Berührung. Die Leberzellen entnehmen dem Blute die zur Bereitung der Galle dienenden Stoffe und scheiden sie, nachdem daraus Galle geworden, in die Gallencanälchen ab. Was gehen aber ausserdem für Veränderungen mit dem Blute vor?

Es giebt mehrere Wege, über diese Frage Aufschluss zu erhalten. Man kann erstens untersuchen, welche Stoffe sich in der Leber vorfinden, indem man davon ausgeht, dass diese Stoffe aus dem Blute entnommen werden müssen. Man kann ferner die Zusammensetzung des Blutes beim Eintritt in die Leber und beim Austritt vergleichen, um unmittelbar die Veränderungen zu bestimmen. Man kann endlich die Leber ganz und gar aus dem Körper entfernen, oder sie wenigstens aus dem Kreislauf ausschalten, und zusehen, welche Stoffe dann im Körper fehlen, und welche im Ueberschuss auftreten, um so ein Bild von der Umsetzung der Stoffe in der Leber zu erhalten.

Glycogenbereitung. Untersucht man die Leber selbst, so findet man in ihr zunächst eine verhältnissmässig grosse Zuckermenge, und man kann nachweisen, dass die Zuckermenge von der vorausgegangenen Nahrungsaufnahme abhängig ist. Bei genauerer Untersuchung zeigt sich, dass in der ganz frisch ausgeschnittenen und sogleich in siedendem Wasser abgetödteten Leber nur wenig Zucker, nämlich etwa 0,5 pCt., enthalten ist, dagegen eine viel grössere Menge eines anderen Kohlehydrates, nämlich des Glycogens.

Das Glycogen, dessen Eigenschaften schon oben bei der Besprechung der Kohlehydrate kurz angegeben worden sind, lässt sich in der frisch zerzupften Lebersubstanz unter dem Mikroskop nachweisen. Man sieht auf Zusatz von Jodlösung, dass in der Umgebung des Kernes jeder Leberzelle eine Menge kleiner Körnchen und Schollen braune Färbung annehmen. Dies ist die Reaction des Glycogens auf Jod, die der Blaufärbung der pflanzlichen Stärke mit Jod entspricht.

Die quantitative Bestimmung des Glycogens ist eine schwierige aber sehr wichtige Aufgabe, weil nur durch vergleichende Bestimmungen der Glycogenmengen über die Entstehung und den Verbrauch des Glycogens Aufschluss gewonnen werden kann. Da das Glycogen in Wasser eine unechte Lösung bildet, so kann man es zunächst leicht aus der Leber frei machen, indem man die fein gehackte Leber in siedendes Wasser einträgt. Die Eiweissstoffe werden dabei durch die Hitze gefällt und das Glycogen gelöst. Daneben bleiben aber auch noch andere Stoffe, insbesondere Leim in Lösung, die erst noch durch besondere Reagentien ausgefällt werden müssen. Aus der reinen wässerigen Lösung kann man endlich das Glycogen selbst ausfällen, indem man das Wasser durch Alkohol verdrängt, in dem das Glycogen unlöslich ist. Um sicherer alles Glycogen aus dem Gewebe freizumachen, pflegt man das Gewebe nicht nur zu zerhacken und zu zerreiben, sondern durch Kochen in Kalilauge gänzlich aufzulösen.

Indem man die Glycogenmenge, die sich in der Leber vorfindet, genau bestimmt, kann man untersuchen, unter welchen Bedingungen Glycogen entsteht, und unter welchen Umständen es aus der Leber verschwindet.

Zunächst zeigt sich, dass bei fehlender oder allzu knapper Ernährung der Glycogengehalt der Leber geringer gefunden wird. Daher lässt sich auch eine bestimmte Grösse für den Glycogengehalt nicht angeben, doch darf man annehmen, dass gegen 3 pCt., bei reichlicher Ernährung sogar 10—12 pCt. des Lebergewichts an Glycogen gefunden werden. Dagegen verschwindet das Glycogen nach längerem Hungern fast völlig.

Durch Muskelarbeit oder durch Abkühlung, bei der sich der Stoffwechsel erhöht, um die Körperwärme zu erhalten, schwindet das Glycogen schneller. Bei kleineren Thieren, die eine verhältnissmässig grössere Oberfläche haben und deshalb mehr Wärme abgeben, und bei denen, wie mehrfach erwähnt, ein schnellerer Stoffwechsel besteht, schwindet das Glycogen schneller als bei grösseren. So kann man rechnen, dass bei einem Kaninchen schon nach 5 tägigem Hungern, bei Hunden je nach der Grösse erst nach zwei bis drei Wochen das Glycogen bis auf Spuren aus der Leber verschwunden ist.

Geht man von diesem Befunde als von einer ein für allemal festgestellten Thatsache aus, so kann man nun auf einfache Weise untersuchen, welche Art der Ernährung die reichlichste Neubildung von Glycogen hervorruft. Man darf annehmen, dass die Leber eines Versuchsthieres nach einer hinreichend langen Hungerperiode praktisch glycogenfrei ist. Reicht man nun Nahrung und untersucht nach einigen Stunden und findet in der Leber Glycogen, so darf man schliessen, dass es der eben aufgenommenen Nahrung entstammt. Auf diese Weise lässt sich feststellen, dass es unter den verschiedenen Nahrungsstoffen vor allem die Monosacharide sind, aus denen Glycogen entsteht. In zweiter Linie stehen die Polysacharide, die bei der Aufnahme in den Körper erst in Monosacharide übergeführt werden müssen. Man kann die Verwandlung der Monosacharide in Glycogen, das heisst die Verwandlung von Zucker in Glycogen, auch in folgender Weise unmittelbar zur Anschauung bringen: Man spritzt einem Kaninchen, dessen Leber durch eine längere Hungerperiode sicher glycogenfrei gemacht ist, Traubenzuckerlösung in· eine der Pfortaderwurzeln ein, und bestimmt unmittelbar darauf den Gehalt der Leber an Glycogen. Man findet dann den grössten Theil des eingeführten Traubenzuckers in Form von Glycogen in der Leber aufgespeichert. Die Formel dieser Umwandlung ist folgende:

$$x(C_6H_{12}O_6) - xH_2O = (C_6H_{10}O_5)x$$
$$\text{Traubenzucker} \quad \text{Wasser} = \text{Glycogen.}$$

Das Glycogen erscheint also als Anhydrid des Traubenzuckers, der bei der Umwandlung Wasser verlieren muss.

Diese Befunde werden durch die Untersuchung des Pfortaderblutes im Vergleich zum Gesammtblut bestätigt. Während sich an allen anderen Stellen der Blutbahn stets nur sehr wenig Zucker, höchstens 0,16 pCt. findet, ist die Zuckermenge im Pfortaderblut schwankend, da sie von der Resorption von Zucker im Darm abhängt, und kann unter Umständen bis zu 0,4 pCt. steigen. Bei nüchternem Zustande enthält das Pfortaderblut nicht mehr Zucker als anderes Blut. Hieraus geht klar hervor, dass der aufgenommene Zucker in der Leber zurückgehalten ist, in der man jedoch nicht Zucker, sondern Glycogen findet.· Der Zucker der Nahrung ist also in Glycogen verwandelt worden.

Füttert man ein Versuchsthier, nachdem die Leber durch Hungern glycogenfrei gemacht worden ist, mit einer Kost, die möglichst wenig Kohlehydrate, wohl aber reichlich Eiweisskörper enthält, so findet man ebenfalls, dass Glycogen in der Leber entsteht. Die Leberzellen müssen also die Fähigkeit haben, auch aus Eiweisskörpern Glycogen herzustellen. Zu den Eiweisskörpern ist hier auch das Albuminoid Leim zu rechnen, das zwar zur Neubildung von eigentlichem Eiweiss nicht beitragen kann, wohl aber die zur Erzeugung von Glycogen erforderlichen Bestandtheile enthält. Es ist anzunehmen, dass bei diesem Vorgang aus · den Eiweisskörpern zuerst Zucker und dann erst aus dem Zucker Glycogen gebildet wird.

Dass aus dem Fett des Körpers oder der Nahrung Glycogen gebildet werden kann, ist nicht erwiesen.

Aus allen diesen Beobachtungen geht hervor, dass die Leber aus den Nährstoffen, die aus dem Darm aufgenommen werden und in das Pfortaderblut übergehen, Zucker aufnimmt, den sie in Glycogen umwandelt und in dieser Form aufspeichert. Daher enthält die Leber unter gewöhnlichen Verhältnissen stets mehrere Hunderttheile ihres Gewichts an Glycogen. Man pflegt dies den Glycogenvorrath der Leber zu nennen, weil, wie erwähnt worden ist, nach längerem Hungern, nach Muskelarbeit, nach Wärmeentziehung die Leber fast kein Glycogen enthält, also ihren Vorrath abgegeben hat.

Zuckerbildung. Auf welche Weise giebt die Leber ihr Glycogen ab? Diese Frage führt auf eine zweite Fähigkeit der Leberzellen, nämlich aus dem Glycogen, das sie erst aus Zucker gebildet hatten, wiederum Zucker zu machen, der ins Blut übergeht und so denjenigen Geweben zuströmt, die ihn verbrauchen. Es ist oben schon angedeutet worden, dass die Leber neben dem Glycogen auch Zucker enthält. Wird sie nicht ganz frisch zur Glycogenbestimmung verarbeitet, so erweist sich ihr Glycogengehalt geringer, der Zuckergehalt erhöht. Offenbar geht also in der ausgeschnittenen und sich selbst überlassenen Leber das Glycogen in Zucker über. Dass dies auch während des Lebens geschieht, geht daraus hervor, dass so lange die Leber mit ihrem Glycogenvorrath im Körper verbleibt, der Zuckergehalt des Blutes auf seiner normalen Höhe bleibt, sobald aber die Leber ausgeschaltet ist, sehr schnell absinkt. Der im Blute befindliche Zucker verschwindet also, wenn nicht aus der Leber neuer Zucker hinzutritt.

Fragt man, wo der Zucker aus dem Blute hinkommt, so ist anzugeben, dass in verschiedenen Geweben und vor allem in den Muskeln beträchtliche Mengen Glycogen enthalten sind, von denen man, wie in den späteren Abschnitten über die Thätigkeit der Muskeln gezeigt werden soll, annehmen muss, dass sie bei der Muskelarbeit zersetzt und verbraucht werden. Dieser fortwährend Verbrauch von Glycogen kann offenbar nur durch Zufuhr aus dem Blute gedeckt werden, und macht also einen steten Ersatz von Kohlehydraten im Blute nothwendig.

Zusammenfassung über Glycogenbereitung und Zuckerbildung. Nach all diesen Betrachtungen lässt sich die Thätigkeit der Leber in Bezug auf das Glycogen wie folgt zusammenfassen: Die Leber bildet aus dem zur Zeit der Verdauung ihr massenhaft (bis zu 0,4 pCt. im Pfortaderblut) zuströmenden Zucker Glycogen, das sie als Vorrath (bis zu 12 pCt. des Lebergewichts) in sich aufspeichert und im Laufe der Zeit, in Zucker zurückverwandelt, an das Blut abgiebt. Die Leber spielt also die Rolle eines *Vorrathshauses, das zur Zeit des Ueberflusses gefüllt und je nach Bedarf entleert* wird.

Dabei ist zu beachten, dass sie den Zucker an das Blut immer nur in dem Maasse abgiebt, in dem gleichzeitig die übrigen Gewebe, insbesondere die Muskeln, den Zucker, der schon im Blute ist, verbrauchen, so dass der Zuckergehalt des Blutes fast vollkommen gleich erhalten wird. Da, wie unten im Abschnitt über das Nervensystem mitzutheilen sein wird, die zuckerbildende Thätigkeit der Leber durch Nerven angeregt und beherrscht wird, so ist die genaue Ausgleichung des Bedarfs durch den Ersatz so zu denken, dass jede Aenderung des Zuckergehaltes im Blute sogleich als ein Reiz wirkt, der die Leberthätigkeit verstärkt oder vermindert.

Im Muskel ist das Glycogen in verhältnissmässig geringer Menge, nämlich bis zu etwa 1 pCt. des Muskelgewichtes, enthalten. Wegen der grossen Gesammtmasse der Musculatur ist aber die Gesammtmenge in den Muskeln ebenso gross oder grösser als die in der Leber. Bei Muskelarbeit wird zwar zunächst das in den Muskeln lagernde Glycogen verbraucht, da es sich aber ständig wieder ersetzt, so wird die Leber glycogenfrei, während die Muskeln ihren Bestand aufrecht erhalten. Ist durch anhaltende Muskelarbeit, verbunden mit Hunger, auch das Muskelglycogen vermindert, so wird bei neuer Zufuhr durch Ernährung zuerst das Muskelglycogen ersetzt, ehe sich ein neuer Vorrath in der Leber bildet.

Diesen Verhältnissen wie seinen chemischen Eigenschaften verdankt das Glycogen die Benennung „thierisches Stärkemehl“. Den Pflanzen, die Stärke enthalten, dient nämlich die angehäufte Stärke grade in derselben Weise als Vorrath, wie dem Thierkörper das in der Leber angehäufte Glycogen. Auch in der Pflanze findet je nach Bedarf eine Umwandlung von Stärke in Zucker und eine Rückverwandlung von Zucker in Stärke statt.

Harnstoffbereitung. Ausser den erwähnten Verrichtungen der Gallenabsonderung und der Glycogenbereitung kommen der Leber nun noch andere chemische Leistungen zu, die zum Theil mit Sicherheit nachgewiesen, zum andern Theil nur als wahrscheinlich angenommen sind. Zu den ersten gehört die Umwandlung von Ammoniumverbindungen in Harnstoff. Der Harnstoff ist das wichtigste Zersetzungsproduct des Eiweisses und entsteht in Folge dessen überall im Körper, wo Eiweiss oxydirt wird. Daher ist auch stets im Blute eine gewisse, wenn auch geringe Menge Harnstoff enthalten. Die Menge des im Blut befindlichen Harnstoffs kann normalerweise nie über dies geringe Maass ansteigen, weil, wie unten zu besprechen sein wird, die Nieren fortwährend Harnstoff aus dem Blute in den Harn überführen.

Bedeutung des Harnstoffs. Obgleich der Harnstoff weiter unten als Bestandtheil des Harns genauer besprochen werden soll, so mag hier schon in Kürze auf die Bedeutung des Harnstoffs im Stoffwechsel hingewiesen werden, um zugleich die Entstehung von Harnstoff aus Ammoniumverbindungen in der Leber im rechten Zusammenhang erläutern zu können.

Die Eiweisskörper zeichnen sich, wie mehrfach erwähnt, durch ihren Stickstoffgehalt aus. Beim Zerfall des Eiweisses in Verbindungen von einfacherem Bau würde als eine der einfachsten stickstoffhaltigen Verbindungen Ammoniak, NH_3, entstehen. Ammoniak wirkt aber auf alle organischen Gewebe als ein heftiges Gift. Es würde deshalb für den Körper sehr gefährlich sein, wenn die Zersetzung der Eiweissstoffe bis zu dieser letzten Stufe getrieben würde. Thatsächlich kommt dies als pathologischer Fall vor, wenn Gährungserreger in die Harnblase gelangen und dort den Harnstoff in Ammoniak und Kohlensäure spalten, und es treten dann in der Regel schwere Vergiftungserscheinungen auf. Der Harnstoff enthält nun dieses gefährliche Gift in einer völlig unschädlichen Form. Normalerweise ist im Blute stets eine gewisse Menge Harnstoff, niemals dagegen, selbst nach künstlicher Einführung von Ammoniumsalzen in die Blutbahn, etwa Ammoniumformiat oder Ammoniumcarbonat in nachweisbarer Menge. Das Ammoniumsalz muss also entweder aus dem Blute sehr schnell ausgeschieden, oder es muss in eine andere Verbindung umgewandelt worden sein. Würde es ausgeschieden, so müsste es an anderer Stelle, etwa im Harn, wiedererscheinen, was nicht der Fall ist. Es muss also im Körper eine Umwandlung der etwa eingeführten Ammoniumsalze stattfinden. Das Organ, das diese Umwandlung vollzieht, ist, wie gesagt, die Leber.

Dies lässt sich auf zwei Arten heweisen, erstens indem man zeigt, dass nach Entfernung der Leber die Ammoniumsalze im Blute bleiben, zweitens indem man zeigt, dass Ammoniumsalze, die mit dem Blute durch die Leber getrieben werden, in der Leber aus dem Blute verschwinden, und in veränderter Form, als Harnstoff, daraus hervorgehen.

Nun ist die Entfernung der Leber eine so schwere Operation, dass sie an Säugethieren nicht ausgeführt werden kann, ohne den ganzen Körper so zu schädigen, dass keine zuverlässige Beobachtung mehr möglich ist. Man muss sich also begnügen, die Leber aus dem Kreislauf auszuschalten, indem man die Pfortader unmittelbar in die Hohlvene einnäht. Das Blut, das sonst durch die Pfortader in die Leber eintreten würde, fliesst dann durch die Hohlvene dem Herzen zu, ohne erst durch die Leber hindurchzugehen. Man nennt die auf diese Weise hergestellte Einmündung der Pfortader in die Hohlvene nach ihrem Urheber „die Eck'sche Fistel".

Unter diesen Umständen treten schon bei Einspritzung verhältnissmässig geringer Mengen Ammoniumcarbonatlösung die Erscheinungen der Ammoniakvergiftung auf. Dies Verfahren der Ausschaltung der Leber ist für die Untersuchung der Leber nach verschiedenen Richtungen sehr wichtig. Es ist an Hunden wiederholt ausgeführt worden, die es gut uberstehen, wenn sie nach der Operation vorwiegend mit Kohlehydraten und Fett ernährt werden. Giebt man Fleisch, so tritt als Folge der Eiweisszersetzung alsbald Ammoniumcarbonat im Blut auf, und das Thier geht an Ammoniakvergiftung zu Grunde.

Harnstoffbildung. Aus der Thatsache, dass ein Hund mit Eck'scher Fistel sich ganz wohl befindet, solange er kein Fleisch erhält, und unter den Erscheinungen der Ammoniakvergiftung stirbt, sobald er reichlich Fleisch, also Eiweiss, in sich aufnimmt, geht hervor, dass im Darm die Zersetzung des Eiweisses wohl bis zur Entstehung von Ammoniak fortschreitet, dass es aber nicht zur Vergiftung kommt, solange die Leber ihre normale Stellung im Kreislauf inne hat. Solange das der Fall ist, treten nämlich, wie oben angegeben, selbst nach Einspritzung von Ammoniaksalzen, im Blut keine Ammoniakverbindungen auf.

Dass es die Leber ist, die den Ammoniak unschädlich macht, indem sie ihn in Harnstoff verwandelt, lässt sich nun durch den zweiten oben angedeuteten Versuch beweisen: Man lässt eine ausgeschnittene Leber von ammoniumcarbonathaltigem Blut durchströmen. Nach einiger Zeit ist in dem Blute weniger Ammoniumcarbonat, dafür aber mehr Harnstoff nachzuweisen. Die Formel dieser Umwandlung ist folgende:

$$CO\genfrac{}{}{0pt}{}{ONH_4}{ONH_4} = CO\genfrac{}{}{0pt}{}{NH_2}{NH_2} + \genfrac{}{}{0pt}{}{H_2O}{H_2O}$$

Ammoniumcarbonat   Harnstoff   Wasser.

Auf diese Weise ist unzweifelhaft festgestellt, dass die Leber aus Ammoniaksalzen Harnstoff bildet. Damit ist aber noch nicht gesagt, dass die Leber der einzige Entstehungsort für Harnstoff ist. Vielmehr geht aus der Thatsache, dass Frösche, die die Entfernung der ganzen Leber verhältnissmässig leicht überstehen, auch ohne Leber Harnstoff bilden, und dass Hunde mit Eck'scher Fistel Harnstoff im Harn ausscheiden, hervor, dass auch an anderen Stellen Harnstoff entsteht.

Entgiftende Wirkung der Leber. Neben den beschriebenen drei Verrichtungen kommen der Leber noch weitere chemische Wirkungen zu, die als Thätigkeit der „Entgiftung" des Blutes im Allgemeinen zusammengefasst werden können. Nach der obigen Darstellung könnte die Harnstoffbereitung auch zu dieser Entgiftungsthätigkeit gerechnet werden, da durch sie Stoffe, die sonst giftig wirken würden, in unschädliche Form übergeführt werden. Dies gilt nun nicht nur von den erwähnten Ammoniakverbindungen, sondern auch von anderen im Körper auftretenden schädlichen Stoffen. So findet man, dass schwer lösliche Gifte aus der Gruppe der Alkaloide, seien sie nun thierischen oder pflanzlichen Ursprunges, wenn sie in geringen Mengen in den Darm eingeführt werden, und ebenso Metallgifte in der Leber zurückgehalten und allmählich mit der Galle ausgestossen werden. Die giftigen Erzeugnisse der Darmfäulniss, Phenol und Kresol, werden in der Leber in ungiftige Aetherschwefelsäuren übergeführt und ebenfalls theils mit der Galle, theils durch die Nieren ausgeschieden.

Zusammenfassung über die Functionen der Leber.

Nach alledem lassen sich die verschiedenen einzelnen Verrichtungen der Leber unter folgende vier Posten zusammenfassen:

1. Die Leber bildet als Drüse mit Ausführungsgang die Galle, die in den Darm eintritt, um einerseits als Secret bei der Verdauung, insbesondere der Fettverdauung, mitzuwirken, andererseits als Excret, zugleich mit etwa vorhandenen abnormen Bestandtheilen mit dem Koth den Körper zu verlassen.

2. Die Leber bildet als Drüse ohne Ausführungsgang aus den Kohlehydraten der Nahrung Glykogen, verwandelt es je nach dem Bedarf wieder in Traubenzucker und giebt diesen ins Blut ab, dessen Zuckergehalt dadurch constant erhalten wird.

3. Die Leber bildet als Drüse ohne Ausführungsgang aus Ammoniakverbindungen, die aus dem Darm oder den Geweben ins Blut übergegangen sind, Harnstoff und giebt ihn an das Blut ab.

4. Die Leber, nach Art der Lymphdrüsen zwischen die aufsaugenden Blutgefässe des Darmes und die übrigen Blutbahnen eingeschaltet, hält schädliche Stoffe fest und giebt sie allmählich durch Blutkreislauf und Gallenstrom·ab.

10.

Die Excretion.

Ausscheidung im Allgemeinen. Die bisher besprochenen Veränderungen, die das Blut auf seinem Wege durch die Gewebe und Organe erleidet, bestanden darin, dass dem Blute Stoffe entzogen und in veränderter Form zurückgegeben wurden. Ganz wie in den Lungen das Blut Sauerstoff aufnimmt, der ihm beim Durchströmen der Capillaren wieder entzogen wird, während Kohlensäure in das Blut eintritt, nimmt es, indem es durch die Darmschleimhaut fliesst, Nahrungsstoffe auf, die es an die Gewebe abgiebt. Dafür treten in den Geweben die Zersetzungsproducte des Zellenstoffwechsels in das Blut über. Diese sind für den Körper nicht mehr verwendbar, ja sie wirken, wenn sio im Körper zurückbehalten werden, grösstentheils geradezu giftig und müssen deshalb ausgestossen werden.

Es ist oben schon vom Ammoniak als einem Endproducte der Zersetzung stickstoffhaltiger Verbindungen die Rede gewesen, der in der Leber in eine ungiftige Verbindung übergeführt und in dieser Form als Harnstoff ausgeschieden wird.

Die Nieren. Die Organe, die diese Ausscheidung besorgen, sind vor Allem die Nieren, daneben auch die Schweissdrüsen. Diese beiden Drüsengruppen unterscheiden sich also von den bisher betrachteten insofern, als sie ausschliesslich der Entfernung von Stoffen aus dem Blute und aus dem Körper dienen. Man bezeichnet deshalb die Stoffe, die sie absondern, als Auswurfsstoffe, Excrete, und die Thätigkeit der Drüsen als Excretion, im Gegensatz zur Secretion anderer Drüsen, deren Absonderungen nicht unmittelbar ausgestossen werden, sondern für den Körper nützliche Wirkungen ausüben.

Die Gleichförmigkeit in der Zusammensetzung des Blutes beruht ebenso sehr auf der Ausscheidung der fortwährend ins Blut eintretenden Abfallstoffe wie auf der Abmessung der Zufuhr der Nährstoffe. Im Allgemeinen dürfte die Ausscheidung sogar wichtiger sein, da ein Ueberschuss an Nährstoffen weniger schädlich sein würde als ein Ueberschuss an Auswurfstoffen. Thatsächlich findet man im Blute stets nur ganz geringe Spuren der Endproducte des Stoffwechsels, während sie im Harn in grösserer Concentration auftreten.

Die Nieren stellen also einen fortwährend wirkenden Reinigungsapparat für das Blut vor, der die überschüssigen unbrauchbaren Stoffe sammelt und entfernt, nützliche Stoffe aber zurückhält.

Obschon die Nieren und die Schweissdrüsen an dieser Stelle zusammen genannt werden und auch thatsächlich nahezu dieselbe Thätigkeit ausüben,

17*

bestehen zwischen beiden sehr grosse Unterschiede.. Die Excretion von Verbrauchsstoffen durch die Nieren überwiegt für gewöhnlich so sehr die durch die Schweissdrüsen, dass diese neben der ersten kaum in Betracht kommt. Dagegen kann die Wasserausscheidung durch den Schweiss unter Umständen der durch die Nieren gleichkommen, doch hat sie, wie weiter unten ausführlich dargethan werden soll, nicht nur die Bedeutung überflüssiges Wasser zu entfernen, sondern sie dient, wie schon aus der Erfahrung des täglichen Lebens bekannt ist, zur Regelung der Körpertemperatur.

Abgesehen von solchen Fällen, in denen sehr starke Schweissabsonderung stattfindet, darf man annehmen, dass sämmtliche Auswurfsstoffe, die nicht etwa mit den Verdauungssäften in den Koth gelangen, durch die Nieren abgeschieden werden. Hieraus ist zu ersehen, wie wichtig die Thätigkeit der Nieren für den Gesammtkörper ist, und *welche Bedeutung die Untersuchung des Harns für die Erforschung der gesummten Stoffwechselvorgänge haben* muss.

Der Harn.

Abhängigkeit vom Stoffwechsel.

Ueber die Zusammensetzung des Harns ist zuerst zu bemerken, dass sie, da sie das Endergebniss der gesammten Stoffwechselvorgänge darstellt, von der Natur der verbrauchten Stoffe abhängt. Da auf die Dauer im Körper nur solche Stoffe verbraucht werden können, die durch die Nahrung wieder ersetzt werden, so heisst das so viel wie, dass die Zusammensetzung des Harns von der Beschaffenheit der Nahrung abhängt.

Man muss also bei der Besprechung der Beschaffenheit des Harns einen Unterschied machen zwischen mindestens drei Hauptgruppen von Thieren, nämlich den Carnivoren, Herbivoren und Omnivoren.

Da die Unterschiede zwischen diesen Gruppen auf der Verschiedenheit der Nahrung beruhen, so bleiben sie auch nur unter den gewöhnlichen Ernährungsverhältnissen bestehen. Der Harn der Herbivoren zeigt seine besonderen Eigenschaften nur, so lange das Thier seine natürliche Pflanzenkost zu sich nimmt. Lässt man es längere Zeit hungern, so dass es von den in seinem Körper angehäuften Vorrathsstoffen zu zehren genöthigt ist, so nähert sich die Beschaffenheit seines Harns der des Carnivorenharns.

Während der Säuglingsperiode, in der Herbivoren wie Carnivoren von animalischer Kost, nämlich Milch, leben, ist auch der Unterschied in der Beschaffenheit des Harns nicht vorhanden.

Füttert man einen Fleischfresser ausschliesslich mit pflanzlicher Kost, so nimmt sein Harn die Eigenschaften des Herbivorenharns an. Der Harn der Omnivoren, einschliesslich des Menschen, nimmt in jeder Beziehung eine Mittelstellung zwischen dem Harn der Fleischfresser und Pflanzenfresser ein und kann, je nachdem die eine oder die andere Nahrung vorwiegt oder ausschliesslich genommen wird, nach einer oder der anderen Seite von seiner gewöhnlichen Beschaffenheit abweichen.

Die erwähnten Unterschiede treten in sämmtlichen Grundeigenschaften des Harnes hervor, in der Wassermenge, der Reaktion und in dem Gehalt an einzelnen Bestandtheilen. Ausserdem bestehen selbstverständlich noch besondere Verschiedenheiten der einzelnen Thierarten, je nach ihrer Lebensweise.

Es müssen deshalb die verschiedenen Arten für sich besprochen werden, und dabei wird der Harn des Menschen als der am genauesten untersuchte zuerst zu betrachten sein.

Harn des Menschen.

Eigenschaften. Der Harn des Menschen ist eine klare wässerige Lösung von Harnstoff, mehreren anderen organischen Stoffen, Salzen und Farbstoffen, durch die er seine gelbe Farbe erhält. Die Reaction ist im chemischen Sinne sauer, bei Untersuchung auf freie Wasserstoffionen wird sie indessen, wie die des Blutes, neutral befunden. Die Menge des Harns schwankt je nach der Wasseraufnahme und Wasserabgabe des Körpers, indem der Wassergehalt des Harns sich ändert. Bei reichlicher Wasseraufnahme ist der Harn wässerig, verdünnt, was sich schon an der mitunter ganz wasserhellen Farbe zu erkennen giebt. Umgekehrt ist bei geringer Wasseraufnahme der Harn concentrirt und entsprechend dunkelgelb. Wenn der Körper durch die Athmung oder durch Schwitzen viel Wasser verliert, so bleibt auch bei ziemlich reichlicher Wasseraufnahme nur ein kleiner Theil des Wassers zur Ausscheidung durch die Nieren übrig. Als normales Maass nimmt man für den Menschen eine tägliche Harnmenge von 1,6 l an.

Die Menge der festen Stoffe im Harn kann nach dessen specifischem Gewicht geschätzt werden, das natürlich um so höher ist, je mehr Salze und andere Stoffe er enthält. Man findet, wenn das specifische Gewicht des Wassers gleich 1000 gesetzt wird, beim normalen Harn etwa 1020. Die Menge der festen Stoffe lässt sich aus dieser Angabe natürlich nicht genau bestimmen, weil das specifische Gewicht bei einem geringen Gehalt an specifisch schwereren Salzen höher sein kann als bei einem hohen Gehalt an specifisch leichten Stoffen. Bei normaler Zusammensetzung enthält der Harn etwa 3—4 pCt. seines Gewichts an festen Stoffen, also 96—97 pCt. Wasser. Auf die tägliche Harnmenge von etwa 1600 g berechnet, ergiebt das eine tägliche Abgabe von etwa 60 g fester Stoffe, von denen 20 g anorganische Salze sind.

Organische Bestandtheile. Harnstoff. Von den organischen Stoffen ist bei Weitem in der grössten Menge vertreten der Harnstoff, dessen Gewicht etwa 2 pCt. des Gesammtgewichts an Harn ausmacht. Man darf daher den Harn im Wesentlichen geradezu als eine Harnstofflösung ansehen.

Der Harnstoff ist, wie oben schon mehrfach erwähnt, als ein Zersetzungsproduct des Eiweisses zu betrachten, obschon er nur zum kleinsten Theil unmittelbar durch Abspaltung aus dem Eiweiss hervorgeht. Der grösste Theil entsteht vielmehr dadurch, dass die beim Zerfall des Eiweisses entstehenden einfacheren Verbindungen, wie beispielsweise Ammoniumcarbonat, erst wieder zu Harnstoff umgewandelt werden. Es ist anzunehmen, dass Harnstoffbildung in allen Geweben dauernd stattfindet. Daneben ist mit Sicherheit nachgewiesen, dass in der Leber Harnstoff aus Ammoniumcarbonat gebildet wird, obgleich man die verschiedenen Vorstufen der Entstehung noch nicht hat feststellen können.

Besondere geschichtliche Bedeutung kommt der Darstellung des Harnstoffs aus Ammoniumcyanat zu, weil sie das erste Beispiel darstellt, an dem Wöhler 1829 beweisen konnte, dass eine bis dahin ausschliesslich der „Lebenskraft" des Organismus zugeschriebene Synthese auch ausserhalb des Körpers möglich sei.

Unter den Stoffen, die aus der Zersetzung des Eiweisses im Körper hervorgehen, ist der Harnstoff deswegen der wichtigste,

weil fast neun Zehntel des Stickstoffs aus dem Eiweiss in der
Form von Harnstoff den Körper verlassen.

Das Eiweiss wird zersetzt, und unter seinen Bestandtheilen der schädliche Ammoniak in die unschädliche Verbindung Harnstoff übergeführt. Dabei
wird von den übrigen Bestandtheilen viel Kohlenstoff frei, der zu Kohlensäure,
und Wasserstoff, der zu Wasser oxydirt werden kann. Ebenso wird der ganze
geringe Antheil Schwefel frei. So werden die Bestandtheile des Eiweisses
möglichst vollkommen ausgenutzt, denn der Harnstoff ist als die äusserste Stufe
der Oxydation zu betrachten, die der Organismus, für den Ammoniak Gift ist,
erreichen kann. Dieser Zusammenhang bestätigt sich, wenn man das Mengenverhältniss zwischen Kohlenstoff und Stickstoff bei unveränderten Eiweissstoffen
und bei Harnstoffen vergleicht. Im Eiweiss sind etwa 54 Gewichtstheile Kohle
auf 16 Gewichtstheile Stickstoff enthalten. Die Gewichte verhalten sich also
wie 3,5 : 1, und da die Atomgewichte sich wie 12 : 14 verhalten, das heisst,
nahezu gleich sind, so kann man sagen, dass im Eiweissmolekül auf jedes Atom
Stickstoff 3,5 Atome Kohlenstoff kommen. Im Harnstoff ist dagegen auf je zwei
Atome Stickstoff nur ein Atom Kohlenstoff, also auf ein Atom Stickstoff nur
ein halbes Atom Kohlenstoff oder der siebente Theil des Kohlenstoffs übrig,
der im ursprünglichen Eiweiss enthalten war. Sechs Siebentel des Kohlenstoffs
der Eiweisskörper können also im Körper zu Kohlensäure oxydirt werden, wenn
der gesammte Stickstoff des Eiweisses als Harnstoff abgeschieden wird. Bei
dieser Umwandlung entsteht aus einer gegebenen Gewichtsmenge Eiweiss etwa
der dritte Theil des Gewichts an Harnstoff und zwei Drittel können vollständig
oxydirt werden.

Man kann diese Betrachtung auch verfolgen, indem man von der Stickstoffmenge ausgeht, die im ursprünglichen Eiweiss nur etwa 16 pCt. des Gesammtgewichts, im Harnstoff aber fast die Hälfte, nämlich 46,7 pCt. ausmacht.

Indem man die Menge des täglich ausgeschiedenen Harnstoffs
bestimmt, bestimmt man fast die gesammte Stickstoffausfuhr aus
dem Körper und erhält dadurch ein Maass für die Grösse des
Eiweissverbrauchs. So lange man früher dies Verfahren (nach der
von Liebig angegebenen Titrationsmethode) zu Stoffwechselunter-
suchungen benutzte, konnte man natürlich auch niemals den
Gesammtwerth des Stickstoffumsatzes kennen lernen. Man untersucht deshalb heutzutage, um die Eiweisszersetzung im Körper zu
bestimmen, überhaupt nicht mehr auf Harnstoffgehalt, sondern
man stellt durch die Kjeldahl'sche Methode den gesammten
Stickstoffgehalt des Harns fest. Hierbei wird also nicht nur die
Stickstoffmenge bestimmt, die im Harnstoff ausgeschieden wird,
sondern auch die verhältnissmässig geringen Mengen, die in den
übrigen Bestandtheilen des Harns enthalten sind.

Die Kjeldahl'sche Methode zur Stickstoffbestimmung beruht darauf,
dass sämmtliche stickstoffhaltige Verbindungen durch Erhitzen mit starken
Säuren zersetzt werden, und der Stickstoff in der Form von Ammoniak in einer
Säure von bekanntem Säuregrad festgehalten wird. Aus der Abnahme des Säure-
grades ergiebt sich die Menge des Ammoniaks und somit die Stickstoffmenge.

Um den Harnstoff aus dem Harn rein darzustellen, dampft
man den Harn erst auf etwa ein Fünftel seines Volums ein. Er
enthält dann gegen 10 pCt. Harnstoff. Dann versetzt man ihn mit
Salpetersäure, und es bildet sich ein reichlicher Niederschlag von
glashellen krystallinischen Platten und Nadeln aus salpetersaurem
Harnstoff, der durch Filtriren und Auspressen zwischen Filtrirpapier von der übrigen Flüssigkeit befreit wird. Man löst nun

den salpetersauren Harnstoff in Wasser und fügt Barytwasser
hinzu, so dass die Salpetersäure sich vom Harnstoff trennt und
mit dem Baryt als unlösliches Baryumnitrat ausfällt. Nun dampft
man bis zur Trockenheit ein und zieht den Harnstoff durch
Alkohol aus, in dem sich der salpetersaure Baryt nicht löst. Aus
der abfiltrirten alkoholischen Lösung scheidet sich der reine Harnstoff in Krystallen ab.

Der Harnstoff (Urea, mitunter durch das Zeichen $\overset{+}{U}$ geschrieben)
hat die Formel $CO{<}^{NH_2}_{NH_2}$. Er besteht aus wasserhellen vierseitigen Prismen, die mehrere Centimeter lang sein können, meist
aber nur die Form feiner seidenglänzender Nadeln haben. Sie sind
in Wasser und in Alkohol leicht löslich und müssen, wenn sie aufbewahrt werden sollen, gut abgeschlossen werden, damit sie nicht
Feuchtigkeit aus der Luft anziehen und zerfliessen.

Aus der Formel geht ohne Weiteres die oben erläuterte nahe
Beziehung des Harnstoffs zum Ammoniak hervor. Man kann den
Harnstoff auffassen als Kohlensäure CO_2, in der ein Sauerstoffatom
durch zwei einwerthige Amidgruppen NH_2 ersetzt ist. Die erste
künstliche Darstellung des Harnstoffs von Wöhler geht vom
Ammoniumcyanat aus, das beim Erhitzen in Harnstoff übergeht
nach der Formel $CNO(NH_4) = CO{<}^{NH_2}_{NH_2}$. Ebenso einfach ist die
Formel der Umwandlung des Harnstoffs in kohlensauren Ammoniak
unter Wasseraufnahme:

$$CO{<}^{NH_2}_{NH_2} + {}^{H_2O}_{H_2O} = CO{<}^{ONH_4}_{ONH_4}$$

Harnstoff   Wasser   Ammoniumcarbonat

Dieselbe Zersetzung ist es, die der Harnstoff bei der sogenannten „ammoniakalischen Gährung" erleidet. Es ist oben
schon erwähnt worden, dass unter pathologischen Verhältnissen
der Harn in der Blase in Ammoniak und Kohlensäure übergehen
kann. Dasselbe tritt stets ein, wenn der Harn frei an der Luft
stehend aufbewahrt wird. Unter dem Einfluss gewisser Mikroorganismen, deren Keime fast überall verbreitet sind, insbesondere
des danach benannten Micrococcus ureae, spaltet sich dann der
Harnstoff in Ammoniak und Kohlensäure, wodurch der in frischem
Zustand sauer reagirende Harn die alkalische Reaction und den
Geruch von Ammoniak annimmt.

Es möge gleich hier bemerkt werden, dass, während die Hauptmenge des
Eiweissstickstoffes im Harn als Harnstoff erscheint, stets auch eine nicht ganz
unwesentliche Menge von Ammoniak an Säuren gebunden im Harn vorkommt.
Die tägliche Ausscheidung von Ammoniak in dieser Form wird zu 0,7 g angegeben. Von dieser Ausscheidung soll weiter unten bei der Besprechung der
anorganischen Harnbestandtheile die Rede sein.

Purinkörper. Neben dem Harnstoff kommen nun im Harn in
geringeren Mengen noch eine Reihe stickstoffhaltiger Körper vor, die
als Zersetzungsproducte der Nucleinsäure aus den Nucleoproteiden
angesehen werden können. In chemischer Beziehung bilden eine

Anzahl von ihnen eine Reihe, die durch das Vorkommen einer bestimmten Gruppe, nämlich $C_5H_4N_4$, gekennzeichnet ist. Man bezeichnet die Reihe dieser Verbindungen als Purinkörper, indem man sie von einer Verbindung ableitet, die die Zusammensetzung $C_5H_4N_4$ hat und Purin benannt wird. Diese Verbindung selbst kommt im Körper nicht frei vor, aber die erwähnte Reihe von Harnbestandtheilen erscheint als eine Reihe von Abkömmlingen, und zum Theil als eine fortschreitende Stufenfolge der Oxydation des Purins. Dies ergiebt ein Blick auf die Reihe der Formeln:

$$
\begin{aligned}
C_5H_4N_4 \quad &= \text{Purin} \\
C_5H_5N_5 \quad &= \text{Adenin} \\
C_5H_5N_5O \quad &= \text{Guanin} \\
C_5H_4N_4O \quad &= \text{Hypoxanthin} \\
C_5H_4N_4O_2 \quad &= \text{Xanthin} \\
C_5H_4N_4O_3 \quad &= \text{Harnsäure}
\end{aligned}
$$

Man fasst die Gruppe dieser Stoffe auch unter den Bezeichnungen Nucleinbasen oder Xanthinbasen zusammen.

Harnsäure. Von diesen Stoffen ist der wichtigste die Harnsäure, die sich, wenigstens beim Menschen, weniger durch ihre Menge als durch eine besondere Eigenschaft, nämlich geringe Löslichkeit in Wasser bemerkbar macht. An Harnsäure scheidet nämlich der Mensch unter gewöhnlichen Verhältnissen in 24 Stunden weniger als 1 g ab. Da aber reine Harnsäure erst in 2000 Gewichtstheilen kochenden Wassers oder 18000 Gewichtstheilen kalten Wassers löslich ist, kann offenbar selbst fur diese geringe Menge leicht die Grenze der Löslichkeit erreicht werden. Nun ist im Harn die Harnsäure nicht frei, sondern an Alkalien gebunden als saures harnsaures Salz vorhanden, aber auch diese Verbindungen haben mit der reinen Säure die Eigenschaft gemein, sehr schwer löslich zu sein. Will man die Harnsäure rein darstellen, so braucht man nur mit starker Salzsäure versetzten Harn 24 Stunden stehen zu lassen, so wird die Harnsäure durch die stärkere Salzsäure aus ihren Salzen ausgetrieben und fällt in Folge ihrer geringen Löslichkeit aus. Die rein auskrystallisirte Harnsäure ist ein schneeweisses Pulver aus durchsichtigen rhombischen Täfelchen; aus dem Harn erhält man sie aber stets mit Farbstoff verunreinigt als bräunliche Körper von sogenannter „Wetzsteinform". Nicht selten sind auch andere Krystallformen, die als Tonnenform, Kammform, Hantelform beschrieben werden.

Die Harnsäure ist zweibasisch und kann daher einfach oder zweifach harnsaure Salze bilden. Die letzteren sind in kaltem Wasser erst beim Verhältnis 1 : 1100, in warmem 1 : 125 löslich, und fallen daher beim Erkalten des Harns leicht aus, wovon weiter unten die Rede sein wird.

Um die Harnsäure nachzuweisen, giebt es eine ausserordentlich scharfe und schöne Farbenprobe, die sogenannte „Murexidreaction". Man befeuchtet eine Spur harnsäurehaltigen Materiales auf einem Porcellanschälchen mit Salpetersäure und erhitzt bis zum Eintrocknen. Es bleibt dann ein orangegelber Fleck zurück, der auf Zusatz eines Tropfens Ammoniak eine prachtvolle Purpurfarbe annimmt (purpursaures Ammoniak, Murexid). Auf Zusatz von Natronlauge erhält man eine ebenso schöne blaue Farbe.

Die Harnsäureausscheidung giebt zu zwei pathologischen Zuständen Veranlassung: Erstens können, wenn die Harnsäure schon innerhalb des Körpers ausfällt, sogenannte Harnsteine im Nierenbecken oder in der Blase entstehen, die mannigfache Beschwerden machen, und zweitens kommt es bei manchen Individuen zu der sogenannten Gichtkrankheit, die auf einer übermässigen Harnsäureproduction beruht, wobei die harnsauren Salze in Substanz an verschiedenen Stellen des Körpers, insbesondere auch in den Gelenken abgelagert werden. Die Ursache dieser Stoffwechselstörung ist unbekannt.

Fig. 44.

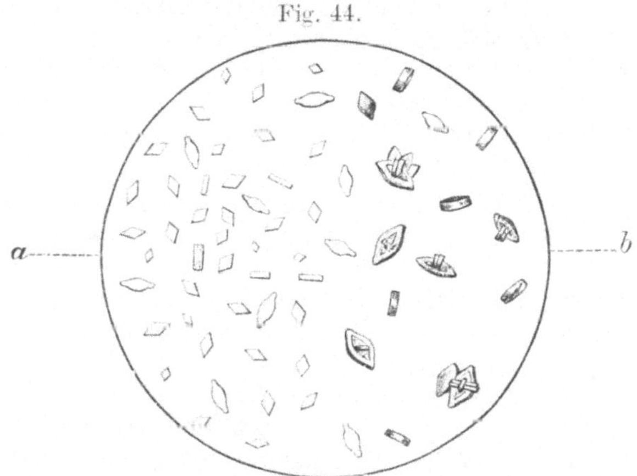

Harnsäure, bei *a* durch Salzsäurezusatz aus harnsaurem Alkali, bei *b* aus Harn spontan ausgeschieden.

Stickstoffhaltige organische Stoffe. Die oben angeführten Körper Hypoxanthin, Xanthin, Adenin, Guanin sind in noch viel geringeren Mengen, nämlich etwa zum 10. Theil der Harnsäuremenge im Harn enthalten. Sie können als Vorstufen der Harnsäurebildung angesehen werden.

Eine weitere Verbindung, die im Harn constant und zwar in beträchtlicher Menge, nämlich zu ungefähr 1 g am Tage, vorkommt, ist das *Kreatinin*. In den Muskeln findet sich ein Körper Kreatin mit der Formel $C_4H_9N_3O_2$. Füttert man ein Thier mit Kreatin, so erscheint das Kreatin im Harn als Kreatinin $C_4H_7N_3O$ wieder. Es liegt nahe, sich vorzustellen, dass das Kreatin der Muskeln die Vorstufe des Kreatinins im Harn bildet, doch ist dies nicht nachgewiesen, sondern es wird im Gegentheil angenommen, dass das Muskelkreatin weiter zersetzt und als Harnstoff ausgeschieden wird. Das Vorkommen des Kreatinins im Harn ist demnach noch nicht aufgeklärt.

Hippursäure. Endlich ist noch ein stickstoffhaltiger Bestandtheil des Harns zu nennen, der, wenigstens im Harn des Menschen, nicht wegen seiner Menge, sondern wegen der Art seiner Entstehung Beachtung verdient. Es ist dies die Hippursäure, die ihren Namen dem reichlichen Vorkommen im Pferdeharn verdankt, und deren Eigenschaften deshalb auch erst bei der Besprechung des Pferdeharns angegeben werden sollen. Im

Menschenharn findet sich die Hippursäure in der Regel nur zu
etwa 0,75 g auf die Tagesmenge, doch kann ihre Menge bei
pflanzlicher Nahrung erheblich ansteigen. Wichtig ist die Hippursäure vor allem deswegen, weil sie von allen Harnbestandtheilen
der einzige ist, der weder in irgend welchen anderen Organen des
Körpers, noch im Blute, vorgebildet gefunden wird und von dem
man deshalb annehmen muss, dass er in der Niere selbst
entsteht. Die Entstehung der Hippursäure ist auch dadurch
interessant, dass man die Stoffe, aus denen sie entsteht, mit
Bestimmtheit hat nachweisen können. Der eine ist das *Glycocoll*,
das oben schon als Bestandtheil eines der gallensauren Salze
angeführt worden ist, der andere *Benzoesäure*, die einen Bestandtheil vieler Pflanzenstoffe ausmacht. Giebt man einem Thiere
Benzoesäure, so erscheint sie im Harn als Hippursäure wieder.
Leitet man mit Benzoesäure und Glycocoll versetztes Blut durch
eine frische ausgeschnittene Niere, so lässt sich im Secret der
Niere Hippursäure nachweisen.

Schwefel und aromatische Verbindungen. Es ist im
Abschnitt über die Darmverdauung ausgeführt worden, dass die
Eiweissstoffe der Nahrung im Darm ausser der Einwirkung der
Verdauungssäfte auch noch der Einwirkung der Fäulniss unterliegen. Durch die Eiweissfäulniss entstehen eine Reihe von
Verbindungen ganz anderer Art als die durch Zersetzung des
Eiweisses im Organismus entstehenden, und da diese Fäulnissproducte zugleich mit den Nahrungsstoffen resorbirt werden, so
müssen sie, da sie für den Organismus nicht nur unnütz, sondern
zum Theil geradezu giftig sind, ausgeschieden werden. Dies geschieht
durch die Nieren und die betreffenden Stoffe treten daher im Harn auf.

Als Erzeugnisse der Eiweissfäulniss kommen in Betracht: 1. Fettkörper,
Leucin, Tyrosin. Diese gehen nur unter pathologischen Verhältnissen, nämlich
wenn die Leber erkrankt ist, unverändert in den Harn über. Man darf daraus
schliessen, dass sie normaler Weise in der Leber zersetzt und weiter ausgenutzt
werden. Ihre Oxydationsproducte treten theils als Harnstoff, theils als stickstofffreie
Säuren im Harn auf. 2. Aromatische Verbindungen. Von diesen sind hier zu nennen:
Phenol $C_6H_5(OH)$, Kresol $C_6H_4(CH_3)(OH)$ und Indol C_8H_7N und Skatol $C_8H_6(CH_3)N$.

Vom Phenol und Kresol, die im täglichen Leben Carbolsäure
und Lysol heissen, ist bekannt, dass sie starke Gifte sind. Diese
Stoffe sind im Harn in eigenthümlicher Weise mit Schwefelsäure
verbunden und dadurch in unschädliche Formen übergeführt. Die
Schwefelsäure entstammt dem Schwefelgehalt des im Körper zersetzten Eiweisses, und tritt bei dieser Verbindung nicht als solche,
sondern als gepaarte Säure, als Aetherschwefelsäure, auf.

Die Aetherschwefelsäuren oder Aethylsulfosäuren entstehen, indem eins
der Wasserstoffmoleküle der Schwefelsäure H_2SO_4 durch eine Alkoholgruppe ersetzt wird. Es bleibt demnach noch ein Wasserstoffmolekül frei, für das ein
Alkalimolekül eintreten kann, so dass ein Salz entsteht. Beispielsweise ist

$$SO_2{\textstyle<}{OH \atop OC_2H_5} = \text{Aethylschwefelsäure,}$$

$$SO_2{\textstyle<}{ONa \atop OC_2H_5} = \text{Aethylschwefelsaures Natrium.}$$

Ebenso kann das Phenol in die Schwefelsäure eintreten und mit ihr Phenolschwefelsäure bilden, die sich mit Natrium oder einer anderen Base zu einem phenolschwefelsauren Salz verbinden kann. Als solches Salz und zwar vorwiegend als phenolschwefelsaures Kalium $SO_2\diagdown_{OC_6H_5}^{OK}$ findet sich das Phenol im Harn. Die übrigen Stoffe derselben Gruppe finden sich in den entsprechenden Formen als Kaliumkresolsulfat, Kaliumindoxylsulfat, Kaliumskatoxylsulfat.

In diesen Verbindungen scheiden also zwei Gruppen von Stoffen zugleich aus dem Körper aus, erstens die giftigen Erzeugnisse der Eiweissfäulniss, zweitens ein Theil des Eiweissschwefels.

Der bei weitem grösste Theil des Eiweissschwefels, ebenso wie der in einigen Eiweissstoffen vorkommende Phosphor wird in Verbindung mit Alkalien als anorganisches Sulfat und Phosphat ausgeschieden.

Oxalsäure. Es finden sich ferner im Harn eine grosse Anzahl stickstofffreier organischer Verbindungen, die zum Theil auch aus dem zersetzten Eiweiss herrühren, zum Theil aus anderen Quellen, und hier nicht alle genannt werden können. Unter ihnen ist die Oxalsäure bemerkenswerth, die in Verbindung mit Calcium als oxalsaurer Kalk im Harn erscheint. Die Oxalsäure kommt, wie schon ihr deutscher Name Kleesäure besagt, in Pflanzen vor und entsteht aussordem vielfach bei Zersetzung organischer Stoffe. Sie ist deswegen wichtig, weil der oxalsaure Kalk in Wasser unlöslich ist, und im Harn nur durch die Anwesenheit gleichzeitig gelösten sauren Phosphats in Lösung gehalten wird. Obschon die Menge der täglich ausgeschiedenen Oxalsäure nur sehr klein ist, nämlich nur 0,2 g, kann es daher doch leicht zur Bildung von Harnsteinen aus oxalsaurem Kalk kommen. Die Reaction des Harns braucht nicht umzuschlagen, sondern nur weniger stark sauer zu werden, damit schon eine Ausscheidung von Krystallen oxalsauren Kalkes beginnt, die weiter unten ausführlicher zu beschreiben sein wird.

Farbstoffe. Als organische Bestandtheile sind schliesslich noch die Farbstoffe des Harns aufzuführen, von denen eine ganze Anzahl beschrieben und benannt worden sind. Da indessen die Mengen dieser Stoffe nur sehr klein sind, sind auch ihre Zusammensetzung und ihre Eigenschaften noch nicht mit Sicherheit bekannt. Man nahm früher an, dass einer der Farbstoffe, das Urobilin, mit dem Gallenfarbstoff Bilirubin identisch wäre, doch wird das jetzt angezweifelt. Jedenfalls sind aber die sämmtlichen Farbstoffe des Harns und der Galle als Abkömmlinge des Blutfarbstoffs anzusehen. Die Beziehungen des Harnfarbstoffs zum Gallenfarbstoff sind praktisch wichtig, weil unter pathologischen Verhältnissen, etwa bei Verschluss des Gallenganges, unzweifelhaft Gallenfarbstoff im Harn auftritt.

Zucker. In ganz geringer Menge enthält der normale Harn auch Zucker, nämlich etwa 0,02 pCt., also auf die Tagesmenge von 1,6 l berechnet ungefähr $^1/_3$ g für den Tag. Dieser Umstand

ist deswegen wichtig, weil unter pathologischen Bedingungen bei
der als Diabetes bezeichneten Krankheit Zucker in viel grösseren
Mengen (bis zu 1000 g am Tage) in den Harn übergeht.

Vom Diabetes ist oben schon bei der Besprechung des Pankreas und der
Leber die Rede gewesen, und er wird im Abschnitt über das Nervensystem
nochmals zu erwähnen sein. An dieser Stelle soll nur darauf hingewiesen
werden, dass die Ausscheidung von Zucker an sich offenbar kein Krankheits-
zeichen ist, da sich Zucker im normalen Harn vorfindet, und dass deshalb, was
die Thätigkeit der Ausscheidung betrifft, der Diabetes nur als eine Ueber-
treibung des normalen Zustandes erscheint. Dies ist auch daraus zu entnehmen, dass die normale Zuckerausscheidung bei reichlicher Zuckeraufnahme
verstärkt ist, offenbar, weil die Nieren den Gehalt des Blutes an Zucker so gut
wie den an Harnstoff durch Ausscheidung normal zu erhalten streben. Tritt
zuviel Zucker ins Blut, so muss entsprechend viel Zucker ausgeschieden werden.
Das eigentliche Wesen des Diabetes ist also nicht darin zu suchen, dass zuviel
Zucker aus dem Blute ausgeschieden wird, sondern vielmehr darin, dass zuviel
Zucker in das Blut eintritt. Die Ursache hierfür liegt in Störungen des
inneren Stoffwechsels, entweder der Leber oder der Muskeln, denen normaler
Weise die Aufgabe zufällt, den Zucker in Form von Glycogen aufzuspeichern.

Die gewöhnliche Zuckerprobe mit Reduction alkalischer Kupfersulfatlösung, die sogenannte Trommer'sche Probe, zeigt Zucker
im Harn nur dann an, wenn er in weit grösserer Menge als normal
vorhanden ist. Dagegen tritt ein geringer Grad von Reduction
manchmal auch bei normalen Harnen auf, weil andere Kohlehydrate, Harndextrin, Pentosen u. a. m. darin enthalten sein können.
Auch Harnsäure und Kreatinin können reducirend wirken. Aus
diesem Grunde ist die Trommer'sche Probe allein zum Nachweis
des Zuckers im Harn nicht immer zureichend.

Anorganische Bestandtheile. Die anorganischen Bestandtheile des Harns sind mehrfach erwähnt worden. Sie entstammen zum Theil, wie beispielsweise der Ammoniak, den zersetzten organischen Verbindungen. Zum Theil sind sie mit der
Nahrung in den Körper aufgenommen und werden ausgeschieden,
ohne dass mit ihnen irgendwelche Veränderungen vorgegangen sind.
Kochsalz, das ja auch im Blut von allen Salzen am reichlichsten
vorhanden ist, erscheint im Harn zu ungefähr 10 pCt. des Gesammtgewichts, also etwa 10—15 g am Tage. Die Ausscheidung
ist von der Aufnahme abhängig.
Die übrigen anorganischen Verbindungen kommen in viel geringeren Mengen vor. Es sind im Anschluss an das, was oben
über die Ausscheidung des Schwefels und des Phosphors der Eiweissstoffe gesagt worden ist, vor allem zu nennen phosphorsaure
und schwefelsaure Salze. Phosphorsäure wird in so grossen Mengen
ausgeschieden, dass der Phosphor 1669 von Brand bei Untersuchung
des Harns entdeckt wurde, und später der Harn zur Darstellung
des Phosphors benutzt werden konnte. Die tägliche Ausscheidung
beträgt ungefähr 3 g Phosphorsäure. Die Säure ist zum grössten
Theil an Kalium, ausserdem an Calcium und Magnesium gebunden.
Die Verbindung mit dem Kalium ist das einfach phosphorsaure
Salz, Monokaliumphosphat oder saures phosphorsaures Kali. Dieser

Verbindung sowie dem sauren harnsauren Kali verdankt der Harn seine saure Reaction. Die Harnsäure hat nämlich die Eigenschaft, einfach kohlensaure oder einfach phosphorsaure Salze in zweifach saure zu verwandeln, indem sie selbst einen Theil des Alkalis als saures harnsaures Salz bindet, nach der Formel:

$$C_5H_4N_4O_3 \; + \; K_2HPO_4 \; = \; C_5H_3KN_4O_3 \; + \; KH_2PO_4$$

Harnsäure   Einfach phosphor-   Saures harnsaures   Zweifach phosphor-
saures Kalium   Kalium   saures Kalium.

In dieser Form sind etwa zwei Drittel der Phosphorsäure im Harn enthalten, das letzte Drittel ist an Calcium und Magnesium gebunden, als $CaHPO_4$ und $MgHPO_4$. Diese Erdphosphate bleiben, wie der oxalsaure Kalk, nur bei saurer Reaction des Harns in Lösung. Die Menge der Phosphate ist sehr von der Art der Ernährung abhängig, da sie hauptsächlich von den phosphorsauren Salzen der aufgenommenen Fleischnahrung herstammen.

Die Schwefelsäure, die aus dem Eiweisszerfall im Körper entsteht, erreicht ebenfalls eine Tagesmenge von 2 g. Ein kleiner Theil wird in der oben angegebenen Weise als Aetherschwefelsäure abgeschieden, ein grösserer Theil findet sich als Ammoniumsulfat im Harn.

Zusammenfassung. Von der gesammten Zusammensetzung des Harns in ihrer Abhängigkeit von der Ernährung geben Analysen von Bunge ein Bild, die sich auf die 24stündige Ausscheidung eines gesunden Mannes bei ausschliesslicher Fleischnahrung (gebratenes Fleisch, Kochsalz, Wasser) und bei Pflanzennahrung (Weizenbrod, Kochsalz, Butter, Wasser) beziehen:

Harn bei	Fleischkost	Brodkost
Menge	1672 ccm	1920 ccm
Harnstoff	67,2 g	20,6 g
Harnsäure	1,4 g	0,25 g
Kreatinin	2,16 g	0,96 g
Kali	3,31 g	1,31 g
Natron	3,99 g	3,92 g
Kalk	0,33 g	0,34 g
Magnesia	0,29 g	0,14 g
Chlor	3,82 g	5,0 g
SO_3	4,67 g	1,27 g
P_2O_5	3,44 g	1,66 g

Endlich ist zu erwähnen, dass der Harn, wie alle Körperflüssigkeiten, eine gewisse Menge Gase absorbirt enthält, vor allem Kohlensäure zu etwa 5 Volumprocent.

Das Wasser. Was den Hauptbestandtheil des Harns, das Wasser betrifft, so spielt es erstens die Rolle des Lösungsmittels, mit Hülfe dessen der Körper sich der übrigen Bestandtheile des Harnes entledigt, zweitens aber bildet die Wasserausscheidung durch den Harn ein Regulirungsmittel für den Wasserbestand des ganzen Körpers.

Die Wasserausgaben des Körpers theilen sich in drei verschiedene Posten:
die Ausgabe durch die Lungen, von der im Abschnitt über die Athmung
die Rede gewesen ist,
die Ausgabe durch die Nieren, also im Harn, und
die Ausgabe durch die Haut.
Diese drei Arten der Wasserabgabe stehen in einer gewissen Wechselwirkung zu einander und sollen deshalb erst bei den Betrachtungen über die Bilanz des Stoffwechsels gemeinschaftlich besprochen werden.

Schweineharn. Der Harn des Schweines, das zu den Omnivoren zählt, unterscheidet sich bei gemischter Fütterung nicht wesentlich von dem des Menschen, nähert sich aber bei Pflanzenkost dem der Herbivoren, indem er dann insbesondere auch kohlensaure Salze enthält.

Harn der Fleischfresser. Der Carnivorenharn entspricht im Ganzen dem des Menschen bei Fleischkost, ist aber viel concentrirter, was sich durch dunkle Färbung und hohes specifisches Gewicht (1025—1055) zu erkennen giebt. Der Harnstoffgehalt beträgt durchschnittlich 4—6, zuweilen selbst 8—10 pCt. des Gesammtgewichts. Daher verhält sich Hundeharn ungefähr wie eingedampfter Menschenharn, und man kann einfach durch Zusatz von Salpetersäure die ganze Masse zu einem Brei von Krystallen salpetersauren Harnstoffs erstarren sehen. Harnsäure enthält der Hundeharn wenig und nur bei Fleischkost, dagegen kommt eine andere dem Hundeharn eigenthümliche Verbindung „Kynurēnsäure" in geringerer Menge (etwa 0,1 pCt.) darin vor und zwar bei reichlicher Fleischkost am meisten, im Hungerzustand weniger.

Der Harn der Katzen, der sich auch durch einen eigenthümlichen Geruch vom Hundeharn unterscheidet, soll ebenfalls einen ihm eigenthümlichen Bestandtheil enthalten, aus dem sich auf Zusatz von starken Säuren zum Harn Schwefel in Substanz abscheidet.

Herbivorenharn. Im Gegensatz zum Harn der Omnivoren und Carnivoren ist der Harn der Herbivoren trübe und reagirt alkalisch gegen Lakmus. In der Zusammensetzung ist der wesentlichste Unterschied, dass der Herbivorenharn weniger Harnstoff, fast gar keine Harnsäure, dagegen viel Hippursäure enthält, und dass unter den anorganischen Salzen reichlich Carbonate, dagegen nur wenig Phosphate auftreten.

Die alkalische Reaction des Herbivorenharns im Gegensatz zu der sauren des Carnivorenharns ist darauf zurückzuführen, dass die Herbivoren in ihrer pflanzlichen Nahrung grosse Mengen an organische Säuren, Pflanzensäuren, gebundene Alkalien aufnehmen, Die organischen Säuren werden aber im Thierkörper zerstört und oxydirt, und die dadurch frei werdenden Alkalien bilden Carbonate.

Im Einzelnen bestehen zwischen den verschiedenen Herbivoren in Bezug auf die Beschaffenheit des Harns so grosse Unterschiede, dass sie einzeln betrachtet werden müssen.

Ein Pferd von 500 kg Gewicht, das mit 4 kg Heu, 4 kg Hafer und 2 kg Häcksel gefüttert wird, und 20 l Trinkwasser aufnimmt, scheidet in 24 Stunden gegen 4,5 l Harn aus. Der

Harn ist meist alkalisch, kann jedoch bei ausschliesslicher Haferfütterung sauer reagiren. Das specifische Gewicht ist hoch, im Mittel 1045, die Farbe ist dunkelgelb und dunkelt bei längerem Stehen von der Oberfläche aus nach. Eine Eigenthümlichkeit des Pferdeharns ist, dass er schleimig, fadenziehend erscheinen kann. Dies ist auf Verunreinigung des Pferdeharns mit Schleim aus den Harnwegen zurückzuführen. Er enthält 3—4 pCt. Harnstoff, dagegen sehr wenig Harnsäure. Dafür tritt die Hippursäure in Tagesmengen von über 100 g oder über 2 pCt. des gesammten Harngewichts auf. Die *Hippursäure* krystallisirt, ähnlich wie Harnstoff, in vierseitigen Prismen oder Nadeln, sie ist wie Harnstoff in Wasser und Alkohol leicht löslich. Die Hippursäure ist im Harn nicht frei, sondern an Kalium und Calcium gebunden als hippursaures Salz vorhanden. Um sie aus dem Harn darzustellen, setzt man dem eingedampften und darauf abgekühlten Pferdeharn concentrirte Salzsäure zu, die die Hippursäure aus ihren Verbindungen austreibt. Nach einiger Zeit bilden sich dann in der Flüssigkeit Krystalle von Hippursäure.

Zum Nachweis der Hippursäure kann man sie mit starker Salpetersäure eindampfen, wobei Benzoesäure entsteht, die in Nitrobenzol übergeht und dabei an dem Geruch des Bittermandelöls kenntlich wird.

Durch Kochen mit Alkalien oder starken Säuren, ebenso bei der Gährung des Pferdeharns, zerfällt nämlich die Hippursäure unter Wasseraufnahme in Benzoesäure und Glycocoll nach der Formel:

$$C_9H_9NO_3 + H_2O = C_7H_6O_2 + C_2H_5NO_2$$
Hippursäure Wasser Benzoesäure Glycocoll.

Dies ist die Umkehrung des Vorganges, auf den man, wie schon oben erwähnt, die Entstehung der Hippursäure im Organismus zurückführt. Dass die dort angeführten Beobachtungen auch für das Pferd mit seiner reichlichen Hippursäurebildung gelten, geht daraus hervor, dass bei eben demjenigen Futter, · das Benzoesäure und die verwandten Pflanzensäuren am reichlichsten enthält, nämlich Wiesenheu, die reichlichste Hippursäurebildung beobachtet wird. Bei Fütterung mit Stoffen wie Rüben, oder geschälten Kartoffeln, sinkt der Hippursäuregehalt des Pferdeharnes auf 0,3 pCt.

In Folge der im Abschnitt über die Verdauung erwähnten Fäulnissvorgänge im Dickdarm des Pferdes sind die Erzeugnisse der Eiweissfäulniss, die aromatischen Stoffe *Phenol, Kresol, Indoxyl,* im Pferdeharn reichlich vertreten. Zu diesen kommt, als bezeichnend für den Pferdeharn, noch ein Abkömmling des Benzols, das *Brenzkatechin,* das die Eigenschaft hat, durch Sauerstoffaufnahme durch Grün und Braun zu schwarzer Farbe überzugehen. Hierauf beruht das oben erwähnte Nachdunkeln des Pferdeharns bei längerem Stehen. Das Indoxyl kommt im Pferdeharn so reichlich vor, dass man zur Demonstration des Indoxyls im Harn gewöhnlich Pferdeharn benutzt.

Wie oben angegeben, sind die aromatischen Stoffe im Harn in Gestalt ätherschwefelsaurer Salze vorhanden. Das indoxylschwefelsaure Kalium, an dem der Pferdeharn besonders reich ist, hat den Namen Harnindican. Um es nachzuweisen, versetzt man die Harnprobe mit rauchender Salzsäure, die aus dem indoxylschwefelsauren Kalium, das ursprünglich im Harn vorhanden ist, das Indoxyl abspaltet. Dies geht durch Oxydation in Indigblau über, wenn man einige Tropfen Chlorkalklösung, oder besser etwas Eisenchloridlösung zusetzt.

War nur wenig Indican vorhanden, so zeigt sich im Harn nur eine grünliche
Färbung, doch kann man die blaue Indigofarbe zur Anschauung bringen,
indem man die grunliche Flüssigkeit mit Chloroform schüttelt, das den reinen
blauen Farbstoff aufnimmt. In der Tagesmenge können bis zu 2 g Indigo
enthalten sein.

Was die Salze des Pferdeharns betrifft, so entsprechen sie
dem, was oben vom Herbivorenharn überhaupt gesagt ist. Es
finden sich wenig Phosphate, ausgenommen bei vorwiegender Hafer-
fütternng, bei der auch der Harn sauer sein kann. Dagegen ist,
in Folge des Reichthums der meisten Futterstoffe an Kalk, der
Kalkgehalt drei bis vier Mal höher als im Menschenharn. Der
grösste Unterschied gegenüber dem menschlichen oder Carnivorenharn besteht darin, dass grosse Mengen kohlensauren Kalks und
anderer kohlensaurer Salze im Pferdeharn vorhanden sind. Auf
Zusatz starker Säuren braust er daher auf, indem die Kohlensäure
ausgetrieben wird.

Beim Rind ist der Harn viel weniger concentrirt als beim
Pferde. Sein specifisches Gewicht ist nur etwa 1020—1030 und
kann bei reichlicher Tränkung bis auf 1007 sinken. Dementsprechend
ist auch die Färbung hellgelb, manchmal grünlich. Der Stickstoff
erscheint in Gestalt von Harnstoff und Hippursäure. An aromatischen
Stoffen wird viel weniger gefunden wie beim Pferde.

Vom Rinderharn unterscheidet sich der Harn der *Ziegen* und *Schafe*
nicht wesentlich. Im Harn des Ziegenbocks hat man flüchtige Fettsäuren gefunden, die beim Menschen und bei anderen Thieren nur im Schweiss vorkommen. Im Harn des Schafes findet sich meist, wie mitunter auch bei anderen
Herbivoren, Kieselsäure, die aus den Kieselpanzern der Futtergräser herrührt.

Zusammenfassung. Die wichtigsten Unterschiede der erwähnten Harne sind in nachfolgender Uebersicht in abgerundeten
Durchschnittszahlen angegeben.

	Tagesmenge der Ausscheidung in Gramm bei			
	Mensch	Hund	Pferd	Rind
Körpergewicht in kg	70	30	400	500
Tagesharn in ccm	1600	200	5000	10000
Harnstoff . . in g	30	15	125	200
Harnsäure . . . „	0,5	wenig	wenig	wenig
Hippursäure . . „	wenig	wenig	**50**	**100**
Phenol . . . . . „	0,05	wenig	2,5	0,5
Indigo aus Indoxyl „	0,01	—	2	wenig
Phosphate . . . „	1	0,9	wenig	wenig
Carbonate . . . „	**0**	**0**	**viel**	**viel**
Reaction	sauer	sauer	alkalisch	alkalisch

Die Harnsedimente.

Bei der grossen Zahl verschiedener im Harn gelöster Salze, die überdies in der Lösung in verschiedenem Maasse dissociirt sind, ist es unmöglich mit Bestimmtheit die Mengen anzugeben, in denen jedes einzelne Salz in einer gegebenen Harnprobe vorhanden ist. Jede Säure vertheilt sich auf die verschiedenen vorhandenen Basen und jede Base auf die vorhandenen Säuren. Die Entstehung jedes einzelnen Salzes hängt demnach von den Mengenverhältnissen ab, in denen die anderen Salze gleichzeitig vertreten sind. Da ausserdem die Löslichkeit der einzelnen Stoffe jede für sich von der Temperatur und von der Reaction der Gesammtflüssigkeit abhängt, so treten schon bei geringen Veränderungen der äusseren Bedingungen, wie zum Beispiel bei Abkühlung des Harns, Umsetzungen zwischen den einzelnen Bestandtheilen ein, die dazu führen, dass einzelne Stoffe ausfallen, wodurch wieder die Bedingungen für die Löslichkeit und die Säurevertheilung verändert werden.

Fig. 45.

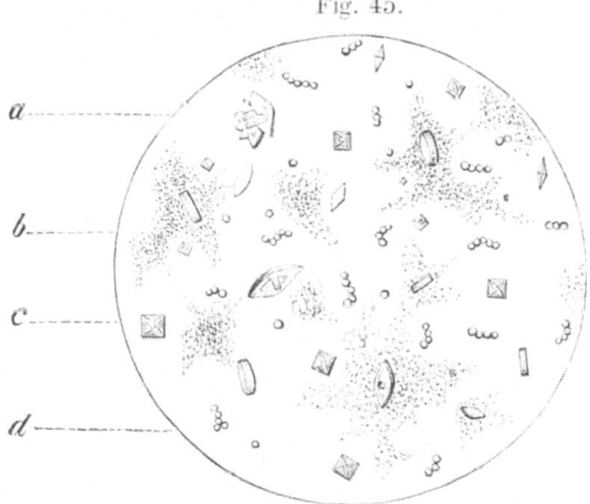

a Gruppe von Harnsäurekrystallen. *b* Amorphe harnsaure Salze.. *c* Oxalsaurer Kalk.
d Gährungspilze.

Unter diesen Umständen ist leicht zu verstehen, dass der Harn, auch nachdem er den Körper verlassen hat, keineswegs als eine einheitliche Flüssigkeit von bestimmter Zusammensetzung zu betrachten ist, vielmehr noch eine ganze Reihe von Veränderungen durchmacht. Hierzu kommt, dass die Zersetzungsvorgänge des Stoffwechsels, wie oben mehrfach hervorgehoben worden ist, nicht immer bis zu den einfachsten Endproducten vorschreiten, und dass der Harn mithin noch einer weiteren Zersetzung fähig ist.

Aus allen diesen Ursachen treten im Harn, nachdem er aus dem Körper ausgeschieden ist, ziemlich regelmässig bestimmte Veränderungen ein, die je nach Wassermenge, Reaction und Zusammensetzung bald mehr und bald weniger augenfällig sind.

In dem klar gelassenen sauren Harn des normalen Menschen bildet sich mitunter beim Stehen eine leichte Trübung, ein Wölkchen, Nubecula, das aus Schleim, losen Epithelzellen der Harnwege und vereinzelten Schleimkörperchen, Leukocyten, besteht. Nächstdem findet bei Zimmertemperatur eine Umsetzung zwischen Kaliumphosphaten und harnsauren Salzen statt, durch die Harnsäure ausfällt. Die Krystalle von Harnsäure, die auf diese Weise entstehen, sind unrein und daher gelb bis braun und zeigen dementsprechend auch verschiedene Krystallformen, meist die sogenannte „Wetzsteinform" (Fig. 45 a) oder „Tönnchenform", zuweilen auch „Hantelform" Ferner kann bei concentrirten stark sauren Harnen ein Theil der harnsauren Salze infolge ihrer geringen Löslichkeit als ein rothbrauner Niederschlag ausfallen, sobald der Harn sich abzukühlen beginnt. Dieser Niederschlag, der als Ziegelmehlsediment,

Sedimentum lateritium, bezeichnet wird, erscheint unter dem Mikroskop als
Anhäufung amorpher pulverförmiger Massen (Fig. 45b). Da die harnsauren
Salze, die das Ziegelmehlsediment bilden, nur durch ihre geringe Löslichkeit
ausgefallen sind, löst sich das Sediment auch leicht und vollständig wieder auf,
sobald der Harn auf Körpertemperatur erwärmt wird.

Man kann die erwähnten Niederschläge, die durch die Abkühlung des
Harns hervorgerufen werden, als die erste Stufe der Veränderungen des sich
selbst überlassenen Harnes bezeichnen. Die zweite, dritte und vierte Stufe
werden herbeigeführt durch die Zersetzung des Harnstoffs, der durch Gährung
in Ammoniak und Kohlensäure zerfällt. Die ursprünglich saure Reaction des
Harnes wird dadurch erst schwächer, dann neutral und schlägt endlich in
alkalische Reaction um.

Als zweite Stufe kann demnach die Zeit betrachtet werden, während
deren der Harn zwar noch sauer reagirt, aber der neutralen Reaction immer

Fig. 46.

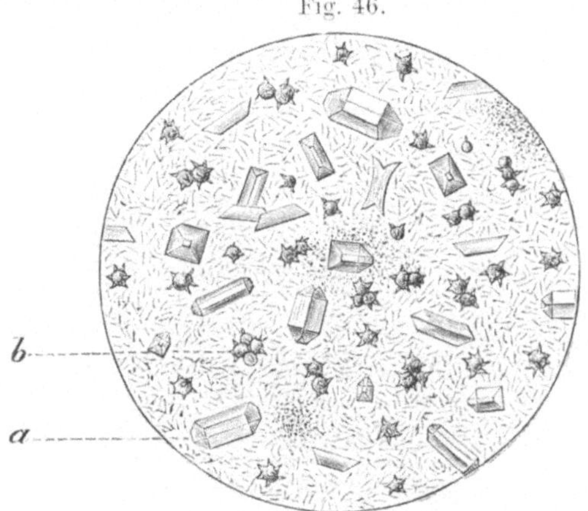

a Phosphorsaure Ammoniakmagnesia.   *b* Harnsaures Ammoniak.   Dazwischen Bakterien.

näher kommt. Unter diesen Umständen beginnt der oxalsaure Kalk auszufallen,
der durch die Gegenwart des sauren Kaliumphosphats in Lösung gehalten war,
in Form vereinzelter krystallheller Quadratoctaeder, die unter dem Mikroskop
die sogenannte „Briefcouvertform" darbieten (Fig. 45c). Dies Sediment gehört
zu den selteneren, da nicht immer soviel oxalsaurer Kalk im Harn vorhanden
ist, dass er in merklichen Mengen ausfallen kann.

Auf der dritten Stufe, bei neutraler und langsam zunehmender alkalischer Reaction beginnen die Phosphate, namentlich phosphorsaurer Kalk und
phosphorsaure Magnesia, auszufallen. Der phosphorsaure Kalk bildet büschel-
förmige Drusen prismatischer Nadeln, die phosphorsaure Magnesia durchsichtige
vierseitige Prismen. Bei fortschreitender Bildung von Ammoniak wird nun die
Reaction deutlich alkalisch, doch kann eine Zeit lang noch aller Ammoniak
gebunden sein, sodass ein rothes Lackmuspapier nur beim Eintauchen gebläut
wird. Die im sauren Harn entstandenen Sedimente von harnsauren Salzen und
Harnsäure lösen sich beim Umschlagen zur alkalischen Reaction wieder auf.

Schliesslich auf der vierten Stufe entwickelt sich reichlich freier Ammoniak,
es entstehen Mengen von phosphorsaurer Ammoniak-Magnesia, PO_4MgNH_4, auch
als Tripelphosphat bezeichnet, die ein weisses Sediment bilden, das unter dem
Mikroskop als aus grossen rhombischen Krystallen bestehend erkannt wird, die
als „sargdeckelförmig" beschrieben werden (Fig. 46a). Die Harnsäure verbindet sich mit dem Ammoniak zu harnsaurem Ammoniak, das in Knollen mit
vorragenden Krystallnadeln in der sogenannten „Stechapfelform" ausfällt
(Fig. 46b). Zugleich entsteht ein Niederschlag von kohlensaurem Kalk in
Kugeln und „Sanduhrform", und von phosphorsaurem Kalk als gallertige

amorphe Masse, oder geformt in Körnchen, oder als ein schillerndes Häutchen auf der Oberfläche.

Etwas anders als der durch Gährung alkalisch werdende Harn der Fleischfresser verhält sich der von Anfang an alkalische Harn der Pflanzenfresser. Beim Abkühlen scheiden sich schon Alkali- und Erdcarbonate aus. Anfänglich fehlen die Ammoniakverbindungen gänzlich, bei eintretender Harngährung erscheinen sie in derselben Form wie beim Fleischfresser, nämlich als harnsaures Ammoniak und als phosphorsaure Ammoniakmagnesia.

Die Verrichtung der Nieren.

Bau der Niere. In den Nieren, im Gegensatz zu den übrigen Drüsen findet eine zweifache Einwirkung von Drüsenzellen auf das zugeführte Blut statt. Um dies zu erkennen, muss der innere Bau der Nieren in seiner Beziehung zu der Secretionsthätigkeit untersucht werden.

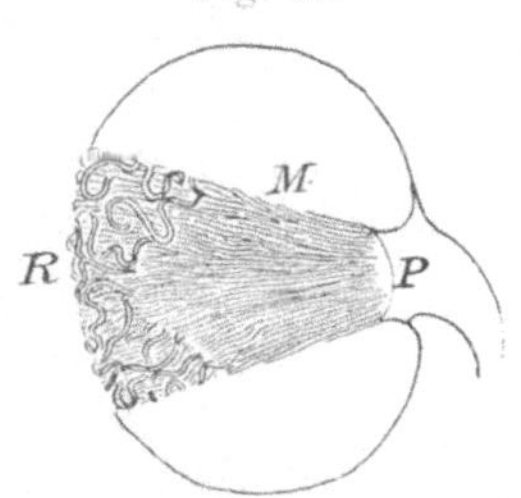

Niere, bestehend aus einem Renculum (nach Owen). R Rinde M Mark. P Nierenbecken.

Die Anatomie unterscheidet in der Niere des Menschen und der Säugethiere Rindensubstanz und Marksubstanz, die sich auf dem Längsschnitt deutlich unterscheiden, indem die Rindensubstanz blutreich und auf der Fläche unregelmässig körnig erscheint, während die Marksubstanz blass und regelmässig streifig aussieht. Die Anordnung der Rindensubstanz in der Umgebung jedes Markstreifens oder Markkegels und die Thatsache, dass die Marksubstanz nur aus gleichlaufenden Canälchen besteht, die an der Spitze der Papillen zusammentretend ausmünden, weist darauf hin, dass die Marksubstanz vornehmlich die Ausführungsgänge enthält, während die Rindensubstanz das eigentliche Drüsengewebe bildet.

Jeder einzelne Markkegel mit seiner umgebenden Rindensubstanz stellt demnach ein Organ für sich, eine Niere im Kleinen, Renculum, dar. Bei kleineren Thieren, wie Mäusen und Kaninchen, besteht die ganze Niere aus einem einzigen solchen Renculum; bei einigen Seesäugethieren ist die Trennung der einzelnen Rencula auch äusserlich ausgeprägt.

Die Nierenarterie, im Verhältniss zur Grösse der Niere sehr weit, tritt zwischen den einzelnen Markstrahlen in die Niere ein. Von hier verlaufen an der Grenze zwischen Rinde und Mark bogenförmige Aeste, von deren jedem eine Reihe gerader Aeste, Arteriolae rectae, in gleichmässigen Abständen senkrecht zur Oberfläche der Niere die Rindenschicht durchsetzen. Diese Arteriolae rectae geben wiederum in gleichmässigen Abständen Seitenästchen ab, die in die Glomeruli der Marksubstanz als Vasa afferentia eintreten (Fig. 48).

Die Glomeruli sind auf dem Nierenschnitt mit blossem Auge als feine Knötchen zu erkennen. Im Innern des Glomerulus theilt sich das Vas efferens in eine Anzahl knäuelartig zusammengeballter Capillaren und bildet dadurch das sogenannte Malpighi'sche Knäuel, aus dem wieder ein einziges Vas afferens hinausläuft. Das Gefässknäuel ist umschlossen von der sogenannten Bowmanschen Kapsel, die eine zweifache Umhüllung aus einschichtigem Epithel darstellt. Zwischen den beiden Hüllen ist ein Spaltraum frei, der also den ganzen Knäuel umgiebt. Aus diesem Spaltraum führt ein Epithelrohr heraus, das in seinem weiteren Verlauf als Harncanälchen bezeichnet wird.

Das Vas afferens des Malpighi'schen Knäuels ist stets merklich weiter als das Vas efferens. Dies deutet darauf hin, dass aus den Capillaren des Knäuels ein Theil der Blutflüssigkeit austritt, sodass weniger Blut durch das Vas efferens abfliesst, als durch das Vas afferens zufliesst. Die aus dem Knäuel austretende

Fig. 48.

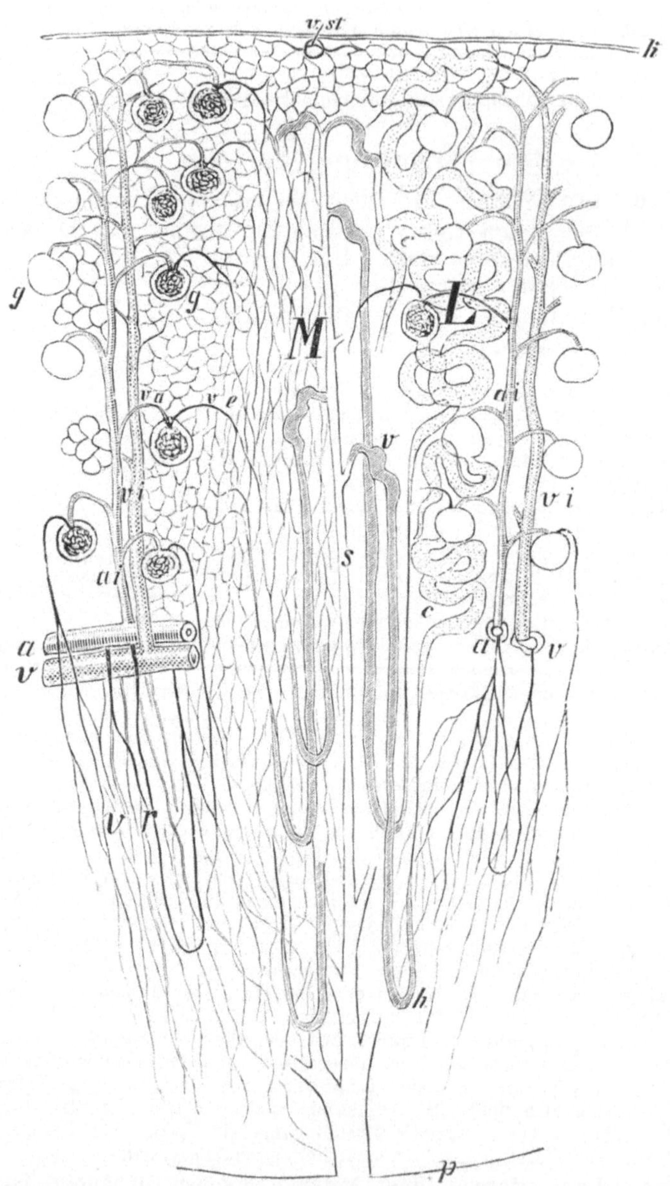

Schema des Nierenbaues. *L* Rindensubstanz. *M* Markstrahl. *P* Papille. *k* Nierenkapsel. *v r* Vena
recta. *v st* Vena stellaris. *va* Vas afferens. *ve* Vas efferens. *a, v* Art. u. Ven. arcuata. *ai, vi* Arteria
und Vena interlobularis. *g* Glomerulus. *c* Tubuli contorti. *h* Henlesche Schleife. *v* Schaltstück.
s Sammelcanal.

Flüssigkeit muss offenbar durch die innere Epithelwand der
Bowman'schen Kapsel hindurch in den Spaltraum eintreten und
wird von da durch das Harncanälchen abfliessen können. Die
Oberfläche der Capillarwände jedes Knäuels ist zusammengerechnet
sehr gross, sodass durch jeden einzelnen Theil der Fläche nur eine
sehr geringe Menge Flüssigkeit hindurchzugehen braucht, damit im
Ganzen eine beträchtliche Menge aus dem Gefäss austritt. So
stellt jeder Glomerulus durch seinen Bau deutlich einen „Filtrirapparat" dar, durch den eine Flüssigkeit aus dem Blute ausgeschieden und in das Harncanälchen abgeleitet wird.

Die Bezeichnung Filtrirapparat ist hier nur bildlich gebraucht und darf
nicht so verstanden werden, als ob die Abscheidung thatsächlich eine blosse
Filtration sei. In ähnlichem Sinne spricht man auch davon, dass die Nieren als
ein Sieb dienen, die unbrauchbaren Auswurfstoffe aus dem Blute auszusieben.

Mit dieser Anordnung ist nun die Beziehung des Blutes zu
den Epithelzellen der Niere nicht abgeschlossen. Vielmehr wird
sowohl das aus dem Malpighi'schen Knäuel hervorgehende Blut,
als auch die abgesonderte Flüssigkeit noch einmal einer weiteren
Gruppe von Drüsenzellen zugeleitet.

Jedes Harncanäschen entspringt nämlich aus der Bowman'schen Kapsel
mit einem ganz kurzen dünnwandigen Halstheil und geht dann sogleich in
einen gewundenen Theil (c Fig. 48) über, dessen Wand durch die Grösse der
sie zusammensetzenden Epithelzellen beträchtlich verdickt erscheint. Dieser
erste Abschnitt des Harncanälchens, der noch zur Marksubstanz gehört, heisst
wegen seines gewundenen Verlaufes Tubulus contortus. Auf den Tubulus contortus folgt dann eine gerade, von dünnen Epithelwänden gebildete Strecke
des Canälchens, die im Bereich des Nierenmarks liegt und bis gegen den
Markkegel der Papillen zwischen den geraden Ausführungsgängen der anderen
Harncanäle hinabläuft, um dann als „Henle'sche Schlinge" (h Fig. 48) scharf
umzubiegen und in gerader Linie wieder bis in die Marksubstanz zurückzu-
laufen. Man unterscheidet demnach an jeder Henle'schen Schlinge einen absteigenden und aufsteigenden Ast. Der aufsteigende Ast hat, ähnlich dem
Tubulus contortus, eine dickere Wand aus hohen Epithelzellen, der absteigende besteht aus einer dünnen Epithelschicht. Der aufsteigende Ast geht
dann wiederum in einen gewundenen, dickwandigen Theil, einen zweiten Tubulus
contortus, das sogenannte Schaltstück, über, das schliesslich in einem der
Markstrahlen in den geradlinig zur Papille hinabführenden Ausführungsgang
(s Fig. 48) ausläuft.

Jedes Vas efferens bildet seinerseits nach dem Austritt aus
der Bowman'schen Kapsel von Neuem ein Capillarnetz, das die
grossen Zellen in der Wandung der Tubuli contorti umspinnt. Die
geraden Theile der Canälchen werden von einem langmaschigen
Gefässnetz v r umsponnen, das ebenfalls aus den Vasa efferentia
herstammt.

Der Blutstrom in den Nierenarterien führt demnach durch
zwei Capillarsysteme nacheinander, erst durch die Capillaren
der Malpighi'schen Knäuel, dann durch die Capillaren der Rinden-
und Marksubstanz. Das arterielle System der Niere wird deshalb,
wie oben schon am Schluss des Abschnittes über den Kreislauf
angedeutet wurde, als ein Wundernetz, Rete mirabile, bezeichnet.
Wie der Bau der Glomeruli auf die Absonderung von Flüssigkeit

aus dem Blute hinweist, deutet auch die beschriebene Anordnung offenbar an, dass zwischen dem Blute der Vasa efferentia und der in den Harncanälchen abfliessenden Flüssigkeit nochmals ein Stoffübergang stattfindet. Der Umstand, dass der erste Tubulus contortus, der aufsteigende Ast der Henle'schen Schleife und das Schaltstück eine besonders dicke Epithelwand aufweisen, lässt darauf schliessen, dass diesen Epithelien eine besondere Bedeutung zukommt, während die übrigen Strecken jedes Harncanälchens einfach als Leitungsröhren aufgefasst werden können.

Filtration, Rückresorption, Secretion. Auf die beschriebenen anatomischen Verhältnisse gründete Bowman, der Entdecker der Bowman'schen Kapseln, die Vorstellung, dass die Glomeruli bestimmt seien, Wasser aus dem Blute abzufiltriren, und dass die übrigen Bestandtheile des Harns erst auf dem Wege durch die Harncanälchen von den Epithelzellen in das Wasser abgeschieden würden. Dieser Hypothese, die nur auf der Betrachtung des anatomischen Bildes beruhte, trat Ludwig entgegen, indem er versuchte, den Vorgang der Secretion auf rein physikalische Kräfte, auf Filtration und Diffusion, zurückzuführen.

Aus dem Umstande, dass die Vasa efferentia enger sind als die Vasa afferentia, schloss Ludwig, dass im Innern des Knäuels eine Blutstauung bestehe, die den Austritt von Flüssigkeit in die Bowman'sche Kapsel begünstige. Die auf diese Weise abfiltrirte Flüssigkeit sollte die Bestandtheile des Blutes, aber in viel grösserer Verdünnung und etwas veränderter Zusammensetzung enthalten, weil durch die trennende Membran ein Theil der gelösten Stoffe, namentlich das Eiweiss, zurückgehalten würde. Dies Filtrat sollte einem stark verdünnten Harn entsprechen. Durch die Abscheidung eines so grossen Theiles seiner Flüssigkeit würde das Blut, das in den Vas efferentia und dem aus ihnen hervorgehenden Capillarnetz strömte, eingedickt, und müsste in Folge dessen aus den Tubuli contorti und den Henle'schen Schleifen durch Diffusion Wasser aufnehmen. Dadurch erhielte die Flüssigkeit in den Harncanälchen eine höhere Concentration und nehme die Beschaffenheit des Harns an.

Es darf nicht unerwähnt bleiben, dass Ludwig selbst von Anfang an die Unzulänglichkeit seines Erklärungsversuches anerkannt hat. Heidenhain verwarf denn auch die Filtrationstheorie und begründete die Secretionstheorie, indem er zeigte, dass, wenn man Thieren Indigocarminlösung in eine Vene einspritzt und einige Zeit nachher die Nieren untersucht, die Zellen der Harncanälchen stark gefärbt gefunden werden. Das beweist, dass in den Harncanälchen zum mindesten nicht nur Rückresorption stattfindet, sondern dass das Harncanälchen eine absondernde Thätigkeit entwickelt.

Allen Bemühungen, die Secretion des Harnes auf einfache mechanische oder osmotische Kräfte zurückzuführen, steht eine grundlegende Beobachtung entgegen, auf die nicht nachdrücklich genug hingewiesen werden kann, weil sie unzweifelhaft beweist, dass die Secretion ausschliesslich von der Thätigkeit der Nierenzellen abhängt.

Wenn nämlich der Blutzufluss zur Niere auch nur kurze Zeit hindurch abgesperrt worden ist, hört die Secretion auf ganze Stunden auf, um erst allmählich wieder einzusetzen und in normaler Weise fortzugehen. Diese Thatsache lässt sich nur so erklären, dass die innere Thätigkeit des Nierenepithels beeinträchtigt worden ist, denn weder die Mechanik des Kreislaufs noch die osmotischen Bedingungen für die Absonderung können durch einen so leichten Eingriff merklich verändert sein. Wenn man sieht, dass trotzdem die Secretion völlig stockt, muss man schliessen, dass von einer unmittelbaren Wirkung des Blutdruckes auf die Absonderung, im Sinne einer Filtration, keine Rede sein kann.

Diesem Satz scheint die Thatsache zu widersprechen, dass sich die Secretion im gewissen Grade vom Blutdruck abhängig zeigt. Wenn der Blutdruck in der Nierenarterie zunimmt, wird auch die Secretion stärker.

Es ist aber zu bedenken, dass zugleich mit dem Druck auch die Geschwindigkeit des Blutstroms in den Nieren zunimmt. Die Steigerung der Secretion kann also ebenso gut durch die Steigerung der Durchströmung wie durch die Steigerung des Druckes erklärt werden. Wenn mehr Blut durch die Nieren strömt, wird den Zellen erstens in der Zeiteinheit mehr Auswurfsstoff zugeführt, und zweitens, was das wichtigere ist, auch mehr Sauerstoff. Durch diese Vermehrung der Zufuhr wird die Zellenthätigkeit befördert und die Secretion nimmt zu. Wenn die Nierenvene verschlossen wird, hört, obgleich der Druck in der Niere steigt, die Absonderung auf. Dies spricht gegen die Filtration und erklärt sich leicht, wenn man erwägt, dass bei stockendem Kreislauf die Zellthätigkeit gestört sein muss. Doch ist diese Betrachtung nicht ganz zwingend, weil angenommen werden kann, dass die Stauung in den Venen auch für die Filtration ein mechanisches Hinderniss bleibt. Es ist nämlich nicht unwahrscheinlich, dass *durch die Schwellung der Venen die Harncanälchen zusammengepresst und abgeschlossen werden.* Der Umstand endlich, dass bei sinkendem Blutdruck die Absonderung aufhört, lässt sich ebenso gut durch die geringere Zufuhr zu den Zellen erklären, wie nach der Filtrationstheorie. Man schätzt den Druck in den kleinen Arterien der Niere auf ein Fünftel weniger als den gleichzeitig bestehenden Aortendruck. Beim Hunde, dessen Aortendruck 120 mm Quecksilberhöhe beträgt, ist Harnabscheidung noch beobachtet worden, als der Aortendruck bis auf ein Viertel des Normalwerthes gesunken war. Man darf annehmen, dass eine so stark verminderte Blutzufuhr auf die absondernden Zellen wie völlige Absperrung des Blutstroms wirkt.

Aus alledem ergiebt sich folgende Darstellung der Thätigkeit der Nieren:

Durch die verhältnissmässig grosse Oberfläche, die die Malpighi'schen Knäuel darbieten, ist den Epithelzellen der inneren Wand der Bowman'schen Kapsel die Möglichkeit gegeben, verhältnissmässig grosse Mengen Flüssigkeit und gelöste Stoffe aus dem Blute aufzunehmen und in das Harncanälchen überzuführen. Hierbei werden nicht alle Blutbestandtheile und auch nicht alle Harnbestandtheile mitgenommen, sondern nur ein Theil der später im Harn vorkommenden Stoffe. Die übrigen Harnbestandtheile werden durch die Epithelzellen der Harncanäle der von den Glomeruli abgeschiedenen Flüssigkeit zugesetzt.

Zu demselben Schluss führt auch die Anwendung der Grundsätze, die oben bei der Betrachtung der Osmose angeführt worden sind. Die gelösten Stoffe, die aus dem Blut in den Harn übergeführt werden, vor allem der Harnstoff, sind im Blute in viel schwächerer Concentration enthalten als im Harn. Fasst man die ganze Absonderungsvorrichtung der Nieren als eine trennende Membran zwischen der zugeführten Blutmenge und der abfliessenden Harnmenge auf, so folgt aus den Concentrationsverhältnissen, dass

nach den Gesetzen der Diffusion oder Osmose der Harnstoff das
Bestreben haben muss, aus dem Harn in das Blut zurückzutreten.
Um dies zu verhindern und im Gegentheil immer neue Harnstoffmengen aus der weniger concentrirten Lösung, dem Blut, in die
concentrirtere, den Harn, überzuführen, bedarf es eines Energieaufwandes, einer Arbeitsleistung, die der Osmose entgegen wirkt.
Nun beträgt der osmotische Druck für Lösungen, die ein Gramm-
Molecül des gelösten Stoffes enthalten, volle 22 Atmosphären, und
für Lösungen von der Concentration des Blutes oder des Harnes
immer noch mehrere Atmosphären. Selbst der Concentrationsunterschied zwischen Blut und Harn genügt daher unter normalen
Verhältnissen, um osmotische Kräfte hervorzurufen, denen gegenüber die Energie des Blutkreislaufs in der Niere gar nicht in
Betracht kommt. Dass die Arbeitsleistung der Nieren wirklich so
gross ist, und dass es die Nierenzellen sind, die die Arbeit leisten,
lässt sich aus dem Sauerstoffverbrauch der Niere beweisen. Wenn
man nämlich die Menge des Blutes bestimmt, das die Niere durchfliesst, und dessen Gehalt an Sauerstoff und an Kohlensäure vor
und nach dem Durchfliessen durch die Niere vergleicht, so erhält
man das Maass für die Oxydationsprocesse, die in den Nierenzellen
stattfinden.

Man kann die Energiemengen, die bei dieser Oxydation frei
werden, abschätzen, und findet, dass sie denen, die für die
Absonderungsarbeit erforderlich sind, entsprechen. Bei verstärkter
Secretionsthätigkeit ist auch der Sauerstoffverbrauch in der Niere
vermehrt.

Es sei endlich noch daran erinnert, dass, wie oben hervorgehoben, die
Hippursäure, die im Harn vorkommt, im Blute nicht vorgebildet ist, sondern
erst in der Niere selbst entsteht. Wenn man sauerstoffhaltiges Blut, das
Benzoesäure und Glycocoll enthält, durch die Gefässe einer frisch ausgeschnittenen Niere leitet, so fliesst aus dem Ureter ein hippursäurehaltiges
Secret. In dieser Synthese tritt die Fähigkeit der Nierenzellen zur Leistung
chemischer Arbeit deutlich hervor.

Ferner kann man noch eine Reihe von Gründen dafür geltend
machen, dass die Nierensecretion im Ganzen auf der Lebensthätigkeit der Nierenzellen beruht. *Erstens* werden Stoffe, die sich
physikalisch ziemlich gleich verhalten, wie Chloride und Phosphate,
wenn man sie in das Blut eingeführt hat, mit verschiedener
Geschwindigkeit ausgeschieden. *Zweitens* giebt es eine Reihe von
Mitteln, die die Secretion anregen und verstärken, ohne dass ihre
Wirkung anders als durch einen Reiz auf die absondernden Zellen
erklärt werden könnte. *Drittens* lässt sich die Secretion durch
ganz geringe Mengen gewisser Gifte, zum Beispiel Atropin, völlig
unterdrücken.

Nach alledem muss man annehmen, dass die ganze
Thätigkeit der Niere auf die Arbeit der Secretionszellen
zurückzuführen ist.

Ueber die Art und Weise, wie die Drüsenzellen ihre Absonderungsarbeit ausführen, lässt sich nur wenig angeben. An

mikroskopischen Präparaten, die während verstärkter Secretions-
thätigkeit hergestellt sind, findet man die Canälchen erweitert, die
Grenzen der Zellen und den Bürstensaum undeutlich. An Nieren,
die während der Absonderung von Farbstoffen fixirt worden sind,
kann man erkennen, dass sich die Farbstoffe in Vacuolen im
Innern der Zellen sammeln, die dann wahrscheinlich in die
Lichtung der Canälchen entleert werden. Die mechanischen
Ursachen dieser Vorgänge sind völlig unbekannt.

Die Frage, welche Harnbestandtheile durch die Glomeruli
und welche durch das Epithel der Harncanälchen ausgeschieden
werden, kann auch noch nicht vollständig beantwortet werden.
Schon aus der Engigkeit der Vasa efferentia ist zu schliessen, dass
wenigstens ein grosser Theil der Flüssigkeit im Glomerulus abgesondert werden muss. Dies bestätigt folgender Versuch von
Heidenhain: An der Niere eines Kaninchens wird ein Theil der
Rindensubstanz, die die Glomeruli enthält, durch Aetzung zerstört.
Dann wird dem Thiere eine Lösung von Indigcarmin ins Blut
eingespritzt. Untersucht man einige Zeit darauf die Niere, so
findet man im Bereich der geätzten Stellen den Farbstoff in den
Harncanälchen angehäuft, während er an den Stellen, deren
Glomeruli erhalten geblieben sind, verdünnt und bis zur Mündung
der Harncanälchen fortgeschwemmt erscheint. In den Bowman'-
schen Kapseln ist keine Spur von Färbung zu erkennen. Diese
Befunde lehren, dass der blaue Farbstoff nicht in den Glomeruli,
sondern nur in den Canälchen ausgeschieden wird, und dass die
Glomeruli Wasser abscheiden.

Von den meisten festen Bestandtheilen lässt sich nicht mit
Sicherheit angeben, an welcher Stelle der Nieren sie abgeschieden
werden. Nur bei solchen Stoffen, die sich durch chemische Mittel
an Ort und Stelle fixiren und erkennbar machen lassen, ist dies
möglich. Zu diesen Stoffen gehört die Harnsäure, denn es kommt
nicht selten der pathologische Fall vor, dass sich harnsaure Salze
unmittelbar nach der Absonderung in den Harnmengen nieder-
schlagen und einen sogenannten Infarct der Niere bilden. Dann
liegen die harnsauren Salze, ganz ebenso wie der Farbstoff in dem
erwähnten Versuch, niemals in den Glomeruli, sondern immer
nur in den Harncanälchen. Diese überaus häufig gemachte
Erfahrung darf als ein Beweis gelten, dass *jedenfalls die Harnsäure ausschliesslich durch die Epithelzellen der Harncanäle abgesondert wird.*

Auch für Eisen und Kalk ist nachgewiesen, dass sie nicht
in den Bowman'schen Kapseln, wohl aber in den Canälchen auftreten, und also nicht in den Glomeruli, sondern nur von den
Canälchenzellen abgesondert werden. Dadurch wird es aber
wahrscheinlich, dass auch die übrigen festen Harnbestandtheile,
vornehmlich in den Canälchen, in den Harn übergehen. Es liegt
aber kein Grund vor, anzunehmen, dass dies ausschliesslich
geschieht. Das würde nämlich bedeuten, dass die Glomeruli reines

Wasser aus dem Blute absonderten, und dazu müsste, wie oben auseinander gesetzt, eine erhebliche Energiemenge ganz unnützer Weise aufgewendet werden. Bei weitem wahrscheinlicher ist daher die Auffassung, dass die Glomeruli zunächst die Hauptmenge des Harnwassers, und darin einen Theil der festen Bestandtheile, etwa entsprechend der Concentration des Blutes, absondern, während dem Canälchenepithel die Hauptarbeit zufällt, die eigentliche Masse der Auswurfsstoffe in die Canälchen überzuführen.

Diese Arbeit wird in der Weise geleistet, dass dabei keineswegs der Blutdruck oder die osmotischen Verhältnisse, sondern vielmehr die normale Zusammensetzung des Blutes maassgebend ist. Die Nierenthätigkeit im Ganzen dient nämlich, wie schon wiederholt hervorgehoben wurde, dazu, die Zusammensetzung des Blutes durch Ausscheidung der überschüssigen Stoffe constant zu erhalten. Sobald ein fremder Stoff ins Blut eingeführt oder die Menge eines normalen Blutbestandtheils vermehrt wird, wird der betreffende Stoff in den Harn übergeführt. Ebenso ist die Wasserausscheidung der Nieren in erster Linie vom Wassergehalt des Blutes abhängig. In zweiter Linie kommt freilich der Gehalt der ganzen Körpergewebe an Auswurfsstoffen in Betracht, weil von ihm der Gehalt des Blutes an solchen Stoffen abhängt.

Wenn nun der Gehalt des Blutes an irgend einem Stoffe erhöht ist, ohne dass gleichzeitig eine entsprechende Vermehrung des Wassergehaltes besteht, müssen die Nieren den Stoffüberschuss entfernen, ohne gleichzeitig mehr Wasser abzuscheiden. In diesem Falle wird also die Concentration des Harnes verhältnissmässig hoch werden, und die Nierenzellen werden eine bedeutende Energiemenge aufwenden müssen, um den hohen osmotischen Gegendruck gegen die Secretion zu überwinden. In pathologischen Fällen sind die Nierenzellen zu solcher erhöhter Arbeitsleistung nachweislich unfähig, und man muss daher bei Nierenkranken die Nahrungszufuhr so einzurichten suchen, dass die Concentrationsunterschiede zwischen Harn und Blut, und somit die „osmosewidrige" Arbeit möglichst gering bleiben.

Für die Anschauung, die man sich vom Secretionsvorgang in den Nieren machen will, ist es wichtig, eine Vorstellung von der Stromgeschwindigkeit zu erhalten, mit der sich das Secret in den Harncanälchen bewegt. Die Ausführungsgänge in den Papillen werden als 2—300 μ breit, und für jede Niere zu etwa 500 an der Zahl angegeben, was einem gemeinsamen Querschnitt von etwa 20 qmm entsprechen würde. Durch diesen Querschnitt fliessen in 24 Stunden etwa 800 ccm Harn. Das giebt eine Strömungsgeschwindigkeit von ungefähr 0,5 mm in der Secunde oder 3 cm in der Minute. Da der gemeinsame Querschnitt aller derjenigen Harncanäle, die zusammen einen Ductus papillaris bilden, erheblich grösser ist als der des Ausführungsganges, dürfte die Geschwindigkeit der Strömung in den oberen Theilen der Canälchen mindestens um das Drei- bis Vierfache kleiner anzunehmen sein. Von einem

Harnstrom in den Canälchen kann also nur bildlich gesprochen werden, in Wirklichkeit handelt es sich um ein unmerkliches Durchsickern der Flüssigkeit.

Bemerkenswerth ist, dass die Absonderung mit verhältnissmässig geringem Druck vor sich geht. Während andere Drüsen ihr Secret unter einem Druck auszustossen vermögen, der bedeutend höher sein kann als der gleichzeitig herrschende Blutdruck in der Aorta, findet man meist, dass der Druck im Ureter nur wenig über 10 mm Quecksilberhöhe erreicht.

Der in den Nieren gebildete Harn wird durch die Ureteren der Blase zugeleitet und in längeren oder kürzeren Zeiträumen nach aussen entleert. Von diesen Vorgängen wird im zweiten Theile bei der Besprechung der Nerventhätigkeit die Rede sein.

Die Schweissabsonderung.

Anordnung der Schweissdrüsen. Nächst den Nieren sind als Drüsen, die ausschliesslich der Ausscheidung dienen, die Schweissdrüsen zu nennen.

Dies sind tubulöse Drusen, die einzeln in sehr grosser Zahl in der Haut liegen und ihr Secret, den Schweiss, nach der Aussenfläche des Körpers abgeben. Der Drüsenschlauch ist in der Tiefe der Lederhaut knäuelförmig zusammengerollt und geht in einen Ausführungsgang über, der die Oberhaut mit korkzieherförmigen Windungen durchsetzt. Die Schweissdrüsen sind an verschiedenen Stellen der menschlichen Körperoberfläche in sehr wechselnden Mengen vertheilt. An der Innenfläche der Hand sind sie in regelmässigen Reihen längs der Hautleisten angeordnet, und unter Umständen werden ihre feinen Oeffnungen an dieser Stelle dem blossen Auge bemerkbar. Die Schweissdrüsen der Achselhöhle sind erheblich grösser, und der Bau ihrer Epithelzellen unterscheidet sich von dem der anderen Schweissdrüsenzellen durch einen „Borstensaum" an der inneren Oberfläche.

An mehreren Stellen, wie am Augenlid, in der Umgebung des Afters und der Mamillen befinden sich ebenfalls Drüsen, die sich von den Schweissdrüsen der anderen Hautstellen in Einzelheiten unterscheiden. Man hat daher den umfassenderen Namen „Knäueldrusen" für die Gesammtheit der schweissabsondernden Hautdrüsen eingeführt, der aber wiederum dem Thatbestand nicht genau entspricht, weil unter den betreffenden Drüsenarten sich auch solche finden, deren Formen sich der acinöser Drusen nähert.

Die Hautstellen, die beim Menschen die grösste Zahl von Schweissdrüsen enthalten und die stärkste Schweissabsonderung aufweisen, sind die Beugeseite von Hand, Fuss und Rumpf, nächstdem die Stirn. Dies geht aus folgenden Zählungen hervor:

1 qcm Haut enthält Schweissdrüsen an:

Stirn		140
Wange		60
Brust, Bauch, Vorderarm		225
Nacken, Rücken, Gesäss		50
Bein		60
Hand	Fläche	310
	Rücken	170
Fuss	Sohle	300
	Rücken	100

Bei den Thieren ist Menge, Vertheilung und Ausbildung der Schweissdrüsen sehr verschieden, worauf schon die gewöhnliche

Erfahrung hinweist, dass man nicht selten schweisstriefende Pferde, niemals aber einen schwitzenden Hund zu sehen bekommt. Bei Hunden ebenso wie bei Katzen fehlen in der behaarten Haut die Schweissdrüsen. Bei diesen Thieren beschränkt sich die Schweissabsonderung auf die unbehaarte Haut der Sohlenballen. Bei Rindern sind die Drüsen weniger ausgebildet, nämlich nur gewunden und nicht knäuelförmig, und nicht im Stande, merkliche Schweissmengen abzusondern. Beim Pferd und ebenfalls beim Schaf kommt starkes Schwitzen vor. Ziegen und Nager sollen garnicht schwitzen können. Bei Schweinen und Rindern, bei denen die Körperoberfläche im Allgemeinen wenig Schweiss absondert, finden sich in den unbehaarten Hautstellen am Maul besondere Drüsen, die Flotzmauldrüsen, die von manchen Forschern als Schweissdrüsen, von anderen aber als Schleimdrüsen aufgefasst werden. Die Absonderung dieser Drüsen kann, was die Wasserausscheidung betrifft, als Ersatz für die mangelnde Schweissdrüsensecretion betrachtet werden.

Die Zusammensetzung des Schweisses. Die Untersuchung des Schweisses hat mit der grossen Schwierigkeit zu kämpfen, dass das Secret nicht in grösserer Menge in reinem Zustand zu erhalten ist. Wie die Alltagserfahrung lehrt, ist der Schweiss eine wässrige klare Flüssigkeit von salzigem und, wie schon das Sprichwort sagt, sauerem Geschmack. Fängt man den Schweiss in grösseren Mengen auf, so bestätigt die Untersuchung, dass der Schweiss nur etwa $1—\frac{1}{2}$ pCt. feste Stoffe enthält, und dementsprechend auch nur das specifische Gewicht 1003—1005 erreicht. Die Reaction ist meist sauer, doch pflegen bei anhaltendem Schwitzen die später aufgefangenen Mengen neutral oder alkalisch zu reagiren. Der Schweiss des Pferdes ist stets dauernd alkalisch. Man nimmt deshalb an, dass die anfänglich saure Reaction auf Verunreinigung des Schweisses mit Fettsäuren aus dem Secrete der Talgdrüsen beruht.

Ferner bemerkt man bei reichlichem Schwitzen gewöhnlich einen Geruch des Schweisses, der an den ranziger Butter erinnert. Dieser Geruch des Schweisses ist bei verschiedenen Individuen und auch beim gleichen Individuum unter verschiedenen Umständen verschieden stark. Es ist bekannt, dass die Neger durch den Geruch ihrer Hautabsonderung unangenehm auffallen. Auch in pathologischen Fällen kann der Geruch des Schweisses verstärkt sein.

Diese Eigenthümlichkeiten des Schweisses erklären sich aus seiner Zusammensetzung. Von den $1\frac{1}{2}$ pCt. festen Stoffen sind etwa zwei Drittel anorganische Salze, unter denen, wie bei allen thierischen Flüssigkeiten, das Kochsalz vorwiegt. Daneben finden sich phosphorsaure Erd-Alkalien und Eisenoxyd. Die organischen Bestandtheile des Schweisses sind ausschliesslich solche, die auch im Harn vorkommen, also vor allem *Harnstoff*, neben dem aber auch Kreatinin, Phenol und andere mehr nachgewiesen worden sind. Ausserdem findet man im Schweiss flüchtige Fettsäuren, auf die der Geruch des Schweisses zurückzuführen ist, Cholesterin und Fett.

Eine interessante Angabe ist die, dass bei sehr reichlicher Schweissabsonderung die gesammelte Flüssigkeit in einigen Fällen bläulich gefärbt erschienen sein soll. Diese Beobachtung wird durch die Gegenwart von Indican im Schweiss erklärt und bestätigt das Beiwort „caeruleus", das bei klassischen Dichtern dem Schweiss zugetheilt wird.

Der Art nach kann demnach die Zusammensetzung des Schweisses in zwei Worten bezeichnet werden als die eines verdünnten Harns.

Die Stickstoffausscheidung. Krause hat die Zahl der Schweissdrüsen im ganzen menschlichen Körper auf gegen $2^1/_3$ Millionen angegeben und ihren Rauminhalt auf ungefähr den gleichen Rauminhalt berechnet, der einer Niere zukommt. Er fasst die Bedeutung der Schweissdrüsen für den Stoffwechsel dahin zusammen, dass er sie in ihrer Gesammtheit „die dritte Niere" des Menschen nennt. Thatsächlich ist zwischen der Thätigkeit der Nieren und der der Schweissdrüsen eine gegenseitige Beziehung wahrzunehmen, die diese Bezeichnung rechtfertigt. Wenn die Schweissabsonderung sehr lebhaft ist, nimmt die Harnabsonderung entsprechend ab. Dies gilt vor allem von der Wasserabscheidung, die ja bei Weitem den grössten Theil der Schweissabsonderung ausmacht. Die Ausscheidung der festen Stoffe im Schweiss ist für gewöhnlich so gering, dass man sie bei Stoffwechselbestimmungen ganz ausser Betracht zu lassen pflegt. Doch haben neuere Untersuchungen gezeigt, dass dadurch ganz beträchtliche Fehler im Betrage von 10 pCt. der gesammten Harnstoffabsonderung und darüber entstehen können. An Versuchspersonen, die mit eigens hergerichtetem Unterzeug bekleidet, anstrengende Märsche ausführten, hat man beim Auswaschen des Unterzeuges über 2 g Stickstoff gefunden, entsprechend fast 5 g Harnstoff.

Ebenso wie die Thätigkeit der Nieren wird auch die Thätigkeit der Schweissdrüsen durch reichliche Wasserzufuhr zum Blute angeregt. Trotzdem darf man behaupten, dass die eigentliche Bedeutung der Schweissabsonderung für den Organismus nicht auf der Abscheidung von Auswurfstoffen, sondern vielmehr darauf beruht, dass die vermehrte Wasserverdunstung dazu dient, den Körper, wenn es erforderlich ist *abzukühlen* und dadurch bei normaler Temperatur zu halten. Von diesem Vorgang wird im Abschnitt über thierische Wärme ausführlicher die Rede sein. Es genügt hier auf diesen Zusammenhang hinzuweisen, um zu erklären, warum alle Umstände, die die Körpertemperatur zu erhöhen geeignet sind, auch auf die Schweissabsonderung wirken. Hierzu gehört vor allem hohe Temperatur der Umgebung, Muskelarbeit, aber auch jede Einwirkung, die die Durchblutung der Haut fördert und dadurch die Temperatur der Haut erhöht. Die Wärme wirkt nicht unmittelbar als Reiz auf die Schweissdrüsen, sondern durch Vermittlung des Nervensystems.

Die Einwirkung der Nerven auf die Schweissabsonderung ist auch daran zu erkennen, dass psychische Zustände, wie Angst, Zorn, Spannung zur Schweisssecretion führen können.

Die Talgabsonderung.

Ausser den Schweissdrüsen sind in der Haut noch die sogenannten Talgdrüsen zu erwähnen, die richtiger als Talgfollikel bezeichnet werden müssten. Sie sondern nämlich nicht, wie die eigentlichen Drüsen, ein Secret ab, sondern ihre Zellen werden im Ganzen abgestossen, nachdem sie sich mit Fett beladen haben. Die Talgfollikel sind also genau genommen nur Wucherungsstätten für eine bestimmte Art Epithelzellen, die nach ihrem Untergang als Träger des sogenannten Hauttalgs ausgestossen werden. Indem immer neue Zellen an Stelle der ausgestossenen Zellen nachwachsen, findet eine dauernde Ausfuhr von Hauttalg statt, die ungefähr auf dasselbe hinausläuft, als wenn die Zellen in der Drüse festsässen und nur der Hauttalg ausgestossen würde.

In gewissem Gegensatz zu dieser Entstehung des Hauttalgs steht der Umstand, dass er offenbar einem nicht ganz unwichtigen Zwecke dient, nämlich die Hautoberfläche und bei Thieren das Haarkleid durch Einfettung geschmeidig zu erhalten. Der Hauttalg ist daher als Secret, nicht als Excret zu betrachten.

Der Bau der Talgfollikel entspricht so völlig dem einer acinösen Drüse, dass die Bezeichnung Talgdrüse ganz allgemein üblich ist, und auch der Hauttalg ganz allgemein unter die Secrete gerechnet ·wird, statt unter die Zersetzungsproducte der abgestossenen Körperzellen.

An allen noch so fein behaarten Hautstellen liegen die Talgdrüsen seitlich den Haarbälgen an, so dass ihre Ausführungsgänge in den Haarbalg einmünden. Vom Grunde des Haarbalges ziehen bekanntlich schräg nach der Oberfläche der Haut zu Bündel glatter Muskelfasern, die Arrectores pili. Die Talgdrüsen liegen nun in dem Winkel, der vom Haarbalg und je einem oder mehreren Haarbalgmuskeln gebildet wird. Bei der Zusammenziehung der Muskeln muss daher auf die Drüse ein Druck ausgeübt werden, der die Ausstossung des Drüseninhalts befördert. Die Epithelzellen der Talgdrüsen sind anfänglich von denen anderer Drusen nicht verschieden, sie nehmen aber im Laufe ihrer Thätigkeit immer mehr Fett auf, bis schliesslich von der Zelle nur eine dünne Membran, mit Fett erfüllt, übrig ist. Der Kern wird abgeplattet an die Wand gedrängt. In diesem Zustand zerfällt die Zelle und der halbflüssige Inhalt dringt durch den scheidenförmigen Raum des Haarbalgs auf die Aussenflache der Haut. An den Hautstellen, wo die Behaarung gänzlich fehlt, kommen auch Talgdrüsen mit selbstständiger Mündung vor. An manchen Stellen, zum Beispiel in der Hohlhand des Menschen fehlen die Talgdrüsen gänzlich.

Die beschriebenen Umstände machen es unmöglich, grössere Mengen Hauttalg auf einmal zum Zwecke chemischer Untersuchung zu erhalten. In den Fällen, in denen unter pathologischen oder normalen Bedingungen Ansammlungen von Hautsecret vorkommen, ist durch Eindickung und Zersetzungsvorgänge die ursprüngliche Zusammensetzung verändert. Es lässt sich daher nur angeben, dass die Absonderung der Talgdrüsen grossentheils aus Fett besteht, das zum Theil noch von Zellwänden umgeben ist. Ausserdem findet man geringe Mengen Eiweiss und Cholesterin, das zum Theil aus dem Keratin zerfallener Hautzellen herrühren soll.

Ueber die Menge der Absonderung lässt sich ebenfalls nichts Bestimmtes sagen, ausser dass sie sich unter normalen Verhältnissen auf ein so geringes Maass beschränkt, dass sie im Verhältniss zu den übrigen Stoffausgaben verschwindet. Jedenfalls ist die Absonderungsgrösse bei verschiedenen Individuen sehr verschieden, was sich schon an dem verschiedenen Aussehen und Anfühlen der Haut zeigt. Bei den Negern sollen die Talgdrüsen überaus stark entwickelt und dementsprechend die Haut stets ölig glänzend sein. Diese Angaben gelten ebenso sehr für die Säugethiere, bei denen sich ebenfalls beträchtliche Unterschiede in Bezug auf Glanz und Geschmeidigkeit des Haarkleides zeigen.

Wie wichtig die Einfettung der Haut für das Wohlbefinden des Körpers ist, zeigt sich an solchen Fällen, wo sie durch Störung der Hautthätigkeit oder auch nur durch übermässiges Waschen, namentlich mit Laugen, ausgeschaltet ist. Es entsteht ein unangenehmes Gefühl von Trockenheit der Haut und Empfindlichkeit gegen Kälte, was darauf hindeutet, dass die Abdunstung des Wassers aus den tieferen Schichten der Haut erleichtert ist. Die Oberhaut verliert auch einen grossen Theil ihrer mechanischen Widerstandsfähigkeit und wird spröde und rissig. Es ist eine bemerkenswerthe Thatsache, dass auf Polarexpeditionen auch an Reinlichkeit gewöhnte Menschen davon abkommen, sich zu waschen, selbst wenn ihnen für die Waschung warme Räume zur Verfügung stehen.

Bei Thieren mit Haarkleid ist die Bedeutung des Fettüberzuges noch höher anzuschlagen. Das Fett hält die Haare geschmeidig und verhindert das Eindringen von Wasser, das sonst den Pelz durchnässen und die ganze Körperoberfläche stark abkühlen würde.

Andere Hautdrüsen.

Verschiedene Hautdrüsen. Am Körper des Menschen finden sich an verschiedenen Stellen Gruppen von Drüsen, die den Talgdrüsen gleich sind oder sich sehr wenig von ihnen unterscheiden, trotzdem aber wegen ihrer besonderen Stellung oder wegen geringerer Unterschiede ihrer Absonderungen besondere Namen erhalten haben.

So bezeichnet man als besondere Gruppe die Präputialdrüsen, deren Absonderung, das Smegma, sich nur durch Beimengung von Harnbestandtheilen und Zersetzungsproducten von dem Hauttalg unterscheidet.

Die Meibom'schen Drüsen des Augenlides bilden eine besondere Gruppe nur durch ihre Anordnung. Ihre Absonderung ist als Hauttalg anzusehen, der die Bestimmung hat, die Thränenflüssigkeit von dem Augenlidrand zurückzuhalten.

Etwas grössere Unterschiede bieten die Drüsen des äusseren Gehörganges dar, die das sogenannte Ohrenschmalz, Cerumen, absondern. Dies unterscheidet sich deutlich von den Absonderungen anderer Talgdrüsen durch seine gelbe Farbe und seinen bitteren Geschmack. Die Stoffe, die dem Cerumen diese auffälligen Eigenschaften verleihen, sind noch nicht bekannt.

Schleimdrüsen. In den Schleimhäuten nehmen die Stelle der Talgfollikel die ähnlich gebauten Schleimdrüsen ein. Der Vorgang der Absonderung bildet hier eine Mittelstufe zwischen wahrer Secretion und der Zellausstossung der Talgdrüsen, indem die Schleimdrüsenzellen zwar erhalten bleiben, ihren in Gestalt von Schleimtropfen angehäuften Inhalt aber dadurch entleeren, dass ihre Deckelmembran zerreisst. Der Schleim überzieht die Oberfläche aller Schleimhäute mit einer bald dickeren, bald dünneren Schicht.

Er stellt eine meist klare, mitunter durch feste Bestandtheile getrübte, zähe, wasserklare oder gelbliche Flüssigkeit dar. Der wesentliche Bestandtheil dieser Flüssigkeit ist das Mucin, daneben soll etwas Albumin und eine Reihe von anorganischen Salzen, vor allem Kochsalz, darin enthalten sein. Der Wassergehalt ist schwankend. Die Reaction ist stets alkalisch. Die festen Bestandtheile sind grösstentheils Trümmer der Schleimzellenwandung oder auch losgelöste Schleimdrüsenzellen, daneben aber Leukocyten, die hier als „Schleimkörperchen" bezeichnet werden. In physiologischer Beziehung ist der Schleim dem Hauttalg insofern zu vergleichen, als er offenbar als Schutzmittel für die Schleimhäute dient. Dies tritt besonders deutlich in der Schutzwirkung des Schleimes der Magenschleimhaut hervor.

Zu den Hautdrüsen ist schliesslich auch die Thränendrüse zu rechnen, die dazu dient, die Hornhaut des Auges feucht zu erhalten, und bekanntlich gegen psychischen Reiz empfindlich ist.

Bei verschiedenen Thieren finden sich nun noch eine grosse Anzahl verschiedener Abarten der genannten Drüsen und ausserdem noch Hautdrüsen besonderer Art, die mannigfachen Zwecken dienen. Die Talgabsonderung zeigt besondere Eigenthümlichkeiten beim Schaf, bei dem sie das dicke Wollfliess durchsetzt. Sie bildet hier zusammen mit den Ueberresten von der Schweissverdunstung einen feinen Ueberzug, der die einzelnen Haare einhüllt und ihre Vereinigung zu dem sogenannten „Stapel" begünstigt. In normaler Menge und Beschaffenheit bezeichnet man sie als den „Fettschweiss" des Schafes, der der rohen Wolle bis zur Hälfte ihres Gesammtgewichts anhaftet. In dem Fettschweiss findet sich fettsaures Kalium, Cholesterin an Oel- und Stearinsäure gebunden, und Benzoësäure. Man nimmt an, dass die Verbindung der Fettsäuren mit Kalium dadurch entsteht, dass Kaliumcarbonat aus dem Schweiss das Fett des Hauttalgs verseift. Aus dem Wollfett wird durch Ausziehen der Fettstoffe, die dann mit etwa dem gleichen Gewicht Wasser verknetet werden, das sogenannte Lanolin hergestellt, das sich als Grundlage für Salben besonders bewährt, weil es sich in Folge seines Ursprungs aus thierischen Hautdrüsen und seines Wassergehalts besonders leicht in die Haut einreiben lässt.

Die Praeputialsecrete des Bibers und des Moschusthiers, Castoreum und Moschus, enthalten neben den Bestandtheilen des gewöhnlichen Hauttalgs Zersetzungsproducte, die ihnen ihren starken Geruch verleihen.

Bei den Vögeln fehlen die Talgdrüsen der Haut, und ihre Leistung wird durch die der sogenannten Bürzeldrüse ersetzt, deren fettige Absonderung von dem Vogel beim „Glätten des Gefieders" mit dem Schnabel über das Gefieder vertheilt wird.

Ausser den erwähnten könnten noch sehr viele andere Beispiele besonders ausgebildeter Hautdrüsen bei verschiedenen Thieren aufgeführt werden, so die Analdrüsen des Stinkthiers, die Suborbitaldrüsen vieler Hufthiere u. a. m.

Epidermoïdalabschuppung.

Ebenso wie bei der Absonderung des Hauttalgs die Drüsenzellen ganz abgestossen werden, gehen von der Oberfläche der Haut fortwährend auch Epidermiszellen ab. Ausserdem werden die Hornanhänge der Haut, Haare und Nägel, bei Thieren Hufe und Hörner, dauernd abgenutzt und abgestossen. Diese Verluste werden durch dauerndes Wachsthum wieder ersetzt, und bilden daher einen Posten in der Stoffwechselrechnung, der allerdings meist verschwindend klein ist.

Keratin. Der grösste Theil des Stoffes, der auf diese Weise ausscheidet, ist Hornsubstanz, Keratin. Das Keratin ist schon im ersten Abschnitt unter den Albuminoiden aufgeführt. Es ist, wie schon der Name Hornsubstanz sagt, der Stoff, aus dem Hörner, Haare, Nägel, Vogelfedern und überhaupt die Hautgebilde der Wirbelthiere vornehmlich bestehen. Das Keratin ist in Wasser, Alkohol, Aether, und Säuren unlöslich, in heissem Wasser, in schwachen Säuren und alkalischen Lösungen weicht es auf, nur in concentrirter Kalilauge ist es löslich. Beim Neutralisiren dieser Lösung entweicht Schwefelwasserstoff, der durch Schwärzung eines in Bleiacetat getauchten Papiers nachgewiesen werden kann. Beim Kochen mit starken Säuren wird das Keratin zersetzt und es entsteht Ammoniak. Dies entspricht der Angabe, dass das Keratin ein Albuminoid ist und mithin C, O, N, H und S enthalten muss. Der Schwefelgehalt ist grösser als bei anderen Stoffen dieser Gruppe.

Vornehmlich wegen des Stickstoffsgehalts ist die Abscheidung des Hornstoffs aus dem Körper wichtig, weil der Stickstoff in organischer Verbindung, wie mehrfach erwähnt, nur durch die stickstoffhaltigen Eiweissstoffe in der Nahrung ersetzt werden kann. Die Grösse des Stickstoffverlustes, die auf diese Weise entsteht, ist aber unbedeutend, da sie nicht einmal den zehnten Theil der abgestossenen Keratinmenge ausmacht.

Die Grösse des Gesammtverlustes an Hautbestandtheilen muss je nach den Umständen stark schwanken. Der Verlust an Haar und Nägeln wird für den Menschen auf 40 mg täglich an Haaren, und 5—9 mg täglich an Nägeln geschätzt.

Interessant und mitunter diagnostisch wichtig sind die Störungen des Nagelwachsthums, die durch Beschädigung des Nagelbettes oder durch Allgemeinerkrankung hervorgerufen werden. Kurzdauernde heftige Erkrankungen, oder, um im physiologischen Gebiete zu bleiben, das Wochenbett, können auf das Wachsthum der Fingernägel so einwirken, dass die Krankheitsperiode sich durch eine deutliche Querfurche auf dem Nagel verzeichnet, und dies Zeichen bleibt natürlich sichtbar, bis es sich über die ganze Länge des Nagelbettes hinausgeschoben hat, wozu 5—6 Wochen erforderlich sind.

Bei langdauernden Erkrankungen, oder wenn der Arm dauernd in der Binde oder gar in einem Verband gehalten wird, erhält die Oberhaut ein eigenthümliches glasiges Aussehen.

Bei Thieren sind die Verluste am Haarkleid wesentlich höhere. Bei einem Hunde von 30 kg ist der tägliche Verlust durch Haut- und Haarabschuppung zu 1—2 g bestimmt worden, beim Pferde zu 5—6 g, beim Rinde 2—20 g. Bei Schafen, die ja zum Zwecke der Erzeugung der Wolle gehalten werden, kann der Jahresertrag an reiner Wolle bis auf 1 kg betragen. Die Schnelligkeit, mit der die Hautgebilde wachsen, hängt von äusseren Umständen ab und ist bei Wärme und reichlicher Fütterung am grössten.

Die Milchabsonderung.

Bedeutung der Milchsecretion. Unter den Ausscheidungen des Körpers würden ferner noch die Geschlechtsproducte anzuführen sein, doch sollen diese, da sie kein eigentliches Secret darstellen, vielmehr geradezu als selbstständige Organismen aufgefasst werden können, erst in dem Abschnitt über die Fortpflanzung besprochen werden.

Eine besondere Stellung nimmt die Milchsecretion ein, insofern sie zwar mit dem Zeugungsgeschäft zusammenhängt, trotzdem aber ihrem Wesen nach als eine echte Secretion erscheint. Es ist eine Leistung, die nicht zu den ständigen Verrichtungen des Körpers gehört, sondern nur zeitweise und nur von dem weiblichen Geschlecht ausgeübt wird, während dieser Zeit aber einen mächtigen Einfluss auf den Gesammtstoffwechsel hat. Auch in dieser Beziehung nimmt die Milch unter den übrigen vom Körper abgesonderten Stoffen eine Ausnahmestellung ein. Die bisher angeführten Drüsen liefern entweder Secrete, die in dem Körper noch eine nützliche Rolle spielen, oder Excrete, die als Auswurfstoffe fortgeschafft werden. Die Milch ist für den mütterlichen Organismus ein Excret, hat dabei aber alle Eigenschaften eines äusserst werthvollen Secretes, da ja die ganze Ernährung des Neugeborenen auf der Milchzufuhr beruht. Die Zusammensetzung der Milch wird also aus zwei verschiedenen Gesichtspunkten zu beurtheilen sein, erstens als Ausscheidung des mütterlichen, zweitens als Nahrungsmittel des kindlichen Organismus.

Anordnung der Drüsen. Zahl und Lage der Drüsen und Zitzen ist bekanntlich bei den verschiedenen Thieren verschieden. Bei Mensch, Affe, Fledermaus, Elephant sind 2 Zitzen an der Brust, bei den Einhufern ebenfalls 2 am Bauch, bei den Wiederkäuern meist 4 am Bauch, bei Carnivoren und Nagern bis zu 10, beim Schwein 8—22 längs der ganzen Vorderfläche des Leibes vertheilt. Die Milchdrüsen sind bekanntlich beim männlichen Geschlecht wie beim weiblichen vorhanden, und können sogar in Ausnahmefällen die Verrichtung der weiblichen übernehmen, verbleiben aber in der Regel während des ganzen Lebens in einem schwach entwickelten Zustand. Beim weiblichen Geschlecht beginnt mit der Geschlechtsreife eine starkere Entwicklung, die, wenn Schwangerschaft oder Trächtigkeit eintritt, noch weiter fortschreitet, indem Drusenschläuche sich in das umgebende Fettgewebe hinein ausbreiten. Kurze Zeit vor der Geburt fängt die Secretion damit an, dass das sogenannte Colostrum abgesondert wird. Erst nach der Geburt kommt es zur eigentlichen Milchsecretion.

Lactationsperiode. Unter normalen Bedingungen dauert dann die Thätigkeit der Milchdrüse während eines Zeitraumes an, der reichlich genügt, damit sich das Neugeborene so weit entwickelt habe, um sich selbstständig Nahrung zu suchen. Diese Zeit, „Periode der Lactation", ist bei den verschiedenen Thieren

sehr verschieden, beim Pferde 5—9 Monate, bei Schafen und
Ziegen 4—5 Monate, bei Schweinen 3 Monate, bei Hunden und
Katzen 1—1$\frac{1}{2}$ Monate. Beim Menschen und ebenso bei Rindern,
die zum Zwecke des Milchertrages gezüchtet und gehalten werden,
kann die Lactation jahrelang andauern.

Der Zusammenhang zwischen der Thätigkeit der Milchdrüsen und der
Fortpflanzungsorgane ist noch nicht mit Sicherheit erklärt und soll erst im
Abschnitt über die Physiologie des Nervensystems erörtert werden.

Secretion. Der Vorgang der Milchsecretion in der Drüse
ist früher als eine Abstossung milchführender Zellen aufgefasst
worden, doch sind die neueren Beobachter darin einig, dass nur
eine Entleerung der milcherfüllten Drüsenzellen, also eine wahre
Secretion stattfindet. Dass die Secretion in diesem Falle eine
chemische Leistung der Zellen darstellt, ist unzweifelhaft, da die
Hauptbestandtheile der Milch, der Milchzucker und das Milcheiweiss, als solche im Blute nicht vorgebildet sind. Die ausgeschiedene Milch sammelt sich in den Ausführungswegen der
Drüse, den Sinus, an. Indem dieser Milchvorrath durch Saugen
oder Melken entfernt wird, wird er durch die Thätigkeit der
Drüsenzellen wieder ergänzt. Die frisch secernirte Milch ist fett-
reicher als die zuerst entleerte. Wird die Milch nicht abgesaugt
oder ausgemolken, so nimmt die Secretion alsbald ab. Man sieht
hieraus, dass die Drüsenzellen durch den Reiz, der beim Saugen
oder Melken auf die Zitzen ausgeübt wird, zur Thätigkeit angeregt
werden. Hierauf wird im Abschnitt über das Nervensystem zurückzukommen sein.

Eigenschaften der Milch.

Bei allen Thierarten ist die Beschaffenheit und Zusammensetzung der Milch der Hauptsache nach gleich. Die Milch ist
eine Lösung von Eiweiss und Milchzucker und Salzen, in der
Fetttröpfchen emulgirt sind. Diese geben ihr die bekannte „milchweisse“ Farbe, die, wie die rothe Farbe des Blutes und aus dem
gleichen Grunde, eine undurchsichtige Deckfarbe ist. Ihr specifisches Gewicht schwankt zwischen 1026 und 1034. In frischem
Zustande zeigt sie amphotere Reaction, das heisst sie färbt rothes
Lakmuspapier blau, blaues roth. Bei längerem Stehen sammeln
sich die Fetttröpfchen in Folge ihres geringen specifischen Gewichtes an der Oberfläche und bilden eine dicke gelbliche Schicht,
die als Sahne oder Rahm bezeichnet wird. Unter gewöhnlichen
Umständen geht der Milchzucker alsbald in Gährung über, und
durch die entstehende Säure gerinnt dann das Milcheiweiss. Die
Gerinnung kann auch ohne Veränderung der Reaction durch das
Labferment der Magendrüsen hervorgerufen werden. Danach
unterscheidet man zwischen Säuregerinnung und Labgerinnung
der Milch, die sich auch darin verschieden verhalten, dass bei der
Säuregerinnung die ganze Masse der Milch gallertig wird, und
späterhin eine dünne Flüssigkeit aus der geronnenen Schicht aus-

scheidet, während bei der Labgerinnung das Eiweiss flockig oder klumpig ausfällt. In beiden Fällen schliesst das gerinnende Eiweiss die Fetttröpfchen in das Gerinnsel ein, und es kann also durch Abpressen Eiweiss und Fett zugleich als sogenannter „Quark" von der Milchflüssigkeit getrennt werden. Dann bleibt eine Flüssigkeit, das Milchserum, zurück, die man Molken nennt. Je nach der Art wie das Eiweiss zur Gerinnung gebracht worden ist, unterscheidet man sauren und süssen Molken.

Diese Unterschiede müssen erwähnt werden, weil man bekanntlich die Bestandtheile der Milch vielfach getrennt als Nahrungsmittel verwendet. Das Fett der Milch wird durch besondere Behandlung, im Grossen meist durch Centrifugirmaschinen, abgesondert und liefert Butter. Das Eiweiss, auf verschiedene Weise ausgefällt, mit einem mehr oder minder grossen Fettgehalt und auf verschiedenen Stufen der Zersetzung bildet den Käse. Die gebräuchliche Art, Butter oder Käse zu bereiten, lässt bald mehr, bald weniger Fett und Eiweiss in der Milch zurück, so dass die übrig bleibende Flüssigkeit nur eine Milch von etwas veränderter Concentration darstellt. Die entbutterte Milch heisst Buttermilch, die entkäste Molken. Ausserdem trennt man die Sahne von der Milch und erhält dadurch eine fettreichere Milch, die Sahne, und eine fettärmere Milch, Magermilch. Diese stellt die gewöhnliche Marktmilch dar, von der man die normale unveränderte Milch durch die Bezeichnung „Vollmilch" unterscheidet.

Bestandtheile der Milch.

Die einzelnen Bestandtheile der Milch sind fast so zahlreich wie die des Blutes. Der Vergleich zwischen der Zusammensetzung der Milch und der des Blutes drängt sich auf, wenn man bedenkt, dass die Milch für einen verhältnissmässig grossen Abschnitt in der Entwicklung des Neugeborenen dessen einzige Nahrung darstellt. Da während dieser Zeit der Körper des Neugeborenen um das Vielfache seines Anfangsgewichtes zunimmt, muss die Milch alle diejenigen Stoffe enthalten, die zum Aufbau des Körpers überhaupt nöthig sind, ebenso wie das Blut als einziger Vermittler des Stoffwechsels alle Stoffe enthält, die zum Aufbau der Gewebe dienen. Freilich enthält das Blut ausserdem noch alle Stoffe, die von den Geweben abgeschieden werden, während diese in der Milch nur spurweise enthalten sind. Weitere Unterschiede sind dadurch bedingt, dass das Blut gleichzeitig dem Gasaustausch dient, und schliesslich dadurch, dass der Stoffbedarf des neugeborenen Thieres nicht genau derselbe ist wie der der Gewebe des ausgewachsenen Thieres.

Es ist schon oben im Abschnitt über die Ernährung erwähnt worden, dass die Milch alle erforderlichen Nährstoffe in genau dem Bedürfniss angepasstem Mengenverhältniss enthält.

Casein. An Eiweissstoffen enthält die Milch ein wenig Albumin und Globulin, vor allem aber, in Mengen bis zu 5 pCt., das Milcheiweiss, den Käsestoff, Casein, der zur Gruppe der Nucleoproteide gehört. Damit ist gesagt, dass das Milcheiweiss nicht ein einfacher Eiweissstoff ist, sondern aus der Verbindung eines Albumins mit Nuclein besteht. Die Nucleine sind Verbindungen von Eiweiss mit Phosphorsäure und Nucleinsäure. Im Milcheiweiss ist also Phosphor enthalten. Aehnlich wie die Globuline ist es in Wasser unlöslich, dagegen in verdünnten Salzlösungen löslich. Es kann also durch Aussalzen gefällt werden, und löst sich dann wieder auf Wasserzusatz. Es hat die Fähigkeit, nach Art einer Säure mit Alkalien und Erden Verbindungen einzugehen und ist in der Milch als Kalksalz, Caseincalcium, enthalten. Von der Gerinnung des Caseins ist oben schon gesprochen worden.

Fett. Das Fett der Milch ist in Form feiner Tröpfchen, als Emulsion in der Flüssigkeit aufgeschwemmt. Die Tröpfchen, die auch „Milchkügelchen" genannt werden, sind von wechselnder Grösse, von 0,01—0,05 mm Durchmesser, also viel grösser als die Fettstäubchen des Chylussaftes. Die Ungleichförmigkeit, die durch die Fetttröpfchen in der Milch bedingt ist, macht die Milch vollkommen undurchsichtig, die Lichtreflection von der Oberfläche der Tröpfchen giebt ihr die strahlend weisse Farbe. Fettarme Milch erscheint bläulichweiss, sehr fettreiche mehr gelblichweiss. Da das Fett leichter ist als Wasser, ist das specifische Gewicht der Milch um so geringer, je höher ihr Fettgehalt. Da aber die Milchflüssigkeit durch die in ihr gelösten Stoffe specifisch schwerer ist als Wasser, hängt das specifische Gewicht der Gesammtmilch ebenso sehr vom Gehalt an Zucker, Salzen u. s. f. wie vom Fettgehalt ab, und man darf deshalb nicht aus dem specifischen Gewicht allein auf den Fettgehalt schliessen.

Man hat sich die Frage vorgelegt, warum die Fetttröpfchen in der Milch nicht ohne weiteres zusammenfliessen, und glaubte annehmen zu müssen, dass sie eine besondere Hülle hätten, die sie von einander getrennt hält. Eine solche Hüllenschicht hat man nicht nachweisen können, dagegen hat sich herausgestellt, dass zwischen dem Fett und der eiweisshaltigen Flüssigkeit besondere physikalische Beziehungen bestehen, durch die eine concentrirtere Eiweissschicht an jedem Fetttröpfchen festgehalten wird. Daher verhalten sich die Fetttröpfchen, als seien sie in Hüllen eingeschlossen, und können nur durch starke äussere Einwirkungen, wie sie beim Buttermachen stattfinden, zum Zusammenfliessen gebracht werden.

In chemischer Beziehung stellt das Milchfett ein Gemenge vieler verschiedener Fette dar. Ausser Olein, Palmitin und Stearin sind geringere Mengen von Butyrin, Kapronin, Myristin, auch Lecithin und Cholesterin darin enthalten.

Milchzucker. Die Kohlehydrate sind in der Milch vertreten durch den Milchzucker, dessen Gährung das Sauerwerden der Milch verursacht.

Von anderen organischen Verbindungen sind nur Spuren in der Milch vorhanden.

Salze. Anorganische Salze sind zu fast 1 pCt. in der Milch enthalten und zwar bemerkenswerther Weise vor allem Kalium und phosphorsaure Salze, während Kochsalz in geringerer Menge vorhanden ist.

Interessant ist die Angabe von Bunge, dass die Milch viel weniger Eisen enthält, als dem Bedarf des Neugeborenen entspricht, dessen Bestand an rothen Blutkörperchen während des Säuglingsalters stark vermehrt werden muss.

Bunge hat nun gefunden, dass der Körper des Neugeborenen viel mehr Eisen
enthält, als der des Erwachsenen, also seinen Vorrath an Eisen schon bei
der Geburt auf den Weg bekommt. Es ist dies abermals ein Beweis, wie die
Zusammensetzung der Milch mit äusserster Sparsamkeit dem Bedarf angepasst ist.

Endlich ist zu erwähnen, dass manche während der Lactation in den
Körper eingeführte fremde Stoffe, wie Jod, Blei, Opium und eine Reihe von
Farbstoffen in die Milch übergehen. Ebenso kann der Geruch und Geschmack
der Milch durch Aufnahme bestimmter Pflanzenstoffe beeinflusst werden, was
für die Fütterung von Milchvieh mitunter von Bedeutung ist.

Ueber die Zusammensetzung der Milch im Einzelnen und deren
Unterschiede bei den verschiedenen Thierarten geben nachstehende
Zahlentafeln Auskunft:

Gesammtmilch.

In 100 Theilen Milch	Kuh	Ziege	Schaf	Eselin	Stute	Schwein	Frauen
Wasser	87,4	87,3	84,0	92,5	90,0	82,4	90,2
Feste Stoffe . .	12,6	12,7	16,0	7,5	10,0	17,6	9,8
Eiweiss	3,4	3,5	5,3	1,7	1,9	6,1	1,5
Fett	3,7	3,9	5,4	0,4	1,1	6,4	3,1
Zucker	4,8	4,4	4,1	5,0	6,7	4,0	5,0
Salze	0,7	0,8	0,7	0,4	0,3	1,1	0,2

Salze der Milch.

1000 Theile enthalten	Kali	Natron	Kalk	Magnesia	Eisen-oxyd	Phosphor-säure	Chlor
Frauenmilch . .	0,7	0,3	0,3	0,1	0,006	0,4	0,4
Kuhmilch . . .	1,8	1,1	1,6	0,2	0,004	1,7	1,7

In 100 Theilen Kuhmilch sind enthalten	Vollmilch	Ab-gerahmte Milch	Sahne	Butter-milch	Molken
Wasser	87,17	90,66	65,51	90,27	93,24
Feste Stoffe	12,83	9,34	34,49	9,73	6,76
Eiweiss	3,55	3,11	3,61	4,06	0,85
Fett	3,69	0,74	26,75	0,93	0,23
Zucker	4,88	4,75	3,52	3,73	4,7
Salz	0,71	0,74	0,61	0,67	0,65
Milchsäure	—	—	—	0,34	0,33

Hierzu ist zu bemerken, dass die Mengen der einzelnen Bestandtheile keineswegs in jeder Milchprobe vom gleichen Thier dieselben sind. Im Gegenteil weichen die Angaben verschiedener
Untersucher erheblich von einander ab. So wird insbesondere der
Zuckergehalt der Frauenmilch mitunter beträchtlich höher angegeben
als in der obigen Uebersicht, nämlich über 6 pCt.

Kuhmilch und Frauenmilch. Von praktischer Bedeutung sind hauptsächlich die Unterschiede der Frauenmilch und der Kuhmilch, die am häufigsten zum Ersatz der Frauenmilch dient. Wie die angegebenen Zahlen lehren, ist die Frauenmilch erheblich ärmer an Eiweiss, dagegen reicher an Zucker als die Kuhmilch. Man pflegt deshalb die Kuhmilch, wenn man sie als Ersatz für die Frauenmilch verwenden will, auf etwa die Hälfte zu verdünnen, und dann den Zuckergehalt durch Zusatz von Milchzucker wieder auszugleichen. Daneben bestehen aber noch Verschiedenheiten die sich nicht künstlich beseitigen lassen. Das Fett ist in der Frauenmilch feiner emulgirt, das Casein fällt in feineren Flocken aus und erweist sich als leichter verdaulich als das der Kuhmilch, die Salze sind in verschiedenem Mengenverhältniss vorhanden.

Colostrummilch. Es ist nun noch die Zusammensetzung der Colostrummilch zu betrachten, die vor der Geburt und in der allerersten Zeit nach der Geburt secernirt wird, und erst allmählich durch die eigentliche Milch ersetzt wird. Das Colostrum ist eine wässerige gelbliche Flüssigkeit von deutlich alkalischer Reaction, die in der Hitze gerinnt. Sie enthält kein Casein, dafür aber reichlich Albumin. Ausserdem sind mit Hülfe des Mikroskops darin die sogenannten Colostrumkörperchen nachzuweisen, die als ziemlich grosse knollige hyaline Klumpen erscheinen, in denen mehrere kleinere oder grössere Fetttröpfchen enthalten sind. In neuester Zeit fasst man sie als fettbeladene Leukocyten auf, und betrachtet die Bildung des Colostrums als einen Resorptionsvorgang, durch den die vorzeitig secernirte Milch zurückgehalten werden soll. Die Zusammensetzung der Colostrummilch im Vergleich zur normalen Milch der Frau geht aus folgender Zahlenreihe hervor:

In 100 Theilen	Wasser	Eiweiss	Fett	Zucker	Salze
Colostrummilch . . .	86,4	5,3	3,4	4,5	0,4
Frauenmilch	88,8	1,5	3,9	5,5	0,3

Milchbildung und Gesammtstoffwechsel.

Da die Bestandtheile der Milch sämmtlich solche sind, die für den Aufbau des Körpers den grössten Werth haben, würde ihre Ausscheidung für den mütterlichen Organismus einen sehr grossen Verlust verursachen, wenn nicht die Stoffaufnahme entsprechend erhöht werden könnte. Es lässt sich thatsächlich zeigen, dass die Milchsecretion von der Nahrungsaufnahme abhängig ist.

Bei der Frau wird die tägliche Milchmenge auf 500 bis 1500 ccm geschätzt, wovon mehr als der zehnte Teil, also 50 bis 150 g feste Stoffe sind, und von diesen mehr als der vierte Theil reines Eiweiss. Diese Menge wird während der Lactationsperiode, also normalerweise wenigstens einige Monate hindurch täglich ausgeschieden, sodass die Summe der Milchausscheidung während einer Lactation das Mehrfache des gesammten Körpergewichts beträgt.

Um diese Ausgabe bestreiten zu können, muss natürlich die Einnahme gesteigert werden. Insbesondere ist der Gehalt der Milch an einzelnen Stoffen von der Zufuhr bestimmter Nahrungsstoffe abhängig. Vor allem steigt der Fettgehalt der Milch, wenn eine eiweissreichere Kost aufgenommen wird. Man muss also annehmen, dass in der Lactation aus dem Eiweiss der Nahrung Fett gebildet wird. Ebenso kann ·durch reichliche Ernährung mit Kohlehydraten ein hoher Gehalt der Milch an Zucker wie an Fett erzielt werden. Zufuhr von Fett steigert die Fettabsonderung weniger als vermehrte Eiweisszufuhr. Dagegen lässt sich die Eiweissausscheidung durch vermehrte Eiweissaufnahme nicht wesentlich erhöhen. In Fällen, in denen zu reichliche Milcherzeugung stattfindet, kann durch Abführmittel die Milcherzeugung herabgesetzt werden.

In viel höherem Grade als von der Nahrungszufuhr ist indessen die Milchbildung von anderen Bedingungen abhängig. Die Milchausscheidung pflegt bei Frauen in den ersten Tagen nach der Geburt rasch zuzunehmen, eine Zeit lang in voller Höhe zu bestehen, und dann allmählich abzusinken. Wird das Säugen ausgesetzt, so erlischt die Milchsecretion binnen weniger Tage vollständig. Ebenso kann die Milchbildung durch psychische Einwirkungen, wie plötzlicher Schreck, Aerger oder Sorge zum Stocken gebracht werden. Für diese vielfach bestätigte Erfahrung lässt sich keine Erklärung angeben.

Milcherzeugung bei Milchkühen. Dieselben Betrachtungen, die eben über die Milchbildung bei der Frau angestellt worden sind, treffen noch vielmehr bei dem Milchvieh zu. Die Bedingungen, die die Milcherzeugung beeinflussen, sind hier viel leichter genau festzustellen und zu beurtheilen.

Die Milcherzeugung erreicht bei guten Milchkühen eine geradezu unglaubliche Höhe, indem die Tagesmenge, die eine einzige Kuh liefert, zu 10—11 l veranschlagt werden darf. Dies gilt für den Jahresdurchschnitt, und da die Secretion während der Lactationsperiode stark abzunehmen pflegt, entspricht es für den Höhepunkt der Leistung einer Tagesmenge von 20—25 l.

Dieser Werth ist namentlich dann erstaunlich, wenn man nach Ellenberger die Grösse der Milchdrüse zum Vergleich heranzieht. Das Euter einer Kuh, die bei täglich dreimaligem Melken je 8 l Milch giebt, zusammen also am Tage 24 l, hat nur 6700 ccm Rauminhalt, wovon gegen 3000 ccm milcherfüllte Hohlräume sind. Es müssen also bei jeder Melkung volle 5000 ccm Milch frisch secernirt werden aus einer Drüse, deren Gewebe höchstens 4000 ccm Raum erfüllt.

Diese Zahlen geben aber noch lange nicht die höchste Leistung der Kuh als Milchbereitungsanstalt an, denn als höchster bekannter Tagesertrag von einer vorzüglichen Milchkuh wird bei 721 kg Lebendgewicht 44,51 l genannt. Die während einer ·Lactationsperiode von gegen 300 Tagen von einer Kuh erzeugte Milchmenge kann demnach 5—8000 l betragen, und selbst weniger gute Kühe liefern im Jahre das Fünffache ihres eigenen Gewichtes an Milch. Verhältnissmässig noch höher stellt sich der Milchertrag bei Ziegen und Schafen, die bei einem Körpergewicht von 35 kg im Jahre bis 350 kg an Milch liefern können.

Der Ertrag an Milch hängt selbstverständlich beim Milchvieh ebenso wie beim Menschen von der Menge und Beschaffenheit der Nahrung ab. Insbesondere lässt sich durch eiweissreiches Futter die Menge und vor allem der Fettgehalt der Milch erhöhen.

Für den Gesammtertrag fällt die Dauer der Lactationsperiode sehr ins Gewicht, da manche Kühe von Anfang an weniger Milch geben, dafür aber längere Zeit dieselbe Menge liefern, als andere. Eine amerikanische Versuchsstation giebt für den monatlichen Durchschnitt der Milchmenge während einer Lactationsperiode folgende Zahlen an, die das Mittel vierjähriger Beobachtung an je 20 Kühen darstellt.

Milchmenge im Monat	1	2	3	4	5	6	7	8	9	10
in Procenten . .	100	90	82,9	78,4	76,6	70,3	65,1	54,4	46,1	28,1
Abnahme . . .		7,9	8,5	5,7	4,5	5,6	6,1	7,5	14,2	13,3

Der Milchertrag kann ferner durch gutes Melken erheblich verbessert, und durch mangelhaftes Melken sehr wesentlich verschlechtert werden. Dreimaliges Trockenmelken am Tage ergiebt um 20 pCt. mehr Milch als zweimaliges. Endlich hat das Lebensalter der Milchkühe Einfluss auf die Leistungsfähigkeit der Milchdrüse, da sowohl Menge als Gehalt der Milch erst gegen das 5. Lebensjahr ihren Höhepunkt erreicht. Vom 1. bis zum 8. Jahre kann die Milcherzeugung annähernd gleichförmig sein, der grösste Ertrag pflegt auf das 6. und 7. Jahr zu fallen.

Dass übrigens auch bei Thieren die Milchsecretion von Bedingungen abhängt, deren Zusammenhang mit der Thätigkeit der Milchdrüse unerklärlich scheint, beweist folgender Versuch.

Enthorntes oder hornloses Mastvieh gedeiht durchschnittlich besser als gehörntes, weil die einzelnen Thiere nicht im Stande sind, einander gegenseitig zu schädigen. Man sollte daher meinen, dass die Entfernung der Hörner auch für Milchvieh vortheilhaft sein würde. In verschiedenen landwirthschaftlichen Anstalten wurde an insgesammt 76 Kühen der Versuch gemacht, und ergab statt der erwarteten Zunahme eine geringe aber unzweifelhafte Abnahme im Milchertrag.

11.

Der Haushalt des Thierkörpers.

Ausgaben und Einnahmen.

Nachdem in den vorhergehenden Abschnitten die Stoffaufnahme und Stoffausscheidung im Einzelnen näher besprochen worden ist, mag nun noch einmal auf die am Anfang des Abschnittes über die Ernährung angestellten Betrachtungen über den Gesammtstoffwechsel zurückgegangen werden, um auch diese etwas eingehender durchzuführen.

Die Gesammtausgaben des Körpers theilen sich in folgende Posten:

Es scheiden aus

durch die Lungen: Kohlensäure und Wasser;

durch die Nieren: Harnstoff, Harnsäure u. s. f., Salze, Wasser;

durch den Darm: Bestandtheile der Verdauungssäfte und des Darmepithels, Schleim, Salze, Wasser;

durch die Haut: Hauttalg, Schleim, Horngebilde, Harnstoff, Salze, Wasser.

Von der Lactation und der Absonderung der Geschlechtsproducte darf bei der allgemeinen Betrachtung abgesehen werden.

Die Gesammteinnahmen sind dagegen folgende:

durch die Lungen: Sauerstoff;

durch den Darm: Wasser, Eiweiss, Fette, Kohlehydrate, Salze.

Es ist oben schon wiederholt hervorgehoben worden, dass, obwohl die Mengen der aufgenommenen und ausgeschiedenen Stoffe einander im Allgemeinen gleich sind, zwischen ihnen der grosse Unterschied herrscht, dass die *Einnahmen aus zersetzungsfähigen Stoffen bestehen,* während die *Ausgaben Zersetzungsproducte* darstellen. Eben durch die Zersetzung der eingeführten Stoffe entwickelt der Organismus die Energiemengen, die für seine Lebensthätigkeit erforderlich sind, und die sich nach aussen hin in Gestalt von Wärme und Arbeitsleistungen bemerkbar machen. *Die chemische Spannkraft der Nahrung wird in Wärme und mechanische Arbeit umgesetzt.* Die Bedeutung des Stoffwechsels liegt wesentlich darin, dass er zugleich ein *Kraftwechsel* ist.

Die Betrachtung des Stoffwechsels für sich muss also unvollständig bleiben, wenn man nicht die Beziehung der eingeführten Energiemengen zu den Wärme- und Arbeitsverlusten des Körpers mit in Rechnung bringt. Diese Betrachtung bleibt dem zweiten

Theile dieses Buches vorbehalten, der von den Leistungen des Organismus handelt. Inzwischen mag hier der blosse Stoffumsatz des Körpers näher erörtert werden.

Um den Organismus auf seinem Stoffbestand zu erhalten, muss offenbar die Einnahme der Ausgabe gleich sein. Da aber die Stoffe, die eingeführt werden, aus den eben angedeuteten Gründen andere sein müssen als die, die ausgeschieden werden, so entsteht die Frage, welches die Art und Menge der eingeführten Stoffe sein muss, wenn gegebene Stoffverluste durch sie aufgewogen werden sollen.

Könnte man die chemischen Vorgänge im Körper im Einzelnen genau verfolgen, so würde man ganz bestimmt angeben können, was jeder Bestandtheil einer gegebenen Nahrung für den Körper werth ist, und die Aufgabe, für die Ausgaben des Körpers die passendste Deckung zu finden, würde auf eine blosse zahlenmässige Mengenberechnung hinauslaufen. Das Schicksal der Nahrung im Körper und die Vertheilung ihrer Bestandtheile auf die Ausscheidungen ist aber grösstentheils noch unbekannt, und es kann deshalb die Frage, welche Einnahme der Art und Menge nach eine bestimmte Ausgabe ausgleicht, vorläufig nur durch den Versuch entschieden werden.

Zusammensetzung des Körpers.

Zur Beantwortung dieser Frage ist es vor allem nöthig, die Menge und Art der Verluste des Körpers zu kennen. Die obige Aufstellung der Ausscheidungen genügt zu diesem Zwecke nicht, weil diese nur das Endergebniss des Stoffwechsels sind, also schon verbrauchte, für den Körper werthlose Stoffe darstellen. Als Stoffverlust des Körpers ist vielmehr die Zersetzung derjenigen Körperbestandtheile zu betrachten, aus denen die Abfallstoffe gebildet werden. Die Herkunft der Abfallstoffe im Einzelnen ist zwar noch dunkel, im Grossen und Ganzen aber lässt sie sich aus der Zusammensetzung des Körpers erkennen.

Die Bestandtheile des Körpers können, da sie im Grunde genommen der Nahrung entstammen, in dieselben Gruppen eingetheilt werden wie die Nahrung selbst.

Der Körper des Menschen und der Thiere besteht aus Wasser, Eiweiss, Fetten, Kohlehydraten und Salzen. Die übrigen Stoffe, die sich im Körper finden, sind nur vorübergehend, gewissermaassen auf dem Wege zur Ausscheidung in ihm enthalten. Ausserdem ist der Bestand an Kohlehydraten so gering, dass er für die allgemeine Betrachtung ganz ausser Acht gelassen werden darf.

Der Menge nach vertheilen sich diese Stoffgruppen im Körper des Menschen, der in dieser Beziehung als Vertreter der Säugethiere überhaupt angenommen werden kann, wie folgt:

$$
\begin{array}{lr}
\text{Wasser} & 64 \text{ Gewichtstheile} \\
\text{Eiweiss} + \text{Leim} & 16 \quad ,, \\
\text{Fett} & 15 \quad ,, \\
\text{Salze} & 5 \quad ,, \\
\hline
& 100 \text{ Gewichtstheile.}
\end{array}
$$

Dies sind also die Stoffe, aus denen die Abfallstoffe entstehen, die in den Ausscheidungen erscheinen. Diese Stoffe sind

es, deren Zersetzung die eigentlichen Verluste des Körpers ausmacht und die durch die Nahrung wieder ersetzt werden müssen.
Wieviel von jeder dieser Stoffgruppen ist aber verbraucht, wenn
der Körper eine bestimmte Menge der ganz anders zusammengesetzten Abfallstoffe ausgeschieden hat? Das ist die Aufgabe,
die der Stoffwechseluntersucher zunächst zu lösen hat. Auf welche
Weise lässt sich aus der Menge und Zusammensetzung der Ausscheidungen das Mengenverhältniss der im Körper zersetzten Stoffe
ermitteln?

Bestimmung der Stoffverluste.

Das Wasser und die Mineralstoffe sind in den Ausscheidungen
unverändert vorhanden und können also unmittelbar bestimmt
werden.

Auf die Verfahren, die zu dieser Bestimmung dienen, soll hier nicht eingegangen werden. Es ist klar, dass die Aufgabe praktisch nicht ganz einfach
ist, da das Wasser in sämmtlichen Ausscheidungen erscheint und zum Beispiel
als Hautausdünstung in beträchtlicher Menge den Körper verlassen kann, ohne
sich überhaupt bemerkbar zu machen.

Es bleiben noch zwei Stoffgruppen, die Eiweisskörper und die
Fette, deren Verluste aus den Ausscheidungen zu bestimmen sind.
Dies ist dadurch erleichtert, dass die Eiweisskörper durch
ihren Stickstoffgehalt gewissermaassen gekennzeichnet sind, und
dass nahezu der gesammte Stickstoff ausschliesslich im Harn ausscheidet. In einzelnen Fällen muss freilich, wenn es auf Genauigkeit ankommt, auch der Harnstoffgehalt des Schweisses in Rechnung
gezogen werden. Da die Eiweisskörper rund 16 pCt. Stickstoff
enthalten, so sind auf jedes Gramm Stickstoff, das man im Harn
oder Schweiss findet, 6,25 g Eiweiss zu rechnen, das zersetzt
worden ist.
Nun bleibt nur noch übrig, zu ermitteln, wieviel von dem
Fettbestand des Körpers verbraucht worden ist, um die gegebene
Menge und Zusammensetzung der Ausscheidungen festzustellen.
Das Fett könnte in Gestalt beliebiger Kohlenstoff, Wasserstoff
und Sauerstoff enthaltender Verbindungen in den Ausscheidungen
wiedererscheinen, und dieselben Verbindungen könnten aus den
stickstofflosen Bestandtheilen des zersetzten Eiweisses herrühren.
Man bestimmt also den gesammten Kohlenstoff der Ausscheidungen,
und zieht von der gefundenen Menge diejenige Menge ab, die der
vorher bestimmten Menge zersetzten Eiweisses zukommt. Der übrige
Kohlenstoff darf auf Fettverlust bezogen werden, weil, wie erwähnt,
Kohlehydrate unter den Körperbestandtheilen nur in unwesentlicher
Menge vorkommen. Der Kohlenstoff wird übrigens zum allergrössten Theil als Kohlensäure durch die Lungen ausgeschieden,
die durch die im Abschnitt über die Athmung beschriebenen Verfahren gemessen werden kann.

Eine gröbere Bestimmung des Mengenverhältnisses zwischen verbrauchtem
Fett und verbrauchtem Eiweiss gestattet schon die Ermittlung des respiratorischen Quotienten, wie oben erwähnt worden ist.

Wie man leicht erkennt, vermag diese Art der Untersuchung nur die gröbsten Züge des Stoffumsatzes aufzudecken. Den verschiedenen Eiweissarten wird dabei der gleiche Stickstoffgehalt und Kohlenstoffgehalt zugeschrieben, die gesammte Kohle wird als Bestandtheil entweder von Eiweiss oder von Fett gerechnet. Auch diese groben Verfahren genügen aber, um zwischen Einnahmen und Ausgaben des Körpers bestimmte Beziehungen zu ermitteln.

Hungerzustand. Nachdem der Weg gezeigt worden ist, wie aus den Ausscheidungen die Stoffverluste bestimmt werden, kann jetzt dazu übergegangen werden, die Grösse der Stoffverluste zu erörtern.

Man kann die Grösse der Verluste und ihre Vertheilung auf die einzelnen Gewebe annähernd feststellen, indem man von zwei möglichst gleichen Versuchsthieren eins eine bestimmte Zeit ohne Nahrung lässt und nachher den Körperbestand des Hungerthieres mit dem des Vergleichsthieres gegenüberstellt. Auf diese Weise ist ermittelt worden, dass im äussersten Falle, nämlich beim Verhungern, die Gewebe der Katze folgende Verluste erleiden:

Es verschwinden durch Hungern von 100 Gewichtstheilen:

Fett	Leber	Muskeln	Knochen	Nervensystem
97	45	45	10—14	2—3

Man sieht hieraus, dass die Hauptverluste, abgesehen vom Wasser, thatsächlich auf Eiweiss und Fett entfallen.

Durch Untersuchung der Ausscheidungen kann man die Verluste im Hungerzustand von Anfang an verfolgen. Solche Untersuchungen sind vielfach ausgeführt worden und haben dazu geführt, dass man den Vorgang in drei Perioden eintheilt. Die erste, die etwa 2 Tage umfasst, ist durch reichliche Stickstoffausscheidung im Harn bezeichnet. Darauf folgt die zweite Periode mit verminderter ziemlich gleichmässiger Grösse der Stickstoffausscheidung. Dieser Zustand dauert je nach der Leibesbeschaffenheit des Versuchsthieres längere oder kürzere Zeit an, dann wird plötzlich die Stickstoffausscheidung wieder erheblich grösser und dies bezeichnet die dritte Periode.

Diese drei Perioden sind offenbar so zu deuten, dass anfänglich der normale Zustand andauert, bei dem noch der Rest der in der letzten Nahrung zugeführten Eiweissstoffe verbraucht wird. In der zweiten Periode zehrt der Körper von seinem eigenen Bestande, und es wird vor allem der Vorrath an Fett angegriffen. Ist dieser verbraucht, so muss das Körpereiweiss zersetzt werden, und dadurch steigt in der dritten Periode die Stickstoffausscheidung.

Die Verluste der ersten Periode stehen offenbar den Verlusten, die unter gewöhnlichen Bedingungen stattfinden, am nächsten. Sie sind an Menschen und Thieren wiederholt genau bestimmt worden.

Ein hungernder Mensch von 70 kg Gewicht verliert in 24 Stunden etwa 900 g Wasser, 80 g Eiweiss, 200 g Fett und 10 g Salze, zusammen 1190 g. Man pflegt diese Zahlen, um Angaben, die sich auf Menschen und Thiere von verschiedener Körpergrösse beziehen, besser miteinander vergleichen zu können, auf das Kilogramm Körpergewicht zu berechnen. Aus den Versuchsreihen verschiedener Untersucher lässt sich für den 24stündigen Verlust an Körperbestandtheilen bei verschiedenen Thieren folgende Uebersicht abgerundeter Zahlen zusammenstellen:

Verlust in 24 Std. in g pro kg	Körpergewicht in kg	Wasser	Eiweiss	Fett	Salze
Mensch . . .	70	13	1,0	3,0	0,15
Hund	30	5	1,0	3,0	0,10
Rind	500	10	0,6	3,0	0,05
Schwein . . .	140	10	0,4	1,8	0,10

Die Stoffverluste des Pferdes sind annähernd dieselben wie beim Rind. Im Ganzen kann man rechnen, dass der Stoffverlust im Hungerzustand sich folgendermaassen vertheilt:

Gesammtverlust:	Wasser	Eiweiss	Fett	Salze
100 Theile	65,5	9	25	0,5

Das Körpergewicht muss bei der Betrachtung der Verluste berücksichtigt werden, weil, wie oben mehrfach erwähnt worden ist, der Stoffwechsel kleiner Thiere bedeutend lebhafter ist als der der grösseren Thiere. So sind die Verluste bei kleinen Hunden bis zu dreimal so gross als die angeführten Zahlen, und auch kleine Pflanzenfresser, wie Kaninchen und Meerschweinchen haben einen ganz ausserordentlich hohen Stoffverbrauch. Ferner ist das Lebensalter von Einfluss, denn junge, namentlich noch wachsende Thiere, haben einen viel grösseren Stoffumsatz als ausgewachsene.

Hungerzustand bei Thieren. Trotzdem sich der Stoffverbrauch der grossen Pflanzenfresser so niedrig stellt, ertragen sie den Hunger doch weniger lange als die Carnivoren. Pferde sollen selbst bei Wasserzufuhr nicht mehr als 14 Tage hungern können, ohne zu Grunde zu gehen. Der eigentliche Hungertod tritt zwar erst nach 20 bis 30 Tagen ein, doch sollen sich Pferde, die 14 Tage gehungert haben, auch wenn sie dann wieder Futter erhalten, nicht mehr erholen können.

Stoffersatz.

Eiweissstoffwechsel. Wenn man die Verluste des Thierkörpers etwa in obiger Zahlenübersicht betrachtet, so sollte man meinen, dass sie durch Aufnahme der gleichen Menge Nahrungsstoffe ausgeglichen werden könnten. Ein Hund von 30 kg Gewicht würde zum Beispiel im Hungerzustand täglich etwa 30 g Eiweiss und 90 g Fett verlieren und man sollte deshalb meinen dass er bei einer Zufuhr von 150 g Fleisch, das 20 pCt. Eiweis, enthält, und 90 g Fett in „Stoffgleichgewicht" gebracht werden könnte. Allenfalls müsste man für den Antheil des Futters, der unverdaut bleibt, einige Procente des Gewichts zuschlagen. Diese Rechnung ist aber trügerisch. Giebt man dem Versuchshund nur die eben angeführte Futtermenge, so sieht man den Stickstoffgehalt seiner Ausscheidungen höher steigen, als im Hungerzustand. Die nach der Ausscheidung im Hunger berechnete Futtermenge kann also die Verluste nicht mehr decken, und der Hund setzt, so lange er nur diese Futtermenge erhält, beständig Körpereiweiss zu, wie die vermehrte Stickstoffausscheidung beweist.

Man kann nun die Eiweisszufuhr noch weiter erhöhen, indem man abermals zur Futtermenge soviel Fleisch zulegt, wie der Vermehrung des ausgeschiedenen Stickstoffs entspricht. Die Rechnung ist ganz einfach, wenn man weiss, dass auf 1 g Harnstickstoff 6,25 g Eiweiss zu rechnen sind, und dass 5 g Fleisch etwa 1 g Eiweiss enthalten. Aber auch dann wird das Ergebniss dasselbe sein wie vorher: Wieder wird die Stickstoffausscheidung im Harn steigen, zum Zeichen, dass die Eiweissverluste im Körper abermals angewachsen sind.

So kann man fortfahren, bis die verfütterte Eiweissmenge den dreifachen Betrag der ursprünglich angenommenen erreicht, und erst dann wird der Zustand eintreten, dass Ausfuhr und Einfuhr von Stickstoff ins Gleichgewicht kommen. Die Verluste des Körpers an Eiweiss sind also bei reichlicher Eiweisszufuhr beim Carnivoren etwa drei mal so gross wie im Hungerzustand. Indem man die diesem erhöhten Eiweissverlust entsprechende Eiweissmenge, also 90 g in Gestalt von 450 g Fleisch, einführt, macht man die Einfuhr der Ausfuhr gleich, und erhält das Versuchsthier in sogenanntem „Stickstoffgleichgewicht“.

Dabei besteht indessen noch kein Gleichgewichtszustand für den Gesammtkörper. Vielmehr setzt ein Hund, der mit der angegebenen Fleischmenge gefüttert wird, noch Fett zu, und um Körpergewicht zu erzielen, muss noch mehr Fleisch zugeführt werden. Vollständiges Gleichgewicht ist durch Eiweissfütterung erst zu erreichen, wenn der Hund 7 mal soviel Eiweiss aufnimmt, wie er im Hungerzustand verbraucht. Das bedeutet eine Fleischmenge, die etwa $^1/_{25}$ des Körpergewichts beträgt.

Diejenige Eiweissmenge, die über die zur Erreichung des Stickstoffgleichgewichts erforderliche hinaus gegeben wird, dient dazu, die Zersetzung des Körperfettes zu ersparen, und kann daher das Körpereiweiss nur erhalten, aber nicht vermehren. Erst wenn man die Zufuhr über das erwähnte Maass erhöht, beginnt die Stickstoffausscheidung hinter der Einnahme zurückzubleiben, und es findet „Eiweissansatz“ oder „Fleischansatz“ statt. In dem Maasse aber, wie der Körper an Fleischbestand reicher wird, wächst auch der Eiweissumsatz, die Stickstoffausscheidung wird grösser, und es tritt von neuem Gleichgewicht bei dem nunmehr höheren Umsatz ein. Um einen andauernden Ansatz von Fleisch zu erzielen, genügt es also nicht, dauernd den gleichen Eiweissüberschuss zu verfüttern, sondern man muss steigende Eiweissmengen verabreichen. Hierfür ergiebt sich schliesslich eine Grenze, da der Darm nicht unbegrenzte Mengen aufnehmen und verarbeiten kann.

Der Umstand, dass mit dem Anwachsen des Eiweissbestandes auch die Eiweisszersetzung zunimmt, ist eine der Ursachen, die zur gleichmässigen Erhaltung des Körperbestandes beitragen.

Aus dem angenommenen Versuch ersieht man, wie sich die Verluste des Körpers bei Eiweisszufuhr verhalten. Füttert man statt Eiweiss stickstofflose Nährmittel, etwa beim Versuch am

Hunde Fett, so findet man, wie zu erwarten steht, dass der Eiweissverlust dadurch nicht aufgewogen werden kann. Eine gewisse
Verminderung des Eiweissverlustes wird allerdings beobachtet, und
bei Verabreichung von leicht resorbirbaren Kohlehydraten kann er
sogar bis auf $\frac{1}{2}$ sinken. Durch diese Verminderung der Verluste
kann natürlich das Leben bei Fütterung stickstofffreier Nahrung
viel länger erhalten werden als ganz ohne Zufuhr. Ferner kann
bei gleichzeitiger reichlicher Fettfütterung Stickstoffgleichgewicht
schon bei verhältnissmässig kleinen Eiweissmengen im Futter erreicht werden. Man spricht deshalb von der „eiweisssparenden"
Wirkung der Fette und Kohlehydrate.

Leim. Dass das Eiweiss als stickstoffhaltiger Stoff nicht
durch stickstofffreie Stoffe ersetzt werden kann, ist leicht verständlich. Dagegen liegt die Frage nahe, ob die Stickstoffverluste
des Körpers nicht durch Zufuhr solcher stickstoffhaltiger Verbindungen aufgewogen werden können, die nicht zu den eigentlichen
Proteinen gehören. Am wichtigsten ist in dieser Beziehung der
Leim, ein Albuminoid, das im Thierkörper in grossen Mengen
vorhanden ist. Es ist schon oben angegeben worden, dass der
Leim trotz seines Stickstoffgehalts das Eiweiss in der Nahrung
nicht entbehrlich machen kann. Dagegen ist die eiweisssparende
Wirkung des Leims grösser als die der Fette und Kohlehydrate.
Man kann über 80 pCt. des Eiweisses der Nahrung durch Leim
ersetzen, ohne dass das Versuchsthier von seinem Körperbestand
einbüsst. Dabei muss etwa dreimal so viel Leim gereicht werden,
als Eiweiss gespart werden soll. Auch Tyrosin, ein Zersetzungsproduct des Proteins, kann das Eiweiss zum Theil ersetzen.

Die obigen Angaben beziehen sich zwar auf Versuche an
Hunden, doch sind die Verhältnisse beim Menschen und bei den
Herbivoren nicht wesentlich andere.

Der Eiweissverlust des Menschen verhält sich gegen Eiweisszufuhr ganz
ähnlich wie der des Hundes. Dagegen lässt sich das Fett der Nahrung beim
Menschen nicht ohne Weiteres, wie beim Hunde, durch vermehrte Eiweisszufuhr
vertreten. Andererseits ist die Möglichkeit Fett sowohl wie Kohlehydrate aufzunehmen, beim Menschen in höherem Grade wie bei Thieren durch die geringere Leistungsfähigkeit des Darmcanals eingeschränkt. Es besteht also für
den Menschen im Gegensatz zu den Carnivoren in höherem Grade die Nothwendigkeit, seine Nahrung aus den verschiedenen Nahrungsstoffen zusammen-
zusetzen.

Kostmaass.

Kostmaass des Menschen. Man hat sich vielfach bemüht
die untere Grenze der nothwendigen Ernährung, das sogenannte
„Kostmaass" oder genauer „Mindestmaass der Tageskost" für den
normalen Menschen festzustellen. Es handelt sich dabei um drei
Posten, Eiweiss, Fette und Kohlehydrate, die so eingetheilt werden
sollen, dass erstens der Bedarf des Körpers gedeckt wird, zweitens
die Gesammtmenge möglichst klein ist. Da nun durch reichliche
Ernährung mit Kohlehydraten und Fett am Eiweiss gespart werden
kann, und da Fett und Kohlehydrate einander in gewissem Grade

gegenseitig ersetzen können, gestattet die gestellte Aufgabe verschiedene Lösungen. Man hat deshalb die durchschnittliche Zusammenstellung der Kost, wie sie sich durch praktische Erfahrung eingebürgert hat, zu Grunde gelegt, da aber hierbei die wirthschaftlichen Verhältnisse mitsprechen, kann auch dies Verfahren nicht zu allgemeingültigen Ergebnissen führen. Obschon sich also ein Mindestmaass nicht bis auf einige Gramm genau feststellen lässt, ist es doch nützlich eine Eintheilung anzuführen, die ungefähr den Anforderungen an das „Kostmaas" genügt.

100 g trockenes Eiweiss
60 g Fett,
400 g Kohlehydrate

sollen für einen ausgewachsenen Mann von 70 kg bei mässiger Bewegung eine ausreichende, zweckmässige und billige Nahrung darstellen.

Isodynamie. Das Verhältniss zwischen Fetten und Kohlehydraten ist hier so gewählt, dass das Fett in verhältnissmässig geringer Menge auftritt. Es könnte statt dessen auch eine grössere Menge Fett und eine geringere Menge Kohlehydrate angesetzt werden. Fette und Kohlehydrate können einander in der Nahrung vertreten, und zwar in dem Verhältniss, dass 4 Theile Fett 9 Theile Kohlehydrat ersetzen. Dies ist das Verhältniss, in dem die von Fetten und Kohlehydraten bei vollständiger Verbrennung gelieferten Wärmemengen stehen, wie unten bei der Lehre von der thierischen Wärme erörtert werden wird.

Rubner hat durch genaue Bestimmungen des Stoffwechsels bei verschieden zusammengesetzter Nahrung erwiesen, dass thatsächlich das Verhältnis, in dem die Nährstoffe einander in der Nahrung gleichwerthig ersetzen, mit dem bei der Verbrennung gefundenen Wärmewerthe übereinstimmt. Er bezeichnet die Mengen, in denen Nährstoffe einander gleichwerthig ersetzen, als „isodyname" Mengen, und die Tatsache der gegenseitigen Vertretbarkeit als „Gesetz der Isodynamie". Auf die Eiweissstoffe findet dies Gesetz nur unter gewissen Bedingungen Anwendung, weil, wie oben angegeben, bei Eiweisszufuhr die Eiweisszersetzung im Körper zunimmt.

Im übrigen wird es für den Organismus auch nicht ganz gleichgültig sein, ob der Bedarf an stickstofffreien Nährstoffen vorwiegend durch Fett oder vorwiegend durch Kohlehydrate gedeckt wird. Wie weiter unten gezeigt werden wird, erscheint nämlich das Fett unter den Nahrungsstoffen am geeignetsten um grosse Wärmemengen zu bilden, die Kohlehydrate, um die Muskelthätigkeit zu unterhalten.

Kostmaass des Pferdes. Bei den Herbivoren, insbesondere den Wiederkäuern, ist die Untersuchung des Stoffwechsels dadurch erschwert, dass sie grosse Futtermassen im Darm beherbergen und aus ihnen noch Nahrung aufnehmen, wenn die äussere Zufuhr abgeschlossen ist. Ferner ist die Ausnutzung im Darm schlechter, und es muss deshalb der Antheil der Nahrung, der den Darm verlässt, bestimmt und von der Gesammtmenge der aufgenommenen Nahrung abgezogen werden. Im Uebrigen sind die Bedingungen und die Ergebnisse der Stoffwechseluntersuchung ungefähr dieselben wie beim Fleischfresser. Der Eiweisszerfall darf mit derselben

Sicherheit aus der Stickstoffmenge im Harn bestimmt werden, da die Ausscheidung durch den Schweiss nur beim Pferde in Betracht kommen kann. Entsprechend der oben schon erwähnten Thatsache, dass der Eiweissverlust auf das Kilogramm des Körpergewichts berechnet, bei den grossen Pflanzenfressern nur etwa halb so gross ist wie bei Mensch und Hund, ist bei ihnen auch die Menge Eiweiss, die durch Zulage von Fett und Kohlehydraten gespart werden kann, eine grössere, und der Ansatz von Fett und Fleisch durch Vermehrung der Kohlehydrate bei einer geringeren Eiweisszufuhr zu erreichen. Uebrigens aber steigt, nur in geringerem Maass, auch bei den Herbivoren der Eiweisszerfall mit der Eiweisszufuhr und dem Eiweissansatz. Das Mengenverhältniss des Eiweisses zu den stickstofffreien Nährstoffen muss in einer zweckmässig zusammengestellten Kost für die Herbivoren etwas kleiner angenommen werden als für Mensch und Fleischfresser. Als „Kostmaass“ können die für ein Pferd von 500 kg als „Erhaltungsfutter“ angegebenen Zahlen gelten, nämlich

600 g Eiweiss,
160 g Fett,
3500 g Kohlehydrate.

Man sieht, dass sie, auf das Kilogramm berechnet, weniger Eiweiss setzen, als das oben angegebene Kostmaass für den Menschen. Die obigen Zahlen können, auf das Körpergewicht berechnet, auch für Rindvieh gelten. Dagegen muss bei kleineren Thieren, Schafen und Ziegen, ein höherer Satz angenommen werden.

Einfluss der Arbeit. Diese Angaben über den Stoffbedarf beziehen sich alle auf den ruhenden Körper. Wie oben schon mehrfach erwähnt worden ist, wird aber die Arbeitsleistung des Körpers durch Spannkräfte bestritten, die bei der Zersetzung der Körperbestandtheile frei werden, und deshalb muss, wenn der Körper Arbeit leistet, die Zersetzung verstärkt und die Menge der Ausscheidungen entsprechend vermehrt werden. Natürlich kann dann der Körper auch nicht mit der gleichen Nahrungsmenge auf seinem Bestand erhalten werden.

Bei einem geringen Maass von körperlicher Arbeit tritt dies noch nicht hervor, da man überhaupt unter „Ruhezustand“ nicht absolute Körperruhe zu verstehen pflegt. Selbst leichtere Handwerksthätigkeit des Menschen, leichtere Zugarbeit bei Rindvieh und Pferden erfordert noch kein höheres Kostmaass als das angegebene, das eben leichte Körperarbeit mit berücksichtigt.

Bei schwerer Arbeit muss dagegen das Kostmaass erhöht werden, wenn der Körper auf die Dauer seinen Bestand soll erhalten können. Diese Zulage hält sich in ziemlich engen Grenzen, da ja die Arbeitsmenge, die überhaupt geleistet werden kann, nicht allein von der Grösse der Nahrungszufuhr abhängt. Für den schwer arbeitenden Menschen und für schwer arbeitende Hausthiere werden Kostsätze angegeben, die die für Ruhe berechneten um ungefähr 20 pCt. und 50 pCt. übersteigen.

Zur Uebersicht diene folgende Zahlenreihe:

Kostmaass für		bei Ruhe	bei Arbeit	bei Ruhe	bei Arbeit
				auf 100 kg berechnet	
Mensch 70 kg	Eiweiss	100	125	130	170
	Fett	60	100	90	130
	Kohlehydrate	400	500	500	700
Pferd 500 kg	Eiweiss	600	900	120	180
	Fett	170	300	34	60
	Kohlehydrate	3500	5000	750	1000

Eiweiss- und Fett-Ansatz. Wie oben erwähnt, kann das Kostmaass, bei dem Gleichgewicht besteht, weit überschritten werden, und es stellt sich, nachdem der Körper zugenommen hat, Gleichgewicht dadurch wieder her, dass mehr Stoff zersetzt und ausgeschieden wird. Die Zunahme vertheilt sich im Wesentlichen auf den Bestand des Körpers an Eiweiss und Fett und zwar annähernd im Verhältniss 1 : 9, indem viel mehr Fett gebildet wird als Eiweiss. Dies Verhältniss hängt jedoch von der Zusammensetzung der Nahrung, dem Maass der körperlichen Arbeitsleistung und anderen Umständen ab. Auch die Grösse des Ansatzes bei gegebenem Körpergewicht und gegebener Nahrungsaufnahme ist von vielen Bedingungen abhängig, unter denen auch individuelle Verschiedenheiten eine grosse Rolle spielen.

Zu erwähnen ist unter diesen Bedingungen namentlich der Einfluss der Castration. Bei beiden Geschlechtern wird durch die Entfernung der Geschlechtsdrüsen eine Veränderung im Gesammtstoffwechsel hervorgebracht, die sich unter anderem durch verstärkte Neigung zum Fettansatz kundgiebt. Bei Rindern, Schweinen und Hühnern wird daher vielfach die Castration ausgeführt, um zarteres, fettreicheres Fleisch zu erzielen. Diese eigenthümliche Nebenwirkung der Castration ist eine der Thatsachen, auf die sich die Lehre von der inneren Secretion der Geschlechtsdrüsen stützt, von der weiter oben die Rede gewesen ist.

Bei manchen Menschen besteht Neigung zum Fettansatz, die vielfach geradezu als krankhafte Anlage aufgefasst wird. Indessen ist es schwer zu entscheiden, wie weit hierbei die äusseren Lebensbedingungen und wie weit die innere Organisation in Betracht kommt. Bunge dürfte im Recht sein, wenn er hehauptet, dass bei genügender körperlicher Arbeit Fettleibigkeit ausgeschlossen ist.

Mästung. Beim Schlachtvieh sucht man durch besondere Fütterung und Haltung einen möglichst grossen Ansatz von Fleisch und Fett zu erzielen. Bei dieser sogenannten „Mästung" des Viehes muss neben reichlicher Zufuhr von Kohlehydraten auch der Eiweissbestand der Nahrung erhöht werden. Um zugleich den Stoffverbrauch möglichst herabzusetzen, müssen die Thiere möglichst ruhig und warm gehalten werden. Im Vergleich zu dem Kostmaass bei schwerer Arbeit braucht für Mastzwecke die Eiweisszufuhr nicht so stark vermehrt zu werden, wie die der Kohlehydrate: als Bei-

spiel wird die Zusammenstellung von 150 g Eiweiss und 1200 g
Kohlehydrate auf je 100 kg Lebendgewicht als Tagesmenge angegeben. Als Beispiel für die Grösse des Ansatzes bei Mästung
mögen folgende Zahlen dienen: Ein Schwein von 125 kg, das mit
1900 g Gerste gefüttert wurde, setzte 34 g Eiweiss und 174 g Fett,
am Tage an.

Rolle des Wassers.

Es ist bisher nur von den Stoffen gesprochen worden, die im
Körper eine Umwandlung erleiden, und in den Bestand des Körpers
übergehen können. Weitaus der grösste Theil der aufgenommenen
und ausgeschiedenen Stoffmenge besteht aber aus Wasser, das als
Wasser in den Körper eintritt, und ebenfalls als solches ausgeschieden wird. Ein Theil des ausgeschiedenen Wassers kann
allerdings durch Oxydation von Wasserstoff im Körper selbst entstanden sein und würde dann mit den übrigen Zersetzungsproducten
die gleiche Stellung einnehmen. Im Allgemeinen aber darf man
sagen, dass das Wasser im Körper nur die Rolle eines Lösungsmittels spielt, ohne das weder Einfuhr noch Ausfuhr der übrigen
Stoffe möglich wäre. Ausserdem kommt in Betracht, dass durch
die Athmung und die Hautausdünstung der Körper beständig un-
vermeidliche Verluste an Wasser erleidet, die nothwendig ersetzt
werden müssen, wenn nicht der ganze Organismus durch Eintrocknen
zu Grunde gehen soll. Dieser Auffassung entsprechend hat auch
die Aufnahme und Ausscheidung des Wassers über die zur Ergänzung der Verluste nothwendige Menge hinaus für den Haushalt
des Körpers keine wesentliche Bedeutung. Man kann allerdings
beobachten, dass mit der durch reichliche Wasserzufuhr vermehrten
grösseren Harnmenge auch grössere Harnstoffmengen den Körper
verlassen. Hierbei handelt es sich aber nur um geringe Unterschiede, die nicht nothwendiger Weise von vermehrtem Eiweisszerfall
herrühren, sondern darauf zurückgeführt werden können, dass die
stärkere Durchspülung des Körpers den in ihm angehäuften Harnstoffgehalt vermindert. Durch Herabsetzung der Wasserzufuhr kann
der Körper bis zu einem gewissen Grade wasserärmer gemacht
werden, wodurch zugleich der Fettbestand vermindert werden soll.
Von diesem Vorgange wird bei der Oertel'schen Entfettungskur
Gebrauch gemacht.

Die Ausscheidung des Wassers theilt sich in drei Posten, die
durch die Athmung, im Harn und durch die Haut ausgeschieden
werden. Diese drei Arten der Ausscheidung stehen bei ein und
demselben Thierkörper in einem gewissen Gegenseitigkeitsverhältniss,
indem bei der Vermehrung der einen die andern vermindert werden
und umgekehrt. Bei den verschiedenen Thieren ist das Mengenverhältniss verschieden, was sich aus der Grösse der Harnabsonderung
und der Grösse der Schweissbildung erklärt, wie in den betreffenden
Abschnitten erwähnt ist.

Die Mineralstoffe.

Aehnlich wie das Wasser verhalten sich beim Stoffwechsel die organischen Salze, die grösstentheils in derselben Menge und Form ausgeschieden werden, in der sie aufgenommen worden sind. Wie man das Wasser als ein unentbehrliches Lösungsmittel für Einfuhr- und Ausfuhrstoffe bezeichnen kann, sind auch die Salze als unentbehrliche Hülfsmittel für die Stoffwechselvorgänge anzusehen.

Dies ergiebt sich deutlich, wenn man Thiere beobachtet, denen eine zweckmässig zusammengesetzte ausreichende aber möglichst salzfreie Kost verabreicht wird. Man kann zu diesem Zweck etwa Hunde mit Fleisch und Fett füttern, dem durch gründliches Auswässern und Auskochen sein Salzgehalt entzogen worden ist. So gefütterte Hunde sterben schon im Laufe weniger Wochen, also früher als Hunde, die ganz ohne Futter gehalten werden. Erhält ein Hund gar kein Futter, so muss er zwar auch ohne Salze auskommen, aber in seinem Körperbestande befindet sich soviel Salz, wie der beim Hungerzustand herabgesetzte Stoffumsatz erfordert. Erhält dagegen der Hund reichlich salzfreie Nahrung, so gehen die Stoffwechselvorgänge in seinem Körper in normalem Umfang weiter, aber es fehlen die Salze, die unter normalen Verhältnissen auf die Zersetzungsprodukte einwirken könnten. Der Vorgang lässt sich am besten an einem einzelnen Beispiel erläutern. Beim Zerfall der Eiweissstoffe wird Schwefel frei, der zu Schwefelsäure oxydirt werden kann. Die Schwefelsäure kann an Alkalien gebunden, als neutrales Sulfat in völlig unschädlicher Form ausgeschieden werden. Im Hungerzustand zersetzt der Körper zwar dauernd Eiweiss, er enthält aber hinreichend Alkalien, um alle aus dem zersetzten Eiweiss gebildete Schwefelsäure zu neutralisiren. Wird nun eine Zeit lang fortwährend Eiweiss eingeführt und verbraucht, ohne dass zugleich neues Alkali zugeführt wird, so entsteht ein Ueberschuss an Schwefelsäure, der schädlich werden und schliesslich zum Tode führen muss. Man kann diese Rolle der Salze im Organismus mit der vergleichen, die beliebige chemische Reagentien in einer Fabrik chemischer Produkte spielen können. Die Fabrik kann Alkohol, Aether oder Salzsäure brauchen, ohne dass diese in ihrem Rohmaterial oder in ihren Erzeugnissen vorkommen, und die gesammte eingeführte Menge der Reagentien kann in den Abfällen der Fabrik in unveränderter Form enthalten sein, obschon sie im Betriebe unentbehrlich sind.

Man nennt den Zustand, in dem sich ein Organismus befindet, der mehr Salze ausscheidet als er einnimmt, „Salzhunger" oder „Aschehunger". Die Verarmung an Salzen, die bei Salzhunger auftreten muss, betrifft zunächst das Blut, dessen Gehalt an Mineralstoffen man bei Thieren, die durch Salzhunger zu Grunde gegangen waren, um fast 30 pCt. vermindert gefunden hat. Weiter wird auch der Bestand der übrigen Gewebe an Mineralstoffen angegriffen, die Ausscheidung von Salzen aber stark herabgesetzt.

Auch die Entziehung einzelner mineralischer Stoffe aus der Nahrung kann sehr schädlich wirken. Bei Stallvieh, das statt mit der natürlichen Pflanzenkost mit kalkarmen Futterstoffen, wie Rüben oder der als Rückstand beim Branntweinbrennen zurückbleibenden „Schlempe" genährt werden, schwindet der phosphorsaure Kalk aus den Knochen, so dass es leicht zu Knochenkrümmungen und Knochenbrüchen kommt. Daher empfiehlt sich als Beigabe zur Schlempe kalkreiches Heu- oder Kleefutter.

Zum Aufbau des Knochengerüstes ist selbstverständlich eine kalkenthaltende Nahrung erforderlich, und während des Wachsthums hält der Körper verhältnissmässig grosse Mengen Kalk zur Knochenbildung zurück. In der Milch, deren Zusammensetzung den Bedürfnissen des jugendlichen Organismus angepasst ist, ist daher auch reichlich Kalk enthalten, und zwar entsprechend der Wachsthumsgeschwindigkeit des Neugeborenen, in der Kuhmilch fünfmal mehr als in der Frauenmilch.

Abgesehen von diesen wichtigen Einwirkungen, die die Zufuhr ven Salzen im Körper ausübt, ist es klar, dass der Körper durch viele seiner Ausscheidungen nothwendig von seinem Salzbestande einbüssen muss. Schon um diese, wenn man so sagen darf, zufälligen Verluste auszugleichen, bedarf es einer gewissen Salzzufuhr.

Die Bedeutung des Salzgehaltes der Nahrung würde sehr viel mehr hervortreten, wenn nicht sämmtliche thierischen und pflanzlichen Nahrungsmittel die mannigfachen für den Körper nöthigen Salze als Beimengung schon enthielten.

Bunge hat wiederholt darauf hingewiesen, dass in einer Blutwurst mehr Eisen, in einer Tasse Milch mehr Kalk enthalten ist, als in den Pillen und Tränken zugeführt werden kann, die man den an Blutarmuth oder Knochenerweichung Leidenden zu verschreiben pflegt. Daher braucht man auch für den Gehalt der Nahrung etwa an Kali, Magnesium, Phosphor nicht besonders Sorge zu tragen. Nur das Kochsalz macht hierin eine scheinbare Ausnahme, da man es allgemein in Substanz zur Nahrung hinzuzusetzen pflegt. Diese Ausnahme ist aber nur eine scheinbare, denn, wie die stetige grosse Kochsalzausfuhr im Harn beweist, enthält die Nahrung an sich meist schon so viel Kochsalz, wie dem eigentlichen Bedarf des Körpers entspricht. Das den Speisen zugesetzte Kochsalz wirkt vielmehr als Würze, in einer Weise von der erst weiter unten die Rede sein soll.

12.

Die Nahrungsmittel.

Nahrungsstoffe und Nahrungsmittel. Die Nahrung ist im Vorstehenden ausschliesslich nach ihrem Gehalt an Nahrungsstoffen betrachtet worden, und es ist angegeben worden, wieviel von den einzelnen Nahrungsstoffen der Körper bedarf, um seinen Bestand zu erhalten. Wie schon oben bemerkt, bietet aber die Umgebung dem Organismus nicht Nahrungsstoffe als solche dar, sondern Futterstoffe und Nahrungsmittel, die verschiedene, gewissermaassen zufällige Zusammenstellungen der verschiedenen Nahrungsstoffe enthalten. Die Ernährungsvorgänge hängen nun nicht allein davon ab, dass bestimmte Mengen von Nahrungsstoff aufgenommen werden, sondern zum Theil auch davon, welche äussere Form die Nahrungsstoffe annehmen. Umgekehrt kann man, wenn man beobachtet, dass ein Mensch oder Thier bestimmte Nahrungsmittel oder Futtermengen aufnimmt, natürlich erst dann auf die aufgenommenen Nahrungsstoffe schliessen, wenn man die Zusammensetzung der einzelnen Nahrungsmittel untersucht hat. Daher gehört zur physiologischen Untersuchung des Ernährungsvorganges auch die Betrachtung der Nahrungsmittel selbst.

Es sei zunächst nochmals ausdrücklich auf den Unterschied der Begriffe „Nahrungsstoff“ und „Nahrungsmittel“ hingewiesen. Nahrungsstoff ist ein abstracter Begriff, der eine Gruppe von chemisch verwandten Körpern zusammenfasst. Als Nahrungsmittel bezeichnet man die einzelnen concreten Gestalten, in denen die Nahrung eingeführt wird. Nahrungsstoffe sind beispielsweise Eiweisse, Fette, Zucker, Nahrungsmittel Brod, Fleisch, Milch und so fort. Die Nahrungsstoffe sind Bestandtheile jedes Nahrungsmittels, die Nahrungsmittel sind Gemenge von Nahrungsstoffen. Die Nahrung setzt sich aus Nahrungsmitteln zusammen. Eine Nahrung, die ausreicht den Körper dauernd auf seinem Bestande zu erhalten, heisst eine vollkommene Nahrung.

Die einzelnen Nahrungsmittel.

Milch. Besondere Beachtung verdient unter den Nahrungsmitteln die Milch, weil sie von der Natur für die Ernährung der Säuglinge zubereitet ist. Es ist deshalb schon oben bei der allgemeinen Betrachtung über die Nahrungsstoffe auf die Zusammensetzung der Milch eingegangen worden. Zu leichterer Uebersicht sei hier die Zusammensetzung der Kuhmilch, die als Nahrungsmittel allgemein viel verwendet wird, nochmals angeführt:

$$\text{Kuhmilch 1000 g} \left\{ \begin{array}{ccccc} \text{Wasser} & \text{Eiweiss} & \text{Fett} & \text{Zucker} & \text{Salze} \\ 875 & 35 & 37 & 48 & 7 \end{array} \right.$$

Die Thatsache, dass der Säugling bei reiner Milchnahrung gedeiht und zunimmt, beweist, dass die Milch alle Nährstoffe in ausreichender Menge enthält, um allein den Stoffbedarf des Körpers zu befriedigen. Sie stellt also ein sogenanntes „vollkommenes Nahrungsmittel" dar, das zur Ernährung vollkommen ausreicht.

Nach dem oben aufgestellten Kostmaass für den Erwachsenen lässt sich leicht berechnen, dass ein Erwachsener mit ungefähr 4 l Milch am Tage ausreichend ernährt sein würde. Es ergäbe sich dabei gegenüber dem für den Erwachsenen passenden Mengenverhältniss allerdings ein Ueberschuss von Eiweiss und Fett gegenüber einem Mangel an Kohlehydraten. Daher muss eine verhältnissmässig sehr grosse Gesammtmenge aufgenommen werden, sodass die Ernährung mit Milch allein für den Erwachsenen nicht als zweckmässig erscheint.

Neben der natürlichen Milch werden bekanntlich deren einzelne Bestandtheile in verschiedenen Formen aus der Milch abgeschieden als Nahrungsmittel verwendet.

Das Milchfett für sich wird als Butter genossen, der etwa folgende Zusammensetzung zukommt:

$$\text{Butter 100} \left\{ \begin{array}{ccccc} \text{Wasser} & \text{Eiweiss} & \text{Fett} & \text{Zucker} & \text{Salze} \\ 12 & 0{,}7 & 85 & 1 & 1{,}3 \end{array} \right.$$

Von der Bereitung der Butter bleibt die sogenannte Buttermilch zurück, die das Eiweiss, den Zucker und die Salze der ursprünglichen Milch enthält und daher ein werthvoller Zusatz zu eiweissarmem Futter ist.

Die Eiweissstoffe der Milch bilden den Hauptbestandtheil des Käses, der aber je nach der Herstellungsart auch einen Theil des Milchfettes einschliesst, und desbalb geeignet ist, eine kohlehydratreiche Nahrung zu einer vollkommenen zu ergänzen.

Als Zusammensetzung des Käses kann etwa folgendes Zahlenverhältniss angegeben werden:

100 g Käse,	Wasser	Eiweiss	Fette	Zucker	Salze
fetter	36	29	30,5	—	4,5
magerer	44	45	6	—	5

Endlich ist noch der Rückstand zu erwähnen, der übrig bleibt, wenn Butterfett und Casein abgeschieden worden sind, nämlich der Molken, der noch einen Theil des Milchzuckers und der Salze enthält. Im saueren Molken ist der grösste Theil des Milchzuckers durch Milchsäuregährung in Milchsäure übergegangen. Aus dem süssen Molken, der bei der Labgerinnung entsteht, wird der Milchzucker bereitet, der, wie oben erwähnt, zur Kuhmilch zugesetzt werden muss, wenn sie in verdünntem Zustand zum Ersatz von Muttermilch gebraucht wird. Auch therapeutisch wird der Molken zu den sogenannten Molkenkuren angewendet, bei denen im wesentlichen die Milchsalze, namentlich die Phosphate, wirksam sind.

Das Fleisch. Ein weiteres von der Natur unmittelbar dargebotenes Nahrungsmittel ist das Fleisch.

Im eigentlichen Sinne des Wortes bezeichnet Fleisch nur die Muskeln der Schlachtthiere, und die Analyse des Fleisches ist daher gleichbedeutend mit der Analyse des Muskelgewebes. Vom praktischen Standpunkt aus aber rechnet man auch die essbaren Weichteile, Leber, Milz, Nieren, Lunge mit zum Fleisch.

Da die Muskulatur der Säugethiere etwa die Hälfte des Körpergewichts beträgt, kann man auch bei Schlachtthieren etwa die Hälfte des Lebendgewichtes als Fleisch rechnen, durch Mästung lässt sich aber ein bedeutend höherer Procentsatz, durchschnittlich 70 pCt. erreichen.

Die Zusammensetzung des Fleisches ist je nach Art und Ernährungszustand des Thieres verschieden. Insbesondere kann es viel oder wenig Fett enthalten.

100 Theile Fleisch von	Wasser	Eiweiss u. Glutin	Fett	Kohlehydrate	Salze
Rind	76,7	20,0	1,5	0,6	1,2
Kalb	75,6	19,4	2,9	0,8	1,3
Schwein { mager .	72,6	19,9	6,2	0,6	1,1
{ sehr fett	42,8	10,5	45,5	0,3	0,8
Huhn	70,8	22,7	4,1	1,3	1,1
Hecht	79,3	18,3	7,0	0,9	0,8

Bei diesen Zahlen ist zunächst der Wassergehalt des Fleisches zu beachten, der rund $^3/_4$ des Gesammtgewichts ausmacht.

Mitunter findet man nämlich, insbesondere in Reclameschriften für künstlich dargestellte Nährmittel den Eiweissgehalt des natürlichen Fleisches mit dem trockener Nährpräparate verglichen.

Trotz dieses hohen Wassergehalts enthält das Fleisch sehr viel Eiweiss in sehr gut verdaulicher Form. Unter allen Nahrungsmitteln ist es neben dem Käse dasjenige, das bei der Zusammenstellung einer vollkommenen Nahrung am geeignetsten ist, den Eiweissbedarf zu decken.

Für sich allein kann das Fleisch dagegen kaum als eine vollkommene Nahrung angesehen werden, weil es zu arm an Kohlehydraten ist. Um den Bedarf an Kohlehydraten durch Fleich zu decken, müssen sehr grosse Mengen Fleisch aufgenommen werden. Für den Menschen dürfte daher eine reine Fleischkost auf die Dauer nicht ausreichen, und wo davon die Rede ist, dass Menschen bei Fleischkost längere Zeit leben und gedeihen, ist stets eine aus Fleisch und Fett gemischte Kost zu verstehen.

Das Fleisch wird gewöhnlich in besonders zubereiteter Form genossen, obschon rohes Fleisch für leichter verdaulich gilt. Das rohe Fleisch muss aber, um dem Magensaft zugänglich zu sein, fein gehackt gegessen werden. Die Zubereitung des Fleisches hat zunächst den einen grossen Vorzug, dass die etwa im Fleisch befindlichen Parasiten, Bandwurmfinnen und Trichinen, adgetödtet werden. Ferner wird das Bindegewebe gelöst und so der Zerfall des Fleisches und das Eindringen der Verdauungssäfte erleichtert.

Die Vorgänge beim Kochen des Fleisches sind etwas verschieden, je nachdem man das Fleisch mit kaltem Wasser ansetzt oder in kochendes Wasser wirft. Noch anders gestaltet sich die Veränderung des Fleisches durch Braten. Im kalten oder langsam erwärmten Wasser lösen sich die Salze, das lösliche Eiweiss und die andern löslichen Bestandtheile des Fleisches im Wasser, sodass das Kochfleisch an diesen Bestandtheilen etwas ärmer wird. Das im Wasser gelöste Eiweiss gerinnt in der Hitze zu flockigem Schaum, den man abzuschöpfen und wegzuwerfen pflegt, dies nennt man „Abschäumen" der Fleischbrühe. Das gekochte Fleisch hat gegen 40 pCt. seines Gewichts verloren, wovon aber nur 3—5 pCt. auf den Verlust an festen Bestandtheilen kommen. Selbst das mit kaltem Wasser angesetzte Fleisch enthält also noch $^7/_8$ seines Eiweissgehaltes. In kochendes Wasser geworfenes Fleisch erleidet einen etwas geringeren Verlust an Eiweiss, da die Oberfläche sogleich gerinnt und das Austreten der löslichen Bestandtheile erschwert. Beim Braten bleibt dem Fleisch sein Bestand an Eiweiss und Salzen vollständig erhalten. Der Gewichtsverlust, der etwas grösser ist als beim Kochen, bezieht sich ausschliesslich auf den Verlust an Wasser. Ausserdem entstehen an der gebräunten Oberfläche des Bratens gewisse angenehm riechende und schmeckende Stoffe, die als Würzen oder Genussmittel in Betracht kommen und unten noch zu erwähnen sein werden.

Die Fleischbrühe. Beim Kochen des Fleisches wird gewissermaassen als Nebenproduct die Fleischbrühe gewonnen, nämlich das Wasser, in dem das Fleisch gekocht worden ist, das die löslichen Stoffe aus dem Fleisch aufgenommen hat. Zwar das Eiweiss ist durch das Abschäumen aus der Fleischbrühe wieder entfernt, aber sie enthält noch Leim, Extractivstoffe und Salze. Die Fleischbrühe gilt für nahrhaft und kräftigend, doch kommen ihr diese Eigenschaften nur mittelbar zu, denn ihr Gehalt an Nährstoffen ist sehr gering. Dagegen wirkt sie durch die in ihr enthaltenen Salze und die zum Theil noch unbekannten organischen Stoffe, die ihr Geruch und Geschmack verleihen, als Würze und Genussmittel, und vermag dadurch fördernd auf die Fähigkeit zur Nahrungsaufnahme einzuwirken.

Dasselbe gilt vom Liebig'schen Fleischextract, der bei 22 pCt. Wassergehalt gewissermaassen eine sehr concentrirte Fleischbrühe darstellt.

Dagegen kann man durch Auspressen von Fleisch in der Kälte, oder durch Ausziehen mit mässig heissem Wasser (50—60°) einen eiweisshaltigen Fleischsaft (beef tea oder meat-juice der Engländer) gewinnen, der neben den Würzstoffen auch Nahrungsstoff enthält.

Eier. Aehnlich wie das Fleisch verhalten sich, als Nahrungsmittel betrachtet, die Eier. Dies geht schon aus ihrer Zusammensetzung hervor, wenn man dazunimmt, dass die Nahrungsstoffe, die in ihnen enthalten sind, ebenso gut verdaulich sind, wie die des Fleisches.

100 Theile Hühnerei ohne Schale	Wasser	Ei-weiss	Fette	Kohle-hydrate	Salze
Ei	74	14	11	—	1
Dotter . .	54	15,4	28,8	—	1,7
Eiweiss .	86	13,3	—	—	0,7

Nun enthält ein Ei etwa 40—50 g Dotter und Eiweiss, und ist mithin nach seinem Nährwerth gleich 40 g fettem Fleisch zu rechnen. Eier sind also durchaus nicht von hervorragender Nährkraft, sie kommen in dieser Beziehung gutem Fleisch nicht einmal gleich und bieten nur ungefähr soviel Nahrungsstoff wie das Dreifache ihres Gewichtes an Milch.

Hartgekochte Eier sind, wenn sie nicht genügend durchgekaut werden, ziemlich schwer verdaulich, weil der Magensaft grössere Stücken nicht gut angreifen kann. Dagegen werden rohe Eier gut verdaut, obschon das Eiweiss, sobald es in den Magen kommt, durch dessen Salzsäure zur Gerinnung gebracht wird. Das entstehende Gerinnsel ist nämlich weich und flockig, sodass das Pepsin es gut angreifen kann.

Vegetabilische Nahrungsmittel.

Zwischen den bisher betrachteten animalischen Nahrungsmitteln und den vegetabilischen besteht ein grosser Unterschied, insofern die vegetabilischen Nahrungsmittel, wenigstens in ihrem natürlichen Zustande, meist einen sehr beträchtlichen Antheil nahezu unverdaulicher Stoffe enthalten. Ueberdies gehen auch die in ihnen enthaltenen Nahrungsstoffe zum Theil weniger leicht in den Thierkörper über. Daher ist die Ausnutzung bei pflanzlicher Nahrung in der Regel schlechter als bei animalischer, und die Menge der im Darm zurückbleibenden und als Koth ausgeworfenen Ueberreste viel grösser. Daher ist auch die Zubereitung der Nahrungsmittel aus dem Pflanzenreich in vielen Fällen eine viel umständlichere als bei den thierischen Nahrungsmitteln.

Uebrigens bestehen die animalischen Nahrungsmittel fast ausschliesslich aus Eiweissstoffen und Fetten, während bei den Pflanzenstoffen die Kohlehydrate vorwiegen. Einige Vegetabilien sind auch reich an Fetten, doch unterscheidet sich die Zusammensetzung des pflanzlichen Fettes durch seinen höheren Gehalt an Palmitin und Olein und durch besondere Pflanzenfettsäuren vom thierischen Fett.

Cerealien. Die Pflanzenstoffe, die in erster Linie als Nahrungsmittel in Betracht kommen, sind die Körnerfrüchte der Getreidearten, daneben Mais, Reis und andere, die man unter der Bezeichnung Cerealien zusammenfasst.

Die Getreidekörner bestehen aus einer äusseren Hülle aus Cellulose, erfüllt von eiweiss- und stärkehaltigen Zellen, in die der Keim eingelagert ist. In dieser natürlichen Form ist das Getreidekorn der Verdauung schwer zugänglich, weil es durch die Cellulosekapsel von den Verdauungssäften abgeschlossen ist. Daher pflegt man das Korn erst durch Mahlen zu zertrümmern, und die Trümmer der unlöslichen Hülle als Kleie von dem Mehl zu sondern. Da an der Hülle innere Theilchen von dem nahrhaften Inhalt des Kornes hängen bleiben, hat auch die Kleie einen gewissen Nährwerth und wird bekanntlich allgemein zur Fütterung des Viehes ausgenutzt.

Die Zusammensetzung der wichtigsten Getreidearten ist etwa folgende:

100 Theile enthalten	Wasser	Eiweiss	Fett	Kohle-hydrate	Salze	Cellulose
Weizen . .	13,6	12,4	1,8	67,9	1,8	2,5
Roggen . .	15,1	11,5	1,8	67,8	1,8	2,0
Gerste . .	13,8	11,1	2,2	64,9	2,7	5,3
Hafer . . .	12,4	10,4	5,2	57,8	3,0	11,2
Reis . . .	13,7	6,3	0,9	77,5	1,0	0,6
Mais . . .	13,1	9,9	4,6	68,4	1,5	2,5

Die Veränderungen, die beim Mahlen vor sich gehen, ergeben sich, wenn man die vorstehenden Zahlen mit denen vergleicht, die hier folgen.

100 Theile enthalten	Wasser	Eiweiss	Fett	Kohle-hydrate	Salze	Cellulose
Weizenmehl	13,34	10,18	0,94	74,75	0,48	0,31
Roggenmehl	13,71	11,52	2,08	69,66	1,44	1,59

Brod. Auch das Mehl ist aber noch kein zweckmässiges Nahrungs-mittel, sondern es muss erst durch das Backen in verdaulichere Form gebracht werden.

Das Backen beginnt damit, dass das Mehl mit Wasser zu Teig gerührt wird. Dazu eignet sich vornehmlich solches Mehl, das einen hinreichend hohen Gehalt an Pflanzeneiweiss, Kleber, hat, wie insbesondere Weizen- und Roggen-mehl.

Dann wird der Teig mit Hefe versetzt und bei mässiger Wärme (30°) der Gährung überlassen. Dabeit geht ein Theil der Stärke in Zucker über, der seinerseits in Alkohol und Kohlensäure zerfällt.

Wird nun der Teig der Backhitze ausgesetzt, so treibt das Kohlensäuregas und der Alkoholdampf den Teig auseinander, sodass er das bekannte lockere schwammige Gefüge des Brodes annimmt. Zugleich wird durch die Hitze die Stärke in Dextrin übergeführt.

An der Oberfläche des Brodes entstehen durch die Röstung Verbrennungs-producte, die als Würze dienen.

Durch das Backen wird also erstens die chemische Zusammensetzung des Mebles geändert, zweitens erhält das Brod eine Form, die es für die Verdauung geeigneter macht als ein blosser Mehlteig sein würde, drittens erhält es die nützliche Zuthat der erwähnten Würzstoffe.

Die Zusammensetzung des fertigen Brodes ist etwa folgende:

100 Theile enthalten	Wasser	Eiweiss	Fett	Kohle-hydrate	Salze	Cellulose
Weizenbrod	38,5	6,8	0,8	43,3	1,2	0,4
Roggenbrod	44,0	6,0	0,5	47,8	1,3	0,3

Der Hauptunterschied zwischen weissem Weizenbrod und Roggenbrod geht aber aus diesen Zahlen nicht hervor. Er besteht darin, dass die Nahrungsstoffe des Weissbrodes vom Darm besser ausgenutzt werden können, als die des Schwarzbrodes. Schon bei feineren und gröberen Broden tritt ein grosser Unterschied in der Ausnutzbarkeit hervor, sodass, während das feinste Brod bis auf wenige Procente resorbirt wird, vom gröberen fast doppelt soviel unausgenutzt den Darm verlässt. Mit der gleichen Menge Weissbrodes werden also dem Körper mehr Nahrungsstoffe einverleibt wie mit schwarzem Brode.

Leguminosen. Nächst den Körnerfrüchten kommen als pflanzliche Nahrungsmittel die sogenannten Hülsenfrüchte oder Leguminosen in Betracht. Diese zeichnen sich durch ihren hohen Eiweissgehalt aus. Ihr Bau ist ungefähr derselbe wie der der Körnerfrüchte, nur dass das Mengenverhältniss der einzelnen Bestandtheile, wie die folgende Zahlenübersicht zeigt, ein ganz anderes ist.

100 Theile enthalten	Wasser	Eiweiss	Fett	Kohlehydrate	Salze	Cellulose
Linsen . .	12,5	24,8	1,9	54,8	2,4	3,6
Erbsen . .	14,3	22,6	1,7	53,2	2,7	5,5
Bohnen . .	14,8	23,7	1,0	49,3	3,1	7,5

Da die Hülsenfrüchte, durch Kochen zubereitet, auch leicht verdaulich sind und verhältnissmässig gut ausgenutzt werden, stellen sie ein vortreffliches Nahrungsmittel dar, dem nur noch ein Fett zugesetzt werden muss, um eine vollkommene und zweckmässige Nahrung zu erhalten. Das Eiweiss der Leguminosen kann zwar nicht so vollständig ausgenutzt werden wie das thierische Eiweiss, doch wird es unter günstigen Bedingungen bis zu 85 pCt. resorbirt.

Viel weniger gut genügen den Anforderungen an ein möglichst vollkommenes Nahrungsmittel Kartoffeln und Reis, obschon sie von

100 Theile enthalten	Wasser	Eiweiss	Fett	Kohlehydrate	Salze	Cellulose
Kartoffeln	75	2,0	0,2	20,6	1,0	0,7
Reis	13,7	6,3	0.9	77,5	1,0	0,6

manchen Völkern als Hauptnahrungsmittel gebraucht werden. Die Kartoffeln enthalten, wie aus der obigen Zahlenreihe hervorgeht, fast nur Kohlehydrate, in Form von Stärke; die Kartoffelnahrung ist deshalb ganz einseitig und muss durch Zusatz von Fett und von Eiweiss ergänzt werden, um eine vollkommene Ernährung zu gewähren.

Um seinen Eiweissbedarf mit Kartoffeln decken zu können, müsste ein Mensch täglich über 4 kg Kartoffeln verzehren. Viel günstiger ist in dieser Hinsicht die Ernährung mit Reis, von dem nur etwa 1,75 kg am Tage erforderlich sind.

Thatsächlich bildet der Reis auch das Hauptnahrungsmittel der Ostasiaten, die einen sehr grossen Theil der gesammten Menschheit ausmachen. Dabei kommt allerdings in Betracht, dass bei einem warmen Klima das Bedürfniss nach Fettzufuhr gering ist, und dass die Reisnahrung möglichst durch eiweissreichere Zuthaten ergänzt wird.

Die übrigen pflanzlichen Nahrungsmittel, wie Gemüse und Obst, haben für den Organismus hauptsächlich den Werth, den Bedarf an anorganischen Stoffen zu decken. Ausserdem wirkt ihr Gehalt an unverdaulichen Stoffen, Cellulose und Pectin, vortheilhaft auf die Zusammensetzung des Speisebreis im Darm ein, indem er die mechanische Arbeit des Darms erleichtert.

100 Theile enthalten	Wasser	Eiweiss	Fett	Kohlehydrate	Salze	Cellulose
Gemüse . .	88—92	1—2	—	2—4	0,4—1	1—1$^1/_2$
Obst . . .	85	0,5	—	10	0,5	4

Von dieser vortheilhaften Wirkung unverdaulicher Stoffe auf die Ernährung giebt folgender Versuch eine handgreifliche Anschauung: Kaninchen, die mit einem cellulosefreien, im Uebrigen völlig ausreichenden Nahrungsgemisch gefüttert werden, gehen zu Grunde, weil sich ihr Darm allmählich mit einer festen zähen Masse „von glaserkittähnlicher Beschaffenheit" ausfüllt, die er nicht fortbewegen kann. Werden der Nahrung Hornspähne beigemischt, die von den Verdauungssäften garnicht angegriffen werden, so bleiben die Kaninchen bei derselben Kost am Leben und gedeihen vortrefflich.

Genussmittel.

Wirkungsweise. Unter den Nahrungsmitteln sind endlich auch die Würzstoffe und Genussmittel zu erwähnen, weil sie zum Theil, wie mehrfach erwähnt wurde, in den Nahrungsmitteln enthalten sind und weil sie wie die Nahrung und mit der Nahrung aufgenommen werden. Sie gehören aber eigentlich nicht zu den Nahrungsmitteln, weil sie sehr wenig oder garnicht zum Stoffersatz oder zur Energiezufuhr beitragen. Ihre Wirkung beruht vielmehr darauf, denjenigen Theil des Nervensystems zu erregen, der die Thätigkeit der Verdauungsorgane beherrscht. Es wird deshalb bei der Besprechung des Nervensystems auf die Wirkung der Genussmittel zurückzukommen sein. Hier soll nur eine Uebersicht über die verschiedenen Stoffe gegeben werden, die als Würzen und Genussmittel verwendet werden.

1. Anorganische Genussmittel. Es ist oben schon erwähnt worden, dass die Kohlensäure dem Wasser die Frische und die Schmackhaftigkeit giebt, die gutes Trinkwasser von „abgestandenem" unterscheidet. Ferner ist ebenfalls schon erwähnt, dass das Kochsalz, das künstlich zur Nahrung zugesetzt wird, nur in seltenen Fällen dazu dient, den Bedarf an Salz zu decken, sondern meist ausschliesslich zur Verbesserung des Geschmacks als Würze zugesetzt wird. Der Salze und Würzstoffe in der Fleischbrühe ist schon oben gedacht worden.

2. Organische Genussmittel. Eine sehr grosse Zahl von Würzen wird dem Pflanzenreich entnommen, wie Pfeffer, Senf, die verschiedenen als „Gewürze" bekannten Pflanzenstoffe. Als Genussmittel wirken ferner die organischen Säuren, die theils in Nahrungsmitteln enthalten sind, theils, wie beispielsweise Essigsäure, besonders zugesetzt werden. Andere Würzstoffe entstehen, wie erwähnt worden ist, bei der Zubereitung der Nahrungsmittel. Zu diesen gehören die wohlschmeckenben Stoffe der Bratenrinde und der Brodkruste, und die Stoffe, die dem Käse, namentlich den scharfen Käsesorten, ihren Geschmack geben.

Endlich sind zu nennen zwei Gruppen von Stoffen, die als Genussmittel im eigentlichsten Sinne zu bezeichnen sind, nämlich die Alkaloide, die die wirksamen Bestandtheile in Thee, Kaffee und Chokolade bilden, und die alkoholischen Getränke.

Es ist viel darüber gestritten worden, ob der Alkohol als ein Nahrungsmittel oder als ein Genussmittel zu betrachten sei, und man hat sich vielfach für das erste entschieden, weil sich nachweisen lässt, dass der Alkohol thatsächlich wie ein Nahrungsmittel im Körper oxydirt wird, und dadurch zur Erzeugung von Wärme und Arbeit beiträgt. Dies ist aber kein ausreichender Grund, den Alkohol den Nahrungsmitteln zuzuzählen. Vielmehr ist es bei unbefangener Beurtheilung ganz klar, dass der Alkohol überall nur als Genussmittel, nicht als Nahrungsmittel verwendet wird. Denn nach seinem Nahrungswerthe lässt sich der Alkohol durch andere Nahrungsmittel ersetzen, gerade so, wie etwa Fleischnahrung durch Eierspeisen oder Brod durch Leguminosen ersetzt werden kann. Nun ist der Preis des Alkohols meist sehr viel höher, als der einer entsprechenden Menge anderer Nahrungsmittel. Wenn man trotzdem alkoholische Getränke den anderen viel billigeren Nahrungsmitteln vorzieht, so geschieht dies offenbar nicht des Nahrungswerthes wegen, sondern weil man die besonderen Wirkungen des Alkohols auf das Nervensystem geniessen will. Die nähere Betrachtung dieser Wirkungen gehört in die Pharmakologie.

Um das Verhältniss der Genussmittelwirkung zu den eigentlichen Ernährungsvorgängen anschaulich zu machen, sei hier noch an den Tabakgenuss erinnert, bei dem die Stoffmengen, die thatsächlich in den Körper aufgenommen werden, so ausserordentlich gering sind, dass von ihrem Nahrungswerth gar keine Rede sein kann. Trotzdem kann der Tabak in gewisser Weise wie ein Nahrungsmittel wirken, indem er das Gefühl des Hungers abstumpft.

Futtermittel. Zur Fütterung der Thiere dienen ausser den aufgeführten Nahrungsmitteln noch die Futtermittel, die man in Grünfutter (Gras, Klee, Lupinen) und Rauhfutter (Heu und Stroh) eintheilt. Ihre Zusammensetzung ist aus der Zahlenübersicht auf der folgenden Seite zu ersehen.

Beim Rauhfutter ist der sehr hohe Gehalt an Cellulose zu beachten, der, wie oben erwähnt, von den Wiederkäuern und Einhufern zwar zum Theil verdaut werden kann, aber einen grossen Aufwand an Kauarbeit und Verdauungsarbeit erfordert.

Ausser diesen natürlichen Futtermitteln sind noch eine Reihe künstlicher Futtermittel im Gebrauch, die als Rückstände bei verschiedenen industriellen Betrieben gewonnen werden. Diese Stoffe zeichnen sich durch ihren hohen Eiweissgehalt aus, sodass sie als Zusatz zu eiweissarmem Futter besonders für Jungvieh geeignet sind. Es sind zu nennen: Die schon erwähnte Kleie mit 83 pCt.

Cellulose, 14 pCt. Eiweiss, 3,1 pCt. Fett. Oelkuchen, die Rückstände von der Oelgewinnung aus Rübsamen, Erdnüssen, Lein-
samen mit 30—40 pCt. Eiweiss, 8—14 Fett und 20—30 Kohlehydraten. Schlempe, der Rückstand von der Spiritusbereitung aus
Kartoffeln, oder vom Bierbrauen aus Gerste, mit etwa 2 pCt. Eiweiss und 90 pCt. Wasser. Ferner die Rückstände von der Milch-
wirthschaft und von der Fleischwaarenfabrication.

100 Theile enthalten	Wasser	Eiweiss	Fett	Kohle-hydrate	Salze	Cellulose
Weidegras	75,0	3,0	8,0	13,1	2,1	6,0
Rothklee	78,0	3,5	0,8	8,0	1,7	8,0
Wiesenheu, frisch . . .	85,0	3,1	0,4	5,7	0,7	5,1
Wiesenheu, trocken . .	13,0	9,5	3,1	40,9	6,8	26,7
Roggenstroh { gewöhnliches	18,6	1,5	1,5	32,4	3,0	43,0
Roggenstroh { gutes	13,8	3,9	1,0	34,7	6,5	40,1

Zweckmässige Nahrung. Für die Entscheidung der praktischen Frage, auf welche Weise die in den vorhergehenden Abschnitten erwähnten Stoffbedürfnisse des Organismus mit den im
Vorstehenden besprochenen Lebensmitteln am besten gedeckt werden
können, geben die angeführten Zahlen eine gewisse Grundlage. Es
kommen aber in fast allen Fällen eine Reihe von besonderen Umständen in Betracht, die zum Theil dem physiologischen Gebiete
völlig fern liegen. Daher kann über die Zweckmässigkeit einer
gegebenen Ernährung schliesslich nur die praktische Erfahrung entscheiden.

Es genügt nicht, nachdem man das Stoffbedürfniss etwa nach
einem der oben angegebenen Kostmaasse festgestellt hat, nun nach
den soeben mitgetheilten Zahlenübersichten diejenigen Mengen von
Nahrungsmitteln zusammenzustellen, die dem betreffenden Kostmaass entsprechen, sondern man muss in Rechnung ziehen, dass
die Nahrungsmittel nicht vollkommen ausgenutzt werden. Die dargebotene Nahrung muss also das Kostmaass stets um diejenige
Menge übersteigen, die unausgenutzt im Koth wieder abgeht. Ferner
ist zu berücksichtigen, dass die Nahrungsaufnahme selbst einen gewissen Arbeitsaufwand bedingt, der durch eine weitere Zulage bestritten werden muss.

Unter Umständen kann dieser Aufwand so bedeutend sein, dass er den
ganzen Nutzwerth der Nahrung überwiegt. So hat man berechnet, dass ein
Pferd bei reiner Strohfütterung an Kauarbeit und Energieverbrauch durch die
Verdauungsthätigkeit mehr zusetzt, als es aus dem schwer verdaulichen und
nährstoffarmen Futter überhaupt gewinnen kann.

Dieselbe Erwägung gilt für die Frage, wieviel an Nahrung
mehr aufgenommen werden soll, wenn von dem Organismus bestimmte Arbeitsleistungen gefordert werden. Schliesslich hängt die
Wahl der zweckmässigsten Ernährung noch von technischen Ge-

sichtspunkten, wie Haltbarkeit von Vorräthen und dergleichen mehr, und nicht im kleinsten Maass vom Preise der Nahrungsmittel ab. Aus allen diesen Gründen ist der praktischen Erfahrung bei der Zusammenstellung der Kost aus den einzelnen Nahrungsmitteln der grösste Werth beizulegen.

Betrachtet man die lange vor der physiologischen Erforschung der Ernährungsvorgänge gebräuchlichen Zusammenstellungen von Nahrungsmitteln, so findet man, dass sie durchaus den oben entwickelten Anforderungen an physiologische Zweckmässigkeit entsprechen.

Trockenes Brod gilt von jeher als unzureichende Nahrung, man ergänzt es zu einer vollkommenen Nahrung durch Bestreichen mit Butter oder Schmalz. Dieser Zusammenstellung kann mit Vortheil noch Eiweiss zugefügt werden, wie es durch Auflegen von Fleisch oder Käse allgemein üblich ist. Dem Fleisch, auch wenn es von Natur ausreichenden Fettgehalt hat, fehlt es, wie oben gesagt, um eine vollkommene Nahrung zu sein, an Kohlehydraten, daher benutzt man das Fleisch als Ergänzung zur Brodkost, oder man setzt kohlehydratreiche Pflanzenstoffe, Kartoffeln, dazu. Zu den Leguminosen giebt man vor allem Fett, und es ergiebt sich die gebräuchliche Zusammenstellung von Erbsen und Speck, die sich in der haltbaren und handlichen Form der Erbswurst als Feldkost im Kriege besonders bewährt hat. Zu den billigen kohlehydratreichen, aber eiweissarmen Nahrungsmitteln, Reis, und Kartoffeln, gehört eine eiweiss- und fettreiche Zuthat, die durch Milch oder Käse gegeben werden kann. Wo diese nicht zur Verfügung stehen, behilft man sich mit einer Fleischzuthat, die aus wirthschaftlichen Gründen meist aus Fisch besteht. So sind in Europa Kartoffel und Hering, in Ostasien Reis und Fisch die verbreitetsten Volksnahrungsmittel. Zugleich dient die Schärfe des Fischgerichtes dazu, die Verdauungsorgane zur Thätigkeit anzuregen.

Solche Beispiele liessen sich noch viele anführen, um zu beweisen, dass die praktische Erfahrung mit Sicherheit die erst viel später wissenschaftlich festgestellten Bedürfnisse des Organismus erkannt und ihnen zu begegnen gewusst hat.

13.

Gesammtstoffwechsel und Kreislauf der Stoffe.

Ueberblickt man die im Vorstehenden besprochenen chemischen Umsetzungen in ihrer Gesammtheit, so ergiebt sich, dass man es grösstentheils mit Spaltungen und Oxydationen zu thun hat, während nur in viel geringerem Maasse Synthesen und Reductionen vorkommen. Durch die Spaltungen und Oxydationen wird im Thierkörper die Energie erzeugt, deren er zur Leistung seiner mechanischen Bewegungsarbeit und zur Erhaltung der Körperwärme bedarf. Daher ist er auf dauernde Zufuhr zersetzungsfähigen Nährmaterials angewiesen.

Es ist nun interessaut, der Quelle nachzugehen, aus der in letzter Linie die Energie herstammt, die der Thierkörper verausgabt. In dem Falle der Raubthiere, die sich von anderen Thieren ernähren, ist die Frage nur hinausgeschoben, denn es versteht sich von selbst, dass die Thiere nicht auf die Dauer gegenseitig von einander leben können. Der eigentliche Vorrath an Nährmaterial, von dem die Thierwelt zehrt, ist vielmehr durch die Pflanzenwelt gegeben. Denn ganz im Gegensatz zu den chemischen Vorgängen im Thierkörper vollziehen sich in den Pflanzen vornehmlich Synthesen und Reductionen. Die Pflanze, die selbst nur eines geringen Energieaufwandes bedarf, vermag anorganisches Material unter dem Einflusse des Sonnenlichtes zu organischen Verbindungen aufzubauen.

Der Stoffwechsel derjenigen Pflanzen, die kein Chlorophyll enthalten, oder der Wirkung des Lichtes entzogen sind, verläuft ähnlich wie der der Thiere, indem sie organische Nährstoffe verbrauchen. Diese Pflanzen nehmen zur Oxydation des organischen Materials, ebenso wie Thiere, Sauerstoff aus der Luft auf und geben Kohlensäure ab.

Die grüne Farbe der allermeisten Pflanzen kommt von dem Chlorophyll, das sie enthalten. Das Chlorophyll giebt ihnen die Fähigkeit, mit Hülfe der Sonnenstrahlen die Kohlensäure der Luft zu reduciren und aus dem Kohlenstoff organische Verbindungen aufzubauen. Der freiwerdende Sauerstoff wird wieder an die Luft abgegeben. Auf diese Weise ist der Gaswechsel der grünen Pflanzen das vollkommene Gegenstück zu dem der Thiere: Die Thiere nehmen Sauerstoff aus der Luft auf und athmen Kohlensäure aus, die Pflanzen nehmen Kohlensäure auf und scheiden Sauerstoff aus.

Man kann dies sehr anschaulich durch den Versuch beweisen, indem man Thiere und Pflanzen, etwa Infusorien und grössere Algen, in Wasser unter Luftabschluss hält. Der vorhandene Sauerstoffvorrath genügt dann, um die Lebensvorgänge beliebige Zeit hindurch zu erhalten indem er abwechselnd von den Thieren aufgenommen und als Kohlensäure ausgeschieden, von den Pflanzen als Kohlensäure aufgenommen und als freier Sauerstoff wieder ausgeschieden wird.

Ebenso wie die Pflanzen mit Hülfe des Chlorophylls die Kohlensäure der Luft zu Kohle reduciren und diese zum Aufbau ihres Körpers verwenden können, vermögen sie auch andere anorganische Verbindungen, die für die Thiere unbrauchbar sind, wie Ammoniak und salpetersaure Salze synthetisch in organische Verbindungen überzuführen. Die Pflanze stellt also aus Wasser und aus der Kohlensäure der Luft Kohlehydrate und Fette, aus stickstoffhaltigem anorganischen Material Eiweisskörper her.

Ganz ähnlich, wie es eben für den Gaswechsel der Pflanzen und Thiere beschrieben worden ist, besteht auch für den Stoffwechsel überhaupt eine Art gegenseitiger Ergänzung der Lebensthätigkeit von Pflanzen und Thieren, indem die Thiere pflanzliche Nahrung aufnehmen und zersetzen, und die Pflanzen das zersetzte anorganische Material von Neuem in organische Verbindung überführen. Man nennt dies den *Kreislauf der Stoffe* in der organischen Natur. Ein solcher Kreislauf kann natürlich nicht aus sich selbst heraus ohne Energiezufuhr bestehen, insbesondere da die Lebensthätigkeit der Thiere einen fortwährenden Energieverbrauch bedeutet. Die vom Thier ausgegebene Energie entstammt in erster Linie den Energievorräthen, die in den Pflanzenstoffen aufgespeichert sind. Da die Pflanzen nur durch die Einwirkung der Sonnenstrahlen zu ihrer aufbauenden Thätigkeit befähigt werden, *so ist in letzter Linie die Energiequelle, die den Kreislauf der Stoffe unterhält und den gesammten Energieaufwand der organischen Natur bestreitet die Sonne.*

Eine besondere Stelle nimmt im Kreislauf der Stoffe der Stickstoff ein, weil er nur unter ganz besonderen Bedingungen aus dem freien Zustande oder aus anorganischer Quelle in die organischen Verbindungen des Pflanzenkörpers eintritt. Der Stickstoff der Pflanzen stammt somit grösstentheils aus organischer Quelle. Während die Kohlehydrate des Pflanzenleibes aus Kohlensäure gebildet werden können, die aus kohlensauren Wässern oder von vulkanischen Eruptionen her in die Atmosphäre gelangt, sind die Pflanzen, was ihren Stickstoffbedarf betrifft, für gewöhnlich auf den schon in organischen Verbindungen enthaltenen Stickstoff angewiesen, der bei der Zersetzung von thierischen oder pflanzlichen Stoffen in den Boden gelangt. Man darf demnach behaupten, dass es eine ganz bestimmte Menge zu organischer Verbindung verfügbaren Stickstoffs giebt, der sich in stetem Kreislauf durch die Leiber von Thieren und Pflanzen befindet. Vermehrt kann diese Stickstoffmenge nur dadurch werden, dass einzelne Pflanzenarten mit Hülfe bestimmter an ihren Wurzeln angesiedelter Mikrobenarten den Stickstoff der Bodenluft in organische Verbindung überführen, oder dass auf anorganischem Wege, bei Oxydationen oder bei elektrischen Entladungen, Luftstickstoff gebunden wird.

Die Leistungen des thierischen Organismus.

—

1.

Die thierische Wärme.

Stoffwechsel und Kraftwechsel.

Der Stoffwechsel der lebenden Organismen lässt sich von zwei verschiedenen Seiten betrachten, insofern es sich um die rein chemischen Vorgänge handelt, durch die die eingeführten Stoffe an die Stelle der ausgeschiedenen eintreten, und insofern die eingeführten Stoffe als Energiequelle aufzufassen sind, aus der der Körper die für seine Lebensthätigkeiten und die damit verbundene äussere Arbeit erforderlichen Kräfte bezieht. Man kann die erste Art der Betrachtung als die rein chemische, die zweite als die „energetische" bezeichnen oder man kann die erste als „Lehre vom Stoffwechsel" der zweiten als Lehre vom „Kraftwechsel" gegenüberstellen. Vom Standpunkt der Energetik erscheint die eingeführte Nahrung nicht als Stoffersatz, sondern als Träger von Spannkräften, die sich in der Arbeitsleistung des lebenden Körpers äussern.

Während im ersten Theile dieses Buches die stofflichen Veränderungen erörtert worden sind, durch die die Nahrung die verbrauchten Theile des Körperbestandes ersetzt, sollen in dem nun folgenden zweiten Theil die Leistungen des Thierkörpers und die sie beherrschende Thätigkeit des Nervensystems besprochen werden.

Diese Eintheilung ist selbstverständlich eine blosse Sache der Form, da die Vorgänge des Kraftwechsels durchaus von denen des Stoffwechsels abhängen. Die Erörterung des Stoffumsatzes ist unvollständig, wenn sie nicht durch den Nachweis ergänzt wird, dass die dabei freiwerdende Energie im Körper als Wärme und mechanische Arbeit wiedererscheint, und die Erörterung des Kraftwechsels erfordert, dass man auf den Stoffwechsel als Quelle der freiwerdenden Energie zurückgeht.

Um den Zusammenhang zwischen Kraftwechsel und Stoffwechsel darzustellen, muss vor allem gezeigt werden, in welcher
Weise *ein Stoff zur Quelle von Kräften werden* kann. Hierfür
giebt die Explosion des Schiesspulvers in einer Büchse im Vergleich zu der Schnellkraft einer Armbrust ein handgreifliches
Beispiel. Beim Schiessen mit der Armbrust muss der Schütze
selbst durch die Arbeit, die er beim Spannen des Bogens verrichtet, die Energie liefern, die das Geschoss fortschleudert. Beim
Schiessen mit der Büchse dagegen liefert das Schiesspulver die
Energie für den Schuss aus der ihm innewohnenden sogenannten
„chemischen Spannkraft".

Unter der Spannkraft einer chemischen Verbindung versteht man ihre
Fähigkeit, sich in sich selbst oder mit anderen Stoffen umzusetzen und dabei
Wärme und Bewegung hervorzurufen. Die Bewegung kann verschiedene Formen
annehmen, wie auch schon in dem gewählten Beispiel die Verbrennung des
Pulvers zugleich mit der Bewegung des Geschosses den Lichtblitz der Pulver-
flamme und den Knall des Schusses hervorbringt. Daher bedient man sich,
um alle verschiedenen Formen der Bewegung einschliesslich der Wärme zu umfassen, des Wortes „Energie".

Erhaltung der Energie. Das Gesetz von der Erhaltung der Energie lehrt,
*dass die Menge der in der Natur vorhandenen Energie, ebenso wie die des Stoffes,
unveränderlich ist*, dass sich also nur die Form der Energie ändern kann. Wenn ein
Schmied seinem geschwungenen Hammer eine gewisse kinetische Energie ertheilt
hat und der Hammer plötzlich auf den Amboss trifft, so wird die kinetische
Energie zwar scheinbar vernichtet, es besteht aber genau dieselbe Energiemenge
in veränderter Gestalt fort, indem Schall und Wärme erzeugt wird. In ähnlicher Weise kann sich Energie jeder Art, Wärme, Licht, Elektricität, Massenbewegung in jede andere Art Energie umwandeln. So konnte in dem eben angeführten Beispiel die Erwärmung des Ambosses durch Vermittlung einer thermoelektrischen Säule in Elektricität verwandelt werden und der elektrische Strom,
als Funken überspringend, Licht erzeugen.

Mechanisches Wärme-Aquivalent. Wenn nun eine Energiemenge
von beliebiger Art vollständig in eine der anderen Arten übergeführt wird, muss
zwischen der Maasszahl, die für die eine Art Energie gilt, und der, die für die
anderen Arten gilt, ein ganz bestimmtes Zahlenverhältniss herrschen. Wenn
beispielsweise die kinetische Energie, die in dem obigen Beispiel dem Hammer
ertheilt wurde, nach Kilogrammmetern gemessen wird, und die Erwärmung des
Ambosses nach Graden, und der Einfachheit wegen vom Schall abgesehen werden
soll, so muss einer bestimmten Energie des Hammerschlages auch eine bestimmte
Erwärmung entsprechen. Diese Beziehung der verschiedenen Energieformen
untereinander, die es gestattet, Energiemengen von verschiedener Form mit einander zu vergleichen, lässt sich vielleicht am anschaulichsten durch die Beschreibung eines derjenigen Versuche darstellen, durch die sie zuerst von Joule
nachgewiesen wurde. Durch ein in einen Schacht hineinsinkendes Gewicht wurde
eine Bohrmaschine angetrieben, die einen Kanonenlauf auszubohren hatte. Das
Metall des Kanonenlaufs war von einem Gefäss mit Wasser umgeben, dessen
Temperatur gemessen werden konnte. Die Energiemenge, die frei wurde, indem
das bekannte Gewicht um eine bestimmte Strecke sank, war eben durch diese
beiden Grössen unmittelbar in Meterkilogramm gegeben. Diese Energiemenge
musste zum allergrössten Theil in Wärme übergehen, die den Kanonenlauf und
das umgebende Wasser erwärmte. Es fand sich, dass die Energiemenge, die
frei wird, wenn 425 kg um 1 m herabsinken, also die Arbeit 425 Meterkilogramm,
soviel Wärme liefert, wie erforderlich ist, um 1 l Wasser von 0° auf 1° zu erwärmen. Diese Wärmemenge, die als eine Calorie = 1 C, auch als eine grosse
oder Kilogramm-Calorie bezeichnet wird, wird bekanntlich allgemein als Maasseinheit für Wärmemengen gebraucht. Die eben angeführte Zahl 425 mk, die
angiebt, wieviel mechanische Arbeit aufgewendet werden muss, um 1 Calorie

Wärme zu erzeugen, heisst das „Mechanische Wärmeäquivalent“. Durch diese Beziehung zwischen Wärme und Arbeit ist es möglich mechanische Energie in Wärme und umgekehrt Wärme in Energie umzurechnen.

Die Frage, auf welche Weise ein Stoff zur Quelle von Kräften werden kann, lässt sich nun beantworten, indem man die Wärmemenge bestimmt, die durch chemische Umsetzungen des Stoffes entstehen kann. Diese Wärmemenge in Calorien mit 425 multiplicirt, stellt in Kilogrammmetern die Arbeitsmenge dar, die als chemische Spannkraft in dem betreffenden Stoff enthalten ist.

Brennwerth. Diese allgemeine Betrachtung lässt sich leicht auf den Fall der Krafterzeugung durch chemische Umsetzungen im thierischen Körper übertragen, weil für die Menge der freiwerdenden Energie nur das Endergebniss, nicht aber die Zwischenstufen des chemischen Vorganges maassgebend sind. Diese Thatsache wird durch das Gesetz von Hess ausgesprochen, das besagt: Die Wärmeentwicklung bei dem Uebergang einer chemischen Verbindung in eine oder mehrere andere ist unabhängig von den Zwischenstufen.

Es macht also beispielsweise für die Gesammtmenge der entstehenden Wärme keinen Unterschied, ob ein Stück Holz etwa im Ofen zu Kohlensäure und Wasser verbrennt, oder ob es durch langsames Verfaulen an der Luft in dieselben Endproducte übergeht. In beiden Fällen entsteht dieselbe Wärmemenge, die nur deshalb im ersten Falle viel stärker bemerkbar ist, weil sie in viel kürzerer Zeit entwickelt wird.

Ebenso wird die Nahrung, die ein Thier zu sich nimmt, wenn sie im Körper vollständig zu Kohlensäure und Wasser oxydirt wird, dem Körper genau die gleiche Energiemenge zuführen, die in Form von Wärme erscheinen würde, wenn die Nahrung ausserhalb des Körpers durch beliebige Mittel vollständig oxydirt würde. *Die Menge von Energie oder Spannkraft, die in einer bestimmten Menge von Nahrungsmitteln enthalten ist, lässt sich also messen durch die Wärmemenge, die bei der Verbrennung der betreffenden Nahrungsmittel entsteht.* Diese Wärmemenge, gemessen in Calorien, nennt man den „Brennwerth“ oder „Wärmewerth“ der Nahrung.

Um den Wärmewerth eines beliebigen Nahrungsmittels zu bestimmen, pflegt man eine gewogene Probemenge zu trocknen, in Pastillenform zu pressen und in der sogenannten Berthelot’schen Bombe, die reinen Sauerstoff unter hohem Druck enthält, zu verbrennen. Die Verbrennung wird dadurch eingeleitet, dass ein Stück auf elektrischem Wege erhitzten Eisendrahtes, der bei dem hohen Sauerstoffdruck lichterloh brennt, auf die Pastille fällt und sie ebenfalls entzündet. Die bei der Verbrennung freiwerdende Wärme theilt sich der Bombe und einem umgebenden Wassergefäss mit, dessen Temperatur abgelesen wird. Um aus der Temperatur die Wärmemenge bestimmen zu können, muss man vorher ermittelt haben, wie vieler Calorien es bedarf, um die Bombe und das umgebende Wasser um eine bestimmte Anzahl Grade zu erwärmen.

Man kann auch den Brennwerth eines Nahrungsmittels annähernd aus den Brennwerthen seiner Bestandtheile berechnen, wenn diese vorher bestimmt worden sind.

Die Energie, die bei der chemischen Umsetzung der Nahrung frei wird, tritt nun im Thierkörper als Wärme und als Bewegung in ihren verschiedenen Formen auf.

Thermometrie.

Homoiotherme und Poikilotherme. Dass im Thierkörper Wärme frei wird, ist zunächst daran zu erkennen, dass die mit dem Thermometer gemessene Temperatur des Thierkörpers in den meisten Fällen höher ist als die der Umgebung. Hier tritt ein auffälliger Unterschied hervor zwischen den beiden Gruppen von Thieren, die gewöhnlich als „Warmblüter" und „Kaltblüter" bezeichnet werden. Warmblüter sind ausschliesslich die Säuger und Vögel, Kaltblüter die übrigen Thiere.

Vergleicht man bei derselben Aussentemperatur von beispielsweise 15° die Körperwärme von Warmblütern und Kaltblütern, so findet man, dass der Warmblüter etwa 37°, der Kaltblüter dagegen nur etwa 15,5° warm ist. Noch grösser ist der Unterschied, wenn man den Vergleich bei kalter Umgebung, etwa 0°, anstellt. Der Warmblüter hat wiederum 37°, der Kaltblüter aber nur 0,5°. Dagegen kann bei hohen Temperaturen der Unterschied vollständig verschwinden. Bei einer Aussentemperatur von 37° hat der Warmblüter immer noch 37°, während der Kaltblüter nun ebenfalls 37° oder etwas darüber zeigt. Dieser Fall, in dem das Blut des Kaltblüters nicht mehr kalt ist, darf nicht als blosse künstliche Versuchsbedingung angesehen werden, sondern entspricht thatsächlich den natürlichen Verhältnissen, wie sie etwa für eine Eidechse, einen Frosch oder eine Schlange bestehen, die sich in der Sommerwärme, oder wohl gar in der Tropenhitze sonnen.

Der wahre Unterschied zwischen Warmblütern und Kaltblütern darf nicht darin gesucht werden, dass die einen warm, die anderen kalt sind, sondern darin, dass *die Warmblüter stets die gleiche Temperatur* von etwa 37° *behaupten,* während die Temperatur der Kaltblüter von der Temperatur der Umgebung abhängt. Man hat deshalb auch die althergebrachten Bezeichnungen Warmblüter und Kaltblüter als nicht zutreffend beseitigen und durch „Homoiotherme und Poikilotherme", „Gleichwarme und Wechselwarme" ersetzen wollen.

Ablesung des Thermometers. Die Temperatur wird meist mit Quecksilberthermometern gemessen. Das Thermometer zeigt bekanntlich die Temperatur seiner Umgebung dadurch an, dass sich das in ihm enthaltene Quecksilber bei der Erwärmung ausdehnt. Dazu ist nothwendig, dass aus der Umgebung Wärme in das Thermometer übergeht. Je grösser die Quecksilbermasse, desto mehr Wärme muss übergehen, damit das Thermometer die Temperatur der Umgebung annimmt. Je kleiner die Oberfläche, mit der das Thermometer an die Umgebung grenzt, desto weniger Gelegenheit hat die Wärme in das Quecksilber überzugehen und desto langsamer erwärmt sich das Quecksilber. Man spricht von der grösseren oder geringeren Empfindlichkeit des Thermometers, je nachdem es in längerer oder kürzerer Zeit die Temperatur der Umgebung erreicht. Ein Thermometer wird um so empfindlicher sein, je kleiner die Gesammtmenge des darin enthaltenen Quecksilbers und je grösser die Oberfläche, die es der Umgebung darbietet. Daher pflegt man die zur Messung der thierischen Wärme bestimmten Thermometer statt mit einem grossen kugelförmigen Quecksilbergefäss mit einem kleinen langgestreckten Quecksilbergefäss auszustatten.

Selbst das empfindlichste Thermometer kann aber nicht in einem Augenblick die Temperatur seiner Umgebung annehmen, sondern es verstreicht eine gewisse Zeit, während es sich erwärmt. Beim Gebrauch des Thermometers zur Messung der Körperwärme ist es allgemein üblich, diese Zeit ein- für allemal auszuprobieren oder eine reichliche Schätzung anzunehmen, und den Stand des Thermometers nach dem angenommenen Zeitraum als maassgebend zu betrachten.

Dies Verfahren ist deshalb *fehlerhaft*, weil die Schnelligkeit, mit der sich das Thermometer erwärmt, von verschiedenen Bedingungen abhängt, die nicht in allen Fällen gleich sind. Wenn man also in allen Fällen einen gleichen Zeitraum abwartet, wird man entweder in den meisten Fällen unnützerweise zu lange warten müssen, oder man wird Gefahr laufen, in einzelnen Fällen die Gradzahl abzulesen ehe das Thermometer die richtige Temperatur zeigt.

Die einzig zuverlässige Art das Thermometer zu benutzen, ist deshalb die, dass man mehrere Mal nach einander abliest. Solange die gefundenen Temperaturen im Zunehmen sind, hat offenbar das Thermometer noch nicht die Temperatur der Umgebung. Sobald man in mehreren aufeinander folgenden Ablesungen die gleiche Temperatur findet, hat das Thermometer sicher seinen höchsten Stand, nämlich den der Umgebungstemperatur erreicht.

Temperaturtopographie.

Bestimmt man auf diese Weise die Temperatur verschiedener Stellen der Körperoberfläche beim Warmblüter, beispielsweise beim Menschen, so findet man erhebliche Unterschiede. An den Stellen, die der Abkühlung am meisten ausgesetzt sind, wie Nasenspitze, Ohren, Finger und Zehen, erreicht die Temperatur nur etwa 25°, an der Hautoberfläche überhaupt nur etwa 30—33°. Wenn aber das Thermometer zwischen zwei Hautflächen eingeschoben wird, die einander gegenseitig erwärmen, wie in der Achselhöhle oder in eine Höhle, wie Mundhöhle, oder Mastdarm, oder Scheide, eingeführt wird, so nimmt es die Temperatur des Körperinnern an, und steigt auf 36,5—37°.

In der Regel findet man bei der Messung im Mastdarm oder in der Scheide die Temperatur etwas höher als in der Achselhöhle.

Die Mundhöhle eignet sich nicht sehr zur Messung, weil. sobald durch den Mund geathmet oder das eingelegte Thermometer nur wenig verschoben wird, starke Temperaturverschiedenheiten auftreten können. Eine sichere und einfache Art, die Temperatur des Körperinnern festzustellen, besteht darin, das Thermometer vom Harnstrahl bespülen zu lassen, bis es constanten Stand angenommen hat.

An Versuchsthieren hat man auch die Temperaturen verschiedener Stellen des Körperinnern bestimmt und gefunden, dass sie noch etwas höher liegt als die des Mastdarmes. Die höchsten Temperaturen findet man in der Lebervene, in der beim Hunde, dessen Temperatur sich nicht wesentlich von der des Menschen unterscheidet, 40° angenommen werden können. Im rechten Ventrikel hat man die Temperatur um drei Zehntel Grade höher gefunden als im linken, was darauf zurückgeführt wird, dass der rechte Ventrikel der Leber näher gelegen ist.

Wärmekern. Die angegebenen Temperaturunterschiede im Innern des Körpers sind viel weniger beträchtlich als die zwischen dem Innern und der Oberfläche. Nach dem, was im Abschnitt über den Kreislauf von der Geschwindigkeit des Blutstromes gesagt ist, leuchtet ein, dass das Blut die Temperatur, die im Innern herrscht, überall wo es hinkommt, gleichförmig verbreiten würde, wenn nicht an der Oberfläche die Abkühlung von aussen zu mächtig wäre. Man hat durch Messung mit nadelförmigen thermoelektrischen Elementen am lebenden Menschen nachgewiesen, dass der Einfluss der Abkühlung sich nicht weiter als höchstens 1,5 cm tief unter der Hautoberfläche bemerkbar macht. Danach unterscheidet man am Körper die der Abkühlung zugängliche Oberflächenschicht, der auch ganze Körpertheile, wie zum Beispiel die Hände angehören, von dem wirklich „homoiothermen" Körperinnern, das den sogenannten „Wärmekern" des Körpers bildet.

Temperaturcurve.

Misst man auf die oben angegebene Weise wiederholt die Temperatur desselben Menschen an derselben Stelle, so findet man, dass sie täglich wiederkehrenden Schwankungen unterliegt. Früh am Morgen ist sie in der Regel am tiefsten, steigt dann in unregelmässiger Weise an und erreicht am Nachmittag oder Abend ihren höchsten Stand, um während der Nacht wieder abzusinken. Die Schwankungen umfassen etwas über 1°, sodass, wenn die Morgentemperatur zu 36° gefunden wird, als Abendtemperatur 37° zu erwarten ist. Von manchen Beobachtern wird angenommen, dass die tägliche Curve der Temperatur zwei Erhebungen zeigt, eine am Vormittag, auf die wieder eine Senkung folgt, und die grösste am Abend.

Es liegt nahe, die Verschiedenheit der Körpertemperatur zu verschiedenen Tageszeiten auf die äusserlichen Verhältnisse der Lebensweise zurückzuführen. Wenn dies richtig ist, muss sich, sobald die gewöhnliche Lebensweise umgekehrt, das heisst, die Nacht zur Thätigkeit und der Tag zur Ruhe benutzt wird, der Gang der Temperaturcurve umkehren. Eine grosse Reihe von Beobachtungen scheinen indessen zu beweisen, dass die Temperaturcurve trotz der Umkehrung der Lebensweise ihren ursprünglichen Verlauf behält. Die meisten dieser Beobachtungen beziehen sich aber nur auf kurze Zeiträume. Eine in neuerer Zeit in Frankreich ausgeführte Untersuchung zeigt, dass die Temperaturcurve thatsächlich von der Lebensweise abhängt, dass sie sich aber erst im Laufe mehrerer Wochen oder gar Monate an eine veränderte Lebensweise anpasst.

Ausser der Tagesschwankung zeigt die Temperatur auch noch eine Aenderung mit dem Lebensalter. Neugeborene Menschen und Thiere zeigen in den ersten Tagen eine besonders hohe Temperatur (Mensch 37,9°, Fohlen 39,3°), dann sinkt die Temperatur ein wenig, um sich während des grössten Theils der Lebenszeit fast genau gleich zu halten und schliesslich im hohen Alter noch etwas abzunehmen.

Vorübergehend kann die Temperatur durch eine Reihe von Bedingungen vermindert oder erhöht werden, die weiter unten zu erwähnen sein werden.

Temperatur bei verschiedenen Thieren.

Vergleicht man die Temperaturen verschiedener warmblütiger Thiere, so ergeben sich gewisse Unterschiede, die indessen nicht

immer in genau gleichem Grade auftreten, wie die nachfolgende
Zahlenübersicht zeigt, die die Grenzwerthe aus sehr vielen Messungen
enthält.

Pferd . . . . 36,1—38,6°	Schwein . . . 38,7—39,3°
Rind . . . . . 35,5—40,3°	Kaninchen . . . 37,0—40,8°
Schaf. . . . . 39,6—41.0°	Meerschwein . . 36,0—42,2°
Hund. . . . . 37,15—39,9°	Ratte . . . . 37,0—37,9°
Katze . . . . 37,9—40,8°	Maus . . . . 36,1—39,7°

Calorimetrie.

Begriff der Calorimetrie. Im Vorhergehenden ist nur von
der Körpertemperatur die Rede gewesen, die durch das Thermometer gemessen wird. Diese Untersuchung ergiebt vor allem, dass
die Warmblüter eine bestimmte Temperatur dauernd bewahren, die
unter gewöhnlichen Bedingungen höher ist als die der Umgebung.
Da unter diesen Bedingungen der Thierkörper dauernd *Wärme an
seine Umgebung abgeben* muss, kann er seine Temperatur nur dadurch bewahren, dass er fortwährend *neue Wärmemengen erzeugt*.
Je kälter die Umgebung, desto mehr Wärme wird der Körper nach
aussen abgeben, und desto mehr muss von innen erzeugt werden,
wenn er sich auf der gleichen Temperatur erhalten soll. Es
entsteht die Frage, wie gross die Wärmemengen sind, die ein bestimmter Thierkörper unter bestimmten äusseren Bedingungen entwickeln muss. Das Thermometer giebt hierüber keinen Aufschluss,
da es ja, wie oben ausgeführt worden ist, beim Warmblüter immer
nahezu dieselbe Temperatur angiebt, gleichviel ob die Umgebung
kalt oder warm ist. Um die Wärmemengen zu messen, die der
Warmblüter erzeugt und abgiebt, muss man sich eines ganz anderen
Hülfsmittels bedienen, nämlich des Calorimeters. Die Calorimetrie,
die Messung von *Wärmemengen* steht also der Thermometrie, der
Messung von Wärmegraden, als ein völlig getrenntes Untersuchungsfeld gegenüber.

Dies spricht sich darin deutlich aus, dass das Ergebniss der thermometrischen Beobachtung eine in Graden Celsius ausgedrückte Temperaturbestimmung, dass Ergebnis der calorimetrischen Beobachtung eine in Calorien
ausgedrückte Bestimmung von Wärmemengen ist.

Calorimetrie am thierischen Körper. Da der Warmblüter seine Temperatur nahezu gleichförmig bewahrt, so muss im
Allgemeinen die in dem Körper erzeugte Wärmemenge der nach
aussen abgegebenen Wärmemenge *gleich* sein. Wenn man also die
vom Warmblüter während eines längeren Zeitraums nach aussen
abgegebene Wärmemenge feststellt, bestimmt man damit zugleich
die im Körper erzeugte Wärmemenge, denn wenn mehr oder weniger
Wärme im Körper frei wird, als nach aussen abgegeben wird,
müsste nach einiger Zeit die Temperatur im Körper merklich höher
oder niedriger werden.

Das Calorimeter. Das Calorimeter dient zur Bestimmung
der vom Thierkörper abgegebenen Wärmemenge. Zu diesem Zwecke

muss das Thier in einen ringsum geschlossenen Raum gebracht werden, der gegen Temperatureinflüsse von aussen geschützt ist. Man stellt dann fest, um wie viel der Luftraum und die Wände beim Aufenthalt des Thieres erwärmt werden, und berechnet die hierzu erforderliche Wärmemenge in Calorien.

Fig. 49.

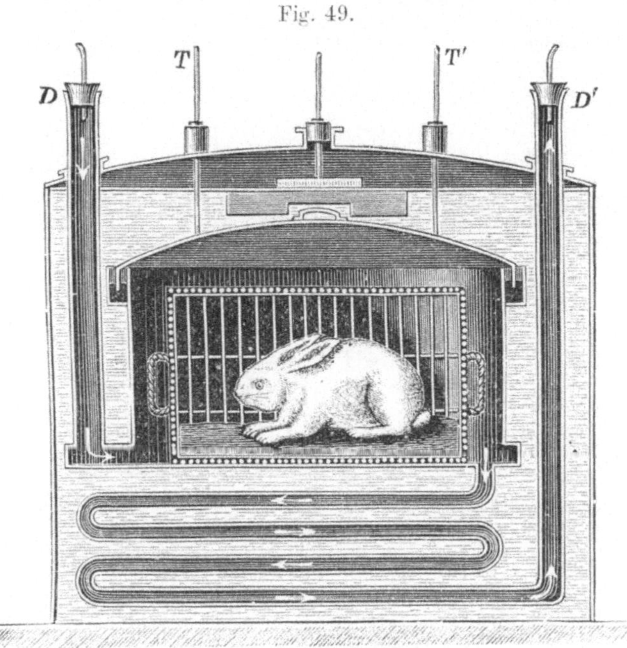

Wassercalorimeter.
DD' Ventilationsröhren.   *TT'* Thermometer.

Im Einzelnen sind eine grosse Zahl verschiedener Anordnungen im Gebrauch, von denen einige erwähnt werden mögen.

In dem Wassercalorimeter von Dulong (Fig. 49) wird das Thier in einen Blechkasten gesetzt, der wasserdicht geschlossen und in einen zweiten grösseren Kasten versenkt ist, der dann mit Wasser gefüllt wird. Der äussere Kasten ist zum Schutz gegen Erwärmung von aussen mit einem Filzmantel umgeben.

Damit das Thier in dem geschlossenen Raum athmen kann, wird Luft durch Blechröhren (*DD'*) zugeführt und abgeführt. Auf diese Weise ist das Thier in dem Kasten auf allen Seiten von Wasser umgeben und seine gesammte Wärmeabgabe wird von dem Wasser aufgenommen. Damit auch die Wärme, die das Thier der abströmenden Luft ertheilt, in das Wasser übergeht, ist die abführende Röhre mit so vielen Biegungen durch das Wasser geführt, dass sich auf dem Wege die Temperatur der Luft gegen die des Wassers völlig ausgleicht. Enthält nun beispielsweise der Kasten zu Beginn des Versuchs 20 l Wasser von 0° und es ist Luft von 0° zugeführt worden, und nach Verlauf einer Stunde zeigt das Wasser 0,35°, so hat das Versuchsthier rund 7 grosse Calorien abgegeben. Diese Zahlen könnten etwa für den Versuch an einem grossen Kaninchen zutreffen.

In der Handhabung ist Rosenthal's Luftcalorimeter (Fig. 50) einfacher. Hier ist der Raum, in den das Thier eingeschlossen wird, von einer dreifachen Blechschicht umgeben, sodass die Innenluft von zwei zwischen Blechwänden

eingeschlossenen stehenden Luftschichten umgeben ist. Die äussere dieser
beiden Schichten, auf der Figur schraffirt, dient nur als Isolirmittel gegen
äussere Temperaturschwankungen und entspricht dem Filzmantel des Dulong-
schen Calorimeters. Die innere Luftschicht nimmt, ebenso wie im Wassercalorimeter das Wasser, die Wärme auf, die das Thier abgiebt. Die Grösse der
Erwärmung kann nun unmittelbar durch die Ausdehnung bestimmt werden, die
die Luft der inneren Schicht erfährt. Es hat sich als zweckmässig gezeigt, das
Luftcalorimeter als sogenanntes „Differentialcalorimeter" anzuwenden, indem
man zwei Apparate, wie der beschriebene, nebeneinanderstellt, und die beiden
inneren Luftschichten durch ein „Differentialmanometer" (b der Figur) ver-

Fig. 50.

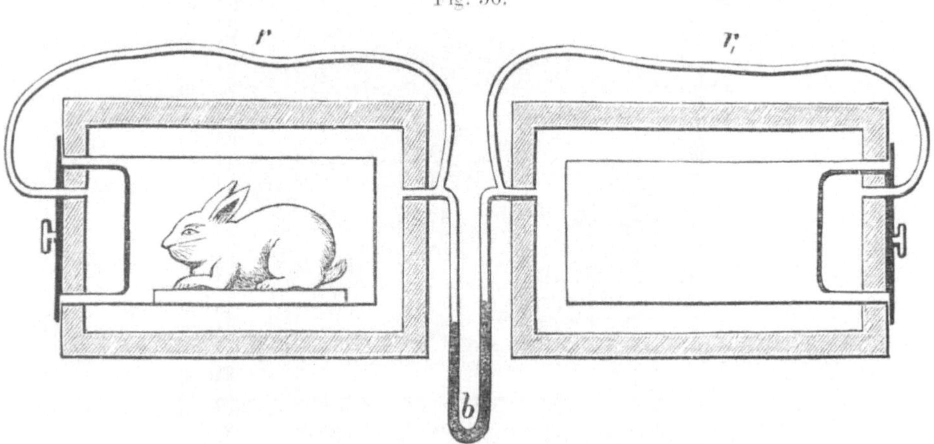

Luftcalorimeter mit Differentialmanometer.

bindet. Das Differentialmanometer ist eine U-förmige Röhre, in die eine leichte
Flüssigkeit, etwa Olivenöl, gefüllt und deren beide Enden an die beiden Mantel-
Luftschichten angeschlossen sind. Bringt man in den Innenraum des einen
Apparates ein Versuchsthier, sodass sich die Luft in der hohlen Wandung erwärmt, so treibt ihre Ausdehnung das Oel im Manometer in die Höhe. In den
andern Raum kann man eine bekannte Wärmequelle bringen, und je nachdem
sie das Manometer mehr oder weniger vollständig auf seine Ruhestellung zu-
rückbringt, die ,Wärmeabgabe des Thieres mit der bekannten Wärmequelle
vergleichen. Als Warmequelle dient am besten eine regulirbare Wasserstoff-
flamme.

In neuerer Zeit sind von verschiedenen Forschern Calorimeter gebaut
worden, in denen Messungen an Menschen und grösseren Thieren ausgeführt
werden können. Bei einem dieser Calorimeter befindet sich in dem Luftraum
eine bestimmte Menge Eis, und die entwickelte Wärme wird aus der Menge des
Schmelzwassers bestimmt. Die anderen sind entweder Wasser- oder Luftcalorimeter. Sehr grosse Schwierigkeiten entstehen, wie bei allen calorimetrischen
Versuchen an Thieren insbesondere bei diesen grossen Apparaten dadurch, dass
es mit der wachsenden Ausdehnung des Apparates immer schwieriger wird,
Ungleichförmigkeiten der Temperatur und Wärmeverluste zu vermeiden. Es
kann daher hier nicht auf die vielen einzelnen Vorrichtungen eingegangen
werden, durch die diese Schwierigkeiten überwunden worden sind.

Die Versuche im Calorimeter lehren, dass ein bekleideter
Mensch im Ruhezustand bei einer Lufttemperatur von 20⁰ etwa
100 Calorien Wärme abgiebt.

Bei Thieren findet man die abgegebenen Wärmemengen natürlich je nach der Grösse der Thiere verschieden. Wenn man sie, um sie untereinander zu vergleichen, auf die Gewichtseinheit berechnet, findet man, wie die folgende Zahlenreihe ergiebt, dass die kleineren Thiere eine verhältnissmässig viel grössere Wärmemenge abgeben.

Die stündliche Wärmeabgabe auf das Kilogramm Körpergewicht berechnet, beträgt bei:

Pferd	1,3 Ca.	Meerschweinchen . .	7,5 Ca.
Mensch	1.5 „	Ente	6,0 „
Kind (7 kg)	3,2 „	Taube	10,0 „
Hund (30 kg) . . .	1,7 „	Ratte	11,3 „
„ (3 „) . . .	3,8 „	Maus	19.0 „
Kaninchen	5,6 „	Sperling	35,0 „

Dieser Unterschied erklärt sich daraus, dass bei den kleineren Thieren im Verhältniss zur Masse des Körpers die Oberfläche, die mit der kalten Umgebung in Berührung steht, viel grösser ist.

Es ist schon mit Bezug auf die Blutkörperchen der allgemeine geometrische Satz angeführt worden, dass bei Körpern von gleicher Form die Oberfläche im Verhältnis zum Inhalt um so grösser ist, je kleiner der Körper. Dies gilt annähernd auch für Körper, die nicht ganz gleiche Form haben, wie die Körper verschiedener Thiere.

Uebrigens leuchtet sowohl der Satz als auch seine Anwendung auf die Wärmeabgabe von selbst ein, wenn man etwa den Körper eines Menschen mit dem einer Maus vergleicht, und sich den Körper eines Menschen nach Grösse und Gewicht aus lauter mausgrossen Stücken zusammengesetzt denkt. Es wird dann klar, dass alle innen gelegenen Stücke einander gegenseitig warm halten, während nur die Oberfläche abgekühlt wird. Umgekehrt wird durch diese Vorstellung sehr deutlich, wieviel stärker die Abkühlung durch die Aussenluft auf einen kleineren Körper wirkt, so dass die 15fache Wärmeabgabe der Maus im Vergleich zum Pferd, die in der obigen Zahlenreihe angegeben ist, selbstverständlich erscheint.

Diese Verhältnisse sind deswegen wichtig, weil sie die Grundlage der wiederholt erwähnten Unterschiede zwischen grossen und kleinen Thieren in Bezug auf Kreislauf, Athmung u. a. m. bilden, und weil sie auch die Verminderung der Wärmeabgabe durch Verminderung der Körperoberfläche erklären, die bei der Regulierung der Körpertemperatur eine Rolle spielt.

Wärmehaushalt.

Man kann nun auf Grund des im Anfang dieses Abschnittes ausgeführten Verhältnisses zwischen den chemischen Spannkräften der Nahrung und dem Energieverbrauch des Körpers den Ursprung der gefundenen Wärmemengen aus dem in der Nahrung enthaltenen Energievorrath verfolgen, und gewissermaassen eine *Einnahme- und Ausgaberechnung* für den Wärmehaushalt des Körpers aufstellen. Hierzu bedarf es nur noch in einigen Punkten genauerer Erklärung.

Einnahmen. Die Wärmemenge, die der ruhende Körper abgiebt, darf der aus der Nahrung entstammenden Energiezufuhr gleichgesetzt werden, wenn man einen längeren Zeitraum ins Auge fasst, und annimmt, dass der Bestand des Körpers unverändert erhalten bleibt. Denn es ist klar, dass, wenn der Körper mehr oder weniger Wärme abgiebt, als in Form chemischer Spannkraft in der Nahrung enthalten ist, der Bestand des Körpers angegriffen oder bereichert werden muss.

Die in der Nahrung enthaltene Spannkraft ist aus der Calorienzahl des Brennwerthes der Nahrung nach dem oben erwähnten Verfahren in der Berthelot'schen Bombe zu bestimmen. Annähernd kann man sie auch aus der Zusammensetzung der Nahrung berechnen.

Es mag zum Beispiel das Kostmaass für die Ernährung während 24 Stunden nach der Angabe auf S. 305 zu Grunde gelegt werden, so enthält die Nahrung

100 g Eiweiss   60 g Fett   400 g Kohlehydrate.

Die Brennwerthe dieser Stoffe sind durch Versuche bekannt. Sie betragen für die vollkommene Verbrennung von je 1 g Eiweiss 5,8 Calorien, Fett 9,5 Calorien, Kohlehydrate (Zucker) 4,1 Calorien. Von den Kohlehydraten und Fetten der Nahrung weiss man, dass sie im Körper zu Wasser und Kohlensäure oxydirt werden, und man kann also ohne Weiteres den angeführten Brennwerth annehmen. Dagegen muss für das Eiweiss eine Correctur eingeführt werden, denn bekanntlich wird ein Theil des Kohlenstoffs und fast der ganze Stickstoff des Eiweisses aus dem Körper in Form von Harnstoff ausgeschieden. Die Zersetzung des Eiweisses im Körper ist also eine unvollkommene, und sie kann infolgedessen auch nur eine geringere Calorienzahl erzeugen, als für die vollkommene Verbrennung angegeben worden ist. Der aus der Zersetzung im Korper hervorgehende Wärmewerth des Eiweisses ist daher thatsächlich erheblich niedriger als der für vollkommene Verbrennung, nämlich statt 5,8 nur 4,1.

Nach diesen Angaben gestaltet sich die Berechnung der dem Körper in dem 24 stündigen Kostmaass zugeführten Energiemenge wie folgt:

400 g Eiweiss	= 100 . 4,1 =	410	Calorien
60 g Fett	= 60 . 9,5 =	570	„
400 g Kohlehydrate	= 400 . 4,1 =	1640	„
		2620	Calorien

Diese dem Körper zugeführte Energiemenge dient nun zur Unterhaltung aller für das Leben nothwendigen Verrichtungen, wie Athembewegungen, Kreislauf und alle die im ersten Theil besprochenen chemischen Leistungen der Körperzellen.

Bei dem grössten Theile der chemischen Umsetzungen wird Wärme frei, die unmittelbar die Temperatur des Körperinnern erhöht und den Wärmeverlust an der Körperoberfläche ausgleicht. Ein viel kleinerer Theil der chemischen Thätigkeit, der im Aufbauen von Verbindungen aus einfacheren Stoffen besteht, kann allerdings nur unter Energiezufuhr stattfinden. So bedarf es beispielsweise zur Harnstoffbildung einer gewissen Energiemenge, die daher auch von dem vollen Brennwerth des Eiweisses abgerechnet worden ist. Im Uebrigen braucht dieser Theil der chemischen Vorgänge bei der Betrachtung des Wärmehaushalts im Grossen und Ganzen deswegen nicht weiter berücksichtigt zu werden, weil die synthetischen Processe meist dazu dienen, im Körper Vorräthe zersetzungsfähigen Materiales herzustellen, die schliesslich doch nach ihrem vollen Energiewerth verbraucht werden und als Wärme wiedererscheinen.

Ganz dasselbe gilt von demjenigen Theil der eingeführten Energie, die im Körper zunächst als Bewegung auftritt, wie die Energie, die zur Pumparbeit des Herzens erforderlich ist. Die Kreislaufbewegung des Blutes, die durch diese Energiemenge unterhalten wird, stellt eine mechanische Arbeit vor, die ganz und gar innerhalb des Körpers abläuft. Scheinbar verschwindet hier der ganze Arbeitsaufwand des Herzens ohne ein anderes Ergebniss, als dass die Blutsäule in der Kreislaufbahn fortgeschoben wird. Soviel Blut vom Herzen ausgeht, kehrt wieder ins Herz zurück, und es ist also mechanisch kein Arbeitserfolg zu verzeichnen. Dieses Verschwinden von Energie ist aber nur scheinbar, ebenso wie das Verschwinden der kinetischen Energie des Schmiedehammers beim Auftreffen auf den Amboss. Die Arbeit des Herzens bringt allerdings keine mechanische Zustandsänderung hervor, aber sie überwindet die Widerstände, die sich der Bewegung des Blutes entgegenstellen, nämlich die Reibung des Blutes an den Gefässwänden, die innere Reibung des Blutes bei Wirbelbildungen und andere mehr. Durch diese Reibung, so gering sie scheinen mag, wird offenbar genau die Wärmemenge entstehen, die nach dem mechanischen Wärmeäquivalent der Arbeit des Herzens entspricht. Ganz ebenso muss jegliche mechanische Arbeit, die im Innern des Körpers verrichtet wird, schliesslich in Wärme übergehen. Auch die Energie, die sich im Körper in Form elektrischer Ströme äussert, muss die als Leiter dienenden Gewebe erwärmen und somit zu der allgemeinen Wärmeerzeugung beisteuern. *Man darf daher sagen, dass bei Körperruhe die gesammte zugeführte Energie in Wärme übergeht.*

Ausgaben. Dieser Wärmeeinnahme steht als Ausgabe vor Allem der Wärmeverlust gegenüber, den der Körper durch Ausstrahlung der Wärme von seiner Oberfläche in die kältere Umgebung erleidet. Daneben kommen aber andere zum Theil nicht unwesentliche Quellen des Verlustes in Betracht. Es ist im Abschnitt über die Athmung angegeben worden, dass die Einathmungsluft in den Lungen erwärmt wird und dass eine lebhafte Verdunstung von der inneren Fläche der Lungen in die relativ trockene Einathmungsluft stattfindet. Die Verdunstung ist bekanntlich mit grossem Verlust an Wärme verbunden. Ferner erleidet der Körper auch noch dadurch Wärmeverluste, dass er die Speisen und Getränke, die er aufnimmt, soweit sie nicht schon vorgewärmt sind, erwärmen muss. So zerfällt die Gesammtausgabe an Wärme in eine Anzahl einzelner Posten, die etwa, wie folgt, zu schätzen sind:

Wärmeverlust an die Nahrung	50	Cal.
„ an die Athemluft	70	„
„ durch Verdunstung	400	„
„ von der Körperoberfläche	2100	„
	2620	Cal.

Die Summe der Ausgaben ist gleich der oben berechneten Summe der Einnahmen und der Körper befindet sich also im Temperaturgleichgewicht.

Die angegebenen Zahlen sind etwas höher als die oben als Ergebniss der calorimetrischen Messung angegebene Wärmeabgabe von 100 Calorien, weil sie sich nicht auf vollkommene Ruhe in warmer Umgebung, sondern auf einen annähernd ruhigen Zustand bei Zimmertemperatur beziehen.

In derselben Weise lässt sich der Wärmehaushalt für beliebige Versuchsthiere bestimmen. Beispielsweise für das ruhende Pferd hat man einen Energieumsatz von 12 000 Calorien in 24 Stunden berechnet, und diese Angabe ist durch calorimetrische Messungen bestätigt worden. Die Berechnung aus der Nahrung ist in diesem Falle schwieriger, weil die Verdauung der cellulosereichen Pflanzenstoffe und die Form der Ausscheidungen besondere Correcturen nöthig macht.

Bedingungen der Wärmeabgabe. Die Grösse der Wärmeabgabe des thierischen Körpers hängt im Wesentlichen von denselben Grundbedingungen ab, wie die Grösse der Wärmeabgabe jedes anderen erwärmten Körpers.

In erster Linie ist die Grösse der Oberfläche maassgebend, wovon schon oben die Rede war. Zweitens gilt das allgemeine Gesetz, dass Wärme nur von wärmeren zu kälteren Körpern übergehen kann, und dass dies in um so stärkerem Maasse geschieht, je grösser der Temperaturunterschied ist. Im Uebrigen hängt die Grösse der übergehenden Wärmemenge von dem spezifischen Wärmeleitungsvermögen der betreffenden Stoffe ab. In dieser Beziehung bestehen sehr grosse Unterschiede, da zum Beispiel einer der besten Wärmeleiter, das Kupfer, fast hundertmal mehr Wärme unter gleichen Bedingungen ableitet als Wasser, und Luft noch 30 mal weniger als Wasser.

Convection. Bei flüssigen oder luftförmigen Stoffen spielt neben der eigentlichen Leitung eine andere Art Wärmeübertragung eine grosse Rolle, die man als „Convection" bezeichnet. Wenn sich nämlich Flüssigkeiten oder Gase an einem warmen Körper erwärmen, dehnen sie sich aus, werden dadurch spezifisch leichter, und steigen, wenn sie nicht durch besondere Bedingungen daran verhindert werden, in dem umgebenden kälteren und daher dichteren Mittel empor. Natürlich dringen von unten die umgebenden Massen nach und es bildet sich ein sogenannter Convectionsstrom, durch den der warme Körper dauernd mit frischen Mengen des umgebenden Mittels in Berührung kommt und viel stärker abgekühlt wird, als es bei ruhender Umgebung der Fall sein würde.

Denn nach dem oben schon angeführten Satz ist die Wärmemenge, die von einem warmen Körper auf einen kälteren in der Zeiteinheit übergeht, um so grösser, je grösser der Temperaturunterschied, und es ist klar, dass der Temperaturunterchied zwischen dem warmen Körper und frisch zutretenden Mengen des umgebenden Mittels grösser ist, als zwischen demselben Körper und den durch ihn schon erwärmten Mengen.

Die abkühlende Wirkung der Convectionsströme ist aus dem täglichen Leben so wohl bekannt, dass schon jedes Kind, dem die Suppe zu heiss ist, die Convection durch Blasen künstlich erhöht. Diesem allbekannten Vorgang liegt aber, wie nochmals hervorgehoben sein mag, dass Gesetz zu Grunde, dass *desto mehr Wärme in der Zeiteinheit von einem wärmeren auf einen kälteren Körper übergeht, je grösser der Temperaturunterschied ist.* Dieser Satz zusammen mit dem, was oben über das Verhältniss der Oberfläche zur Masse gesagt worden ist, giebt die Bedingungen an, die für die Grösse der Wärmeabgabe entscheidend sind.

Wärmeregulirung.

Wärmegleichgewicht. Die gleichmässige Wärme des Warmblüterkörpers beruht auf dem Gleichgewicht zwischen der im Körper entstehenden und der gleichzeitig vom Körper abgegebenen Wärmemenge. Dies Gleichgewicht kann gestört werden, wenn aus irgend welchen Ursachen die Wärmeerzeugung oder die Wärmeabgabe verändert wird.

Wenn das Thier zum Beispiel mehr Nahrung aufnimmt, so wird der Stoffumsatz und dadurch die Wärmeerzeugung erhöht, wenn es weniger Nahrung aufnimmt, wird die Wärmeerzeugung herabgesetzt. Wird die Umgebung des Thieres kälter, so wird die Wärmeabgabe steigen, wird die Umgebung bis nahe an die Körpertemperatur erwärmt, so wird die Wärmeabgabe vermindert sein.

Solchen wechselnden Bedingungen ist der Körper des Warmblüters fortwährend ausgesetzt und trotzdem bewahrt er, wie oben angegeben, dauernd fast genau die gleiche Temperatur. Offenbar bedarf es hierzu einer fortwährenden Regulierung des Wärmehaushalts, die je nach den Umständen sowohl die Wärmeerzeugung wie die Wärmeabgabe auf dasjenige Maass bringt, das zur Erhaltung der gleichmässigen Körpertemperatur erforderlich ist.

Wärmeregulierung. Hierbei gilt es entweder die Körpertemperatur am Steigen oder Fallen zu verhindern. Da aber die Körpertemperatur zugleich von der Wärmeerzeugung und der Wärmeabgabe abhängt, können bei der Regulirung vier verschiedene Vorgänge unterschieden werden, indem die Wärmeerzeugung oder die Wärmeabgabe erhöht oder vermindert werden kann. Im Allgemeinen werden Wärmeerzeugung und Wärmeabgabe beide zugleich verändert, aber durchaus nicht immer in demselben Sinne.

Es kann zum Beispiel die Wärmeerzeugung erhöht sein, sodass die Wärmeabgabe ebenfalls vermehrt werden muss, damit die Temperatur nicht steigt; es kann aber auch bei kalter Umgebung trotz erhöhter Wärmeerzeugung die Wärmeabgabe eingeschränkt werden müssen, um die Temperatur auf ihrer Höhe zu halten. Zum Zwecke der näheren Erörterung empfiehlt es sich, die vier verschiedenen Möglichkeiten der Regulirung jede für sich zu betrachten.

1. **Vermehrte Wärmebildung.** Die Wärmebildung des Körpers kann nur vermehrt werden, indem gleichzeitig der Stoffumsatz, der ja die Wärmequelle für den Körper bildet, erhöht wird. Eine solche Steigerung des Stoffumsatzes findet vor Allem bei der Muskelthätigkeit statt, denn, wie in dem nachfolgenden Abschnitt genauer ausgeführt werden soll, erscheint von den für die Arbeitsleistung eines Muskels aufgewendeten chemischen Spannkräften nur etwa der dritte Theil als mechanische Arbeit, während zwei Drittel in Form von Wärme dem Körper zu gute kommen.

Der Körper verhält sich in dieser Beziehung etwa wie ein Fabrikgebäude, das durch den Abdampf seiner Maschinenanlage geheizt wird. Wenn es in dem Gebäude zu kalt wird, muss man die Maschine gehen lassen, damit die Heizröhren Dampf kriegen.

Die Wärmeregulierung durch Muskelthätigkeit tritt in verschiedenen Formen auf, nämlich als willkürliche Bewegung, die der

Mensch sogar absichtlich, „um sich zu erwärmen“, ausführt, oder als unwillkürliches „Zittern vor Frost“.

Bei Pferden, die in zu kalten Ställen gehalten werden, hat man eine Vermehrung des Stoffumsatzes nachgewiesen, die auf die regulatorische Thätigkeit der Musculatur zurückgeführt wird. Was also der Pferdebesitzer an der Warmhaltung des Stalles spart, muss er an Futter zusetzen, wenn die Thiere auf ihrem Bestande bleiben sollen.

Auf die Dauer kann natürlich die Wärmeerzeugung nicht auf diese Weise vermehrt werden, ohne dass auch die Nahrungszufuhr entsprechend erhöht wird. Daher ist denn auch bei kalter Umgebung das Nahrungsbedürfnis erhöht und richtet sich in eigenthümlicher Weise auf solche Stoffe, die zur Wärmeerzeugung am geeignetsten sind.

Aus der obigen Berechnung des Brennwerthes der Nahrung ist zu ersehen, dass von den drei Hauptnahrungsstoffen das Fett bei Weitem den grössten Wärmewerth hat. Es ist bekannt, dass die Bewohner der kältesten Länder Fettmengen zu sich nehmen, die den Bewohnern gemässigter Zonen widerstehen würden.

2. **Verminderte Wärmebildung.** Herabgesetzt kann die Wärmeentstehung im Körper nur insofern werden, als die beiden eben aufgeführten Mittel zur Erhöhung auf das geringste Maass eingeschränkt werden. Bei mässiger Nahrungszufuhr und möglichst vollkommener Körperruhe ist der Stoffumsatz und die Wärmeerzeugung am geringsten.

3. **Verminderte Wärmeabgabe.** Die Verminderung der Wärmeabgabe zum Zweck der Regulirung findet selbstverständlich nur dann statt, wenn die Umgebung kälter ist als der Körper. Dann kann nach dem Obigen die Wärmemenge, die in der Zeiteinheit aus dem Körper abgeleitet wird, dadurch herabgesetzt werden, dass der Temperaturunterschied zwischen Körper und Umgebung vermindert wird, das heisst, indem die Temperatur der Körperoberfläche der der Umgebung angepasst wird. Die Temperatur der Hautoberfläche kann nun innerhalb weiter Grenzen verändert werden, je nachdem mehr oder weniger Blut in die Hautgefässe eintritt. Wird die Haut reichlich durchblutet, so bringt das Blut die hohe Temperatur des Körperinnern nach aussen mit, die Temperatur der Oberfläche steigt, und es wird viel Wärme abgegeben. Strömt dagegen wenig Blut durch die Hautgefässe, so kühlt es sich an der Oberfläche ab, die Hauttemperatur sinkt und passt sich der der Umgebung an, sodass nur wenig Wärme von ihr an die Umgebung übergeht.

Um die Wärmeabgabe zu vermindern, müssen sich also die Hautgefässe zusammenziehen, die Haut wird blass oder gar durch stellenweise eintretende Blutstockung blau. (Vgl. S. 341 unten.)

An dieser Zusammenziehung der Hautgefässe betheiligen sich auch diejenigen Hautmuskeln, die nicht eigentliche Gefässmuskeln sind, vor Allem die Haarbalgmuskeln, Arrectores pilorum. Diese erstrecken sich von der Hautoberfläche schräg unter den Talgdrüsen jedes Haarbalgs fort und setzen sich am Boden des Haarbalgs an. Wenn sie sich zusammenziehen, richten sich die

Haare steil auf, und es entsteht um jedes Haar ein kleiner Höcker auf der Haut. Dieser Zustand wird als „Gänsehaut“, „Cutis anserina“, bezeichnet.

Obschon bei den meisten Menschen in kalter Umgebung die Gänsehaut deutlich zu bemerken ist, ist ihr Zweck nur aus den entsprechenden Erscheinungen an Thieren zu erkennen. Namentlich die Vögel sieht man oft, wenn sie bei kaltem Wetter ruhig sitzen, ihr Federkleid sträuben. Das Federkleid gewährt ihnen Schutz vor Kälte, indem es eine ziemlich dicke Schicht erwärmter Luft in sich eingeschlossen hält, die als ein sehr schlechter Wärmeleiter die innere Wärme von der kalten Umgebung abschliesst. Diese Schutzwirkung wird verstärkt, wenn durch Sträuben der Federn die von ihnen eingeschlossene und vor Convectionsströmung geschützte Luftschicht verdickt wird. Die Thätigkeit der Arrectores pilorum beim Menschen hat offenbar genau dieselbe Bedeutung, nur dass die Behaarung der menschlichen Haut nicht ausreicht eine merkliche Wirkung auszuüben.

Willkürlich oder absichtlich kann die Wärmeabgabe herabgesetzt werden, indem die der Kälte dargebotene Oberfläche des Körpers auf das kleinste mögliche Maass beschränkt wird. In der aufrechten Stellung ist fast die gesammte Oberfläche des menschlichen Körpers der Aussenluft ausgesetzt, in hockender Stellung, die Arme um die Knie geschlungen, sind fast nur die Rückseite des Körpers, die Streckseite der Arme und die Füsse der Kälte preisgegeben, die übrigen Hautflächen halten einander gegenseitig warm. Die zusammengerollte Stellung, in der viele Thiere schlafen, dient auf dieselbe Weise der Verminderung des Wärmeverlustes.

Endlich ist des künstlichen Temperaturschutzes durch Kleidung zu gedenken, der genau auf dieselbe Weise wirkt, wie es eben vom Federkleid der Vögel angegeben worden ist. Während der Mensch sich künstliche wärmere oder leichtere Kleidung schafft, entsteht bekanntlich bei vielen Thieren von Natur in der kalten Jahreszeit ein wärmeres Haarkleid.

4. Vermehrte Wärmeabgabe. Da die Mittel, die Wärmeerzeugung herabzusetzen, wie oben gesagt worden ist, nur eine ganz beschränkte Wirkung haben, ist für die Temperaturregulirung die Vermehrung der Wärmeabgabe von höchster Wichtigkeit. Im Anschluss an das, was oben über die Verminderung der Abgabe gesagt ist, mag hier zuerst der umgekehrte Vorgang angeführt werden, dass nämlich durch reichliche Blutzufuhr zur Haut die Temperatur der Körperoberfläche möglichst erhöht wird, sodass ein möglichst grosser Unterschied zwischen Hauttemperatur und Umgebungstemperatur besteht. In warmer Umgebung sieht man alsbald die Haut roth und prall werden.

Zugleich mit der Vermehrung der Wärmeabgabe durch Erhöhung der Hauttemperatur wird bei diesem Vorgang die Flüssigkeitsverdunstung von der Hautoberfläche aus erhöht.

Bei der Besprechung des Wärmehaushalts ist schon die Verdunstung in den Lungen als eine Quelle des Wärmeverlusts erwähnt worden. Die Wasserverdunstung von der Hautoberfläche spielt eine mindestens ebenso wichtige Rolle. Die eigentliche Verdunstung durch die Hautoberfläche ist nicht zu trennen von der Verdunstung des auf die Hautoberfläche tretenden

Schweisses. Es ist schon im Abschnitt über die Schweisssecretion hervorgehoben worden, dass die eigentliche Bedeutung des Schweisses auf dem Gebiete der Wärmeregulirung liegt. Die Absonderung des Schweisses ist bei weitem das wirksamste Mittel, das dem Organismus zur Vermehrung der Wärmeabgabe und zur Regulirung der Körperwärme überhaupt zur Verfügung steht. Dies Mittel wirkt oft schon, ohne dass es zum eigentlichen Schwitzen, das heisst zu sichtbarer Ansammlung von Feuchtigkeit auf der Haut kommt, wenn nämlich der Schweiss ebenso schnell verdunstet, als er abgeschieden wird. Da die Schweissabsonderung für die Wärmeregulirung so sehr grosse Bedeutung hat, und zwischen den verschiedenen Thieren in Bezug auf die Leistungsfähigkeit der Schweissdrüsen, wie im Abschnitt über die Schweissabsonderung schon erwähnt worden ist, sehr grosse Unterschiede bestehen, verhalten sich die Thiere in Bezug auf Widerstandsfähigkeit gegen Hitze sehr verschieden.

Beim Hunde und in geringerem Grade auch bei anderen Thieren tritt in der Wärme noch ein besonderer Regulirungsvorgang ein, der darin besteht, dass die Athembewegungen vermehrt und beschleunigt werden. Dadurch wird die Wasserverdunstung von den Lungen aus befördert und die Wärmeabgabe erhöht. Die Hunde lassen dabei die Zunge weit zum Maule heraushängen, und athmen auch bei vollständiger Körperruhe so schnell, dass ein Geräusch entsteht, das man als „Hacheln" bezeichnet.

Es sind nun noch die Mittel zur Vermehrung der Wärmeabgabe zu nennen, die absichtlich oder künstlich angewendet werden können. Es gilt betreffend die Körperoberfläche natürlich hier das Gegentheil von dem, was bei der verminderten Wärmeabgabe gesagt ist: Der Körper kühlt sich um so leichter ab, je grösser die Oberfläche, die er der Aussenluft darbietet. Die künstliche Regulirung durch Wahl der Kleidung hat nicht so sehr darauf zu sehen, dass die Kleidung dünn und leicht sei, als vielmehr, dass sie die Convectionsströmung der Luft und namentlich die Wasserverdunstung nicht zu sehr einschränkt. Bei noch so dünner aber undurchlässiger Kleidung wird die dem Körper benachbarte Luftschicht so feucht, dass die Schweissverdunstung eingeschränkt und dadurch die Wärmeabgabe herabgesetzt wird.

Grenzen der Wärmeregulirung. Durch die Gesammtwirkung der im Vorstehenden besprochenen Vorgänge kann die Körpertemperatur unter den verschiedensten Bedingungen fast vollkommen gleich gehalten werden. Eine bestimmte Grenze der Aussentemperatur, über die hinaus die Regulirung nicht mehr möglich ist, lässt sich nicht angeben, da die individuellen Unterschiede viel zu gross sind.

Die Feuerländer leben nackt in einem Klima, dessen Winter etwa dem im Norden Englands entspricht. Die Beduinen ertragen in ihren wollenen Gewändern ohne Erhöhung der Körpertemperatur oft mehrere Tage und Nächte hintereinander Aussentemperaturen von 36—40°.

Dagegen sind die Grenzen sicher zu bestimmen, innerhalb deren die Körpertemperatur regulirt werden muss, damit das

Leben erhalten bleibe. An Versuchsthieren und an Menschen, die im Zustande der Trunkenheit längere Zeit der Kälte ausgesetzt gewesen waren, hat man übereinstimmend festgestellt, dass die Körpertemperatur nicht unter 24^0 sinken kann, ohne dass das Leben erlischt. Ebenso hat sich mit grosser Bestimmtheit ergeben, dass die obere Grenze der mit dem Leben vereinbarten Temperaturerhöhung bei 45^0 liegt. Dieser Werth stimmt mit der Gerinnungstemperatur gewisser in den Muskeln vorkommender Eiweissstoffe überein.

Innerhalb dieser Grenzen kann die Eigentemperatur des Warmblüters schwanken, ohne dass das Leben gefährdet ist. Die Regulirung ist keineswegs so vollkommen, dass nicht Schwankungen von mehreren Graden vorkommen könnten, ohne dass man es gerade gewahr wird. So zeigen durch Krankheit geschwächte Individuen bei mangelhafter Ernährung nicht selten abnorm tiefe Temperaturen. Andrerseits kann bei normalen Individuen durch angestrengte Muskelarbeit die Temperatur leicht über die Norm gesteigert werden.

Einfluss der Muskelarbeit. Da von der in den Muskeln entwickelten Energie, wie unten weiter auszuführen sein wird, nur ein Drittel als mechanische Arbeit, zwei Drittel als Wärme frei werden, muss für jegliche Muskelarbeit im Körper das Doppelte ihres Aequivalentes an Wärme entstehen. Man kann danach berechnen, dass, um bei den äussersten bekannten Kraftleistungen die Temperatur auf der normalen Höhe zu halten, die Wärmeabgabe auf das Doppelte des Ruhewerthes steigen muss. Wird unter solchen Verhältnissen die Wärmeabgabe auch nur in geringem Maasse beeinträchtigt, so ist es klar, dass die Körpertemperatur steigen muss. Die Wärmeabgabe beruht, wie oben erwähnt, hauptsächlich auf der Schweissverdunstung. Durch unzweckmässige Kleidung, durch hohen Feuchtigkeitsgehalt der Luft, kann die Verdunstung, und durch Wasserverarmung des Körpers die Absonderung des Schweisses unterdrückt werden. Wird unter diesen Bedingungen der Körper zur Arbeitsleistung gezwungen, so muss sich seine Temperatur steigern, und es kommt zum sogenannten „Hitzschlag“, das heisst zum Tode durch Ueberhitzung.

Wirkung von Bädern. Ferner lässt sich die Körpertemperatur leicht durch warme oder kalte Bäder beeinflussen. Im kalten Bade wird die Wärmeabgabe dadurch vergrössert, dass erstens das Wasser die Wärme sehr viel besser leitet als die Luft, und dass zweitens Wasser sehr viel mehr Wärme braucht als Luft, um in gleicher Raummenge in gleichem Maasse erwärmt zu werden. Ein Bad von 12^0 entzieht dem Körper binnen 4 Minuten schon 100 Calorien, also dieselbe Wärmemenge, die sonst etwa in einer Stunde ausgegeben wird. In einem Bade von 24^0 wird diese Wärmemenge erst in etwas über einer Viertelstunde abgegeben. Selbst in einem Bade von 30^0 verliert der Körper in 15 Minuten etwa 50 Calorien. Bei so starken Wärmeentziehungen fällt die Körpertemperatur um etwa $0{,}5^0$ und pflegt nachher eine vorübergehende Steigerung über die normale Höhe zu zeigen.

Im heissen Bade ist erstens die Wärmeabgabe durch die hohe Temperatur des umgebenden Wassers vermindert oder ganz aufgehoben, und gleichzeitig die Möglichkeit ausgeschlossen, dass der Körper durch Schwitzen seine Temperatur regulirt. Daher muss bei längerem Aufenthalt in heissem Bade die Temperatur des Körpers steigen.

Reaction auf Kältereiz. Die oben beschriebenen Regulirungsvorgänge werden bei plötzlichen starken Kältewirkungen oft durch besondere Reactionserscheinungen gestört. So ist oben angegeben, dass bei kalter Umgebung die Hautgefässe sich zu-

sammenziehen, sodass die Haut blass wird. Wenn man aber die
Haut hohen Kältegraden aussetzt, wenn man ein sehr kaltes Bad
nimmt, wenn man die Hände in Schnee steckt, sieht man im
Gegentheil die Haut roth und schwellend werden. Diese Erscheinung ist dem Sinn der Wärmeregulirung gerade entgegengesetzt,
und kann als eine Reaction des vasomotorischen Systems betrachtet
werden, die den Zweck hat, die Körperoberfläche vor allzu starker
Abkühlung zu schützen.

Pathologische Störung der Wärmeregulirung. Bei
vielen Erkrankungen besteht ausser anderen Störungen „Fieber“,
dessen Kennzeichen erhöhte Temperatur ist. Auf welche Weise
das Fieber entsteht, ist noch nicht aufgeklärt; es dürfte aber sowohl Wärmeerzeugung wie Wärmeabgabe verändert sein. Wichtig
ist in dieser Beziehung die Thatsache, dass die Haut Fiebernder
trotz der hohen Temperatur stets trocken ist und dass sich das
Fieber mit dem Ausbruch von Schweiss löst. Wird durch künstliche Mittel, etwa ein kaltes Bad, die Fiebertemperatur herabgesetzt,
so stellt sie sich nachher nicht wie sonst auf die normale, sondern
auf die erhöhte Fiebertemperatur wieder ein.

Eine andere pathologische Störung der Wärmeregulirung hat man zufällig entdeckt, als zum Zwecke einer Schaustellung in Rom Kinder am ganzen
Leibe mit Vergoldung überzogen wurden, und in Folge dieser Behandlung
starben. Zur Aufklärung dieser Erscheinung sind eine Reihe von Untersuchungen an Thieren und Menschen vorgenommen worden, die ergeben haben,
dass der Tod durch dauernde Erhöhung der Wärmeabgabe hervorgerufen wird.
Aehnliches beobachtet man bei ausgedehnten oberflächlichen Verbrennungen.

Postmortale Temperatursteigerung. Wenn man die
Temperaturuntersuchungen über den Tod hinaus fortsetzt, findet
man mitunter nach dem Tode eine beträchtliche Temperatursteigerung. Dies ist darauf zurückzuführen, dass die Vorgänge,
auf denen die Wärmeerzeugung beruht, zum Theil noch nach dem
Tode fortdauern, während der Blutkreislauf, der die Wärme des
Körperinnern ausgleicht und die Wärmeabgabe nach aussen fördert,
mit dem Tode aufgehört hat. Insbesondere wenn heftige Muskelthätigkeit dem Tode vorausgeht, wie es bei Krampfanfällen der
Fall ist, hat man nach dem Tode Temperatursteigerung sogar auf
45 ⁰ beobachtet.

Temperatur bei Poikilothermen. Winterschlaf. Die
verschiedenen Umstände, von denen die Temperatur der Warmblüter abhängt, sind natürlich auch bei den Kaltblütern wirksam,
nur in geringerem Grade. So findet man, dass auch bei Kaltblütern die Wärmeerzeugung und Wärmeabgabe bei Muskelarbeit
steigt, dass die Wärmeabgabe hauptsächlich von der Grösse der
Verdunstung an der Hautoberfläche abhängt und so fort.

Die in vielen Lehrbüchern wiederholte Angabe, dass die Temperatur einer
„brütenden“ Riesenschlange volle 20 ⁰ über der Umgebungstemperatur gefunden
worden sei, beruht allerdings auf einem groben Beobachtungsfehler. Dagegen
steht fest, dass die Temperatur der Bienenstöcke durch die Eigenwärme der
Bewohner in wenigen Minuten um 15 ⁰ und darüber erhöht werden kann.

Eine Anzahl Warmblüter haben die Eigenthümlichkeit, während der kalten Jahreszeit zu Kaltblütern zu werden, indem sie in den sogenannten „Winterschlaf" verfallen. Als solche „Winterschläfer" werden angeführt: Murmelthier, Fledermaus, Igel, Siebenschläfer, Hamster, Ziesel, Dachs, brauner Bär, doch dürfte der Vorgang nicht bei allen in gleichem Maasse ausgebildet sein, da zum Beispiel der Hamster bekanntlich Wintervorräthe anhäuft. Im Winterschlaf sind alle Stoffwechselvorgänge auf ein äusserst geringes Maass eingeschränkt. Beim Murmelthier sinkt die Athemfrequenz auf 2—4, die Herzfrequenz auf 14—30, die Temperatur sinkt so tief, dass sich die inneren Körpertheile „eiskalt", wie die von Leichen anfühlen. Bei diesem sehr verlangsamten Stoffwechsel genügen die Fettmengen, die das Thier im Sommer angesetzt hat, um den Winter hindurch das Leben zu erhalten. In warme Umgebung gebracht, erwachen die Thiere aus ihrem todtenähnlichen Schlafzustand und verhalten sich nach einigen Stunden wieder als vollkommene Warmblüter.

Auf welche Weise diese merkwürdige Umwandlung vor sich geht und was die eigentliche Ursache des Schlafzustandes und der Stoffwechselverlangsamung sei, ist noch nicht befriedigend erklärt worden.

2.

Physiologie der Bewegung.

Uebergang chemischer Spannkräfte in mechanische Arbeit. Die Energie, die in Form chemischer Spannkraft der Nahrungsmittel dem Körper zugeführt wird, geht, wie in dem vorigen Abschnitt geschildert wurde, als Wärmeabgabe des Körpers der Aussenwelt wieder zu, wenn der Körper in Ruhe verharrt. Wenn aber der Körper äussere Arbeit verrichtet, etwa eine Last oder auch nur sein eigenes Gewicht bergauf trägt, wird ein Theil der im Körper frei werdenden Energie für diese Arbeitsleistung verwendet. Es ist ferner schon angedeutet worden, dass auch ein Theil der Wärme, die der ruhende Körper abgiebt, nicht unmittelbar aus den chemischen Umsetzungen hervorgeht, sondern erst mittelbar dadurch hervorgerufen wird, dass innere mechanische Arbeit des Körpers, die durch Reibung, Stoss u. s. f. im Innern des Körpers verbraucht ist, in Wärme übergeht.

Neben der Wärmeabgabe nimmt also auch die Arbeits-leistung einen hervorragenden Platz im Kraftwechsel des Körpers ein, obgleich sie immer nur einen geringen Bruchtheil des gesammten Energieumsatzes ausmacht. Im Folgenden sollen die Vorgänge bei der Arbeitsleistung des Körpers besprochen werden.

Arbeit im physikalischen Sinne wird geleistet, wenn Massen in Bewegung gesetzt werden, oder die Bewegung von Massen geändert, oder endlich die Bewegung Widerständen entgegen unterhalten wird. Die Lehre von der Arbeitsleistung des Organismus ist mithin dasselbe wie die Lehre von den Bewegungserscheinungen im Organismus.

Bewegungsorgane. In der ganzen organischen Natur sind es nur drei Gruppen von Organen, in denen man Bewegung auftreten sieht, nämlich erstens das Protoplasma im Innern gewisser Zellen, zweitens die Flimmerhaare, Cilien und Geisseln der sogenannten Flimmerzellen, drittens die am höchsten ausgebildete Form der Bewegungsorgane, die Muskeln.

Protoplasmabewegung.

Pflanzenzellen. Die Bewegung des Protoplasmas im Innern der Zellen zeigt sich in verschiedenen Pflanzenzellen in Form einer dauernden in sich selbst zurücklaufenden Kreisströmung, die auch als „Rotationsbewegung" des Protoplasmas bezeichnet wird. An Schnitten von den grasähnlichen Blättern der Wasserpflanze Vallisneria, an den Zellen, die die Härchen der Brennessel bilden, an den Staubfädenzellen der Tradescantia sieht man bei mässiger Vergrösserung diese Form der Protoplasmabewegung sehr deutlich. Von Thieren sind es vor Allem die Protozoen, die Protoplasmabewegung erkennen lassen.

Amoeben. Die schon zu Anfang des ersten Theils erwähnte Amoebe (s. Fig. 1), die sich im Schlamm stehender Pfützen vorfindet, eignet sich besonders um die bei den Thieren häufigste Form der Bewegung des Protoplasmas zu studiren.

Man sucht die Amoeben auf, indem man sich von geeignet scheinenden Stellen grössere Mengen Schlamm in Gefässe schöpft, und diese abstehen lässt. Wenn sich der Schlamm gesetzt hat, entwickelt sich auf seiner Oberfläche ein reiches Thierleben und man kann, indem man kleinere Proben entnimmt und bei schwacher Vergrösserung mustert, schliesslich einzelne mikroskopische Organismen auf den Objectträger bringen. Die Amoeben entwickeln sich nicht immer und nicht in jedem der aufgestellten Gefässe.

Am häufigsten findet sich eine verhältnissmässig sehr grosse Amoebe, die Amoebenart Pelomyxa, die schon mit blossem Auge als stecknadelkopfgrosse weisse Masse sichtbar ist. Sie zeigt nur träge Strömungen im Inneren ihres durchscheinenden, mit feinkörnigen Massen erfüllten Körpers und langsame Gestaltsveränderungen.

Als kugelrundes weisses Pünktchen kann man mit dem blossen Auge die Amoeba lucida erkennen, die sich aber nur selten, in einzelnen der ursprünglich dem Fundort entnommenen Schlammproben, entwickelt. Bei starker Vergrösserung gewährt sie das in Fig. 1 wiedergegebene Bild einer kugelformigen Masse, aus der sich ringsum zahlreiche krystallklare Fortsätze ausstrecken, die in mehr oder weniger lebhafter Bewegung begriffen sind.

Man bezeichnet die beweglichen Fortsätze, die auch wieder im Zellleib verschwinden können, als Pseudopodien. Mit Hülfe dieser Bewegungen vermag das ganze Thier von Ort zu Ort zu kriechen, indem es sich mit einem seiner Pseudopodien an einer Stelle festhält und den übrigen Körper nachzieht. Ferner können mehrere Pseudopodien einen Fremdkörper umfassen, oder da sie halbflüssig sind und mit einander verschmelzen können, gewissermaassen umfliessen, sodass er ins Innere des Körpers aufgenommen wird. Auf diese Weise erfassen die Amoeben auch die Stoffe, aus denen sie ihre Nahrung entnehmen.

Ganz dieselbe Form der Bewegung nimmt man, wie oben beschrieben, an den weissen Blutkörperchen des Menschen und der Thiere wahr. Insbesondere das Erfassen, Umschliessen und Aufsaugen von Fremdkörpern ist oft beobachtet worden und hat zur Bezeichnung „Phagocyten", Fresszellen, geführt.

Fragt man, auf welche Weise die Protoplasmabewegung zu Stande kommt, so lässt sich darauf keine bestimmte Antwort geben. Man erkennt vor Allem an dem körnigen Protoplasma, dass die Bewegung sich auf Strömungen des zähflüssigen Stoffes zurückführen lässt; die Ursache dieser Strömungen ist noch unbekannt. In der anorganischen Welt sind eine Reihe von Vorgängen beobachtet worden, die mit der Protoplasmabewegung viel Aehnlichkeit haben. Es sei hier nur an die im ersten Theile bei der Besprechung der Fettverdauung erwähnte Selbstemulgirung (S. 187) von Fetttröpfchen erinnert. Man hat daraufhin geglaubt auch die Protoplasmabewegung als einen nur von den physikalischen Bedingungen der Umgebung abhängigen Vorgang erklären zu können. Thatsächlich lassen sich an todtem anorganischem Stoff ebenso wie an lebendigem Zellprotoplasma durch bestimmte chemische Bedingungen bestimmte Bewegungserscheinungen, etwa Ausstrecken von Pseudopodien, hervorrufen. Aus dieser Aehnlichkeit lässt sich aber nicht schliessen, dass bei dem lebenden Protoplasma die Ursache der Bewegung dieselbe sei wie bei dem leblosen Stoff, denn das lebende Protoplasma folgt in seinen Bewegungen durchaus nicht immer bekannten physikalischen Einflüssen. Man bezeichnet den physiologischen Vorgang der Bewegung, die sich nach bestimmten äusseren Bedingungen richtet, als „Taxis", oder wenn es sich um eine blosse Drehung des Organismus handelt, als „Tropismus". Je nachdem die Bewegung durch chemischen, thermischen, elektrischen Einfluss, durch Einwirkung der Schwere, des Lichtes u. s. f. hervorgerufen ist, spricht man von Chemotaxis, Thermotaxis, Rheotaxis, Geotaxis, Phototaxis u. s. f. oder von Chemotropismus u. s. w.

Mitunter bewegt sich das Protoplasma in bestimmtem Rhythmus. Man findet im Zellleibe der Protozoen sogenannte Vacuolen, mit Flüssigkeit erfüllte Hohlräume, die sich in regelmässigen Zwischenräumen erweitern und zusammenziehen. Von diesen sogenannten „pulsirenden" Vacuolen nimmt man an, dass sie, wie die Lungen oder das Herz der höher entwickelten Thiere dem Stoffwechsel dienen, indem sie die Flüssigkeit, die den Zellleib durchtränkt, in Bewegung erhalten. Diese rhythmische Bewegung des Protoplasmas ist deshalb wichtig, weil man auch bei der Thätigkeit der höchstentwickelten Bewegungsorgane, der Muskeln, einen eigenen Rhythmus nachweisen kann.

Flimmerbewegung.

Die zweite der oben aufgezählten Bewegungsformen findet sich theils bei freilebenden einzelligen Organismen, theils an den sogenannten Flimmerepithelien der höher entwickelten Thiere. Sie besteht in einer lebhaften Bewegung der härchen-, wimpern- oder geisselförmigen Anhänge der sogenannten Flimmerzellen.

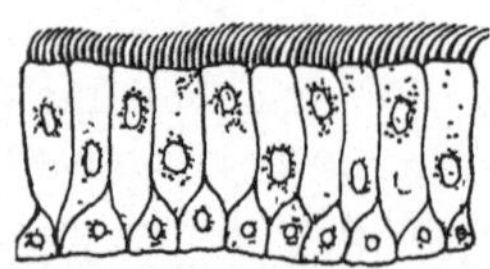

Fig. 51.

Flimmerepithel. Richtung des Schlages von links nach rechts.

Wenn man ein Stückchen Flimmerepithel, etwa von der Gaumenhaut des Frosches oder vom Kiemenrande einer Muschel unter das Mikroskop bringt, so erkennt man bei stärkeren Vergrösserungen, dass die Oberfläche mit unzähligen feinen Wimpern besetzt ist. Die Härchen sind alle in einer Richtung schräg geneigt und leicht gekrümmt und führen, solange das Präparat frisch ist, fortwährend eine schlagende Bewegung aus, sodass für das Auge der Eindruck des Flimmerns entsteht, der der ganzen Erscheinung ihren Namen gegeben hat. Man vergleicht den Anblick des flimmernden Epithels auch sehr treffend mit dem eines im Winde wogenden Kornfeldes, denn die Bewegung jedes einzelnen Flimmerhaares ist von der der anderen nicht unabhängig, sondern fügt sich der der benachbarten so ein, dass regelmässig ablaufende Wellen entstehen, deren jede eine ganze Anzahl Flimmerhaare umfasst.

Am mikroskopischen Präparat kann man sehr deutlich sehen, wie die dauernd in einer Richtung ablaufenden Flimmerwellen in der umgebenden Flüssigkeit Strömungen und Wirbel verursachen, und selbst grössere schwimmende Körper in lebhafte Bewegung versetzen. Streut man auf die Gaumenhaut des Frosches in situ feines Kohlenpulver, so sieht man, wie es durch die Flimmerbewegung nach vorn bewegt wird.

Auch die Abhängigkeit der Bewegung einer Wimpergruppe von der der übrigen lässt sich bei diesem Versuche veranschaulichen, wenn man an einer Stelle das Epithel zerstört und beachtet, dass die Stäubchen in der Richtung der Bewegung bis an die verletzte Stelle herangeführt werden, unmittelbar dahinter aber liegen bleiben. Die überraschend grosse Kraft der Bewegung lässt sich nachweisen, indem man ein Stückchen Flimmerhaut mit der flimmernden Oberfläche nach unten auf eine nasse Glasplatte legt. Die Bewegung treibt dann das ganze Hautstück auf dem Glase fort. Ein Stück vom Oesophagus des Frosches, das über einen Glasstab gezogen ist, klettert durch die Wirkung seines Flimmerepithels am Glasstab in die Höhe.

Die Art und Weise, wie die Bewegung entsteht, ist bei der Flimmerbewegung ebenso wenig wie bei der Protoplasmabewegung verständlich. Die Cilien bewegen sich in der einen Richtung schnell, in der anderen langsamer, oder, wie man zu sagen pflegt, sie schlagen in einer Richtung und richten sich dann langsamer wieder auf, um wiederum schnell zu schlagen. Dadurch und dadurch, dass die Cilien nach der Seite ihrer concaven Krümmung schlagen, erklärt es sich, dass die Gesammtwirkung ihrer Thätigkeit Fortbewegung von Flüssigkeit oder festen Massen nach einer Seite hin erzielt.

Ueber die eigentliche Ursache der Bewegung lässt sich so gut wie nichts sagen. Es ist noch nicht einmal zu entscheiden, ob die Cilien von der Zelle aus, also passiv, in Bewegung gesetzt werden, oder ob die Bewegung in ihnen selbst ihren Ursprung hat. Alle Mittel, die die Zellen schädigen, heben zwar die Bewegung auf, doch kann dies natürlich auch darauf beruhen, dass dieselben Mittel auch die Cilien angreifen. Dagegen lässt die Form der Geisselhaare mancher Bakterien, sowie der „Flossensaum" mancher Spermatozoen darauf schliessen, dass den Cilien selbst bewegende Kräfte innewohnen.

Die Flimmerbewegung findet sich bei den höher entwickelten Thieren an vielen Stellen des Körpers, namentlich in den Luftwegen, in den Eileitern des weiblichen Geschlechtsapparates u. a. m. An diesen Stellen bringt die Flimmerbewegung in offenbar zweckmässiger Weise eine Strömung der sie überziehenden Flüssigkeitsschicht hervor, durch die eindringende Fremdkörper ausgetrieben werden. Bei vielen mikroskopisch kleinen Thieren, unter andern bei den meisten Infusorien, spielt das Flimmerepithel die Rolle des Hauptbewegungsorganes für den gesammten Körper.

Allgemeine Muskelphysiologie.

Form der Muskelbewegung. Bei den höher entwickelten Thieren, von den Protozoen aufwärts, ist die dritte der oben erwähnten Bewegungsformen, die Muskelbewegung, ausbildet. Die Muskelbewegung schliesst sich insofern der Protoplasmabewegung

an, als sie durch Bewegungskräfte von Zellen hervorgebracht wird.
Aber diese Zellen sind in ihrem Bau dem einzigen Zwecke einer
bestimmten Bewegungsweise angepasst. Die Bewegungsweise der
Muskelzellen wird dadurch bestimmt, dass sie in Form langge-
streckter Fasern zu Bündeln vereinigt sind, und diese Form nur
in der Weise ändern, dass sie sich verkürzen und dabei gleich-

Fig. 52.

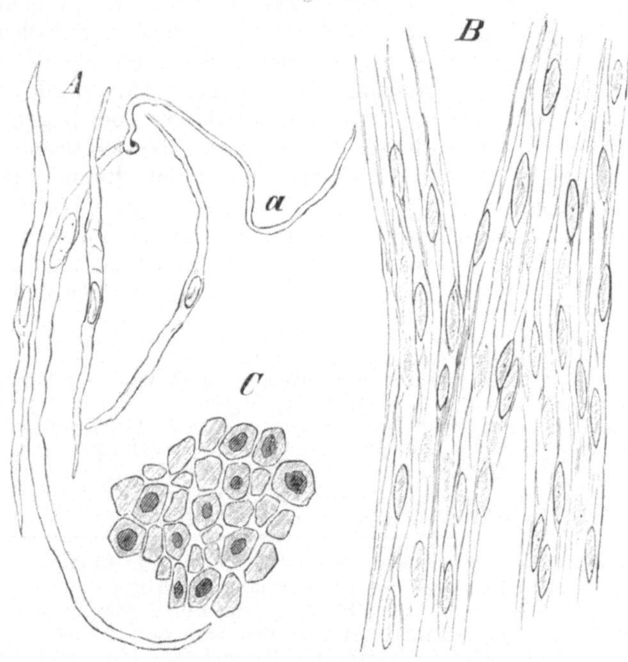

Glatte Muskelfasern.   A Isolierte Muskelzellen.   B Muskelbündel.
C Querschnitt der Muskelzellen.

zeitig verdicken. Die Grundform aller Muskelbewegung ist
also die Verkürzung der einzelnen Muskelzelle.

Arten des Muskelgewebes. Das Muskelgewebe tritt im
Körper des Menschen und der Säugethiere fast ausschliesslich in
zwei verschiedenen Formen auf, als „Glatter Muskel“ und „Quer-
gestreifter Muskel“. Von diesen beiden Arten Muskelgewebe kann
man allerdings noch verschiedene, durch feinere Merkmale getrennte
Abarten unterscheiden, und in der gesammten Thierreihe finden sich
auch mannigfache Uebergangsformen, die eine ganz scharfe Unterscheidung unmöglich machen. Im Körper der Säugethiere treten
aber die geringeren Verschiedenheiten gegenüber der Eintheilung in
die beiden Hauptgruppen zurück.

Bau der glatten Muskeln. Fasst man die Muskelbewegung als eine
besondere Ausbildung der Protoplasmabewegung auf, so stellen die glatten
Muskeln unzweifelhaft eine niedrigere Entwicklungsstufe vor, deren Ursprung

aus der Zellbewegung noch deutlich erkennbar ist. Diese Anschauung wird
auch dadurch bestätigt, dass die glatten Muskeln in den niedriger stehenden
Thierkreisen, den Coelenteraten, Mollusken und Würmern allein vorhanden sind.

Die glatten Muskeln bestehen aus einer dichten Masse sehr feiner spindel-
förmiger Fasern, deren jede in der Mitte einen länglichen Zellkern enthält. Im
Innern der Faser sind ausserordentlich feine längslaufende Fibrillen mit körniger
Zwischensubstanz zu erkennen. Die einzelnen Fasern sind durch ein feines
Bindegewebsnetz verbunden. Da also jede einzelne Faser noch deutlich das
Bild einer Zelle erkennen lässt, bezeichnet man sie auch einfach als „contractile
Faserzellen“. Da sie im Säugethierkörper ausschliesslich den Bewegungen der
inneren Organe dienen, werden sie auch „organische Muskeln“ genannt.

Bau der quergestreiften Muskeln. Demgegenüber sind die quergestreiften Muskeln, die sich nur bei den Gliederthieren und Wirbelthieren

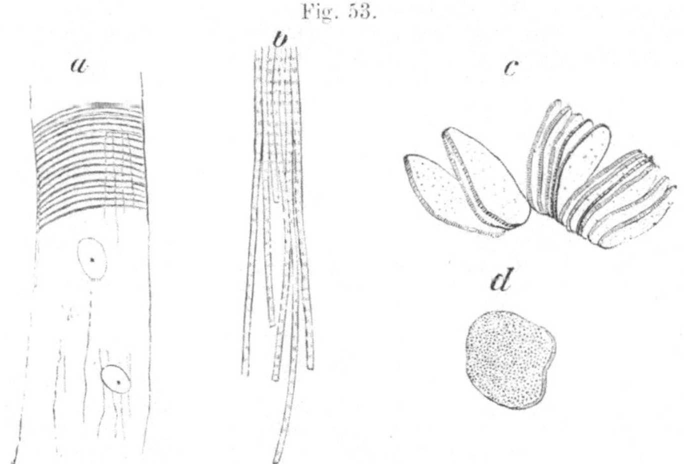

Fig. 53.

Quergestreifte Muskelfaser. *a* Frisch. *b* Primitivfibrillen. *c* Muskelscheiben von der Seite,
d von der Fläche gesehen.

finden, zu einem von der ursprünglichen Zellform sehr stark abweichenden Bau
entwickelt. Sie dienen der eigentlich „animalischen“ Bewegung, das heisst, der
Skelettbewegung der Thiere, und bilden im Körper der Säugethiere ungefähr die
Hälfte der Gesammtmasse, nämlich alles das, was im täglichen Leben als
Fleisch bezeichnet wird.

Das Muskelfleisch zerfällt, wie schon die oberflächliche Betrachtung zeigt,
in grobe Stränge und Häute, die die einzelnen aus der Anatomie bekannten
Muskeln bilden. Jeder Muskel besteht aus zahlreichen durch Bindegewebe,
„Perimysium“ zusammengehaltenen Bündeln, die sich in immer feinere Bündelchen theilen lassen. Schliesslich bleibt als letzte, nicht ohne besondere Hülfsmittel trennbare Einheit die einzelne quergestreifte Muskelfaser „Primitivfaser“,
übrig, die aus gleich zu erwähnenden Gründen, obschon sie gerade die Einheit
im Muskelgewebe darstellt, von älteren Forschern als „Primitivbündel“ bezeichnet worden ist. Die quergestreifte Muskelfaser oder das Primitivbündel
erscheint unter dem Mikroskop bei starker Vergrösserung als ein cylindrischer
Strang von 10—100 μ Dicke und bis zu mehreren Centimetern Länge, auf
dessen Oberfläche man eine ganz feine Querstreifung erkennt, die etwa wie
eine feine Parallel-Schraffirung oder die Querstreifung der als „Rips“ bezeichneten Bänderstoffe aussieht, und von der der Name „quergestreifte Muskeln“
herrührt. An Stellen, an denen die Muskelfaser zerrissen ist, kann man erkennen, dass sie von einer feinen, durchsichtigen Haut, dem Muskelfaserschlauch,

„Sarkolemm", bekleidet ist. In unregelmässigem Abstande nimmt man an der
Oberfläche jeder Muskelfaser zahlreiche längliche Kerne wahr. Aus diesem Ge-
sammtbild kann man schliessen, dass jede Muskelfaser aus einer Mehrzahl ein-
zelner Zellen entstanden ist, die zu einem grösseren Ganzen verschmolzen sind.
Ausserdem hat auch der Bau des Zellinnern sich dem besonderen Zwecke der
Verkürzung angepasst, wie aus dem Folgenden ersichtlich ist.

Lässt man nämlich Muskelfasern längere Zeit hindurch in Flüssigkeiten
liegen, in denen zwar keine Fäulniss auftreten kann, wohl aber das Bindegewebe quellen und sich lösen kann, wie Salicylsäurelösung oder der Ranvier-
sche Drittelalkohol, so zerfällt die Muskelfaser beim Zerzupfen des Sarkolemms
in unzählige feine Längsfasern. Dies ist der Grund, dass man die Muskelfaser
auch als „Primitivbündel" bezeichnet. Die feinen Fäserchen werden Fibrillen,
auch wohl „Primitivfibrillen" genannt. Die Fibrillen sind durch eine Zwischensubstanz vereinigt, die man als „Sarkoplasma" bezeichnet. Jede einzelne
Primitivfibrille ist deutlich quergestreift, sodass man sieht, dass die Querstreifung der ganzen Muskelfaser auf der Querstreifung der Fibrillen beruht.

Dass die Querstreifung nicht etwa bloss eine äusserliche Färbung, sondern
im Bau der Fibrillen begründet ist, geht daraus hervor, dass nach Einwirkung
verdünnter Salzsäure die Muskelfaser nicht in Längsfibrillen
sondern in Querscheiben zerfällt, die den Abschnitten zwischen
je zwei Querstreifen entsprechen. Diese Präparation der Muskelfaser gelingt nicht immer gleich leicht. Am besten sollen sich
dazu Eidechsenmuskeln eignen, nächstdem Säugethiermuskeln,
Froschmuskeln am wenigsten. Ausserdem kommt es darauf an,
dass die Säure in geeigneter Concentration genau die richtige
Zeit hindurch einwirke. Man kann stärkere Lösungen etwa
1 : 100, auf kürzere Zeit, $\frac{1}{2}$—1 Stunde, oder schwache Lösung
1—2 Tage lang anwenden und die Wirkung durch Brutwärme
verstärken. Wenn die Säure zu stark wirkt, quillt das Muskelfleisch zu glasigen Massen an ohne zu zerfallen. In günstigen
Fällen schreitet die Wirkung vom Ende der Fasern aus nach
der Mitte vor, und in einem mittleren Bereich zerfällt die
Faser wie eine Geldrolle in ihre einzelnen Querscheiben. Die
Querscheiben werden auch nach dem Ausdruck, den ihr Entdecker,
der Engländer Bowman, zuerst gebrauchte, „Discs" (Scheiben)
genannt.

Da demnach die Muskelfaser je nach der Behandlung entweder der Länge nach oder der Quere
nach in einzelne Bestandtheile zerfällt, muss man
annehmen, dass ihre eigentlichen Elementarbestand-
theile diejenigen Stücke sind, in die sie durch gleichzeitige Quer- und Längstheilung zerfallen würde.
Diese nannte Bowman „Sarcous elements". Spätere
Forscher bezeichnen sie als „Muskelkästchen" oder schlechtweg
„Muskelelemente". Jedes einzelne Muskelelement besteht, wie
genauere mikroskopische Untersuchung lehrt, aus mehreren Schichten
verschiedener Substanzen, die der Reihe nach als Zwischenscheibe,
Nebenscheibe, Querscheibe, Mittelscheibe, Querscheibe. Nebenscheibe,
Zwischenscheibe auf einander folgen (Fig. 54).

Wichtig für die Theorie der Muskelzusammenziehung ist der
Umstand, dass sich Mittelscheiben und Querscheiben bei der Untersuchung in polarisirtem Licht als doppelbrechend erweisen, worauf
weiter unten zurückzukommen sein wird.

Die Verkürzung. Aus dem geschilderten Bau der Muskelfaser ist klar, dass die Verkürzung der ganzen Faser auf einer

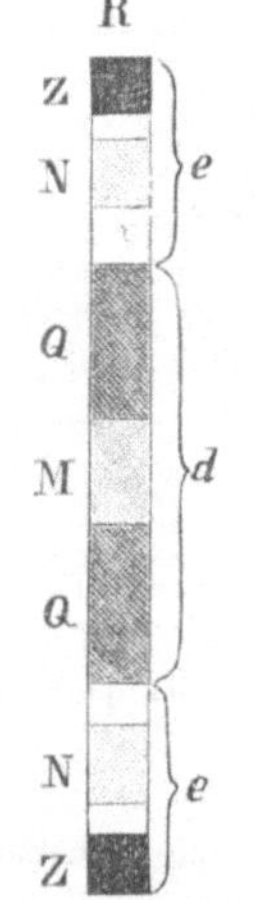

Ein Muskelelement.
e einfachbrechend.
d doppelbrechend.

Veränderung der Muskelelemente beruhen muss. Die Formveränderung der einzelnen Elemente muss eine entsprechende Formveränderung der ganzen Faser, und die Formveränderung der einzelnen Fasern eine entsprechende Formveränderung des ganzen Muskels hervorrufen. Man kann also den Vorgang der Muskelverkürzung auf zweierlei Weise untersuchen, erstens, indem man die Veränderungen der einzelnen Muskelelemente ins Auge fasst, zweitens, indem man den Muskel als Ganzes beobachtet. Beide Verfahren ergänzen einander, doch hat das zweite den Vorzug, dass die Vorgänge am ganzen Muskel wegen seiner Grösse leichter zu erkennen und zu messen sind, und überdies die Wirkungsweise der ganzen Muskeln im Organismus zur Anschauung bringen. Es mag daher im Folgenden zunächst auf die Untersuchung der Vorgänge bei der Zusammenziehung des ganzen Muskels eingegangen werden. Diese Untersuchungen sind zum grössten Theile an ausgeschnittenen Froschmuskeln ausgeführt worden, die sich, wie vergleichende Versuche beweisen, in allen wesentlichen Punkten ebenso wie die Muskeln lebender Säugethiere verhalten.

Für alle nachfolgenden Angaben gilt die Betrachtung, dass ein Muskel nur als eine grosse Anzahl hinter- und nebeneinander geschalteter Muskelelemente anzusehen ist. Viele Muskeln, insbesondere der gewöhnlich benutzte Wadenmuskel des Frosches entsprechen allerdings nicht vollkommen dieser Vorstellung, weil ihre Fasern im Innern des Muskels in verschiedenen Richtungen verlaufen. In allen Fällen, in denen dieser Umstand auf das Ergebnis der Beobachtung einwirken kann, pflegt man deshalb nur parallelfaserige Muskeln, meistens den Sartorius des Frosches, zu benutzen.

Dehnbarkeit des Muskels.

Die Leistung der Muskeln beruht, wie oben schon hervorgehoben, auf der Zugkraft, die sie bei ihrer Verkürzung ausüben. Hierbei tritt eine wichtige Eigenschaft der Muskeln hervor, nämlich ihre elastische Dehnbarkeit.

Unter Elasticität im Allgemeinen versteht man die Eigenschaft eines Körpers, nachdem er durch äussere Kräfte eine Formänderung erlitten hat, wieder in seine ursprüngliche Form zurückzukehren. Als elastisch werden vor allem solche Körper bezeichnet, die auch nach sehr grossen Formänderungen ihre ursprüngliche Gestalt wieder annehmen. Das Wort Elasticität wird aber auch gebraucht, um die Kraft zu bezeichnen, mit der ein elastischer Körper zu seiner ursprünglichen Gestalt zurückstrebt. Die Erscheinung der Elasticität lässt sich eben von zwei Seiten betrachten, je nachdem die Formänderung oder die durch sie hervorgerufene Widerstandskraft ins Auge gefasst wird. Je grösser die Formänderung, die ein Körper unter gegebenen Bedingungen erfährt, um so geringer ist offenbar seine Widerstandskraft.

Daher bedienen sich die Physiker, um die elastischen Eigenschaften der Körper zu beschreiben, zweier verschiedener Zahlen, die „Elasticitätscoefficient" und „Elasticitätsmodulus" heissen.

Die Bedeutung dieser Zahlen ist folgende: Für Länge und Dicke des elastischen Körpers und für die Grösse der einwirkenden Kraft werden ein für alle Mal bestimmte Einheitsmaasse angenommen und zwar für die Bestimmung der Dehnungselasticität gewöhnlich 1 m, 1 qmm, und die Zugkraft von 1 kg. Der Elasticitätscoefficient giebt dann die Verlängerung an, die die verschiedenen Körper erleiden, er misst also die Grösse der Formänderung. Der Elasticitätsmodulus ist einfach der reciproke Werth des Elasticitätscoefficienten, er ist um so grösser, je kleiner die Formänderung und misst demnach die Grösse des elastischen Widerstandes.

Will man die Elasticität eines Muskels etwa mit der eines Stahldrahtes vergleichen, so muss man allerdings die am Muskel gefundene Bestimmung auf die unnatürlichen Verhältnisse eines Muskelstranges von 1 m Länge und 1 qmm Querschnitt umrechnen. Hat man gefunden, dass ein Muskel durch Anhängen von 4 g auf den qmm Querschnitt um $1/_{100}$ seiner Länge gedehnt wird, so ist daraus zu berechnen, dass er durch Anhängen von 1 kg um das 250 fache gedehnt werden würde. Ein Stahldraht wird aber bei einer Belastung von 1 kg auf den Quadratmillimeter nur um 0,00006 seiner Länge gedehnt.

Der Elasticitätscoefficient des Muskels ist um mehr als 4000 mal grösser als der des Stahldrahtes; der Muskel ist im Verhältniss zum Stahldraht ausserordentlich leicht dehnbar.

Abgesehen von diesem quantitativen Unterschied weicht die Dehnbarkeit des Muskels dadurch von der der anorganischen Körper ab, dass sie mit zunehmender Dehnung immer geringer wird.

Die Dehnbarkeit anorganischer Körper, etwa eines Stahldrahtes oder auch einer stählernen Spiralfeder, ist nach dem Elasticitätsgesetz von Hooke und S'Gravesande innerhalb weiter Grenzen durchaus gleichförmig.

Ein Stahldraht, der durch 10 kg um 1 mm verlängert wird, wird durch 20 kg um 2 mm, durch 30 kg um 3 mm verlängert und so fort, die Dehnung ist also der Belastung vollkommen proportional. Dies gilt innerhalb der sogenannten Elasticitätsgrenze, das heisst, bis zu solchen Belastungen, die das erste Anzeichen des Zerreissens, nämlich eine bleibende Gestaltveränderung, eine Verlängerung des Stahldrahtes, hervorrufen.

Ganz anders verhalten sich die Muskeln. So leicht sie, wie oben angegeben, anfänglich über ihre Ruhelänge gedehnt werden können, so schnell nimmt auch ihre Dehnbarkeit ab und schliesslich kommt man bei zunehmender Belastung an eine Grenze, wo keine merkliche Ausdehnung mehr, sondern nur noch Zerreissen möglich ist.

Um diese Erscheinung genauer verfolgen zu können, bedient man sich des „Myographions", in dem der Muskel mit Hülfe einer Klemme befestigt und mit einem Schreibhebel verbunden wird, der die Verlängerungen in vergrössertem Maassstabe auf eine berusste Schreibfläche verzeichnet. An dem Schreibhebel ist eine Wageschale angebracht, auf die man die Gewichte setzt, die den Muskel dehnen sollen.

Bei einem solchen Versuche findet man beispielsweise

bei Belastung mit 50   100   150   200   250   300   350   400 g
eine Dehnung um 3,2   6   8   9,5   10   10,3   10,4   10,4 mm

das heisst also bei gleicher Zunahme der Belastung eine immer geringer werdende Zunahme der Dehnung, nämlich:

3,2   2,8   2,0   1,5   0,5   0,3   0,1   0,0 mm

Diese abnehmende Dehnbarkeit ist aber, wie bemerkt werden muss, nicht eine Eigenschaft des Muskelgewebes allein, sondern sie kommt auch anderen thierischen Geweben, Haut, Sehnen und Nerven zu.

Nachdehnung. Bei diesem Versuche bemerkt man noch einige Eigenthümlichkeiten, durch die sich die elastischen Erscheinungen am Muskel von denen an anorganischem Material unterscheiden. Wenn man ein und dasselbe Gewicht längere Zeit auf der Wageschale stehen lässt, so sieht man, dass der Muskel sich mit der Zeit immer mehr und mehr verlängert. Die elastische Kraft des Muskels kommt also nicht, wie die einer Spiralfeder, bei einem bestimmten Dehnungsgrade mit der Belastung ins Gleichgewicht, sondern die elastische Kraft des Muskels wird bei dauernder Einwirkung der gleichen Last immer geringer, sodass eine immer grössere Dehnung eintritt. Man nennt dies die Nachdehnung des Muskels.

Wenn man den Muskel, nachdem er gedehnt worden ist, wieder frei lässt, zieht er sich ferner nicht, wie etwa eine Spiralfeder, sogleich auf seine ursprüngliche Länge zusammen, sondern er verkürzt sich anfänglich nur um einen Theil der Strecke, um die er gedehnt worden war, es bleibt also eine gewisse Verlängerung, als sogenannter „Dehnungsrückstand“, bestehen.

Diese Erscheinung hat mit der bleibenden Verlängerung einer über die Elasticitätsgrenze beanspruchten Feder zwar grosse Aehnlichkeit, aber ein sehr wichtiger Unterschied ist der, dass die Feder wirklich dauernd verändert ist, während der Dehnungsrückstand des Muskels im Laufe einiger Minuten vollkommen verschwindet, sodass der Muskel seinen Anfangszustand wieder vollkommen erreicht.

Reizbarkeit und Erregung.

Ehe näher auf die Thätigkeit der Muskeln eingegangen werden kann, muss ihre Fähigkeit, in Thätigkeit zu gerathen, als eine zweite besondere Eigenschaft der Muskeln besprochen werden. Man findet diese Fähigkeit auch schon am Protoplasma, das auch nicht dauernd thätig ist, sondern, wie oben angedeutet, auf bestimmte Reize hin bestimmte Bewegungen ausführt. Der Muskel, als ein für den Zweck der Bewegung eigens ausgebildetes Protoplasma, zeigt diese Eigenschaft in hohem Grade. Man bezeichnet sie gewöhnlich mit den Worten „Reizbarkeit“ oder „Erregbarkeit“, die mitunter in ganz gleichem Sinn gebraucht werden, obgleich das erste eigentlich nur in Beziehung auf den inneren Vorgang gebraucht werden sollte. Der Muskel kann auf mannigfache Art gereizt werden und wird dabei stets auf ein und dieselbe Weise erregt, denn er reagirt auf alle verschiedenen Reize stets auf dieselbe Weise, nämlich indem er sich zusammenzieht. Man kann sagen, dass jede plötzliche Zustandsänderung, die einen Theil des Muskels betrifft, als Reiz wirkt. Der Muskel zuckt zusammen, wenn man ihn schlägt, kneift, schneidet oder sticht, wenn man ihn mit einem heissen Draht berührt, wenn man ihn mit Lauge oder Säure ätzt und wenn man einen elektrischen Strom hindurchschickt. Im Körper selbst wird endlich, wie im nächsten Abschnitt ausführlicher dargestellt werden soll, der Muskel durch Vermittlung der Nerven auf eine noch unbekannte Art gereizt. Man unterscheidet die verschiedenen Reize als mechanische, thermische, chemische, elektrische und bezeichnet den normalen oder natürlichen Reiz durch Vermittlung der Nerven als „den adaequaten Reiz" für die Muskeln. Da man auch den Nerven künstlich reizen, und dadurch den Muskel in Thätigkeit setzen kann, und hiervon bei der Untersuchung des Muskels sehr häufig Gebrauch gemacht wird, hat man für diesen Fall die kurze Bezeichnung „indirecte Reizung" des Muskels eingeführt.

Unter allen den angeführten Reizarten hat die elektrische Reizung die grossen Vorzüge, dass sie sich genau abstufen lässt und, ohne den Muskel zu schädigen, beliebig oft wiederholt werden kann.

Erregungsgesetz. Indem man den Muskel mit verschieden abgestuften elektrischen Reizen erregt, kann man ermitteln, welche Form des Reizes die wirksamste ist, und daraus auf das Wesen des Erregungsvorganges schliessen. Wie weiter unten gezeigt werden soll, verhalten sich die Nerven in dieser Beziehung ebenso wie die Muskeln, und das Ergebniss der Untersuchungen wird daher als das „allgemeine Gesetz der Erregung von Nerv und Muskel" oder kurzweg als das „Erregungsgesetz" bezeichnet.

Das Erregungsgesetz besagt, dass für den Grad der Wirksamkeit eines Reizes nicht die Stärke des Reizes allein maassgebend ist, sondern vielmehr die Stärke der Zustandsänderung, die beim Reiz entsteht. Ein ganz schwacher Reiz, der plötzlich eintritt, erregt stärker, als ein noch so starker Reiz, den man ganz allmählich anwachsen lässt.

Man kann also die Wirksamkeit von Reizen nicht vergleichen, indem man nur ihre Stärke misst, sondern man muss zugleich den Zeitraum berücksichtigen, innerhalb dessen sich die Reizung vollzieht. Dies Gesetz drückt offenbar eine Eigenthumlichkeit der Erregbarkeit im Allgemeinen aus; es lässt sich aber nur mit Hülfe der elektrischen Reizung streng nachweisen, und ist daher von seinem Entdecker E. du Bois-Reymond auch nur mit Beziehung auf die elektrische Reizung ausgesprochen worden. Wenn man für die Stärke des elektrischen Stromes und für die Zeit Maasszahlen einführt, kann man beide Grössen in einer mathematischen Formel zusammenfassen, die die Wirkungsstärke jedes beliebigen elektrischen Reizes ausdrücken soll. Schon E. du Bois-Reymond hat eine solche Formel aufgestellt, doch sind in neuerer Zeit Bedenken geltend gemacht worden, ob in ihr für die Beziehungen der Maasszahlen unter einander der richtige Ausdruck gewählt worden sei, und mehrere Forscher haben neue Formeln angegeben.

Der wesentliche Punkt bleibt indessen bestehen, dass nämlich der zeitliche Verlauf der Reizung für die Stärke der Erregung in Betracht kommt.

Elektrische Reizung.

Constanter Strom. Um die Erscheinungen bei der Reizung von Muskeln untersuchen zu können, bedient man sich vorzugsweise der elektrischen Reizung, weil diese am sichersten abgemessen werden kann und den Muskel am wenigsten schädigt. Da sich die Elektricität in einer ganzen Reihe von Formen als wirksamer Reiz erweist, sind verschiedene Verfahren zur elektrischen Reizung im Gebrauch.

Die Eigenschaft der Elektricität, als Reiz wirken zu können, ist schon in sehr alter Zeit bekannt gewesen, da man Muskelzuckungen an Fischen beobachtet hatte, die neben elektrischen Fischen lagen, und an Froschmuskeln, die mit einer Elektrisirmaschine in Berührung standen. Als Galvani über diese Erscheinung Versuche anstellte, bemerkte er, dass Muskeln, die er mit kupfernen Haken an ein eisernes Geländer gehängt hatte, zuckten, sobald sie das Geländer berührten. Volta wies dann nach, dass dies nur ein besonderer Fall der allgemeinen Erscheinung sei, dass Metalle in Verbindung mit feuchten Leitern elektrische Ströme erzeugen. Von da an benutzte man zu Reizversuchen allgemein den constanten Strom der Volta'schen Säule, bis diese durch die verschiedenen galvanischen Elemente ersetzt wurde.

Zur Prüfung auf Erregbarkeit bedient man sich auch heutigen Tages noch mit Vortheil des sogenannten Zink-Kupferbogens, eines aus einem Zinkdraht und einem Kupfer- oder Platindraht zusammengelötheten Bügels. Mit beiden freien Enden an das zu prüfende Gewebe angelegt, bildet dieser Bügel ein Element einer Volta'schen Säule: Zink, Kupfer, Feuchtigkeit, das zugleich in sich zu einem Stromkreise geschlossen ist, und es wird daher das Gewebe in der Richtung vom Zink zum Kupfer oder Platin von einem Strom durchflossen.

Bei den Versuchen über die Reizwirkung des Stromes stellte sich alsbald die Grundthatsache heraus, dass der Strom als solcher nicht erregend wirkt, sondern, dass der Muskel nur in dem Augenblick erregt wird, wenn der Strom geschlossen wird, und wieder in dem Augenblick, wenn der Strom unterbrochen wird.

Auf diese Beobachtung vor allem stützt sich das allgemeine Erregungsgesetz. Der Versuch lässt sich nämlich in der Weise erweitern, dass man den einen Muskel durchfliessenden Strom nur verstärkt oder abschwächt, und es zeigt sich, dass auch solche Schwankungen in der Stromstärke als Reize wirken. Ferner kann man zeigen, dass eine Veränderung der Stromstärke von bestimmter Grösse nur dann als Reiz wirkt, wenn sie sich innerhalb eines bestimmten Zeitraumes vollzieht. Lässt man einen ganz langsam wachsenden Strom, wie man zu sagen pflegt, „sich in den Muskel einschleichen", so entsteht keine Erregung. Eine viel geringere Verstärkung des Stromes wirkt aber als Reiz, wenn sie plötzlich eintritt. Ganz ebenso wie Verstärkung des Stroms wirkt Abschwächung. Man sieht, also dass die Erscheinungen der Reizung mit constantem Strom auf das Erregungsgesetz in der oben gegebenen Form hinführen, dass nämlich die erregende Wirkung eines Reizes von der Grösse der durch ihn bedingten Zustandsänderung in der Zeiteinheit abhängt.

Unterbrechungsrad. Da nun der galvanische Strom nur, während er sich ändert, als Reiz wirkt, ist er in allen solchen Fällen, in denen man den Muskel dauernd im Zustande der Erregung halten will, ein sehr unbequemes Reizmittel. Wenn man den Strom schliesst, wird der Muskel erregt, die Erregung hört aber sogleich wieder auf. Wenn man den Strom unterbricht, erhält man eine neue, ebenso schnell vorübergehende Erregung. Um den Muskel mit dem galvanischen Strom fortwährend zu erregen, muss man also den Strom immerzu öffnen und wieder schliessen.

Hierzu kann man sich eines sogenannten Unterbrechungsrades bedienen, das heisst eines metallenen Zahnrades, dessen Zähne bei der Drehung des Rades eine Metallfeder berühren und dadurch den Stromkreis schliessen, während jede Zahnlücke eine Unterbrechung des Stromes hervorruft. Dadurch kann man leicht die einzelnen Reize so schnell aufeinander folgen lassen, dass der Muskel dauernd in Erregung bleibt. Diese Vorrichtung wird aber nur selten zu ganz besonderen Zwecken angewendet, weil für oft wiederholte Reizung die Anwendung des Schlitteninductoriums von E. du Bois-Reymond sich viel vortheilhafter erwiesen hat.

Fig. 55.

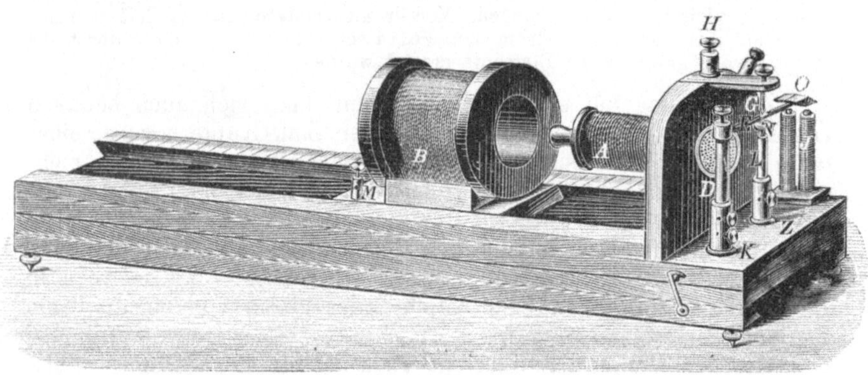

Schlitteninductorium von E. du Bois-Reymond.
A Primäre Rolle, *B* Secundäre Rolle, *K Z D O J* Wagner'scher Hammer, *K Z* Klemmen zum Anschliessen der Batteriedrähte an die primäre Rolle, *K H* dasselbe bei Ausschliessung des Wagnerschen Hammers. *J* Elektromagnet, *O* Anker, *M* Pole der secundären Rolle, *D* Eisenkern der primären Rolle, *G* Contactschraube des Wagnerschen Hammers.

Induction.

Ohm'sches Gesetz. Aehnlich wie die Wassermenge, die in der Zeiteinheit ein Rohr durchfliesst, abhängig ist von dem Unterschied der Drucke an der Eintritts- und Austrittsstelle und dem Reibungswiderstand an den Wänden des Rohrs, ist auch die Stärke oder Intensität eines elektrischen Stromes stets von zwei Grössen abhängig, der sogenannten Spannung oder Potentialdifferenz an den Enden des Leitertheils, in dem die Stromstärke gemessen wird, und dem Widerstand des Leitertheils. Diese Abhängigkeit wird durch ein sehr einfaches Gesetz ausgedrückt, welches besagt, dass *die Stromstärke der Spannung direct und dem Widerstand umgekehrt proportional* ist.

Stromstärke im Präparat. Nun haben die thierischen Gewebe einen sehr hohen elektrischen Widerstand und ihr Widerstand ist je nach ihrem Zustand ziemlich starken Schwankungen unterworfen. Daher wäre das einfache Unterbrechungsrad ein sehr unvollkommener Apparat, um dauernde Thätigkeit im Muskel zu erregen. Denn die galvanische Batterie, die im Laboratorium am bequemsten als Stromquelle verwendet wird, liefert unter gewöhnlichen Betriebsbedingungen eine ungefähr constante Spannung und unter keinen Bedingungen eine höhere als eine bestimmte von ihrer chemischen Zusammensetzung und ihrem Aufbau abhängige Maximalspannung. Man würde also je nach der Grösse der Widerstände in dem Präparat ganz verschiedene Stromstärken erhalten und hätte kein Mittel in der Hand, die Stromstärke auf eine bestimmte gewünschte Grösse einzustellen, ausser etwa, indem man den Aufbau der Batterie entsprechend änderte, was ein so umständliches Verfahren wäre, dass es sich praktisch überhaupt nicht durchführen liesse. Denn in der Zeit, die dazu verbraucht würde, könnte sich der Widerstand des Präparates schon geändert haben und man würde diese Aenderung dann erst wieder an der erhaltenen Stromstärke erkennen.

Man muss also ein Mittel anwenden, um während der Untersuchung schnell und bequem *die Spannung zu ändern* und womöglich die Einrichtung zu treffen, dass auch *das Maass dieser Aenderungen* sofort erkennbar ist. Ein solches Mittel bietet die sogenannte *Induction*.

Magnetisches Feld. Jeder elektrische Strom, der einen Leiter durchfliesst, erzeugt in dem umgebenden Raum ein sogenanntes magnetisches Feld, dessen Intensität oder Stärke in der unmittelbaren Nähe des Leiters am grössten ist und nach allen Richtungen im umgekehrten Verhältniss wie das Quadrat der Entfernung von dem erregenden Leiter abnimmt. Die Eigenschaften des magnetischen Feldes sind die bekannten Erscheinungen, die jeder Stahlmagnet zeigt und von denen die wesentlichste ist, dass ein anderer Magnet, oder ein Eisenstab, der in das Feld gebracht wird, sich in eine bestimmte Richtung, die Richtung der sogenannten Kraftlinien des Feldes einzustellen strebt. Im magnetischen Feld der Erde beispielsweise sind die Kraftlinien die magnetischen Meridiane, deren Richtung daher durch die Compassnadel angezeigt wird.

Induction. Bringt man einen elektrischen Leiter in ein constantes magnetisches Feld, so nimmt man zunächst daran keine Erscheinungen wahr. *Sobald aber die Intensität des Feldes oder die Anzahl der Kraftlinien, die einen gegebenen Querschnitt durchsetzen, sich ändert,* wird an den Enden des Leiters eine elektrische Spannung oder Potentialdifferenz *„inducirt"* und wenn der Leiter zu einem Kreise geschlossen wird, so fliesst in ihm ein Strom, dessen Stärke nach dem Ohm'schen Gesetz der inducirten Spannung direct und dem Widerstand des Leiters umgekehrt proportional ist. Die inducirte Spannung ist nach Faraday der Aenderung des magnetischen Feldes proportional, in dem der Leiter sich befindet.

Inductionsspule. Werden nun an derselben Stelle des magnetischen Feldes statt eines Leiterkreises mehrere Leiterkreise angebracht oder werden mehrere solche Leiterkreise nahe aneinander und in gleicher Lage relativ zu der Richtung der Kraftlinien angeordnet, so wird bei einer bestimmten Aenderung der Feldstärke in allen vorhandenen Leiterkreisen dieselbe Spannung inducirt. Schneidet man sämmtliche Kreise an einer Stelle auf, so kann man in Bezug auf die Richtung der darin inducirten Spannung die beiden Schnittenden jedes Leiterkreises als Pluspol und als Minuspol unterscheiden, indem als Regel gilt, dass eine elektrische Spannung stets einen Strom in der Richtung vom Pluspol zum Minuspol zu treiben strebt. Verbindet man daher sämmtliche Pluspole mit den Minuspolen der benachbarten Leiterkreise, oder, wie man gewöhnlich sagt, schaltet man sämmtliche Leiterkreise hinter einander, so addiren sich sämmtliche inducirte Spannungen und man erhält zwischen dem Pluspol des ersten und dem Minuspol des letzten Leiterkreises eine Spannung, die der Summe aller in den Einzelkreisen inducirten Spannungen proportional ist.

Das Gebilde, zu dem wir auf diese Weise gelangt sind, wäre also ein schraubenförmig gewundener Draht oder, wie man sagt, eine Drahtspule. In jeder Windung der Spule wird eine Einheit der Spannung inducirt und die Spannung an den Enden oder „Klemmen" der Spule ist proportional der Anzahl der die Spule bildenden Windungen.

Inductorium. Man hat nun zwei Mittel in der Hand, die inducirte Spannung zu ändern, nämlich erstens indem man die Windungszahl der Spule ändert und zweitens indem man die Aenderungen des magnetischen Feldes variirt, welche die Ursache der Induction sind.

Bei der praktischen Ausführung der Apparate, welche zur Verwerthung dieser Inductionserscheinungen dienen, wird das magnetische Feld durch eine ganz analog aufgebaute Anordnung erzeugt. Jeder Leiter, in dem ein Strom fliesst, erzeugt ein magnetisches Feld, dessen Kraftlinien den Leiter ringförmig umziehen. Ist der Leiter selbst zu einem Ringe zusammengebogen, so sind alle Kraftlinientheile, die auf der Innenseite des Ringes liegen, einander parallel gerichtet. Legt man daher eine Anzahl solcher Leiterringe derart aneinander, dass sie zusammen einen Cylindermantel bilden, so reihen sich alle die im

Innern der einzelnen Ringe entstehenden Kraftlinienstückchen aneinander und verstärken einander gegenseitig und die so zusammengesetzten Kraftlinien durchziehen als gerade gestreckte parallel angeordnete Linien das Innere des Cylinders. Ein ähnlich angeordnetes gradliniges aber entgegengesetzt gerichtetes Feld entsteht auch auf der Aussenseite des Cylinders. Die bequemste Anordnung der Leiter ergiebt sich wieder, indem man die einzelnen Ringe aufgeschnitten und hintereinander geschaltet denkt, oder mit anderen Worten, einen Draht zu einer Schraubenlinie wickelt und die beiden äussersten Enden mit

Fig. 56.

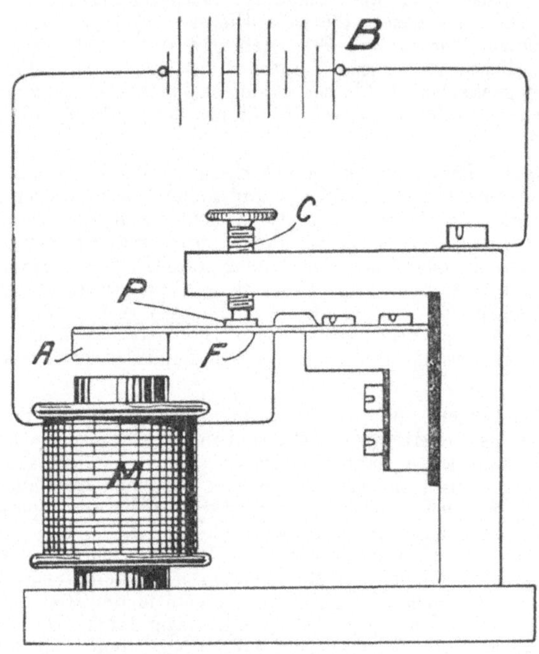

Schema des Wagner'schen Hammers.
M Elektromagnet. *A* Anker an der Feder *F*. *CP* Platincontact zwischen Stellschraube *C* und Feder *F*. *B* Stromquelle.

den Polen der Stromquelle verbindet. Die Intensität des erhaltenen magnetischen Feldes ist dann proportional der Stärke des Stromes, der die Spule durchfliesst und der Anzahl der Windungen oder, wie man gewöhnlich sagt, der „Ampère-Windungszahl" (Ampère ist die Einheit der Stromstärke).

Diese zur Erzeugung des magnetischen Feldes dienende Spule nennt man die „primäre" und diejenige, in welcher eine Spannung inducirt werden soll, die „secundäre" Spule des Inductionsapparates. Die günstigste Anordnung der secundären Spule, das heisst diejenige, bei der die stärkste Inductionswirkung erhalten wird, ist eine solche, dass die Windungen der secundären Spule denen der primären parallel laufen. In der Regel giebt man daher beiden Spulen cylindrische Form und wählt die lichte Weite der secundären Spule nur ein wenig grösser als den äusseren Durchmesser der primären, sodass die secundäre Spule auf die primäre hinaufgeschoben werden kann.

Wagner'scher Hammer. Wie weiter oben erklärt worden ist, wird nun aber in der secundären Spule keine Spannung inducirt und es kann daher auch in ihr *kein Strom* zu Stande kommen, so lange die Intensität des durch die primäre Spule erregten Feldes *constant* bleibt, denn die Grösse der inducirten

Spannung ist der *Aenderung* des magnetischen Feldes proportional. Die Intensität des magnetischen Feldes ist proportional der Ampère-Windungszahl, das ist das Product der Zahl der Windungen der primären Spule in die Stärke des hindurchgehenden Stromes in Ampères gemessen, und da man die Windungszahl nicht fortwährend ändern kann, so ergiebt sich die Aufgabe, die Stromstärke in der primären Spule zu ändern.

Das könnte beispielsweise dadurch geschehen, dass man zwischen die Stromquelle und die Enden der primären Spule ein Unterbrechungsrad einschaltete. Dann müsste aber noch ein Mittel hinzugefügt werden, um das Unterbrechungsrad zu drehen. Man zieht es daher in der Regel vor, eine Einrichtung zu verwenden, durch die der primäre Strom gezwungen wird, sich in gemessenen Zeitabständen fortwährend selbst zu unterbrechen und wieder zu schliessen.

Es giebt heute eine ziemlich grosse Anzahl von Einrichtungen, die diese Aufgabe in ganz verschiedener Weise erfüllen. Sie werden in Verbindung mit dem beschriebenen Inductionsapparat in der Röntgenstrahlentechnik und der drahtlosen Telegraphie vielfach angewendet, aber der bequemste derartige Apparat für die Muskeluntersuchung ist gleichzeitig der älteste, der sogenannte Neef'sche oder Wagner'sche Hammer. Eine Feder F, in der Regel eine Blattfeder, ist an einem Ende *isolirt* eingespannt und drückt ein darauf an gebrachtes Platinstäbchen P gegen einen gleichfalls mit einer Platinspitze versehenen, gewöhnlich durch eine Schraube verstellbaren Contactstift C. Das freie Ende der Feder trägt den Anker A eines Elektromagnets M. Das eine Ende der Wickelung des Elektromagnets ist mit dem einen Pol der Stromquelle B verbunden und das andere mit der Feder F. Der andere Pol der Stromquelle ist mit dem Contactstift C verbunden. Wird der Strom geschlossen, so wird der Magnet erregt, zieht seinen Anker an und biegt dadurch die Feder, sodass das darauf befindliche Platinplättchen von der Spitze des Contactstifts abgezogen wird. Dadurch wird der Strom unterbrochen, der Elektromagnet lässt seinen Anker los, die Feder schnellt zurück und schliesst den Strom wieder und so fort. Die Zeit, die zwischen je einer Unterbrechung und der darauf folgenden Schliessung verfliesst, hängt ausser von der angewendeten Stromstärke und den Abmessungen des Elektromagnets und seiner Wickelung im Wesentlichen von der Eigenschwingung der den Anker tragenden Feder ab, lässt sich also beispielsweise durch Veränderung der Einspannung der Feder, durch Belastung des Ankers und dergleichen aus der Akustik bekannte Mittel variiren oder nach Bedarf einstellen. Beiläufig sei bemerkt, dass dieser Apparat zum Betrieb der elektrischen Wecker der Hausklingelleitungen jetzt ganz allgemein in Gebrauch ist.

Inductionsstrom. Ein solcher Selbstunterbrecher wird also zwischen die Stromquelle und die primäre Spule eingeschaltet und bei jeder Stromschliessung wächst daher die Ampère-Windungszahl in der Spule und somit die Intensität des erregten magnetischen Feldes von Null bis zu einem Maximum an, und bei jeder Unterbrechung fällt es wieder vom Maximum bis auf Null ab. Bei jeder Aenderung der Intensität des Feldes wird in der secundären Spule eine Spannung inducirt und, wenn also ihre Enden leitend verbunden sind, entsteht in ihr ein Strom.

Ebenso, wie durch die Stromquelle und den Unterbrecher in der primären Spule eine fortlaufende Reihe von Stromstössen erzeugt wird, erhält man also auch in der secundären Spule eine Reihe von Stromstössen, aber mit einem Unterschied. *Die Richtung der inducirten Spannung ist nämlich entgegengesetzt, je nachdem die Aenderung des magnetischen Feldes dadurch zu Stande kommt, dass seine Intensität wächst oder abnimmt.*

Dabei ist Folgendes zu beachten. In Bezug auf das magnetische Feld verhalten sich die Windungen der primären und der secundären Spule ganz gleich. Jeder Strom, der in den Windungen der secundären Spule fliesst, muss also genau so, wie der Strom, der in der primären fliesst, eine Aenderung der Feldstärke hervorbringen und jede Aenderung der Feldstärke, was auch immer ihre Ursache sein mag, muss auch in den Windungen der primären Spule Spannung induciren. Die inducirte oder *secundäre Spannung ist nun stets so gerichtet,* dass der daraus resultirende Strom der Wirkung des primären Stroms *entgegenarbeiten* würde, wenn ein solcher Strom zu Stande käme. Wächst also der primäre Strom und damit die Feldstärke an, so ist der secundäre Strom so gerichtet, dass er das Feld schwächt, und nimmt der primäre Strom ab, so ist der secundäre so gerichtet, dass er das Feld verstärkt. Die secundäre Spannung ist aber stets kleiner als die primäre und wenn also zunächst die secundäre Spule geöffnet bleibt, so dass kein Strom darin entstehen kann, so ist jeder Stromstoss, der in der primären Spule auftritt, nicht proportional der Klemmenspannung und dem Widerstand, sondern er ist proportional der Differenz zwischen der primären Spannung und der in den Windungen der primären Spule selbst inducirten secundären oder Gegenspannung.

Wird die secundäre Spule geschlossen, so kann die darin inducirte Spannung einen Strom erzeugen, welcher ebenfalls auf das Feld wirkt und indem er das wachsende Feld schwächt und das abnehmende verstärkt, vermindert er die inducirende Wirkung des Feldes auch auf die Windungen der primären Spule. Da aber die Spannung an den Klemmen der primären Spule durch die Stromquelle constant gehalten wird, hat das zur Folge, dass der primäre Strom wachst. Dadurch verstärkt sich wieder das Feld und damit die inducirte Gegenspannung und so fort bis sich ein Gleichgewichtszustand herstellt, bei dem die secundäre Ampère-Windungszahl stets etwas kleiner ist als die primäre, während die Feldstärke durch die Differenz der beiden Ampère-Windungszahlen aufrecht erhalten wird. Diese Differenz, deren Grösse allgemein der Spannung an den Klemmen der primären Spule proportional ist, nennt man daher den „Magnetisirungsstrom".

Da man nun den Strom nicht in der secundären Spule selbst, sondern in dem zwischen ihre Klemmen gelegten äusseren Schliessungsbogen verwenden will, so giebt diese Erscheinung ein Mittel an die Hand, die Spannung, die eine Stromquelle liefert, beliebig zu steigern. Die secundäre Ampère-Windungszahl bleibt immer um den Betrag des Magnetisirungsstroms hinter der primären Ampère-Windungszahl zurück, ist aber constant, solange die primäre Ampère-Windungszahl constant gehalten wird. Wird also die Zahl der secundären Windungen vermehrt, so nimmt der secundäre Strom entsprechend ab und die secundäre Spannung wächst entsprechend, denn die Einheit der Spannung, die in jeder Windung inducirt wird, ist nur von der Aenderung der Feldstärke abhängig. Hat also die secundäre Spule beispielsweise hundert Mal soviele Windungen wie die primäre, so ist auch die secundäre Spannung 100 Mal so gross wie die primäre. Der secundäre Strom ist aber dafür nur ein Hundertstel des primären Stroms.

In der Technik wird diese Eigenschaft des Inductionsapparats gewöhnlich im umgekehrten Sinne für die Zwecke der Beleuchtung und Arbeitsübertragung verwendet. Man leitet Ströme von ganz geringer Intensität durch verhältnissmässig dünne Drähte auf grosse Entfernungen fort und lässt sie am Verwendungsort die primäre Spule eines Inductionsapparates durchfliessen. Der Apparat ist dann so gewickelt, dass die primäre Spule aus vielen Windungen dünnen Drahtes besteht und die secundäre aus wenigen Windungen dicken Drahtes. In der secundären Spule wird dann ein Strom von grosser Intensität und geringer Spannung inducirt, wie er für die Benutzung in Lampen und Motoren geeignet ist. Man sagt daher, die elektrische Energie wird in dem Inductionsapparat „transformirt" und nennt einen solchen Apparat in der Regel einen „Transformator". Das Verhältniss der primären und secundären Windungszahl oder der primären und secundären Spannung nennt man mit einem aus der Mechanik entlehnten Ausdruck das „Uebersetzungsverhältniss" oder kurz die „Uebersetzung".

Schlittenverschiebung. Endlich bleibt noch die Aufgabe zu lösen, eine Einrichtung zu treffen, durch welche die Spannung der secundären Stromstösse in einfacher Weise, womöglich während des Versuchs variirt werden kann. Da beim Schliessen und Oeffnen des primären Stroms die Feldstärke jedesmal von Null bis zu einem Maximum steigt und dann beim Oeffnen vom Maximum auf Null abfällt, so ist die Grösse der erhaltenen Aenderung der Feldstärke und somit der inducirten secundären Spannung auch proportional der maximalen Feldstärke, die bei jeder Schliessung erreicht wird. Will man also diese Spannung ändern, so muss man die Intensität desjenigen Theiles des magnetischen Feldes ändern, in dem sich die secundäre Spule befindet. Dazu ist die Möglichkeit durch den Umstand gegeben, dass *die Feldstärke*, wie oben schon angegeben worden ist, *mit dem Quadrat der Entfernung von dem erregenden Leiter abnimmt*. Wird also die secundäre Spule von der primären entfernt, so wird in ihr auch nur noch eine schwächere Spannung inducirt und die Grösse der Entfernung ist gleichzeitig ein Maass für die erhaltene Abschwächung.

Nach E. du Bois-Reymond wird daher die secundäre Spule auf einen Schlitten gestellt, der mit einer Maasstheilung versehen sein kann. Indem man sie aus der die primäre Spule umhüllenden Stellung auf dem Schlitten um eine beliebige Strecke entfernt, kann man mit Hülfe dieser Einrichtung sehr bequem der inducirten Spannung jede gewünschte Grösse geben und gleichzeitig an der Theilung den Grad der Abschwächung ablesen.

Hierbei ist zu beachten, dass die Reizstärke durchaus nicht in einfachem Verhältniss zur Entfernung abnimmt. Die Stärke der Induction nimmt im Verhältniss der *Quadrate der Entfernungen* ab. Schon wegen der Grösse der beiden Rollen ist aber dieses allgemeine Gesetz auf den praktischen Fall nicht streng anwendbar. Eben darum begnügt man sich meist mit der blossen Angabe der Entfernung ohne Rücksicht auf die eigentliche Aenderung der Reizstärke. Will man diese genau kennen, so muss man sie für jede Entfernung der secundären Rolle erst besonders messen. Kronecker hat Schlitteninductorien mit einem nach der Reizstärke eingetheilten Maassstabe eingeführt, der unter dem Namen der „Kronecker'schen Scala" bekannt ist.

Oeffnungs- und Schliessungsschlag. Wie oben bereits angeführt worden ist, braucht man für die Reizung des Muskels Ströme von hoher Spannung und möglichst schnell variirender Intensität, also möglichst kurze und starke Stromstösse. Der Inductionsapparat liefert nun zwei verschiedene Arten von Stromstössen, nämlich beim Schliessen des primären Stroms einen inducirten Stromstoss in der einen Richtung und beim Oeffnen einen Stromstoss in der entgegengesetzten Richtung, und in Bezug auf die Stärke ihrer Reizwirkung verhalten sich diese Schliessungsschläge und Oeffnungsschläge sehr verschieden. Beim Schliessen des primären Stroms wirkt nämlich die in den Windungen der primären Spule inducirte Spannung der Spannung der Stromquelle entgegen und die Folge ist ein allmähliches Ansteigen des primären Stroms, bis er diejenige Stärke erreicht hat, die der Spannung an den Klemmen der Spule entspricht. Die Spannung, die in der secundären Spule inducirt wird, entspricht in jedem Zeitpunkt der Aenderung des primären Stroms. Je langsamer er also ansteigt, desto geringer wird auch die secundäre Spannung ausfallen. Hat die Intensität des primären Stroms ihre maximale Grösse erreicht, so hört sie auf sich zu ändern und in diesem Zeitpunkt ist also auch die secundäre Spannung wieder auf Null gesunken. Wird aber nun der primäre Strom unterbrochen, so addirt sich die in den Windungen der primären Spule inducirte Spannung zu der Spannung der Stromquelle und die Plötzlichkeit des Abfalls wird also erhöht und somit auch die inducirte secundäre Spannung. Der Oeffnungsschlag ist also viel wirksamer als der Schliessungsschlag.

Diese Erscheinung der Verzögerung des Ansteigens des primären Stroms nach der Schliessung und der Beschleunigung des Abfalls durch die inducirende Wirkung des durch diesen Strom selbst erregten magnetischen Feldes, oder, wie man sich gewöhnlich ausdrückt, durch die „Selbstinduction" der primären Spule, nennt man den „Extrastrom", indem man von der Vorstellung ausgeht, dass in den Windungen der Spule im Augenblick der Schliessung ein der Spannung entgegengesetzter Stromstoss fliesst, der sich von dem Hauptstrom subtrahirt und im Augenblick der Oeffnung ein gleichgerichteter Stromstoss, der sich zum Hauptstrom addirt. Die Erscheinung ist vollkommen analog der Erscheinung der Massenträgheit in der Mechanik und die Resultate der neuesten Untersuchungen über das Wesen der Elektricität deuten darauf hin, dass beide Erscheinungen in Wirklichkeit identisch sind.

Helmholtz'sche Anordnung. Um diese Verschiedenheiten zwischen Oeffnungs- und Schliessungschlägen auszugleichen, hat Helmholtz eine Vor-

richtung angegeben, die unter dem Namen der „Helmholtz'schen Anordnung"
an den meisten Schlittenapparaten angebracht ist. Sie beruht darauf, dass die
Feder des Wagner'schen Hammers, statt den primären Strom zu unterbrechen,
indem sie einen Contact verlässt, vielmehr dem primären Strom einen andern
Weg ausserhalb der Spule eröffnet, indem sie einen Contact schliesst. Indem
ein Theil des primären Stromes in diesen „Nebenschluss" eintritt, bleibt in der
primären Spule und in dem Magneten des Wagner'schen Hammers nur ein
Theil davon bestehen, und diese Abschwächung des Stromes wirkt auf die secundäre Rolle. Weil aber der primäre Stromkreis nicht wirklich unterbrochen
ist, kann sich hier ebensogut wie sonst bei der Schliessung, der Extrastrom
entwickeln und es bestehen mithin für Oeffnungs- und Schliessungsinductions-
schlag gleiche Bedingungen.

Vorreiberschlüssel. Will man etwa nur mit Schliessungsschlägen
reizen, so ist es sehr störend, dass man immer nur abwechselnd schliessen und
öffnen kann und also zwischen je zwei Schliessungsschlägen immer einen, obenein

Fig. 57.

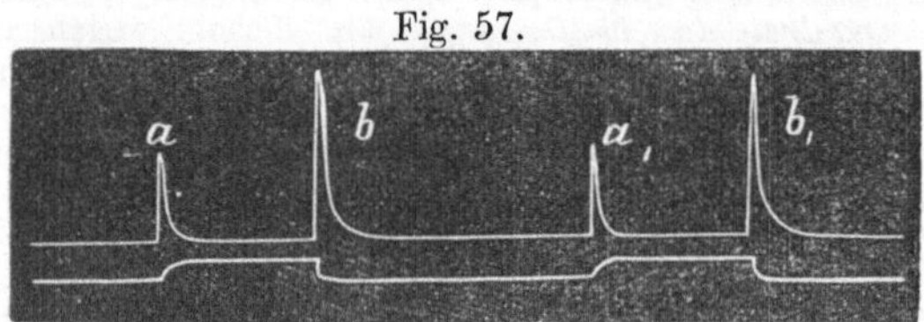

Ungleiche Wirkung des Schliessungs- (aa_n) und Oeffnungsinductionsschlages (bb_i) auf den Muskel
Oben Zuckungscurven, unten Reizschreiber im primären Kreis.

viel stärker wirksamen, Oeffnungsschlag im secundären Stromkreis erhält. Um
dies zu vermeiden, wird allgemein eine zuerst von E. du Bois-Reymond in
bestimmter Form eingeführte Vorrichtung gebraucht, die als Vorreiberschlüssel

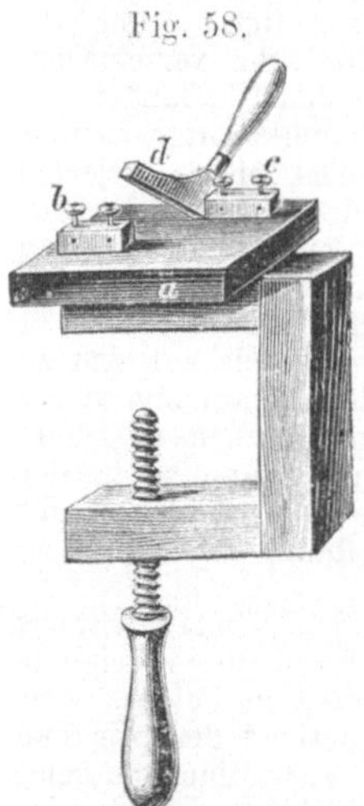

oder kurzweg als du Bois Reymond'scher Schlüssel
bezeichnet wird, obschon sie eigentlich keinen Schlüssel
in dem Sinne darstellt, in dem das Wort sonst von
Schlüsseln für elektrische Ströme gebraucht wird. Der
Vorreiberschlüssel (Fig. 58) besteht aus zwei isolirten
Metallklötzen (b und c), die so in den Stromkreis eingeschaltet werden, dass der Strom vom Inductorium in
den einen Klotz und von da zum Präparat geht, dann
wieder vom Präparat durch den andern Klotz und zum
Inductorium zurück. Zu diesem Zweck sind die Klötze
mit je zwei Löchern mit Klemmschrauben für die Zuführung von Drähten versehen. An einem der beiden
Klötze (c) ist eine dicke Metallzunge (d), der „Vorreiber", an einem Griff beweglich angebracht, dass
sie leitend zwischen beide Klötze eingeklemmt oder
auch frei in die Luft gestellt werden kann. So lange
die Zunge in der Luft steht, macht der Strom den
eben beschriebenen Weg durch das Präparat, sobald
aber die Leitung zwischen beiden Klötzen hergestellt
wird, ist dadurch dem Strom eine Nebenschliessung
gegeben, deren Widerstand viele tausend Mal geringer
ist, als der des Präparates. Nach dem Ohm'schen

du Bois-Reymond'scher Gesetz theilt sich der Strom in verzweigten Bahnen nach
Schlüssel. dem umgekehrten Verhältniss der Widerstände. Folglich
a Isolierende Platte aus wird durch den Nebenschluss des Schlüssels der aller-
Hartgummi. bc Klötze mit je grösste Theil des Stromes und nur etwa der millionste
zwei Klemmen. d Vorreiber. Theil durch das Präparat gehen. Man kann also mit dem

Vorreiberschlüssel den Strom, oder genau gesprochen, fast den ganzen Strom, vom
Präparat zurückhalten, oder wie man zu sagen pflegt, „abblenden". Aus dem Gesagten geht hervor, dass eben, wenn der „Schlüssel" geschlossen ist, das Präparat

ohne, oder, genau gesprochen, fast ohne Strom ist, während. wenn der Schlüssel „offen" ist, das Präparat den ganzen Strom erhält. Der Schlüssel ist also eigentlich kein Schlüssel, sondern vielmehr eine „Nebenschliessung", ein „Kurzschluss". In seiner ursprünglichen Form war der Vorreiberschlüssel gewöhnlich auf einer hölzernen Schraubzwinge befestigt, um ihn bequem am Tischrand anschrauben zu können. An den neueren Inductorien pflegt unmittelbar an den Endklemmen der secundären Spule eine Vorrichtung zum Kurzschliessen angebracht zu sein, die den Vorreiberschlüssel ersetzt.

Das „Abblenden" des Stromes vermittelst des Vorreiberschlüssels wird natürlich auch abgesehen von dem oben angegebenen Fall des Abblendens der Oeffnungsschläge bei vielen anderen Gelegenheiten angewendet. Wenn man beispielsweise fortdauernde Reizung mit Inductionsströmen anwenden will, lässt man den Wagner'schen Hammer dauernd gehen, blendet aber die Inductionsströme ab, und hat es dann in der Hand, sobald man reizen will, durch Oeffnen des Vorreibers die Ströme durch das Präparat gehen zu lassen.

Reizschwelle.

Mit Hülfe der beschriebenen Vorrichtungen kann man den Muskel ohne ihn zu schädigen sehr oft und in abstufbarer Stärke reizen. Auf jeden Einzelreiz, etwa durch einen Oeffnungsschlag, zieht sich der Muskel ganz schnell zusammen und erschlafft dann wieder. Dies nennt man eine Zuckung.

Um die Zuckung des Muskels deutlicher erkennen zu können, und namentlich, um sie bei Vorlesungsversuchen weithin sichtbar zu machen, dient der sogenannte „Muskeltelegraph", ein Gestell, in dem der Muskel ausgespannt wird, und bei jeder Zuckung einen Hebel mit einer papiernen Signalscheibe in Bewegung setzt.

Wenn man einen Muskel im Muskeltelegraphen anbringt und den Oeffnungsschlag eines Inductoriums zunächst bei sehr weit von einander entfernten Rollen durch den Muskel hindurchschickt, so kann die Inductionswirkung soweit abgeschwächt sein, dass überhaupt keine Reizung eintritt. Man nennt das eine „unwirksame Reizung", besser eine „unterminimale" oder „unterschwellige" Reizung. Je mehr man dann einander die Rollen nähert, desto stärker werden die Inductionsströme bei der Unterbrechung des primären Stromes, und man findet schliesslich einen Rollenabstand, bei dem der Reiz eben merkliche Wirkung hat. Diese Reizstärke, die ein Maass für die Erregbarkeit des Muskels giebt, nennt man die Reizschwelle. Ein halbtodter, schwach erregbarer Muskel hat eine „höhere Reizschwelle", das heisst, er wird erst bei stärkeren Reizen, also bei geringerem Rollenabstand erregt. Man nennt die schwächsten Reize, die überhaupt eine merkliche Wirkung hervorbringen, auch „Minimalreize".

Natürlich kann auch mit Bezug auf mechanische, chemische, thermische Reize von einer Reizschwelle und von unterminimalen und minimalen Reizen gesprochen werden, doch ist es in diesen Fällen so schwierig, die Reizstärke genau abzustufen, dass diese Ausdrücke fast ausschliesslich mit Bezug auf die elektrische Reizung und insbesondere mit Bezug auf den Rollenabstand des Schlitteninductoriums gebraucht werden.

Myographion. Der Muskeltelegraph zeigt die Zuckung des Muskels an, aber er lässt nicht erkennen, ob sie schneller oder langsamer, stärker oder schwächer ist. Um diese Einzelheiten

untersuchen zu können, benutzt man, gerade wie bei der Untersuchung des Pulsstosses, die graphische Methode, das heisst, man
lässt den Muskel seine Zusammenziehung in vergrössertem Maassstabe auf eine bewegte Schreibtafel oder eine rotirende Trommel
verzeichnen. Man nennt die hierzu bestimmte Vorrichtung das
„Myographion". Es besteht aus einem Gestell, an dem eine starke
Klemme (*K*, Fig. 59) über einem leichten, um eine feste Achse dreh-
baren Hebel eingestellt werden kann. Der Muskel wird mit einem

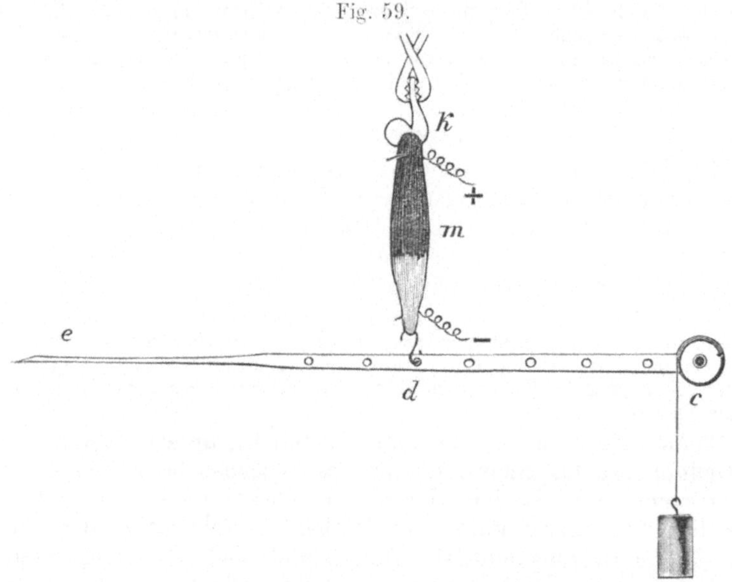

Muskel (*m*) im Myographion am Schreibhebel (*c d e*) befestigt. *K* Knochen in Klemme.
(Anordnung für isotonische Muskelzuckung.)

Ende in der Klemme befestigt, das andere mit einem Haken an
den Hebel befestigt. Nahe am Drehpunkt des Hebels pflegt man
eine Wagschale aufzuhängen, um den Hebel in verschiedenem Grade
belasten zu können. Das freie Ende des Hebels läuft in eine
Schreibspitze aus, die auf der berussten Fläche einer Schreibtrommel
schreibt. Der Ausschlag des Schreibhebels giebt die Grösse der
Verkürzung des Muskels, die sogenannte „Zuckungshöhe" in vergrössertem Maassstab an.

Abhängigkeit der Zuckungshöhe von der Reizstärke.
Der ungereizte Muskel, der ohne zu zucken, im Myographion hängt,
schreibt, wenn die Trommel gedreht wird, eine wagerechte gerade
Linie. Reizt man nun den Muskel zunächst mit unterminimaler
Reizstärke, so ändert sich nichts; verstärkt man den Reiz bis zur
Reizschwelle, so hebt der Muskel den Schreibstift bei jeder Reizung
um ein eben merkliches Stückchen an. Verstärkt man den Reiz
weiter, so verzeichnet er bei jedem stärkeren Reiz eine etwas höhere

Welle. Die Zuckungshöhe, die die Grösse der Verkürzung misst, steigt also mit der zunehmenden Reizstärke an.

Uebermaximale Reize. Verstärkt man nun die Reizung noch mehr, so erreicht die Curve eine bestimmte Höhe, über die sie auch bei beliebig weiter getriebener Verstärkung des Reizes nicht hinausgeht, und die deshalb als die „maximale Zuckungshöhe für Einzelreize" bezeichnet wird. Reize, die eine Zuckung von dieser maximalen Höhe hervorrufen, werden als maximale oder übermaximale Reize bezeichnet.

In allen Fällen, in denen man die Grösse der Verkürzung unter verschiedenen Bedingungen vergleichen will, pflegt man übermaximale Reize anzuwenden, da diese, auch wenn sie unter sich einigermaassen verschieden sein sollten, doch jedesmal die gleiche maximale Erregung im Muskel erzeugen.

Der Unterschied zwischen maximaler und untermaximaler Zuckung dürfte darauf zurückzuführen sein, dass erst bei maximaler Zuckung wirklich alle Elemente des Muskels erregt werden.

Zuckungscurve: Lässt man nun die Trommel schnell laufen und reizt den Muskel, so verzeichnet der Schreibstift, indem sich die Schreibfläche unter ihm fortbewegt, während er sich hebt, eine aufsteigende Linie, und indem er sich senkt, wieder eine absteigende Linie. Diese Linie ist die sogenannte Zuckungscurve, und sie giebt an, wie gross die Verkürzung in jedem Augenblicke während der Zuckung gewesen ist.

Aus der Form dieser Curve kann man auf die Zustandsänderungen, die während der Zuckung im Muskel stattfinden müssen, zurückschliessen, und die Deutung solcher, vom Froschmuskel unter verschiedenen Bedingungen geschriebenen Curven ist ein so wichtiges Hulfsmittel zur Erforschung der mechanischen Eigenschaften des Muskels, dass sie förmlich zu einer besonderen Wissenschaft ausgebildet worden ist.

Latente Reizung. An der Zuckungscurve lässt sich nachweisen, dass die Zusammenziehung des Muskels nicht unmittelbar im Augenblick der Reizung, sondern erst eine messbare Zeit nachher beginnt (Fig. 60).

Um dies festzustellen, muss der Augenblick der Reizung auf der Schreibtrommel bezeichnet werden, was auf verschiedene Weise bewerkstelligt werden kann. Man kann zum Beispiel den primären Strom, der den Muskel reizt, durch einen Elektromagneten führen, der einen Schreibhebel festhält, der im Augenblick der Stromunterbrechung frei wird und eine Zeitmarke (a) auf der Trommel verzeichnet. Ein anderes Verfahren ist, an der rotirenden Trommel selbst einen festen Stift, eine sogenannte „Nase" anzubringen, die bei der Umdrehung gegen einen beweglichen Contacthebel schlägt und dadurch den primären Strom unterbricht. Bei dieser Anordnung entsteht der Reizstrom der secundären Rolle immer *genau in der Stellung der Trommel, bei der die Nase den Contacthebel berührt.* Die Zuckungscurve beginnt dann stets an einer in der Richtung der Drehung etwas weiter hinten gelegenen Stelle der Trommel. Dies beweist, dass die Trommel zwischen dem Augenblick der Reizung und dem des Beginnes der Zusammenziehung sich um ein kleines Stück gedreht hat. Kennt man die Geschwindigkeit der Trommel, so kann man den Zeitraum berechnen, der zu dieser Drehung nöthig war, und findet in der Regel, dass er etwa $^1/_{100}$ Secunde beträgt.

Man nennt diesen Zeitraum, während dessen der Reiz zwar schon eingewirkt hat, der Erfolg aber noch nicht sichtbar ist, das

„Stadium der latenten Reizung" (*ab* Fig. 60). Man darf also sagen, dass der Muskel einer gewissen Zeit bedarf, um die zur Verkürzung nöthige Energie zu entwickeln, doch darf diese Beobachtung am ganzen Muskel nicht ohne Weiteres auch auf die Vorgänge in den einzelnen Muskelelementen übertragen werden, denn es ist klar, dass, auch wenn sich die Elemente des Muskels im Augenblick der Reizung zu verkürzen beginnen, in Folge der Elasticität des Muskelgewebes und seines Beharrungsvermögens eine kleine Verzögerung in der wirklichen Bewegung des ganzen Muskels eintreten muss.

Dass auf diesen Umstand thatsächlich der allergrösste Theil der Latenzperiode zurückzuführen ist, beweist der Umstand, dass ein längerer Muskel, der sich um grössere Strecken dehnt, eine grössere Latenz hat, und

Fig. 60.

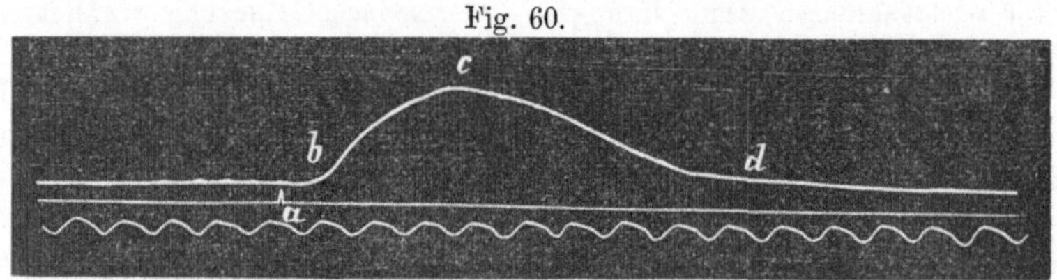

Einfache Muskelzuckung. *d* Zuckungscurve, *a* Reizzeichen, unten Zeitschreibung in 0,01 Sec.
a b Stadium der Latenz, *b c* der steigenden, *c d* der sinkenden Energie.

dass die Latenz bei Belastung erheblich zunimmt. In diesen Fällen muss sich eben der Muskel schon um einen erheblichen Betrag verkürzt haben, ehe er durch Heben des Schreibhebels seine Verkürzung anzeigt. Ein sehr grosser Theil der Latenzzeit ist also durch die mechanischen Bedingungen des Versuchs und nicht durch die Eigenthümlichkeiten des Erregungsvorganges zu erklären.

Mit allergrösster Sorgfalt angestellte Versuche ergeben denn auch ein sehr viel kürzeres, aber immer noch messbares Latenzstadium, das etwa $^1/_{400}$ Secunde beträgt. Man nimmt deshalb an, dass thatsächlich der Erregungsvorgang selbst eine gewisse Zeit beansprucht, die man von der unter gewöhnlichen Bedingungen zu beobachtenden „Gesammtlatenz" des Muskels, als dessen „wahre Latenz" zu unterscheiden pflegt.

Zeitlicher Verlauf der Zuckungscurve. Die Zuckungscurve lässt genau erkennen, wie gross die Verkürzung des Muskels in jedem Augenblick während der Zuckung gewesen ist. Die Höhe der Curve über ihrer Grundlinie giebt die Grösse der Verkürzung für jeden Augenblick an, die Länge der Curve bis zu jedem einzelnen Punkte, auf der Grundlinie gemessen, ist von der Umdrehungsgeschwindigkeit der Trommel abhängig und giebt, wenn man diese kennt, die Zeit an, die von Beginn der Curve bis zu jedem ihrer Punkte verstrichen ist. So kann man aus der Curve ablesen, dass die gesammte Zuckung etwas weniger als ein Zehntel Secunde dauert, und dass davon etwa ein Drittel auf die Verkürzung, das „Stadium der steigenden Energie", den „aufsteigenden Schenkel der Curve" entfällt (*bc*), während die Wiederausdehnung, die den „absteigenden Schenkel der Curve" bildet, „das Stadium der sinkenden Energie", etwa doppelt so lange dauert (*cd*). Man sieht ferner, dass beide Schenkel der Curve convex sind, dass also die Verkürzung erst schnell, dann immer langsamer zunimmt, während die Wiederausdehnung langsam beginnt und dann immer schneller wird.

Die Betrachtung dieser Einzelheiten dient gemeinsam mit anderen Beobachtungen dazu, Schlüsse auf das Wesen derjenigen Vorgänge ziehen zu können, die die Kraftentwickelung im Muskel bedingen. Beispielsweise kann man aus dem verhältnissmässig langsamen Abfall der Curve erkennen, dass die Ver-

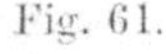

Fig. 61.

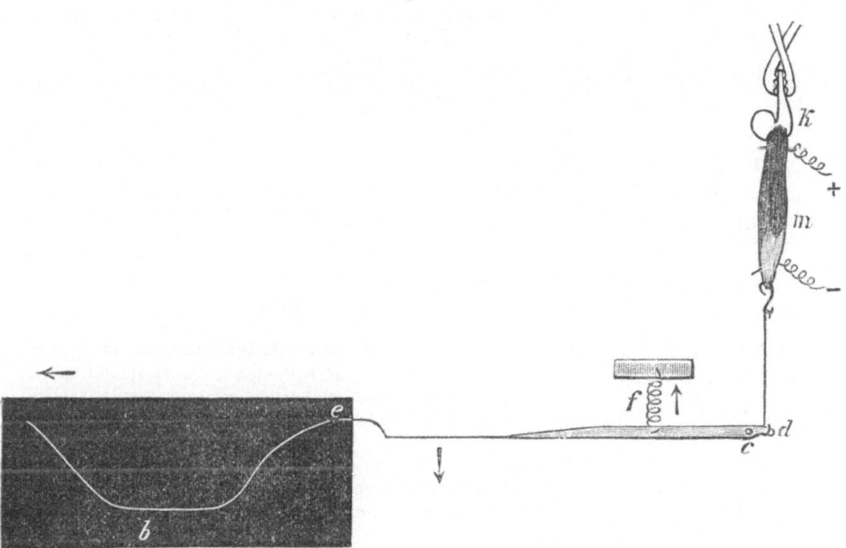

Anordnungen für isometrische Zuckungen.

kürzungskraft nicht plötzlich aufhört, sondern langsam nachlässt, denn sonst würde der zweite Schenkel der Curve der Curve des freien Falles entsprechen. Um solchen Erwägungen eine möglichst sichere Grundlage zu geben, müssen alle zufälligen Nebenumstände, die auf die Form der Curve einwirken können, möglichst beseitigt werden, damit die Curve ein möglichst treues Bild der Vorgänge in jedem einzelnen Muskelelement gebe. Daher muss man vor Allem ganz leichte Schreibhebel anwenden, deren Bewegung schon durch die ganz geringe Reibung an der Schreibfläche so gedämpft wird, dass der Muskel sie nicht höher „schleudern" kann, als er sich thatsächlich verkürzt. Wenn eine Belastung am Hebel angebracht wird, muss diese möglichst nahe am Drehpunkt des Hebels befestigt werden, damit sie nur eine verhältnissmässig langsame und kleine Bewegung aufwärts zu machen braucht und nicht geschleudert werden kann.

Isotonische und isometrische Zuckung. Ferner hat man erwogen, dass der Muskel selbst bei seiner freien Verkürzung eine Formänderung erfährt, die vielleicht einen merklichen Einfluss auf die inneren Vorgänge haben könnte. Wenn man annimmt, dass im Muskelgewebe eine beträchtliche „Querelasticität" besteht, so muss diese der Verdickung des Muskels einen Widerstand entgegensetzen, der einen Theil der Verkürzungskraft verbraucht, und die Form der Verkürzungscurve beeinflussen könnte. Man hat deshalb die Zuckung des Muskels auch unter der Bedingung untersucht, dass er sich nur um ein verschwindend kleines Stück wirklich verkürzen kann, und dass diese verschwindend kleine Bewegung in sehr stark vergrössertem Maasse aufgezeichnet wird.

Zu diesem Zwecke (Fig. 61) lässt man den Muskel an einem sehr kurzen Hebelarm (*c d*) auf einen langen Schreibhebel wirken, der durch eine verhältnissmässig starke Feder (*f*) festgehalten wird. Die Verkürzung des Muskels bedingt dann eine zunehmende Spannung der Feder. Unter diesen Bedingungen ist die Curve, die man erhält, nicht als Verkürzungscurve des Muskels, sondern vielmehr als ein Maass der Spannung aufzufassen, die der Muskel an seinen Befestigungspunkten ausgeübt hat. Da hierbei die Länge des Muskels sich so gut wie garnicht ändert, nennt man dies die „isometrische Anordnung“, und bezeichnet die gewöhnliche freie Verkürzung, bei der sich die Länge des Muskels ändert, seine Spannung aber gleich bleibt, da sie nur durch das Gewicht des Hebels bedingt ist, als die „isotonische“ Zuckung (vgl. Fig. 59).

Die Hauptunterschiede zwischen isometrischer und isotonischer Curve bestehen darin, dass bei isometrischer Zuckung das Maximum der Spannung etwas schneller erreicht wird, als das der Verkürzung bei isotonischer Zuckung, dass die Spannung sich einige Hundertstel Secunden auf gleicher Höhe hält, und dass die entwickelte Gesammtenergie grösser ist, als bei isotonischer Zuckung.

Gegen beide Verfahren kann noch eingewendet werden, dass sie die ganze Länge eines Muskels betreffen, der aus vielen Fasern besteht, die vielleicht nicht alle in gleicher Weise an der Gesammtwirkung betheiligt sein werden. Um möglichst genau die mechanische Wirkung der einzelnen Muskelelemente kennen zu lernen, hat man deshalb über den auf eine Glasplatte gelegten Muskel einen Faden geschlungen und statt der Verkürzung die Dickenzunahme des Muskels an einer einzigen Stelle, nämlich unter dem Faden, als Curve verzeichnet. Die entstehende Curve entspricht im Allgemeinen der gewöhnlichen isotonischen Curve.

Summation. von Reizen. Tetanus.

Bisher ist nur von der Zuckung des Muskels die Rede gewesen, die auf einen einzelnen Reiz erfolgt und nur etwa $^1/_{10}$ Secunde dauert. Bei den Bewegungen der lebenden Thiere sieht man dagegen fortwährend die Muskeln viel längere Zeit hindurch in Thätigkeit verharren. Einen solchen Zustand lange dauernder Thätigkeit vermag man, wie oben schon bei der Besprechung der Erregbarkeit angegeben wurde, nur dadurch hervorzurufen, dass man Einzelreize wiederholt in schneller Folge auf den Muskel wirken lässt.

Das geeignetste Mittel hierzu bieten die Inductionsströme, die das Inductorium liefert, wenn der primäre Strom durch das Spiel des Wagner'schen Hammers immerfort geöffnet und geschlossen wird. Bei dieser, nach dem Entdecker der Inductionsströme Faraday benannten „faradischen Reizung“, erhält man vom Muskel statt der Zuckung eine Verkürzung, die, solange die Reizung dauert, in gleicher Höhe andauert.

Man nennt diesen Verkürzungszustand des Muskels, der dem Krampfzustand der Körpermusculatur bei der als „Wundstarr-

krampf" oder „Tetanus" bekannten Krankheit entspricht, schlechthin „Tetanus", und spricht daher auch von „tetanischer Reizung"
oder vom „Tetanisiren" des Muskels.

Der Tetanus des Muskels erscheint, obschon er durch eine
Reihe einzelner Erregungen hervorgerufen wird, als ein ganz gleichförmiger Zustand.

Muskelton. Es lässt sich aber zeigen, dass diese Gleichförmigkeit nur scheinbar ist. Wenn man nämlich einen tetanischen
Muskel mit Hülfe des Stethoskops behorcht, oder wenn man, nach
Helmholtz, den Zeigefinger in den äusseren Gehörgang einführt
und willkürlich die Armmuskeln in starre Contraction versetzt,
oder endlich schon, wenn man die Kaumuskeln willkürlich krampfhaft anspannt, vernimmt man einen tiefen summenden Ton. Dieser
sogenannte Muskelton ist ein Beweis dafür, dass sich die Muskel-
substanz beim Tetanus nicht in Ruhe, sondern in einem Schwingungs-
zustande befindet, der eben durch den fortwährenden Wechsel
zwischen Erregung und Erschlaffung bedingt wird. Diese Anschauung wird dadurch bestätigt, dass die Tonhöhe des Muskel-
tones von der Geschwindigkeit abhängt, mit der die Einzelreize
einander folgen.

Summation. Genauer kann man die Entstehung des Tetanus
aus einer steten Folge von Einzelzuckungen mit Hülfe der graphischen
Methode erweisen, indem man an der Zuckungscurve die Wirkung
mehrerer auf einander folgender Reize untersucht (Fig. 62 u. 63).
Lässt man auf einen Reiz einen zweiten folgen, während der Muskel
sich verkürzt, so „superponirt" sich die Muskelcurve, die dem zweiten
Reize entspricht, einfach der vom ersten Reiz ausgehenden Curve.
Traf der zweite Reiz im Beginn der vom ersten herrührenden
Verkürzung ein, so erreicht die Curve der zweiten Verkürzung nur
eine wenig grössere Höhe, als die erste erreicht haben würde.
Trifft aber der zweite Reiz gerade auf den Zeitpunkt, wenn der
Muskel in Folge des ersten Reizes schon bis zum Gipfel der ersten
Zuckung verkürzt war, so addirt sich fast die volle Zuckungshöhe
der zweiten Zuckung zu der der ersten, und man erhält von dem
Doppelreiz eine fast zwei mal so grosse Zuckungshöhe, als jeder
Reiz einfach ergeben hätte. Lässt man eine dritte Reizung im
gleichen Zeitabschnitt folgen, so erhält man abermals eine Superposition und so fort. Dadurch wird bei einer längeren Folge von
Reizen die Zuckungshöhe immer mehr gesteigert werden, aber nur
bis zu einer bestimmten Maximalhöhe. Der dritte, vierte, fünfte
Reiz rufen immer kleinere superponirte Wellen auf der Curve
hervor, bis schliesslich eine Maximalhöhe erreicht ist, über die
hinaus bei weiter wiederholten Reizen keine Steigerung mehr
stattfindet. Die Curve verläuft dann als eine wagerechte Wellenlinie,
indem jedem Reiz eine eben merkliche Hebung der Curve entspricht.

Eine solche Zusammenziehung, bei der die einzelnen Erregungen
des Muskels noch durch erkennbare Wellenberge auf der Curve zu

unterscheiden sind, ohne dass er sich dazwischen auf die Ruhelänge ausdehnt, nennt man „unvollkommenen Tetanus".

Die Höhe, die die Curve bei tetanischer Reizung erreicht, ist
durch die Superposition der ersten Curven beträchtlich höher,
als die maximale Zuckungshöhe bei Einzelreiz. Man muss
daher das Maximum der Verkürzung bei Tetanus von dem Maximum
der Verkürzung bei Einzelreizen unterscheiden.

Fig. 62.

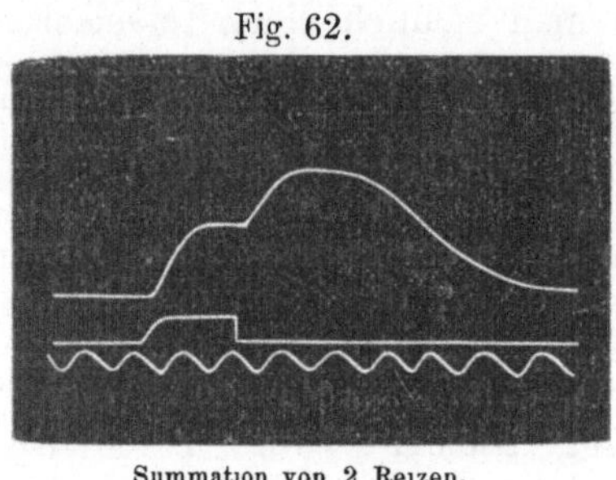

Summation von 2 Reizen,
Intervall ¹/₂₀ Secunde.

Fig. 63.

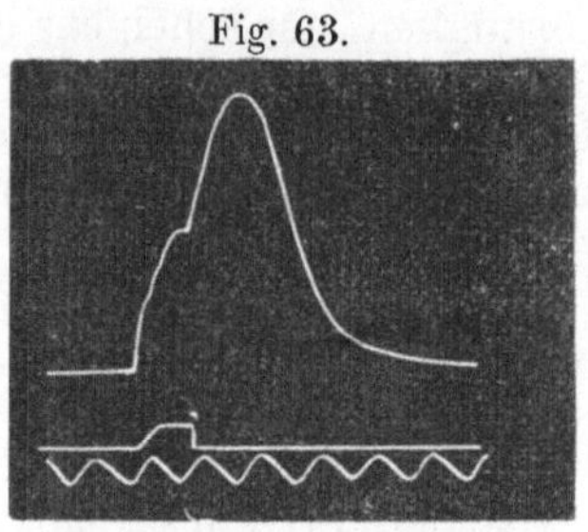

Summation von 2 Reizen,
Intervall ¹/₅₀ Secunde.

Einfluss von Belastung.

Aus dem, was oben über die Dehnbarkeit des Muskels gesagt
ist, geht hervor, dass, wenn man ein Gewicht an den Muskel
hängt, der Muskel sich verlängert. Offenbar wird diese Verlängerung
auch auf den Verlauf der Zuckungscurve Einfluss haben, und die
Zuckungscurve wird daher bei belastetem Muskel anders ausfallen
als beim unbelasteten.

Will man die Zuckungscurve des unbelasteten und die des
mit verschiedenen Gewichten belasteten Muskels vergleichen, so
stellt sich zunächst heraus, dass der Muskel gleich zu Beginn der
Curve eine verschiedene Länge aufweist, weil er ja auch schon
vor der Reizung, im Ruhezustande, durch die angehängte Last
gedehnt wird. Um dies zu vermeiden, kann man das als „Ueber-
lastung" bezeichnete Verfahren anwenden, nämlich das Gewicht
in der Höhe unterstützen, bei der der Muskel seine Ruhelänge hat.
Dann wirkt das Gewicht auf den ruhenden Muskel nicht, sondern
die Belastung tritt erst ein, sobald der Muskel sich zu verkürzen
beginnt und das Gewicht von der Unterstützung abhebt. Unter
diesen Bedingungen zeigt sich, wie sich von selbst versteht,
dass die Zuckung um so niedriger ist, je grösser die Last,
denn die Last dehnt eben den thätigen Muskel aus, sodass er
sich nicht um dasselbe Stück verkürzen kann, wie ein unbelasteter
Muskel.

Zweitens kann man den Muskel aber auch von Anfang an
freihängend belasten, so dass er bei jeder verschiedenen Belastung
auch eine verschiedene Länge hat, und dann die Zuckungshöhen
vergleichen, indem man sie jedesmal von der Anfangslänge des
Muskels an misst. Auch bei diesem Verfahren stellt sich heraus,

dass die Zuckung um so niedriger ausfällt, je grösser die Last. Daraus geht hervor, dass ein und dieselbe Last den thätigen Muskel um ein grösseres Stück dehnt, als den unthätigen. Wäre die Dehnbarkeit in beiden Fällen gleich gross, so würde sich der belastete Muskel einfach von einer grösseren Länge aus verkürzen, aber um das gleiche Stück, wie der unbelastete. Da aber, wie gesagt, das Stück, um das sich der durch eine Last gedehnte Muskel verkürzt, bei zunehmender Last immer kleiner wird, so ist das ein Beweis, dass die Dehnung des thätigen Muskels grösser ist, als die des unthätigen.

Fig. 64.

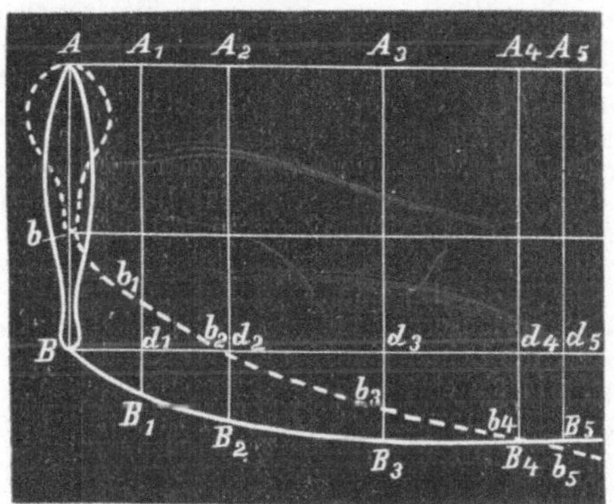

Dehnungscurven des Muskels nach L. Hermann.
(———— des ruhenden, ·········· des thätigen Muskels.)
Die Belastung nimmt von b, B zu b_1 B_1, b_2 B_2 u. s. f. zu.

Dehnungscurve des thätigen Muskels. Die tetanische Reizung, durch die der Muskel dauernd in den Zustand der Thätigkeit versetzt wird, erlaubt es, seine Dehnbarkeit in diesem Zustande in derselben Weise zu untersuchen, wie es oben für den unthätigen Muskel angegeben ist. Dabei stellt sich thatsächlich heraus, dass der Muskel durch dasselbe Gewicht im thätigen Zustande etwas mehr gedehnt wird als im unthätigen (Fig. 64). Die Dehnungscurve des thätigen Muskels erreicht daher bei einem bestimmten Grade der Belastung die des unthätigen, nämlich bei der Last, bei der die Zunahme der Dehnung eben die Verkürzung aufhebt. Ob die Dehnungscurve des thätigen Muskels bei weiterer Belastung, wie zu erwarten wäre, unter die des unthätigen hinabgeht und unter ihr weiter verläuft, hat noch nicht mit Sicherheit entschieden werden können. Es müsste unter diesen Umständen auf den Reiz statt einer Verkürzung vielmehr eine Ausdehnung des Muskels folgen.

Dies Verhalten der Dehnungscurve des thätigen Muskels giebt einen Anhaltspunkt zu Schlüssen über die Vorgänge, die die Zusammenziehung hervorrufen. Die Gravitationskraft und die magnetische Anziehungskraft verhalten sich umgekehrt dem Quadrat der Entfernung: Wenn also solche Kräfte bei der Zusammenziehung der Muskeln im Spiele wären, müsste die Kraft des Muskelzuges mit zunehmender Verkürzung wachsen.

24*

Schwann'sches Gesetz. Aus der eben angeführten Thatsache, dass der thätige Muskel stärker gedehnt wird als der unthätige, oder, was dasselbe ist, aus der Beobachtung, dass mit
zunehmender Last die Zuckungshöhe abnimmt, ergiebt sich, wenn
man die Kraft misst, die der Muskel bei verschiedenen Graden der
Verkürzung aufweist, dass diese Kraft mit zunehmender Verkürzung
immer geringer wird. Diese Thatsache ist zuerst von Schwann
durch Messung festgestellt worden, und wird als das Schwann'sche
Gesetz bezeichnet.

Es ist von vornherein klar, dass der Muskel, der schon auf das Aeusserste
verkürzt ist, sich nicht weiter zusammenziehen, also keine Zugwirkung mehr
ausüben kann. Im Gegentheil muss er durch die geringste Gegenkraft vermöge seiner Dehnbarkeit mindestens um ein kleines Stück gedehnt werden.
Aehnlich ist es bei geringeren Graden der Verkürzung. Hier kann der Muskel
zwar noch eine gewisse Zugkraft entfalten, aber lange nicht soviel, wie er entfalten kann, wenn er zu Anfang der Verkürzung seine volle Länge hat.
Besonders wichtig ist, dass das Schwann'sche Gesetz nicht bloss für
diejenigen Fälle gilt, in denen die Kraft des Muskels im verkürzten Zustande
gemessen wird, sondern dass es auch für die Fälle gilt, in denen der Muskel
durch Dehnung über sein natürliches Maass hinaus verlängert worden ist.
Ebenso wie die Kraft der Zusammenziehung mit der Verkürzung abnimmt,
nimmt sie mit der Verlängerung zu. Diese Zunahme hat mit der elastischen
Spannung, die durch die Dehnung hervorgerufen wird, nichts zu thun, denn bei
einer Verlängerung, wie sie eine Last von wenigen Grammen hervorbringt, hebt
der Muskel nicht nur diese wenigen Gramme mehr als bei natürlicher Länge,
sondern den 10—20fachen Betrag.

Arbeitsleistung des Muskels. Aus den angeführten Beobachtungen ergeben sich einige Thatsachen, die für das Verständniss
der Leistungen des Muskels im Thierkörper, oder auch bei äusserer
Arbeit wichtig sind.

Die Zuckungshöhe ist, wie angegeben, am grössten, wenn der
Muskel sich unbelastet verkürtzt. Für zunehmende Belastung wird
sie immer geringer, und es kommt, wie sich von selbst versteht,
endlich eine Grenze, bei der der Muskel so stark belastet ist, dass
er sich nicht mehr verkürzen kann. Die Arbeit, die der Muskel
verrichtet, ist aber offenbar, wie es auch die Erklärung des Begriffes der physikalischen Arbeit verlangt, zu messen durch das
Product des gehobenen Gewichtes und der Strecke, um die es gehoben wird. Wenn der unbelastete Muskel sich um die maximale
Zuckungshöhe verkürzt, wird gar keine Arbeit geleistet, wenn der
schwerbelastete Muskel sich garnicht mehr verkürzen kann, ist
auch keine Arbeitsleistung zu verzeichnen; dazwischen liegen alle
diejenigen Fälle, in denen bei mittleren Belastungen mittlere
Zuckungshöhen erreicht werden, und von allen diesen wird offenbar bei einer bestimmten Last das Product von Last und Weg am
grössten sein.

Diese Ueberlegung kann durch den Versuch bestätigt werden:

Bei einer Belastung von:	0	50	**100**	200	500 g
verkürze sich der Muskel um:	14	9	7	2	0 mm
So ist die geleistete Arbeit:	0	450	**700**	400	0 g-mm

Diese Beobachtung ist in vielen Fällen auch auf die äussere Arbeit des Körpers anzuwenden, denn wenn z. B. ein Mann an einer Winde arbeitet, so wird er bei übermässig schwerer Last nur wenige Umdrehungen mit Aufbietung aller Kräfte leisten können, bei allzu leichter Last wird er den ganzen Tag drehen, ohne viel zu fördern, und bei einer bestimmten mittleren Last wird die grösste Nutzwirkung seiner Arbeit erreicht werden.

Das einfache Gesetz, das für den Muskel streng gültig ist, passt freilich nicht für alle praktischen Fälle, weil in diesen oft noch andere Bedingungen zu berücksichtigen sind. Sollen zum Beispiel Steine auf einen Bau getragen werden, so ist zu bedenken, dass die blosse Steigarbeit des unbelasteten Arbeiters schon eine erhebliche Leistung vorstellt, und deshalb wird die grösste Nutzwirkung nicht bei einer mässigen Steinlast erzielt, sondern bei der grössten, die der Steinträger eben noch bewältigen kann.

Quelle der Muskelkraft.

Es ist bei der Besprechung des Stoffwechsels wiederholt darauf hingewiesen worden, dass die Quelle, aus der der Körper seine Ausgaben an Wärme und Arbeit bestreitet, in der chemischen Spannkraft der in ihm vorhandenen zersetzungsfähigen Verbindungen liegt. Wenn man nun das Wesen des Vorganges, der die Zusammenziehung des Muskels bedingt, erforschen will, so liegt es nahe, zu fragen, welche Stoffe es sind, durch die der Muskel seine Energieausgaben bestreitet. Muskel und Fleisch sind, wie oben erwähnt, dasselbe. Aus dem, was oben über Zusammensetzung des Fleisches gesagt worden ist, geht hervor, dass das Fleisch fast ausschliesslich aus Eiweiss besteht. Man sollte also denken, dass in erster Linie das Eiweiss an den Zersetzungen im Muskel betheiligt sein würde. Diese Vorstellung ist aber von Fick und Wislicenus durch einen grundlegenden Versuch als irrig erwiesen worden. Der Versuch besteht einfach darin, zu prüfen, ob bei einer grossen Muskelanstrengung die Eiweisszersetzung im Körper entsprechend gesteigert wird oder nicht. Fick und Wislicenus bestiegen das Faulhorn vom Brienzer See aus, 2000 m Höhe, und rechneten als geleistete Arbeit nur die Hebung des Körpergewichts. Aus der Menge des während und nach dem Aufstieg ausgeschiedenen Harnstoffs berechneten sie dann die Mengen des während der Zeit zersetzten Eiweisses, und fanden, dass der Brennwerth dieser Eiweissmenge nicht hinreichte, den Energieaufwand der geleisteten Arbeit zu decken. Da nun in Wirklichkeit beim Bergsteigen eine viel grössere Arbeit geleistet werden muss, als dazu gehört, bloss das Körpergewicht auf die erreichte Höhe zu heben, da ja bei jedem Schritt der Körper gehoben und wieder gesenkt wird, da das Gleichgewicht bewahrt werden muss und so fort, so bewies der Versuch, dass jedenfalls nicht Eiweiss allein bei der Muskelarbeit verbraucht wird. Durch zahlreiche spätere Versuche ist diese Lehre bestätigt worden, und insbesondere hat sich ergeben, dass Sauerstoffverbrauch und Kohlensäureausscheidung des Körpers zu der Grösse der geleisteten Muskelarbeit in gesetzmässiger Beziehung stehen. Daraus darf mit Bestimmtheit geschlossen werden, dass es Körper von der Comstitution der Kohlehydrate sind, die in erster Linie als Energiequelle für den Muskel in Betracht kommen.

Diese Thatsache ist für die Lehre von der Ernährung von grosser Bedeutung, denn sie zeigt, dass eine ausschliesslich oder vorwiegend aus Eiweissstoffen bestehende Kost offenbar nicht die zweckmässigste Nahrung fur dauernd schwer arbeitende Manschen oder Thiere darstellt. In neuerer Zeit besteht daher eher eine Neigung, in der einseitigen Ernährung mit Kohlehydraten zu weit zu gehen Es ist zu beachten, dass die Kohlehydrate eben nur dem Brennmaterial der thierischen Maschine zu vergleichen sind, und dass mindestens uberall da, wo die Maschine nicht nur arbeiten, sondern zugleich im Stand gehalten oder sogar ausgebaut werden soll, auch Baumaterial, nämlich Eiweiss, reichlich zugeführt werden muss.

Chemische Vorgänge im Muskel. Wenn nun durch die erwähnten Versuche auch die Art der Stoffe, die im Muskel verbraucht werden, festgestellt ist, sind doch die chemischen Vorgänge im Einzelnen noch unbekannt. Der thätige Muskel zeigt dem unthätigen gegenüber den bemerkenswerthen Unterschied, dass er deutlich sauer reagirt, während der unthätige neutral ist. Man glaubt diese Aenderung der Reaction auf die Gegenwart von Milchsäure zurückführen zu können, und nimmt an, dass das Glycogen, das sich, wie im ersten Theile mehrfach erwähnt worden ist, in den Muskeln findet, in Milchsäure gespalten und diese dann weiter zu Kohlensäure und Wasser oxydirt werde. Thatsächlich lässt sich nachweisen, dass auch ein einzelner Muskel bei seiner Thätigkeit Sauerstoff bindet, und einen Theil davon als Kohlensäure wieder abgiebt.

Bei der Spaltung sowohl wie bei der Oxydation werden chemische Spannkräfte in lebendige Kräfte umgesetzt, die sich entweder als Wärme oder als Massenbewegung äussern müssen. Man darf also annehmen, dass die erwähnten Vorgänge die Energie zur Zusammenziehung liefern, wenn man auch nicht weiss, auf welche Weise der Energie gerade diese Form ertheilt wird.

Wärmeentwickelung. Es ist ein allgemeines Gesetz, dass Wärme oder chemische Energie niemals ihrem vollen Werth nach in mechanische Arbeit umgesetzt werden kann, sondern dass stets ein Theil der Energie Wärme bleibt. Demnach muss auch im Muskel, wenn die Zusammenziehung durch chemische Energie bewirkt wird, Erwärmung stattfinden. Dies geschieht thatsächlich und kann auf verschiedene Weise nachgewiesen werden.

Zu den empfindlichsten Vorrichtungen zur Wärmemessung gehort die thermoelektrische Säule. Sind mehrere Metalle zu einem Stromkreis geschlossen, so herrscht an jeder Berührungsstelle verschiedener Metalle ein elektrischer Spannungsunterschied, dessen Grosse von der Art der Metalle und der Höhe der Temperatur abhängt. Wählt man geeignete Metalle, etwa Antimon und Wismuth, oder Eisen und Neusilber, oder Eisen und Constantan, bei denen diese Spannungsunterschiede besonders stark sind, und vereinigt sie so zu cinem Stromkreise, dass eine ganze Anzahl von Verbindungsstellen nebeneinander liegen, in denen die beiden Metalle, in der Richtung des entstehenden Stromes, immer in derselben Reihenfolge stehen, so erhält man ein thermoelektrisches Element, das schon bei sehr geringen Wärmeunterschieden verhältnissmässig starke Ströme giebt. Da ferner die Stärke der Ströme durch das Galvanometer sehr genau gemessen werden kann, kann die Wärmemessung bis auf ein Tausendstel Grad genau gemacht werden. Hierbei kommt sehr viel darauf an, dass die Temperatur aller anderen Verbindungsstellen des Stromkreises vollkommen unverändert bleibt, denn da, um den Stromkreis zu schliessen, die Metallstücke an ihren anderen Enden in der umgekehrten Reihenfolge verbunden sein müssen, heben bei Temperaturänderungen des ganzen Stromkreises die entstehenden elektrischen Spannungen einander auf. Daher entsteht ein Strom nur, wenn ein Theil des Kreises andere Temperatur hat, als der übrige Kreis, und die Genauigkeit der Messung hängt davon ab, dass ein solcher Temperaturunterschied nur durch die zu messende Wärme entstehen könne.

Solche Thermoelemente können in Form von feinen Nadeln hergestellt werden, die in den Muskel eingestochen oder zwischen grössere Massen von Muskeln eingeschoben werden. Man kann auch durch eine von Fick angegebene Aufhängung eine Thermosäule so auf einen unverletzten Muskel lagern, dass sie bei der Zusammenziehung seiner Bewegung folgt. Von der Feinheit der Messung gewährt es einen deutlichen Begriff, dass dies deswegen nöthig ist, weil sonst die Reibung des Muskels an der Säule schon eine messbare Wärmemenge erzeugen würde.

Bei solchen Versuchen hat sich ergeben, dass in einem einzelnen freihängenden Froschmuskel bei einer einzigen Zusammenziehung die Temperatur um bis zu 5 Tausendstel Grad ansteigen kann. Wenn grössere Muskelmassen längere Zeit in Thätigkeit sind, muss natürlich die Erwärmung grösser sein, weil mehr Wärme erzeugt wird, und die Wärme sich nicht so schnell nach aussen abgleichen kann. Dies tritt deutlich hervor, wenn man die Temperatursteigerung bestimmt, die das Blut beim Durchfliessen thätiger Muskeln erfährt. Man findet die Temperatur des Venenblutes, das aus Muskeln, die tetanisch gereizt wurden, fliesst, um mehr als einen halben Grad höher als die des Blutes der betreffenden Arterien.

Besonders wichtig ist, dass man auch den Nachweis hat führen können, dass sich *ein Muskel, der so zwischen festen Widerständen ausgespannt ist, dass er keine Arbeit leisten kann, stärker erwärmt, als ein Muskel, der äussere Arbeit verrichtet.* Vergleicht man die unter diesen Umständen erhaltene Wärmemenge, die offenbar, da keine Energie nach aussen abgegeben worden ist, ein Maass des gesammten Energieaufwandes bei der Thätigkeit ist, mit derjenigen Wärmemenge, die der im günstigsten Fall vom Muskel geleisteten äusseren Arbeit entsprechen würde, so findet man ungefähr das Verhältniss von 3 : 1.

Dies Verhältniss ist bei Versuchen am lebenden Menschen und Thieren, in denen der Gesammtumsatz an Energie aus der Grösse des Gesammtverbrauches von Sauerstoff bestimmt wurde, noch etwas günstiger, nämlich wie 2 : 1 gefunden worden.

Betrachtet man den Muskel als ein Organ, das nur dazu bestimmt ist, mechanische Arbeit zu leisten, so scheint es, dass er seine Aufgabe nur mangelhaft erfüllt, indem er für jedes Meterkilogramm Arbeit die doppelte Energiemenge in Form von Wärme vergeudet und also im Ganzen dreimal so viel Energie braucht, als er in Form von Arbeit abgiebt. Aber es ist erstens zu bemerken, dass beim Warmblüter die Muskeln eben auch als Wärmeerzeuger eine nützliche Rolle spielen, und zweitens, dass es, wie oben bemerkt, ein allgemeines Gesetz ist, dass Wärme oder chemische Energie nie ihrem vollen Werthe nach in mechanische Arbeit umgesetzt werden kann. Die von Menschenhand gebauten Kraftmaschinen haben zum allergrössten Theil ein noch viel ungünstigeres Verhältniss von Gesammtenergieaufwand zur geleisteten Arbeit. Feststehende Dampfmaschinen nutzen etwa 15 pCt. der in den Kohlen vorhandenen Spannkraft zur Arbeit aus, die übrigen 85 pCt. gehen als Wärme im Schornstein, an den Kesseln, Röhren und Cylindern, als Reibungswärme und zur Erwärmung des Spülwassers. Die Locomotiven, die unter besonders ungünstigen Bedingungen arbeiten, nutzen sogar nur 2 pCt. der ihnen zugeführten Energie aus. Man bezeichnet die von einer Maschine oder einem Muskel geleistete äussere Arbeit im Gegensatz zu der gleichzeitig gelieferten Wärme als nutzbare Arbeit und nennt den Prozentsatz des Gesammtverbrauchs an Energie zu der Grösse der nutzbaren Arbeit den „Wirkungsgrad" der Maschine. So hat der Muskel den Wirkungsgrad 0,33, die Locomotive 0,02.

Kraft und Grösse der Verkürzung.

Absolute Muskelkraft. Der Muskel als Arbeitsmaschine ist auch darin den von Menschenhand gebauten Motoren überlegen, dass er im Verhältniss zu seiner Grösse und seinem Gewicht ausserordentlich viel Arbeit leisten und verhältnissmässig sehr grosse Kraft ausüben kann.

Die Grösse der Contractionskraft ist eine der Eigenschaften des Muskels, deren Messung unmittelbar einen Schluss auf das Wesen des Contractionsvorganges zulässt. Nimmt man zum Beispiel an, dass die Zusammenziehung durch elektrische Anziehungskräfte zu Stande kommt, und dass die Theilchen, die einander anziehen, eine bestimmte Grösse und Entfernung von einander haben sollen, so lässt sich berechnen, wie gross die Ladungen der betreffenden Theilchen sein müssen, um eine Kraft zu erreichen, die so gross ist wie die Kraft, die man am Muskel selbst beobachtet. Bei dieser Rechnung findet sich, dass der Abstand der Theilchen so klein oder die Ladung so hoch angenommen werden muss, dass die Annahme sehr unwahrscheinlich wird. Man wird also diese Annahme fallen lassen und eine Anschauung zu gewinnen suchen, die sich besser mit der thatsächlich vorhandenen Kraftwirkung vereinigen lässt.

Man misst die Kraft eines gegebenen Muskels einfach durch die Grösse des Gewichtes, das er eben noch zu heben vermag. Um diese Bestimmung an Froschmuskeln auszuführen, benutzt man einen Apparat, der als „Froschunterbrecher" bezeichnet wird (Fig. 65).

Der Muskel ist mit einem Ende in einer starken Klemme f befestigt und hebt durch seine Zusammenziehung einen Hebel h, der eine Waagschale trägt. Der Hebel ruht mit seiner Platinspitze po auf einer Platinfläche und taucht zugleich mit einer eisernen Spitze in ein Näpfchen mit Quecksilber. Der Stand des Quecksilbers kann durch eine Schraube, die von unten in das Quecksilber hineingetrieben wird, so gehoben und gesenkt werden, dass sich das Quecksilber in Form eines ausgezogenen Fadens an die Eisenspitze anhängt. Durch die beiden Berührungsstellen, nämlich die Platinfläche und das Quecksilber (p und q), wird ein Strom geleitet, dessen Unterbrechung zum Zeichen dient, dass der Hebel gehoben worden ist. Um dieses Zeichen dauernd und untrüglich zu machen, ist die oben beschriebene Anordnung getroffen, dass das Quecksilber zu einem Faden ausgezogen ist. Bei der leisesten Bewegung des Hebels reisst nämlich der Faden ab, und wenn der Hebel auch sofort seine Ruhestellung wieder annimmt, bleibt der Signalstrom unterbrochen. Man kann durch den Signalstrom ein Läutewerk nach Art der elektrischen Hausklingeln betreiben, das bei der Unterbrechung verstummt, oder auch, indem man die Contacte des Froschunterbrechers als Kurzschluss vor das Läutewerk schaltet, umgekehrt erst im Augenblick der Unterbrechung die Klingel ertönen lassen.

Mit Hülfe dieser Vorrichtung wird die Messung an einem Froschmuskel in der Weise ausgeführt, dass man auf die Waage-

schale immer grössere Gewichte legt und ausprobirt, welches Gewicht eben noch gehoben werden kann. Für den Wadenmuskel
des Frosches pflegt dies bei einer Last von 400—500 g der Fall
zu sein. Da nun ein dicker Muskel natürlich mehr hebt als ein

Fig. 65.

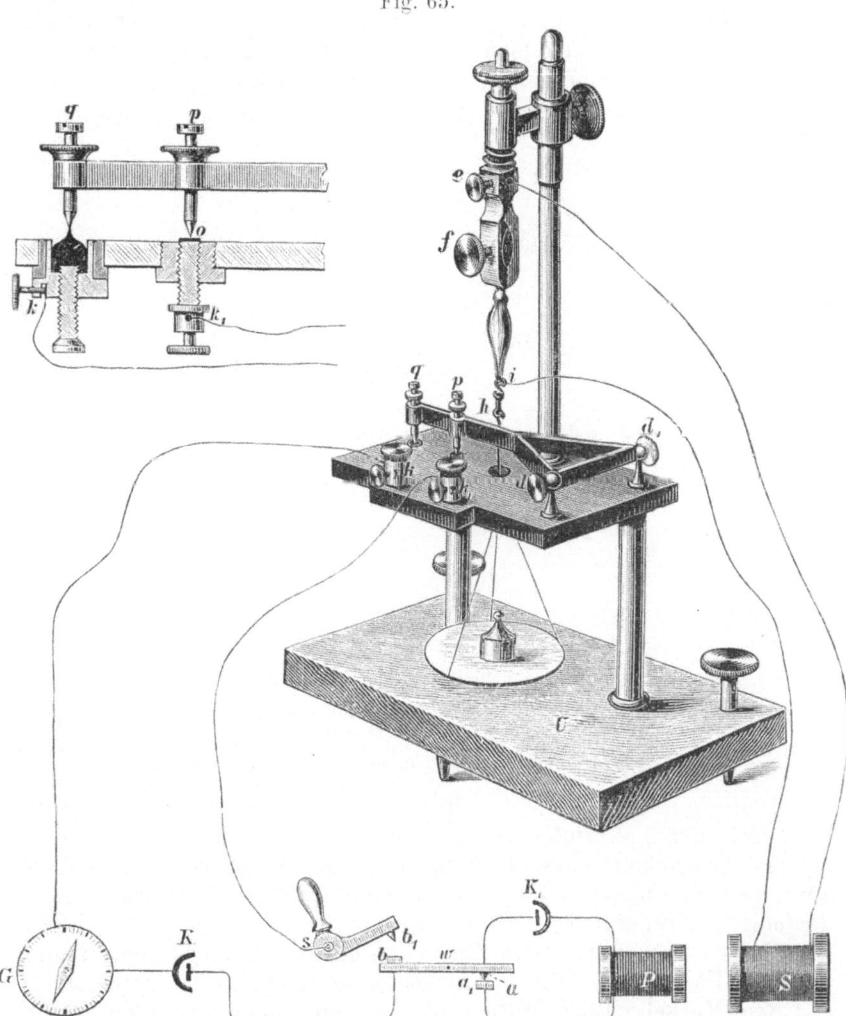

Froschunterbrecher. (Die am unteren Rand der Figur dargestellte Anordnung bezieht sich auf
einen Versuch, der erst in einem weiter unten folgenden Abschnitt beschrieben ist.)

dünner, und man die Bestimmung doch nur zu dem Zwecke anstellt, um zu wissen, wie gross die Kraft ist, die das Muskelgewebe überhaupt zu entfalten vermag, muss man das gefundene
Ergebniss auf eine einheitliche Muskeldicke umrechnen. Man hat

als Einheit den Quadratcentimeter Muskelquerschnitt gewählt und bezeichnet das Gewicht, das ein Muskel von 1 qcm Querschnitt eben noch hebt, als das Maass der „absoluten Muskelkraft".

Anatomischer und physiologischer Muskelquerschnitt. Bestimmung des Querschnitts. Hierbei ist zu beachten, dass der dickere Muskel nur aus dem Grunde grössere Gewichte heben kann, weil in ihm sich mehr Muskelfasern gleichzeitig verkürzen. Wenn man von einem grösseren Muskelquerschnitt spricht, ist also

Fig. 66.

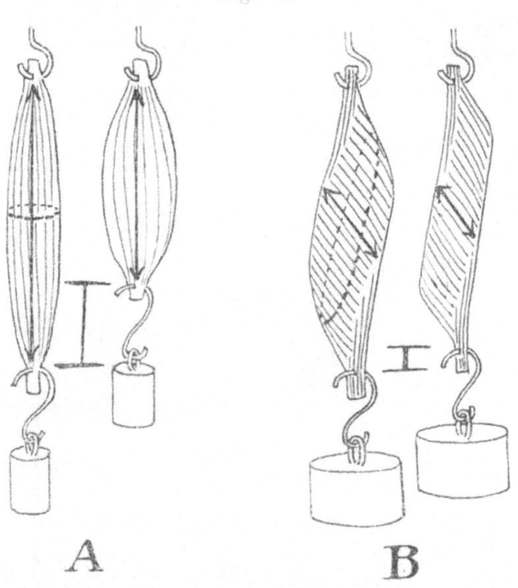

Physiologischer Querschnitt bei parallelfaserigem Muskel A, und schieffaserigem B. Die Muskeln sind im Zustand der Ruhe und der Verkürzung schematisch dargestellt. Die Richtung und Grösse der Verkürzung ist durch die Pfeile angedeutet. Die Hubhöhe, die von der Faserlange abhangt, ist bei A grösser, die Hubkraft, die von der Faserzahl abhangt, bei B.

ein Querschnitt gemeint, der eine grössere Zahl Muskelfasern enthält. Als den „physiologischen Querschnitt" des Muskels, nämlich als den Querschnitt des Muskels, der für die oben erwähnte Bestimmung der Muskelkraft maassgebend ist, bezeichnet man daher denjenigen Querschnitt, der sämmtliche Fasern des Muskels durchtrennt. Bei einem Muskel, der lauter längs verlaufende parallele Fasern hat, fällt der gewöhnliche anatomische Querschnitt, der den Muskel in der Mitte senkrecht zu seiner Längsaxe theilt, mit dem physiologischen zusammen. (Fig. 66 A.) Bei einem Muskel, der aus lauter kurzen, schräg verlaufenden Fasern besteht, wie etwa der Peronaeus, muss aber der physiologische Querschnitt der Länge des Muskels nach geführt werden, um alle die schrägen Faserzüge zu treffen (Fig. 66 B).

Wenn man die durchschnittliche Länge der einzelnen Fasern des Muskels kennt, kann man den physiologischen Querschnitt auf folgende Weise bestimmen: Man bestimmt das Gewicht des Muskels und sein specifisches Gewicht und berechnet daraus seinen Rauminhalt, der gleich ist dem Gewicht, dividirt durch das specifische Gewicht. Der Rauminhalt des Muskels ist aber gleich der Summe der Rauminhalte aller einzelnen Fasern, und diese ist für jede Faser gleich Länge mal Querschnitt. Folglich muss der Rauminhalt des Muskels, dividirt durch die Länge der Fasern, gleich dem Gesammtquerschnitt aller Fasern, das heisst, gleich dem physiologischen Querschnitt sein. Da die Fasern nicht alle gleich lang zu sein pflegen, muss die mittlere Faserlänge bestimmt werden.

Wenn nun ein Froschgastrocnemius etwa 400 g hebt, und sein physiologischer Querschnitt zu etwa 15 qmm gefunden wird, so würde ein entsprechender Muskel von 1 qcm Querschnitt etwa siebenmal so viel heben, und die absolute Kraft des Froschmuskels auf diese Weise zu etwa 3 kg anzunehmen sein. Man hat die absolute Kraft auch mehrfach an Muskeln des lebenden Menschen zu bestimmen versucht. Dazu ist nöthig, dass man erst die Last bestimmt, die ein Mensch mit Hülfe bestimmter Muskelgruppen eben noch heben kann, sodann feststellt, unter welchen Hebelverhältnissen die Muskeln bei der betreffenden Bewegung auf die Last wirken, das heisst, welche Kraft die Muskeln selbst bei der betreffenden Bewegung auszuüben hatten, und endlich den physiologischen Querschnitt der Muskeln misst. Diese letzte Aufgabe kann man nur mit annähernder Genauigkeit dadurch erfüllen, dass man die Querschnittsmessung an Cadavern von dem gleichen Körperbau wie die Versuchsperson ausführt. Auf diesem Wege hat man gefunden, dass die absolute Kraft der menschlichen Muskeln die des Froschmuskels noch erheblich übersteigt. Für die Wadenmusculatur sind in verschiedenen Versuchen gegen 6 kg, für die Armmuskeln sogar 10 kg gefunden worden.

Grösse der Verkürzung. Einen andern Punkt, der bei dem Versuche, den Vorgang der Zusammenziehung aufzuklären, berücksichtigt werden muss, ist die Grösse, um die sich ein Muskel von gegebener Länge zusammenzieht. An ausgeschnittenen Froschmuskeln, die frei aufgehängt sind, beobachtet man, dass sie sich bis auf ein Sechstel ihrer Gesammtlänge verkürzen. Es ist jedoch fraglich, ob dies Maass wirklich der äussersten Verkürzung aller einzelnen Muskelelemente entspricht, da man vielmehr annehmen darf, dass nicht alle einzelnen Elemente gleichzeitig die äusserste Verkürzung aufweisen. An Insektenmuskeln, die im Augenblick der Reizung fixirt worden sind, kann man unter dem Mikroskop abmessen, dass die einzelnen Elemente sich bis auf den dreissigsten Theil ihrer Ruhelänge, ja auf noch weniger zusammenziehen können.

Unveränderlichkeit des Volums bei der Contraction. Unter den Beobachtungen, die als Schlüssel für das Verständniss des Contractionsvorganges dienen können, ist ferner die zu erwähnen, dass bei der Contraction das Volum des Muskels unverändert bleibt.

Schliesst man Muskeln in ein Gefäss ein, das ganz mit Wasser gefüllt ist und von dem eine feine Röhre ausgeht, in der das Wasser bis zu einer bestimmten Höhe steht, so ändert das Wasser seinen Stand nicht, wenn man den Muskel durch eine in das Gefäss geführte elektrische Leitung in den heftigsten Tetanus versetzt.

Elektrische Erscheinungen am Muskel.

Besondere Beachtung verdienen endlich die elektrischen Erscheinungen am Muskel, weil sie vornehmlich zur Grundlage für die Versuche gedient haben, die innere Ursache der Contraction zu ergründen.

Man darf sagen, dass die Entdeckung dieser Erscheinungen auf einen Irrthum Galvani's zurückzuführen ist, der, als er Froschmuskeln, die mit kupfernen Haken an einem eisernen Gitter aufgehängt waren, zucken sah, die Ursache der Erregung in einer elektrischen Ladung suchte, die den Muskeln selbst innewohnen sollte. Volta wies nach, dass dies ein Irrthum sei, und dass die Reizung von dem elektrischen Strom herrühre, der beim Zusammentreffen von Eisen, Kupfer und feuchtem Gewebe zu einem geschlossenen Kreise entstünde. Galvani hielt indessen an seiner vorgefassten Meinung fest, und obgleich er für den angegebenen Fall Volta Recht geben musste, konnte er schliesslich nachweisen, dass thatsächlich der Muskel wie eine elektrische Batterie im Stande ist, einen elektrischen Strom hervorzurufen. Dadurch wurde eine ganze neue, zweite Beziehung der Vorgänge in den Muskeln zu den elektrischen Erscheinungen aufgedeckt.

Zuckung ohne Metalle. Während es sich bei allem, was weiter oben über elektrische Vorgänge gesagt ist, um Erregung des Muskels durch eine von aussen einwirkende künstliche Elektricitätsquelle handelte, soll jetzt von den elektrischen Wirkungen die Rede sein, die der Muskel selbst hervorbringt, von Strömen thierischer Elektricität. Diese Erscheinungen sind aus mehreren Gründen schwer nachzuweisen. Die einfachste Versuchsanordnung ist die, deren Galvani sich bediente, und die seitdem unter dem Namen „Zuckung ohne Metalle" bekannt ist. Der Versuch beruht darauf, dass die Nerven ebenso wie die Muskeln durch elektrische Ströme erregt werden können und dass ein Muskel durch die Erregung seines Nerven in Thätigkeit gesetzt wird. Da nun ein Muskelnerv schon durch sehr schwache Ströme gereizt werden kann, sodass sich der Muskel stark zusammenzieht, kann man den Nerv im Zusammenhang mit dem dazugehörigen Muskel gebrauchen, um das Vorhandensein schwacher Ströme wahrnehmbar zu machen. Man nennt daher auch das Präparat aus Muskelnerv und Muskel geradezu „das physiologische Galvanoskop." Um nachzuweisen, dass der Muskel sich wie eine elektrische Batterie verhält, legte nun Galvani einen ausgeschnittenen Muskelnerven, der mit seinem Muskel in Verbindung stand, mit seiner Mitte auf einen andern Muskel, und liess dann das Ende des Nerven der Länge nach auf den Muskel herabfallen. In dem Augenblick, wenn der Nerv der Länge nach auf den Muskel traf, zuckte der zum Nerven gehörige Muskel. Diese Zuckung beweist, dass der Nerv erregt worden war, und die Ursache der Erregung muss ein elektrischer Strom sein, der den Nerven durchfliesst, wenn er der Länge nach auf einem anderen Muskel liegt. Daraus folgt, dass in dem Muskel elektrische Spannungsunterschiede bestehen müssen.

Galvanometer. Unpolarisirbare Elektroden. Die Elektricität des Muskels ist aber erst dann ganz unzweifelhaft bewiesen, wenn man den Strom, der vom Muskel ausgeht, ganz wie einen von einem galvanischen Element oder von einem Accumulator ausgehenden Strom durch einen Galvanometer anzeigen und messen kann. Hier sind zwei grosse Schwierigkeiten zu überwinden. Erstens muss man einen Galvanometer haben, der empfindlich genug ist, so schwache Ströme anzuzeigen, wie die des Muskels sind.

Bekanntlich zeigt der Galvanometer die Ablenkung der Magnetnadel durch den elektrischen Strom an. Durch eine grosse Anzahl verschiedener Kunstgriffe hat man diese Wirkung des Stromes möglichst stark gemacht, die richtende Kraft des Erdmagnetismus auf die Magnetnadel aufgehoben und endlich die Be-

Fig. 67.

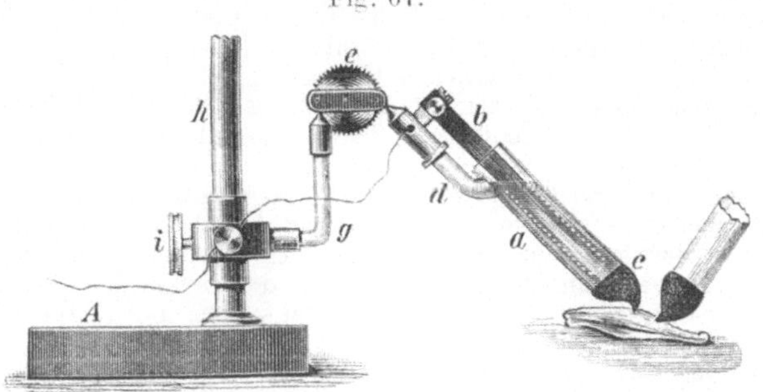

Unpolarisirbare Elektrode.

A, *h*, *i* Stativ, *g* isolirender Arm, *e* Kugelgelenk, *a* Gläschen, *b* verquicktes Zink, *c* Thon„stiefel“, an einen Muskel angelegt, an den eine zweite Thonspitze anstösst, deren Gläschen nur zum Theil dargestellt ist.

obachtung der Ausschläge der Nadel aufs Höchste verfeinert. Uebrigens pflegt man in neuerer Zeit den Grundgedanken des Apparates umgekehrt anzuwenden, indem man statt eine Magnetnadel durch einen feststehenden Stromkreis bewegen zu lassen, einen feststehenden Magneten benutzt, und den zu messenden Strom durch eine beweglich aufgehängte Drahtrolle schickt.

Auf diese Weise erhält der Galvanometer ausreichende Empfindlichkeit, um sogar viel schwächere Ströme anzuzeigen als die Muskelströme sind.

Unpolarisirbare Elektroden. Es besteht aber noch eine zweite grosse Schwierigkeit: Die Elektricität wird im Galvanometer durch Kupferdrähte geleitet, und um die Muskelströme zu messen, müssen diese Kupferdrähte auf irgend welche Weise leitend mit dem Muskel verbunden werden. Sobald aber zwischen Metallen und feuchten Körpern eine leitende Verbindung hergestellt wird, treten, wie Volta bewiesen hat, ebenso wie bei jedem elektrischen Element, das ja auch aus einer Verbindung zwischen Metallen und Flüssigkeiten besteht, in dem Kreise Ströme auf. Diese Ströme würden natürlich den Galvanometer durchfliessen, und es wäre nicht möglich, sie mit Sicherheit von den Eigenströmen des Muskels zu unterscheiden. Diese sehr grosse Schwierigkeit, die alle genaueren Untersuchungen über die Muskelelektricität hinderte, hat E. du Bois-Reymond durch die Erfindung der nach ihm benannten „unpolarisirbaren Elektroden“ überwunden.

Man hatte bemerkt, dass mit Quecksilber überzogenes Zink, das in gesättigte Zinksulfatlosung taucht, eine leitende Verbindung von Metall und

Flüssigkeit giebt, die fast vollkommen stromlos ist. Nach unzähligen Proben fand E. du Bois-Reymond, dass man verschiedene Flüssigkeiten mit einander in leitende Berührung bringen kann, ohne merkliche Ströme zu erhalten, wenn man den Austausch zwischen den Flüssigkeiten dadurch hindert, dass man sie nicht frei, sondern mit Töpferthon verknetet benutzt. Um also thierisches Gewebe an eine metallene Leitung anzuschliessen, ohne dass durch die Berührung eine neue Stromquelle entsteht, giebt es folgendes Mittel: Man verbindet den Kupferdraht mit einem Stück verquickten Zinkes, das man in gesättigte Zinksulfatlösung taucht. Die Zinkfulfatlösung steht mit einem durch sie getränkten Thonklumpen in Berührung, an den ein zweiter mit Kochsalzlösung getränkter Klumpen geklebt ist, und dieser stösst an das thierische Gewebe. Alle diese einzelnen Leitungsstücke sind zu der kleinen handlichen Vorrichtung zusammengestellt, die in Figur 67 dargestellt ist und als „unpolarisirbare Elektrode“ bezeichnet wird, weil die Entstehung elektrischer Spannungen an Uebergangsstellen von einem Leiter zum anderen als „Polarisation“ bezeichnet wird. Bei dem allmählichen Uebergang vom Gewebe zum Kochsalzthon, von da zum Zinkthon, von da zur Zinklösung, von da zum Zink und endlich zur Leitung, ist nirgends eine Stelle, die zur Entstehung elektrischer Spannungen Anlass giebt.

Dies kann man beweisen, indem man an die vom Galvanometer kommenden Drähte zwei unpolarisirbare Elektroden anschliesst und ihre Kochsalzthonspitzen mit einander in Berührung bringt. Dann ist der Stromkreis des Galvanometers geschlossen, und wenn an irgend einer Stelle der Elektroden Polarisation besteht, muss der Galvanometer ihn anzeigen. Bei sauber zugerichteten Elektroden bleibt der Galvanometer in Ruhe. Man pflegt auf diese Weise die Elektroden vor jedem Versuche auf ihre Brauchbarkeit zu prüfen.

In neuerer Zeit sind verschiedene andere Arten unpolarisirbarer Elektroden in Gebrauch, unter anderen sogenannte „Pinselelektroden“ bei denen ein mit Kochsalzlösung getränkter Haarpinsel die Verbindung mit dem thierischen Gewebe herstellt.

Der Ruhestrom des Muskels. Mit Hülfe der unpolarisirbaren Elektroden kann man also den Muskel mit dem Galvanometer in Verbindung bringen, ohne dass Polarisationsströme entstehen. Man findet dann, dass vom Muskel selbst Ströme ausgehen, die sich in Bezug auf Richtung und Stärke in gesetzmässiger Weise je nach den Stellen des Muskels unterscheiden, von denen man den Strom ableitet. Diese Gesetzmässigkeit lässt sich am deutlichsten beschreiben, wenn man sich den Muskel als ein cylindrisches Faserbündel vorstellt, das an beiden Enden glatt abgeschnitten ist, als einen sogenannten „Muskelcylinder“. Es verhält sich dann jeder Punkt an den Endflächen gegen jeden Punkt an der Mantelfläche des Cylinders wie in einem Daniell'schen Element das Zink gegen das Kupfer. In dem Draht, der Zink und Kupfer verbindet, geht der Strom vom Kupfer zum Zink, und man nennt daher das Kupfer den positiven, das Zink den negativen Pol des Elementes. Innerhalb des Elements muss aber der Strom, der ja stets einen geschlossenen Kreis durchläuft, vom Zink zum Kupfer übergehen. Ebenso muss, wenn vom Muskelcylinder durch den Galvanometerkreis der Strom vom Mantel zur Endfläche geht, im Muskel offenbar der Strom von der Endfläche zum Mantel gehen. Die Richtung des Stromes ist für alle Muskeln und für jedes Stück von beliebiger Form, das aus einem grösseren Muskel herausgeschnitten wird, dieselbe. Statt von der Mantelfläche und den Endflächen des Muskelcylinders spricht man daher auch einfach vom Längsschnitt und Querschnitt des Muskels und drückt das Gesetz über die Richtung des Ruhestromes aus, indem man sagt: „Im ruhenden Muskel geht ein Strom vom Querschnitt zum Längsschnitt, in dem an den Muskel angeschlossenen Leitungsbogen also vom Längsschnitt zum Querschnitt".

Die Stärke des Stromes ist um so grösser, je näher an der Mitte von Querschnitt oder Längsschnitt die Punkte gewählt werden, von denen man den Strom ableitet. Zwischen zwei Punkten des Längsschnittes geht der Strom im Muskel von dem dem Quer-

Fig. 68.

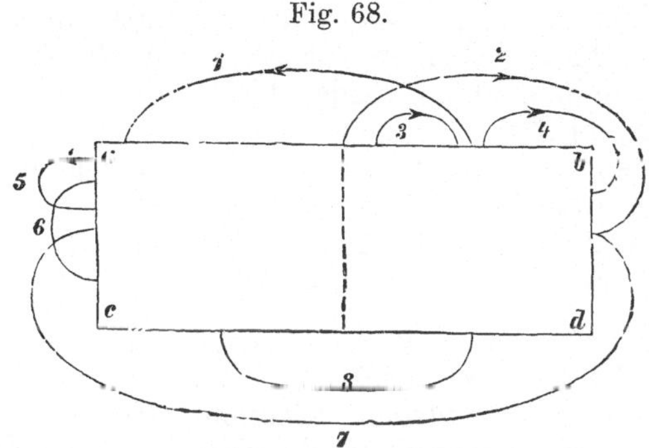

Ströme des Muskelcylinders.

Der Muskelcylinder ist schematisch von der Seite dargestellt, ac und bd sind die Endflächen oder Querschnitte. In den verschiedenen dargestellten Bögen verlaufen die Ströme in der Richtung der Pfeile. 2 bezeichnet die Ableitung von Mitte des Längsschnittes zu Mitte des Querschnittes, an der der Strom am stärksten ist. Bei 7 und 8 ist der Bogen stromlos.

schnitt näheren zu dem der Mitte des Längsschnittes näheren Punkt, im angelegten Leitungsbogen natürlich entgegengesetzt. Entsprechend verhalten sich je zwei Punkte auf dem Querschnitt.

Die Spannung des Muskelstromes kann etwa 0,08 Volt, also ungefähr den zehnten Theil der Spannung eines Daniell'schen Elementes betragen.

Alterationstheorie und Praeexistenzfrage. Die allgemeine Gültigkeit dessen, was oben über die Muskelströme gesagt worden ist, leidet eine wichtige Ausnahme. Es kommt nämlich vor, dass Muskeln, die besonders sorgfältig und ohne jede Verletzung präparirt worden sind, sich stromlos, also elektrisch unwirksam erweisen. Erst durch eine Verletzung, besonders durch Anätzen oder durch Eintauchen eines Endes in heisses Wasser wird der Muskelstrom in voller Stärke hervorgerufen. Durch diese Beobachtung ist es zweifelhaft geworden, ob die elektrischen Unterschiede, die die unmittelbare Ursache der Muskelströme sind, während des Lebens in den unverletzten Muskeln schon bestehen oder nicht. Vielfach wird angenommen, die Ströme des ruhenden Muskels überhaupt seien nur eine gewissermaassen zufällige Folge der Veränderungen, die durch die Präparation hervorgerufen würden.

Es wird in diesem Sinne der Ruhestrom geradezu als „Alterations-
strom" oder gar „Demarcationsstrom" bezeichnet. Gegen diese
Anschauung spricht aber die oben hervorgehobene Regelmässigkeit
der Muskelströme, die beweist, dass der innere Bau des Muskels
zum mindesten auf die angebliche „Alteration" bestimmenden Einfluss übt. Ausserdem ist nachgewiesen worden, dass von dem
Augenblick, in dem das Ende des Muskels verletzt wird, bis zum
Eintreten des Muskelstroms nur eine verschwindend kurze Zeit
vergeht, während anzunehmen ist, dass zum Entstehen der „Alteration", die man sich als eine chemische Veränderung des verletzten
Theiles vorstellt, eine gewisse Zeitdauer erforderlich sein würde.
Wenn man hieraus schliessen möchte, dass die elektrischen
Spannungsunterschiede schon im lebenden unverletzten Muskel bestehen, so würde man dann wieder besondere Annahmen machen
müssen, um zu erklären, warum sie erst nach einer Verletzung
erkennbar werden. Es stösst also die „Praeexistenztheorie" ebenso
wie die „Alterationstheorie" auf Schwierigkeiten. Eine sichere
Entscheidung lässt sich vorläufig nicht treffen, weil beide Lehren
auf dieselben Thatsachen aufgebaut sind.

Negative Schwankung des Muskelstromes. Beobachtet
man den Muskelstrom, während der Muskel sich zusammenzieht,
so sieht man, dass der Strom bedeutend schwächer wird. Man
bezeichnet diese Erscheinung, weil sie eine Veränderung, eine
Schwankung der Stromstärke im Sinne der Verminderung darstellt,
als „die negative Schwankung des Muskelstromes". Man kann indessen die Schwankung auch auffassen als einen Strom in der der
Richtung des Ruhestroms entgegengesetzten Richtung, denn bekanntlich summiren sich entgegengesetzte Ströme in derselben
Leitung so, dass der schwächere einfach einen entsprechenden
Theil des stärkeren aufhebt. Nach dieser Auffassung entsteht im
Muskel, den man sich in der Ruhe stromlos denkt, bei der Thätigkeit ein Strom, der demnach auch als „Actionsstrom" bezeichnet
wird. „Actionsstrom" und „Negative Schwankung" sind also nur
verschiedene Namen für denselben Vorgang, von denen der erste
im Sinne der Alterationstheorie, der zweite im Sinne der Prae-
existenzlehre gebraucht wird. Dieser elektrische Vorgang ist mit
Sicherheit auch im lebenden unverletzten Muskel nachgewiesen.
Seine Entstehung ist darauf zurückzuführen, dass die erregten
Stellen zu den unerregten sich so verhalten wie das Zink
im galvanischen Element zum Kupfer. Daraus ergiebt sich,
dass, wenn der Längsschnitt erregt ist, der Strom zwischen Längsschnitt und Querschnitt abnehmen muss.

Die negative Schwankung des Muskelstromes bei einer einzelnen
Zuckung folgt fast unmittelbar auf die Reizung und dauert nur sehr
kurze Zeit, sodass sie schon vorüber ist, wenn die Bewegung des
Muskels beginnt.

Theorie der Muskelcontraction.

Nach der Entdeckung der Muskelelektricität hoffte man in ihr zugleich die Ursache des Verkürzungsvorganges aufgedeckt zu haben. Trotz aller Anstrengungen in dieser Richtung haben sich aber keine weiteren Anhaltspunkte für eine elektrische Erklärung der Muskelthätigkeit finden lassen. Die Alterationstheorie stellt vollends die elektrischen Erscheinungen als ein ganz nebensächliches Ergebniss der chemischen Vorgänge im Muskel hin. Man darf nicht vergessen, dass alle physikalischen Vorgänge in gewissem Grade mit elektrischen Veränderungen verbunden sind.

Die Frage nach den Kräften, die die Formveränderung der Muskelelemente bei der Verkürzung hervorbringen, bleibt nach wie vor ungelöst. Um aber wenigstens von den Möglichkeiten zur Beantwortung dieser Frage eine Anschauung zu geben, mögen zwei verschiedene Theorien hier kurz besprochen werden.

Die eine, die auch wohl als „Oberflächenspannungstheorie" bezeichnet wird, ist in neuerer Zeit von Bernstein durchgearbeitet worden. Sie beruht auf der Thatsache, dass die Berührungsflächen flüssiger und festweicher Stoffe, je nach deren Eigenschaften, verschiedene Formen annehmen.

Das bekannteste Beispiel hiervon bietet die Formänderung eines Quecksilbertropfens, der mit verdünnter Schwefelsäure in Berührung steht. Leitet man einen elektrischen Strom durch das Quecksilber in die Schwefelsäure, so erschlafft der Tropfen und wird breit und platt. Kehrt man den Strom um, so zieht sich der Tropfen kugelförmig zusammen. Diese Beobachtung ist von Lippmann zur Herstellung des Capillarelektrometers benutzt worden.

Man kann sich nun vorstellen, dass im Muskel Tröpfchen festweicher Masse vorhanden wären, die im Ruhezustand in die Länge gezogen wären, und durch die Veränderungen, die bei der Erregung des Muskels stattfinden, Kugelgestalt anzunehmen strebten, gerade wie Quecksilbertropfen in Schwefelsäure es unter dem Einfluss des Stromes thun. Diese Theorie könnte gestützt werden, wenn es gelänge nachzuweisen, dass an Stoffen von solcher Art, wie sie im Muskel vorkommen, Aenderungen der Oberflächenspannung von solcher Grösse und Energie möglich sind, dass sie für die Leistungen des Muskels ausreichend wären. Die Theorie könnte sogar als bewiesen gelten, wenn sich weiter nachweisen liesse, dass die angenommenen Tröpfchen ihrer Grösse und Form nach in den aus mikroskopischen Untersuchungen bekannten Bauplan der Muskelfasern passten.

Wenn man diese Nachweise zu führen versucht, wie es Bernstein gethan hat, so ergiebt sich, dass man entweder die Kraft und Grösse der Formänderung der einzelnen Tröpfchen übermässig hoch ansetzen muss, oder ihre Grösse so klein annehmen muss, dass sie gegenüber den im Mikroskop erkennbaren Einzelheiten des Muskelbaus verschwinden müsste. Die Oberflächenspannungstheorie passt also nur schlecht zu den bekannten Eigenschaften des Muskels.

Eine andere Theorie, die von Engelmann herrührt, ist auf die Thatsache gegründet, dass viele Körper, die an sich einfach lichtbrechend sind, im Zustande der Spannung doppeltbrechend werden und dann die Eigenschaft zeigen, sich bei Erwärmung in der Richtung ihrer optischen Axe zu verkürzen. Der Muskel enthält nun in jedem Element eine Schicht doppeltbrechender Substanz, die die Mittelscheibe und die beiden Querscheiben umfasst, und es ist also anzunehmen, dass diese Substanz sich bei Erwärmung verkürzen und verbreitern wird. Die Erwärmung müsste bei der Thätigkeit des Muskels durch die chemischen Umsetzungen hervorgebracht werden. Auch quellbare gespannte Körper, wie etwa Darmsaiten, haben die Eigenschaft sich bei Erwärmung zu verkürzen, und die Annahme liegt nahe, dass von den verschiedenen im Muskel vorhandenen Bestandtheilen bei der Thätigkeit der eine auf Kosten der andern anquellen könne. Die Verkürzungen, die auf diese Weise entstehen, treffen in einem Hauptpunkte mit der des Muskels überein, dass sie nämlich verhältnissmässig sehr grosse Kraft entwickeln. Obschon also diese Theorie keine eigentliche Erklärung für die mechanische Ursache der Verkürzung giebt, eröffnet sie doch die Möglichkeit, die Vorgänge im Muskel auf allgemeinere physikalische Gesetze zurückzuführen.

Elektrisches Organ der Zitterfische. Im Anschluss an das, was oben über die elektromotorische Wirkung der Muskeln und ihre Bedeutung für die Theorie der Muskelcontraction gesagt worden ist, müssen hier noch die Beobachtungen an den sogenannten elektrischen Fischen erwähnt werden.

Es sind drei Arten Fische, der Zitterrochen (Torpedo), der im Meere, der Zitterwels (Malapterurus), der im Nil, und der Zitteraal (Gymnotus), der in den Flüssen Venezuelas vorkommt, die die Fähigkeit haben, so starke elektrische Schläge abzugeben, dass sie Menschen und Thiere dadurch vorübergehend lähmen können. Am stärksten ist die elektromotorische Leistung der Gymnoten, die bis zu anderthalb Meter lang werden. Diese Fähigkeit verdanken sie den sogenannten „Elektrischen Organen“, die einen grossen Theil ihres Körpers erfüllen und oberflächlich betrachtet Fettmassen ähnlich sehen. Die Organe bestehen aus einer grossen Anzahl feiner prismatischer Säulchen, die jede aus einer Reihe aneinanderliegender Plättchen gallertiger Substanz zusammengesetzt sind. Vom Rückenmark treten Nerven zum Organ, beim Zitterwels nur eine einzige aus einer einzigen sehr grossen Nervenzelle entspringende Faser, die Aestchen an jede einzelne Platte abgeben. Auf Reizung des Nerven erfolgt vom Organ ein elektrischer Schlag, indem je eine Seite jedes Plättchens gegen die andere positiv elektrisch wird, und die elektromotorischen Kräfte sich summiren, genau wie es bei der Volta'schen Zink-Kupferplattensäule geschieht. Je nach der Anordnung der Säulen im Organ ist die Richtung des Entladungsstromes in der Umgebung des Fisches beim Torpedo von der Bauchseite zur Rückenseite, beim Gymnotus von vorn nach hinten, beim Wels von hinten nach vorn. Die Stärke des Schlages erreicht bei 10 cm Säulenlänge beim Zitteraal über 100 Volt.

Diese Erscheinung, bei so wenigen und doch so verschiedenen Fischarten ausgebildet, ist an sich äusserst merkwürdig und bietet der Naturforschung eine ganze Reihe bisher ungelöster Räthsel dar. Erstens ist die Entstehung eines solchen Organes räthselhaft, weil es offenbar erst bei einer bestimmten ziemlich hohen Leistungsfähigkeit für den Fisch von Nutzen sein kann. Man sieht also nicht ein, wie hier eine Entwickelung durch Zuchtwahl möglich sein soll. Freilich giebt es Fische mit „pseudoelektrischen Organen“, die keine Schläge geben, doch bieten diese nutzlosen Organe statt der Aufklärung nur ein weiteres Räthsel.

Zweitens wäre zu erwarten, dass der elektrische Schlag des Organs den Fisch selbst in demselben Maasse schädigen werde wie seine Beute. Die elektrischen Fische sind aber immun gegen ihre eigenen und in gewissem Grade auch gegen künstliche Schläge. Endlich sind die inneren Vorgänge, auf denen die Elektrizitätsentwickelung beruht, völlig dunkel. In dieser Hinsicht hat die Untersuchung der Zitterfische die allergrösste Bedeutung für die allgemeine Physiologie der Muskeln. Die Wirkung des Organs ist nämlich in fast allen Punkten mit der elektromotorischen Wirkung der Muskeln zu vergleichen. Man kann den elektrischen Schlag der Zitterfische als eine besonders stark entwickelte negative Schwankung einer für diesen Zweck umgebildeten Muskelmasse ansehen. Diese Anschauung erhält eine wesentliche Stütze dadurch, dass auch die Entwickelungsgeschichte die elektrischen Organe als Homologon der Musculatur erkennt. Man kann also hoffen, wenn es gelingt, die viel stärkeren Wirkungen des elektrischen Organes auf ihre inneren Ursachen zurückzuführen, damit zugleich die elektrischen Vorgänge im Muskel aufzuklären. Jedenfalls spricht die Ausbildung des elektrischen Organs aus dem Muskel, die als feststehende Thatsache betrachtet werden darf, dafür, dass die elektrische Wirksamkeit eine Grundeigenschaft, nicht eine Nebenerscheinung der Muskelzusammenziehung darstellt.

Verhalten ganzer Muskeln bei der Contraction.

Nachdem im Vorstehenden von dem Vorgange der Erregung und der Zusammenziehung in der Muskelfaser die Rede gewesen, sind jetzt noch einige Erscheinungen zu besprechen, die bei der Erregung und der Contraction ganzer Muskeln auftreten.

Isolirte Reizung. Wenn man einen langen Muskel nur an einer kleinen Stelle mit zwei dicht nebeneinanderliegenden Elektroden schwach reizt, so ziehen sich nur die unmittelbar benachbarten Muskelfasern zusammen. Dies lässt sich am einfachsten an dem Sartorius des Frosches nachweisen, der ein 3—4 cm langes, etwa 5—6 mm breites Band aus parallelen Muskelfasern darstellt. Hängt man den ausgeschnittenen Muskel an einer Klemme senkrecht auf, und reizt ihn, indem man oben nahe der Klemme die Reizdrähte an dem linken Rand des Muskels anlegt, so schlägt das herabhängende Ende nach links aus, legt man die Reizdrähte rechts an, nach rechts. Dies ist ein augenscheinlicher Beweis, dass sich nur die linken oder rechten Randfasern zusammengezogen haben, denn wenn alle Fasern zusammenwirkten, müsste der Muskel gerade in die Höhe gezogen werden.

Die Erregung tritt also zunächst an der Reizstelle auf und breitet sich nur dann langsam aus, wenn sie eine gewisse Stärke erlangt hat.

Ebenso kann man an einem Muskel, der von einem constanten Strom durchflossen wird und mit zwei Schreibhebeln in Verbindung steht, von denen der eine nahe an der Anode, der andere nahe der Kathode angebracht ist, zeigen, dass die Verdickung beim Stromschluss von der Kathode, bei Stromunterbrechung von der Anode ihren Ursprung nimmt.

Contractionswelle. Wenn auch für gewöhnlich die Ausbreitung der Erregung und die nachfolgende Zusammenziehung so schnell aufeinander folgen, dass sie den ganzen Muskel in kaum wahrnehmbarer Zeit durchlaufen, so kann man mit geeigneten Hülfsmitteln doch nachweisen, dass nach einander die Erregung und Contraction vom Reizpunkt aus den Muskel durchlaufen, und kann auch die Geschwindigkeit messen, die für den Froschmuskel 3—4, für den Warmblüter 10—13 m in der Secunde beträgt. Bei untermaximalem Reiz sind daher sicher niemals alle Fasern zugleich auf dem Gipfel der Thätigkeit, sondern bei denen, die zuerst erregt werden, wird dieser Zeitpunkt erreicht, während die später erregten Theile des Muskels noch in der Verkürzung begriffen sind.

Durch diese Betrachtung stellt sich die Thätigkeit des Gesammtmuskels als abhängig von einer ganzen Reihe veränderlicher Eigenschaften der einzelnen Elemente dar.

Einfluss der Temperatur. Diese Verwickelungen werden noch vermehrt, wenn man die Einflüsse verschiedener äusserer Bedingungen auf den Muskel ins Gebiet der Betrachtung zieht. So hat die Temperatur des Muskels einen merklichen Einfluss auf die Geschwindigkeit, mit der die Erregung und die Contraction abläuft, und somit auch auf die Stärke der Gesammtcontraction. Bei höherer Temperatur, bis zu etwa 36°, fällt die Zuckung höher aus, bei noch höherer und tieferer Temperatur ist sie geringer, und zugleich dauert die Zuckung bei tieferer Temperatur erheblich länger.

Ermüdung. Vollends erscheint der Muskel als ein selbstständiger Organismus, wenn man den Einfluss der Ermüdung auf seine Leistung untersucht. Zwar, dass ein Organ ermüdet und allmählich aufhört, auf Reize mit der ursprünglichen Stärke zu reagiren, ist nicht gerade auffallend und lässt sich ohne Weiteres dadurch erklären, dass die Kraftvorräthe, aus denen es seine Leistung schöpft, verbraucht sind. Aber der Vorgang der Ermüdung beim Muskel stellt sich lange nicht so einfach dar. Wenn man einen ausgeschnittenen Froschmuskel in gleichen Zeitabständen und mit gleicher Reizstärke immer wiederholt reizt, so beobachtet man zuerst, dass die Zuckungshöhe zunimmt. Die Curven, wenn man sie verzeichnet, steigen treppenstufenartig, eine immer höher als die vorhergehende, an, und daher hat auch dies erste Stadium des Ermüdungsverlaufes den Namen der „Muskeltreppe" und des „Treppenphänomens" erhalten. Nach einer wechselnden Zahl von Zuckungen erreicht dies Stadium sein Ende und nun sinkt die Leistung im geraden Verhältniss zur zunehmenden Zahl der Zuckungen bis auf Null ab. Die Gipfel der Curven liegen alle auf einer geradlinig absteigenden Linie. Soweit wäre der Erfolg des Versuches wohl einfach vorauszusagen. Wenn man nun aber kurze Zeit wartet, und dann die regelmässige Reizfolge wieder beginnen lässt, hat der Muskel sich inzwischen „erholt"; er zuckt wieder ebenso stark wie zu Anfang und der ganze Unterschied zwischen der ersten und zweiten Gruppe von Curven ist der, dass die zweite etwas steiler abfällt und daher schneller zu Ende ist. Dies kann man eine ganze Reihe von Malen wiederholen, bis endlich der Muskel auf die Dauer erschöpft ist.

Untersucht man während eines Ermüdungsversuches die Form der Zuckungscurve, so findet man, dass ihr Verlauf (Fig. 69) etwas an Höhe und sehr viel an Steilheit, besonders im absteigenden Ast, verliert. Die ganze Zuckung, insbesondere die Wiederverlängerung des Muskels, verläuft eben in der Ermüdung sehr viel langsamer als beim frischen Muskel. Als eine Vorstufe hierzu kann eine Erscheinung aufgefasst werden, die auch an ganz frischen Muskeln hervortritt, dass sich nämlich der Muskel nach einer kräftigen Zuckung nicht sogleich wieder auf seine ursprüngliche Länge ausdehnt, sondern einen „Verkürzungsrückstand" beibehält, der erst im Laufe von etwa einer Minute allmählich schwindet.

Fig. 69.

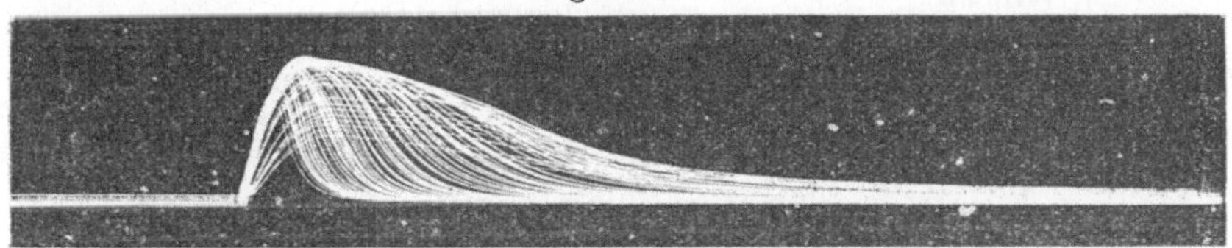

Muskelermüdung. Gastrocnemius des Frosches durch maximale Oeffnungsinductionsschläge im Intervall von 1,5 Sec. bis zur Ermüdung gereizt.

Es sind sehr viele abweichende Formen der Versuchsanordnung angegeben, die sich namentlich in der Schnelligkeit der Reizfolge und in der Dauer der Erholungspausen unterscheiden. Die Erklärung, die man für die geschilderten Vorgänge geben kann, sind zum Theil nicht ganz sicher. Namentlich über das Treppenphänomen herrscht Meinungsverschiedenheit. Man nimmt an, dass die Zersetzungsproducte, die sich im Muskel anhäufen, insbesondere Milchsäure und Kohlensäure, erst als Reiz auf den Muskel wirken und seine Erregbarkeit erhöhen, dann aber, indem ihre Menge zunimmt, die Thätigkeit des Muskels hemmen. Daraus, dass der Muskel sich in einer kurzen Ruhepause erholt, ist mit Sicherheit zu schliessen, dass von einer Erschöpfung des Kraftvorraths nicht die Rede sein kann. Die Erholung lässt sich dagegen recht gut durch die Annahme erklären, dass die Ermüdungsstoffe in der Erholungspause aus dem Muskel oder wenigstens aus den thätigen Elementen ausgeschieden worden sind. Zur Stütze dieser Anschauungen dienen Versuche, in denen Thiere durch Einspritzung des Blutes ermüdeter Thiere, das mit den Zersetzungsproducten der Muskeln gesättigt war, ohne dass sie irgend welche Arbeit geleistet hätten, in den Zustand völliger Ermattung versetzt werden konnten.

Man hat auch am durchbluteten Muskel, der in seiner natürlichen Lage im Körper belassen war, und selbst an Muskeln des lebenden Menschen viele Ermüdungsversuche angestellt. Zu letzterem Zweck wird vor allem der „Ergograph" von Mosso benutzt, in dem der Unterarm einer Versuchsperson so befestigt wird, dass der Mittelfinger allein, vermittelst einer an ihm befestigten Hülse mit einer Schnur, ein Gewicht hebt, dessen Hebung ein Schreibapparat verzeichnet. Man kann auf diese Weise mit sehr grosser Bestimmtheit die Muskelleistung der Mittelfingerbeuger messen, und den Einfluss verschiedener Bedingungen auf die Muskelarbeit untersuchen. Was die Erscheinungen der Ermüdung betrifft, so ist das Ergebniss am durchbluteten Muskel ungefähr dasselbe wie beim ausgeschnittenen Froschmuskel, nur dass der ganze Versuch eine sehr viel grössere Arbeitsleistung umfasst. Es leuchtet ein, dass ein durch den Kreislauf dauernd ernährter, und von Ermüdungsstoffen entlasteter Muskel sehr viel langsamer ermüden muss, als ein ausgeschnittener.

Verschiedene Arten Muskelfasern.

Da soviel von den allgemeinen Eigenschaften der quergestreiften Muskeln die Rede gewesen ist und diese fast ausschliesslich an Froschmuskeln, als an einem allgemein gültigen Beispiel geschildert worden sind, muss ausdrücklich bemerkt werden, dass die quergestreiften Muskeln einander nicht alle vollkommen gleich sind.

Die Muskeln von Frosch und Kröte weisen schon beträchtliche Unterschiede in der Dauer der Zuckung auf. Die Warmblütermuskeln unterscheiden sich von den Froschmuskeln durch noch schnellere Zuckung und grössere Kraft. Aber auch bei einem und demselben Thier sind die Muskeln nicht alle gleichartig, sondern es bestehen histologische und physiologische Unterschiede, die offenbar zu den Verrichtungen der betreffenden Muskeln in Beziehung stehen.

Schon bei der blossen Betrachtung der Musculatur mancher Thiere fällt auf, dass ein Theil der Muskeln blass und fein, der andere roth und grobfaserig erscheint. Bei dem Geflügel, wie es auf die Tafel kommt, ist der Unterschied zwischen weissem und dunklem Fleisch besonders auffällig. Dieser Unterschied im Aussehen beruht darauf, dass, wie man im Mikroskop erkennt, die einzelne Faser der weissen Muskeln heller und dünner, ihre Querstreifung dichter ist als bei den rothen.

Auf ihre Leistung untersucht ist das Latenzstadium und die Zuckungsdauer der blassen Muskeln sehr viel kürzer, ihre Erregbarkeit höher als die der rothen. Die blassen Muskeln finden sich denn auch an solchen Stellen des Körpers, wo vor allem schnelle Bewegung nöthig ist.

Derselbe Unterschied in geringerem Grade besteht auch unter den Muskeln des Frosches, indem sich die Extensoren der Beine merklich schneller zusammenziehen als die Flexoren.

Herzmuskel. Eine besondere Stellung nimmt unter den Muskeln der Säugethiere der Herzmuskel ein, da er die Haupteigenschaften der quergestreiften Muskeln mit einer Anzahl Eigenschaften vereinigt, die sonst nur den glatten Muskeln zukommen. Die Muskelfasern des Herzens haben kein Sarcolemm und gehen durch Abzweigungen vielfach in einander über. Die Zellkerne sitzen nicht, wie bei Skelettmuskeln, aussen in unregelmässigen Abständen, sondern in der Mitte in gleichmässigen Entfernungen, sodass jedem Kern ein eigenes Gebiet zukommt. Die Querlinien, die diese Gebiete scheiden und früher als Zellgrenzen angesehen wurden, werden heute als „Kittstreifen“ angesehen, die die Fibrillen zusammenhalten. Die Querstreifung der Herzmuskelfasern ist dichter als bei den andern quergestreiften Muskeln.

Diesen histologischen Eigenthümlichkeiten entsprechen auch in der Verrichtung des Herzmuskels wesentliche Unterschiede gegenüber den andern quergestreiften Muskeln.

Man findet hier nicht, dass die Stärke der Erregung von der Stärke des Reizes abhängt, sondern jeder überhaupt wirksame Reiz ruft eine maximale Zusammenziehung hervor. Diese Eigenschaft des Herzmuskels wird als das Bowditch'sche „Alles oder Nichts"-Gesetz bezeichnet.

Während der Herzmuskel sich verkürzt, ist er gegen Reizung völlig unempfindlich. Lässt man auf ein Froschherz während der Systole einen Reiz einwirken, so bleibt er völlig wirkungslos. Man nennt diesen Abschnitt der Herzthätigkeit daher „die refractäre Periode" des Herzens.

Trifft unmittelbar nach der refractären Periode, also im Beginn der Erschlaffung ein Reiz ein, so zieht sich der Muskel zwar wieder zusammen, weil aber nach dem „Alles oder Nichts"-Gesetz schon die erste Zusammenziehung maximal war, kann keine Summation stattfinden, sondern die zweite Zusammenziehung erreicht nur dieselbe Höhe, wie sie die erste hatte. Daher kann denn auch unter gewöhnlichen Bedingungen der Herzmuskel nicht in Tetanus gerathen, weil jede folgende Reizung erst zur Geltung kommen kann, nachdem die vorhergehende abgelaufen ist.

Schnell wiederholte Reizungen bringen vielmehr eine ganz andere Erscheinung am Herzen hervor, nämlich das sogenannte „Flimmern". Das Flimmern des Herzens besteht in einer ungeordneten rhythmischen Thätigkeit der einzelnen Muskelbündel.

Während bei der normalen Zusammenziehung die ganze Muskelmasse in bestimmter Ordnung zusammenwirkt und dadurch die systolische Zusammenziehung der Herzkammern hervorbringt, können die einzelnen Muskelbundel, wenn sie sich regellos in schneller Folge verkürzen, keine gemeinsame Wirkung hervorrufen, sondern das Herz verhält sich wie in der Diastole, nur dass man auf der ganzen Oberfläche die schnell wechselnden Zuckungen der einzelnen Muskelbündel als eine „flimmernde" Bewegung wahrnimmt. Eine Zwischenstufe zwischen der normalen Thätigkeit des Herzens und dem Flimmern bildet das sogenannte „Wühlen und Wogen" des Herzens, wobei grössere Theile der Muskelmasse in ungeordneter Thätigkeit begriffen sind.

Die glatten Muskeln.

Die glatten Muskeln bilden, wie oben erwähnt, bei den Säugethieren eine von den quergestreiften scharf getrennte besondere Art contractilen Gewebes. Dieser Unterschied tritt schon darin hervor, dass die glatten Muskeln ausschliesslich unbewussten Bewegungen namentlich der inneren Organe dienen, weshalb sie auch als „organische Muskeln" den „willkürlichen" gegenübergestellt worden sind. In der Thierreihe finden sich allerdings zahlreiche Zwischenformen, doch bestätigt sich auch hier der Unterschied insofern, als die untersten Thierkreise ausschliesslich glatte Muskeln aufweisen, während quergestreifte Muskeln nur bei Wirbelthieren und Arthropoden ausgebildet sind.

Die glatten Muskeln sind ebenso wie die quergestreiften mechanisch, chemisch, thermisch und elektrisch reizbar, ja es kommt noch Reizbarkeit durch Licht hinzu, die wenigstens für die glatten Muskeln der Iris erwiesen ist. In Bezug auf die Erregbarkeit bestehen indessen grosse Unterschiede. Schon *geringe Temperaturänderuugen bilden* nämlich für die glatten Muskeln *wirksame Reize*, sodass, wenn ein Organ, wie etwa die Blase, durch Eröffnen der Bauchhöhle der Abkühlung durch die äussere Luft ausgesetzt wird, es sich in der Regel stark zusammenzieht. Ebenso zieht sich die glatte Musculatur von Kaltblütern, die in kalten Räumen gehalten worden sind, zusammen, wenn sie in einem warmen Zimmer präparirt wird. Gegen elektrische Reize

Fig. 70.

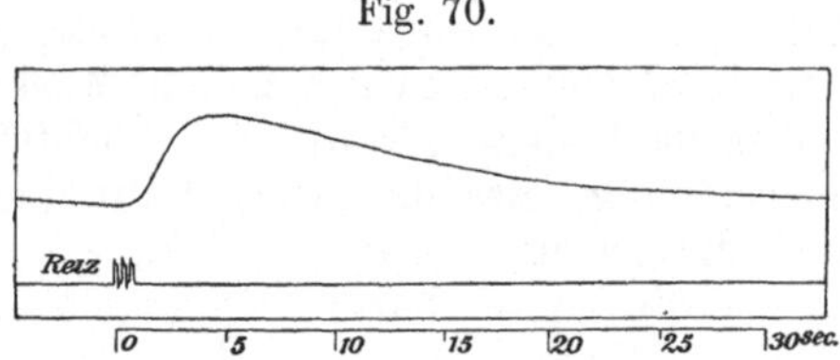

Zuckung des glatten Muskels der Membrana nictitans (nach Lewandowsky).

sind dagegen die glatten Muskeln viel unempfindlicher als die quergestreiften, sodass man viel stärkere Ströme anwenden muss, um sie zu erregen.

Der wesentlichste Unterschied zwischen glatten und quergestreiften Muskeln betrifft die Zeitdauer des Erregungsvorganges. Im Gegensatz zur Zuckung der gestreiften Muskeln sieht man an den glatten immer nur eine verhältnissmässig sehr langsame nachhaltige Zusammenziehung. Auch die Latenzperiode dauert so lange, dass man den Zeitraum zwischen Reizung und Zusammenziehung an der Uhr messen kann. Freilich besteht in dieser Hinsicht zwischen den verschiedenen Arten glatter Muskeln grosse Verschiedenheit. Für den Retractor penis von Säugethieren wird angegeben, dass die Latenzzeit 0,8 Secunden dauert, das Stadium der Verkürzung etwa 20 Secunden, das Stadium der Verlängerung etwa anderthalb Minuten, sodass die Gesammtzuckung rund 2 Minuten dauern kann. Etwas kürzere Zeit ist für die Membrana nictitans im Auge der Säugethiere gefunden worden. Man kann also sagen, dass der *Zuckungsvorgang im glatten Muskel mehr als hundertmal langsamer ist als beim gestreiften.*

In Bezug auf die Dehnbarkeit, die Verkürzungsgrösse und Verkürzungskraft verhält sich der glatte Muskel ähnlich wie der gestreifte, seine absolute Kraft ist aber erheblich geringer.

Ein sehr grosser Unterschied besteht ferner darin, dass der Erregungsvorgang sich niemals auf eine einzelne Stelle beschränkt, sondern sich unter allen Umständen auf die benachbarten Fasern fortsetzt, sodass stets die ganze Masse des Muskels thätig wird. Die Fortpflanzung der Zusammenziehung geschieht allerdings sehr langsam, mit etwa 25 mm in der Secunde, sodass man das Vorschreiten der Contractionswelle mit dem Auge verfolgen kann. In vielen Fällen steht eine solche fortschreitende Contraction der glatten Muskeln zu der Function des betreffenden Organs in Beziehung, so im Darm, im Ureter, wo der Inhalt durch die „peristaltische" Bewegung weiter befördert wird. Diese Bewegung steht jedoch unter dem Einfluss des Nervensystems, und ist deshalb von den Erscheinungen im Muskel selbst zu unterscheiden.

Mitunter wird den glatten Muskeln die Eigenschaft zugeschrieben, ohne äusseren Reiz periodisch oder rhythmisch sogenannte „spontane Contractionen" auszuführen, doch dürfte auch dies in allen Fällen auf Nerventhätigkeit zurückzuführen sein.

Todtenstarre.

Es ist endlich noch eines Vorganges zu gedenken, der zwar streng genommen nicht in den Bereich der Physiologie gehört, der aber zu dem physiologischen Contractionsvorgang in Beziehung gebracht worden ist, nämlich der Todtenstarre der Muskeln. Unmittelbar nach dem Tode eines Thieres verhalten sich die Muskeln noch ganz wie lebende, und man nennt sie in diesem Zustand „Ueberlebende" Muskeln. Eine gewisse Zeit nachher geht jedoch eine Aenderung mit den Muskeln vor. Statt durchsichtig glänzend beginnen sie trübe auszusehen, statt weich und dehnbar fühlen sie sich fest und starr an. Zugleich wird die Reaction der in ihnen enthaltenen Flüssigkeit ausgesprochen sauer. Der Zustand der Starre kann mehrere Tage lang andauern, dann werden die Muskeln wieder weich und schlaff, zugleich pflegt Fäulniss aufzutreten, und die Reaction wird durch Entwicklung von Ammoniakverbindungen alkalisch.

Die Erscheinung der Starre beruht auf der Gerinnung des flüssigen Muskelprotoplasmas. Wenn man Muskeln in heisses Wasser wirft, so dass die Eiweissstoffe gerinnen, gerathen sie in einen ganz ähnlichen Zustand wie bei der Todtenstarre, den man als Wärmestarre bezeichnet. Ein wesentlicher Unterschied ist allerdings, dass bei der Wärmestarre der Muskel nicht sauer ist.

Der Zustand der Starre hat mit dem der Contraction eine äusserliche Aehnlichkeit, weil in beiden Fällen der Muskel hart wird und sauer reagirt. Man hat deshalb die beiden Zustände einander gleichsetzen und die Contraction als eine schnell vorübergehende Gerinnung des Muskelinhaltes auffassen wollen. Für diese Auffassung spricht anscheinend auch noch die Beobachtung, dass, wenn in einem frischen Muskel etwa durch heisses Wasser Gerinnung hervorgebracht wird, der Muskel sich stark verkürzt. Diese Bestätigung ist aber nur scheinbar, denn es ist nicht die Gerinnung, die zur Verkürzung führt, sondern vielmehr der Wärmereiz bringt den noch frischen Muskel zur Zusammenziehung ehe die Gerinnung eingetreten ist. Der Beweis hierfür liegt in der durch unzählige Beobachtungen festgestellten Thatsache, dass beim Eintritt der natürlichen Todtenstarre durchaus keine Verkürzung der Muskeln stattfindet. Beim Absterben erschlaffen zunächst alle Muskeln, und der Körper nimmt in Folge dessen die Stellung an, die durch die elastische Spannung der Muskeln und Bänder, durch seine eigene Schwere und durch die Unterstützungspunkte der Umgebung bedingt ist. Wenn dann die Gerinnung des Muskeleiweisses beginnt, werden die Muskeln starr, *ohne dass sie sich im geringsten verkürzen,* denn in sehr vielen Fällen würde jede Verkürzung eine Bewegung irgend eines Körpertheiles hervorrufen, und es ist nie beobachtet worden, dass Leichen beim Eintritt der Starre ihre Stellung änderten. Es ist vielmehr bezeichnend für das Wesen der Starre, dass sie bei jeder beliebigen Dehnungsstufe eines Muskels auftritt, ohne dass sie seine Spannung ändert.

Das Eintreten der Starre wird durch vorausgegangene heftige Muskelthätigkeit beschleunigt. Bei gehetztem Wild sollen die Muskeln schon eine Viertelstunde nach dem Tode starr werden.

Unter gewöhnlichen Bedingungen befällt die Todtenstarre die Muskeln in einer bestimmten Reihenfolge, die als Nysten'sche Reihe bekannt ist. Zuerst werden die Kaumuskeln und Gesichtsmuskeln und dann in absteigender Folge Nacken, Rumpf, obere und untere Extremitäten starr. Bei Kaltblütern vergeht längere Zeit bis zum Eintritt der Starre, und sie hält auch länger an als beim Säugethier, bei dem sie meist nur einige Stunden dauert.

Specielle Muskelphysiologie oder Bewegungslehre.

Verwendung der Muskeln im Körper. Es ist oben schon angedeutet worden, dass zwischen den glatten und quergestreiften Muskeln in dieser Beziehung insofern ein Unterschied besteht, als die glatten Muskeln sich ausschliesslich in den Organen vertheilt finden. Ihre Wirkung, die sich vorwiegend in der Zusammenziehung der Wände von Hohlräumen äussert, soll erst im Zusammenhang mit der Einwirkung des Nervensystems auf die Organe besprochen werden.

Im Gegensatz zu den glatten, dienen die quergestreiften Muskeln vorwiegend der Bewegung des Knochengerüstes und werden deshalb auch oft als „Skelettmuskeln" zusammengefasst.

Da der ganze Körper seine Gestalt im Wesentlichen durch das Knochengerüst erhält, so ist die Bewegung des Knochengerüstes im Allgemeinen gleichbedeutend mit der Bewegung des ganzen Körpers.

Bau der Knochen.

Beziehung zwischen Form und Function der Knochen. Der Bau des Knochengerüstes ist in so hohem Grade dem Zweck der Bewegungen angepasst, dass wiederholt die Ansicht ausgesprochen worden ist, die Form der Knochen werde ausschliesslich durch ihre Function bestimmt. Um die Unrichtigkeit dieses Satzes nachzuweisen, braucht nur hervorgehoben zu werden, dass das Knochengerüst aller Säugethiere, trotz der grossen Unterschiede in der Bewegungsweise der verschiedenen Arten, den Grundzügen nach dasselbe ist. So haben die Giraffen mit ihrem fast 2 Meter langen Halse, und die Delphine, bei denen Kopf und Rumpf in Eins verschmolzen erscheinen, die gleiche Zahl Halswirbel wie alle anderen Säugethiere, nämlich sieben. Das Grundgesetz für die Entwicklung der Knochenform ist also offenbar die Anlehnung an eine allgemeine Stammform, die zwar umgewandelt und verändert, nie aber ganz verlassen werden kann. So können, wie in der Mittelhand der Hufthiere, einzelne Knochen, die bei anderen Thieren vorhanden sind, ganz verschwinden, andere mit einander zu einem Stück verschmelzen. In vielen solchen Fällen ist der Einfluss der Urform unzweifelhaft nachzuweisen. Die Veränderungen, durch die sich die Knochenformen in jedem Falle an ihre besonderen Verrichtungen anpassen, beeinflussen also erst in zweiter Linie die Entstehung der Knochenformen.

Innerer Bau der Knochen. Die Anpassung betrifft nicht nur die äussere Gestalt, sondern sie ist sogar am allerdeutlichsten im inneren Bau der Knochensubstanz ausgesprochen.

Die Knochen dienen dem Körper theils als Stütze, theils als Schutz. In beiden Fällen erfüllen sie ihre Aufgabe in um so vollkommenerem Maasse, je grössere Festigkeit sie zeigen. Es ist aber nicht für jeden Knochen, und für die einzelnen Knochen nicht in jeder Richtung und in allen Theilen die gleiche Festigkeit erforderlich. Dementsprechend findet man, dass einzelne Theile der Knochen ganz und gar aus geschlossenem Knochengewebe bestehen, während andere nur aus einem schwammähnlichen Gerüst von Knochenbälkchen, der sogenannten Substantia spongiosa, bestehen. Man kann also sagen, dass der innere Bau der Knochen durchaus der Anforderung entspricht, mit einer möglichst geringen Menge Knochensubstanz die grösste Festigkeit in den Richtungen der grössten Beanspruchung herzustellen.

Dies zeigt sich vor Allem darin, dass in den langen Knochen der Gliedmaassen, die auf Biegung beansprucht werden, die Knochenmasse ausschliesslich auf die Wände vertheilt ist, sodass im Innern die Markhöhle frei bleibt. Bekanntlich werden die langen Knochen auch als „Röhrenknochen" bezeichnet. Eine Röhre ist, bei gleicher Querschnittsfläche, stärker als ein voller Stab aus demselben Stoff, die Röhrenform gewährt also bei geringstem Stoffaufwand grössere Festigkeit.

Da, wo die Knochen nicht nur gegen Biegung, sondern gegen Druck und Zug in allerlei verschiedenen Richtungen Widerstand leisten müssen,. wie in den Enden der Röhrenknochen, in den Wirbeln, in den kurzen Knochen der Hand- und Fusswurzel und so fort, nimmt die Knochenmasse dagegen die Form der Spongiosa an. Aber auch das scheinbar regellose Gefüge der Spongiosa richtet sich streng nach der Form der Beanspruchung, der der Knochen Widerstand zu leisten hat. Diese Thatsache ist zuerst an der Spongiosa des oberen Endes des menschlichen Oberschenkels nachgewiesen worden. Da auf dem Gelenkkopf des Oberschenkels das Körpergewicht lastet und der Hals winklig an dem Schaft ansetzt, werden Schaft und Hals einseitig auf Biegung beansprucht. Die Knochenbälkchen in der Spongiosa des Oberschenkels sind nun nicht gleichförmig und auch nicht regellos vertheilt, sondern sie vereinigen sich zu bestimmten, deutlich ausgesprochenen Linienzügen, die zu der Grösse und Form der Beanspruchung eine unverkennbare Beziehung haben.

Wenn ein fester Körper unter dem Einflusse einer Last seine Form ändert, so geschieht das, indem er an einigen Stellen zusammengedrückt, an anderen ausgedehnt wird. Wenn zum Beispiel ein an beiden Enden aufliegender Balken in der Mitte belastet wird, und sich nach unten biegt, entsteht die Biegung eben dadurch, dass die oberen Schichten sich verkürzen, während die unteren sich verlängern. Nur eine einzige in der Mitte liegende Schicht des Balkens behält ihre Länge bei, man nennt sie „die neutrale Zone". In ähnlicher Weise wird jeder nachgiebige Körper von beliebiger Gestalt seine Form verändern, wenn äussere Kräfte auf ihn einwirken.

Um sich diese Formveränderungen genau vor Augen stellen zu können, kann man sich den ganzen Körper als aus kleinen elastischen Kugeln zusammengeleimt denken, dann wird im Allgemeinen bei jeder Formveränderung jede der Kugeln sich in ein Ellipsoid verwandeln, indem sie in einer Richtung in die Länge gezogen, und in Folge dessen in den beiden darauf senkrechten Richtungen abgeplattet wird. Die Richtungen der grössten Längsausdehnung und die der grössten Abplattung bilden nun in dem ganzen Körper bestimmte Linienzüge, die man die „Curven des grössten Zuges" und die „Curven des grössten Druckes", oder schlechthin „Zug- und Druckcurven" nennt. Die Zug- und Druckcurven, die bei einem nachgiebigen Körper aus der Formveränderung zu erkennen sind, stellen für einen festen Körper, der durch die Last nicht verbogen wird, die Curven der Beanspruchung vor.

Wenn man nun die Curven der Beanspruchung auf Zug und Druck in einen Körper von der Form des menschlichen Ober-

Fig. 71.

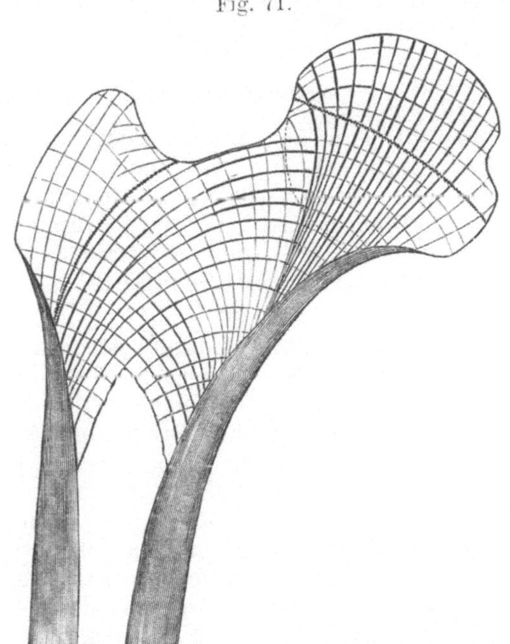

Architectur der Spongiosa des Oberschenkels nach J. Wolff.

schenkels hineinzeichnet und dabei die absolute Grösse des an verschiedenen Stellen herrschenden Zuges und Druckes dadurch andeutet, dass die Zahl der auf gleiche Räume fallenden Linien zunimmt, so erhält man ein System von Curven, das ganz genau mit dem System der Balkenzüge in der natürlichen Spongiosa zusammenfällt.

Der Mathematiker Culman soll diese Uebereinstimmung bewiesen haben, indem er seinen Schülern, ohne ihnen von dem Zusammenhange etwas zu sagen, die Aufgabe stellte, die Zug- und Druckcurven für einen Körper aufzuzeichnen, dessen Gestalt und Belastungsweise den Verhältnissen des menschlichen Oberschenkels entsprach. Als man nachher die Zeichnung neben einen Frontalschnitt des Oberschenkels legte, stimmten die Richtungen der Curven mit denen der Knochenbälkchen völlig überein.

Wenn am Oberschenkelkopf gerade durch die Einseitigkeit der Beanspruchung die Spongiosabälkchen eine besonders auffällige Anordnung zeigen, so ist die Anpassung der Knochenform an die Be-

anspruchung doch nicht weniger vollkommen in all den Fällen, in
denen es sich um gleichförmige Belastungen handelt. Schon die
neutrale Zone des Oberschenkelkopfes, die einen gekrümmten
sagittalen Schnitt darstellt, zeigt ein ganz gleichmässiges Netzwerk
kopffusswärts und sagittal laufender Bälkchen. Das untere Ende
des Femur, und die beiden Enden der Tibia, die säulenartig zu
tragen haben, sind aus einem gleichförmigen Gerüst von lothrechten
und wagerechten Bälkchen gebaut. Das Fersenbein zeigt fächer-
förmig ausstrahlende Bälkchenzüge, die die Belastung vom Sprung-
bein her auf die untere Fläche vertheilen.

Gelenklehre.

Knochenverbindungen. Die einzelnen anatomisch und ent-
wickelungsgeschichtlich zu unterscheidenden Knochen sind theils
durch feste Verbindungen, Knochennaht, Synchondrose, Symphyse,
theils beweglich zusammengefügt. Für die Bewegungslehre kommen
nur die beweglichen Verbindungen in Betracht. Diese sind einzutheilen in die Bandverbindung, Synarthrosis, und die Gelenk-
verbindung, Diarthrosis im weiteren Sinne.

Synarthrose. Die Bandverbindung besteht in der Vereinigung
zweier Knochen durch Bänder (Syndesmosis und Symphyse) oder
durch Knorpel (Synchondrosis). In beiden Fällen ist die Beweglichkeit um so grösser, je schmäler und länger die Verbindung. Wenn die Bandmassen eine grössere Ausdehnung erreichen, und bei der Knorpelverbindung überhaupt, ist die Beweglichkeit nicht nur eingeschränkt, sondern es kann Bewegung nur
gegen den elastischen Widerstand der Bänder oder des Knorpels
stattfinden. Die so verbundenen Knochen haben also eine ganz
bestimmte Ruhelage gegeneinander, aus der sie nur unter der
Einwirkung grösserer Kräfte abgelenkt werden.

Beispiele hierfür bilden die Knorpelverbindungen der Rippen mit dem
Brustbein, deren Elasticität bei den Athembewegungen in Betracht kommt, und
die Bandscheiben zwischen den Wirbelkörpern.

Diarthrose. In den eigentlichen Gelenken stossen die Knochen
mit überknorpelten Flächen aneinander. Die Berührungsstelle ist
durch die sogenannte Gelenkkapsel abgeschlossen, die mit einer
schlüpfrigen Flüssigkeit, Gelenkschmiere, Synovia, erfüllt ist, und
die Knochen sind in der Regel an einzelnen Stellen durch Gelenk-
bänder mit einander verbunden. Es besteht also eine Beweglichkeit, die durch die Gestalt der Gelenkflächen und die Form der
Bandverbindung beschränkt, aber innerhalb der dadurch gegebenen
Grenzen völlig frei ist, das heisst, die Knochen können innerhalb
der betreffenden Grenzen jede Lage einnehmen, auch ohne dass
irgend welche äusseren Kräfte auf sie einwirken.

Im Allgemeinen reicht die Verbindung durch ein Gelenk an
sich nicht aus, zwei Knochen in festem Zusammenhang zu halten.
Der feste Schluss der Gelenkfläche aufeinander wird vielmehr

erst durch den Zug der Muskeln hervorgebracht, die die Knochen gegen einander drücken.

Die Gebrüder Weber glaubten den Zusammenhang der Knochen in den Gelenken auf die Wirkungen des Luftdruckes zurückführen zu müssen, weil sie nachweisen konnten, dass der Oberschenkelkopf in seiner Pfanne haftet, auch wenn alle Weichtheilverbindungen durchschnitten sind, und dass er leicht hinausgleitet, wenn die Pfanne angebohrt ist, sodass Luft in die Gelenkspalte treten kann. Normalerweise kann jedoch diese Wirkung des Luftdrucks nicht zur Geltung kommen, weil der Oberschenkelkopf nicht aus der Pfanne zu rücken strebt, sondern vielmehr dauernd an die Pfanne angedrückt wird.

Verschiedene Form der Gelenke. Unter der Voraussetzung, dass zwei Knochen mit ihren Gelenkflächen dauernd gegen einander gepresst werden, ist die Beweglichkeit der beiden Knochen gegen einander von der Form der Gelenkflächen abhängig.

Amphiarthrose. Stossen zwei Knochen mit ebenen Flächen gegeneinander, so können sie gleitend aufeinander verschoben werden, können aber keine Winkelbewegung gegeneinander machen, ohne dass die Flächen auseinanderklaffen. Sind die Flächen nicht eben, sondern unregelmässig gewölbt und passen genau aufeinander, so ist weder Gleiten noch Winkelbewegung möglich, ohne dass die Flächen klaffen. Es giebt nun eine grosse Zahl Gelenke, die eine solche Flächenform zeigen und bei denen der Zusammenhang der Knochen noch durch allseitige straffe Bandverbindung verstärkt ist. Bewegung ist in diesen Gelenken nur dadurch möglich, dass die Knorpelflächen ihre Gestalt ändern, und die Bänder sich elastisch dehnen. Man bezeichnet daher auch diese Gelenke als „Gelenke mit unbestimmter Bewegungsform" oder „Wackelgelenke", Amphiarthrosen. Die Amphiarthrosen sind vom Standpunkte der Bewegungslehre den Synarthrosen völlig gleichzustellen. Insbesondere haben die durch Wackelgelenke verbundenen Knochen ebenso wie die durch Knorpel oder Bänder verbundenen eine bestimmte Ruhelage. Auch anatomisch ist die Unterscheidung zwischen Amphiarthrosen und Synarthrosen, die sich darauf gründet, dass die Amphiarthrosen eine Gelenkspalte aufweisen, in vielen Fällen nicht streng durchzuführen, da die Gelenkspalte während der Entwicklung bestehen und im Alter verschwinden kann.

Scharniergelenk. Hat von den Gelenkflächen die eine die Form eines Cylinders, die andere die eines Hohlcylinders, so können die Flächen in der Richtung der Axe des Cylinders und in der Querrichtung aufeinander gleiten. Hat die Cylinderfläche eine ringsumlaufende Furche, „Leitfurche", in die ein entsprechender Vorsprung der Hohlcylinderfläche eingreift, so ist die Längsverschiebung ausgeschlossen, und die beiden Flächen können sich nur in der Richtung quer zur Axe des Cylinders, also längs der Leitfurche, aufeinander verschieben. Zwei Knochen, die mit so gestellten Flächen gegeneinander stossen, können also nur um die Axe des Cylinders gegeneinander Winkelbewegungen machen. Das Gelenk stellt ein Scharnier dar, das Bewegungen um eine feste Axe in der darauf senkrechten Ebene gestattet. Wesentlich ist für diese Form des Gelenks, dass an beiden Endflächen des Cylinders starke *Seitenbänder* vorhanden sind, die ein seitliches Wackeln der Knochen gegeneinander verhindern.

Kugelgelenk. Hat der eine Knochen die Gestalt einer Kugel, die von einer genau entsprechenden Höhlung des andern Knochens umschlossen wird, so kann er sich um den Mittelpunkt der Kugel, der seine Lage beibehält, in allen Richtungen drehen. Diese allseitige Beweglichkeit kann man, um die Bewegungen im Einzelnen genauer zu verfolgen, in Bewegungen um drei aufeinander senkrechte Axen auflösen. Zwischen den drei Axen, die bei dieser Betrachtung angenommen werden und der Einen Drehungsaxe des Cylindergelenks besteht der Unterschied, dass *die Lage der Einen Axe durch die Flächenform gegeben* ist, während beim Kugelgelenk die Lage der Axen ganz *nach Belieben angenommen* werden kann. Man pflegt eine der Axen in die Längsrichtung des Knochens zu legen, und die Drehung um diese Axe als *Rollung, Rotation* zu unterscheiden.

Drehgelenk. Schraubengelenk. Scharniergelenk und Kugelgelenk zeichnen sich dadurch aus, dass ihre Flächenform zu der Bewegung in bestimmter Beziehung steht, und sich gewissermaassen rein geometrisch daraus ableiten lässt. Es giebt nun noch eine Reihe anderer Gelenkformen, bei denen der Zusammenhang zwischen Bewegung und Flächenform nicht so einfach ist und die zum Theil überhaupt nicht nach der Flächenform, sondern nach anderen Merkmalen unterschieden werden. So pflegt man Gelenke mit cylindrischer Fläche, wenn die Axe des Cylinders nicht quer auf der Längsaxe des bewegten Knochens steht, sondern in die Richtung des Knochens fällt, als „Drehgelenke" oder „Zapfengelenke" zu bezeichnen. Ein ausgeprägtes Drehgelenk ist die Verbindung des Radiusköpfchens mit Ulna und Humerus.

Aus dem Cylindergelenk oder dem Drehgelenk entsteht, wenn eine schrägverlaufende Leitfurche vorhanden ist, das „Schraubengelenk". Hiervon bieten das Talocruralgelenk und das Atlantoepistrophealgelenk der Hufthiere schöne Beispiele.

Eigelenk. Sattelgelenk. Ein Mittelglied zwischen Kugelgelenk und Cylindergelenk bildet das „Eigelenk", das durch einen länglichrunden Kopf in einer entsprechenden Pfanne gebildet wird. Bei dieser Gelenkform versagt die streng geometrische Betrachtung, denn ein länglich runder Körper kann in dem entsprechenden Hohlkörper nur um seine Längsaxe gedreht werden, das Eigelenk ist aber allseitig beweglich. Die Beweglichkeit beruht hier eben darauf, dass ein aus nachgiebigem Knorpel geformtes Gelenk sich nicht genau nach den geometrischen Eigenschaften seiner Flächenform zu richten braucht.

Aehnlich ist es beim „Sattelgelenk", dessen Flächenform etwa der Berührungsstelle zweier in einander hängender Kettenringe zu vergleichen ist, sodass bei ungenauem Schluss der beiden Flächen allseitige Beweglichkeit besteht.

Spiralgelenk. Als eine besondere Gruppe können diejenigen Gelenkformen betrachtet werden, bei denen neben der Form der Flächen die Bänder auf die Bewegungsform bestimmend einwirken. Es sei hier zunächst darauf hingewiesen, dass ein Cylinder mit Leitfurche die Form einer Sattelfläche darstellt, und dass also Sattelgelenk und Scharniergelenk nach der Flächenform nicht unterschieden werden können. Maassgebend für den Unterschied sind die Seitenbänder des Scharniergelenks, die seitliche Bewegung ausschliessen.

Das sogenannte „Spiralgelenk" wird beschrieben als eine Abart des Cylindergelenks, bei dem die Cylinderform so verändert ist, dass sie auf dem Querschnitt nicht eine gleichförmige Kreiskrümmung, sondern vielmehr eine Spirallinie zeigt, das heisst, dass sie sich von der angenommenen Cylinderaxe an ihrem Ende weiter entfernt als an ihrem Anfang. Die Condylen des menschlichen Femur bilden in ihrem hinteren Theile Abschnitte einer Cylinderfläche, die nach vorn mit abnehmender Krümmung, also spiralig, in die Endfläche des Femur übergeht. Die Seitenbänder des Knies sind nun am Femur etwa an der Stelle angeheftet, die der Cylinderaxe entspricht und folglich müssen sie, je mehr das Bein gestreckt wird, desto stärker angespannt werden, weil der vordere Theil der Gelenkflächen, in Folge ihrer Spiralform, weiter von der Axe abliegt.

Wechselgelenk. Aehnlich wie hier die Spiralform der Flächenkrümmung wirkt die Schraubenform des Atlantoepistrophealgelenks bei den Hufthieren. Wenn der Kopf aus der seitlich nach rechts oder links gewendeten Stellung in die Mittellage gebracht wird, gleitet der Atlas auf der Schraubenfläche des Epistropheus in die Höhe, und das Band zwischen Zahnfortsatz und Hinterhauptbein wird angespannt. Daher schnappt das Gelenk, sobald es losgelassen wird, in die seitlich verdrehte Stellung zurück. Man nennt diese Art Gelenke, die aus einer Stellung federnd in die andere Stellung schnellen, „Wechselgelenke".

Aehnlich, aber etwas verschieden, verhalten sich Ellenbogen- und Fussgelenk beim Pferde. Die Flächenform ist in beiden Fällen die eines Cylinder-, oder genauer gesprochen, Schraubengelenks, aber die Form der Bandverbindung macht auch diese Gelenke zu ausgesprochenen Wechselgelenken. Die Bänder sind nämlich so angeheftet, dass sie sich bei einer mittleren Beugestellung der Gelenke anspannen und von da ab nur durch eine gewisse Kraftanwendung weiter gebeugt werden können. Sie schnellen daher, sobald sie bis auf einen gewissen Grad der Beugung gebracht sind, durch die Federkraft der gespannten Bänder selbstthätig in die volle Beugestellung. Ebenso können die Gelenke aus der mittleren Beugestellung in die Streckstellung schnellen.

Ginglymarthrodie. Aehnlich verhält es sich mit der sogenannten Ginglymarthrodie, einer Gelenkform, die an der Basis der Finger des Menschen vorkommt. Die Form der Gelenkfläche wird als die einer Kugel beschrieben, die palmarwärts in eine Cylinderfläche übergehen soll, wovon auch die Bezeichnung Ginglymarthrodie herrührt. In Wirklichkeit ist aber die Flächenform eine rein sphärische, und das Gelenk erhält seine eigenthümliche Bewegungsweise hauptsächlich durch die excentrische Anheftung der *Seitenbänder*. Diese spannen sich in der Beugestellung des Gelenks an und verhindern dann die seitliche Bewegung, während sie in gestreckter Stellung möglich ist. Hier, wie beim Sattel- und Eigelenk, ist auch Rotation möglich, aber es sind keine Muskeln vorhanden, die eine Rotationsbewegung hervorrufen können.

Doppelgelenk. Endlich sind noch die „Doppelgelenke" zu nennen, nämlich solche Gelenke, in denen zwischen die beiden mit einander verbundenen Knochen eine Knorpelscheibe eingeschaltet ist. Die Beweglichkeit der Gelenke wird dadurch erheblich vergrössert, da sich einerseits der Knorpel auf der Gelenkpfanne und zweitens der Gelenkkopf auf dem Knorpel verschieben kann. Man kann auch solche Gelenkverbindungen als Doppelgelenke auffassen, bei denen ein kurzes Knochenstück zwischen zwei längere Gliedabschnitte eingeschaltet ist, sofern zu dem betreffenden Zwischenstück nicht Muskelsehnen hinziehen, die ihm eine eigene Beweglichkeit, unabhängig von seiner Rolle als Zwischenstück zwischen zwei Gelenken ertheilen. In diesem Sinne können die Gelenke an Hand- und Fusswurzel als Doppelgelenk betrachtet werden.

Combinirtes und zusammengesetztes Gelenk. Als „combinirte Gelenke" bezeichnet man solche Gelenkverbindungen, die sich an verschiedenen Stellen eines und desselben Knochens befinden und deshalb gemeinsam bewegt werden. Bezeichnende Beispiele hierfür bilden die Verbindungen zwischen Radius und Ulna am Ellenbogen und am Handgelenk des Menschen, die bei der Pronation und Supination stets beide zugleich in Thätigkeit sind.

Der Begriff des „zusammengesetzten Gelenks", in dem zwei verschiedene Bewegungsmechanismen innerhalb derselben Gelenkkapsel liegen, hat nur anatomische Bedeutung. Für die Bewegungslehre ist es gleichgültig, ob die Bewegung in anatomisch getrennten oder in zusammengesetzten Gelenken vor sich geht.

Umfang und Hemmung der Gelenkbewegung. Die vorstehenden Angaben über die verschiedenen von den Anatomen unterschiedenen Gelenkformen gestatten nur einen oberflächlichen Einblick in die Gelenkmechanik. An fast jedem einzelnen Gelenk finden sich besondere Abweichungen von den angeführten Formen, sodass auch fast jedem Gelenk eine besondere Bewegungsweise eigen ist.

Ausser der blossen Form der Gelenkbewegung, die nach dem Vorstehenden in vielen Fällen von der Flächengestalt abhängt, ist bei der Bewegung jedes Gelenks noch der „Umfang" der Bewegung zu beachten, das heisst, die Winkelgrössen, innerhalb deren die betreffenden Bewegungen möglich sind. Der Umfang der Bewegungen hängt ab von den Hemmungen, die der Gelenkbewegung ein Ziel setzen, und deren man drei Arten als Knochen-, Bänder- und Muskelhemmung unterscheidet.

Die Knochenhemmung beruht darauf, dass Knochentheile aufeinander treffen und weitere Bewegung durch ihr Zusammenstossen hindern. Als Beispiel kann genannt werden das Zusammenstossen der Zahnreihen bei Bewegung des Unterkiefers, das Anschlagen der Ferse an die Tubera ischii bei der Beugung der Kniee und andere mehr.

Die Bänderhemmung dürfte im lebenden Körper eine viel geringere Rolle spielen als ihr nach den Untersuchungen an Präparaten zugeschrieben wird, und zwar deswegen, weil sie stets durch Muskelhemmung unterstützt wird. Beispiele sind die Hemmung des Knie- und des Ellenbogengelenks, durch die die Ueberstreckung verhindert wird.

Endlich die Muskelhemmung besteht darin, dass die normalen Grenzen der Beweglichkeit durch die Gewöhnung der Musculatur bestimmt werden. Wenn eine Bewegung, für die keine bestimmte Knochen- oder Bänderhemmung besteht, wie etwa die Biegung der Wirbelsäule, eine gewisse Grenze erreicht hat, spannen sich Muskeln an und hindern die weitere Biegung.

Die Erklärung für diesen Vorgang wird in dem Abschnitt über die Beziehungen des Nervensystems zur Körpermusculatur gegeben werden. Der Beweis, dass die lebenden Muskeln auf diese Weise hemmend einwirken, beruht auf zwei Thatsachen: Erstens kann durch Uebung die Gelenkigkeit sehr beträchtlich erhöht werden, wofür die sogenannten Schlangenmenschen hervorragende Beispiele sind. Zweitens lässt sich zeigen, dass an der Leiche, bei der natürlich die Muskelhemmung wegfällt, stets eine abnorme Beweglichkeit besteht. Man sagt, dass der berühmte Bildhauer Michel Angelo, indem er nach Studien an der Leiche modellirte, seinen Bildwerken Stellungen gegeben habe, die beim Lebenden unerträgliche Muskelspannungen verursachen würden.

Der Muskelhemmung kommt eine um so grössere Bedeutung zu, als sie ganz allgemein die Bänderhemmung unterstützt. Man darf sagen, dass die Muskelhemmung eben nur ein Fall der noch allgemeineren Thatsache ist, dass *sämmtliche Gelenkbewegungen dauernd durch die Muskeln geregelt und beherrscht werden.* Die Gelenke und Bänder reichen nicht entfernt hin, die Knochen zu einem festen Gerüst zusammenzuhalten, vielmehr wird nur durch die Anspannung der Sehnen, die über die Gelenke hinwegziehen, Schlottern oder gar Verrenkung verhindert. Daher können auch die Muskeln niemals vereinzelt thätig sein, sondern müssen stets in grösseren Gruppen gemeinsam arbeiten.

Bewegung der Knochen durch Muskeln.

Um die Wirkungsweise der Muskeln bei der Bewegung des Körpers kennen zu lernen, empfiehlt es sich, zunächst von vereinfachenden Annahmen auszugehen. Man kann sich das Knochengerüst als ein festes Gestell denken, das dann einzelne Muskeln als Zugstränge in Bewegung setzen. Man muss sich dabei aber stets vor Augen halten, dass diese vereinfachende Betrachtung von den wirklichen Verhältnissen in vielen Punkten abweicht. In Wirklichkeit sind die Gliedmaassen nur lose aneinander gehängt, die Gelenke haben unregelmässige Form, die Muskeln sind sehr zahlreich, ziehen grösstentheils über mehrere Gelenke fort, greifen oft mit breiten Sehnen nicht an der Längsaxe des Knochens, sondern an Vorsprüngen an und so fort.

Durch alle diese Umstände wird die Muskelmechanik zu einem äusserst schwierigen Gebiet. Um zu richtigen Anschauungen zu gelangen, können die allgemeinen Lehrsätze der Mechanik nur als Richtschnur gelten, und es müssen in jedem einzelnen Fall die besonderen anatomischen Bedingungen berücksichtigt werden.

Man kann die vereinfachten Verhältnisse der Muskelbewegung besser an Modellen als an Beispielen aus der Wirklichkeit darstellen. Die beiden folgenden Figuren zeigen, wie der Zug eines Ellenbogenbeugers, unter der Voraussetzung, dass Ellenbogengelenk und Schultergelenk ihre Lage im Raum nicht ändern, auf den Unterarm als auf einen einarmigen Hebel wirkt.

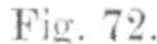

Fig. 72.

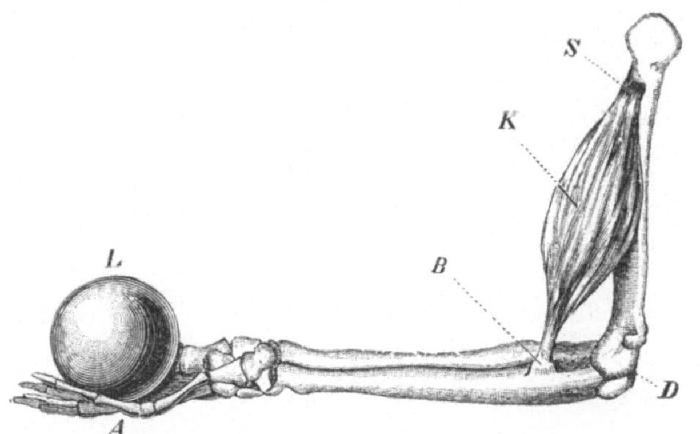

Hebelwirkung eines Muskels am Knochen (schematisch).

Man sieht, dass der Muskel K an dem sehr kurzen Hebelarm BD angreift, um die an dem langen Hebelarm wirkende Last L zu heben. Diese Anordnung ist für die Muskeln der Gliedmaassen die Regel, die Muskeln müssen also, um an dem Ende der Gliedmaassen eine bestimmte Kraftäusserung zu erreichen, auf ihren Ansatzpunkt, der einen viel kürzeren Hebelarm darstellt, eine viel grössere Kraft ausüben. Dies könnte unzweckmässig scheinen, doch ist zu bedenken, dass, was der Muskel an Kraft mehr aufwenden muss, an Geschwindigkeit der Bewegung gewonnen wird, denn für jeden Millimeter, um den sich der Muskel verkürzt, muss in derselben Zeit die Hand den sechsfachen Weg machen. Ueberdies würden die Muskelbäuche, wenn sie etwa am menschlichen Arme, um grössere Kraft zu erreichen, weiter unten in der Nähe des Handgelenks angriffen, den Arm zu einer unförmlichen und schwerfälligen Masse machen.

Schräger Zug des Muskels. Aus dem Vergleich des Muskels mit einem an einem Hebel ziehenden Faden kann man weiter die Beziehungen zwischen der Richtung des Muskelzuges und der Grösse seiner Wirkung ableiten.

Auf der Figur 73 ist der Zug des Fadens senkrecht zum Hebel dargestellt. Es leuchtet ein, dass, wenn der Hebel um etwa 45° abwärts gedreht würde, der Faden nunmehr in schräger Richtung am Hebel angreifen würde. Ebenso greift auch der Muskel K auf der Figur 70 in B schräg am Unterarm AD an. Solch ein schräger Zug, der in Wirklichkeit in den allermeisten Fällen besteht, lässt sich nach der Lehre vom Kräfteparallelogramm als Resultante zweier Componenten auffassen, von denen die eine in die Richtung BD fällt,

die andere in B senkrecht zu BD wirkt und folglich die Last L zu heben
strebt. Es kommt also bei schrägem Zuge nur ein Theil der ganzen Kraft des
Muskels für die Bewegung der Last in Betracht, denn da die erstgenannte
Componente in der Richtung BD fällt, ist ihre einzige Wirkung, den Unter-
armknochen gegen das Ellenbogengelenk anzudrücken. Der Antheil des Muskelzuges, der auf diese Weise für die Bewegung unwirksam wird, ist um so
grösser, je spitzer die Winkel, den die Richtung des Muskelzuges mit dem
Knochen bildet. Theoretisch würde die Richtung des Muskelzuges bei völliger
Streckung mit der des Knochens übereinstimmen, und der Muskel würde dann
den Unterarm überhaupt nicht mehr zu beugen, sondern ihn nur gegen den
Ellenbogen zu drücken streben. Dagegen wirkt die Kraft des Muskels, wenn
er im rechten Winkel an dem Knochen angreift, in ihrer ganzen Grösse rein
beugend, ohne dass irgend ein Theil als seitliche Componente fortfällt.

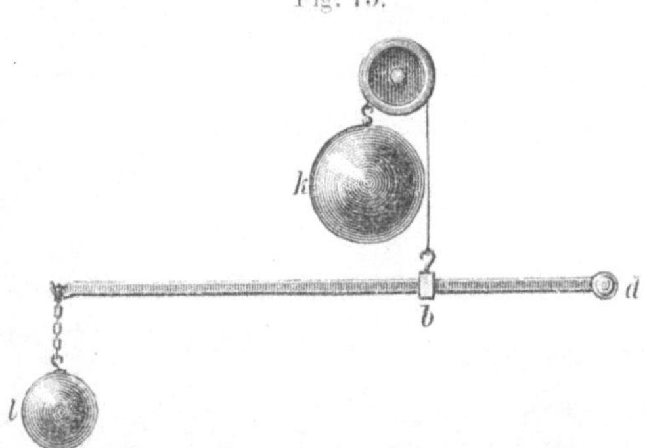

Fig. 73.

Einarmiger Hebel. Der Hebelarm der Kraft k, b d, ist kürzer als der der Last l. l d.

Die Betrachtung lässt sich auch auf den Fall ausdehnen,
dass ein Knochen durch Muskeln bewegt wird, die von Punkten
herkommen, die nicht senkrecht über dem Knochen, sondern seitlich im Raume neben der Bewegungsebene des Knochens gelegen
sind. Ein solcher seitlicher Zug lässt sich Allgemeinen in drei
aufeinander senkrechte Componenten zerlegen, von denen zwei in
der Bewegungsebene liegen, und sich wie die beiden oben besprochenen verhalten, während die dritte, senkrecht auf die
Bewegungsebene, den Knochen seitlich aus der Bewegungsebene
herauszudrehen strebt.

Muskelzug im lebenden Körper. Die vorstehenden Sätze,
die für die vereinfachten Bedingungen des Modells streng zutreffen,
gelten im Allgemeinen auch für den Muskel im lebenden Körper.
Thatsächlich ist die Zugkraft der Muskeln am grössten, wenn sie
rechtwinklig an dem zu bewegenden Knochen angreift.

In vielen Punkten weichen aber die Bedingungen, unter denen die Zugkraft der Muskeln in Wirklichkeit thätig ist, von denen des Modelles ab. Der
Zug des Muskels entspricht nicht dem eines gerade gespannten Fadens, sondern
durch die Dicke des Muskelbauches und der Sehne, und durch Knochenvor-
sprunge, über die die Sehne gleitet, wird die Richtung des Zuges verändert.
Wenn der Arm völlig gestreckt ist, liegt beispielsweise die Sehne des Biceps
in der Ellenbogenbeuge auf der Rolle des Oberarmknochens und geht steil in
die Tiefe auf die Tuberositas radii zu, auf die sie fast in rechtem Winkel trifft.
Da auch für die übrigen Armbeuger ähnliche Verhältnisse bestehen, ist die

Kraft, mit der sie auf den völlig gestreckten Arm wirken, durchaus nicht gleich Null, wie es beim Modell der Fall ist, sondern schon ungefähr halb so gross wie die maximale Kraft, die sie bei rechtwinkliger Beugung erreichen.

Uebrigens ist im Auge zu behalten, dass nach dem im vorigen Abschnitt angeführten Schwann'schen Gesetz die Contractionskraft der Muskeln mit zunehmender Verkürzung geringer wird. Die Kraft des Muskelzuges ist also bei jeder Stellung des Knochens nicht nur von der Richtung des Zuges, sondern auch von dem Verkürzungsgrade des Muskels abhängig. Die Richtung des Zuges kann bei manchen Muskeln, die etwa, wie der Pectoralis major, einen breiten Raum einnehmen, garnicht bestimmt werden, weil einige Fasern sehr schräg, andere gleichzeitig senkrecht zu dem bewegten Knochen gerichtet sein können.

Aus allen diesen Angaben geht hervor, dass auch in dem einfachsten Fall, dass ein einzelnes um eine feste Gelenkaxe bewegliches Glied durch einen einzigen Muskel bewegt wird, die in Wirklichkeit vorhandenen Bewegungsbedingungen so verwickelt sind, dass die für vereinfachte Modelle gültigen Lehrsätze der Mechanik nur in gröbster Annäherung auf sie angewendet werden können.

Als praktische Regel, die für die meisten Fälle zutrifft, kann festgehalten werden, dass die Kraft, die ein Muskel entfaltet, im Allgemeinen um so grosser ist, je stärker der Muskel, je näher die Zugrichtung an dem rechten Winkel, und je weniger der Muskel schon verkürzt ist.

Bewegung mehrerer Gelenke. Die grössten Schwierigkeiten der physiologischen Mechanik beginnen aber erst, wenn man von dem bisher ausschliesslich betrachteten Fall, dass ein einzelnes Glied durch einen Muskel um eine feste Gelenkaxe bewegt wird, absieht und sich den thatsächlich vorliegenden Verhältnissen zuwendet.

Um bei dem obigen Beispiel der Bewegung des Unterarmes zu bleiben, so liegt ein sehr wesentlicher Unterschied zwischen den bisher erörterten Bedingungen und der Wirklichkeit darin, dass das Ellenbogengelenk in Wirklichkeit nicht feststeht, sondern durch die Beweglichkeit des Oberarmes in der Schulter selbst beweglich ist. Die dadurch gegebene Beweglichkeit kann man sich am besten vor Augen stellen, wenn man sich den Arm vom Körper völlig getrennt etwa auf Quecksilber schwimmend denkt. Ziehen sich nun die Ellenbogenbeuger zusammen, so ist klar, dass Oberarm und Unterarm sich zugleich bewegen. Dieselbe Wirkung der Ellenbogenbeuger auf den Oberarm bleibt bestehen, wenn der abgeschnittene Arm mit dem Oberarmkopf in einer Gelenkpfanne befestigt ist. Bei der Contraction der Ellenbogenbeuger dreht sich dann der Oberarm in seiner Pfanne rückwärts, während der Unterarm im Ellenbogen sich vorwärts bewegt. Ganz ebenso in entgegengesetzter Richtung bewegen sich beide Theile des Armes bei Streckung des Ellenbogens.

Diese Angaben führen zu zwei wichtigen Sätzen, die als Grundlage der neueren physiologischen Mechanik festzuhalten sind.

1. Der Zug eines Muskels wirkt immer in genau gleicher Stärke in entgegengesetzter Richtung auf den Ursprungspunkt und auf den Ansatzpunkt des Muskels.

Die Unterscheidung von Ursprung und Ansatz, wie sie in der Anatomie hergebracht ist, ist rein formell und hat keinerlei thatsächliche Bedeutung.

2. Die Muskeln bringen unmittelbar Bewegungen der Knochen hervor und können dadurch mittelbar Gelenke bewegen, über die sie nicht hinwegziehen.

Dieser Satz gilt ganz allgemein, sodass nicht etwa bloss, wie oben angegeben, die Ellenbogenmuskeln die Schulter bewegen, sondern auch die Schultermuskeln den Ellenbogen, die Hüftmuskeln das Knie, die Kniemuskeln die Hüftgelenke und so fort.

Um dies anschaulich zu machen, seien als Beispiele einige Bewegungen angegeben, aus denen zugleich die Wichtigkeit der Sätze hervorgeht. Wenn ein Mensch oder ein Affe sich an den Händen etwa an einem Ast emporzieht, so bewegt er dabei Ellenbogengelenk und Schultergelenk. Denn der Oberarm, der anfänglich emporgestreckt war, ist am Schluss der Bewegung nach fusswärts gerichtet. Denkt man sich sämmtliche Muskeln, die vom Rumpf zum Oberarm gehen, entfernt, sodass nur die Ellenbogenbeuger bei der Bewegung thätig sein können, so wird der Körper zwar nicht völlig emporgezogen werden können, es wird aber zur spitzwinkligen Beugung des Armes kommen, und dabei wird eine Bewegung im Schultergelenk erfolgen, die durch die Ellenbogenmuskeln bewirkt ist. Denkt man sich umgekehrt die Ellenbogenmuskeln entfernt, so ist klar, dass die Schultermuskeln allein, indem sie den Oberarm aus der kopfwärts emporgestreckten in die fusswärts gerichtete Lage überführen, das Ellenbogengelenk aus der gestreckten in die spitzwinklig gebeugte Stellung bringen werden.

Ein weiteres Beispiel gewährt das Aufstehen aus tiefer Kniebeuge. Diese Bewegung ist denkbar ohne Betheiligung der Hüftmusculatur durch blosse Streckung der Knie vermittelst des Quadriceps cruris, sie ist aber auch denkbar ohne Betheiligung des Kniestreckers durch eine Rückwärtsbewegung der Oberschenkel in den Hüftgelenken durch den Glutaeus maximus, Semimembranosus und die anderen Oberschenkelbeuger. Im ersten Falle würde der Kniestrecker das Hüftgelenk, im zweiten die Hüftmuskeln das Kniegelenk in Bewegung gesetzt haben.

In diesen beiden Beispielen handelt es sich um Bewegungen, durch die. die Last des ganzen Körpers gehoben werden soll. Man kann geradezu sagen, dass die Kraft der Ellenbogenbeuger allein, und selbst die des Quadriceps allein, kaum hinreichen dürfte, die Bewegung auszuführen. Nur indem die Beugung des Ellenbogens zum Theil durch die Schultermuskeln, die Streckung der Knie zum Theil durch die Hüftmuskeln hervorgebracht wird, ist es überhaupt möglich, dass der Körper sich so leicht, wie es thatsächlich geschieht, mit den Armen emporziehen, mit den Beinen vom Boden abstossen kann.

Muskelgruppen. Schon unter den vereinfachenden Annahmen, dass man sich die Wirkung der Muskeln durch einzelne zwischen bestimmten Knochenpunkten wirkende Zugkräfte ersetzt denkt, bietet die Muskelmechanik, wie aus dem Obigen hervorgeht, Schwierigkeiten genug. **In Wirklichkeit werden die Bewegungen niemals durch einzelne Muskeln ausgeführt,** denn erstens sind an jedem Gelenke zahlreiche Muskeln vorhanden, zweitens ist die Bewegung jedes Körpertheils so sehr von der Bewegung anderer abhängig, dass fast immer viele Gelenke zugleich thätig sind. Die Muskeln wirken also nicht einzeln, sondern in grossen Gruppen zusammen.

Diese Gruppen lassen sich nicht ein für allemal nach der anatomischen Eintheilung bestimmen, indem man etwa „Beuger", „Strecker", „Rotatoren" und so fort zusammenstellt, sondern ein und derselbe Muskel kann bei manchen Stellungen Beuger, bei anderen Strecker sein.

Wenn zum Beispiel ein Turner an den Händen hängt und sich durch Bewegung der Arme emporziehen will, wird diese Bewegung durch den Pectoralis major wesentlich unterstützt, der Pectoralis major wirkt also hier als Ellenbogenbeuger. Wenn derselbe Turner sich auf den gebeugten Arm stützt und sich durch Streckung des Ellenbogens heben will, so wird auch diese Bewegung durch den Pectoralis major wesentlich unterstützt, der Pectoralis major wirkt also hier als Ellenbogenstrecker.

Die Muskeln wirken überdies sehr oft mit einem Theil ihrer Fasern bei einer, mit einem anderen Theile bei einer anderen Bewegung.

Das physiologische Zusammenwirken der Muskeln ist also von ihrer anatomischen Eintheilung vollkommen unabhängig, die gesammte Musculatur ist vom Standpunkte der Bewegungslehre als eine einheitliche Masse anzusehen, von der bei einer Bewegung in jedem gegebenen Augenblicke alle die Theile thätig werden, die der Bewegung förderlich sind.

Oft wird die bei einer bestimmten Bewegung thätige Muskelmasse unter der Bezeichnung „Synergisten" zusammengefasst, und der Muskelmasse, die die entgegengesetzte Bewegung bewirkt, als „Antagonisten" gegenübergestellt. Diese Bezeichnung ist für manche Betrachtungen von Nutzen, darf aber nicht so aufgefasst werden, als könnte etwa das gesammte Muskelsystem ein für allemal in bestimmte Synergisten- und Antagonistengruppen eingetheilt werden. Vielmehr dürften bei den meisten Bewegungen die Antagonisten in gewissem Grade mitthätig sein, um den Gelenken Halt zu geben und die Thätigkeit der Synergisten im Maass zu halten. Diese Art Muskelwirkung kommt sehr häufig vor. Sobald es gilt, irgend einen Körpertheil fest in seiner Stellung zu halten, müssen die Muskeln von beiden Seiten angespannt werden. Fast bei jeder Bewegung muss ein Theil der Gelenke auf diese Weise festgehalten werden. So wird bei der Bewegung des Arms der Schultergürtel festgestellt, damit der Arm von da aus sicher bewegt werden könne. Daher ist der grösste Theil aller Muskeln während des Lebens mehr oder weniger angespannt, und die Bewegungskräfte entstehen nur durch das Ueberwiegen der Spannung auf einer Seite.

Dass diese Auffassung richtig ist, ergiebt sich daraus, dass selbst an der Leiche die Muskeln elastisch gespannt sind. Durchschneidet man an einer frischen Leiche einen Muskel, so ziehen sich die Stümpfe merklich auseinander, und es muss ein gewisser Zug ausgeübt werden, um sie wieder aneinander zu legen. Dasselbe gilt in erhöhtem Maasse von den Muskeln im lebenden Körper.

Zweigelenkige Muskeln. Sehr viele Muskeln sind nun nicht von einem Knochen zu dem benachbarten, über nur ein Gelenk hinweggezogen, sondern sie reichen über zwei oder mehr Gelenke hinaus an den zweiten, dritten oder einen weiterhin gelegenen Knochen. Solche Muskeln werden „zweigelenkige" und „mehrgelenkige" genannt. Ein zweigelenkiger Muskel wirkt, wie jeder andere Muskel, an seinen beiden Enden mit genau gleicher entgegengesetzter Zugkraft. Welche Bewegungen er hervorbringt, hängt von den Stellungen der beiden Gelenke ab, denn je nach diesen Stellungen wird er an dem einen oder dem anderen Knochen mit mehr oder weniger schräger Zugrichtung angreifen und deshalb eine stärkere oder schwächere Wirkung entfalten. Da sich ferner mit der Bewegung die Stellungen der Gelenke und zugleich die Zugrichtungen ändern, ist es überaus schwierig, die Wirkungsweise der mehrgelenkigen Muskeln zu beurtheilen.

Hervorzuheben ist eine leicht verständliche Eigenthümlichkeit dieser Muskeln, die als „relative Längeninsufficienz" bekannt ist. Die Länge mancher mehrgelenkiger Muskeln ist unzureichend, um gleichzeitig in allen den Gelenken, über die sie hinwegziehen, volle Streckung zuzulassen.

Wenn zum Beispiel die Knie durchgedrückt sind, werden die Beuger des Unterschenkels an der Hinterseite des Oberschenkels dadurch an ihrem unteren Ende soweit angespannt, dass sie die äusserste Beugung des Beckens nach vorn, wie sie für. tiefe Rumpfbewegung vorwärts nöthig ist, im Allgemeinen nicht zulassen. Durch Uebung kann zwar die hierfür erforderliche Dehnbarkeit der Muskeln gewonnen werden, die „Längeninsufficienz" äussert sich dann aber noch in der hohen Spannung der Muskeln.

Umgekehrt kann der Fall eintreten, dass bei äusserster Beugung aller betheiligten Gelenke ein Muskel sich nicht mehr soweit zu verkürzen vermag, dass er eine kräftige Zugwirkung ausübt. Wenn Ellenbogen- und Handgelenk aufs äusserste gebeugt sind, können die Finger nicht mehr kräftig gebeugt werden, weil sie in dieser Stellung dem Ursprungspunkte der Flexores digitorum so nahe gebracht sind, dass diese sich nicht mehr kräftig spannen können.

Vom Stehen.

Stehen des Menschen. Will man näher auf die Wirkungsweise der Muskeln bei den Bewegungen des Körpers eingehen, so bietet sich eine so grosse Mannigfaltigkeit der Bewegungsformen dar, dass hier nur einige einzelne Fälle betrachtet werden können.

Schon das Stehen in gewöhnlicher Ruhehaltung kommt nur durch die Thätigkeit zahlreicher Muskelgruppen zu Stande. Insbesondere die aufrechte Stellung des Menschen stellt eine hohe Anforderung an das Zusammenwirken der verschiedenen Muskeln, da alle einzelnen Abschnitte des Körpers auf der kleinen Unterstützungsfläche der Füsse im Gleichgewicht gehalten werden müssen.

Die Muskeln können hierzu allerdings nichts weiter beitragen, als dass sie die einzelnen Theile des Körpers gegeneinander feststellen und dadurch den ganzen Körper zu einer nahezu starren Masse machen. Für diese starre Masse gelten dann, in Bezug auf das Stehen, dieselben Bedingungen, wie für jeden beliebigen unbelebten Körper. Der menschliche Körper kann also nur in solchen Stellungen stehen, in denen auch ein unbelebter Körper von der gleichen Form und derselben Gewichtsvertheilung stehen kann.

Für alle diese Stellungen gilt die einzige Bedingung, dass die *Schwerlinie, das heisst das vom Schwerpunkt aus gefällte Loth, innerhalb der Unterstützungsfläche fällt,* das heisst, innerhalb einer Fläche, die von den Verbindungslinien der am weitesten von der Schwerlinie entfernten Unterstützungspunkte des Körpers eingeschlossen wird. Um zu beurtheilen, ob ein Körper in einer bestimmten Lage stehen kann, muss man also die Lage seines Schwerpunktes und seiner Unterstützungspunkte kennen.

Schwerpunkt. Der Schwerpunkt eines Körpers hat die Eigenschaft, dass man sich die Gesammtschwere, die in Wirklichkeit allen seinen einzelnen Theilen zukommt, in diesem einzigen Punkte vereinigt denken kann, ohne dass dadurch die Wirkung der Schwere auf den ganzen Körper geändert wird.

Liegt zum Beispiel ein Balken auf einer scharfkantigen Querleiste im Gleichgewicht und man denkt sich das Gesammtgewicht des Balkens an einem Ende vereinigt, so ist es klar, dass die Wirkung der Schwere dadurch so verändert wird, dass das betreffende Ende herunterfällt, während das andere in die Höhe schnellt. Dasselbe tritt ein, wenn man sich die Gesammtschwere in irgend einem anderen Punkte des Balkens einwirkend denkt, mit Ausnahme der Mitte des Balkens, die eben seinen Schwerpunkt darstellt.

Aus diesem Beispiel wird auch einleuchten, dass der Schwerpunkt nur für Körper von regelmässiger Gestalt und gleichförmigem Bau in der geometrischen Mitte gelegen ist. Denn wenn der Balken schon von selbst an einem Ende sehr viel dicker und schwerer ist als am anderen, so darf man sich das gesammte Gewicht an das dickere Ende verlegt denken, ohne dass eine wesentliche Aenderung eintritt, das heisst, der Schwerpunkt liegt dann eben viel näher an dem dickeren Ende.

Der menschliche Körper ist eine unregelmässig gestaltete Masse von ganz ungleichförmigem Bau. Knochen und Fleisch sind verhältnismässig schwer, während Kopf und Rumpf wegen der in ihnen enthaltenen Lufträume leichter sind. Ausserdem aber verändern die Massen des Körpers bei jeder Bewegung ihre Lage zu einander, und damit muss sich auch die Lage des Schwerpunktes verschieben, sodass eine gegebene Lage des Schwerpunktes immer nur für eine ganz bestimmte Stellung des Körpers gilt.

Wenn man die Schwere aller einzelnen Theile des Körpers kennt, kann man die Lage des Gesammtschwerpunktes für jede beliebige Stellung berechnen.

Für die gestreckte Stellung lässt sie sich annähernd durch den Borelliusschen Versuch bestimmen: Ein Brett wird auf einer Kante ins Gleichgewicht gebracht und der Körper in Rückenlage auf dem Brett verschoben, bis er ebenfalls genau im Gleichgewicht steht, dann muss sein Schwerpunkt genau über der Kante liegen. Durch genauere Bestimmungen hat man gefunden, dass in der gestreckten aufrechten Haltung der Schwerpunkt etwa 4,5 cm über der gemeinsamen Axe der Hüftgelenke, also etwa 2 cm unter dem Promontorium im kleinen Becken gelegen ist.

Mechanische Bedingungen des Stehens. Die Unterstützungsfläche wird beim Stehen gegeben durch die Figur, die entsteht, wenn man sich die äussersten Stützpunkte der Sohlen durch gerade Linien verbunden denkt. Als Stützpunkte können freilich die äussersten Sohlenränder nicht gelten, vielmehr liegt, wie sich durch Versuche ermitteln lässt, die Grenze der wirksamen Unterstützung 1—3 cm innerhalb der Sohlenränder.

Durch diese Angaben ist die oben angeführte Grundbedingung für die Möglichkeit des Stehens genau bezeichnet: Ein Körper kann in jeder Stellung stehen, bei der das vom Schwerpunkt gefällte Loth in die Unterstützungsfläche trifft. Unter dieser Bedingung ist nämlich der Schwerpunkt in senkrechter Richtung von unten unterstützt und dadurch wird, wie aus dem Begriffe des Schwerpunktes hervorgeht, die Wirkung der Schwere auf den ganzen Körper, der hier als starre Masse betrachtet wird, ausgeglichen.

Was die Festigkeit des Stehens gegenüber seitlich wirkendem Zug oder Druck ·betrifft, so gilt für den starr gehaltenen Körper des Menschen, wie für alle anderen festen Körper der Satz, dass er um so fester steht, je grösser die Unterstützungsfläche und je näher der Schwerpunkt an der Unterstützungsfläche liegt.

Denn, wenn ein fester Körper seitlich umgeworfen werden soll, muss er über die Grenze der Unterstützungsfläche kippen, und dabei muss der Schwerpunkt um so höher gehoben werden, je schräger die Linie vom Schwerpunkt zu der Grenze der Unterstützungsfläche ist. Die Festigkeit des Stehens kann also, wie aus dem praktischen Leben bekannt ist, beträchtlich erhöht werden, wenn man die Füsse gespreizt stellt und den Körper zusammenduckt.

Aufbau des Körpergerüstes beim Stehen. Im Vorhergehenden ist angenommen worden, dass sich der Körper des Menschen beim Stehen wie eine starre Masse verhalte. Es soll nun erörtert werden, durch welche Muskelthätigkeiten das bewegliche Gerüst des Körpers beim Stehen aufrecht erhalten wird.

Diese Muskelthätigkeiten müssen natürlich je nach der Haltung gewisse Unterschiede aufweisen, es ist aber anzunehmen, dass die natürliche ungezwungene Haltung beim Stehen bei allen Menschen wenigstens in den Hauptzügen dieselbe ist.

Da der Körper auf beiden Füssen steht, ist er gegen seitliches Umfallen ohne weiteres gesichert, solange beide Beine ihn gleichförmig tragen. Dagegen kann er in allen Gelenken nach vorn oder hinten umkippen. Nur die beiden Füsse ruhen fest auf dem Boden, aber schon die Unterschenkel stehen in den Fussgelenken nach vorn und hinten frei beweglich, ferner können die Kniee einknicken, der Rumpf kann auf den Hüften schwanken, die Wirbelsäule kann sich nach hinten oder vorn biegen, und der Kopf kann nach hinten oder vorn über sinken. Alle diese möglichen Bewegungen müssen verhindert werden, damit der Körper in aufrechter Lage stehen bleibt.

Man kann schon daraus, dass es unmöglich ist, einen Cadaver in aufrechter Haltung ins Gleichgewicht zu bringen, und daraus, dass beim Einschlafen im Sitzen Kopf und Rumpf herabsinken, schliessen, dass alle einzelnen Körpertheile beim Stehen durch Muskelthätigkeit unterstützt werden müssen. Die Bedingungen dieser Muskelthätigkeit werden am besten so dargestellt, dass man der Reihenfolge von oben nach unten folgt, ¹ weil die Last der oberen Körpertheile auf die unteren mitwirkt.

Statik der „bequemen Haltung". Der Kopf kann zwar auf dem Atlas in annäherd natürlicher Haltung in vollkommenem Gleichgewicht stehen, für die Beweglichkeit des Kopfes kommt aber neben dem Atlanto-occipital-Gelenk die Beweglichkeit der ganzen Halswirbelsäule in Betracht. Die Axe, um die sich der Kopf beim Vorwärts- und Rückwärtsneigen dreht, liegt etwa in der Höhe des fünften Halswirbels. Der Schwerpunkt des Kopfes liegt etwas hinter der Sella turcica, in der Seitenansicht 2 cm über dem äusseren Gehörgang. Daher neigt der Kopf mit der Halswirbelsäule dazu nach vorn über zu fallen, und beide werden durch die Nackenmusculatur aufrechtgehalten.

Der Rumpf hat zwar an sich eine gewisse Festigkeit, doch muss die Wirbelsäule, die obenein das Gewicht von Kopf und Armen zu tragen hat, durch die Anspannung der Rückenmusculatur von hinten und den Druck der Bauchwände von vorne aufrecht erhalten werden. Der Oberkörper im Ganzen steht auf den Gelenkköpfen des Oberschenkels nahezu im Gleichgewicht. Das Loth von dem gemeinsamen Schwerpunkt von Rumpf, Kopf und Armen fällt nur wenige Millimeter hinter die gemeinsame Queraxe der beiden Hüftgelenke. Daraus folgt, dass eine geringe Spannung der vordern Oberschenkelmuskeln, vor Allem des Ileopsoas, genügt, um den Rumpf gegen das Hintenüberkippen zu sichern.

Die Lage des Rumpfes und der Oberschenkel gegen das Kniegelenk ist nun beim natürlichen Stehen so, dass die Oberschenkel vom Knie aus vornübergeneigt sind. Der Rumpf strebt zwar, wie erwähnt, in den Hüftgelenken nach hinten überzukippen, aber da die Oberschenkel schräg stehen, liegen die Kniegelenke erheblich weiter hinten als die Hüftgelenke, und die Gesammtmasse von Rumpf und Oberschenkeln hat daher das Bestreben nach vorn überzufallen. Dies ist aber nicht möglich, weil die Kniegelenke nicht nach vorn knicken. **Die Kniegelenke werden also beim natürlichen Stehen nur auf Streckung beansprucht, und sie brauchen daher nicht durch Muskelkraft gestreckt gehalten zu werden.**

Dies lässt sich leicht nachweisen, indem man bei einem in natürlicher Haltung stehenden Menschen die Kniescheibe anfasst und hin und her schiebt. Die Beweglichkeit der Kniescheibe beweist, dass die Sehne des Quadriceps, des einzigen Kniestreckers, schlaff ist. Die Knie bleiben also beim Stehen auch ohne Einwirkung von Muskelthätigkeit gestreckt, und zwar deshalb, *weil die Last von Rumpf und Oberschenkeln über die Kniee hinaus vorgeschoben ist.*

Die Thatsache, dass die Kniestrecker beim Stehen unthätig sind, war den älteren Beobachtern nicht entgangen, und man findet sie in älteren Darstellungen durch die Annahme erklärt, dass die Knie „überstreckt" wären, sodass sie einen nach vorn offenen Winkel einschlössen. Dies dürfte nur in seltenen Fällen zutreffen, während normalerweise das Knie sogar nur bis etwa zu 175 Grad gestreckt werden kann. Die Hüftgelenke, über denen der Schwerpunkt des Rumpfes liegt, stehen aber bei der gewöhnlichen Haltung trotzdem noch etwas weiter nach vorn als die Kniegelenke, sodass die Last des Rumpfes die Knie nur weiter zu strecken, nicht aber einzuknicken strebt.

Die Feststellung der Kniee ohne Muskelthätigkeit hat allerdings zur Voraussetzung, dass das Fussgelenk festgestellt sei, und dies kann nur durch Anspannung der Wadenmuskeln geschehen. Der Unterschenkel steht unter einem Winkel von etwa 5 Grad nach vorn geneigt und wird durch den Wadenmuskel gehindert, weiter nach vornüber umzusinken. So bilden Fuss und Unterschenkel zusammen ein festes Gestell, auf dem der Rumpf sammt den Oberschenkeln ruht. Da nun Rumpf und Oberschenkel nach vorn überhängen, so werden die Kniee gestreckt gehalten. Liessen die Wadenmuskeln nach, sodass der Unterschenkel frei nach vorn sinken könnte, so würden allerdings auch sogleich die Kniee einknicken und der Körper würde in die Kniee fallen.

Da die Last fast des ganzen Körpers auf den oberen Enden der Unterschenkel ruht, und diese auf den Fussgelenken unter 5 Grad vorwärts geneigt sind, ist ein sehr erheblicher Zug nach hinten nöthig, um dem Druck der Körperlast das Gleichgewicht zu halten. Es lässt sich berechnen, dass die Wadenmuskeln, um diesen Zug auszuüben, eine Spannung erhalten müssen, die etwa dem anderthalbfachen Gewicht des Körpers gleichkommt.

Die ganze Last des Körpers ruht schliesslich auf den beiden Füssen. Man hat früher den Knochenbau des Fusses einer Gewölbeconstruction verglichen und nahm an, dass der Fuss hauptsächlich nur in drei Punkten den Boden berühre. In neuerer Zeit ist erkannt worden, dass das Gerüst des Fusses nur äusserlich einem Gewölbe gleicht, während ihm die Haupteigenschaft der Gewölbe, sich unter Druck fester zusammenzuschliessen, fehlt. Die Festigkeit des Fusses ist vielmehr durch die Bänder, Sehnen und Muskeln bedingt, die ihm zugleich Elasticität verleihen. Die Stützfläche umfasst den Fersentheil, den ganzen äusseren Fussrand und den ganzen Fussballen. Das Fettpolster der Sohlenhaut ermöglicht eine gleichmässigere Vertheilung des Druckes.

Aus dieser Darstellung geht hervor, dass bei der Feststellung der Gelenke der Wirbelsäule und der Hüften die Muskeln nur eine geringe Arbeit zu leisten haben, um das Gleichgewicht zu erhalten, und dass die Kniee ganz ohne Muskelthätigkeit gestreckt erhalten werden, während die Feststellung des Fussgelenks durch die Wadenmuskeln eine bedeutende Arbeitsleistung bildet. Das Stehen ist also keineswegs eine Ruhelage für den Körper.

Ausserdem ist zu bemerken, dass der Körper auch niemals wirklich vollkommen still stehen kann. Die Spannung der Muskeln kann nicht dauernd auf vollkommen gleicher Höhe bleiben, und überdies ändert sich der Gleichgewichtszustand, den die Muskeln zu unterhalten haben, mit den Athembewegungen und den Verschiebungen des Blutes. Daher schwankt der Körper während des Stehens fortwährend in gewissem Grade, und die Muskeln müssen fortwährend diesen Schwankungen entgegenarbeiten.

Da die Art und Weise, wie dies geschieht, zu den Verrichtungen des Nervensystems gehört, wird hierauf in dem Abschnitt über die Einwirkung des Nervensystems auf die Körpermusculatur zurückzukommen sein.

Stehen des Pferdes. Für das Stehen der Vierfüssler gelten dieselben allgemeinen Sätze wie für das Stehen des Menschen. Da die vier Füsse eine viel grössere Unterstützungsfläche einschliessen, und bei der wagerechten Lage des Rumpfes, die den Vierfüssern eigen ist, der Schwerpunkt verhältnissmässig niedrig liegt, stehen die Vierfüssler im Allgemeinen viel sicherer als der Mensch.

Der Gesammtschwerpunkt des Pferdes liegt bei gewöhnlicher Haltung näher am vorderen als am hinteren Ende des Rumpfes, weil zu dem Gewichte des vorderen Rumpfendes noch Hals und Kopf hinzukommen, und näher an der Bauchfläche als am Rücken,

weil die Massen der Beine nach unten vorragen. Genauer angegeben
fällt der Schwerpunkt zwischen mittleres und unterstes Drittel einer
Linie, die man am Ende des Schwertfortsatzes senkrecht durch
den Körper gezogen denkt. Beim Hunde soll der Schwerpunkt
noch etwas weiter nach vorn liegen.

Wichtiger als diese Angabe ist die Bestimmung der Gewichtsvertheilung auf Vorder- und Hinterhand (Vorder- und Hinterbeine)
des Pferdes.

Ein Pferd von 384 kg Gewicht wurde mit Vorder- und Hinterhand auf je
eine Brückenwage gestellt, und es fand sich, dass es die vordere Wage mit
210, die hintere mit 174 kg belastete. Durch Vorneigen des Kopfes wurde die
Last auf der vorderen Wage um 8 kg vermehrt, durch Zurückneigen um 10 kg
vermindert. Diese Messung zeigt, dass durch „Hochnehmen" des Pferdes thatsächlich die auf der Vorderhand ruhende Last merklich vermindert, und dadurch die Gefahr des Vornuberstürzens verringert werden kann.

Noch interessanter ist in dieser Beziehung die Wiederholung desselben
Versuchs, wenn ein Reiter auf dem Pferde sitzt. Pferd und Reiter zusammen
wogen 448 kg, auf der Vorderhand lasteten 251, auf der Hinterhand nur 197 kg.
Wenn sich der Reiter zurücklegte und den Zaum anzog, lasteten vorn nur noch
233 kg, hinten 215.

Bei der schweren Belastung der Vorderhand ist es um so auffälliger, dass gerade beim Pferde das Stehen in viel höherem Grade
als bei anderen Thieren eine Ruhelage zu sein scheint. Bekanntlich
stehen viele Pferde dauernd, ohne sich je niederzulegen, und wenn
dies auch nicht als eine natürliche Eigenschaft der Pferde betrachtet
werden kann, so giebt es doch auch kein anderes Hausthier, das
sich an dauerndes Stehen gewöhnt hat. Nach Möller findet diese
Eigenthümlichkeit der Pferde ihren Grund im Bau der Gliedmaassen
des Pferdes (Fig. 74).

Der Rumpf des stehenden Pferdes ist zwischen den beiden Schulterblättern
durch Vermittlung der Muskeln, insbesondere des Serratus anticus, gleichsam
aufgehängt. Das Oberarmbein stösst in einem Winkel, der etwas grösser ist als
ein rechter, an das Schulterblatt. Vom Ellenbogengelenk an bildet das Vorderbein eine nahezu gerade senkrechte Stütze bis zum Fesselgelenk. Die Last
des Rumpfes wird zunächst streben, den Winkel zwischen Schulterblatt und
Oberarmbein kleiner zu machen, sodass das Ellenbogengelenk einknickt. Gegen
diese Knickung wird aber das Schultergelenk dadurch festgestellt, dass sich der
Biceps brachii anspannt, der in seiner ganzen Länge einen starken sehnigen
Strang enthält. Die Feststellung des Schultergelenks wird dadurch noch vollkommener, dass Vertiefungen in der Sehne des Biceps sich an Knochenvorsprünge
am Humeruskopfe anschliessen. Auf diese Weise werden Schulterblatt und
Oberarmbein gleichsam zu einer zwar winkligen, aber festen Stütze. Die Anheftung des Serratus an das Schulterblatt ist nun so vertheilt, dass die Last
des Rumpfes genau über dem Ellenbogengelenk am Schulterblatt angreift. Daher stehen Schulterblatt und Oberarm, mit dem Rumpf belastet, auf dem Ellenbogengelenk im Gleichgewicht. Vom Ellenbogen bis zum Fesselgelenk bildet
das Vorderbein, wie gesagt, eine nahezu gerade senkrechte Stütze, Fesselbein,
Kronbein und Hufbein bilden vorn offene Winkel. Die Last des Körpers strebt
natürlich die Fesselgelenke einknicken zu machen, doch ist dies wiederum durch
die Sehnenstränge der Beugemuskeln für Kronbein und Hufbein verhindert. Da
diese Sehnenstränge sich bis zum Oberarmbein hinauf als zusammenhängendes
Band fortsetzen, und dort an einem weit vorragenden Fortsatz des Oberarm-
beins entspringen, so übertragen sie die Spannung, die sie an ihrem unteren
Ende erfahren, auf das Oberarmbein und helfen dadurch das Oberarmbein gegen

den Druck des Rumpfes im Schultergelenk empor zu halten. Durch diese eigenthümliche Mechanik ist. es möglich, den Rumpf eines todten Pferdes auf den gestreckten Vorderbeinen aufrecht hinzustellen.

Eine ganz ähnliche Anordnung ist an den Hinterbeinen zu finden. Die Last des Rumpfes wirkt auf den Gelenkkopf des Schenkelknochens und strebt das Kniegelenk zu beugen. Dieser Beugung allein muss der Quadriceps cruris Widerstand leisten. Der übrige Theil des Beines ist dann dadurch festgestellt, dass der Schienbeinbeuger vorn und der Gastrocnemius hinten, die beide mit

Fig. 74.

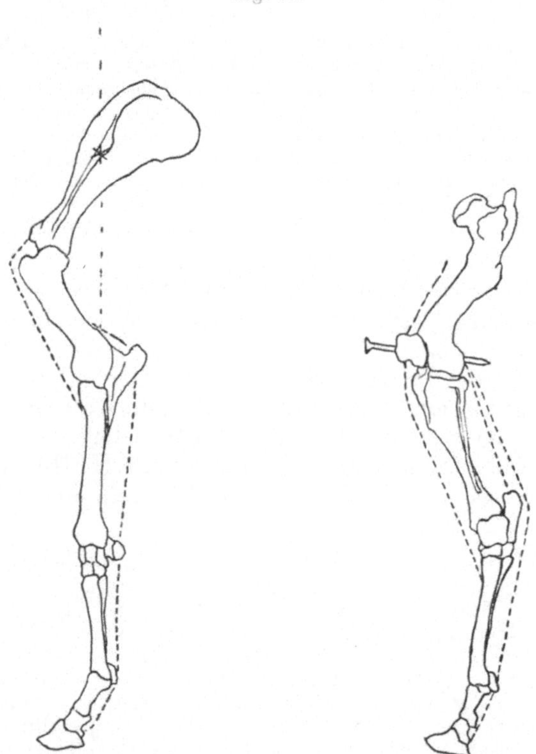

Vorder- und Hinterbein des Pferdes beim Stehen, nach Möller.

Schienbein und Fersenbein als einem zweiarmigen Hebel verbunden sind, eine Bewegung des Sprunggelenkes nur bei gleichzeitiger Bewegung des Knies gestatten. Die Durchbiegung der Fesselgelenke spannt auch die Sehnenstränge der Beuger an und macht das Bein zur steifen Stütze, sofern nur die Anspannung des Quadriceps die Bewegung des Knies verhindert. Ersetzt man am todten Pferde ·die Wirkung des Quadriceps durch die eines Nagels, der die Kniescheibe an den Schenkelknochen heftet, so ist es thatsächlich möglich, den Cadaver auf seinen vier Beinen aufrecht hinzustellen. Dieser Versuch beweist, dass beim Pferde das Stehen nur eine sehr geringfügige Muskelthätigkeit erfordert.

Die Ortsbewegung.

Gehen des Menschen. Unter den Bewegungen des Menschen und der Thiere zeichnen sich diejenigen aus, durch die sich der Körper von Ort zu Ort bewegt, weil sie fortwährend unter annähernd gleichen Bedingungen wiederholt werden, und dadurch eine ganz bestimmte, für alle Individuen derselben Art nahezu gleiche, Form annehmen.

Der Mensch nimmt auch hier durch seine Bewegung in völlig aufgerichteter Haltung eine besondere Stelle ein.

Bei der Untersuchung der Gehbewegung tritt die grosse Schwierigkeit auf, dass die Bewegung in hohem Maasse von den Schwungkräften abhängt, die eben nur während schneller Bewegung vorhanden sind. Man kann daher die Beobachtung nicht an Menschen machen, die langsam gehen, oder die Stellungen eines Gehenden im Stehen nachzuahmen suchen, weil dadurch ganz veränderte Grundbedingungen auftreten. Die Schwierigkeit, einen so schnell wie die Gehbewegungen ablaufenden Vorgang richtig zu beobachten, hat alle älteren Untersucher zu Irrthümern geführt, die erst durch das neue Hülfsmittel der Momentphotographie aufgeklärt worden sind. Die Momentbilder zeigen Menschen und Thiere· häufig in Stellungen, die man nicht für möglich halten würde, und die auch thatsächlich unmöglich sein würden, wenn nicht während der Bewegung die Kraft des Schwunges auf den Körper einwirkte.

Das Fortschieben des Körpers. Fragt man zunächst nach den Kräften, durch die der Zweck des Gehens, nämlich die Fortbewegung des Körpers im Allgemeinen bewirkt wird, so ist zu antworten, dass der Körper bei jedem Schritt durch Streckung des hintenstehenden Beines fortgeschoben wird. Dies ist schon daraus zu erkennen, dass in dem Augenblick, wenn der Körper aus dem ruhigen Stehen beginnen soll zu gehen, eine merkliche Vorwärtsneigung eintritt. Erst wenn der Körper vorwärts geneigt ist, ist ein wirksames Vorschieben möglich. Das schiebende Bein drückt natürlich mit genau derselben Kraft rückwärts gegen den Boden, mit der es vorwärts auf den Körper wirkt.

Die Gesammtkräfte, die beim Gehen wirksam sind, lassen sich daher an ihren Gegenwirkungen auf den Boden erkennen. Ein Mann von gegen 60 kg Gewicht übt bei schnellem Gehen bei jedem Schritt eine gerade rückwärts gerichtete Kraft auf den Boden aus, die dem Zuge von 12 kg gleichkommt. Diese Kraft wird durch die Reibung der Sohle am Boden aufgehoben. Gleichzeitig drückt natürlich das Bein auch mit einem Theile des Körpergewichts senkrecht auf den Boden, und schliesslich übt es auch, wegen der seitlichen Schwankungen des Körpers beim Gehen, Druckwirkungen quer zur Gangrichtung aus.

In Folge der auf das Körpergewicht wirkenden Schwungkraft ist der senkrechte Druck, den die Füsse auf den Boden üben, durchaus nicht gleichmässig gleich dem Körpergewicht, sondern gerade während der Körper durch einen Fuss allein unterstützt ist, lastet nicht einmal die Hälfte des Körpergewichtes auf diesem Fuss. Dafür wird in dem Augenblick, wo der Fuss den Körper vorzuschieben hat, der Boden mit einer Kraft beansprucht,

die um etwa ein Drittel grösser ist, als das Körpergewicht. Noch
merkwürdiger ist, dass in dem Augenblick, wo das eine Bein nach
vorne gesetzt worden ist und den Körper zu tragen beginnt, ein
Druck auf den Boden in der Richtung gerade nach vorn ausgeübt
wird, der also zurücktreibend auf den Körper wirken muss, und
nur gegenüber der vorhandenen Schwungkraft zu schwach ist, den
Körper zum Stillstand zu bringen.

Dass die Fortbewegung des Körpers in letzter Linie thatsächlich auf den
am Boden erzeugten Reibungsflächen beruht, ist daran zu erkennen, dass auf
sehr glattem Boden, etwa auf Eis, schnelles Gehen unmöglich ist. Es ist zu
beachten, dass der Körper nur vermöge seines Gewichts hinreichend starke
Reibungswiderstände am Boden findet, um sich durch Gehen fortzubewegen.
Steht man bis zum Halse im Wasser, sodass der grösste Theil des Körpergewichtes durch den Auftrieb des Wassers aufgehoben wird, so ist es unmöglich
zu gehen, weil die schiebenden Beine den Körper heben, statt ihn vorwärts
zu treiben.

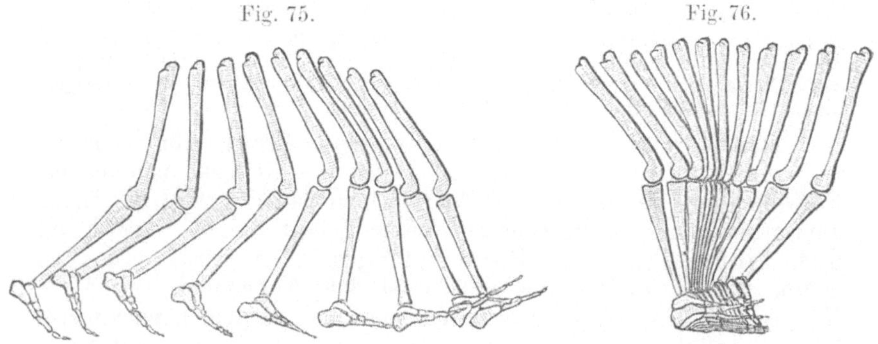

Hangbein.   Stützbein.
Aufeinanderfolgende Stellungen des Beines beim Gehen, nach Gebr. Weber und O. Fischer.

Die Thätigkeit der Beine im Einzelnen. Um die Gangbewegung im Einzelnen darzustellen, darf man nicht vom Stillstand
ausgehen und den Anfang der Gangbewegung ins Auge fassen wollen,
sondern man muss den Körper mitten in der Gangbewegung im
gehenden Zustande betrachten. Bekanntlich ist die Form der
Gehbewegung eine periodisch abwechselnde, sodass nach einem
Doppelschritt· der Körper wieder in dieselbe Stellung kommt, in
der er vor dem Doppelschritt gewesen ist.

Die Thätigkeit jedes Beines ist am besten in drei Perioden
einzutheilen, in die des Schwingens, des Stützens und des Stemmens.

Periode des Schwingens. Stellt man sich einen Menschen
bei schnellem Gange in dem Augenblick vor, wo der rechte Fuss
den Boden verlässt, so ist dies für den rechten Fuss der Beginn
der Periode des Schwingens (Fig. 75). Das Knie wird leicht gebeugt, der Fuss dorsal flectirt und das Bein wird an dem andern
vorbei nach vorn bewegt, indem es zugleich gestreckt wird.
Während dieser Periode ist natürlich der Körper, von dem linken

Bein unterstützt, ein Stück vorwärts gerückt, sodass das linke Bein stark vorwärts geneigt ist, und der Körper vorwärts zu fallen droht. Dies wird dadurch verhindert, dass die Periode des Schwingens für das rechte Bein ihr Ende erreicht, indem das Bein mit dorsalflectirtem Fuss mit dem Hacken auf die Erde gesetzt wird (Fig. 76) und nunmehr die Rolle des Stützbeins übernimmt.

Periode des Stützens. In dem Augenblick, wo das Bein auf den Boden trifft, ist es weit vor dem Körper vorgestreckt; es steht also schräg nach rückwärts geneigt, und da der Körper im Augenblick zuvor nur von dem stark nach vorn geneigten linken Bein unterstützt war, liegt in diesem Augenblick der Körper überhaupt merklich tiefer als bei senkrechter Stellung der Beine. Indem bei der weiteren Vorwärtsbewegung des Körpers das rechte Bein in die senkrechte Stellung übergeht, muss der Körper gleichsam über dem rechten Fuss als Mittelpunkt einen Kreisbogen beschreiben und sich dadurch auf die Höhe heben, die er bei senkrechter Stellung des Beines hat. Diese Hebung wird indessen dadurch vermindert, dass das Stützbein, während der Körper den aufsteigenden Theil des Kreisbogens durchläuft, leicht gebeugt und nachdem der Körper den Höhepunkt des Kreisbogens überschritten hat und nach vorn absinkt, wiederum gestreckt wird. Daher betragen die thatsächlich eintretenden Hebungen und Senkungen des Körpers beim Gehen nur etwa 4 cm (vergl. Fig. 76).

Periode des Stemmens. Von dem Augenblick an, in dem das nunmehr stützende rechte Bein die senkrechte Stellung überschritten hat, wirkt seine Streckung vorwärtsschiebend, und damit beginnt die Periode des Stemmens.

Indem das stemmende Bein sich mit der fortschreitenden Bewegung immer weiter nach vorn neigt, muss es immer mehr gestreckt werden, um den Körper noch weiter schieben zu können. Es wird deshalb die Ferse vom Boden gehoben und mit der Fussspitze ein Nachschub gegeben. Nachdem der Fuss durch seine Streckung den Körper soweit wie möglich vorgeschoben hat, wird er wieder angezogen, das Knie wird gebeugt und die Periode des Schwingens beginnt von Neuem.

Auf dem umstehenden Schema (Fig. 77) S. 418 ist die zeitliche Aufeinanderfolge der beschriebenen Bewegungen, nach den Messungen von O. Fischer, durch zwei Linien dargestellt, von denen die obere die Bewegung des rechten, die untere die des linken Beines andeutet. Das Schema stellt einen mässig schnellen Gang dar, da die Versuchsperson, die 167 cm gross war und 87 cm Beinlänge hatte, 120 Schritte von je 78 cm in der Minute machte, also etwas über 100 m in der Minute zurücklegte.

Da das nach vorn auf die Erde gesetzte Bein zuerst mit dem Hacken den Boden berührt, sich dann mit der ganzen Sohle auflegt und schliesslich mit der Fussspitze abstösst, so wird diese Thätigkeit des Fusses als ein „Abwickeln" der Sohle vom Boden bezeichnet. Auf Figur 63 sieht man die Stellungen des Beines während dieser Thätigkeit dargestellt, auf Figur 62 die Stellungen während der Periode des Schwingens.

Bewegung des Rumpfes und der Arme. Die Bewegung der Beine beim Gehen ist von Bewegungen des Rumpfes und der Arme begleitet. Wie schon bei der Beschreibung der Beinthätigkeit angegeben wurde, schwankt der Rumpf bei jedem Schritte um etwa 4 cm auf und ab. Ausserdem macht er wegen der abwechselnden Thätigkeit der beiden Beine seitliche Schwankungen, indem er sich bei jedem Schritt nach der Seite des eben stützenden Beines neigt. Ausser diesen von der Beinthätigkeit abhängigen Schwankungen

Fig. 77.

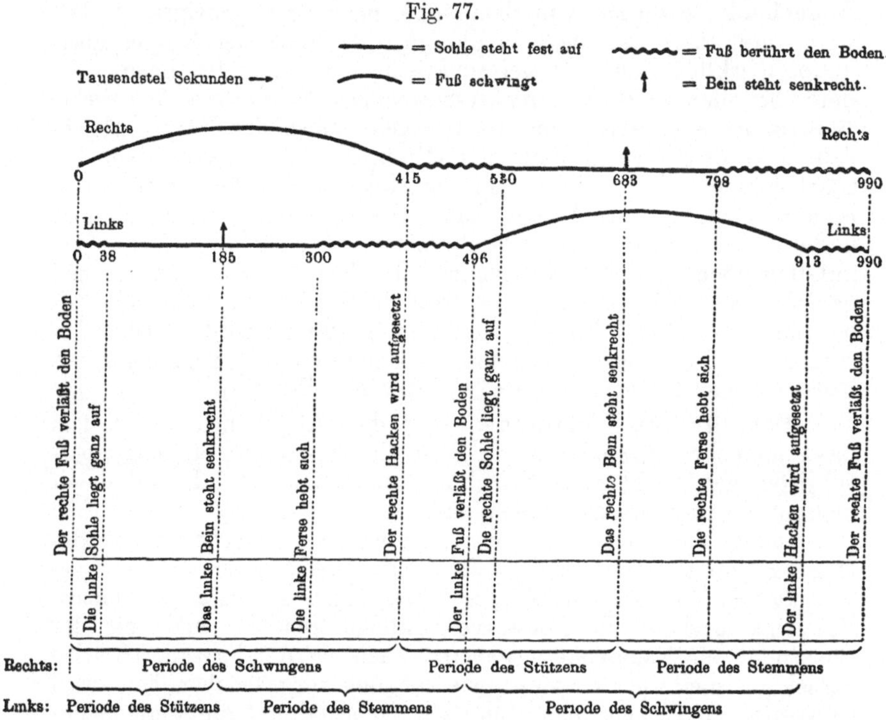

macht der Rumpf beim gewöhnlichen Gehen in unmerklich geringem Maasse dieselben Drehungen, die bei einem schlendernden oder stolzirenden Gange merklich hervortreten. Die Hüfte wird bei jedem Vorschwingen des Beines etwas vorgeschoben, dagegen die Schulter zurückgenommen.

Die Schwingung der Arme entspricht dieser Schulterbewegung, indem der linke Arm zugleich mit dem rechten Bein nach vorn schwingt. Die Bewegungen der Arme sind nicht rein passiv, sondern sie werden durch Muskelbewegung hervorgerufen, um die Schwankungen des Rumpfes zu hemmen. Dies macht sich in überzeugender Weise bemerkbar, wenn man mit ruhig gehaltenen Armen schnell zu gehen versucht, denn die Schwankungen des

Rumpfes werden dann so stark, dass sich ein Gefühl mangelnden Gleichgewichts einstellt.

Schnelles Gehen. Die Zeitverhältnisse der beschriebenen Bewegungen können, je nachdem schneller oder langsamer gegangen wird, sehr verschieden sein. Die Gebrüder Weber bezeichnen als „gravitätischen Schritt“ die Gangart, bei der beide Füsse gleichzeitig längere Zeit hindurch auf dem Boden stehen, als bei jedem Schritt der eine durch die Luft geführt wird. Bei schnellem Gange berühren dagegen die Füsse nur einen Augenblick gleichzeitig den Boden, denn indem der eine mit dem Hacken zur Erde kommt, stösst schon der andere mit der Fussspitze ab. Dies ist schon in dem oben gegebenen Schema zu erkennen, bei dem die Zeit, während der die linke Fussspitze noch abstösst und die rechte

Fig. 78.

Photographische Momentbilder eines Läufers, nach Marey.

Ferse schon den Boden berührt, nur ein Fünftel von der übrigen Schrittdauer beträgt. Um schneller zu gehen, kann sowohl die Zahl der Schritte in der gleichen Zeit erhöht, als auch die Schrittlänge vermehrt werden. Gewöhnlich geschieht beides zugleich. Da bei längeren Schritten die Beine weiter ausgreifen müssen und mithin schräger stehen, befindet sich dabei der Körper etwas niedriger über dem Boden als bei langsamem Gehen. Da ferner die Stosswirkung des abstossenden Beines kräftiger sein muss, wird der Oberkörper etwas vornüber geneigt.

Laufen. Wenn nun bei schnellstem Gange der eine Fuss den Boden schon verlässt, während der andere eben erst hingesetzt wird, so bildet dies einen anscheinend ganz glatten Uebergang dazu, dass der eine Fuss den Boden verlässt, ehe der andere auf den Boden kommt. So glatt sich dieser Uebergang in der Theorie vollzieht, so scharf ist praktisch der eine Fall vom andern zu scheiden. Wenn nämlich der eine Fuss sich hebt, ehe der andere auf den Boden kommt, so sind eine Zeit lang beide Füsse in der Luft, und während dieser Zeit muss die Wirkung der Schwere auf den Körper durch eine ihm vorher mitgetheilte Geschwindigkeit nach oben ausgeglichen werden. Die Zeit, während der der Körper schweben soll, mag nun noch so kurz sein, so tritt hierdurch doch gegenüber der einfachen Gehbewegung ein sehr merklicher Unterschied in Form und Stärke der Bewegung ein. Dies lässt sich schon sprachlich sehr einfach ausdrücken: An Stelle des Schrittes tritt ein Sprung. (Fig. 78 II, V, VIII.)

Auf diesem Umstand beruht die Unterscheidung zwischen „Gehen" und „Laufen". **Beim Gehen berührt immer wenigstens ein Fuss den Boden, beim Laufen schwebt, wenigstens einen Augenblick, der Körper frei in der Luft.**

Die Geschwindigkeit, durch die der Körper in die Luft geschleudert wird, erhält er durch die Streckkraft des abstossenden Beines. Je schneller nun der Lauf sein soll, um so kürzere Zeit verweilt jeder Fuss am Boden, und um so grösser ist die Strecke, die der Körper fliegend zurücklegen muss. Während beispielsweise bei langsamem Lauf etwa 10 Schritte von je 1 m in 5 Secunden ausgeführt werden, können beim schnellsten Lauf in derselben Zeit über 20 Schritte von je 2 m gemacht werden. Mit jedem einzelnen Abstoss muss also bei schnellerem Lauf in kürzerer Zeit eine grössere Arbeit geleistet werden. Hieraus erklärt sich, dass die Anstrengung mit wachsender Geschwindigkeit des Laufes in ganz ausserordentlich schnellem Maasse zunimmt. Um die überaus kräftigen Abstösse richtig aufzunehmen, muss der Körper bei raschem Laufe sehr weit vornübergeneigt werden.

Muskelthätigkeit beim Gehen. Pendeltheorie. Wenn schon zum Stehen so viele Muskeln in bestimmter Weise zusammenwirken müssen, dass es unmöglich erscheint, ihre Wirkung im Einzelnen nachzuweisen, so gilt dies in noch viel höherem Maasse vom Gehen. Auf den in Bewegung begriffenen Beinen muss der schwankende Oberkörper immer wieder ins Gleichgewicht gebracht werden, während er durch die Stemm- und Stützarbeit der Beine stossweise vorwärts getrieben wird. Nur ein Theil der Gehbewegung erfolgt unter einfacheren Bedingungen, nämlich das Vorschwingen des frei durch die Luft geführten Beines. Bis vor Kurzem wurde angenommen, dass diese Bewegung ohne jede Muskelthätigkeit als freie Pendelschwingung vor sich gehe. Die Gebrüder Weber hatten diese Anschauung gewonnen, und durch verschiedene Beobachtungen, vor allem durch den Hinweis auf die grosse Gleichmässigkeit der Schrittdauer wahrscheinlich gemacht. Sie wird daher allgemein als die „Weber'sche Pendeltheorie des Ganges" bezeichnet. In neuester Zeit ist indessen nachgewiesen worden, dass die Form der Bewegung, die das Bein thatsächlich ausführt, nicht die Form einer Pendelschwingung hat, dass also ausser der Schwere auch noch Muskelkräfte auf das schwingende Bein einwirken müssen.

Ortsbewegung des Pferdes.

Bei den Vierfüssern ist die Mechanik der Bewegung insofern einfacher als beim Menschen, als das Gleichgewicht auf vier Stützpunkten sehr viel leichter zu erhalten ist als auf zweien. Die

Fig. 79.

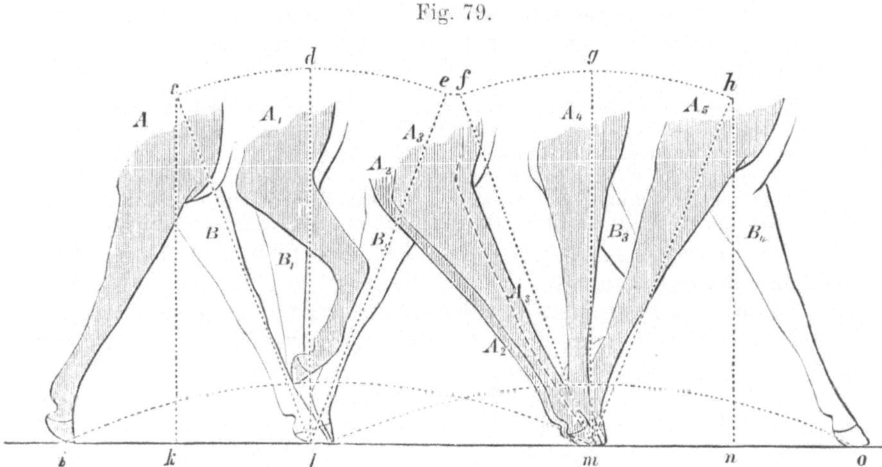

Ausschreitendes und stützendes Vorderbein des Pferdes.

Das rechte Vorderbein verlässt bei der Stellung A den Boden bei i um durch die Stellung A_1 in die Stellung A_2 überzugehen. Während dessen macht das linke Vorderbein B, das in l auf den Boden gesetzt ist, eine Kreisbewegung $c\,d\,e$ um l bis in die Stellung B_2. Darauf übernimmt das rechte Vorderbein in der Stellung A_3 die Stützung, und das linke schwingt, wie vorher das rechte, bis es in der Stellung B_4 den Boden bei o erreicht.

Fig. 80.

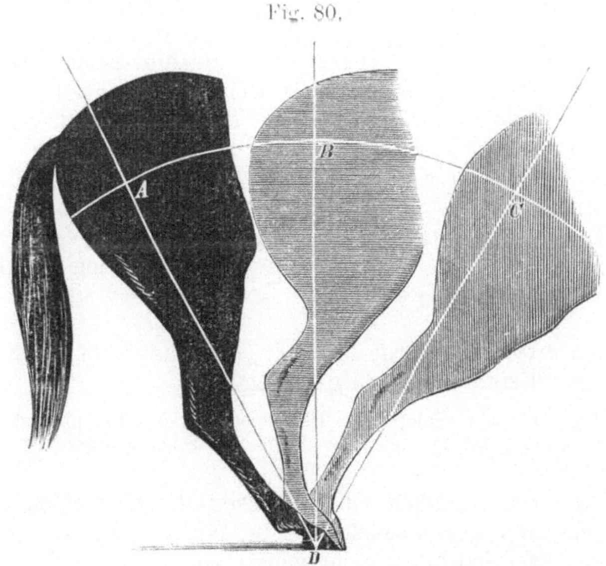

Das stützende und abstossende Hinterbein des Pferdes.

Das Hinterbein wird in der Stellung A aufgesetzt und schiebt, indem es den Huf nach rückwärts drückt, den Körper vor bis es bei B senkrecht steht. Dann beginnt die Stemmwirkung durch Strecken. Der Körper wird annähernd entsprechend dem Kreisbogen ABC gehoben und gesenkt.

Form der Bewegung ist aber natürlich viel verwickelter, da es sich um vier Extremitäten handelt. Indessen lässt sich diese Schwierigkeit zum Theil beseitigen, indem man die Bewegung des Vierfüssers wie die zweier hintereinander hergehender Zweifüsser betrachtet.

Neben der Streckkraft des abstossenden Beines wirkt beim Vierfüsser schon das blosse Zurückschieben der Beine als ein wesentlicher Antrieb mit. In der Ruhe stehen alle vier Beine senkrecht, und bilden mit der Längsaxe des Körpers rechte Winkel. Werden nun durch Muskelwirkung die Beine in schräge Stellung gebracht, das heisst, der vordere Winkel zwischen Beinen und Leib vergrössert, so muss dadurch der Körper nach vorn geschoben werden.

Im Uebrigen gelten etwa dieselben Betrachtungen für die Bewegung jedes Beinpaares des Vierfüssers, wie für die Bewegung der Beine des Menschen. Insbesondere wird bei jedem Schritt, wie es die umstehenden Figuren (79 und 80) vorführen, der Körper gehoben und gesenkt. Beim Vorschwingen des Beines wird die Beugung durch die schon oben im Abschnitt über die Gelenke erwähnte Einrichtung der Wechselgelenke unterstützt.

Ebenso wie beim Menschen Gehen und Laufen, unterscheidet man beim Vierfüsser drei Hauptgangarten: Schritt, Trab, Galopp. Es soll im Folgenden nur vom Pferde die Rede sein.

Gangarten des Pferdes. Die Bewegung der einzelnen Beine bei den verschiedenen Gangarten des Pferdes lässt sich durch folgende einfache Regeln mit annähernder Genauigkeit angeben:

Beim Schritt ist immer jedes Hinterbein dem Vorderbein derselben Seite um die Dauer eines Halbschrittes voraus. Die beiden Vorderbeine und die beiden Hinterbeine wechseln mit einander ab wie die Beine des gehenden Menschen.

Beim Trab bewegen sich die diagonal gestellten Extremitäten zugleich.

Beim Galopp hebt sich zuerst ein Hinterbein, dann das andere und zugleich das gegenseitige Vorderbein, zuletzt das andere Vorderbein. Der Körper schwebt dann eine Zeit lang im Sprunge frei in der Luft, dann kommen die Beine in derselben Reihenfolge auf den Boden, in der sie sich gehoben hatten.

Eine vierte Grundform ist der „Passgang", bei dem sich die gleichseitigen Beine gleichzeitig bewegen.

Im Gegensatz zum Galopp der Pferde besteht der Galopp anderer Thiere, Rehe, Hasen, Hunde, Katzen, aus einer Folge von Sprüngen von der Hinterhand auf die Vorderhand.

Durch diese Angaben sind indessen die Gangarten nur ihren Grundzügen nach gekennzeichnet. In Wirklichkeit treffen die angegebenen Zeitverhältnisse nicht genau zu.

So brauchen zum Beispiel beim Trab die diagonal gegenüberstehenden Beine sich nicht genau gleichzeitig zu bewegen, sondern es kann das Hinterbein etwas früher oder etwas später bewegt werden, als das Vorderbein der anderen Seite. Ausserdem nehmen die Gangarten je nach der Geschwindigkeit sehr verschiedene Formen an, sodass ausser den genannten Gangarten noch eine ganze Reihe Abarten unterschieden werden können.

Die verschiedene Bewegung der Beine bei Schritt, Trab und Galopp bedingt bestimmte Bewegungen des Gesammtkörpers. Im Schritt sind immer zwei Beine auf dem Boden, und zwar der Reihe nach etwa zuerst die beiden Beine einer Seite, dann das eine Diagonalpaar, dann beide Beine der andern Seite, und dann das andere Diagonalpaar und wiederum wie vorher.

Folgendes Schema stellt die angegebene Reihenfolge der Stützungen vor Augen, in dem für fünf auf einander folgende Stellungen beim Schritt jedesmal die stützenden Beine, V Vorderbein, H Hinterbein, angegeben sind. Die nicht bezeichneten Füsse sind im Vorschwingen begriffen.

Stützung des Pferdes im Schritt.

Links ↑ Rechts

	Links		Rechts
V.			V H
IV.	V		H
III.	V H		
II.	H		V
I.			V H

Gangrichtung ↑

Während der Zeiträume, in der die Beine derselben Seite den Körper unterstützen, muss der Schwerpunkt nach der betreffenden Seite hinüber verlegt werden, und der Körper schwankt daher abwechselnd nach rechts und links.

Beim Trab ist der Körper abwechselnd durch die Diagonalbeinpaare unterstützt und schwankt daher nicht merklich nach der Seite.

Je schneller das Pferd trabt, desto kürzer ist die Zeit, während der die Füsse den Boden berühren im Vergleich zu der, während der sie in der Luft sind; bei sehr schnellem Trabe ist sie nur etwa halb so lang, und es folgt dann immer auf eine Periode, in der das eine Diagonalpaar auf dem Boden steht, eine ebenso lange Periode, während deren alle vier Beine schweben, dann eine, während deren das andere Diagonalpaar auf dem Boden steht, dann wieder eine Periode des Schwebens und so fort. Der Trab ist demnach dem Lauf des Menschen zu vergleichen.

Die Bewegungen beim Galopp sind viel verwickelter als beim
Schritt und Trab, weil nicht Vorderbein mit Vorderbein und Hinterbein mit Hinterbein gleichmässig abwechselt, sondern erst ein
Hinterbein, dann das andere und das gegenseitige Vorderbein, endlich das zweite Vorderbein arbeitet. Die Bewegung beim Galopp
wird dadurch unsymmetrisch, und man unterscheidet daher Linksgalopp und Rechtsgalopp.

Fig. 81.

Kurzer Galopp nach Photographien von Anschütz,
Die obere Reihe zeigt den Absprung, die untere das Zurückkommen auf den Boden. An das
achte Bild schliesst sich wieder das erste.

Beim Linksgalopp kommt nach jedem Galoppsprung zuerst
der linke Hinterfuss auf den Boden, dann gleichzeitig der rechte
Hinterfuss und linke Vorderfuss, zuletzt der rechte Vorderfuss. In
derselben Reihenfolge heben sich die Füsse wieder von der Erde.

Beim Rechtsgalopp kommt zuerst der rechte Hinterfuss auf
den Boden, dann gleichzeitig der linke Hinterfuss und rechte
Vorderfuss, endlich der linke Vorderfuss. In derselben Reihenfolge
heben sich die Füsse wieder von der Erde.

Man pflegt den Linksgalopp und Rechtsgalopp danach zu
unterscheiden, ob sich beim Beginn des Galopps, beim sogenannten
„Angaloppiren" das linke oder rechte Vorderbein zuerst hebt.
Hierbei ist zu beachten, dass beim Angaloppiren das Pferd eine

Bewegungsform annimmt, die im weiteren Verlauf des Galoppes nicht mehr vorkommt, indem es sich nämlich zuerst mit der Vorderhand, dann mit der Hinterhand hebt. Unmittelbar auf diese erste Hebung der Hinterhand folgt dann, ehe die Vorderhand sich zum zweiten Male hebt, die zweite Hebung der Hinterhand und von da ab geht die Bewegung in der oben gegebenen Reihenfolge vor sich, indem die Hinterhand sich jedesmal vor der Vorderhand hebt. Ausserdem unterscheiden sich Linksgalopp und Rechtsgalopp durch die Stellung des Pferdeleibes. Weil nämlich der Hauptantrieb durch den nahezu gleichzeitigen Abstoss eines Hinterbeines und eines Vorderbeines gegeben wird, stellt sich das Pferd in die Richtung dieses Beinpaares, also schräg gegen die Richtung des Laufes ein. Daher besteht eine der „Hülfen“, durch die der Reiter das Pferd veranlassen kann, Links- oder Rechtsgalopp zu gehen, darin, dass er den rechten oder linken Schenkel hinter dem Sattel andrückt und dadurch den Hinterkörper des Pferdes etwas nach der Seite schiebt. Das Pferd steht also beim Linksgalopp etwas nach rechts gewendet, die linke Schulter nach vorn gerichtet. Beim gewöhnlichen Galopp hört man in Folge der oben angegebenen Reihenfolge der Tritte drei Schläge, bei schnellerem Galoppiren aber nähern sich die Zeitpunkte des Aufschlagens der beiden Hinterfüsse einander immer mehr, sodass man nur zwei Schläge wahrnimmt. Daher wird die schnellste Gangart auch als „Carrière“ vom Galopp unterschieden.

Der Passgang kann von der kleinsten bis zur grössten Geschwindigkeit in fast unveränderter Form beibehalten werden. Es ändert sich dabei nur das Verhältniss der Zeit, während der die Beine den Boden berühren, zu der, während der sie in der Luft sind.

Stimme und Sprache.

Schallbewegung. Noch einen besonderen Gegenstand der Bewegungslehre bilden die Bewegungen des Kehlkopfs der Säugethiere und Vögel, die dazu dienen, Töne hervorzubringen. Die Physik lehrt, dass der Schall nichts Anderes ist als eine schwingende Bewegung von Massen. An einer ausgeschlagenen gespannten Saite kann man die Bewegung in Form hin- und hergehender Schwingung unmittelbar wahrnehmen. Die Schallbewegung kann sich von einem schwingenden Körper aus auf andere und auch auf die Luft übertragen.

Die Schallwellen der Luft bestehen in abwechselnder Verdichtung und Verdünnung, die in der Richtung fortschreitet, in der sich der Schall ausbreitet. Wenn zum Beispiel eine Saite tönt, so bewirkt sie, indem sie nach einer Richtung schwingt, eine Verdichtung, und indem sie zurückschwingt, eine Verdünnung der Luft. Sie zwingt dadurch die Luftteilchen hin- und herzupendeln. Diese Bewegung theilt sich mit grosser Geschwindigkeit immer entfernteren Luftschichten mit, deren Theilchen nun ebenfalls hin- und herschwingen. Da aber die entfernten Luftschichten später in Bewegung gesetzt werden, so schwingen die Theilchen nicht alle gleichzeitig und ihre Entfernung von ein-

ander bleibt daher nicht gleich. So entsteht durch Hin- und Zurückschwingen
jedes einzelnen Lufttheilchens an seinem Ort im Ganzen der Zustand, dass
immerfort abwechselnd Verdichtungsschichten und Verdünnungsschichten von
der Schallquelle aus nach allen Seiten in den Raum hinaus laufen. Man nennt
diese Art der Wellenbewegung, bei der die Schwingungen in derselben Richtung
vor sich gehen, in der die Bewegung fortschreitet, Longitudinalwellen.

Zungenpfeifen. Solche Luftwellen können nun nicht nur
durch tönende feste Körper hervorgerufen werden, sondern auch
dadurch, dass ein Luftstrom an passend geformte feste Körper
stösst. Auf diese Weise wird der Ton in den Instrumenten erzeugt, die man als „Lippenpfeifen" bezeichnet, zu denen die Orgel-
pfeifen, die Flöten und andere mehr gehören.

Eine Zwischenstellung zwischen den Instrumenten, die den
Schall durch Schwingungen fester Körper erzeugen, und den Lippenpfeifen, bei denen die Schallwellen in der Luft selbst entstehen,
nehmen die „Zungenpfeifen" ein. Bei diesen streicht der Luftstrom durch eine Spalte, vor der eine schmale federnde Platte „die
Zunge", angebracht ist, die der Luftstrom in Schwingungen versetzt. Diese Schwingungen würden an sich kaum einen hörbaren
Ton hervorrufen, sie dienen vielmehr nur dazu, den Spalt, durch
den die Luft hindurchgeblasen wird, abwechselnd zu verengen und
zu erweitern. Dadurch wird der Luftstrom in eine Reihe einzelner
sehr schnell auf einander folgender Stösse getheilt, sodass die
ganze der Pfeife entströmende Luftsäule aus einer Reihe abwechselnd dichterer und dünnerer Luftschichten besteht, oder mit
anderen Worten, in Longitudinalschwingungen versetzt ist.

Solche Zungenpfeifen sind die Pfeifen der Mundharmonika, die Kinder-
trompeten, die nur einen Ton haben, und unter den Orchesterinstrumenten die
Klarinetten.

Der Kehlkopf als membranöse Zungenpfeife. Dieser
Art Pfeifen reiht sich der Kehlkopf der Thiere als tonerzeugendes
Instrument an. Es ist zwar keine eigentliche „Zunge" vorhanden,
aber da die Ränder der Stimmritze, durch die die Luft hindurch
streicht, elastisch sind, können sie selbst in Schwingungen gerathen und übernehmen so die Rolle der „Zunge". Daher pflegt
man den Kehlkopf nicht schlechtweg zu den Zungenpfeifen zu
rechnen, sondern ihm als „membranöse Zungenpfeife" eine besondere Stellung im System der musikalischen Instrumente einzuräumen.

Künstliche membranöse Zungenpfeifen werden nur zu Versuchszwecken
benutzt. Man stellt sie her, indem man über die Oeffnung einer Röhre zwei
Stücke Gummimembran so festbindet, dass ihre Ränder einen ganz schmalen
Spalt zwischen sich lassen.

Zum Beweise dafür, dass der thierische Kehlkopf thatsächlich
mit den künstlichen Instrumenten verglichen werden darf, dient
ein Versuch, der mitunter nach Johannes Müller schlechthin als
der „Müller'sche Versuch am Kehlkopf" bezeichnet wird. Ein ausgeschnittener Kehlkopf wird mit dem Stumpfe der Luftröhre auf
einer Röhre festgebunden. Die Giessbeckenknorpel werden durch

einen quer hindurchgestossenen Pfriemen an einem feststehenden
Stützbalken befestigt. Nun wird in den Winkel der Schildknorpel,
dicht über der vorderen Anheftungsstelle der Stimmbänder ein
Häkchen eingehakt, an dem vermittelst eines über eine Rolle
laufenden Fadens ein Gewicht zieht. Durch den Zug des Gewichtes
wird die natürliche Spannung der Stimmbänder nachgeahmt. Bläst
man dann die Röhre kräftig an, so entsteht ein Ton und zugleich
kann man mit dem blossen Auge deutlich sehen, wie die Stimmbänder auseinander getrieben werden und in schwingende Bewegung
gerathen.

Laryngoskopie. Man kann sich ferner auch am lebenden
Thier und sogar beim Menschen überzeugen, dass die Tonerzeugung
im Kehlkopfe auf diese Weise vor sich geht. Bei Hund und Katze
ist der Rachen so weit, und der Kehlkopf liegt so dicht an der
Zungenwurzel, dass man dem Versuchsthier nur den Kopf in den
Nacken zu beugen, die Zunge hervorzuziehen und die Epiglottis
mit einem eingeführten Instrumente an die Zungenwurzel zu drücken
braucht, um in den Kehlkopf hineinsehen zu können. Man sieht
dann, wie vor jeder Stimmgebung die Stimmbänder so dicht aneinander gebracht werden, dass nur ein ganz schmaler Spalt offen
bleibt, und wie sie während der Stimmgebung in zitternder Bewegung sind (Fig. 82 u. 83).

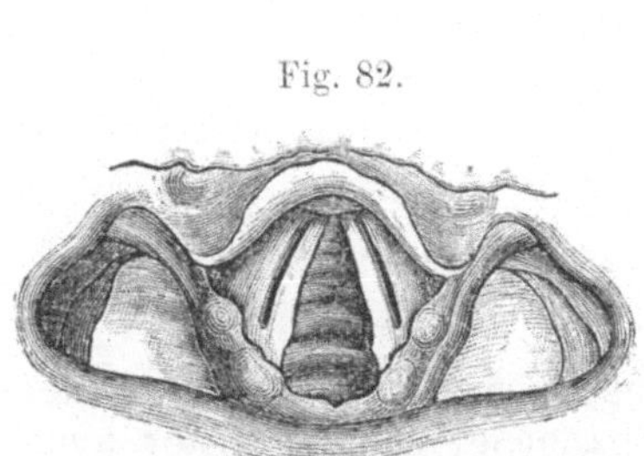

Fig. 82.

Kehlkopfbild beim Einathmen.

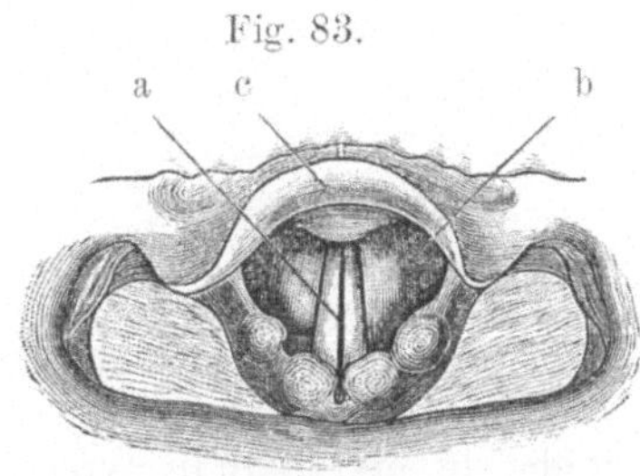

Fig. 83.

Kehlkopfbild beim Anlauten.
a wahres, b falsches Stimmband, c Kehlkopfdeckel.

Beim Menschen und bei anderen Thieren kann man nicht so leicht in
den Kehlkopf hineinsehen, und man bedient sich als Hülfsmittel des sogenannten Kehlkopfspiegels oder Laryngoskops, eines Spiegelchens von 1—2 cm
Durchmesser, das an einem Stiel von passender Länge bis an die Gaumen-
bögen oder gar bis an die hintere Rachenwand vorgeschoben werden kann, sodass bei passender Winkelstellung darin das Bild der Stimmritze und selbst
der Luftröhre bis zur Theilungsstelle hinab erscheint. Zur Beleuchtung des
Kehlkopfinnern wird vermittelst eines durchbohrten Hohlspiegels, durch den
der Beobachter auf das Spiegelchen blickt, das Licht einer Lampe auf den
Spiegel geworfen und von da in das Kehlkopfinnere reflectirt (Fig. 84).
Beim Pferde reicht diese Vorrichtung nicht aus, weil der Kehlkopfeingang
sehr weit vom Maule entfernt liegt und sehr eng ist. Man führt daher ein
röhrenförmiges Laryngoskop, dessen vorderes Ende ein reflectirendes Prisma
enthält, durch die Nase in den Rachenraum ein. Für manche Untersuchungen
an Thieren kann man sich dadurch helfen, dass man unterhalb des Kehlkopfes
die Luftröhre öffnet und die Stimmbänder von unten her beobachtet.

Nachdem nachgewiesen ist, dass die Tonerzeugung im Kehlkopf im Allgemeinen wie in einer Zungenpfeife vor sich geht, ist nun zu fragen, wie die Veränderungen des Tones entstehen, durch die die Stimme ihre Ausdrucksfähigkeit erlangt. Diese Veränderungen betreffen erstens die Höhe des entstehenden Tones, zweitens seine Stärke, drittens die sogenannte Klangfarbe.

Höhe, Stärke und Klangfarbe des Tones von membranösen Zungenpfeifen. Durch Versuche an künstlich hergestellten membranösen Zungenpfeifen kann man sich überzeugen, dass die

Fig. 84.

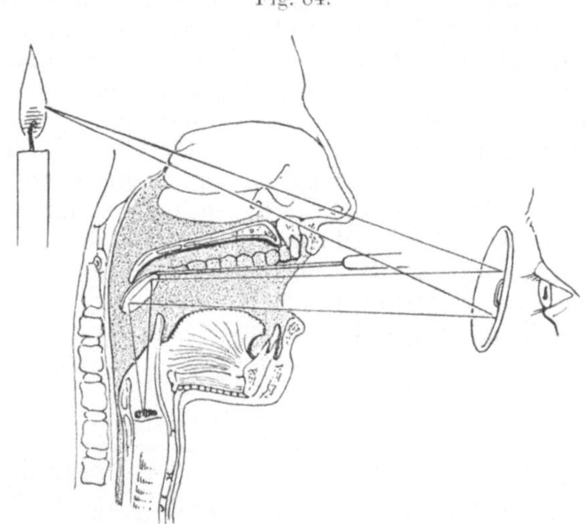

Schematische Darstellung des Kehlkopfspiegels.

Tonhöhe in erster Linie von der Länge der schwingenden Ränder abhängt, in zweiter Linie von ihrer Spannung, und in dritter auch von der Stärke des Luftstroms, mit dem die Pfeife angeblasen wird. Tonhöhe ist gleichbedeutend mit Schwingungszahl, und es ist bekannt, dass längere Körper langsamer schwingen als kürzere. Ebenso ist klar, dass mit zunehmender Spannung der schwingenden Membranränder die Schwingungszahl zunehmen muss, weil dabei die Kraft, die auf die schwingende Masse wirkt, grösser ist. Aus demselben Grunde hat auch die Stärke des Anblasens auf die Tonhöhe der membranösen Zungenpfeifen Einfluss, denn bei stärkerem Anblasen treibt der Luftstrom die Ränder der Membran vor, und ertheilt ihnen dadurch eine höhere Spannung.

Im Uebrigen bedingt die Stärke des Anblasens auch die Grösse der Ausschläge der Membran und somit die Stärke des Tones.

Was endlich die Klangfarbe betrifft, so führt man diese darauf zurück, dass in den meisten Klängen neben dem Grundton, der die

Tonhöhe bestimmt, noch ein oder mehrere höhere Töne, sogenannte
Obertöne mitklingen.

Den Begriff des Grundtones und der Obertöne kann man sich am einfachsten deutlich machen, indem man an die Schwingungen einer nicht zu
straff gespannten Saite denkt, die man leicht mit dem Auge wahrnehmen kann.
Wird die Saite in der Mitte angerissen, so schwingt sie in ihrer ganzen Länge
mit einer bestimmten Schwingungszahl und giebt den entsprechenden Grund-
ton. Reisst man sie aber in einem der Viertelpunkte an, so geräth jede Hälfte
für sich in doppelt so schnelle Schwingungen; es entsteht in jeder Hälfte der
Saite ein besonderer „Schwingungsbauch", während die Mitte der Saite als
„Schwingungsknoten" in Ruhe bleibt. In diesem Falle giebt die Saite einen
Ton von der doppelten Schwingungszahl, ihren „ersten harmonischen Oberton".
In ähnlicher Weise können auch die Schwingungen der Zungenpfeifen sich in
Schwingungen von kürzerer Periode theilen, sodass Obertöne auftreten. Im
Allgemeinen entstehen immer zugleich mit dem Grundton ein oder mehrere
Obertöne, die dem Klang des betreffenden Tones seine besonderen Eigenthüm-
lichkeiten, eben die „Klangfarbe" verleihen.

Die Stimmlippen. Ehe näher auf die Mechanik der Kehlkopfbewegungen
eingegangen wird, durch die die erwähnten Eigenschaften der Stimme bestimmt
werden, sei vorausgeschickt, dass die Stimmbänder keine eigentlichen Bänder
sind und deshalb auch in neuerer Zeit mit dem richtigeren Namen „Stimmlippen" bezeichnet werden. Die Stimmlippen bilden zwei sagittal verlaufende
Leisten, die mit scharfer Kante in das Innere des Luftweges vorspringen und
diesen bis auf eine schmale Ritze, die Stimmritze, Glottis, verschliessen. Der
dickere Aussentheil der Stimmlippen wird vom Musculus thyreoarytaenoideus
internus gebildet. Die innere Kante besteht aus einem Streifen elastischen Gewebes, und das Ganze wird von der Kehlkopfschleimhaut überzogen, die an dieser
Stelle Plattenepithel aufweist.

Mechanik des Kehlkopfs. Die Spannung der Stimmlippen
ist von der Stellung der Kehlkopfknorpel gegeneinander abhängig.
Die Kehlkopfknorpel werden bekanntlich in der Anatomie als
Ringknorpel, Schildknorpel und Giessbeckenknorpel unterschieden.

Man hat für diese nur von der äusseren Gestalt hergenommenen Namen
die Bezeichnung Grundknorpel, Spannknorpel und Stellknorpel einführen wollen,
um die physiologische Bedeutung der einzelnen Theile des Kehlkopfgerüstes zu
kennzeichnen. Es ist aber falsch, den Ringknorpel zum „Grundknorpel", den
Schildknorpel zum „Spannknorpel" machen zu wollen, weil der Schildknorpel
die Grundlage des ganzen Kehlkopfgerüstes abgiebt, während der Ringknorpel
bewegt wird, um die Stimmlippen zu spannen, sodass die vorgeschlagenen Namen
umgekehrt besser passen würden.

Der Schildknorpel ist mit dem Ringknorpel durch seine
unteren Fortsätze gelenkig verbunden und zwar so, dass der
Ringknorpel um eine Queraxe, die durch die beiden Gelenke geht,
gegen den Schildknorpel gedreht · werden kann. Die Stimmlippen
sind vorn an der Innenseite des Winkels zwischen den beiden
Schildknorpeln angeheftet, hinten an den Giessbeckenknorpeln, die
auf der hochragenden Platte des Ringknorpels befestigt sind.
Wenn der vordere Theil des Ringknorpels durch die Musculi cricothyreoidei gegen den Schildknorpel emporgezogen wird, so muss der
obere Rand der Ringknorpelplatte und mit ihm das Giessbeckenknorpel-
paar nach hinten rücken, und die Stimmlippen werden angespannt.

Ausserdem sind aber auch die Giessbeckenknorpel auf der
Platte des Ringknorpels beweglich. Die Gelenkflächen des Ringknorpels sind Abschnitte von Vollcylindern mit von oben medial

hinten nach unten lateral vorn verlaufender Axe. Die Giessbeckenknorpel sind mit einer erheblich kleineren Hohlcylinderfläche durch
eine weite schlaffe Gelenkkapsel an den Ringknorpel befestigt.
Sie können um die Cylinderaxe nach vorn innen oder hinten aussen
kippen, ausserdem seitlich verschoben und schliesslich auch um
ihre Längsaxe gedreht werden. Da die Stimmlippen am Ende
des von den Giessbeckenknorpeln ziemlich weit vorstehenden
Processus vocalis angeheftet sind, wie ihre Lage durch die
Bewegung der Giessbeckenknorpel stark verändert. Die Bewegung der Giessbeckenknorpel wird durch eine ganze Reihe
kleiner Muskeln beherrscht, deren Wirkungsweise noch nicht völlig
aufgeklärt ist. Als sicher darf gelten, dass die Musculi cricoarytaenoidei *laterales* die Giessbeckenknorpel nach hintenüber
ziehen und dadurch die Stimmlippen anspannen. Ebenso ist ge-
wiss, dass die Cricoarytaenoidei *postici* die äusseren Kanten der
Giessbeckenknorpel nach hinten und innen ziehen und dadurch die
Processus vocales nach aussen auseinander spreizen. Die Stimmritze erhält daher durch die Thätigkeit dieser Muskeln Rautenform,
indem sich vorn zwischen den Stimmlippen ein dreieckiger Raum,
die sogenannte Glottis vocalis, hinten ein ebenfalls dreieckiger
Raum zwischen den Processus vocales, die Glottis respiratoria,
öffnet. Ueber die Thätigkeit der kleinen zwischen den Giessbeckenknorpeln verlaufenden Muskeln ist dagegen nicht mit Sicherheit zu
entscheiden. Wenn sie alle gemeinsam thätig sind, müssen sie
jedenfalls die Knorpel eng aneinander ziehen und zum Schluss der
Glottis beitragen.

Bewegung des Kehlkopfs bei der Phonation. Diese
Angaben können durch Versuche am ausgeschnittenen Kehlkopfe
bestätigt werden, indem man die einzelnen Muskeln elektrisch reizt
und die entstehenden Bewegungen beobachtet. Der Einfluss der
Muskeln auf die Tonerzeugung lässt sich am einfachsten durch den
oben beschriebenen Müller'schen Versuch nachweisen, bei dem der
Muskelzug durch den Zug eines Gewichtes ersetzt wird. Man
kann sich dann überzeugen, dass bei ungefähr gleichem Anblasen
der entstehende Ton um so höher ist, je grösser das angewendete
Gewicht. Bläst man bei gleichbleibendem Gewicht stärker an, so
wird der Ton etwas höher, man kann ihn aber trotz des stärkeren
Anblasens wieder auf seine ursprüngliche Höhe bringen, indem
man das die Stimmlippen spannende Gewicht verringert.

Endlich kann man durch Beobachtung mit dem Kehlkopfspiegel
feststellen, dass beim Singen hoher Töne die Stimmlippen stärker
gespannt werden, und dass dabei die Giessbeckenknorpel in
derselben Weise nach hinten gezogen sind, wie es bei Reizung
der Cricoarytaenoidei postici am ausgeschnittenen Kehlkopf der
Fall ist.

Die Wirkung der Cricothyreoidei auf die Tonbildung lässt sich durch
folgenden Versuch am Hunde darstellen: In die Luftröhre wird unterhalb des
Kehlkopfs eine weite Röhre eingebunden, durch die man den Kehlkopf, der in

seiner natürlichen Lage verbleibt, anblasen kann, wie einen ausgeschnittenen Kehlkopf beim Müller'schen Versuch. Beim Anblasen entsteht im ruhenden Kehlkopf nur ein zischendes Geräusch. Reizt man nun die beiden Nn. recurrentes, die die zu den Giessbeckenknorpeln verlaufenden Muskeln erregen, so entsteht beim Anblasen ein ziemlich tiefer, in günstigen Fällen aber reiner und voller Ton. Reizt man gleichzeitig die beiden Laryngei superiores, die die Cricothyreoidei erregen und mithin den Ringknorpel gegen den Schildknorpel emporziehen, so ist der Ton beim Anblasen beträchtlich höher. Man sieht aus diesen Versuchen, dass die Kehlkopfmuskeln auch im lebenden Körper thatsächlich die Wirkungen ausüben, die ihnen nach den Untersuchungen am ausgeschnittenen Kehlkopf zugeschrieben worden sind.

Höhe und Umfang der Stimme. Auf die beschriebene Weise beherrscht die Mechanik des Kehlkopfs die Tonhöhe der Stimme, innerhalb gewisser Grenzen, die vor allem durch die Grösse des Kehlkopfs gegeben sind. Die Schwingungszahl membranöser Zungenpfeifen und mithin auch des Kehlkopfs ist, wie oben angegeben, in erster Linie bestimmt durch die Länge der schwingenden Membranrander. Grössere Thiere, deren Stimmlippen länger sind, haben daher im Allgemeinen tiefere Stimmen als kleinere.

Auf der Länge der Stimmbänder beruht der Unterschied zwischen der männlichen und weiblichen Stimme. Die Länge der Stimmlippen bei Männern verhält sich zu der bei Weibern etwa wie 3 zu 2.

Dieser Unterschied, der sehr viel grösser ist als der Unterschied der Körpergrösse im Allgemeinen, entsteht erst beim Eintritt der Geschlechtsreife dadurch, dass der Kehlkopf bei männlichen Individuen unverhältnissmässig stark an Grösse zunimmt, während er bei weiblichen nur im Verhältniss zu den übrigen Körpertheilen wächst. Mit der Längenzunahme der Stimmlippen stellt sich die männliche Bassstimme ein. Den Uebergang von der hohen Knabenstimme zur tiefen Männerstimme nennt man „Mutiren" der Stimme.

Auch bei den Thieren, bei denen der Gebrauch der Stimme vielfach in unverkennbarer Beziehung zu der Geschlechtsthatigkeit steht, findet sich in vielen Fällen derselbe Unterschied zwischen männlicher und weiblicher Stimme deutlich ausgebildet.

Höhenlage und Umfang der menschlichen Stimme. Die Musiker theilen die menschlichen Stimmen, je nach ihrer durch die Länge der Stimmbänder bedingten Höhe in verschiedene Gruppen. Der Bass umfasst die tiefste „Stimmlage" mit Tönen von 80 Schwingungen in der Secunde bis zu 342, der Tenor die nächst höhere, von 128 bis 512 Schwingungen. Die höheren Töne des jugendlichen und weiblichen Kehlkopfs werden in die Stimmlagen Alt mit 171 bis zu 684 Schwingungen und Sopran mit 256 bis zu 1024 Schwingungen eingetheilt. Aus den angeführten Zahlen ist zu ersehen, dass die Schwingungszahl des tiefsten Tones der Stimme sich zu der des höchsten annähernd wie 1 : 4 verhält. Bei zweimaliger Verdoppelung der Schwingungszahl des tiefsten Tones ergiebt sich also die des höchsten, oder wie die Musiker sagen, der höchste Ton liegt zwei Octaven über dem tiefsten. Dies entspricht etwa dem normalen Umfang der Stimme. Von besonders begabten und geübten Sängern wird berichtet, dass sie einen Stimmumfang von $3\frac{1}{2}$ Octaven, 106—1152 Schwingungen, beherrschten. Was dies bedeutet, wird erst klar, wenn man aus den obigen Angaben entnimmt, dass von dem tiefsten Ton der Männerstimme bis zum höchsten der Frauenstimme der Gesammtumfang des menschlichen Tonregisters nur etwa 4 Octaven umfasst. Uebrigens kann der Stimmumfang einzelner Menschen über die angegebenen Grenzen nach unten und nach oben beträchtlich hinausgehen, sodass man als tiefsten bekannten Ton menschlichen Gesanges einen Ton von 42 Schwingungen, als höchsten einen Ton von 2048 Schwingungen bezeichnen darf.

Stimmregister. Die tieferen Töne des Stimmumfangs werden, ebenso wie die gewöhnlichen Stimmlaute der Sprache, des Schreiens und Rufens, mit der sogenannten „Bruststimme" hervorgebracht, die höchsten Töne können dagegen nicht mit der Bruststimme gesungen werden, und man unterscheidet daher zwei „Stimmregister", von denen das eine die Töne der Bruststimme, das andere die der sogenannten „Kopfstimme", Fistel- oder Falsetstimme umfasst.

Bei der Fistelstimme besteht stets ein Gefühl der Anstrengung und der Spannung im Kehlkopf, und sie ist immer weit schwächer und meist auch weniger klangvoll als die Bruststimme. Ueber die Art und Weise, wie die Fistelstimme zu Stande kommt, herrscht jetzt folgende Anschauung: Bei der Bruststimme schwingen die Stimmlippen in ihrer ganzen Länge und Breite, bei der Fistelstimme dagegen nur die Ränder in mehreren durch Schwingungsknoten getrennten Abschnitten.

Einstellung des Kehlkopfs. Compensation der Kräfte. Innerhalb des Umfangs der Stimme kann jeder Ton durch die Stellung des Kehlkopfes erzeugt und auch mit grosser Genauigkeit eingehalten und obenein schwächer oder stärker gesungen werden. Die besten Sänger sollen die Spannung ihrer Stimmlippen so genau einstellen, dass die Schwingungszahl nur um 0,3 pCt. zu gross oder zu klein ausfällt. Diese Leistung der Kehlkopfmuskeln kann als hervorragendes Beispiel für die Vollkommenheit gelten, mit der sich die Organe ihren Aufgaben anpassen, um so mehr, wenn man in Betracht zieht, dass die Schwingungszahl, wie oben erwähnt, nicht allein von der Spannung der Stimmlippen, sondern auch von der Stärke des Anblasens abhängig ist. Um den gleichen Ton zu halten oder zu treffen, muss deshalb die Muskelspannung bei stärkerem Luftstrom etwas vermindert, bei schwächerem etwas erhöht werden. Die Spannung der Stimmlippen wird im Wesentlichen von den Cricothyreoidei und Cricoarytaenoidei beherrscht, es kommt aber auch die Contraction des in der Stimmlippe selbst gelegenen Thyreoarytaenoideus internus oder Musculus vocalis in Betracht. Man nimmt an, dass eben dieser, indem er sich zusammenzieht, die Spannung der Stimmlippenränder vermindert und dadurch bei starker Stimmgebung den Einfluss des verstärkten Luftstroms auf die Tonhöhe aufhebt. Man nennt diesen Vorgang die „Compensation der Kräfte" am menschlichen Kehlkopf, weil die Spannung der Stimmlippen und die Stärke der Ausathmung dadurch in das beabsichtigte Verhältnis zu einander gebracht werden.

Uebrigens ist zu bemerken, dass, obschon hier immer nur von den eigentlichen Kehlkopfmuskeln die Rede gewesen ist, auch die Schlund-, Gaumen- und Zungenbeinmusculatur auf die Stellung und Bewegung des Kehlkopfs Einfluss hat. Wenn man beim Tongeben den Finger auf den Adamsapfel legt, fühlt man, dass der ganze Kehlkopf bei jedem Stimmlaute aufwärts oder abwärts gleitet. Bei einer Reihe immer höher werdender Töne pflegt der Kehlkopf immer höher hinaufzusteigen, bei tiefer werdender Tonfolge umgekehrt. Diese Bewegungen sind indessen bis zu einem gewissen Grade der Willkür unterworfen, da sich Kunstsänger bei der Ausbildung auf die entgegengesetzte Bewegung einüben können.

Resonanz. Ansatzrohr. Bis hierher ist fast ausschliesslich von der Höhe des im Kehlkopfe erzeugten Tones, also von der

Schwingungszahl der Stimmlippen die Rede gewesen. Die Tonhöhe ist aber, wie oben angedeutet, für den Klang der Stimme keineswegs allein maassgebend. Ebensowenig ist für die Erzeugung der Stimmlaute der Kehlkopf allein maassgebend. Vielmehr ist bei jeder etwas stärkeren Tongebung eine Erschütterung der Brustwände wahrzunehmen, die auf dem *Mitschwingen der Lungenluft* beruht und als sogenannter Fremitus pectoralis oder vocalis ein wichtiges diagnostisches Merkmal bei krankhaften Zuständen der Lunge bildet.

Ebenso wie der unterhalb des Kehlkopfs gelegene Luftraum gewissermaassen als Resonanzboden für die erzeugten Töne dient, hat auch der oberhalb des Kehlkopfs gelegene Raum der Rachen-, Mund- und Nasenhöhle einen wesentlichen Einfluss auf die Stimmlaute. Man kann auch bei künstlichen Zungenpfeifen den Einfluss einer über die tonbildende Spalte fortgesetzten Röhre, des sogenannten „Ansatzrohres", auf die Klangbildung nachweisen, und man bezeichnet deshalb die oberhalb des Kehlkopfs gelegenen Luftwege vom Standpunkte der Stimmphysiologie schlechtweg als das „Ansatzrohr" des Kehlkopfs. Die Wirkung des Ansatzrohres besteht darin, dass es die Entstehung von Luftschallwellen von bestimmter Länge und Schwingungszahl begünstigt, sodass diese Töne im Vergleich zu den andern stärker werden und in der Stimme vorklingen. Die Form des Ansatzrohres kann nun durch verschiedene Stellung der begrenzenden Theile, insbesondere des weichen Gaumens, des Zungenrückens und ebenso des Kehlkopfes selbst, sehr erheblich verändert werden, sodass die Stimme ganz verschiedenen Klang erhält.

Sprechen des Menschen. Auf solchen Veränderungen des Ansatzrohres beruht auch der Gebrauch der Stimme zum Sprechen Es kommen freilich neben den eigentlichen Stimmlauten, den Vocalen, beim Sprechen auch eine Reihe von „Exspirationsgeräuschen" ohne Stimmklang, zischende und hauchende Geräusche vor.

Die Sprache ist bekanntlich zum Zweck, sie durch Schriftzeichen fixiren zu können, in einzelne Sprachlaute getheilt Diese Eintheilung entspricht aber nur theilweise dem wirklichen Lautbestande der Sprache, was man deutlich erkennt, sobald man sprachgetreu etwa eine Aeusserung im Dialect in Schriftzeichen darzustellen sucht. Die Darstellung der Sprache durch die Schrift beruht grösstentheils auf willkürlich festgesetzter Uebereinkunft und versagt deshalb, sobald der Lesende nicht weiss, welche Laute der Schreibende hat bezeichnen wollen. Die physiologische Betrachtung der Sprache pflegt sich dessenungeachtet an die hergebrachte Eintheilung der schriftlichen Lautzeichen zu halten.

Vocale. Bei der Untersuchung der Vocale handelt es sich vor allem um die Frage, wodurch der wesentliche Unterschied zwischen den verschiedenen Vocallauten entsteht. Die Tonhöhe kommt offenbar nicht in Betracht, denn jeder Vocal kann nach Belieben hoch oder tief gesungen werden. Man hat vielmehr gefunden, dass bei jedem Vocal zu dem vom Kehlkopf angegebenen Ton bestimmte, durch die Mundstellung, also durch die Form des Ansatzrohres, bedingte Nebentöne hinzukommen.

Dies lässt sich künstlich nachahmen, indem man vor eine Stimmgabel, die nur Einen bestimmten Ton erzeugt, verschieden gestaltete Schallbecher, Resonatoren, bringt, die den Ton so umformen, dass er deutlichen Vocalklang annimmt. Der gleiche Stimmgabelton erklingt bei diesem Versuch mit Hülfe passender Resonatoren als A, O, U oder als irgend ein anderer Vocallaut.

Der Unterschied zwischen den verschiedenen Vocalklängen ist also derselbe wie zwischen Tönen von verschiedener Klangfarbe, nur dass bei den Vocalen nicht die gewöhnlichen Obertöne mitklingen, sondern die durch Resonanz im Ansatzrohr veränderten Obertöne.

Welcher Art die Veränderung ist und wie sie zu Stande kommt, ist noch nicht ganz genau festgestellt. Man hat die Frage dadurch zu entscheiden gesucht, dass man die Schwingungscurven, die beim Singen der Vocale in den Phonographen entstehen, in vergrössertem Maasstabe photographirt und auf mathematischem Wege in mehrere einfache Schwingungscurven zerlegt hat. Unter diesen treten dann bestimmte charakteristische Curven auf, von denen man annimmt, dass sie den durch das Ansatzrohr veränderten Obertönen entsprechen und die man als „Formanten" des betreffenden Vocals bezeichnet.

Es lässt sich durch Selbstbeobachtung leicht erkennen, dass man, um irgend einen Vocal hervorzubringen, der Mundhöhle eine bestimmte Gestalt geben muss. So ist beim U der Raum der Mundhöhle hinten durch den Zungenrücken, vorn durch die Lippen mässig verengt. Durch Erweiterung der vorderen Oeffnung entsteht O, durch gleichmässige Erweiterung des ganzen Ansatzrohres A, durch Verengung des Raumes zwischen Zunge und Gaumen, wobei das Mitschwingen auf den Raum unmittelbar über dem Kehlkopfeingang beschränkt wird, entstehen E und I.

Durch Mittelstellungen entstehen die Zwischenvocale Ae, Oe, Ue u. a. m. Die Diphthonge Ei, Eu, Au u. a. m. sollen durch den Uebergang von einem Vocal zum andern entstehen, und können daher auch nicht während eines längeren Zeitraumes ausgehalten werden.

Consonanten. Die Entstehung der Consonanten ist dadurch zu erklären, dass an irgend einer Stelle des Ansatzrohres, der sogenannten „Articulationsstelle" des betreffenden Consonanten, eine Verengung herbeigeführt wird, sodass der hindurchtretende Luftstrom ein Geräusch hervorbringt. Das Geräusch kann auch durch völligen Verschluss und plötzliches Oeffnen der Articulationsstelle erzeugt werden. Die so entstehenden Laute heissen Reibungslaute und Verschlusslaute. Die letzten sind dadurch gekennzeichnet, dass sie nur im Augenblick der Oeffnung des Verschlusses entstehen und deshalb nicht gehalten werden können.

Ausser den Reibungs- und Verschlusslauten werden zu den Consonanten noch die Laute gerechnet, die auch als Halbvocale bezeichnet werden, und die dadurch entstehen, dass die Stimmgebung durch eine besondere Articulationsstellung verändert wird. So entstehen, indem bei Verschluss des Mundes die zur Stimmgebung dienende Luft durch die Nase entweicht, die Nasallaute

M und N, je nachdem der Verschluss durch die Lippen oder die Zunge gebildet ist. Eine zweite Gruppe der Halbvocale bilden die Zitterlaute, wobei an der Articulationsstelle in ähnlicher Weise wie in einer Zungenpfeife Schwingungen entstehen. Diese Gruppe wird ausschliesslich von den verschiedenen Arten R gebildet, das mit dem weichen Gaumen, mit der Zunge, oder in der Sprache gewisser Urvölker, mit den Lippen gesprochen wird.

Eine Uebersicht über diese Eintheilung der Consonanten giebt folgende Zusammenstellung, in der nur wenige Laute fehlen. Dem Reibungslaut Sch, obschon ihn unsere Schrift aus drei Zeichen zusammensetzt, gebührt in der physiologischen Darstellung der Platz eines einfachen Consonanten. Er wäre zwischen die Gruppen II und III der Reibungslaute einzuschieben, da für ihn die Articulationsstelle zwischen Zungenspitze und hartem Gaumen gelegen ist. Endlich ist noch des Reibungslautes H zu gedenken, der auf die allereinfachste Weise, nämlich als einfaches Hauchgeräusch ganz ohne Articulation des Ansatzrohres entsteht.

Articulations-stelle		Verschluss-laute	Reibungs-laute	Halbvocale	
				Zitterlaute	glatte Laute
I. Oberlippe mit Unterlippe und Schneidezähne	ohne Stimme	P	F	—	—
	mit Stimme	B	W	Lippen-R	M
II. Zungenspitze mit Alveolarfortsatz der Schneidezähne	ohne Stimme	T	S (scharf)	—	—
	mit Stimme	D	S (weich)	Zungen-R	N. L
III. Zungenwurzel mit Gaumen	ohne Stimme	K	Ch	—	—
	mit Stimme	G	J	Uvular- oder Gaumen-R	Ng

3.

Physiologie des Nervensystems.

Functionen des Nervensystems. Die Muskeln werden, wie oben mehrfach erwähnt worden ist, normalerweise durch die Thätigkeit der Muskelnerven erregt In ähnlicher Weise beherrschen Nerven auch die Thätigkeit der Drüsenzellen. Die Verrichtung des Nervensystems ist aber nicht auf die Erregung dieser Organe beschränkt, sondern sie umfasst auch die Vermittlung der Einwirkungen der Aussenwelt auf die gesammte physische und psychische Thätigkeit des Organismus, indem sie die Erregung der Sinnesorgane auf das Centralnervensystem überträgt.

Man kann der Verrichtung nach das Nervensystem zunächst eintheilen in zwei Theile, das Centralnervensystem und die peripherischen Nervenstämme.

Unter den peripherischen Nerven sind zu unterscheiden derjenige Theil, *der die Erregung der Sinnesorgane dem Centrum zuleitet,* von demjenigen Theil, *der die Erregung vom Centralnervensystem aus zu den Organen ableitet.* Diese Gruppen werden mit einer aus dem Sprachgebrauch der englischen Forscher entlehnten Ausdrucksweise jetzt häufig als „afferente“, zuleitende, und „efferente“, ableitende, Nerven unterschieden. Oft braucht man auch, nach den hervortretendsten Beispielen, schlechtweg für die ganzen Gruppen die Bezeichnungen „sensible“ und „motorische“ Nerven.

Das Centralnervensystem steht zu den beiden anderen Theilen, die nur der Leitung der Erregung dienen, in einem gewissen Gegensatz. Seine Thätigkeit ist, insofern sie zu den psychischen Vorgängen, nämlich zum Willen und zur bewussten Wahrnehmung in Beziehung steht, der naturwissenschaftlichen Forschungsweise überhaupt unzugänglich, doch besteht ein grosser Theil seiner Leistung bloss in der Leitung von Erregungen, die hier untereinander in mannigfache Beziehungen treten. So kann *eine sensible Erregung in dem Centralorgan in motorische Erregungen umgesetzt* werden.

Bau der Nerven. Das gesammte Nervensystem ist aus gleichen Einzelstücken zusammengesetzt, die man als Einheiten des Nervensystems, Neurone, bezeichnet. Jedes Neuron besteht aus einer Nervenzelle, Ganglienzelle, mit ihren Ausläufern. Der Aufbau des Nervensystems aus Neuronen entspricht also der Zusammensetzung der Muskeln aus Muskelzellen, der Drüsen aus Secretionszellen. Jeder Nervenzelle kommt dieser Auffassung entsprechend eine gewisse Selbstständigkeit zu.

Die Nervenzelle enthält einen Kern mit Kernkörperchen und lässt in ihrem Innern ein feines Fibrillennetz erkennen, das von

Fig. 85.

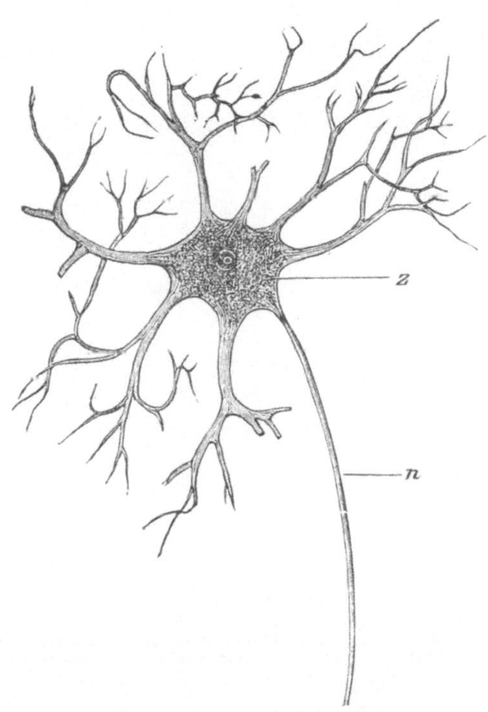

Ganglienzelle aus dem Rückenmark des Menschen.
z Zellleib, n Axencylinderfortsatz.

den Fasern der Ausläufer ausgeht, zu dem Kern aber keine Beziehungen aufweist. Ausserdem enthalten die Zellen schollenförmige färbbare Massen, die Nissl'schen Körper, deren Menge und Gefüge je nach dem Ernährungszustande der Zelle verschieden sein soll.

Man schreibt den Nervenzellen, wie allen anderen lebenden Zellen Erregbarkeit zu, die sich durch die Ausläufer anderen Nervenzellen mittheilen kann.

Die Ausläufer sind von zweierlei Art. Die einen, die man als Dendriten bezeichnet, können als blosse Fortsetzung des Zellleibes angesehen werden, und laufen in feine Verästelungen, „Endbäumchen" aus. Die andere, von denen jede Zelle gewöhnlich nur einen aufweist, bilden die Nervenfasern, die in den Nervenstämmen verlaufen, und werden als „Axencylinderfortsatz“, oder kürzer „Axon“, unterschieden.

In den Nervenstämmen liegen die Axone der verschiedensten Neurone gleichmässig in Bündeln nebeneinander, zusammengehalten durch Bindegewebe, Endoneurium, und von einer gemeinsamen Bindegewebshülle, Perineurium, umgeben. Nach älterem Gebrauch

Fig. 86.

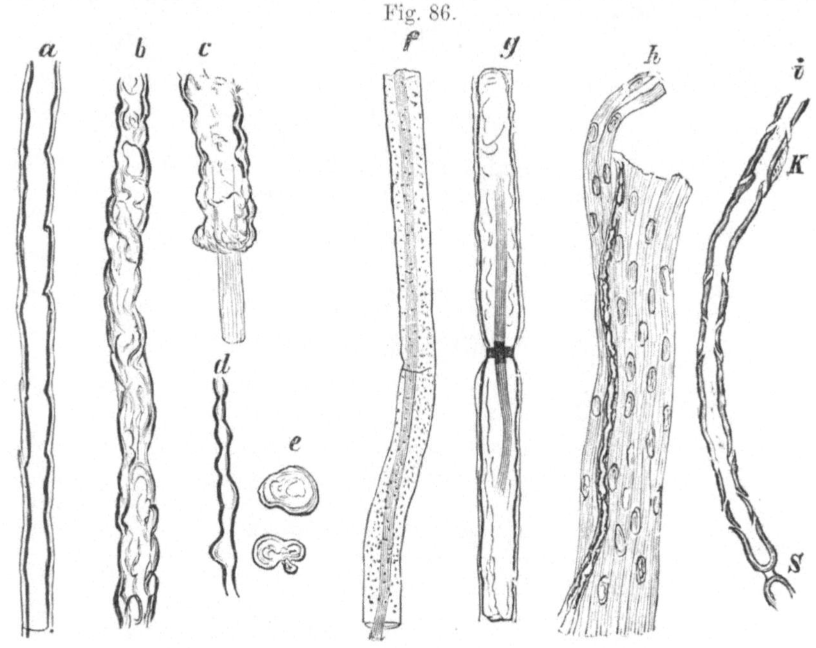

Nervenfasern.

a Markhaltige Nervenfasern, b c d Myelingerinnung, d Myelinkugeln, f Nervenfaser vom Frosch in Collodium, g S Ranvier'scher Schnürring, h Nervengewebe aus dem Sympathicus des Menschen mit einer markhaltigen Faser, i k Lantermann'sche „Ofenrohrbildungen“.

bezeichnet man auch wohl die Axone in ihrem peripherischen Verlauf innerhalb der Nervenstämme als „Primitivfasern“ des Nerven oder schlechtweg als „Nervenfasern“ (Fig. 86).

Jede solche Primitivfaser ist also ein Axon, das von einer Nervenzelle des Centralnervensystems ausgeht. Dem mikroskopischen Bau nach unterscheidet man markhaltige und marklose Primitivfasern. Der wesentliche Bestandtheil jeder Nervenfaser ist der sogenannte Axencylinder, der unter dem Mikroskop als ein glatter runder Strang erscheint, der die Mitte der Faser inne hat. Der Axencylinder ist bei den marklosen Fasern nur von einer einfachen Hülle, der „Schwann'schen Scheide“ oder dem „Neurilemm“ umgeben, bei den markhaltigen liegt zwischen Axencylinder und Schwann'scher Scheide die sogenannte Markscheide. Das Mark, Nervenmark, Myelin, ist ein fettähnlicher, stark lichtbrechender Stoff, der den markhaltigen Nerven aus denselben optischen Gründen, die bei Besprechung der Blutfarbe angeführt worden sind, ihr glänzend weisses Aussehen verleiht. Solche Nerven, die nur marklose Fasern enthalten, wie etwa der Sympathicus, sind dagegen blassgrau und fast durchsichtig. Das Mark kann in ausgeschnittenen Nervenfasern gerinnen und giebt dann der ganzen Faser eine knollige unregelmässige Gestalt (Fig. 86 b, c). An Fasern,

die mit Osmiumsäure behandelt worden sind, erkennt man, dass die Markscheide
aus einer Reihe einzelner an den Rändern übereinandergeschobener Röhren-
stücke (Fig. 86 *k*) besteht, die als Lantermann'sche „Ofenrohrbildungen" beschrieben worden sind. In verschiedenen Abständen im Verlauf der Nervenfaser
ist die Markscheide und Schwann'sche Scheide wie durch eine Einschnürung
unterbrochen. Man nennt dies die Ranvier'schen Einschnürungen. (Fig. 86 *g*.)

Motorische und sensible Nervenfasern haben gleichen Bau
und können gemeinsam ein und denselben Nervenstamm bilden,

Fig. 87.

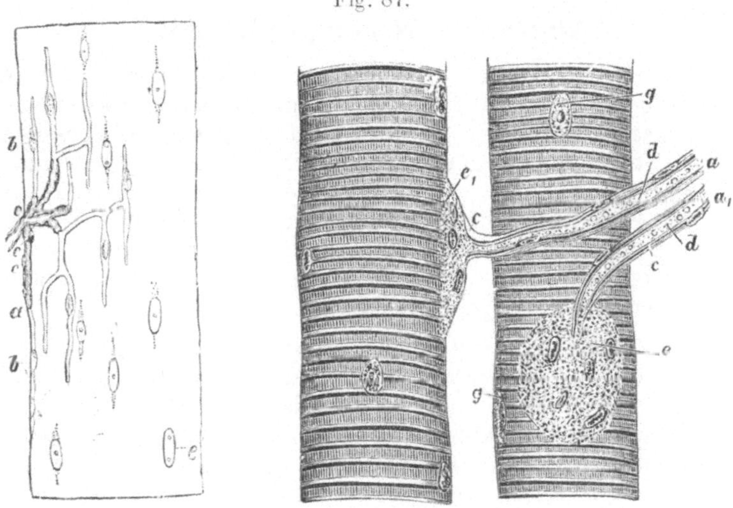

beim Frosch.

Motorische Nervenendigung
beim Säugethier.

obschon sie verschiedenen physiologischen Zwecken dienen. Ebenso
wie die Muskeln ist also *der Nervenstamm eine anatomische, nicht
eine physiologische Einheit.* Daher pflegt man vom physiologischen
wie auch schon vom anatomischen Standpunkt aus die gewöhnlichen
Nervenstämme als „gemischte" Nerven zu bezeichnen.

Manche Nervenstämme, insbesondere die Wurzeln der Spinalnerven führen
indessen nur solche Nervenfasern, die ausschliesslich motorische oder ausschliesslich sensible Erregungen vermitteln.

Muskelnerven. Während die sensiblen Nervenfasern im
Centralorgan zu Nervenzellen in Beziehung treten, wovon im Abschnitt über die Centralorgane die Rede sein wird, führen die
motorischen Fasern, wie erwähnt, zu Muskelfasern hin. Die motorischen Nervenfasern zeigen von der Stelle an, wo der Nervenstamm in den Muskel eintritt, gewisse Unterschiede gegenüber
ihrem Verhalten im Nervenstamm. Die Markscheide der markhaltigen Fasern (Fig. 87 *c*) hört auf, und die Axencylinder der
marklosen Fortsetzung können sich theilen, sodass aus einem
Axencylinder mehrere Nervenendigungen hervorgehen. Die einzelnen
Endigungen verlaufen an die Muskelfasern, indem im Allgemeinen

jeder Muskelfaser mindestens eine, manchmal aber auch mehrere Nervenfasern zukommen. An der Stelle, wo die Nervenfaser in die Muskelfaser eintritt, bildet sie die sogenannte „motorische Endplatte", die bei verschiedenen Thierarten verschiedenen Bau hat (Fig. 87). Der Vorgang, durch den in der motorischen Endplatte die Erregung des Nerven in einen Reiz für die Muskelfaser umgesetzt wird, ist noch völlig unbekannt.

Allgemeine Nervenphysiologie.

Begriff der allgemeinen Nervenphysiologie. Aus dem Gesagten geht hervor, dass die Verrichtung der peripherischen Nerven im Gegensatz zu der der nervösen Centralorgane, ausschliesslich in der Leitung von Erregungen zu suchen ist. Die Nervenfasern sind Leitungsbahnen für die Erregungen. Die Lehre von dieser Verrichtung ist daher ein ganz bestimmt begrenztes Gebiet, das als das der „Allgemeinen Nervenphysiologie" oder, insofern es sich um physikalische Erklärung des Vorganges der Erregung handelt, als das der „Nervenphysik" bezeichnet wird.

Gesetz der isolirten Leitung. Es ist klar, dass die Fähigkeit der Nervenfasern, Erregungen zu leiten, eine wichtige Eigenschaft voraussetzt, nämlich die, dass die Erregung nicht von einer Faser auf die andere übergehe. Wie erwähnt, kann ein solcher Uebergang im Centralorgan stattfinden, aber *in den Nervenstämmen bleibt die Erregung stets auf diejenigen Fasern beschränkt, denen sie ursprünglich mitgetheilt war.* Nur unter dieser Voraussetzung ist überhaupt eine zweckmässige Leistung des Nervensystems im oben besprochenen Sinne möglich, denn wenn eine Erregung, die etwa durch den Nervus ischiadicus zu Muskeln des Fusses verlaufen soll, sich allen benachbarten Fasern auf dem Wege mittheilte, müsste eine allgemeine Zusammenziehung aller Beinmuskeln die Folge sein.

Es ist leicht, sich durch künstliche Reizung der einzelnen Aeste eines Plexus oder der einzelnen Theile eines künstlich längsgetheilten Nerven zu überzeugen, dass die Erregung nur einen Theil der Muskeln erreicht, zu denen der betreffende Nervenstamm verläuft.

Was die sensiblen Nerven betrifft, so ist hier durch die Erfahrung am eigenen Körper das Gesetz der isolirten Leitung in noch viel schärferer Form zu erweisen: Jede Berührung, jeder verschiedene Reiz wird im Allgemeinen getrennt für sich empfunden, was unmöglich wäre, wenn die Erregung nicht in den einzelnen Fasern streng isolirt verliefe.

Dass die Leistung des Nerven thatsächlich darin besteht, die Erregung zu leiten, lässt sich durch folgenden Grundversuch nachweisen: Wenn man einen Frosch am Fuss kneift oder auf andere Weise reizt, so führt er Flucht- oder Abwehrbewegungen mit beiden Beinen aus. Legt man den Nervus ischiadicus bloss, so bleibt dies Verhalten unverändert. Durchschneidet man aber den Ischiadicus oder zerquetscht ihn an einer Stelle durch Umschnürung mit einem Faden, so hört jede Bewegung unterhalb der betreffenden Stelle auf, und wenn man Reize auf das betreffende Bein einwirken lässt, so bleibt der Frosch in Ruhe. Das erste ist ein Beweis, dass die Leitung der Erregung zu den Beinmuskeln unterbrochen ist, das zweite, dass die durch den Reiz hervorgerufene Erregung der Empfindungsorgane nicht zum Centralnervensystem gelangt. Wenn man ferner den peripherischen Theil des Nerven künstlich erregt, so zucken die Muskeln des Beines. Wenn man den centralen Theil reizt, so macht der Frosch mit dem ganzen Körper Flucht- oder Abwehrbewegungen. Im ersten Falle ist also die Erregung durch den unteren Theil des Nerven zu den Muskeln, im zweiten Fall durch den oberen zu dem Centralorgan geleitet worden.

Allgemeine Methode zur Untersuchung von Nervenfunctionen. Diese beiden Verfahren, die Durchschneidung und die künstliche Reizung, kehren bei fast allen Untersuchungen über die Function des Nervensystems wieder.

Die Thätigkeit der Nerven an sich kann man nur durch ein ziemlich umständliches und schwieriges Verfahren nachweisen, von dem unten die Rede sein wird. Daher benutzt man gewöhnlich die *Thätigkeit des Organes,* zu dem ein Nerv verläuft, *als Zeichen der Erregung des Nerven selbst.* Um die Thätigkeit des Nerven mit Hülfe des Organs festzustellen, giebt es dann zwei Wege: Man durchschneidet den Nerven und beobachtet Unthätigkeit, oder man reizt ihn und beobachtet Thätigkeit des Organs.

Insbesondere sind die meisten Untersuchungen über den Nerven an dem sogenannten Nervmuskelpräparat aus dem Nervus ischiadicus und Musculus gastrocnemius des Frosches angestellt worden. Hierbei kommen nur die zu den Muskeln verlaufenden motorischen Fasern des Nerven in Betracht, auf deren Thätigkeit aus der Zuckung des Muskels geschlossen werden kann.

Will man die Erregung sensibler Nerven feststellen, so pflegt man den Nerven mit dem Centralnervensystem in Verbindung zu lassen und kann dann den Erfolg der Reizung an solchen Bewegungen des Thieres erkennen, die auf Erregung des Centralnervensystems schliessen lassen.

Reizbarkeit des Nerven.

Der Nerv hat mit dem Muskel die Eigenschaft gemein, reizbar zu sein, das heisst, auf verschiedene äussere Einwirkungen hin in Thätigkeit zu gerathen. Man findet, wie beim Muskel, dass mechanische, chemische, thermische, elektrische Reize wirksam sind.

Aber nicht alle Reize, die den Muskel erregen, wirken auch für den Nerven erregend. Bei den mechanischen und thermischen Reizen ist eine solche Unterscheidung nicht wohl durchzuführen, von den durch chemische Reizung wirksamen Stoffen ist aber anzuführen, dass Ammoniak, der den Muskel reizt, den Nerven, ohne ihn zu erregen, abtödtet, während umgekehrt Milchsäure den Muskel ohne Erregung lähmen, den Nerven aber reizen soll.

In Bezug auf die Muskelreizung ist schon oben hervorgehoben worden, dass die elektrischen Reize viel besser als alle anderen abgestuft und ohne Schädigung des Präparates wiederholt werden können. Das gilt ebenso auch von der Nervenreizung, und es lässt sich mit Hülfe der elektrischen Reizung zeigen, dass die Erregbarkeit des Nerven erheblich grösser ist als die des Muskels. Schwache Reize, die weit unter der Schwelle für Erregung eines Muskels liegen, bringen beim Nerven maximale Erregung hervor. Man könnte nun leicht auf den Gedanken kommen, die elektrische Erregung wirke nur deshalb so viel leichter auf den Nerven, weil dieser eine soviel geringere Masse habe, sodass, wenn gleich starke Ströme durch einen Muskel und durch einen Nerven geschickt werden, der Strom im Nerven eine viel grössere Dichtigkeit hat.

Um diesem Einwand zu begegnen, dient folgender Versuch: Auf einen Muskel wird der Länge nach der zu einem zweiten Muskel gehörende Nerv aufgelegt, dann wird der erste Muskel mit einem Inductorium in Verbindung gesetzt und mit allmählich verstärkten Inductionsschlägen oder tetanisirenden Inductionsströmen gereizt. Natürlich vertheilen sich die Ströme in dem Muskel nach den allgemeinen physikalischen Gesetzen der Stromvertheilung, und es wird, wenn der Muskel von einem Ende zum anderen durchströmt wird, im allgemeinen durch jeden gleichen Theil des Muskels die gleiche Strommenge gehen Da nun der Leitungswiderstand des Nerven sich von dem des Muskels nicht wesentlich unterscheidet, wird auch durch den Nerven, der der Länge nach auf dem durchströmten Muskel liegt, genau der gleiche Stromantheil gehen, wie durch jeden entsprechend grossen Theil des Muskels. Man beobachtet nun bei stufenweise verstärkter Reizung, dass der zum Nerven gehörige zweite Muskel schon zu zucken oder in Tetanus zu gerathen beginnt, während der erste, durch den der Strom geleitet wird, noch in Ruhe verharrt. Die Thätigkeit des zweiten Muskels ist das Zeichen, dass sein Nerv schon bei einer Stromstärke erregt worden ist, die den ersten Muskel noch nicht erregte.

Von praktischer Bedeutung für die Technik der Versuche ist noch eine Beobachtung über das Verhalten der Reizbarkeit durchschnittener Nerven. Nach dem sogenannten Ritter-Valli'schen Gesetz schwindet die Reizbarkeit eines absterbenden Nervenpräparates unter gleichförmigen Bedingungen von der Schnittfläche aus bis zur peripherischen Endigung hin. Es geht aber an der Schnittstelle dem Absterben ein kurzer Zeitraum voraus, während dessen die Erregbarkeit erhöht ist. Man kann also einen Nerven, dessen Reizbarkeit schon stark gesunken ist, dadurch wieder erregbarer machen, dass man ihn dicht oberhalb der Reizstelle durchschneidet. In der ersten Zeit nach dem Schnitt ist dann die Erregbarkeit der Reizstelle erhöht. Auch die Stellen eines Nervenstammes, an denen abgehende Aeste abgeschnitten sind, zeigen mitunter erhöhte Erregbarkeit. Im Uebrigen ist *die Erregbarkeit an allen Stellen eines normalen Nervenstammes gleich.*

Erregungsgesetz. Für die Erregung des Nerven gilt wie für die des Muskels das sogenannte „Allgemeine Gesetz der Erregung von Nerv und Muskel", das besagt, die Stärke der Erregung sei abhängig von der Grösse der Zustandsänderung in der Zeiteinheit. Ein plötzlich ansteigender oder abfallender Strom von geringer Stärke wirkt stärker erregend als ein noch so starker Strom, den man sich ganz allmählich „in den Nerven einschleichen" lässt. Ein constanter Strom erregt nur in dem Augenblick der Schliessung und Oeffnung, wirkt also, während er gleichförmig besteht, nicht als Reiz. Wiederholte Reize wirken jeder für sich auf den Nerven und bringen beim Nervmuskelpräparat eine tetanische Zusammenziehung hervor.

Wie oben schon in Bezug auf die Muskelerregung angegeben worden ist, haben sich viele Untersucher bemüht, die Abhängigkeit der Erregungsstärke von Grösse und Form des Reizes durch eine mathematische Formel auszudrucken. Da aber die Präparate, an denen die Anwendbarkeit der Formel geprüft werden muss, untereinander nicht mathematisch genau übereinstimmen, können die Versuchsergebnisse auch niemals ganz genau der Formel entsprechen, und es ist daher nicht möglich, die Richtigkeit einer solchen Formel überzeugend nachzuweisen.

Secundäre Zuckung. Eine besondere Form der elektrischen Erregung des Nerven ist die sogenannte „Secundäre Zuckung". Es ist oben angegeben worden, dass in den Muskeln während der Thätigkeit eine Veränderung ihres elektrischen Verhaltens eintritt, die als negative Schwankung des Ruhestroms bekannt ist. Legt man auf einen Muskel während der Thätigkeit den Nerven eines Nervmuskelpräparates, so sieht man, dass, wenn der erste Muskel zuckt, auch der des Nervmuskelpräparates mitzuckt. Der Nerv wird von dem Strome des Muskels, auf dem er liegt, durchflossen und wird deshalb durch jede Schwankung dieses Stromes erregt, und die Erregung des Nerven wird durch die secundäre Zuckung des zugehörigen Muskels angezeigt.

Besonders schön lässt sich dieser Versuch am schlagenden Herzen eines Säugethieres zeigen, auf das man den Nerven eines Froschmuskelpräparates legt. Bei jedem Herzschlage macht dann der Froschmuskel eine secundäre Zuckung. Im Grunde genommen verhält sich bei diesem Versuch das Nervmuskelpräparat nur als „physiologisches Galvanoskop", das heisst, es zeigt die Ströme des Muskels an, auf den der Nerv gelegt worden ist.

Secundärer Tetanus. Wie das physiologische Galvanoskop das bequemste und einfachste Mittel darstellt, um den Ruhestrom der Muskeln nachzuweisen, ist es auch bei weitem das bequemste und einfachste Mittel, um die elektromotorische Wirkung des Muskels im Tetanus zu untersuchen. Der Tetanus besteht, wie oben angegeben, aus der Summation einer Reihe von Einzelerregungen, durch die der Muskel in den Zustand anscheinend gleichförmiger Zusammenziehung geräth. Der Muskelton weist schon darauf hin, dass trotzdem ein dauernder Wechsel zwischen Thätigkeit und Ruhe stattfindet. Legt man nun auf den tetanisirten Muskel den Nerven eines Nervmuskelpräparates, so geräth auch der Muskel des Präparates in Tetanus, zum Zeichen, dass der Nerv von einer fortwährenden Reihe einzelner Stromstösse durchflossen wird, und daher seinen Muskel dauernd in Erregung hält. Man sieht also, dass der Muskelstrom des tetanisirten Muskels aus einer raschen Folge einzelner negativer Schwankungen besteht, und dies dient zur Bestätigung der Lehre, dass der Tetanus keine gleichförmige, sondern eine fortwährend erneute Thätigkeit des Muskels ist.

Dieser Versuch hatte früher besondere Wichtigkeit, weil man noch keine Instrumente besass, um eine so rasche Folge schwacher Ströme von einem dauernden Strom zu unterscheiden, wie das heutzutage mit Hülfe des Capillarelektrometers oder des Saitengalvanometers möglich ist. Mit Recht wurde deshalb Gewicht darauf gelegt, jeden Zweifel an dem Ergebniss des Versuches zu beseitigen. Zu diesem Zwecke erfand Heidenhain den „Mechanischen Tetanomotor“, einen Apparat, der, obgleich er für seinen ursprünglichen Zweck überflüssig geworden ist, für ähnliche Untersuchungen seinen Werth behalten hat. Gegen den Versuch über secundären Tetanus könnte nämlich eingewendet werden, ein Nerv, der an einen tetanisirten Muskel gelegt wurde, würde nicht bloss von den Muskelstössen, sondern auch von den tetanisirenden Reizströmen durchflossen, und das, was den secundären Tetanus mache, sei deshalb nicht die rasche Folge negativer Schwankungen, sondern einfach ein Zweigstrom des zum Tetanisiren verwendeten Stroms. Dieser Einwand musste fallen, wenn zu dem Versuch überhaupt keine künstliche Elektricitätsquelle verwendet wurde. Dies erreichte Heidenhain, indem er den Nerven des Muskels, der tetanisirt werden sollte, nicht elektrisch, sondern mechanisch reizte. Sein mechanischer Tetanomotor besteht aus einem Zahnrad mit Handhabe, bei dessen Drehung ein Hämmerchen aus Knochen fortwährend leichte Schläge auf den darunter gelegten Nerven ausübt. Diese wiederholte mechanische Reizung erzeugt in dem Muskel, der mit dem Nerven in Verbindung steht, einen ebenso vollkommenen Tetanus, wie die wiederholte elektrische Reizung durch das Inductorium. Legt man an den so tetanisirten Muskel den Nerven eines zweiten Nervmuskelpräparates und beobachtet daran den secundären Tetanus, so bleibt keine andere Erklärung, als dass der secundäre Tetanus durch die Muskelströme des mechanisch tetanisirten Muskels erzeugt sei.

Leitungsgeschwindigkeit.

Wenn ein Nerv gereizt wird und die Erregung sich dem Endorgan des Nerven mittheilt, liegt die Frage nahe, wie schnell sich dieser Vorgang vollzieht. Die nächstliegende Vorstellung, die man aus der alltäglichen Erfahrung gewinnt, ist die, dass zwischen der Erregung, die etwa durch den Willen im Centralorgan entsteht, ·und der Ausführung der Bewegung so gut wie gar keine Zeit verstreicht. Diese Vorstellung findet in dem sprichwörtlichen Vergleich, „schnell wie der Gedanke“, Ausdruck. Thatsächlich hat man früher angenommen, dass die Geschwindigkeit, mit der sich die Erregung im Nerven fortpflanzt, ungefähr so gross sein müsste, wie die des Lichtes oder der Elektricität. Als aber der französische Physiker Pouillet das nach ihm benannte Verfahren der „elektrischen Zeitmessung“ angegeben hatte, die erlaubte, die Geschwindigkeit einer Flintenkugel zu messen, wendete Helmholtz dies Verfahren auf die Bestimmung der Leitungsgeschwindigkeit des Nerven an, und fand, dass sie viel kleiner sei, als man bisher angenommen hatte.

Die elektrische Zeitmessung beruht darauf, dass die Magnetnadel im Galvanometer durch den elektrischen Strom allmählich in Bewegung gesetzt wird und dann über die Dauer der Stromwirkung hinaus weiterschwingt. Die Ausschläge, die die Nadel macht, sind dabei proportional der Stärke des Stromes und der Zeit, während der er eingewirkt hat, vorausgesetzt, dass es sich um Zeiträume handelt, die im Vergleich zur Schwingungsdauer der Magnetnadel sehr klein sind. Man braucht also nur den verhältnissmässig grossen Zeitraum zu messen, dessen ein bestimmter sehr schwacher Strom bedarf, um einen bestimmten Ausschlag zu geben, und weiss dann, dass ein hundertmal so starker Strom, der denselben Ausschlag giebt, nur den hundertsten Theil der Zeit hindurch gewirkt haben kann. Richtet man es ein, dass im Augenblick, in dem ein Nerv gereizt wird, ein Strom in den Galvanometer eintritt, und dass dieser Strom in dem Augenblick unterbrochen wird, wenn der zum Nerven gehörige Muskel zuckt, so ist die Dauer des Stromes gleich der Zeit, die vom Beginn der Erregung im Nerven bis zum Beginn der Verkürzung des Muskels gebraucht worden ist, das heisst gleich der Leitungszeit des Nerven. Die Dauer des Stromes ist dann leicht auf die angedeutete Weise zu bestimmen.

In neuerer Zeit ist die graphische Methode so weit ausgebildet worden, dass man die Geschwindigkeit der Nervenleitung auch unmittelbar an den auf bewegte Schreibflächen verzeichneten Curven messen kann. Im „Federkymographion" von E. du Bois-Reymond wird eine Glasplatte durch eine stählerne Feder mit grosser Geschwindigkeit an dem Schreibstift vorbeigeschnellt. In dem „Schleuderkymographion" von Engelmann wird eine Schreibtrommel durch eine gespannte Spiralfeder in so schnelle Umdrehung versetzt, dass die Schreibfläche eine Geschwindigkeit von fast 2 m in der Secunde erhält.

Es ist schon bei der Besprechung des zeitlichen Verlaufes der Muskelzuckung angegeben worden, dass, wenn man den Augenblick der Reizung und den Augenblick, in dem die Verkürzung des Muskels beginnt, auf der Trommel verzeichnet, diese stets einen Abstand aufweisen, der der Periode der latenten Reizung entspricht. Die Anordnung zur elektrischen Messung der Latenzzeit des Muskels ist auf Figur 65, Seite 377, dargestellt. Reizt man nicht den Muskel selbst, sondern den dazu gehörigen Nerven, so erhält man eine etwas grössere Latenzperiode, weil erst die Leitungszeit des Nerven und dann noch die Latenzperiode des Muskels vergehen muss, ehe die Verkürzung beginnt. Um die Leitungszeit des Nerven für sich zu bestimmen, maass nun Helmholtz die gesammte Latenzzeit zweimal, erstens indem er den Nerven dicht am Muskel, zweitens, indem er ihn möglichst weit oberhalb, dicht am Rückenmark reizte. Bei Reizung von der oberen Stelle ergab sich eine merklich grössere Latenz, offenbar weil die Erregung eine soviel grössere Strecke des Nerven zu durchmessen hatte, um den Muskel zu erreichen. Die Differenz der beiden gefundenen Latenzzeiten ist offenbar der Zeitraum, den die Erregung braucht, um die Strecke zwischen oberer und unterer Reizstelle im Nerven zu durchlaufen.

Um die Leitungsgeschwindigkeit des Nerven mit der graphischen Methode zu messen, wird im einzelnen in etwa folgender Weise verfahren: Ein Nervmuskelpräparat wird in einem Stativ so angebracht, dass der Muskel seine Verkürzung vermittelst eines Schreibhebels auf der Trommel des Kymographions verzeichnen kann. Der Nerv liegt an zwei Stellen, von denen eine möglichst nahe am Muskel, die andere möglichst weit oberhalb davon gelegen ist, auf je zwei Platindrähten. Entweder das eine oder das andere Paar Platindrähte ist an die secundäre Rolle eines Inductoriums angeschlossen, die der primären so weit genähert ist, dass bei der Oeffnung des primären Stromes ein übermaximaler Reizschlag im secundären Kreise entsteht. In den primären Stromkreis ist ein sogenannter Unterbrecher eingeschaltet, das heisst, ein beweglicher

Contact, der durch einen an der Trommel des Kymographions befestigten Stift bei der Umdrehung der Trommel geöffnet wird. Die Geschwindigkeit der Trommel wird dadurch gemessen, dass eine Stimmgabel von bekannter Schwingungszahl ihre Schwingungen auf der Trommel verzeichnet. Die Trommel wird nun durch eine gespannte Spiralfeder in Bewegung gesetzt. In dem Augenblick, wenn der Stift den Unterbrecher erreicht, wird der primäre Stromkreis geöffnet, der Inductionsschlag des secundären Kreises, der mit der nah am Muskel gelegenen Reizvorrichtung verbunden sein möge, reizt den Nerven und dieser erregt den Muskel, der seine Zuckungscurve auf die Trommel schreibt. Stellt man die Trommel nun wiederum gerade so, dass der an ihr befestigte Stift eben den Unterbrecher berührt, so hat sie offenbar diejenige Stellung, die sie im Augenblicke der Reizung hatte, und man sieht an der Curve, dass die Muskelzuckung nicht in diesem Augenblicke eingetreten ist, sondern etwas später. An der Zahl der Schwingungen, die die Stimmgabel zwischen Reiz und Beginn der Muskelcurve verzeichnet hat, kann man die Länge dieser Zeit, das ist die Latenzperiode, messen.

Macht man noch einmal denselben Versuch in genau derselben Weise, mit dem einzigen Unterschied, dass die obere Stelle des Nerven statt der unteren gereizt wird, so findet man die Latenz um einen gewissen Zeitraum vermehrt, der, wie oben ausgeführt, der Leitungszeit der Erregung im Nerven entspricht. Aus der Grösse dieses Zeitraums und der Grösse des Abstandes zwischen beiden Reizstellen berechnet man die Leitungsgeschwindigkeit.

Die so gemessene Geschwindigkeit der Erregung im Muskelnerven des Frosches beträgt etwa 24 m. Am Warmblüternerven sind beträchtlich höhere Werthe gefunden worden, so dass hier die Leitung als etwa viermal so schnell angenommen werden darf.

Die Messungen sind auch am lebenden Menschen ausgeführt worden, indem der N. medianus einmal an der Ellenbeuge, das andere Mal am Handgelenk durch auf die Haut aufgesetzte Elektroden gereizt und die Zuckung der Muskeln des Daumenballens graphisch aufgenommen wurde.

Auch auf die sensiblen Nerven des Menschen hat man das Verfahren in der Weise übertragen, dass die Versuchsperson angewiesen wird, im Augenblick, in dem sie eine bestimmte Reizung empfindet, auf einen Stromschlüssel zu drücken. Der Stromschluss verzeichnet sich als Zeitmarke auf einer schnelllaufenden Trommel. Der Reiz wird nun einmal nah am Centralorgan, etwa am Oberarm, das andere Mal weiter entfernt, etwa am Unterarm, angebracht. Bei diesem Verfahren ist die Zeit, die zwischen dem Reiz und der Aufzeichnung der Marke verstreicht, beträchtlich grösser als bei den Versuchen am motorischen Nerven, weil die Erregung erst den sensiblen Nerven, dann das Centralorgan, dann den motorischen Nerven durchlaufen muss, ehe das Zeichen gegeben werden kann. Da aber der Zeitverlust im Centralorgan und im motorischen Nerven bei Reizung an der näheren und an der entfernteren Stelle derselbe ist, so entspricht die *Differenz* der Zeiten, die bei Reizung an der näheren und der entfernteren Stelle gefunden werden, ganz so wie oben nur der Leitungszeit in der Nervenstrecke zwischen den beiden Reizstellen. Die Messungen, die nach diesem Verfahren gemacht werden, sind begreiflicherweise sehr unsicher und weichen untereinander beträchtlich ab. Wenn man aber aus einer grossen Reihe von Bestimmungen Durchschnittszahlen nimmt, so erhält man mit ausreichender Genauigkeit das Ergebniss, dass sich die Leitungsgeschwindigkeit in den sensiblen Nerven nicht von der in den motorischen unterscheidet.

Die Leitungsgeschwindigkeit in marklosen Nerven ist dagegen beträchtlich niedriger als die in den markhaltigen.

Wenn nun auch durch den beschriebenen Versuch bewiesen ist, dass die Geschwindigkeit, mit der die Erregung den Nerven durchläuft, keineswegs mit der des Lichtes oder der Elektricität, ja nicht einmal mit der des Schalles zu vergleichen ist, so darf man darüber nicht vergessen, dass die Geschwindigkeit von etwa 100 m, die für Warmblüternerven angenommen werden kann, bei den verhältnissmässig kurzen Strecken, die in Betracht kommen, doch nur einen für fast alle praktischen Fälle verschwindend kleinen Zeitraum braucht.

Abhängigkeit der Leitungszeit von der Temperatur. Die Geschwindigkeit der Erregungsleitung im Nerven ist bei höherer Temperatur merklich grösser als bei niedriger. In abgekühlten Froschnerven sinkt sie auf 15—18 m, während sie in bis 30° erwärmten bis auf 36 m und darüber steigen kann. Auch beim Menschen soll der oben beschriebene Versuch höhere Werthe für die Geschwindigkeit der Nervenleitung ergeben, wenn der Arm durch warme Umschläge auf höhere Temperatur gebracht worden ist.

Doppelsinnigkeit der Nervenleitung.

Obschon während des Lebens die Erregung in jeder Nervenfaser nur in einer und derselben Richtung fortgeleitet zu werden braucht, nämlich in den sensiblen Nerven von der Peripherie zum Centrum, in den motorischen vom Centrum zu den Muskeln, lässt sich nachweisen, dass bei künstlicher Reizung mitten im Verlaufe eines Nerven die Erregung sich nach beiden Seiten gleichmässig fortpflanzt. Dies würde sich bei solchen Nerven, die als gemischte Nerven sowohl sensible wie motorische Fasern enthalten, von selbst verstehen, es gilt aber auch von denjenigen Nerven, die nur eine Faserart enthalten, also rein sensibel oder rein motorisch sind.

In einer rein motorischen Faser also, die während des Lebens stets nur vom Centralorgan erregt wird und die Erregung zu einer Muskelfaser leitet, verläuft, wenn das peripherische Ende gereizt wird, die Erregung von der Peripherie nach dem Centralorgan zu.

Als Beweis hierfür wird der „Zweizipfelversuch" von Kühne angesehen, der folgendermaassen anzustellen ist. In den Musculus gracilis des Frosches tritt der Nerv etwa in der Mitte ein und theilt sich gabelförmig. Die Theilung besteht nicht darin, dass ein Theil der Fasern in die obere, ein Theil in die untere Hälfte des Muskels geht, sondern die Axencylinder der Nervenfasern selbst spalten sich in

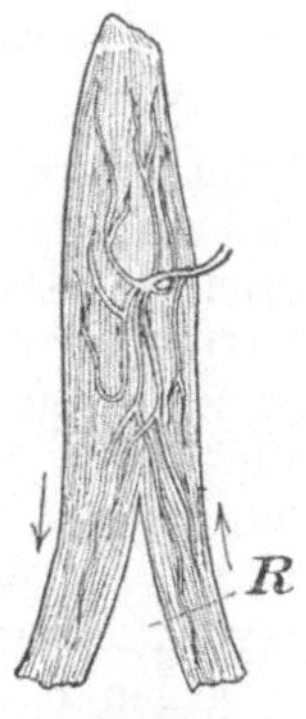

Fig. 88.

Zweizipfelversuch von **Kühne** am M. gracilis des Frosches. *R* Reizpunkt, von dem aus die Erregung in der Richtung der Pfeile verläuft.

zwei Theile, die nach oben und unten im Muskel verlaufen. Zerschneidet man den
Muskel so, dass der Zusammenhang zwischen den Muskelfasern des oberen und unteren
Theiles aufgehoben ist, die Gabelungsstelle des Nerven aber erhalten bleibt
und reizt den einen Gabelast, so zucken auch die Muskelfasern, zu denen der
andere Gabelast verläuft. Es hat sich also die Erregung in der gereizten
Nervenstrecke bis zur Gabelungsstelle centralwärts und von da wiederum
peripheriewärts zu den Muskelfasern fortgepflanzt.

Ein allgemeinerer und sicherer Beweis lässt sich mit Hülfe der elektrischen
Untersuchung an den Spinalnervenwurzeln führen, die entweder nur sensible
oder nur motorische Fasern enthalten, und dennoch die Erregung nach beiden
Richtungen leiten.

Elektrische Erscheinungen an den Nerven.

Ebenso wie die Muskeln erweisen sich auch die Nerven als
selbstständige Elektricitätsquellen. Zwischen einem aus einem
Nervenstamm ausgeschnittenen Bündel Nervenfasern und dem oben
besprochenen Muskelcylinder besteht in Beziehung auf ihre elektromotorische Wirkung völlige Uebereinstimmung, nur dass die
Elektricitätsmengen, die ein einzelner Nervenstamm liefert, natürlich viel geringer sind, als die, die von einem ganzen Muskel
herrühren. Demnach verhält sich an einem Stück ausgeschnittenen
Nerven der Querschnitt gegenüber der natürlichen Oberfläche, die
als Längsschnitt bezeichnet wird, negativ, das heisst so, wie das
Zink zum Kupfer in einem galvanischen Element. Es geht also
der Strom in einem Draht, den man an Längs- und Querschnitt
anlegt, vom Längsschnitt zum Querschnitt, und im Nerven muss
daher der Strom vom Querschnitt zum Längsschnitt gehen. Dieser
Strom, der sich natürlich nur am ausgeschnittenen Nerven nachweisen lässt, weil der unversehrte Nervenstamm keine Querschnitt-
fläche darbietet, wird wie der entsprechende Strom am Muskel,
als Ruhestrom des Nerven, oder auch, namentlich von englischen
Forschern, mit Beziehung auf den Querschnitt, als Verletzungs-
strom bezeichnet.

Negative Schwankung des Nervenstroms. Ebenso wie
beim Muskel beobachtet man nun am Nerven, dass der Ruhestrom
während der Thätigkeit abnimmt, also eine negative Schwankung
erleidet. Diese negative Schwankung kann man auch am unverletzten Nerven nachweisen. Legt man an einen Nerven, der in
seinem natürlichen Zusammenhang belassen ist, an zwei Stellen
Elektroden A und B an und verbindet sie durch eine Leitung, die
durch einen empfindlichen Galvanometer geht, so sieht man jedesmal, wenn der Nerv oberhalb von A erregt worden ist und die Erregung daher erst A und dann B erreicht, dass zuerst die Elektrode
A gegen B negativ wird, dann die Elektrode B gegen A. Daher
macht der Galvanometer erst einen Ausschlag im Sinne eines
Stromes von B nach A, dann einen Ausschlag im entgegengesetzten
Sinne. Die Stromschwankung des unverletzten Nerven zerfällt also
in zwei Phasen, die einander entgegengesetzt sind, und wird deshalb auch als „zweiphasische“ oder „doppelsinnige“ Schwankung

des Nervenstroms bezeichnet. Der zweiphasische Strom ist ein Zeichen davon, dass jede Stelle des Nerven im Augenblick der Thätigkeit sich gegenüber den ruhenden negativ verhält. Es läuft also mit der Erregung eine „Negativitätswelle" im Nerven fort, die, indem sie erst an die eine, dann an die andere Elektrode gelangt, den zweiphasischen Ausschlag des Galvanometers verursacht.

Die Beobachtung der Schwankung des Nervenstroms kann als ein Mittel dienen, den Erregungszustand des Nerven nachzuweisen, den man sonst nur aus der Wirkung der Nerventhätigkeit auf die innervirten Organe, vornehmlich auf den Muskel, erkennen kann. Dies ist deswegen besonders wichtig, weil in vielen Fällen die Nerven, die man untersuchen will, überhaupt nicht mit einem Organ in Verbindung stehen, das in sichtbarer Weise durch die Nervenerregung beeinflusst wird. Wenn man zum Beispiel an einem rein motorischen Muskelnerven prüfen will, ob sich die Erregung von einer künstlich gereizten Stelle wirklich nach beiden Richtungen fortpflanzt, so kann man zwar die Wirkung der nach dem Muskel fortschreitenden Erregung ohne weiteres an der Zuckung des Muskels erkennen, dagegen würde man nicht sehen können, ob gleichzeitig die Erregung auch aufwärts zum Centralorgan verläuft, wenn sich die Nerventhätigkeit nicht durch die negative Schwankung ankündigte. Erst durch die Beobachtung der negativen Schwankung lässt sich also die Doppelsinnigkeit der Nervenleitung allgemein und einwandsfrei erweisen. Eine andere wichtige Anwendung dieses Beobachtungsverfahrens besteht darin, dass man mit seiner Hülfe die Thätigkeit beliebiger Nerven bei irgend einer Verrichtung des Körpers beweisen kann. So ist es gelungen, die Thätigkeit des Vagus bei der Regulirung der Athmung, die Thätigkeit der Netzhaut bei Lichteinfall, die Thätigkeit der Hörnerven bei Schallreizen thatsächlich festzustellen.

Elektrotonus.

Es ist oben von der Erregung des Nerven durch den elektrischen Strom die Rede gewesen, und es ist erwähnt worden, dass nach dem Erregungsgesetz der constante Strom während seiner Dauer keine Erregung hervorruft. Wohl aber bringt der constante Strom, während er den Nerven durchfliesst, in diesem gewisse Veränderungen hervor, die man als „Elektrotonus" bezeichnet.

Obgleich der elektrotonische Zustand des Nerven nur durch die äussere Einwirkung einer künstlichen Elektricitätsquelle hervorgerufen ist, ist er für die Kenntniss der Eigenschaften des Nerven in mehreren Beziehungen von grosser Bedeutung. Erstens ist es an sich wichtig zu wissen, dass die elektrische Durchströmung den Zustand des Nerven beeinflusst, und zweitens liegt in diesem Umstande die Erklärung für gewisse sehr auffällige Erscheinungen, die man bei der Reizung des Nerven mit elektrischen Strömen beobachtet.

Wenn man ein Nervmuskelpräparat mit dem constanten Strom vom Nerven aus reizt, so findet man im Allgemeinen, dass sowohl bei Oeffnung wie bei Schliessung des Stromes Zuckung eintritt. Zuweilen aber bleibt entweder Oeffnung oder Schliessung ohne Erfolg. Die Erklärung für dies scheinbar regellose Ausbleiben der Erregung ist durch das Pflüger'sche Zuckungsgesetz gegeben, das auf der Lehre vom Elektrotonus beruht.

Elektrotonus heisst ein Zustand des Nerven, in den ihn ein hindurchfliessender constanter Strom versetzt. ·Dieser Zustand ist am deutlichsten in unmittelbarer Nähe der Elektroden und besteht darin, **dass in der Nähe der stromzuführenden Elektrode die Erregbarkeit und Leitungsfähigkeit des Nerven herabgesetzt ist, während in der Nähe der stromableitenden Elektrode Erregbarkeit und Leitungsfähigkeit erhöht sind.**

Man bezeichnet auch den Zustand herabgesetzter Leitungsfähigkeit, der sich an der Anode ausbildet, als „Anelektrotonus", den erhöhter Leitungsfähigkeit in der Nähe der Kathode als „Katelektrotonus"

Diese Veränderungen sind durch den Versuch zu erweisen, indem man an irgend einer Stelle durch Reizung mit Inductionsschlägen die Reizschwelle für die Erregung des Nerven feststellt, dann einen Strom durch den Nerven leitet, wobei man entweder die Anode oder die Kathode nahe an der Stelle anlegt, für die man die Erregbarkeit bestimmt hat, und von Neuem die Reizschwelle bestimmt.

Man findet, wenn die Anode nahe an der betreffenden Stelle gelegen war, dass die Reizschwelle höher liegt, das heisst, dass

Fig. 89.

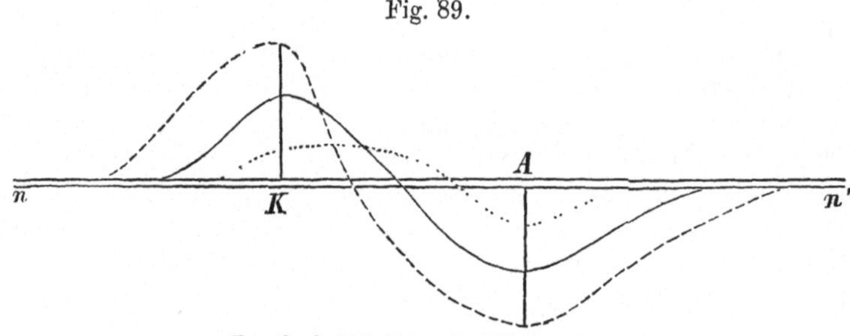

Erregbarkeitsänderung im Elektrotonus.

der Reiz, um zu wirken, stärker sein muss als vorher. Dies bestätigt die obige Angabe, dass im Anelektrotonus die Erregbarkeit herabgesetzt ist.

Umgekehrt findet man auf dieselbe Weise im Katelektrotonus die Erregbarkeit erhöht.

Wiederholt man diesen Versuch an anderen Stellen bei gleicher Lage der Anode und Kathode, so findet man, dass die elektrotonischen Veränderungen schon in gewisser Entfernung von den Elektroden beginnen, dass sie dann in der Nähe der Elektroden am stärksten sind, und dass zwischen den Elektroden ein Punkt liegt, der „Indifferenzpunkt" heisst, weil daselbst die Erregbarkeit von ihrer verminderten Höhe an der Anode zu der erhöhten an der Kathode übergeht, und folglich weder vermindert noch erhöht ist.

An Stelle dieser umständlichen Angaben genügt es auf Figur 89 zu verweisen, auf der die Erhöhung und Verminderung der Erregbarkeit durch die über oder unter dem Nerven *n n* verlaufende Curve dargestellt ist. Man sieht, dass die Curve an der Kathode hoch, an der Anode tief steht, ebenso verhält sich die Erregbarkeit. Die gestrichelte und die punktirte Curve zeigen das Verhalten der Erregbarkeit bei stärkerem oder schwächerem von der Anode *A* zur Kathode *K* fliessendem Strom an.

Hat diese Veränderung der Erregbarkeit eine Zeit lang bestanden und wird nun plötzlich der Strom, der den Nerven durchfloss, unterbrochen, so tritt auf ganz kurze Zeit die sogenannte „entgegengesetzte Modification" des Elektrotonus ein, das heisst, die Erregbarkeit ist vorübergehend an der Anode erhöht, an der Kathode herabgesetzt.

Zuckungsgesetz. Um die Bedeutung dieser Angaben über den Elektrotonus für die Erscheinungen bei der elektrischen Reizung würdigen zu können, muss man zunächst bedenken, dass *bei jeder elektrischen Reizung*, da ja ein Nerv vom Strom durchflossen wird, *an der gereizten Stelle Elektrotonus herrscht*. Man darf sogar sagen, dass eben gerade das Eintreten in den elektrotonischen Zustand das Wirksame bei der elektrischen Reizung ist. Ebenso wie sich beim Muskel (vergl. S. 387) die Kathode als die wirksamste Stelle zeigt, bildet auch für den Nerven das Entstehen des Katelektrotonus beim Stromschluss den am stärksten wirkenden Reiz. Umgekehrt wirkt bei der Unterbrechung des Stromes das Aufhören des Anelektrotonus als Reiz, der aber schwächer ist als der ersterwähnte.

Berücksichtigt man nun, dass der Reizstrom in zwei verschiedenen Richtungen durch den Nerven geschickt werden kann, die man kurz als „aufsteigende" und „absteigende" Richtung bezeichnet, und dass er den Nerven in Elektrotonus versetzt, so ergiebt sich von selbst, dass in gewissen Fällen die Schliessung, in anderen die Oeffnung des Stromes wirkungslos bleiben muss. Nur bei mittleren Stromstärken erhält man bei Oeffnung wie bei Schliessung stets eine Zuckung. Bei ganz schwachen Strömen reicht eben nur die Entstehung des Katelektrotonus bei der Schliessung hin, einen wirksamen Reiz herzustellen, und deshalb bleibt bei der Oeffnung das Präparat in Ruhe. Bei sehr starken Strömen hängt das Ergebniss von der Richtung des Stromes ab. Beim absteigenden Strom entsteht in der Nervenstrecke, die dem Muskel am nächsten ist, bei der Schliessung des Stromes Katelektrotonus, und dies wirkt als starker Reiz, sodass auf den Stromschluss eine Zuckung folgt. Bei der Oeffnung des Stromes dagegen ist die dem Muskel nähere Stelle des Nerven in die „entgegengesetzte Modification" übergegangen, und ihre Leitungsfähigkeit ist soweit herabgesetzt, dass der Muskel in Ruhe bleiben muss. Wenn der Strom aufsteigend ist, so entsteht bei der Schliessung in dem dem Muskel näheren Theile des Nerven Anelektrotonus, und die Leitungsfähigkeit ist dadurch so sehr herabgesetzt, dass die Erregung von der Kathode her nicht zum Muskel durchdringen kann. Daher bleibt bei starkem aufsteigenden Strom das Präparat bei Schliessung in Ruhe. Wird dagegen der Strom geöffnet, so bildet der verschwindende Anelektrotonus in der dem Muskel nahen Strecke einen starken Reiz, man erhält also bei Oeffnung Zuckung.

Dies Verhalten lässt sich in nachstehende Uebersicht zusammenfassen.

↓ absteigende } Stromrichtung S = Schliessung Z = Zuckung
↑ aufsteigende }   O = Oeffnung   R = Ruhe.

Strom-richtung	Schwacher	Mittelstarker	Starker
		S t r o m	
↓	S. Z. O. R.	S. Z. O. Z.	S. Z. O. R.[1]
↑	S. Z. O. R.	S. Z. O. Z.	S. R. O. Z.

Allgemeine Eigenschaften des Erregungsvorganges.

Ebenso wie die Zusammenziehung des Muskels ist auch der Erregungsvorgang im Nerven seinem Wesen nach bisher unerklärt geblieben. Da die Erregung der motorischen Nerven sich den Muskelfasern mittheilt, liegt es nahe, beide Vorgänge im Zusammenhang zu betrachten.

„Entladungshypothese". Die älteste Vorstellung hierüber war, dass durch die Nerven, die man sich röhrenförmig dachte, Lebensgeister in die Muskeln einträten und diese auftrieben, sodass sie sich verkürzten.

Spätere Erklärungsversuche behielten den Gedanken bei, dass den Muskeln die für ihre Arbeit erforderliche Energie durch die Nerven zuflösse, und auch heute noch wird mitunter der Versuch gemacht, die Energiemengen, die bei der Erregung des Muskels durch den Nerven im Spiele sind, ihrer Menge nach in Anschlag zu bringen.

Demgegenüber kann nicht nachdrücklich genug darauf hingewiesen werden, dass in Bezug auf den Erregungsvorgang nur das Eine mit völliger Sicherheit festgestellt ist, dass er mit einem ausserordentlich geringen Energieverbrauch verbunden ist. Erwärmung des Nerven durch die Erregung hat man selbst mit den empfindlichsten Vorrichtungen, die Tausendstel Grade zu messen erlauben, nicht nachweisen können. Ebensowenig ist Stoffwechsel im Nerven mit Sicherheit zu beweisen, obwohl die Beobachtung, dass ein Nerv in sauerstofffreier Luft alsbald unerregbar wird, sowie die Thatsache, dass fortgesetzte Erregung des Nerven und schwache Kohlensäurevergiftung das elektrische Verhalten des Nerven in gleicher Weise verändern, die Annahme nahelegen, dass die Thätigkeit des Nerven auf Oxydationsvorgängen beruht. Auf keinen Fall kann aber die Energiemenge, die durch den Nerven auf den Muskel übergeht, zu dessen Arbeitsleistung in messbarem Grade beitragen. Die Arbeitsleistung des Muskels entstammt vielmehr der im Muskel selbst aufgespeicherten Spann-

---

1) Durch die Modifikation.

kraft, die durch die Erregung des Nerven in Thätigkeit gesetzt, oder, wie der Kunstausdruck lautet, „ausgelöst" wird.

Unter „Auslösungsvorgängen" versteht man nämlich in der Technik allgemein solche Vorgänge, bei denen eine vorläufig gehemmte Bewegung durch eine beliebige Vorrichtung freigegeben wird. Zwischen der Grösse der auslösenden und der ausgelösten Kraft besteht in diesen Fällen durchaus kein bestimmtes Verhältniss. Die Anstrengung, die es den Lokomotivführer kostet, den Regulator an seiner Maschine zu öffnen, steht zu der Leistung der Maschine, die einen beladenen Güterzug in Bewegung setzt, überhaupt nicht in Beziehung. Ganz ebenso ist die Thätigkeit des Nerven, der den Muskel erregt, anzusehen als ein blosser Auslösungsvorgang, der die viel grösseren Energievorräthe des Muskels in Bewegung bringt.

Erregungsleitung. Auch die Leitung der Erregung im Nerven selbst darf nicht, wie oft geschieht, ohne weiteres als ein Vorgang angesehen werden, bei dem ein von dem Centralnervensystem oder von den Sinnesorganen gelieferter Energievorrath verbraucht wird. Nach dieser Auffassung wäre die Nervenleitung etwa wie ein Klingelzug anzusehen, oder wie eine Röhrenleitung, die durch Druckübertragung in die Ferne wirkt. In diesen Fällen wird allerdings die Arbeit, die am Ende der Leitung geleistet werden soll, am Ursprungspunkte erzeugt, und es muss sogar wegen der Verluste der Reibung u. s. f. eine etwas grössere Arbeit erzeugt werden. Träfe diese Anschauung für den Leitungsvorgang im Nerven zu, so würde, wenn ein Ast eines Nerven durchschnitten ist, für die übrigen ein grösserer Energievorrath verfügbar werden. Man darf aber nicht ohne besondere Ursache diese Vorstellung von dem Leitungsvorgange als zutreffend annehmen.

Es giebt nämlich eine ganze Reihe von fortschreitenden Vorgängen in der Natur und Technik, die durchaus nicht auf dem allmählichen Verbrauch eines ursprünglich gegebenen Kraftvorraths beruhen. Ein bergabrollender Stein braucht zum Beispiel nur angestossen zu werden, um mit stetig wachsender Energie fortzurollen. Ein anderes Beispiel, das von allen vielleicht am besten auf den Vorgang im Nerven passt, ist das Fortglimmen einer Lunte. Hierbei wird an jeder Stelle eben nur der geringe Vorrath aufgehäuften Brennstoffes verbraucht, und der Vorgang kann beliebig weit fortschreiten, ohne an Energie zu verlieren oder zu gewinnen. Endlich kann dann, wenn die Lunte in ein Pulverfass geleitet ist, durch die verschwindend kleine Energiemenge des Glimmfeuers der Lunte der unvergleichlich viel grössere Energievorrath des Pulverfasses freigemacht werden, genau so wie die Erregung des Nerven die Kraft der Muskelthätigkeit auslöst.

In neuerer Zeit sind besonders nach zwei Richtungen Versuche gemacht worden, den Erregungsvorgang physikalisch zu erklären. Man geht dabei davon aus, dass der Axencylinder und die Scheide der Nerven aus Stoffen verschiedener Art bestehen, an deren Grenze entweder unmittelbar elektrische Spannungsunterschiede vorhanden sind oder doch bei elektrischer Durchströmung infolge des verschiedenen Leitungsvermögens entstehen müssen.

Es gelingt, Modelle herzustellen, in denen ein elektrischer Strom durch fortschreitende Ladung und Entladung der einzelnen Theile des Modelles mit nicht grösserer Geschwindigkeit fortschreitet, als der Erregungsleitung im Nerven entspricht, und in denen auch die Negativitätswelle und die elektromotorischen Erscheinungen ebenso wie beim Nerven auftreten. Solche Modelle sofern sie aus einem den Axencylinder nachahmenden, von einer Hülle umgebenen Leiter bestehen, werden als „Kernleitermodelle" bezeichnet.

Der andere Weg zur Erklärung des Erregungsvorganges geht von den Spannungsunterschieden aus, die zwischen Lösungen verschiedener Concentration bestehen, den sogenannten Concentrationsströmen. Die elektrischen Erscheinungen am Nerven lassen sich durch Behandlung des Nerven mit Lösungen von verschiedener Concentration erheblich beeinflussen. Hieraus kann man entnehmen, dass die elektromotorischen Vorgänge in den Nerven von den in ihnen bestehenden Concentrationsunterschieden abhängen, und den Erregungsvorgang auf Aenderung der Concentrationen infolge chemischer Umsetzungen zurückführen.

Elektrische Reizung von Muskeln und Nerven von der Körperoberfläche aus.

Es mag hier noch eine Bemerkung eingeschaltet werden über die Art, wie die elektrische Reizung auf Nerven und Muskeln wirkt, wenn sie zu therapeutischen oder experimentellen Zwecken von der Körperoberfläche aus vorgenommen wird.

Man kann die Muskeln innerhalb des unverletzten Körpers direct erregen, indem man Ströme durch sie hindurchgehen lässt, und man kann sie indirect erregen, indem man die Reizung an solchen Stellen vornimmt, an denen motorische Nerven nahe unter der Haut verlaufen. Da die äussere Haut, besonders wenn sie trocken oder gar behaart ist, den Strom sehr schlecht leitet, pflegt man den Strom durch möglichst grosse, mit feuchten Kissen überzogene Elektroden zuzuleiten.

Man kann auch die eine Elektrode sehr gross, dafür die andere entsprechend kleiner machen und hat dann den Vortheil, dass ohne Vermehrung des Gesammtwiderstandes die Stromwirkung an der kleinen Elektrode, die zur Reizung dient, auf ein eng begrenztes Gebiet eingeschränkt ist, sodass man leichter einen bestimmten einzelnen Nervenstamm reizen kann.

Dadurch, dass in diesen Fällen der Strom nicht unmittelbar und ausschliesslich den Nerven oder Muskel trifft, sondern erst durch das umgebende Körpergewebe zugeleitet wird, können erhebliche Unterschiede zwischen dem Reizergebniss am unverletzten Thier und dem am Nervmuskelpräparat entstehen.

Man nimmt im allgemeinen an, dass ein den Körper von einer beliebigen Stelle zur andern durchfliessender Strom sich nach dem allgemeinen Gesetze für die Stromvertheilung in homogenen Leitern richtet. Demnach würde die Stromvertheilung im Körper eines Hundes, dem eine Elektrode auf den Rücken, die andere auf die Brust gelegt worden ist, dieselbe sein, wie etwa in einem Metallklotz oder einer homogenen Flüssigkeitsmasse von derselben Gestalt wie der Hundekörper. In einem solchen homogenen Leiter richtet sich nun der Strom nach dem Ohm'schen Gesetz, das heisst: er durchfliesst alle Verbindungslinien zwischen den Elektroden, die sich darbieten, und vertheilt sich auf sie nach dem umgekehrten Verhältniss des Widerstandes. Der Widerstand ist in einem homogenen Leiter offenbar am geringsten auf der kürzesten Strecke, daher fliesst der grösste Antheil des Stromes auf der geraden Verbindungslinie zwischen den Elektroden. Rings um die gerade Verbindungslinie führen aber unzählige krumme Linien von einer Elektrode zur andern, und auf alle diese entfällt je ein Antheil des Stromes, der nur um soviel kleiner ist als der der geraden Linie, als die krummen Bahnen länger sind als die gerade. Es ist also klar, dass der Strom, sobald er aus der Elektrode in den homogen leitenden Körper eingetreten ist, sich auf eine Bahn von so grossem Gesammtquerschnitt vertheilt, dass auf jedes Stück des Querschnittes der Strombahn nur ein sehr geringer Theil der gesammten Stromstärke entfällt. Daher beschränkt sich die Wirksamkeit des Stromes auf die unmittelbare Umgebung der Elektroden, wo die sämmtlichen möglichen Strombahnen zur Elektrode zusammenlaufen.

Diese für den homogenen Leiter zutreffenden Anschauungen gelten im Allgemeinen auch für den thierischen Körper, aber eben nur im Allgemeinen.

In dem oben angenommenen Falle zum Beispiel, dass der Strom den Körper eines Hundes von dem Rücken zur Brustfläche durchfliessen soll, wird offenbar von einer solchen Ausbreitung in der ganzen Masse keine Rede sein können, weil die in den Lungen enthaltene Luft den Strom überhaupt nicht leitet. Auch Knochen und Fett leiten viel schlechter als die übrigen Gewebe. Die Muskeln und Nerven leiten merklich besser in der Richtung ihrer Fasern als in der Querrichtung. Im einzelnen Falle muss man also stets im Auge behalten, dass der serom, den man von aussen her dem Körper zuleitet, im Innern je nach den besonderen Verhältnissen verschiedene Bahnen einschlagen kann.

Ferner bringt es die beschriebene Vertheilung des Stromes auch da, wo sie dem Gesetz annähernd folgt, mit sich, dass ein unter der Haut verlaufender Nerv von dem Strome in ganz anderer Weise getroffen wird, als wenn man ihn für sich durchströmen liesse.

Setzt man über einem Nervenstamm längs seines Verlaufes zwei Elektroden auf die Haut und lässt den Strom von einer zur anderen übergehen, so wird nur ein verschwindend kleiner Theil der Strombahn wirklich in die Richtung des Nerven fallen. Der grösste Antheil wird innerhalb der Haut und unmittelbar darunter auf dem kürzesten Wege von einer Elektrode zur andern verlaufen. Die tiefer eindringenden Stromschleifen werden dagegen *den Nerven quer durchsetzen* um sich unter ihm in dem tiefer liegenden Gewebe auszubreiten. Daher wird die Stelle, über der die positive Elektrode liegt, für den Nerven keineswegs die einzige begrenzte Stelle des Stromeintritts darstellen. Es dient vielmehr nur die der positiven Elektrode zugewandte Seite des Nervenstammes dem Stromeintritt, denn die ihr unmittelbar entgegengesetzte, von der Elektrode abgewandte Seite dient dem Austritt der in die Tiefe gehenden Stromschleifen. Umgekehrt ist es in der unter der anderen Elektrode gelegenen Nervenstrecke. Diese Verhältnisse erklären die scheinbaren Widersprüche zwischen den klinischen Beobachtungen über die elektrische Reizung am Lebenden und den Ergebnissen der physiologischen Laboratoriumsversuche.

Specielle Nervenphysiologie.

I. Physiologie der nervösen Centralorgane.

Die nervösen Centralorgane im Allgemeinen. Es ist oben schon darauf hingewiesen worden, dass die allgemeine Nervenphysiologie bloss die Lehre von den Verrichtungen der Nervenstämme umfasst. Demgegenüber sind die Verrichtungen der nervösen Centralorgane als Verrichtungen besonderer Theile des Nervensystems der Speciellen Nervenphysiologie zuzuordnen. Das Centralnervensystem zeigt aber bestimmte Grundzüge der Anlage, die allen seinen Theilen gemeinsam sind, und daher am besten in eine allgemeine Betrachtung zusammengestellt werden.

Das Centralorgan besteht, wie das ganze Nervensystem, aus Neuronen: Die Neurone sind im Allgemeinen untereinander in der Weise verbunden, dass der Axon eines Neurons A an einem Ende als sogenanntes Endbäumchen in zahlreiche feine Fäserchen zerfällt, die zwischen die feinsten Endfasern eines Dendriten des Neurons B hineinragen. Ob eine völlige Vereinigung der von A und B ausgehenden Fasern in Form eines zusammenhängenden Fasernetzes besteht, oder ob die Fasern ohne ineinander überzugehen zu einander in Beziehung treten, weiss man nicht.

Im Mikroskop hat man den Zusammenhang der Fasern, die „Continuität" der Leitung von einem Neuron zum andern, nicht sicher nachweisen können, und da die gegenseitige Einwirkung der Neurone auf einander unzweifelhaft erwiesen ist, so darf vorläufig angenommen werden, dass die blosse Annäherung, die „Contiguität" der Endfasern zur Vermittlung zwischen zwei Neuronen ausreicht.

Es hat nun eine jede Nervenzelle im Allgemeinen mehrere Dendriten, und jeder von diesen kann mit den Axonen oder Dendriten anderer Neurone in der beschriebenen Weise in Beziehung treten. Es kann auch der Axon eines Neurons sich in viele Aeste „Collateralen" theilen, die dann jeder ein Endbäumchen bilden und mit einer ganzen Anzahl weit von einander entfernter anderer Neurone auf die beschriebene Weise verbunden sind. Durch diese Anordnung der Neurone ist die Möglichkeit gegeben, dass sich eine

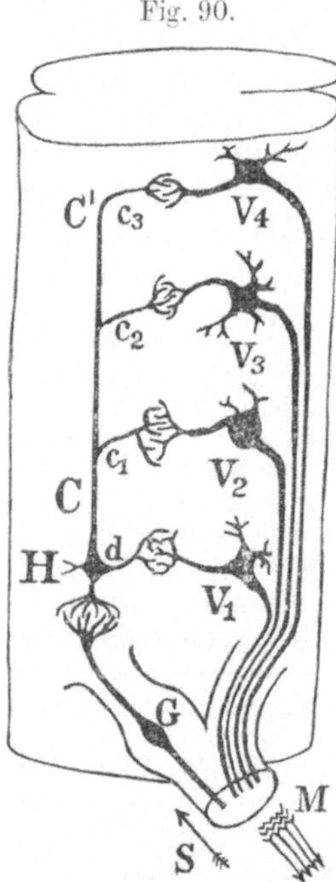

Schema der Verbindung von Neuronen im Rückenmark durch Collateralen. S Sensible Nervenfaser, die in das Ganglion G der hinteren Wurzel eines Spinalganglions eintritt. H Hinterhornzelle, die mit der Ganglienzelle G in Verbindung steht. d Dendrit der Hinterhornzelle, der zu der Vorderhornzelle V_1 führt. CC' Collateralbahn. $c_1 c_2 c_3$ Collateralen, die mit den Vorderhornzellen $V_2 V_3 V_4$ verbunden sind. M Motorische Spinalnervenwurzel, die die Axone der 4 Vorderhornzellen V_1 bis V_4 enthält.

Erregung aus einem gegebenen Neuron auf eine ganze Reihe anderer Neurone überträgt.

Auf welche Weise diese Uebertragung stattfindet, ist noch völlig unbekannt. Es dürfte aber als eine allgemeine Regel anzunehmen sein, dass die *Erregung von einem Neuron auf das andere stets nur in derselben Richtung übergeht.* Nur unter dieser Annahme ist überhaupt eine geordnete Vertheilung der Erregungen in dem ganzen vielverzweigten Leitungsnetz denkbar. Die Beweisgründe für diese Annahme werden weiter unten anzuführen sein.

Nach dem Gesagten stellt das Centralnervensystem ein grosses sehr verwickeltes Netz von Leitungsbahnen dar. Auch wenn man von selbständiger Thätigkeit der Neurone ganz absieht, und nur die Erregungsleitung in Betracht zieht, ergeben sich sehr verwickelte und je nach der Art der Verbindungen ganz verschiedene Leistungen.

Bau des Rückenmarks.

Das Centralnervensystem wird bekanntlich anatomisch eingetheilt in Gehirn und Rückenmark. Diese Eintheilung kann auch für die physiologische Betrachtung beibehalten werden, die in der umgekehrten Reihenfolge, vom Einfacheren zum Zusammengesetzteren fortschreitet.

Graue und weisse Substanz. Im Rückenmark unterscheidet die Anatomie die mittlere graue Substanz von der umgebenden weissen. Der Farbenunterschied, den man mit blossem Auge wahrnimmt, erklärt sich, wie die mikroskopische Betrachtung lehrt, daraus, dass die *weisse Substanz aus Bündeln von Nervenfasern* besteht, denen ihre Markscheiden, wie oben erwähnt, durch ihr starkes Brechungsvermögen für Lichtstrahlen ein glänzend weisses Aussehen verleihen. Da diese Fasern im Rückenmark zum allergrössten Theile längs verlaufen, sieht man auf Querschnitten auch stets die Querschnittsbilder der Nervenfasern, nämlich eine kreisrunde Fläche mit einem Fleck in der Mitte, der den Querschnitt des Axencylinders darstellt.

Die weisse Substanz ist also eigentlich nichts anderes als eine Anhäufung von Nervenfasern, gerade wie sie auch in den peripherischen Nervenstämmen gefunden wird. Man kann also sagen, dass *die graue Substanz* allein das eigentliche Centralorgan ausmacht, denn sie allein *enthält die Ganglienzellen* aller der Neurone, aus deren Gesammtheit das Rückenmark besteht. Im mikroskopischen Bilde sieht man denn auch im Gebiete der grauen Substanz vor allem zahlreiche grosse Zellleiber mit deutlich erkennbarem Kern, von denen nach verschiedenen Seiten Ausläufer, Axone und Dendriten, abgehen. Die Zwischenräume zwischen den Zellen sind mit einem Gewirr von Dendriten und Endfasern ausgefüllt, die durch eine Bindesubstanz, die Neuroglia, den „Nervenkitt" zusammengehalten werden.

Die graue Substanz nimmt auf dem Querschnitte des Rückenmarks eine Figur ein, die mit der des grossen lateinischen H oder auch mit der eines Schmetterlings verglichen worden ist, weil sich an jeder Seite ein grösseres

Gebiet grauer Substanz findet, die den senkrechten Strichen des H oder den Vorder- und Hinterflügeln des Schmetterlings verglichen wird, während in der Mitte nur ein schmaler Streifen grauer Substanz den Centralcanal umfasst.

Man unterscheidet an jedem Flügel Vorderhorn, Seitenhorn und Hinterhorn. Die Räume zwischen den Hörnern werden von weisser Substanz erfüllt. Aeusserlich zeigt das Rückenmark

Fig. 91.

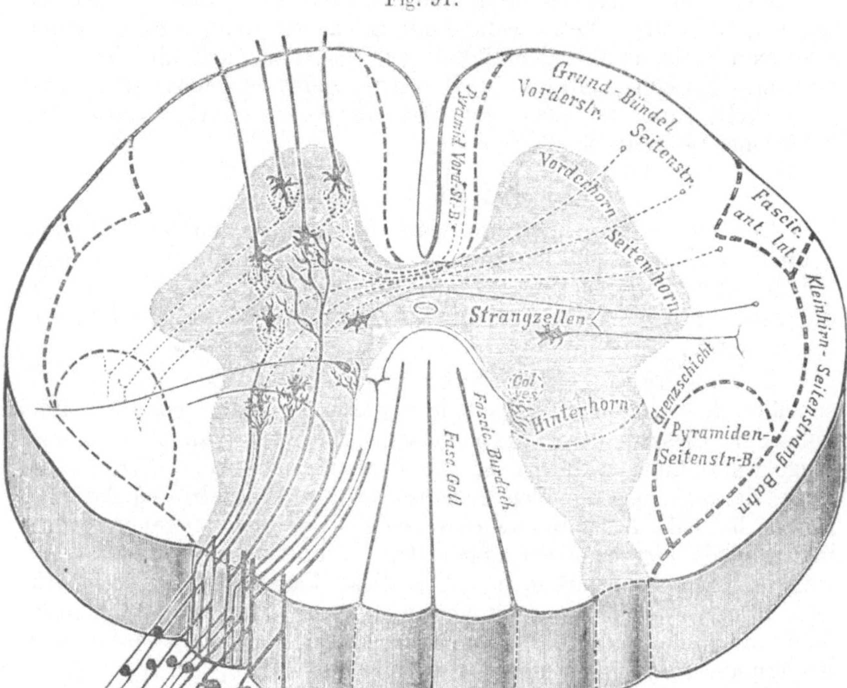

Schema eines Rückenmarksquerschnittes in der Höhe der unteren Halswirbel (nach Edinger). Bahnen erster Ordnung ausgezogen, Bahnen zweiter Ordnung punktiert.

mehrere Furchen. Obschon, wie die Entwickelungsgeschichte lehrt, das Rückenmark als eine hinten offene Rinne angelegt wird, ist an der Hinterfläche nur eine fast verwachsene Furche zu erkennen, an der Vorderfläche dagegen eine tiefe Spalte, die fast bis auf den Centralcanal einschneidet. An jeder Seite an der Stelle, wo Vorder- und Hinterhörner der grauen Substanz nahe an die Oberfläche des Rückenmarksstranges herantreten, entspringen nun für jeden Spinalnerv je die hintere und vordere Wurzel, und man kann sich durch die mikroskopische Untersuchung überzeugen, dass die Nervenfasern mit den Zellen der grauen Substanz der Vorder- und Hinterhörner zusammenhängen.

Bell'sches Gesetz. Durch diesen Zusammenhang erklärt sich die auffällige Erscheinung, dass bei allen Wirbelthieren die Spinalnerven, so sehr sie im Uebrigen an Zahl und Lage verschieden sind, ausnahmslos aus je zwei Wurzeln hervorgehen. Die Nervenfasern, die im Stamme des Spinalnerven enthalten sind, stehen zu zwei verschiedenen Gebieten des Centralorgans in Beziehung und treten deshalb ursprünglich an zwei verschiedenen Stellen aus dem Centralorgan aus.

Nun ist oben schon angegeben worden, dass die Spinalnerven gemischte Nerven sind, in denen motorische und sensible Leitungen nebeneinander liegen. Der Umstand, dass ein solcher Nerv aus zwei Wurzeln entsteht, die aus verschiedenen Stellen am Rückenmark entspringen, weist darauf hin, dass in diesen Stellen des Centralorgans verschiedene Leistungen, nämlich **Bewegung** und **Empfindung** ihren Ursprung haben. Diese Anschauung, die der englische Chirurg **Charles Bell** zuerst ausgesprochen hat, hat **Magendie** durch Versuche am Säugethier, **Johannes Müller** durch den Versuch am Frosch bestätigt. Thatsächlich führen die Wurzeln der Spinalnerven ausschliesslich Fasern derselben Art, und zwar die vordere Wurzel nur motorische, die hintere Wurzel nur sensible Leitungen. Diese Lehre nennt man das **Bell'sche Gesetz**, das man in die Worte zusammenfassen kann: *Die hinteren Wurzeln der Rückenmarksnerven sind sensibel, die vorderen motorisch.*

Der Versuch, durch den dieser für die ganze Lehre von den Centralorganen äusserst wichtige Satz gewöhnlich nachgewiesen wird, ist der, wie eben erwähnt, zuerst von **Johannes Müller** ausgeführte Versuch am Frosch, der allgemein als „Bell'scher Versuch" bezeichnet wird. Am Säugethier lässt sich nämlich die Blosslegung der Rückenmarkswurzeln nur unter grossen Schwierigkeiten durchführen, Frösche dagegen vertragen die Eroffnung des Wirbelcanals verhältnissmässig leicht. Trägt man beim Frosch von den Wirbelbögen soviel ab, dass der Wirbelcanal frei liegt, so sieht man die hinteren Wurzeln der drei Sacralnerven, aus denen der Plexus ischiadicus hervorgeht, nebeneinander von ihrer Ursprungsstelle, die ziemlich hoch oben, etwa in der Mitte der Wirbelsäule gelegen ist, als „Cauda equina" nebeneinander zu ihren Austrittsstellen aus den untersten Wirbellöchern verlaufen. Mit der Spitze einer Präparirnadel kann man nun leicht die hinteren Wurzeln der einen Seite, beispielsweise der linken, nach rechts hinüberschieben, und die darunter liegenden vorderen Wurzeln sichtbar machen. Indem man die Präparirnadel etwas tiefer einschiebt und nach links hinüberdrückt, werden die linken vorderen Wurzeln nach links aus dem Rückenmarkscanal hinausgeschoben und können nun leicht durchschnitten oder zerrissen werden. Darauf werden die rechten hinteren Wurzeln, die bisher nicht berührt worden waren, nach rechts hinausgeschoben und ebenfalls durchtrennt. Die Hautwunde kann dann mit ein paar Fäden geschlossen werden, und der Frosch kann Wochen und Monate lang am Leben bleiben, sodass die Verletzung völlig ausheilt, während die Folgen der Nervendurchschneidung bestehen bleiben. Das Versuchsergebniss ist in der Regel erst nach etwa 24 Stunden deutlich zu erkennen, weil unmittelbar nach der Operation nicht selten auch ein Theil der nicht absichtlich durchtrennten Wurzeln durch Druck oder Zerrung geschädigt sind.

Sind einem Frosch links die vorderen, rechts die hinteren Wurzeln der Sacralnerven durchtrennt worden, und man untersucht ihn nach vierundzwanzig Stunden oder noch längerer Zeit, so fällt sogleich auf, dass das linke Bein völlig gelähmt ist. Wenn der Frosch umherzuhüpfen oder zu kriechen sucht, schleppt das linke Bein nach. Das rechte Bein dagegen wird in anscheinend völlig normaler Weise bewegt. Hierin liegt der Nachweis, dass die vorderen Wurzeln die motorischen Leitungsbahnen für das Bein enthalten. Um zu zeigen, dass in den hinteren Wurzeln die sensiblen Bahnen liegen, reizt man nun, etwa durch Kneifen, das bewegungslose linke Bein und sieht sogleich, dass der Frosch sich so schnell wie möglich zu entfernen sucht. Wenn man dagegen das rechte Bein kneift, an dem die hinteren Wurzeln durchschnitten sind, so bleibt der Frosch völlig gleichgültig. Man kann mit der Scheere den ganzen Fuss abschneiden, ohne dass der Frosch auch nur zuckt.

Die Unempfindlichkeit des Beines der Seite, auf der die hinteren Wurzeln durchschnitten sind, äussert sich übrigens auch auf andere Weise. Da der Frosch in dem Bein kein Gefühl hat, merkt er auch nicht, wenn es von der normalen Haltung abweichende Stellungen einnimmt. So kann es kommen, dass das empfindungslose Bein ganz ebenso wie das gelähmte nachgeschleppt wird, weil der Frosch nicht fühlt, dass das Bein gestreckt daliegt.

Ebenso weichen meistens die Bewegungen, die der Frosch mit dem gefühllosen Bein macht, von der normalen Bewegungsform ab. Beim Vorsetzen des Beines beim Gehen wird meist der Fuss zu hoch gehoben und mit einer ganz eigenthümlichen Schlenkerbewegung der Zehen niedergesetzt. Diese von E. Hering als „Hebephänomen“ bezeichnete Erscheinung ist deswegen interessant, weil sie ein handgreifliches Beispiel von Störung der Bewegungen durch Aufhebung der Empfindung darstellt.

Zu diesen sehr überzeugenden Proben auf das Bell'sche Gesetz kann man noch die fügen, die vorderen und die hinteren Wurzeln zu durchschneiden und ihre Stümpfe elektrisch zu reizen. Die Reizung der vorderen Wurzeln hat nur am peripherischen Stumpf Erfolg, nämlich Zuckung der Beinmuskeln. Die Reizung der hinteren Wurzeln dagegen hat nur am centralen Stumpf Erfolg, nämlich Fluchtbewegung oder Schmerzäusserung.

Dass die Reizung des centralen Stumpfes der vorderen Wurzel ohne Wirkung bleibt, obschon die Erregung nach dem Gesetz von der doppelsinnigen Leitung in der Nervenfaser zu den Vorderhornzellen des Rückenmarks gelangt, die ihrerseits mit Hinterhornzellen und anderen Nervenzellen in Verbindung stehen, ist ein Beweis für den oben angegebenen Satz, dass die Erregung von einem Neuron auf das andere nur in einer bestimmten Richtung geleitet wird.

Das Bell'sche Gesetz hat sich als durchaus allgemeingültig erwiesen, obgleich wiederholt Beobachtungen veröffentlicht worden sind, die dagegen zu sprechen scheinen. So fand sich, dass bei der Durchschneidung der vorderen Wurzeln, ausser der Muskelreizung mitunter auch Zeichen von Schmerzempfindung wahrzunehmen sind. Darnach würde man annehmen müssen, die vorderen Wurzeln seien nicht rein motorisch. Es liess sich aber nachweisen, dass die Schmerzäusserungen nur bei Reizung des peripherischen Stumpfes der vorderen Wurzeln eintreten und dass sie ausblieben, wenn die hinteren Wurzeln, ebenfalls durchschnitten waren. Daraus geht klar hervor, dass die sensiblen Bahnen, deren Reizung den Schmerz hervorgerufen hat, von den hinteren Wurzeln her in die vorderen übergehen. Das Bell'sche Gesetz wird also nicht durchbrochen, obschon Empfindungsbahnen in den vorderen Wurzeln liegen, denn diese Bahnen verlaufen nicht durch die vorderen Wurzeln, sondern durch die hinteren Wurzeln ins Centralorgan. Die in den vorderen Wurzeln gelegene Strecke stellt ihren peripherischen Verlauf dar, und die zum Rückenmark verlaufende Erregung 'muss erst in die vorderen Wurzeln peripheriewärts und dann, durch die hinteren Wurzeln in das Hinterhorn geleitet werden. Man nennt dies daher „rückläufige Empfindlichkeit", „sensibilité récurrente".

Die allgemeine Gültigkeit des Bell'schen Gesetzes spricht sich auch darin aus, dass nicht nur diejenigen motorischen Nerven, die zu den Skelettmuskeln gehen, sondern auch die vasomotorischen Nerven, die die Muskelfasern in den Gefässwänden beherrschen, in den vorderen Wurzeln verlaufen. Die Angaben über motorische Leitungen, die in den hinteren Wurzeln verlaufen sollen, können noch nicht als sicher bestätigt gelten.

Verrichtungen des Rückenmarks.

Die grundlegende Anschauung vom Verlauf der sensiblen und motorischen Erregungen auf ihrem Wege zu und von dem Rückenmark, die in dem Bell'schen Gesetz enthalten ist, darf als der Ausgangspunkt der Lehre von Bau und Verrichtung der nervösen Centralorgane gelten. Es geht daraus hervor, dass in den hinteren Theilen des Rückenmarks sensible, in den vorderen motorisch wirkende Neurone liegen müssen.

Das Rückenmark als Leitungsbahn. Offenbar sind aber die Theile des Rückenmarks, in die die sensible Erregung zuerst gelangt, sowie die, von denen die motorische Erregung unmittelbar ausgeht, noch nicht die eigentlichen End- und Ursprungspunkte seiner Thätigkeit. Denn man weiss aus eigener Erfahrung, dass die Empfindung eines Reizes, die zunächst durch die hinteren Wurzeln dem Rückenmark zugeleitet wird, sich alsbald dem Bewusstsein mittheilt, und man weiss ebenso, dass der freie Wille oder irgend ein anderer im Bewusstsein vorhandener Beweggrund Muskelbewegungen hervorrufen kann, deren Erregung den Weg durch die vorderen Wurzeln nehmen muss. Als Sitz des Bewusstseins muss, wie später nachgewiesen werden soll, das Gehirn angesehen werden, schon weil bei rein örtlichen, auf das Gehirn beschränkten Schädigungen, Bewusstsein und Wille aufgehoben sind. Man könnte also das Rückenmark als eine blosse Ueberleitungsvorrichtung zur Vermittelung zwischen Nervenstämmen und Gehirn ansehen wollen.

Das Rückenmark als Centralorgan. Diese Auffassung würde aber nur für einen Theil der Verrichtungen des Rückenmarks zutreffen. In manchen Fällen spielt das Rückenmark allerdings nur die Rolle einer Leitungsbahn für die von und zum Gehirn verlaufenden Erregungsvorgänge mit besonderen Verbindungsschaltungen und Zwischenstationen. Aber daneben hat das Rückenmark auch für sehr viele andere Fälle die Fähigkeit selbständiger

Leistungen, die völlig unabhängig vom Gehirn, mithin auch ohne Betheiligung des Willens und Bewusstseins verlaufen. Eben dieser Selbständigkeit willen wird es auch, ebenso wie das Gehirn, als *Centralorgan* bezeichnet.

Der gewöhnlichen Auffassung von den Verrichtungen und namentlich von den Bewegungen der Thiere und des Menschen widerspricht es allerdings ganz und gar, eine solche Selbständigkeit im Rückenmark anzunehmen, weil das Gehirn ausschliesslich Sitz des Bewusstseins ist, und man sich alle Bewegungen als absichtlich und mit bewusster Empfindung ausgeführt zu denken pflegt. Je mehr diese Vorstellung verbreitet und eingewurzelt ist, als eine um so wichtigere Errungenschaft der Physiologie muss es erscheinen, dass sie einen grossen Theil der Verrichtungen des Nervensystems auf unbewusste, rein maschinenmässige Leitung von Erregungen zurückführt.

Die Reflexbewegungen.

Begriff des Reflexes. Alle diejenigen Bewegungen, die das Rückenmark als selbständiges Centralorgan, ohne Mitwirkung des Gehirns hervorbringt, gehen ohne Betheiligung des Bewusstseins vor sich. Man bezeichnet sie als Reflexbewegungen. Was unter einer Reflexbewegung zu verstehen sei, wird anschaulicher durch Beispiele, als durch eine ausführliche Begriffsbestimmung erläutert. Wenn ein harter Gegenstand die Bindehaut des Augapfels berührt, so schliessen sich krampfhaft die Lider. Der äussere Reiz bewirkt hier eine Bewegung, und der Bewegungsantrieb ist nicht nur unabhängig vom Willen, sondern sogar stärker als der Wille, denn es ist selbst bei der grössten Anstrengung unmöglich, das Auge offen zu halten, wenn ein Reiz auf die Bindehaut einwirkt. Die bekannten Erscheinungen des Hustens, des Niesens und andere mehr sind ebenfalls Beispiele von Reflexbewegungen, deren die grösste Willenskraft bezwingende Gesetzmässigkeit jedem aus eigener Erfahrung bekannt ist. Unter Reflexen schlechthin versteht man in erster Linie die Reflexbewegungen, es giebt aber auch Reflexe, bei denen auf äusseren Reiz Drüsenzellen in Thätigkeit versetzt werden.

Allen diesen Vorgängen ist gemeinsam, dass auf einen bestimmten äusseren oder inneren Reiz mit maschinenmässiger Sicherheit eine bestimmte Bewegung eintritt. **Das Wesen des Reflexes besteht also in der Verkettung einer Erregung sensibler Bahnen mit der Erregung motorischer oder secretorischer Bahnen.**

Reflexbogen. Die Gesammtheit der bei dem Reflex betheiligten Organe fasst man unter dem Begriffe „Reflexbogen" zusammen, wobei man an den Weg denkt, den die Erregung von einem peripherischen Empfindungsorgan zum Centralnervensystem hin und von da wieder zu peripherischen Bewegungsorganen zurück machen muss.

Man unterscheidet an jedem Reflexbogen fünf Theile:

1. Das sensible Endorgan, das durch den Reiz erregt wird.

2. Die sensible Leitung oder den „aufsteigenden Schenkel des Reflexbogens", durch die die Erregung zum Centralnervensystem fortgeleitet wird.

3. Das Centralorgan oder „den Scheitel des Reflexbogens", in dem die Erregung der sensiblen Bahn in Erregung der motorischen Bahn übergeht.

4. Die motorische Leitung oder „den absteigenden Schenkel des Reflexbogens", durch die die motorische Erregung den Bewegungsorganen, den Muskeln, vermittelt wird.

5. Das motorische Endorgan, den Muskel.

Alle diese Theile sind in der Weise untereinander verbunden, dass auf die Erregung des einen *nothwendig* die des andern folgen muss. Der Reflexbogen arbeitet wie eine Maschine, in der ein Theil den anderen in Bewegung setzt, ohne dass es irgendwelcher Nachhülfe, etwa vom Gehirn aus, bedürfte. Wird irgend einer der fünf Theile des Reflexbogens an seiner Thätigkeit gehindert, so fällt damit auch die Reflexbewegung fort.

Das Wesen der Reflexbewegungen liegt nach dem Gesagten darin, dass in Folge der durch den Bau des Nervensystems gegebenen Verbindung der einzelnen Glieder des Reflexbogens auf den gegebenen Reiz *mit Nothwendigkeit eine bestimmte Bewegung erfolgen muss*. In dieser Begriffserklärung liegt eine gewisse Unbestimmtheit, insofern sich die Art und Weise, in der die Glieder des Reflexbogens unter einander verbunden sind, und der Grad der Sicherheit, mit der auf den Reiz die Bewegung folgen muss, nicht genau feststellen lassen. Jeder weiss aus Erfahrung, dass sich Reflexe, wie Husten oder Niesen, durch den Willen in gewissem Maasse zurückhalten und unterdrücken lassen. Man kann deshalb auch die Grenze nicht mit Sicherheit ziehen zwischen den eigentlichen Reflexbewegungen und vielen anderen Vorgängen, bei denen auf bestimmte Reize bestimmte Bewegungen gemacht werden. Eine besondere Schwierigkeit entsteht dadurch, dass auch Bewegungen, die anfänglich nur mit absichtlichen Willensanstrengungen ausgeführt werden, durch andauernde Gewöhnung und Uebung so geläufig werden, dass sie endlich ganz wie echte Reflexbewegungen vor sich gehen. Diese Art erlernter Reflexe hat Hitzig mit Anlehnung an den philosophischen Begriff des „unbewussten Schlusses" als „unbewusst willkürliche" Bewegungen bezeichnet. Diese erworbenen Reflexe haben mit den eigentlichen Reflexen das eine Merkmal gemeinsam, dass sie eine festgeordnete Verkettung zwischen Reiz und Bewegung bedingen. Sie unterscheiden sich von ihnen aber dadurch, dass sie nicht ursprünglich im Bau des Nervensystems begründet sind. Daher darf man als Hauptmerkmal der eigentlichen natürlichen Reflexe ansehen, dass sie allgemein als angeborene Eigenschaften des Organismus auftreten.

In diesem engeren Sinne giebt es allerdings nur eine verhältnissmässig beschränkte Zahl wahrer Reflexbewegungen. Trotzdem kann ihre Bedeutung für alle Lebensvorgänge nicht hoch genug angeschlagen werden. Es leuchtet ein, dass der Lidschluss bei Berührung der Bindehaut das Auge vor Verunreinigung und Verletzung zu schützen geeignet ist. Alle wichtigeren Verrichtungen des Organismus werden durch Reflexvorgänge regulirt. Im Einzelnen wird hierauf weiter unten eingegangen werden. Hier kommt es nur darauf an zu zeigen, dass alle Verrichtungen des Rückenmarks und ein grosser Theil der Verrichtungen des Centralnervensystems überhaupt, auf das Schema des Reflexbogens als einer festgefügten Kette für die Leitung von Erregungen zurückgeführt werden können.

Vertheilung der Neurone im Reflexbogen. Durch die Färbungsmethoden von Golgi, Ramon y Cayal und Anderen, die darauf beruhen, dass von dem ganzen Fasergewirr des Centralnervensystems immer nur einzelne Neurone sich durch Metallniederschläge schwärzen, ist die Möglichkeit gegeben, den Zusammenhang der einzelnen Neurone, die die Reflexbögen oder die Leitungsbahnen bilden, zu verfolgen. Welche Zellausläufer sich färben, hängt bei diesem Verfahren allerdings vom Zufall ab, aber

Fig. 92.

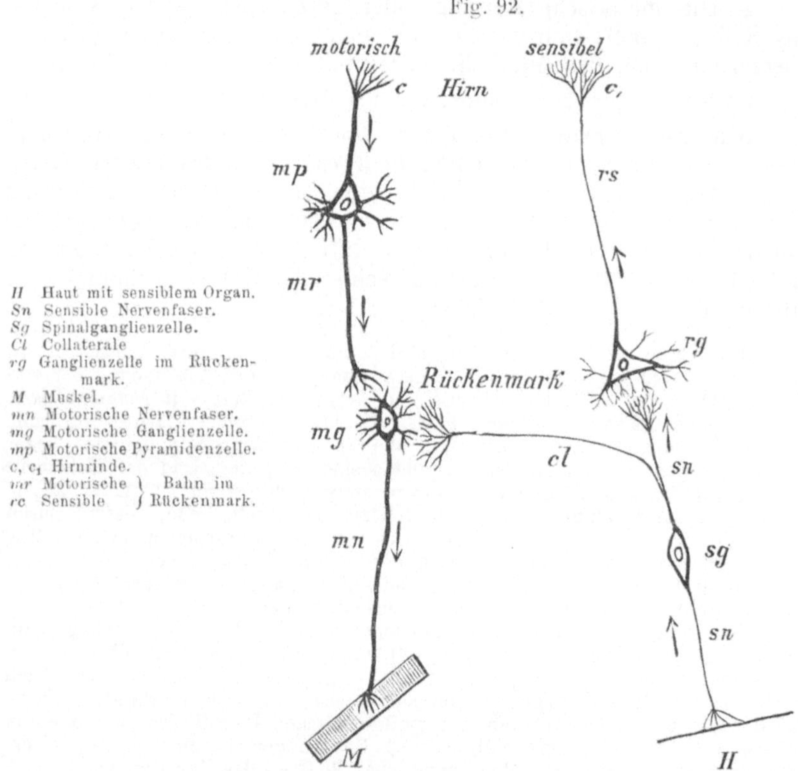

Schematische Darstellung des Zusammenhanges der Neuronen für die Leitung sensibler und motorischer Erregungen.

indem bald eine Stelle, bald eine andere in verschiedenen mikroskopischen Präparaten deutlich zu übersehen ist, gelangt man schliesslich dazu, aus vielen Einzelbefunden ein Bild des Gesammtaufbaues im Zusammenhang darzustellen (Fig. 92).

Waller'sches Gesetz. Ein anderes Hülfsmittel zur Erforschung dieser Zusammenhänge bildet die Beobachtung der Degenerationserscheinungen, die nach Durchschneidung von Nervenbahnen auftreten. Da ein Neuron einer Zelle mit Ausläufern entspricht, ist der Zellleib das „trophische Centrum" des Neurons, und wenn ein Ausläufer durchtrennt wird, muss der vom Zellleibe abgetrennte Theil des Ausläufers zu Grunde gehen. Da dies durch fettige Degeneration geschieht, so kann man die degenerirten Bahnen durch Osmiumfärbung nach Marchi als schwarze Stränge kenntlich machen. Die Thatsache, dass die von der Zelle getrennten Axone degeneriren, ist von dem älteren Waller als Gesetz formulirt worden, lange bevor die Neuronentheorie aufgestellt wurde.

Seitdem hat man gefunden, dass auch der übrige Theil des Neurons in vielen Fällen mit der Zeit degenerirt. Die Waller'sche Degeneration unterscheidet sich aber deutlich durch den Umstand, dass sie schon innerhalb von 8 bis 14 Tagen nach der Verletzung eintritt.

Aufbau des Reflexbogens. Geht man auf solche Weise dem Vorgange der Reflexbewegung nach, so sieht man, dass die sensible Erregung ihren Ursprung nimmt von sensiblen Endorganen an den peripherischen Endigungen sensibler Nervenfasern. Diese Fasern verlaufen in den peripherischen Nervenstämmen bis zu deren Theilung in hintere und vordere Wurzel. Sie verlaufen nun aber *nicht unmittelbar* weiter zum Rückenmark, sondern sie führen zu Nervenzellen, die in dem *Spinalganglion* liegen, das an der hinteren Wurzel sitzt. Die sensiblen Fasern der peripherischen Nerven sind also Axone von Neuronen, deren Zelle im Spinalganglion gelegen ist.

In diesen Neuronen verläuft normalerweise die Erregung nicht von der Ganglienzelle aus in den Axon hinab, sondern den Axon hinauf zur Ganglienzelle. Von der Ganglienzelle geht ein zweiter Ausläufer in der hinteren Wurzel zum Rückenmark weiter. Mitunter hat auch die Ganglienzelle nur einen einzigen Ausläufer, der, T-förmig getheilt, eine Faser aus den Spinalnerven aufnimmt, und eine an die Wurzel weitergiebt. Die Ganglienzelle scheint also in die Leitung nur als eine Art Zwischenglied eingeschaltet zu sein, und der eine Axon leitet die Erregung weiter, die durch den andern zugeleitet worden ist.

Die Fasern der hinteren Wurzel treten theils in die Hinterstränge des Rückenmarks ein, theils vertheilen sie sich an die graue Substanz des Hinterhorns, so, dass jede Faser ein Endbäumchen bildet, das mit den Dendriten einer Nervenzelle in der grauen Substanz des Hinterhorns in Beziehung tritt. An dieser Stelle geht also die Erregung auf ein zweites Neuron über, dessen Zelle eben eine Hinterhornzelle des Rückenmarks ist. Diese Zellen haben zahlreiche Dendriten, die mit denen der benachbarten Zellen verflochten sind, und einen Axon, der aufwärts verläuft und durch Vermittlung mehrerer weiterer Neurone mit der Hirnrinde in Verbindung steht.

Ein Reflexbogen kann im einfachsten Fall so gebildet sein, dass der Axon des ersten sensiblen Neurons, dessen Zelle im Spinalganglion liegt, nachdem er durch die hintere Wurzel ins Rückenmark gelangt ist, einen Ast abgiebt, der in die graue Substanz des Vorderhorns gelangt und sich dort durch die Vermittlung von Endbäumchen und Dendriten mit einer Vorderhornzelle verbindet. Je nachdem diese kurze Verbindung oder eine längere Kette von Neuronen mit ihren Collateralen den Reflexbogen bildet, unterscheidet man „kurze“ und „lange“ Reflexbogen.

Die Vorderhornzellen sind viel grösser als die Hinterhornzellen. Sie entsenden ihre Axone unmittelbar durch die vorderen Wurzeln und die peripherischen Nervenstämme bis in die Muskeln.

Die motorischen Vorderhornzellen stehen aber auch mit den Ausläufern von Neuronen in Verbindung, die nach dem Gehirn zu an höheren Stellen des Centralnervensystems gelegen sind, und den Vorderhornzellen motorische Erregungen vom Gehirn aus vermitteln können.

Collateralen. Mit diesen Verbindungen, die die selbstständige Reflexthätigkeit oder die Leitung zu und vom Gehirn ermöglichen, sind aber nur die einfachsten Beziehungen zwischen sensiblen und motorischen Bahnen gegeben. Der Fortsatz einer Spinalganglienzelle kann zum Beispiel, nachdem er durch eine hintere Wurzel in den Hinterstrang des Lumbalmarks eingetreten ist, in zwei Fasern getheilt sein, von denen die eine aufwärts zum Gehirn, die andere abwärts zum Sacralmark verläuft. Jede dieser Fasern kann auf ihrer Bahn überall Zweigfasern, Collateralen, abgeben, die beispielsweise mit den Hinterhornzellen des Sacralmarkes und mit denen der Schulteranschwellung des Brustmarkes in Verbindung treten. Diese Hinterhornzellen sind ihrerseits durch ihre Ausläufer mit Vorderhornzellen verbunden. So kann die sensible Erregung, die ursprüngslich *nur Eine Spinalganglienzelle* betraf, auf *zahlreiche sensible Neurone* der Hinterhörner an ganz verschiedenen Stellen des Rückenmarkes *übertragen werden* und dadurch wiederum Erregungen der motorischen Vorderhornzellen an ganz verschiedenen Stellen des Rückenmarkes zur Folge haben.

Die eben geschilderte Art der Neuronenverbindung wiederholt sich in mannigfacher Weise. So sind die Neurone, die die motorische Leitung vom Gehirn zu den Vorderhornzellen bilden, nicht nur mit je einer Vorderhornzelle verknüpft, sondern durch Collateralenbildung mit vielen Vorderhornzellen in beliebigen Abschnitten des Rückenmarks. Es ist ferner bisher nur von Vorderhorn- und Hinterhornzellen der grauen Substanz die Rede gewesen, aber es liegen auch im Seitenhorn und in den mittleren Gebieten der grauen Substanz Zellen, die mit ihren Axonen und deren Collateralen Zwischenschaltungen zwischen den vorerwähnten Bahnen bilden, und dadurch die Zahl der Bahnen, auf denen die Erregungen sich ausbreiten können, vermehren.

Besondere Bedeutung kommt unter allen diesen Verbindungsästen denjenigen zu, die von einer Seite des Rückenmarks auf die andere übergehen. Solche kreuzende Fasern kommen sowohl unter den Collateralen der absteigenden motorischen Faserzüge, wie unter den Ausläufern der letzterwähnten zwischengeschalteten Zellgruppen vor, die deswegen „Commissurenzellen“ genannt werden. Die kreuzenden Fasern verlaufen nämlich in den sogenannten „Commissuren“ des Rückenmarksquerschnittes, die vor und hinter dem Centralcanal die beiden Hälften des Rückenmarks verbinden.

Reflexzeit. Ein Reflex besteht darin, dass die Erregung eines sensiblen Centralorgans durch einen sensiblen Nerven dem Centralorgan zugeleitet und dort auf eine motorische Bahn übergeleitet wird, und schliesslich eine motorische Erregung hervorruft. Bestimmt man nun die Zeit von dem Augenblick der Reizung bis zum Beginn der Bewegung, so zeigt sich, dass diese Zeit erheblich grösser ist, als die, die sich aus der Länge der betreffenden Nervenstrecken und der bekannten Leitungsgeschwindigkeit der Nerven berechnet. Während für die Leitung höchstens einige Hundertstel Secunden erforderlich sind, vergeht bis zum Eintritt der Reflexbewegung mindestens 0,1 Sec. Der Unterschied kommt offenbar daher, dass zum Uebergang von der sensiblen auf die motorische Bahn, innerhalb des Centralorgans, unverhältnissmässig viel Zeit verbraucht wird. Man bezeichnet diese Zeit, die etwa das Zehnfache der Leitungszeit beträgt, als „die Reflexzeit". Die Reflexzeit ist um so kleiner, je stärker der Reiz und je grösser die Erregbarkeit des Nervensystems.

Von der „Reflexzeit" ist wohl zu unterscheiden die „Reactionszeit", nämlich diejenige Zeit, die vergeht, ehe eine Versuchsperson auf ein gegebenes Zeichen eine bestimmte bewusste Bewegung machen kann. Diese Zeit verringert sich bei fortgesetzter Uebung bis zu einer gewissen Grenze, die bei verschiedenen Menschen verschieden liegt.

Die Reactionszeit ist zuerst von Astronomen festgestellt worden, weil sich herausgestellt hatte, dass Zeitbestimmungen von verschiedenen Beobachtern nur dadurch in Einklang zu bringen waren, dass für jeden seine eigene Reactionszeit als sogenannte „persönliche Gleichung" in Anschlag gebracht wurde.

Die Reflexthätigkeit des Rückenmarks.

Um die Verrichtungen des Rückenmarkes als Reflexcentrum untersuchen zu können, muss man den Einfluss des Gehirns ausschalten, weil man sonst nicht unterscheiden kann, ob die beobachteten Erscheinungen vom Rückenmark oder vom Gehirn hervorgerufen sind. Ausserdem kann das Gehirn, wie weiter unten zu erörtern sein wird, die Thätigkeit des Rückenmarkes hemmend beeinflussen.

Man macht deswegen die Versuche über Reflexthätigkeit des Rückenmarks an Thieren, an denen man das Rückenmark in seinem oberen Verlaufe durchtrennt hat, um die Verbindung mit dem Gehirn zu unterbrechen. Dies bedeutet für das Säugethier einen sehr schweren Eingriff, und man pflegt deshalb die Versuche meist an Fröschen anzustellen, denen das Mark unterhalb des Gehirns durchtrennt oder auch der ganze Kopf abgeschnitten werden kann, ohne dass die Leistungen des übrigen Centralnervensystems wesentlich beeinträchtigt werden.

Befestigt man einen geköpften Frosch so, dass Körper und Beine frei herabhängen, und übt nun etwa an einem Hinterfuss einen beliebigen Reiz aus, indem man eine Hautstelle berührt, oder kneift, oder mit heissem Wasser, oder mit einer ätzenden Säure oder Lauge in Berührung bringt, oder endlich einen elektrischen Strom auf sie wirken lässt, so sieht man, dass das schlaff herabhängende Bein angezogen wird. Ist der Reiz stark, so wird auch das andere nicht gereizte Hinterbein oder auch die Vorderbeine und der ganze Körper bewegt.

Diese Erscheinung macht ganz den Eindruck einer willkürlichen Bewegung, durch die das Thier sein Bein der mit Bewusstsein wahrgenommenen Reizung zu entziehen sucht. Von willkürlicher Bewegung und bewusster Empfindung kann aber keine Rede sein, weil das Gehirn mit dem abgeschnittenen Kopfe gänzlich entfernt ist. Der Vorgang ist vielmehr das Grundbeispiel einer auf sensible Reizung eintretenden Reflexbewegung ohne Betheiligung von Willen oder Bewusstsein.

Die Versuche über Reflexthätigkeit des Rückenmarks kann man auch an Säugethieren, etwa au Hunden, anstellen, denen das Rückenmark in der Höhe der letzten Brustwirbel durchtrennt ist. Zwischen dem Verhalten des Frosches und dem der Säugethiere bestehen gewisse Unterschiede, die darauf schliessen lassen, dass *das Rückenmark bei den Säugethieren weniger selbstständig ist* als beim Frosch. Während sich ein Frosch, dem das Mark durchtrennt ist, fast wie ein unverletztes Thier bewegt, erscheint der Körper des operirten Hundes von der Höhe der Durchschneidungsstelle abwärts völlig gelähmt. Hebt man aber den Hund in die Höhe, sodass die Beine herabhängen, und reizt ein Bein durch leichtes Kneifen der Zehen, so sieht man, dass es, ganz wie beim Frosch, angezogen wird. Bei stärkerem Reiz kann die Bewegung sehr heftig sein, und auch das andere Bein wird dann mit angezogen.

Der Versuch am Säugethier hat den besonderen Vortheil vor dem am Frosch, dass die Maschinenmässigkeit der Reflexbewegung augenscheinlich hervortritt. Die blosse Beobachtung lehrt hier viel überzeugender als alle Schlüsse, dass die Bewegung, durch die sich das Bein der kneifenden Hand entzieht, ganz ohne Mitwirkung von Willen und Bewusstsein stattfindet. Fasst man nur den Unterkörper des Hundes ins Auge, so hat man allerdings ganz den Eindruck, als suche das Thier infolge eines lebhaften Schmerzes seine Pfote fortzuziehen, betrachtet man aber während des Versuches die obere Körperhälfte und den Kopf, so sieht man in Haltung und Gesichtsausdruck unzweifelhaft die vollkommenste Gleichgültigkeit ausgeprägt, ja, die Augen folgen wohl einer vorbeisummenden Fliege, während das Hinterbein anscheinend in Schmerzen ringt. In diesem Punkte ist der Versuch am Säugethier eine der überzeugendsten Stützen der Lehre von den Reflexbewegungen überhaupt.

Geordnete und ungeordnete Reflexe.

Die Form der Reflexbewegung kann je nach Ort und Art des Reizes sehr verschieden sein. Man pflegt sie in „geordnete" oder „coordinirte Reflexe" und „ungeordnete Reflexe" oder „Reflexkrämpfe" einzutheilen.

Geordnete Reflexe. Unter geordneten oder „coordinirten" Reflexen versteht man solche, bei denen bestimmte Muskelgruppen in bestimmter Ordnung zusammenwirken und eine einzelne Bewegung hervorbringen, die meist auch einem besonderen Zweck entspricht. So ist der oben als Beispiel der Reflexbewegungen überhaupt er-

wähnte Fall des Lidschlusses zugleich ein Beispiel eines geordneten
Reflexes, weil die Musculatur des Auges durch ihre geordnete Zu-
sammenwirkung den Zweck erfüllt, das Auge zu schützen. Auch
das Fortziehen des Beines in den geschilderten Versuchen am
Frosch oder Hund muss in diesem Sinne als ein geordneter Reflex
angesehen werden, selbst da, wo es sich, bei sehr schwachen
Reizen, auf ein blosses Anheben der Zehenspitzen beschränkt.
Denn man muss sich erinnern, dass zu jedem, auch dem kleinsten
Muskel mehrere Nervenfasern gehören, die von mehreren motorischen Vorderhornzellen ausgehen. Selbst wenn nur ein einziger
Muskel sich zusammenzieht, muss also eine grössere Gruppe von
Vorderhornzellen gemeinsam thätig werden. Die sensible Erregung
muss sich also selbst bei den unbedeutendsten Reflexbewegungen
stets auf eine Anzahl verschiedener Zellen ausbreiten. Die Eigenthümlichkeit der geordneten Reflexbewegungen besteht eben darin,
dass diese Ausbreitung ganz bestimmte Zellgruppen in bestimmter
Ordnung betrifft.

Dies ist so zu verstehen, dass auch bei den einfachsten Reflexen, die nur in einer leisen Bewegung bestehen, die Erregung
sich nicht von den einzeln erregten sensiblen Zellen auf die einzelnen motorischen Zellen überträgt, sondern dass die gemeinsam
wirkenden motorischen Zellen gruppenweise zu motorischen Einheiten verbunden sind, die man als „motorische Centren" bezeichnet.
Der wirkliche Vorgang bei der Reflexbewegung entspricht also nicht
buchstäblich dem oben gegebenen Schema der Uebertragung der
Erregung von Neuron zu Neuron, sondern wo es überhaupt zur
Bewegung kommt, ist immer eine Neurongruppe, ein Centrum,
gemeinschaftlich erregt.

Zweckmässigkeit der geordneten Reflexe. In vielen Fällen muss
sogar eine äusserst verwickelte Thätigkeit einer ganzen Reihe solcher Centren
angenommen werden, um die aus den mannigfachen Einzelbewegungen zusammengesetzte Form gewisser Reflexbewegungen zu erklären. Die Reflexe sind
nämlich nicht bei jedem Reiz dieselben, sondern sie können der Art des Reizes
so angepasst sein, dass sie genau einer wohlüberlegten Bewusstseinsthätigkeit
gleichen. Wenn man z. B. einem geköpften Frosch, der an einem Gestell hängt,
ein Stückchen mit schwacher Essigsäurelösung getränktes Filtrirpapier an die
Haut des einen Beines klebt, sodass die Haut durch die Säure gereizt wird, so
wird nicht nur, wie auf andere sensible Reize, das Bein angezogen, sondern
unter der dauernden Einwirkung des Reizes wird das andere Bein gehoben,
seine Zehen spreizen sich, mit der ausgebreiteten Schwimmhaut wird das
Stückchen Löschpapier kunstgerecht abgewischt und mit kräftigem Fussstoss
weggeschleudert. Es folgen dann noch einige Wischbewegungen, die die Säure
auf der feuchten Haut vertheilen und ihre Reizwirkung beseitigen.

Rückenmarksseele. Sieht man vom Rückenmark des geköpften Frosches
die Anregung zu einer solchen durchaus auf einen besonderen Erfolg hinzielenden
Thätigkeit ausgehen, so drängt sich die Vorstellung auf, dass man es nicht mit
einem nur maschinenmässig arbeitenden Organ zu thun habe. Es mag deshalb
noch einmal hervorgehoben werden, dass trotz der anscheinend absichtlichen
Wahl der Bewegungen der Vorgang als ein unbewusst und unwillkürlich ab-
laufender betrachtet werden muss. Denn es ist schon nach den oben beschriebenen Versuchen, denen sich entsprechende klinische Erfahrungen am
Menschen anschliessen, unzweifelhaft, dass nach Durchtrennung der Verbindungen

zwischen Rückenmark und Gehirn keine Empfindung von Reiz oder Schmerz zum Bewusstsein kommt. Es bliebe also nur die Annahme übrig, dass dem Rückenmark für sich ein Sonderbewusstsein zukäme, dass es also neben dem eigentlichen Bewusstsein, das vom Gehirn abhängt, auch noch ein unabhängiges Rückenmarksbewusstsein, eine „Rückenmarksseele" gäbe. Diese Frage lässt sich ebensowenig wissenschaftlich entscheiden, wie die Frage, ob es einem Stück Holz weh thut, wenn es gespalten wird. Es lassen sich aber mehrere Wahrscheinlichkeitsgründe dagegen anführen. Der geköpfte Frosch handelt nämlich durchaus nicht in allen Fällen so zweckmässig wie ein normaler Frosch. Setzt man ihn beispielsweise in Wasser, das langsam erhitzt wird, so bleibt er darin sitzen, bis er gesotten ist, während ein normaler Frosch hinausspringt, sobald das Wasser eine Temperatur von 35 ⁰ erreicht.

Fragt man nun, wie auf andere Weise als durch bewusste Regelung der Bewegungen die Reflexthätigkeit dem Reiz angepasst werden kann, so lässt sich dafür allerdings zur Zeit keine ganz befriedigende Erklärung geben. Es mag aber darauf hingewiesen werden, dass ebenso wie die geordneten Reflexe auf die Zusammenfassung motorischer Bahnen unter die Herrschaft einheitlicher Centren schliessen lassen, auch von den sensiblen Bahnen angenommen werden darf, dass sie gemeinschaftlich als grössere Einheiten zusammenwirken können Auf diese Weise können verschiedene Reizarten verschiedene Arten sensibler Erregung und somit auch verschiedene Reflexbewegungen hervorrufen.

Ausbreitung der Reflexe. Die Kehrseite der Erscheinungen der geordneten Reflexe gegenüber ihrer anscheinend zweckmässigen Anpassung an die Art des Reizes bildet der Umstand, dass sie sich bei Verstärkung des Reizes in gesetzmässiger Weise über das ganze Rückenmark ausbreiten und so in ungeordnete Reflexe übergehen. Reizt man zum Beispiel den geköpften Frosch am linken Vorderbein, so wird zunächst das linke Vorderbein selbst angezogen. Verstärkt man den Reiz, so bewegt sich auch das rechte Vorderbein; reizt man noch stärker, so geräth auch das linke Hinterbein und bei noch weiterer Verstärkung des Reizes auch das rechte Hinterbein in Bewegung.

Pflüger hat eine Anzahl Regeln aufgestellt, durch die die Form der Ausbreitung für alle möglichen Fälle allgemein bestimmt sein soll. Diese sogenannten Pflüger'schen Reflexgesetze treffen jedoch nach Sherrington für das Säugethier nicht zu und können durch die allgemeine Angabe ersetzt werden, dass ein Reflex bei um so schwächerem Reiz auftritt, je näher die Ursprungsstelle der betheiligten motorischen Bahn an der Eintrittsstelle der sensiblen Bahn liegt, oder mit anderen Worten, je kürzer der Reflexbogen ist.

Ungeordnete Reflexe. Die ungeordneten Reflexe bestehen, wie der Name andeutet, aus krampfhaften Zusammenziehungen grosser Gruppen von Muskeln, ja der gesammten Körpermusculatur, durch die keine bestimmte Bewegungsform, sondern nur eine krampfhafte Starre oder Anspannung des Körpers hervorgebracht wird. Zu ungeordneten Reflexen kommt es im normalen Körper nur, wenn übermässig starke Reize einwirken.

Wie oben angegeben, können am geköpften Frosch durch sehr starke Reizung alle vier Extremitäten und natürlich zugleich auch die Rumpfmuskeln in Thätigkeit treten. Dies kann, wie gesagt, als Uebergang zu ungeordnetem Reflexkrampf angesehen werden. Es giebt gewisse Mittel, unter denen das

Strychnin, ein aus der Nux vomica hergestelltes Alkaloid, die erste Stelle einnimmt, die die Reflexerregbarkeit so sehr steigern, dass selbst der leiseste Reiz eine
ganz allgemeine ungeregelte Reflexcontraction sämmtlicher Muskeln hervorruft.

Spritzt man Fröschen eine ganz geringe Dosis Strychnin ein, so können
sie sich, solange kein Reiz auf sie einwirkt, wie ganz normale Frösche verhalten,
verfallen aber bei der leisesten Berührung oder auch schon, wenn man auf die
Tischplatte klopft, auf der sie sich befinden, in den heftigsten Starrkrampf.
Die Hinterbeine sind krampfhaft gestreckt, der Rücken gekrümmt und starr,
die Vorderfüsse übereinandergeschlagen. Dass es sich dabei nicht etwa um
eine von dem Gift unmittelbar auf die motorischen Nerven oder gar auf die
Muskeln ausgeübte Reizung handelt, sondern nur um eine Steigerung der Reflexerregbarkeit, geht daraus hervor, dass die Contractionen ausbleiben, wenn die
hinteren Wurzeln durchschnitten sind, sodass die sensiblen Erregungen nicht
bis in das Rückenmark gelangen können. Der Krampf lässt allmählich nach
und wiederholt sich bei jeder neuen Reizung irgendwelcher Art. Bei der bekannten Lebenszähigkeit der Kaltblüter können Frösche diesen Zustand ziemlich
lange ertragen und sich doch wieder erholen.

Warmblüter, zum Beispiel Kaninchen, die man mit Strychnin vergiftet,
gehen meist an Krampfanfällen zugrunde. Bei den Kaninchen ist die Stellung,
die sie im Krampf einnehmen, besonders bezeichnend für die gewaltsame Zusammenziehung sämmtlicher Körpermuskeln. Vorder- und Hinterläufe sind stets
ausgestreckt, der Kopf in den Nacken zurückgeworfen, der Rücken hohl überstreckt. Man nennt diese Stellung, die in ähnlicher Weise auch als pathologische Erscheinung beim Menschen vorkommt, „Opisthotonus“. Es giebt nämlich
eine Bacillenart, die stellenweise im Erdboden gefunden wird, die, wenn sie
durch irgendwelche Hautwunden in den menschlichen Körper eindringt, durch
ein von ihr erzeugtes Gift genau denselben Zustand hervorruft, wie man ihn bei
Versuchsthieren sieht, die mit Strychnin vergiftet sind. Als man die Bacillen,
die diesen Zustand hervorrufen, noch nicht kannte, suchte man die Ursache
dafür in einer besonders reizenden Beschaffenheit der betreffenden Verwundungen,
und bezeichnete die Krankheit als Wundstarrkrampf, Tetanus. Hiervon ist die
Bezeichnung Tetanus für die dauernde Zusammenziehung der Muskeln, die Bezeichnungen tetanischer Reiz, tetanisirende Ströme u. s. f. hergeleitet. Der
Tetanus tritt beim Menschen zuerst in den Kaumuskeln auf, die sich anfalls-
weise so fest zusammenziehen, dass es unmöglich ist, den Mund zu öffnen.
Diesen Zustand nennt man Trismus. Dann gehen die Anfälle auch auf die
Nackenmuskeln und schliesslich auf den ganzen Körper über. Auf der Höhe
eines solchen Anfalles ist die ganze Körpermusculatur starr zusammengezogen.
Die Beine sind steif gestreckt, das Kreuz im Opisthotonus hohl gemacht, der
Kopf in den Nacken geworfen, die Arme aber, da beim Menschen die Kraft der
Beuger die der Strecker überwiegt, krampfhaft in Beugestellung angezogen.
Eben diese Stellung beweist schon, dass der tetanische Anfall, ebenso wie
eine Strychninvergiftung eine allgemeine Reflexcontraction sämmtlicher Körper-
muskeln darstellt.

Reflexcentra im Rückenmark.

Das Rückenmark enthält eine ganze Reihe einzelner, mehr
oder weniger ausgeprägter Reflexmechanismen. Sofern diese die
Thätigkeit der Körpermuskeln betreffen, sind die Centren der
Reflexbögen identisch mit den Innervationscentren der betreffenden
Muskelgruppen, das heisst, sie bestehen aus denjenigen Gruppen
untereinander verbundener motorischer Vorderhornzellen, deren
Axone zu den betreffenden Muskeln verlaufen.

Muskelcentra beim Frosch. Stösst man in den Wirbelcanal eines geköpften Frosches einen Draht von oben nach unten
langsam ein, so sieht man, dass die Vorderbeine zuerst nach vorn

übereinander geschlagen, dann ausgebreitet werden, und dass dann eine krampfhafte Streckung beider Hinterbeine folgt. Diese Bewegungen entstehen, indem der eindringende Draht nacheinander die verschiedenen Bewegungscentren der betreffenden Muskeln erst reizt und dann zerstört. Die Bewegungen sind zwar in dem geschilderten Fall keine Reflexbewegungen, sondern durch centrale Reizung ausgelöste Bewegungen, sie zeigen aber die Vertheilung der Bewegungscentra an, die in anderen Fällen als Centren von Reflexen auftreten.

Dies gilt insbesondere von der Adductionsbewegung der vorderen Extremitäten, die die männlichen Frösche bei der Begattung reflectorisch ausführen, um sich an dem umklammerten Weibchen festzuhalten. Dieser Vorgang bildet sogar ein besonders überzeugendes Beispiel für die maschinenmässige Reflexthätigkeit des Rückenmarks, denn man kann von einem männlichen Frosch zur Paarungszeit den ganzen Kopf und den ganzen unteren Theil des Körpers abschneiden, sodass bloss ein Stück des Rumpfes mit dem oberen Ende des Rückenmarks und den beiden Armen übrig ist, und findet, wenn man einen Finger gegen die Brusthaut drückt, dass das übrig gebliebene Stück Frosch sich durch eine kräftige Adductionsbewegung beider Arme an den Finger anklammert.

Muskelcentra beim Säugethier. Aehnlich wie diese Bewegungscentra an verschiedenen bestimmten Stellen des Froschrückenmarks gelegen sind, finden sich auch in dem Rückenmark der Säugethiere an bestimmten Stellen reflectorisch erregbare Gruppen von Zellen, die die Verrichtungen bestimmter Muskelgruppen mittelbar hervorrufen. Zwischen der Anordnung dieser Zellgruppen im Rückenmark und der anatomischen oder physiologischen Anordnung der Muskeln *besteht kein regelmässiger Zusammenhang*, obschon im Grossen und Ganzen die höher am Stamm gelegenen Muskeln von den oberen, die weiter unten gelegenen von den unteren Rückenmarkssegmenten aus innervirt werden.

Sehnenreflexe. Besonders zu erwähnen sind unter den Bewegungsreflexen vom Rückenmark aus die Sehnenreflexe. Das augenfälligste Beispiel von dieser Art Reflexe bildet das „Westphalsche Kniephänomen" oder der „Patellarreflex". Hängt der Unterschenkel eines Menschen oder Thieres vom Knie aus frei herab, wie es etwa beim Sitzen mit übergeschlagenem Bein der Fall ist, und klopft man auf die Sehne des Quadriceps oberhalb oder unterhalb der Kniescheibe, so zuckt der Quadriceps und schleudert den Unterschenkel vorwärts. Erkrankungen des Rückenmarks können daran erkannt werden, dass der Patellarreflex verstärkt oder abgeschwächt ist oder auch ganz fehlt. Mehrere andere Sehnen zeigen dieselbe Art Reflexerregbarkeit.

Reflextonus. Das Rückenmark im Ganzen kann demnach als ein Reflexcentrum für die coordinirte Thätigkeit der gesammten Musculatur betrachtet werden. Die Körpermuskeln sind während des Lebens fortwährend in einem gewissen Spannungszustand.

Hängt man einen todten Frosch auf, so sieht man, dass seine Beine durch ihr eigenes Gewicht fast völlig gerade gestreckt hängen. Hängt man einen lebenden Frosch in derselben Weise auf, so pflegt er im ersten Augenblick zu zappeln und zu versuchen, sich aus der hängenden Lage zu befreien. Sehr bald aber wird er vollständig ruhig und lässt seine Beine gestreckt herabhängen. Man kann nun beobachten, dass, so schlaff auch die Beine des lebenden Frosches sein mögen, doch stets ein gewisser Grad von Beugung in allen Gelenken des Beines besteht. Daraus ist zu schliessen, dass die sämmtlichen Muskeln des Beines sich in einem dauernden Zustande leichter Zusammenziehung befinden, den man als Tonus bezeichnet.

Man nahm erst an, dass das Rückenmark ohne äussere Anregung den Tonus der Muskeln unterhalte, doch konnten Donders und Brondgeest zeigen, dass der Tonus der Froschbeine verschwindet, sobald die hinteren Wurzeln, die die sensiblen Nervenfasern des Beines enthalten, durchschnitten werden. Vergleicht man die Stellung eines aufgehängten Frosches, an dem die hinteren Wurzeln durchschnitten sind, mit der des todten Frosches, so ist kein Unterschied erkennbar. Sind die hinteren Wurzeln einseitig durchschnitten, so hängt das Bein der operirten Seite völlig schlaff, das der anderen Seite zeigt den normalen Tonus. Man darf aus diesem Versuch schliessen, dass der Muskeltonus nach Art einer Reflexthätigkeit durch sensible Reize bewirkt wird, die durch die hinteren Wurzeln dem Rückenmark zugeleitet werden. Man bezeichnet deshalb die Thatsache, dass die Muskeln dauernd gespannt gehalten werden, als den „Brondgeest'schen Reflextonus".

Es entsteht die Frage, woher die sensiblen Erregungen stammen, die den Tonus verursachen? Man kann daran denken, dass die Muskeln und Sehnen durch die Schwere des Beines gedehnt werden, und dass in den Gelenken durch den Druck der Sehnen sensible Erregungen entstehen. Daneben ist die Spannung der Haut zu beachten, die geeignet ist, bei jeder Stellung verschiedene sensible Erregungen zu vermitteln. Es zeigt sich nun, dass ein gehäuteter Frosch, bei dem die sensible Erregung der Hautnerven ausgeschaltet ist, ebensowenig Tonus zeigt, wie ein Frosch, dem die hinteren Wurzeln durchschnitten sind, oder wie ein todter Frosch. Damit ist bewiesen, dass die Sensibilität der Haut die Quelle der Reize ist, durch die der Reflextonus in den Beinmuskeln zu Stande kommt.

In ähnlicher Weise, wie hier die Sensibilität eine reflectorische Spannung der Musculatur hervorbringt, wirkt die gesammte Sensibilität des Körpers auch bei der Coordination der Muskeln zum Zwecke der Bewegung mit. Die Coordination der Muskeln zu einer beliebigen Thätigkeit erscheint daher in gewissem Grade als Reflexthätigkeit. Ist die sensible Leitung gestört, wie nach Durchschneidung der hinteren Wurzeln, so tritt ein Zustand ein, der dem klinischen Bilde der „Ataxie" entspricht. Die Bewegungen werden wohl ausgeführt, aber sie sind nicht mehr genau abgemessen, die Gliedmaassen schiessen bei jeder Bewegung über das Ziel hinaus. Ein Beispiel hiervon bildet die bei der Besprechung des Bell'schen Versuchs erwähnte Schlenkerbewegung des gefühllos gemachten Beines.

Organcentra im Rückenmark. Neben den Centren für die Innervation der Skelettmusculatur enthält das Rückenmark auch eine Anzahl Centra für die Innervation verschiedener einzelner Organe.

So ist der Schluss des Afters und der Harnblase von Nervencentren in den unteren Abschnitten des Rückenmarks abhängig. Zerstört man beim Hunde das Lendenmark in der Höhe des fünften Lendenwirbels, so lässt der Blasenschluss nach, und der Harn träufelt ab, sobald der Druck in der Blase den elastischen Schluss des Sphincter vesicae überwunden hat, wozu etwa 20 cm Wasserhöhe an Druck erforderlich sind.

Aehnlich verhält sich der Verschluss des Mastdarms durch den Sphincter ani.

Beim Menschen hat man durch klinische Beobachtung und Section festgestellt, dass die betreffenden Centren in der dritten und vierten Sacralwurzel liegen.

Uebrigens sind die Rückenmarkscentren in diesen Fällen nicht ausschliesslich für die Verrichtung der betreffenden Organe maassgebend, denn nach Zerstörung des Rückenmarks stellt sich im Laufe der Zeit annähernd die normale Verrichtung wieder her.

Im untersten Abschnitte des Rückenmarks liegen ferner beim männlichen Geschlecht ein Centrum für die Ejaculation der Samenflüssigkeit, und beim weiblichen ein Centrum für die Thätigkeit des Uterus bei der Austreibung der Frucht in der Geburt.

Ebenso wie in den bisher erwähnten Fällen durch motorische Nerven die Musculatur vom Rückenmark aus reflectorisch erregt wird, kann auch die Thätigkeit der Drüsen vom Rückenmark aus reflectorisch erregt werden. Insbesondere ist die Erregung der Schweissdrüsen auf reflectorischem Wege nachgewiesen. Die Zellgruppen, die das Centrum für diesen Reflexvorgang bilden, sind über einen grossen Theil des Rückenmarks verbreitet, sie sind also nur in physiologischem Sinne, nicht in anatomischem, als ein Centrum zu bezeichnen.

Aehnlich ist es mit den centralen Zellgruppen, von denen die vasomotorischen Nervenfasern ausgehen, die die Muskelfasern in den Gefässwänden innerviren.

Diese verschiedenen einzelnen Verrichtungen des Rückenmarkes sollen weiter unten im Abschnitte über die specielle Nervenphysiologie eingehender betrachtet werden.

Exstirpation des Rückenmarks.

Die im Obigen aufgezählten Verrichtungen des Rückenmarks sind zwar zahlreich und für die Lebensthätigkeiten von grosser Bedeutung, aber sie sind keineswegs unbedingt zum Leben erforderlich. Wenn das Rückenmark entfernt wird, fallen eine grosse Anzahl Bahnen für die Leitung willkürlicher Erregungen vom Gehirn zur Musculatur fort und es fallen die reflectorischen Bewegungen der betreffenden Muskeln fort. Ausserdem werden die speciellen Reflexthätigkeiten des Rückenmarks, nämlich Darm und Blasenschluss, Ejaculation u. a. m. gestört. Gerade diese Reflexe stellen sich aber wieder her, indem hier Ganglien für das Rückenmark eintreten können.

Es ist mithin sehr wohl denkbar, dass ein Thier ohne Rückenmark lange Zeit am Leben bleiben kann, und thatsächlich ist durch Versuche von Goltz und Ewald der Beweis dafür erbracht worden. Bei einer Hündin, der durch wiederholte Operation das ganze Rückenmark vom Halsmark an entfernt worden war, stellten sich nach vorübergehender Störung alle die wichtigen Lebensthätigkeiten, die zum Theil vom Rückenmark abhängen, soweit wieder her, dass sie sogar trächtig werden, Junge werfen und selbst säugen konnte. Dieser Versuch beweist, dass das Centralnervensystem auf viele Organe nur regulirend und beherrschend wirkt, während sie ihre Thätigkeit auch selbstständig oder mit Hülfe der in ihnen enthaltenen Ganglien aufrecht zu erhalten fähig sind.

Verlängertes Mark.

Bau des verlängerten Marks. Man pflegt in der Anatomie und in der Physiologie den obersten Theil des Rückenmarks als „das verlängerte Mark", Medulla oblongata, von dem übrigen Rückenmark zu unterscheiden, obschon sich eine Grenze zwischen beiden nur willkürlich festsetzen lässt.

Das verlängerte Mark unterscheidet sich vom Rückenmark durch Veränderungen in der Anordnung der Stränge der weissen Substanz und dadurch, dass darin ausser den auch im Rückenmark vorhandenen Theilen noch weitere Massen grauer Substanz, sogenannte Kerne, gelegen sind.

Die Anordnung grauer und weisser Substanz auf dem Querschnitt entspricht im untersten Theile des verlängerten Marks noch ganz der, die für das Rückenmark gilt, weiter oben verändert sie sich, indem vor allem die Hinterstränge in den seitlich gelegenen Hinterstrangkernen endigen, sodass die Hinterfläche der grauen Substanz am Boden des vierten Ventrikels zu Tage tritt.

Ferner ist ein Theil der Bahnen, die im Rückenmark dem Seitenstrange angehören, nämlich die Pyramidenbahnen, im verlängerten Mark im Vorderstrang der anderen Seite gelegen. Die Fasern dieser Bahnen durchbrechen im verlängerten Mark querverlaufend die graue Substanz des Vorderhorns. Man nennt dies die Pyramidenkreuzung. Eine ähnliche Kreuzung findet etwas weiter kopfwärts statt, indem aus den Hinterstrangkernen Faserzüge in das vordere Gebiet der entgegengesetzten Seite hinüberziehen.

Die anatomischen Verhältnisse sind bestimmend für die physiologische Bedeutung des verlängerten Marks in seiner zweifachen Rolle als selbstständiges Reflexcentrum und als Leitungsbahn von und zum Gehirn.

Reflexcentra des verlängerten Marks.

Wie im Rückenmark ist auch im verlängerten Mark die motorische Reflexthätigkeit der einzelnen Centren gleichbedeutend mit der Verrichtung der daselbst gelegenen motorischen Zellen, da eben Centra nichts Anderes sind als Gruppen gemeinsam wirkender Zellen.

Im verlängerten Mark kommen ausser den Zellen, die den motorischen Vorderhornzellen des Rückenmarks entsprechen, auch noch solche motorischen Zellen in Betracht, die in den sogenannten

Kernen liegen und deren Fasern im Stamme der Hirnnerven austreten. Indem theils sensible, theils motorische Fasern der Hirnnerven ihre „Kerne" im verlängerten Mark haben, wird diese Stelle zum Reflexcentrum für viele Reflexvorgänge im Bereich der Hirnnerven.

Hierher gehört der schon wiederholt als Beispiel der Reflexbewegungen angeführte „Hornhautreflex", Cornealreflex, durch den die Lidspalte geschlossen wird, wenn ein sensibler Reiz die Bindehaut des Auges trifft.

Die sensible Erregung wird durch die sensible Wurzel des Nervus trigeminus, die weit in das verlängerte Mark hinabreicht, und die motorische durch den Facialis vermittelt, dessen Fasern von einem Kerne des verlängerten Marks ausgehen.

Aehnlich ist es mit dem Schluck- und Schlingact, der eine reflectorische Thätigkeit der Muskeln der Zunge, des Schlundes und des Kehlkopfs darstellt.

Die sensiblen Erregungen, die bei diesem aus sehr vielen Einzelbewegungen zusammengesetzten Vorgang in Betracht kommen, verlaufen in den Fasern des Trigeminus Vagus und Glossopharyngeus, die auf Kerne des verlängerten Markes zurückgehen, und die motorischen Erregungen werden durch Fasern derselben Nerven sowie des Hypoglossus den Muskeln zugeleitet.

Aehnlich laufen auch die Bahnen für die wichtigen Reflexe des Niesens und Hustens.

Als sensible Bahn kommen für das Niesen die in der Nasenschleimhaut verzweigten Aeste des Trigeminus, für den Husten der Laryngeus superior vom Vagus in Betracht. Die motorischen Bahnen sind in beiden Fällen über ein sehr weites Gebiet verstreut, da die ganze Exspirationsmusculatur beim Niesen und beim Husten in Bewegung gesetzt wird. In diesem Falle gehen also die motorischen Erregungen nicht unmittelbar von der Medulla oblongata aus, sondern es sind Zwischenleitungen vorhanden, die die verschiedenen Gruppen motorischer Zellen für den Zweck dieses Reflexes mit dem eigentlichen Reflexcentrum verbinden.

Im Anschluss an den Hustenreflex ist auch der Würge- und Brechreflex hier zu nennen. Es ist schon im ersten Theile dieses Buches darauf hingewiesen worden, dass beim Erbrechen die Muskelwand des Magens nur eine geringfügige Rolle spielt, während der Druck, der den Magen entleert, durch Zusammenziehungen von Zwerchfell und Bauchwand hervorgebracht wird.

Je nachdem das Erbrechen durch Reize im Gebiet des Schlundeinganges oder durch Reizung der Magenschleimhaut hervorgerufen ist, bilden die sensiblen Nerven der Schlundgegend, oder die Magensäfte des Vagus die sensible Bahn des Reflexes. Die motorische Erregung verläuft, soweit sie den Magen betrifft, in den Spinalnerven, die zu den Bauchmuskeln und zum Zwerchfell verlaufen.

Automatische Centra.

Das verlängerte Mark enthält nun noch eine Reihe von Centren, denen man unter den Reflexcentren eine besondere Stellung unter der Bezeichnung „automatische Centren" einzuräumen pflegt. Diese Unterscheidung lässt sich indessen nicht streng durchführen. Es darf unter „automatisch" nicht etwa die Eigenschaft verstanden werden, Bewegungen ohne äusseren und inneren Reiz hervorzubringen, denn auch die automatischen Centren bedürfen der Reizung, um in Thätigkeit zu treten. Der Unterschied kann vielmehr nur darin gesehen werden, dass die Reize im einen Falle durch sensible Nerven dem Centrum zugeleitet werden, während sie im andern Falle im Centrum selbst, „autochthon", durch besondere Bedingungen entstehen.

Athemcentrum. Das wichtigste unter den automatischen Centren des verlängerten Markes ist das Athemcentrum, das durch Kohlensäureanhäufung und Sauerstoffmangel im Blut gereizt wird und die gesammte Athemmusculatur in Thätigkeit setzt.

Seit uralter Zeit ist bei den Jägern zur Tödtung des Wildes der sogenannte „Nackenfang" im Gebrauch, der darauf beruht, dass die Spitze der Waffe zwischen Hinterhaupt und Atlas durch die Membrana obturatoria in den Wirbelcanal dringt und das verlängerte Mark zerstört. Insbesondere ist diese Art der Tödtung als Kunststück der Matadore im spanischen Stiergefecht bekannt. Die genauere Erklärung des Vorganges wurde erst durch Flourens gegeben, der eine bestimmte Stelle jederseits dicht über dem hinteren Ende des vierten Ventrikels als „den Lebensknoten", „Noeud vital" bezeichnete, dessen Zerstörung die Athembewegungen dauernd völlig unterbrechen sollte.

Die Athembewegungen werden, wie wiederholt bemerkt worden ist, von sehr vielen verschiedenen Muskelgruppen in ganz verschiedenen Theilen des Körpers ausgeführt. Die motorischen Zellgruppen, von denen die Erregung dieser Muskeln unmittelbar ausgeht, liegen nachweislich in dem Centralnervensystem weit zerstreut. In dem Athemcentrum des verlängerten Markes findet also offenbar *eine Verknüpfung dieser einzelnen untergeordneten Centra* in der Weise statt, dass sie sich zu gemeinschaftlicher Thätigkeit zusammenordnen. Ein eigentlich die Bewegung beherrschendes Centrum, das heisst, eine anatomisch nachweisbare Zellgruppe, die mit den Ursprüngen aller motorischen Athemnerven in Verbindung stände, scheint allerdings nicht vorhanden zu sein.

Daher gehen auch die Angaben über die Stelle, an der das Athemcentrum eigentlich liegt, beträchtlich auseinander. Man darf sagen, dass eine ziemlich ausgedehnte Zerstörung erforderlich ist, um wirklich alle Athembewegungen zum Stocken zu bringen. Je nachdem die Verletzung eine höher oder tiefer gelegene Stelle trifft, dauern die Athembewegungen im Rumpfe oder die accessorischen Athembewegungen des Kopfes fort. Auch nachdem das ganze verlängerte Mark zerstört ist, treten mitunter noch einzelne tiefe Athemzüge ein, die offenbar auf selbständiger Thätigkeit der motorischen Centra für Intercostalmuskeln und Zwerchfell beruhen.

Herzhemmung. Als automatische Centra werden ferner zwei Centra angenommen, die beschleunigend und verlangsamend auf die Herzthätigkeit einwirken. Durchschneidet man beim Frosch das Centralnervensystem oberhalb des verlängerten Markes und reizt das verlängerte Mark durch Inductionsströme, so sieht man die Herzfrequenz abnehmen. Bei starker Reizung bleibt das Herz in Diastole stehen.

Die centrifugale Bahn, auf der diese Beeinflussung des Herzens geleitet wird, ist der Nervus vagus, denn nach Durchschneidung des Vagus erhält man bei Reizung seines peripherischen Stumpfes dieselbe Wirkung. Da der Vagus im verlängerten Mark seinen Ursprung hat, so ist anzunehmen, dass das Herzhemmungscentrum unmittelbar auf den Vaguskern einwirkt, vielleicht sogar mit ihm identisch ist.

Als automatisch ist das Herzhemmungscentrum deswegen anzusehen, weil man nach Durchschneidung beider Vagi stets eine Beschleunigung des Herzschlages beobachtet und daraus schliessen muss, dass die Vagi normalerweise dauernd einen verlangsamenden Einfluss auf den Herzschlag ausüben, ohne den die Frequenz auf übernormale Höhe ansteigt. Man nennt diese dauernde Hemmungsthätigkeit den „Vagustonus“.

Herzbeschleunigung. Reizt man das verlängerte Mark, nachdem die Vagi durchschnitten worden sind, sodass das Herzhemmungscentrum nicht auf die Herzthätigkeit wirken kann, so erhält man statt der Verlangsamung eine Beschleunigung des Herzschlages. Die peripherischen Bahnen, auf denen diese Einwirkung dem Herzen vermittelt wird, verlaufen in Aesten, die zum Gebiete des Halssympathicus gehören und als Nervi accelerantes cordis bezeichnet werden.

Gefässcentren. Ein weiteres automatisches Centrum des verlängerten Markes ist das vasomotorische Centrum. Die Gefässmusculatur wird zwar von motorischen Centren innervirt, die an vielen Stellen des Centralnervensystems verstreut sind, durch Reizung des verlängerten Markes erhält man aber Gefässverengerung im ganzen Körper, und nimmt deswegen an, dass hier ein übergeordnetes Centrum zu suchen sei. Auch dieses Centrum befindet sich dauernd in Thätigkeit und unterhält dadurch den Gefässtonus, das heisst die active Spannung der Gefässwände, durch die sie fortwährend einen Druck auf das in ihnen enthaltene Blut ausüben.

Die Höhe des Blutdruckes ist neben der Herzarbeit durchaus von der Höhe des Gefässtonus abhängig. Reizung des Gefässcentrums erhöht daher den Blutdruck.

Wenn beim Tode die Herzthätigkeit aufhört und das Blut in den Gefässen stockt, so hört damit natürlich die Zufuhr von Sauerstoff zu allen Geweben und mithin auch zum vasomotorischen Centrum in dem verlängerten Mark auf. Dies wirkt als Reiz auf die Ganglienzellen des Centrums und ruft eine allgemeine Gefässverengung hervor. Da die Venen nun bekanntlich viel nachgiebiger sind als die Arterien, so wird durch die Zusammenziehung das Blut aus den Arterienstämmen in die Venen hinübergetrieben, wo es schliesslich gerinnt. Die Gefässmuskeln bleiben meist bis ziemlich lange nach dem Tode erregbar, und wenn sie schliesslich abgestorben sind, füllen sich die erschlafften Arterien mit Gasen.

Dieser an Leichen ganz gewöhnliche Befund ist die Ursache, dass der alte Galen und seine Nachfolger die Arterien als luftführende Gefässe ansahen, bis William Harvey, der Entdecker des Blutkreislaufs, ihre wahre Verrichtung nachwies.

In ähnlicher Weise wie die Gefässweite durch das vasomotorische Centrum, wird auch die Weite der Pupille durch ein beständig thätiges Centrum für den Dilatator pupillae geregelt.

Dieses Centrum wird ebenso wie die andern durch Sauerstoffmangel im Blute gereizt, sodass Weitwerden der Pupillen, etwa in der Narkose, ein Zeichen drohender Erstickungsgefahr bildet.

Schwitzcentrum. Das verlängerte Mark enthält ferner noch ein automatisches Centrum, das in ähnlicher Weise wie Athemcentrum und Gefässcentrum anderen im Centralorgan verbreiteten Centren übergeordnet erscheint, nämlich das Centrum für die Erregung der Schweissdrüsen.

Man kann dies bei Katzen nachweisen, bei denen die Haut der Fussballen Schweissdrüsen enthält. Bei elektrischer Reizung des verlängerten Marks erscheinen an allen vier Pfoten Schweissperlen auf den Fussballen, die man wegwischen und durch erneute Reizung immer von neuem hervorrufen kann.

Zuckerstich. Endlich muss dem verlängerten Mark noch ein besonderer Einfluss auf gewisse Vorgänge des inneren Stoffwechsels zugeschrieben werden, die im ersten Theile unter den Verrichtungen der Leber und der Nieren besprochen sind. Die Leber regelt den Gehalt des Blutes an Zucker, indem sie jeden Ueberschuss, der etwa aus der Nahrung in das Blut übergeht, als Glykogen in sich aufspeichert. Besteht trotzdem ein Ueberschuss im Blut, so wird er von den Nieren ausgeschieden. Claude Bernard hat nun entdeckt, dass bei Kaninchen nach einer bestimmten Verletzung des verlängerten Marks vorübergehend reichlich Zucker im Harn auftritt. Man nennt die Operation, die diese eigenthümliche Wirkung hervorruft, kurzweg die „Piqûre“ oder den „Zuckerstich“.

Es ist dazu ein besonderes Werkzeug erforderlich, das man bei Kaninchen durch den Schädel und das Kleinhirn in das verlängerte Mark etwas oberhalb des Athemcentrums einstösst. Das Werkzeug hat die Gestalt eines schmalen Meissels, der in das Mark in der Mitte quer einschneidet. Mitten in der Schneide springt eine feine Spitze einige Millimeter vor. Diese theilt die Vorderstränge ohne merkliche Verletzung und stösst auf die Schädelbasis auf, sodass die Schneide nur bis zu einer gewissen Tiefe in das Mark eindringt. Meist schon wenige Stunden nach der Operation ist Zucker im Harn nachzuweisen, und dieser Zustand bleibt etwa 24 Stunden lang bestehen.

Der Zucker stammt aus dem Glykogen der Leber, denn Thiere, deren Leber kein Glykogen enthält, scheiden auch nach dem Zuckerstich keinen Zucker aus.

Diese Thatsache ist nicht bloss wegen ihrer Beziehung zur Zuckerkrankheit wichtig, sondern vor allem deswegen, weil sie unzweideutig beweist, dass die Vorgänge des inneren Stoffwechsels unter unmittelbarem Einfluss des Centralnervensystems stehen.

Grosshirn.

Vertheilung von grauer und weisser Substanz. Ebenso wie das Rückenmark, wird auch das Grosshirn in graue und weisse Substanz geschieden, wobei wiederum gilt, dass die graue Substanz, die die Nervenzellen mit ihren vielverflochtenen Ausläufern enthält, das eigentliche Centralorgan darstellt, während die weisse Substanz, die aus Strängen und Bündeln markhaltiger Nervenfasern besteht, nur der Erregungsleitung dient.

Während aber im Rückenmark die graue Substanz das Innere des Organs einnimmt, und die weissen Stränge sich ihr von aussen anlagern, tritt ins Grosshirn die weisse Substanz der Leitungs-bahnen von unten her in der Mitte ein, und die graue Substanz, die als „Hirnrinde" die Oberfläche des Organs bildet, schliesst ge-wissermaassen die gesammten Leitungsbahnen als Endpunkt ab.

Freilich finden wir auch im Innern des Grosshirns Anhäufungen grauer Substanz, die ähnlich wie die grauen Kerne des verlängerten Marks zwischen die weisse Substanz eingelagert sind. Im Allgemeinen nehmen aber die Leitungs-bahnen aus den tiefer gelegenen Theilen des Centralnervensystems ihren Weg zwischen den Basalganglien hindurch, ohne mit ihnen in Verbindung zu treten, sodass im Grossen und Ganzen die Hirnrinde als Ursprungs- oder Zielpunkt aller dieser Bahnen betrachtet werden kann.

Kreuzung der Bahnen. Folgt man nun dem Verlauf der Leitungsbahnen von der Hirnrinde bis an ihre Endigungen in den verschiedenen Körpertheilen oder umgekehrt, von ihren Ursprungs-stellen in den verschiedenen Körpertheilen bis zur Hirnrinde hin-auf, so wird man auf die erste und wichtigste Thatsache der Gross-hirnphysiologie geführt, dass nämlich die Nervenbahnen der rechten Körperhälfte mit der linken Grosshirnhälfte in Verbindung stehen, und umgekehrt die Nervenbahnen der linken Körperhälfte mit der Rinde der rechten Hirnhälfte. Man drückt dies kurz so aus, dass man sagt, alle zu oder von der Hirnrinde gehenden Bahnen verlaufen gekreuzt, das heisst, sie gehen von der einen Körperhälfte zur anderen über.

Es handelt sich um zwei Arten Bahnen, solche, die Erregungen von verschiedenen Körperstellen aus zur Hirnrinde leiten, also als sensible Bahnen zusammenzufassen sind, und solche, die Erregungen von der Hirnrinde aus an die Organe des Körpers vermitteln, und als centrifugale, oder, nach dem augenfälligsten Beispiel, schlecht-weg als motorische Bahnen zusammenzufassen sind.

Motorische Leitung. Beim Menschen verläuft die motorische Innervation von der Hirnrinde aus vorwiegend durch die Pyra-midenbahn.

Diese entspringt in der Hirnrinde von grossen, den Vorder-hornzellen des Rückenmarks ähnlichen Nervenzellen, den „Pyra-midenzellen", deren Axencylinder als sogenannte Stabkranzfaserung convergirend durch die ganze Masse des Grosshirns hinabziehen und zwischen Thalamus opticus und Nucleus lentiformis in der so-genannten „inneren Kapsel" zu mehreren Strängen zusammentreten.

Von diesen Strängen steigt jederseits einer, der als „Pyramiden-bahn" bezeichnet wird, durch den Hirnstiel, Pedunculus cerebri, zur Brücke, Pons Varolii, hinab, die er durchsetzt, um an die Vorderseite des verlängerten Markes heranzutreten. Bis hierher bleibt also der Verlauf der Pyramidenbahn auf derselben Seite, auf der sie entspringt. Im untersten Theil des verlängerten Markes theilt sich der Pyramidenstrang, indem die grössere Zahl seiner Fasern schräg nach der Gegenseite und hinten hinüberkreuzt und in den Seitenstrang der gegenüberliegenden Seite als Pyra-midenseitenstrangbahn eintritt. Eine kleinere Zahl der Fasern läuft an der Vorderseite des Rückenmarks geradeaus weiter und bildet jederseits den Pyramidenvorderstrang.

In der Pyramidenkreuzung tritt, wie gesagt, der grösste Theil der Pyramidenbahn in die entgegengesetzte Körperhälfte über, nur ein viel kleinerer Theil läuft als Pyramidenvorderstrang auf der selben Seite weiter. Man könnte daher glauben, dass die Fasern dieses Stranges ungekreuzt blieben, und eine Ausnahme von dem obenerwähnten Gesetz bildeten. Wenn man aber dem Verlauf der Pyramidenbahn im Vorderstrang weiter folgt, so findet man, dass auf der ganzen Länge des Rückenmarks alle von ihr abgehenden Fasern quer abbiegen und in der vorderen Commissur der weissen Substanz nach der gegenüberliegenden Seite des Rückenmarks ge-langen. Hier treten sie mit den motorischen Zellen des Vorder-horns in Verbindung, die, wie oben angegeben, die Ursprungsstelle der peripherischen Bewegungsnerven sind. Auf diese Weise ist also in der Pyramidenbahn eine Verbindung zwischen der Hirnrinde jeder Seite und den Körpermuskeln der entgegengesetzten Seite hergestellt.

Diejenigen motorischen Fasern, die in den Stämmen der Hirnnerven ver-laufen, entspringen aus motorischen Zellen in den Ursprungskernen der be-treffenden Nerven. Sie können daher von der Hirnrinde aus nicht auf dem-selben Wege erregt werden, wie die Spinalnervenfasern, sondern die Erregung verläuft durch besondere unterhalb des Pedunculus von der Pyramidenbahn medialwärts abgezweigte und nach der anderen Seite hinüberkreuzende Fasern.

Die Pyramidenbahn bildet, wie gesagt, beim Menschen die be-deutendste, aber *nicht die einzige* motorische Grosshirnbahn.

Bei den Thieren ist sie weit weniger entwickelt, selbst beim Affen fehlt der Pyramidenvorderstrang, und bei einigen Thieren ist auch der Seitenstrang nur bis zum Halsmark hinab nachzuweisen.

Leitung der Sensibilität. Der Weg, auf dem die von den verschiedenen Stellen des Körpers ausgehenden sensiblen Erregungen die Hirnrinde erreichen, ist folgender:

Die sensiblen Endorgane hängen durch die sensiblen Fasern der peripherischen Nerven mit den Zellen der Spinalganglien zusammen, die ihrerseits, wie oben angegeben, je einen Ausläufer durch die hintere Wurzel in das Rückenmark entsenden.

Diese Ausläufer und ihre Seitenäste schlagen nun verschiedene Wege ein.

Zum Theil endigen sie mit Verästelungen in den Hinterhörnern, und werden durch Ausläufer der Hinterhornzellen fortgesetzt. Diese Fortsetzungen verlaufen nicht auf derselben Steite, sondern kreuzen in der hinteren Commissur des Rückenmarks auf die Gegenseite hinüber.

Zum andern Theil laufen die aus dem Spinalganglion stammenden Fasern in den Hintersträngen derselben Seite aufwärts, und treten in die Hinterstrangkerne des verlängerten Markes, Nucleus funiculi cuneati und gracilis ein.

Von hier wird die Bahn durch neue Neurone fortgesetzt, deren Zellen eben diese Kerne bilden. Ihre Axone durchsetzen bogenförmig den oberen Theil des verlängerten Markes und bilden oberhalb der Pyramidenkreuzung die sogenannte Schleifenkreuzung, durch die sie auf die entgegengesetzte Seite gelangen. Ihre Fortsetzung verläuft als Schleifenbahn zum Thalamus opticus, von wo aus abermals neue Neurone die Leitung durch die Stabkranzfasern zur Hirnrinde bilden.

· Ausserdem verläuft ein grosser Theil der von den Hinterhornzellen ausgehenden sensiblen Fasern ungekreuzt in den Seitensträngen und durch die hinteren Kleinhirnstiele ins Kleinhirn. Dies sind die Kleinhirnseitenstrangbahnen. Das Kleinhirn steht durch die vorderen Kleinhirnstiele wiederum mit dem Grosshirn in Verbindung, sodass auch auf diesem Wege eine sensible Leitung zwischen Peripherie und Hirnrinde hergestellt ist. Die Kreuzung vollzieht sich zwischen Kleinhirn und Hirnrinde.

Ferner sind neben den eben beschriebenen Bahnen noch eine grosse Zahl anderer sensibler Leitungen in den mannigfachen Verbindungen grauer Kerne untereinander anzunehmen.

Die beschriebene Verbindung der Grosshirnrinde mit den Rückenmarkszellen umfasst nur den Theil der gesammten Leitungsbahnen des Grosshirns, die man unter dem Namen „Projectionsbahnen" zusammenfasst. Man will damit ausdrücken, dass die Gesammtheit dieser Bahnen die Verbindung der Grosshirnrinde mit der Aussenwelt vermittelt. Alle sensiblen Eindrücke auf das peripherische Nervensystem, die die Rinde treffen können, und alle motorischen Erregungen, durch die sich die Hirnrinde nach aussen bethätigen kann verlaufen durch diese Bahnen, mithin spiegeln sich die gesammten Beziehungen der Hirnrinde zur Aussenwelt in der Thätigkeit dieser Bahnen wieder. Die Aussenwelt wird gewissermaassen durch die Stabkranzfaserung auf die Hirnrinde projicirt. Die Projectionsfasern oder Radiärfasern, wie man sie einfacher benennen kann, bilden aber nur eines der Systeme von Leitungsbahnen im Grosshirn. Ein zweites entsteht dadurch, dass die entsprechenden Theile beider Hirnhälften miteinander verbunden sind. Man bezeichnet die Gesammtheit der Fasern, die dieser Verbindung dienen, als das System der Commissurenfasern. Von den eigentlichen Commissurenfasern sind diejenigen Verbindungsstränge zu unterscheiden, die irgend einen Theil der einen Hemisphäre mit einem beliebigen anderen Theile der anderen Hemisphäre, also nicht mit dem symmetrisch zugeordneten Hirntheil verbinden. Solche Faserzüge sind vielmehr, obschon sie anatomisch auch durch die Commissuren verlaufen, dem dritten Leitungssystem, nämlich dem der Associationsbahnen zuzurechnen. Die Associationsbahnen verbinden nämlich beliebige Stellen der Hirnrinde mit anderen Stellen auf derselben oder der anderen Seite. Solche Bahnen machen ohne Zweifel einen grossen Theil der weissen Substanz des Gehirns aus, die noch nicht oder nur unvollkommen in anatomisch bestimmte Bahnen hat eingetheilt werden können.

Functionen der Grosshirnrinde.

Die Betrachtung der erwähnten Bahnen führt ohne weiteres dazu, die Functionen der Hirnrinde näher ins Auge zu fassen. Es geht schon aus der anatomischen Anlage hervor, dass das Gehirn motorische Erregungen aussendet, dass sensible Erregungen dorthin geleitet werden, und dass diese Erregungen nicht auf eine Stelle beschränkt bleiben, sondern sich verschiedenen Theilen der gesammten Hirnrinde mittheilen. Gestützt auf Gründe, die theils schon oben angedeutet sind, theils gleich unten näher mitgetheilt werden sollen, fasst man die Hirnrinde als den Ort auf, an dem die Wechselwirkung zwischen „Seele" und Körper sich vollzieht. Die Grenze zwischen den sogenannten psychischen Functionen und den rein physiologischen ist im einzelnen praktischen Fall auf keine Weise mit Sicherheit zu ziehen, und lässt sich auch theoretisch nicht gut genau bestimmen.

Psychische Functionen. Unter psychischen Functionen versteht man solche, bei denen neben den materiellen Vorgängen im Gehirn und im übrigen Körper auch Thätigkeiten der Seele, wie vor allem Wille und Empfindung, angenommen werden.

Ein bindender Nachweis für Thätigkeiten der Seele lässt sich nicht führen, und wenn man sie annimmt, liegt immer nur ein Rückschluss aus dem Vergleich mit der eigenen inneren Erfahrung vor. Man ist eben deswegen gezwungen, Seelenthätigkeit anzunehmen, weil Wille und Empfindung für das eigene Ich unzweifelhaft feststehen. Man ist ferner gezwungen, zwischen der Seelenthätigkeit und den materiellen physiologischen Vorgängen einen Unterschied zu machen, weil die materiellen Vorgänge völlig genau bekannt sein könnten, ohne dass die Begriffe von Wille oder Empfindung dadurch auch nur im mindesten verständlicher würden. Die wissenschaftliche physiologische Forschung kann in allerletzter Linie höchstens die Bewegungen der kleinsten Theile des Gehirns verfolgen und würde, wenn sie dies Ziel erreicht hätte, ebensowenig nachweisen können, dass dieser oder jener Vorgang durch den Willen hervorgerufen oder von Empfindung begleitet ist, wie heutzutage. Es ist deshalb unzulässig, die stofflichen Vorgänge im Gehirn und die Seelenthätigkeit geradezu für dasselbe erklären zu wollen, oder auch das Gehirn als „Sitz der Seele" zu bezeichnen. Denn die Seele ist nicht materiell und hat daher auch keinen örtlichen Sitz. Der hier bestehende Unterschied wird vielleicht durch folgende Betrachtung klarer: Eine Wachsfigur mit einem Uhrwerk darin kann einem Menschen täuschend ähnlich sehen, aber niemand wird im Ernst daran denken, ihr Wille und Empfindung zuzuschreiben. Nun kann man sich aber vorstellen, dass die Nachahmung bis zur absoluten materiellen Gleichheit im Bau der Figur und des wirklichen Menschen getrieben würde. Eine solche Figur würde ohne Zweifel alle Reflexe, ja man darf sagen, auch alle anderen Thätigkeiten des Menschen genau wie ein echter Mensch ausführen, sie würde von einem Menschen thatsächlich nicht zu unterscheiden sein, und trotzdem würde man ebensowenig berechtigt sein, ihr Empfindung zuzuschreiben, wie der ersterwähnten Wachsfigur. Denn bei der fortschreitenden Annäherung an die materielle Gleichheit mit dem echten Menschen kommt an keiner Stelle eine Stufe, auf der nothwendig Bewusstsein entstehen müsste. Die Seelenthätigkeit, das Bewusstsein, ist eben nicht auf blosse Bewegung von Materie zurückzuführen und folglich auch der Forschung, die nur Bewegung von Materie untersuchen kann, unzugänglich. Demnach muss auch der Zusammenhang zwischen Seelenthätigkeit und Vorgängen im Gehirn unverständlich bleiben und kann nur als erfahrungsgemäss festgestellt gelten.

Man muss annehmen, dass gewisse Vorgänge im Gehirn mit bestimmten, aus der Selbstbeobachtung bekannten Seelenzuständen verbunden sind. Ein solcher Seelenzustand ist der Wille, der, etwa im Falle einer willkürlichen Bewegung, von einer Erregung der Hirnrinde begleitet ist, die sich auf den oben erwähnten Leitungsbahnen dem Muskel mittheilt. Der Wille erscheint hier als erste Ursache, die Thätigkeit des Gehirns, mit der der physiologisch erforschbare Vorgang beginnt, als zweites Glied in der Kette der Erscheinungen.

Andere solche Seelenzustände machen die Empfindungen aus, die sehr mannigfach sein können. Bei Reizung eines sensiblen Nerven lässt sich der Erregungsvorgang durch das Centralnervensystem bis zur Hirnrinde verfolgen. Mit der Erregung der Hirnrinde ist bewusstes Empfinden verbunden, wenigstens weiss jeder Mensch, dass er eine bewusste Empfindung hat, wenn dieselbe Reizung auf ihn einwirkt.

Indem gleichzeitig verschiedene Theile des Gehirns in Thätigkeit treten, kommt es zu „associirten Bewegungen" und entsprechend zur Association von Empfindungen und Vorstellungen. In vielen dieser Fälle kann die Association, die auf anatomisch nachweisbarer Verknüpfung verschiedener Hirntheile beruht, als ein rein materieller physiologischer Vorgang aufgefasst werden. Hierfür spricht, dass die associirten Bewegungen, für die die gemeinsame Bewegung beider Augen das nächstliegende Beispiel ist, zwangsweise, unwillkürlich, miteinander verbunden sind.

Der Association sehr ähnlich ist der Vorgang der Erinnerung, der als eine weitere Thätigkeit der Hirnrinde zu nennen ist. Unter Erinnerung pflegt man allerdings meist eine geistige Thätigkeit zu verstehen, es ist aber kein Zweifel, dass gerade die Fähigkeit, etwa Sinneseindrücke im Gedächtniss zu behalten, auf einer Thätigkeit der Hirnrinde beruht. Der Vorgang bei der Erinnerung ist dann etwa so aufzufassen, dass bei der Wiederholung desselben oder eines ähnlichen Eindruckes der vorher thätig gewesene Theil des Gehirnes bei der neuen Thätigkeit mitwirkt. Hierin liegt die Aehnlichkeit mit der Association.

Hierzu wäre noch zu bemerken, dass von der blossen Thätigkeit, Sinneseindrucke im Gedächtniss zu bewahren, bis zu der, Vorstellungen von bestimmten Gegenständen und Begriffe von nach irgendwelchen Eigenschaften als Gruppe vereinigten Gegenständen zu bilden und schliesslich zu den höchsten Leistungen der Gedankenarbeit eine ganz gleichförmige Stufenleiter hinaufgeht. Ein recht grosser Theil dieser Art Thätigkeit, die man meist als eine „rein geistige" zu betrachten pflegt, lässt sich sogar als bloss materieller Vorgang erklären, gerade so, wie die geistige Leistung eines Gelehrten oder eines Verwalters zum grossen Theil auf materiellen Hülfsmitteln in Form schriftlicher Aufzeichnungen zu beruhen pflegt. So kann das, was man unter dem Gesammtbegriff „Bewusstsein" zusammenfasst, zum Theil auf einfache Association und Gedächtnissthätigkeit zurückgeführt werden.

Hemmung durch das Grosshirn. Ausser den psychischen Functionen wird der Hirnrinde nun noch eine Thätigkeit zugeschrieben, die zwar mit Bewusstsein ausgeübt werden kann, grossentheils aber unbewusst, unwillkürlich, nach Art einer automatischen Thätigkeit oder eines dauernden Reflexes ausgeübt wird. Diese Thätigkeit besteht in einer hemmenden Einwirkung, die das Grosshirn auf die Reflexe ausüben soll.

Es ist jedem aus Erfahrung bekannt, dass man willkürlich Reflexe unterdrücken kann. Dazu ist nicht erforderlich, dass durch Muskelthätigkeit die Reflexbewegung aufgehalten wird, sondern es genügt der Einfluss des Willens, um die Erregung des Reflexes zurückzuhalten, obschon der Reiz deutlich empfunden wird. Freilich gelingt dies nur, solange sich der Reiz innerhalb mässiger Grenzen hält. Jedenfalls ist aber eine merkliche Willensanstrengung erforderlich und man kann daher den Vorgang so auffassen, als werde das Reflexcentrum von einer von der Hirnrinde ausgehenden Erregung betroffen, die die Erregung des Reflexcentrums unterdrückt. Es lässt sich nachweisen, dass die Reflexthätigkeit überhaupt durch hinreichend starke Einwirkung anderer Reize unterdrückt werden kann. Vom Grosshirn geht aber noch eine andere, dauernd wirkende Art der Reflexhemmung aus, die nur daran erkennbar ist, dass nach Ausschaltung des Grosshirns die Reflexe in verstärktem Maasse auftreten.

Das klassische Beispiel hierfür ist der sogenannte Quakversuch von Goltz.

Männliche Frosche, insbesondere im Fruhjahr, wenn man sie mit sanftem Druck von beiden Seiten mit Daumen und Zeigefinger hält, sodass man eben die Querfortsätze der Wirbelsäule durch die Weichtheile hindurch fuhlt, pflegen mitunter andauernd in regelmässiger Folge zu quaken. Offenbar findet durch den Druck auf die Rückenhaut eine reflektorische Erregung statt, die das Quaken veranlasst. Dieser Reflex ist in den allermeisten Fallen so schwach, dass man ihn am normalen Frosch nur ab und zu zu beobachten Gelegenheit hat. Trägt man dagegen die Grosshirnhälften ab, so tritt mit maschinenmässiger Bestimmtheit schon bei der leisesten Berührung der Rückenhaut über der Wirbelsäule Quaken ein.

Der Versuch stellt dann zugleich ein vortreffliches Beispiel für die Reflexthätigkeit im Ganzen dar, denn die Sicherheit, mit der eine so verwickelte, sonst nur als willkürliche Aeusserung bekannte Function, wie das Quaken, auf einen so geringfügigen Reiz, wie leises Streichen des Rückens mit der Fingerspitze, erfolgt, ist immer von Neuem überraschend. Sieht man, wie die Abtragung des Grosshirns den Frosch, der vorher auf viel stärkere Reizung nicht quakte, in eine völlig sicher arbeitende Quakmaschine verwandelt, so ist dies ein schlagender Beweis, dass das Grosshirn die Reflexthätigkeit gehemmt hat. Man hat ferner nach einseitiger Störung der Grosshirnfunctionen an Thieren wie an Menschen Steigerung verschiedener Reflexthätigkeiten beobachtet. Die Hemmungsthätigkeit, die in jedem Augenblick einen zufällig auftretenden Reflex abschwächt oder verhindert, muss natürlich eine dauernde sein und man spricht daher auch vom „Hemmungstonus“ der Grosshirnrinde.

Exstirpation des Grosshirns. Die obigen Angaben über die Functionen der Hirnrinde stützen sich auf Versuche und Beobachtungen, bei denen die Thätigkeit des Grosshirns ausgeschaltet ist. Bei diesen Versuchen zeigt sich ganz deutlich, dass mit der höheren Entwicklung in der Thierreihe der Einfluss des Grosshirns auf die Gesammtheit der Functionen des

Körpers zunimmt. Die Bedeutung des Grosshirns ist aus der Bedeutung der Folgen zu ermessen, die man nach Entfernung der Grosshirnhemisphäre beobachtet.

Grosshirnloser Frosch. Beim Frosch kann man diesen Versuch so anstellen, dass man die Grosshirnlappen blosslegt und entfernt, oder einfacher, indem man den ganzen Kopf in der Höhe der unteren Grenze des Grosshirns abschneidet. Beim ersten Blick unterscheidet sich der Versuchsfrosch nicht von einem normalen. Man bemerkt nur, dass er sich nicht willkürlich bewegt. Da er, wenn man ihn durch Berührung zur Bewegung veranlasst, oder in eine abnorme Stellung bringt, vollkommen sicher springt und sich sehr geschickt bewegt, so ist offenbar nur der Wille zur Bewegung ausgeschaltet. Der oben geschilderte Quakreflex ist das einzige andere Ergebniss der Beobachtung. Nach längerer Zeit sollen sich sogar anscheinend willkürliche Bewegungen in ausgedehntem Maasse wiederherstellen, indem der Versuchsfrosch ins Wasser und wieder herausgeht, sogar Fliegen fängt und verzehrt und sich also, soweit die Beobachtung erkennen lässt, ganz wie ein normaler Frosch verhält.

Aus diesen Beobachtungen ist zu schliessen, dass die Hirnrinde bei den niederen Thieren eine sehr geringe Rolle spielt. Die rein willkürlichen Bewegungen treten gegenüber den durch äussere Reize hervorgerufenen Thätigkeiten ganz zurück und es macht kaum einen Unterschied, wenn sie gänzlich fortfallen. Vollends ist es bei diesen Thieren unmöglich zu unterscheiden, ob bewusste Empfindung vorhanden ist oder nicht. Dass der Frosch bei Berührung fortspringt, dass er dabei Hindernissen ausweicht, kann ebensogut ohne Bewusstsein durch hochentwickelte Reflexthätigkeit zu Stande kommen.

Grosshirnlose Taube. Von den höher entwickelten Thieren eignen sich vor Allem die Vögel zu Versuchen über Ausschaltung der Grosshirnhemisphären, weil sie in Folge der schnellen Gerinnung des Blutes den Eingriff leicht überstehen. Eine grosshirnlose Taube verhält sich geradeso wie eine schlafende Taube. Sie sitzt mit geschlossenen Augen, eingezogenem Kopf und aufgerichtetem Federkleid da, und rührt sich, wenn keine äusseren Reize einwirken, tagelang nicht vom Fleck. Dagegen ist die Fähigkeit zur Bewegung und die gesammte Reflexthätigkeit in vollem Umfange erhalten. Dies besagt, dass auch die Erregung sensibler Bahnen normal von statten geht, doch fehlt jedes Anzeichen, dass diese Erregungen auf ein Bewusstsein wirken. Die enthirnte Taube wird bei längerem Hungern unruhig und beginnt umherzulaufen, sie vermag aber ihr dargebotene Nahrung nicht zu erkennen. Will man sie am Leben erhalten, so muss ihr die Nahrung bis zur Zungenwurzel in den Schnabel getrieben werden, worauf der Schlingreflex und die Verdauungsthätigkeit in normaler Weise erfolgt.

Diese Versuche lassen also mit grosser Wahrscheinlichkeit schliessen, dass die bewussten Empfindungen vom Vorhandensein der Grosshirnrinde abhängen.

Grosshirnloser Hund. Aehnlich, aber deutlicher zu erkennen sind die Ausfallserscheinungen, die man an Säugethieren nach Abtragung der Grosshirnhemisphären beobachtet hat. Hier ist indessen der Eingriff ein so schwerer, dass man die in den ersten Tagen gemachten Befunde, bei denen noch störende Reizerscheinungen anzunehmen sind, aus den Versuchsergebnissen ausschliessen muss. Bei einem grosshirnlosen Hund, den Goltz während anderthalb Jahren beobachten konnte, trat ein auffälliger Trieb zu zwecklosem Umherlaufen ein, der auf das Fehlen der Hemmungen zurückgeführt werden kann. Ferner fehlten alle Aeusserungen, aus denen man auf psychische Vorgänge hätte schliessen können. Der Hund putzte sich nicht sauber, wie ein normaler Hund es thut, er kannte seine Wärter nicht, war unfähig, sich an irgend etwas zu gewöhnen, sondern sträubte sich jedesmal von Neuem, wenn er aus dem Käfig genommen werden sollte um gefüttert zu werden. So darf man diesen Versuch von Goltz als die überzeugendste Bestätigung der obigen Angaben über die Thätigkeit der Hirnrinde ansehen.

Ausfall der Hirnthätigkeit beim Menschen. Es ist endlich noch anzuführen, dass die klinische Erfahrung *am Menschen* in zahlreichen Fällen lehrt, dass selbst eine ganz geringe Störung des Blutkreislaufs im Gehirn genügt, Bewusstsein und willkürliche Bewegung aufzuheben. Ein sehr wesentlicher Unterschied zwischen Mensch und Thier zeigt sich auch darin, dass beim Menschen nach Zerstörungen im Gebiete der Hirnrinde die Musculatur der entgegengesetzten Körperhälfte schlaff gelähmt erscheint, während bei Thieren die Bewegungsfähigkeit erhalten bleibt.

Schlaf. In diesem Zusammenhange ist auch des Schlafes zu erwähnen, den man als eine vorübergehende Unthätigkeit des Grosshirns aufzufassen pflegt. Gegen diese Auffassung spricht allerdings die Beobachtung von Goltz, dass beim grosshirnlosen Hund Perioden des Schlafens und Wachens abwechselten. Es lässt sich zur physiologischen Erklärung des Schlafes wenig mehr sagen, als schon die praktische Erfahrung lehrt, dass nämlich das Nervensystem normaler Weise nicht dauernd thätig sein kann, sondern periodisch ermüdet und sich während des Ruhezustandes im Schlafen erholt.

Es sind eine ganze Reihe von Hypothesen aufgestellt worden, um die Entstehung des Schlafzustandes aufzuklären, die aber meist weit über das Ziel hinausschiessen, indem sie etwa eine Art Selbstvergiftung mit Ermüdungsstoffen oder andere Ursachen von ebenso grob wirkender Art annehmen. Träfen diese Anschauungen zu, so müsste der Schlaf mit viel dringenderer Nothwendigkeit eintreten, als es thatsächlich geschieht, und er müsste im ersten Augenblick am tiefsten sein. Dies ist aber nicht der Fall, sondern im Gegentheil pflegt der Schlaf selbst nach mehreren Stunden immer fester zu werden. Beachtenswerth erscheint der Umstand, dass der Schlaf desto leichter eintritt, je weniger Sinneseindrücke auf den Körper einwirken, und dass jeder stärkere Reiz, der die Sinnesorgane trifft, zum Erwachen führt. Dies passt auch zu der Thatsache, dass verschiedene Individuen sehr verschiedenes Schlafbedürfnis haben.

Localisation der Rindenfunctionen.

Indem man zu ergründen sucht, wie die beschriebenen Verrichtungen der Hirnrinde zu Stande kommen, entsteht zunächst die Frage, ob die Hirnrinde im Ganzen als ein einheitliches Organ thätig ist, oder ob ihre einzelnen Theile besondere Verrichtungen haben. Die zweite Ansicht wurde zwar schon im klassischen Alterthum ausgesprochen, doch führte die Untersuchung immer wieder zur Anschauung von der Einheit der Gehirnfunctionen zurück, weil man in der Regel nach örtlichen Schädigungen allgemeine Folgen beobachtet. Auch die Lehre Gall's, der die Hirnrinde als Sitz der psychischen Verrichtungen in eine grosse Anzahl Einzelgebiete theilte, wurde von strengeren Forschern mit Recht verworfen. Es war nämlich ein buntes Gemisch von geistigen Eigenschaften und Fähigkeiten, von Charaktereigenthümlichkeiten und von Sinnesthätigkeiten, die Gall ganz ohne ausreichende Begründung an diese oder jene Stelle der Hirnoberfläche verlegt hatte.

Ueberdies wurde Gall's Lehre durch die Annahme, dass die Entwicklung der verschiedenen Hirntheile sich an der äusseren Form des Kopfes kundgeben müsse, zu der berüchtigten „Schädellehre" umgebildet, die sich vermaass, nach Betasten des Kopfes über die geistigen Anlagen jedes Menschen, den Hang zu Verbrechen und anderes mehr, abzuurtheilen. Die neuere Forschung hat nun zwar thatsächlich gezeigt, dass die Hirnrinde in einzelne Gebiete mit verschiedenen Verrichtungen zerfällt. Es ist auch thatsächlich festgestellt, dass gewisse Hirntheile auf die innere und sogar auch auf die äussere Form der Schädelkapsel Einfluss haben. Durch diese Erkenntniss sind aber die Lehren Gall's keineswegs bestätigt, vielmehr deren Unhaltbarkeit erst mit Bestimmtheit erwiesen worden.

Broca hat zuerst bewiesen, was Gall nur vermuthet hatte, dass das Sprachvermögen verloren geht, wenn eine ganz bestimmte Stelle der Hirnrinde, nämlich die linke dritte Stirnwindung verletzt wird.

Weitere klinische Beobachtungen, die Jackson über die nach ihm benannte Form der Epilepsie machte, liessen als sehr wahrscheinlich voraussetzen, dass die Gebiete der Hirnrinde mit den Körpertheilen einzeln in Verbindung ständen.

Erregbarkeit der Hirnrinde auf elektrischen Reiz. Der unzweifelhafte Beweis hierfür und die genauere Eintheilung der Rinde wurde aber erst möglich, als Fritsch und Hitzig fanden, dass man die Hirnrinde durch elektrische Reizung erregen könne. Entgegen der bis dahin geltenden Auffassung, dass die Hirnrinde unerregbar sei, gaben Fritsch und Hitzig an, dass man durch Reizung gewisser Hirnstellen bei Säugethieren Bewegungen der Augen, Ohren und Extremitäten hervorrufen könne.

Es bedarf hierzu beträchtlich stärkerer Ströme, als zur Reizung
von Nerven oder Muskeln, und die Hirnrinde muss durchaus unverletzt bleiben. Ferner darf das Versuchsthier zu der Zeit, in der
die Reizung vorgenommen wird, nicht zu tief mit Chloroform oder
Aether narkotisirt sein, da diese Stoffe in erster Linie auf das
Grosshirn einwirken. Man pflegt in tiefer Narkose den Schädel
zu öffnen, und dann einige Zeit zu warten, bis die Betäubung nachgelassen hat.

Fig. 93.

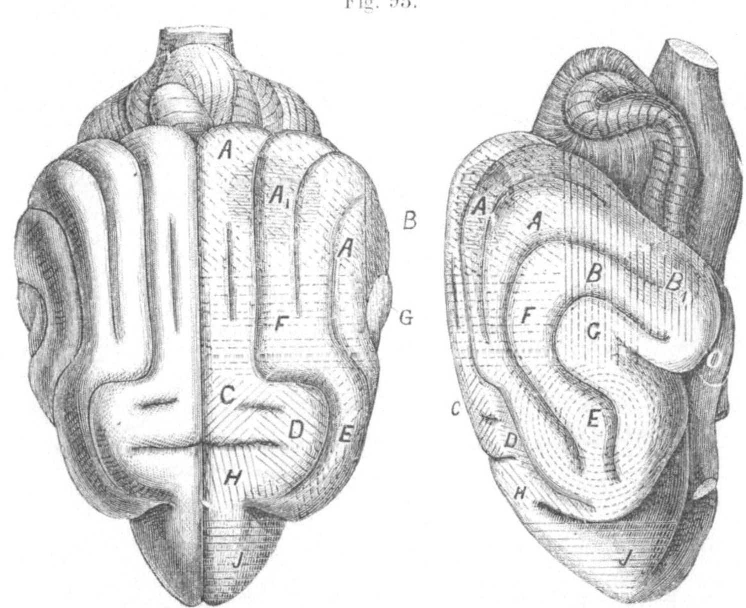

Eintheilung der Grosshirnrinde des Hundes nach H. Munk.

A Sehsphäre, B Hörsphäre, C—J Körperfühlsphäre, C Hinterbeinregion, D Vorderbeinregion,
E Kopfregion, F Augenregion, G Ohrregion, H Nackenregion, J Rumpfregion.

Motorische Erregung. Die Bewegungen, die man durch
Reizung der Grosshirnrinde erhält, sind von denen, die durch
Reizung von Nerven oder Muskeln hervorgerufen werden, von Grund
aus verschieden. Es sind nicht Zuckungen einzelner Muskeln, sondern *coordinirte Bewegungen ganzer Muskelgruppen.* Sie gleichen
hierin den vom Rückenmark ausgehenden Reflexen oder auch den
willkürlichen Bewegungen unverletzter Thiere. Die Reizung der
Hirnrinde wirkt natürlich infolge der oben besprochenen Kreuzung
der Leitungsbahnen im Allgemeinen auf die entgegengesetzte Körperhälfte. Man pflegt verschiedene motorische und sensorielle Rindengebiete zu unterscheiden, doch sind diese Bezeichnungen nicht so
zu verstehen, als ob die Möglichkeit der Bewegung und Empfindung ausschliesslich an das Vorhandensein dieser Rindentheile gebunden wäre. Denn wenn man ein motorisches Rindenfeld ent

fernt, so wird der entsprechende Körpertheil dadurch keineswegs
gelähmt, es fallen aber solche Bewegungen fort, bei denen eine
bewusste Willensthätigkeit vorausgesetzt werden kann, und es treten
Störungen auf, die eher auf einen Mangel der Empfindlichkeit als
der Beweglichkeit deuten.

Wenn zum Beispiel einem Hunde diejenige Stelle der rechten Hirnrinde
ausgeschnitten ist, bei deren Reizung Bewegungen des linken Vorderbeines
eintreten, so benutzt der Hund die Pfote beim Gehen und Laufen fast wie ein
normaler Hund. Dagegen vermag er nicht mehr, auf Kommando die linke

Fig. 94.

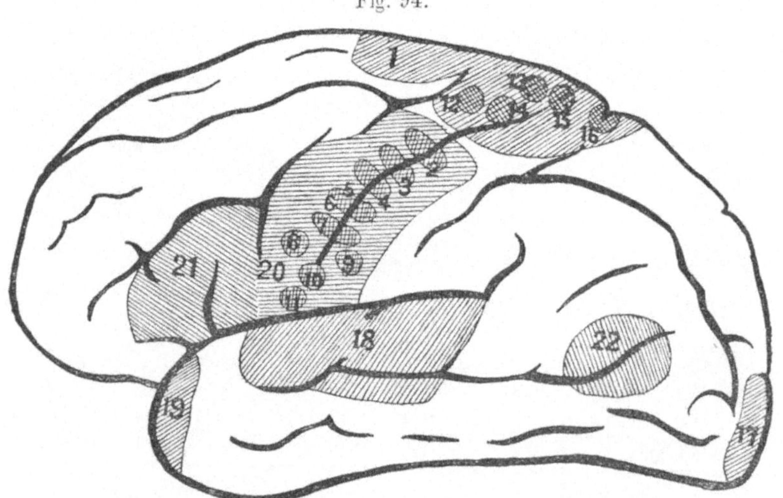

Localisation an der linken Grosshirnhemisphäre des Menschen nach Obersteiner.
1. Rumpf, 2. Schulter, 3. Ellbogen, 4. Handgelenk, 5. die drei äusseren Finger, 6. Zeigefinger,
7. Daumen, 8 oberer Facialis, 9 unterer Facialis, 10. Mund, 11. Zunge, 12. Hüftgelenk, 13. Knie,
14. Sprunggelenk, 15 grosse Zehe, 16. kleine Zehen, 17. Sehen, 18. Hören, 19. Schmecken,
20. Kehlkopf, 21. Sprache, 22 synergische Augenbewegungen

Pfote zu geben, und er benutzt auch die linke Pfote nicht mehr zu besonderen
Zwecken, wie etwa Festhalten eines Knochens, den er benagt, und dergleichen
mehr. Ferner hört und sieht man häufig beim Gehen die Klauen des betreffenden Beines auf dem Boden aufstreifen, und der Hund lässt zu, dass man
ihm beim Stehen die Pfote umgeknickt, mit dem Fussrücken gegen den Boden,
unterstellt, während ein normaler Hund in diesem Falle stets augenblicklich
den Fuss hebt und wieder in normaler Stellung aufsetzt. Diese beiden Beobachtungen deuten auf eine Störung der Empfindungen. Auch der Bewegungs-
reflex auf ganz leise Berührungen fehlt dem geschädigten Bein.

Um diese Eigenthümlichkeiten der Beziehung zwischen motorischer Hirnrinde und Bewegungsorganen auszudrücken, hat H. Munk die Bezeichnung
„Körperfühlsphäre" für die motorische Rinde eingeführt.

Die Eintheilung der Hirnrinde des Hundes in die „Fühlsphären"
der einzelnen Körpertheile ist im Grossen aus der Figur 93 zu
ersehen.

Die Fühlsphäre des Rumpfes ist nach Munk's Angaben beim
Hunde im vordersten Theil der Rinde, die des Nackens und der
Glieder um den Sulcus cruciatus gelegen. Vor dem Sulcus ist die

Reizstelle für Hals und Nacken, dann folgt nach hinten zu
Vorderbein und Hinterbein. Diese Eintheilung lässt sich durch die
Reihe der übrigen Thiere bis zum Affen und Menschen hinauf mit
gewissen Verschiebungen verfolgen. Beim Affen und Menschen entspricht die Centralfurche dem Sulcus cruciatus des Hundes, sodass
im Wesentlichen die beiden Centralwindungen die motorische
Zone, die Körperfühlsphäre, umfassen. Mit der höheren Entwicklung der Bewegungsfähigkeit, wie sie sich zum Beispiel in den
Leistungen der Hand und der einzelnen Finger beim Affen äussert,
lassen sich auch die entsprechenden Gebiete der Hirnrinde weiter
eintheilen (Fig. 94).

Sprachcentrum. Eine besondere Stelle nimmt in der Hirnrinde des Menschen das sogenannte Sprachcentrum ein. Wie oben
erwähnt, hat Broca entdeckt, dass Schädigung der linken dritten
Stirnwindung den Verlust der Sprache nach sich zieht.

Man unterscheidet eine ganze Reihe verschiedener Sprachstörungen dieser
Art, je nachdem eine oder die andere der Fähigkeiten aufgehoben ist, die gemeinsam das Sprachvermögen ausmachen. So ist erstens möglich, dass die
zum Sprechen nothwendigen Bewegungen nicht mehr richtig ausgeführt werden
können. Man nennt dies „motorische Aphasie". Bei dieser Art Aphasie ist
selbstverständlich auch das Nachsprechen gehörter Worte und das Vorlesen
unmöglich, dagegen ist schriftliche Verständigung möglich. In anderen Fällen
sind auch die Wortvorstellungen aufgehoben, sodass der Kranke weder sprechen
noch schreiben oder mit Verständniss lesen kann. Eine weitere Art Aphasie
ist die „sensorische Aphasie", die bei Verletzung des linken Schläfenlappens,
also der Hörsphäre auftritt. Hier ist die Fähigkeit zu sprechen, zu schreiben,
zu lesen erhalten, aber es fehlt das Verständniss für das gehörte Wort.

Durch die Beobachtung und Vergleichung solcher Krankheitsbilder, die
eine sehr grosse Mannigfaltigkeit zeigen, hat man für den einheitlichen Begriff
des Sprachvermögens eine ganze Reihe Einzelthätigkeiten gesetzt, die durch
zahlreiche besondere Benennungen wie Agraphie, Alexie u. a. m. unterschieden
werden. Beim Aussprechen irgend eines Wortes wirken nicht bloss alle die
einzelnen Theile des Gehirns mit, die bei der Bildung des Begriffes thätig gewesen sind, sondern es kommen noch hinzu die Hirnstellen, die für die Vorstellung des Wortklanges und der zum Hervorbringen des Wortes erforderlichen
Bewegung maassgebend sind, und schliesslich, beim Culturmenschen, auch die,
die das Schriftbild oder die zum Schreiben nöthigen Bewegungsvorstellungen
vermitteln. Von diesen wird in der Regel eine so sehr im Vordergrund stehen,
dass die Thätigkeit der anderen daneben verschwindet. Fremdsprachige Wörter
werden zum Beispiel bei dem, der aus Büchern lernt, hauptsächlich durch das
Schriftbild, bei dem, der durch den Sprachgebrauch lernt, hauptsächlich durch
das Klangbild vertreten sein.

Besonders interessant ist an der Erscheinung der Aphasie,
dass sie bei rechtshändigen Menschen ausschliesslich an die Verletzung der linken, bei Linkshändern an die der rechten Hemisphäre gebunden ist. Es geht daraus hervor, dass die Bevorzugung
der rechten Körperhälfte durchaus nicht eine blosse Sache der
Gewöhnung ist, oder zum Mindesten, dass die Gewöhnung
zur Rechtshändigkeit dem Gebrauch der Sprache vorangegangen
sein muss.

Die Thätigkeit der Sprachwerkzeuge ist eine doppelseitige, und daher
kann es nicht auf Gewöhnung beruhen, dass die linke Hirnhälfte vorzugsweise

der Sprachinnervation dient. Also muss die linke Hirnhälfte entweder aus einem inneren Grunde von vornherein Uebergewicht über die rechte haben, oder wenn dies durch die bessere Einübung der rechten Hand verursacht ist, muss die Ausbildung zum Rechtshänder der Ausbildung im Sprechen vorausgegangen sein.

Bei jugendlichen Menschen kann nach linksseitiger Hirnverletzung die Aphasie dadurch beseitigt werden, dass sich ein rechtsseitiges Sprachcentrum ausbildet. In höherem Alter scheint ein solcher Wechsel nicht mehr möglich zu sein.

Rindenepilepsie. Wird beim Versuch am Thier irgend eine Stelle des motorischen Gebietes der Hirnrinde allzu lange oder zu stark gereizt, so tritt mit der erwarteten Bewegung ein Krampfanfall ein, der mit den Anfällen Epileptischer die grösste Aehnlichkeit hat. Die Bewegung wird krampfhaft wiederholt und breitet sich über einen immer grösseren Theil des Körpers aus, indem erst die eine, dann auch die andere Körperhälfte in rhythmische Krämpfe verfällt. Dabei krümmen sich Hals und Rumpf gewaltsam, und das Maul klappt auf und zu, dass die Zähne knirschen. So kann sich das Thier minutenlang in den heftigsten Krämpfen winden, bis endlich der Anfall nachlässt und einem Zustand von Bewusstlosigkeit und Erschöpfung Platz macht.

Man bezeichnet dies als „Rindenepilepsie“.

Beim Menschen beobachtet man, wenn die Hirnoberfläche durch Geschwulstbildungen oder Aehnliches gereizt wird, die sogenannte Jackson'sche Epilepsie, die der Rindenepilepsie vollständig gleichzustellen ist. Aus Befunden in solchen Fällen hatte der englische Arzt Jackson schon lange vor Fritsch und Hitzig auf die Localisation der Rindenfunctionen geschlossen.

Die Sinnessphären. Von einigen Stellen der Hirnrinde erhält man bei elektrischer Reizung keine Bewegung oder doch nur Bewegungen, die mit der Thätigkeit von Sinnesorganen zusammenhängen, wie Wendung der Augen, Spitzen des Ohres. Entfernt man diese Rindenstellen, so erweist sich die Thätigkeit des betreffenden Sinnesorgans als geschädigt. Daraus ist zu schliessen, dass diese Theile der Hirnrinde die Thätigkeit der Sinnesorgane vermitteln, und man bezeichnet sie deshalb als Sinnessphären. Lage und Ausdehnung der Sinnessphären des Hundegehirns sind aus der obigen Figur (93) zu ersehen. Dieser Vertheilung entspricht auch ungefähr die beim Affen und Menschen (Fig. 94).

Demnach umfasst die Rinde des Occipitallappens die Sehsphäre.

Schneidet man beim Hunde oder Affen die Rinde des Occipitallappens möglichst fort, so erscheint das Thier völlig blind. Dieser Zustand, den man als „Rindenblindheit“ bezeichnet, unterscheidet sich in mehreren Punkten wesentlich von der gewöhnlichen Blindheit, die durch Beschädigung der Augen entsteht. Das rindenblinde Thier hat nicht nur die Fähigkeit verloren, Gesichtseindrücke aufzunehmen, sondern es hat auch die Gesichtsvorstellungen verloren, die ihm von früher her geläufig waren.

Ein Hund, dem die Augen verbunden sind, vermag sich durch Geruch und Gefühl alsbald in der ihm durch die Erinnerung bekannten Umgebung zurecht zu finden, der rindenblinde Hund hat mit den Gesichtseindrücken auch das Orientirungsvermögen überhaupt zum grossen Teil eingebüsst. So kommt es, dass ein rindenblindes Thier sich überhaupt nicht gern von der Stelle bewegt, weil es Hindernisse nicht zu vermeiden im Stande ist.

Die näheren Beziehungen der Sehsphäre zum Auge sollen erst in den weiter unten folgenden Abschnitten über den Gesichtssinn besprochen werden. Es sei jedoch hervorgehoben, dass die Sehsphäre jeder Seite mit beiden Augen in Verbindung steht. Trägt man die Occipitalrinde auf einer Seite ab, so entsteht halbseitige Blindheit beider Augen, Hemianopie. Es handelt sich auch hier natürlich nicht um eigentliche Blindheit, sondern es fehlt nur der dem Eindruck des Lichtes auf das Auge zugehörige Eindruck auf das Gehirn.

Der halbseitigen Blindheit beider Augen nach einseitiger Abtragung der Sehsphäre entsprechen die Ergebnisse, die man bei Versuchen mit elektrischer Reizung des Occipitalhirns gewinnt. Auf Reizung der Sehsphäre erfolgen nämlich Bewegungen des Kopfes und der Augen, die man nicht als unmittelbare Folge der Reizung ansehen kann, weil erstens, wie oben angegeben, die motorischen Bezirke der Hirnrinde eine ganz bestimmte Anordnung darbieten, die die Bewegungen des Kopfes und der Augen schon enthält, und weil zweitens die Bewegung auf den Reiz mit längerem Zwischenraum folgt, als bei Reizung am Vorderhirn. Man darf also annehmen, dass die Reizung der Sehsphäre eine Gesichtswahrnehmung zur Folge hat, und dass erst die Gesichtswahrnehmung die Bewegung nach sich zieht. Aus der Richtung, in der die Bewegungen bei Reizung verschiedener Stellen der Hirnrinde erfolgen, kann man auf die Beziehungen zwischen den einzelnen Theilen der Netzhaut und den einzelnen Theilen der Sehsphäre schliessen.

Hörsphäre. Aehnlich wie die Rinde des Hinterhauptlappens zum Gesichtssinn verhält sich die des Schläfenlappens zum Gehörsinn. Nach Entfernung der Rinde beider Schläfenlappen hört ein Hund nicht mehr auf den Ruf seines Herrn, er spitzt bei Geräuschen nicht mehr die Ohren, kurz er erscheint völlig taub.

Riechsphäre. Endlich wird für den Geruchsinn der vordere Theil der unteren Fläche des Gehirns am Gyrus hippocampi als „Riechsphäre" angenommen.

Zwischen- und Mittelhirn.

Es ist oben schon angegeben worden, dass das Grosshirn ausser der Rinde auch in seinem Innern Massen grauer Substanz enthält. Nach ihren anatomischen Verbindungen sind diese Massen theils als End- oder Ursprungspunkte von eigenen Leitungsbahnen, theils als eingeschaltete Zwischenglieder anzusehen. Welche Verrichtungen ihnen zugeschrieben werden müssen, geht aus den oben besprochenen Versuchen an Thieren hervor, denen die Grosshirnrinde entfernt worden ist. Diese Versuche sind oben von dem Standpunkte aus betrachtet worden, dass es festzustellen galt, welche Fähigkeiten durch Entfernung des Grosshirns verloren gehen. Umgekehrt kann man dieselben Versuche auch daraufhin mustern, welche Fähigkeiten über die Leistung des Rückenmarks hinaus

noch bestehen bleiben, wenn die Hirnrinde entfernt ist. Alle diese
Fähigkeiten müssen dann, soweit sie nicht schon im Rückenmark
vorhanden sind, den subcorticalen Hirncentren zugeschrieben werden.
Ausserdem sind durch besondere Untersuchungen einzelne Theile
des Mittelhirns als Centra für gewisse Thätigkeiten nachgewiesen
worden, die hier zunächst erwähnt werden mögen.

Wärmestich. Bei Kaninchen hat man nach Verletzung des
Corpus striatum eine Zunahme der Körperwärme beobachtet, die
auf vermehrter Wärmeproduction beruht. Man kann den Versuch
in der Weise anstellen, dass man eine feine Nadel durch das
Grosshirn bis in das Corpus striatum einsticht, und nennt ihn deswegen kurzweg den Wärmestich. Die Temperatursteigerung tritt
nach einigen Stunden auf. Sie beruht auf einer Steigerung des
Stoffwechsels, die bis zu 20 pCt. betragen kann.

Pupillarreflex. Für einen wichtigen Reflex des Auges,
nämlich die Verengerung der Pupille bei Lichteinfall, bilden die
vorderen Vierhügel den Scheitelpunkt.

Coordination. Die zum Theil sehr verwickelten Muskelthätigkeiten, die man an Thieren nach Abtragung der Rinde noch wahrnimmt, lassen schliessen, dass das Mittelhirn eine hohe Stufe selbstständiger Fähigkeit zur Ordnung reflectorischer Bewegungsantriebe
besitzen muss.

Der *Frosch*, dem die Grosshirnhemisphären vom Mittelhirn
getrennt oder ganz abgetragen sind, sitzt aufrecht in normaler
Stellung und sträubt sich geschickt, wenn man ihn in eine andere
Stellung zu bringen sucht. Wird er gestossen oder gekniffen, so
springt er fort und überklettert oder umgeht ihm entgegenstehende
Hindernisse. Setzt man den grosshirnlosen Frosch auf ein Brett,
das man allmählich neigt, so rutscht er nicht passiv hinab, sondern
dreht sich herum bis sein Kopf nach oben gerichtet ist, und kriecht
auf dem Brett hinauf bis er die Kante erreicht. Dreht man das
Brett immer weiter, so hält er sich auf der Kante im Gleichgewicht
und steigt bei fortgesetzter Drehung des Brettes wieder auf der
anderen Seite weiter in die Höhe. Die Erhaltung des Gleichgewichts
unter schwierigen Bedingungen, die Fähigkeit, so verwickelte Bewegungen wie den Uebergang aus der Rückenlage in die normale
Hockstellung auszuführen, hat also der Frosch auch ohne Hirnrinde
vermöge des Mittelhirns allein.

Ganz ähnlich stellen sich die Leistungen des Mittelhirns bei
der grosshirnlosen *Taube* dar. Sie hält sich auf einer Stange, auf
die man sie setzt, im Gleichgewicht, auch wenn die Stange gedreht
wird, indem sie mit den Füssen geschickt nachgreift und nöthigenfalls mit den Flügeln schlägt. In die Luft geworfen, fliegt sie, und
setzt sich, wenn sie auf eine geeignete Stelle trifft, geschickt nieder.

Endlich der grosshirnlose *Hund* bewegt sich ebenso wie Frosch
und Taube ohne das Gleichgewicht zu verlieren. Er vermag aber
nicht wie der Frosch Hindernisse zu vermeiden. An besonderen

Coordinationsleistungen ist zu erwähnen, dass Kaubewegung, auch Auflecken von Milch, und Bellen beobachtet worden ist.

Nach alledem darf die graue Substanz des Hirnstammes im Allgemeinen als die Stelle angesehen werden, an der die Empfindungs- und Bewegungsbahnen mit einander zum Zwecke der verwickelteren Coordinationsthätigkeiten in Verbindung stehen, wie sie etwa für Stehen, Gehen, Springen, Fliegen und zur Erhaltung des Gleichgewichts bei allen diesen Bewegungsarten nöthig sind.

Kleinhirn. Eine ähnliche Rolle spielt das Kleinhirn, das durch seine drei Arme mit dem gesammten Centralnervensystem in Zusammenhang steht. Durch die unteren Arme ist es mit dem Rückenmark, durch die mittleren und die oberen mit Mittelhirn und Grosshirn verbunden. Nach doppelseitiger, vollkommener Entfernung des Kleinhirns sind Hunde zuerst unfähig zu stehen und zu gehen. Bei jedem Versuch kommen sie ins Schwanken und fallen hin. Nach einiger Zeit stellt sich die Fähigkeit, das Gleichgewicht zu erhalten, wieder her, und die Thiere erlernen auch das Gehen wieder, aber nicht in normaler Weise. Vielmehr behält die Bewegung etwas Sprunghaftes, indem Vorderkörper und Hinterkörper abwechselnd ruckweise vorgeschoben werden. Diese Form des Ganges ist nur ein Zeichen davon, dass die Coordination der Muskelthätigkeit im Allgemeinen geschädigt ist, sodass auch alle anderen Bewegungen unsicher und schwach ausgeführt werden.

Zwangsbewegungen. Nach einseitigen Verletzungen des Kleinhirns oder des Mittelhirns beobachtet man an Thieren und Menschen die „Zwangsbewegungen“. Die Zwangsbewegung besteht darin, dass das Thier oder der Mensch, wenn er sich überhaupt bewegt, eine Drehung nach einer bestimmten Seite ausführt.

Je nach dem Grade der Störung unterscheidet man die „Reitbahnbewegung“ (Manège-Bewegung), bei der das Versuchsthier sich wie ein Pferd an der Longe in weitem Kreise bewegt, von der „Zeigerbewegung“, bei der die Wendung so scharf gemacht wird, dass das Hintertheil des Thieres auf derselben Stelle bleibt, sodass sich die Längsaxe des Körpers wie ein Uhrzeiger um das feststehende Hintertheil dreht. Die Uhrzeigerbewegung kann endlich noch in die „Rollbewegung“ übergehen, indem das Thier sich bei der Drehung überschlägt, sodass es sich fortwährend seitlich um seine Längsaxe rollt.

Der genauere Zusammenhang dieser Bewegungsstörungen mit der Verletzung lässt sich nicht angeben. Die Drehung kann entweder durch zu starke Bewegungen der einen oder durch zu schwache Bewegungen der anderen Seite zu Stande kommen, die entweder durch Reizwirkung oder durch Lähmung im Gebiete der Verletzung bedingt sein können.

Peripherisches Nervensystem.

Eintheilung der peripherischen Nerven. Die peripherischen Nervenstämme stellen zwar, wie oben wiederholt hervorgehoben ist, keine physiologisch einheitlichen Gebilde dar, sondern sie fassen Leitungsbahnen ganz verschiedener Art zusammen, man

pflegt aber trotzdem die Leistungen der Nervenstämme nach ihrer
anatomischen Anordnung darzustellen, weil es praktisch wichtig ist,
zu wissen, welche Verrichtungen etwa bei der Beschädigung eines
bestimmten Nervenstammes gestört werden. Zu diesem Zwecke
wird eine kurze Uebersicht genügen.

Die specielle Physiologie der peripherischen Nerven folgt der
anatomischen Eintheilung in Hirnnerven, Spinalnerven, sympathische
Nerven.

Hirnnerven.

Von den 12 Paaren der Hirnnerven können drei, nämlich der
Riechnerv, Sehnerv und Hörnerv hier übergangen werden, weil sie
in der Lehre von den Sinnesorganen besprochen werden.

Das III. Paar, der Oculomotorius, ist, wie sein Name sagt,
Bewegungsnerv des Auges, er enthält aber auch sensible Fasern,
die zum Trigeminus verlaufen. Er entstammt den vorderen Vier-
hügeln und vertheilt sich an die vier geraden Augenmuskeln mit
Ausnahme des Lateralis, an den Obliquus inferior und den Levator
palpebrae. Ausserdem giebt er einen Zweig zum Ganglion ciliare
ab, der mit den Ganglienzellen in Verbindung tritt, aus denen die
kurzen Ciliarnerven zum Sphincter der Pupille hervorgehen.

Bei den Thieren, bei denen noch eine zweite Gruppe gerader
Muskeln, der sogenannte Retractor bulbi vorhanden ist, giebt der
Oculomotorius auch Aeste für diese Muskeln, mit Ausnahme des
lateralen, ab.

Der Oculomotorius hat also drei wichtige Verrichtungen: Er
bewegt den Augapfel nach oben, unten und innen, er hebt das
Augenlid, und er verengt die Pupille. Nach Durchschneidung des
Oculomotorius beobachtet man *Auswärtsstellung des Augapfels*,
weil von den Augenmuskeln nur der Lateralis noch wirksam ist,
Ptosis, das heisst Herabhängen des oberen Lides, und *Erweiterung
der Pupille*. Bemerkenswerth ist, dass der Oculomotorius, obschon
er nur eine so geringe Muskelmasse mit Fasern versieht, nicht
weniger als 15000 einzelne Nervenfasern enthält. Dies wird mit
der Thatsache in Zusammenhang gebracht, dass die Spannung der
Augenmuskeln ausserordentlich genau geregelt sein muss, um die
Blickrichtung so scharf einzustellen, wie es thatsächlich geschieht.

Das IV. Paar, N. trochlearis, entspringt etwas weiter hinten,
aus der gleichen Zellgruppe wie der Oculomotorius, und verläuft
ausschliesslich zum oberen schiefen Augenmuskel. Dieser Muskel
wendet den Augapfel nach unten und aussen. Nach Durchschneidung
des Trochlearis weicht daher die Blickrichtung nach oben und innen
von der Normalstellung ab. Auch dem Trochlearis sind sensible
Fasern beigemischt.

Das VI. Paar, N. abducens, mag hier des besseren Zusammenhangs wegen vorausgenommen werden. Der Abducens entspringt
von den Striae acusticae am Boden des vierten Ventrikels und tritt
schon ziemlich weit hinten, neben dem Keilbeinkörper, in die Dura

mater ein, um unter dem Sinus cavernosus hindurch zur Fissura orbitalis zu laufen und sich im Rectus lateralis zu verzweigen. Bei den Thieren erhält das äussere Bündel des Retractor einen Ast vom Abducens. Der Nerv dient ausschliesslich dazu, durch Innervation des äusseren Augenmuskels das Auge nach aussen zu wenden. Wird er durchschnitten, so weicht die Blickrichtung nach innen ab. Dieser Zustand wird beim Menschen als ein Symptom syphilitischer Erkrankung der Nerven oder der Hirnhäute nicht selten beobachtet.

Das V. Paar, der Trigeminus, zerfällt in einen motorischen und einen sensiblen Theil. Der motorische Theil stammt aus einer unmittelbar oberhalb des Facialiskerns gelegenen Zellgruppe am Boden des vierten Ventrikels und verläuft zu den Kaumuskeln, dem Temporalis, Masseter und den beiden Pterygoïdei. Der Buccinator erhält Aeste vom Trigeminus und vom Facialis. Bei Kaninchen, denen ein Trigeminus durchschnitten ist, beobachtet man, dass infolge der einseitigen Kaumuskellähmung die Nagezähne sich schief abschleifen, sodass die Spalte zwischen den Zähnen an der gelähmten Seite tiefer steht. Ausserdem giebt der motorische Ast des Trigeminus einen Zweig für den M. tensor tympani ab.

Der sensible Theil des Trigeminus enthält die Empfindungsnerven für Kopf- und Gesichtshaut der betreffenden Seite, für das Auge, für Nasen- und Mundhöhlenschleimhaut und für die Gehirnhaut. Ferner führt der Trigeminus Fasern, die die specifischen Empfindungen der Geschmacksorgane des vorderen Theiles der Zunge vermitteln. Es verlaufen in dem dritten Aste des Trigeminus Fasern, die aus dem Facialis stammen und die Secretion der Maxillardrüse beherrschen, und eigene Fasern, die die Secretion der Nasenschleimhaut und der Schweissdrüsen des Gesichtes, sowie die Orbitaldrüse der Thiere, nicht aber die Thränendrüsen erregen.

Als Empfindungsnerv eines so ausgedehnten und wichtigen Gebietes stellt der Trigeminus die sensible Bahn für viele wichtige Reflexe dar, von denen der Hornhautreflex und der Niesreflex schon oben erwähnt worden sind. Um diese Beziehungen des Trigeminus nachzuweisen, ist es erforderlich, den ganzen Stamm innerhalb der Schädelhöhle durchschneiden zu können. Diese Operation hat zuerst Magendie am Kaninchen ausgeführt. Man bedient sich dazu eines eigenen, von Claude Bernard angegebenen Messers, das man mit flachgelegter Schneide vor dem knöchernen Gehörgang durch den Schädel einstösst, dann dreht, sodass die Schneide nach unten steht, und unter Druck auf der Schädelbasis zurückzieht, sodass es den Trigeminus durchtrennt. So operirte Thiere sind an der betreffenden Kopfhälfte völlig empfindungslos. Der Hornhautreflex fehlt, und wenn man nicht besondere Schutzmaassregeln anwendet, wird die Hornhaut des betreffenden Auges in kurzer Zeit trübe, vereitert, und das ganze Auge geht verloren. Man bezeichnet diese Erscheinung als „Trigeminuspanophthalmie".

Das VII. Paar, N. facialis, bildet gewissermassen das Gegenstück zum Trigeminus, indem es die ganze Gesichtshälfte mit motorischen Nerven versieht. Die Zellgruppe, aus der der Facialis entspringt, schliesst sich distal an den Ursprungskern des motorischen Theils des Trigeminus am Boden des vierten Ventrikels an.

Der grösste Theil des Facialis geht zu den sogenannten mimischen Gesichtsmuskeln, dem Muskel der Stirnhaut, dem Schliessmuskel des Auges, den Muskeln der Nase, der Wange und Lippen einschliesslich des Buccinator, und endlich noch zu einem Theile der vorderen Halsmuskeln. Durch den vom Ganglion geniculi des Facialis abgehenden Petrosus superficialis major entsendet der Facialis Fasern zum Ganglion sphenopalatinum, die von da durch den Nervus palatinus posterior zu den Muskeln des weichen Gaumens gelangen. Ferner giebt der Facialis unmittelbar unter dem Knie einen Ast zum M. stapedius des Gehörorganes ab.

Ausser den motorischen Fasern enthält der Facialis diejenigen Fasern, durch die die Submaxillar- und Sublingual- Drüse zur Secretion angeregt werden. Diese gehen vom Stamm des Nerven in die Chorda tympani über, schliessen sich dem N. lingualis vom dritten Ast des Trigeminus an und treten durch das Ganglion submaxillare zu den Drüsen.

Ebenso gehen secretorische Fasern für die Thränendrüse vom Facialis in den Trigeminus über und verlaufen im N. lacrymalis des ersten Astes zur Thränendrüse.

Endlich führt der Facialis auch vasomotorische Fasern.

Obschon der Facialis demnach als rein centrifugale Bahn erscheint, ist die Durchschneidung unterhalb der Austrittsstelle doch schmerzhaft, weil sich sensible Fasern vom Trigeminus dem Facialisstamm beimischen. Die Durchschneidung des Facialis hat Lähmung sämmtlicher angeführten Muskeln zur Folge, sogenannte „Gesichtslähmung". Dies ist ein nicht ganz seltener Krankheitszustand, weil bei Erkrankungen und Operation am Gehörorgan der Facialis leicht beschädigt wird. Bei der Lähmung ist zuerst die Gesichtshaut nach der gesunden Seite hinübergezogen, weil die gelähmten Muskeln dem Zuge der ungeschwächten Muskeln nachgeben. Später schrumpft die gelähmte Musculatur und verzieht das Gesicht nach der gelähmten Seite zu.

Das IX. Paar, N. glossopharyngeus, entspringt einem seitlich vom vierten Ventrikel gelegenen Gebiet unmittelbar oberhalb des Vaguskernes. Sein Hauptantheil dient der Leitung der specifischen Geschmacksempfindungen vom hinteren Theil der Zunge aus. Ausserdem enthält er secretorische Fasern für die Speicheldrüsen, die theils durch den N. Jacobsonii, Petrosus superficialis minor, Ganglion oticum, Ramus auriculo-temporalis Trigemini zur Parotis, theils durch die Portio intermedia Wrisbergii zur Chorda tympani und von da an die Submaxillaris und Sublingualis gelangen.

Das XII. Paar, N. hypoglossus, mag als motorischer Nerv der Zunge hier gleich mit angeführt werden. Er entspringt wie die Spinalnerven mit zahlreichen Wurzelfäden längs der Furche zwischen Pyramidenvordersträngen und Oliven, aus einer langgestreckten Gruppe motorischer Zellen. Er vertheilt sich an sämmtliche Muskeln der Zunge und steht durch die Ansa hypoglossi mit dem Cervicalgeflecht in Verbindung, aus dem er Fasern für Sternohyoideus, Sternothyreoideus und Omohyoideus entleiht.

Der Hypoglossus beherrscht die Bewegungen der Zunge und ist deshalb für diejenigen Thierarten am wichtigsten, die sich der

Zunge zu besonders wichtigen Zwecken bedienen. Als solche sind zu nennen die Hunde, die, wie im ersten Theile beschrieben worden ist, die Zunge beim Trinken nach Art eines Löffels benutzen, und der Mensch, der der Zunge zur Articulation beim Sprechen bedarf.

Bei einseitiger Lähmung des Hypoglossus beobachtet man die eigenthümliche Erscheinung, dass beim Herausstrecken die Zunge nach der gelähmten Seite abweicht. Dies macht den Eindruck, als werde die Zunge von den gelähmten Muskeln herübergezogen, was natürlich nicht möglich ist. Der Sachverhalt ist der, dass die Zungenspitze sich ausstreckt, wenn der Durchmesser der Zunge durch die Zusammenziehung des Musculus transversus und verticalis linguae verkleinert wird. Kann wegen der einseitigen Lähmung dies nur auf der gesunden Seite geschehen, so streckt sich die Zunge auf dieser Seite stärker und wird nach der gelähmten Seite hinüber geschoben.

Das X. Paar, N. vagus, entspringt aus dem vorerwähnten Vaguskern, der in eine dorsale sensible und eine ventrale motorische Zellgruppe, Nucleus ambiguus, zerfällt. Er giebt zunächst sensible Fasern für den äusseren Gehörgang, den Schlund und den Kehlkopf ab, ferner motorische für Schlundmuskeln, Kehlkopf und Oesophagus. Weiter giebt er Aeste an die Lungen, das Herz und den Magen ab.

Die Rolle der Kehlkopfäste des Vagus beim Hustenreflex ist schon oben besprochen worden.

Die Endigungen des Vagus in der Lunge tragen dazu bei, die Athembewegungen zu reguliren, wovon in dem folgenden Abschnitte zu sprechen sein wird.

Der Ast des Vagus, der zum Herzen geht, stellt den Hemmungsnerven des Herzens dar, durch dessen Wirkung die Schlagfolge des Herzens ihre normale Frequenz innehält. Wird dieser Nerv gereizt, so verlangsamt sich der Herzschlag, und bei stärkerer Reizung bleibt das Herz in Diastole stehen. Auch die Wirkung des Vagus auf das Herz wird im nächsten Abschnitt ausführlicher zu erörtern sein.

Endlich hat der Vagus Einfluss auf die Bewegungen von Magen und Darm, sowie auf deren Secretion und auf die Blutgefässe des Darmcanals. Auch diese Verrichtungen des Vagus sollen erst unten besprochen werden.

Die mannigfachen Wirkungen des Vagus lassen sich zum Theil durch künstliche Reizung, zum Theil dadurch nachweisen, dass man den Vagus durchtrennt.

Durchschneidet man den Vagusstamm am Halse, so werden sämmtliche Organe, mit denen der Vagus in Verbindung tritt, in ihrer Thätigkeit gestört. Werden beide Vagi durchschnitten, so tritt meist schon innerhalb 24 Stunden der Tod ein. Bei der Obduction findet man als Todesursache Lungenentzündung. Im Schlund und in den Luftwegen lässt sich mitunter Mageninhalt nachweisen, dessen Eindringen in die Lungen die tödtliche Entzündung hervorgerufen hat.

Dieser als „Vaguspneumonie" bezeichnete Vorgang bildet in jeder Richtung ein Seitenstück zu der Trigeminuspanophthalmie. In dem Vagusstamme sind nämlich die Fasern des Laryngeus superior durchschnitten, der die sensiblen

Erregungen von der Kehlkopfschleimhaut zum Centralorgan leitet. Daher ist der Hustenreflex, der den Kehlkopfeingang schützt, aufgehoben, und dem Eindringen beliebiger schädlicher Stoffe in die Lungen der Weg geöffnet. Da zugleich auch die Leitung zum Laryngeus inferior oder Recurrens mit dem Vagusschnitt durchtrennt wird, kann der Kehlkopf beim Schluckakt nicht mehr in der normalen Weise geschlossen werden, und die Gefahr wird dadurch noch beträchtlich vermehrt. Endlich kommt in Betracht, dass auch Oesophagus und Magen vom Vagus innervirt sind, und dass die aufgenommene Nahrung daher nicht mehr in normaler Weise in den Magen befördert und dort zurückgehalten werden kann, sondern sich in der Speiseröhre staut und häufig wieder rückwärts ausgetrieben wird. Alle diese Umstände wirken zusammen, um nach doppelseitigem Vagusschnitt das oben geschilderte Ergebniss einer tödtlichen Lungenentzündung mit fast unfehlbarer Sicherheit herbeizuführen.

Bei diesem Versuche tritt der Ted also nicht eigentlich in Folge der Vagusdurchschneidung ein, sondern erst mittelbar durch Schädigungen, die man als zufällige Zwischenfälle ansehen kann. Die Trigeminuspanophthalmie lässt sich durch einen Schutzverband über dem Auge beliebig lange hinausschieben. Man wird fragen: Was ist die Folge des Vagusschnittes, wenn der Kehlkopfeingang durch künstliche Massregeln geschützt ist? Um dies zu untersuchen, braucht man nur unterhalb des Kehlkopfes die Luftröhre zu eröffnen, eine Canüle einzubinden und deren Oeffnung gegen Eindringen von Staub durch darüber gebundene Watte zu verwahren. An so operirten Thieren kann man dann die Folgen der Vagusdurchschneidung mit Ausschluss der Vaguspneumonie beobachten.

Bei jungen Versuchsthieren, oder, wenn es sich um Katzen oder Pferde handelt, auch bei älteren, wirkt die Durchschneidung der Vagi tödtlich, gleichviel ob ihre Lungen vor dem Eintritt von Fremdkörpern geschützt sind oder nicht. Als Todesursache ist Erstickung anzunehmen, denn das Blut der Lungen ist dunkel. Diese Form des „Vagustodes" erklärt sich daraus, dass der Kehlkopf motorisch gelähmt ist. Bei jedem Athemzuge werden die schlaffen Stimmlippen angesaugt und gegeneinander gedrängt, sodass sie die Luftzufuhr abschneiden. Dies tritt nur bei jungen Thieren oder bei bestimmten Thierarten ein, bei denen die Stimmritze eng ist.

Bei anderen Thieren, oder wenn man den Vagus nicht am Halse, sondern dicht unter der Eintrittsstelle in den Brustkorb, also unterhalb des Abganges der Kehlkopfäste durchschneidet, erhält sich das Leben viel länger. Man beobachtet dann, dass die Thiere dauernd **beschleunigten Herzschlag** und **stark verlangsamte ganz unregelmässige Athmung** zeigen. Auch die Verrichtungen des Darmcanals sind gestört, die Thiere brechen oft und magern stark ab. Es ist nicht zu verwundern, dass bei so schweren Störungen der Organismus früher oder später, längstens nach einigen Wochen zu Grunde geht.

Nach diesen Versuchen könnte es scheinen, als sei die Thätigkeit der Vagi zum Leben unentbehrlich, doch es ist gelungen, Hunde, denen erst der eine und dann nach längerer Zeit der andere Vagus durchschnitten worden war, bei sehr sorgfältiger Pflege beliebig lange am Leben zu erhalten. Auf dies Ergebniss wird im Zusammenhange mit der Hypothese von der „trophischen Function der Nerven" noch zurückzukommen sein.

Endlich das XI. Paar der Hirnnerven, N. accessorius vagi, verhält sich in jeder Beziehung wie der motorische Theil eines Spinalnerven. Seine Fasern nehmen ihren Ursprung von den Vorderhornzellen des obersten Halsmarkes und vertheilen sich an den Sternocleidomastoideus und Trapezius. Man nimmt an, dass diese beiden Muskeln, die ausserdem auch Nerven vom Halsgeflecht erhalten, vom Accessorius nur in ihrer Eigenschaft als Hülfsmuskeln für die Athmung innervirt werden, doch ist diese Angabe zu bezweifeln. Der Accessorius verbindet sich mit dem Vagus, und es ist noch nicht ganz ausgemacht, wieviel von den motorischen

Wirkungen des Vagus auf Rechnung der dem Accessorius entlehnten Fasern zu setzen ist.

Spinalnerven.

Die Spinalnerven enthalten vorwiegend motorische Fasern für die Körpermuskeln und sensible Fasern, die von den Sinnesorganen der Haut herrühren. Ihre Verrichtung geht demnach zur Genüge aus ihrem anatomischen Verlauf hervor, denn sie besteht einfach darin, die Sinnesempfindungen aus dem Hautgebiet, in dem sich der betreffende Nerv verbreitet, dem Centralorgan zuzuleiten. Die Spinalnerven werden nach den Regionen, von denen sie ihren Ursprung nehmen, eingetheilt in Cervical-, Dorsal-, Lumbal- und Sacralnerven.

Die ursprünglichen Wurzelstämme, auf die sich diese Eintheilung bezieht, bilden aber bekanntlich an mehreren Stellen unmittelbar nach ihrem Austritt aus dem Wirbelcanal Geflechte, in denen sich ihre Fasern vermischen und in veränderter Anordnung zu neuen Stämmen zusammenfügen. Dies legt die Vermuthung nahe, als müssten die Fasern, die sich aus dem Geflecht zu Einem peripherischen Nervenstamm zusammenfinden, auch in ihrer Verrichtung etwas Gemeinsames haben. Diese Vermuthung bestätigt sich bei näherer Untersuchung nicht. Stellt man die Muskelgruppen, die von den verschiedenen Aesten eines Geflechtes innervirt werden, zusammen, so zeigt sich durchaus keine Andeutung gemeinsamer Thätigkeit. Man muss also annehmen, dass die Vertheilung der Nervenfasern auf die peripherischen Stämme auf rein anatomischen Verhältnissen beruht, und zu ihrer Verrichtung in keiner Beziehung steht.

Da also zwischen der anatomischen Vertheilung der Spinalnervenfasern und ihrer physiologischen Wirksamkeit kein Zusammenhang besteht, mag die Aufzählung der Muskeln und die Eintheilung der Hautgebiete zu und von denen die einzelnen Spinalnerven verlaufen, unterbleiben, indem auf die anatomischen Lehrbücher verwiesen wird.

Sympathisches Nervensystem.

Bau des sympathischen Systems. Man pflegte früher den Grenzstrang des Sympathicus und die sympathischen Geflechte als „das sympathische Nervensystem" von dem übrigen Nervensystem zu trennen. Es hat sich aber gezeigt, dass kein grundlegender Unterschied diese Trennung rechtfertigt. Beide Systeme sind aus Neuronen aufgebaut, die als völlig gleichartig anzusehen sind. Das oft als allgemein hingestellte Merkmal, dass die sympathischen Nerven marklos seien, erleidet viele Ausnahmen, da beispielsweise die spinalen Muskelnerven beim Eintritt in den Muskel marklos werden, während umgekehrt aus unzweifelhaft sympathischen Ganglien markhaltige Nervenfasern hervorgehen können. Der ganze Unterschied zwischen beiden Systemen beschränkt sich demnach auf die Anordnung der Neurone und auf ihre Verrichtung. Die sympathischen Neurone vertheilen sich nämlich nicht von einzelnen

Hauptstämmen aus, sondern sie bilden Netzwerke, und sie vermitteln nicht, wie die Spinalnerven, bewusste Empfindung und willkürliche Muskelerregung, sondern sie beherrschen als „vegetative" oder „viscerale" Nerven die Thätigkeit innerer Organe. Auf Grund dieser Merkmale müssen nun aber auch eine grosse Menge von Nervenfasern, die man früher als Bestandtheile der Hirnnerven oder Spinalnerven ansah, dem sympathischen System zugerechnet werden.

Neben dem alten „sympathischen System" unterscheidet daher Langley, der Begründer dieser neueren Lehre, noch mehrere ähnlicheFasersysteme, die er als selbstständige, „autonome", bezeichnet.

In allen diesen Systemen mit einer Ausnahme soll sich überall die gleiche Anordnung der Neurone finden. Es ist indessen zu bemerken, dass die Abgrenzung der Neurone bisher nur für einen Theil der autonomen Systeme und auch bei diesen nur für diejenigen Bahnen bekannt ist, die der centrifugalen Leitung dienen. Die erwähnte Ausnahme betrifft das „intestinale autonome System", das den Auerbach'schen und Meissner'schen Plexus in der Darmwand umfasst, der sich offenbar wesentlich von allen andern Theilen des Nervensystems unterscheidet.

Als Beispiel für die Anordnung der Neurone in den centrifugalen sympathischen Bahnen kann die im Gebiete des Grenzstranges angeführt werden. Jede einzelne Leitungsbahn entspringt aus einer im Grau des Rückenmarks gelegenen Zelle, deren Axon durch die vordere Wurzel, den Spinalnerv und den Ramus communicans in eins der Ganglien des Grenzstranges eintritt. Hier endet der Axon mit Verästelungen, die zu den Ausläufern einer der Zellen des Ganglions in Verbindung stehen. Es beginnt mit dieser Zelle das zweite Neuron der centrifugalen Bahn, dessen Axon sich in „sympathischen" oder „spinalen" Nervenstämmen bis zum Endorgan fortsetzt. So besteht die Leitung des autonomen Systems aus zwei Neuronen, dem ersten, das als „praecelluläres" oder „praeganglionäres" unterschieden wird und seinen Zellkörper im Centralnervensystem hat, und dem zweiten „postcellulären" oder „postganglionären", das seinen Zellkörper in dem Ganglion hat.

Diese Zweitheilung der Strecke vom Centrum zum Endorgan findet sich überall wieder. Sie kann aber in einigermaassen verschiedener Form auftreten. So kann die praecelluläre Leitung, nachdem sie durch den Ramus communicans in das Ganglion gelangt ist, im Grenzstrang weiter verlaufen und sich erst in einem, oder mit mehreren Aesten in mehreren, folgenden Ganglien auftheilen. Ferner braucht der Uebergang von einem Neuron zum andern nicht nothwendiger Weise in den Ganglien des Grenzstranges stattzufinden, vielmehr können dafür auch andere Ganglien eintreten, die man als „praevertebrale" zusammenfasst, beispielsweise das Ganglion cervicale superius oder das Ganglion coeliacum.

Function des sympathischen Systems. Fasern mit dieser Anordnung der Neurone finden sich nun in den Nervengebieten der verschiedensten Organe.

Stets sind es dreierlei verschiedene Wirkungen, die von ihnen ausgehen, nämlich Erregung von Drüsen, Erregung glatter Muskeln und Erregung der glatten Muskeln der Gefässe.

Die Gesammtheit der Nervenbahnen, auf die diese Merkmale passen, wird nach ihrem Ursprungsort getheilt in das autonome System des Mittelhirns, der Oblongata, des Grenzstranges, das sacrale und das intestinale System.

Zum ersten gehört das Ganglion ciliare, zum zweiten gehört das Ganglion sphenopalatinum, oticum, submaxillare und sublinguale, zum dritten neben den Ganglien des Grenzstranges auch die praevertebralen Ganglien, zum vierten der Plexus hypogastricus, zum fünften die Nervennetze der Darmwand.

Von der Rolle des Ganglion ciliare soll erst im nächsten Abschnitt die Rede sein.

1. Das autonome System der Oblongata wurde früher mit zu den Bestandtheilen der Hirnnerven gerechnet. Nach der eben gegebenen Darstellung ist der Sachverhalt so aufzufassen, dass in den Hirnnerven, vor allem im Facialis, die praecellulären Fasern verlaufen, die in den verschiedenen Ganglien mit ihren postcellulären Fortsetzungen in Verbindung treten, die dann ihrerseits meist den Verzweigungen des Trigeminus folgen, um in ihre Endgebiete zu gelangen. Die Wirkungen der postcellulären Endfasern betreffen vorwiegend die Drüsen und Gefässe der Schleimhäute und sind oben bei der Besprechung der Hirnnerven schon erwähnt worden. Ferner sind diejenigen Fasern des Vagus, die zum Herzen und zum Verdauungscanal gehen, als praecelluläre Fasern des autonomen Systems der Oblongata anzusehen. Die Wirkung dieser Vagusfasern wird im Einzelnen im nächsten Abschnitt besprochen werden.

2. Das autonome System des Grenzstranges ist so ausgedehnt, dass seine Verrichtungen im Einzelnen besprochen werden müssen. Im Grossen und Ganzen bestehen sie in der Innervation der Hautdrüsen, der Hautmuskeln und der Hautgefässe.

Halssympathicus. Die praecellulären Fasern für die sympathische Innervation des Kopfes verlaufen insgesammt im Halssympathicus zum Ganglion cervicale superius, von wo aus die postcellulären Fasern sich weiter in ihre Einzelgebiete vertheilen.

Dieser Verlauf bietet die günstigste Gelegenheit, die Wirkung eines dem autonomen System angehörenden Nervenstammes für sich allein zu untersuchen. Daher sind von allen Wirkungen sympathischer Nervenfasern die des Halssympathicus am längsten bekannt, und man benutzt auch fast ausschliesslich den Halssympathicus, um die Wirkungen der sympathischen Fasern zu demonstriren. Diese Wirkungen sind, wie oben angegeben, von dreierlei Art: motorische, vasomotorische und secretorische.

Durchschneidet man beim Kaninchen den Halssympathicus einer Seite, so bemerkt man, dass die Pupille des betreffenden Auges enger ist als die der anderen Seite, und dass das sogenannte dritte Lid, Membrana nictitans, sich vorschiebt. Reizt man nun das kopfwärts verlaufende Ende des Sympathicus, so erweitert sich die Pupille und die Membrana nictitans wird zurückgezogen. Dies ist die motorische Wirkung des Sympathicus auf den Dilatator iridis und den glatten Muskel des dritten Lides.

Die vasomotorische Wirkung besteht in der Verengerung sämmtlicher Gefässe der betreffenden Kopfhälfte. Wird der Halssympathicus durchschnitten, so tritt in der betreffenden Körperhälfte Gefässerweiterung ein.

Dies lässt sich beim Kaninchen besonders deutlich an den Ohren nachweisen. Schon durch das Gefühl nimmt man eine merkliche Temperaturerhöhung in dem Ohr der operirten Seite wahr. Durch Vergleichung der beiden Ohren, besonders wenn man sie gegen das Licht hält, kann man auch deutlich sehen, dass die Gefässe auf der operirten Seite viel breiter und zahlreicher hervortreten als auf der unverletzten Seite. Reizt man nun das Kopfende des Sympathicus, so tritt eine deutlich wahrnehmbare Verengerung aller Gefässe der betreffenden Kopfhälfte ein. Dies ist in günstigen Fällen an der Schleimhaut von Maul und Nase, am Auge, vor allem aber am Ohr zu beobachten. Man sieht, dass die Gefässstämme schmäler werden, und dass in einzelnen Gefässgebieten, innerhalb deren man vorher zahlreiche kleine Gefässzweige bemerkte, alle diese kleineren Aestchen unsichtbar geworden sind. Infolge der Gefässverengerung wird auch alsbald die Temperatur des betreffenden Ohres niedriger als die des anderen.

Die secretorischen Fasern des Halssympathicus verlaufen zu den Speicheldrüsen und verursachen, wie oben mehrfach erwähnt worden ist, Secretion eines spärlichen zähen Speichels. Hiervon wird im nächsten Abschnitt noch die Rede sein.

Brust- und Bauchtheil des Grenzstranges. Die motorischen Wirkungen des Brust- und Bauchsympathicus betreffen die Hautmusculatur. Die im Abschnitt über die thierische Wärme besprochene Erscheinung der Gänsehaut, die auf Zusammenziehung der glatten Muskeln der Haut beruht, wird durch die Thätigkeit sympathischer Fasern hervorgebracht.

Bei Thieren mit dichtem Haarkleid ist diese Wirkung des Sympathicus am Sträuben der Haare deutlich wahrzunehmen. Diesen Umstand hat Langley benutzen können, um an der Katze die oben angedeutete Vertheilung der praecellulären Fasern nachzuweisen, da sich bei Reizung bestimmter praecellulärer Bahnen nur die Haare bestimmter Hautabschnitte sträuben. Die Bahnen, auf denen die Erregung verläuft, sind natürlich die der spinalen Nerven.

Der vasomotorischen Wirkung kommt die grösste Bedeutung zu. Ebenso wie motorische und secretorische sympathische Fasern sich den Spinalnerven anschliessen, verlaufen auch die vasomotorischen in den grossen Nervensträngen für Rumpf und Extremitäten. Der Haupttheil der vasomotorischen Fasern des Grenzstranges verläuft aber im Splanchnicus zu den Baucheingeweiden. Wie schon im ersten Theil erwähnt, sind die Gefässe der Baucheingeweide so umfangreich, dass sie einen sehr grossen Theil der gesammten Blutmenge des Körpers aufnehmen können. Wenn sich die Bauchgefässe erweitern, sammelt sich soviel Blut in ihnen an, dass die Blutmenge und zugleich der Blutdruck in den übrigen Gefässgebieten beträchtlich abnimmt. Daher ist *die Wirkung des Splanchnicus*, der den Contractionszustand der Bauchgefässe beherrscht, *entscheidend für die Höhe des Blutdrucks im ganzen Körper.*

Wenn man an einem Versuchsthier irgend ein Gefäss, etwa Carotis oder Femoralis, mit einem Schreibapparat verbindet, der die Höhe des Blutdrucks in Form einer Curve verzeichnet, und nun die Splanchnici durchschneidet, sieht man die Curve bis fast auf Null sinken. Reizt man dagegen das periphere Ende des Splanchnicus, so steigt der Druck wieder bis zur normalen Höhe oder darüber.

Die secretorische Wirkung der sympathischen Fasern im Gebiete des Grenzstranges betrifft die Schweissdrüsen der Haut. Da die Leitungsbahnen auf dem Wege der Spinalnervenstämme verlaufen, so kann man experimentell durch künstliche Reizung der Hauptstämme, die zu den Gliedmaassen führen, örtlichen Schweissausbruch hervorrufen. Zu diesem Versuch eignet sich besonders die Katze, bei der auf Reizung des Ischiadicus grosse Tropfen auf den Sohlenballen der betreffenden Pfote zum Vorschein kommen. Auch die Milchsecretion dürfte unter dem Einfluss des sympathischen Systems stehen, obgleich keine bestimmten Beweise dafür vorliegen.

Zu dem autonomen System des Grenzstranges sind, wie oben angegeben, auch die Bauchganglien mit ihren Geflechten zu zählen, über deren Verrichtungen jedoch ebenfalls keine sicheren Angaben gemacht werden können.

3. Sacrales System. Die motorischen Fasern des sacralen Systems beherrschen die Thätigkeit der Blase, des Afters und der glatten Muskeln der äusseren Geschlechtsorgane. Die vasomotorische und secretorische Wirkung betrifft die gleichen Gebiete.

4. Intestinales System. Das intestinale System dient der motorischen Innervation des Darmes.

Sensible Bahnen des Sympathicus. Es ist bisher ausschliesslich von der centrifugalen Bethätigung des sympathischen Systems die Rede gewesen. Es ist aber anzunehmen, dass das sympathische System auch centripetale Bahnen in grosser Menge enthält. Jeder Ramus communicans enthält ausser einem Theil, der markhaltige Fasern aus dem Centralnervensystem, praecelluläre Fasern führt, auch ein graues Bündel markloser Fasern, von dem man annehmen muss, dass es centripetal leitende Bahnen vom sympathischen Nervensystem zu dem spinalen enthält.

Durch mehrere Versuche und Beobachtungen lassen sich wenigstens in einigen Theilen des sympathischen Systems sensible Bahnen nachweisen. Hierher gehört der sogenannte „Klopfversuch" von Goltz. Wenn man einen in Rückenlage befestigten Frosch etwa mit einem Scalpellstiel auf den Bauch klopft, sieht man, dass das Herz langsamer schlägt oder gar ganz zum Stillstand kommt. Diese Herzhemmung wird durch den Vagus vermittelt, denn nach Durchschneidung der Vagi bleibt sie aus. Ganz dieselbe Wirkung tritt aber ein, wenn man statt den Frosch auf den Bauch zu klopfen, den Splanchnicus elektrisch erregt. Hieraus ist zu schliessen, dass der sensible Reiz, den das Klopfen hervorruft, sensible Fasern des Splanchnicus erregt.

Beim Säugethier erweist sich die elektrische Reizung des Splanchnicus als äusserst schmerzhaft, was als unmittelbarer Beweis gelten kann, dass der Splanchnicus sensible Fasern enthält.

Auch der Nervus depressor cordis, der dem sympathischen System angehört, und dessen Leistung im folgenden Abschnitt ausführlich erörtert werden soll, ist unzweifelhaft ein centripetal leitender Nerv.

Man darf aber diese centripetalen Bahnen des sympathischen Systems nicht als völlig gleichartig mit den sensiblen Bahnen des übrigen Nervensystems ansehen. Denn beispielsweise die Spinalnerven leiten Empfindungen mannigfacher Art, die zum sehr grossen Theil zu bewusster Wahrnehmung führen, die stets an einen ganz bestimmten Ursprungsort gebunden ist. Dagegen besteht normalerweise in den nur mit sympathischen Nerven versehenen Gebieten keine bewusste Empfindung, sondern nur in abnormen Fällen Schmerz.

So geht zum Beispiel die Bewegungs- und Gestaltveränderung des Darmes in der Bauchhöhle, soweit dadurch nicht etwa die Spannung der Bauchdecken fühlbar gemacht wird, vor sich, ohne dass man irgend etwas davon verspürt. Nur unter besonderen Bedingungen, wenn die Darmwände heftig gezerrt oder gedehnt werden, entsteht überhaupt eine Empfindung. Diese Empfindung ist stets ungefähr gleich, nur der Stärke nach verschieden. Ein harter Kothballen oder eine elastische Gasblase bewirken genau denselben, auch örtlich völlig unbestimmten „Leibschmerz". Hierin liegt ein wesentlicher Unterschied zwischen der „sensiblen" Innervation durch den Sympathicus und der durch spinale Nerven.

Die Innervation verschiedener Organe.

Nachdem die Verrichtungen der einzelnen Theile des Nervensystems näher ins Auge gefasst worden sind, kann die Einwirkung der Nerven auf die verschiedenen Organe im Zusammenhang erörtert werden.

Innervation der Skelettmuskeln.

Es mag mit der Besprechung der Innervation der Skelettmuskeln bei den Bewegungen des Körpers der Anfang gemacht werden.

Sensibilität. In dem Abschnitt über die specielle Muskelphysiologie ist gezeigt worden, dass zu jeder Bewegung eine grosse Anzahl Muskeln in Thätigkeit versetzt werden muss, um allen einzelnen Gelenken die richtige Stellung zu geben. Offenbar wird dies nicht oder nur mit grosser Unsicherheit möglich sein, wenn die Bewegung nicht durch Sinneswahrnehmungen überwacht wird. Die richtige Ausführung der Bewegungen hängt also nicht allein vom motorischen Apparat, sondern auch von der Sensibilität ab. Die Sinneswahrnehmungen, auf die es hier ankommt, können von den verschiedensten Sinnesorganen ausgehen, in erster Linie kommt im Allgemeinen der Gefühlssinn in Betracht. Nur wenn der Organismus durch den Gefühlssinn über die Lage seiner Gliedmaassen zur Umgebung unterrichtet wird, vermag er die seinen Absichten entsprechenden Bewegungen richtig auszuführen. Jede zweckmässige Haltung und Bewegung des Körpers beruht also auf einer gemeinsamen Thätigkeit der sensiblen und motorischen Centren des Nervensystems, die mit der Reflexthätigkeit grosse Aehnlichkeit hat. Sinnesempfindungen, die für die Einstellung der

Muskelinnervation von Bedeutung sind, werden nun dauernd, selbst im sogenannten Ruhezustand zugeleitet, sodass während des Lebens wohl kein Muskel jemals völlig unthätig ist.

Tonus. Es ist hier an das zu erinnern, was oben über den allgemeinen Reflextonus gesagt ist. Ebenso ist nochmals zu erwähnen, dass der Umfang der Gelenkbewegungen grösstentheils durch „Muskelhemmung" begrenzt ist. In jeder Stellung des Körpers müssen einige Muskeln thätig sein, um unbequemes Herabhängen, Zerrungen und Quetschungen der Gliedmaassen zu vermeiden.

Daher wird man zur richtigen Auffassung der Thätigkeit des Nervensystems bei der Innervation der Skelettmuskeln am besten auf dem Weg gelangen, dass man sich *das ganze Muskelsystem dauernd angespannt* und die Bewegungen des Körpers nur aus einem vorübergehenden Ueberwiegen der Spannung gewisser Muskelgruppen hervorgehend denkt.

Bei dieser Auffassung ergiebt sich von selbst ein Satz, der als Grundlage für die Lehre von der Innervation der Bewegungen gelten kann, dass nämlich zu jeder Bewegung alle die Muskelfasern innervirt werden, die die Bewegung fördern oder unterstützen können, gleichviel zu welchen anatomischen Muskeleinheiten sie zählen und durch welche Nervenstämme die Erregung geleitet wird.

Stehen. Um von dem Gesagten eine etwas bestimmtere Anschauung zu geben, mag auf den besonderen Fall der Thätigkeit der Muskeln beim *Stehen* eingegangen werden. Es ist oben gezeigt worden, dass das Stehen auf der Thätigkeit bestimmter Muskelgruppen beruht. Nun ist zu beachten, dass der Körper nachweislich beim Stehen schwankt, dass also fortwährend die Muskelspannung geändert werden muss, um die Schwankungen auf ein bestimmtes Maass zu beschränken. Diese Aenderungen müssen der Grösse und Richtung der Schwankungen angepasst werden, sie müssen also durch Sinneswahrnehmungen bestimmt sein. Der Ausdruck Sinneswahrnehmung steht hier für sensible Erregung im Allgemeinen, ohne Beziehung auf das Bewusstsein. Welche Sinne kommen nun für die Ausgleichung der Schwankungen beim Stehen in Betracht? Wenn man auf einem Bein steht, fühlt man jede Schwankung, die der Körper macht, sehr deutlich an der Zunahme des Druckes an der Seite der Sohle, nach der der Körper schwankt. Ferner macht sich die wechselnde Spannung der Muskeln im Beine deutlich bemerkbar. Diese beiden Arten sensibler Reize sind es hauptsächlich, die auch beim zweifüssigen Stehen des normalen Menschen die motorische Innervation regeln. Neben ihnen wirkt in viel stärkerem Masse als man meinen sollte, der Gesichtssinn mit.

Die Erkrankung an Tabes ist schon in sehr frühen Stadien daran zu erkennen, dass die Sensibilität der unteren Extremitäten zu schwinden beginnt. Ein Kranker in diesem Zustande vermag noch wie ein Gesunder mit geschlossenen Füssen zu stehen, aber nur so lange er die Augen offen hat. Verbindet man ihm die Augen, so kommt er alsbald ins Taumeln. Dies ist das sogenannte Romberg'sche Symptom.

Den Antheil, den der Gesichtssinn an der Sicherheit des Stehens Gesunder hat, kann man durch Versuche erweisen, bei denen die Gesichtseindrücke durch vorgehaltene Spiegel gefälscht werden.

Alle diese von ganz verschiedenen Stellen ausgehenden sensiblen Reize müssen nun im Nervensystem gewissermaassen verarbeitet werden, um die entsprechenden motorischen Erregungen hervorrufen zu können.

Es ist zu beachten, dass die Zeit, die zwischen dem Beginn des Schwankens und dem Beginn der Muskelcontraction verstreicht, sehr klein ist, denn sonst

würden die Schwankungen viel grösseren Umfang annehmen. Da während dieser
Zeit die sensible Erregung zum Centralorgan geleitet, dort die motorische Erregung erzeugt, und diese wieder zu den Muskeln geleitet wird, sieht man, dass
die Leitungszeit und sogar die Reflexzeit so kurz ist, dass sie gegenüber den
für die Ausführung von Bewegungen erforderlichen Zeiträumen verschwindet.

Coordination. Für die motorische Innervation einer reflectorischen Thätigkeit wie die des Stehens bestehen nun zwischen den
motorischen Zellen der Centralorgane Verknüpfungen in der Art,
dass nicht nur die Zellgruppen, die zu den Fasern desselben Muskels
gehören, sondern auch ganze Gruppen solcher Gruppen gemeinsamer
Erregung fähig sind. Diese Verknüpfungen sind theils auf die ererbte
Anlage des Nervensystems; theils auf die durch stete Wiederholung
gleicher oder ähnlicher Erregungen erworbene Ausbildung zurückzuführen.

Es leuchtet ein, dass, was hier über die Thätigkeit des Nervensystems beim Stehen gesagt ist, in ähnlicher Weise für jegliche
Bewegung des Körpers gilt.

So ist zum Beispiel der Umfang jeder Gelenkbewegung reflectorisch regulirt: Es stellt sich in den Geweben, die durch die betreffende Gelenkbewegung gedehnt oder gequetscht werden, ein
sensibler Reiz ein, der sich bis zu heftigem Schmerz steigern kann
und reflectorisch zu kräftigen Muskelzusammenziehungen führt, die
jede weitere Bewegung nach der betreffenden Richtung hindern.

In ähnlicher, obschon weniger auffälliger Weise wird jede Bewegung durch die sie begleitenden sensiblen Umstände beeinflusst,
sodass eine wirklich willkürliche Bewegung überhaupt kaum vorkommt.

Allerdings besteht ein grosser Unterschied zwischen rein reflectorischen
Bewegungen und solchen, die mit bewusster Ueberlegung ausgeführt werden.
Dieser Unterschied kann durch Uebung aber verschwinden, indem eine anfänglich mit Bewusstsein herbeigeführte Coordination zweier Bewegungen allmählich
reflectorisch wird. Zuerst muss jeder einzelne sensible Reiz, nach dem die Bewegung sich zu richten hat, erst zum Bewusstsein kommen, und es muss dann
die betreffende Bewegung mit Bewusstsein ausgeführt werden. Später vereinigen
sich die durch die sensiblen Reize hervorgerufenen Erregungen mit der durch
die Uebung erworbenen coordinirten Thätigkeit ohne Zuthun des Bewusstseins
zu dem Gesamtergebniss einer zweckmässigen Innervation.

H. Munk unterscheidet die Bewegungen reflectorischer Art, für
die eine feste coordinirende Verknüpfung im Centralnervensystem
schon ausgebildet ist, als „Principalbewegungen" von denjenigen,
die nur mit Hülfe bewusster Thätigkeit des Grosshirns ausgeführt
werden, als den „Isolirten Bewegungen". Ein und dieselbe Handlung kann aus einer oder mehr Principalbewegungen und einer
oder mehr isolirten Bewegungen zusammengesetzt sein. Wird zum
Beispiel ein entfernter Gegenstand mit der Hand ergriffen, so ist
das Ausstrecken des Armes eine Principalbewegung, die Anordnung der Finger zum Zweck des Greifens kann eine isolirte Bewegung sein.

Alle Versuche, die Coordination der Muskeln, wie sie bei den
Bewegungen beobachtet wird, auf allgemeinere Gesetze oder gar

auf anatomisch bestimmte Verbindungen der einzelnen motorischen Centra untereinander zurückzuführen, sind ergebnisslos geblieben. Selbst die von **Pflüger** aufgestellten Gesetze der Reflexzuckungen beim Frosch leiden häufige Ausnahmen.

Verfolgt man die Anordnung der zu den einzelnen Muskeln gehörigen motorischen Zellgruppen im Rückenmark, so kommt man nicht auf eine physiologische, sondern auf eine rein morphologische Anordnung, indem diejenigen Zellgruppen, die auf gleicher Höhe nahe bei einander liegen, zu entsprechend gelegenen Muskeln gehören. Auch in den Nervenstämmen sind, wie wiederholt erwähnt, die motorischen Bahnen nicht nach physiologischen Gruppen, sondern anscheinend ganz zufällig zusammengefasst. Demnach lässt sich über die Verbindung der motorischen Centra zum Zweck der Coordination nur etwa Folgendes sagen: Die Fähigkeit zu zweckmässiger Bewegung wird überhaupt erst durch Uebung gewonnen. Neugeborene Kinder machen regellose Bewegungen und lassen erst allmählich die überflüssigen Innervationen fort, um ihre Bewegung nach bestimmten Zwecken zu gestalten. In gewissem Grade bleibt indessen der Organismus dauernd auf dem Standpunkt des Neugeborenen, und daher kommt es, sobald eine neue, noch ungewohnte Bewegungsform oder eine beliebige Bewegung mit sehr grosser Kraft ausgeführt werden soll, zu „Mitbewegungen". Die Mitbewegungen sind in gewissem Grade von den vorgebildeten Verbindungen der Muskelcentra untereinander abhängig. Die zweckmässige Innervation der Muskeln muss in allen den Fällen, in denen ähnliche Bedingungen vorliegen, ähnliche Form annehmen.

So entstehen gewisse Gesetzmässigkeiten, die man zum Theil mit besonderen Namen versehen hat. Wenn zum Beispiel ein Gelenk gebeugt werden soll, ist es in vielen Fällen zweckmässig, dass das nächsthöhere Gelenk gestreckt oder wenigstens fixiert werde, um der Beugebewegung Rückhalt zu geben. Zwischen der Innervation zur Beugebewegung im einen und der zur Streckbewegung im anderen Gelenk stellt sich dann eine dauernde Coordination her. Ein Beispiel hierfür bildet die Streckung des Handgelenks bei Beugung der Finger. Man hat diesen Fall als „pseudoantagonistische Synergie" bezeichnet.

In sehr vielen Fällen muss, wenn eine bestimmte Muskelgruppe in Thätigkeit ist, und nun eine Bewegung ausgeführt werden soll, die Thätigkeit der betreffenden Muskelgruppe aufgehoben werden, damit die Bewegung vor sich gehen kann. Ist zum Beispiel der Arm starr ausgestreckt, so muss, damit er gebeugt werden kann, erst die Thätigkeit der Strecker nachlassen. Umgekehrt wird, wenn die Armbeuger angespannt sind, die Streckung erst möglich sein, wenn sie wieder erschlafft sind. Man hat hieraus ein „Gesetz der reciproken oder gekreuzten Innervation" ableiten wollen, indem man annahm, dass in jedem Falle mit der Erregung einer Muskelgruppe die „Hemmung" einer anderen Muskelgruppe verbunden wäre. Aus dem, was im Abschnitt über Specielle Muskelphysiologie von dem Begriffe des Muskelantagonismus gesagt ist, geht indessen hervor, dass ein solches Gesetz keinesfalls allgemeine Geltung haben kann.

Wie in diesem Falle wird auch in vielen anderen Fällen von einer „Hemmung" von Muskelthätigkeiten durch das Nervensystem gesprochen. Sofern unter Hemmung verstanden werden soll, dass die Erregung einer Nervenfaser in dem dazugehörigen Muskel statt der Erregung vielmehr Erschlaffung hervorbringt, ist zu bemerken, dass diese Erscheinung an den Skelettmuskeln von Wirbelthieren nicht vorkommt. Der Hemmungsvorgang kann nur darin bestehen, dass die Thätigkeit der motorischen Nervenzellen durch die Erregung anderer Nervenzellen zum Aufhören gebracht wird. Es lassen sich vor Allem an den Reflexbewegungen Hemmungen dieser Art nachweisen. Durch irgend einen starken sensiblen Reiz, besonders, wenn er ungefähr an der Stelle ausgeübt wird, von der die Reflexthätigkeit ausgeht, kann eine Reflexbewegung gestört oder völlig aufgehoben werden. Der Niesreflex kann durch einen starken Druck auf die Nase gehemmt werden. Die Berührungsreflexe der Beine und die Sehnenreflexe werden durch gleichzeitige Einwirkung sensibler Reize aufgehalten.

Andererseits kann unter Umständen ein schwacher Reiz die Reflexthätigkeit verstärken. Exner hat für diese Erscheinung den Namen „Bahnung" eingeführt, indem er annahm, dass der sensible Reiz der reflectorischen Erregung gewissermaassen den Weg bahne. Die „Bahnung" sowohl wie die Hemmung der Reflexe lässt sich aber vielleicht besser durch Veränderung der Erregbarkeit der sensiblen oder motorischen Zellen erklären.

Innervation der Augenmuskeln.

Eine besondere Beachtung verdient die Innervation der Augenmuskeln, weil sie die hervorragendsten Beispiele von gesetzmässiger Verknüpfung bestimmter Innervationen umfasst.

Am Bewegungsapparat des Auges lassen sich drei Muskelgruppen unterscheiden:

Die des äusseren Schutzapparates, Lidmuskeln,

die für die Bewegung des Augapfels, äussere Augenmuskeln,

und die im Innern des Auges gelegenen glatten Muskeln der Iris und des Corpus ciliare.

Vom Hornhautreflex und seiner Wirkung auf das Augenlid ist oben schon die Rede gewesen.

Es ist hier nachzutragen, dass auch auf Lichteinfall das Auge reflectorisch geschlossen wird. Man nennt dies den „Blendungsreflex". Die sensible Erregung verläuft hier im Opticus, nicht, wie früher angenommen wurde, im Trigeminus, und erregt die Thätigkeit des Facialis. Ferner wird das Auge bekanntlich geschlossen, wenn ihm plötzlich ein Gegenstand genähert wird. Dieser sogenannte „Bedrohungsreflex" gehört zu den erworbenen, „unbewusst willkürlichen" Reflexen und beruht auf der Thätigkeit der Grosshirnrinde.

Ein zweiter optischer Reflex, der schon durch verhältnissmässig geringere Helligkeitsunterschiede ausgelöst wird, ist die Verengerung und Erweiterung der Iris. Hier geht die Erregung vom Opticus auf den Oculomotorius, der die Pupille verengt, oder auf den Sympathicus über, der sie erweitert. Diese Bewegung der Iris ist ausserdem mit der Bewegung der Augen verknüpft, denn jedesmal, wenn die Augen nach innen gewendet werden, verengen sich auch die Pupillen.

Ferner sind sämmtliche angeführte Bewegungen beim Menschen und bei allen den Thieren, deren Augen beide nach vorn sehen, doppelseitige, das heisst sie finden stets auf beiden Seiten zugleich statt. Wenn auf Einer Seite die Hornhaut berührt wird, zucken die Lider beider Augen. Wenn Ein Auge abwechselnd belichtet und beschattet wird, während das andere gleichmässig erhellt bleibt,

so beobachtet man auch an dem gleichmässig belichteten Auge
Verengerung und Erweiterung der Pupille, die sogenannte „consensuelle Pupillenreaction".

Dies ist, wie gesagt, nur bei den Thieren der Fall, bei denen die Augen
annähernd in gleicher Richtung stehen, wie Mensch, Affe, Hund und Katze. Bei
Pferd, Esel, Kaninchen, deren Augenhöhlen sich seitlich öffnen, sind die erwähnten Reflexe auf eine Seite beschränkt. Für die optischen Reflexe kommt
hierbei in Betracht, dass die Fasern des Opticus bei den erstgenanten Thieren
im Chiasma nur zum Theil gekreuzt sind, dass also die Erregung eines Auges
durch Licht sich beiden Hirnhälften mittheilt.

Endlich sind auch die Bewegungen der beiden Augäpfel mit
einander in eigenthümlicher Weise verbunden, oder, wie man sagt,
„conjugirt", nämlich so, dass im Allgemeinen die Augen stets
beide auf denselben Punkt gerichtet werden. Auf die Bewegungen
des Augapfels durch seine sechs Muskeln wird im Abschnitt über
den Gesichtssinn genauer einzugehen sein. Hier soll nur hervorgehoben werden, dass die Innervation die Musculatur beider Augen
gemeinschaftlich beherrscht. Dies ist um so auffälliger, weil für
die Bewegung des Augapfels nach innen der Oculomotorius, für
die Bewegung nach aussen der Abducens erregt werden muss. Bei
einer Wendung des Blickes nach rechts wird aber das rechte Auge
nach aussen, das linke Auge nach innen gewendet. Es müssen
also rechter Abducenskern und linker Oculomotoriuskern gleichzeitig thätig werden. Wird dagegen der Blick auf einen in der
Mitte nahe vor den Augen befindlichen Gegenstand gerichtet, so
wenden sich beide Augen nach innen, es müssen hierbei also beide
Oculomotorii zusammen arbeiten. Eine dauernde feste Verbindung
der Innervationscentren kann daher nicht bestehen, da jeder Oculomotorius bald mit dem Abducens, bald mit dem Oculomotorius der
entgegengesetzten Seite gemeinsam wirkt. Die Conjugation der
Augenbewegungen lässt sich daher auch thatsächlich durch Uebung
aufheben, sodass jedes Auge für sich selbstständig bewegt werden
kann.

Innervation des Herzens und der Gefässe.

Myogene und neurogene Theorie. Bei der Besprechung
des Kreislaufs im ersten Theile dieses Buches ist die Thätigkeit
des Herzens als gegeben vorausgesetzt worden. Weiter ist angegeben worden, dass sie auf der rhythmisch geordneten Verkürzung
der Herzmuskelfasern beruht. Woher erhalten aber die Herzmuskelfasern den Antrieb zu ihrer periodischen Thätigkeit? Die Skelettmuskeln werden vom Centralorgan aus durch die motorischen
Nerven erregt. Das Herz aber kann man von allen Nervenbahnen isoliren, ja es aus dem Körper ausschneiden, und
es schlägt trotzdem unter geeigneten Bedingungen
stunden- und selbst tagelang in seinem normalen Rhythmus fort. Hierfür sind zwei verschiedene Erklärungen gegeben
worden, die als die „myogene" und „neurogene Theorie" der Herzthätigkeit bezeichnet werden.

Die myogene Theorie nimmt an, dass der Herzmuskel an sich die Eigenschaft hat rhythmisch thätig zu sein. Sie stützt sich vor allem auf die Thatsache, dass die Herzanlage im Embryo schon schlägt, lange ehe irgend welche nervösen Elemente ausgebildet worden sind. Ebenso sind in der Herzspitze des Frosches keine nervösen Elemente nachweisbar, und dennoch kann man unter Umständen beobachten, dass die abgeschnittene Herzspitze für sich rhythmisch fortarbeitet. Endlich sind auch andere Organe bekannt, insbesondere die Ureteren, in denen Muskelfasern ohne nachweisbare Innervation thätig sind. Schliesslich lässt sich zeigen, dass die grossen Venenstämme unmittelbar oberhalb der Vorhöfe sich vor der Vorhofscontraction zusammenziehen, die eigentliche Ursprungsstelle des Herzrhythmus ist also an die Grenze von Venen und Vorhof zu verlegen.

Die neurogene Theorie ist die ältere und hält an der Auffassung fest, dass Muskelthätigkeit nur im Zusammenhang mit Erregung durch Nerven denkbar sei. Demnach verlegt sie die Ursache der rhythmischen Zusammenziehungen in die Ganglienzellen, die man im Herzen findet.

Nächst der Frage nach dem Ursprung der Erregungen ist die Frage nach der Ursache ihres regelmässigen und geordneten Ablaufes zu untersuchen. Die myogene Theorie erklärt diese durch den Ablauf der Erregungswelle, die sich von der Eintrittsstelle der Venen durch den Vorhof und von da durch ein einziges Muskelbündel zur Kammer fortpflanzt.

Dies Bündel wird nach seinem Entdecker, dem jüngeren His, das His'sche Bündel, oder von dem englischen „to block", „verstopfen", „die Blockfasern" genannt, womit angedeutet wird, dass an dieser Stelle die Leitung verlangsamt ist.

Stannius'scher Versuch. Nach der neurogenen Theorie fällt die Coordination wie die Erregung den nervösen Elementen zu. Nach beiden Erklärungsweisen ist die Thätigkeit der Kammern von der der Vorhöfe abhängig. Diese Abhängigkeit der Herztheile von einander veranschaulicht der Stannius'sche Versuch am Froschherzen. Man legt beim Frosch das Herz bloss, führt einen Faden unterhalb des Aortenstammes quer über das Herz und schlägt dann die Herzspitze kopfwärts zurück, sodass Kammer und Vorhöfe kopfwärts vom Faden zu liegen kommen. Schlingt man nun die beiden Enden des Fadens in einen Knoten zusammen, so wird beim Zuziehen die Stelle des Veneneintrittes in die Vorhöfe, gewissermaassen die Herzwurzel, abgeschnürt. Man findet, dass das Herz vom Augenblick des Zuschnürens an in Diastole stillsteht, während der Venensinus weiter pulsirt. Schlingt man nun einen zweiten Faden an der Grenze zwischen Vorhöfen und Kammer um das Herz, so beginnt die Herzkammer im Augenblick des Zuschnürens wieder rhythmisch zu schlagen. Man darf wohl sagen, dass der Versuch in dieser seiner ursprünglichen Form etwas Verwirrendes hat: Die erste Ligatur hemmt die Bewegung der Herzkammer, die zweite stellt sie wieder her. Nach H. Munk wird deshalb der Versuch besser so angestellt, dass man am ausgeschnittenen schlagenden Froschherzen zuerst die Vorhofssinusgrenze fortschneidet, wodurch die Kammer zum Stillstand kommt und dann die Vorhofskammergrenze durch einen Nadelstich reizt, worauf eine, oder, wenn die Reizung kräftig genug war, mehrere rhythmische Pulsationen der Kammer erfolgen. Bei dieser Form des Versuchs ist von vornherein klar, dass durch den ersten Eingriff der Ursprungsort der Vorhofs- und Kammercontractionen ge-

Fig. 95.

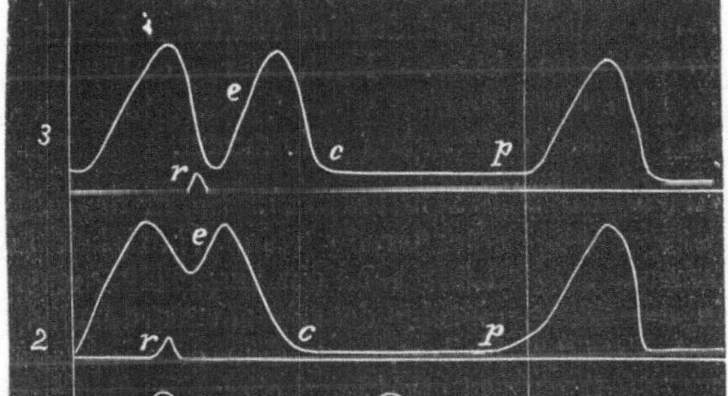

Wirkung eines Extrareizes *r* auf die Kammer des Froschherzens. *z* Zeitschreibung in Secunden.
Bei 1 fällt der Reiz *r* in die refractäre Periode, die Curve der Kammersystole bleibt unbeeinflusst.
Bei 2 und 3 entsteht eine Extrasystole *e*, auf die eine compensatorische Pause *c p* folgt.

lähmt, durch den zweiten der Ursprungsort der Kammercontractionen gereizt wird. Dieselbe Bedeutung haben auch die Stanniusschen Ligaturen, nur dass dabei für Ausschaltung und Reizung beidemale dasselbe Mittel, nämlich Umschnürung, angewendet wird. Die Versuche lehren, dass die Kammer trotzdem der „Bidder'sche“ Ganglienhaufen in ihr enthalten ist, nicht selbständig schlägt, sondern durch äussern, oder, beim unversehrten Herz, durch den vom Vorhof zugeleiteten Reiz dazu veranlasst werden muss. Der eigentliche Ursprungsort der Erregung ist also die obere Vorhofsgrenze. Nach der myogenen Theorie wird diese durch die fortgeleitete Contraction der Venenwände, nach der neurogenen von den Ganglien des „Remak'schen Haufens“ angeregt.

Compensatorische Pause. Die Abhängigkeit der Erregung der Kammer von der der Vorhöfe zeigt sich auch, wenn man die Thätigkeit der Kammer durch künstliche elektrische Reizung stört. Man bedient sich, um den Rhythmus der Herzbewegungen zu beobachten, meist der schon im ersten Theile beschriebenen „Suspensions-methode ". Lässt man nun, während Vorhof und Kammer ihre normale Curve schreiben (vergl. Fig. 95) auf die Kammer einen elektrischen Reiz wirken, so erfolgt, wenn der Reiz nicht in das „refractäre Stadium" fällt, eine Zusammenziehung der Kammer ausser der Reihe, eine „Extrasystole" der Kammer (e—c in Curve 2 und 3, umstehender Fig. 95).

Man könnte nun erwarten, dass die Kammer, von der Extra-systole an gerechnet, in ihrem gewohnten Rhythmus (vergl. Curve 1, Fig. 95) weiter arbeiten würde. Dies geschieht aber nicht, viel-mehr tritt nach der Extrasystole eine Pause ein, die so lange dauert, bis die Kammer wieder im richtigen Zeitverhältniss zum Vorhof weiterschlagen kann. Nach der „compensatorischen Pause" fällt also die Kammer wieder genau in ihren alten Gang, als sei keine Störung dazwischen gekommen.

Regulirung der Herzthätigkeit. Sogar das ausgeschnittene Herz vermag in gewissem Grade seine Thätigkeit äusseren Be-dingungen anzupassen. Lässt man ein ausgeschnittenes Froschherz durch ein in die Aorta eingebundenes Rohr verdünntes Kaninchen-blut in einen Behälter treiben, aus dem es wieder in die Venen zurückgeleitet wird, sodass ein künstlicher Kreislauf hergestellt ist, so kann man beobachten, dass, wenn der Behälter gehoben und dadurch die Arbeit vermehrt wird, die das Herz zu leisten hat, die Schläge des Herzens langsamer und stärker werden, sodass sogar mehr Blut als vorher gefördert wird.

Im lebenden Säugethiere können alle zum Herzen führenden Nervenverbindungen durchtrennt werden, ohne dass die Herzthätig-keit unter gewöhnlichen Bedingungen dadurch gestört wird.

Nach alle dem ist kein Zweifel, dass das Herz eine in sich selbst abgeschlossene Maschine darstellt, die keines äusseren An-stosses bedarf, um ihre regelmässige Arbeit zu leisten.

Herznerven. Die Nervenbahnen, die das Herz mit dem Centralorgan verbinden, können also nur dazu dienen, den Gang des Herzens zu regeln und den Bedürfnissen des Organismus an-zupassen.

Vagus. Diesem Zweck dient in erster Linie der Vagus. Seine zum Herzen gehenden Fasern sind, wie im Abschnitt über den Sympathicus angegeben ist, als autonome präcellulare Fasern an-zusehen, die mit den Ganglienzellen der Herzgeflechte in Verbindung stehen. Die Wirkung dieser Fasern ist, dauernd die Frequenz und Stärke der Herzthätigkeit zu beschränken.

Im Anschluss an das, was oben über die Hemmung von Skelettmuskeln gesagt worden ist, sei hervorgehoben, dass die Hemmung des Herzens durch den Vagus, das hervorragendste Beispiel der Hemmung überhaupt, sich eben durch den Umstand, dass die Fasern des Vagus praecellulare Fasern sind, als eine Hemmung innerhalb des Nervensystems darstellt. Dies gilt jedoch nur, insofern man die Ganglienzellen als Erreger der Herzthätigkeit ansieht.

Verlegt man nach der myogenen Theorie den Ursprung der Erregung in die Muskelfasern selbst, so muss auch eine Hemmung der Muskeln unmittelbar durch die dazutretenden Nervenfasern angenommen werden.

Accelerantes. Ferner verlaufen zum Herzen vom Ganglion stellare aus postcelluläre sympathische Fasern, deren Reizung die Wirkung hat, die Herzthätigkeit zu verstärken und zu beschleunigen. Beim Hunde verlaufen diese Fasern als besondere Stämme, Nervi accelerantes cordis, vom Ganglion stellatum zum Herzen. Der Ursprung dieser Bahnen liegt im Halsmark, von dem die praecellularen Fasern durch die Rami communicantes der oberen Thoracalnerven zum Ganglion stellare gelangen. Durch diese beiden Bahnen kann also das Centralnervensystem sowohl hemmend wie beschleunigend auf das Herz einwirken.

Depressor. Durch eine dritte Verbindung ist nun auch ermöglicht, dass vom Herzen aus zum Centralorgan Reize übermittelt werden können. Diese dritte Bahn ist der sogenannte „Nervus depressor cordis", der vom Herzen zum Vagus verläuft und in oder mit diesem aufsteigend ins Centralorgan eintritt. Reizt man den zum Herzen gehenden Stumpf dieses Nerven, so erhält man gar keine Wirkung. Reizt man den oberen, mit dem Centralorgan verbundenen Stumpf, so erfolgt eine Blutdrucksenkung und eine Verlangsamung und Verminderung der Herzthätigkeit. Die Verlangsamung des Herzschlages bei Reizung des Depressor bleibt aus, wenn vorher die Vagi durchschnitten worden sind. Hieraus ist zu schliessen, dass der Depressor mit dem Herzhemmungscentrum des verlängerten Markes in Verbindung steht, und durch Erregung der Vagi den Herzschlag verlangsamt. Die Blutdrucksenkung ist ausserdem auf eine allgemeine Gefässerweiterung, insbesondere im Gebiet des Splanchnicus zurückzuführen.

Die Bedeutung des Depressor ist demnach klar. Er stellt den seltenen Fall einer centripetalen sympathischen Bahn dar, die offenbar dazu dient, das Herz vor allzustarker Beanspruchung zu schützen. Zwar ist über die Art und Weise, wie der Depressor im lebenden Körper erregt wird, nichts Näheres ermittelt, und dem Herzen fehlt es, wie man in einigen Fällen am lebenden Menschen hat feststellen können, an eigentlicher Sensibilität, es liegt aber nahe, anzunehmen, dass der Depressor vom Herzen aus erregt wird, sobald das Herz nicht mehr im Stande ist, die Widerstände des Kreislaufs zu überwinden. Indem der Depressor die Schlagfolge des Herzens herabsetzt und die Gefässe erweitert, wird dann die Arbeit des Herzens erleichtert.

Vasomotorische Nerven.

Ebenso wie die Thätigkeit des Herzens, wird auch die Spannung der Gefässwände durch das Nervensystem geregelt und dem jeweiligen Bedürfniss des ganzen Körpers oder einzelner Theile angepasst. Es ist schon bei der Betrachtung des Kreislaufs angegeben

worden, dass sich die Gefässwände in einem dauernden Zustande
der Spannung befinden, die durch die Zusammenziehung ihrer
glatten Muskeln erhöht, und durch deren Erschlaffung herabgesetzt
werden kann.

Die Spannung der Gefässwände beruht zum Theil, namentlich
bei den grösseren Gefässen, einfach auf der Spannung des in ihnen
enthaltenen elastischen Gewebes, zum Theil auch auf passiver
Dehnung der Musculatur. Ausserdem wird die Gefässmusculatur
von den im Centralorgan enthaltenen vasomotorischen Centren aus
durch Vermittlung der in den peripherischen Nerven verlaufenden
vasomotorischen Fasern in einem dauernden Thätigkeitszustand, im
Tonus gehalten.

Durchschneidet man die zu einem Gliede oder zu einem Organ
verlaufenden Nerven, so tritt eine allgemeine Gefässerweiterung ein,
wie dies oben für den Halssympathicus angegeben ist.

Reizt man den peripherischen Stumpf des durchschnittenen
Nerven, so ziehen sich die Gefässwände zusammen.

Wird die Reizung längere Zeit fortgesetzt, so beobachtet man,
dass erst Verengerung, dann Erweiterung der Gefässe auftritt. Im
abgekühlten Thier erfolgt von vornherein nur Gefässerweiterung
auf Reizung des Nerven. Bei manchen Nerven, zum Beispiel beim
Lingualis, der die Gefässe der Submaxillardrüse innervirt, beobachtet man überhaupt nur Erweiterung auf Reiz.

Diese Beobachtungen lehren, dass es neben den Nervenfasern,
deren Reizung die Gefässmuskeln zur Zusammenziehung bringt,
also den „vasoconstrictorischen Fasern" auch solche geben muss,
die die Gefässmuskeln erschlaffen machen, „vasodilatatorische
Fasern" Die angeführten Versuche zeigen, dass im Allgemeinen
die Vasoconstrictoren überwiegen, sodass man, wo beide Arten vorhanden sind, die Wirkung der Dilatatoren nur wahrnimmt, wenn
die Constrictoren durch Ermüdung, durch Kälte u. a. m. ausgeschaltet worden sind.

Die Erweiterung der Gefässe durch die Einwirkung der dilatatorischen
Nerven wird allgemein als ein Beweis betrachtet, dass wenigstens die glatten
Muskelfasern durch ihre Nerven nicht bloss erregt, sondern auch gehemmt
werden können. Es muss zugegeben werden, dass die Erweiterung der Gefässe
sicherlich nur durch Erschlaffung der Wandmusculatur zustande kommen kann,
nicht etwa, wie mitunter angenommen wird, durch Zusammenziehung longitu-
dinal verlaufender Muskelfasern oder auf ähnliche Weise. Ferner ist festgestellt,
dass die Gefässe sich bei Reizung der Dilatatoren stärker erweitern, als wenn
bloss die Constrictoren ausgeschaltet werden. Diese Thatsachen genügen aber
noch nicht zum Beweise, dass die gefässerweiternden Nerven wirklich die
Thätigkeit der Muskelzellen unmittelbar rückgängig machen. Ihre Wirkung
kann sich vielmehr darauf beschränken, die Erregbarkeit der Gefässwände zu
vermindern, und so den normalen Tonus herabzusetzen.

Wirkung der Nerven auf den Kreislauf. Durch die beschriebenen Einwirkungen des Nervensystems auf Herz und Gefässe wird während des Lebens der Blutkreislauf fortwährend den
wechselnden Bedürfnissen entsprechend geregelt. Man kann diesen

Vorgang im Grossen und Ganzen als eine reflectorische Thätigkeit des Nervensystems ansehen, und spricht daher auch von Herzreflexen und vasomotorischen Reflexen.

Die sensiblen Reize für diese reflectorische Thätigkeit sind sehr mannigfacher Art. Jede sensible Reizung hat im Allgemeinen auch Veränderungen der Herzthätigkeit und der Gefässweite zur Folge.

Unter den vasomotorisch wirkenden Reizen kommt der Temperatur eine besonders beachtenswerthe Stellung zu, da, wie im Abschnitt über die thierische Wärme ausgeführt worden ist, die Blutvertheilung für die Regulirung der Gesammttemperatur des Körpers eine Hauptrolle spielt. Es sei ferner hervorgehoben, dass bei vielen Verrichtungen des Körpers, so bei der Verdauung, bei Muskelarbeit, durch die vasomotorische Innervation die Blutzufuhr zu den thätigen Organen vermehrt wird.

Endlich ist zu erwähnen, dass man, abgesehen von allen diesen durch äussere Ursachen bedingten Wirkungen des Nervensystems auf den Kreislauf mitunter periodische Schwankungen des Blutdrucks, die sogenannten Traube-Hering'schen Wellen, beobachtet, die auf periodische Thätigkeit der vasomotorischen Centra zurückgeführt werden. Die Ursache dieser periodischen Thätigkeit ist noch unbekannt.

Innervation der Athmung.

Ebenso wie es oben für die Innervation der Körpermusculatur im Allgemeinen angegeben ist, ist auch die Innervation der Athemmuskeln so aufzufassen, dass man sich Inspirationsmuskeln und Exspirationsmuskeln dauernd tonisch erregt und die Athembewegungen durch abwechselndes Ueberwiegen der Erregung einer der Gruppen zustande kommend denkt. Das Zwerchfell beispielsweise, obschon es nur bei Einathmung wirkt, ist bei Ausathmung nicht völlig erschlafft, denn der intraabdominale Druck, der nur durch die Mitwirkung des Zwerchfells unterhalten werden kann, hört auch während der Ausathmung nicht völlig auf.

Athemcentrum. Die dauernde Innervation sowohl wie ihre periodische Verstärkung rührt von der Thätigkeit der motorischen Zellgruppen her, die in ihrer Gesammtheit als „Athemcentrum" bezeichnet werden. Es ist oben schon angegeben worden, dass das Athemcentrum aus einer grossen Anzahl einzelner Centra besteht, die man sich entweder als untereinander gleichwerthig oder als in Gruppen von einem Centrum höherer Ordnung abhängig vorstellen kann. In beiden Fällen muss eine sehr genaue Verbindung zwischen den einzelnen Centren angenommen werden, um die gemeinsame Thätigkeit der Athemmuskeln zu ermöglichen. Was das besagen will, wird am besten ein Blick auf folgende Zusammenstellung lehren.

Uebersicht über die Innervation der Athemmuskeln.

Inspiration.

Prae-inspiratorische Bewegungen	Levator alae nasi Levator veli palatini	Facialis (Vago-accessorius)
	Azygos uvulae Sternothyreoideus Sternohyoideus Cricoarytaenoideus posticus	N. hypoglossus
Bauchathmung	Zwerchfell	Phrenicus
Brustathmung	Intercostales externi	Intercostales
Accessorische Athemmuskeln	Serratus posticus sup. Scaleni	Pl. cervicalis
	Sternocleidomastoideus Trapezius	Accessorius
	Rhomboidei Levator anguli scapulae Pectoralis minor· Serratus anticus	Pl. cervicalis u. brachialis

Exspiration.

Bauchathmung	Muskeln der Bauchwände	Lumbalnerven
Brustathmung	Intercostales interni Triangularis sterni	Intercostales
Accessorische Athemmuskeln	Serratus posticus inf. Latissimus	Pl. brachialis

Dass die motorischen Centra dieser verschiedenen Muskelgruppen wenigstens zum Theil untereinander zum Zweck gemeinsamer Thätigkeit verbunden sind, dürfte schon daraus folgen, dass sich bei künstlicher Athmung die Thätigkeit des Kehlkopfes der passiven Bewegung des Brustkorbes anpasst.

Athemreize. Gleichviel aber, ob die Centra nebeneinander oder in gemeinsamer Unterordnung unter ein einheitliches Hauptcentrum thätig sind, entsteht die Frage nach der Ursache ihrer rhythmischen Erregung. Hier ist zunächst an die oben erwähnte Thatsache zu erinnern, dass nach gründlicher Durchlüftung der Lungen, wenn das Blut von Kohlensäure soweit wie möglich befreit und dagegen mit Sauerstoff gesättigt ist, die Athembewegungen ausbleiben. Dagegen werden die Athembewegungen verstärkt, wenn kohlensäurereiche oder sauerstoffarme Luft geathmet wird. Diese Beobachtungen lehren, dass der Zustand des durch das Athemcentrum strömenden Blutes als Reiz auf das Athemcentrum wirkt. Ausser dem Gasgehalt des Blutes kommen hierfür auch die schon oben bei Besprechung der Muskelermüdung erwähnten Stoffwechselproducte der Muskeln in Betracht. Es ist aus dem täglichen Leben bekannt, dass man schon die Empfindung hat, „ausser Athem zu kommen", wenn man auch erst wenige Secunden eine anstrengende Muskelarbeit geleistet hat. Es lässt sich zeigen, dass zu dieser Zeit von Sauerstoffmangel und Kohlensäureüberschuss im gesammten Blut noch keine Rede sein kann. Die prompte Verstärkung der Athmung wird daher den „Ermüdungsstoffen" zugeschrieben, die in kleinsten Mengen schon nach den ersten Contractionen ins Blut überzugehen beginnen.

Endlich ist hier zu erwähnen, dass auch die Zunahme der Bluttemperatur als Reiz auf das Athemcentrum wirkt. Die Rolle der Athmung im Wärmehaushalt des Körpers ist oben schon zur Genüge erörtert.

Es leuchtet nun zwar ein, dass die erwähnten Ursachen das Athemcentrum erregen und zu verstärkter Thätigkeit antreiben können, es ist aber schwer sich vorzustellen, dass die regelmässige rhythmische Thätigkeit des Athmens allein auf solche Schwankungen in der Beschaffenheit des Blutes zurückzuführen sein sollte. Hier kommt nun die Wirkung der Lungenäste des Vagus in Betracht, die als die „Selbststeuerung" der Athmung bezeichnet wird. Indem jede Verengerung der Lungen einen inspiratorischen, jede Erweiterung einen exspiratorischen Reiz auf das Athemcentrum ausübt, ist die regelmässige Folge der Athemzüge gesichert. Es bedarf also nur einer Regulirung, um die Athmung dem gesteigerten Bedarf in besonderen Fällen anzupassen.

Ausser von diesen eigentlichen Athemreizen wird das Athemcentrum auch von anderen sensiblen Reizen beeinflusst. Schwache sensible Reizungen beschleunigen in der Regel die Athmung, starke verlangsamen sie. Vollständig gehemmt wird die Athmung schon durch verhältnissmässig schwache Reizung der Nasenschleimhaut. Beim Einziehen von Ammoniakdämpfen in die Nase, die einen starken Reiz auf den Trigeminus ausüben, erfolgt eine krampfhafte Ausathmung mit andauerndem Athmungsstillstand in der Exspirationsstellung. Auch heftige Erschütterung des Körpers, etwa bei einem Fall auf den Rücken oder einem Stoss gegen die Magengrube hat vorübergehenden Stillstand der Athmung zur Folge.

In Bezug auf die Thätigkeit der Athemnerven beim Gebrauch der Stimme und Sprache ist auf das zurückzuverweisen, was in dem Abschnitte über das Centralnervensystem vom Sprachcentrum und im Abschnitte über Stimme und Sprache über die Mechanik der Stimmgebung gesagt ist.

Innervation der Ernährungsorgane.

Kauthätigkeit. Die Bewegungen des Beissens und Kauens können zwar willkürlich in mannigfacher Weise abgeändert ausgeführt werden, im Allgemeinen ist aber ihre Thätigkeit, wie schon im ersten Theil hervorgehoben wurde, eine maschinenartig regelmässige, und es ist deshalb anzunehmen, dass im Centralnerven system zwischen den motorischen Zellgruppen, die die Kaumuskeln beherrschen, eine ausgebildete coordinatorische Verknüpfung besteht. Die betreffenden motorischen Gruppen sind der Ursprungskern des motorischen Astes des Trigeminus, der des Hypoglossus und, für Gaumensegel und Lippen, der des Facialis. Man hat in der Grosshirnrinde, in der motorischen Zone für die Gesichtsmuskeln eine Stelle gefunden, bei deren Reizung Kaubewegungen und im Anschluss daran auch Schlingbewegungen eintreten. Diese Beobachtung ist deswegen besonders wichtig, weil es sich um doppelseitige Bewegungen bei Reizung einer Hemisphäre handelt. Aber auch nach

Exstirpation der Rinde treten Kaubewegungen reflectorisch auf, wenn Nahrung zwischen die Zähne gebracht wird.

Die Speichelabsonderung. Die Speicheldrüsen sind es, an denen die Abhängigkeit der Drüsenthätigkeit vom Einfluss der Nerven zuerst nachgewiesen wurde. Es ist oben schon erwähnt, dass die Speicheldrüsen von je zwei Stellen aus, durch den Halssympathicus und durch Hirnnervenfasern innervirt werden, und dass bei Reizung des Sympathicus spärlicher, zäher, stark schleimhaltiger Speichel, bei Reizung der Hirnnerven wässeriger Speichel abgesondert wird. In neuerer Zeit hat Pawlow gezeigt, dass während des Lebens von diesen beiden Arten der Innervation je nach der Beschaffenheit der Nahrung eine oder die andere überwiegt.

Um Menge und Art des Speichels genau untersuchen zu können, legt man bei Versuchsthieren Speichelfisteln an, das heisst, man heilt den Ausführungsgang der Speicheldrüse in die äussere Wangenhaut ein, sodass der Speichel nach aussen in einen aufgeklebten Trichter abfliesst.

Bringt man nun dem Versuchsthier reizende Stoffe, wie etwas verdünnte Essigsäure ins Maul, so fliesst reichlich dünner Speichel, giebt man trockenes Brot, so wird zäher, schleimreicher Speichel abgesondert.

Nicht immer ist die Beziehung der Art der Secretion zur Art der Absonderung so klar, wie in diesen beiden Fällen, in denen offenbar die reichliche Absonderung dazu dient, die Säure zu verdünnen, und die Absonderung schleimigen Speichels, das trockene Brot schlüpfrig zu machen, denn auf Milch, die eigentlich keines Zusatzes bedarf, erfolgt sehr reichlicher Speichelfluss.

Die Speichelsecretion erscheint demnach als ein verwickelter Reflexvorgang, der mannigfacher Abstufung fähig ist.

Die Speichelsecretion tritt aber nicht nur reflectorisch bei Reizung sensibler Nerven durch die Speisen ein, sondern sie tritt auch durch rein psychische Vorgänge, durch blosse Gedankenverbindung ein. Zeigt man einem Hund mit Speichelfistel von weitem Futter, so sieht man alsbald die Secretion beginnen, ja schon die Nähe der Person, die das Thier zu füttern pflegt, oder irgend ein Anzeichen der bevorstehenden Fütterung kann erregend wirken.

Diese von Pawlow so genannte „psychische Secretion" ist ein Beispiel der Wirkung der Associationen im Grosshirn. Die bekannte Redensart: „Das Wasser läuft einem im Munde zusammen", zeigt, dass diese Erscheinung auch beim Menschen zu beobachten ist.

Schluckreflex. Die Thätigkeit der Schlundmusculatur, durch die die Speisen verschluckt werden, ist ein reiner Reflex, der durch sensible Reizung der hinteren Zungen- und Mundhöhlenschleimhaut ausgelöst wird. Bei den verschiedenen Thierarten erweisen sich bestimmte Stellen der Schleimhaut erregbarer als andere, und diese bilden also die eigentliche Ursprungsstelle des Schluckreizes. An sensiblen Bahnen kommen in Betracht der Trigeminus, Glossopharyngeus und Laryngeus superior.

Indem diese Nerven auf das Schluckcentrum im verlängerten Mark wirken, lösen sie die ganze Reihe · von Muskelthätigkeiten aus, aus denen sich der Schluckact zusammensetzt. Der Zungenrücken hebt sich von der Spitze nach der Basis zu mit einer

wellenförmigen Bewegung und wird zugleich durch die Muskeln des
Mundbodens nach oben gedrückt.

Der Kehlkopf wird nach oben und vorn unter die Zungenwurzel gezogen, die Stimmritze geschlossen. Der weiche Gaumen
hebt sich und verschliesst den Nasenrachenraum.

Ist der Bissen durch die Zunge in den so erweiterten Isthmus
faucium geschoben, so zieht sich die Schlundmusculatur hinter ihm
zusammen, und presst ihn in den Oesophagus, in dem er durch
die fortlaufende Zusammenziehung der Oesophagusmusculatur bis
zum Magen hinabgetrieben wird. Die Verkettung dieser einzelnen
Muskelthätigkeiten ist auch im Bereich des Oesophagus allein durch
die Innervation gegeben. Wird die Muskelwand des Oesophagus
in mehrere Stücke zerlegt, so läuft die peristaltische Zusammenziehung dennoch in regelmässiger Weise ab, wenn nur die Nerven
geschont worden sind.

Die Beförderung des Bissens durch die Speiseröhre geht nicht
ganz gleichmässig, sondern in mehreren Schüben vor sich. Der
unterste Theil des Oesophagus und die Cardia bilden einen Abschnitt für sich, dessen Bewegungsweise mit der der tiefer gelegenen Darmtheile darin übereinstimmt, dass der Durchtritt des
Inhalts geregelt und gewissermaassen in einzelne Portionen eingetheilt wird. Die Cardia öffnet sich nicht für jeden Schluck,
sondern erst, wenn eine passende Nahrungsmenge sich angesammelt
hat. Bei starken Reizen schliesst sie sich krampfhaft, sodass zum
Beispiel ätzende Flüssigkeiten meist oberhalb der Cardia zurückgehalten werden.

Magen- und Darmbewegung. Die motorische Innervation
des Magens und des Darmes kann gemeinsam betrachtet werden.
Es sind in der Wand des Darmcanals vom Ende des Oesophagus
an bis zum Mastdarm eigene Nervengeflechte in Gestalt des
Auerbach'schen und Meissner'schen Plexus enthalten. Von
aussen her treten zum Darmcanal Fasern vom Vagus und Fasern
vom Splanchnicus. Diese von aussen kommenden Fasern können
durchschnitten werden, ohne dass die normale Bewegungsweise des
Darmcanals merklich gestört wird. Dagegen beobachtet man bei
Reizung des Vagus Verstärkung, bei Reizung des Splanchnicus
Abschwächung oder Hemmung der Bewegungen. Die Bewegungen
des Darmes müssen als Reflexe betrachtet werden, die durch
sensible Reizung durch den Inhalt ausgelöst werden. Hierfür kommt,
wie die Wirkung der Abführmittel beweist, chemische Einwirkung
auf die Schleimhaut, so gut wie mechanische Reizung und Spannung
der Darmwände in Betracht. Der Verlauf der reflectorischen Erregungen kann im Einzelnen nicht näher angegeben werden, man
darf aber annehmen, dass sie durch den Auerbach'schen Plexus
vermittelt werden.

Die Thätigkeit der vom Centralnervensystem zum Darm verlaufenden Beschleunigungs- und Hemmungsfasern macht sich dadurch bemerkbar, dass starke sensible Reize und ebenso psychische

Einflüsse die Darmbewegungen hemmen oder anregen können. Es ist allgemein bekannt, dass bei Schreck und Angst unwillkürliche Entleerung des Darms auftritt.

Verdauungsdrüsen. Ebenso wie die Bewegung wird nach Pawlow's Entdeckung auch die Secretionsthätigkeit der Drüsen des Verdauungscanales aufs Genaueste durch reflectorische Thätigkeit des Nervensystems geregelt. Während man früher annahm, dass nur der mechanische Reiz der in den Magen gelangenden Stoffe die Secretion eines in seiner Zusammensetzung stets gleichen Saftes verursachte, hat Pawlow mit Hülfe der im ersten Theile dieses Buches erwähnten Methodik nachgewiesen, dass die Secretion des Magensaftes ebenso wie die des Speichels schon durch die blosse Vorstellung der Speisen erregt werden kann. Man nennt dies die „psychische Secretion“ des Magens. Auch die „Scheinfütterung“, bei der die verschluckte Nahrung statt in den Magen zu gelangen, durch eine Oesophagusfistel entleert wird, regt die Magendrüsen zur Secretion an. Dagegen hat sich die rein mechanische Reizung als fast ganz unwirksam erwiesen. Wenn man einem Hunde mit Magenfistel Fleisch in den Magen stopft, ohne dass er es gewahr wird, bleibt es lange Zeit unverdaut im Magen liegen.

Es handelt sich also bei der Secretion des Magensaftes nicht um einen einfachen Berührungsreflex der Magenwand, sondern bei der psychischen Secretion um einen „Vorstellungsreflex“, bei der Secretion auf Scheinfütterung um einen zusammengesetzten Reflex, für den die Geschmacks- und Empfindungsnerven der Mundhöhle die sensible Bahn darstellen. Die motorische Bahn verläuft im Vagus, denn nach Durchschneidung der Vagi bleibt die Secretion aus.

Ausser diesen beiden Ursachen wirkt aber noch eine dritte auf die Secretion ein.

Der bei der Scheinfütterung oder auf psychischen Reiz abgesonderte Saft, den Pawlow als „Appetitsaft“ bezeichnet, ist immer annähernd gleich zusammengesetzt. Wenn man dagegen einen nach Pawlow's Methode des kleinen Magens operirten Hund etwa mit Brot oder Fleisch oder Milch wirklich füttert, und die Beschaffenheit des abgesonderten Saftes an dem Secrete des „kleinen Magens“ prüft, so findet man sehr wesentliche Unterschiede in der Zusammensetzung, sowie in dem zeitlichen Verlauf der Drüsenthätigkeit. Offenbar ist also die Secretion des Magensaftes ebenso wie die des Speichels von der besonderen Beschaffenheit der Nahrung abhängig. Diese Erscheinung lässt sich auf die unmittelbare Einwirkung der löslichen Bestandteile der Nahrung auf die Magenwände zurückführen.

Bestimmte Stoffe, vor allem die Salze des Fleisches, rufen besonders reichliche Absonderung stark ferment- und säurehaltigen Magensaftes hervor. Daher wirkt der Liebig'sche Fleischextract, obschon er an sich keine eigentlichen Nährstoffe enthält, mittelbar als ein Kräftigungsmittel, indem er die Ausnutzung der Nahrung verbessert.

Die Bedeutung der Gewürze für die Ernährung beruht ebenfalls darauf, dass sie die Thätigkeit der Verdauungsdrüsen anregen.
Ganz geringe Zusätze von Gewürz können eine Kost schmackhaft
und bekömmlich machen, die ohne solche Zusätze auf die Dauer
überhaupt nicht zu geniessen wäre.

Auffällig ist, dass Eiweiss fast keine Secretion hervorruft, obschon gerade
die Eiweissverdauung als Hauptzweck der Magensecretion erscheint.

Ob die Magendrüsen durch die erwähnten chemischen Einwirkungen unmittelbar, oder reflectorisch durch Vermittlung von Nerven
erregt werden, ist noch ungewiss.

Pancreas. Die Thätigkeit des Pancreas beginnt schon vor
der der Magendrüsen, und es lässt sich zeigen, dass sie reflectorisch
durch die mit dem Zerkauen der Nahrung verbundenen Reize erregt
wird. Zur Absonderung wirksamer Mengen kommt es aber erst,
wenn der Mageninhalt in das Duodenum übertritt. Insbesondere ist
es die Magensäure, die den Reiz für das Pancreas abgiebt, denn
bei künstlicher Einführung von Säurelösungen ins Duodenum erweist
sich die Menge des abgesonderten Pancreassaftes als proportional
dem Säuregrade der Lösung. Ausserdem erfolgt reichliche Secretion
auch auf Einführung von Fetten oder Seifenlösungen. Die Zusammensetzung des Saftes ist nicht in beiden Fällen dieselbe,
sondern der auf Säurereiz abgesonderte Saft enthält viel Alkalien
und wenig Ferment, der auf Fetteinführung abgesonderte ist schwach
alkalisch, aber reich an organischen Stoffen. Bei Fütterung mit
verschiedenen Mitteln, wie Brot, Fleisch, Milch, unterscheidet sich
der zeitliche Verlauf der Secretion und der Gehalt des Secretes an
den verschiedenen Fermenten.

Diese Beeinflussung der Pancreassecretion von der Darmschleimhaut aus kann nicht als eine reflectorische angesehen werden,
denn sie bleibt auch bestehen, wenn sämmtliche mit der Darmschleimhaut in Verbindung stehende Nerven durchtrennt sind. Man
nimmt deshalb an, dass die Reizwirkung zur Entstehung einer gewissen Substanz „Secretin“ in der Darmschleimhaut führt, die dann
in das Blut übergeht und auf diesem Wege mittelbar oder unmittelbar
das Pancreas erregt. Im Uebrigen ist festgestellt, dass durch
Reizung beliebiger sensibler Nerven die Thätigkeit des Pancreas
gehemmt werden kann, während sie durch Reizung der zum Pancreas
führenden Vagusäste angeregt wird.

Defäcation. Für den dauernden Verschluss und die periodische Entleerung des untersten Theiles des Darmcanals besteht,
wie oben schon angegeben, ein besonderes Centrum anospinale im
unteren Lumbalmark. Wenn dieses Centrum zerstört wird, erscheint
anfänglich der Sphincter ani und das Rectum gelähmt, nach einiger
Zeit aber stellt sich die normale Thätigkeit wieder her. Rectum
und After werden durch die Nervi hypogastrici, die aus dem
Ganglion mesentericum inferius hervorgehen, und durch die Nervi
erigentes aus dem Plexus hypogastricus innervirt. Es ist anzunehmen,

dass sensible Reize, die von dem angehäuften Darminhalt ausgehen, den Reflex zur Entleerung auslösen. Diese Erregungen verlaufen in beiden eben angeführten Bahnen, denn es müssen beide Bahnen durchtrennt werden, wenn der Reflex aufgehoben werden soll. Ebenso erhält man von beiden Bahnen bei künstlicher Reizung bald Contraction, bald Erschlaffung, nur ist beim Hypogastricus das zweite, beim Erigens das erste häufiger.

Der Vorgang der Defäcation ist demnach als ein rein reflectorischer aufzufassen, bei dem nur dadurch ein Anschein von Willkürlichkeit entsteht, dass der Reflex durch den Willen unterdrückt zu werden pflegt. Durch die Bauchpresse kann die Defäcation willkürlich gefördert und beschleunigt werden, doch ist dies zur Entleerung nicht durchaus erforderlich.

Innervation der Drüsen.

Drüsennerven. Von der Innervation der Verdauungsdrüsen ist eben schon die Rede gewesen. Ebenso ist im Abschnitt über die sympathischen Nerven die Innervation der Schweissdrüsen erwähnt worden. Hierzu mag nochmals angeführt werden, dass die Schwitzcentra im Centralnervensystem auch durch psychische Eindrücke erregt werden können, wie schon der bekannte Ausdruck „Angstschweiss" lehrt. Obgleich man nicht bei allen Drüsen die Einwirkung des Nervensystems unmittelbar nachweisen kann, ist doch anzunehmen, dass die Thätigkeit sämmtlicher Drüsen vom Nervensystem abhängig ist.

Dies ist in einigen Fällen an gewissen Störungen der Drüsenthätigkeit zu erkennen: Nach dem „Zuckerstich" ins verlängerte Mark ändert sich der innere Stoffwechsel, so dass Zucker im Harn auftritt. Nach Durchschneidung der Nerven, die zu den Drüsen führen, pflegt anfänglich die sogennannte „paralytische Secretion" einzutreten, nämlich eine dauernde übermässige Secretion, dann tritt Atrophie der Drüsen ein.

Innervation der Harnwege. Es ist hier auch der Verrichtungen des Nervensystems bei der Ausscheidung des Harns zu gedenken. Ein Einfluss von Nerven auf die Secretionsthätigkeit der Niere ist nicht mit Bestimmtheit nachzuweisen. Der im Nierenbecken angesammelte Urin wird durch periodische, im Ureter ablaufende Contractionswellen in die Blase befördert. Die Uretercontractionen laufen etwa alle Viertelminute mit einer Geschwindigkeit von 2—3 cm in der Secunde ab. Die glatten Muskeln der Ureterwand erhalten Nervenfasern von Ganglienzellen, die besonders am oberen und unteren Ende in der Ureterenwand gelegen sind, und ihrerseits mit dem Splanchnicus in Verbindung stehen. Durch Reizung des Splanchnicus wird der Ureter in Contraction versetzt. Die normalen Contractionen werden aber nicht auf diesem Wege ausgelöst, denn sie treten auch am isolirten Ureter auf.

Der einmal in die Blase entleerte Harn kann nicht in die Ureteren zurücktreten, weil die Mündung der Ureteren die Blasenwand schräg durchsetzt, so dass sie sich bei Druck von innen her verschliessen muss.

Um am Präparat die Blase aufzublähen, braucht man daher nur die Harnröhrenöffnung zu unterbinden und kann dann durch den Ureter Luft einblasen, die nicht wieder entweicht.

Die Harnröhrenöffnung der Blase wird für gewöhnlich durch den Tonus der sie umschliessenden glatten Muskelfasern, Sphincter vesicae internus, geschlossen gehalten. Beim todten Hunde läuft der Blaseninhalt schon bei einem Druck von wenig über 20 cm ab. Bei lebenden männlichen Hunden kann dagegen die Blase mit über 100 cm Wasserdruck aufgetrieben werden, ehe der Verschluss des Sphincter nachgiebt. Es ist undenkbar, dass bei der normalen Entleerung der Blase ein so grosser Druck hervorgebracht wird, und mithin ist sicher, dass bei der Entleerung der Sphincter erschlaffen muss, während sich die übrige Musculatur der Blase, vor Allem der sogenannte Detrusor urinae, zusammenzieht. Der Tonus des Sphincter beruht, wie man aus Versuchen und aus klinischen Beobachtungen weiss, auf der Thätigkeit des Centrum vesicospinale im Lendenmark. Dieses Centrum ist durch eine zweifache Bahn auf dem Wege der Nervi hypogastrici und erigentes mit der Blasenmusculatur verbunden. Auf Reizung der Nervi erigentes zieht sich die Blase zusammen, auf Reizung der Hypogastrici erschlafft der Sphincter. Indem diese beiden Wirkungen reflectorisch hervorgerufen werden, wird die Blase entleert. Der sensible Reiz, der den Reflex verursacht, entsteht durch die zunehmende Spannung der Blasenwand.

Zu diesen Hauptzügen kommen noch eine Anzahl Einzelheiten hinzu, die den Gesammtvorgang als einen recht verwickelten erscheinen lassen. Der sensible Reiz bei zunehmender Spannung erhöht nämlich zunächst den Tonus des Sphincter. Gleichzeitig ruft er Zusammenziehungen des Detrusor hervor, die den Druck im Inneren der Blase periodisch erhöhen und die Blasenwand so stark spannen, dass die sensible Reizung als „Harndrang" zum Bewusstsein kommt. Es kann dann entweder reflectorische Entleerung eintreten oder, wenn der Reflex durch den Willen gehemmt wird, eine weitere Verstärkung des Sphinctertonus eintreten. Schliesslich kann auch noch die willkürliche Musculatur des Perineums zum Verschluss beitragen. In diesem letzten Fall wird schon die willkürliche Erschlaffung der Perinealmuskeln die Entleerung einleiten. In allen anderen Fällen muss aber die Entleerung des Urins als ein rein reflectorischer Vorgang bezeichnet werden, auf den der Wille nur mittelbar einzuwirken vermag.

Innervation der Geschlechtsorgane. Die Function der Geschlechtsorgane umfasst eine Anzahl Reflexe, deren Centra im unteren Lumbalmark gelegen sind.

Die Schwellung der Corpora cavernosa bei beiden Geschlechtern kann durch psychische Einflüsse oder auch reflectorisch durch sensible Reizung der äusseren Geschlechtsorgane hervorgerufen werden. Der Verlauf der sensiblen Bahn ist nicht genau nachgewiesen, es ist aber anzunehmen, dass sie mit der motorischen zusammenfällt. Diese wird durch die Nervi erigentes und die Muskelnerven der äusseren Geschlechtsorgane dargestellt. Die Wirkung des N. erigens besteht darin, durch Erweiterung der Gefässe die Blutzufuhr zu den Corpora cavernosa zu verstärken, so dass sie sich prall füllen und erheblich vergrössern. Zugleich wird durch Anspannung der

Perinealmuskeln der Abfluss des Blutes behindert, wodurch die
Stauung und Schwellung noch vermehrt wird. Nach Zerstörung
des Lendenmarks oder Durchschneidung der Nervi erigentes bleibt
die Schwellung der Corpora cavernosa aus.

Bei vielen Tierarten, so bei Hund, Katze, Pferd, nicht bei
Kaninchen, kommt ein besonderer glatter Muskel, Retractor penis,
vor, der die Eigenthümlichkeit hat, mit zwei Nerven, Pudendus
und Erigens, in Verbindung zu stehen, von denen der erste Zusammenziehung, der zweite Erschlaffung des Muskels bewirkt.

Die Ejaculation des Samens geschieht durch einen zweiten
Reflex, der ebenfalls durch die sensible Reizung der äusseren Geschlechtsorgane hervorgerufen wird. Die motorische Bahn verläuft
im N. hypogastricus, dessen Erregung die Samenleiter und Samen-
blasen zur Contraction bringt. Wodurch das mit dem Vorgange der
Ejaculation verbundene Wollustgefühl entsteht, auf welchen Bahnen
es sich dem Centralorgan mittheilt und welche Theile des Centralnervensystems dabei thätig sind, ist unbekannt. Beim weiblichen
Geschlecht ruft die Reizung Contractionen der glatten Muskeln des
Uterus und der Vagina hervor.

Auch die Contractionen des Uterus beim Geburtsact werden
vom unteren Lumbalmark aus auf demselben Wege hervorgerufen.

Innervation der Milchdrüsen. Endlich ist die Thätigkeit
der Milchdrüsen in ihrer Beziehung zum Nervensystem zu betrachten.
Es ist eine bekannte Thatsache, dass, wenn das Säugen oder
Melken auf längere Zeit unterbrochen wird, die Milchabsonderung
zurückgeht. Ferner ist bekannt, dass beim jedesmaligen Säugen
der Milchfluss nicht im ersten Augenblick am stärksten ist, sondern
sich erst im Laufe einer kurzen Zeit ausbildet. Mit dem Eintreten
des stärkeren Flusses ist eine Empfindung verbunden, die als das
Gefühl des „Einschiessens" der Milch in die Brust bezeichnet wird.
Endlich tritt die Papille beim Saugreiz merklich hervor und ver-
härtet sich durch die Thätigkeit ihrer glatten Musculatur. Alle
diese Beobachtungen weisen darauf hin, dass sensible Reize, die
von der Haut der Papille ausgehen, auf die Thätigkeit der Milchabsonderung Einfluss haben.

Die Nerven der Milchdrüsen verlaufen beim Menschen in den
Supraclaviculares und im 2.—6. Intercostalstamm, die Euterdrüse
der Ziege wird vom Spermaticus externus, die Haut des Euters vom
Ileoinguinalis innervirt. An der Ziege ist nachgewiesen, dass der
Ileoinguinalis auch an die Muskeln der Papillen und an die Gefässe
Aeste abgiebt. Durchschneidet man den Ileoinguinalis und reizt das
periphere Ende, so wird die Papille aufgerichtet und die Gefässe
erweitern sich. Reizt man das centrale Ende, so soll die Milchabsonderung zunehmen. Wie weit hierbei Veränderungen des Blutdrucks im Spiele sind, ist nicht genau festgestellt. Ein eigentlicher
secretorischer Nerv für die Milchdrüse, dessen Reizung die Drüsenzellen unmittelbar in Thätigkeit setzt, ist nicht bekannt.

Erregung der Lactation durch innere Secretion. Es liegt nahe, den offenbaren Zusammenhang zwischen der Thätigkeit der Milchdrüse und der eigentlichen Geschlechtsorgane ebenfalls durch nervöse Verbindungen erklären zu wollen. Dieser Annahme widerspricht aber der schon weiter oben erwähnte Versuch von Goltz, in dem an einer Hündin, der das ganze Rückenmark entfernt war, normale Lactation beobachtet wurde. Auch am Menschen ist ein solcher Fall bekannt. Ebenso haben eigens angestellte Versuche ergeben, dass man alle nervösen Verbindungen zwischen Geschlechtsorganen und Milchdrüse durchtrennen kann, ohne die Lactation zu beeinflussen. Man muss daher annehmen, dass die Geschlechtsorgane auf anderem Wege, wahrscheinlich durch Vermittlung des Blutes, auf die Brustdrüse einwirken. Aus dem Corpus luteum, das sich im Eierstock nach dem Austritt eines befruchteten Eies bildet, aus dem Uterus selbst im Zustande der Rückbildung nach der Geburt, und angeblich auch aus verschiedenen anderen Organen hat man Stoffe ausziehen können, die auf die Milchdrüse erregend wirken und selbst bei unbefruchteten Thieren Lactation hervorrufen. Es ist klar, dass unter normalen Bedingungen nach der Geburt solche Stoffe ins Blut übergehen, und so die Lactationsthätigkeit auf dem Wege innerer Secretion erregen können. Bemerkenswerther Weise soll Castration keinen wesentlichen Einfluss auf die Milchabsonderung haben.

Die psychischen Einflüsse auf die Milchsecretion, deren oben gedacht worden ist, wirken möglicher Weise auch auf diesem Wege.

Trophische Nerven.

Vorstehende Uebersicht zeigt, dass das Nervensystem fast alle Verrichtungen des Körpers beherrscht. Man hat deshalb früher angenommen, dass die Nerven auch für das Bestehen des normalen Stoffumsatzes innerhalb der einzelnen Gewebszellen nothwendig wären. Diese Lehre stützt sich darauf, dass nach Durchschneidung gewisser Nerven mitunter ein ganz rascher Verfall der nicht mehr innervirten Gewebe zu beobachten ist. Die hervorragendsten Beispiele hierfür sind die Trigeminuspanophthalmie und die Vaguspneumonie. Diese beiden Fälle sind aber, wie oben ausführlich angegeben ist, unzweifelhaft auf ganz andere Weise zu erklären. *Daher ist der Begriff „trophischer Nerven"*, deren Aufgabe es sein soll, durch Regulirung des Stoffwechsels der Zellen den Bestand der Körpergewebe zu unterhalten, *überhaupt zu verwerfen.*

4.

Die Lehre von den Sinnen.

Allgemeines über die Sinne.

Begriff der Sinnesorgane. Die Nerven, die von den Centralorganen zu den peripherischen Organen verlaufen, die man kurzweg unter der Bezeichnung „motorische" zusammenfassen kann, erhalten ihre Erregung von den centralen Nervenzellen, von denen sie ausgehen. Die Erregung dieser Zellen kann, im Falle rein willkürlicher Bewegung, ohne erkennbare materielle Ursache entstehen. In den allermeisten Fällen entspringt sie aber aus der Erregung anderer Theile des Nervensystems, die von der Peripheric zu den Centralorganen verlaufen und die man kurzweg unter der Bezeichnung „sensible" zusammenfassen kann.

Folgt die Erregung der motorischen Nerven auf die sensiblen mit unabänderlicher Regelmässigkeit, so handelt es sich um eine Reflexbewegung. Aber auch die meisten anderen motorischen Erregungen werden durch sensible Erregungen mit bestimmt. Um zweckmässig zu sein, müssen die motorischen Innervationen den Bedingungen angepasst werden, unter denen sich der Organismus gerade befindet.

In einigen Fällen wirken die betreffenden Bedinguugen unmittelbar auf die betreffenden motorischen Centra ein, die man dann als „automatische" bezeichnet. So wird das Athemcentrum unmittelbar durch zu hohen Kohlensäuregehalt des Blutes erregt. In anderen Fällen sind besondere Organe, die „Sinnesorgane" vorhanden, die durch die betreffenden Bedingungen erregt werden und durch Vermittlung von sensiblen Nerven ihre Erregung auf das Centralnervensystem übertragen, das dadurch sozusagen über die äusseren Bedingungen unterrichtet wird.

Die Bezeichnung „Sinnesorgane" besagt also nicht, dass mit der Erregung des betreffenden Organes nothwendig eine bewusste Empfindung verbunden sein muss, obgleich dies der Fall sein kann.

Man pflegt, um Missverständnisse in dieser Beziehung zu vermeiden, statt von Sinnesorganen von „receptorischen" Organen zu sprechen. Unter einem „Sinnesorgan" oder „receptorischen" Organ ist also ein Organ zu verstehen, dass äussere oder innere Reize aufnimmt und durch Vermittlung „sensibler", centripetaler Nerven auf das Centralorgan überträgt, gleichviel ob mit diesem Vorgang „Empfindung", das heisst bewusste Wahrnehmung, verbunden ist oder nicht.

Eintheilung der Sinnesorgane. Schon in dem Punkte, dass Erregung der Sinnesorgane nicht gleichbedeutend mit Empfindung ist, weicht die physiologische Auffassung des Wortes „Sinn" von dem allgemeinen Sprachgebrauch ab. Ebensowenig kann sich der Physiologe an die allgemein übliche Anschauung von „den fünf Sinnen" binden. Von den sogenannten fünf Sinnen sind vier den betreffenden Organen und den mit ihrer Erregung verbundenen Empfindungen nach allerdings hinreichend scharf getrennt, um diese Eintheilung auch wissenschaftlich zu rechtfertigen. Für den fünften Sinn, den Gefühlssinn, fehlt aber ein einheitliches Organ und auch eine einheitliche Art der Empfindung.

Um diesen Unterschied scharf bezeichnen zu können, ist es zweckmässig, von folgender Betrachtung auszugehen: Die Empfindungen, die durch Erregung verschiedener Sinnesorgane entstehen, zum Beispiel Geschmacksempfindung und Gesichtseindrücke, haben nichts miteinander gemein, können nicht miteinander verglichen oder gegeneinander abgewogen werden. Man bezeichnet dies durch den Ausdruck „verschiedene Modalität der Empfindung". Die Empfindungen eines und desselben Sinnesorganes können ebenfalls verschieden sein, wie beispielsweise Tonempfindungen nach Höhe und Klangfarbe der Töne, aber sie pflegen im Ganzen gleichartig zu sein. Man nennt diese abstufbaren Unterschiede „Qualitäten der Empfindung". Mit Hülfe dieser Unterscheidung ist es nun leicht einzusehen, dass die übliche Eintheilung der Sinne in fünf verschiedene Modalitäten nicht ausreicht. Wenn man auch die verschiedenen Geschmackseindrücke, wie etwa salzig und süss, nur als Qualitäten ansehen will, so muss man unter den Gefühlseindrücken doch jedenfalls mehrere Modalitäten unterscheiden. Die Temperaturempfindungen sind jedenfalls nicht bloss der Qualität, sondern auch der Modalität nach von den Tastempfindungen verschieden.

Der folgende Abschnitt mag daher zwar die Sinneslehre nach der hergebrachten Weise in fünf Theilen behandeln. Es muss aber in die Eintheilung als Unterscheidungsgrund die Art des Reizes aufgenommen werden, wodurch der Gefühlssinn in mehrere Modalitäten zerfällt.

Die Empfindungen können ferner in zwei grosse Gruppen eingetheilt werden, in angenehme und unangenehme, oder in Lust- oder Unlustempfindungen. Diesen Unterschied nennt man „Gefühlston". Obschon der Begriff der Lust und Unlust ins psychologische Gebiet fällt, muss der Gefühlston auch in der Physiologie beachtet werden, da er die Reactionen des Organismus auf die verschiedenen Empfindungen wesentlich beeinflusst.

Adaequater Reiz. Man kann bei der Thätigkeit eines Sinnesorgans stets dreierlei Vorgänge unterscheiden: Erstens die Reizung des Sinnesorgans, zweitens die Leitung der Erregung zum Centralorgan und drittens die Erregung des Centralorgans, die mit bewusster Empfindung verbunden sein kann oder auch nicht.

Der wesentlichste Bestandtheil jedes Sinnesorgans ist eine sogenannte „Sinneszelle", die mit den Ausläufern der sensiblen Nerven so in Verbindung steht, dass Erregung übertragen werden kann. Die Sinneszelle kann im Allgemeinen wie jede andere Zelle durch verschiedene Reize erregt werden, sie ist aber stets für eine bestimmte Art des Reizes, die man den „adaequaten" Reiz nennt, besonders empfänglich.

Specifische Energie. Hiervon ausgehend, hat man früher angenommen, dass die Thätigkeit jedes Sinnesorgans im Ganzen je nach der Art des Reizes, für die es empfänglich sei, eine verschiedene wäre, oder, wie es ausgedrückt wurde, dass jedem Sinnesorgan eine „specifische Energie" zukäme. Die Reizung der Sinneszellen unterscheidet sich aber, so weit man es beurtheilen kann, in nichts von der Reizung irgend welcher anderer Zellen, und vollends die Leitung der sensiblen Nerven, die von den Sinneszellen erregt werden, verhält sich in jeder Beziehung genau wie die Leitung in allen anderen Nervenfasern. Dadurch wird der Unterschied zwischen den verschiedenen Sinnesorganen oder, um den gebräuchlichen Ausdruck beizubehalten, ihre specifische Energie auf die Art ihrer Verbindung mit dem Centralorgan beschränkt. Der Gehörsinn vermittelt deshalb Schallempfindung, weil der Hörnerv mit der Hörsphäre in Verbindung steht, der Gesichtssinn vermittelt deshalb Lichtempfindung, weil er mit der Sehsphäre des Gehirns verbunden ist.

Man könnte hiergegen einwenden wollen, dass schon die Beschaffenheit des Ohres und des Auges es verhindern, dass der Gehörsinn durch andere Reize als durch Schall, der Gesichtssinn durch andere Reize als durch Licht erregt werde. Dies ist aber nicht ganz richtig, denn beide Organe können auch durch mechanische Reize oder innere Ursachen, wie Kreislaufstörungen und anderes mehr, erregt werden, und auch in diesem Falle ruft die Reizung des Auges Lichtempfindungen, die des Ohres Schallempfindungen hervor. Es ist kein Zweifel, dass, wenn es möglich wäre, bei einer Versuchsperson den Sehnerv und den Hörnerv zu durchschneiden und die Stümpfe übers Kreuz miteinander zu verheilen, dass dann die Versuchsperson bei Lichteinwirkung auf das Auge Schallempfindung und bei Schallwirkung auf das Ohr Lichtempfindung haben würde.

An Stelle der veralteten Anschauung von einer „specifischen Energie der Sinnesnerven" muss also die Vorstellung treten, dass die specifischen Unterschiede in der Sinnesthätigkeit von der Erregung verschiedener Stellen des Centralorgans abhängen.

Psychophysisches Gesetz. Da durch die Sinnesorgane die physische und psychische Thätigkeit des Organismus zu den aus der Aussenwelt auf ihn wirkenden Reizen in Beziehung tritt, liegt es nahe, diese Beziehung durch ein Maass ausdrücken zu wollen.

Zunächst ergiebt sich, dass ein Reiz eine gewisse minimale Grösse haben muss, um ein Sinnesorgan überhaupt erregen zu können.

Weiter wird offenbar mit zunehmender Reizgrösse auch die Erregung zunehmen. Ernst Heinrich Weber suchte nun die Beziehung zu ermitteln, die zwischen der Zunahme der Erregung und der Zunahme der Reizgrösse besteht. Dem steht die Schwierigkeit im Wege, dass man die Grösse des Reizes wohl messen und abstufen kann, für die Stärke der Erregung aber nur den ganz unsicheren Maassstab der Empfindung hat, die sich nicht zahlenmässig ausdrücken lässt. Um diese Schwierigkeit zu umgehen, stellte Weber die Frage nicht so: Wie stark ist bei gegebener Reizgrösse die Empfindung? sondern: Wie gross muss der Grössenunterschied zwischen zwei Reizen sein, damit der Unterschied der Empfindung eine bestimmte Grösse habe? Zwar kann man auch die Unterschiede in der Stärke der Empfindung im Allgemeinen nicht feststellen, es giebt aber hier eine feste Grenze, bei der der Unterschied eben bemerkbar wird. Fragt man also: „Wie gross muss der Unterschied zwischen zwei Reizen sein, damit der Unterschied in der Erregung eben noch empfunden werde?" so lässt sich diese Frage durch den Versuch beantworten. Dabei zeigt sich, dass, je stärker ein Reiz ist, desto stärker seine Veränderung sein muss, damit ein Unterschied in der Stärke der Empfindung entsteht.

Dies wird durch das Weber'sche Gesetz folgendermaassen ausgedrückt: **Die Zunahme des Reizes, bei der eine eben wahrnehmbare Zunahme der Empfindung entsteht, muss zur Grösse des Reizes immer in demselben Verhältniss stehen.**

In seiner praktischen Bedeutung ist dies Gesetz schon durch die Erfahrung des täglichen Lebens allgemein bekannt. Hebt man zwei Gewichte von 50 und von 60 g, so wird man den Unterschied von 10 g leicht wahrnehmen. Hebt man dagegen zwei Gewichte von 500 und von 510 g, so wird der Unterschied von 10 g unmerklich sein. Der Gewichtsunterschied steht zur Grosse des Gewichts im ersten Falle im Verhältniss 1 : 5, und um im zweiten Falle ebenso deutlich erkennbar zu sein, müsste er nach dem Weber'schen Gesetz zu der Grösse des im zweiten Falle geprüften Gewichts in demselben Verhältniss 1 : 5 stehen, also, da das Gewicht 500 g betragt, 100 g betragen.

Um also eine Reihe **gleichmässig** zunehmender Empfindungsstärken zu erhalten, muss man jeden folgenden Reiz nicht um die gleiche Grösse, sondern **um eine jedesmal im Verhältniss zur Grösse des vorhergehenden Reizes vermehrte Grösse** zunehmen lassen. Mit anderen Worten, damit die Stärke der Empfindung gleichförmig ansteige, muss die Stärke der Reize in der Weise zunehmen, wie ein Capital durch Zinseszins zunimmt. Zwischen Reizgrösse und Empfindungsstärke besteht dann dieselbe Proportion wie zwischen Numerus und natürlichem Logarithmus.

Diese strenge Formulirung des Weber'schen Gesetzes hat Fechner aufgestellt, und indem er annahm, dass bei der Wahrnehmung eines minimalen Unterschiedes stets die gleiche psychische Thätigkeit vorliege, als das „psychophysische Gesetz" bezeichnet.

Im Allgemeinen hat sich dies Gesetz bei der Prüfung durch Versuche bestätigt, aber nur innerhalb gewisser mittlerer Reizgrenzen. Die allerschwächsten Reize sind natürlich überhaupt unwirksam und passen daher nicht in das für grössere Reizstärken gültige Gesetz. Bei sehr starker Reizung erreicht die Empfindungsstärke ein Maximum, das nicht überschritten werden kann, und auch da kann das Gesetz nicht angewendet werden.

Excentrische Projection. Eine weitere allgemeine Eigenschaft der Sinnesempfindungen greift in das psychologische Gebiet über und kann zum Theil auf die Erfahrung beim Gebrauch der gesammten Sinnesorgane aufgefasst werden. Diese Eigenschaft der Sinnesorgane besteht darin, dass ihre Erregung nicht örtlich wahrgenommen, sondern auf eine in der Aussenwelt befindliche Ursache bezogen wird. Wenn in einem dunkeln Raum ein Lichtstrahl das Auge trifft, so fühlt man nicht eine Erregung im Auge, sondern man erkennt unmittelbar den Ursprung der Erregung in der Aussenwelt, und „sieht" also die Lichtquelle. Wenn ein Schall auf das Gehörorgan wirkt, so ist es nicht eine Erregung im Ohr, die zum Bewusstsein kommt, sondern es wird sogleich auf eine Schallquelle in der Aussenwelt geschlossen. Bei der Erregung des Tastsinnes wird zwar die Stelle der Erregung mit empfunden, zugleich entsteht aber der Eindruck einer Reizursache ausserhalb des Körpers.

Da in allen diesen Fällen der Ursprung der Erregung nach aussen verlegt wird, fasst man die Gesammtheit der hierher gehörigen Erscheinungen in das sogenannte „Gesetz der excentrischen Projection der Sinnesempfindungen" zusammen.

Es könnte scheinen, als wenn es sich hier nur um Vorgänge handelte, die nicht gesetzmässig, sondern nur manchmal unter geeigneten Bedingungen aufträten. Derselbe Hautreiz könnte in einem Falle auf eine Mücke, im andern Fall auf eine innere Ursache bezogen werden. Hierauf ist zu erwidern, dass dies Beispiel über das Gebiet hinausgeht, auf das sich das Projectionsgesetz erstreckt. Wenn zum Beispiel dem Bewohner eines Culturlandes beim Hören eines entfernten Pfiffes gleich das Bild der pfeifenden Locomotive vor Augen steht, oder gar der Fachmann die betreffende Maschine herauserkennt, so wirken dabei natürlich tausenderlei verschiedene Ursachen zusammen. · Uebrigens widerspricht der Umstand, dass ein innerer Hautreiz als solcher erkannt wird, durchaus nicht der Lehre von der Projection, denn die Erregung findet in letzter Linie im Centralorgan statt und wird also durch das Bewusstsein ebenso in die betreffende Hautstelle projicirt, wie in anderen Fällen Reizursachen nach aussen projicirt werden. Die Gesetzmässigkeit der Projection ist vielleicht am deutlichsten bei den Gesichtseindrucken nachzuweisen. Man „sieht" einen Gegenstand stets in der geraden Richtung, in der die von ihm ausgehenden Strahlen ins Auge fallen. Die wirkliche Lage des Gegenstandes hat darauf gar keinen Einfluss, denn wenn man den Gang der Lichtstrahlen durch einen Spiegel oder ein Prisma ablenkt, so erscheint der Gegenstand wiederum in der geraden Richtung der Strahlen, also nunmehr an einer Stelle, an der er sich in Wirklichkeit garnicht befindet. Gerade dieses Beispiel lässt eine deutliche Unterscheidung zu zwischen dem bewussten Schluss auf die Lage des gesehenen Gegenstandes und der unmittelbaren Sinneswahrnehmung, die sich nach dem Gesetz der Projection richtet. Man „sieht" den Gegenstand hinter dem Spiegel, aber man „weiss", dass er unter dem betreffenden Reflectionswinkel vor dem Spiegel steht.

In ähnlicher Weise zwingend ist die Projection der Empfindung an eine falsche Stelle bei dem sogenannten „Erbsenversuch des Aristoteles". Kreuzt man zwei Finger derselben Hand übereinander und legt sie mit der Kreuzungsstelle so an einen geeigneten Gegenstand, etwa eine kleine Kugel oder eine Erbse, dass die bei der gewöhnlichen Stellung der Finger von einander abgewendeten Seiten beide den Gegenstand berühren, so erhält man das Gefühl, dass zwei Gegenstände vorhanden seien. Die Berührung findet an zwei Stellen statt, die normaler Weise nicht von einem kleinen Gegenstand zugleich berührt werden können, und da nach dem Projectionsgesetz nicht die Erregung selbst, sondern ein ausserhalb des Körpers befindlicher Gegenstand empfunden wird, so empfindet man zwei Gegenstände, obschon nur einer vorhanden ist.

Einen besonderen Fall der Projection innerer Reize nach aussen stellen die sogenannten „Hallucinationen" dar. Diese bestehen

darin, dass durch innere Reize im Centralorgan ein Sinneseindruck
entsteht, der dann nach dem Gesetz der Projection als von aussen
kommend empfunden wird. Hierher gehören die subjectiven Empfindungen, die Amputirte an ihren nicht mehr vorhandenen Gliedmaassen
wahrzunehmen glauben, und die subjectiven Gesichtserscheinungen.

In ähnlicher Weise werden Reizungen, die die sensiblen Leitungsbahnen
betreffen, wie die Quetschung von Nervenstämmen beim sogenannten „Einschlafen der Glieder". in dem Endgebiet der betreffenden Nerven empfunden.
Bei einem Stoss gegen den sogenannten „Musikantenknochen" des Ellbogens,
durch den der Ulnaris gequetscht wird, tritt eine brennende Empfindung im
Hautgebiet des Ulnaris, vor allem im kleinen Finger, auf.

Praktisch wichtig ist, dass Reize an inneren Organen mitunter an äusseren
Stellen des Körpers empfunden werden. So soll die Reizung des Darmes durch
Würmer sich am After, Entzündung des inneren Theils der Harnröhre an der
Fossa navicularis kundgeben.

Umstimmung. Alle Sinnesorgane unterliegen ferner in Bezug
auf ihre Erregbarkeit gesetzmässigen Veränderungen durch bestimmte
äussere Bedingungen. Wenn Reize von bestimmter Qualität längere
Zeit auf ein Sinnesorgan gewirkt haben, so wird das Organ für
Reize dieser Art unempfindlich, und diese Veränderung kann auch
die Wahrnehmung anderer Reize verändern. Wenn man zum Beispiel längere Zeit in ein Licht von bestimmter Farbe, etwa die
rothe untergehende Sonne, gesehen hat, so ist das Auge für rothes
Licht unempfindlich geworden, und das brennendste Scharlach erscheint grau. Zugleich wird die Wahrnehmung anderer Farben verändert. Man nennt dies Umstimmung der Sinnesorgane.

Contrastwirkung. Eine ähnliche Erscheinung, die der ersten
in gewisser Beziehung entgegengesetzt ist, ist die „Contrastwirkung",
bei der durch die Einwirkung eines Reizes die Empfindlichkeit für
einen Reiz entgegengesetzter Art erhöht ist.

Irradiation. Endlich ist zu erwähnen, dass sich die Erregung der Sinnesorgane, besonders wenn sie stark ist. mitunter
über das unmittelbar betroffene Gebiet hinaus ausbreitet. Ein heftiger
Schmerz an einer noch so kleinen Hautstelle wird manchmal in
einem grossen Umkreise empfunden. Diese Erscheinung nennt man
Ausstrahlen der Erregung, Irradiation.

Gefühlssinn.

Endorgane. Die Organe des Gefühlssinns sind im Körper
so weit verbreitet, dass nichtsensible Organe als Ausnahme erscheinen. Es gelingt indessen nicht überall, wo Gefühlsempfindung
offenbar besteht, auch anatomisch die Endorgane aufzufinden.

Als Endorgane, die der Tastempfindung in der äusseren Haut
dienen, sind die sogenannten „Tastkörperchen" anzuführen, die man
in den Papillen der Cutis bei Menschen und Thieren findet. In
den äusseren Schleimhäuten hat man die sogenannten Krause'schen
„Endkolben", in der Hornhaut die „Nervenköpfchen" (Fig. 97) als
Tastorgane anzusehen.

In besonderen Tastorganen mancher Thiere, wie der Rüsselscheibe des Schweines und der Wachshaut des Schnabels bei Vögeln sind als „Tastzellen" und „Grandry'sche Körperchen" bezeichnete Endorgane nachgewiesen (Fig. 96 u. 98).

Im Unterhautbindegewebe der Hohlhand und der Fusssohle des Menschen, sowie in der Umgebung der Gelenke, ferner in der Haut mancher Thiere, in dem Mesenterium der Katze sitzen an den sensiblen Nerven stecknadelkopfgrosse, eiförmige, aus vielen über-

Fig. 96.

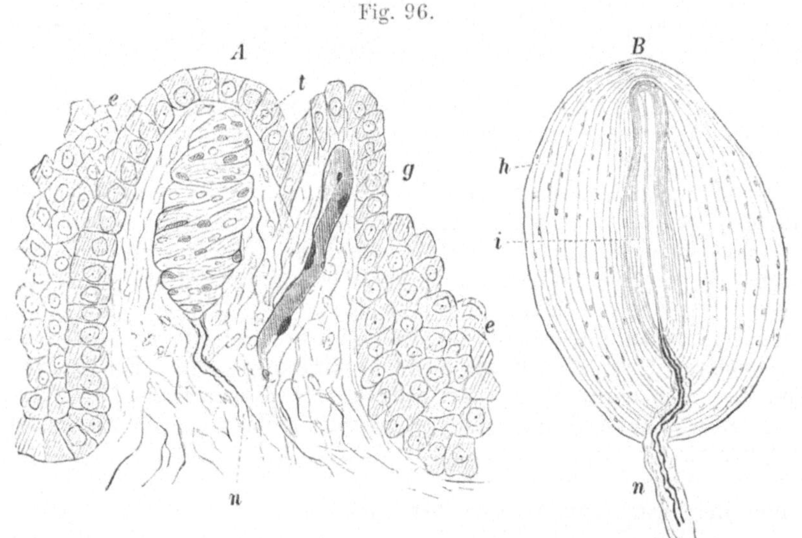

A Hautpapille mit **Tastkörperchen** vom Menschen.   *B* **Vater-Pacini'sches Körperchen** von der Katze.

n Nervenfaser, *t* Tastkörperchen. *g* Gefäss, *e* Epidermis, *h* Hülle, *i* Innenkolben.

einandergelagerten Schichten aufgebaute Körperchen, die als Tastorgane angesehen werden und „Vater-Pacini'sche Körperchen" heissen.

In neuerer Zeit sind noch verschiedene ähnliche Gebilde beschrieben worden. Insbesondere sind in den Muskeln und Sehnen die sogenannten „Muskelspindeln" und die „Golgi'schen Organe" als Endorgane des Gefühlssinnes erkannt worden. Indessen ist die physiologische Bedeutung aller dieser Gebilde im Einzelnen noch sehr unsicher, da ihre Vertheilung zu dem Empfindungsvermögen der betreffenden Körpertheile nicht überall in erkennbarer Beziehung steht.

Eintheilung des Gefühlssinnes. Wie schon die tägliche Erfahrung lehrt und die Mannigfaltigkeit der eben aufgezählten Organe vermuthen lässt, ist der Gefühlssinn nicht einheitlich. Eine ganze Anzahl verschiedener Modalitäten der Empfindung lassen sich als „Hautsinn" zusammenfassen, weil sie in ihrer Gesammtheit die Sensibilität der Haut ausmachen. Der Hautsinn umfasst die einfache Tastempfindlichkeit oder das „Berührungsgefühl", das zugleich mit der Localisation der Empfindung, dem „Raumsinn" der Haut, verbunden ist, daneben den „Drucksinn", und endlich die Temperaturempfindung. Den Muskeln wird eine besondere Art der Tastempfindung als „Muskelgefühl" zugeschrieben. Die Gesammtheit der durch die Bewegungen des Körpers entstehenden Empfindungen wird als „Lagesinn" zusammengefasst. Die Empfindungen

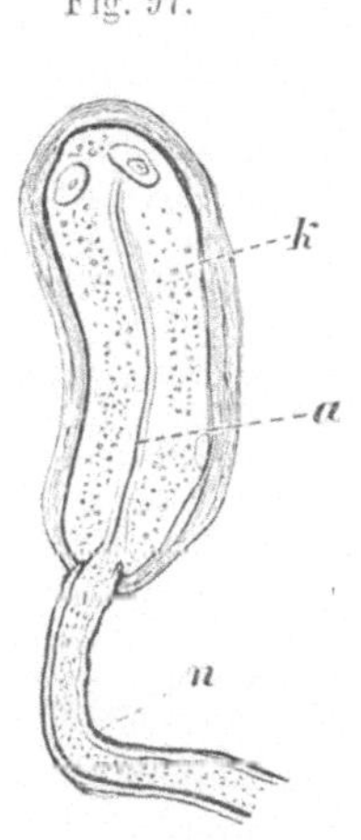

Fig. 97.

Endkolben aus der Conjunctiva des Elephanten nach W. Krause.

k körniger Inhalt des Bläschens.
a Axencylinder, n Nervenfaser.

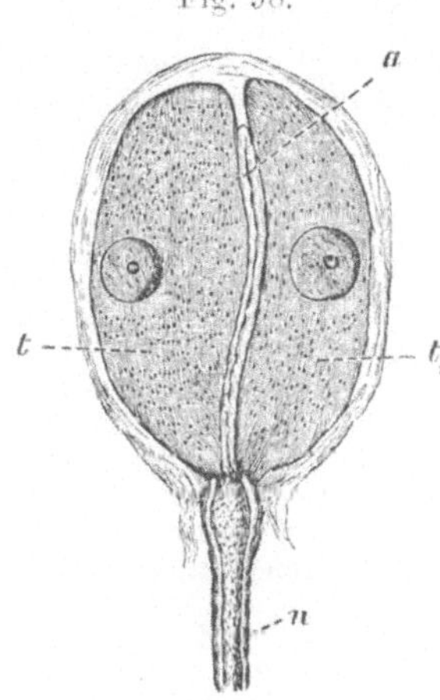

Fig. 98.

Zwillingstastzelle (in der Seitenansicht) nach Grandry.

n Nervenfaser, t, t₁ Zellinhalt.

an inneren Organen bilden eine gemeinsame Gruppe als „Organgefühle". Endlich bleibt noch eine Anzahl Empfindungen allgemeiner Art übrig, die nicht an bestimmte Stellen des Körpers gebunden sind, und als Gemeingefühle bezeichnet werden.

Diese Eintheilung führt zu folgender Uebersicht:

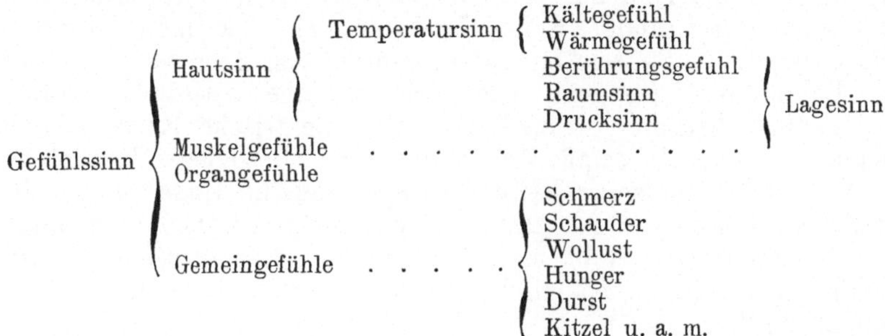

Temperatursinn.

Nachweis der Temperaturpunkte. Die Temperaturempfindlichkeit ist nicht über die ganze Hautoberfläche verbreitet,
sondern an einzelne Punkte gebunden, von denen man annehmen
muss, dass sie Sinneszellen enthalten, die mit den Endigungen
sensibler Nerven verbunden sind, obschon dies anatomisch nicht
hat nachgewiesen werden können.

Man kann sich hiervon leicht überzeugen, indem man einen abgekühlten
oder erwärmten Metallstift mit stumpfer Spitze auf die Haut aufsetzt und unter
leichtem Druck darauf entlang führt. Man hat dann an den meisten Stellen,
die der Stift auf seiner Bahn berührt, nur die Empfindung einer Berührung,
an einzelnen ganz bestimmten Punkten macht sich aber plötzlich die Temperatur
des Stiftes durch deutliches Kälte- oder Wärmegefühl bemerkbar.

Um die Möglichkeit auszuschliessen, dass die Unterbrechungen in der
Temperaturempfindung durch ungleiche Wärme des Stiftes hervorgerufen wären,
kann man sich eines hohlen Stiftes bedienen, durch den ein dauernder Strom
Wassers von constanter Temperatur geleitet wird, sodass der Versuch beliebig
oft ohne Temperaturänderung wiederholt werden kann.

Um zu beweisen, dass die während der Bewegung des Stiftes auf der
Haut von Zeit zu Zeit auftauchenden Temperaturempfindungen nicht bloss auf
Einbildung beruhen, oder durch Schwankungen der Aufmerksamkeit entstehen,
kann der Versuch so eingerichtet werden, dass der Stift von einem Beobachter
über die Haut einer Versuchsperson geführt wird, und dass alle die Stellen,
wo die Versuchsperson eine Temperaturempfindung angiebt, auf der Haut bezeichnet werden. Wird dann der Stift nach einiger Zeit von Neuem über eine
der bezeichneten Stellen geführt, so wird die Versuchsperson, wenn die erste
Angabe richtig war, jedesmal von Neuem eine Temperaturempfindung haben.

Bei diesem Versuch zeigt sich, dass die Stellen, an denen
Wärme, und die Stellen, an denen Kälte empfunden wird, durchaus
nicht dieselben sind. Man ist also gezwungen, einen Kälte- und
einen Wärmesinn anzunehmen. Die Physik kennt bekanntlich
den Begriff Kälte nicht, sondern unterscheidet nur verschiedene
Wärmegrade. Für den Organismus, der sich dauernd nahezu auf
derselben Temperatur hält, ist aber offenbar die Abweichung nach
oben und nach unten etwas durchaus Verschiedenes. Temperaturen,
die unter der Hauttemperatur liegen, werden als kalt, die darüber
liegen, als warm empfunden.

Reizbarkeit. Die Wärmepunkte bedürfen einer längeren
Einwirkung des Reizes, um erregt zu werden, man nimmt deshalb
an, dass sie tiefer in der Haut liegen. Die Temperaturempfindung
kann auch durch andere Reize als durch den adaequaten Reiz ausgelöst werden. So wirken Temperaturen von über 45° auch auf
die Kältepunkte erregend und bringen eine „paradoxe Kälte-
empfindung" hervor. Mechanische und elektrische Reize können
ebenfalls Temperaturempfindungen auslösen. Besonders deutlich ist
die Wirkung chemischer Reize. Bringt man die Hand in ein Gefäss, das mit Kohlensäure, gasförmiger Salzsäure, Chlor, Ammoniakgas, Aetherdampf gefüllt ist, so empfindet man deutlich Wärme.
Menthol ruft durch chemische Reizung der Kältepunkte Kälte-
empfindung hervor.

Empfindlichkeit. Die Kälte- und Wärmepunkte sind über die Hautoberfläche völlig regellos verstreut, sodass oft mehrere in einem Umkreis von wenigen Millimetern bei einander sitzen, während daneben quadratcentimetergrosse Hautstellen ohne Temperaturpunkte vorkommen. Die Kältepunkte sind im Ganzen sehr viel, fast zehnmal, zahlreicher als die Wärmepunkte.

Die Temperaturempfindlichkeit der Haut an verschiedenen Stellen hängt nicht von der Zahl der Temperaturpunkte, sondern mehr von der Dicke der Haut und ihrer Wärmeleitungsfähigkeit ab.

Bei der Prüfung auf Temperaturempfindlichkeit muss, um einigermaassen bestimmte Ergebnisse zu erhalten, stets eine etwas grössere Fläche, mindestens etwa 1 qcm untersucht werden. Man kann die Prüfung einfach mit Reagensgläschen ausführen, die mit Wasser von geeigneten Temperaturen gefüllt sind.

Als besonders empfindlich gelten Augenlider und Lippen, verhältnissmässig unempfindlich ist die Haut der Unterschenkel und Füsse, auch die der Arme und Hände. Am Rumpfe dürfte sich der Einfluss der Kleidung darin aussprechen, dass die Gegend des Gürtels sieh besonders empfindlich zeigt.

Verschiedene Grade von Kälte und Wärme werden mit ausserordentlicher Feinheit unterschieden, und zwar, entsprechend dem Weber'schen Gesetz, um so feiner, je näher die Temperaturen an der Hauttemperatur gelegen sind. Beim Eintauchen der Hand in ungefähr körperwarmes Wasser können Unterschiede von 0,5° noch mit Sicherheit wahrgenommen werden.

Tastsinn.

Localzeichen. Die Berührungsempfindungen sind mit der Vorstellung von dem Orte der Berührung verbunden, in dem die verschiedenen sensiblen Fasern zu verschiedenen Stellen des Centralorgans hinführen und demnach für jede Stelle der Berührung eine besondere Empfindung entsteht. Man bezeichnet diese Besonderheit der Empfindung als „das Localzeichen". Aus dem Berührungsgefühl zusammen mit dem „Localzeichen", das den Ort oder die Orte der Berührung angiebt, entsteht der „Raumsinn" der Haut, durch den man sich über Grösse und Form eines berührten Gegenstandes Rechenschaft zu geben vermag.

Tasthaare. Eine besondere Beziehung zum Tastsinn hat die Behaarung, insbesondere die um Lippen, Kinn, Nase und Augen vieler Thiere stehenden Borstenhaare. Die Umgebung des Haarbalgs ist mit einem Nervengeflecht versehen. Bei jeder Berührung des Haares muss dessen in die Haut eingepflanzter Theil mit beträchtlicher Kraft verschoben werden und einen Gefühlsreiz auf die Umgebung ausüben.

Unterscheidung zweier Berührungen. Die Feinheit des Berührungsgefühls lässt sich nach der Entfernung bemessen, in der zwei gleichzeitige Berührungen noch als getrennt empfunden werden können.

Man kann diese Prüfung einfach mit den beiden Spitzen eines Zirkels oder mit dem dazu angegebenen „Aesthesiometer" von Griesbach vornehmen, das aus einem Stangenzirkel besteht, in den stumpfe Spitzen eingesetzt sind, deren Druck auf die Haut durch eine besondere Vorrichtung geregelt ist.

Die Untersuchung verschiedener Hautstellen lehrt, dass das Tastgefühl verschiedener Stellen sehr grosse Unterschiede der Feinheit zeigt. Während die Fingerspitzen eine doppelte Berührung noch bei 2 mm Abstand als doppelt erkennen, muss auf der Volarfläche der Hand der Abstand auf 6 mm, auf der Dorsalfläche schon auf 15—20, am Unterarm auf 30—40 und am Oberschenkel und Rücken gar bis 70 mm vergrössert werden, ehe die Berührung als eine doppelte empfunden wird.

Bemerkenswerth ist, dass an den Extremitäten die Berührung der beiden Zirkelspitzen bei einem viel geringeren Abstand getrennt empfunden wird, wenn sie quer zur Längsrichtung, als wenn sie in der Längsrichtung aufgesetzt werden. Interessant sind ferner die sehr grossen Unterschiede in der Tastempfindlichkeit der Mundschleimhaut. Während die Zungenspitze von allen Stellen des Körpers das feinste Gefühl hat, indem sie die Zirkelspitzen noch bei 1 mm Abstand getrennt fühlt, hat die Schleimhaut der Wangen und des harten Gaumens weniger Tastvermögen als die Handfläche.

Empfindungskreise. Die Grösse des Gebietes, innerhalb dessen je zwei Berührungen als eine empfunden werden, gemessen von einem beliebigen Punkte aus, wird als die Grösse eines „Empfindungskreises" bezeichnet. Diese Bezeichnung kann zu der Vorstellung verführen, als habe eine solche Figur eine bestimmte Beziehung zum Empfindungsapparat, während sie in Wirklichkeit weiter nichts ist, als eine Art, die Ergebnisse der oben geschilderten Messung anschaulich zu machen. Hätte ein solcher Empfindungskreis wirklich die Bedeutung, dass er etwa das Endgebiet eines Tastnerven darstellte, innerhalb dessen je zwei Berührungen nur eine und dieselbe Empfindung hervorrufen könnten, so müsste, sobald man die Zirkelspitzen mit gleichbleibendem Abstand über die Grenze des Kreises hinaussetzt, eine zweifache Empfindung entstehen. Selbst bei ganz geringem Abstand müsste an der Grenze je zweier solcher Empfindungskreise die Empfindung immer eine doppelte sein. Es ist also am besten, die Vorstellung von Empfindungskreisen oder Tastfeldchen überhaupt fallen zu lassen und sich einfach daran zu halten, dass die Nervenendigungen in der Haut durcheinander sehr nahe zusammenliegen, dass es aber zur getrennten Unterscheidung zweier Reize nothwendig ist, dass eine gewisse Anzahl ungereizter Fasern zwischen den gereizten liegen. Je nachdem für die verschiedenen Hautgebiete diese Zahl grösser oder kleiner angenommen wird, ist dann das gröbere oder feinere Unterscheidungsvermögen erklärt. Man sicht zwar, dass diese Erklärung nur eine theoretische Umschreibung des thatsächlichen Befundes ist, bestimmtere Anschauungen durften aber erst gewonnen werden können, wenn es gelungen sein wird, die Ausbreitung der Tastnerven anatomisch darzustellen.

Drucksinn.

Druckgefälle. Die Haut enthält ferner bestimmte Stellen, die, ebenso wie die Temperaturpunkte den Sitz des Temperatursinns bilden, den Sitz des Drucksinnes darstellen. Man nennt sie „Druckpunkte". Unter Drucksinn versteht man die Fähigkeit, die Grösse eines auf die Haut ausgeübten Druckes wahrzunehmen. Bei näherer Untersuchung ergiebt sich, dass nicht sowohl die Grösse des Druckes selbst, als vielmehr der Unterschied zwischen dem

Druck an der gedrückten Stelle und ihrer druckfreien Umgebung den adaequaten Reiz für den Drucksinn bildet.

Dies führt auf den Begriff des „Druckgefälles", durch den die Grösse des Druckunterschiedes zwischen zwei um eine gegebene Strecke entfernten Punkten bestimmt wird. Die Angabe, dass das „Druckgefälle" der adaequate Reiz für den Drucksinn sei, besagt mit anderen Worten, dass es die Formveränderung, die Anspannung der Haut ist, die erregend wirkt.

Mit dieser Auffassung stimmt die Thatsache überein, dass die Stärke der Reizempfindung auch von der Geschwindigkeit abhängt, mit der die Druckempfindung auftritt. Ein ganz allmählich zunehmender Druck wird erst bei viel grösserer Stärke wahrgenommen, als ein plötzlich eintretender. Interessant ist hierbei die Beziehung zum Erregungsgesetz für Nerv und Muskel.

Vertheilung der Druckpunkte. Die Druckpunkte sind ziemlich gleichmässig vertheilt, indem etwa 6—20 auf den Quadratcentimeter entfallen. Auf der Handfläche werden die meisten, 28,5, auf den Beugeseiten von Unterarm und Unterschenkel die wenigsten gefunden.

Grenzen der Empfindlichkeit. Die Feinheit des Drucksinns ist ausserordentlich gross, da schon der Druck von $^1/_5$ g auf eine Fläche von 0,5 qmm wahrgenommen wird. Hier ist zu bemerken, dass, um die Nervenstämme, die unter der Haut liegen, mechanisch zu reizen, hundertmal grössere Energiemengen erforderlich sein würden, als zur Reizung der Druckpunkte genügen, was zum Beweis dient, dass die Druckpunkte besonders ausgebildete Sinnesorgane enthalten müssen.

Die Unterschiedsempfindlichkeit des Drucksinnes ist durch Auflegen gleich grosser, aber verschieden schwerer Gewichte auf die Haut leicht zu prüfen. Es zeigt sich, dass nach dem Weber'schen Gesetz bei den kleinsten Belastungen schon sehr geringe, bei stärkerem Druck erst entsprechend grössere Unterschiede wahrgenommen werden. Der Unterschied im Druck ist fühlbar, wenn sich die Gewichte mindestens wie 29 : 30 verhalten.

Muskelsinn.

In ähnlicher Weise wie der Drucksinn durch die Spannung der Haut erregt wird, nimmt man an, dass die in den Muskeln und Sehnen gelegenen Organe des Muskelsinnes durch die Spannung der Muskeln erregt werden.

Die dadurch vermittelten sensiblen Erregungen, gleichviel ob sie zum Bewusstsein kommen oder nicht, müssen für die Regulirung der Muskelthätigkeit die allergrösste Bedeutung haben. Es ist aber schwer zu entscheiden, welcher Antheil bei den unbestimmten Empfindungen der Spannung, des Druckes und so fort, die das Gefühl der Muskelanstrengung bei Bewegungen ausmachen, dem eigentlichen Muskelsinn zukommt, und welcher Antheil anderen Sinnen, etwa den Hautempfindungen zuzuschreiben ist. Um diese Unsicherheit auszuschalten, schlug Weber bei der Untersuchung des Muskelsinns folgenden Weg ein: Es sollten verschiedene Gewichte gehoben werden, um zu prüfen, welche Unterschiede durch den Muskelsinn wahrgenommen würden. Die verschiedenen Gewichte würden nun, wenn sie einfach in die Hand genommen würden, auch verschiedenen Druck auf die Hand ausüben. Deshalb schlug Weber jedes Gewicht in ein Tuch, dessen Zipfel die Versuchsperson immer mit demselben über-

mässig starken Druck in der Hand hielt. Auf diese Weise wurde der Drucksinn
der Haut stets in annähernd gleichem Maasse erregt, und die Unterscheidung
der verschiedenen Gewichte durfte allein dem Muskelsinn zugeschrieben werden.
Es zeigte sich, dass die Unterscheidung hier noch feiner war, als in dem Falle
des Drucksinnes, da Gewichte als verschieden erkannt wurden, die sich wie
39 : 40 verhielten.

Es ist indessen zu bemerken, dass durch die erwähnten Vorsichtsmaass-
regeln nur die Mitwirkung des Drucksinnes der Haut ausgeschaltet worden ist.
Daher kann man das Ergebniss doch nicht mit Sicherheit ausschliesslich auf
Muskelempfindungen beziehen, sondern es bleibt ungewiss, ob nicht vielmehr
die Sensibilität der Knochen und Gelenke in Frage kommt.

Bei dieser Unsicherheit wäre es vielleicht richtiger, den Muskelsinn zu
der Gruppe der unbestimmten „Organgefühle zuzurechnen, und er ist hier nur
aufgeführt worden, um eine vollstandigere Uebersicht über den sogenannten
„Lagesinn" geben zu können.

„Lagesinn".

Die Tastempfindungen einschliesslich des Raumsinns und der
Drucksinn der Haut machen zusammen mit dem Muskelgefühl eine
Summe von Sinneseindrücken aus, die sich bei jeder Bewegung oder
Stellung des Körpers ändern müssen. Auch die Empfindungen der
inneren Organe werden je nach Lage und Bewegung verschieden
sein. Ferner hat man gefunden, dass Verletzungen der Bogengänge des inneren Ohres auf die Haltung des Körpers, insbesondere
des Kopfes, Einfluss haben, und hat deshalb die Bogengänge
geradezu als „Organ des sechsten oder statischen Sinnes"
aufgefasst.

Von dieser Bedeutung der Bogengänge soll im Anschluss an die Besprechung des Gehörganges weiter die Rede sein. Sie dient hier nur als ein
weiteres Beispiel dafür, dass eine grosse Anzahl von Sinneseindrücken von der
Lage und Bewegung des Körpers abhängig ist.

Endlich ist klar, dass die Bewegung und Lage des Körpers
unter Umständen mit den Augen erkannt werden kann.

Die Gesammtheit aller dieser Sinneseindrücke hat man unter
dem Sammelnamen „Lagesinn" zusammengefasst. Dies ist bei
manchen Betrachtungen nützlich, besonders weil man mit dem
Worte „Lagesinn" auch die eben erwähnten Empfindungen innerer
Organe umfasst, die im Einzelnen nicht nachgewiesen und deshalb
auch nicht benannt sind. Man muss sich aber vor Augen halten,
dass das Wort „Lagesinn" nicht eine einheitliche Sinnesempfindung besonderer Art bezeichnet, sondern den
Gesammtbegriff einer Anzahl verschiedener Sinnesempfindungen.

Dies gilt namentlich, insofern durch den Lagesinn die Stellungen der einzelnen Körpertheile gegeneinander unterschieden werden. Mitunter wird allerdings der Begriff des Lagesinnes auch auf die Wahrnehmung der Stellung des
Körpers im Raum ausgedehnt und angenommen, dass Empfindungen besonderer
Art vorhanden seien, die dem Bewusstsein stets eine deutliche Vorstellung
von der Lage des Körpers im Raum vermitteln. Diese Annahme ist als un-
begründet zurückzuweisen. Freilich bestehen Empfindungen, durch die man in
jeder beliebigen Stellung die senkrechte Richtung von anderen Richtungen unter-

scheidet, doch lässt sich dies einfach durch die Wirkung der Schwere auf die bekannten Organe des Gefühlssinnes erklären.

Hier mag angeführt werden, dass viel darüber gestritten worden ist, ob den Brieftauben und den Bienen eine besondere „Orientirungsfähigkeit" zuzuschreiben sei, durch die sie in den Stand gesetzt würden, ihren Schlag und ihren Bienenkorb wiederzufinden. In beiden Fällen hat sich gezeigt, dass diese Fähigkeit nur auf Uebung und Erfahrung im Gebrauch der bekannten Sinnesorgane beruht.

Im Zusammenhang mit dem Lagesinn mag noch eine Eigenthümlichkeit des Gefühlssinnes erwähnt werden, nämlich die, dass er auch auf gefühllose Körpertheile, wie Fingernägel, Zähne, Krallen, Hörner, ja auf beliebige leblose Werkzeuge gewissermaassen übertragen werden kann. Um von dem letzten Falle auszugehen, so ist bekannt, dass der Blinde mit seinem Stock, der Arzt und der Steuerbeamte mit ihren Sonden, der Schiffer mit seinem Loth Form und Beschaffenheit von Gegenständen erkennen, die sie überhaupt nicht berühren. Die Wahrnehmung wird in allen diesen Fällen durch den Drucksinn der Haut und das Muskelgefühl vermittelt, die durch die Widerstände erregt werden, auf die das tastende Werkzeug trifft. Mitunter wird daher diese Art der Empfindung als „Widerstandsgefühl" bezeichnet. Dies „Widerstandsgefühl" und die je nach den Umständen verschiedenen Druckempfindungen in der Umgebung sind es auch, die die scheinbare Tastempfindlichkeit der Zähne und Fingernägel erzeugen. Nach dem Gesetz von der Projection der Sinneseindrücke „fühlt" man nämlich nicht die Spannung der Kaumuskeln und den Druck auf die Zahnalveolen, sondern man „fühlt" den Gegenstand zwischen den Zähnen. Im Falle eines leblosen Werkzeuges geht die Projection auf das Werkzeug über, und statt des Widerstandes gegen die Hand glaubt man unmittelbar den Widerstand gegen das Ende der Sonde zu empfinden.

Sensibilität der inneren Organe.

Die Empfindungen an inneren Organen unterscheiden sich von denen der Haut besonders dadurch, dass sie nicht mit der Vorstellung eines bestimmten Entstehungsortes verbunden sind. Abgesehen von der Schmerzempfindung, die zu den Gemeingefühlen gerechnet wird, sind auch die meisten Empfindungen innerer Theile an sich sehr unbestimmter Art. Nur an den Muskeln, den Knochen und Gelenken besteht, wie oben angegeben, eine deutliche Empfindlichkeit gegen Druck und Spannung. In vielen Fällen ist es zweifelhaft, ob die bewussten Wahrnehmungen innerer Zustände nicht durch die Empfindungen äusserer Theile vermittelt sind. Wenn man zum Beispiel das Klopfen des Herzens oder die Bewegung der Baucheingeweide fühlt, so kann dies auf Erschütterungen der Brustwand oder die veränderte Spannung der Bauchdecken zurückgeführt werden. Manche innere Organe, so das Herz, die Lungen, das Gehirn, sind nachweislich empfindungslos. Dies schliesst nicht aus, dass von ihnen sensible Erregungen ausgehen, sondern es beweist nur, dass diese sensiblen Erregungen nicht zum Bewusstsein kommen.

Gemeingefühle.

Schmerz. Unter den sogenannten Gemeingefühlen nimmt die Schmerzempfindung eine besondere Stelle ein, weil sie fast allen Körpertheilen zukommt, und im Gegensatz zu den anderen Gemein-

gefühlen in vielen Fällen mit der Wahrnehmung des Entstehungsortes verbunden ist. Es muss als eine noch unentschiedene Frage
bezeichnet werden, ob die Schmerzempfindung eine besondere
Modalität des Gefühlssinnes darstellt, die durch besondere Organe
und durch besondere Leitungsbahnen vermittelt wird, oder ob der
Schmerz nur eine besondere Qualität des Gefühlseindruckes ist.

Für die erste Auffassung spricht die Thatsache, dass bei Störungen der
Nerventhätigkeit mitunter die Schmerzempfindlichkeit fortbesteht, während die
Berührungsempfindungen fehlen. Manche Körpertheile, zum Beispiel die Mitte
der Hornhaut, sollen nur Schmerz empfinden können. In der Wangenschleim-
haut hat man eine Stelle gefunden, die zwar gegen Tastreiz und Druck empfindlich ist, von der aber keine Schmerzempfindung ausgeht.

Für die zweite Auffassung lässt sich anführen, dass übermässig starke
Reizung der verschiedensten Sinnesorgane als Schmerz empfunden wird. Blendung
der Augen, quietschende Geräusche, höhere Grade von Hitze oder Kälte er-
regen statt oder mit der specifischen Sinnesempfindung Schmerz. Auch das
Muskelgefühl kann bei heftiger oder dauernder Anstrengung schmerzhaft sein.
Eigenthümlicher Weise sind Muskelkrämpfe meist mit lebhafter Schmerzempfin-
dung verbunden, während eine ebenso starke willkürliche oder reflectorische
Anspannung der Muskeln keinen Schmerz hervorruft.

Die wichtigste Thatsache der Lehre vom Schmerz ist, dass
die Schmerzempfindlichkeit sehr vielen Organen und Geweben zukommt, die im übrigen völlig unempfindlich sind. Während von
den Bauchorganen normaler Weise gar keine Empfindungen ausgehen, ist bekanntlich jede stärkere Dehnung oder Quetschung des
Darmes schmerzhaft. Ebenso erweisen sich viele innere Theile,
zum Beispiel die Pleura bei Entzündung oder Verletzung schmerzhaft, die sonst unempfindlich sind. Dagegen sind manche Gewebe,
zum Beispiel die Lungen, die innere Schleimhaut des Magens und
Darms unter allen Umständen schmerzlos.

Bei der Schmerzempfindung ist sehr häufig die Erscheinung
der „Irradiation", das heisst die Ausbreitung der Empfindung auf
Gebiete, die vom Reiz nicht betroffen sind. Auf die Angaben von
Patienten über den Ort des Schmerzes darf daher der Arzt nicht
allzu grossen Werth legen.

Gemeingefühle. Ueber die übrigen Gemeingefühle lässt sich
wenig angeben.

Was das Hungergefühl und das Durstgefühl betrifft, so muss
bemerkt werden, dass die örtlichen Empfindungen von Leere in der
Magengegend oder von Trockenheit im Schlunde nicht hierher zu
rechnen sind. Die Gemeingefühle Hunger oder Durst sind von
allen solchen örtlichen Empfindungen unabhängig. Man hat beobachtet, dass Hunger auch bei Thieren auftritt, denen die Vagi
durchschnitten sind, sodass die Empfindungen des Magens ausgeschaltet waren. Ebenso ist bekannt, dass durch Anfeuchten der
Schleimhäute des Mundes nur die örtliche Beschwerde, nicht aber
das Gemeingefühl des Durstes verschwindet. Wodurch diese Gemeingefühle entstehen und in welchen Theilen des Nervensystems
sie ihren Sitz haben, ist noch unbekannt.

Bemerkenswerth ist, dass das Hungergefühl sich je nach den Bedürfnissen des Organismus auf bestimmte Nahrungsstoffe richten kann. Nansen berichtet, dass auf seiner ersten Reise, bei der durch ein Versehen der Fettgehalt des Mundvorrats zu knapp bemessen war, einer seiner Gefährten Appetit auf die mitgenommene Stiefelschmiere bekam.

Praktische Bedeutung hat die Eintheilung des Hungergefühls in zwei Arten, die als „Vagushunger" und „Gewebshunger" unterschieden worden sind. Die erste entspricht dem lebhaften Verlangen nach Speise, das sich nach kurzem Hungern, insbesondere zur gewohnten Stunde der Mahlzeit einstellt. Die zweite ist das eigentliche Gemeingefühl des Hungers, dem ein wirkliches Stoffbedürfniss des Körpers zu Grunde liegt. Die Bezeichnung „Vagushunger" ist freilich unzutreffend, da, wie oben bemerkt, das Hungergefühl auch nach Durchschneidung der Vagi auftreten kann.

In ähnlicher Weise sind auch bei anderen Gemeingefühlen örtliche Einzelempfindungen von dem eigentlichen Gemeingefühl zu trennen. Die Kitzelempfindung, die bei ganz leichten Berührungen der Haut, aber auch durch besondere Art des Druckes, etwa beim Gehen mit blossen Sohlen über faustgrosse glatte Steine entsteht, ist etwas ganz anderes, als die örtliche Wahrnehmung der betreffenden Reizursachen. Der Schauder, der bei kratzenden Geräuschen die Haut überläuft, ist durchaus keine Gehörswahrnehmung. Man muss daher annehmen, dass die Gemeingefühle mittelbar durch die betreffenden Reize im Centralnervensystem hervorgerufen werden.

Geschmackssinn.

Geschmacksorgane. Die Organe des Geschmackssinnes sind die sogenannten „Geschmacksknospen" oder „Schmeckbecher", mikroskopisch kleine Bündel spindelförmiger Zellen, von denen die äusseren wie die Dauben eines Fasses oder wie die Blätter einer Knospe angeordnet, als sogenannte „Deckzellen" eine oder mehrere Sinneszellen „Schmeckzellen" umgeben. Die Schmeckzellen sind spindelförmige Zellen, in die von unten der Geschmacksnerv eintritt, und aus denen oben ein „Sinneshärchen" vorsteht. Diese Organe liegen in den Furchen der Zungenpapillen zwischen die Epithelzellen eingebettet. Bei Thieren findet sich an der Seite der Zunge ein grösseres Geschmacksorgan, die „Geschmacksleiste", das ebenfalls Furchen mit Geschmacksknospen enthält.

Die gleichen Organe finden sich beim Menschen in der ganzen Umgebung der Zungenwurzel, selbst im Innern des Kehlkopfs, doch hat sich überall, wo Geschmacksknospen gefunden worden sind, auch Geschmacksempfindung nachweisen lassen.

Auf welche Weise das Geschmacksorgan durch die schmeckenden Stoffe erregt wird, ist unbekannt. Man hat umfassende Untersuchungen angestellt, um zwischen den chemischen Eigenschaften und dem Geschmack der verschiedenen Stoffe bestimmte Beziehungen festzustellen, aus denen man dann wieder auf den Vorgang im Geschmacksorgan würde zurückschliessen können. Alle diese Versuche haben aber bisher keine sicheren Ergebnisse gehabt. Man nimmt an, dass nur lösliche Stoffe durch die chemischen Eigenschaften ihrer Lösungen auf die Geschmacksorgane wirken. Unlösliche und selbst colloïde Substanzen schmecken nicht.

Die Geschmacksempfindungen. Die Empfindung, die man im täglichen Leben als „Geschmack" einer Speise bezeichnet, kann aus einer ganzen Reihe verschiedener Sinneseindrücke zusammengesetzt sein, bei denen in erster Linie der Geruch betheiligt ist, dann aber auch mannigfache verschiedene Empfindungen, die ins Gebiet des Tastsinns fallen. *Als reine Geschmacksqualitäten können hingegen nur die Eigenschaften schmeckender Stoffe gelten, die durch kein anderes Sinnesorgan wahrzunehmen sind.* Von solchen giebt es nur vier, nämlich die Qualitäten Süss, Salzig, Sauer, Bitter.

Für die Stärke der Reizung ist mehr die Concentration als die absolute Menge der eingeführten Stoffe maassgebend, denn schon ausserordentlich geringe Mengen genügen, um eine Empfindung hervorzurufen. Für vier Vertreter der vier Geschmacksqualitäten werden folgende Minimalconcentrationen angegeben:

	pCt.
Zucker	1,2
Kochsalz	0,4
Schwefelsäureanhydrit . . .	0,001
Chininsulfat	0,0001

Je grösser die Zahl der Zungenpapillen, die mit dem schmeckenden Stoff in Berührung kommen, desto deutlicher wird der Geschmackseindruck.

Die verschiedenen Geschmacksempfindungen unterscheiden sich auch dadurch, dass sie durch gewisse Mittel in verschiedener Weise beeinflusst werden. So hebt Cocain schon in sehr schwacher Lösung die Bitterempfindung auf, und erst in viel stärkerer auch die anderen Geschmacksempfindungen. Die Gymnemasäure, ein aus einer indischen Pflanze gewonnenes Mittel, beseitigt auf Stunden die Empfindungen süss und bitter, während die anderen unverändert bleiben.

Nachgeschmack. Man pflegt bei manchen Geschmäcken den sogenannten „Nachgeschmack" vom eigentlichen Geschmack zu unterscheiden. Der Nachgeschmack ist als eine Wirkung der im Bereich des Geschmackssinnes zurückbleibenden Reste des schmeckenden Stoffes zu erklären und ist also keine eigentliche Nachempfindung.

Umstimmung. So wenig im Vergleich zu anderen Sinnen die Leistung des Geschmacksorgans erforscht ist, gewährt sie doch für die Lehre von der „Umstimmung" einige hervorragende Beispiele.

Nach der Einwirkung von Kali chloricum schmeckt reines Trinkwasser deutlich süss. Nach der Einwirkung von Kupfersulfat oder Kaliumpermanganat schmeckt der Tabakssaft eines Cigarrenstummels oder eines Pfeifenmundstücks sehr stark suss. Kochsalzlosung in so schwacher Concentration, dass sie nicht mehr salzig schmeckt, erhöht merklich den süssen Geschmack von Zuckerlösung.

Elektrischer Geschmack. Der Geschmackssinn kann ausser durch seinen adaequaten Reiz auch durch den elektrischen Strom erregt werden. Wenn man zwei Stücke verschiedenen Metalls, etwa eine Kupfer- und eine Silbermünze, unter und über die Zunge

legt, sodass sie einander vor der Zungenspitze berühren, so nimmt
man deutlich einen eigenthümlichen säuerlichen Geschmack wahr.
Zur Deutung dieser Erscheinung sind viele Versuche über die Einwirkung elektrischer Durchströmung auf die Geschmacksorgane angestellt worden. Es handelt sich dabei vor allem um die Frage,
ob der Strom an sich oder die Producte elektrischer Zersetzung
den Geschmack hervorrufen. Als im ersten Sinne entscheidend
dürfte anzusehen sein, dass der elektrische Geschmack auch auftritt, wenn Ströme von einer entfernten Eintrittsstelle her die Geschmacksorgane erreichen.

Geruchssinn.

Bau des Geruchsorgans. Wenn die Nase als das Organ
des Geruchs bezeichnet wird, trifft das insofern nicht zu, als von
der gesammten Nasenschleimhaut beim Menschen nur ein ganz
kleiner Theil, bei Thieren allerdings ein etwas grösserer, gegen
Geruch empfindlich ist. Dieser Theil, der als Membrana olfactoria
bezeichnet wird, liegt im obersten Winkel der Nasenhöhle jederseits dicht an der Nasenscheidewand. Die Umgebung dieser Stelle
ist durch gelbes Pigment gefärbt, und es wird gewöhnlich angenommen, dass das ganze pigmentirte Gebiet auch geruchsempfind-
lich sei. Die eigentliche Pars olfactoria der Schleimhaut ist aber
noch kleiner als das pigmentirte Gebiet und beschränkt sich beim
Menschen jederzeit auf eine nur etwa quadratcentimetergrosse
Fläche. Das Epithel dieses Gebietes besteht aus sehr hohen
Cylinderzellen, zwischen denen Sinneszellen, „Riechzellen“, stehen,
spindelförmige Zellen, aus deren oberen Ende mehrere „Riech-
härchen“ vorstehen. Näher am unteren Ende liegt ein grosser
Kern. Das untere Ende geht in eine feine Faser über, die in den
marklosen „Riechnerven“ durch die Löcher des Siebbeins zum
Bulbus olfactorius verläuft und sich da in Verzweigungen theilt,
die mit den Dendriten von dort gelegenen Nervenzellen in Beziehung stehen. Von diesen Zellen, „Mitralzellen“, des Bulbus aus
verlaufen Nervenfasern zur Riechsphäre der Hirnrinde. Da im
Bulbus ausser den Mitralzellen noch andere Nervenzellen mit ihren
Bahnen gelegen sind, ist er nicht als ein Nervenstamm, sondern
als ein Theil des Centralorgans anzusehen.

Erregung. Die Art und Weise, wie die Riechzellen durch
Gerüche erregt werden, ist unbekannt. Man muss annehmen, dass
von den riechenden Körpern Bestandtheile in unmessbar geringer
Menge in die Luft übergehen, und dass diese Theilchen auf die
Riechzellen erregend wirken.

Die Lage der Membrana olfactoria bringt es mit sich, dass
die Luft, die beim Athmen durch die Nase gezogen wird, mit den
Riechzellen kaum in Berührung kommt. Der Strom der Athmungsluft zieht vielmehr durch den unteren Theil der Nasenhöhle und vermischt sich nur durch Wirbelbewegung mit der in den oberen Spalt-

räumen stehenden Luft. Durch schnelles Einziehen der Luft in
wiederholten Stössen und durch Zusammenziehen der Nasenöffnung
kann der Luftstrom mehr in den oberen Bereich der Nasenhöhle
gelenkt werden. Auf diese Weise trägt das „Schnüffeln" dazu bei,
die Geruchsempfindung zu verstärken.

Es ist die Frage aufgeworfen worden, ob nur der von aussen kommende
inspiratorische Luftstrom das Geruchsorgan erregen könne, oder auch die von
hinten ausströmende exspiratorische Luft. Offenbar kommt es nur darauf an,
dass die Riechstoffe zur Riechschleimhaut gelangen, und dies geschieht viel
leichter auf inspiratorischem als auf exspiratorischem Wege. Enthält aber ein
exspiratorischer Luftstrom hinreichende Mengen von Riechstoffen, so wirkt er
auch erregend auf das Geruchsorgan. Hieraus erklärt sich die Betheiligung
des Geruchssinnes an der Wahrnehmung des sogenannten „Geschmackes" der
Speisen.

Riechstoffe. Wie eben angedeutet, ist die Eigenschaft gewisser Stoffe, durch den Geruch wahrgenommen werden zu können,
noch völlig unerklärt. Die Annahme, dass sich von solchen Körpern
Theilchen in der Luft verbreiten, ist eine blosse Hypothese. Alle
Versuche, zwischen den chemischen und physikalischen Eigenschaften
der verschiedenen Körper und ihren Gerüchen eine Beziehung zu
entdecken, sind vergeblich geblieben. Ebensowenig gelingt es, die
Gerüche selbst in bestimmte Gruppen oder gar in eine einheitliche
Stufenleiter zu ordnen, weil jeder einzelne Geruch eine Empfindung
ganz besonderer Art auslöst.

Gewisse Beobachtungen auf pathologischem Gebiet beweisen aber, dass
thatsächlich die Geruchsempfindungen nach bestimmten Gruppen geordnet sein
müssen, und zeigen zugleich einen Weg, diese Gruppen kennen zu lernen. Es
wird nämlich über Erkrankungen berichtet, bei denen bestimmte Gerüche nicht
wahrgenommen werden können, „partielle Anosmie", und ferner über krankhafte
subjective Geruchsempfindung, „Parosmie". Offenbar beruhen die ersterwähnten
Fälle auf Störung, die zweiten auf krankhafter Reizung des Geruchssinnes. Findet
man nun, dass solche Kranke bestimmte Gruppen von Gerüchen wahrnehmen,
andere nicht, oder gar, dass bei fortschreitender Erkrankung eine Gruppe von
Geruchsempfindungen nach der anderen in bestimmter Reihenfolge verschwindet
oder auftritt, so ist dadurch eine Grundlage für die physiologische Eintheilung
der Gerüche gegeben. Zur Zeit ist mit dieser Art der Untersuchung eben erst
begonnen worden.

Bei Vermischung verschiedener Riechstoffe treten manchmal
neue Mischgerüche auf, manchmal werden die einzelnen Gerüche
getrennt wahrgenommen, in einigen Fällen sollen zwei Gerüche
einander gegenseitig aufheben können. Dies soll für Moschus und
Bittermandelöl, für ätherische Oele und Jodoform, für Ammoniak
und Essigsäure gelten.

Bei Einfüllen riechender Flüssigkeiten in die Nase soll zwar keine
Geruchsempfindung, wohl aber eine besondere Art der Erregung des Geruchs-
organes eintreten, die als ein Beispiel inadaequater Reizung betrachtet wird.

Olfactometrie. Um ein Maass für die Stärke der Geruchsempfindung zu haben, hat man zuerst den Weg eingeschlagen, bestimmte Mengen riechender Stoffe auf verschieden grosse Lufträume
wirken zu lassen und festzustellen, bei welchem Verhältniss der
Geruch eben noch erkennbar war. Auf diese Weise ist ermittelt

worden, dass manche Stoffe schon in ausserordentlich geringer Menge durch den Geruchssinn wahrgenommen werden.

Es genügen dazu von Campher 5 Milligramm, von verschiedenen Essenzen 5 bis 1 Zehntausendstel Milligramm, von künstlichem Moschus 1 Hunderttausendstel, von Mercaptan 1 Zweimillionstel Milligramm auf den Liter Luft.

Ein sehr viel bequemeres Verfahren hat Zwaardemaker eingeführt, indem er das nach ihm benannte Olfactometer erfand.

Das Olfactometer beruht darauf, dass ein Luftstrom, der durch eine Röhre geht, deren Wände aus riechendem Stoff bestehen, um so stärkeren Geruch annehmen muss, je länger die Röhre ist. Statt nun eine Anzahl Röhren von verschiedener Länge zu vergleichen, wendet Zwaardemaker den einfachen Kunstgriff an, von der ganzen Länge einer Röhre einen beliebigen Theil dadurch unwirksam zu machen, dass in die Röhre ein genau passendes Glasrohr eingeschoben

Fig. 99.

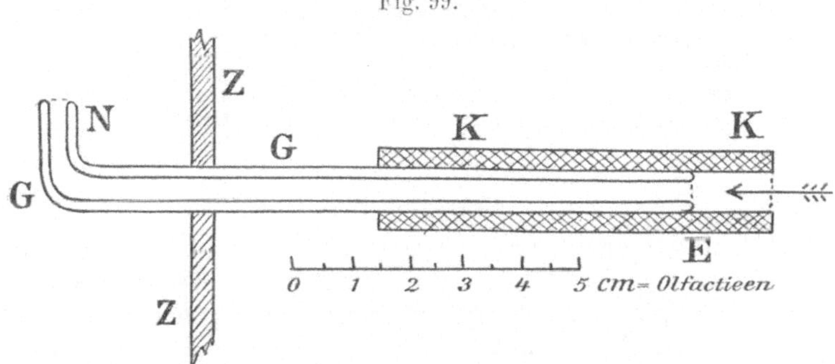

Schema des Olfactometers.

Z Zinkblechscheibe, G Glasröhre, deren Ende N an die Nasenöffnung stösst. Die Kautschukröhre K wird über das Ende E der Glasröhre hinübergeschoben, sodass die in der Richtung des Pfeiles eingesogene Luft durch einen Theil der Röhre K hindurch streicht, ehe sie in G eintritt. Jeder Centimeter von K entspricht einer Olfactie.

wird. Das Olfactometer (Fig. 99) besteht also aus einer oder zwei Glasröhren (G), die mit passender Biegung und Verjüngung in die Nasenöffnungen eingeführt, und auf die vom freien Ende her Röhren aus riechendem Stoff (K) aufgeschoben werden. Sind die riechenden Röhren völlig bis zu ihrem Ende auf die Glasröhren aufgeschoben, so saugt die prüfende Nase durch die Glasröhre reine, geruchlose Luft ein. Lässt man die Riechröhren ein Stück weit über die Glasröhren vorstehen, so muss die Luft erst durch das Stück Riechröhre strömen, ehe sie in die Glasröhre eintritt. Je weiter die Riechröhre vor der Glasröhre vorragt, ein um so längeres Stück von ihr muss die Luft durchströmen, und um so stärker nimmt sie den Geruch an. Die Feinheit des Geruchssinnes kann also einfach durch Verschiebung der Riechröhre auf der Glasröhre gemessen werden. Um nur Vergleichungen anzustellen, kann man ein für alle Mal denselben Geruch anwenden und benutzt dann zweckmässig Röhren aus Kautschuk, der einen specifischen, ziemlich starken Geruch hat. Will man verschiedene Gerüche vergleichen, so kann man Röhren aus porösem Thon mit riechenden Flüssigkeiten tränken.

Es gelingt, verschiedene Olfactometer so herzustellen, dass sie für dieselbe Versuchsperson denselben Werth ergeben, und man kann auf diese Weise sogar eine Einheit des Geruchsvermögens, „Olfactie", festsetzen, die durch die Geruchsstärke des Zwaardemaker'schen Olfactometers mit Kautschukröhre bei Einstellung auf 1 cm Riechröhrenlänge gegeben ist.

Die Schärfe des Geruches ist bei verschiedenen Menschen und bei den verschiedenen Thierarten sehr verschieden. Man will gefunden haben, dass beim Menschen sich das weibliche Geschlecht durch schärferen Geruchssinn auszeichnet. Allgemein wird angegeben, dass die Geruchsschärfe bei Kindern grösser ist als bei Erwachsenen.

Beziehungen zum Gesammtleben. Die Bedeutung des Geruchssinns. für den Organismus liegt offenbar hauptsächlich darin, dass er zum Aufsuchen und Erkennen der Nahrung dient. Hier ist zu wiederholen, dass ein grosser Theil der Empfindungen, die im täglichen Leben als Geschmacksempfindung gelten, in Wirklichkeit Geruchsempfindungen sind.

In ähnlicher Weise kann der Geruch auch für die Athmung als Wächter dienen. Zwar gehört der Athemstillstand bei Reizung des Trigeminus durch „scharfe Gerüche" nicht hierher, aber es ist nachgewiesen, dass die Athembewegungen auch durch Reize beeinflusst werden, die nur den Olfactorius erregen. Der üble Geruch des Leuchtgases gilt den Technikern als ein Vorzug, weil bei geruchlosem Gas Vergiftungen und Explosionen nahezu unvermeidlich sein würden.

Endlich steht der Geruchssinn bei vielen Thieren und angeblich auch beim Menschen in naher Beziehung zur Geschlechtsthätigkeit.

Gehörssinn.

Bau des Gehörorgans im Allgemeinen. Von den bisher besprochenen Sinnesorganen unterscheiden sich die noch folgenden. beiden, Hörorgan und Sehorgan dadurch, dass, um den adaequaten Reiz der Sinneszelle zuzuführen, besondere Vorrichtungen von höchst verwickeltem Bau ausgebildet sind. So kann man bei der Betrachtung des Hörorgans drei einzelne Leistungen unterscheiden, für die je ein Theil des ganzen Organs bestimmt ist, nämlich die Aufnahme des Schalles, die Leitung des Schalles zum inneren Ohr, und endlich. die Uebertragung der Schallbewegung auf die Sinneszellen im inneren Ohr.

Aeusseres Ohr.

Aufnahme des Schalles. Vom Wesen des Schalles ist oben. schon im Abschnitt über die Stimme die Rede gewesen. Wenn die Schallwellen der Luft in eine trichterförmige Oeffnung eindringen, in der sie beim Fortschreiten auf einen engeren Raum eingezwängt werden, nehmen sie an Stärke zu. Die Ohrmuschel vieler Thiere dient augenscheinlich diesem Zweck, und auch die eigenthümliche Gestalt der menschlichen Ohrmuschel scheint demselben Zweck angepasst, denn wenn die innere Fläche durch Ausstreichen mit einer geeigneten Masse eben gemacht wird, bemerkt man eine deutliche Abnahme des Hörvermögens. Insbesondere kann der Schall, wenn er in ungünstiger Richtung auf das Ohr trifft, durch Reflexion von der Ohrmuschel auf den Gehörgang zugelenkt werden. Bei den Thieren, die mit beweglichen Ohren ausgestattet sind, kann dieser Zweck mit grosser Vollkommenheit erreicht werden, daneben dienen ihnen die Bewegungen der Ohren dazu, die Richtung zu erkennen, aus der der Schall kommt. Beim Menschen ist der Bewegungs-apparat verkümmert, und die geringe Beweglichkeit, die sich bei einzelnen Individuen findet, kann auf die Hörfähigkeit keinen merk-lichen Einfluss haben.

Dagegen kann bekanntlich durch Vorhalten der Hände und noch mehr durch Schallbecher die Leistung der Ohrmuschel be-deutend erhöht werden.

Durch die Ohrmuschel werden die Schallwellen dem Gehör-gang zugeleitet, der in seinem äusseren Theil etwas nach vorn, dann nach hinten und schliesslich nach unten gekrümmt ist. Diese Krümmung mag die Schalleitung begünstigen und ist jedenfalls dadurch sehr nützlich, dass sie den Zugang zum Trommelfell für alle möglichen äusseren Schädigungen erschwert.

Diesem Zweck dienen offenbar auch die starken borstenartigen Haare, die in der äusseren Ohröffnung stehen, und die Secretion des sogenannten Ohren-schmalzes, Cerumen, durch in der Wand des Gehörganges gelegene Drüsen. Das Cerumen wird in ziemlich leichtflüssigem Zustande abgesondert, überzieht die innere Fläche des Gehörganges und trocknet zu Krümeln ein, die oft den ganzen Gehörgang verstopfen. Es ist klar, dass die Klebrigkeit der Wände im Verein mit der Behaarung einen vorzüglichen Schutz gegen das Eindringen von In-sekten und kleinen Fremdkörpern gewährt.

Da der Gehörgang an seinem inneren Ende durch das Trommel-fell völlig abgeschlossen ist, kommt der in ihm enthaltenen Luft-menge, wie jeder von festen Wänden eingeschlossenen Luftmenge, eine bestimmte Schwingungsperiode zu. Die Luft des Gehörganges muss daher durch Schallwellen von einer bestimmten Schwingungs-zahl in stärkere Schwingungen versetzt werden, als durch jede andere. Bei der Länge des Gehörganges von etwa 25 mm ist die Schwingungszahl des betreffenden Tones sehr hoch. Helmholtz vermuthet hierin die Ursache dafür, dass sehr hohe Töne oft eine unangenehme Empfindung hervorrufen.

Mittelohr.

Trommelfell. Das Trommelfell ist nicht quer, sondern schräg von oben lateralwärts nach unten medianwärts im Gehörgang aus-gespannt, und zwar nicht in einer Ebene, sondern in der Form eines eingezogenen Trichters, dessen Spitze, Umbo, nach innen gerichtet ist. Diese Spannung nach innen erhält das Trommelfell durch seine Verbindung mit der Kette der Gehörknöchelchen.

Das Trommelfell besteht aus zwei Schichten, von denen die äussere aus radiär verlaufenden, die innere aus kreisförmig ver-laufenden Faserzügen besteht. Zwischen beide schiebt sich in der Plica malleolaris der „Stiel“ des Hammerknöchelchens ein, so dass das Ende des Hammerstiels etwa der Mitte des Trommelfells ent-spricht. Da der Hammer mit seinem Halse durch das sogenannte Achsenband an die vordere Wand der Paukenhöhle geheftet und mit seinem langen Fortsatz, der nach vorn steht, in einer Spalte des Felsenbeines festgeklemmt ist, steht er hinreichend fest, um das Trommelfell in seiner Stellung zu halten. Der grössere Theil des Trommelfells ist dadurch gespannt, „Pars tensa", nur oben, wo auch der knöcherne Annulus tympanicus eine Lücke hat, ist ein schlaffer Theil, „die Shrapnellsche Membran". Da der lange Fortsatz des Hammers elastisch biegsam ist, kann der Hammer in geringem Umfange den Bewegungen des Trommelfells folgen. Der kurze Fortsatz des Hammers reicht vom Kopf bis an das Trommelfell, an das er angeheftet ist. Der Kopf des Hammers ruht mit einer grossen Gelenkfläche in einer entsprechenden Höhlung des Ambosses, dessen kürzerer Fortsatz durch Bänder an die hintere Paukenwand geheftet und dessen langer Fortsatz durch ein Gelenk mit dem Steigbügel verbunden ist. Der Steigbügel sitzt mit seiner Platte in der Membran des ovalen Fensters.

Gehörknöchelchen. Die Kette der drei Gehörknöchelchen stellt also eine gegliederte Verbindung zwischen dem Trommelfell und dem ovalen Fenster her.

Dass dies ihr eigentlicher Zweck ist, erkennt man aus dem Vergleich mit dem Gehörorgan niederer Thierarten, bei denen die drei Gehörknöchelchen durch eine einzige säulenförmige Knochensteife, Columella, zwischen Trommelfell und rundem Fenster, ersetzt sind. Der eigenthümliche Mechanismus aus drei einzelnen Knöchelchen dient offenbar nur dazu, die Uebertragung der Bewegungen in bestimmter Weise zu verändern und zu regeln.

Der Hammerstiel macht die Bewegungen des Trommelfells mit. Der Kopf des Hammers bildet eine gerade Verlängerung des Stieles. Kopf und Stiel zusammen stellen einen zweiarmigen Hebel dar, der sich um eine quer durch den Hals gehende Axe am Rande des Trommelfells dreht, weil der Hals durch das Achsenband und den langen Fortsatz an seine Stelle geheftet ist. Der lange Fortsatz fällt in die Richtung der erwähnten Queraxe und muss deshalb bei der Bewegung des Hebels torquirt, um seine eigene Längsaxe verdreht werden. Wenn also der Hammerstiel, als der eine Arm des zweiarmigen Hebels, der Bewegung des Trommelfells nach einwärts folgt, muss der Kopf des Hammers, als der andere Arm des Hebels, eine entsprechende Bewegung nach auswärts machen.

Die Gelenkfläche zwischen Hammer und Amboss ist nun so abgemessen, dass der Hammerkopf bei seiner Bewegung nach innen auf der Gelenkfläche des Ambosses gleitet, ohne an die Grenze der Beweglichkeit des Gelenks zu kommen. Wird dagegen der Hammerkopf nach aussen bewegt, so stösst der vorspringende Rand der Ambossfläche in eine Furche am Rande der Hammerkopffläche und das Gelenk ist gehemmt. Während also der Hammerkopf nach innen bewegt werden kann, ohne dass der Amboss sich mitbewegt, wird jede Bewegung nach aussen, die der Hammerkopf macht, dem Amboss mitgetheilt. Der Amboss dreht sich dann um seinen kurzen Fortsatz, der an der hinteren Paukenhöhlenwand befestigt ist, in ähnlicher Weise wie der Hammer um den langen Hammerfortsatz, und drückt mit seinem langen Fortsatz auf den Steigbügel. Die Bewegung des Hammerkopfes nach aussen entsteht durch die Bewegung des Hammerstieles nach innen, es werden also vermöge der beschriebenen Eigenthümlichkeit des Hammer-Ambossgelenks nur die Bewegungen des Trommelfells nach innen als einzelne Stösse auf den Steigbügel übertragen. Durch unmittelbare Messung ist gefunden worden, dass dabei der Steigbügel die Bewegung der Trommelfellmitte in etwa auf $1/3$ verkleinertem Maassstab wiedergiebt.

Auf die Bewegung der Gehörknöchelchen wirken zwei Muskeln ein. Der eine, Tensor tympani, dessen Sehne von der medialen Wand der Paukenhöhle aus an dem Hammerstiel unmittelbar unterhalb des Halses angreift, muss bei seiner Zusammenziehung den Hammerstiel nach innen ziehen und dadurch das

Trommelfell anspannen. Der andere, Musculus stapedius, der von der hinteren Wand der Paukenhöhle her an das Köpfchen des Steigbügels ansetzt, muss den Steigbügel nach hinten ziehen und dadurch die Platte im ovalen Fenster schief stellen.

Tuba Eustachii. Ehe weiter auf die Schallleitung eingegangen wird, ist hier noch eine Einrichtung zu erwähnen, durch die die Spannung des Trommelfells von den Schwankungen des Luftdruckes unabhängig gemacht wird. Wäre die Paukenhöhle einfach eine allseitig geschlossene Vertiefung im Schädelknochen, so könnte das Trommelfell, das in seiner normalen Lage eine bestimmte Menge Luft in der Paukenhöhle einschliesst, diese normale Lage nur so lange bewahren, als der Luftdruck unverändert bliebe. Denn sobald der äussere Luftdruck sich verminderte, würde die in der Paukenhöhle befindliche Luft ein grösseres Volum annehmen, sobald der äussere Druck zunähme, ein kleineres, und dementsprechend würde bei höherem Druck von aussen das Trommelfell stärker angespannt, oder gar zerrissen werden, bei schwächerem würde es erschlafft und nach aussen getrieben werden. Hierzu ist zu bemerken, dass zu dem Luftraum der Paukenhöhle auch der in den Luftzellen des Processus mastoideus und bei Thieren der Bulla ossea zu rechnen ist. Dagegen kann die Spannung des Trommelfells trotz der Schwankungen des Luftdruckes gleich bleiben, wenn durch eine Oeffnung in der Paukenhöhle der Luftdruck Zugang zu der inneren Seite des Trommelfells erhält, denn dann wirken alle Druckänderungen gleichmässig auf beide Seiten des Trommelfells. Eine solche Oeffnung ist nun thatsächlich durch die Tuba Eustachii gegeben, die von der Paukenhöhle zum Nasenrachenraum führt. Die Tube ist zwar für gewöhnlich geschlossen, indem der häutige Theil ihrer Wandung eingedrückt an den knorpligen Theil anschliesst. Zwei der Muskeln des Gaumensegels, Petrosalpingostaphylinus und Sphenosalpingostaphylinus, die von der Wandung der Tube entspringen, können aber die häutige Tubenwand abwärts ziehen, und so die Lichtung der Tube eröffnen. Die Tube wird auf diese Weise bei jeder Schluckbewegung eröffnet, was sich auch deutlich durch ein Geräusch im Ohr zu erkennen giebt.

Die Bedeutung der Tuben wird durch den Valsalva'schen Versuch bewiesen. Schliesst man den Mund und hält die Nase zu und macht eine Exspirationsanstrengung, so wird die Luft im Nasenrachenraum zusammengedrückt. Macht man nun eine Schluckbewegung, so öffnet sich die Tube, und der Druck des Nasenrachenraums gleicht sich gegen den der Paukenhöhle aus, indem Luft in die Paukenhöhle tritt. Man erkennt dies an einem knackenden Geräusch und daraus, dass die Gehörempfindungen wegen der Entspannung des Trommelfelles dumpf und undeutlich werden. Erst bei einer zweiten Schluckbewegung unter normalen Bedingungen stellt sich der gewöhnliche Zustand wieder her.

Derselbe Versuch kann in umgekehrter Form gemacht werden, indem durch eine Inspirationsanstrengung die Luft im Nasenrachenraum verdünnt wird. Dann wird beim Schlucken Luft aus der Paukenhöhle angesogen, und das Trommelfell abnorm gespannt. In dieser Form heisst der Versuch der Müller'sche.

Der äussere Druck braucht gar nicht sehr hoch zu steigen, um schon eine unangenehme oder sogar schmerzhafte Empfindung in den Ohren hervorzurufen, die sofort verschwindet, wenn durch eine Schluckbewegung die Tuben eröffnet werden. Schon wenn man in einen Schacht von 60—100 m Tiefe einfährt, fühlt man deutlich die Zunahme des Druckes, vollends wenn man mehr als 3—4 m tief unter Wasser kommt, entsteht ein lebhafter Schmerz in den Ohren.

Schallleitung. Die Verrichtungen aller erwähnten Theile des Gehörorgans in ihrem angedeuteten Zusammenhange sind in allen Einzelheiten durch wiederholte Beobachtungen bestätigt. Man hat vor Allem nachgewiesen, dass das Trommelfell durch Schallbewegungen thatsächlich in schwingende Bewegung versetzt wird, ferner, dass die Gehörknöchelchen sich mit dem Trommelfell bewegen, und man hat sogar die Grösse der Ausschläge des Trommelfells und die des ovalen Fensters gemessen. Trotzdem herrscht über die Deutung des Schallleitungsvorganges keineswegs Einigkeit.

Die Vorstellung, dass das Trommelfell den Schallschwingungen so getreu folgen könne, dass es hohe und tiefe Töne, von der Klangfarbe zu schweigen, getreu auf das innere Ohr übertragen könne, stösst schon auf Widerspruch. In dieser Beziehung ist die Trichterform des Trommelfells von Bedeutung. Eine ebene gespannte Membran hat wie eine gespannte Saite ihre eigene Schwingungszahl, die von Grösse, Schwere und Spannung der Membran abhängt. Eine solche Membran kann durch einen Ton von derselben Schwingungszahl leicht in Bewegung gesetzt werden, ebenso wie die schwerste Glocke von dem kleinsten Chorknaben geläutet werden kann, wenn er sich nur immer genau im richtigen Augenblick an den Strang hängt.

Eine trichterförmig gespannte Membran hat nun die Eigenthümlichkeit, dass in ihren verschiedenen Abschnitten von der Peripherie nach der Mitte zu verschiedene Grade der Spannung herrschen. Daher hat auch die Membran als Ganzes keine bestimmte Schwingungszahl, sondern jedem Abschnitt kommt je nach seiner Spannung eine besondere Schwingungszahl zu.

Innerhalb gewisser Grenzen wird daher das Trommelfell für jeden beliebigen Ton einen Abschnitt von passender Schwingungszahl enthalten, und es wird deshalb durch jeden beliebigen Ton in Bewegung gesetzt werden können.

Wenn daraufhin auch zugegeben wird, dass das Trommelfell selbst die Luftschwingungen getreu mitzumachen im Stande ist, so wird weiter eingewendet, dass die Gehörknöchelchen einen zu groben Mechanismus darstellten, als dass man ihn als Ueberträger von Schallwellen annehmen könnte. Hiergegen ist geltend zu machen, dass das Mitschwingen der Knöchelchen mit dem durch Töne in Bewegung gesetzten Trommelfell im Mikroskop gesehen werden kann, und dass im Phonographen nicht weniger schwerfällige Organe die feinsten Abstufungen der Stimme getreu verzeichnen. Dass diese Betrachtung zutrifft, ist auch unmittelbar durch den Versuch bewiesen worden. Mit Hülfe eines feinen, am Hammer eines Präparates befestigten Schreibhebels kann die Schwingungscurve eines durch die Luft auf das Trommelfell wirkenden Klanges so genau aufgezeichnet werden, dass man sogar die auf der Curve des Grundtones superponirten Obertonwellen erkennt.

Es darf demnach die Lehre von der Schallleitung durch die Kette der Gehörknöchelchen als unerschüttert angenommen werden.

Muskeln der Gehörknöchelchen. Dagegen bleibt zweifelhaft, welche Rolle den erwähnten Muskeln der Gehörknöchelchen zuzuschreiben ist. Es ist beobachtet worden, dass der Tensor sich bei starken Schalleindrücken reflectorisch contrahirt. Man hat darin eine Schutzwirkung erkennen wollen, da, wenn die Spannung des Trommelfells vermehrt wird, seine Schwingungen kleiner werden. Die Thätigkeit des Tensors würde also den Umfang der Bewegungen der Gehörknöchelchen einschränken, und dadurch übermässige Schalleindrücke oder Beschädigung der schallleitenden Knöchelchenkette verhindern. Es ist thatsächlich an Menschen, die den Tensor willkürlich in Gewalt hatten, und an Thieren, bei denen er künstlich gereizt wurde, nachgewiesen, dass die Thätigkeit des Tensors die Ausschläge des Trommelfells einschränkt. Bedenkt man, dass der Tensor die Spannung des Trommelfells beherrscht, und dass er sich bei starker Schalleinwirkung merklich zusammenzieht, so erscheint die Hypothese sehr einleuchtend, die ihn als „Accommodationsmuskel des Ohres" hinstellt. Höhere Töne müssen bei stärkerer, tiefe bei schwächerer Spannung des Trommelfells besser gehört werden. Man kann vermuthen, dass der Tensor reflectorisch das Trommelfell auf den geeigneten Grad von Spannung zu bringen bestimmt ist. Thatsächlich hat man beim Gehörorgan des Hundes sowie auch am Menschen beobachtet, dass das Trommelfell beim Hören höherer Töne merklich eingezogen wird.

Ueberall wo es auf feine Einstellung ankommt, muss die Bewegung durch Zug und Gegenzug geregelt werden. Der Musculus stapedius könnte hier den erforderlichen Gegenzug ausüben, indem er auf den Steigbügel dicht am langen Ambossfortsatz wirkt und dadurch den Amboss so dreht, dass der Hammerkopf entlastet und das Trommelfell entspannt wird.

Gegen diese Anschauung wird geltend gemacht, dass die Zugrichtung des Stapedius für diesen Zweck wenig günstig erscheint. Oben ist schon angegeben, dass durch den Zug des Stapedius die Platte des Steigbügels im ovalen Fenster schief gestellt werden muss. Das würde eine sehr erhebliche Spannung der Membran des ovalen Fensters zur Folge haben, und man hat angenommen, dass dadurch eine Hemmung der Bewegungen des Steigbügels erzielt werde. Vom mechanischen Standpunkt aus erscheint diese Hypothese noch gezwungener als die obige.

Schallleitung durch die Kopfknochen. Neben der Schallleitung durch das Trommelfell und die Gehörknöchelchen gelangt der Schall unzweifelhaft auch auf andere Weise zum inneren Ohr. Denn das Trommelfell kann durchlöchert oder ganz zerstört, die Gehörknöchelchen können entfernt werden, ohne dass Taubheit eintritt. Wenn man eine Stimmgabel zum Ertönen bringt, wartet bis der Ton soweit abgeschwächt ist, dass man ihn nicht mehr hört, und dann den Stiel der Stimmgabel gegen den Schädel drückt, so vernimmt man den Ton von Neuem. Ebenso hört man den Ton einer Stimmgabel sehr viel stärker und deutlicher, wenn man ihren Stiel zwischen die Zähne nimmt. Diese Versuche zeigen deutlich, dass der Schall durch die Kopfknochen geleitet wird, und dass diese Leitung unter Umständen die Leitung durch die Gehörknöchelchen an Empfindlichkeit übertrifft. Unzweifelhaft spielt die Leitung des Schalles durch die Kopfknochen bei der Thätigkeit des Gehörorgans eine sehr grosse Rolle. Sie ist aber unter normalen Bedingungen von der Leitung durch die Kette der Knöchelchen nicht zu trennen, sondern wird durch diese wesentlich unterstützt.

Dies lässt sich durch folgenden Versuch beweisen. Wenn man an einem Präparat den Hohlraum des inneren Ohres mit Luft füllt und am Porus acusticus internus ein Hörrohr anschliesst, so werden Töne, die auf die Knochen oder auf das Trommelfell des Präparates wirken, durch das Hörrohr dem eigenen Ohr des Beobachters zugeleitet. Der Beobachter setzt also gewissermaassen sein Ohr an die Stelle der aus dem Präparate entfernten Hörnervenendigungen. Wird nun das Gelenk zwischen Amboss und Steigbügel durchtrennt, und der Ambossfortsatz vom Steigbügel abgehoben, so vernimmt der Beobachter die Töne, gleichviel ob sie durch die Luft oder durch den Knochen zugeleitet werden, viel schwächer, als wenn der Amboss wieder freigelassen wird, sodass er dem Steigbügel seine Schwingungen mittheilen kann. Dieser Versuch zeigt, dass das Trommelfell und die Gehörknöchelchen ebensowohl durch die Knochenleitung wie durch die Schallleitung der Luft in Bewegung gesetzt werden. Diese Wirkung der Knochenleitung auf den Schallapparat des Mittelohrs wird noch verstärkt, wenn man den äusseren Gehörgang verstopft.

Inneres Ohr.

Das Ohrlabyrinth. Bisher ist ausschliesslich von der Aufnahme und Leitung der Schallschwingungen im äusseren und mittleren Ohr die Rede gewesen. Das innere Ohr kann demgegenüber als das eigentliche Sinnesorgan des Gehörs bezeichnet werden, obschon es ebenfalls nur der Zuleitung der Schallwellen zu den Sinneszellen dient.

Das innere Ohr enthält zwei Organe mit Endigungen von Sinnesnerven, nämlich das „häutige Labyrinth“ und den „häutigen Schneckencanal“. Beide sind in knöchernen Hohlräumen eingeschlossen, die von Flüssigkeit „Perilymphe“ erfüllt sind, und beide haben die Form von Schläuchen, die selbst mit Flüssigkeit „Endolymphe“ erfüllt sind. Die Perilymphe steht durch den Aquaeductus cochleae, einen haarfeinen Gang von der untersten Schneckenhöhlung zur inneren Fläche des Schläfenbeins neben der Fossa jugularis mit der Cerebrospinalflüssigkeit in Verbindung. Die Endolymphe des Labyrinthes wie der Schnecke steht mit dem Aquaeductus vestibuli in Verbindung, der aus dem Vorhof zur Schädelhöhle lateral vom Porus acusticus internus führt, dort aber verschlossen mit dem Saccus endolymphaticus endet. Es mag nun zuerst die Verrichtung der Schnecke, dann die des Labyrinths näher betrachtet werden.

Die Schnecke. Das ovale Fenster führt von der Paukenhöhle in den als „Vorhof“ bezeichneten Raum. Dieser ist mit Perilymphe erfüllt und enthält zwei häutige Hohlgebilde, den Sacculus, der sich in den Schneckencanal, und den Utriculus, der sich in die häutigen Bogengänge fortsetzt. Das ovale Fenster ist durch eine Membran geschlossen, in der die Steigbügelplatte sitzt. Wird der Steigbügel nach innen getrieben, so muss die Membran sich vorwölben und einen Druck auf die Perilymphe im Vorhof ausüben. Wäre die Perilymphe völlig von knöchernen Wänden umgeben, sodass sie dem Druck nach keiner Seite ausweichen könnte, so würde überhaupt keine Bewegung des Steigbügels im ovalen Fenster möglich sein. Es ist aber eine Stelle vorhanden, wo die Perilymphe ausweichen kann, nämlich das runde Fenster, das von der untersten

Höhlung der Schnecke zur Paukenhöhle zurückführt, und nur durch ein elastisches Häutchen geschlossen ist. Mithin muss bei jedem Drucke auf den Steigbügel die Perilymphe des Vorhofs nach dem runden Fenster ausweichen. Für diese Bewegung der Perilymphe ist aber nur ein weiter und verschlungener Umweg, nämlich durch die ganze Länge der Schneckenwindungen freigelassen.

Der Hohlraum der Schnecke stellt einen verjüngten, nach der Form eines Widderhorns in $2^1/_2$ Windungen von medial nach lateral um eine annähernd transversale Axe gewundenen Gang vor. Dieser Gang ist nun seiner ganzen Länge nach durch eine Mittelwand (Lamina spiralis) in einen oberen, das heisst der Schneckenspitze näheren, und einen unteren, das heisst der Schneckenbasis näheren Gang getheilt. Nur an der Schneckenspitze hat die trennende

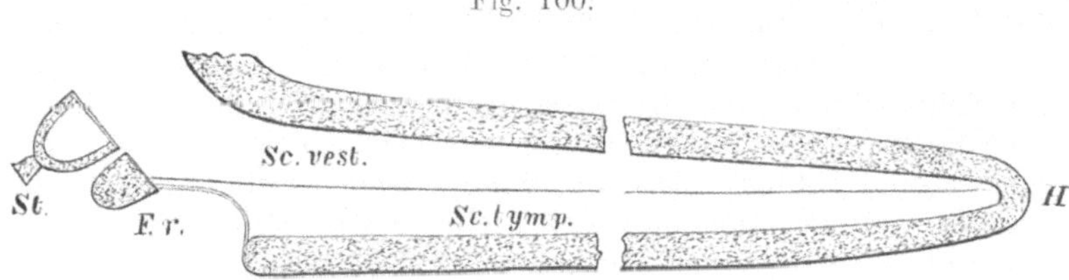

Fig. 100.

Schematischer Längsschnitt durch die abgewickelte Schnecke.
St. Steigbügel. *F. r.* Rundes Fenster. *H* Helicotrema.

Wand eine Lücke, Helicotrema, die eine offene Verbindung zwischen oberem und unterem Gang herstellt. An der Schneckenbasis schliesst sich dagegen die Lamina spiralis an die Paukenhöhlenwand zwischen ovalem und rundem Fenster an. Von den beiden Gängen ist nur der obere, der deshalb Scala vestibuli heisst, an der Basis gegen den Vorhof offen, der untere Gang ist durch die Paukenhöhlenwand mit dem runden Fenster geschlossen und heisst deshalb Scala tympani. Der einzige offene Weg vom Vorhof zum runden Fenster führt demnach durch die Scala vestibuli, den $2^1/_2$ Windungen der Schnecke nach, durch das Helicotrema in die Scala tympani und wiederum den $2^1/_2$ Windungen nach zur Schneckenbasis unterhalb der Lamina spiralis ans runde Fenster.

Diese Verhältnisse sind in der beifolgenden Fig. 100 veranschaulicht, in der der Schneckengang gradegestreckt, gewissermaassen von der Schneckenspindel abgewickelt, dargestellt ist.

In der Perilymphe des Vorhofs schwimmt nun so zu sagen der Sacculus des häutigen Schneckenorgans. Auch auf ihn und die in ihm enthaltene Endolymphe muss die Steigbügelbewegung einwirken. Der Sacculus setzt sich in einen häutigen Canal, Ductus cochlearis, fort, der in der Scala vestibuli verläuft. Schräg von der Lamina spiralis nach der äusseren Schneckenwand ist in der Scala vestibuli ihrer ganzen Länge nach eine Membran, Membrana Reissneri, ausgespannt, die also einen Canal von dreieckigem Querschnitt von der eigentlichen Scala vestibuli abtrennt. Diesen Canal, der begrenzt wird unten von der Lamina spiralis, aussen von der knöchernen Schneckenwand, oben von der Membrana Reissneri, kleidet der Ductus cochlearis aus. Der Canal bildet die

Fortsetzung des Sacculus, er ist mit Endolymphe erfüllt, und endigt blind an der Schneckenspitze.

Corti'sches Organ. In dem Ductus cochleae ist das eigentliche Gehörorgan, das Corti'sche Organ gelegen, in dem die Sinneszellen der Hörnerven enthalten sind. Der Theil der Lamina spiralis, der den Boden des Ductus cochleae bildet, wird als Lamina basilaris bezeichnet. Er enthält eine Schicht radial zur Axe der Schnecke gespannter feiner Fasern, Saiten, Chordae genannt, die unter dem Mikroskop steif, durchsichtig, rund und glatt erscheinen, wie Glasfäden, oder wie die Borsten aus einer Bürste. Auf je 4 bis 6 solcher Saiten sind, in den Ductus cochlearis hineinragend, an zwei verschiedenen Stellen, die beiden „Pfeiler" eines „Corti'schen Bogens" aufgepflanzt. Man unterscheidet den inneren, der Schneckenspindel näheren, und den äusseren. Indem die beiden Pfeiler mit den Köpfen gegeneinander ruhen, bilden sie eine Art Thorweg oder Brückenjoch, den Corti'schen Bogen. Da auf den benachbarten Gruppen von je 4—6 Saiten wiederum je ein Corti'scher Bogen steht, bilden diese in ihrer Gesammtheit eine Art fortlaufenden Laubengang oder vielmehr einen ziemlich dicht geschlossenen, als „Tunnel" bezeichneten Hohlraum. Dicht an dem inneren Pfeiler liegt eine „Haarzelle", Hörzelle oder Sinneszelle, an dem äusseren stehen in gewissem Abstand mehrere solche Zellen. Diese Zellen sind gestützt durch die eigenthümlich geformten Deiters'schen Stützzellen, „Zangenbecher", und nach beiden Seiten von einem Wall aus Zellen verschiedener Gestalt, Hensen'schen und Claudius'schen Zellen umgeben. Auf den Köpfen der Bögen und der Fläche dieses Zellwalles liegt eine feine Membran, Membrana reticulata oder fenestrata, mit Oeffnungen, durch die die Sinneszellen hindurchragen. Vom inneren Rande des Ductus cochlearis aus legt sich über das ganze Organ die dicke weiche Corti'sche Membran oder Membrana tectoria.

. Die Nervenfasern des Acusticus treten in feine Canäle in der knöchernen Schneckenspindel ein und vertheilen sich in regelmässigen Abständen an der Unterfläche der Membrana spiralis, durch die sie in einzelnen feinen Fädchen an die einzelnen Sinneszellen gelangen.

Im Gegensatz zu den Gängen der Schnecke, die wie bei einem gewöhnlichen Schneckenhaus an der Basis weit, an der Spitze eng sind, ist die Membrana basilaris im untersten Theil der Schnecke am schmalsten, 0,04 mm, an der Spitze am breitesten, beinahe 12 mal so breit wie an der Basis, 0,49 mm. Die Saiten sind also an der Spitze der Schnecke am längsten, an der Basis am kürzesten. Ebenso werden die Corti'schen Bögen nach der Schneckenspitze zu grösser. Man hat festgestellt, dass in der ganzen Basilarmembran, deren Länge im abgewickelten Zustand auf 3—5 cm angegeben wird, beim Menschen fast 24000 einzelne Saiten enthalten sind, während vergleichende Zählungen bei der Katze nur 15000, beim Kaninchen 10000 ergeben haben.

Resonanztheorie. Alle diese Einzelheiten lassen sich einfach und im besten Zusammenhang durch die Helmholtz'sche Renonanztheorie erklären. Die Stösse, die der Steigbügel auf die Perilymphe des Vorhofs ausübt, wirken zunächst auf die Perilymphe der Scala vestibuli ein, die, wie oben ausführlich gezeigt worden ist, nur dadurch ausweichen kann, dass sie das runde Fenster vorwölbt.

Da der Weg durch die ganze Scala vestibuli hinauf durch das Helicotrema und die Scala tympani hinab sehr lang und eng ist und der Flüssigkeitsbewegung jedenfalls einen beträchtlichen Widerstand entgegensetzt, kann man annehmen, dass die Stösse unmittelbar auf die Membrana Reissneri und die Basilarmembran drücken und sich auf diese Weise der Perilymphe in der Scala tympani mittheilen, ohne dass ein wesentlicher Theil der Flüssigkeit durch das Helicotrema hindurchtritt. Da die Stösse des Steigbügels zugleich auf die Endolymphe des Sacculus wirken, wird der Ductus cochleae nicht zusammengedrückt werden können, sondern Membrana Reissneri und Basilarmembran müssen als Ganzes ausweichen. Gleichviel welche Annahmen hierüber gemacht werden, sicher ist, dass jeder Druck auf den Steigbügel durch die Perilymphe der Schnecke hindurch auf das runde Fenster wirkt.

Es ist unmittelbar zu beobachten, dass sich die Membran im runden Fenster vorwölbt, wenn man gegen den Steigbügel drückt. Eine Reihe von Stössen, wie sie die Schwingungen des Trommelfells auf den Steigbügel ausüben, muss demnach auf eine oder die andere Weise die Basilarmembran in Schwingungen versetzen.

Von den Saiten der Basilarmembran werden nun offenbar diejenigen, deren eigene Schwingungszahl mit der Zahl der Schwingungen des Trommelfells übereinstimmt, am stärksten schwingen. Diese starken Schwingungen werden die Corti'schen Bögen in Bewegung setzen, und durch Vermittlung der Membrana reticulata wird eine Verschiebung zwischen den Härchen der Sinneszellen und der auf ihnen aufliegenden Membrana Corti eintreten, durch die die Sinneszellen erregt werden. Da ein Ton von bestimmter Schwingungszahl nur auf diejenigen Saiten einwirkt, denen die gleiche Schwingungszahl zukommt, wird er auch nur ganz bestimmte Sinneszellen erregen. Töne von verschiedener Schwingungszahl werden also verschiedene Gruppen von Sinneszellen erregen, deren Nervenfasern mit verschiedenen Stellen der Hirnrinde in Verbindung stehen und daher verschiedene Tonempfindungen hervorrufen.

Die Grundlage dieser Theorie ist die Thatsache, dass von einer Anzahl verschieden gestimmter Saiten durch einen bestimmten Ton nur die mit diesem Ton gleichgestimmte Saite in Mitschwingungen versetzt wird.

Hiervon kann man sich an jedem Klavier überzeugen. Oeffnet man den Deckel und singt gegen den mit Saiten bespannten Rahmen einen tiefen Ton, so summen die tiefen Saiten des Klaviers den Ton nach, singt man einen höheren Ton, so bleiben die tiefen Saiten stumm und die höheren Saiten klingen nach.

Ewald'sche Theorie. Es ist nun freilich schwer, sich vorzustellen, dass die Saiten des Gehörorgans, die in die Membrana basilaris eingebettet und von Flüssigkeit umgeben sind, ebenso gut wie die Klaviersaiten nach ihrem Eigenton sollten in Schwingungen gerathen können. Ja, es muss als fraglich bezeichnet werden, ob solche mikroskopisch feine Gebilde überhaupt nach Art von Saiten mit mittleren Schwingungszahlen schwingen können. Hauptsächlich aus diesem Grunde haben denn auch manche Forscher die Resonanztheorie überhaupt verworfen, und an ihre Stelle hat in letzter Zeit J. R. Ewald eine neue Anschauung gesetzt. Ein schwach gespanntes Häutchen kann durch Schallwellen ebenso wie eine Saite in Mitschwingung versetzt werden. In der Regel schwingen dabei nur einzelne Stellen des Häutchens, während andere Stellen dazwischen in Ruhe bleiben. Dies entspricht der Erscheinung von Schwingungsbäuchen und Schwingungsknoten an einer schwingenden Saite. Es lässt sich nun zeigen, dass bei ein und derselben Membran unter der Einwirkung verschiedener Töne die schwingenden und ruhenden Stellen verschiedene Lage und Ausdehnung haben, dass also jedem bestimmten Ton ein bestimmtes „Schwingungsbild" der betreffenden Membran entspricht. Ewald nimmt nun an, dass die Membrana basilaris als Ganzes bei verschiedenen Tönen verschiedene Schwingungsbilder zeigt, und dass je nach der Lage der Schwingungsbäuche und Schwingungsknoten auf der Membrana basilaris verschiedene Theile des Corti'schen Organes gereizt werden. Damit wäre das Unterscheidungsvermögen des Gehörs für verschiedene Töne ebensogut erklärt wie nach der Resonanztheorie.

Es ist J. R. Ewald gelungen, aus Collodiumhäutchen Modelle herzustellen, die nicht wesentlich grösser sind als die wirkliche Basilarmembran, und an denen man unter dem Einfluss verschiedener Töne mit dem Mikroskop thatsächlich verschiedene „Schwingungsbilder" sehen kann. Ewald nennt diese Vorrichtung, im Vergleich zur Camera obscura, die ein Modell des Augapfels bildet, die „Camera acustica".

Function des Corti'schen Organs. Nach beiden Theorien wären die verschiedenen Tonempfindungen darauf zurückzuführen, dass verschiedene Töne verschiedene Theile des Corti'schen Organs erregen. Wenn also ein Theil des Corti'schen Organs zerstört würde, so müsste ein bestimmter Theil der gesammten Tonreihe nicht mehr wahrgenommen werden.

Beispielsweise müsste, nach der Resonanztheorie, wenn die Spitze der Schnecke, die die längsten Chordae enthält, zerstört ist, das Hörvermögen für tiefe Töne aufgehoben sein. Auch nach der Ewald'schen Theorie wäre zu erwarten, dass jede grössere Beschädigung der Basilarmembran die Tonwahrnehmung stören würde.

Es hat sich aber, insbesondere aus neueren Versuchen von O. Kalischer, ergeben, dass selbst nach ausgedehnten Zerstörungen der Schnecke das Unterscheidungsvermögen für hohe und tiefe Töne fortbesteht. Dieser Befund ist mit beiden erwähnten Theorien unvereinbar, und beweist, dass das Corti'sche Organ nur die eine Aufgabe erfüllt, Schallreiz in Nervenerregung umzuwandeln, wobei völlig dunkel bleibt, auf welche Weise die Verschiedenheit der Empfindung beim Hören verschiedener Töne zu Stande kommt.

Grenzen der Tonwahrnehmung. Von den Untersuchungen, die man auf Grund der Resonanztheorie angestellt hat, behalten viele ihren Werth, auch wenn diese Theorie verworfen wird, weil sie besondere Eigenthümlichkeiten der Hörthätigkeit aufdecken. Zunächst hat man sich gefragt, ob für jede Tonhöhe, die ein Musiker zu unterscheiden vermag, in seinem Corti'schen Organ eine besondere Nervenfaser vorhanden ist. Um dies zu entscheiden, muss man feststellen, welches die Grenzen sind, innerhalb denen Töne wahrgenommen und empfunden werden. Es zeigt sich, dass der tiefste wahrnehmbare Ton 16, der höchste etwa 50 000 Schwingungen in der Secunde hat.

Die Grenzen liegen bei verschiedenen Menschen ziemlich verschieden, Kinder können höhere Töne wahrnehmen als Erwachsene.

Bei der Prüfung der tiefen Töne muss dafür gesorgt werden, dass sich nicht etwa Obertöne beimischen. Zu Versuchen mit hohen Tönen dienen Stimmgabeln mit ganz kurzen Zinken, oder stählerne Klangstäbe, die etwa dreimal so lang wie dick sind, oder die „Galtonpfeife", ein Pfeifchen, das mit Hülfe einer feinen Messschraube auf bestimmte Tonhöhen einzustellen ist.

Nach der obigen Angabe sind Töne von 16 Schwingungen bis zu 50 000 Schwingungen durch das Gehör wahrzunehmen. Da die Zahl der Saiten in der Basilarmembran auf höchstens 24 000 geschätzt wird, und nur auf je 4 bis 6 Saiten ein Corti'scher Bogen kommt, wird also nach der Resonanztheorie jedenfalls nicht jede einzelne Schwingungszahl von der kleinsten bis zur grössten unterschieden werden können. Es ist aber zu bemerken, dass die tiefsten wahrnehmbaren Töne als ein blosses summendes Geräusch, die höchsten als eine Art Schmerz im Ohr empfunden werden, während die in der Musik eingeführten Instrumente nur Töne bis zu etwa 5000 Schwingungen umfassen, eine Zahl, die mit der der Corti'schen Bögen annähernd übereinstimmt. Es lässt sich überdies zeigen, dass das Unterscheidungsvermögen für Töne sich durchaus nicht gleichmässig über das ganze Gebiet der hörbaren Klänge, ja nicht einmal über das der musikalischen Tonleiter erstreckt. Geübte Musiker sollen zwar Töne von 1000 und 1001 Schwingungen unterscheiden können, man darf aber daraus nicht schliessen, dass auch zwei Töne von 40 000 und 40 001 Schwingungen zu unterscheiden sein würden. Aus alledem geht hervor, dass die Resonanztheorie mit den Grenzen der Hörfähigkeit und der Unterscheidung von Tonhöhen wohl vereinbar wäre.

Wahrnehmung von Klängen mit Phasenverschiebung. Nach der Resonanztheorie beruht die Tonunterscheidung auf der Erregung verschiedener Stellen des Corti'schen Organs. Wenn also ein aus Grundton und Obertönen gemischter Klang das Ohr trifft, so muss die Empfindung aus der Erregung der für den Grundton und der für die Obertöne empfindlichen Stellen zusammengesetzt sein. Es muss gewissermaassen das Corti'sche Organ jeden Klang in seine Bestandtheile zerlegt wahrnehmen, aber die getrennten Erregungen zu der einheitlichen Empfindungsqualität der Klangfarbe zusammenfügen, von der schon im Abschnitt über die Vocale die Rede war.

Man hat nun gegen die Resonanztheorie eingewendet, dass ein bestimmter Grundton und ein bestimmter Oberton dieselben Stellen des Corti'schen Organs erregen und deshalb die gleiche Empfindung hervorrufen müssten, gleichviel ob ihre Schwingungen im gleichen Augenblick begonnen haben oder nicht.

Der hiermit bezeichnete Unterschied erhellt aus der Figur 101. Die dem Grundton entsprechende Schwingungsform ist in der Curve *A* dargestellt. Die Curve *B* ist die des Obertons, der zweimal so viel Schwingungen von geringerer

Weite enthält. Diese beiden Schwingungsformen können nun auf ganz verschiedene Weise zu einer Gesammtschwingungsform vereinigt werden, wofür in C und D Beispiele gegeben sind Die punktirten Linien an den Curven C und D geben A unverändert wieder, und man sieht, dass in C die ausgezogene Linie durch einfache Superposition von A und B erzeugt ist. Dagegen entsteht die Curve D, wenn die Schwingungen des Obertones, also die Curve B um $1/4$ Wellenlänge früher oder später einsetzend dem Grundton A superponirt werden.

In der Curve D fällt der Wellengipfel der Grundtonschwingung mit dem Wellengipfel der Obertonschwingung auf den gleichen Zeitpunkt, in C sind sie, und zugleich alle anderen Phasen der Schwingungen, gegeneinander verschoben. Selbstverständlich lassen sich durch beliebige andere „Phasenverschiebungen"

Fig. 101.

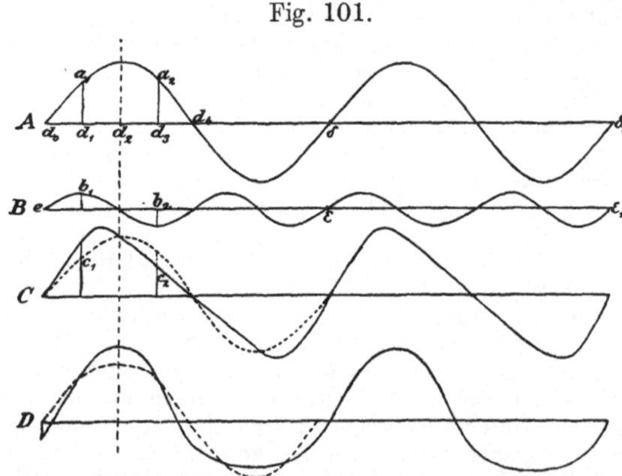

Klang aus Grundton und erstem harmonischem Oberton: A Grundton, B erster Oberton, C Klang ohne, D mit Phasenverschiebung (des ersten Obertons um $1/4$ Wellenlänge). Die Strecken $d\,a$ und $d_3\,a_2$, b_1 und b_2, c, deuten an, dass die Amplitude der Schwingung an derselben Stelle des schwingenden Körpers bei der Phasenverschiebung geändert wird.

noch beliebig viele andere Gesammtschwingungsformen erzeugen. Da, wie aus dem Vergleich zwischen Curve C und D hervorgeht, diese Schwingungsformen sehr erheblich von einander abweichen können, nahm man nun an, dass aus Grundton und Oberton gemischte Klänge auch je nach der Phasenverschiebung eine verschiedene Empfindung hervorrufen würden.

Nach der Resonanztheorie müssten aber, da die Schwingungszahlen des Grundtones und des Obertones nicht geändert sind, alle diese Klänge trotz der Phasenverschiebung die gleiche Empfindung verursachen.

Bei genauerer Untersuchung hat sich nun gezeigt, dass thatsächlich die Phasenverschiebung für die Gehörempfindung bedeutungslos ist, und es lässt sich also aus dieser Untersuchung kein Grund ableiten, die Resonanztheorie fallen zu lassen.

Secundäre Klangerscheinungen. Bei dem Zusammenklingen zweier Töne, oder bei periodischer Veränderung eines Tones können auf mannigfache Weise besondere Klangempfindungen entstehen, die daraufhin untersucht worden sind, ob sie für oder gegen die Resonanztheorie sprechen. Die Ergebnisse sind heute noch wichtig, insofern sie die Frage entscheiden, ob diesen Empfindungen objective Schallschwingungen zu Grunde liegen, oder ob sie nur subjectiv im Gehörorgan selbst auftreten.

Werden zwei Stimmgabeln von gleicher Schwingungszahl nebeneinander zum Tönen gebracht, so unterscheidet sich der Ton von dem jeder einzelnen Gabel nur durch grössere oder geringere Stärke des Klanges, je nachdem die Schallwellen einander verstärken oder abschwächen. Unterscheiden sich die beiden Schwingungszahlen nur wenig, so wechseln Perioden, in denen die Schallwellen einander verstärken, mit Perioden ab, in denen sie einander schwächen, die Stärke des Tones schwebt daher gewissermaassen auf und ab, und man bezeichnet diese Art des Schalles als „Tonschwebungen". Die Schwebungen folgen um so schneller aufeinander je grösser der Unterschied in der Schwingungszahl der beiden Primärtöne ist. Erfolgen mehr als 30 Schwebungen in der Secunde, so entsteht dadurch ein dritter neuer Ton, „Differenzton". Ebenso wird mitunter ein Ton hörbar, der der Summe der Schwingungszahlen entspricht und als „Summationston" bezeichnet wird. Diese beiden Arten Töne werden als „Combinationstöne" zusammengefasst.

Durch periodische Aenderung der Schwingungsform verschiedener tonerzeugender Instrumente hat man noch „Variationstöne", „Unterbrechungstöne", „Intermittenztöne", Phasenwechseltöne" hervorgerufen. In allen diesen Fällen hat sich nachweisen lassen, dass objective Schallschwingungen vorhanden sind, durch die das Corti'sche Organ zum Mitschwingen gebracht werden könnte.

Consonanz und Dissonanz. Ein eigenthümlicher Unterschied, dessen Ursache nur im Wesen der Tonempfindungen gesucht werden kann, besteht indessen zwischen den sogenannten harmonischen und unharmonischen Klängen. Zwei Töne, deren Schwingungszahlen in einfachem Verhältniss stehen, bilden einen harmonischen Klang oder eine Consonanz, zwei Töne von beliebigem anderen Verhältniss der Schwingungszahlen eine Dissonanz. Der harmonische Zusammenklang soll wohllautend, der disharmonische übellautend sein. Diese psychologische Unterscheidung liegt allen Gesetzen der Tonkunst zu Grunde, eine physiologische oder gar eine physikalische Erklärung lässt sich dafür aber ebenso wenig geben, wie für alle anderen rein psychischen Erscheinungen.

Die Bogengänge.

Ausser der Schnecke umfasst das innere Ohr auch den Bogengangapparat.

Die drei knöchernen Bogengänge zeigen je dicht an einer ihrer Einmündungsstellen in den Vorhofsraum eine Erweiterung, die Ampulle. In dieser liegt je eine entsprechende Erweiterung der von dem Utriculus des Vorhofs ausgehenden häutigen Bogengänge. Im Utriculus und im Sacculus springt je eine Stelle, Macula acustica, nach innen hügelartig vor. Die Epithelzellen sind hier höher, und zwischen ihnen liegen Sinneszellen, von denen lange Härchen in die Endolymphe vorragen. In der Endolymphe liegt über den Maculae acusticae eine festweiche Masse, in die feine Krystalle von kohlensaurem Kalk eingebettet sind, die als Otolithen oder Hörsteine bezeichnet werden. In den Ampullen der Bogengänge findet sich je eine ähnliche Stelle, Crista acustica, die ebenfalls Härchenzellen enthält, aber nicht mit Otolithen versehen ist. Zu den Härchenzellen gehen Fasern des Ramus utriculoampullaris der Hörnerven.

Da der Utriculus so gut wie der Sacculus den Druckänderungen der Vorhofsperilymphe bei Schwingungen des Trommelfells ausgesetzt ist, so kann die Endolymphe durch Schalleinwirkung auf das Ohr erschüttert werden, und die dadurch entstehende Bewegung der Otolithen wird die Haare der Sinneszellen reizen.

Man nimmt an, dass die Maculae acusticae, die sich auch bei Thierarten finden, bei denen keine Schnecke vorhanden ist, primitive Hörorgane darstellen, von denen die Schnecke eine höhere Entwicklungsform darstelle.

Statische Function der Bogengänge. Einige Forscher sind der Ansicht, dass die Bogengänge und Ampullen mit dem Gehörsinn nichts zu thun haben. Auch die Maculae niederer Thiere sollen nicht der Schallwahrnehmung dienen, die vielmehr diesen Thieren gänzlich abgesprochen wird, sondern der Orientirung im Raum. In diesem Sinne bezeichnet man das Bogengangslabyrinth als *Statisches Organ*, die Otolithen als Statolithen.

Diese Lehre stützt sich vornehmlich auf die Beobachtung, dass Thiere, denen ein Bogengang verletzt ist, eigenthümliche Bewegungen des Kopfes in der Richtung des betreffenden Bogenganges machen. Wird ein feines Röhrchen in den Bogengang eingeführt, so kann man durch Blasen oder Saugen entgegengesetzte Bewegungen des Kopfes auslösen.

Schon die eigenthümliche Anordnung der Bogengänge in drei aufeinander senkrechten Ebenen legt es nahe, das Ohrlabyrinth als eine Vorrichtung zu betrachten, durch die der Organismus jede Veränderung seiner Lage in drei Dimensionen zerlegt wahrnehmen könne. Man hat daher angenommen, dass zum Beispiel bei einer Drehung des Kopfes um eine frontale Axe die Endolymphe in dem annähernd sagittalen oberen Bogengang vermöge ihrer Trägheit zurückbleibe, ebenso bei Drehungen um verticale Axen die Endolymphe der horizontalen Bogengänge, und dass durch diese Bewegung der Endolymphe Lage- und Bewegungsempfindungen hervorgerufen würden. So sinnreich diese Hypothese erdacht ist, und so gut sie mit dem oben mitgetheilten Versuchsergebniss im Einklang steht, darf sie doch nicht ohne Bedenken angenommen werden, weil es bei der Enge der Bogengänge und der Kleinheit des ganzen Organs unmöglich scheint, dass eine merkliche Bewegung der Flüssigkeit entsteht, wenn die Drehung nicht genau um den Mittelpunkt des betreffenden Bogens ausgeführt wird.

Gesichtssinn.

Gesichtssinn im Allgemeinen. Von allen Sinnen steht der Gesichtssinn am höchsten, insofern er die schärfsten Unterscheidungen auf die grössten Entfernungen zulässt. Zugleich ist auch die Lehre vom Gesichtssinn weiter vorgeschritten und besser ausgebaut als die der übrigen Sinnesorgane. Beides lässt sich auf die gleichen Umstände zurückführen, dass nämlich der Gesichtssinn der Sinn der Lichtempfindung ist, und dass die Lichterscheinungen sich mit geometrischer Schärfe nach bestimmten einfachen Grundgesetzen richten. Daher darf man sagen, dass der eine Theil der Lehre vom Gesichtssinn, nämlich der, der die Aufnahme und Leitung der Lichtstrahlen zu den Sinneszellen des Sehorgans betrifft, schon heute bis in alle Einzelheiten völlig klar gemacht ist. Der andere Theil, der den Vorgang der eigentlichen Lichtempfindungen behandelt, enthält allerdings noch viele ungelöste Räthsel.

Dioptrik des Auges.

Eigenschaften des Lichtes. Die Lehre vom Gang der Lichtstrahlen im Auge ist reine angewandte Optik, denn das Auge als Aufnahmeapparat für die Lichtstrahlen ist weiter nichts als eine kleine Camera obscura, die ein verkleinertes umgekehrtes Bild der Aussenwelt auf dem Augenhintergrund entwirft.

Man bedarf dreier Sätze aus der Optik, um die wesentlichen Züge dieser Verrichtung des Auges erfassen zu können:

1. Gradlinige Fortpflanzung des Lichts. In gleichförmigen Medien verlaufen die Lichtstrahlen stets gradlinig.

2. „Brechung". Geht ein Lichtstrahl aus einem optisch dünneren in ein optisch dichteres Medium über, das heisst aus einem Medium, in dem das Licht sich schneller, in eines, in dem es sich langsamer fortpflanzt, und trifft

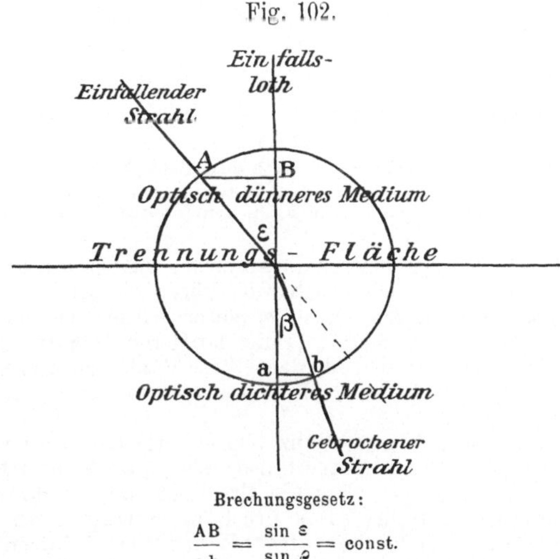

Brechungsgesetz:

$$\frac{AB}{ab} = \frac{\sin \varepsilon}{\sin \beta} = \text{const.}$$

er die Grenzfläche in spitzem Winkel, so verändert er seine Richtung, indem er steiler wird, und zwar um so mehr, je schräger er auf die Trennungsfläche getroffen hat. Genau wird das Verhältniss durch die Snellius'sche Formel angegeben, die besagt: Der Sinus des Brechungswinkels zwischen Einfallsloth und gebrochenem Strahl, hat zum Sinus des Einfallswinkels, zwischen Einfallsloth und einfallendem Strahl, für je zwei gegebene Medien ein constantes Verhältniss.

3. Umkehrung des Strahlenganges. Für den Weg, den ein Strahl durch verschiedene brechende Flächen hindurch macht, ist es gleichgültig, in welcher Richtung der Strahl geht. Es falle zum Beispiel ein Strahl in der

Richtung *A B* auf einen optischen Apparat, in dem er beliebig oft gebrochen
oder reflectirt und schliesslich in der Richtung *C D* gelenkt werden möge. Wird
dann ein entgegengesetzter Strahl in der Richtung *D C* in den Apparat geworfen, so folgt er genau demselben Wege, nur in entgegengesetzter Richtung
und kommt also in der Richtung *B A* aus dem Apparat heraus.

Aus diesem Satze folgt unter anderem, dass beim Uebergang aus einem
optisch dichteren in ein optisch dünneres Medium ein Strahl vom Einfallsloth
ab gebrochen wird.

Aus diesen Sätzen lässt sich der Gang der Strahlen im Auge ableiten.

Brechung an einer Kugelfläche. Denkt man sich ein Bündel pa-
ralleler Strahlen auf die sphärische Oberfläche eines optisch dichteren Mediums
fallend, so ist es klar, dass der eine Strahl, der genau auf den Mittelpunkt der
sphärischen Krümmung gerichtet ist, senkrecht auf die Fläche trifft, während
alle anderen, je weiter sie von dem Mittelstrahl entfernt sind, auf immer
schräger gestellte Theile der Kugelfläche treffen.

Fig. 103.

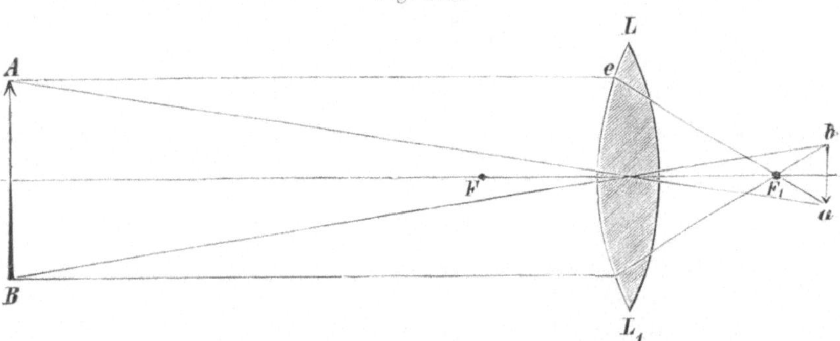

Gang der Lichtstrahlen durch eine Sammellinse.

Durch die Linse *L L₁* wird vom Pfeil *A B* ein umgekehrtes verkleinertes Bild *b a* entworfen, weil
die von *A* ausgehenden Strahlen *A e* und *A a* in *a*, die von *B* ausgehenden in *b* vereinigt werden.

Der mittlere Strahl geht daher ungebrochen in gerader Richtung durch
die sphärische Fläche in das dichtere Medium über, die seitlichen werden um
so stärker nach der Mitte zu gebrochen, je weiter seitlich sie einfallen. Daher
laufen nach der Brechung alle Strahlen, die mittleren gerader, die seitlichen
schräger, fast genau auf einen und denselben Punkt zusammen, den man
Brennpunkt nennt. Der Abstand des Brennpunktes von der brechenden
Fläche heisst die Brennweite.

Brechung an einer Linse. Ganz ähnlich wie eine einzelne sphärische
Trennungsfläche wirkt eine biconvexe Linse aus optisch dichterem Stoff in
optisch dünnerer Umgebung, nur dass die Brechung an der Hinterfläche sich
zu der an der Vorderfläche addirt. Das Brechungsverhältniss ist zwar an der
Hinterfläche umgekehrt, weil hier die Strahlen aus dem dichteren ins dünnere
Medium übergehen, aber die Neigung der Fläche an jeder Stelle ist auch umgekehrt, und daher wirkt die Hinterfläche ebenso wie die Vorderfläche und die
Brechung in einer Linse ist annähernd doppelt so stark, wie die Brechung an
ihrer Vorderfläche allein.

Es wird aus dem oben Gesagten ohne weiteres einleuchten, dass die
Brennweite einer sphärischen brechenden Fläche abhängt vom Krümmungsradius
und von der Brechkraft des Stoffes. Bei flacher Krümmung und geringem
Unterschied zwischen den beiden Medien ist die Brennweite gross, unter den
entgegengesetzten Bedingungen klein.

In derselben Weise wird durch sphärische Brechungsflächen oder Linsen
jedes von Einem Objectpunkt ausgehende Strahlenbündel in Einem Punkte hinter
der brechenden Fläche, dem Bildpunkte, vereinigt. Um für einen gegebenen

Objectpunkt den Bildpunkt zu finden, dient folgende Betrachtung: Die Mitte der sphärischen Fläche ist annähernd plan, die Mitte einer Linse (Fig. 103) LL_1 ist auf beiden Seiten nahezu plan. Daher ändert sich die Richtung eines in der Mitte der Linse auftreffenden Strahles nicht wesentlich (Fig. 84 $A\ a$). Einer der vom Objectpunkte ausgehenden Strahlen, nämlich der durch die Mitte gehende Strahl, ist also ohne Weiteres gegeben. Um nun die Stelle zu finden, wo die anderen ihn schneiden, braucht man von allen diesen nur Einen zu verfolgen und wählt dazu zweckmässig denjenigen Strahl ($A\ e$), der parallel zur Mittelaxe $F\ F_1$ der Linse verläuft. Wenn dieser die Linse in e trifft, muss er, nach den obigen Angaben, auf den Brennpunkt zu gebrochen werden. Liegt der Objectpunkt so weit seitlich, dass der parallele Strahl an der Linse vorbeigeht, so darf man sich die vordere Linsenfläche als eine so grosse Ebene denken, dass der parallele Strahl sie schneidet, und ihn als von dem Schnittpunkt aus auf den Brennpunkt zu gebrochen denken. Da, wo der gebrochene Strahl $A\ e\ a$ den Mittelstrahl $A\ a$ schneidet, also in a, werden auch alle anderen Strahlen, die von A aus auf die Linse treffen, vereinigt. Es ist zu beachten, dass der Bildpunkt, da er auf der Verlängerung des Mittelstrahles über die Linsenmitte hinaus liegt, auf die entgegengesetzte Seite fällt, wie der Objectpunkt: A ist oben, a unten.

Camera obscura. In dieser Weise wird das von jedem einzelnen Punkt der Aussenwelt einfallende Licht durch die Linse in einem bestimmten Punkt auf der anderen Seite der Linse vereinigt. Fängt man das gesammte einfallende Licht hinter der Linse auf einem Schirm auf, den man vor jeder anderen Beleuchtung schützt, indem man ihn in einem Kasten anbringt, der nur durch die Linse Licht erhält, so wird auf diesem Schirm ein *umgekehrtes Bild von der Aussenwelt* entworfen. Die Vertheilung des Lichtes auf dem Schirm kann aber nur dann genau der Vertheilung in der Aussenwelt entsprechen, wenn die Strahlen von jedem Objectpunkt wirklich nur einen Punkt des Bildes treffen. Steht der Schirm nicht genau im Vereinigungspunkt der Strahlen, so decken die von jedem Objectpunkt ausgehenden Strahlen ein grösseres Feld, „Zerstreuungskreis“, und da diese Felder einander überdecken, entsteht ein ganz „unscharfes“ verwaschenes Bild.

Für die Lage der Vereinigungspunkte gehen aus der angegebenen Construction des Bildpunktes folgende Regeln hervor: Ein Gegenstand, der sich in der doppelten Brennweite vor der Linse befindet, wird in derselben Entfernung hinter der Linse in natürlicher Grosse verkehrt abgebildet. Wenn der *Gegenstand weiter* von der Linse entfernt wird, so ruckt sein *Bild näher* an den Brennpunkt und wird kleiner.

Für alle Entfernungen des Gegenstandes, die sehr viel grosser sind als die doppelte Brennweite, liegen daher die Bilder alle nahezu in der Brennweite hinter der Linse und sind stark verkleinert.

Dies ist der Fall, der beim Auge ausschliesslich in Betracht kommt.

Brechung in sphärischen Systemen. Es ist bisher nur von der Brechung an einer Trennungsfläche und an einer einfachen Linse die Rede gewesen. Schon bei der Linse sind die Verhältnisse in Wirklichkeit nicht ganz so einfach, wie sie oben beschrieben worden sind. Es wurde angenommen, dass ein Strahl, der schräg auf die Mitte der Linse fällt, unverändert hindurchgeht. In Wirklichkeit kann das nie der Fall sein, da ein schräger Strahl wohl in der Mitte der Linse einfallen kann, dann aber, wegen der Dicke der Linse, nicht aus der Mitte der Linse austritt. Der schräge Mittelstrahl erleidet also in Wirklichkeit stets eine geringe Brechung und ausserdem eine gewisse Verschiebung parallel zu seiner Anfangsrichtung. Es ist ferner bei der Construction der Bildpunkte von der Entfernung der Linse vom Gegenstande und von Erweiterung der vorderen Linsenfläche die Rede gewesen. Diese Betrachtungen genügen nur, wenn man die Dicke der Linse ausser Acht lässt. Will man diese in Rechnung ziehen, so wird schon der Fall der einfachen Linse ziemlich verwickelt.

Bei der Brechung des Lichtes im Auge handelt es sich nun nicht nur um eine einfache Linse, sondern um ein System ver-

schiedener Brechungsflächen, die hintereinander geschaltet sind.
Das Auge ist also treffender einem zusammengesetzten Linsen-
system, etwa einem modernen photographischen oder mikroskopischen Objectiv, als einer einfachen Linse zu vergleichen. Ein
solches Objectiv hat im Allgemeinen dieselben Eigenschaften wie
eine einfache Linse, das heisst, es hat einen Brennpunkt, und es
giebt Objectpunkte nach denselben Gesetzen als Bildpunkte wieder
wie eine einfache Linse. Um die Lage der Bildpunkte zu finden,
muss man aber dem Gang der Strahlen durch alle die einzelnen
Brechungen folgen, die von den verschiedenen Krümmungen der
Flächen und der verschiedenen Brechkraft der Gläser abhängen.

Diese schwierige und mühsame Arbeit kann unter Umständen sehr vereinfacht werden. Für jedes optische System sphärischer Flächen, deren Mittelpunkte auf einer Geraden liegen, lassen sich auf dieser Geraden drei Paare sogenannter „Cardinalpunkte" finden, die Brennpunkte, die Knotenpunkte und
die Hauptpunkte. Die Lage dieser Punkte hängt von den Abständen und
Krümmungen der Flächen und von der Stärke der Brechungen ab. Sind die
Cardinalpunkte für ein gegebenes System bestimmt worden, so ergiebt sich die
Lage des Bildpunktes für jeden beliebigen Objectpunkt aus einer verhältnissmässig einfachen Construction, durch die man, unbekümmert um den wirklichen
Gang der Strahlen, ihre Endrichtung findet. Auf die Regeln dieser Construction
einzugehen, ohne dass die Bestimmung der Cardinalpunkte aus den optischen
Constanten des Systems erörtert worden ist, kann nicht förderlich sein. In
manchen Fällen weicht die auf diese Weise ausgeführte genaue Bestimmung der
Bildpunkte von der auf sehr vereinfachtem Wege gewonnenen nicht merklich
ab, und man kann dann zum Beispiel auf ein zusammengesetztes photo-
graphisches Objectiv dieselbe Construction anwenden, die oben für die einfache
Linse angegeben worden ist, indem man als erweiterte Fläche der Linse eine
Querebene durch die Mitte des Objectivsystems annimmt.

Der Strahlengang im Auge lässt sich sogar, wie gleich gezeigt werden soll,
durch eine einfache gradlinige Fortsetzung der Strahlen ersetzen.

Brechung im Auge. Der Augapfel stellt, als optischer
Apparat betrachtet, eine Camera dar, indem die derbe Sklera,
innen mit der dunkel pigmentirten Chorioidea ausgekleidet, alles
Licht abschliesst, während die durchsichtige Cornea mit den dahinter liegenden durchsichtigen Medien ein Objectivsystem bildet,
das die Lichtstrahlen aufnimmt und zu einem verkleinerten umgekehrten Bilde auf der Netzhaut vereinigt.

Das optische System des Auges besteht aus nicht weniger als
5 hintereinander geschalteten brechenden Medien, die aber im
Wesentlichen nur 3 brechende Flächen bilden, das heisst Flächen,
in denen eine wesentliche Aenderung in der Richtung der Strahlen
eintritt. Ein Strahl, der das Auge trifft, muss erst durch die
dünne, die Hornhaut benetzende Schicht von Thränenflüssigkeit,
dann durch die Hornhaut selbst, dann durch die Flüssigkeit in
der vorderen Augenkammer, dann durch die Linse und schliesslich
in den Glaskörper gehen, um an den Augenhintergrund zu gelangen. Die Thränenschicht, die Hornhaut und das Kammerwasser
haben alle annähernd das gleiche Brechungsvermögen, das sich
von dem reinen Wassers nicht merklich unterscheidet. Man kann

also diese drei Schichten als eine einzige Schicht von der optischen Dichtigkeit des Wassers ansehen.

Auf seinem Wege bis zur Linse erleidet also der eintretende Strahl nur eine Brechung beim Uebertritt aus der Luft durch die gekrümmte Oberfläche ins Auge. Eine zweite Brechung macht er beim Eintritt in die Krystalllinse durch, eine dritte beim Austritt aus der Linse.

In Bezug auf die Brechung in der Linse ist noch zu bemerken, dass die Linse nicht ein optisch gleichförmiges Medium darstellt, sondern dass ihre Brechkraft von den Flächen nach dem Innern zunimmt. Die Strahlen verlaufen daher in der Linse nicht gradlinig, sondern in gekrümmter Bahn, indem sie von Schicht zu Schicht immer mehr von ihrer ersten Richtung abweichen. Auf diese Weise kommt im Ganzen eine noch stärkere Brechung zu Stande, als erreicht werden würde, wenn die ganze Linse gleichmässig so stark bräche wie ihre innersten Schichten.

Refractometer. Um die brechende Kraft der Augenmedien zu messen, bedient man sich des Refractometers. Da man die Richtung des gebrochenen Strahles in dem Stoff, der untersucht wird, nur dann mit einiger Genauigkeit feststellen kann, wenn grössere Mengen davon zur Verfügung stehen, wird im Refractometer nicht die Brechung, sondern vielmehr die Spiegelung an der Brechungsfläche benutzt, um daraus die Brechung zu berechnen. Es ist bisher nur von der Brechung des Lichtes an der Trennungsfläche optisch verschiedener Medien die Rede gewesen. Durch eine solche Trennungsfläche geht aber immer nur ein Theil des auffallenden Lichtes hindurch und ein anderer Antheil wird reflectirt. Dieser Antheil ist um so grösser, je schräger das Licht auf die Fläche trifft und je grösser der Unterschied in der brechenden Kraft der beiden Medien ist. Für die Trennungsfläche je zweier gegebener Medien giebt es daher einen bestimmten Winkel, bei dem „totale Reflexion" eintritt. Kennt man diesen Winkel und die Brechkraft des einen Mediums, so kann man die des anderen daraus berechnen. Im Refractometer wird nun ein Stückchen des Stoffes, der geprüft werden soll, etwa Hornhaut, auf ein Glas von bekanntem Brechungsvermögen gebracht, die Trennungsfläche mit schräg einfallendem Licht beleuchtet und der durchfallende Antheil zur Erhellung eines Gesichtsfeldes benutzt. Bei einem bestimmten Einfallswinkel des Lichtes wird das Gesichtsfeld vollkommen dunkel. Das Verhältniss zwischen dem Brechungsvermögen der Hornhaut und dem des Glases ist dann gleich dem Sinus des gefundenen Winkels.

Krümmung der Flächen im Auge. Um die optischen Eigenschaften des Auges vollkommen kennen zu lernen, muss man nun noch die Form der brechenden Medien, das heisst ihre Abstände und Flächenkrümmung, bestimmen.

Die Abstände sind an Schnitten von gefrorenen Präparaten mit hinreichender Genauigkeit zu messen. Diese Messungen können auch auf optischem Wege bestätigt werden.

Die Krümmungsradien der Flächen sind wiederholt an Lebenden bestimmt worden.

An jedem blanken Knopf kann man sich überzeugen, dass eine convexe spiegelnde Fläche ein verkleinertes aufrechtes Bild der davor befindlichen Gegenstände giebt. Das Bild ist um so stärker verkleinert, je kleiner der Krümmungsradius, und zwar verhält sich die Grösse des Spiegelbildchens zum halben Radius wie die Grösse des Gegenstandes zu seinem Abstand vom Spiegel. Man braucht also nur das Spiegelbild eines Gegenstandes von bekannter Grösse und bekanntem Abstand zu messen, um den Krümmungsradius einer spiegelnden Kugelfläche berechnen zu können.

Ophthalmometer. Um diese Messung an der Hornhaut des Lebenden auszuführen, hat Helmholtz das nach ihm benannte Ophthalmometer gebaut. Zwei Lichtflammen in bekanntem Abstand von einander und vom Auge spiegeln sich in der Hornhaut. Der Abstand der beiden Spiegelbilder wird durch ein Fernrohr gemessen. Um diese Messung mit grösster Genauigkeit vornehmen zu können, dient folgende Vorrichtung: Vor dem Fernrohr befindet sich eine dicke Glasplatte, die im Durchmesser des Gesichtsfeldes durchschnitten ist. So lange beide Theile auf der Sehaxe senkrecht stehen, ändert dies an dem Strahlengang nichts. Sobald aber einer der Theile oder beide einen Winkel mit der Sehaxe machen, werden die Strahlen beim Eintritt in die Glasplatte gebrochen, gehen schräg durch die Platte und werden beim Austritt wieder in ihre erste Richtung zurückgebrochen. Sie ändern ihre Richtung nur in dem ganz kurzen Stück ihres Weges innerhalb der Platte, und das Bild erscheint daher um ein ganz kleines Stück verschoben. Indem beide Theile der Platte um gleiche Winkel in entgegengesetzter Richtung verstellt werden, entstehen im Fernrohr zwei in entgegengesetzter Richtung verschobene Bilder: Statt zweier Flammenbilder A und B, sieht man nunmehr vier.

Diese Verschiebung der Bilder lässt sich durch folgendes Schema veranschaulichen:

$$A' \; (A) \; A'' \qquad\qquad B' \; (B) \; B''$$

An Stelle der ursprünglichen Flammenbilder (A) und (B) treten die verschobenen Bilder $A' \; B'$ und $A'' \; B''$.

Macht man die Verstellung der Platten gerade so gross, dass A'' und B' aufeinander fallen, so ist damit offenbar die Verschiebung gerade gleich dem halben Abstand der beiden Bilder (A) (B). Der Abstand der Bilder kann auf diese Weise mit grosser Genauigkeit durch die Winkeleinstellung der Platten gemessen werden. Man kann dann entweder aus der Dicke und Brechkraft der Platten die Grösse des Abstandes in Millimetern berechnen, oder man probirt vorher an einem Maassstab aus, welcher Werth in Millimetern bei der betreffenden Entfernung jeder Einstellung des Ophthalmometers entspricht.

Die Krümmungen der vorderen und hinteren Linsenfläche, die ebenfalls spiegeln, können auf ähnliche Weise bestimmt werden, wenn man den Einfluss der Brechung an der Hornhaut in Anschlag bringt.

An Stelle der ursprünglichen Vorrichtung von Helmholtz, die umständlich zu handhaben war, hat sich für den praktischen Gebrauch das Ophthalmometer von Javal und Schiötz eingebürgert. In diesem Ophthalmometer beobachtet man, wie in dem von Helmholtz, den Abstand der Spiegelbilder zweier leuchtender Flächen, kann dann aber unmittelbar die der vorhandenen Hornhautkrümmung entsprechende Brechkraft in Dioptrien ablesen. Durch besondere Kunstgriffe ist ausserdem die Einstellung sehr viel leichter gemacht.

Die Ergebnisse dieser Untersuchungen sind aus folgender Zahlenübersicht zu entnehmen:

Brechungsvermögen der Thränenflüssigkeit . . . ⎫
     „   „ Hornhaut . . . . . . ⎬
     „   des Kammerwassers . . . . ⎬ 1,33
     „   „ Glaskörpers . . . . . ⎭
     „   der äussersten Linsenschicht . . 1,38
     „   des Linsenkerns 1,41
     „   der gesammten Linse 1,44
Krümmungshalbmesser der Hornhaut . . . . . . 7,8 mm
     „   „ vorderen Linsenfläche . . 10,0 „
     „   „ hinteren   „ . . 6,0 „
Abstand, gemessen vom Scheitel der Hornhaut,
     der vorderen Linsenfläche . . 3,7 „
     „ hinteren   „ . . 7,5 „
     „ Netzhaut . . . . . . 22,8 „

Diese Maasse sind in der beifolgenden Figur 104 im Maassstabe 3 : 1 wiedergegeben. Die Zahlen sind zum Theil, wie oben erwähnt, abgerundet, da zum Beispiel die wirklichen Brechungsvermögen der Hornhaut und des Glaskörpers zu 1,377 und 1,359 angegeben werden. Auch die Maasszahlen sind Durchschnittswerthe, die für ein gegebenes wirkliches Auge nicht immer genau zutreffen werden. Die wirklichen Augen weichen auch darin von der hier gegebenen Darstellung ab, dass die Flächen nicht genau sphärisch gekrümmt sind. Für die Untersuchung der optischen Eigenschaften des Auges im Allgemeinen gewähren indessen die angegebenen Zahlen eine hinreichend zuverlässige Grundlage.

Reducirtes Auge. Betrachtet man das Auge als ein System von centrirten sphärischen Flächen und nimmt für die Medien die angeführten Brechungsvermögen an, so ergiebt sich das sogenannte „schematische Auge“ von Listing. Bestimmt man beim schematischen Auge die Cardinalpunkte, die für den Strahlengang maassgebend sind, so ergiebt sich, dass die „Hauptpunkte“ (*hh*, der Figur) und Knotenpunkte (*kk*, der Figur) nahezu zusammenfallen. Daraus folgt, dass die umständlichere Construction der Bildpunkte mit Hülfe der Cardinalebenen zu fast genau demselben Ergebniss führt, wie die einfachere Construction, die für eine einzige sphärische Brechungsfläche gilt. Man kann ohne merklichen Fehler an Stelle der wirklichen Augenmedien ein einziges Medium vom Brechungsvermögen des Wassers mit einer sphärischen Oberfläche von 5 mm Krümmungsradius setzen, deren Mittelpunkt in der Mitte zwischen den beiden „Knotenpunkten“ des schematischen Auges liegt. Lage und Form dieser Fläche ist in der Figur durch die punktirte Linie *l l*, angedeutet. Ihr Mittelpunkt (*K* der Figur) heisst der Knotenpunkt des Auges und liegt 6,9 mm hinter dem Hornhautscheitel oder 0,6 mm vor der hinteren Linsenfläche. Dieses aufs Aeusserste vereinfachte Schema des Auges nennt man „das reducirte Auge".

Die Brennweite des reducirten Auges wie auch die des schematischen Auges und des wirklichen Auges beträgt 15 mm.

Hier ist an das zu erinnern, was oben über die Abbildung entfernter Gegenstände gesagt worden ist. Ein Gegenstand, der sich in doppelter Brennweite vor der Linse befindet, wird in derselben Entfernung hinter der Linse in

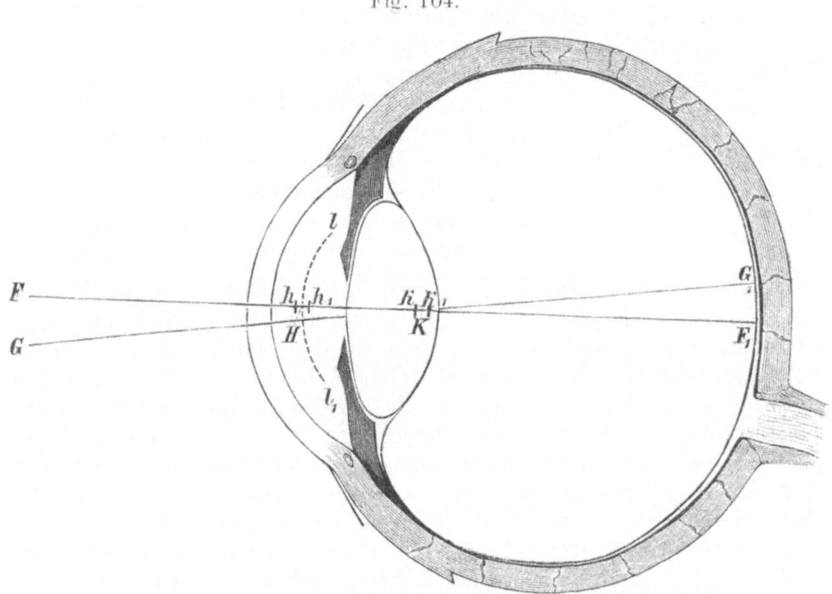

Fig. 104.

Schematisches und reducirtes Auge.

natürlicher Grösse verkehrt abgebildet. Wenn er weiter entfernt ist, wird sein Bild kleiner und rückt näher an den Brennpunkt. Für alle Entfernungen, die wesentlich grösser sind als die doppelte Brennweite, liegt das Bild schon dicht am Brennpunkt und verschiebt sich also nicht mehr wesentlich, wenn der Gegenstand noch weiter entfernt wird.

Da die Brennweite des Auges nur 15 mm beträgt, wird jeder Gegenstand, der wesentlich weiter als 30 mm von der Hornhaut entfernt ist, gleichviel ob er nur 3 m oder 30 m weit ist, annähernd in der Brennweite abgebildet. In der Brennweite des Auges befindet sich aber die Netzhaut.

Aphakisches Auge. Es mag hier eingeschaltet werden, dass die Reduction des Auges auf ein einziges brechendes Medium bei der Staaroperation thatsächlich praktisch ausgeführt wird. Bei dem Staaroperirten, dem die Linse aus dem Auge entfernt ist, sind von brechenden Medien nur Hornhaut, Kammerwasser und Glaskörper vorhanden, die alle annähernd gleiche Brechkraft haben. Das linsenlose „aphakische" Auge unterscheidet sich also nur durch Krümmungsradius und Lage seiner Vorderfläche, nämlich der Hornhaut, von dem reducirten Auge. Dieses Unterschiedes wegen ist die Brechkraft des staaroperirten Auges geringer als die des normalen und muss durch eine Staarbrille corrigirt werden.

Randstrahlen. Blende. Die angeführten Sätze gelten nur für solche Strahlen, die annähernd senkrecht auf die Mitte der brechenden Fläche treffen. Die Strahlen, die auf die Randtheile der brechenden Fläche treffen, und solche Strahlenbündel, die zwar auf die Mitte der Fläche, aber in schräger Richtung treffen, werden stärker gebrochen und deshalb erheblich näher an der Fläche vereinigt.

Bei optischen Apparaten wird deshalb allgemein der Kunstgriff angewendet, die Randstrahlen durch eine sogenannte Blende auszuschliessen, nämlich durch einen Schirm, der nur vor der Mitte der Linse ein Loch hat. Der Umstand, dass schräg auf die Mitte der Linse treffende Strahlen näher an der Linse vereinigt werden, als senkrecht auffallende, wird dadurch umgangen, dass man immer nur den mittleren Theil der ganzen möglichen Abbildung ausnutzt, wo der Unterschied noch unmerklich ist. Den Fehler, der trotzdem der Abbildung anhaftet, nennt man die „sphärische Aberration".

Das Auge hat in diesen Beziehungen wesentliche Vorzüge vor den künstlichen Apparaten. Gegen die Randstrahlen wird es durch die Iris geschützt, die in optischer Beziehung als eine regulirbare Blende zu bezeichnen ist. Auf die Wirkung der Iris als Blende wird weiter unten näher einzugehen sein. Die schräg einfallenden Strahlen aber werden im Auge genau ebensogut wie die senkrechten ausgenutzt, weil der Augenhintergrund eine hohle Fläche bildet.

Je weiter seitlich ein Objectpunkt vor dem Auge liegt, desto weiter seitlich und desto näher an der Vorderfläche des Auges wird er abgebildet. Die seitlichen Punkte der Netzhaut sind aber der Vorderfläche des Auges näher und folglich fällt die Abbildung immer annähernd auf die Netzhaut.

Abbildung im reducirten Auge. Da die Form der Netzhaut so zu sagen der Lage der Vereinigungspunkte für parallele Strahlen verschiedener Richtung angepasst ist, kann man auf höchst einfache Weise den Bildpunkt im Auge für jeden Punkt der Aussenwelt finden: Jeder Punkt der Aussenwelt bildet sich in grader Verlängerung seiner Verbindungslinie mit dem Knotenpunkt des Auges auf der Netzhaut ab. Da der Knotenpunkt 15 mm vor der Netzhaut gelegen ist, verhält sich die Grösse des Netzhautbildes zur Grösse des Gegenstandes wie die Entfernung des Gegenstandes zu 15 mm. Ein Kreis von 10 m Durchmesser in 150 m Entfernung wird also als Kreis von 1 mm Durchmesser auf der Netzhaut abgebildet.

Accommodation. Es ist bisher immer nur von der Abbildung entfernter Gegenstände die Rede gewesen, die nach den angeführten Gesetzen in die Brennweite des brechenden Systems fällt. Es ist aber angegeben worden, dass ein Gegenstand, der sich in der doppelten Brennweite vor der brechenden Fläche befindet, in derselben Entfernung und in Naturgrösse dahinter abgebildet wird. Die Brennweite des Auges beträgt 15 mm. Das Bild eines Stecknadelknopfs, der sich 30 mm vor dem Auge befindet, muss also weit hinter die Netzhaut fallen, und auf der Netzhaut kann daher nur ein ganz unscharfes Bild davon entstehen. Man kann sich leicht davon überzeugen, dass dies thatsächlich der Fall ist. Selbst Gegenstände in bis zu etwa 5 m Entfernung vom Auge werden nach der oben angeführten Construction merklich hinter der Netzhaut abgebildet. Da man aber bekanntlich auch Gegenstände, die viel weniger als 5 m vom Auge entfernt sind, deutlich sieht, muss offenbar das Auge im Stande sein, auch nahe gelegene Gegenstände auf der Netzhaut scharf abzubilden.

Dies geschieht, indem die brechende Kraft des Auges verstärkt wird, so dass die Strahlen, die sonst erst hinter der Netzhaut ver-

Fig. 105.

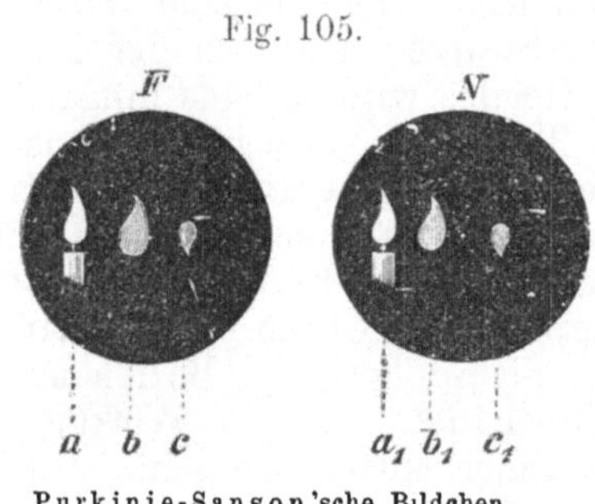

Purkinje-Sanson'sche Bildchen.
Beim Fernsehen.   Beim Nahesehen.

einigt werden würden, nunmehr schon auf der Netzhaut zusammentreffen. Weil sich das Auge durch diesen Vorgang dem Erforderniss des Nahesehens anpasst, nennt man ihn die „Accommodation".

Man kann sich durch einen einfachen Versuch überzeugen, dass die Brechung im Auge beim Sehen in die Ferne und in die Nähe thatsächlich verschieden ist. Es ist oben gezeigt worden, dass ein weit entfernter Gegenstand auf der Netzhaut scharf abgebildet wird. Betrachtet man einen solchen Gegenstand und hält zugleich einen Finger in etwa 15 cm Entfernung vor das Auge, so erscheint das Bild des Fingers undeutlich und verschwommen. Man kann, sobald man will, den Finger deutlich sehen, dann wird aber das Bild des entfernten Gegenstandes undeutlich. Der Umstand, dass bei der Accommodation für die Nähe das Sehen in die Ferne undeutlich wird, beweist, dass die Brechung im Auge verändert worden ist.

Formveränderung der Linse. Die Brechung in jedem optischen System hängt ab von der brechenden Kraft der Medien und von Abstand und Form der Flächen. Die brechende Kraft der Augenmedien selbst kann natürlich nicht zum Zweck der Accommodation verändert werden. Der Abstand der Flächen ändert sich bei der Accommodation nur bei gewissen Thierarten, zum Beispiel bei den Schildkröten. Bei den Säugethieren und Vögeln besteht die Accommodation ausschliesslich in einer Veränderung der Form der Krystalllinse, deren Flächenkrümmung beim Nahesehen zunimmt.

Die Thatsache, dass die Linsenkrümmung beim Nahesehen zunimmt, lässt sich durch folgende Beobachtung beweisen: Wie oben erwähnt, wird Licht vom Auge nicht nur an der Hornhaut, sondern auch an der vorderen und hinteren Linsenfläche gespiegelt. Von einer geeigneten Lichtquelle, etwa einer hellen Flamme oder einer Fensterfläche sieht man daher im Auge drei verschiedene Spiegelbilder, die sogenannten „Sanson'schen Bildchen" (Fig. 105). Das eine, weit heller wie die anderen, ist das stark verkleinerte aufrechte Bild, das die Hornhaut als Convexspiegel erzeugt. Das zweite ist ebenfalls aufrecht, aber etwas grösser und viel lichtschwächer als das erste, und rührt von der vorderen Linsenfläche her. Das dritte, das als Hohlspiegelbild an der hinteren Linsenfläche entsteht, ist umgekehrt und nur unter besonderen Versuchsbedingungen sichtbar. Es ist kleiner als die beiden ersten. Beobachtet man nun das zweite Bildchen in dem Auge einer Versuchsperson, während diese abwechselnd in die Ferne und auf einen ganz nahe gelegenen Punkt sieht, so sieht man es jedesmal bei der Accommodation kleiner werden.

Die Linse nimmt also bei der Accommodation auf die Nähe an Krümmung zu. Mit der Zunahme der Krümmung ist natürlich auch eine Dickenzunahme verbunden.

Ruheform der Linse. Die Formveränderung wird nun nicht etwa durch active Bewegungskräfte der Linse hervorgerufen, sondern nach der Helmholtz'schen Accommodationstheorie dadurch, dass die Linse sich zusammenzieht, sobald ihr Rand, der normalerweise nach allen Seiten gespannt ist, freigelassen wird. Die ausgeschnittene Linse zeigt eine stärkere Krümmung als die im Auge belassene Linse.

Aufhängung der Linse. Die Linse ist längs ihres Randes dadurch befestigt, dass die hintere Wand der Linsenkapsel mit der Glashaut, Membrana hyaloidea, die den Glaskörper überzieht, verwachsen ist. An der Vorderfläche heftet sich längs einer wellenförmig am Rande verlaufenden Linie ein zweites feines Häutchen, die Zonula Zinnii, an, das nach aussen bis an die Ora serrata der Netzhaut reicht. Man kann dies auch so auffassen, als spalte sich die Glashaut in zwei Schichten, von denen die eine an die Hinterwand, die zweite an die erwähnte wellenförmige Linie am vorderen Rand der Linse angeheftet wäre. Zwischen beiden Schichten bleibt ein Spaltraum rings um den Rand der Linse frei, der als Canalis Petiti bezeichnet wird. Die Wellenform der Ansatzlinie der Zonula Zinnii bedingt eine Fältelung, die anschaulich mit der einer Halskrause verglichen wird, nur dass bei der Halskrause die ebene Begrenzung am inneren Rande, die Faltenlinie aussen gelegen ist, während die Zonula umgekehrt an ihrem Aussenrande eben, an ihrem inneren Rande wellenförmig ist. Vor der Zonula liegt der Ciliarkörper, der den Winkel zwischen Iris und Glaskörper rings um die Linse einnimmt, und ringsum durch etwa 70 Fortsätze in die Chorioidea übergeht. Eben diese Fortsätze bedingen die Fältelung der Zonula, da diese sich dem Ciliarkörper genau anschmiegt. Die Ciliarfortsätze stecken also in den Falten der Zonula Zinnii. Zwischen je zwei Ciliarfortsätzen ist der Canalis Petiti weit, hinter den Fortsätzen durch deren Vorspringen verengt.

Accommodationsmuskel. Der Ciliarkörper enthält nun ein System von Muskelfasern, das als Ciliarmuskel, M. tensor chorioideae, bezeichnet wird und aus kreisförmig verlaufenden Fasern,

Müller'scher Muskel, und radiären oder meridionalen Fasern, Brücke'scher Muskel, besteht. Die meridionalen Fasern entspringen von der Corneoskleralgrenze und verlaufen zur Chorioidea. Wenn der Ciliarmuskel sich contrahirt, muss er die gesammten Augenhäute um den Glaskörper ein wenig zusammenziehen, und dadurch die Zonula Zinnii erschlaffen machen. Dadurch erhält die Linse Freiheit, ihre eigentliche, stark gekrümmte Form anzunehmen; sie verdickt sich und verstärkt dadurch die Strahlenbrechung im Auge.

Merkwürdig ist an diesem Vorgang, dass der Zweck der Bewegung, nämlich die Accommodation, nicht durch die Muskelthätigkeit selbst, sondern erst mittelbar durch die Elasticität der Linse erreicht wird. Im Ruhezustand, während der Unthätigkeit des Muskels, ist die Linse dauernd gespannt. Man hat deshalb versucht, die Wirkungsweise des Accommodationsmuskels so zu deuten, als werde durch ihn der Linsenrand rückwärts gezogen und dadurch die Krümmung der vorderen Fläche der Linse vermehrt.

Tscherning hat gezeigt, dass die Krümmung in der Mitte der Linsenfläche dadurch erhöht werden kann, dass vom Rande aus eine starke Spannung ausgeübt wird, doch ist nicht anzunehmen, dass die Accommodation auf diese Weise hervorgebracht wird. Es lässt sich nämlich durch Beobachtung der Sanson'schen Bildchen nachweisen, dass die Linse während der Accommodation lose wird, denn sie sinkt merklich abwärts und geräth bei plötzlicher Bewegung des Auges in schlotternde Bewegung.

Ausserdem ist nachgewiesen, dass der Druck im Innern des Auges sich bei der Accommodation nicht verändert.

Druck im Augeninnern. Es liegt sehr nahe, den Druck im Innern des Auges zur Mechanik der Accommodation in Beziehung zu setzen. Helmholtz nahm an, dass durch ihn die Linse dauernd in ihrem Spannungszustand erhalten würde.

Es ist schon im ersten Theile bei der Besprechung des Kreislaufs darauf hingewiesen worden, dass im Innern des Augapfels als einer allseitig geschlossenen Kapsel, für die Blutbewegung ganz besondere Verhältnisse entstehen. Sowie der Blutabfluss aus den Venen gehemmt wird, muss der Druck im Augeninnern zunehmen. Der Augendruck schwankt zwar mit dem Blutdruck, hängt aber ausserdem noch von der Menge der ausserhalb der Blutgefässe im Augapfel vorhandenen Flüssigkeit ab. Lässt man einen Theil des Kammerwassers oder des Glaskörpers durch eine Stichwunde ausfliessen, so wird die Flüssigkeit alsbald ersetzt. Allgemein bekannt ist, dass bei Gelbsucht die weisse Augenhaut sich gelb färbt. Auch fremde Stoffe, die in den Körper eingeführt werden, gehen ins Auge über, verschwinden aber bald wieder. Man muss nach alledem ziemlich lebhaften Flüssigkeitswechsel annehmen. Um so auffälliger ist es, dass der Druck normaler Weise immer auf der gleichen Höhe bleibt.

Für den Mechanismus der Accommodation scheint indessen der Augendruck ganz ohne Bedeutung zu sein, denn man hat gefunden, dass bei elektrischer Reizung des Ciliarmuskels die Linse ihre Gestalt ändert, auch wenn der Augapfel eröffnet ist, so dass kein Druck mehr darin herrscht.

Accommodationsnerven. Der Accommodationsmuskel wird vom Oculomotorius aus durch dessen Zweig zum Ganglion ciliare innervirt. Durch Verletzung des Oculomotorius und durch Einträufeln von Atropin ins Auge wird die Accommodation gelähmt, durch Einträufeln von Physostigmin kann man einen Accommodations-krampf hervorbringen.

Rolle der Iris bei Accommodation. Zugleich und mit dem Accommodationsmuskel gemeinschaftlich zieht sich die in der Iris enthaltene, vom Oculomotorius innervirte Ringmusculatur, der Sphincter iridis, zusammen.

Die Iris besteht aus einem Gerüst von verzweigten Bindegewebsfasern, zwischen die reichlich Pigment eingelagert ist. Von der grösseren oder geringeren Menge dieses Pigments hängt die Farbe der Iris, die sogenannte Farbe der Augen, ab. Beim Neugeborenen enthält die Iris noch kein Pigment, und erscheint als durchsichtiges Gebilde vor dem dunkelen Augenhintergrunde blau, ebenso wie eine Rauchwolke oder Nebelschicht vor dunklem Hintergrunde blau erscheint. Entwickelt sich nur wenig Pigment, so bleibt die blaue Farbe, entwickelt sich mehr, so sieht die Iris grau, braun, schwarz aus. In der Iris liegt der kreisformige, glatte Muskel, der als Sphincter pupillae bezeichnet wird, von dem aus sich Muskelfasern in radiärer Richtung ausbreiten, die als Dilatator iridis bezeichnet werden. Durch die Thätigkeit dieser Muskeln kommt die Erweiterung und Verengerung der Pupille zu Stande, von der schon im vorigen Abschnitt die Rede gewesen ist.

Die Erweiterung und Verengerung der Pupille hat für die optische Leistung des Auges eine doppelte Bedeutung.

Erstens wird dadurch die gesammte ins Auge fallende Lichtmenge innerhalb gewisser Grenzen regulirt.

Die Pupille des Menschen ist bei mittlerer Beleuchtung 3—5 mm weit und kann bei grellem Licht bis auf 1,5 mm weit verengt werden. Im Dunkeln erweitert sie sich sehr stark, bis auf 10 mm Durchmesser. Hierbei ist zu bedenken, dass die einfallende Lichtmenge von der Gesammtfläche der Oeffnung abhängt, die sich im Verhältniss der Quadratzahlen des Durchmessers ändert.

Zweitens aber wird die Sehschärfe durch die Weite der Pupille in genau derselben Weise beeinflusst, wie die Schärfe der Abbildung in einer Camera durch die Weite der vorgesetzten Blenden. Je grösser die Blende, desto mehr Randstrahlen fallen auf die Linse, die nicht genau mit den Centralstrahlen vereinigt werden können. Je kleiner die Blende, desto mehr ist die Abbildung auf die Centralstrahlen beschränkt, und desto genauer werden die von jedem Objektpunkt ausgehenden Strahlen in einem Bildpunkt vereinigt.

Man kann sich hiervon leicht überzeugen, wenn man einen Gegenstand so nahe an das Auge bringt, dass die von ihm ausgehenden Randstrahlen beträchtlich weit vor der Netzhaut vereinigt werden, und ihn dann durch ein ganz kleines Loch in einem Stück Papier betrachtet. Bringt man zum Beispiel eine Seite eines Buches bis auf 3—4 cm Entfernung vor das Auge, so erscheint die ganze Schrift so unscharf und verwaschen, dass man keinen Buchstaben erkennt. Hält man nun ein Stück Papier, in das mit einer Nadel ein feines Loch gestochen ist, vor das Auge, so erkennt man deutlich jeden Buchstaben.

Es leuchtet ein, dass für die feine Unterscheidung kleiner Gegenstände in der Nähe diese Wirkung der Pupillenverengung sehr nützlich ist.

Nahepunkt. Natürlich hat die Vermehrung der Brechkraft des Auges durch die Accommodation ihre Grenzen. Es ist oben an-

gegeben worden, dass im normalen, ruhenden Auge alle entfernteren
Gegenstände nahezu auf der Netzhaut abgebildet werden. Je näher
der Gegenstand rückt, desto weiter hinter der Netzhaut wird er
abgebildet. Wenn ein Gegenstand aus 3 m Entfernung bis auf
1 m an das Auge herangebracht wird, rückt sein Bild um 0,25 mm
nach hinten. Diese Verschiebung des Bildes kann noch leicht durch
die Accommodation beseitigt werden, indem die Brechung um so
viel verstärkt wird, dass die Strahlen wiederum auf der Netzhaut
zusammentreffen. Wird der Gegenstand immer näher an das Auge
gerückt, so muss, wenn er noch deutlich gesehen werden soll,
immer stärker accommodirt werden und schliesslich kommt, beim

Fig. 106.

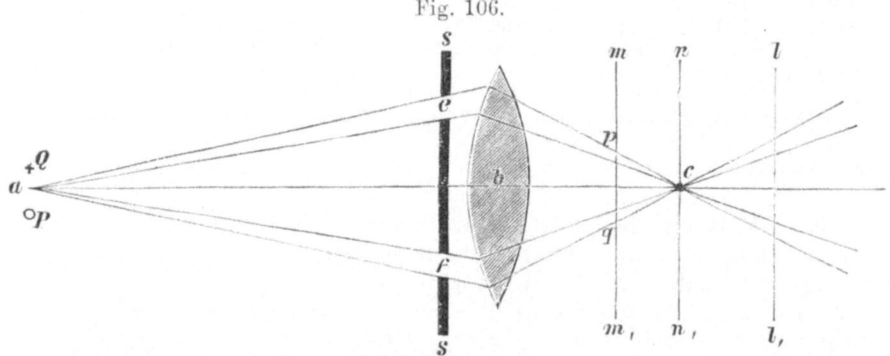

Scheiner'scher Versuch.

Das Auge, durch die Linse *b* dargestellt, erhält durch die Löcher im Kartenblatt *s* die beiden
dünnen Strahlenbündel *e* und *f*, die jedes für sich ein Bild vom Stecknadelknopf *a* entwerfen.
Liegt *a* im Nahepunkt und das Auge ist auf diese Entfernung accommodirt, so fallen beide Bilder
auf der Netzhaut in *c* zusammen. Die Netzhaut ist für diesen Fall durch die Linie *n n,* angedeutet.
Liegt *a* näher oder ist das Auge nicht accommodirt, so fällt *c* hinter die Netzhaut. Dies ist durch
die Linie *m m,* angedeutet. Es entstehen dann zwei unscharfe Bilder *p* und *q*, und *a* erscheint
doppelt, in +Q und ⁰P. Im kurzsichtigen Auge kann auch der Fall eintreten, der durch die
Netzhautlage *l l,* angedeutet ist, wo ein entfernter Punkt *a* doppelt gesehen wird.

normalen Auge des Erwachsenen in etwa 15 cm Entfernung, ein
Punkt, bei dem selbst die stärkste mögliche Accommodation nicht
mehr ausreicht, der sogenannte „Nahepunkt" des Auges. Befindet
sich ein Gegenstand innerhalb des Nahepunktes, so wird er
vom normalen Auge trotz der Accommodationsfähigkeit hinter der
Netzhaut abgebildet, und das Netzhautbild erscheint deshalb verschwommen.

Scheiner'scher Versuch. Diese Verhältnisse werden durch
einen Versuch veranschaulicht, den der Jesuitenpater Scheiner schon
1619 beschrieben hat. Er beruht darauf, dass man durch ein
Kartenblatt, in das sehr nahe beieinander zwei ganz kleine Löcher
gestochen sind, aus dem ganzen Bündel Strahlen, die von einem
Objectpunkt, zum Beispiel von einem Stecknadelkopf aus, in die
Pupille fallen würden, gewissermaassen zwei einzelne Strahlen, in
Wirklichkeit zwei sehr dünne Strahlenbündel, herausgreifen kann.

Wegen der Kleinheit der Löcher erzeugt jedes dieser Bündel, selbst wenn sein Vereinigungspunkt nicht genau auf die Netzhaut fällt, ein leidlich scharfes Bild. Hält man das Kartenblatt vor das Auge, so dass beide Löchelchen vor der Pupille stehen, und betrachtet den Stecknadelknopf, der sich näher am Auge befindet, als der Nahepunkt, so fallen die beiden Bilder erst hinter der Netzhaut zusammen und man sieht das Bild verdoppelt. Vergrössert man allmählich die Entfernung, so nähern sich die beiden Bilder und fallen in eins zusammen, sobald der Nahepunkt erreicht ist. Lässt man dann die Accommodation erschlaffen, indem man auf einen dahinter liegenden entfernten Gegenstand blickt, so entsteht von Neuem ein Doppelbild.

Grenzen der Accommodation. Man bezeichnet die Strecke zwischen dem entferntesten und nächsten Punkte, in dem noch deutlich gesehen werden kann, als die „Accommodationslinie". Das normale Auge vereinigt in der Ruhe parallele Strahlen auf der Netzhaut, es sieht also Gegenstände deutlich noch in unendlicher Entfernung, aus der die Strahlen so gut wie parallel ins Auge fallen. Die Accommodationslinie des normalen Auges reicht also von unendlich bis zum Nahepunkt, und die Grösse der Accommodationskraft kann daran gemessen werden, wie nah der Nahepunkt dem Auge liegt.

Man kann die Accommodation auch durch die Zunahme der Brechungskraft in Dioptrien ausdrücken. Eine Dioptrie ist die Brechkraft, die parallele Strahlen in 1 m Entfernung vereinigt. Die gesammte Brechkraft des Auges beträgt, entsprechend dessen Brennweite von 15 mm, etwa 70 Dioptrien. Die Vermehrung der Brechkraft durch die Accommodation beträgt für das erwachsene Alter etwa 10 Dioptrien. Man nennt dies die „Accommodationsbreite" des Auges.

Presbyopie. Mit zunehmendem Alter nimmt die Elasticität der Linse ab, und sie nimmt selbst bei völliger Entspannung nicht mehr den Grad von Krümmung an, den sie bei jugendlichen Individuen erreicht. Daher rückt mit zunehmendem Alter der Nahpunkt immer weiter hinaus, und in der Regel liegt er bei einem Alter von 50—55 Jahren schon so weit, dass nicht mehr auf die Entfernung von 20—25 cm accommodirt werden kann. Da die Grösse der gewöhnlichen Druckschriften darauf berechnet ist, in dieser Entfernung gelesen zu werden, in grösserer Entfernung aber zu klein ist, wird dann zum Lesen künstliche Accommodation durch ein Brillenglas nöthig. Dasselbe gilt natürlich für alle feineren Verrichtungen, wie etwa Nähen, Seciren u. a. m.

Das Sehen in die Ferne wird, wie leicht verständlich, durch die mangelhafte Zusammenziehung der Linse gar nicht beeinträchtigt. Daher nennt man die Veränderung des Auges im Alter „Fernsichtigkeit" oder besser, zum Unterschiede von der angeborenen Fernsichtigkeit, „Alterssichtigkeit" oder „Presbyopie".

Es sei hier nochmals ausdrücklich hervorgehoben, dass die Accommodation auf der *Elasticität der Linse* und ihre Abnahme auf der Abnahme der Elasticität beruht. Der Accommodationsmuskel kann also seine volle Kraft bis ins höchste Alter bewahren, und trotzdem wird die Alterssichtigkeit zur gewöhnlichen Zeit eintreten. Die Erscheinung der Alterssichtigkeit ist ganz allgemein. Wenn von bestimmten Individuen als besonderer Vorzug gerühmt wird, dass sie selbst im höchsten Alter kein Glas gebrauchten, so ist das nicht auf eine besondere Vorzüglichkeit ihres Linsengewebes, sondern wie unten gezeigt werden soll, auf ein geringes Maass von Kurzsichtigkeit zurückzuführen.

Refractionsanomalien. Kurzsichtigkeit und Weitsichtigkeit sind zwar eigentlich pathologische Zustände, doch pflegt man sie in den Kreis der physiologischen Betrachtung zu ziehen, weil gerade durch die Kenntniss der Abweichungen der normale Vorgang anschaulicher wird.

„Kurzsichtigkeit“, „Myopie“ und „Weitsichtigkeit“ oder „Uebersichtigkeit“, „Hypermetropie“, sind in den allermeisten Fällen erworbene oder angeborene Fehler der Gestalt des Augapfels. Im Gegensatz zu diesen Bezeichnungen nennt man den Zustand des normalen Auges „Normalsichtigkeit“, „Emmetropie“.

Myopie. Es mag zuerst der Fall der Kurzsichtigkeit betrachtet werden Die brechenden Medien des kurzsichtigen Auges unterscheiden sich in nichts von denen des normalsichtigen, der Augapfel ist aber langgestreckt und daher liegt die Netzhaut hinter dem Brennpunkt des Auges. Ein sehr entfernter Gegenstand, von dem die Strahlen nahezu parallel ins Auge fallen, wird im Brennpunkte, also vor der Netzhaut abgebildet. Je näher nun der Gegenstand ans Auge gerückt wird, desto weiter rückt sein Bild hinter den Brennpunkt, und bei einer gewissen Entfernung fällt das Bild auch beim kurzsichtigen Auge auf die Netzhaut. Dieser Punkt, der die weiteste Entfernung bezeichnet, in der das kurzsichtige Auge deutlich sehen kann, wird als „Fernpunkt“ des Auges bezeichnet.

Man spricht auch vom „Fernpunkt“ des normalen Auges, der aber keine reale Lage hat, sondern im Unendlichen angenommen werden muss, da ja das normale Auge parallele Strahlen auf der Netzhaut vereinigt.

Rückt der Gegenstand nun noch näher ans Auge, so verhält sich das kurzsichtige Auge wie das normale; es accommodirt sich dem Nahesehen. Natürlich braucht aber die Accommodation des kurzsichtigen Auges für gleiche Nähe des Gegenstandes nicht so stark zu sein, wie die des normalen Auges. Daher reicht denn auch die Accommodationsbreite des kurzsichtigen Auges für viel grössere Nähe aus als bei normalem Auge: Der Nahepunkt liegt für Kurzsichtige viel näher am Auge.

Es kann nicht oft genug hervorgehoben werden, dass die Kurzsichtigkeit in den allermeisten Fällen nicht auf einem Fehler der brechenden Medien oder einem Mangel der Accommodationsvorrichtung beruht, sondern einzig und allein auf der Form des Augapfels. Es ist nämlich die irrthümliche Vorstellung weit verbreitet, dass die Kurzsichtigkeit durch Uebung, namentlich durch Sehen in die Ferne, vermindert oder beseitigt werden könne. Aus der obigen Darstellung erhellt, dass dies nur möglich ist, insofern es allenfalls auch möglich ist, aus einem Menschen von geringer Körperlänge durch Uebung einen Menschen von normalem Wuchs zu machen.

In Bezug auf das Sehen in die Nähe hat der Kurzsichtige vor dem Normalsichtigen einen Vortheil: Er kann in gleicher Nähe mit schwächerer Accommodation, oder, was dasselbe ist, mit gleicher Accommodation in grösserer Nähe deutlich sehen. Je näher ein Gegenstand ist, desto grösser bildet er sich auf der Netzhaut ab. Ein Kurzsichtiger kann also, indem er sein Auge näher an den Gegenstand heranbringt, Dinge erkennen, für die der Normalsichtige eine Lupe braucht. Zweitens hat der Kurzsichtige den Vortheil, dass sein Nahepunkt, weil er von Anfang an so viel näher am Auge ist, auch im Alter nicht über eine gewisse Grenze hinausrückt. Der Kurzsichtige kann also in günstigen Fällen selbst im höchsten Alter ohne Glas lesen. Hierauf ist oben Bezug genommen worden.

Correction der Kurzsichtigkeit. Wie man sieht, besteht der Nachtheil der Kurzsichtigkeit, abgesehen von den allerstärksten Graden, nur darin, dass die entfernteren Gegenstände nicht scharf abgebildet werden können, weil ihr Bild vor die Netzhaut fällt. Da dieser Fehler auf einem unveränderlichen Umstand, nämlich auf der zu grossen Entfernung der Netzhaut beruht, kann er ein für allemal corrigirt werden, indem man durch ein vorgesetztes Glas die Brechkraft des Auges soweit schwächt, dass sein Brennpunkt auf die Netzhaut fällt. Bekanntlich haben biconcave Linsen die entgegengesetzte Wirkung wie biconvexe. Biconvexe Linsen vereinigen die hindurch gehenden Strahlen, biconcave zerstreuen sie. Um einen Theil der vereinigenden Brechkraft der convexen Flächen des Auges aufzuheben, muss man also vor das Auge eine biconcave Linse setzen, und wenn diese passend gewählt war, wird dadurch das kurzsichtige Auge in optischer Beziehung einem normalsichtigen völlig gleich.

Dies ist auf nebenstehender Figur 107 unter II dargestellt. Die parallelen Strahlen, die von einem Objectpunkt links in unendlicher Ferne ausgehen, und in einem normalen Auge auf der Netzhaut vereinigt werden würden, werden in dem stark kurzsichtigen Auge schon vor der Netzhaut vereinigt. Auf der Netzhaut entsteht statt eines scharfen Punktes ein grosser Zerstreuungskreis. Das Concavglas bricht nun die parallelen Strahlen so auseinander, als ob sie von seinem Brennpunkt herkämen, wie die punktirte Linie andeutet. Bei der so veränderten Richtung werden die Strahlen auf der Netzhaut vereinigt.

Hypermetropie. Ganz ähnlich, aber umgekehrt verhält sich das fernsichtige oder hypermetropische Auge. Hier ist der Augapfel zu kurz, der Brennpunkt des Auges liegt hinter der Netzhaut. Schon um entfernte Gegenstände deutlich zu sehen, muss der Hypermetrop accommodiren. Je näher der Gegenstand rückt, desto stärker wird die Anforderung an die Accommodation, und lange ehe der Nahepunkt des Normalsichtigen erreicht wird, ist die Accommodation beim fernsichtigen Auge schon erschöpft. Der in mässigem Grade Fernsichtige ist also ungefähr ebenso gestellt, wie der Alterssichtige. Er kann nur in einer Entfernung alles deutlich sehen, in der kleine Gegenstände nicht mehr recht zu erkennen sind. Die Correction für die Fernsichtigkeit und Alterssichtigkeit ist daher dieselbe, obschon die Ursache im ersten Fall in der Form des Augapfels, im zweiten in verminderter Accommodationsfähigkeit liegt. In beiden Fällen reicht die Brechkraft des Auges nicht hin, die Bilder von nahen Gegenständen, die hinter den Brennpunkt des Auges und somit hinter die Netzhaut fallen, schon auf der Netzhaut zur Vereinigung zu bringen. Es muss also die Brechkraft des Auges durch ein vorgesetztes Convexglas vermehrt werden, um die normale Brechung zu erreichen.

Die Correction des hypermetropischen Auges ist auf der folgenden Figur unter III dargestellt. Die von links kommenden parallelen Strahlen werden hinter der Netzhaut des hypermetropischen Auges vereinigt. Durch die Convexlinse werden sie in die Richtung der punktirten Linien gelenkt, die auf der Netzhaut zusammentreffen.

Fig. 107.

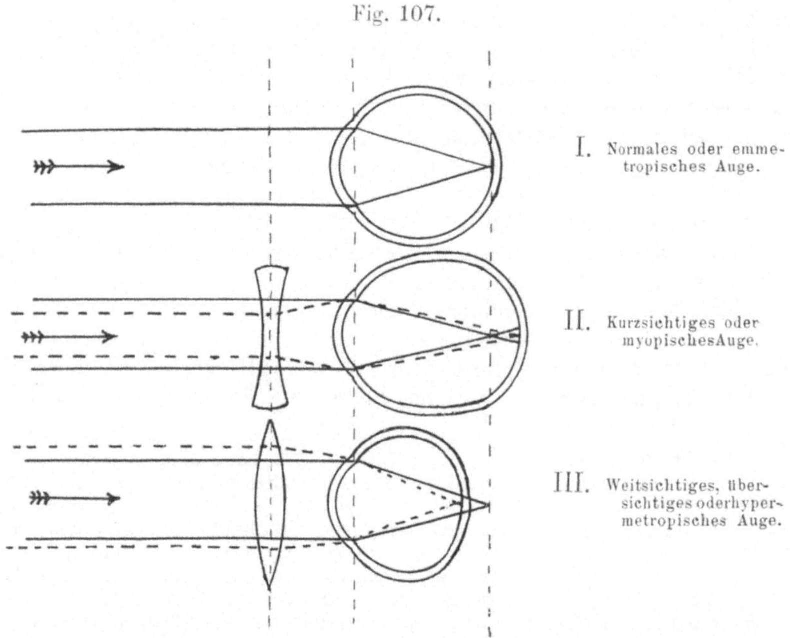

Im normalen Auge (I) werden parallele Strahlen auf der Netzhaut vereinigt. Im myopischen und hypermetropischen Auge werden sie in derselben Entfernung hinter der Hornhaut vereinigt, und damit das Bild auf der Netzhaut scharf werde, ist eine Concavlinse (II) oder Convexlinse (III) nöthig, durch die die Strahlen den Verlauf der punktirten Linien annehmen.

Astigmatismus. In ähnlicher Weise kann man auch einem anderen Mangel abhelfen, wenn er in störendem Maasse hervortritt, nämlich dem Astigmatismus. Die Flächen des Auges zeigen gewisse normale und daneben häufig auch noch abnorme Abweichungen von der Kugelgestalt. Es liegt auf der Hand, dass eine Fläche, die in einer Richtung stärker als in der anderen gekrümmt ist, ein Strahlenbüschel, das von einem Objectpunkt ausgeht, nicht auf einen Punkt vereinigen kann, denn der Brennpunkt fällt für die Strahlen, die längs der schwächsten Krümmung auffallen, viel weiter hin als für die anderen. Ein solche Fläche hat daher die Eigenschaft, statt eines Punktes eine längliche Figur, einen Strich abzubilden, und hiervon rührt die Bezeichnung Astigmatismus her.

Die meisten Augen zeigen im verticalen Meridian eine stärkere Hornhautkrümmung als im horizontalen. Wenn man die beifolgenden Figuren betrachtet, so erscheinen daher, wenn man auf die horizontalen Linien oder auf die rechts und links liegenden Quadranten accommodirt, die verticalen Linien oder die Quadranten oben und unten undeutlich, als verschwommen graue Fläche.

Um den Astigmatismus nachzuweisen, hält man vor das zu untersuchende Auge eine Scheibe, die mit concentrischen Kreisringen bemalt ist. Das *Spiegelbild* dieser Scheibe im astigmatischen Auge erscheint nach der Richtung der schwächsten Krümmung auseinandergezogen. Etwaige Unregelmässigkeiten der Oberfläche machen sich sehr deutlich durch Ausbuchtungen der Kreise bemerkbar.

Fig. 108.

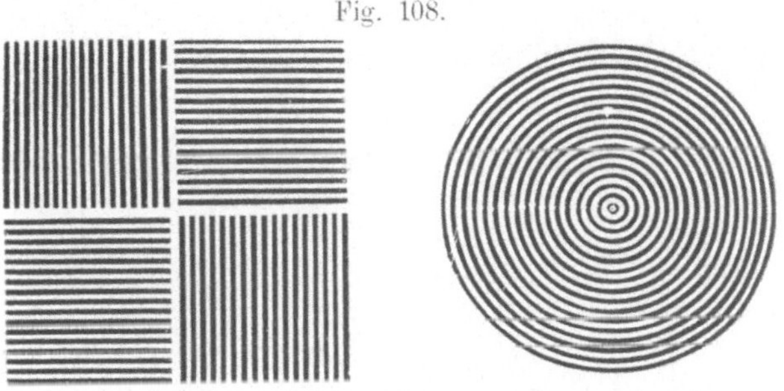

Zur Beobachtung des Astigmatismus des Menschenauges.

Einfachen Astigmatismus kann man dadurch vollkommen corrigiren, dass man ein nur in einer Richtung gekrümmtes Glas, eine Cylinderlinse in der passenden Stellung vor das Auge bringt, so dass es die Ungleichheit der Hornhautkrümmungen ausgleicht.

Farbenzerstreuung im Auge.

Licht von verschiedener Wellenlänge wird um so stärker gebrochen, je kürzer die Wellen. Daher werden durch die Brechung die verschiedenen farbigen Lichter getrennt, indem die rothen langwelligen Strahlen am wenigsten, die violetten kurzwelligen Strahlen am stärksten abgelenkt werden. Man nennt dies die Farbenzerstreuung oder Dispersion. Ein optisches System, in dem Dispersion stattfindet, heisst ein chromatisches System. Es ist klar, dass durch ein chromatisches System nur Strahlen von gleicher Wellenlänge, monochromatische Strahlen, in einem Punkte vereinigt werden können.

Auf der umstehenden Figur 109 ist der Fall dargestellt, dass paralleles weisses Licht durch eine chromatische Linse $a\,b$ geht. Die Brechung ist für die violetten Strahlen $v\,v_1$ am stärksten und vereinigt sie schon im Punkte l, während die rothen erst im Punkte R zusammentreffen. Wird das Strahlenbündel in der Ebene $m\,n$ auf einem Schirm abgefangen, so entsteht ein weisser Lichtfleck mit farbigem Saum, in dem die Spectralfarben von Violett innen bis Roth aussen aufeinanderfolgen. In der Ebene $o\,p$ ergiebt sich die entgegengesetzte Reihenfolge. In der Mitte erscheint dagegen das Licht trotz der Dispersion als zusammengesetztes weisses Licht,

weil hier Strahlen von allen Wellenlängen zusammen auffallen.
Aus demselben Grunde ist auch die Mitte heller als der Saum, der
nur von einem Theil aller Strahlen getroffen wird.

Es ist möglich, achromatische Systeme herzustellen, indem
man zum Beispiel hinter eine stark brechende, schwach zerstreuende
Convexlinse eine schwach brechende, aber verhältnissmässig stark
zerstreuende Concavlinse setzt. Da die Concavlinse umgekehrt wie
die Convexlinse wirkt, kann sie die Zerstreuung ganz aufheben,
während die Brechung nur zum Theil aufgehoben wird, und das
System beider Linsen ist ein achromatisches Sammelsystem.

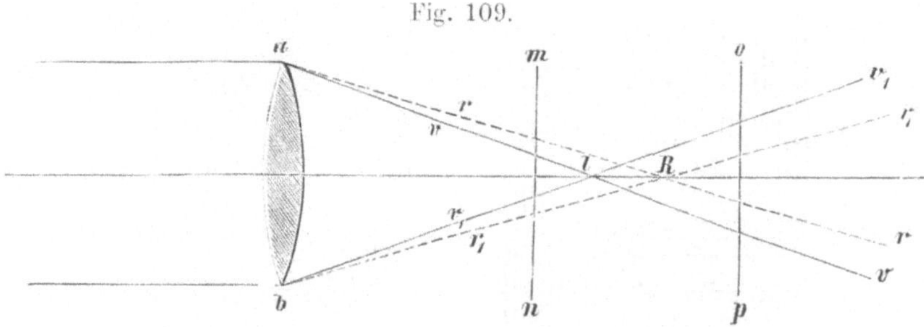

Fig. 109.

Chromatische Abweichung.
Die rothen langwelligen Strahlen ($r\ r_1$) werden schwächer, die violetten kurzwelligen Strahlen ($v\ r_1$)
stärker gebrochen. Der Zerstreuungskreis in der Ebene $m\ n$ ist aussen roth, innen violett, der
Zerstreuungskreis $o\ p$ aussen violett, innen roth.

Bei den Augenmedien bestehen nun solche Unterschiede nicht,
das Auge ist also ein chromatisches System. Die Farbenzerstreuung im Auge ist aber so schwach, dass die Farbensäume
auf der Netzhaut nur unter besonderen Bedingungen bemerkbar
werden.

Auge der Säugethiere.

Die Augen der Säugethiere unterscheiden sich in Bezug auf
die im Vorstehenden betrachteten allgemeinen optischen Verhältnisse nicht wesentlich von denen des Menschen. Die Angabe, dass
bei fast allen Thieren das Auge normalerweise hypermetropisch
ist, hat sich bei neueren Untersuchungen nicht bestätigt.

Am Auge des Pferdes, das sich durch besondere Grösse auszeichnet, sind folgende Maasse gefunden worden:

	Pferd	Mensch
Krümmungsradius der Hornhaut	18,8 mm	7,8 mm
der vorderen Linsenfläche	17,3 „	10 „
der hinteren Linsenfläche	11,3 „	6 „
Abstand vom Hornhautscheitel		
der vorderen Linsenfläche	7 „	3,7 „
der hinteren Linsenfläche	20,2 „	7,5 „
der Netzhaut	44,1 „	22,8 „

Wie es oben für das Menschenauge angegeben ist, hat man
auch für das Pferdeauge die Umrechnung auf ein „reducirtes Auge“

durchgeführt, das eine sphärische Fläche mit der Brechkraft des Wassers und einer Krümmung von 10 mm Radius darstellt, deren Mittelpunkt 17 mm hinter dem Hornhautscheitel, also 3,2 mm vor der hinteren Linsenfläche liegt.

Pupille. Die Augen kleinerer Thiere, wie Hund, Katze, Schwein, kommen dem des Menschen sehr nahe. Nur in der Pupillenform bestehen bemerkenswerthe Unterschiede. Bei Hund und Kaninchen ist sie, wie beim Menschen, rund, bei den grossen Pflanzenfressern queroval, bei den Katzenthieren bildet sie ein verticales Oval, das bei sehr hellem Licht zu einer senkrechten Spalte zusammengezogen wird.

Tapetum. Bei vielen Thieren schiebt sich zwischen Netzhaut und Chorioidea in einem Theile des Augengrundes eine pigmentlose Schicht, das Tapetum, ein, und der Chorioidea fehlt an dieser Stelle das Pigment. Dadurch erscheint das betreffende Gebiet am aufgeschnittenen Auge nicht schwarz, wie der übrige Theil, sondern in verschiedenen Farben schillernd.

Man unterscheidet eine bindegewebige fibröse Art des Tapetum, die den Pflanzenfressern, und eine aus mehreren Schichten polygonaler kernhaltiger Zellen bestehende Art, die den Raubthieren eigen ist. Diesem Unterschied entspricht auch die schimmernde Farbe des Tapetum, die bei den Pflanzenfressern mehr bläulich, bei den Raubthieren grünlich-goldig erscheint. Das Tapetum nimmt beim Hunde und Pferde ein dreieckiges, bei Katzen ein mehr halbmondförmiges Gebiet ein, das medialwärts breiter ist und sich transversal über die Eintrittsstelle des Sehnerven hinzieht. (Vergl. Fig. 113 u. 114.)

Ob das Tapetum irgend welchen Einfluss auf das Sehvermögen hat, ist unbekannt.

Man hat angenommen, dass in den mit einem Tapetum versehenen Stellen das Licht nicht bloss beim Einfallen, sondern auch im Zurückstrahlen auf die Netzhaut wirken könnte, sodass dadurch die Lichtempfindlichkeit erhöht würde. Es giebt aber Nachtthiere, wie zum Beispiel die Eulen, die bei schwächster Beleuchtung sehr gut sehen, und dennoch kein Tapetum haben.

Augenleuchten und Augenspiegel.

Weil nun bei den mit Tapetum versehenen Augen nicht der ganze Augengrund schwarz ist, wird von dem einfallenden Lichte ein Theil reflectirt und verbreitet im Augeninnern eine diffuse Helligkeit. Dies kann man bei Hunden und Katzen auch im hellen Zimmer wahrnehmen, besonders auffällig ist es aber, wenn man aus einem helleren Raum in einen dunkleren hineinblickt, in dem sich das Thier befindet. Dann scheinen die Augen, da das einfallende Licht in derselben Richtung zurückgeworfen wird, geradezu zu leuchten. Man nahm früher an, dass die Augen der Thiere thatsächlich selbstleuchtend wären, oder zum mindesten vorher aufgenommenes Licht im Dunkeln wieder abgeben könnten. Dieser Irrthum wird aber durch den einfachen Versuch widerlegt, die angeblich leuchtenden Augen in einem wirklich vollkommen dunklen Raum zu untersuchen, wobei sich zeigt, dass sie keine Spur eigener Leuchtkraft haben.

Die Untersuchung des Augenleuchtens hat zur Lösung einer praktisch wichtigen Frage geführt, nämlich ob und auf welche Weise es möglich ist, von aussen her ins Innere des Auges hineinzusehen?

Da die Pupille ein ziemlich grosses Fenster in der Vorderwand des Augapfels darstellt und das Innere des Auges vollkommen durchsichtig ist, könnte es scheinen, als müsste man ohne Weiteres durch die Pupille den Augenhintergrund erblicken. Bekanntlich erscheint aber das Augeninnere stets völlig dunkel, sodass man nichts vom Augenhintergrund sieht. Selbst wenn bei heller Beleuchtung noch so viel Licht ins Auge fällt, bleibt die Pupille vollkommen schwarz. Dies erklärt sich einfach aus der optischen Eigenschaft des Auges, jeden Punkt der Aussenwelt auf einem bestimmten Punkte der Netzhaut abzubilden. Aus diesem Grunde gelangen die Strahlen, die vom Auge des Beobachters ausgehen, immer nur auf die Stelle der Netzhaut des Beobachteten, auf der sich das Auge des Beschauers abbildet, und da sein Auge kein Licht abgiebt, kann der Beschauer immer nur eine dunkele Stelle der Netzhaut zu sehen bekommen.

Bringt man eine Lampe vor das Auge, so vereinigen sich die Lichtstrahlen auf der Netzhaut im Bilde der Lampe. Um diese helle Stelle sehen zu können, müsste sich das Auge des Beobachters eben an der Stelle befinden, die die Lampe einnimmt.

Diese scheinbare Unmöglichkeit hat Helmholtz durch die Erfindung des Augenspiegels verwirklicht.

Man kann zwar Lampe und Auge nicht an dieselbe Stelle bringen, wohl aber kann man das Lampenlicht durch eine spiegelnde Glasscheibe in das zu untersuchende Auge werfen und gleichzeitig in derselben Richtung durch die Glasscheibe in das Auge sehen.

Der Helmholtz'sche Augenspiegel beruhte im Wesentlichen auf der Thatsache, dass auch eine durchsichtige Glasscheibe einen Theil des auf sie fallenden Lichtes wiederspiegelt. Eine einzelne Glasscheibe lässt sehr viel mehr Licht durch als sie zurückwirft, daher wurden mehrere Glasscheiben hintereinander angewendet.

Wie man aus der folgenden Figur 110 ersieht, ist die Glasscheibe S schräg vor das Auge C gestellt und wirft das Bild der Flamme A in der Richtung aC in das Auge C. Die Strahlen der Flamme fallen also so ins Auge C, als kämen sie von einer Flamme a her. Bringt nun der Beobachter sein Auge B hinter die Scheibe S, so sieht er in genau derselben Richtung in das Auge C, in der das Licht einfällt, und er sieht daher einen erleuchteten Theil des Augenhintergrundes.

Der Augenspiegel ist später von Ruete in der Form ausgeführt worden, dass an Stelle der Glasscheibe ein gewöhnlicher Spiegel mit einem Loch in der Mitte tritt. Der Beobachter sieht dann durch das Loch auf die Mitte der vom Spiegel beleuchteten Fläche (vergl. Fig. 111).

Auf diese Weise gelangt man dazu, den Augenhintergrund zu erleuchten. Dadurch allein ist es aber im Allgemeinen noch nicht möglich, ihn wirklich sehen, das heisst deutlich sehen zu können. Vielmehr sieht der Beobachter meist nur die Pupille von einem rothen Licht erfüllt, das von dem beleuchteten Augenhintergrund ausgeht. Da nämlich die Strahlenbrechung im Auge des Beobachters und des Beobachteten im Allgemeinen nicht genau

Fig. 110.

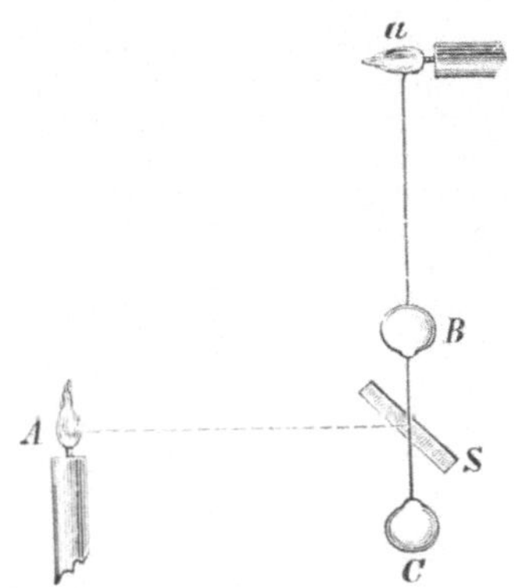

Schema des Helmholtz'schen Augenspiegels.

gleich ist, werden die Strahlen, die von einem Punkte der untersuchten Netzhaut ausgehen, nicht auch vom Auge des Beobachters in einem Punkt vereinigt.

Fig. 111.

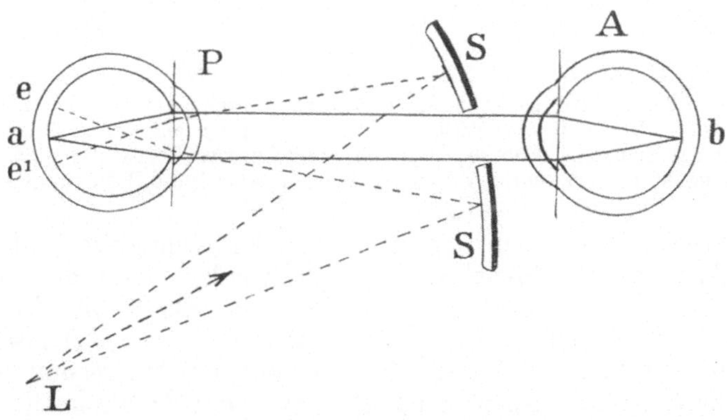

Augenspiegel. Aufrechtes Bild.

A Auge des Arztes, P des Patienten, beide normal und unaccommodirt Die von a ausgehenden Strahlen werden in b vereinigt. Das Licht der Lampe L fällt auf den durchbohrten Spiegel S S und beleuchtet die Fläche e e¹ der Netzhaut von P.

Das aufrechte Augenspiegelbild. Dies wird am einfachsten ersichtlich, wenn man einen der Ausnahmefälle betrachtet, in denen thatsächlich mit dem blossen durchbohrten Spiegel ein deutliches Bild des Augenhintergrundes gesehen werden kann. Vergl. Fig. 111. Im normalen ruhenden Auge werden parallele Strahlen auf der Netzhaut in einem Punkt vereinigt. Umgekehrt müssen die Strahlen, die von einem Punkte a der Netzhaut eines solchen

Auges P ausgehen, aus dem Auge als parallele Strahlen austreten. Sind sowohl das Auge P des Beobachteten wie das des Beobachters A genau normalsichtig und unaccommodirt, so gehen von jedem Punkte der beleuchteten Netzhaut des Beobachteten Strahlen aus, die aus dem Auge als parallele Strahlen austreten und daher auch im Auge des Beobachters wieder auf einem Punkte der Netzhaut vereinigt werden können.

In diesem Falle sieht also der Beobachter die Netzhaut des Beobachteten deutlich.

Wenn aber, wie es meist unwillkürlich geschieht, der Beobachtete auf die Entfernung des vor seinem Auge befindlichen Spiegels accommodirt, so treten in Folge der verstärkten Brechung die Strahlen aus seinem Auge nicht parallel, sondern convergent aus. Sie werden deshalb von dem normalen ruhenden Auge des Beobachters nicht auf, sondern vor der Netzhaut vereinigt, und der Beobachter sieht nur eine verwaschene Helligkeit. Ist das Auge des Beobachteten

Fig. 112.

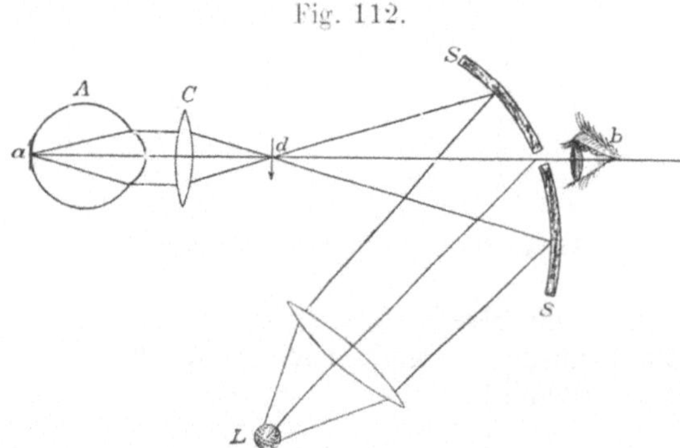

Augenspiegel nach Ruete. Beobachtung im umgekehrten Bilde.

kurzsichtig, so entstehen auch ohne Accommodation dieselben Bedingungen. Ist er dagegen fernsichtig, so kann der Beobachter durch passende Accommodation seines Auges die in diesem Falle divergenten Strahlen auf seiner Netzhaut zur Vereinigung bringen. Ebenso kann ein fernsichtiger Beobachter den Augenhintergrund eines kurzsichtigen Auges deutlich sehen. Diese Bedingungen werden natürlich nur in vereinzelten Fällen zusammentreffen.

Dagegen kann man, genau so wie Fernsichtigkeit und Kurzsichtigkeit durch Brillengläser corrigirt werden, auch den Augenspiegel mit einer Correctionslinse versehen, durch die das Auge des Beobachters dem Auge des zu Untersuchenden angepasst wird. In dem gewöhnlichen Falle, dass es sich um ein accommodirtes oder kurzsichtiges Auge handelt, muss die Correctionslinse biconcav sein.

Da bei dieser Art des Augenspiegelns der Beobachter den Augenhintergrund des Beobachteten wie einen beliebigen Gegenstand der Aussenwelt vor sich stehend sieht, bezeichnet man sie als die „Beobachtung im aufrechten Bilde", im Gegensatz zu einem anderen Verfahren, bei dem das Bild umgekehrt wird.

Das umgekehrte Augenspiegelbild. Dieses zweite Verfahren ist technisch schwieriger, hat aber den Vorzug, dass man einen grösseren Theil des untersuchten Auges zugleich übersieht. Es beruht darauf, dass eine starke Convexlinse, die nahe vor das untersuchte Auge gebracht wird, ein reelles umgekehrtes Bild des Augenhintergrundes in der Luft entwirft. Dieses Bild betrachtet man durch den Augenspiegel, mit dem man zugleich das zur Erzeugung des Bildes erforderliche Licht in das Auge wirft.

Dieses Verfahren ist in Figur 112 dargestellt. Der Hohlspiegel SS reflectirt das Licht der Lampe L auf die Linse C, sodass die Umgebung des Netzhautpunktes a im beobachteten Auge A beleuchtet wird. Zugleich werden

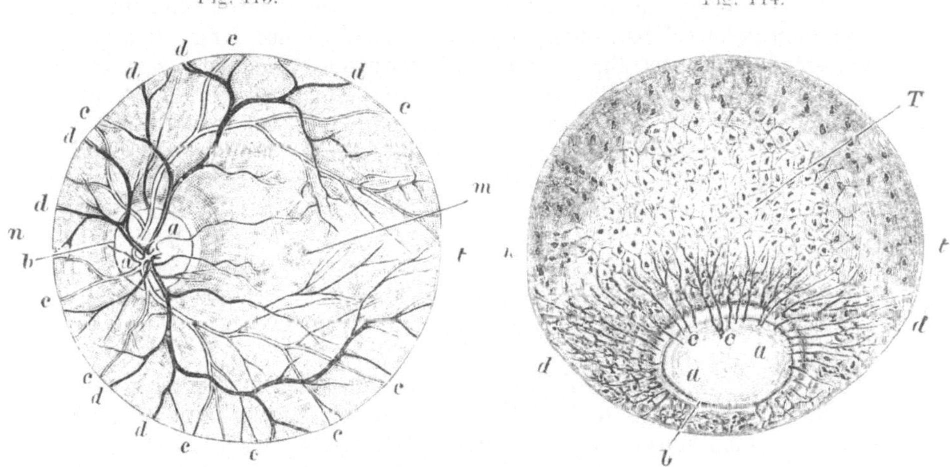

Augenspiegelbild beim

Mensch

Pferd

a, b Pupille, m Fovea, c Arterien, d Venen, T Tapetum, n nasal, t temporal.

die von a und den benachbarten Punkten ausgehenden Strahlen durch die Linse C zu dem Bilde d vereinigt, das der Beobachter b durch das Loch im Spiegel betrachtet.

Das Augenspiegelbild lässt den Augenhintergrund, der beim Menschen dunkelroth, bei den Thieren im Gebiete des Tapetums grüngoldig, im Uebrigen auch dunkelroth erscheint, und die darauf verlaufenden Gefässe deutlich erkennen. Die Stelle des Sehnerveneintritts, die sogenannte Papille, tritt als ein leuchtend weisser, runder Fleck hervor, von dem die Stämme der Gefässbäume ausgehen. Die hellrothe Farbe der Arterien ist von der dunkleren der Venen zu unterscheiden. Mitunter sieht man deutlich das Pulsiren der Gefässe.

Die Augenspiegelbilder der Thiere unterscheiden sich hauptsächlich durch das Tapetum und durch die Verschiedenheiten in der Gefässverzweigung, wovon die Figg. 113 und 114 ein Beispiel geben.

Gesichtsempfindungen.

Netzhaut. Im Vorhergehenden ist gezeigt worden, dass die Lichtvertheilung der Aussenwelt auf der Netzhaut des Auges in verkleinertem Maassstab wiedergegeben wird. Indem über die ganze Fläche der Netzhaut dicht nebeneinander Sinneszellen gelagert sind, aus denen Nervenleitungen zum Gehirn verlaufen, wird dem Centralorgan und somit dem Bewusstsein die Kenntniss von der Lichtvertheilung in der Aussenwelt vermittelt.

Die Schicht der Netzhaut, in der die eigentlichen Organe der Lichtempfindung, die sogenannten Stäbchen und Zapfen, liegen, ist eigenthümlicher Weise nicht nach dem Inneren des Augapfels den eintretenden Lichtstrahlen entgegen gewendet, sondern sie bildet die äusserste Schicht der Netzhaut, die unmittelbar an die Chorioïdea grenzt. An dieser Grenze sind die Stäbchen und Zapfen in die dort liegende regelmässige Schicht sechseckiger pigmentirter Zellen eingesenkt, sodass man oft auch diese Pigmentschicht statt zur Chorioïdea zur Netzhaut rechnet. Wenn sich die Netzhaut ablöst, bleibt indessen die Pigmentschicht an der Chorioïdea haften.

Die Stäbchen und Zapfen sind wie gesagt die eigentlichen Sinneszellen des Sehorgans. Sie stellen längliche drehrunde durchsichtige Gebilde dar, in denen man einen äusseren und inneren Abschnitt unterscheidet. Von der Form des äusseren Abschnittes haben die Stäbchen und Zapfen ihre Namen. Der innere Abschnitt ist körnig und etwas dicker. Die Schicht der Stäbchen und Zapfen ist nach innen durch eine Membran, Membrana limitans externa, gegen die übrigen Schichten der Netzhaut abgeschlossen, deren man, wie aus der untenstehenden Figur 115 ersichtlich, noch acht verschiedene unterscheidet. Diese Schichten haben ihre Namen nach dem Aussehen, das sie in dem mikroskopischen Querschnittsbilde darbieten. Der eigentliche Zusammenhang erhellt aus der daneben stehenden schematischen Zeichnung (Fig. 116) vom Verlauf der Nervenleitung in der Netzhaut. Man sieht, dass zu jedem Stäbchen und jedem Zapfen ein Zellleib gehört, der ausserhalb der erwähnten Grenzmembran liegt. Von hier aus gehen Ausläufer zu einer mittleren Ganglienzellenschicht, die unter sich durch zahlreiche Dendriten verbunden ist und Axone an eine dritte Ganglienzellenschicht abgiebt, die abermals durch Dendriten vielfach verknüpft ist, und deren Axone als Sehnervenfasern zum Centralorgan verlaufen. Man sieht, dass der Sehnerv nicht als ein einfacher sensibler Nerv betrachtet werden kann, da seine Fasern nicht unmittelbar von der Sinneszelle zu einer centralen Ganglienzelle verlaufen. Dies Auftreten besonderer Neurone, die untereinander in Verbindung treten, kennzeichnet vielmehr die Netzhaut als eine peripherische Ausbreitung des Centralnervensystems, wie auch die Entwickelungsgeschichte lehrt.

Es sei nun nochmals auf den schon erwähnten Umstand hingewiesen, dass die Stäbchen und Zapfen, die, wie sich unzweifelhaft erweisen lässt, die eigentlich lichtempfindlichen Theile der Netzhaut darstellen, nach aussen, nach der Wand des Augapfels zu stehen. Die ganze Dicke der Netzhaut und die ganzen Sehnervenfasern, die sich radial über sie vertheilen, liegen nach innen. Um zu den Stäbchen und Zapfen zu gelangen, muss das Licht also erst die Ausbreitung der Sehnervenfasern und dann die ganze Netzhaut durchstrahlen, ehe es an die äussere lichtempfindliche Schicht gelangt, und wenn es dort eine Erregung hervorgerufen hat, muss diese wiederum rückwärts durch die Netzhautschichten

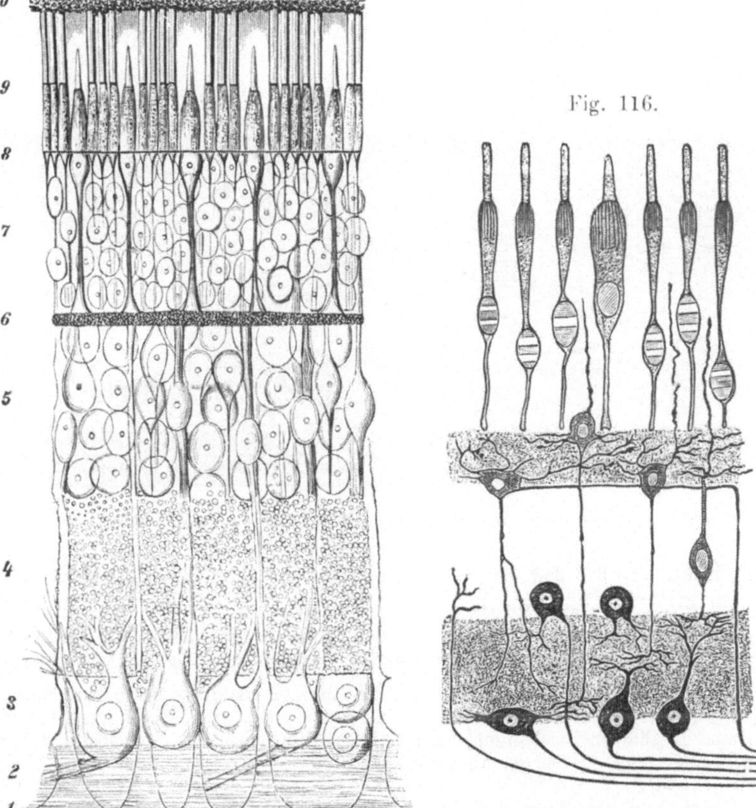

Fig. 115.

Fig. 116.

Bau der Retina nach M. Schultze.

Netzhaut (nach Golgi)

1 Membrana limitans interna, 2 Nervenfaserschicht, 3 Ganglienschicht, 4 innere granulirte Schicht, 5 innere Körnerschicht, 6 äussere granulirte Schicht, 7 äussere Körnerschicht, 8 Membrana limitans externa, 9 Stäbchen und Zapfenschicht, 10 Pigmentschicht.

hindurch bis in die innerste Schicht geleitet werden, um durch die Sehnervenfasern hirnwärts zu verlaufen. Dieser Weg ist für die Lichtstrahlen nur dadurch möglich, dass die ganze Netzhaut durchsichtig und die ausstrahlenden Sehnervenfasern marklos sind.

Der blinde Fleck. Eine äusserst überraschende Beobachtung beweist mit der grössten Bestimmtheit, dass das Sehvermögen an die äussere und nicht an die innerste Schicht der Netzhaut gebunden ist. An der Stelle nämlich, wo der Sehnerv ins Auge eintritt, durchbrechen seine Fasern alle Häute des Augapfels und auch die Netzhaut, um in Gestalt der Papille ins Innere des Auges zu gelangen und sich nach allen Seiten auf der Netzhaut auszubreiten. An dieser Stelle besteht also eine Unterbrechung, eine Lücke, in allen Schichten der Netzhaut bis auf die innerste, die Sehnervenfaserschicht. Es lässt sich nun zeigen, dass an dieser Stelle auch kein Sehvermögen besteht, dass also in jedem normalen Auge an dieser Stelle ein **grosser blinder Fleck** ist, der nach seinem Entdecker der Mariotte'sche blinde Fleck genannt wird. Schliesst man das linke Auge und heftet den Blick des rechten auf das

Fig. 117.

Figur zur subjectiven Darstellung des blinden Fleckes auf der Netzhaut.

kleine Kreuz links auf der beifolgenden Figur und bringt dann das Auge in eine Entfernung von etwa 25 cm von der Figur, so fällt das Bild des weissen Fleckes rechts gerade auf den Sehnerveneintritt, und man wird gewahr werden, dass er völlig verschwindet.

Selbstverständlich darf man nicht etwa den Blick hinwenden, um nachzusehen, ob der Fleck wirklich verschwunden ist. Um den Blick leichter an dem Kreuz festhalten zu können, empfiehlt es sich, die einzelnen Ecken davon so scharf ins Auge zu fassen, als wollte man nachsehen, ob sie auch alle richtig ausgedruckt sind.

Nähert man das Auge der Figur ein wenig, so tritt der rechte Rand, entfernt man es, der linke Rand der weissen Kreisfläche zuerst hervor. Während der Fleck verschwunden ist, scheint seine Stelle ganz gleichartig von der schwarzen Farbe der Umgebung eingenommen zu sein. Eine besonders überraschende Form dieses Versuches ist die, dass man bei Vollmond einen passend gelegenen Stern fixirt, sodass die Abbildung des Vollmonds im Auge auf den Mariotte'schen Fleck fällt, und scheinbar der Mond vom Himmel verschwindet.

Dass man eine so grosse Lücke in der Netzhaut überhaupt nicht gewahr wird, erklärt sich zum Theil daraus, dass die blinden Flecke der beiden Augen verschiedenen Stellen der Aussenwelt entsprechen, sodass beim Sehen mit beiden Augen keine Lücke im Gesichtsfeld bleibt. Aber auch beim Sehen mit einem Auge stört der blinde Fleck nicht. Die Ursache hierfür wird sich aus Umständen ergeben, die später besprochen werden sollen.

Purkinje'sche Gefässfigur. Es lässt sich ferner nachweisen, dass von allen Schichten der Netzhaut allein die äusserste die Gesichtsempfindungen vermittelt.

Von der Eintrittsstelle des Sehnerven aus verbreiten sich die Gefässstämme der Netzhaut noch innerhalb der Sehnervenausbreitung. Die Gefässe stellen sich also den Lichtstrahlen in den Weg ehe diese zur Netzhaut gelangen. Ganze Striche der Netzhaut, die von den Gefässen bedeckt oder beschattet werden, müssen dadurch nicht minder blind sein als der blinde Fleck. Dass man dies nicht wahrnimmt, ist bei der Kleinheit der Gefässe weniger auffallend, als dass man von dem blinden Fleck nichts merkt. Nur unter ganz bestimmten Bedingungen wird der Schatten der Gefässe auf der Netzhaut bemerkbar. Die Erscheinung, um die es sich handelt, ist unter dem Namen Purkinje'sche Aderfigur bekannt. Man stelle in einem dunkeln Zimmer eine Kerze auf und lasse mit Hülfe eines Brennglases einen möglichst hellen scharfen Lichtfleck auf die Sklera im äusseren Winkel eines Auges oder ganz schräg in die Pupille fallen. Dieser Lichtfleck muss durch eine zitternde Bewegung, die man mit dem Brennglas macht, fortwährend seine Stelle ein ganz klein wenig ändern. Starrt man nun mit dem so beleuchteten Auge gegen eine gleichmässig dunkle Fläche, so wird man alsbald ein Bild auftauchen sehen, das mit dem Augenspiegelbild Aehnlichkeit hat. Auf dunkelrothem Grunde sieht man blauschwarze feine Adern sich von oben und unten her an ein gefässloses Gebiet vertheilen. Hält man das Glas einige Secunden lang ruhig, so verblasst die Aderfigur und verschwindet. Während der Bewegung des Lichtes befindet sich auch die Aderfigur in tanzender Bewegung. Die genauere Deutung dieser Erscheinung kann je nach den Bedingungen des Versuchs eine verschiedene sein. Auf alle Fälle rührt aber der Gesichtseindruck davon her, dass das Schattenbild der Gefässe auf die Netzhaut fällt, die den Unterschied zwischen Licht und Schatten empfindet. Stellt man die Grösse der mit dem Lichtfleck ausgeführten Bewegungen und die Grösse der scheinbaren Bewegung der Aderfigur fest, so kann man die Entfernung der lichtempfindenden Schicht der Netzhaut von den schattengebenden Gefässen berechnen. Diese Rechnung führt auf die Stäbchen- und Zapfenschicht und dient zum Beweis, dass die Stäbchen und Zapfen die lichtempfindenden Elemente des Auges sind.

Unterscheidungsvermögen der Netzhaut. Wenn die Stäbchen und Zapfen die lichtempfindenden Elemente sind, so muss das Unterscheidungsvermögen für verschiedene Bildpunkte mit der Grösse der Stäbchen und Zapfen im Zusammenhang stehen. Offenbar werden zwei Punkte der Aussenwelt nur dann getrennt gesehen werden können, wenn ihre Bilder auf der Netzhaut auf verschiedene Sehelemente fallen, und sie werden als eins empfunden werden, wenn sie so nah an einander sind, dass ihre Bilder im Auge beide auf Einen Zapfen oder Ein Stäbchen fallen. Man kann allerdings auch annehmen, dass die beiden

Punkte, um zwei getrennte Gesichtseindrücke hervorzurufen, so weit von einander liegen müssten, dass ein oder mehrere Sehelemente zwischen ihren Bildern auf der Netzhaut freibleiben.

Diese Betrachtung ist ähnlich der, die oben für das Tastgefühl angestellt worden ist. Man spricht daher auch wie von den Tastkreisen der Haut von den „Empfindungskreisen" der Netzhaut. Es ist nun durch verschiedene Versuche festgestellt worden, dass zwei parallele Linien noch getrennt gesehen werden können, wenn ihr Abstand vom Auge aus einen Winkel von 50 Bogensecunden einschliesst. Hieraus berechnet sich, dass die Bilder der Linien auf dem Augenhintergrund in 0,0037 mm Abstand liegen. Die Dicke eines Zapfens beträgt nach verschiedenen Messungen etwa 2—3 Tausendstel Millimeter. Diese Uebereinstimmung bestätigt die Anschauung, dass das Netzhautbild durch die Erregung der Stäbchen und Zapfen wahrgenommen wird.

Netzhautgrube. In Bezug auf das Unterscheidungsvermögen verhalten sich die verschiedenen Stellen der Netzhaut sehr verschieden. Die Stäbchen und Zapfen stehen nach dem Rande der Netzhaut zu in immer grösseren Abständen von einander. Es ist also auch das Unterscheidungsvermögen der peripherischen Netzhauttheile viel geringer als das der Mitte. Man hat zwar den Eindruck, als sähe man alle Gegenstände, die sich im Gesichtsfeld befinden, gleich deutlich, das ist aber eine Selbsttäuschung. Richtet man den Blick geradeaus und versucht seitlich gehaltene Buchstaben oder Figurentafeln zu erkennen, so wird man alsbald gewahr, dass man sie nur höchst ungenau sieht.

Von allen Stellen der Netzhaut ist nun eine, die Netzhautgrube, Fovea, oder, nach ihrer gelblichen Pigmentirung, gelber Fleck, Macula lutea, genannt, dadurch ausgezeichnet, dass auf ihr die Sehelemente ausserordentlich dicht zusammenstehen. Es sind hier nur Zapfen vorhanden, am Rande der Netzhaut dagegen nur Stäbchen, dazwischen nimmt die Zahl der Stäbchen im Verhältniss zu der der Zapfen zu, so dass am Rande des gelben Fleckes jeder Zapfen von einer einfachen Reihe Stäbchen umringt ist. Der Name Netzhautgrube kommt davon her, dass an dieser Stelle alle Schichten der Netzhaut mit Ausnahme der Zapfenschicht an Dicke abnehmen, so dass eine Einsenkung der inneren Fläche entsteht.

Entsprechend der Dichtigkeit der Zapfen ist auch das Unterscheidungsvermögen der Netzhautgrube bei weitem feiner als das der übrigen Netzhaut. Man bezeichnet sie deshalb auch schlechthin als die Stelle des deutlichsten Sehens.

Die Leistungsfähigkeit der Netzhautgrube in dieser Beziehung überwiegt so sehr, dass man, sobald es deutlich zu sehen gilt, unwillkürlich das Auge so dreht, dass sich der betreffende Gegenstand auf der Netzhautgrube abbildet.

Man darf sagen, dass neben dem Sehen mit der Netzhautgrube die Gesichtseindrücke der übrigen Netzhauttheile nur nebenbei, so zu sagen ergänzend, in Betracht kommen. Hieraus erklärt sich auch, dass der blinde Fleck und die Netzhautgefässe die Gesichtswahrnehmung nicht merklich beeinträchtigen.

Sehschärfe. Das Unterscheidungsvermögen des Auges im Ganzen, oder, wie man zu sagen pflegt, „die Güte des Auges" hängt von der optischen Beschaffenheit des Auges und vom Unterscheidungsvermögen der Netzhaut ab. Je besser die optische Leistung des Auges, desto schärfer ist das Bild auf der Netzhaut und je schärfer das Unterscheidungsvermögen der Netzhaut, desto genauer können Einzelheiten des Bildes wahrgenommen werden. Nach praktischen Gesichtspunkten hat man indessen unter der Bezeichnung „Sehschärfe" einen ganz genau abgegrenzten Begriff eingeführt, der diese Unterscheidung nicht berücksichtigt. Als „Sehschärfe" im augenärztlichen Sinne bezeichnet man nämlich denjenigen Grad des Unterscheidungsvermögens überhaupt, der bestehen bleibt, nachdem die gröberen optischen Fehler des betreffenden Auges, wie Kurzsichtigkeit und Astigmatismus, mit Hülfe von Brillen beseitigt worden sind.

Man prüft die Sehschärfe, indem man die Entfernung feststellt, in der Buchstaben von bestimmter Form und Grösse, die sogenannten Snellen'schen Sehproben, eben noch erkannt werden können. Als Maasseinheit hat man die Entfernung festgesetzt, in der die Höhe der Buchstaben dem Auge unter einem Winkel von 5 Bogenminuten erscheint. Beträgt diese Entfernung für eine bestimmte Buchstabengrösse, die auf den gebräuchlichen Tafeln gleich mit No. 6 bezeichnet ist, 6 m, und vermag das untersuchte Auge die Buchstaben erst bei Annäherung bis auf 3 m zu erkennen, so ist seine Sehschärfe $= ^3/_6$ oder $^1/_2$. Auf diese Weise bestimmt, entspricht die Sehschärfe 1 ungefähr der Durchschnittsleistung und man spricht deshalb auch von „normaler Sehschärfe", obwohl viele Augen eine Sehschärfe zeigen, die das festgesetzte Normalmaass weit übertrifft, und einem durchaus normalen Auge offenbar der höchste Grad erreichbarer Sehschärfe zukommen muss.

Wirkungen des Lichtes auf die Netzhaut.

Endlich ist die Betheiligung der Stäbchen und Zapfen beim Zustandekommen der Lichtempfindung unmittelbar dadurch zu erweisen, dass bei Lichteinfall an ihnen Veränderungen vorgehen.

Bewegung der Zapfen. Im mikroskopischen Bilde unterscheidet sich die Netzhaut eines im Dunkeln gehaltenen Thieres deutlich von der eines bei Tageslicht gehaltenen. In der belichteten Netzhaut liegen die Zapfen dicht an der Membrana limitans externa, durch einen weiten Zwischenraum von der Chorioidea getrennt. In der Netzhaut eines im Dunkeln gehaltenen Thieres findet man dagegen die Aussenglieder der Zapfen fadenförmig verlängert, so dass die Zapfen selbst weit über die Membrana limitans externa hinaus bis an die Grenze zwischen Retina und Chorioidea vorgeschoben sind, wie es Fig. 115 darstellt.

Bewegung des Pigmentes. Zugleich ist ein noch viel auffälligerer Unterschied an den Pigmentzellen der Grenzschicht zwischen Chorioidea und Netzhaut wahrzunehmen. In der belichteten Netzhaut erstrecken sich zahlreiche Fortsätze der Pigmentzellen weit zwischen Stäbchen und Zapfen hinein, während in der unbelichteten die Pigmentzellen eine gleichförmige Schicht dicht an der Chorioidea bilden.

Diese Unterschiede sind am besten bei Fröschen und Fischen, weniger deutlich auch an Säugethieren nachzuweisen.

Bemerkenswerth ist, dass bei einem im Dunkeln gehaltenen Thier, dessen eines Auge dem Lichte ausgesetzt worden ist, beide Netzhäute das Bild des belichteten Zustandes geben. Durch Zerstörung des Gehirns wird dieser Zusammenhang unterbrochen.

Sehpurpur. Betrachtet man die aus dem Auge eines im Dunkeln gehaltenen Frosches entfernte Netzhaut bei Tageslicht, so sieht man, dass sie anfänglich carminroth gefärbt ist, im Laufe einiger Minuten aber bräunlichgelb und dann farblos wird. Diese Erscheinung lässt sich bei allen Wirbelthieren, den Lancettfisch ausgenommen, nachweisen. Sie beruht darauf, dass die Stäbchen einen eigenthümlichen, im Licht ausbleichenden Farbstoff, den „Sehpurpur", enthalten. Durch Lösungen der Gallensäuren kann man den Sehpurpur aus der Netzhaut ausziehen, durch Alaun kann seine Färbung fixirt werden. Es ist klar, dass der Sehpurpur in der Netzhaut überall da, wo er vom Licht getroffen wird, ausbleicht und dass dadurch auf der Netzhaut eine Art photographischen Bildes und zwar ein Positivbild entstehen muss. Thatsächlich hat man solche Bilder aus Froschaugen fixirt, auf denen die hellen Fensterflächen und die dunkelen Fensterkreuze des Laboratoriumsraumes zu sehen waren. Es lässt sich ferner nachweisen, dass sich der Sehpurpur, wenn die Netzhaut mit der Chorioïdea im Zusammenhang belassen ist, nach dem Ausbleichen in kurzer Zeit wieder herstellt.

Die Bleichung des Sehpurpurs ist ein sicheres Zeichen, dass das Licht in den Stäbchen chemische Wirkungen ausübt. Auf welche Weise diese Wirkung mit der Nervenerregung zusammenhängt, die von den Stäbchen ausgeht, ist noch unbekannt.

Netzhautstrom. Die Thätigkeit der Netzhautelemente ist auch durch eine elektromotorische Wirkung nachzuweisen. Legt man den ausgeschnittenen Augapfel eines im Dunkeln gehaltenen Frosches in einem dunklen Raum zwischen zwei Elektroden, sodass die eine die Vorderfläche, die andere die Hinterfläche berührt, und verbindet die Elektroden mit einem Galvanometer, so findet man, dass ein Strom vom Augengrund zur Cornea besteht, den man als Ruhestrom bezeichnen kann. Lässt man nun Licht auf die Pupille fallen, so steigt der Strom im ersten Augenblick schnell an und fällt dann mit abnehmender Geschwindigkeit bis fast auf Null ab. Es lässt sich durch passende Aenderung der Versuchsbedingungen beweisen, dass diese Stromschwankung thatsächlich durch die Thätigkeit der Netzhaut bedingt ist.

Nachbild.

Eine sehr wichtige Eigenthümlichkeit des Auges, die offenbar mit der Art zusammenhängt, wie die Erregung in der Netzhaut entsteht, ist die Erscheinung der Nachbilder. Es ist bekannt, dass, wenn man eine Zeit lang in die Sonne gesehen hat und dann ins Dunkele sieht, ein heller Fleck vor den Augen zu stehen scheint. Dieser Fleck ist das Nachbild der Sonne, und zwar, solange er hell erscheint, das „positive Nachbild". Nach einiger Zeit erscheint statt des hellen Fleckens ein dunkler, der·als „negatives Nachbild" bezeichnet wird. Unter geeigneten Bedingungen kann man auch bei beliebigen schwächeren Gesichtseindrücken eine Nachwirkung erkennen, man pflegt aber in diesen Fällen nicht die Bezeichnung Nachbild anzuwenden, sondern man spricht vom „Abklingen" des Gesichtseindruckes.

Eine befriedigende Erklärung für die Erscheinung des Nachbildes lässt sich nicht geben, sie ist aber deswegen wichtig, weil sie die Wahrnehmung äusserer Vorgänge wesentlich beeinflusst. Wird ein leuchtender Punkt im Dunkeln schnell am Auge vorbei bewegt, so fällt sein Bild, ehe das Bild an der Stelle der Netzhaut, wo er zuerst abgebildet wurde, geschwunden ist, in Folge seiner schnellen Bewegung auf eine ganze Reihe anderer Netzhautstellen, und man sieht statt des bewegten Lichtpunktes einen längeren oder kürzeren zusammenhängenden Strich.

Ebenso wird ein schnell im Kreise geschwungener Gegenstand oder ein rollendes Rad in Form einer zusammenhängenden Fläche gesehen, weil an jeder Stelle ein neuer Gesichtseindruck entsteht, ehe das Nachbild der ersten geschwunden ist.

Durch das Nachbild wird auch verständlich, dass man bei einem ausserordentlich kurzen Lichteindruck, etwa bei der Beleuchtung durch einen elektrischen Funken oder durch einen Blitz, ganz umfassende Gesichtswahrnehmungen machen kann Man sieht eigentlich nicht die nur etwa ein Millionstel Secunde beleuchtete Umgebung selbst, sondern das durch sie hervorgebrachte Nachbild auf der Netzhaut, das viel längeren Bestand hat.

Wie lange das Nachbild unter gewöhnlichen Bedingungen etwa anhält, kann man daraus entnehmen, dass ein Gegenstand nur etwa 20—25mal in der Secunde sichtbar zu werden braucht, um als fortwährend vorhanden zu erscheinen. Die Zinken einer Stimmgabel, die 25 Schwingungen in der Secunde macht, erscheinen um ihre Schwingungsbreite verdickt.

Stroboskop. Dies wird in dem sogenannten Stroboskop, in neuer Zeit auch im Kinematographen dazu benutzt, durch eine Reihe einzelner feststehender Bilder eine Bewegung vorzutäuschen.

In seiner ältesten Form ist das Stroboskob auf Fig. 118 dargestellt. Auf einer rotirenden Scheibe sind im Umkreis Löcher eingeschnitten, die auf der Figur mit den Zahlen 1—12 bezeichnet sind. Unter jedem Loch ist auf der Scheibe ein Pendel in einer bestimmten Schwingungsphase gezeichnet, sodass auf die zwölf Löcher gerade eine Doppelschwingung entfällt. Stellt man sich mit dem Stroboskop vor einen Spiegel und sieht durch die Löcher nach dem Spiegelbild des obersten Pendels, während die Scheibe zwei bis drei Umdrehungen in der Secunde macht, so entsteht auf der Netzhaut jedesmal, wenn ein Loch vor dem Auge vorbeikommt, also gegen 30mal in der Secunde, das Bild des Pendels, jedesmal in einer etwas veränderten Stellung. Ist die Veränderung jedes folgenden Bildes nicht zu gross, so verschmilzt es mit dem Nachbild des vorhergehenden zu dem Eindruck einer zusammenhängenden Bewegung.

Die kinematographische Aufnahme zerlegt gewissermaassen eine zusammenhängende Bewegung in Einzelbilder, die sich bei der kinematographischen Vorführung genau wie die Bilder des Stroboskops wieder zu dem Eindruck einer zusammenhängenden Bewegung vereinigen.

Adaptation.

Die Thätigkeit des Sehorgans ist ferner auf die Grenzen zu
untersuchen, innerhalb deren Reizgrössen und Reizunterschiede
empfunden und unterschieden werden. Sehr starke Lichtreize rufen
bekanntlich das unangenehme Gefühl der Blendung hervor. Schon
hierbei ist zu bemerken, dass durchaus nicht immer dieselbe absolute Helligkeit erforderlich ist, um in gleich starkem Grade die
Empfindung des Geblendetwerdens zu erzeugen. Wenn man aus

Fig. 118.

Stroboskopische Scheibe.

einem dunklen Raum ins Zimmer tritt, wird man wohl von einer
Lichtmenge geblendet, die einem wenige Minuten später als nur
mässige Helle erscheint.

Die Lichtempfindung ist also ein höchst unsicherer **Maassstab**
für die absolute Hell*i*gkeit.

Dagegen ist die Unterscheidungsempfindlichkeit innerhalb ausserordentlich weiter Grenzen so fein ausgebildet, dass die Helligkeit
eines grauen Feldes schon geändert erscheint, wenn sie nur um
$1/_{200}$ vermehrt oder vermindert wird.

Sucht man die absoluten Helligkeitsgrade festzustellen, die das
Auge wahrnehmen kann, so stösst man auf dieselbe Unsicherheit,
die eben in Bezug auf die Blendung erwähnt worden ist. Wenn
man aus einem hellen in einen halbdunklen Raum kommt, vermag
man zuerst nichts zu sehen, die Reizschwelle für das Auge liegt
also hoch, nach einiger Zeit aber erkennt man die Umgebung ganz
deutlich. Man nennt diese Fähigkeit des Auges, seine Empfindlichkeit

der herrschenden Beleuchtung anzupassen, die Adaptationsfähigkeit
des Auges.

Man könnte nach dem, was oben über die Regulirung des Lichteinfalls
durch die Verengerung der Pupille gesagt ist, daran denken, dass die Adaptation
im Wesentlichen auf der Aenderung der Pupillenweite beruhe. Da die Pupillenöffnung bei grösster Erweiterung etwa 10 mm, bei stärkster Verengerung etwa
1,5 mm Durchmesser hat, kann durch Erweiterung der Pupille die einfallende
Lichtmenge im günstigsten Fall auf etwa das 40fache vermehrt werden.

Es zeigt sich aber, dass die Empfindlichkeit des Auges nach längerem
Aufenthalte im Dunkeln viele tausendmal grösser ist, als nach Aufenthalt in
hellem Licht.

Dies wird durch folgenden Versuch festgestellt: In einem sonst völlig
dunkeln Raum befindet sich ein Fenster, das von aussen mit einer genau abstufbaren Lichtmenge beleuchtet werden kann. Die Beleuchtung muss fast bis
auf Null abgeschwächt werden können. Man lässt nun eine Versuchsperson,
die unmittelbar aus möglichst hellem Licht in den Raum gegangen ist, den
Beleuchtungsgrad feststellen, bei dem sich das Fenster eben von der dunklen
Umgebung unterscheidet. Nachdem dann die Versuchsperson sich eine Stunde
lang im Dunkeln aufgehalten hat, erkennt sie das Fenster schon bei einer
100000mal geringeren Helligkeit.

Die Adaptation ist eine Zustandsändernng der lichtempfindlichen
Elemente selbst, die das hervorragendste Beispiel von der sogenannten „Umstimmung" der Sinnesorgane darbietet. Man hat nun
gefunden, dass zugleich mit der Zunahme der Lichtempfindlichkeit
des dunkeladaptirten Auges eine Reihe anderer Veränderungen ein
treten, die es wahrscheinlich machen, dass im helladaptirten
und dunkeladaptirten Auge die Lichtempfindung von verschiedenen Netzhautelementen ausgeht. Diese Veränderungen
betreffen theils die örtliche Vertheilung der Lichtempfindlichkeit,
theils die Wahrnehmung der Farben bei schwacher Beleuchtung,
und führen auf die Annahme, dass im helladaptirten Auge vorzugsweise die Zapfen, im dunkeladaptirten ausschliesslich die Stäbchen
thätig sind.

Die Farben.

Im Obigen ist nur von der Lichtempfindung im Allgemeinen
und von Unterschieden in der Quantität, das heisst in der Stärke des
Lichts die Rede gewesen. Die Lichtempfindungen sind aber gerade
dadurch besonders ausgezeichnet, dass sie ausserordentlich viele
verschiedene Qualitäten, nämlich die Farbenunterschiede, zeigen.

Bekanntlich ist das sogenannte weisse Licht ein Gemisch von Licht verschiedener Wellenlängen, und Lichter von verschiedener Wellenlänge rufen im
Sehorgan verschiedene Empfindungen hervor, die als Farbenempfindungen bekannt sind.

Im Spectrum sind die Lichter durch die obenerwähnte Farbenzerstreuung
nach ihrer Wellenlänge geschieden. Da sich die Wellenlänge von einer Stelle
des Spectrums zur nächsten nur wenig ändert, so darf man das Licht in jedem
einzelnen nicht zu grossen Abschnitt des Spectrums als aus Strahlen gleicher
Wellenlänge bestehendes „monochromatisches" Licht ansehen.

Die verschiedenen monochromatischen Lichter, die sich physikalisch durch ihre Wellenlänge unterscheiden, wirken physiologisch
als verschiedene Farben.

Farbenmischung. Die Farben können also vom physikalischen Standpunkt aus einfach als Lichter verschiedener Wellenlänge betrachtet werden. Dann bilden sie eine fortlaufende Reihe mit stetiger Veränderung der Wellenlänge. Sie können aber auch vom physiologischen Standpunkt aus, das heisst nach der Empfindungsqualität betrachtet werden, und bilden dann eine ganz andere unregelmässige Reihe, nämlich die der 7 Spectralfarben. Physiologisch betrachtet, kommen den Spectralfarben Eigenschaften zu, für die die physikalische Beschaffenheit des Lichtes keine Erklärung giebt. Eine solche Eigenschaft der Farben ist die, dass die gesammten Spectralfarben, im zusammengesetzten Licht gemischt, die Empfindung Weiss geben, ebenso dass einzelne Farben, mit einander vermischt, als besondere neue Mischfarbe erscheinen, und anderes mehr.

Wenn in Folgendem schlechthin von Farben die Rede ist, so ist darunter immer das farbige Licht des Spectrums zu verstehen. Um Farben zu mischen, giebt es verschiedene Verfahren. Man kann durch verschiedene Prismen mehrere Spectra erzeugen und diese so gegeneinander anordnen, dass die Farben des einen mit anderen Farben des anderen zusammenfallen. Zu diesem Zwecke sind verschiedene, sogenannte Farbenmischapparate angegeben worden, die es zugleich gestatten, je zwei Mischfarben nebeneinander herzustellen, und mit einander zu vergleichen.

Ein einfacheres Verfahren, das sich zugleich zur Demonstration eignet, besteht darin, dass man die Farbeneindrücke, die durch bunte Papiere hervorgerufen werden, mit Hülfe des Farbenkreisels zur Mischung bringt. Man befestigt auf einem Farbenkreisel zum Beispiel ein rundes Blatt weissen Papiers, das radial aufgeschnitten ist und schiebt ein ebensolches Blatt schwarzen Papiers zur Hälfte darunter. Die Platte des ruhenden Kreisels erscheint dann ihrem Durchmesser nach in eine schwarze und eine weisse Hälfte getheilt. Setzt man nun den Kreisel in schnelle Drehung, so mischen sich in Folge der Nachbilder im Auge Schwarz und Weiss zu einem gleichförmigen Grau. Schiebt man das schwarze Papier um mehr als 180° unter das weisse, so erhält man eine Mischung, in der weniger Schwarz enthalten ist, also ein helleres Grau. So kann man mit zwei oder mehr Farbenpapieren Mischungen in jedem Verhältniss hervorrufen.

Die wichtigsten Ergebnisse dieser Versuche sind folgende:

Die Mischung aller Spectralfarben in dem Verhältniss, in dem sie im Spectrum enthalten sind, ergiebt die Empfindung Weiss. Dies versteht sich von selbst, da ja die Spectralfarben nur aus der Zerlegung des weissen Lichtes hervorgegangen sind.

Die Mischung von je zwei nahe aneinander gelegenen Farben ergiebt in der Regel eine Farbe, die im Spectrum zwischen den beiden Farben gelegen ist. Für die beiden Endfarben des Spectrums ist die Mischfarbe Purpur, das im Spectrum nicht vorkommt. In dieser Beziehung unterscheidet sich die Gesichtsempfindung wesentlich von der Tonempfindung, denn zwei Töne von verschiedener Höhe geben einen Zusammenklang, der von jedem mittleren Ton durchaus verschieden ist.

Für jede Mischfarbe lässt sich eine völlig gleiche Farbe durch Mischung weissen Lichtes mit einer passenden einfachen Spectralfarbe herstellen. Man bezeichnet das reine monochromatische Licht als gesättigt und nennt solche Farben ungesättigt, die eine Beimischung von Weiss enthalten. Jede Mischfarbe ist also gleich einer ungesättigten bestimmten Spectralfarbe.

Es kann also dieselbe Farbenempfindung durch je zwei verschiedene Mischungen hervorgerufen werden. Diese Thatsache hat eine grosse praktische Bedeutung, denn sie gewährt ein Mittel, mit grosser Genauigkeit festzustellen, ob ein Individuum normale oder anormale Farbenempfindung hat. Die beiden Felder eines Farbenmischapparates werden nämlich dem normalen Auge genau gleich erscheinen, wenn zum Beispiel das eine mit einer bestimmten Mischung von Roth und Grün, das andere mit einem ungesättigten Gelb beleuchtet ist. Für ein Individuum, dessen Farbenempfindung für Roth und Grün nicht genau normal ist, sehen aber die beiden Felder ganz verschieden aus.

Complementärfarben. Bestimmte Farbenpaare geben bei ihrer Mischung nicht eine Mischfarbe, sondern reines Weiss. Da die Gesammtheit der Spectralfarben gemischt Weiss ergiebt, so ist klar, dass jede einzelne Farbe, gemischt mit derjenigen Farbe, die aus der Mischung aller anderen Farben entsteht, wieder Weiss geben muss. Dadurch entsteht zwischen bestimmten Farbenpaaren eine eigenthümliche Wechselbeziehung. Wenn man zum Beispiel aus dem Spectrum das Roth fortlässt, und die übrigen Farben mischt, so erhält man als Mischfarbe ein Grün, das in ganz genau demselben Ton auch an einer bestimmten Stelle des Spectrums als einfache Farbe vorhanden ist. Wenn man also dieses einfache Grün mit Roth mischt, muss sich die Mischung ebenso zu Weiss ergänzen, als hätte man das ganze Spectrum vermischt. Was hier von Grün und Roth gesagt ist, gilt ebenso für die anderen Farben. Orange und Cyanblau, Gelb und Indigo, Grüngelb und Violett, Grün und Purpur geben gemischt Weiss.

Da je zwei solcher Farben einander gewissermaassen zum ganzen Spectrum ergänzen, nennt man sie „Complementärfarben"

Die Complementärfarben zeichnen sich durch die auffällige Eigenschaft aus, scheinbar einander gegenseitig hervorzurufen.

Legt man ein rothes und ein grünes Papier aneinander und quer über die Grenzlinie einen schmalen Streifen weissen Papiers und bedeckt das Ganze mit durchscheinendem Pauspapier, so sieht die Hälfte des Streifens, die auf dem rothen Felde liegt, grünlichgrau, die, die auf dem grünen liegt, röthlichgrau aus. Bei untergehender Sonne, wenn die Umgebung röthlich bestrahlt wird, erscheinen die Schatten blau.

Diese Erscheinungen sind durch die sogenannte Contrastwirkung zu erklären, auf die erst weiter unten eingegangen werden soll. Man bezeichnet sie auch als „Farbeninduction"

Bei der Farbenwirkung von Gemälden, Decorationen und Bekleidung spielt die Einwirkung der Complementärfarben aufeinander eine grosse Rolle.

Theorie der Farbenempfindung. Die Lehre von den Farbenmischungen bildet die Grundlage für das Verständniss der Farbenwahrnehmung überhaupt. Es ist oben angegeben worden, dass die Lichtvertheilung auf der Netzhaut der der Aussenwelt entspricht, und dass, indem jeder Punkt der Netzhaut durch das auf ihn fallende Licht in bestimmtem Maasse erregt wird, die Lichtvertheilung der Aussenwelt sich dem Bewusstsein mittheilt.

Es wird aber nicht nur die Lichtvertheilung, sondern auch die Farbe für jeden Punkt der Aussenwelt wahrgenommen. Dies wäre einfach zu verstehen, wenn man annehmen dürfte, dass jeder Punkt der Netzhaut nicht nur nach dem Maasse des ihn treffenden Lichtreizes, sondern auch je nach der auf ihn treffenden Farbe in verschiedener Weise erregt würde. Da es aber zahllose Farbenabstufungen giebt, die von derselben Stelle der Netzhaut aus wahrgenommen werden können, da ferner, wie bei der Besprechung der specifischen Energie der Sinnesnerven hervorgehoben worden ist, die Erregung der Nervenfasern nur der Stärke und nicht der Art nach verschieden ist, müsste man dann annehmen, dass von einem Punkte der Netzhaut zahllose verschiedene Bahnen nach dem Centralorgan führten, die die verschiedenen Farbenempfindungen auslösen könnten. Diese Annahme ist selbstverständlich unhaltbar.

Demgegenüber lehrt die Young-Helmholtz'sche Theorie der Farbenempfindung, dass jedem farbenempfindenden Punkt der Netzhaut nur drei verschiedene Grundempfindungen, das heisst drei Arten Erregungen zukämen, aus denen die gesammte Stufenleiter der Farbenempfindungen zusammengesetzt werde. Jede dieser Grundempfindungen wird durch Strahlen von allen verschiedenen Wellenlängen, also durch Licht von jeder Farbe des Spectrums in gewissem Maasse erregt, am stärksten von einer bestimmten „Grundfarbe", schwächer von den benachbarten Farben, am schwächsten von denen, die von der Grundfarbe am weitesten entfernt sind.

Welche Farben als Grundfarben angenommen werden, ist für die Theorie gleichgültig, vorausgesetzt, dass sie alle drei zusammengemischt Weiss ergeben. Man pflegt nach dem Vorgange von Helmholtz die Endfarben des Spectrums Roth und Violett, und eine mittlere Farbe, Grün, als Grundfarben anzunehmen. Die Er-

Fig. 119.

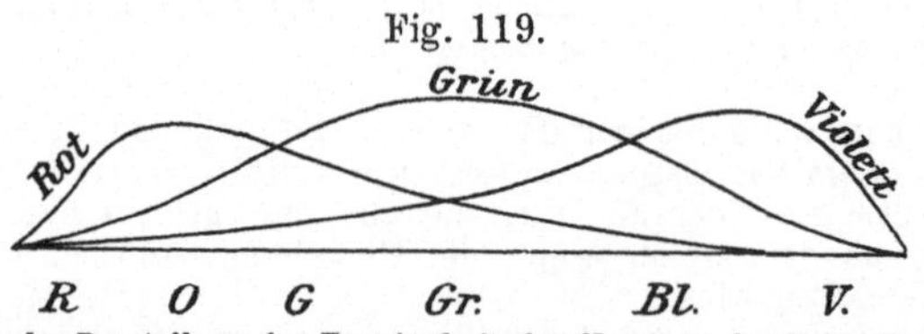

Schematische Darstellung der Erregbarkeit der Netzhaut durch die Grundfarben
(nach Helmholtz).

R, O, G, Gr, Bl, V bedeutet die Reihenfolge der Farben im Spectrum. Die Höhe der Curven giebt das Maass der Erregung der drei Grundempfindungen durch die betreffenden Spectralfarben.

regbarkeit jeder farbenempfindenden Netzhautstelle für alle Farben des Spectrums ist nach dieser Auffassung in dem beifolgenden Schema dargestellt, auf dem die Erregbarkeit durch die Höhe von unmittelbar in das Spectrum eingezeichneten Curven angegeben ist.

Die Grundempfindung Roth wird fast ausschliesslich von den rothen, schwächer von den mittleren, nur ganz schwach von den blauen und violetten Strahlen erregt. Die Grundempfindung Grün

wird schwach von den Endstrahlen, am stärksten von den Mittel-
strahlen des Spectrums erregt. Die Grundempfindung Violett verhält sich umgekehrt wie Roth.

Trifft nun Licht von irgend einer Farbe, zum Beispiel rothes,
auf einen Netzhautpunkt, der mit diesen drei Arten Erregbarkeit
ausgestattet ist, so ist klar, dass fast ausschliesslich die Rothempfindung erregt werden wird. Ist die Farbe Orange, so wird
die Rothempfindung schwächer sein, und es wird sich ihr ein gewisser Grad von Grünempfindung beimischen, nebst einem noch
geringeren Grade von Violettempfindung. So entspricht jeder möglichen Mischfarbe auch eine ganz bestimmte Art der Erregung.
Fällt weisses Licht ein, so werden alle drei Grundempfindungen in
gleichem Maasse erregt.

Auf diese Weise lässt sich die Farbenempfindlichkeit für jeden
Netzhautpunkt auf bloss drei Arten verschiedener Erregbarkeiten
zurückführen, die allerdings jede ihre besondere Entstehung und
ihre besondere Leitung haben müssen.

Eine ähnliche Vereinfachung des Vorganges der Farbenempfindung gewährt
die Theorie von Hering, nach der drei Paare von Gegenfarben: Roth und
Grün, Gelb und Blau, Weiss und Schwarz angenommen werden, die auf dreierlei
verschiedene Substanzen in den Netzhautelementen in der Weise einwirken
sollen, dass beispielsweise Roth der Zersetzung, Grün dem Aufbau der „Roth-
grünsubstanz" entspricht und umgekehrt.

Farbenblindheit. Eine wesentliche Stütze für die Annahme,
dass die Farbenempfindung auf einige wenige Grundempfindungen
zurückzuführen ist, bilden die Beobachtungen an Farbenblinden.

Das Wort „Farbenblindheit" besagt eigentlich, dass die Fähigkeit, Farben wahrzunehmen, völlig fehle. Nach dem Sprachgebrauch
werden aber auch alle diejenigen Individuen „farbenblind" genannt,
denen nur die Empfindung für eine einzelne Farbe fehlt, oder bei
denen überhaupt Abweichungen von der normalen Farbenempfindung
nachgewiesen werden können. Daher spricht man in neuerer Zeit
statt von „Farbenblinden" lieber von „Farben-Untüchtigen", denen
man die Normalen als „Farbentüchtige" gegenüberstellt. Den Zustand der eigentlichen Farbenblindheit, bei der überhaupt keine
Farben unterschieden werden können, unterscheidet man von den
anderen Arten der Farbenuntüchtigkeit als völlige oder totale
Farbenblindheit.

Alle Arten der Farbenuntüchtigkeit lassen sich auf Mängel
ganz bestimmter einzelner Grundempfindungen des normalen Farben-
sinnes zurückführen. Der Farbensinn des Normalen, der auf die
drei Helmholtz'schen Grundfarben zurückgeführt wird, ist als ein
trichromatischer zu bezeichnen. Demgegenüber ist das Farben-
system des total Farbenblinden ein monochromatisches. Viel häufiger
als die totale Farbenblindheit kommt aber die „dichromatische"
Farbenempfindung vor, bei der nur eine der normalen drei Grundempfindungen fehlt, während die beiden anderen vorhanden sind.

Solcher dichromatischer Farbensysteme kann es offenbar drei verschiedene geben, je nachdem die erste, zweite oder dritte der Grundempfindungen fehlt. Von diesen drei dichromatischen Farbensystemen kommen indessen, wie es scheint, nur zwei vor, nämlich Rothblindheit, Protanopie, und Grünblindheit, Deuteranopie. Dagegen ist Violettblindheit, Tritanopie, bisher nur in wenigen nicht vollkommen einwandsfreien Fällen beobachtet worden.

Die Roth-Blinden und Grün-Blinden sind daran zu erkennen, dass sie Roth und Grün in Fällen verwechseln, in denen für Farbentüchtige ein handgreiflicher Unterschied besteht. Dagegen unterscheiden sie sich dadurch, dass die Rothblinden helles Roth mit dunklem Grün, die Grünblinden dasselbe Roth mit hellem Gelb verwechseln.

Dies entspricht vollkommen der Annahme, dass ihnen die erste oder zweite der Helmholtz'schen Grundempfindungen fehle. Denkt man sich nämlich auf Fig. 119 die Rothcurve fort, so stellt die Figur das dichromatische Empfindungssystem des Rothblinden dar. Die Figur lässt dann erkennen, dass der Theil des Spectrums, der Roth und Orange enthält, beim Rothblinden nur schwache Grünempfindung und sehr schwache Violettempfindung erregt. Mithin muss Roth und dunkles Grün dem Rothblinden gleich erscheinen. Ebenso kann man durch Fortlassen der Grüncurve in der Figur 119 die Darstellung des dichromatischen Systems des Grünblinden erhalten. Die Grünblinden sehen das Grün als eine Mischung von Roth und Violett, die für sie den ganzen mittleren Theil des Spectrums einnimmt, und sie können daher Gelb und Roth nicht unterscheiden.

Ausser den erwähnten Arten Farbenblindheit kommen noch viel häufiger geringere Grade der Abweichung von der normalen Farbenempfindung vor, die sich ebenfalls nach der Dreifarbentheorie einleuchtend erklären lassen. Hier sind zwar alle drei Grundempfindungen vorhanden, aber sie stehen zu einander nicht in dem normalen, durch Figur 119 angedeuteten Verhältniss. Man bezeichnet die dadurch entstehenden Farbenempfindungen als „anomal trichromatische". Entsprechend der Roth- und Grünblindheit unterscheidet man Roth- und Grünanomale. Violettanomale kommen nicht vor.

Die Farbenempfindungen der anomalen Trichromaten unterscheiden sich von denen der Farbentüchtigen nur durch eine geringere Empfindlichkeit für Grün oder Roth, die man bei Untersuchung mit Hülfe des Farbenmischapparates feststellen kann. Eine Mischung von Roth und Grün, die für das normale Auge einem bestimmten Gelb völlig gleich kommt, erscheint dem Grünanomalen erst bei viel stärkerer Beimischung von Grün, dem Rothanomalen erst bei einer viel stärkeren Beimischung von Roth dem betreffenden Gelb gleich. Dabei handelt es sich nicht etwa um unbedeutende, individuell verschiedene Unterschiede, sondern es muss in jedem Falle fast genau dieselbe sehr beträchtliche Menge Grün oder Roth zugesetzt werden, um die Gleichung für die anomale Farbenempfindung herzustellen. Eben dies beweist, dass es thatsächlich Grundempfindungen für Grün und Roth geben muss, die bei den Anomalen in bestimmtem Maasse von dem normalen Verhältniss abweichen.

Eine interessante Thatsache darf hier nicht unerwähnt bleiben, obgleich sie nicht zum vorliegenden Gegenstand gehört, dass nämlich die Farbenblindheit beim weiblichen Geschlecht fast nie, jedenfalls ausserordentlich viel seltener als beim männlichen gefunden wird.

Die obigen Angaben über Farbenblindheit ergeben folgende Eintheilung:

Farbentüchtige = Trichromaten   = Normale

Anomale Trichromaten . . . { = Rothanomale / = Grünanomale

Farbenuntüchtige = { Dichromaten . { Protanopen = Rothblinde / Deuteranopen = Grünblinde / (Tritanopen = Violettblinde)? } Monochromaten = Total Farbenblinde.

Peripherische Farbenempfindung. Die Schwierigkeit, die der Erklärung der Farbenwahrnehmung aus der Mannigfaltigkeit der Farben erwächst, ist durch die Dreifarbentheorie nur vermindert und nicht ganz beseitigt. Denn es muss immer noch angenommen werden, dass die farbenempfindenden Elemente dreier verschiedener Erregungen fähig sein und drei verschiedene Leitungen zum Centralorgan haben müssen, oder dass je drei einzelne Elemente erst eine Farbenempfindungseinheit darstellen. Dagegen kann man in Bezug auf die Art, wie die Erregung entsteht, aus den oben angeführten Beobachtungen über den Sehpurpur mit einiger Sicherheit schliessen, dass in den farbenempfindenden Elementen das Licht auf bestimmte Stoffe, Sehsubstanzen, chemische Wirkungen ausübt, die mit Erregung der Sehnervenfasern verbunden sind. Welches die farbenempfindenden Elemente seien, kann ebenfalls mit gewisser Wahrscheinlichkeit aus folgender Beobachtung über die Vertheilung der Farbenempfindlichkeit auf der Netzhaut entnommen werden.

Richtet man den Blick starr geradeaus und führt einen farbigen Gegenstand langsam von der Schläfenseite in weitem Bogen vor das Auge, so wird man zuerst Bewegung des Gegenstandes gewahr, ohne dessen Farbe zu erkennen. Bei einem ganz bestimmten Punkte ist plötzlich die Farbe ganz deutlich und unverkennbar da, um wieder zu verschwinden, sobald der Gegenstand wieder ein Stück rückwärts bewegt wird. Diese Beobachtung kann durch genaue Messungen bestätigt und ergänzt werden, und führt zu der Erkenntniss, dass die Farbenempfindungen auf den mittleren Theil der Netzhaut beschränkt sind. Das farbenempfindliche Gebiet ist am grössten für Blau, dann folgt Roth, schliesslich Grün. Dieser Befund spricht dafür, dass es im Wesentlichen die Zapfen der Netzhaut sind, die die Farbenempfindungen vermitteln.

Bei Dunkeladaptation, wenn vorwiegend die Stäbchen in Thätigkeit sind, werden Farben nicht unterschieden.

Gesichtswahrnehmung.

Empfindung und Wahrnehmung. Die im Vorstehenden besprochenen Gesichtsempfindungen, das heisst also, die Wirkungen des Lichtes auf das Sehorgan, führen zu Gesichtswahrnehmungen, das heisst zu Vorstellungen von der Aussenwelt. Diese Vorstellungen verknüpfen sich so fest mit den Gesichtsempfindungen, dass sie anscheinend eins mit ihnen werden.

Man erkennt von weitem einen Baum, ein Haus nach Form, Grösse und Lage, ohne sich bewusst zu werden, dass die einzige Grundlage für dies Erkennen in der optischen Abbildung des Baumes oder Hauses auf der Netzhaut gegeben ist.

Um von dem blossen optischen Eindruck zur Wahrnehmung des Gegenstandes zu gelangen, sind aber eine ganze Reihe von Zwischenstufen zu überwinden, die theils auf physiologischem, theils auf psychischem Gebiet liegen. Das Erkennen des Gegenstandes ist eine psychische Verrichtung, soweit es auf Erfahrung beruht. Um einen Baum, ein Haus als solche zu erkennen, muss man schon vorher mit Bäumen und Häusern nähere Bekanntschaft gemacht haben.

Aus dem Folgenden wird deutlich werden, welche physiologischen Vorgänge ausser der blossen Sinnesempfindung nöthig sind, um zur Wahrnehmung des Gegenstandes zu gelangen.

Bezeichnungen. Um die Bedingungen, die durch die Erregungen des Sehorgans für die Wahrnehmung gegeben sind, angeben zu können, hat man eine Reihe bestimmter Bezeichnungen eingeführt. Die Linie, die die Mitte der Hornhaut mit der Mitte des Augengrundes verbindet, heisst Augenaxe. Die Linie, die durch den Knotenpunkt zur Netzhautgrube führt, die mit der Augenaxe einen Winkel von 4—5° bildet, heisst die Sehaxe, auch Blicklinie, Blickrichtung. Ein Punkt der Aussenwelt, der auf der Sehaxe liegt, heisst Blickpunkt. Den Winkel, den zwei Strahlen von Punkten der Aussenwelt machen, indem sie durch den Knotenpunkt des Auges auf die Netzhaut fallen, heisst Sehwinkel. Man sagt, eine Strecke erscheint unter einem gewissen Sehwinkel, wenn die Strahlen von ihren Endpunkten den betreffenden Winkel bilden. Der Theil der Aussenwelt, der sich auf der Netzhaut abbildet, heisst das Gesichtsfeld. Endlich wird der Punkt, um den sich der Augapfel dreht, Drehpunkt genannt.

Strenge genommen dreht sich das Auge nicht um einen festen Punkt, und die verschiedenen Stellen, die der Drehpunkt einnimmt, liegen etwas hinter der Mitte, indessen kann hiervon abgesehen und der Drehpunkt als in dem Mittelpunkte des Augapfels gelegen betrachtet werden.

Man pflegt auch, von der Augenaxe ausgehend, die Mitte von Hornhaut und Augengrund als den vorderen und hinteren Pol des Auges, die in der Mitte frontal durch das Auge gelegte Ebene als Aequatorialebene, die durch die Augenaxe gelegten Ebenen als Meridianebenen zu bezeichnen.

Raumsinn des Auges. Angebliche Umkehrung des Netzhautbildes. Es ist oben gesagt worden, dass von einem Gegenstande in der Regel Form, Grösse und Lage mit Hülfe der Gesichtsempfindung wahrgenommen werden kann.

Der Umriss jedes Gegenstandes ergiebt sich offenbar ohne Weiteres aus dem Umriss des Netzhautbildes.

Dass das Netzhautbild ein umgekehrtes ist, kommt nicht in Betracht, weil man von dem Netzhautbild nichts empfindet. Man nimmt nicht das Netzhautbild als solches wahr, sondern die Erregung der einzelnen Sehnervenfasern, und bildet sich, nach der

Uebereinstimmung dieser Erregungen untereinander und auch mit den Tastempfindungen, eine Vorstellung von der Aussenwelt, Alles ohne dass die örtliche Lage der erregten Netzhautpunkte irgendwie in Frage käme. Es kann also von einer „psychischen Umkehrung des Bildes", von der man gefabelt hat, gar keine Rede sein, weil die Psyche das Bild überhaupt nicht zu sehen bekommt.

Wahrnehmung der Grösse. Nur der Umriss eines Gegenstandes ist unmittelbar aus den Erregungen, die seine Abbildung auf der Netzhaut hervorbringt, zu erkennen.

Ein und derselbe Gegenstand erscheint nämlich unter verschiedenem Sehwinkel und wird in verschiedener Grösse abgebildet, je nach seiner Entfernung vom Auge. Genau genommen verhält

Fig. 120.

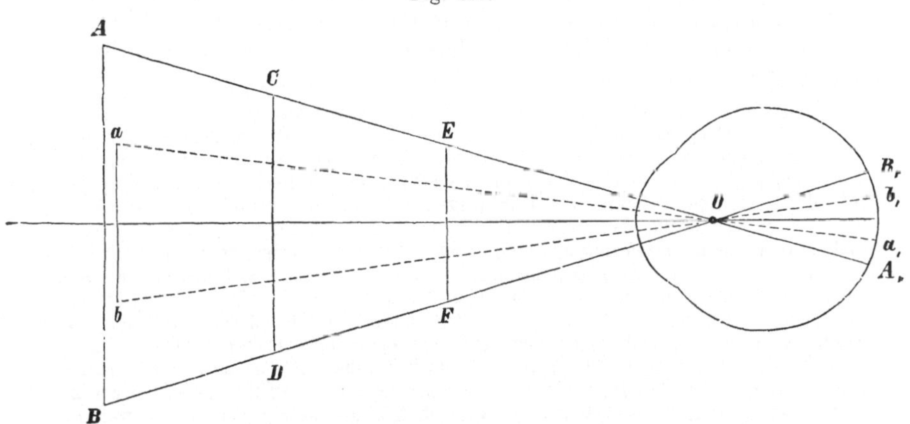

Schätzung der Grösse und Entfernung aus dem Sehwinkel.
Die grosse Strecke *A B* erscheint auf der Netzhaut in der Grösse *A, B,* ebenso wie die kleineren aber näher-gelegenen Strecken *C D* und *E F*. *E F* würde, wenn es ebenso weit wie *A C* entfernt wäre, nur in der Grösse *a, b,* auf der Netzhaut abgebildet werden.

sich die Grösse des Gegenstandes zur Grösse des Bildes wie die Entfernung des Gegenstandes vom Knotenpunkt des Auges zu der Entfernung der Netzhaut vom Knotenpunkt, die 15 mm beträgt. Diese Verhältnisse sind durch die beifolgende Figur 120 veranschaulicht. Die Grösse eines Gegenstandes kann also aus der Grösse des Netzhautbildes nur wahrgenommen werden, wenn seine Entfernung bekannt ist. Es ist eine häufige Erfahrung, dass man sich über die Grösse von Gegenständen, die man nicht von früher her kennt, sehr leicht täuscht, wenn man nicht weiss, wie weit sie entfernt sind.

Die Wahrnehmung der Grösse ist mithin von der Wahrnehmung der Entfernung nicht zu trennen.

Hier ist einzuschalten, dass ausser der blossen Abbildung auf der Netzhaut dem Sehorgan noch ein Hülfsmittel zu Gebote steht, die Grösse von Gegenständen zu prüfen, nämlich die Bewegung des Auges. Wird die Blicklinie etwa erst auf die obere, dann auf die untere Begrenzung des Gegenstandes gerichtet, und der Gegenstand auf diese Weise gewissermaassen mit der Blicklinie abgetastet, so ist die Grösse der erforderlichen Bewegung ein Maass für den Sehwinkel, unter dem der Gegenstand erscheint. Auch auf diese Weise ist aber die wahre Grösse des Gegenstandes ebensowenig zu erkennen, wie aus der Grösse der Abbildung.

Auch für die Wahrnehmung der Form eines Gegenstandes, soweit sie nicht durch den Umriss gegeben ist, ist die Wahrnehmung der Entfernung seiner einzelnen Punkte maassgebend.

Eine Kugel zum Beispiel unterscheidet sich dadurch von einem länglichen Körper, dessen Längsaxe auf den Beschauer zu gerichtet ist, dass ihr vorderster Pol nicht so weit vorragt. In dieser Beziehung, wo es sich um Wahrnehmung von Formen und von der gegenseitigen Lage von Gegenständen im Gesichtsfelde handelt, pflegt man statt von der Wahrnehmung der Entfernungen von der „Tiefenwahrnehmung" zu sprechen.

Tiefenwahrnehmung. Entfernungen oder Tiefen können vom Auge innerhalb gewisser Grenzen unmittelbar auf verschiedene Weise wahrgenommen werden, nämlich erstens durch das Accommodationsgefühl, zweitens durch Ortsbewegungen des Auges, drittens durch die gemeinsame Wirkung der beiden Augen.

Im Voraus sei bemerkt, dass sich die Schätzung von Entfernungen in fast allen praktischen Fällen auf ganz andere Arten der Wahrnehmung gründet. Obschon diese eigentlich nicht in den Kreis der vorliegenden Erörterung gehören, mögen sie doch kurz besprochen werden, um zugleich die Art und Weise, wie die Gesichtseindrücke zu Vorstellungen führen, zu veranschaulichen. Erstlich ist zu bemerken, dass, wenn die Grösse eines Gegenstandes aus Erfahrung bekannt ist, seine Entfernung durch den Sehwinkel, unter dem er erscheint, gegeben ist. Wenn also Gegenstände bekannter Grösse sich nahe an dem Gegenstand befinden, dessen Entfernung erkannt werden soll, so ist dies ein wesentliches Hülfsmittel. Ein zweites Hülfsmittel bietet bei Gegenständen, die nach irgend einer Regel angeordnet sind, die sogenannte Perspective. Gegenstände, die alle in einer Ebene liegen, etwa Schiffe auf dem Meere, erscheinen desto höher gegen den Horizont, je entfernter sie sind. Drittens verdecken die Gegenstände einander, sodass man daraus sehen kann, welcher näher und welcher ferner ist. Viertens giebt die Vertheilung von Licht und Schatten Anhaltspunkte. Fünftens wird meist die Farbenwirkung der Gegenstände durch die Dicke der Luftschicht beeinflusst, die zwischen ihnen und dem Auge liegt. Welchen grossen Antheil an der Vorstellung von Entfernungen diese verschiedenen Sinneseindrücke haben, beweisen die sogenannten Rundgemälde, die auf einer dem Auge ganz nahen Wand eine weite Fernsicht vortäuschen. Die Täuschung würde nicht leicht so vollkommen sein, wenn die Entfernung durch unmittelbare Sinnesempfindungen sehr deutlich zu erkennen wäre. Aus der folgenden Betrachtung der drei oben erwähnten Arten, wie die Entfernung eines gesehenen Gegenstandes sich dem Auge unmittelbar kund thut, wird aber hervorgehen, dass nur verhältnissmässig kleine Entfernungen unmittelbar mit Sicherheit unterschieden werden können.

Accommodationsgefühl. Die Accommodation des Auges vollzieht sich im Allgemeinen reflectorisch und zwar offenbar so, dass die passende Accommodationsstärke ausprobirt wird, sobald ein Gegenstand in bestimmter Entfernung ins Auge gefasst wird, in ganz ähnlicher Weise, wie die Muskelspannungen, die zur Erhaltung des Gleichgewichts beim Stehen dienen, dem erforderten Maasse angepasst werden.

Nur beim Sehen in sehr grosser Nähe hat man eine bewusste Empfindung von „Anstrengung des Auges". Wenn man sich übt, nach Belieben, auch ohne einen Gegenstand, auf bestimmte Entfernungen zu accommodiren, so lernt man zugleich den Grad der Accommodation an dieser Art Muskelgefühl zu erkennen. Es kann also kein Zweifel sein, dass es möglich ist, nach dem Grade der Accommodation die Entfernung eines Gegenstandes zu messen. Nach dem, was oben über die Abbildung entfernter Gegenstände gesagt ist, ist aber für alle Entfernungen, die über 5 m hinausgehen, die Accommodation fast Null, merkliche Unterschiede der Accommodation treten daher nur beim Sehen auf ganz kleine Entfernungen auf.

Ortsbewegung des Auges. Die zweite Art, Entfernungen zu erkennen, nämlich durch Ortsbewegung des Auges, beruht darauf, dass die Gegenstände von verschiedenen Richtungen aus gesehen verschiedene Form annehmen, und vor allem sich in der Perspective gegeneinander verschieben. Wenn man also die Lage des Auges im Raum verändert, erkennt man daran, dass sich die Bilder auf der Netzhaut mehr oder weniger stark verschieben, ob der Gegenstand nah oder weit ist.

Sehen mit zwei Augen. Die dritte Art beruht auf derselben Erscheinung wie die zweite, denn da die beiden Augen an verschiedenen Stellen des Raumes stehen, erhält man von vornherein zwei verschiedene Ansichten jedes Gegenstandes, aus denen man auf die Entfernung des Gegenstandes schliessen kann.

Hiervon kann man sich leicht überzeugen, indem man einen geeigneten Gegenstand, etwa einen sechskantigen Bleistift, mitten vor beide Augen hält, und ihn abwechselnd mit je einem Auge betrachtet, indem man das andere schliesst. Man sieht dann mit dem rechten Auge die Ansicht von halb rechts, mit dem linken Auge von halb links. Je weiter man den Bleistift entfernt, desto weniger weichen beide Ansichten von einander ab. Wenn also die Wahrnehmung des Bleistifts beim gewöhnlichen Sehen mit beiden Augen sich aus den beiden Ansichten zusammensetzt, ist es klar, dass zwischen der Wahrnehmung des nahen Bleistiftes, der beiden Augen verschieden erscheint, und der des entfernten, dessen Bild in beiden Augen nahezu gleich ist, ein Unterschied sein muss, durch den die Entfernung erkannt werden muss.

Convergenz der Sehaxen. Ebenso wie bei der Schätzung der Grösse ist hierbei zu berücksichtigen, dass, wenn beide Sehaxen auf den Bleistift gerichtet sein sollen, die Augenaxen convergiren müssen und zwar um so stärker, je näher der Bleistift steht. Es kann also die Entfernung auch an der Stellung der Augen wahrgenommen werden, bei der beide den Bleistift auf der Netzhautgrube abbilden.

Binoculares Sehen. Die Tiefenwahrnehmung mit beiden Augen ist, wie man sieht, ein sehr verwickelter Vorgang, dessen Einzelheiten näherer Erörterung bedürfen.

Die erste Thatsache, die in Betracht kommt, ist die, dass sich die Gesichtswahrnehmungen aus den Gesichtseindrücken beider Augen zusammensetzen. Wie kommt es, dass in jedem Auge ein besonderes Bild vorhanden ist, und doch nur ein einfaches Bild der Aussenwelt wahrgenommen wird? Zunächst lässt sich leicht zeigen, dass dies keineswegs immer der Fall ist. Wenn etwa durch Augenmuskellähmung oder durch den seitlich aufgelegten Finger die Stellung eines Augapfels geändert ist, werden Doppelbilder gesehen. Es ist aber garnicht einmal nöthig, solche un-

gewöhnlichen Bedingungen herzustellen. Hält man, während die
Augen auf einen entfernten Gegenstand accommodiren, einen anderen
Gegenstand nahe vor die Augen, so erscheint dieser doppelt.

Dies erklärt sich aus den in folgenden Figuren dargestellten
Verhältnissen.

Betrachtet man einen nahen Punkt B, so werden die Augen
beide so gestellt, dass das Bild von B (Fig. 121) auf die Netzhautgrube c fällt. Die Bilder von dem entfernten Punkte A fallen dann
in der Verlängerung ihrer Richtung auf den Knotenpunkt des Auges

Fig. 121.

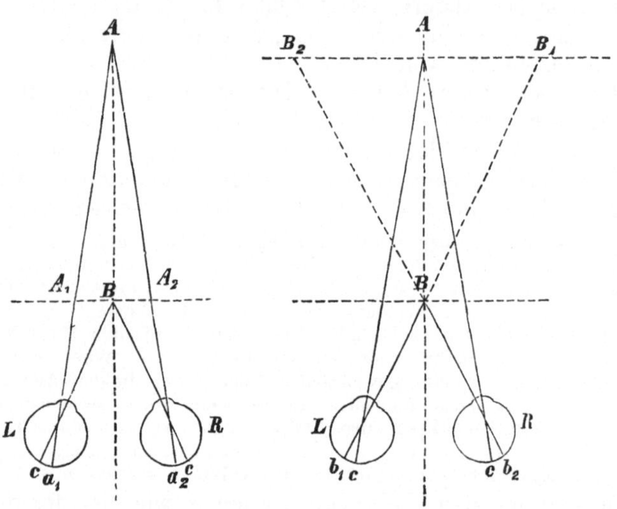

Doppeltsehen mit nichtcorrespondirenden Netzhautstellen. *L* linkes, *R* rechtes Auge.

nach a_1 und a_2, also beide medial von der Netzhautgrube. Umgekehrt fallen in Figur 121, wenn der entfernte Punkt A deutlich
gesehen wird, die Bider des Punktes B auf b_1 und b_2, also beide
lateral von der Netzhautgrube. Der Versuch lehrt nun, dass im
ersten Falle B einfach, A doppelt, und im zweiten Falle A einfach
und B doppelt erscheint. Die Bilder, die auf die Netzhautgrube
beider Augen fallen, verschmelzen also zu Einer Wahrnehmung, die
Bilder, die auf symmetrische Netzhautpunkte fallen, werden doppelt
gesehen. Man kann sich nun leicht überzeugen, dass, wenn man
mit beiden Augen auf einen Punkt A (Fig. 121) hinsieht, ein links
daneben gelegener Punkt C, dessen Abbildungen auf die Punkte c
und c_1 fallen, nur einfach gesehen wird. Die Punke c und c_1
sind, von den Netzhautgruben, beide gleich weit nach rechts gelegen, sie treffen auf sogenannte identische Punkte.

Die Erfahrung aus diesen Versuchen lässt sich in dem allgemeinen Satz zusammenfassen, dass Punkte, die in beiden Augen

auf identischen, oder besser auf „correspondirenden" Netzhautstellen abgebildet werden, einfach gesehen werden, während Punkte, die auf nicht correspondirenden Stellen beider Netzhäute abgebildet werden, als Doppelbild erscheinen.

Sehsphäre. Nach diesem Befunde muss man annehmen, dass die Erregung correspondirender Netzhautpunkte beider Augen an Einer Stelle des Centralnervensystems vereinigt wahrgenommen wird. Dem entspricht die schon bei der Besprechung der Sehsphäre erwähnte Thatsache, dass man nach einseitiger Zerstörung der Sehsphäre Hemianopie, das heisst halbseitige Blindheit beider Augen beobachtet. Ist die Hirnrinde des linken Occipitallappens entfernt, so ist die Wahrnehmungsfähigkeit für die linke Hälfte beider Netzhäute vernichtet.

Man darf dabei nicht vergessen, dass die Erregungen der correspondirenden Punkte beider Netzhäute nicht gleich sind, und dass eben ihre Verschiedenheit für die Wahrnehmung der körperlichen Tiefe des Bildes verwerthet wird.

Augenbewegung. Der Umstand, dass die Bilder, die auf correspondirende Punkte der beiden Netzhäute fallen, zu einem körperlichen Bilde vereinigt werden können, während die Bilder, die auf verschiedene Netzhautpunkte beider Augen fallen, unnütze Doppelbilder erzeugen, ist für die Conjugation der Augenbewegungen maassgebend.

Man bezeichnet die Stellung, in der die beiden Augenaxen parallel horizontal gerichtet sind, als Primärstellung der Augen. Diese Stellung nehmen die Augen annähernd ein, wenn sie auf einen sehr fernen Punkt am Horizont des Meeres eingestellt sind. Wird die Blicklinie auf der Horizontalen bewegt, so drehen sich die Augen um senkrechte Axen. Wird die Blicklinie längs einer Senkrechten erhoben, so dreht sich jedes Auge um eine Queraxe, die einen rechten Winkel mit der Blicklinie bildet. Die durch diese beiden Drehungen entstehenden Augenstellungen heissen Secundärstellungen. Wird das Auge um die Blicklinie als Axe gedreht, so nennt man das Raddrehung des Auges, und die dadurch entstehenden Augenstellungen heissen tertiäre.

Die vier geraden Augenmuskeln sind offenbar geeignet, die Secundärstellungen, die beiden Obliqui die Tertiärstellungen hervorzurufen.

Eingehende Untersuchung lehrt indessen, dass der Rectus superior und inferior neben der Hebung und Senkung auch eine Wendung der Blicklinie nach innen und eine geringe Raddrehung erzeugen. Diese Bewegungen stehen zu denen im Gegensatz, die Obliquus superior und inferior bewirken. Der linke Obliquus superior senkt den Blick, wendet ihn nach links und ertheilt dem Augapfel eine Drehung im Sinne eines nasenwärts rollenden Rades. Der Obliquus inferior hebt den Blick, wendet ihn nach aussen, und dreht das Auge um die Blicklinie im Sinne eines schläfenwärts rollenden Rades. Der Zug des Rectus superior und des Obliquus inferior zusammen heben einander soweit auf, dass daraus eine einfache Hebung der Blicklinie hervorgeht, ebenso der Zug des Rectus inferior und Obliquus superior. Diese Verhältnisse sind auf beifolgender Figur 122 in der Weise dargestellt, dass die Bahnen, die der Blickpunkt auf éiner vor dem Auge befindlichen Ebene bei der Wirkung der einzelnen Muskeln ausführen würde, durch die weissen Linien dargestellt sind. Die Zahlen bedeuten Winkelgrade der Drehung des Augapfels. Die Raddrehungen sind an der Stellung des dicken Querstriches am Ende der Linien zu erkennen. Die Linie *d d* giebt die Entfernung an, in der der Augapfel vor der Fläche stehend zu denken ist.

Fig. 122.

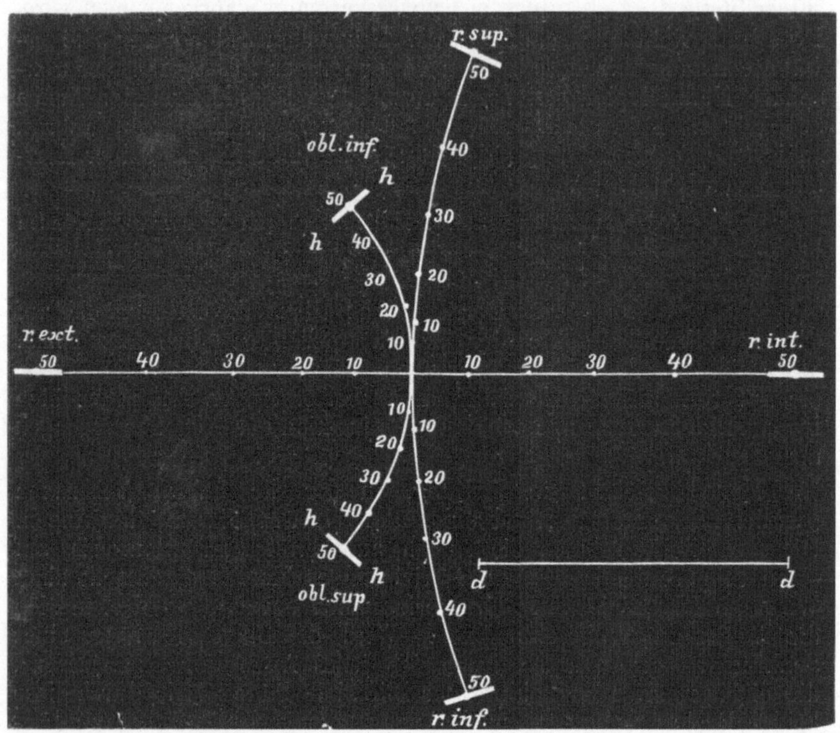

Wirkung der einzelnen Muskeln des linken Auges nach Hering.

Conjugirte Thätigkeit der Augen. Um zum Sehen beide Augen unter möglichst günstigen Bedingungen anzuwenden, müssen stets beide Blicklinien auf denselben Punkt gerichtet werden. Dies nennt man „Fixiren“, den betreffenden Punkt „Fixirpunkt“ des Auges oder der Augen.

Daher werden im Allgemeinen die beiden Blicklinien convergiren, und, wie schon bei der Besprechung der Innervation des Auges angegeben wurde, ist die Thätigkeit der Augenmuskeln in der Weise conjugirt, dass die Augen sich zwangsmässig miteinander bewegen. Wird ein Auge verdeckt, während das andere einem bewegten Gegenstand folgt, so macht es die Bewegung mit, gleichviel in welcher Richtung.

Wenn zum Beispiel das rechte Auge durch einen Schirm verdeckt ist und das linke einem Gegenstand folgt, der von links nach rechts vorbeigeht, so macht die rechte Blicklinie die Bewegung von links nach rechts mit. Wird der Gegenstand in der Mittelebene zwischen beiden Augen auf die Nase zu bewegt, so macht das linke Auge abermals eine Bewegung von links nach rechts, um dem näherkommenden Gegenstand zu folgen, dabei aber macht das rechte Auge hinter seinem Schirm eine Bewegung von rechts nach links und bleibt also auf den näherkommenden Gegenstand gerichtet.

Obschon also beide Augen zum Zwecke des gemeinsamen Fixirens bald gleiche, bald entgegengesetzte Bewegungen machen, sind ihre Bewegungen doch nie von einander unabhängig. Nie sieht man, dass eine Blicklinie gehoben und die andere gesenkt wird oder umgekehrt, und niemals findet eine Divergenz der Augenaxen statt.

Zu dieser zweckmässigen Verbindung der Augenmuskelinnervation kommt nun noch ein wichtiger Punkt hinzu, dass nämlich, da die Blicklinien immer nur dann merklich convergent sind, wenn die Blicklinien beide auf einen nahen Punkt gerichtet sind, auch die Accommodation mit der Convergenz bis zu einem gewissen Grade zwangsmässig verknüpft ist.

Man kann sich zwar einüben, mit beiden Augen nach innen zu schielen, ohne gleichzeitig zu accommodiren, man kann auch, wie oben erwähnt wurde, die Accommodation unabhängig von den Augenbewegungen nach Belieben einstellen, aber, von solchen ungewöhnlichen Fällen abgesehen, ist normalerweise Convergenzbewegung der Augen mit Accommodation und Verengerung der Pupillen associirt.

Dieser ganze Mechanismus tritt beim Sehen unwillkürlich in Thätigkeit. Indem man irgend einen auffallenden Gegenstand im Gesichtsfeld wahrnimmt, werden beide Blickaxen sofort auf ihn gerichtet, und zugleich die erforderliche Accommodation angenommen. Aus dieser so fein ausgebildeten Einrichtung ist zu ersehen, wie sehr das Sehen mit der Netzhautgrube das Sehen mit seitlichen Netzhautpunkten an Bedeutung übertrifft. Man kann auch daraus, dass vorzugsweise mit beiden Netzhautgruben gesehen wird, erklären, warum im Allgemeinen keine Doppelbilder auftreten.

Horopter. Es könnte zwar scheinen, als sei durch die beschriebene Verknüpfung der Augenbewegungen schon die Gewähr gegeben, dass derselbe Punkt immer auf correspondirenden Netzhautpunkten abgebildet werde; er lässt sich aber bei genauerer Betrachtung der Augenstellungen nachweisen, dass dies durchaus nicht der Fall ist.

Wenn man von den kleinen Unregelmässigkeiten im Bau und Bewegung der Augen absieht, ist es eine rein geometrische Aufgabe, festzustellen, welche Punkte bei einer beliebigen Stellung der Augen auf identischen Netzhautstellen abgebildet werden. Dabei ergiebt sich dann, dass der geometrische Ort aller dieser Punkte, der „Horopter", nur einen ganz geringen Theil des Gesichtsfeldes ausmacht.

Auf der Fig. 123 ist die Stellung der Augen dargestellt, bei der sie einen Punkt A, der in horizontaler Ebene vor ihnen liegt, fixiren. Es lässt sich nun geometrisch beweisen, dass alle von Punkten des durch A, D und E, also durch den Fixirpunkt und

die beiden Augen, gelegten Kreises ausgehenden Strahlen, wie zum
Beispiel CE und CD, mit den Blickaxen gleiche Winkel AEC und
ADC machen. In Folge dessen müssen auch die Netzhautbilder c
und c_1 jedes Punktes C um einen gleichen Netzhautbogen ac und
$a_1 c_1$ von den Netzhautgruben a und a_1 entfernt liegen, das heisst,
sie müssen auf identische Punkte fallen. Dasselbe gilt für alle
Punkte einer in A auf der Horizontalebene errichteten Senkrechten.
Das Bild dieser Senkrechten fällt in den senkrechten Meridian
jeder Netzhaut, und das Bild jedes ihrer Punkte auf beiden Netz-
häuten gleich weit über oder unter der Netzhaut. Der Horopter

Fig. 123.

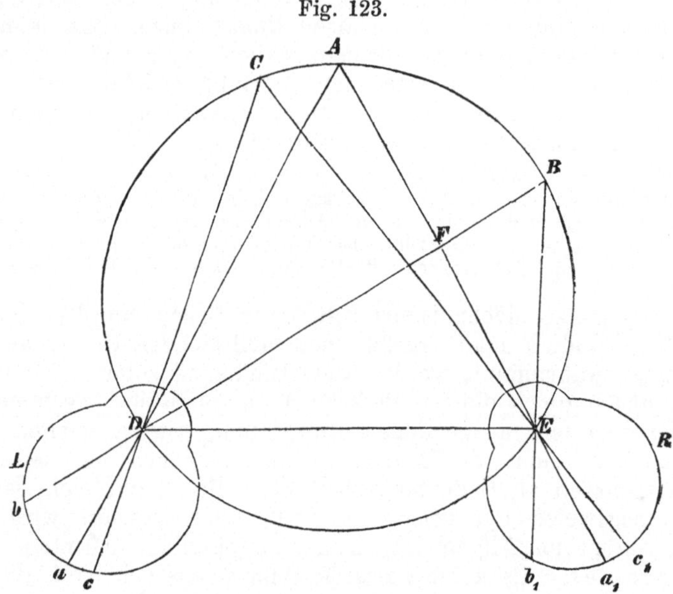

Horopterkreis des Menschen.

besteht also aus einer Kreislinie und einer senkrechten geraden
Linie. Alle anderen Punkte des Raumes bilden sich nicht auf
correspondirenden Punkten ab und müssten, wenn sie deutlich
wahrgenommen würden, in Doppelbildern wahrgenommen werden.
Für die Tertiärstellungen der Augen, bei denen Drehungen der
Augäpfel um die Blicklinie auftreten, ist die Aufgabe, den Horopter
zu bestimmen, bedeutend verwickelter, und seine Form ergiebt
sich als eine Curve, die in doppelter Krümmung durch den Raum
verläuft.

Wenn man diese geringe Ausdehnung des Horopters mit der
des ganzen Gesichtsfeldes vergleicht, erscheint es wunderbar, dass
überhaupt eine Vereinigung der beiden Netzhautbilder zu einer
körperlichen Wahrnehmung möglich ist. Es lässt sich indessen

zeigen, dass in Folge der Gewöhnung ein förmlicher Zwang für das
Sehorgan besteht, auch abweichende Doppelbilder, wenn sie nur
einigermaassen dazu geeignet sind, als von Einem körperlichen
Gegenstand herrührend aufzufassen.

Stereoskop. Dies zeigt sich sehr deutlich an der Wirkung
der stereoskopischen Bilder. Wird eine abgestumpfte Pyramide P

Fig. 124.

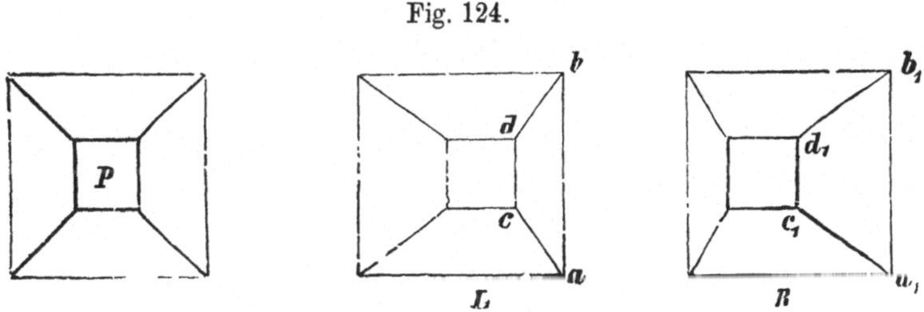

Ansicht der Pyramide P für das rechte und linke Auge.

(Fig. 124), die mitten zwischen beiden Augen auf einem Tisch
steht, von oben her betrachtet, so sieht offenbar das linke Auge
von seiner Stelle aus die Pyramide in der Form, wie sie in der
Mitte der Figur, mit L bezeichnet, dargestellt ist, und das rechte

Fig. 125.

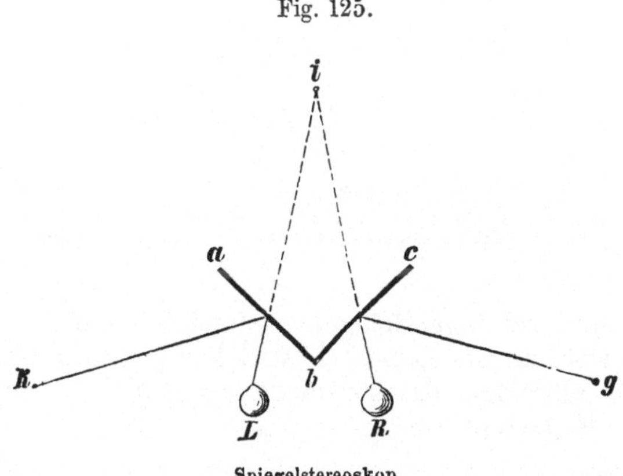

Spiegelstereoskop.

Auge sieht sie so, wie sie rechts, mit R bezeichnet, dargestellt ist.
Grade vermöge ihrer Verschiedenheit fallen die Bilder nahezu auf
correspondirende Netzhautstellen, aber doch nicht vollkommen. Dass
trotzdem eine völlige Vereinigung stattfindet, geht daraus hervor,
dass man durch zwei künstlich hergestellte flächenhafte Bilder
wie L und R der Fig. 124 den zwingenden Eindruck eines körperlichen Gegenstandes hervorrufen kann, wenn man jede an der

Stelle vor das betreffende Auge stellt, wo das Bild eines von
beiden Augen gesehenen Körpers erscheinen müsste. Da nun ein
solcher Körper nur eine kleine Stelle zwischen den beiden Augen
einnehmen würde, die Abbildungen aber jede so gross sind wie
der Körper, so bedarf es dazu eines optischen Hülfsmittels, des
Stereoskops. Fig. 125 stellt die älteste Form des Stereoskops,
das Wheatstone'sche Spiegelstereoskop dar, in dem die beiden

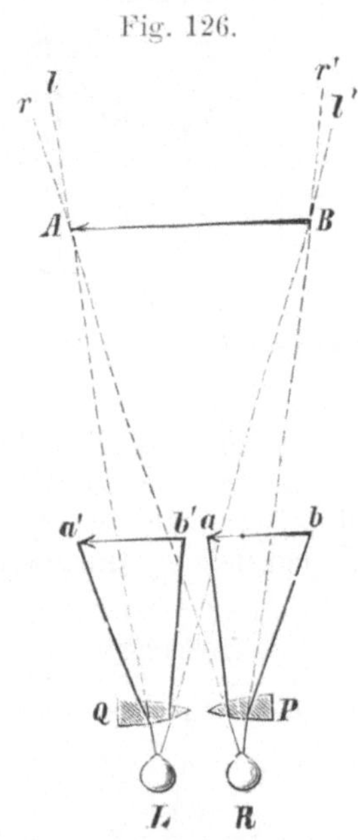

Prismenstereoskop.

Q und P vergrössernde Prismen, die die von den Bildern *a b* und *a, b,* ausgehenden Strahlen den
Augen *L* und *R* in der Richtung zuführen, als kämen sie von einem Gegenstande *A B*.

Bilder k und g durch zwei Spiegel $a\,b$ und $b\,c$ den Augen L und
R so gezeigt werden, als kämen sie von dem gemeinsamen Punkt i.
Heutzutage ist allgemein das Prismenstereoskop im Gebrauch, das
in Figur 126 dargestellt ist.

Das Stereoskop wird vielfach des ästhetischen Genusses wegen angewendet,
den die vollendete körperliche Darstellung von Landschaften und Kunstwerken
gewährt, wenn aber die beiden Ansichten nach der Natur photographisch aufgenommen sind, so kann die durch das Stereoskop gewonnene Tiefenwahrnehmung
sogar als zuverlässiges Hülfsmittel für die Forschung dienen. So hat man die
gegenseitige Lage von Knochen durch stereoskopische Röntgenbilder anschaulich
gemacht.

Bei der natürlichen Ansicht eines entfernten Körpers weichen die Bilder
in beiden Augen so wenig von einander ab, dass die Tiefenwahrnehmung unsicher wird. Bei der Aufnahme stereoskopischer Bilder kann man Ansichten von
zwei Punkten herstellen, die viel weiter auseinander liegen als die Augen. Wenn
solche Bilder miteinander vereinigt werden, so erscheinen die Tiefendimensionen

übertrieben. Dieselbe Wirkung kann unmittelbar beim Sehen durch das Telestereoskop von Helmholtz erreicht werden, in dem durch passend gestellte
Spiegel die Blickrichtung jedes Auges erst ein Stück nach aussen, und dann
erst nach vorn gelenkt wird. Dies ist gleichbedeutend mit einer künstlichen
Vergrösserung des Augenabstandes, und hat die Wirkung, dass die Tiefenaus-
dehnung aller gesehenen Gegenstände stark übertrieben erscheint.

Bei bekannten Gegenständen, zum Beispiel beim Gesicht eines Menschen,
wird dieser Eindruck durch die Erfahrung unterdrückt, streckt aber die betreffende Person die Hand aus, so erscheint der Arm übermässig lang.

Der dem Telestereoskop zu Grunde liegende Gedanke ist in neuerer Zeit
benutzt worden, um Entfernungsmesser herzustellen.

Wahrnehmung mit getrennten Sehfeldern. Wenn den
beiden Augen ganz verschiedene Bilder dargeboten werden, so entsteht der sogenannte „Wettstreit der Sehfelder", indem sich die
stärksten Lichteindrücke aus beiden Sehfeldern durcheinander
mischen. Es kann auf diese Weise geradezu ein scheckiges aus
den beiden verschiedenen Bildern zusammengesetztes Bild wahrgenommen werden. Ist eins der Bilder heller als das andere, so
pflegt es zu überwiegen, wenn nicht die Aufmerksamkeit besonders
auf das andere gelenkt wird. Bei den meisten Menschen besteht
die Neigung, das Bild eines der Augen vor dem des andern zu
bevorzugen.

Man gewöhnt sich zum Beispiel beim Mikroskopiren nur das mikroskopische
Bild wahrzunehmen, obgleich das andere Auge offen ist, und alle Lichteindrücke der Umgebung aufnimmt.

Sieht man mit einem Auge ins Mikroskop, mit dem andern auf ein daneben liegendes Blatt Papier, so entsteht Wettstreit der Sehfelder und man
sieht die deutlichen Züge des mikroskopischen Bildes auf der Papierfläche.
Man kann dann auch eine Bleistiftspitze, die man auf das Papier bringt, sehen,
und mit ihr das scheinbar auf dem Papier liegende mikroskopische Bild nach-
zeichnen.

Optische Täuschungen. Die Gesichtswahrnehmungen, die
auf die beschriebene Weise zu Stande kommen, können durch verschiedene Eigenthümlichkeiten des Sehorgans unabhängig von den
äusseren Bedingungen verändert werden.

Die Unvollkommenheiten des Auges als optischen Apparats
bringen solche Aenderung der Gesichtseindrücke hervor. Ein Fix-
stern zum Beispiel müsste im Auge ebenso wie auf einer guten
photographischen Aufnahme als kleiner scharfer Lichtpunkt erscheinen. In Wirklichkeit sieht man stets einen undeutlichen Lichtfleck, der längere und kürzere Strahlen nach verschiedenen Seiten
aussendet. Diese Erscheinung hat zu der allgemein üblichen see-
sternförmigen Darstellung der Sterne geführt. Sie erklärt sich
daraus, dass selbst in den besten Augen ein gewisser Grad von
Unregelmässigkeit der Brechung, ein Astigmatismus besteht, durch
den das Bild des Punktes verwaschen und nach einzelnen Richtungen
ausstrahlend erscheint.

In vielen Augen sind die Augenmedien an einzelnen Stellen
merklich getrübt und obschon dies gewöhnlich ebenso wenig stört
wie die Netzhautgefässe, die über die Netzhaut hinziehen, wird der

Schatten solcher Trübungen unter bestimmten Beleuchtungsbedingungen, insbesondere wenn man eine gleichmässig schwach beleuchtete Fläche betrachtet, wahrgenommen. Die Ursache dieser Wahrnehmungen wird nach aussen verlegt und führt zu der Täuschung, als bewegten sich dunkle Flecken im Gesichtsfeld.

Täuschungsfiguren. Auch in Fällen, in denen der Gesichtseindruck vollkommen scharf und deutlich ist, kann die Wahrnehmung dadurch gestört werden, dass sich mit dem Sinneseindruck eine falsche Vorstellung verbindet, die zu Urtheilstäuschungen führt. Es sind eine grosse Anzahl solcher Täuschungen bekannt, die bei allen Beobachtern auftreten und deshalb als allgemeine physiologische Erscheinungen betrachtet werden müssen.

Fig. 127.

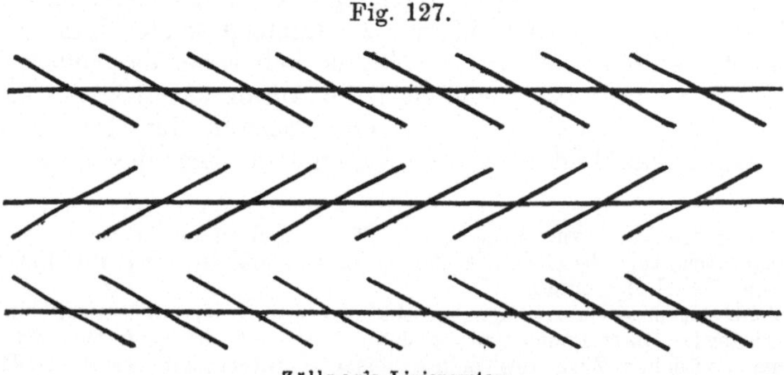

Zöllner's Liniensystem.

Fig. 127, die sogenannte Zöllner'sche Täuschungsfigur, giebt davon ein Beispiel. Die langen Linien sind einander genau parallel, scheinen aber gegeneinander schief zu stehen, weil das Urtheil durch die gleichzeitig wahrgenommenen schiefen Linien beeinflusst wird.

Contrastwirkung. Eine sehr wichtige Bedingung, die die Gesichtswahrnehmungen beeinflusst, bildet die Erscheinung des Contrastes. Vom Contrast ist schon oben bei der Besprechung der Sinne im Allgemeinen die Rede gewesen. Man bezeichnet als Contrastwirkung eine Veränderung, die in der Wahrnehmung einer Sinnesempfindung durch gleichzeitige oder vorhergegangene andere Empfindung bewirkt wird, und unterscheidet demnach zwischen Simultancontrast und Succesivcontrast.

Sehr deutlich tritt die Wirkung des Successivcontrastes bei der Erscheinung der farbigen Nachbilder hervor. Sieht man lange starr auf ein weisses Gesichtsfeld mit einem rothen Fleck in der Mitte und richtet dann den Blick auf eine reine weisse Fläche, so erscheint auf dieser Fläche das Nachbild des rothen Fleckes, aber nicht roth, sondern blass bläulich grün. Ebenso rufen andere Farbeneindrücke Nachbilder von der dazu gehörigen Complementärfarbe hervor. Für diese Erscheinung lässt sich die einleuchtende Erklärung geben, dass die Stelle der Netzhaut, auf die längere Zeit hindurch eine bestimmte Farbe eingewirkt hat, für diese Farbe unempfindlicher geworden ist als die Umgebung, und dass in Folge dessen bei der Nachwirkung des Gesichtseindruckes die Mischempfindung aller übrigen Farbenempfindungen, also die Complementärfarbe, wahrgenommen wird.

Beim Simultancontrast, von dem bei der Besprechung der Complementärfarben ein Beispiel mitgetheilt worden ist, wirkt der Eindruck, der einen Theil der Netzhaut trifft, zugleich auf die anderen Theile. Man kann dies dadurch erklären, dass durch die starke Wirkung eines Eindrucks das ganze Sehorgan eine Umstimmung erfährt, durch die es für den betreffenden Eindruck weniger, für andere Eindrücke also verhältnissmässig mehr empfänglich wird.

Ein Contrast besteht auch zwischen Weiss und Schwarz, und bewirkt, dass ein und dasselbe Hellgrau, wenn es mit Schwarz umrahmt ist, weiss, wenn es mit Weiss umrahmt ist, dunkelgrau erscheint.

Irradiation. Ein Gegenstück zu den Contrasterscheinungen bildet die Irradiation, die darin besteht, dass die Grenzen zwischen hellen und dunklen Theilen des Gesichtsfeldes zu Gunsten des hellen verschoben erscheinen. Es ist bekannt, dass eine schmale hellleuchtende Spalte von einem dunkeln Raum aus gesehen breiter erscheint als sie wirklich ist. Legt man zwei genau gleich grosse Stücken schwarzen und weissen Papiers auf weissen und schwarzen Hintergrund, so erscheint das weisse Stück auf schwarzem Grund vergrössert, das schwarze auf weissem verkleinert. Hieraus erklärt sich die „schlankmachende" Wirkung schwarzer Kleidung. Diese physiologische „Irradiation" muss von den Vorgängen, die die Physiker als Irradiation bezeichnen, um so strenger getrennt werden, weil schwer zu unterscheiden ist, wieviel von der physiologischen Irradiation einfach physikalisch erklärt werden kann.

Druckfigur. Endlich ist noch anzuführen, dass das Gesichtsorgan ebenso wie die übrigen Sinnesorgane nicht allein durch seinen adaequaten Reiz, nämlich das Licht, sondern auch durch andere Reize erregt werden kann.

Schon wenn man mit vollständig ausgeruhtem Auge ins Dunkle starrt, nimmt man fortwährend allerlei flimmernde Lichterscheinungen wahr, die als „Lichtnebel" bezeichnet werden. Man muss annehmen, dass diese durch ganz geringe zufällige Aenderungen im Erregungszustande der Netzhaut hervorgerufen werden, die durch die niemals völlig gleichen Bedingungen des Blutkreislaufs, des Gewebsdruckes und so fort bedingt sind. Uebt man bei geschlossenen Lidern einen leichten Druck mit dem Finger auf den Augapfel, so erscheint sofort ein in den verschiedensten Farben leuchtender Fleck, das „Druckphänomen" vor dem Auge. Bei dauernder Einwirkung des Druckes ändern sich die Farben in bestimmter Reihenfolge. Es ist bekannt, dass ein heftiger Schlag aufs Auge als ein heller Lichtblitz wahrgenommen wird. Dies ist nur ein besonderer Fall von der Anwendung des Gesetzes der specifischen Sinnesenergie, nach dem alle Reize, die den Sehnerven erregen, als Licht empfunden werden müssen.

Hallucination. Es ist schon bei der Besprechung der Hirnrinde angegeben worden, dass die künstliche Reizung der Sehsphäre anscheinend ganz so wirkt, wie die normale physiologische Erregung vom Auge aus. Auf abnorme Erregung der Sehsphären, bei der das Auge gar nicht betheiligt ist, ist auch die pathologische Erscheinung der Gesichtshallucination zurückzuführen, bei der die Kranken beliebige nicht vorhandene Erscheinungen deutlich in der Aussenwelt zu sehen glauben.

Gesichtswahrnehmungen der Thiere. Ueber die Gesichtswahrnehmungen der Thiere liegen nur wenige zuverlässige Beobachtungen vor. Es muss indessen darauf hingewiesen werden, dass man ohne genauen Nachweis nicht ohne Weiteres annehmen darf, dass die Thiere schlechter als Menschen sähen, und ebensowenig auf Grund irgend welcher vereinzelter Beobachtungen annehmen darf, dass sie wesentlich besser sähen.

Es wird mitunter die Behauptung aufgestellt, dass diejenigen Thiere, deren Sinne nach irgend einer anderen Richtung gut ausgebildet wären, dafür mangelhaftes Sehvermögen hätten. Thatsächlich verlässt sich ein Jagdhund auf seine Spürnase, selbst wenn er das Wild in unmittelbarer Nähe vor Augen hat. Dies beweist aber nicht, dass der Hund schlecht sieht, sondern nur, dass er beim Spüren nicht zugleich Ausschau hält.

Vom Pferde wird allgemein angegeben, dass es ein besonders gutes Sehvermögen habe. Hiermit ist in Zusammenhang zu bringen, dass in der Netzhaut des Pferdes zwei durch ihren Bau von den übrigen Theilen der Netzhaut ausgezeichnete Stellen gefunden worden sind, von denen die eine, aussen und hinten gelegen, der Netzhautgrube des Menschen entspricht, die andere sich quer über die ganze Netzhaut hinzieht und anscheinend auch eine Stelle deutlicheren Sehens bildet. Ueber die optische Leistung des Pferdeauges sind die verschiedenen Untersucher zu widersprechenden Ergebnissen gekommen. Man darf daher annehmen, dass weder Hypermetropie, wie einige angenommen haben, noch Astigmatismus, wie andere gefunden zu haben glaubten, beim Pferde wesentlich häufiger sind als beim Menschen.

Aus dem angeblichen Astigmatismus des Pferdes hat man irriger Weise schliessen wollen, dass das Pferd Bewegungen von Gegenständen in seinem Gesichtsfelde vergrössert wahrnähme. Um dies zu widerlegen, braucht nur angedeutet zu werden, dass, wenn der Astigmatismus die Bewegungen auf dem Netzhautbilde in einem Falle thatsächlich vergrössert, er in anderen Fällen die entgegengesetzte Wirkung haben muss. Im Uebrigen ist durch Messung im Mikroskop festgestellt worden, dass die Sehelemente des Pferdes thatsächlich die des Menschen an Feinheit übertreffen, während das Netzhautbild fast die doppelte Grösse des menschlichen Netzhautbildes erreicht. Genaue Beobachtungen an dem berühmten „klugen Hans" des Herrn v. Osten haben ferner gezeigt, dass wenigstens dieses eine Pferd kleine Bewegungen ganz ausserordentlich scharf wahrzunehmen vermochte.

Wenn schon über das Sehvermögen der Thiere im Allgemeinen wenig mit Bestimmtheit ausgesagt werden kann, und das Farbenempfindungsvermögen verschiedener Menschen unter einander, wie oben angegeben, grosse Unterschiede aufweist, so darf man keinenfalls den Thieren ohne besondere Untersuchung einen dem menschlichen völlig gleichen Farbensinn zuschreiben. Verschiedene Versuche an Hunden haben zwar gezeigt, dass Hunde farbige Tafeln und farbige Gegenstände nach dem Gesichtseindruck von einander unterscheiden, doch lassen diese Versuche erkennen, dass Unterschiede der Form verhältnissmässig mehr beachtet werden als Unterschiede der Farbe.

Die Fortpflanzung.

Entwicklungsgeschichte und Physiologie. Die Lehre von der Fortpflanzung der Thiere und des Menschen durch Zeugung und Entwicklung, die ursprünglich einen Abschnitt der Physiologie bildete, ist allmählich zu einer besonderen Wissenschaft geworden, die sich nach Inhalt und Methode mehr an die Anatomie als an die Physiologie angeschlossen hat. Es sollen daher hier nur einzelne Punkte daraus hervorgehoben werden, die eine besondere Beziehung zur Physiologie des Gesammtkörpers haben.

Urzeugung. . Durch die Fortpflanzung bleibt das Leben erhalten, obschon das einzelne Lebewesen zu Grunde geht. Die Physiologie als Lehre vom Leben muss also in der Fortpflanzung die nächste unmittelbare Ursache des Lebens überhaupt sehen, und indem sie die Erscheinung des Lebens von Geschlecht zu Geschlecht zurück verfolgt, auf die Frage nach der ursprünglichen Entstehung des Lebens geführt werden. Es handelt sich hier nur darum, ob und wie sich aus vorhandenem todtem Stoff Lebewesen entwickeln können. Der Entstehung des Stoffes nachzugehen, aus dem die Lebewesen sich bilden, ist eine Aufgabe der Metaphysik.

Man nahm früher an, dass sich fortwährend und zu jeder Zeit unbelebte Stoffe in lebende verwandelten. Das Erscheinen von Maden in abgestorbenem Fleisch, von Hefepilzen in gährungsfähigen Flüssigkeiten, von Infusorien in Wasser, das man mit faulenden Pflanzenstoffen und dergleichen stehen liess, insbesondere aber das Auftreten von Parasiten innerhalb anderer Organismen wurden als Beispiele dafür angesehen, weil man sich den Ursprung dieser Wesen nicht anders erklären konnte. So lange diese Anschauung bestand, war natürlich keine Ursache zu einem Zweifel, dass auch die ersten Lebewesen von selbst, gleichsam zufällig, aus dem Zusammentreffen geeigneter lebloser Stoffe hervorgegangen seien. Man bezeichnete diesen Vorgang als Urzeugung, Generatio spontanea oder aequivoca. Indem man die angeblich durch Urzeugung entstehenden Lebewesen näher kennen lernte, erwies sich aber für eines nach dem anderen, dass es ebenso wie andere Wesen nur durch Fortpflanzung auf die Welt käme. Für die Fleischmaden konnte schon die einfachste Beobachtung zeigen, dass sie nichts weiter als die Larven bestimmter Fliegenarten seien, die ihre Eier ins Fleisch ablegen.

Bei den anderen erwähnten Thierarten, insbesondere bei den Parasiten, stiess dieser Nachweis dagegen auf viel grössere Schwierigkeiten, wie unten weiter ausgeführt werden soll.

Der Schwann'sche Versuch. Dagegen bot sich als einfacher Weg, die Frage zu lösen, der, ein Stoffgemisch, in dem angeblich Lebewesen durch Urzeugung entstehen sollten, vollkommen keimfrei zu machen und dann abzuwarten, ob sich Leben darin zeige oder nicht.

Dieser Versuch wurde zuerst von Spallanzani ausgeführt, der nachwies, dass in gekochten organischen Stoffen, wenn sie unter luftdichtem Verschluss gehalten werden, keine Made, kein Schimmel und keine Fäulniss auftritt. Auf Grund dieser Erfahrung wurden vor etwa hundert Jahren zuerst Büchsenconserven hergestellt.

Dies wäre aber noch kein gültiger Beweis gegen die Urzeugung, weil man einwenden konnte, dass nur der Luftabschluss die Entstehung des Lebens verhindere.

Daher gab Schwann, der Begründer der Zellenlehre, später dem Spallanzani'schen Versuch folgende Form: Er liess Aufgüsse auf Fleisch und Pflanzenstoffe, wie man sie zu den Versuchen über Urzeugung zu benutzen pflegte, längere Zeit in einer Flasche kochen, die durch einen Stopfen mit doppelter Rohrleitung verschlossen war. Nachdem auf diese Weise alle etwa in der Flüssigkeit vorhandenen lebenden Wesen oder Keime abgetödtet waren, wurde dann, um günstige Bedingungen für die Entwicklung von Lebewesen in der Flasche herzustellen, durch die Rohrleitungen frische Luft durch die Flasche gesaugt, die Eintrittsröhre aber währenddessen zum Glühen erhitzt, um etwa mit dem Luftstrom eingesogene Keime zu verbrennen. Es zeigte sich, dass die Flüssigkeit beliebig lange klar und unverändert blieb, und dass keine Spur von Leben darin entstand.

Durch diesen Versuch wurde zum ersten Male erwiesen, dass ein der Fäulniss oder der Gährung fähiges Stoffgemisch auch bei Luftzutritt von Keimentwicklung freibleibt, wenn es nur anfänglich keimfrei gemacht ist, und nachträglich keine Keime von aussen hineingelangen. Damit waren alle bis dahin zu Gunsten der Generatio spontanea angeführten Versuchsergebnisse hinfällig gemacht, und der Satz, den Harvey mehr als zweihundert Jahre früher aufgestellt hatte: Omne vivum ex ovo, bewiesen, wenigstens soweit es sich um tatsächliche Beobachtung handelt.

Diese Einschränkung ist nicht bedeutungslos, denn das Ergebniss des Schwann'schen Versuchs wird mitunter so aufgefasst, als sei dadurch bewiesen, dass Leben überhaupt nur durch Keime erzeugt werden könne, während er in Wirklichkeit nur zeigt, dass bei den früher üblichen Versuchsbedingungen das Leben aus Keimen entstanden war. Es darf ohne Weiteres zugegeben werden, dass noch niemals die Entstehung von Lebewesen aus unbelebtem Stoff nachgewiesen worden ist. Dies beweist aber durchaus nicht, dass nicht unter geeigneten Bedingungen, zum Beispiel im Schlamme tropischer Sümpfe, auch heut zu Tage Urzeugung stattfinden könne, und noch weniger, dass nicht vor Urzeiten, vielleicht unter ganz anderen meteorologischen Bedingungen, Urzeugung

möglich gewesen sei. Auf diese letzte Hypothese ist man sogar schlechter-
dings angewiesen, wenn man nicht das Leben als von Anbeginn bestehend auffassen will.

Die Vergleichung der verschiedenen jetzt lebenden Organismen,
und vor Allem die Thatsache, dass man als Elementarbestandtheil
aller Organismen die Zelle erkennt, weisen darauf hin, dass die
Urform des lebenden Organismus, also die Form, in der das Leben
sich zuerst entwickelt hat, die Zelle gewesen ist. Man muss annehmen, dass in dem Augenblicke, in dem durch das Zusammentreffen geeigneter anorganischer Stoffe Zusammensetzung und Bau
des Protoplasmas entstand, auch die Vorbedingung zur weiteren
Entwicklung aller Organismen gegeben war. Denn dem lebenden
Protoplasma kommt, wie schon oben angeführt, die Fähigkeit zu,
sich durch Stoffwechsel zu vermehren, und sich durch Theilung
fortzupflanzen.

Diese Art der Vermehrung bleibt den Zellen auch dann noch
eigen, wenn sie zu einem grösseren Organismus vereinigt sind, und
eine besondere Ausbildungsform angenommen haben. Oben ist von
der Vermehrung der weissen Blutkörperchen durch Theilung die
Rede gewesen, und ebenso vermehren sich die Zellen der übrigen
thierischen Gewëbe.

Ungeschlechtliche Fortpflanzung. Die Fortpflanzung
durch Theilung kann in ihrer einfachsten Form so vor sich gehen,
dass sich die aus einer anscheinend gleichförmigen Protoplasma-
masse bestehende Zelle einfach in zwei ebenfalls vollkommen gleichartige Massen theilt, die fortan jede für sich weiterleben.

Selbst bei verhältnissmässig hochentwickelten Organismen, wie Hydroid-
polypen, Würmern, und anderen mehr, behält, wenn man sie mit dem Messer
zerschneidet, jedes Stück die Fähigkeit, die ihm fehlenden Theile zu ergänzen
und selbstständig weiterzuleben. Man kann also künstlich bei diesen Thierarten Vermehrung durch Theilung erzielen.

Selbst bei den einzelligen Organismen lassen sich eine ganze
Reihe verschiedener Abstufungen in der Art des Theilungsvorganges
erkennen, bei denen namentlich der Zellkern sich in verschiedener
Weise betheiligt. Bei der sogenannten „directen Kerntheilung“
nimmt man nur eine Einschnürung des Kernes und des Zellleibes
wahr, die in Abschnürung und somit in Theilung übergeht. Dem
gegenüber zeigen sich bei der „mitotischen Kerntheilung“ sehr verwickelte Vorgänge an den Bestandtheilen des Kernes, die schliesslich zu einer Theilung führen, auf die dann die völlige Trennung
des Zellleibes in Mutter- und Tochterzelle folgt.

Eine andere Art der Theilung ist die Knospung, bei der ein
neuer Organismus aus dem vorher vorhandenen hervorwächst, sich
allmählich vollständig ausbildet, und sich zuletzt entweder ablöst,
um selbstständig weiterzuleben, oder, an seiner Ursprungsstelle
haftend, selbst neue Sprossen treibt, die dann zusammen mit den
älteren einen „Thierstock“, Cormus, bilden.

Geschlechtliche Fortpflanzung. Bei den höher entwickelten Organismen sind, wie schon am Anfang dieses Buches

erwähnt wurde, die einzelnen Zellen zu verschiedenen Verrichtungen besonders ausgebildet. Während im Allgemeinen die einzelnen Zellen des Organismus die Fähigkeit bewahrt haben, durch Theilung neue, ihnen gleiche Zellen hervorzubringen, haben gewisse Zellen die Fähigkeit erlangt, nicht bloss gleichartige Zellen, sondern durch fortgesetzte Theilung, nach bestimmten Entwickelungsgesetzen ganz neue Organismen zu bilden.

Es kommt aber in den meisten Fällen hier noch ein wesentlicher Unterschied in Betracht. Die Eizelle vermag in der Regel nicht aus sich allein den neuen Organismus zu erzeugen, sondern es bedarf dazu der *Vermischung zweier Zellen verschiedener Art*, der Eizelle einerseits und der Samenzelle andererseits. Daher ist diese Art der Fortpflanzung, die als „geschlechtliche Fortpflanzung", Amphigonie, bezeichnet wird, von der einfachen Vermehrung der Zellen durch Theilung und Knospung, die man als „ungeschlechtliche Fortpflanzung", Monogonie, zusammenfasst, streng zu scheiden.

Bei allen Wirbelthieren findet die Entwicklung der Eizellen und der Samenzellen stets in getrennten Individuen, den weiblichen und männlichen statt.

Es ist schon oben im Abschnitt über die Drüsenthätigkeit angegeben worden, dass sich bei den höher entwickelten Thieren die Geschlechter nicht allein dadurch unterscheiden, dass sie verschiedene Zeugungsstoffe bilden, sondern auch durch eine Reihe anderer Verschiedenheiten, die als „secundäre Geschlechtscharaktere" bezeichnet werden.

Dass die weibliche und die männliche Geschlechtszelle aus zwei verschiedenen Organismen stamme, ist für den Begriff der geschlechtlichen Fortpflanzung nicht erforderlich. Bei sehr vielen Thier- und Pflanzenarten bietet im Gegentheil jedes Individuum sowohl weibliche als männliche Geschlechtszellen. Auch bei den höher entwickelten Thieren kommt dies als sogenannte Zwitterbildung, Hermaphroditismus, in vereinzelten Fällen vor.

Generationswechsel. Wie die ungeschlechtliche findet sich auch die geschlechtliche Fortpflanzung in der Thierreihe in einer ganzen Reihe verschiedener Formen ausgebildet. Bei vielen Thierarten entsteht nämlich durch die Zeugung ein vom Elternpaar durchaus verschiedener Organismus, der sich ungeschlechtlich fortpflanzt und erst nach einer oder mehreren Generationen wieder die ursprüngliche geschlechtlich zeugende Thierart hervorbringt. Man nennt dies Generationswechsel oder Metagenesis. Es leuchtet ein, dass die Erforschung eines solchen Vorganges ausserordentlich schwierig sein muss, weil die verschiedenen Generationen einer und derselben Thierart bei dieser Art der Fortpflanzung von einander soweit verschieden sein können, dass sie nicht nur in verschiedene Species, sondern in ganz verschiedene Ordnungen oder gar Klassen zu gehören scheinen.

Ein Beispiel hierfür bildet die Fortpflanzung der Bandwürmer, auf die schon oben hingewiesen wurde. Der Bandwurm besteht bekanntlich aus einer grossen Zahl einzelner Segmente oder Glieder, deren jedes als ein mehr oder weniger selbstständiger Organismus aufgefasst werden darf. Jedes Glied ent-

hält Eierstock und Hoden. Die reifen Glieder werden abgestossen und gelangen
mit dem Kothe des vom Bandwurm bewohnten Thieres oder Menschen ins Freie.
Die ausschlüpfenden Larven oder die Eier selbst müssen in den Darm eines
anderen Thieres gelangen, um sich weiter entwickeln zu können. Wenn zum
Beispiel ein Schwein den Koth frisst, . in dem sich reife Bandwurmglieder befinden, so schlüpfen die Eier im Darm aus, durchbohren die Darmwand und
setzen sich als sogenannte Blasenwürmer, Finnen, Cysticercus cellulosae, im
Muskelfleisch oder in anderen Organen fest. Beim Menschen kommt es vor,
dass die Eier unmittelbar vom After ins Auge übertragen werden, so dass der
Blasenwurm im Auge oder im Gehirn auftritt. Die Finne kann sich auch noch
durch Knospung vermehren, wie beim Coenurus und Echinococcus. Gelangt
das mit Finnen behaftete Fleisch abermals in den Darm eines neuen „Wirthes“,
so entwickelt sich die Finne zum Bandwurmkopf, Scolex, der wiederum Glieder
erzeugt, und so fort. Es kann nicht Wunder nehmen, dass der Zusammenhang
einer solchen Reihe verschiedener Generationen lange verborgen geblieben ist,
und dass man die Finnen, die mitten im Innern eines anscheinend gesunden
Thierkörpers angetroffen werden, als durch Urzeugung an Ort und Stelle entstanden ansah.

In anderen Fällen wird die Reihe geschlechtlicher Zeugungen
dadurch unterbrochen, dass eine oder mehrere eingeschlechtige, also
rein weibliche Generationen aufeinander folgen können. Man nennt
dies Parthenogenesis, Jungfernzeugung.

Ein Beispiel hierfür gewährt die Fortpflanzung des schon am Anfang des
ersten Theiles erwähnten „Wasserflohes“, Daphnia (vergl. Fig. 2, S. 3). Diese
pflanzen sich in der Regel den ganzen Sommer über durch Parthenogenesis
fort, indem sie unbefruchtete dünnschalige, sogenannte „Sommereier“ hervorbringen, aus denen weibliche Individuen erwachsen, die sich, ohne befruchtet
zu sein, auf dieselbe Weise weiter vermehren. Erst gegen Ende des Sommers,
oder wenn sonst ungünstige Lebensbedingungen eintreten, entstehen aus den
Sommereiern auch männliche Individuen, und es werden befruchtete, dickschalige
„Wintereier“ erzeugt. Das bekannteste Beispiel der Parthenogenese ist die
Fortpflanzungsweise der Bienen.

Die Parthenogenese bildet nur eine scheinbare Abweichung von
der geschlechtlichen Zeugung, weil sie immer wieder durch Generationen mit geschlechtlicher Zeugung unterbrochen wird. . Dauernde
Fortpflanzung durch Parthenogenesis ist nicht nachgewiesen.

Conception und Imprägnation. Die Vereinigung von Ei-
zelle und Samenzelle, die darin besteht, dass ein Theil der Samen-
zelle in die Eizelle übergeht, heisst die Befruchtung des Eies. Die
Befruchtung findet bei vielen Thieren, zum Beispiel bei den meisten
Fischen, ausserhalb des Körpers statt, indem die Weibchen die
Eier und das Männchen den Samen an derselben Stelle ablegen.
Bei den höher entwickelten Thieren erfolgt die Befruchtung und
Entwicklung des Eies im Körper des Mutterthieres, und der Samen
muss daher zum Zwecke der Zeugung in den Geschlechtscanal des
Weibchens gelangen. Dies geschieht durch die Einführung des Penis
in die Vagina bei der Begattung.

Die Befruchtung kann aber auch ohne eigentliche Begattung zu Stande
kommen, wenn nur auf irgend eine Weise Eizelle und Samen zusammentreffen
können, denn man hat sowohl auf künstlichem Wege,· durch Einspritzung von
Samenflüssigkeit Befruchtung erzielt, als auch Fälle beobachtet, wo, trotzdem
die Vagina durch Missbildung fast vollkommen geschlossen war, dennoch Befruchtung stattgefunden hatte. Dies erklärt sich aus der Eigenbewegung der
Spermatozoen, von der weiter unten die Rede sein wird.

Man kann daher unterscheiden zwischen der Conception, das ist der Aufnahme des Samens in Vagina oder Uterus, und der Imprägnation, das ist der Vereinigung von Eizelle und Samen.

Absonderung der Zeugungsstoffe. Die auf die Befruchtung folgenden Entwicklungsvorgänge in der Eizelle stellen den Anfang des neuentstehenden Lebens dar, und sollen, wie gesagt, hier nicht näher beschrieben werden, da sie einer Wissenschaft für sich, der Entwickelungsgeschichte, angehören.

Dagegen gehören die Vorgänge bei der Absonderung der Zeugungsstoffe, und die Beziehungen zwischen dem mütterlichen und dem neu entstehenden kindlichen Organismus unstreitig ins Gebiet der Physiologie. Es mag an erster Stelle die Absonderung des Samens besprochen werden.

Sperma.

Das Sperma des Menschen ist eine grauweisse trübe und undurchsichtige fadenziehende Flüssigkeit von eigenthümlichem Geruch, die bald nach der Entleerung gerinnt, sich dann aber wieder verflüssigt und an der Luft zu hornartigen Krusten eintrocknet. Sie enthält etwa 10—20 pCt. feste Stoffe, nämlich Eiweiss, Albumose und Salze. Ihre Reaction ist alkalisch oder neutral. Die Undurchsichtigkeit rührt davon her, dass in der Flüssigkeit geformte Bestandtheile, die Samenfäden oder Samenthierchen, Spermatozoen, enthalten sind. Man kann diese aus dem mit Essigsäurelösung verdünnten Sperma durch Abfiltriren rein gewinnen und für sich untersuchen. Die Spermatozoen bestehen vorwiegend aus Nuclein, daneben finden sich Fette, Lecithin, Cholesterin und Salze, vor Allem phosphorsaure Salze.

Bei längerem Stehen scheiden sich in der Spermaflüssigkeit Krystalle aus, die mit den von Charcot bei Leukämie im Blute aufgefundenen Krystallen identisch sein sollen.

Die Eiweissstoffe des Spermas geben ebenso wie die des Blutes specifische Präcipitinreactionen.

Den wirksamen Bestandtheil des Spermas bilden allein die Spermatozoen, die aus dem Hoden selbst stammen. Die Spermaflüssigkeit rührt im Wesentlichen aus der Prostata her. Während der Ejaculation wird sie noch mit dem Secrete der Cowper'schen Drüsen vermischt.

Von der Gestalt der Spermatozoen bei verschiedenen Thierarten giebt Fig. 128 eine Anschauung.

Man schätzt ihre Zahl im Sperma auf 60000 im Cubikmillimeter, und da die auf einmal ejaculirte Samenmenge zu durchschnittlich 5 ccm veranschlagt wird, werden zur Befruchtung einer einzigen Eizelle im günstigsten Falle Hunderttausende von Spermatozoen aufgewendet.

Den Vorgang der Samenbildung, Spermatogenese, in allen seinen Einzelheiten zu verfolgen ist Aufgabe der Lehre von der Entwicklung der Gewebe, der Histogenese. Es ist oben bei der Besprechung der Drüsen schon auf den

Hauptpunkt hingewiesen worden, dass nämlich die Samenbildung nicht eine eigentliche Secretion ist, eine Absonderung ungeformten Stoffes aus Drüsenzellen, sondern vielmehr darin besteht, dass die Drüsenzellen, oder wie es dann richtiger heissen muss, die Follikelzellen, selbst in umgewandelter Form abgestossen werden. Die Spermatozoen stellen daher Theile der ursprünglichen Samenzellen, Spermatogonien, dar, und zwar entspricht der Kopf der Spermatozoen der Kernsubstanz, vermehrt durch den sogenannten Nebenkern, Idiozom, während der Schwanz aus dem Zellprotoplasma hervorgeht.

Fig. 128.

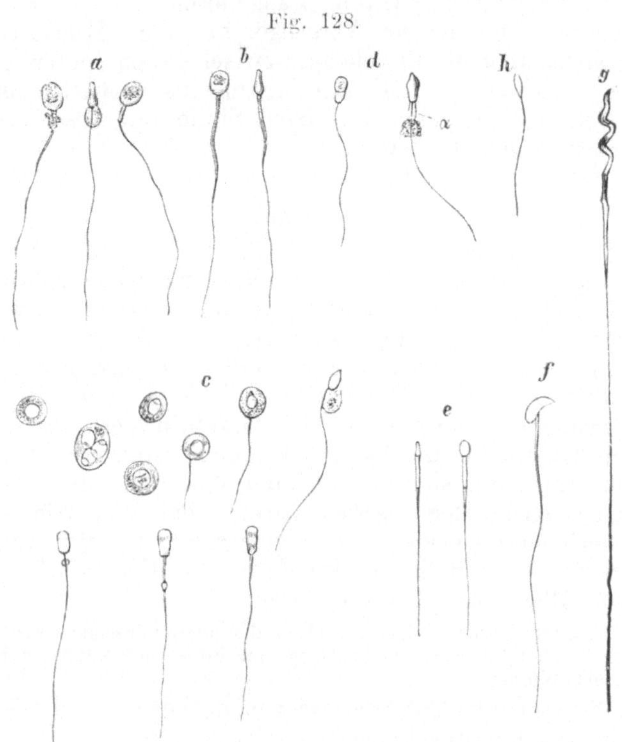

Samenkörperchen und ihre Entwicklung.

a Unreife. *b* reife Samenfädchen vom Menschen. *c* Entwicklung der Spermatozoen beim Hunde. *d* Spermatozoen vom Stier. *e* von der Fledermaus, *f* von der Maus, *g* vom Vogel, *h* vom Frosch. *α* Mittelstück.

Lebende Spermatozoen zeigen eine dauernde zitternde oder schlängelnde Bewegung des Schwanzes, die als eine Abart der Flimmerbewegung zu betrachten ist. Durch diese Bewegung können sie sich in Flüssigkeiten mit dem Kopf voran mit beträchtlicher Geschwindigkeit von der Stelle bewegen. Die Geschwindigkeit soll bis zu 0,5 mm in der Secunde betragen können. Wenn die Flüssigkeit strömt, so zeigen die Spermatozoen Rheotaxis, das heisst, sie wenden sich gegen den Strom. Dass es sich hierbei nicht etwa um eine passive Bewegung handelt, geht daraus hervor, dass die Bewegung sich unter dem Einfluss der Strömung verstärkt, und dass

Spermatozoen, die von einer schnellen Strömung fortgerissen werden, mit dem Kopf stromabwärts gerichtet treiben.

Eizelle. Die Eizellen sind in den Primordialfollikeln des embryonalen Eierstocks schon enthalten und verändern sich aus

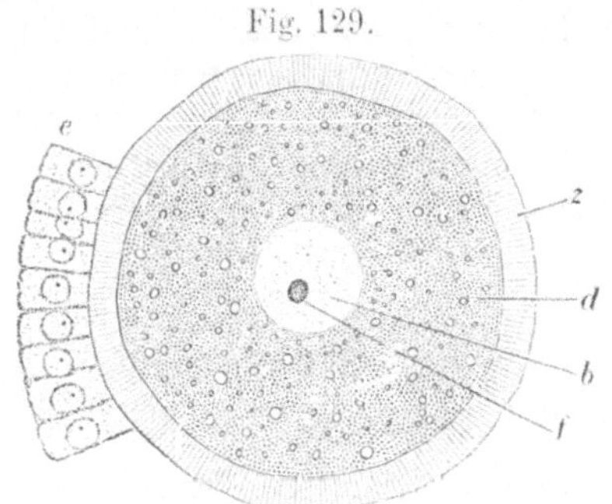

Fig. 129.

Eierstock-Ei vom Meerschweinchen.
z Zona pellucida, *d* Dotter, *b* Keimbläschen, *f* Keimfleck, *e* Eiepithel.

diesem Zustande nicht merklich, bis das geschlechtsreife Alter erreicht ist. Dann beginnt ein Primordialfollikel nach dem anderen zu wachsen und sich umzubilden, wie man sagt, zu „reifen". Die

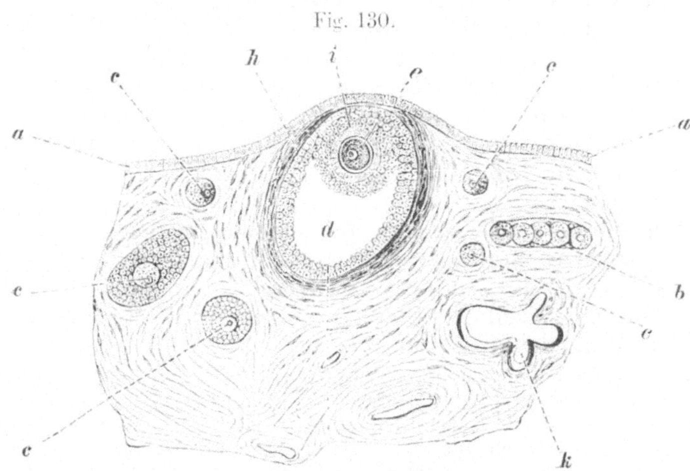

Fig. 130.

Bau des Eierstocks (schematisch).
a Keimepithel, *b* Ovarialschlauch, *c* Ovarialeier, *d* Follikelhöhle, *e* Eizelle, *h* Theca folliculi,
i Keimhügel, *k* Corpus luteum.

Eizelle selbst wächst, die Follikelzellen,, die sie umgeben, verdichten sich nach aussen zur Theca folliculi, schliesslich tritt im Innern des Follikels der Liquor folliculi auf, der Follikel platzt und das Ei wird frei.

Im Innern der Eizelle geht zugleich eine Erscheinung vor sich, die als Reifung des Eies bezeichnet wird. Unter Vorgängen die der mitotischen Kerntheilung entsprechen, scheidet erst ein Theil der Kernsubstanz und darauf ein zweiter aus der Masse des Eies aus. Wenn diese beiden Massen, die man als „Richtungskörper" oder „Polzellen" des Eies bezeichnet, entfernt sind, nimmt die Kernsubstanz ihr normales Verhalten wieder an, und sie wird nun, zum Unterschied vom Zustande des Kernes vor der Reifung des Eies und nach der Befruchtung, als „weiblicher Vorkern" bezeichnet. Nunmehr ist erst das Ei zur Befruchtung reif.

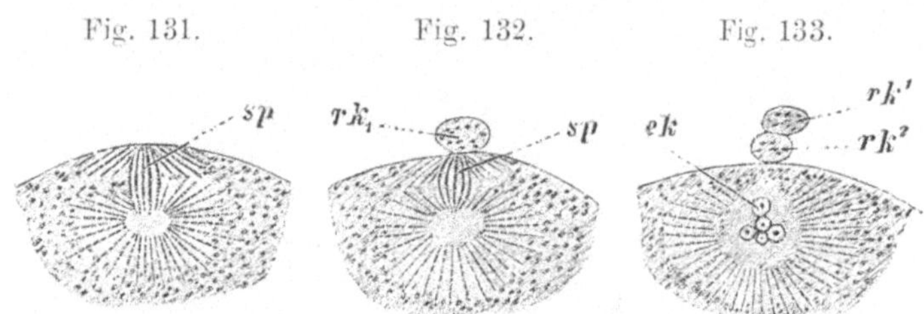

Reifeerscheinungen des Eies. (In den Figuren ist nur der eine Eipol, an dem die Erscheinungen sich abspielen, dargestellt.) *sp* Spindel, *rk* Richtungskörper, *ek* Eikern.

Wenn ein reifes Ei durch Platzen seines Follikels frei wird, gelangt es, da die Oberfläche des Eierstocks frei in die Bauchhöhle ragt, in das Serum der Bauchhöhle. Der Tubentrichter ist aber gegen das Ovarium, wie man aus der Untersuchung „in situ" erkennen kann, so gelagert, dass das Ovulum durch die Wirbelströme, die das Flimmerepithel der Tube und der Fimbrien hervorruft, in die Tube und von da in den Uterus geleitet werden kann.

Eben diesen Wirbelströmen müssen die Spermatozoen, die in den weiblichen Genitalcanal gelangt sind, nach ihrer zuletzt erwähnten Eigenschaft der Rheotaxis, entgegenschwimmen und sie müssen also der Eizelle im Uterus begegnen. Die Begegnung führt zur Befruchtung des Eies.

Die Begegnung zwischen Eizelle und Spermatozoen braucht nicht gerade im Uterus stattzufinden. Im Gegentheil ist es der häufigere Fall, dass die Spermatozoen bis in die Tuben vorgedrungen sind, ehe sie auf die Eizelle treffen. Die Spermatozoen bleiben in der Flüssigkeit des weiblichen Genitalcanals, mit Ausnahme des oft sauer reagirenden Vaginalschleims, und in der Bauchhöhle nachweislich wochenlang befruchtungsfähig. Es kommt vor, dass ein aus dem Eierstock austretendes Ei nicht in den Tubentrichter gelangt, sondern in irgend einer Falte des Bauchfells liegen bleibt und dort von eindringenden Spermatozoen befruchtet wird. Die Folge ist dann die Entwicklung eines Embryo an abnormer Stelle, eine „Bauchschwangerschaft" oder „Extrauterinschwangerschaft"

Befruchtungsvorgang. Den eigentlichen Vorgang der Befruchtung kann man beim Säugethierei nicht beobachten, weil die Säugethiereier zu empfindlich sind. Am leichtesten ist die Beobachtung bei den Eiern der Seesterne, bei denen die Vermischung von Sperma und Eiern schon normaler Weise im Meerwasser, ausserhalb des Körpers stattfindet. Unter dem Mikroskop kann man sehen, wie die Eizelle von Spermatozoen umschwärmt wird und wie endlich ein Spermatozoon mit seinem Kopfe in die Eizelle eindringt. Alsbald bildet sich der Kopf zu einem rundlichen oder ovalen Körperchen aus, dem „männlichen Vorkern" oder „Spermakern". Die Eizelle enthält in diesem Augenblick zwei Kerne, den

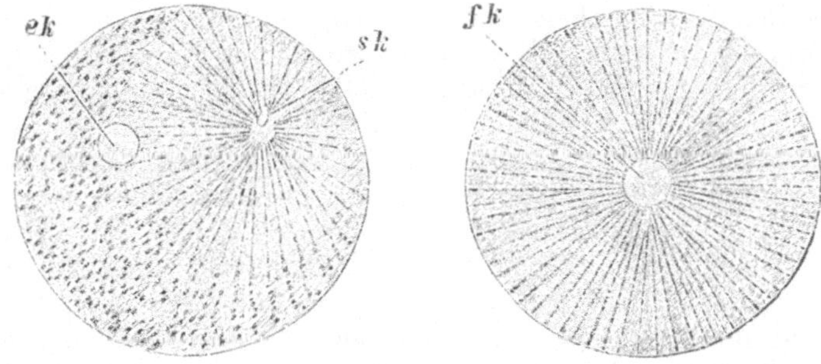

Befruchtungsprocess

ek Eikern = weibl. Vorkern.   *sk* Samenkern = männl. Vorkern.   *fk* Fruchtkern.

weiblichen und männlichen Vorkern (*ek* und *sk* der Fig. 134). Diese rücken an einander und verschmelzen zu einem Kern, von dem die weitere Entwickelung ausgeht (*fk* der Fig. 135).

Man erklärt die eigenthümlichen Vorgänge bei der Spermatogenese und der Eireifung durch folgende Hypothese: Da die befruchtete Eizelle männliche und weibliche Zeugungsstoffe enthält und alle anderen Zellen des Körpers, einschliesslich der Hodenzellen und Eierstockszellen, aus der befruchteten Eizelle entstammen, so enthalten diese Zellen in ihrem ursprünglichen Zustande männliche und weibliche Bestandteile. Damit nun der männliche Zeugungsstoff zur Verbindung mit dem weiblichen, der weibliche zur Verbindung mit dem männlichen fähig werde, muss aus den Hodenzellen deren weiblicher Bestandtheil, aus dem unreifen Ei dessen männlicher Bestandtheil ausgestossen werden. Es bleiben dann im ausgebildeten Spermatozoon nur männliche, im reifen Ei nur weibliche Bestandtheile zurück, und beide bilden bei ihrer Vereinigung eine vollständige, den Zellen der Elternorganismen gleichartige Zelle. Obwohl diese Hypothese sehr weit über die Grenzen dessen hinausgeht, was sich durch thatsächliche Beobachtung erweisen lässt, hat sie doch den grossen Nutzen, wenigstens eine mögliche Ursache dafür anzugeben, weshalb bei der Spermatogenese und bei der Eireifung Stoffe ausgestossen werden.

Künstliche Parthenogenesis. In neuerer Zeit ist es gelungen, durch künstliche Eingriffe in die Entwickelungsbedingungen der Eizelle die Befruchtung mit Sperma in gewissem Grade nachzuahmen. Man bezeichnet dies, da ohne Einwirkung des männlichen Zeugungsstoffes die Eier zur Entwickelung gebracht werden, als „künstliche Parthenogenesis". Diese Bezeichnung geht etwas zu weit, weil die unbefruchteten Eier durch die künstlichen Reiz-

mittel nicht weiter als bis zu den ersten Stadien der Entwickelung
gebracht werden können. Die grundliegenden Versuche in dieser
Richtung sind wie die über den natürlichen Befruchtungsvorgang
vorzugsweise an den Eiern von Seeigeln und Seesternen angestellt
worden. Wenn solche Eier aus dem Seewasser auf kurze Zeit in
etwas stärkere Salzlösungen gebracht worden sind, so entwickeln
sie sich, wenn sie wieder ins Seewasser kommen, bis zum Larven-
stadium. Die Larven verhalten sich nicht ganz wie auf normalem
Wege erzeugte und sterben immer ab, ohne höhere Entwickelungs-
stufen erreichen zu können. Man kann aus diesen Beobachtungen
schliessen, dass wenigstens ein Theil der Einwirkung des Spermas
auf die Eizelle rein chemischer Art ist.

Corpus luteum. Merkwürdigerweise ist die Rolle, die der
Eierstock bei der Fortpflanzung spielt, mit der Ausstossung des
reifen Eies nicht zu Ende. Es entsteht um die Stelle, wo der
Follikel geplatzt ist, und die zunächst durch einen Bluterguss ausgefüllt worden ist, eine Schicht grosser, gelben Farbstoff enthaltender
Zellen, die das sogenannte Corpus luteum bilden. Man hat gefunden, dass die Entstehung und allmähliche Rückbildung des
Corpus luteum Anzeichen einer inneren Secretion des Ovariums
sind, von der man annimmt, dass sie das Verhalten des Uterus
und sogar der Brustdrüsen bestimmt.

Paarungszeit, Menstruation. Die Thätigkeit der Fortpflanzung beeinflusst die Gesammtthätigkeit des Organismus bei
Mensch und Thier in eigenthümlicher Weise.

Bei den freilebenden Thieren bleiben die Geschlechter häufig
fast das ganze Jahr hindurch getrennt, nnd werden nur zur
„Paarungszeit" durch den Geschlechtstrieb zusammengeführt. Bei
manchen Arten tritt der Geschlechtstrieb in kürzeren Perioden
wiederholt auf. Mit dem Auftreten des Geschlechtstriebes, der
sogenannten „Brunst", treten beim männlichen Geschlecht Veränderungen der primären und secundären Geschlechtscharaktere ein.
Die Absonderung der Hoden ist verstärkt, die Hoden selbst treten
bei einigen Thierarten nur zur Paarungszeit in das Scrotum hinab,
in vielen Fällen werden Drüsen thätig, die riechende Stoffe absondern, es verändert sich die Färbung der Haut an gewissen
Stellen u. a. m.

Beim weiblichen Geschlechte macht sich die Brunst durch
ähnliche Erscheinungen bemerkbar. Es findet dabei ein Blutandrang
gegen innere und äussere Geschlechtsorgane statt, der von einem
in manchen Fällen reichlichen Blutaustritt aus der Uterusschleimhaut begleitet ist, und sich durch blutigen Ausfluss aus der Scheide
zu erkennen giebt. Dieser Zustand dauert einige Tage an, und
gegen das Ende der Brunst lässt das Weibchen das männliche
Thier zu.

Mit der Brunst ist die Ovulation, der Austritt der reifen Eier
aus dem Eierstock, verbunden. Bei den mehrträchtigen Thieren
lösen sich in mehreren Brunstperioden entsprechend viele Eier.

Schon bei den Hausthieren sind diese Erscheinungen weniger regelmässig als bei wilden Thieren. Vollends beim Menschen ist eine bestimmte Paarungszeit nicht nachzuweisen. Als ein der thierischen Brunst entsprechender Vorgang ist indessen ohne Zweifel die sogenannte Menstruation des Weibes anzusehen. Vom Eintritt der Geschlechtsreife, also etwa vom 15. Lebensjahre an, bis zum sogenannten Klimakterium etwa im 45. Lebensjahre stellt sich in einer Periode von durchschnittlich 28 Tagen ein Blutfluss aus der Scheide ein, der aus der Schleimhaut des Uterus stammt. Die Menge des austretenden Blutes, der Grad von Congestion und Schwellung der inneren und äusseren Geschlechtsorgane ist bei verschiedenen Individuen sehr verschieden. Die Menstruation ist unzweifelhaft auch mit der Ovulation verbunden, doch nicht so, dass nothwendig innerhalb der Dauer des Ausflusses, die in der Regel 3—5 Tage beträgt, eine Eilösung stattfinden müsste.

Man theilt die Menstruation in drei Stadien, das zehntägige Stadium der vorbereitenden Schwellung, das viertägige der Blutung und ein vierzehntägiges Stadium der Regeneration. Während die Blutung unzweifelhaft die auffälligste Erscheinung in der Menstruation darstellt, ist, wie unten gezeigt werden soll, der eigentlich wesentliche Vorgang der des ersten Stadiums.

Mit der Menstruation sind gewisse Veränderungen des Allgemeinbefindens, geringe Erhöhung der Temperatur und der Pulszahl und meist auch gewisse Beschwerden, wie Mattigkeit, Kreuzschmerzen, Uebelkeit u. a. m. verbunden.

Man hat aus diesen Erscheinungen ableiten wollen, dass die Lebensvorgänge im weiblichen Körper einem bestimmten Gesetz der Periodicität gehorchen sollten, durch das gleichzeitig die Veränderung des Allgemeinbefindens, die Periode der Ovulationen und die der Menstruation bedingt sein sollte. Man hat auch für das männliche Geschlecht eine ähnliche, nur etwas kürzere „Wellenbewegung des Lebens" angenommen, und man hat, da die Menstruationsperiode 28 Tage dauert, sogar an den Einfluss gedacht, den der Mond auf die Lebenserscheinungen ausüben könnte.

Demgegenüber ist anzuführen, dass vor dem Eintritt der Geschlechtsreife und nach dem Erlöschen der Geschlechtsthätigkeit keine Spur einer solchen Wellenbewegung nachzuweisen ist. Auch beseitigt die Castration zugleich mit der Ovulation die Menstruation mit allen ihren Begleiterscheinungen.

Die Ovulation ist also offenbar als die primäre Ursache der periodischen Vorgänge anzusehen. Dass die Ovulation sich an bestimmte Perioden bindet, ist wenigstens für die wildlebenden Thiere eine offenbare Nothwendigkeit, weil die Moglichkeit, die Nachkommenschaft grosszuziehen, an bestimmte Jahreszeiten gebunden ist. Das Wesentliche am Menstruationsvorgang ist nicht der Blutaustritt, sondern vielmehr die vorhergehende Schwellung und Auflockerung der Schleimhaut, durch die sie zur Aufnahme eines etwa befruchteten Eies vorbereitet wird. Hat die Befruchtung stattgefunden, so tritt keine Blutung ein, und das Ei entwickelt sich im Uterus weiter. Ist aber das Ei unbefruchtet, so blutet die aufgelockerte Uterusschleimhaut aus, sie wird zum Theil abgestossen und der ganze Vorgang wiederholt sich in der nächsten Periode.

Nidation. Furchung. Die Befruchtung findet, wie oben angegeben, in der Regel schon während der Durchwanderung der Tube statt, die mehrere Tage dauern soll. Gelangt das befruchtete Ei in die Uterushöhle, so erfolgt die sogenannte „Nidation", das

Ei nistet sich gewissermassen in die aufgelockerte Schleimhaut ein, und entwickelt sich zum Embryo.

Fig. 136.

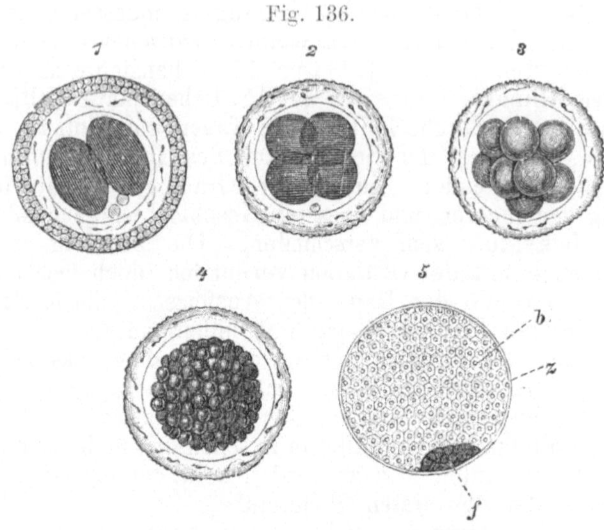

Furchung des Eies und Bildung der Keimblase.
1. Erstes, 2. Zweites Stadium der Furchung. 4. Morula. 5. Keimbläschen oder Blastula.
z Blastoderm. b Keimhöhle. f Keimfleck.

Fig. 137.

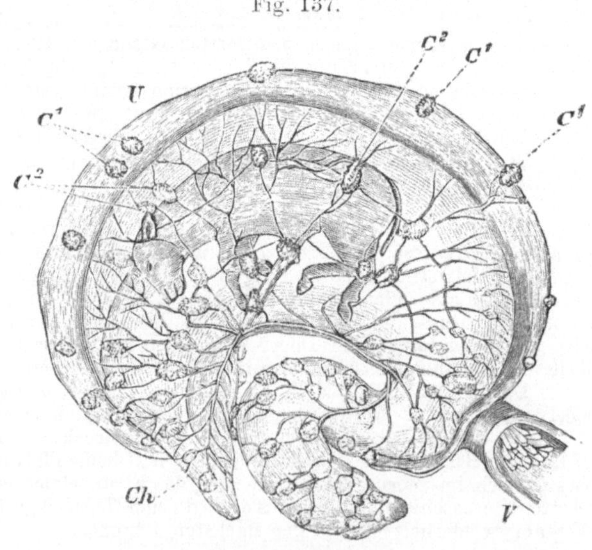

Uterus einer trächtigen Kuh.

Die ersten Stufen dieser Entwickelung sind einfach Zelltheilungen, die sich aber durch ihre Regelmässigkeit von den gewöhnlichen Zelltheilungen unterscheiden, und mit dem besonderen Namen der „Furchung der Eizelle" bezeichnet werden. Nachdem die eine Eizelle durch oft wiederholte Zweitheilung zu einer grossen Zahl einzelner Zellen geworden ist, tritt im Innern dieses Zellenhaufens Flüssigkeit auf, durch die das Ei allmählich die Form einer Blase, Keimblase annimmt. Durch Faltungen und durch verschiedene Umwandlung der einzelnen Zellschichten entwickelt sich auf dieser Blase die Embryonalanlage mit ihren drei Keimblättern, aus denen sich allmählich der Embryo gestaltet.

Fig. 138.

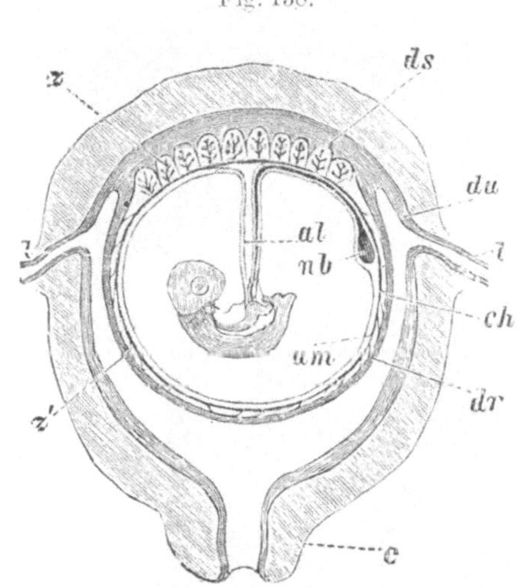

Menschlicher Uterus mit Embryo.
al Allantois, *nb* Nabelbläschen, *am* Amnion, *du, ds* Decidua vera und reflexa. *l* Tube, *c* Cervix, *zz¹* Chorionzotten, *ch* Chorion.

Placenta. Während der Trächtigkeit oder Schwangerschaft ist die Blutzufuhr zum Uterus dauernd verstärkt, und es findet ein der Zunahme der Frucht entsprechendes Wachsthum des Organs statt. Schon die Nidation kommt im Wesentlichen dadurch zu Stande, dass die Schleimhaut das an ihr festsitzende Ei überwuchert und umwächst. Aus dieser Wucherung entsteht die Membrana decidua, von der ein Theil zusammen mit dem Chorion die Placenta bildet. Bei den meisten Thieren entstehen statt einer einheitlichen Placenta viele kleine Placenten, die sogenannten Cotyledonen (Fig. 137 *C*). In die Placenta treten also die Uteringefässe des mütterlichen Organismus ein. Andererseits schliesst sich die aus dem unteren Theil der fötalen Darmhöhle hervorwachsende Allantois an das Chorion an und vermittelt den Eintritt der Gefässe des Fötus in die Placenta. Die Gefässe des

Fig. 139.

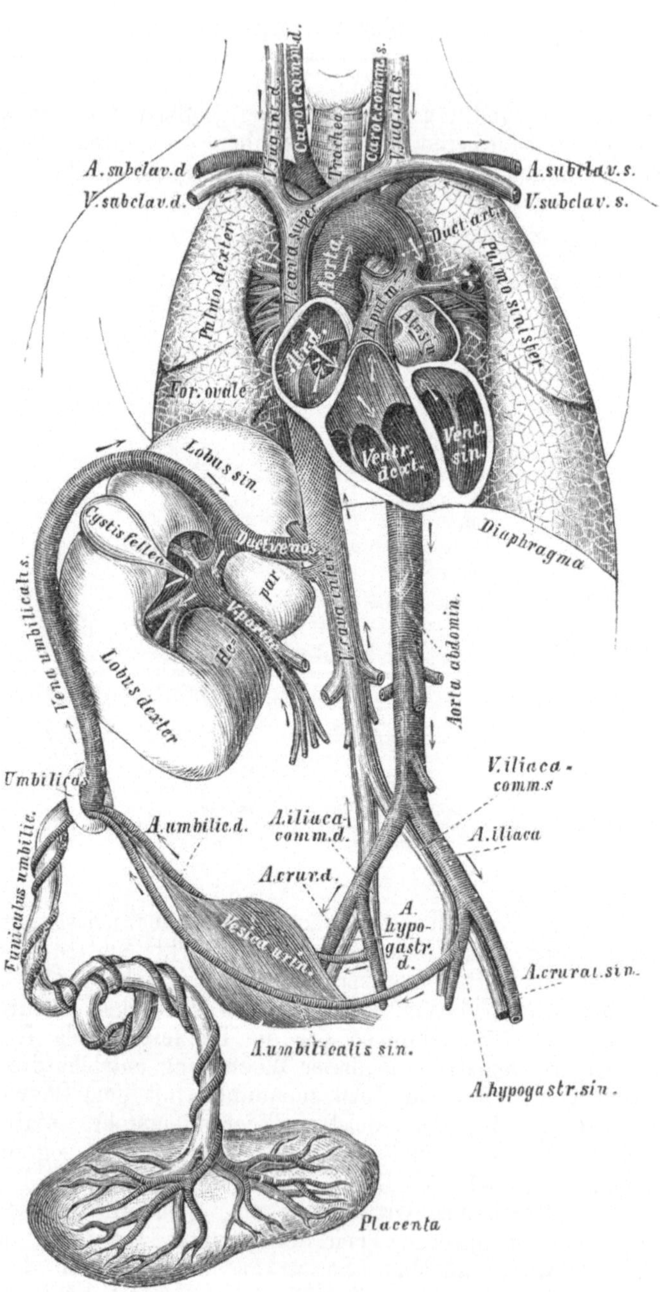

Kreislauf des Fötus.

mütterlichen und kindlichen Organismus gehen zwar nicht ineinander über, aber die Capillarschlingen des fötalen Gefässystems treten in Sinusbildungen der mütterlichen Gefässe ein, sodass sie von dem mütterlichen Blute umspült werden. Durch die Capillarwände hindurch findet der Stoffaustausch und der Gaswechsel statt, durch den der Fötus ernährt und mit Sauerstoff versorgt wird. Da die Verbindung des fötalen Kreislaufsystems mit der Placenta durch die Allantois hergestellt ist, deren Stiel zum Nabelstrang wird, so bilden Nabelgefässe während des Fötallebens die einzige und deshalb wichtigste Bahn des Stoffaustausches.

Fötaler Kreislauf. Mit der Geburt hört dieser Zustand plötzlich auf und es tritt an seine Stelle der im ersten Theil dieses Buches dargestellte Kreislauf des Erwachsenen, bei dem die Nahrungsstoffe aus dem Darm und der Sauerstoff aus den Lungen aufgenommen wird. Auf diesen Wechsel ist nun die Anlage des Gefässsystems in folgender Weise eingerichtet: Die Nabelarterien entpringen aus den Arteriae hypogastricae, und verlaufen gewissermaassen als Arteria pulmonalis des Fötus zur Placenta. Von dort kommt die Nabelvene, die gleichzeitig als Lungenvene und Pfortader des Erwachsenen anzusehen ist, durch den Nabel zurück, und ergisst sich theils thatsächlich in die Pfortader, theils durch den Ductus venosus Arantii in die Vena cava inferior. Das in die Pfortader eintretende Blut gelangt natürlich durch die Lebervenen ebenfalls in die untere Hohlvene, und so tritt das gesammte Nabelvenenblut in den rechten Vorhof und durch das Foramen ovale zugleich in den linken Vorhof ein. Von hier wird das Blut in die Herzkammern und in die Arterien getrieben. Da die Lungen in atelectatischem Zustand sind, können ihre Gefässe nur eine sehr geringe Blutmenge aufnehmen. Die rechte Herzkammer würde sich daher nicht entleeren können, wenn nicht durch den Ductus Botalli eine offene Verbindung zur Aorta bestünde. So tritt der grösste Theil des Blutes aus beiden Herzkammern in die Aorta ein, aus der es zum Theil in das Capillarsystem des Fötus, zum Theil aber durch die Nabelarterien zur Placenta zurückgetrieben wird. Auf diese Weise unterhält der fötale Kreislauf immer nur eine Mischung des in der Placenta bereicherten Blutes mit dem in seinen Geweben verbrauchten Blute. Die Abscheidung von Verbrauchsstoffen durch die Niere, sowie die übrigen Verrichtungen der Drüsen vollziehen sich während des Fötallebens nicht anders wie beim Erwachsenen.

Veränderungen an Kreislauf und Athmung bei der Geburt. Im Augenblick der Geburt wird die Verbindung zwischen mütterlichem und kindlichem Kreislauf unterbrochen, indem sich die Placenta durch die heftigen Zusammenziehungen des Uterus von dessen Wand ablöst. In Folge dessen muss im Blute des Fötus, das sich nicht mehr gegen das Placentarblut ausgleichen kann, Sauerstoffmangel und Kohlensäureüberschuss entstehen. Dies wirkt als Reiz auf das Athemcentrum, und löst die Athembewegungen des Neugeborenen aus. Indem bei der Inspiration die Lungen sich erweitern, nimmt der Blutstrom durch die Pulmonalarterie zu, sodass der Druck in der rechten Herzkammer geringer und gleichzeitig im linken Vorhof grösser wird. Es ist nun also kein Grund mehr, dass Blut aus dem rechten Vorhof durch das Foramen ovale in den linken überzugehen brauchte. Durch die Zufuhr zum linken Vorhof steigt auch der Druck in der linken Kammer, und die Durchströmung des Ductus Botalli von der Lungenarterie aus hört auf. Aus der Aorta tritt kein Blut in den Ductus Botalli ein, weil er von dieser Seite durch eine klappenartige Falte verschlossen wird.

Mit dem Aufhören des Placentarkreislaufes, das durch die Unterbindung und bei den Thieren meist durch Abbeissen der Nabelschnur beschleunigt wird, stockt der Blutstrom in den Nabelgefässen, und der fötale Kreislauf geht endgültig in den Kreislauf des Erwachsenen über.

Ueber die Auslösung des Geburtsvorganges nach vollendeter Reife der Frucht ist schon im Abschnitt über das Nervensystem so viel angedeutet worden, wie sich darüber sagen lässt. Es ist anzunehmen, dass es nicht nervöse, sondern unmittelbar von der Frucht ausgehende chemische Reize sind, durch die der mütterliche Organismus zu Austreibung angeregt wird. In Bezug auf den Geburtsvorgang selbst sei auf die Fachschriften verwiesen.

Beziehung der Fortpflanzung zum Gesammtleben. Die Thätigkeit der Fortpflanzung im Allgemeinen ist den Lebensbedingungen der verschiedenen Thierarten in einer Weise angepasst, die sich deutlich in den Beziehungen zwischen den zeitlichen Verhältnissen der Fortpflanzung und der Lebensdauer zu erkennen giebt.

Die grösseren Thiere haben im Allgemeinen eine grössere Lebensdauer, sie erreichen viel langsamer die Geschlechtsreife, sie gehen viel länger trächtig, und sie bringen nicht soviel Junge auf einmal zur Welt wie die kleineren.

Bei der Betrachtung der Lebensdauer muss man unterscheiden zwischen der durchschnittlichen und der maximalen Lebensdauer. Als maximale Lebensdauer werden für verschiedene Thiere folgende Zahlen angegeben:

Elephant	150	Jahre	Hund	25	Jahre
Mensch	100	„	Schaf	15	„
Pferd	50	„	Fuchs	14	„
Rind	25	„	Hase	10	„
Wildschwein	25	„	Maus	6	„

Die Trächtigkeitsdauer bei denselben Thieren beträgt:

Elephant	90	Wochen	Schwein	17	Wochen
Mensch	40	„	Hund	8—9	„
Pferd	48	„	Fuchs	8—9	„
Rind	40	„	Hase	4—5	„
Schaf	20—23	„	Maus	3—4	„

Die Vermehrung der grossen Thiere ist also schon durch die Trächtigkeitsdauer viel geringer als die der kleinen, dazu kommt noch die sehr viel geringere Fruchtbarkeit, wie sie in folgender Uebersicht angegeben ist:

Es erzeugt in günstigem Fall

der Elephant	in 3 Jahren	1	Junges
der Mensch	„ 1 „	1	„
das Pferd	„ 2 „	1	„
die Kuh	„ 1 „	1	„
das Schaf	„ $\frac{1}{2}$ „	1—2	Junge
die Katze	„ $\frac{1}{2}$ „	3—6	„
der Hund	„ $\frac{1}{2}$ „	4—10	„
das Schwein	„ $\frac{1}{2}$ „	6—12	„
der Hase	„ $\frac{1}{3}$ „	2—5	„
das Kaninchen	„ $\frac{1}{6}$ „	5—8	„
die Maus	„ $\frac{1}{6}$ „	4—10	„

Kampf ums Dasein. Man sieht aus den angeführten Zahlen, dass selbst die Arten, die sich am langsamsten fortpflanzen, wie zum Beispiel die Elephanten, sehr bald die ganze Erde übervölkern würden, wenn jedes Individuum auch nur annähernd die maximale Lebensdauer und die normale Fruchtbarkeit erreichte. Der weibliche Elephant wird mit 16 Jahren fortpflanzungsfähig, und die Fruchtbarkeit erlischt erst etwa im 80. Jahre. Jedes einzelne Elephantenpaar kann also im Laufe seines Lebens mehr als zehn Nachkommen erzeugen, die sich schon in demselben Zeitraum ihrerseits vermehren. Aus diesem Beispiel leuchtet ein, dass die Zahl der gleichzeitig lebenden Thiere jeder Art nicht allein durch die physiologische Vermehrungsfähigkeit, sondern in viel stärkerem Maasse durch die äusseren Lebensbedingungen bestimmt wird. Es ist ein allgemeines Gesetz der organischen Natur, dass jede Thierart viel mehr Nachkommenschaft erzeugen muss, als unter den herrschenden Bedingungen am Leben bleiben kann.

Ein und derselbe Landstrich bietet unter natürlichen Verhältnissen nur für eine gewisse Zahl von Individuen jeder Thierart Raum und Unterhalt. Es muss also die Zahl der in diesem Landstrich lebenden Thiere auf dieses gegebene Maass beschränkt bleiben. Wäre die Vermehrungsfähigkeit der Thiere dieser Bedingung so genau angepasst, dass eben nur diejenige Zahl von Individuen erzeugt würde, die schon vorher vorhanden war, so würde jede vorübergehende Verschlechterung der Lebensbedingungen den Bestand der Art dauernd verringern. Es ist also für die Erhaltung der Thierarten unbedingt nothwendig, dass sie sich stärker vermehren, als die gegebenen Ernährungsbedingungen zulassen, und dass der erzeugte Ueberschuss zu Grunde geht. Man bezeichnet diese Thatsache mit dem nicht ganz passenden Ausdruck „Kampf ums Dasein", obschon im Allgemeinen an einen eigentlichen Kampf dabei ebenso wenig zu denken ist, wie beim Wettbewerb civilisirter Menschen um die günstigste Lebensstellung. Der erzeugte Ueberschuss an Nachkommenschaft muss offenbar, um die Erhaltung der Art zu verbürgen, um so grösser sein, je näher die Gefahr liegt, dass die betreffende Thierart durch Feinde und Schädlichkeiten aller Art ausgerottet werden könne. Dies ist die Grundbedingung, der sich zugleich die Fortpflanzungsfähigkeit und die Lebensdauer der Thierarten angepasst haben. Wehrlose kleine Thiere, wie Kaninchen oder Mäuse, denen unzählige Feinde nachstellen, können im Naturzustande nur in seltenen Fällen ein hohes Alter erreichen, und daher hat auch ihr Organismus die Anlage dazu nicht entwickelt. Bei ihrer kurzen Lebensdauer wird die Erhaltung der Art nur dadurch gesichert, dass ihre Fruchtbarkeit entsprechend gross ist.

Die Möglichkeit solcher Anpassung erklärt sich nach Darwin aus dem Kampfe ums Dasein selbst. Von den unzähligen im Ueberschuss erzeugten Individuen werden zumeist diejenigen zu Grunde gehen, die den sie umgebenden schädlichen Gewalten am wenigsten gewachsen sind. Es findet also eine „natürliche Auslese" statt, durch die die zweckmässigsten Formen zu den vorherrschenden werden müssen.

Auf diese Weise sind die physiologischen Eigenschaften des Individuums, seine Fortpflanzungsfähigkeit und seine Lebensdauer von den Lebensbedingungen abhängig, denen die betreffende Thierart im Ganzen unterliegt. Betrachtet man die sämmtlichen Individuen einer Art oder die Gesammtheit der auf einem Erdtheil lebenden Wesen als einen gemeinsamen grossen Organismus, so ergeben sich ganz bestimmte gesetzmässige Zahlenverhältnisse, die unter gleichbleibenden Bedingungen unveränderlich fortbestehen. Dies gilt nicht bloss für den Naturzustand, sondern ebensowohl für die vom Menschen unter künstlichen Bedingungen gehaltenen Thiere und für den Menschen selbst, nur dass hier die Lebensbedingungen weniger gleichförmig zu sein pflegen. Eine höchst merkwürdige Erscheinung dieser Art ist die Thatsache, dass, obschon keinerlei das Geschlecht des entstehenden Keimes bestimmende Einflüsse erkennbar sind, im Grossen und Ganzen die Zahl der männlichen und weiblichen Neugeborenen nahezu dieselbe ist. Die Zahl der Geburten und der Todesfälle schwankt ebenfalls nur wenig. So ergeben sich für die „Bewegung der Bevölkerung" ganz bestimmte Gesetze, die gewissermaassen die Physiologie des Volkes als eines Gesammtorganismus darstellen.

L.

M.

N.

O.

P.

Profermente 152.
Proteide 134.
Proteine 134.
Prothrombin 26.
Protoplasma 344.
Psalter 176.
Pseudoantagonistische Synergie 509.
Psychische Functionen 483, 520.
Psychische Secretion 520.
Psychophysisches Gesetz 530.
Ptyalin 158.
Pulswelle 57; Frequenz 40; im Auge 587.
Pupille 479, 575, 582, 597.
Pupillarreflex 494.
Pupillenform 582.
Pupillenöffnung 597.
Purinkörper 264.
Purkinje'sche Aderfigur 591.
Purpur 598.
Pyramidonbahn 440.

Q.

Quakversuch 485, 486.
Qualitäten der Empfindung 529.
Quellung 216, 386.

R.

Randstrahlen 571.
Ranzigwerden 145.
Reactionszeit 467.
Receptorische Organe 528.
Reducirtes Auge 569.
Reductionen 322.
Reflex 462; Ausbreitung des 470.
Reflexbogen 462.
Reflexe, erlernte 463; geordnete 468.
Reflexion, totale 567.
Reflextonus 472.
Reflexzeit 467.
Refractäres Stadium 514.
Refractionsanomalien 578.
Refractometer 567.
Registrirapparate 40.
Reizbarkeit 353; der Nerven 441.
Reizschwelle 363.
Reizung, therapeutische 454.
Resorption 148, 207; der Kohlehydrate 223; der Eiweisskörper 224; der Fette 224; der Salze 227; des Wassers 227; interstitielle 234.
Resorptionsbahnen 222.
Resonanz 432; 557.
Resonanztheorie 557.
Respirationsapparat von Pettenkofer 83; von Regnault u. Reiset 82; Zuntz 86.
Respiratorischer Quotient 89.
Rheotaxis 626.

Rhodankalium 158.
Riechsphäre 493.
Riechstoffe 546.
Rindenepilepsie 488, 492.
Rinderharn 272.
Rippenathmung 112, 116.
Ritter-Valli'sches Gesetz 442.
Rohrzucker 139.
Rückenmarksdurchschneidung 468.
Rückenmark, Exstirpation 474.
Rückenmarksseele 469.
Rückläufige Empfindlichkeit 461.
Rückständige Luft 125.
Ruete 584.
Ruhestrom 382; des Nerven 448.

S.

Sättigung 79; der Farben 599.
Salzhunger 309.
Sammellinse 564.
Sanson'sche Bildchen 573.
Schallleitung 552.
Scheiner'scher Versuch 576.
Scheinfütterung 161.
Schilddrüse 249.
Schildkrötenauge 572.
Schläfenlappen 493.
Schlaf 487.
Schlagvolum 46.
Schlauchwelle 56.
Schleifenkreuzung 482.
Schleimdrüsen 287.
Schleuderkymographion 445.
Schlingact 159, 520.
Schlitten 358.
Schluckbewegung 520.
Schluckcentrum 476.
Schlundrinne 172.
Schmerz 541.
Schnecke 554.
Schritt 415, 420; gravitätischer 419.
Schwankung, negative 382, 448.
Schwann'sches Gesetz 372, 405.
Schwann'scher Versuch 621.
Schwefel 266.
Schweiss 283, 339; Harnstoff im 284.
Schweissdrüsen 283.
Schwerpunkt 409; des Pferdes 412.
Schwingungsbilder 558.
Schwitzcentrum 479.
Secretion, innere 248, 527.
Seele 469, 483.
Sehaxen 604; Convergenz der 607.
Sehen, binoculares 607.
Sehsphäre 492, 609.
Sehfelder, Wahrnehmung mit getrennten 615.
Sehpurpur 594.